2021 全国勘察设计注册工程师
执业资格考试用书

Zhuce Dianqi Gongchengshi(Fashu Biandian) Zhiye Zige Kaoshi
Jichu Kaoshi Linian Zhenti Xiangjie

注册电气工程师(发输变电)执业资格考试
基础考试历年真题详解
公共基础

蒋 徵 曹纬浚 王 东/主编

人民交通出版社股份有限公司
北 京

内 容 提 要

本书为注册电气工程师(发输变电)执业资格考试基础考试历年真题解析。本书分为公共基础、专业基础两册,公共基础分册收录 2009~2020 年考试真题,专业基础分册收录 2005~2020 年考试真题,每套真题后均附有参考答案和解析。

本书可供参加 2021 年注册电气工程师(发输变电)执业资格考试基础考试的考生复习使用,也可供供配电专业的考生参考练习。

图书在版编目(CIP)数据

2021 注册电气工程师(发输变电)执业资格考试基础
考试历年真题详解/蒋徵,曹纬浚,王东主编.—北京:
人民交通出版社股份有限公司,2021.3
  ISBN 978-7-114-17161-1

Ⅰ.①2… Ⅱ.①蒋…②曹…③王… Ⅲ.①发电—
电力工程—资格考试—题解②输电—电力工程—资格考试
—题解③变电所—电力工程—资格考试—题解 Ⅳ.
①TM-44

中国版本图书馆 CIP 数据核字(2021)第 047972 号

书　　名:**2021 注册电气工程师**(发输变电)**执业资格考试基础考试历年真题详解**
著 作 者:蒋　徵　曹纬浚　王　东
责任编辑:刘彩云　李　梦
责任印制:张　凯
出版发行:人民交通出版社股份有限公司
地　　址:(100011)北京市朝阳区安定门外外馆斜街 3 号
网　　址:http://www.ccpcl.com.cn
销售电话:(010)59757973
总 经 销:人民交通出版社股份有限公司发行部
经　　销:各地新华书店
印　　刷:北京印匠彩色印刷有限公司
开　　本:787×1092　1/16
印　　张:67.5
字　　数:1199 千
版　　次:2021 年 3 月　第 1 版
印　　次:2021 年 3 月　第 1 次印刷
书　　号:ISBN 978-7-114-17161-1
定　　价:188.00 元(含两册)
(有印刷、装订质量问题的图书由本公司负责调换)

目录(公共基础)

2009 年度全国勘察设计注册工程师

执业资格考试试卷

基础考试
（上）

二〇〇九年九月

应考人员注意事项

1. 本试卷科目代码为"1",考生务必将此代码填涂在答题卡"科目代码"相应的栏目内,否则,无法评分。

2. 书写用笔:**黑色或蓝色钢笔、签字笔或圆珠笔**;
   填涂答题卡用笔:**黑色 2B 铅笔**。

3. 必须用书写用笔将工作单位、姓名、准考证号填写在答题卡和试卷相应的栏目内。

4. 本试卷由 120 题组成,每题 1 分,满分 120 分,本试卷全部为单项选择题,每小题的四个备选项中只有一个正确答案,错选、多选、不选均不得分。

5. 考生作答时,必须按**题号在答题卡上**将相应试题所选选项对应的**字母用 2B 铅笔涂黑**。

6. 在答题卡上书写与题意无关的语言,或在答题卡上作标记的,均按违纪试卷处理。

7. 考试结束时,由监考人员当面将试卷、答题卡一并收回。

8. 草稿纸由各地统一配发,考后收回。

单项选择题(共 120 分,每题 1 分。每题的备选项中只有一个最符合题意。)

1. 设 $\vec{\alpha}=-\vec{i}+3\vec{j}+\vec{k}$,$\vec{\beta}=\vec{i}+\vec{j}+t\vec{k}$,已知 $\vec{\alpha}\times\vec{\beta}=-4\vec{i}-4\vec{k}$,则 $t=$

A. -2 B. 0

C. -1 D. 1

2. 设平面方程为 $x+y+z+1=0$,直线方程为 $1-x=y+1=z$,则直线与平面:

A. 平行   B. 垂直

C. 重合   D. 相交但不垂直

3. 设函数 $f(x)=\begin{cases} 1+x & x\geqslant 0 \\ 1-x^2 & x<0 \end{cases}$,在 $(-\infty,+\infty)$ 内:

A. 单调减少   B. 单调增加

C. 有界   D. 偶函数

4. 若函数 $f(x)$ 在点 x_0 间断,$g(x)$ 在点 x_0 连续,则 $f(x)g(x)$ 在点 x_0:

A. 间断   B. 连续

C. 第一类间断   D. 可能间断可能连续

5. 函数 $y=\cos^2\dfrac{1}{x}$ 在 x 处的导数是:

A. $\dfrac{1}{x^2}\sin\dfrac{2}{x}$ B. $-\sin\dfrac{2}{x}$

C. $-\dfrac{2}{x^2}\cos\dfrac{1}{x}$ D. $-\dfrac{1}{x^2}\sin\dfrac{2}{x}$

6. 设 $y=f(x)$ 是 (a,b) 内的可导函数,$x,x+\Delta x$ 是 (a,b) 内的任意两点,则:

A. $\Delta y=f'(x)\Delta x$

B. 在 $x,x+\Delta x$ 之间恰好有一点 ξ,使 $\Delta y=f'(\xi)\Delta x$

C. 在 $x,x+\Delta x$ 之间至少存在一点 ξ,使 $\Delta y=f'(\xi)\Delta x$

D. 在 $x,x+\Delta x$ 之间的任意一点 ξ,使 $\Delta y=f'(\xi)\Delta x$

7. 设 $z=f(x^2-y^2)$,则 $\mathrm{d}z=$

A. $2x-2y$ B. $2x\mathrm{d}x-2y\mathrm{d}y$

C. $f'(x^2-y^2)\mathrm{d}x$ D. $2f'(x^2-y^2)(x\mathrm{d}x-y\mathrm{d}y)$

8. 若 $\int f(x)\mathrm{d}x=F(x)+C$，则 $\int \dfrac{1}{\sqrt{x}}f(\sqrt{x})\mathrm{d}x=$

    A. $\dfrac{1}{2}F(\sqrt{x})+C$ B. $2F(\sqrt{x})+C$

    C. $F(x)+C$ D. $\dfrac{F(\sqrt{x})}{\sqrt{x}}$

9. $\int \dfrac{\cos 2x}{\sin^2 x\cos^2 x}\mathrm{d}x=$

    A. $\cot x-\tan x+C$ B. $\cot x+\tan x+C$

    C. $-\cot x-\tan x+C$ D. $-\cot x+\tan x+C$

10. $\dfrac{\mathrm{d}}{\mathrm{d}x}\displaystyle\int_0^{\cos x}\sqrt{1-t^2}\,\mathrm{d}t$ 等于：

    A. $\sin x$ B. $|\sin x|$

    C. $-\sin^2 x$ D. $-\sin x|\sin x|$

11. 下列结论中正确的是：

    A. $\displaystyle\int_{-1}^{1}\dfrac{1}{x^2}\mathrm{d}x$ 收敛   B. $\dfrac{\mathrm{d}}{\mathrm{d}x}\displaystyle\int_0^{x^2}f(t)\mathrm{d}t=f(x^2)$

    C. $\displaystyle\int_{1}^{+\infty}\dfrac{1}{\sqrt{x}}\mathrm{d}x$ 发散   D. $\displaystyle\int_{-\infty}^{0}e^{-\frac{x^2}{2}}\mathrm{d}x$ 发散

12. 曲面 $x^2+y^2+z^2=2z$ 之内及曲面 $z=x^2+y^2$ 之外所围成的立体的体积 $V=$

    A. $\displaystyle\int_0^{2\pi}\mathrm{d}\theta\int_r^1 r\mathrm{d}r\int_r^{\sqrt{1-r^2}}\mathrm{d}z$ B. $\displaystyle\int_0^{2\pi}\mathrm{d}\theta\int_0^r r\mathrm{d}r\int_{r^2}^{1-\sqrt{1-r^2}}\mathrm{d}z$

    C. $\displaystyle\int_0^{2\pi}\mathrm{d}\theta\int_r^r r\mathrm{d}r\int_r^{1-r}\mathrm{d}z$ D. $\displaystyle\int_0^{2\pi}\mathrm{d}\theta\int_0^1 r\mathrm{d}r\int_{1-\sqrt{1-r^2}}^{r^2}\mathrm{d}z$

13. 已知级数 $\sum\limits_{n=1}^{\infty}(u_{2n}-u_{2n+1})$ 是收敛的，则下列结论成立的是：

    A. $\sum\limits_{n=1}^{\infty}u_n$ 必收敛   B. $\sum\limits_{n=1}^{\infty}u_n$ 未必收敛

    C. $\lim\limits_{n\to\infty}u_n=0$ D. $\sum\limits_{n=1}^{\infty}u_n$ 发散

14. 函数 $\dfrac{1}{3-x}$ 展开成 $(x-1)$ 的幂级数是：

    A. $\sum\limits_{n=0}^{\infty}\dfrac{x^n}{2^n}$ B. $\sum\limits_{n=0}^{\infty}\left(\dfrac{1-x}{2}\right)^n$

    C. $\sum\limits_{n=0}^{\infty}\dfrac{(x-1)^n}{2^{n+1}}$ D. $\sum\limits_{n=0}^{\infty}(-1)^n\dfrac{x^n}{4^{n+1}}$

15. 微分方程 $(3+2y)x\mathrm{d}x+(1+x^2)\mathrm{d}y=0$ 的通解为：

　　A. $1+x^2=Cy$　　　　　　　　　　B. $(1+x^2)(3+2y)=C$

　　C. $(3+2y)^2=\dfrac{C}{1+x^2}$　　　　　D. $(1+x^2)^2(3+2y)=C$

16. 微分方程 $y''+ay'^2=0$ 满足条件 $y|_{x=0}=0$，$y'|_{x=0}=-1$ 的特解是：

　　A. $\dfrac{1}{a}\ln|1-ax|$　　　　　　　B. $\dfrac{1}{a}\ln|ax|+1$

　　C. $ax-1$　　　　　　　　　　　　D. $\dfrac{1}{a}x+1$

17. 设 $\boldsymbol{\alpha}_1,\boldsymbol{\alpha}_2,\boldsymbol{\alpha}_3$ 是 3 维列向量，$|\boldsymbol{A}|=|\boldsymbol{\alpha}_1,\boldsymbol{\alpha}_2,\boldsymbol{\alpha}_3|$，则与 $|\boldsymbol{A}|$ 相等的是：

　　A. $|\boldsymbol{\alpha}_2,\boldsymbol{\alpha}_1,\boldsymbol{\alpha}_3|$　　　　　　　　B. $|-\boldsymbol{\alpha}_2,-\boldsymbol{\alpha}_3,-\boldsymbol{\alpha}_1|$

　　C. $|\boldsymbol{\alpha}_1+\boldsymbol{\alpha}_2,\boldsymbol{\alpha}_2+\boldsymbol{\alpha}_3,\boldsymbol{\alpha}_3+\boldsymbol{\alpha}_1|$　　D. $|\boldsymbol{\alpha}_1,\boldsymbol{\alpha}_1+\boldsymbol{\alpha}_2,\boldsymbol{\alpha}_1+\boldsymbol{\alpha}_2+\boldsymbol{\alpha}_3|$

18. 设 $\boldsymbol{A}$ 是 $m\times n$ 非零矩阵，$\boldsymbol{B}$ 是 $n\times l$ 非零矩阵，满足 $\boldsymbol{AB}=\boldsymbol{0}$，以下选项中不一定成立的是：

　　A. $\boldsymbol{A}$ 的行向量组线性相关　　　　B. $\boldsymbol{A}$ 的列向量组线性相关

　　C. $\boldsymbol{B}$ 的行向量组线性相关　　　　D. $r(\boldsymbol{A})+r(\boldsymbol{B})\leqslant n$

19. 设 $\boldsymbol{A}$ 是 3 阶实对称矩阵，$\boldsymbol{P}$ 是 3 阶可逆矩阵，$\boldsymbol{B}=\boldsymbol{P}^{-1}\boldsymbol{AP}$，已知 $\boldsymbol{\alpha}$ 是 $\boldsymbol{A}$ 的属于特征值 λ 的特征向量，则 $\boldsymbol{B}$ 的属于特征值 λ 的特征向量是：

　　A. $\boldsymbol{P\alpha}$　　　　　　　　　　B. $\boldsymbol{P}^{-1}\boldsymbol{\alpha}$

　　C. $\boldsymbol{P}^{\mathrm{T}}\boldsymbol{\alpha}$　　　　　　　　　　D. $(\boldsymbol{P}^{-1})^{\mathrm{T}}\boldsymbol{\alpha}$

20. 设 $\boldsymbol{A}=\begin{bmatrix}1&1\\1&2\end{bmatrix}$，与 $\boldsymbol{A}$ 合同的矩阵是：

　　A. $\begin{bmatrix}1&-1\\-1&2\end{bmatrix}$　　　　　　　　B. $\begin{bmatrix}-1&1\\1&-2\end{bmatrix}$

　　C. $\begin{bmatrix}1&1\\-1&2\end{bmatrix}$　　　　　　　　D. $\begin{bmatrix}1&-1\\1&2\end{bmatrix}$

21. 若 $P(A)=0.5$，$P(B)=0.4$，$P(\overline{A}-B)=0.3$，则 $P(A\cup B)=$

　　A. 0.6　　　　　　B. 0.7　　　　　　C. 0.8　　　　　　D. 0.9

22. 设随机变量 $X\sim N(0,\sigma^2)$，则对任何实数 λ，都有：

　　A. $P(X\leqslant\lambda)=P(X\geqslant\lambda)$　　　　B. $P(X\geqslant\lambda)=P(X\leqslant-\lambda)$

　　C. $X-\lambda\sim N(\lambda,\sigma^2-\lambda^2)$　　　D. $\lambda X\sim N(0,\lambda\sigma^2)$

23. 设随机变量 X 的概率密度为 $f(x)=\begin{cases}\dfrac{3}{8}x^2, & 0<x<2\\[2mm] 0, & \text{其他}\end{cases}$，则 $Y=\dfrac{1}{X}$ 的数学期望是：

    A. $\dfrac{3}{4}$ B. $\dfrac{1}{2}$ C. $\dfrac{2}{3}$ D. $\dfrac{1}{4}$

24. 设总体 X 的概率密度为 $f(x,\theta)=\begin{cases}e^{-(x-\theta)}, & x\geqslant\theta\\ 0, & x<\theta\end{cases}$，而 $X_1,X_2,\cdots,X_n$ 是来自该总体的样本，则未知参数 θ 的最大似然估计是：

    A. $\overline{X}-1$ B. $n\,\overline{X}$

    C. $\min(X_1,X_2,\cdots,X_n)$ D. $\max(X_1,X_2,\cdots,X_n)$

25. 1mol 刚性双原子理想气体，当温度为 T 时，每个分子的平均平动动能为：

    A. $\dfrac{3}{2}RT$ B. $\dfrac{5}{2}RT$

    C. $\dfrac{3}{2}kT$ D. $\dfrac{5}{2}kT$

26. 在恒定不变的压强下，气体分子的平均碰撞频率 $\overline{Z}$ 与温度 T 的关系为：

    A. $\overline{Z}$ 与 T 无关   B. $\overline{Z}$ 与 $\sqrt{T}$ 成正比

    C. $\overline{Z}$ 与 $\sqrt{T}$ 成反比   D. $\overline{Z}$ 与 T 成正比

27. 汽缸内有一定量的理想气体，先使气体做等压膨胀，直至体积加倍，然后做绝热膨胀，直至降到初始温度，在整个过程中，气体的内能变化 ΔE 和对外做功 W 为：

    A. $\Delta E=0,W>0$ B. $\Delta E=0,W<0$

    C. $\Delta E>0,W>0$ D. $\Delta E<0,W<0$

28. 一个汽缸内储有一定量的单原子分子理想气体，在压缩过程中对外界做功 209J，此过程中气体内能增加 120J，则外界传给气体的热量为：

    A. $-89J$ B. $89J$ C. $329J$ D. 0

29. 已知平面简谐波的方程为 $y=A\cos(Bt-Cx)$，式中 A、B、C 为正常数，此波的波长和波速分别为：

    A. $\dfrac{B}{C},\dfrac{2\pi}{C}$ B. $\dfrac{2\pi}{C},\dfrac{B}{C}$ C. $\dfrac{\pi}{C},\dfrac{2B}{C}$ D. $\dfrac{2\pi}{C},\dfrac{C}{B}$

30. 一平面简谐波在弹性媒质中传播，在某一瞬间，某质元正处于其平衡位置，此时它的：

    A. 动能为零，势能最大   B. 动能为零，热能为零

    C. 动能最大，势能最大   D. 动能最大，势能为零

31. 通常声波的频率范围是:

A. 20~200Hz

B. 20~2000Hz

C. 20~20000Hz

D. 20~200000Hz

32. 在空气中用波长为 λ 的单色光进行双缝干涉实验,观测到相邻明条纹的间距为 1.33mm,当把实验装置放入水中(水的折射率 $n=1.33$ 时),则相邻明条纹的间距变为:

A. 1.33mm

B. 2.66mm

C. 1mm

D. 2mm

33. 波长为 λ 的单色光垂直照射到置于空气中的玻璃劈尖上,玻璃的折射率为 n,则第三级暗条纹处的玻璃厚度为:

A. $\dfrac{3\lambda}{2n}$

B. $\dfrac{\lambda}{2n}$

C. $\dfrac{3\lambda}{2}$

D. $\dfrac{2n}{3\lambda}$

34. 若在迈克尔逊干涉仪的可动反射镜 M 移动 0.620mm 过程中,观察到干涉条纹移动了 2300 条,则所用光波的波长为:

A. 269nm

B. 539nm

C. 2690nm

D. 5390nm

35. 波长分别为 $\lambda_1=450$nm 和 $\lambda_2=750$nm 的单色平行光,垂直入射到光栅上,在光栅光谱中,这两种波长的谱线有重叠现象,重叠处波长为 λ_2 谱线的级数为:

A. 2,3,4,5,…

B. 5,10,15,20,…

C. 2,4,6,8,…

D. 3,6,9,12,…

36. 一束自然光从空气投射到玻璃板表面上,当折射角为 30°时,反射光为完全偏振光,则此玻璃的折射率为:

A. $\dfrac{\sqrt{3}}{2}$

B. $\dfrac{1}{2}$

C. $\dfrac{\sqrt{3}}{3}$

D. $\sqrt{3}$

37. 化学反应低温自发,高温非自发,该反应的:

A. $\Delta H<0,\Delta S<0$

B. $\Delta H>0,\Delta S<0$

C. $\Delta H<0,\Delta S>0$

D. $\Delta H>0,\Delta S>0$

38. 已知氯电极的标准电势为 1.358V,当氯离子浓度为 0.1mol·L^{-1},氯气分压为 0.1×100kPa时,该电极的电极电势为:

A. 1.358V

B. 1.328V

C. 1.388V

D. 1.417V

39. 已知下列电对电极电势的大小顺序为：$E(F_2/F) > E(Fe^{3+}/Fe^{2+}) > E(Mg^{2+}/Mg) > E(Na^+/Na)$，则下列离子中最强的还原剂是：

  A. F   B. Fe^{2+} C. Na^+ D. Mg^{2+}

40. 升高温度，反应速率常数最大的主要原因是：

  A. 活化分子百分数增加   B. 混乱度增加

  C. 活化能增加   D. 压力增大

41. 下列各波函数不合理的是：

  A. $\psi(1,1,0)$ B. $\psi(2,1,0)$

  C. $\psi(3,2,0)$ D. $\psi(5,3,0)$

42. 将反应 $MnO_2 + HCl \rightarrow MnCl_2 + Cl_2 + H_2O$ 配平后，方程式中 $MnCl_2$ 的系数是：

  A. 1   B. 2   C. 3   D. 4

43. 某一弱酸 HA 的标准解离常数为 1.0×10^{-5}，则相应弱酸强碱盐 MA 的标准水解常数为：

  A. 1.0×10^{-9} B. 1.0×10^{-2}

  C. 1.0×10^{-19} D. 1.0×10^{-5}

44. 某化合物的结构式为 ，该有机化合物不能发生的化学反应类型是：

  A. 加成反应   B. 还原反应

  C. 消除反应   D. 氧化反应

45. 聚丙烯酸酯的结构式为 $\left[CH_2-\underset{\underset{CO_2R}{|}}{CH} \right]_n$，它属于：

①无机化合物；②有机化合物；③高分子化合物；④离子化合物；⑤共价化合物。

  A. ①③④   B. ①③⑤

  C. ②③⑤   D. ②③④

46. 下列物质中不能使酸性高锰酸钾溶液褪色的是：

  A. 苯甲醛   B. 乙苯

  C. 苯   D. 苯乙烯

47. 设力 F 在 x 轴上的投影为 F，则该力在与 x 轴共面的任一轴上的投影：

  A. 一定不等于零   B. 不一定不等于零

  C. 一定等于零   D. 等于 F

48. 等边三角形 ABC，边长为 a，沿其边缘作用大小均为 F 的力 F_1、F_2、F_3，方向如图所示，力系向 A 点简化的主矢及主矩的大小分别为：

A. $F_R = 2F$，$M_A = \dfrac{\sqrt{3}}{2}Fa$

B. $F_R = 0$，$M_A = \dfrac{\sqrt{3}}{2}Fa$

C. $F_R = 2F$，$M_A = \sqrt{3}Fa$

D. $F_R = 2F$，$M_A = Fa$

49. 已知杆 AB 和杆 CD 的自重不计，且在 C 处光滑接触，若作用在杆 AB 上力偶矩为 M_1，若欲使系统保持平衡，作用在 CD 杆上力偶矩 M_2 的，转向如图所示，则其矩值为：

A. $M_2 = M_1$

B. $M_2 = \dfrac{4M_1}{3}$

C. $M_2 = 2M_1$

D. $M_2 = 3M_1$

50. 物块重力的大小 $W = 100$kN，置于 $\alpha = 60°$ 的斜面上，与斜面平行力的大小 $F_P = 80$kN（如图所示），若物块与斜面间的静摩擦系数 $f = 0.2$，则物块所受的摩擦力 F 为：

A. $F = 10$kN，方向为沿斜面向上

B. $F = 10$kN，方向为沿斜面向下

C. $F = 6.6$kN，方向为沿斜面向上

D. $F = 6.6$kN，方向为沿斜面向下

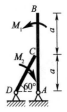

51. 若某点按 $s = 8 - 2t^2$（s 以 m 计，t 以 s 计）的规律运动，则 $t = 3$s 时点经过的路程为：

A. 10m

B. 8m

C. 18m

D. 8m 至 18m 以外的一个数值

52. 杆 $OA = l$，绕固定轴 O 转动，某瞬时杆端 A 点的加速度 a 如图所示，则该瞬时杆 OA 的角速度及角加速度分别为：

A. 0，$\dfrac{a}{l}$

B. $\sqrt{\dfrac{a\cos\alpha}{l}}$ ，$\dfrac{a\sin\alpha}{l}$

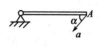

C. $\sqrt{\dfrac{a}{l}}$ ，0

D. 0，$\sqrt{\dfrac{a}{l}}$

53. 图示绳子的一端绕在滑轮上，另一端与置于水平面上的物块 B 相连，若物块 B 的运动方程为 $x = kt^2$，其中 k 为常数，轮子半径为 R。则轮缘上 A 点的加速度大小为：

A. $2k$

B. $\sqrt{\dfrac{4k^2t^2}{R}}$

C. $\dfrac{2k + 4k^2t^2}{R}$

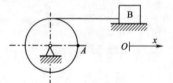

D. $\sqrt{4k^2 + \dfrac{16k^4t^4}{R^2}}$

54. 质量为 m 的质点 M，受有两个力 F 和 R 的作用，产生水平向左的加速度 a，如图所示，它在 x 轴方向的动力学方程为：

A. $ma = R - F$

B. $-ma = F - R$

C. $ma = R + F$

D. $-ma = R - F$

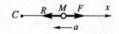

55. 均质圆盘质量为 m，半径为 R，在铅垂平面内绕 O 轴转动，图示瞬时角速度为 ω，则其对 O 轴的动量矩和动能大小分别为：

A. $mR\omega$，$\dfrac{1}{4}mR\omega$

B. $\dfrac{1}{2}mR\omega$ ，$\dfrac{1}{2}mR\omega$

C. $\dfrac{1}{2}mR^2\omega$ ，$\dfrac{1}{2}mR^2\omega^2$

D. $\dfrac{3}{2}mR^2\omega$ ，$\dfrac{3}{4}mR^2\omega^2$

56. 质量为 m，长为 $2l$ 的均质细杆初始位于水平位置，如图所示。A 端脱落后，杆绕轴 B 转动，当杆转到铅垂位置时，AB 杆角加速度的大小为：

A. 0

B. $\dfrac{3g}{4l}$

C. $\dfrac{3g}{2l}$

D. $\dfrac{6g}{l}$

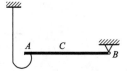

57. 均质细杆 AB 重力为 $\boldsymbol{P}$，长为 $2l$，A 端铰支，B 端用绳系住，处于水平位置，如图所示。当 B 端绳突然剪断瞬时，AB 杆的角加速度大小为 $\dfrac{3g}{4l}$，则 A 处约束力大小为：

A. $F_{Ax} = 0, F_{Ay} = 0$

B. $F_{Ax} = 0, F_{Ay} = \dfrac{P}{4}$

C. $F_{Ax} = P, F_{Ay} = \dfrac{P}{2}$

D. $F_{Ax} = 0, F_{Ay} = P$

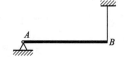

58. 图示弹簧质量系统，置于光滑的斜面上，斜面的倾角 α 可以在 $0° \sim 90°$ 间改变，则随 α 的增大，系统振动的固有频率：

A. 增大

B. 减小

C. 不变

D. 不能确定

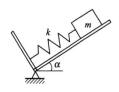

59. 在低碳钢拉伸实验中，冷作硬化现象发生在：

A. 弹性阶段　　　　　　　　　　　B. 屈服阶段

C. 强化阶段　　　　　　　　　　　D. 局部变形阶段

60. 螺钉受力如图所示,已知螺钉和钢板的材料相同,拉伸许用应力$[\sigma]$是剪切许用应力$[\tau]$的2倍,即$[\sigma]=2[\tau]$,钢板厚度t是螺钉头高度h的1.5倍,则螺钉直径d的合理值为:

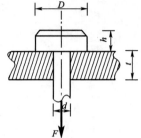

A. $d=2h$

B. $d=0.5h$

C. $d^2=2Dt$

D. $d^2=Dt$

61. 直径为d的实心圆轴受扭,若使扭转角减小一半,圆轴的直径需变为:

A. $\sqrt[4]{2}\,d$ B. $\sqrt[3]{2}\,d$

C. $0.5d$ D. $2d$

62. 图示圆轴抗扭截面模量为W_t,剪切模量为G,扭转变形后,圆轴表面A点处截取的单元体互相垂直的相邻边线改变了γ角,如图所示。圆轴承受的扭矩T为:

A. $T=G\gamma W_t$

B. $T=\dfrac{G\gamma}{W_t}$

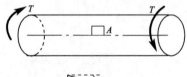

C. $T=\dfrac{\gamma}{G}W_t$

D. $T=\dfrac{W_t}{G\gamma}$

63. 矩形截面挖去一个边长为a的正方形,如图所示,该截面对z轴的惯性矩I_z为:

A. $I_z=\dfrac{bh^3}{12}-\dfrac{a^4}{12}$

B. $I_z=\dfrac{bh^3}{12}-\dfrac{13a^4}{12}$

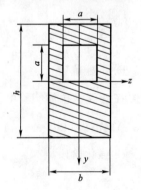

C. $I_z=\dfrac{bh^3}{12}-\dfrac{a^4}{3}$

D. $I_z=\dfrac{bh^3}{12}-\dfrac{7a^4}{12}$

64. 图示外伸梁，A 截面的剪力为：

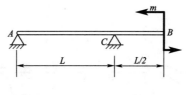

A. 0　　　　　　　B. $\dfrac{3m}{2L}$　　　　　　C. $\dfrac{m}{L}$　　　　　　D. $-\dfrac{m}{L}$

65. 两根梁长度、截面形状和约束条件完全相同，一根材料为钢，另一根材料为铝。在相同的外力作用下发生弯曲变形，两者不同之处为：

A. 弯曲内力　　　　　　　　　　B. 弯曲正应力

C. 弯曲切应力　　　　　　　　　D. 挠曲线

66. 图示四个悬臂梁中挠曲线是圆弧的为：

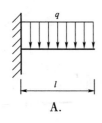　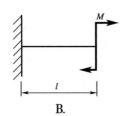　　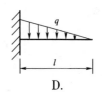

A.　　　　　　　　B.　　　　　　　　C.　　　　　　　　D.

67. 受力体一点处的应力状态如图所示，该点的最大主应力 σ_1 为：

A. 70MPa

B. 10MPa

C. 40MPa

D. 50MPa

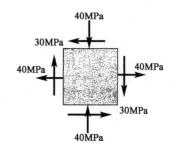

68. 图示 T 形截面杆，一端固定一端自由，自由端的集中力 F 作用在截面的左下角点，并与杆件的轴线平行。该杆发生的变形为：

A. 绕 y 和 z 轴的双向弯曲

B. 轴向拉伸和绕 y、z 轴的双向弯曲

C. 轴向拉伸和绕 z 轴弯曲

D. 轴向拉伸和绕 y 轴弯曲

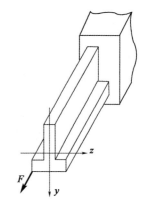

69. 图示圆轴,在自由端圆周边界承受竖直向下的集中力 F,按第三强度理论,危险截面的相当应力 σ_{eq3} 为:

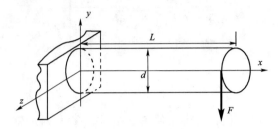

A. $\sigma_{eq3} = \dfrac{16}{\pi d^3}\sqrt{(FL)^2 + 4\left(\dfrac{Fd}{2}\right)^2}$

B. $\sigma_{eq3} = \dfrac{16}{\pi d^3}\sqrt{(FL)^2 + \left(\dfrac{Fd}{2}\right)^2}$

C. $\sigma_{eq3} = \dfrac{32}{\pi d^3}\sqrt{(FL)^2 + 4\left(\dfrac{Fd}{2}\right)^2}$

D. $\sigma_{eq3} = \dfrac{32}{\pi d^3}\sqrt{(FL)^2 + \left(\dfrac{Fd}{2}\right)^2}$

70. 两根完全相同的细长(大柔度)压杆 AB 和 CD 如图所示,杆的下端为固定铰链约束,上端与刚性水平杆固结。两杆的弯曲刚度均为 EI,其临界荷载 F_a 为:

A. $2.04 \times \dfrac{\pi^2 EI}{L^2}$

B. $4.08 \times \dfrac{\pi^2 EI}{L^2}$

C. $8 \times \dfrac{\pi^2 EI}{L^2}$

D. $2 \times \dfrac{\pi^2 EI}{L^2}$

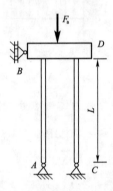

71. 静止的流体中,任一点的压强的大小与下列哪一项无关?

A. 当地重力加速度   B. 受压面的方向

C. 该点的位置   D. 流体的种类

72. 静止油面(油面上为大气)下 3m 深度处的绝对压强为下列哪一项?(油的密度为 800kg/m³,当地大气压为 100kPa)

A. 3kPa
B. 23.5kPa
C. 102.4kPa
D. 123.5kPa

73. 根据恒定流的定义,下列说法中正确的是:

A. 各断面流速分布相同

B. 各空间点上所有运动要素均不随时间变化

C. 流线是相互平行的直线

D. 流动随时间按一定规律变化

74. 正常工作条件下的薄壁小孔口与圆柱形外管嘴,直径 d 相等,作用水头 H 相等,则孔口流量 Q_1 和孔口收缩断面流速 v_1 与管嘴流量 Q_2 和管嘴出口流速 v_2 的关系是:

A. $v_1 < v_2$,$Q_1 < Q_2$
B. $v_1 < v_2$,$Q_1 > Q_2$
C. $v_1 > v_2$,$Q_1 < Q_2$
D. $v_1 > v_2$,$Q_1 > Q_2$

75. 明渠均匀流只能发生在:

A. 顺坡棱柱形渠道
B. 平坡棱柱形渠道
C. 逆坡棱柱形渠道
D. 变坡棱柱形渠道

76. 在流量、渠道断面形状和尺寸、壁面粗糙系数一定时,随底坡的增大,正常水深将会:

A. 减小
B. 不变
C. 增大
D. 随机变化

77. 有一个普通完全井,其直径为 1m,含水层厚度 $H = 11$m,土壤渗透系数 $k = 2$m/h。抽水稳定后的井中水深 $h_0 = 8$m,试估算井的出水量:

A. 0.084m³/s
B. 0.017m³/s
C. 0.17m³/s
D. 0.84m³/s

78. 研究船体在水中航行的受力试验,其模型设计应采用:

A. 雷诺准则
B. 弗劳德准则
C. 韦伯准则
D. 马赫准则

79. 在静电场中,有一个带电体在电场力的作用下移动,由此所做的功的能量来源是:

    A. 电场能   B. 带电体自身的能量

    C. 电场能和带电体自身的能量   D. 电场外部的能量

80. 图示电路中,$u_C = 10V$,$i_1 = 1mA$,则:

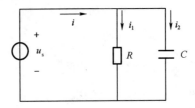

    A. 因为 $i_2 = 0$,使电流 $i_1 = 1mA$ B. 因为参数 C 未知,无法求出电流 i

    C. 虽然电流 i_2 未知,但是 $i > i_1$ 成立   D. 电容储存的能量为 0

81. 图示电路中,电流 I_1 和电流 I_2 分别为:

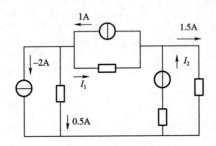

    A. 2.5A 和 1.5A   B. 1A 和 0A

    C. 2.5A 和 0A   D. 1A 和 1.5A

82. 正弦交流电压的波形图如图所示,该电压的时域解析表达式为:

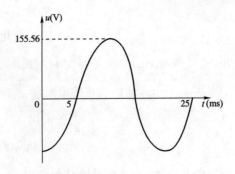

    A. $u(t) = 155.56\sin(\omega t - 5°)V$

    B. $u(t) = 110\sqrt{2}\sin(314t - 90°)V$

    C. $u(t) = 110\sqrt{2}\sin(50t + 60°)V$

    D. $u(t) = 155.56\sin(314t - 60°)V$

83. 图示电路中,若 $u = U_M \sin(\omega t + \psi_u)$,则下列表达式中一定成立的是:

式 1:$u = u_R + u_L + u_C$

式 2:$u_X = u_L - u_C$

式 3:$U_X < U_L$ 及 $U_X < U_C$

式 4:$U^2 = U_R^2 + (U_L + U_C)^2$

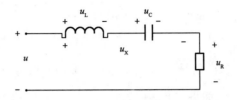

A. 式 1 和式 3
B. 式 2 和式 4
C. 式 1,式 3 和式 4
D. 式 2 和式 3

84. 图 a)所示电路的激励电压如图 b)所示,那么,从 $t = 0$ 时刻开始,电路出现暂态过程的次数和在换路时刻发生突变的量分别是:

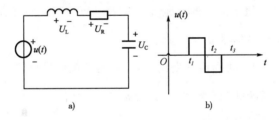

a)   b)

A. 3 次,电感电压
B. 4 次,电感电压和电容电流
C. 3 次,电容电流
D. 4 次,电阻电压和电感电压

85. 在信号源 (u_s, R_s) 和电阻 R_L 之间插入一个理想变压器,如图所示,若电压表和电流表的读数分别为 100V 和 2A,则信号源供出电流的有效值为:

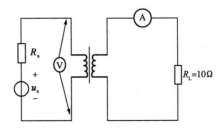

A. 0.4A   B. 10A   C. 0.28A   D. 7.07A

86. 三相异步电动机的工作效率与功率因数随负载的变化规律是：

    A. 空载时,工作效率为0,负载越大功率越高

    B. 空载时,功率因数较小,接近满负荷时达到最大值

    C. 功率因数与电动机的结构和参数有关,与负载无关

    D. 负载越大,功率因数越大

87. 在如下关于信号与信息的说法中,正确的是：

    A. 信息含于信号之中   B. 信号含于信息之中

    C. 信息是一种特殊的信号   D. 同一信息只能承载于一种信号之中

88. 数字信号如图所示,如果用其表示数值,那么,该数字信号表示的数量是：

    A. 3个0和3个1

    B. 一万零一十一

    C. 3

    D. 19

89. 用传感器对某管道中流动的液体流量 $x(t)$ 进行测量,测量结果为 $u(t)$,用采样器对 $u(t)$ 采样后得到信号 $u^*(t)$,那么：

    A. $x(t)$ 和 $u(t)$ 均随时间连续变化,因此均是模拟信号

    B. $u^*(t)$ 仅在采样点上有定义,因此是离散时间信号

    C. $u^*(t)$ 仅在采样点上有定义,因此是数字信号

    D. $u^*(t)$ 是 $x(t)$ 的模拟信号

90. 模拟信号 $u(t)$ 的波形图如图所示,它的时间域描述形式是：

    A. $u(t)=2(1-e^{-10t})\cdot 1(t)$

    B. $u(t)=2(1-e^{-0.1t})\cdot 1(t)$

    C. $u(t)=[2(1-e^{-10t})-2]\cdot 1(t)$

    D. $u(t)=2(1-e^{-10t})\cdot 1(t)-2\cdot 1(t-2)$

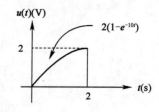

91. 模拟信号放大器是完成对输入模拟量：

    A. 幅度的放大   B. 频率的放大

    C. 幅度和频率的放大   D. 低频成分的放大

92. 某逻辑问题的真值表如表所示,由此可以得到,该逻辑问题的输入输出之间的
关系为:

C A B	F
1 0 0	1
1 0 1	0
1 1 0	0
1 1 1	1

A. $F=0+1=1$　　　　　　　　　　B. $F=\overline{AB}C+ABC$

C. $F=A\overline{B}C+A\overline{BC}$　　　　　D. $F=\overline{AB}+AB$

93. 电路如图所示,D为理想二极管,$u_i=6\sin\omega t(V)$,则输出电压的最大值 U_{oM} 为:

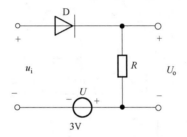

A. 6V　　　　　　B. 3V　　　　　　C. $-3V$　　　　　　D. $-6V$

94. 将放大倍数为1、输入电阻为 100Ω、输出电阻为 50Ω 的射极输出器插接在信号源
(u_s,R_s) 与负载 (R_L) 之间,形成图 b)电路,与图 a)电路相比,负载电压的有效值:

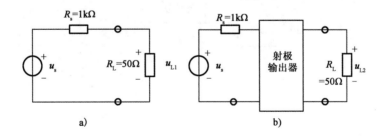

a)　　　　　　　　　　　　　　　b)

A. $U_{L2}>U_{L1}$　　　　　　　　　　B. $U_{L2}=U_{L1}$

C. $U_{L2}<U_{L1}$　　　　　　　　　　D. 因为 u_s 未知,不能确定 U_{L1} 和 U_{L2} 之间的关系

95.数字信号 B=1 时,图示两种基本门的输出分别为:

A. $F_1 = A$, $F_2 = 1$

B. $F_1 = 1$, $F_2 = A$

C. $F_1 = 1$, $F_2 = 0$

D. $F_1 = 0$, $F_2 = A$

96.JK 触发器及其输入信号波形如图所示,该触发器的初值为 0,则它的输出 Q 为:

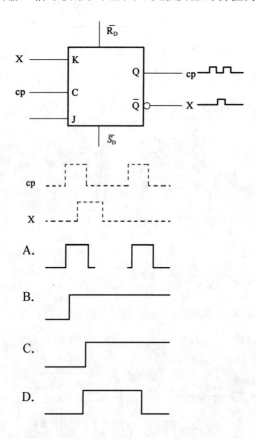

97.存储器的主要功能是:

    A.自动计算   B.进行输入/输出

    C.存放程序和数据   D.进行数值计算

98.按照应用和虚拟机的观点,软件可分为:

    A.系统软件,多媒体软件,管理软件

    B.操作系统,硬件管理系统和网络系统

    C.网络系统,应用软件和程序设计语言

    D.系统软件,支撑软件和应用软件

99.信息具有多个特征,下列四条关于信息特征的叙述中,有错误的一条是:

    A.信息的可识别性,信息的可变性,信息的可流动性

    B.信息的可处理性,信息的可存储性,信息的属性

    C.信息的可再生性,信息的有效性和无效性,信息的使用性

    D.信息的可再生性,信息的独立存在性,信息的不可失性

100.将八进制数 763 转换成相应的二进制数,其正确的结果是:

    A.110101110   B.110111100

    C.100110101   D.111110011

101.计算机的内存储器以及外存储器的容量通常:

    A.以字节即 8 位二进制数为单位来表示

    B.以字即 16 位二进制数为单位来表示

    C.以二进制数为单位来表示

    D.以双字即 32 位二进制数为单位来表示

102.操作系统是一个庞大的管理控制程序,它由五大管理功能组成,在下面四个选项中,不属于这五大管理功能的是:

    A.作业管理,存储管理   B.设备管理,文件管理

    C.进程与处理器调度管理,存储管理   D.中断管理,电源管理

103.在 Windows 中,对存储器采用分页存储管理技术时,规定一个页的大小为:

    A.4G 字节   B.4K 字节

    C.128M 字节   D.16K 字节

104.为解决主机与外围设备操作速度不匹配的问题,Windows采用了下列哪项技术来解决这个矛盾:

　　A.缓冲技术　　　　　　　　　　B.流水线技术

　　C.中断技术　　　　　　　　　　D.分段、分页技术

105.计算机网络技术涉及:

　　A.通信技术和半导体工艺技术

　　B.网络技术和计算机技术

　　C.通信技术和计算机技术

　　D.航天技术和计算机技术

106.计算机网络是一个复合系统,共同遵守的规则称为网络协议,网络协议主要由:

　　A.语句、语义和同步三个要素构成

　　B.语法、语句和同步三个要素构成

　　C.语法、语义和同步三个要素构成

　　D.语句、语义和异步三个要素构成

107.关于现金流量的下列说法中,正确的是:

　　A.同一时间点上现金流入和现金流出之和,称为净现金流量

　　B.现金流量图表示现金流入、现金流出及其与时间的对应关系

　　C.现金流量图的零点表示时间序列的起点,同时也是第一个现金流量的时间点

　　D.垂直线的箭头表示现金流动的方向,箭头向上表示现金流出,即表示费用

108.项目前期研究阶段的划分,下列正确的是:

　　A.规划,研究机会和项目建议书

　　B.机会研究,项目建议书和可行性研究

　　C.规划,机会研究,项目建议书和可行性研究

　　D.规划,机会研究,项目建议书,可行性研究,后评价

109.某项目建设期3年,共贷款1000万元,第一年贷款200万元,第二年贷款500万元,第三年贷款300万元,贷款在各年内均衡发生,贷款年利率为7%,建设期内不支付利息,建设期利息为:

　　A.98.00万元　　　　　　　　　　B.101.22万元

　　C.138.46万元　　　　　　　　　　D.62.33万元

110. 下列不属于股票融资特点的是：

    A. 股票融资所筹备的资金是项目的股本资金,可作为其他方式筹资的基础

    B. 股票融资所筹资金没有到期偿还问题

    C. 普通股票的股利支付,可视融资主体的经营好坏和经营需要而定

    D. 股票融资的资金成本较低

111. 融资前分析和融资后分析的关系,下列说法中正确的是：

    A. 融资前分析是考虑债务融资条件下进行的财务分析

    B. 融资后分析应广泛应用于各阶段的财务分析

    C. 在规划和机会研究阶段,可以只进行融资前分析

    D. 一个项目财务分析中融资前分析和融资后分析两者必不可少

112. 经济效益计算的原则是：

    A. 增量分析的原则

    B. 考虑关联效果的原则

    C. 以全国居民作为分析对象的原则

    D. 支付意愿原则

113. 某建设项目年设计生产能力为 8 万台,年固定成本为 1200 万元,产品单台售价为 1000 元,单台产品可变成本为 600 元,单台产品销售税金及附加为 150 元,则该项目的盈亏平衡点的产销量为：

    A. 48000 台   B. 12000 台   C. 30000 台   D. 21819 台

114. 下列可以提高产品价值的是：

    A. 功能不变,提高成本

    B. 成本不变,降低功能

    C. 成本增加一些,功能有很大提高

    D. 功能很大降低,成本降低一些

115. 按照《中华人民共和国建筑法》规定,建设单位申领施工许可证,应该具备的条件之一是：

    A. 拆迁工作已经完成

    B. 已经确定监理企业

    C. 有保证工程质量和安全的具体措施

    D. 建设资金全部到位

116. 根据《中华人民共和国招标投标法》的规定，下列包括在招标公告中的是：

    A. 招标项目的性质、数量   B. 招标项目的技术要求

    C. 对投标人员资格的审查标准   D. 拟签订合同的主要条款

117. 按照《中华人民共和国合同法》的规定，招标人在招标时，招标公告属于合同订立过程中的：

    A. 邀约   B. 承诺

    C. 要约邀请   D. 以上都不是

118. 根据《中华人民共和国节约能源法》的规定，为了引导用能单位和个人使用先进的节能技术、节能产品，国务院管理节能工作的部门会同国务院有关部门：

    A. 发布节能技术政策大纲

    B. 公布节能技术、节能产品的推广目录

    C. 支持科研单位和企业开展节能技术的应用研究

    D. 开展节能共性和关键技术，促进节能技术创新和成果转化

119. 根据《中华人民共和国环境保护法》的规定，有关环境质量标准的下列说法中，正确的是：

    A. 对国家污染物排放标准中已经作出规定的项目，不得再制定地方污染物排放标准

    B. 地方人民政府对国家环境质量标准中未作出规定的项目，不得制定地方标准

    C. 地方污染物排放标准必须经过国务院环境主管部门的审批

    D. 向已有地方污染物排放标准的区域排放污染物的，应当执行地方排放标准

120. 根据《建设工程勘察设计管理条例》的规定，编制初步设计文件应当：

    A. 满足编制方案设计文件和控制概算的需要

    B. 满足编制施工招标文件、主要设备材料订货和编制施工图设计文件的需要

    C. 满足非标准设备制作，并注明建筑工程合理使用年限

    D. 满足设备材料采购和施工的需要

2009 年度全国勘察设计注册工程师执业资格考试基础考试（上）试题解析及参考答案

1. **解**
$$\vec{\alpha} \times \vec{\beta} = \begin{vmatrix} \vec{i} & \vec{j} & \vec{k} \\ -1 & 3 & 1 \\ 1 & 1 & t \end{vmatrix} = \vec{i}(-1)^{1+1}\begin{vmatrix} 3 & 1 \\ 1 & t \end{vmatrix} + \vec{j}(-1)^{1+2}\begin{vmatrix} -1 & 1 \\ 1 & t \end{vmatrix} +$$

$$\vec{k}(-1)^{1+3}\begin{vmatrix} -1 & 3 \\ 1 & 1 \end{vmatrix} = (3t-1)\vec{i} + (t+1)\vec{j} - 4\vec{k}$$

已知 $\vec{\alpha} \times \vec{\beta} = -4\vec{i} - 4\vec{k}$

则 $-4 = 3t - 1, t = -1$

或 $t + 1 = 0, t = -1$

答案：C

2. **解** 直线的点向式方程为 $\dfrac{x-1}{-1} = \dfrac{y+1}{1} = \dfrac{z-0}{1}, \vec{s} = \{-1, 1, 1\}$。平面 $x + y + z + 1 = 0$，平面法向量 $\vec{n} = \{1, 1, 1\}$。而 $\vec{n} \cdot \vec{s} = \{1, 1, 1\} \cdot \{-1, 1, 1\} = 1 \neq 0$，故 $\vec{n}$ 不垂直于 $\vec{s}$。且 $\vec{s}, \vec{n}$ 坐标不成比例，即 $\dfrac{-1}{1} \neq \dfrac{1}{1}$，因此 $\vec{n}$ 不平行于 $\vec{s}$。从而可知直线与平面不平行、不重合且直线也不垂直于平面。

答案：D

3. **解** 方法 1：可通过画出函数图形判定（见图）。

方法 2：求导数 $f'(x) = \begin{cases} 1 & x > 0 \\ -2x & x < 0 \end{cases}$

在 $(-\infty, +\infty)$ 内，$f'(x) > 0$。

答案：B

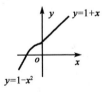

题 3 解图

4. **解** 通过举例来说明。

设点 $x_0 = 0, f(x) = \begin{cases} 1, x \geq 0 \\ 0, x < 0 \end{cases}$，在 $x_0 = 0$ 间断，$g(x) = 0$，在 $x_0 = 0$ 连续，而 $f(x) \cdot g(x) = 0$，在 $x_0 = 0$ 连续。

设点 $x_0=0$，$f(x)=\begin{cases}1,x\geqslant0\\0,x<0\end{cases}$，在 $x_0=0$ 处间断，$g(x)=1$，在 $x_0=0$ 处连续，而 $f(x)\cdot$

$g(x)=\begin{cases}1,x\geqslant0\\0,x<0\end{cases}$，在 $x_0=0$ 处间断。

答案：D

5. 解　利用复合函数求导公式计算，本题由 $y=u^2$，$u=\cos v$，$v=\dfrac{1}{x}$ 复合而成。所以

$$y'=\left(\cos^2\frac{1}{x}\right)'=2\cos\frac{1}{x}\cdot\left(-\sin\frac{1}{x}\right)\cdot\left(-\frac{1}{x^2}\right)=\frac{1}{x^2}\sin\frac{2}{x}。$$

答案：A

6. 解　利用拉格朗日中值定理计算，$f(x)$ 在 $[x,x+\Delta x]$ 连续，在 $(x,x+\Delta x)$ 可导，则

有 $f(x+\Delta x)-f(x)=f'(\xi)\Delta x$。

即 $\Delta y=f'(\xi)\Delta x$（至少存在一点 ξ，$x<\xi<x+\Delta x$）。

答案：C

7. 解　本题为二元复合函数求全微分，计算公式为 $\mathrm{d}z=\dfrac{\partial z}{\partial x}\mathrm{d}x+\dfrac{\partial z}{\partial y}\mathrm{d}y$，$\dfrac{\partial z}{\partial x}=f'(x^2-$

$y^2)\cdot2x$，$\dfrac{\partial z}{\partial y}=f'(x^2-y^2)\cdot(-2y)$，代入得：

$$\mathrm{d}z=f'(x^2-y^2)\cdot2x\mathrm{d}x+f'(x^2-y^2)(-2y)\mathrm{d}y=2f'(x^2-y^2)(x\mathrm{d}x-y\mathrm{d}y)$$

答案：D

8. 解　将积分变形：$\displaystyle\int\frac{1}{\sqrt{x}}f(\sqrt{x})\mathrm{d}x=\int f(\sqrt{x})\mathrm{d}(2\sqrt{x})=2\int f(\sqrt{x})\mathrm{d}\sqrt{x}$，利用已知

条件 $\displaystyle\int f(x)\mathrm{d}x=F(x)+C$，得出 $\displaystyle\int\frac{1}{\sqrt{x}}f(\sqrt{x})\mathrm{d}x=2F(\sqrt{x})+C$。

答案：B

9. 解　利用公式 $\cos2x=\cos^2x-\sin^2x$，将被积函数变形：

$$原式=\int\frac{\cos^2x-\sin^2x}{\sin^2x\cos^2x}\mathrm{d}x=\int\left(\frac{1}{\sin^2x}-\frac{1}{\cos^2x}\right)\mathrm{d}x$$

$$=\int\frac{1}{\sin^2x}\mathrm{d}x-\int\frac{1}{\cos^2x}\mathrm{d}x$$

$$=-\cot x-\tan x+C$$

答案：C

10.解 本题为求复合的积分上限函数的导数,利用公式 $\dfrac{\mathrm{d}}{\mathrm{d}x}\displaystyle\int_0^{g(x)}\sqrt{1-t^2}\,\mathrm{d}t=\sqrt{1-g^2(x)}\cdot$

$g'(x)$ 计算。

所以 $\dfrac{\mathrm{d}}{\mathrm{d}x}\displaystyle\int_0^{\cos x}\sqrt{1-t^2}\,\mathrm{d}t=\sqrt{1-\cos^2 x}\cdot(-\sin x)$

$$=-\sin x\sqrt{\sin^2 x}=-\sin x\,|\sin x|$$

答案: D

11.解 逐项排除法。

选项 A:$x=0$ 为被积函数 $f(x)=\dfrac{1}{x^2}$ 的无穷不连续点,计算方法:

$$\int_{-1}^1\frac{1}{x^2}\,\mathrm{d}x=\int_{-1}^0\frac{1}{x^2}\,\mathrm{d}x+\int_0^1\frac{1}{x^2}\,\mathrm{d}x$$

只要判断其中一个发散,即广义积分发散,计算 $\displaystyle\int_0^1\frac{1}{x^2}\,\mathrm{d}x=-\left.\frac{1}{x}\right|_0^1=-1+\lim_{x\to 0^+}\frac{1}{x}=$

$+\infty$,所以选项 A 错误。

选项 B:$\dfrac{\mathrm{d}}{\mathrm{d}x}\displaystyle\int_0^{x^2}f(t)\,\mathrm{d}t=f(x^2)\cdot 2x$,显然错误。

选项 C:$\displaystyle\int_1^{+\infty}\frac{1}{\sqrt{x}}\,\mathrm{d}x=2\sqrt{x}\,\Big|_1^{+\infty}\,2(\lim_{x\to\infty}\sqrt{x}-1)=+\infty$ 发散,正确。

选项 D:由 $\dfrac{1}{\sqrt{2\pi}}\,e^{-\frac{x^2}{2}}$ 为标准正态分布的概率密度函数,可知 $\displaystyle\int_{-\infty}^0 e^{-\frac{x^2}{2}}\,\mathrm{d}x$ 收敛。

也可用该方法判定:因 $\displaystyle\int_{-\infty}^0 e^{-\frac{x^2}{2}}\,\mathrm{d}x=\int_{-\infty}^0 e^{-\frac{y^2}{2}}\,\mathrm{d}y$,$\displaystyle\int_{-\infty}^0 e^{-\frac{x^2}{2}}\,\mathrm{d}x\int_{-\infty}^0 e^{-\frac{y^2}{2}}\,\mathrm{d}y=\int_{-\infty}^0$

$\displaystyle\int_{-\infty}^0 e^{-\frac{x^2+y^2}{2}}\,\mathrm{d}x\,\mathrm{d}y=\int_{\pi}^{\frac{3}{2}\pi}\mathrm{d}\theta\int_0^{+\infty}re^{-\frac{r^2}{2}}\,\mathrm{d}r=\frac{\pi}{2}\left[-\int_0^{+\infty}e^{-\frac{r^2}{2}}\,\mathrm{d}\left(-\frac{r^2}{2}\right)\right]=-\frac{\pi}{2}e^{-\frac{r^2}{2}}\Big|_0^{+\infty}=\frac{\pi}{2}$;因此,

$\left(\displaystyle\int_{-\infty}^0 e^{-\frac{x^2}{2}}\,\mathrm{d}x\right)^2=\frac{\pi}{2}$,$\displaystyle\int_{-\infty}^0 e^{-\frac{x^2}{2}}\,\mathrm{d}x=\sqrt{\frac{\pi}{2}}$ 收敛,选项 D 错误。

答案: C

12.解 利用柱面坐标计算三重积分。

立体体积 $V=\displaystyle\iiint 1\,\mathrm{d}V$,联立 $\begin{cases}x^2+y^2+z^2=2z\\ z=x^2+y^2\end{cases}$,消 z 得

$D_{xy}:x^2+y^2\leqslant 1$。

由 $x^2+y^2+z^2=2z$,得到 $x^2+y^2+(z-1)^2=1$,$(z-1)^2=1-x^2-y^2$,$z-1=$

$\pm\sqrt{1-x^2-y^2}$,$z=1\pm\sqrt{1-x^2-y^2}$,取 $z=1-\sqrt{1-x^2-y^2}$。

$1-\sqrt{1-x^2-y^2}\leqslant z\leqslant x^2+y^2$,即 $1-\sqrt{1-r^2}\leqslant z\leqslant r^2$,积分区域 Ω 在柱面坐标

下的形式为 $\begin{cases} 1-\sqrt{1-r^2} \leqslant z \leqslant r^2 \\ \quad\quad 0 \leqslant r \leqslant 1 \\ \quad\quad 0 \leqslant \theta \leqslant 2\pi \end{cases}$ ，$dV = rdrd\theta dz$，写成三次积分。

先对 z 积分，再对 r 积分，最后对 θ 积分，即得选项 D。

答案：D

13.解 通过举例说明。

①取 $u_n = 1$，级数 $\sum\limits_{n=1}^{\infty} u_n = \sum\limits_{n=1}^{\infty} 1$，级数发散，而 $\sum\limits_{n=1}^{\infty}(u_{2n} - u_{2n+1}) = \sum\limits_{n=1}^{\infty}(1-1) = \sum\limits_{n=1}^{\infty} 0$，级数收敛。

②取 $u_n = 0$，$\sum\limits_{n=1}^{\infty} u_n = \sum\limits_{n=1}^{\infty} 0$，级数收敛，而 $\sum\limits_{n=1}^{\infty}(u_{2n} - u_{2n+1}) = \sum\limits_{n=1}^{\infty} 0$，级数收敛。

答案：B

14.解 将函数 $\dfrac{1}{3-x}$ 变形，利用公式 $\dfrac{1}{1-x} = 1 + x + x^2 + \cdots + x^n + \cdots$ $(-1,1)$，将函数展开成 $x-1$ 幂级数，即变形 $\dfrac{1}{3-x} = \dfrac{1}{2-(x-1)} = \dfrac{1}{2\left(1-\dfrac{x-1}{2}\right)} = \dfrac{1}{2} \cdot \dfrac{1}{1-\dfrac{x-1}{2}}$，利用公式写出最后结果。

所以 $\dfrac{1}{3-x} = \dfrac{1}{2}\left[1 + \dfrac{x-1}{2} + \left(\dfrac{x-1}{2}\right)^2 + \cdots + \left(\dfrac{x-1}{2}\right)^n\right] = \dfrac{1}{2}\sum\limits_{n=0}^{\infty}\left(\dfrac{x-1}{2}\right)^n = \sum\limits_{n=0}^{\infty}\dfrac{(x-1)^n}{2^{n+1}}$。

答案：C

15.解 方程的类型为可分离变量方程，将方程分离变量得 $-\dfrac{1}{3+2y}dy = \dfrac{x}{1+x^2}dx$，两边积分：

$$-\int \frac{1}{3+2y}dy = \int \frac{x}{1+x^2}dx$$

$$-\frac{1}{2}\int \frac{1}{3+2y}d(3+2y) = \frac{1}{2}\int \frac{1}{1+x^2}d(x^2+1)$$

$$-\frac{1}{2}\ln(3+2y) = \frac{1}{2}\ln(1+x^2) + C$$

$$\frac{1}{2}\ln(1+x^2) + \frac{1}{2}\ln(3+2y) = -C$$

$\ln(1+x^2) + \ln(3+2y) = -2C$，令 $-2C = \ln C_1$，$\ln(1+x^2) + \ln(3+2y) = \ln C_1$，故 $(1+x^2)(3+2y) = C_1$。

答案：B

16.解 本题为可降阶的高阶微分方程，按不显含变量 x 计算。设 $y' = P$，$y'' = P'$，方

程化为 $P'+aP^2=0$，$\dfrac{\mathrm{d}P}{\mathrm{d}x}=-aP^2$，分离变量，$\dfrac{1}{P^2}\mathrm{d}P=-a\mathrm{d}x$，积分得 $-\dfrac{1}{P}=-ax+C_1$，代

入初始条件 $x=0$，$P=y'=-1$，得 $C_1=1$，即 $-\dfrac{1}{P}=-ax+1$，$P=\dfrac{1}{ax-1}$，$\dfrac{\mathrm{d}y}{\mathrm{d}x}=\dfrac{1}{ax-1}$，求出

通解，代入初始条件，求出特解。

即 $y=\displaystyle\int\dfrac{1}{ax-1}\mathrm{d}x=\dfrac{1}{a}\ln|ax-1|+C$，代入初始条件 $x=0$，$y=0$，得 $C=0$。

故特解为 $y=\dfrac{1}{a}\ln|1-ax|$。

答案：A

17.**解**　利用行列式的运算性质变形、化简。

A 项：$|\alpha_2,\alpha_1,\alpha_3| \xmapsto{c_1\leftrightarrow c_2} -|\alpha_1,\alpha_2,\alpha_3|$，错误。

B 项：$|-\alpha_2,-\alpha_3,-\alpha_1|=(-1)^3|\alpha_2,\alpha_3,\alpha_1| \xmapsto{c_1\leftrightarrow c_3} (-1)^3(-1)|\alpha_1,\alpha_3,\alpha_2| \xmapsto{c_2\leftrightarrow c_3}$
$(-1)^3(-1)(-1)|\alpha_1,\alpha_2,\alpha_3|=-|\alpha_1,\alpha_2,\alpha_3|$，错误。

C 项：$|\alpha_1+\alpha_2,\alpha_2+\alpha_3,\alpha_3+\alpha_1|=|\alpha_1,\alpha_2+\alpha_3,\alpha_3+\alpha_1|+|\alpha_2,\alpha_2+\alpha_3,\alpha_3+\alpha_1|=|\alpha_1,\alpha_2+\alpha_3,\alpha_3|+|\alpha_1,\alpha_2+\alpha_3,\alpha_1|+|\alpha_2,\alpha_2+\alpha_3,\alpha_3|+|\alpha_2,\alpha_2+\alpha_3,\alpha_1|=|\alpha_1,\alpha_2+\alpha_3,\alpha_3|+|\alpha_2,\alpha_3,\alpha_1|=|\alpha_1,\alpha_2,\alpha_3|+|\alpha_2,\alpha_3,\alpha_1|=|\alpha_1,\alpha_2,\alpha_3|+|\alpha_1,\alpha_2,\alpha_3|=2|\alpha_1,\alpha_2,\alpha_3|$，错误。

D 项：$|\alpha_1,\alpha_2,\alpha_3+\alpha_2+\alpha_1| \xmapsto{(-1)c_1+c_3} |\alpha_1,\alpha_2,\alpha_3+\alpha_2| \xmapsto{(-1)c_2+c_3} |\alpha_1,\alpha_2,\alpha_3|$，正确。

答案：D

18.**解**　A、B 为非零矩阵且 $AB=0$，由矩阵秩的性质可知 $r(A)+r(B)\leqslant n$，而 A、B 为非零矩阵，则 $r(A)\geqslant 1$，$r(B)\geqslant 1$，又因 $r(A)<n$，$r(B)<n$，则由 $1\leqslant r(A)<n$，知 $A_{m\times n}$ 的列向量相关，$1\leqslant r(B)<n$，$B_{n\times l}$ 的行向量相关，从而选项 B、C、D 均成立。

答案：A

19.**解**　利用矩阵的特征值、特征向量的定义判定，即问满足式子 $Bx=\lambda x$ 中的 x 是什么向量？已知 α 是 A 属于特征值 λ 的特征向量，故

$$A\alpha=\lambda\alpha \qquad\qquad ①$$

将已知式子 $B=P^{-1}AP$ 两边，左乘矩阵 P，右乘矩阵 P^{-1}，得 $PBP^{-1}=PP^{-1}APP^{-1}$，化简为 $PBP^{-1}=A$，即

$$A=PBP^{-1} \qquad\qquad ②$$

将②式代入①式，得

$$PBP^{-1}\alpha=\lambda\alpha \qquad\qquad ③$$

将③式两边左乘 $\boldsymbol{P}^{-1}$，得 $\boldsymbol{BP}^{-1}\boldsymbol{\alpha}=\lambda\boldsymbol{P}^{-1}\boldsymbol{\alpha}$，即 $\boldsymbol{B}(\boldsymbol{P}^{-1}\boldsymbol{\alpha})=\lambda(\boldsymbol{P}^{-1}\boldsymbol{\alpha})$，成立。

答案：B

20. 解　由合同矩阵定义，若存在一个可逆矩阵 $\boldsymbol{C}$，使 $\boldsymbol{C}^{\mathrm{T}}\boldsymbol{AC}=\boldsymbol{B}$，则称 $\boldsymbol{A}$ 合同于 $\boldsymbol{B}$。

取 $\boldsymbol{C}=\begin{bmatrix}-1&0\\0&1\end{bmatrix}$，$|\boldsymbol{C}|=-1\neq0$，$\boldsymbol{C}$ 可逆，可验证 $\boldsymbol{C}^{\mathrm{T}}\boldsymbol{AC}=\begin{bmatrix}1&-1\\-1&2\end{bmatrix}$。

答案：A

21. 解　$P(\overline{A}-B)=P(\overline{A}\,\overline{B})=P(\overline{A\cup B})=0.3,P(A\cup B)=1-P(\overline{A\cup B})=0.7$

答案：B

22. 解　(1)判断选项 A、B 对错。

方法 1：利用定积分、广义积分的几何意义

$$P(a<X<b)=\int_a^b f(x)\mathrm{d}x=S$$

S 为 $[a,b]$ 上曲边梯形的面积。

$N(0,\sigma^2)$ 的概率密度为偶函数，图形关于直线 $x=0$ 对称。

因此选项 B 对，选项 A 错。

方法 2：利用正态分布概率计算公式

$$P(X\leqslant\lambda)=\varPhi\left(\frac{\lambda-0}{\sigma}\right)=\varPhi\left(\frac{\lambda}{\sigma}\right)$$

$$P(X\geqslant\lambda)=1-P(X<\lambda)=1-\varPhi\left(\frac{\lambda}{\sigma}\right)$$

$$P(X\leqslant-\lambda)=\varPhi\left(\frac{-\lambda}{\sigma}\right)=1-\varPhi\left(\frac{\lambda}{\sigma}\right)$$

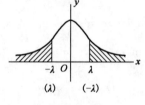

题 22 解图

选项 B 对，选项 A 错。

(2)判断选项 C、D 对错。

方法 1：验算数学期望与方差

$E(X-\lambda)=\mu-\lambda=0-\lambda=-\lambda\neq\lambda(\lambda\neq0$ 时$)$，选项 C 错；

$D(\lambda X)=\lambda^2\sigma^2\neq\lambda\sigma^2(\lambda\neq0,\lambda\neq1$ 时$)$，选项 D 错。

方法 2：利用结论

若 $X\sim N(\mu,\sigma^2)$，a,b 为常数且 $a\neq0$，则 $aX+b\sim N(a\mu+b,a^2\sigma^2)$；

$X-\lambda\sim N(-\lambda,\sigma^2)$，选项 C 错；

$\lambda X\sim N(0,\lambda^2\sigma^2)$，选项 D 错。

答案：B

23. 解　$E(Y)=E\left(\dfrac{1}{X}\right)=\displaystyle\int_0^2\dfrac{1}{x}\cdot\dfrac{3}{8}x^2\mathrm{d}x=\dfrac{3}{4}$。

答案：A

24. **解** 似然函数［将 $f(x)$ 中的 x 改为 x_i 并写在 $\prod\limits_{i=1}^{n}$ 后面］：

$$L(\theta) = \prod_{i=1}^{n} e^{-(x_i-\theta)}, \quad x_1, x_2, \cdots, x_n \geqslant \theta$$

$$\ln L(\theta) = \sum_{i=1}^{n} \ln e^{-(x_i-\theta)} = \sum_{i=1}^{n}(\theta - x_i) = n\theta - \sum_{i=1}^{n} x_i$$

$$\frac{\mathrm{d}\ln L(\theta)}{\mathrm{d}\theta} = n > 0$$

$\ln L(\theta)$ 及 $L(\theta)$ 均为 θ 的单调增函数，θ 取最大值时，$L(\theta)$ 取最大值。

由于 $x_1, x_2 \cdots, x_n \geqslant \theta$，因此 θ 的最大似然估计值为 $\min(x_1, x_2, \cdots, x_n)$。

答案：C

25. **解** 分子平均平动动能 $\overline{w} = \dfrac{3}{2}kT$。

答案：C

26. **解** 气体分子的平均碰撞频率 $\overline{Z} = \sqrt{2}\pi d^2 n\overline{v}$，其中 $\overline{v}$ 为分子的平均速率，n 为分子数密度（单位体积内分子数），$\overline{v} = 1.6\sqrt{\dfrac{RT}{M}}$，$p = nkT$，于是 $\overline{Z} = \sqrt{2}\pi d^2 \dfrac{p}{kT}1.6$

$\sqrt{\dfrac{RT}{M}} = \sqrt{2}\pi d^2 \dfrac{p}{k}1.6\sqrt{\dfrac{R}{MT}}$，所以 p 不变时，$\overline{Z}$ 与 $\sqrt{T}$ 成反比。

答案：C

27. **解** 因为气体内能与温度有关，今降到初始温度，$\Delta T = 0$，则 $\Delta E_{内} = 0$；又等压膨胀和绝热膨胀都对外做功，$W > 0$。

答案：A

28. **解** 根据热力学第一定律 $Q = \Delta E + W$，注意到"在压缩过程中外界做功 209J"，即系统对外做功 $W = -209\text{J}$。又 $\Delta E = 120\text{J}$，故 $Q = 120 + (-209) = -89\text{J}$，即系统对外放热 89J，也就是说外界传给气体的热量为 -89J。

答案：A

29. **解** 比较平面谐波的波动方程 $y = A\cos 2\pi\left(\dfrac{t}{T} - \dfrac{x}{\lambda}\right)$。

$y = A\cos(Bt - Cx) = A\cos 2\pi\left(\dfrac{Bt}{2\pi} - \dfrac{Cx}{2\pi}\right) = A\cos 2\pi\left(\dfrac{t}{\frac{2\pi}{B}} + \dfrac{x}{\frac{2\pi}{C}}\right)$，故周期 $T = \dfrac{2\pi}{B}$，频率

$\nu = \dfrac{B}{2\pi}$，波长 $\lambda = \dfrac{2\pi}{C}$，由此波速 $u = \lambda\nu = \dfrac{B}{C}$。

答案:B

30. 解 质元经过平衡位置时,速度最大,故动能最大,根据机械波动特征,质元动能最大势能也最大。

答案:C

31. 解 声学基础知识。

答案:C

32. 解 双缝干涉时,条纹间距 $\Delta x = \lambda_n \dfrac{D}{d}$,在空气中干涉,有 $1.33 \approx \lambda \dfrac{D}{d}$,此光在水中的波长为 $\lambda_n = \dfrac{\lambda}{n}$,此时条纹间距 $\Delta x(水) = \dfrac{\lambda D}{nd} = \dfrac{1.33}{n} = 1\text{mm}$ 。

答案:C

33. 解 劈尖暗纹出现的条件为 $\delta = 2ne + \dfrac{\lambda}{2} = (2k+1)\dfrac{\lambda}{2}$, $k = 0, 1, 2, \cdots$ 。令 $k = 3$,有 $2ne + \dfrac{\lambda}{2} = \dfrac{7\lambda}{2}$,得出 $e = \dfrac{3\lambda}{2n}$ 。

答案:A

34. 解 对迈克尔逊干涉仪,条纹移动 $\Delta x = \Delta n \dfrac{\lambda}{2}$,令 $\Delta x = 0.62$, $\Delta n = 2300$,则

$$\lambda = \frac{2 \times \Delta x}{\Delta n} = \frac{2 \times 0.62}{2300} = 5.39 \times 10^{-4} \text{mm} = 539 \text{nm}$$

注:$1\text{nm} = 10^{-9}\text{m} = 10^{-6}\text{mm}$ 。

答案:B

35. 解 $(a+b)\sin\phi = k\lambda$, $k = 1, 2, 3, \cdots$,即 $k_1\lambda_1 = k_2\lambda_2$, $\dfrac{k_1}{k_2} = \dfrac{\lambda_2}{\lambda_1} = \dfrac{750}{450} = \dfrac{5}{3}$ 。

故重叠处波长 λ_2 的级数 k_2 必须是 3 的整数倍,即 $3, 6, 9, 12, \cdots$ 。

答案:D

36. 解 注意到"当折射角为 $30°$ 时,反射光为完全偏振光",说明此时入射角即起偏角 i_0 。

根据 $i_0 + \gamma_0 = \dfrac{\pi}{2}$, $i_0 = 60°$,再由 $\tan i_0 = \dfrac{n_2}{n_1}$, $n_1 \approx 1$,可得 $n_2 = \tan 60° = \sqrt{3}$ 。

答案:D

37. 解 反应自发性判据(最小自由能原理):$\Delta G < 0$,自发过程,过程能向正方向进行;$\Delta G = 0$,平衡状态;$\Delta G > 0$,非自发过程,过程能向逆方向进行。

由公式 $\Delta G = \Delta H - T\Delta S$ 及自发判据可知,当 ΔH 和 ΔS 均小于零时,ΔG 在低温时小于零,所以低温自发,高温非自发。转换温度 $T = \dfrac{\Delta H}{\Delta S}$ 。

答案：A

38.解 根据电极电势的能斯特方程式

$$\varphi(Cl_2/Cl^-) = \varphi^\Theta(Cl_2/Cl^-) + \frac{0.0592}{n}\lg\frac{\left[\frac{p(Cl_2)}{p^\Theta}\right]}{\left[\frac{c(Cl)}{c^\Theta}\right]^2} = 1.358 + \frac{0.0592}{2}\times\lg 10 = 1.388V$$

答案：C

39.解 电对中,斜线右边为氧化态,斜线左边为还原态。电对的电极电势越大,表示电对中氧化态的氧化能力越强,是强氧化剂;电对的电极电势越小,表示电对中还原态的还原能力越强,是强还原剂。所以依据电对电极电势大小顺序,知氧化剂强弱顺序：$F_2 > Fe^{3+} > Mg^{2+} > Na^+$;还原剂强弱顺序：$Na > Mg > Fe^{2+} > F$。

答案：B

40.解 反应速率常数：表示反应物均为单位浓度时的反应速率。升高温度能使更多分子获得能量而成为活化分子,活化分子百分数可显著增加,发生化学反应的有效碰撞增加,从而增大反应速率常数。

答案：A

41.解 波函数 $\psi(n, l, m)$ 可表示一个原子轨道的运动状态。n, l, m 的取值范围：主量子数 n 可取的数值为 1, 2, 3, 4,…;角量子数 l 可取的数值为 0, 1, 2,…,$(n-1)$;磁量子数 m 可取的数值为 0, ± 1, ± 2, ± 3,…, $\pm l$。选项 A 中 n 取 1 时,l 最大取 $n-1=0$。

答案：A

42.解 可以用氧化还原配平法。配平后的方程式为 $MnO_2 + 4HCl = MnCl_2 + Cl_2 + 2H_2O$。

答案：A

43.解 弱酸强碱盐的标准水解常数为：$K_h = \dfrac{K_w}{K_a} = \dfrac{1.0\times10^{-14}}{1.0\times10^{-5}} = 1.0\times10^{-9}$。

答案：A

44.解 苯环含有双键,可以发生加成反应;醛基既可以发生氧化反应,也可以发生还原反应。

答案：C

45.解 聚丙烯酸酯不是无机化合物,是有机化合物,是高分子化合物,不是离子化合物;是共价化合物。

答案：C

46.解 苯甲醛和乙苯可以被高锰酸钾氧化为苯甲酸而使高锰酸钾溶液褪色,苯乙烯的乙烯基可以使高锰酸钾溶液褪色。苯不能使高锰酸钾褪色。

答案:C

47.解 根据力的投影公式,$F_x = F\cos\alpha$,当 $\alpha = 0$ 时 $F_x = F$,即力 $\boldsymbol{F}$ 与 x 轴平行,故只有当力 $\boldsymbol{F}$ 在与 x 轴垂直的 y 轴($\alpha = 90°$)上投影为 0 外,在其余与 x 轴共面轴上的投影均不为 0。

答案:B

48.解 将力系向 A 点简化,F_3 沿作用线移到 A 点,F_3 平移到 A 点附加力偶即主矩 $M_A = M_A(F_2) = \dfrac{\sqrt{3}}{2}aF$,三个力的主矢 $F_{Ry} = 0$,$F_{Rx} = F_1 + F_2\sin30° + F_3\sin30° = 2F$(向左)。

答案:A

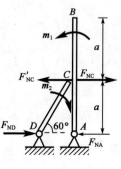

题 49 解图

49.解 根据受力分析,A、C、D 处的约束力均为水平方向(如解图),考虑杆 AB 的平衡 $\sum M = 0$,$m_1 - F_{NC} \cdot a = 0$,可得 $F_{NC} = \dfrac{m_1}{a}$;分析杆 DC,采用力偶的平衡方程 $F'_{NC} \cdot a - m_2 = 0$,$F'_{NC} = F_{NC}$,即得 $m_2 = m_1$。

答案:A

50.解 根据摩擦定律 $F_{max} = W\cos60° \times f = 10\text{kN}$,沿斜面的主动力为 $W\sin60° - F_P = 6.6\text{kN}$,方向向下。由平衡方程得摩擦力的大小应为 6.6kN。

答案:C

51.解 当 $t = 0\text{s}$ 时,$s = 8\text{m}$,当 $t = 3\text{s}$ 时,$s = -10\text{m}$,点的速度 $v = \dfrac{\mathrm{d}s}{\mathrm{d}t} = -4t$,即沿与 s 正方向相反的方向从 8m 处经过坐标原点运动到了 -10m 处,故所经路程为 18m。

答案:C

52.解 根据定轴转动刚体上一点加速度与转动角速度、角加速度的关系:$a_n = \omega^2 l$,$a_\tau = \alpha l$,而题中 $a_n = a\cos\alpha = \omega^2 l$,$\omega = \sqrt{\dfrac{a\cos\alpha}{l}}$,$a_\tau = a\sin\alpha = \alpha l$,$\alpha = \dfrac{a\sin\alpha}{l}$。

答案:B

53.解 物块 B 的速度为:$v_B = \dfrac{\mathrm{d}x}{\mathrm{d}t} = 2kt$;加速度为:$a_B = \dfrac{\mathrm{d}^2 x}{\mathrm{d}t^2} = 2k$;而轮缘点 A 的速度与物块 B 的速度相同,即 $v_A = v_B = 2kt$;轮缘点 A 的切向加速度与物块 B 的加速度相同,

则 $a_A = \sqrt{a_{An}^2 + a_{A\tau}^2} = \sqrt{\left(\dfrac{v_B^2}{R}\right)^2 + a_B^2} = \sqrt{\dfrac{16k^4t^4}{R^2} + 4k^2}$。

答案:D

54.解 将动力学矢量方程 $ma = F + R$,在 x 方向投影,有 $-ma = F - R$。

答案:B

55.解 根据定轴转动刚体动量矩和动能的公式: $L_O = J_O\omega$,$T = \dfrac{1}{2}J_O\omega^2$,其中: $J_O = \dfrac{1}{2}mR^2 + mR^2 = \dfrac{3}{2}mR^2$,$L_O = \dfrac{3}{2}mR^2\omega$,$T = \dfrac{3}{4}mR^2\omega$。

答案:D

56.解 根据定轴转动微分方程 $J_B\alpha = M_B(\boldsymbol{F})$,当杆转动到铅垂位置时,受力如解图所示,杆上所有外力对 B 点的力矩为零,即 $M_B(\boldsymbol{F}) = 0$。

答案:A

57.解 绳剪断瞬时(见解图),杆的 $\omega = 0$,$\alpha = \dfrac{3g}{4l}$;则质心的加速度 $a_{Cx} = 0$,$a_{Cy} = \alpha l = \dfrac{3g}{4}$。

根据质心运动定理: $\dfrac{P}{g}a_{Cy} = P - F_{Ay}$,$F_{Ax} = 0$,$F_{Ay} = P - \dfrac{P}{g} \times \dfrac{3}{4}g = \dfrac{P}{4}$。

答案:B

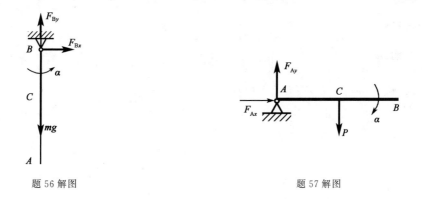

题 56 解图　　　　　　　　题 57 解图

58.解 质点振动的固有频率与倾角无关。

答案:C

59.解 由低碳钢拉伸实验的应力-应变曲线图可知,卸载时的直线规律和再加载时的冷作硬化现象都发生在强化阶段。

答案:C

60.解 把螺钉杆拉伸强度条件 $\sigma = \dfrac{F}{\dfrac{\pi}{4}d^2} = [\sigma]$ 和螺母的剪切强度条件 $\tau = \dfrac{F}{\pi dh} = [\tau]$,

代入$[\sigma]=2[\tau]$，即得$d=2h$。

答案：A

61.**解** 使$\varphi_1=\dfrac{\varphi}{2}$，即$\dfrac{T}{GI_{\text{P1}}}=\dfrac{1}{2}\dfrac{T}{GI_{\text{P}}}$，所以$I_{\text{P1}}=2I_{\text{P}}$，$\dfrac{\pi}{32}d_1^4=2\dfrac{\pi}{32}d^4$，得$d_1=\sqrt[4]{2}d$。

答案：A

62.**解** 圆轴表面$\tau=\dfrac{T}{W_{\text{t}}}$，又$\tau=G\gamma$，所以$T=\tau W_{\text{t}}=G\gamma W_{\text{t}}$。

答案：A

63.**解** 图中正方形截面$I_z^{\text{方}}=\dfrac{a^4}{12}+\left(\dfrac{a}{2}\right)^2\cdot a^2=\dfrac{a^4}{3}$

整个截面$I_z=I_z^{\text{矩}}-I_z^{\text{方}}=\dfrac{bh^3}{12}-\dfrac{a^4}{3}$

答案：C

64.**解** 设F_A向上，$\sum M_{\text{C}}=0$，$m-F_A L=0$，则$F_A=\dfrac{m}{L}$，再用直接法求A截面的剪力$F_{\text{s}}=F_A=\dfrac{m}{L}$。

答案：C

65.**解** 因为钢和铝的弹性模量不同，而4个选项之中只有挠曲线与弹性模量有关，所以选挠曲线。

答案：D

66.**解** 由集中力偶M产生的挠曲线方程$f=\dfrac{Mx^2}{2EI}$是x的二次曲线可知，挠曲线是圆弧的为选项B。

答案：B

67.**解** $\sigma_1=\dfrac{\sigma_x+\sigma_y}{2}+\sqrt{\left(\dfrac{\sigma_x-\sigma_y}{2}\right)^2+\tau_x^2}=\dfrac{40+(-40)}{2}+\sqrt{\left[\dfrac{40-(-40)}{2}\right]^2+30^2}=50\text{MPa}$

答案：D

68.**解** 这显然是偏心拉伸，而且对y、z轴都有偏心。把力F平移到截面形心，要加两个附加力偶矩，该杆将发生轴向拉伸和绕y、z轴的双向弯曲。

答案：B

69.**解** 把力F沿轴线z平移至圆轴截面中心，并加一个附加力偶，则使圆轴产生弯曲和扭转组合变形。最大弯矩$M=FL$，最大扭矩$T=F\dfrac{d}{2}$，$\sigma_{\text{eq3}}=\dfrac{\sqrt{M^2+T^2}}{W_z}=$

$\dfrac{32}{\pi d^3}\sqrt{(FL)^2+\left(\dfrac{Fd}{2}\right)^2}$。

答案:D

70. 解 当压杆 AB 和 CD 同时达到临界荷载时,结构的临界荷载:

$$F_a=2F_{cr}=2\times\dfrac{\pi^2EI}{(0.7L)^2}=4.08\dfrac{\pi^2EI}{L^2}$$

答案:B

71. 解 静压强特性为流体静压强的大小与受压面的方向无关。

答案:B

72. 解 绝对压强要计及液面大气压强,$p=p_0+\rho gh$,$p_0=100\text{kPa}$,代入题设数据后有:$p'=1000\text{kPa}+0.8\times9.8\times3\text{kPa}=123.52\text{kPa}$。

答案:D

73. 解 根据恒定流定义可得,各空间点上所有运动要素均不随时间变化的流动为恒定流。

答案:B

74. 解 相同直径、相同水头的孔口流速大于圆柱形外管嘴流速,但流量小于后者。

答案:C

75. 解 根据明渠均匀流发生的条件可得(明渠均匀流只能发生在顺坡渠道中)。

答案:A

76. 解 根据谢才公式 $v=C\sqrt{Ri}$,当底坡 i 增大时,流速增大,在题设条件下,水深应减小。

答案:A

77. 解 先用经验公式 $R=3000S\sqrt{k}$,求影响半径 R;

再应用普通完全井公式 $Q=1.366\dfrac{k(H^2-h^2)}{\lg\dfrac{R}{r_0}}$。

代入题设数据后有:$R=3000\times(11-8)\times\sqrt{2/3600}=212.1\text{m}$,

流量 $Q=1.366\dfrac{2}{3600}\times\dfrac{11^2-8^2}{\lg\dfrac{212.1}{0.5}}=0.0164\text{m}^3/\text{s}$。

答案:B

78. 解 船在明渠中航行试验,是属于明渠重力流性质,应选用弗劳德准则。

答案：B

79. **解** 带电体是在电场力的作用下做功,其能量来自电场和自身的能量。

答案：C

80. **解** 在直流电源的作用下电容相当于断路 $i_2=0$,电容元件存储的能量与电压的平方成正比。此题中电容电压为 $Ri_1\neq 0$,$i=i_1+i_2=i_1$。

答案：A

81. **解** 根据节电的电流关系 KCL：

$$I_1=1-(-2)-0.5=2.5A,I_2=1.5+1-I_1=0$$

答案：C

82. **解** 对正弦交流电路的三要素在函数式和波形图表达式的关系分析可知：

$$U_m=155.56V;\varphi_u=-90°;\omega=2\pi/T=314rad/s$$

答案：B

83. **解** 在正弦交流电路中,分电压与总电压的大小符合相量关系,电感电压超前电流 $90°$,电容电流落后电流 $90°$。

式 2 应该为：$u_x=u_L+u_C$

式 4 应该为：$U^2=U_R^2+(U_L-U_C)^2$

答案：A

84. **解** 在有储能原件存在的电路中,电感电流和电容电压不能跃变。本电路的输入电压发生了三次跃变。在图示的 RLC 串联电路中因为电感电流不跃变,电阻的电流、电压和电容的电流不会发生跃变。

答案：A

85. **解** 理想变压器的内部损耗为零,$U_1I_1=U_2I_2$,$U_2=I_2R_L$。

答案：A

86. **解** 三相交流电动机的功率因素和效率均与负载的大小有关,电动机接近空载时,功率因素和效率都较低,只有当电动机接近满载工作时,电动机的功率因素和效率才达到较大的数值。

答案：B

87. **解** "信息"指的是人们通过感官接收到的关于客观事物的变化情况；"信号"是信息的表示形式,是传递信息的工具,如声、光、电等。信息是存在于信号之中的。

答案：A

88.**解** 图示信号是用电位高低表示的二进制数 010011,将其转换为十进制的数值是 19。

答案:D

89.**解** $x(t)$ 是原始信号,$u(t)$ 是模拟信号,它们都是时间的连续信号;而 $u^*(t)$ 是经过采样器以后的采样信号,是离散信号。

答案:B

90.**解** 此题可以用叠加原理分析,将信号分解为一个指数信号和一个阶跃信号的叠加。

答案:D

91.**解** 模拟信号放大器的基本要求是不能失真,即要求放大信号的幅度,不可以改变信号的频率。

答案:A

92.**解** 此题要求掌握的是如何将逻辑真值表标示为逻辑表达式。输出变量 F 为在输入变量 ABC 不同组合情况下,为 1 的或逻辑。

答案:B

93.**解** 分析二极管电路的方法,是先将二极管视为断路,判断二极管的端部电压。如果二极管处于正向偏置状态,可将二极管视为短路;如果二极管处于反向偏置状态,可将二极管视为断路。简化后含有二极管的电路已经成为线性电路,用线性电路理论分析可得结果。

答案:B

94.**解** 理解放大电路输入电阻和输出电阻的概念,利用其等效电路计算可得结果。

图 a):$U_{L1} = \dfrac{R_L}{R_s + R_L} U_s = \dfrac{50}{1000 + 50} U_s = \dfrac{U_s}{21}$

图 b):等效电路图

$u_i = u_s \dfrac{r_i \cdot u_s}{r_i + R_s} = \dfrac{U_s}{11}$

$u_{os2} = A_u u_i = \dfrac{U_s}{11}$

$U_{L2} = \dfrac{R_L}{R_L + r_o} U_{os2} = \dfrac{U_s}{22}$

所以 $U_{L2} < U_{L1}$。

答案:C

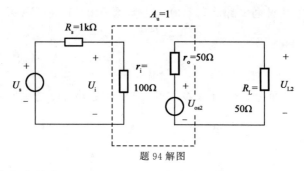

题 94 解图

95.解 左边电路是或门,$F_1 = A + B$,右边电路是与门,$F_2 = A \cdot B$。根据逻辑电路的基本关系即可得到答案。

答案: B

96.解 图示电路是电位触发的 JK 触发器。当 cp 在上升沿时,触发器取输入信号 JK。触发器的状态由 JK 触发器的功能表(略)确定。

答案: B

97.解 存放正在执行的程序和当前使用的数据,它具有一定的运算能力。

答案: C

98.解 按照应用和虚拟机的观点,计算机软件可分为系统软件、支撑软件、应用软件三类。

答案: D

99.解 信息有以下主要特征:可识别性、可变性、可流动性、可存储性、可处理性、可再生性、有效性和无效性、属性和可使用性。

答案: D

100.解 一位八进制对应三位二进制,7 对应 111,6 对应 110,3 对应 011。

答案: D

101.解 内存储器容量是指内存存储容量,即内容储存器能够存储信息的字节数。外储器是可将程序和数据永久保存的存储介质,可以说其容量是无限的。字节是信息存储中常用的基本单位。

答案: A

102.解 操作系统通常包括几大功能模块:处理器管理、作业管理、存储器管理、设备管理、文件管理、进程管理。

答案: D

103.解 Windows 中,对存储器的管理采取分段存储、分页存储管理技术。一个存储段可以小至 1 个字节,大至 4G 字节,而一个页的大小规定为 4K 字节。

答案:B

104. **解** Windows 采用了缓冲技术来解决主机与外设的速度不匹配问题,如使用磁盘高速缓冲存储器,以提高磁盘存储速率,改善系统整体功能。

答案:A

105. **解** 计算机网络是计算机技术和通信技术的结合产物。

答案:C

106. **解** 计算机网络协议的三要素:语法、语义、同步。

答案:C

107. **解** 现金流量图表示的是现金流入、现金流出与时间的对应关系。同一时间点上的现金流入和现金流出之差,称为净现金流量。箭头向上表示现金流入,向下表示现金流出。现金流量图的零点表示时间序列的起点,但第一个现金流量不一定发生在零点。

答案:B

108. **解** 投资项目前期研究可分为机会研究(规划)阶段、项目建议书(初步可行性研究)阶段、可行性研究阶段。

答案:B

109. **解** 根据题意,贷款在各年内均衡发生,建设期内不支付利息,则

第一年利息:(200/2)×7%=7 万元

第二年利息:(200+500/2+7)×7%=31.99 万元

第三年利息:(200+500+300/2+7+31.99)×7%=62.23 万元

建设期贷款利息:7+31.99+62.23=101.22 万元

答案:B

110. **解** 股票融资(权益融资)的资金成本一般要高于债权融资的资金成本。

答案:D

111. **解** 融资前分析不考虑融资方案,在规划和机会研究阶段,一般只进行融资前分析。

答案:C

112. **解** 经济效益的计算应遵循支付意愿原则和接受补偿原则(受偿意愿原则)。

答案:D

113. **解** 按盈亏平衡产量公式计算:

$$盈亏平衡点产销量 = \frac{1200 \times 10^4}{1000 - 600 - 150} = 48000 \text{ 台}$$

答案:A

114.解 根据价值公式进行判断:价值$(V)=$功能(F)/成本(C)。

答案:C

115.解 《中华人民共和国建筑法》第八条规定,申请领取施工许可证,应当具备下列条件。

(一)已经办理该建筑工程用地批准手续;

(二)在城市规划区的建筑工程,已经取得规划许可证;

(三)需要拆迁的,其拆迁进度符合施工要求;

(四)已经确定建筑施工企业;

(五)有满足施工需要的施工图纸及技术资料;

(六)有保证工程质量和安全的具体措施;

(七)建设资金已经落实;

(八)法律、行政法规规定的其他条件。

拆迁进度符合施工要求即可,不是拆迁全部完成,所以 A 错;并非所有工程都需要监理,所以 B 错;建设资金落实不是资金全部到位,所以 D 错。

答案:C

116.解 《中华人民共和国招标投标法》第十六条规定,招标人采用公开招标方式的,应当发布招标公告。依法必须进行招标的项目的招标公告,应当通过国家指定的报刊、信息网络或者其他媒介发布。招标公告应当载明招标人的名称和地址,招标项目的性质、数量、实施地点和时间以及获取招标文件的办法等事项,所以 A 对。其他几项内容应在招标文件中载明,而不是招标公告中。

答案:A

117.解 参见《中华人民共和国合同法》的下列条款。

第十三条 当事人订立合同,采取要约、承诺方式。

第十四条 要约是希望和他人订立合同的意思表示,该意思表示应当符合下列规定:

(一)内容具体确定;

(二)表明经受要约人承诺,要约人即受该意思表示约束。

第十五条 要约邀请是希望他人向自己发出要约的意思表示。寄送的价目表、拍卖公告、招标公告、招股说明书、商业广告等为要约邀请。

答案:C

118.**解** 根据《中华人民共和国节约能源法》第五十八条规定,国务院管理节能工作的部门会同国务院有关部门制定并公布节能技术、节能产品的推广目录,引导用能单位和个人使用先进的节能技术、节能产品。

答案:B

119.**解** 《中华人民共和国环境保护法》第十五条规定,国务院环境保护行政主管部门,制定国家环境质量标准。省、自治区、直辖市人民政府对国家环境质量标准中未作规定的项目,可以制定地方环境质量标准;对国家环境质量标准中已作规定的项目,可以制定严于国家环境质量标准。地方环境质量标准必须报国务院环境保护主管部门备案。凡是向已有地方环境质量标准的区域排放污染物的,应当执行地方环境质量标准。选项 C 错在"审批"两字,是备案不是审批。

答案:D

120.**解** 《建设工程勘察设计管理条例》第二十六条规定,编制建设工程勘察文件,应当真实、准确,满足建设工程规划、选址、设计、岩土治理和施工的需要。编制方案设计文件,应当满足编制初步设计文件和控制概算的需要。编制初步设计文件,应当满足编制施工招标文件、主要设备材料订货和编制施工图设计文件的需要。编制施工图设计文件,应当满足设备材料采购、非标准设备制作和施工的需要,并注明建设工程合理使用年限。

答案:B

2010 年度全国勘察设计注册工程师

执业资格考试试卷

基础考试
（上）

二〇一〇年九月

应考人员注意事项

1. 本试卷科目代码为"1",考生务必将此代码填涂在答题卡"科目代码"相应的栏目内,否则,无法评分。

2. 书写用笔:**黑色或蓝色钢笔、签字笔或圆珠笔**;

   填涂答题卡用笔:**黑色 2B 铅笔**。

3. 必须用书写用笔将工作单位、姓名、准考证号填写在答题卡和试卷相应的栏目内。

4. 本试卷由 120 题组成,每题 1 分,满分 120 分,本试卷全部为单项选择题,每小题的四个备选项中只有一个正确答案,错选、多选、不选均不得分。

5. 考生作答时,必须按**题号**在**答题卡上**将相应试题所选选项对应的**字母用 2B 铅笔涂黑**。

6. 在答题卡上书写与题意无关的语言,或在答题卡上作标记的,均按违纪试卷处理。

7. 考试结束时,由监考人员当面将试卷、答题卡一并收回。

8. 草稿纸由各地统一配发,考后收回。

单项选择题(共 **120** 题,每题 **1** 分。每题的备选项中只有一个最符合题意。)

1. 设直线方程为 $\begin{cases} x=t+1 \\ y=2t-2 \\ z=-3t+3 \end{cases}$,则直线:

    A. 过点 $(-1,2,-3)$,方向向量为 $\vec{i}+2\vec{j}-3\vec{k}$

    B. 过点 $(-1,2,-3)$,方向向量为 $-\vec{i}-2\vec{j}+3\vec{k}$

    C. 过点 $(1,2,-3)$,方向向量为 $\vec{i}-2\vec{j}+3\vec{k}$

    D. 过点 $(1,-2,3)$,方向向量为 $-\vec{i}-2\vec{j}+3\vec{k}$

2. 设 $\vec{\alpha},\vec{\beta},\vec{\gamma}$ 都是非零向量,若 $\vec{\alpha}\times\vec{\beta}=\vec{\alpha}\times\vec{\gamma}$,则:

    A. $\vec{\beta}=\vec{\gamma}$ B. $\vec{\alpha}/\!/\vec{\beta}$ 且 $\vec{\alpha}/\!/\vec{\gamma}$

    C. $\vec{\alpha}/\!/(\vec{\beta}-\vec{\gamma})$ D. $\vec{\alpha}\perp(\vec{\beta}-\vec{\gamma})$

3. 设 $f(x)=\dfrac{e^{3x}-1}{e^{3x}+1}$,则:

    A. $f(x)$ 为偶函数,值域为 $(-1,1)$ B. $f(x)$ 为奇函数,值域为 $(-\infty,0)$

    C. $f(x)$ 为奇函数,值域为 $(-1,1)$ D. $f(x)$ 为奇函数,值域为 $(0,+\infty)$

4. 下列命题正确的是:

    A. 分段函数必存在间断点

    B. 单调有界函数无第二类间断点

    C. 在开区间内连续,则在该区间必取得最大值和最小值

    D. 在闭区间上有间断点的函数一定有界

5. 设函数 $f(x)=\begin{cases} \dfrac{2}{x^2+1}, & x\leqslant 1 \\ ax+b, & x>1 \end{cases}$ 可导,则必有:

    A. $a=1,b=2$ B. $a=-1,b=2$

    C. $a=1,b=0$ D. $a=-1,b=0$

6. 求极限 $\lim\limits_{x\to 0}\dfrac{x^2\sin\dfrac{1}{x}}{\sin x}$ 时,下列各种解法中正确的是:

A. 用洛必达法则后,求得极限为 0

B. 因为 $\lim\limits_{x\to 0}\sin\dfrac{1}{x}$ 不存在,所以上述极限不存在

C. 原式 $=\lim\limits_{x\to 0}\dfrac{x}{\sin x}x\sin\dfrac{1}{x}=0$

D. 因为不能用洛必达法则,故极限不存

7. 下列各点中为二元函数 $z=x^3-y^3-3x^2+3y-9x$ 的极值点的是:

A. $(3,-1)$ B. $(3,1)$

C. $(1,1)$ D. $(-1,-1)$

8. 若函数 $f(x)$ 的一个原函数是 e^{-2x},则 $\int f''(x)\mathrm{d}x$ 等于:

A. $e^{-2x}+C$ B. $-2e^{-2x}$

C. $-2e^{-2x}+C$ D. $4e^{-2x}+C$

9. $\int xe^{-2x}\mathrm{d}x$ 等于:

A. $-\dfrac{1}{4}e^{-2x}(2x+1)+C$ B. $\dfrac{1}{4}e^{-2x}(2x-1)+C$

C. $-\dfrac{1}{4}e^{-2x}(2x-1)+C$ D. $-\dfrac{1}{2}e^{-2x}(x+1)+C$

10. 下列广义积分中收敛的是:

A. $\displaystyle\int_0^1\dfrac{1}{x^2}\mathrm{d}x$ B. $\displaystyle\int_0^2\dfrac{1}{\sqrt{2-x}}\mathrm{d}x$

C. $\displaystyle\int_{-\infty}^0 e^{-x}\mathrm{d}x$ D. $\displaystyle\int_1^{+\infty}\ln x\mathrm{d}x$

11. 圆周 $\rho=\cos\theta,\rho=2\cos\theta$ 及射线 $\theta=0,\theta=\dfrac{\pi}{4}$ 所围的图形的面积 $S=$

A. $\dfrac{3}{8}(\pi+2)$ B. $\dfrac{1}{16}(\pi+2)$

C. $\dfrac{3}{16}(\pi+2)$ D. $\dfrac{7}{8}\pi$

12. 计算 $I=\iiint\limits_{\Omega}z\,\mathrm{d}v$，其中 Ω 为 $z^2=x^2+y^2$，$z=1$ 围成的立体，则正确的解法是：

A. $I=\int_0^{2\pi}\mathrm{d}\theta\int_0^1 r\,\mathrm{d}r\int_0^1 z\,\mathrm{d}z$

B. $I=\int_0^{2\pi}\mathrm{d}\theta\int_0^1 r\,\mathrm{d}r\int_r^1 z\,\mathrm{d}z$

C. $I=\int_0^{2\pi}\mathrm{d}\theta\int_0^1\mathrm{d}z\int_r^1 r\,\mathrm{d}r$

D. $I=\int_0^1\mathrm{d}z\int_0^\pi\mathrm{d}\theta\int_0^z zr\,\mathrm{d}r$

13. 下列各级数中发散的是：

A. $\sum\limits_{n=1}^{\infty}\dfrac{1}{\sqrt{n+1}}$

B. $\sum\limits_{n=1}^{\infty}(-1)^{n-1}\dfrac{1}{\ln(n+1)}$

C. $\sum\limits_{n=1}^{\infty}\dfrac{n+1}{3^n}$

D. $\sum\limits_{n=1}^{\infty}(-1)^{n-1}\left(\dfrac{2}{3}\right)^n$

14. 幂级数 $\sum\limits_{n=1}^{\infty}\dfrac{(x-1)^n}{3^n n}$ 的收敛域是：

A. $[-2,4)$ B. $(-2,4)$ C. $(-1,1)$ D. $\left[-\dfrac{1}{3},\dfrac{4}{3}\right)$

15. 微分方程 $y''+2y=0$ 的通解是：

A. $y=A\sin 2x$

B. $y=A\cos x$

C. $y=\sin\sqrt{2}x+B\cos\sqrt{2}x$

D. $y=A\sin\sqrt{2}x+B\cos\sqrt{2}x$

16. 微分方程 $y\,\mathrm{d}x+(x-y)\,\mathrm{d}y=0$ 的通解是：

A. $\left(x-\dfrac{y}{2}\right)y=C$

B. $xy=C\left(x-\dfrac{y}{2}\right)$

C. $xy=C$

D. $y=\dfrac{C}{\ln\left(x-\dfrac{y}{2}\right)}$

17. 设 $\boldsymbol{A}$ 是 m 阶矩阵，$\boldsymbol{B}$ 是 n 阶矩阵，行列式 $\begin{vmatrix}0 & \boldsymbol{A}\\ \boldsymbol{B} & 0\end{vmatrix}=$

A. $-|\boldsymbol{A}||\boldsymbol{B}|$

B. $|\boldsymbol{A}||\boldsymbol{B}|$

C. $(-1)^{m+n}|\boldsymbol{A}||\boldsymbol{B}|$

D. $(-1)^{mn}|\boldsymbol{A}||\boldsymbol{B}|$

18. 设 $\boldsymbol{A}$ 是 3 阶矩阵，矩阵 $\boldsymbol{A}$ 的第 1 行的 2 倍加到第 2 行，得矩阵 $\boldsymbol{B}$，则下列选项中成立的是：

A. $\boldsymbol{B}$ 的第 1 行的 -2 倍加到第 2 行得 $\boldsymbol{A}$

B. $\boldsymbol{B}$ 的第 1 列的 -2 倍加到第 2 列得 $\boldsymbol{A}$

C. $\boldsymbol{B}$ 的第 2 行的 -2 倍加到第 1 行得 $\boldsymbol{A}$

D. $\boldsymbol{B}$ 的第 2 列的 -2 倍加到第 1 列得 $\boldsymbol{A}$

19. 已知三维列向量 $\boldsymbol{\alpha}, \boldsymbol{\beta}$ 满足 $\boldsymbol{\alpha}^{\mathrm{T}}\boldsymbol{\beta}=3$，设 3 阶矩阵 $\boldsymbol{A}=\boldsymbol{\beta}\boldsymbol{\alpha}^{\mathrm{T}}$，则：

  A. $\boldsymbol{\beta}$ 是 $\boldsymbol{A}$ 的属于特征值 0 的特征向量

  B. $\boldsymbol{\alpha}$ 是 $\boldsymbol{A}$ 的属于特征值 0 的特征向量

  C. $\boldsymbol{\beta}$ 是 $\boldsymbol{A}$ 的属于特征值 3 的特征向量

  D. $\boldsymbol{\alpha}$ 是 $\boldsymbol{A}$ 的属于特征值 3 的特征向量

20. 设齐次线性方程组 $\begin{cases} x_1 - kx_2 = 0 \\ kx_1 - 5x_2 + x_3 = 0 \\ x_1 + x_2 + x_3 = 0 \end{cases}$，当方程组有非零解时，$k$ 值为：

  A. -2 或 3   B. 2 或 3

  C. 2 或 -3 D. -2 或 -3

21. 设事件 A, B 相互独立，且 $P(A)=\dfrac{1}{2}$，$P(B)=\dfrac{1}{3}$，则 $P(B|A\cup\bar{B})$ 等于：

  A. $\dfrac{5}{6}$ B. $\dfrac{1}{6}$ C. $\dfrac{1}{3}$ D. $\dfrac{1}{5}$

22. 将 3 个球随机地放入 4 个杯子中，则杯中球的最大个数为 2 的概率为：

  A. $\dfrac{1}{16}$ B. $\dfrac{3}{16}$ C. $\dfrac{9}{16}$ D. $\dfrac{4}{27}$

23. 设随机变量 X 的概率密度为 $f(x)=\begin{cases} \dfrac{1}{x^2} & x \geqslant 1 \\ 0 & \text{其他} \end{cases}$，则 $P(0 \leqslant X \leqslant 3)=$

  A. $\dfrac{1}{3}$ B. $\dfrac{2}{3}$ C. $\dfrac{1}{2}$ D. $\dfrac{1}{4}$

24. 设随机变量 (X, Y) 服从二维正态分布，其概率密度为 $f(x, y)=\dfrac{1}{2\pi}e^{-\frac{1}{2}(x^2+y^2)}$，则

  $E(X^2+Y^2)=$

  A. 2   B. 1   C. $\dfrac{1}{2}$ D. $\dfrac{1}{4}$

25. 一定量的刚性双原子分子理想气体储于一容器中，容器的容积为 V，气体压强为
  p，则气体的内能为：

  A. $\dfrac{3}{2}pV$ B. $\dfrac{5}{2}pV$

  C. $\dfrac{1}{2}pV$ D. pV

26.理想气体的压强公式是:

A. $p=\dfrac{1}{3}nmv^2$ B. $p=\dfrac{1}{3}nm\overline{v}$

C. $p=\dfrac{1}{3}nm\overline{v^2}$ D. $p=\dfrac{1}{3}n\overline{v^2}$

27."理想气体和单一热源接触做等温膨胀时,吸收的热量全部用来对外做功。"对此

说法,有如下几种讨论,哪种是正确的:

A.不违反热力学第一定律,但违反热力学第二定律

B.不违反热力学第二定律,但违反热力学第一定律

C.不违反热力学第一定律,也不违反热力学第二定律

D.违反热力学第一定律,也违反热力学第二定律

28.一定量的理想气体,由一平衡态 p_1,V_1,T_1 变化到另一平衡态 p_2,V_2,T_2,若 $V_2>$

V_1,但 $T_2=T_1$,无论气体经历什么样的过程:

A.气体对外做的功一定为正值

B.气体对外做的功一定为负值

C.气体的内能一定增加

D.气体的内能保持不变

29.在波长为 λ 的驻波中,两个相邻的波腹之间的距离为:

A. $\dfrac{\lambda}{2}$ B. $\dfrac{\lambda}{4}$ C. $\dfrac{3\lambda}{4}$ D. λ

30.一平面简谐波在弹性媒质中传播时,某一时刻在传播方向上一质元恰好处在负的

最大位移处,则它的:

A.动能为零,势能最大   B.动能为零,势能为零

C.动能最大,势能最大   D.动能最大,势能为零

31.一声波波源相对媒质不动,发出的声波频率是 ν_0。设一观察者的运动速度为波速

的 $\dfrac{1}{2}$,当观察者迎着波源运动时,他接收到的声波频率是:

A. $2\nu_0$ B. $\dfrac{1}{2}\nu_0$ C. ν_0 D. $\dfrac{3}{2}\nu_0$

32. 在双缝干涉实验中,光的波长 600nm,双缝间距 2mm,双缝与屏的间距为 300cm,则屏上形成的干涉图样的相邻明条纹间距为:

    A. 0.45mm   B. 0.9mm   C. 9mm   D. 4.5mm

33. 在双缝干涉实验中,若在两缝后(靠近屏一侧)各覆盖一块厚度均为 d,但折射率分别为 n_1 和 $n_2(n_2 > n_1)$ 的透明薄片,从两缝发出的光在原来中央明纹处相遇时,光程差为:

    A. $d(n_2-n_1)$ B. $2d(n_2-n_1)$ C. $d(n_2-1)$ D. $d(n_1-1)$

34. 在空气中做牛顿环实验,如图所示,当平凸透镜垂直向上缓慢平移而远离平面玻璃时,可以观察到这些环状干涉条纹:

    A. 向右平移

    B. 静止不动

    C. 向外扩张

    D. 向中心收缩

单色光

35. 一束自然光通过两块叠放在一起的偏振片,若两偏振片的偏振化方向间夹角由 α_1 转到 α_2,则转动前后透射光强度之比为:

    A. $\dfrac{\cos^2\alpha_2}{\cos^2\alpha_1}$ B. $\dfrac{\cos\alpha_2}{\cos\alpha_1}$ C. $\dfrac{\cos^2\alpha_1}{\cos^2\alpha_2}$ D. $\dfrac{\cos\alpha_1}{\cos\alpha_2}$

36. 若用衍射光栅准确测定一单色可见光的波长,在下列各种光栅常数的光栅中,选用哪一种最好:

    A. 1.0×10^{-1}mm   B. 5.0×10^{-1}mm

    C. 1.0×10^{-2}mm   D. 1.0×10^{-3}mm

37. $K_{sp}^{\ominus}(\text{Mg(OH)}_2)=5.6\times10^{-12}$,则 Mg(OH)_2 在 $0.01\text{mol}\cdot\text{L}^{-1}$ NaOH 溶液中的溶解度为:

    A. $5.6\times10^{-9}\text{mol}\cdot\text{L}^{-1}$ B. $5.6\times10^{-10}\text{mol}\cdot\text{L}^{-1}$

    C. $5.6\times10^{-8}\text{mol}\cdot\text{L}^{-1}$ D. $5.6\times10^{-5}\text{mol}\cdot\text{L}^{-1}$

38. BeCl_2 中 Be 的原子轨道杂化类型为:

    A. sp   B. sp^2 C. sp^3 D. 不等性 sp^3

39. 常温下,在 CH_3COOH 与 CH_3COONa 的混合溶液中,若它们的浓度均为 $0.10\text{mol}\cdot\text{L}^{-1}$,测得 pH 是 4.75,现将此溶液与等体积的水混合后,溶液的 pH 值是:

    A. 2.38   B. 5.06   C. 4.75   D. 5.25

40. 对一个化学反应来说,下列叙述正确的是:

    A. $\Delta_r G_m^{\ominus}$ 越小,反应速率越快   B. $\Delta_r H_m^{\ominus}$ 越小,反应速率越快

    C. 活化能越小,反应速率越快   D. 活化能越大,反应速率越快

41. 26 号元素原子的价层电子构型为:

    A. $3d^5 4s^2$ B. $3d^6 4s^2$

    C. $3d^6$ D. $4s^2$

42. 确定原子轨道函数 ψ 形状的量子数是:

    A. 主量子数   B. 角量子数

    C. 磁量子数   D. 自旋量子数

43. 下列反应中 $\Delta_r S_m^{\ominus} > 0$ 的是:

    A. $2H_2(g) + O_2(g) \rightarrow 2H_2O(g)$

    B. $N_2(g) + 3H_2(g) \rightarrow 2NH_3(g)$

    C. $NH_4Cl(s) \rightarrow NH_3(g) + HCl(g)$

    D. $CO_2(g) + 2NaOH(aq) \rightarrow Na_2CO_3(aq) + H_2O(l)$

44. 下称各化合物的结构式,不正确的是:

    A. 聚乙烯:$\text{—[CH}_2\text{—CH}_2\text{]}_n$ B. 聚氯乙烯:$\text{—[CH}_2\text{—CH]}_n$ 中间带 Cl 支链

    C. 聚丙烯:$\text{—[CH}_2\text{CH}_2\text{CH}_2\text{]}_n$ D. 聚 1-丁烯:$\text{—[CH}_2\text{CH(C}_2\text{H}_5\text{)]}_n$

45. 下列化合物中,没有顺、反异构体的是:

    A. $CHCl=CHCl$ B. $CH_3CH=CHCH_2Cl$

    C. $CH_2=CHCH_2CH_3$ D. $CHF=CClBr$

46. 六氯苯的结构式正确的是:

47. 将大小为 100N 的力 $\boldsymbol{F}$ 沿 x、y 方向分解，如图所示，若 $\boldsymbol{F}$ 在 x 轴上的投影为 50N，而沿 x 方向的分力的大小为 200N，则 $\boldsymbol{F}$ 在 y 轴上的投影为：

A. 0

B. 50N

C. 200N

D. 100N

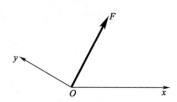

48. 图示等边三角形 ABC，边长 a，沿其边缘作用大小均为 F 的力，方向如图所示。则此力系简化为：

A. $F_R = 0$；$M_A = \dfrac{\sqrt{3}}{2}Fa$

B. $F_R = 0$；$M_A = Fa$

C. $F_R = 2F$；$M_A = \dfrac{\sqrt{3}}{2}Fa$

D. $F_R = 2F$；$M_A = \sqrt{3}Fa$

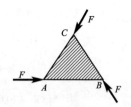

49. 三铰拱上作用有大小相等，转向相反的二力偶，其力偶矩大小为 M，如图所示。略去自重，则支座 A 的约束力大小为：

A. $F_{Ax} = 0$；$F_{Ay} = \dfrac{M}{2a}$

B. $F_{Ax} = \dfrac{M}{2a}$；$F_{Ay} = 0$

C. $F_{Ax} = \dfrac{M}{a}$；$F_{Ay} = 0$

D. $F_{Ax} = \dfrac{M}{2a}$；$F_{Ay} = M$

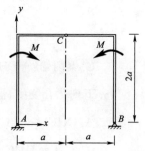

50. 简支梁受分布荷载作用如图所示。支座 A、B 的约束力为：

A. $F_A = 0$，$F_B = 0$

B. $F_A = \dfrac{1}{2}qa \uparrow$，$F_B = \dfrac{1}{2}qa \uparrow$

C. $F_A = \dfrac{1}{2}qa \uparrow$，$F_B = \dfrac{1}{2}qa \downarrow$

D. $F_A = \dfrac{1}{2}qa \downarrow$，$F_B = \dfrac{1}{2}qa \uparrow$

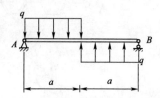

51. 已知质点沿半径为 40cm 的圆周运动,其运动规律为 $s=20t$(s 以 cm 计,t 以 s 计)。若 $t=1$s,则点的速度与加速度的大小为:

    A. 20cm/s;$10\sqrt{2}$cm/s^2 B. 20cm/s;10cm/s^2

    C. 40cm/s;20cm/s^2 D. 40cm/s;10cm/s^2

52. 已知点的运动方程为 $x=2t$,$y=t^2-t$,则其轨迹方程为:

    A. $y=t^2-t$ B. $x=2t$

    C. $x^2-2x-4y=0$ D. $x^2+2x+4y=0$

53. 直角刚杆 OAB 在图示瞬间角速度 $\omega=2$rad/s,角加速度 $\varepsilon=5$rad/s^2,若 $OA=40$cm,$AB=30$cm,则 B 点的速度大小、法向加速度的大小和切向加速度的大小为:

    A. 100cm/s;200cm/s^2;250cm/s^2

    B. 80cm/s;160cm/s^2;200cm/s^2

    C. 60cm/s;120cm/s^2;150cm/s^2

    D. 100cm/s;200cm/s^2;200cm/s^2

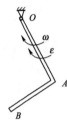

54. 重为 W 的货物由电梯载运下降,当电梯加速下降、匀速下降及减速下降时,货物对地板的压力分别为 R_1、R_2、R_3,它们之间的关系为:

    A. $R_1=R_2=R_3$ B. $R_1>R_2>R_3$

    C. $R_1<R_2<R_3$ D. $R_1<R_2>R_3$

55. 如图所示,两重物 M_1 和 M_2 的质量分别为 m_1 和 m_2,两重物系在不计质量的软绳上,绳绕过匀质定滑轮,滑轮半径为 r,质量为 m,则此滑轮系统对转轴 O 之动量矩为:

    A. $L_O=\left(m_1+m_2-\dfrac{1}{2}m\right)rv$ ↓

    B. $L_O=\left(m_1-m_2-\dfrac{1}{2}m\right)rv$ ↓

    C. $L_O=\left(m_1+m_2+\dfrac{1}{2}m\right)rv$ ↓

    D. $L_O=\left(m_1+m_2+\dfrac{1}{2}m\right)rv$ ↑

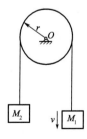

56.质量为 m,长为 $2l$ 的均质杆初始位于水平位置,如图所示。A 端脱落后,杆绕轴 B 转动,当杆转到铅垂位置时,AB 杆 B 处的约束力大小为:

A. $F_{Bx}=0$,$F_{By}=0$

B. $F_{Bx}=0$,$F_{By}=\dfrac{mg}{4}$

C. $F_{Bx}=l$,$F_{By}=mg$

D. $F_{Bx}=0$,$F_{By}=\dfrac{5mg}{2}$

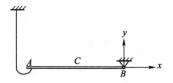

57.图示均质圆轮,质量为 m,半径为 r,在铅垂图面内绕通过圆盘中心 O 的水平轴转动,角速度为 ω,角加速度为 ε,此时将圆轮的惯性力系向 O 点简化,其惯性力主矢和惯性力主矩的大小分别为:

A. 0;0

B. $mr\varepsilon$;$\dfrac{1}{2}mr^2\varepsilon$

C. 0;$\dfrac{1}{2}mr^2\varepsilon$

D. 0;$\dfrac{1}{4}mr^2\omega^2$

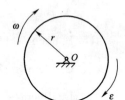

58.5 根弹簧系数均为 k 的弹簧,串联与并联时的等效弹簧刚度系数分别为:

A. $5k$;$\dfrac{k}{5}$ B. $\dfrac{5}{k}$;$5k$

C. $\dfrac{k}{5}$;$5k$ D. $\dfrac{1}{5k}$;$5k$

59.等截面杆,轴向受力如图所示。杆的最大轴力是:

A. 8kN

B. 5kN

C. 3kN

D. 13kN

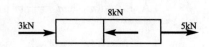

60. 钢板用两个铆钉固定在支座上,铆钉直径为 d,在图示荷载下,铆钉的最大切应力是:

A. $\tau_{max} = \dfrac{4F}{\pi d^2}$

B. $\tau_{max} = \dfrac{8F}{\pi d^2}$

C. $\tau_{max} = \dfrac{12F}{\pi d^2}$

D. $\tau_{max} = \dfrac{2F}{\pi d^2}$

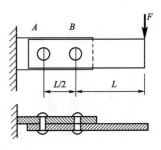

61. 圆轴直径为 d,剪切弹性模量为 G,在外力作用下发生扭转变形,现测得单位长度扭转角为 θ,圆轴的最大切应力是:

A. $\tau = \dfrac{16\theta G}{\pi d^3}$

B. $\tau = \theta G \dfrac{\pi d^3}{16}$

C. $\tau = \theta G d$

D. $\tau = \dfrac{\theta G d}{2}$

62. 直径为 d 的实心圆轴受扭,为使扭转最大切应力减小一半,圆轴的直径应改为:

A. $2d$ B. $0.5d$ C. $\sqrt{2}d$ D. $\sqrt[3]{2}d$

63. 图示矩形截面对 z_1 轴的惯性矩 I_{z1} 为:

A. $I_{z1} = \dfrac{bh^3}{12}$

B. $I_{z1} = \dfrac{bh^3}{3}$

C. $I_{z1} = \dfrac{7bh^3}{6}$

D. $I_{z1} = \dfrac{13bh^3}{12}$

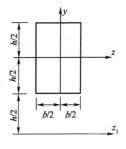

64. 图示外伸梁,在 C、D 处作用相同的集中力 F,截面 A 的剪力和截面 C 的弯矩分别是:

A. $F_{SA} = 0$,$M_C = 0$

B. $F_{SA} = F$,$M_C = FL$

C. $F_{SA} = F/2$,$M_C = FL/2$

D. $F_{SA} = 0$,$M_C = 2FL$

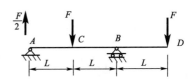

65. 悬臂梁 AB 由两根相同的矩形截面梁胶合而成。若胶合面全部开裂,假设开裂后两杆的弯曲变形相同,接触面之间无摩擦力,则开裂后梁的最大挠度是原来的:

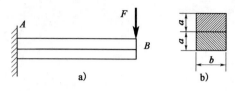

A. 两者相同   B. 2 倍   C. 4 倍   D. 8 倍

66. 图示悬臂梁自由端承受集中力偶 M。若梁的长度减小一半,梁的最大挠度是原来的:

A. 1/2   B. 1/4

C. 1/8   D. 1/16

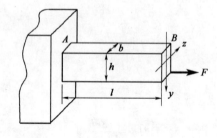

67. 在图示 4 种应力状态中,切应力值最大的应力状态是:

A.   B.   C.   D.

68. 图示矩形截面杆 AB,A 端固定,B 端自由。B 端右下角处承受与轴线平行的集中力 F,杆的最大正应力是:

A. $\sigma = \dfrac{3F}{bh}$

B. $\sigma = \dfrac{4F}{bh}$

C. $\sigma = \dfrac{7F}{bh}$

D. $\sigma = \dfrac{13F}{bh}$

69. 图示圆轴固定端最上缘 A 点的单元体的应力状态是:

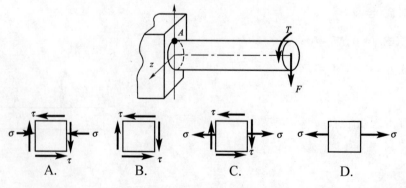

A.   B.   C.   D.

70. 图示三根压杆均为细长(大柔度)压杆,且弯曲刚度均为 EI。三根压杆的临界荷载 F_{cr} 的关系为:

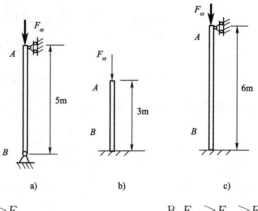

A. $F_{cra} > F_{crb} > F_{crc}$

B. $F_{crb} > F_{cra} > F_{crc}$

C. $F_{crc} > F_{cra} > F_{crb}$

D. $F_{crb} > F_{crc} > F_{cra}$

71. 如图,上部为气体下部为水的封闭容器装有 U 形水银测压计,其中 1、2、3 点位于同一平面上,其压强的关系为:

A. $p_1 < p_2 < p_3$

B. $p_1 > p_2 > p_3$

C. $p_2 < p_1 < p_3$

D. $p_2 = p_1 = p_3$

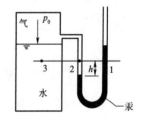

72. 如图,下列说法中,哪一个是错误的:

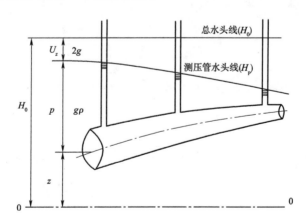

A. 对理想流体,该测压管水头线(H_p 线)应该沿程无变化

B. 该图是理想流体流动的水头线

C. 对理想流体,该总水头线(H_0 线)沿程无变化

D. 该图不适用于描述实际流体的水头线

73. 一管径 $d=50\text{mm}$ 的水管,在水温 $t=10\text{℃}$ 时,管内要保持层流的最大流速是:(10℃ 时水的运动黏滞系数 $\nu=1.31\times10^{-6}\text{m}^2/\text{s}$)

    A. 0.21m/s B. 0.115m/s

    C. 0.105m/s D. 0.0524m/s

74. 管道长度不变,管中流动为层流,允许的水头损失不变,当直径变为原来 2 倍时,若不计局部损失,流量将变为原来的多少倍?

    A. 2   B. 4   C. 8   D. 16

75. 圆柱形管嘴的长度为 l,直径为 d,管嘴作用水头为 H_0,则其正常工作条件为:

    A. $l=(3\sim4)d,H_0>9\text{m}$ B. $l=(3\sim4)d,H_0<9\text{m}$

    C. $l>(7\sim8)d,H_0>9\text{m}$ D. $l>(7\sim8)d,H_0<9\text{m}$

76. 如图所示,当阀门的开度变小时,流量将:

    A. 增大

    B. 减小

    C. 不变

    D. 条件不足,无法确定

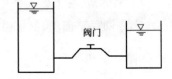

77. 在实验室中,根据达西定律测定某种土壤的渗透系数,将土样装在直径 $d=30\text{cm}$ 的圆筒中,在 90cm 水头差作用下,8h 的渗透水量为 100L,两测压管的距离为 40cm,该土壤的渗透系数为:

    A. 0.9m/d B. 1.9m/d

    C. 2.9m/d D. 3.9m/d

78. 流体的压强 p、速度 v、密度 ρ,正确的无量纲数组合是:

    A. $\dfrac{p}{\rho v^2}$ B. $\dfrac{\rho p}{v^2}$ C. $\dfrac{\rho}{p v^2}$ D. $\dfrac{p}{\rho v}$

79. 在图中,线圈 a 的电阻为 R_a,线圈 b 的电阻为 R_b,两者彼此靠近如图所示,若外加激励 $u=U_\text{M}\sin\omega t$,则:

    A. $i_\text{a}=\dfrac{u}{R_\text{a}},i_\text{b}=0$

    B. $i_\text{a}\neq\dfrac{u}{R_\text{a}},i_\text{b}\neq0$

    C. $i_\text{a}=\dfrac{u}{R_\text{a}},i_\text{b}\neq0$

    D. $i_\text{a}\neq\dfrac{u}{R_\text{a}},i_\text{b}=0$

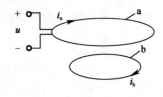

80.图示电路中,电流源的端电压 U 等于:

A. 20V

B. 10V

C. 5V

D. 0V

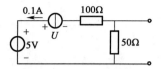

81.已知电路如图所示,若使用叠加原理求解图中电流源的端电压 U,正确的方法是:

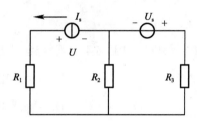

A. $U'=(R_2 /\!/ R_3+R_1)I_s, U''=0, U=U'$

B. $U'=(R_1+R_2)I_s, U''=0, U=U'$

C. $U'=(R_2 /\!/ R_3+R_1)I_s, U''=\dfrac{R_2}{R_2+R_3}U_s, U=U'-U''$

D. $U'=(R_2 /\!/ R_3+R_1)I_s, U''=\dfrac{R_2}{R_2+R_3}U_s, U=U'+U''$

82.图示电路中,A_1、A_2、V_1、V_2 均为交流表,用于测量电压或电流的有效值 I_1、I_2、U_1、U_2,若 $I_1=4A$,$I_2=2A$,$U_1=10V$,则电压表 V_2 的读数应为:

A. 40V

B. 14.14V

C. 31.62V

D. 20V

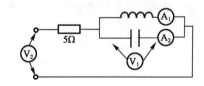

83.三相五线供电机制下,单相负载 A 的外壳引出线应:

A. 保护接地   B. 保护接种

C. 悬空   D. 保护接 PE 线

84. 某滤波器的幅频特性波特图如图所示,该电路的传递函数为:

A. $\dfrac{j\omega/10}{1+j\omega/10}$

B. $\dfrac{j\omega/20\pi}{1+j\omega/20\pi}$

C. $\dfrac{j\omega/2\pi}{1+j\omega/2\pi}$

D. $\dfrac{1}{1+j\omega/20\pi}$

85. 若希望实现三相异步电动机的向上向下平滑调速,则应采用:

A. 串转子电阻调速方案　　　　　B. 串定子电阻调速方案

C. 调频调速方案　　　　　　　　D. 变磁极对数调速方案

86. 在电动机的继电接触控制电路中,具有短路保护、过载保护、欠压保护和行程保护,其中,需要同时接在主电路和控制电路中的保护电器是:

A. 热继电器和行程开关　　　　　B. 熔断器和行程开关

C. 接触器和行程开关　　　　　　D. 接触器和热继电器

87. 信息可以以编码的方式载入:

A. 数字信号之中　　　　　　　　B. 模拟信号之中

C. 离散信号之中　　　　　　　　D. 采样保持信号之中

88. 七段显示器的各段符号如图所示,那么,字母"E"的共阴极七段显示器的显示码abcdefg应该是:

A. 1001111

B. 0110000

C. 10110111

D. 10001001

89. 某电压信号随时间变化的波形图如图所示,该信号应归类于:

A. 周期信号　　　　B. 数字信号　　　　C. 离散信号　　　　D. 连续时间信号

90. 非周期信号的幅度频谱是:

A. 连续的　　　　　　　　　　　B. 离散的,谱线正负对称排列

C. 跳变的　　　　　　　　　　　D. 离散的,谱线均匀排列

91.图 a)所示电压信号波形经电路 A 变换成图 b)波形,再经电路 B 变换成图 c)波形,那么,电路 A 和电路 B 应依次选用:

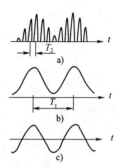

A.低通滤波器和高通滤波器

B.高通滤波器和低通滤波器

C.低通滤波器和带通滤波器

D.高通滤波器和带通滤波器

92.由图示数字逻辑信号的波形可知,三者的函数关系是:

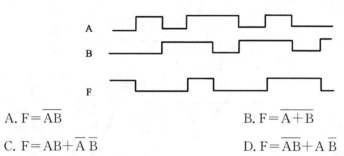

A. $F=\overline{AB}$

B. $F=\overline{A+B}$

C. $F=AB+\overline{A}\,\overline{B}$

D. $F=\overline{AB}+A\,\overline{B}$

93.某晶体管放大电路的空载放大倍数 $A_k=-80$、输入电阻 $r_i=1k\Omega$ 和输出电阻 $r_o=3k\Omega$,将信号源($u_s=10\sin\omega t\,mV$,$R_s=1k\Omega$)和负载($R_L=5k\Omega$)接于该放大电路之后(见图),负载电压 u_o 将为:

A. $-0.8\sin\omega t\,V$

B. $-0.5\sin\omega t\,V$

C. $-0.4\sin\omega t\,V$

D. $-0.25\sin\omega t\,V$

94.将运算放大器直接用于两信号的比较,如图 a)所示,其中,$u_a=-1V$,u_a 的波形由图 b)给出,则输出电压 u_o 等于:

A. u_a

B. $-u_a$

C.正的饱和值

D.负的饱和值

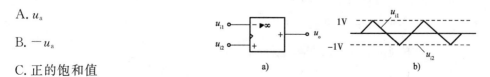

95. D 触发器的应用电路如图所示,设输出 Q 的初值为 0,那么,在时钟脉冲 cp 的作用下,输出 Q 为:

A. 1

B. cp

C. 脉冲信号,频率为时钟脉冲频率的 1/2

D. 0

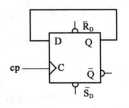

96. 由 JK 触发器组成的应用电器如图所示,设触发器的初值都为 0,经分析可知是一个:

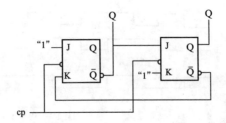

A. 同步二进制加法计算器   B. 同步四进制加法计算器

C. 同步三进制加法计算器   D. 同步三进制减法计算器

97. 总线能为多个部件服务,它可分时地发送与接收各部件的信息。所以,可以把总线看成是:

A. 一组公共信息传输线路

B. 微机系统的控制信息传输线路

C. 操作系统和计算机硬件之间的控制线

D. 输入/输出的控制线

98. 计算机内的数字信息、文字信息、图像信息、视频信息、音频信息等所有信息,都是用:

A. 不同位数的八进制数来表示的

B. 不同位数的十进制数来表示的

C. 不同位数的二进制数来表示的

D. 不同位数的十六进制数来表示的

99. 将二进制小数 0.1010101111 转换成相应的八进制数,其正确结果是:

A. 0.2536   B. 0.5274   C. 0.5236   D. 0.5281

100.影响计算机图像质量的主要参数有：

    A.颜色深度、显示器质量、存储器大小

    B.分辨率、颜色深度、存储空间大小

    C.分辨率、存储器大小、图像加工处理工艺

    D.分辨率、颜色深度、图像文件的尺寸

101.数字签名是最普遍、技术最成熟、可操作性最强的一种电子签名技术，当前已得到实际应用的是在：

    A.电子商务、电子政务中   B.票务管理、股票交易中

    C.股票交易、电子政务中   D.电子商务、票务管理中

102.在 Windows 中，对存储器采用分段存储管理时，每一个存储器段可以小至 1 个字节，大至：

    A.4K 字节   B.16K 字节   C.4G 字节   D.128M 字节

103.Windows 的设备管理功能部分支持即插即用功能，下面四条后续说明中有错误的一条是：

    A.这意味着当将某个设备连接到计算机上后即可立刻使用

    B.Windows 自动安装有即插即用设备及其设备驱动程序

    C.无需在系统中重新配置该设备或安装相应软件

    D.无需在系统中重新配置该设备但需安装相应软件才可立刻使用

104.信息化社会是信息革命的产物，它包含多种信息技术的综合应用。构成信息化社会的三个主要技术支柱是：

    A.计算机技术、信息技术、网络技术

    B.计算机技术、通信技术、网络技术

    C.存储器技术、航空航天技术、网络技术

    D.半导体工艺技术、网络技术、信息加工处理技术

105.网络软件是实现网络功能不可缺少的软件环境。网络软件主要包括：

    A.网络协议和网络操作系统   B.网络互联设备和网络协议

    C.网络协议和计算机系统   D.网络操作系统和传输介质

106.因特网是一个联结了无数个小网而形成的大网，也就是说：

    A.因特网是一个城域网   B.因特网是一个网际网

    C.因特网是一个局域网   D.因特网是一个广域网

107. 某公司拟向银行贷款 100 万元,贷款期为 3 年,甲银行的贷款利率为 6%(按季计息),乙银行的贷款利率为 7%,该公司向哪家银行贷款付出的利息较少:

A. 甲银行   B. 乙银行

C. 两家银行的利息相等   D. 不能确定

108. 关于总成本费用的计算公式,下列正确的是:

A. 总成本费用＝生产成本＋期间费用

B. 总成本费用＝外购原材料、燃料和动力费＋工资及福利费＋折旧费

C. 总成本费用＝外购原材料、燃料和动力费＋工资及福利费＋折旧费＋摊销费

D. 总成本费用＝外购原材料、燃料和动力费＋工资及福利费＋折旧费＋摊销费＋修理费

109. 关于准股本资金的下列说法中,正确的是:

A. 准股本资金具有资本金性质,不具有债务资金性质

B. 准股本资金主要包括优先股股票和可转换债券

C. 优先股股票在项目评价中应视为项目债务资金

D. 可转换债券在项目评价中应视为项目资本金

110. 某项目建设工期为两年,第一年投资 200 万元,第二年投资 300 万元,投产后每年净现金流量为 150 万元,项目计算期为 10 年,基准收益率 10%,则此项目的财务净现值为:

A. 331.97 万元   B. 188.63 万元   C. 171.18 万元   D. 231.60 万元

111. 可外贸货物的投入或产出的影子价格应根据口岸价格计算,下列公式正确的是:

A. 出口产出的影子价格(出厂价)＝离岸价(FOB)×影子汇率＋出口费用

B. 出口产出的影子价格(出厂价)＝到岸价(CIF)×影子汇率－出口费用

C. 进口投入的影子价格(到厂价)＝到岸价(CIF)×影子汇率＋进口费用

D. 进口投入的影子价格(到厂价)＝离岸价(FOB)×影子汇率－进口费用

112. 关于盈亏平衡点的下列说法中,错误的是:

A. 盈亏平衡点是项目的盈利与亏损的转折点

B. 盈亏平衡点上,销售(营业、服务)收入等于总成本费用

C. 盈亏平衡点越低,表明项目抗风险能力越弱

D. 盈亏平衡分析只用于财务分析

113. 属于改扩建项目经济评价中使用的五种数据之一的是:

A. 资产   B. 资源   C. 效益   D. 增量

114. ABC 分类法中,部件数量占 60%～80%、成本占 5%～10%的为:

 A. A 类 B. B 类

 C. C 类 D. 以上都不对

115. 根据《中华人民共和国安全生产法》的规定,生产经营单位使用的涉及生命安全、危险性较大的特种设备,以及危险物品的容器、运输工具,必须按照国家有关规定,由专业生产单位生产,并经取得专业资质的检测,检验机构检测、检验合格,取得:

 A. 安全使用证和安全标志,方可投入使用

 B. 安全使用证或安全标志,方可投入使用

 C. 生产许可证和安全使用证,方可投入使用

 D. 生产许可证或安全使用证,方可投入使用

116. 根据《中华人民共和国招标投标法》的规定,招标人和中标人按照招标文件和中标人的投标文件,订立书面合同的时间要求是:

 A. 自中标通知书发出之日起 15 日内

 B. 自中标通知书发出之日起 30 日内

 C. 自中标单位收到中标通知书之日起 15 日内

 D. 自中标单位收到中标通知书之日起 30 日内

117. 根据《中华人民共和国行政许可法》的规定,下列可以不设行政许可事项的是:

 A. 有限自然资源开发利用等需要赋予特定权利的事项

 B. 提供公众服务等需要确定资质的事项

 C. 企业或者其他组织的设立等,需要确定主体资格的事项

 D. 行政机关采用事后监督等其他行政管理方式能够解决的事项

118. 根据《中华人民共和国节约能源法》的规定,对固定资产投资项目国家实行:

 A. 节能目标责任制和节能考核评价制度

 B. 节能审查和监管制度

 C. 节能评估和审查制度

 D. 能源统计制度

119. 按照《建设工程质量管理条例》规定,施工人员对涉及结构安全的试块、试件以及有关材料进行现场取样时应当:

A. 在设计单位监督现场取样

B. 在监督单位或监理单位监督下现场取样

C. 在施工单位质量管理人员监督下现场取样

D. 在建设单位或监理单位监督下现场取样

120. 按照《建设工程安全生产管理条例》规定,工程监理单位在实施监理过程中,发现存在安全事故隐患的,应当要求施工单位整改;情况严重的,应当要求施工单位暂时停止施工,并及时报告:

A. 施工单位　　　　　　　　　　　　B. 监理单位

C. 有关主管部门　　　　　　　　　　D. 建设单位

2010 年度全国勘察设计注册工程师执业资格考试基础考试(上)试题解析及参考答案

1. **解** 把直线的参数方程化成点向式方程,得到 $\dfrac{x-1}{1}=\dfrac{y+2}{2}=\dfrac{z-3}{-3}$;

则直线 L 的方向向量取 $\vec{s}=\{1,2,-3\}$ 或 $\vec{s}=\{-1,-2,3\}$ 均可。另外由直线的点向式方程,可知直线过 M 点,$M(1,-2,3)$。

答案:D

2. **解** 已知 $\vec{\alpha}\times\vec{\beta}=\vec{\alpha}\times\vec{\gamma}$,$\vec{\alpha}\times\vec{\beta}-\vec{\alpha}\times\vec{\gamma}=\vec{0}$,得 $\vec{\alpha}\times(\vec{\beta}-\vec{\gamma})=\vec{0}$。由向量积的运算性质可知,$\vec{a},\vec{b}$ 为非零向量,若 $\vec{a}//\vec{b}$,则 $\vec{a}\times\vec{b}=\vec{0}$;若 $\vec{a}\times\vec{b}=\vec{0}$,则 $\vec{a}//\vec{b}$,可知 $\vec{\alpha}//(\vec{\beta}-\vec{\gamma})$。

答案:C

3. **解** 用奇偶函数定义判定。有 $f(-x)=-f(x)$ 成立,$f(-x)=\dfrac{e^{-3x}-1}{e^{-3x}+1}=\dfrac{1-e^{3x}}{1+e^{3x}}=-\dfrac{e^{3x}-1}{e^{3x}+1}=-f(x)$ 确定为奇函数。另外,由函数式可知定义域 $(-\infty,+\infty)$,确定值域为 $(-1,1)$。

答案:C

4. **解** 通过题中给出的命题,较容易判断选项 A、C、D 是错误的。

对于选项 B,给出条件"有界",函数不含有无穷间断点,给出条件单调函数不会出现振荡间断点,从而可判定函数无第二类间断点。

答案:B

5. **解** 根据给出的条件可知,函数在 $x=1$ 可导,则在 $x=1$ 必连续。就有 $\lim\limits_{x\to1^{+}}f(x)=\lim\limits_{x\to1^{-}}f(x)=f(1)$ 成立,得到 $a+b=1$。

再通过给出条件在 $x=1$ 可导,即有 $f'_{+}(1)=f'_{-}(1)$ 成立,利用定义计算 $f(x)$ 在 $x=1$ 处左右导数:

$$f'_{-}(1)=\lim\limits_{x\to1^{-}}\frac{f(x)-f(1)}{x-1}$$

$$=\lim\limits_{x\to1^{-}}\frac{\dfrac{2}{x^{2}+1}-1}{x-1}=\lim\limits_{x\to1^{-}}\frac{1-x^{2}}{(x^{2}+1)(x-1)}=-1$$

$$f'_{+}(1)=\lim\limits_{x\to1^{+}}\frac{f(x)-f(1)}{x-1}=\lim\limits_{x\to1^{+}}\frac{ax+b-1}{x-1}=\lim\limits_{x\to1^{+}}\frac{ax-a}{x-1}=a$$

则 $a=-1,b=2$。

答案:B

6.解 分析题目给出的解法,选项 A、B、D 均不正确。

正确的解法为选项 C,原式 $=\lim\limits_{x\to 0}\dfrac{x}{\sin x}x\sin\dfrac{1}{x}=1\times 0=0$。

因 $\lim\limits_{x\to 0}\dfrac{x}{\sin x}=1$,第一重要极限;而 $\lim\limits_{x\to 0}x\sin\dfrac{1}{x}=0$ 为无穷小量乘有界函数极限。

答案:C

7.解 利用多元函数极值存在的充分条件确定。

① 由 $\begin{cases}\dfrac{\partial z}{\partial x}=0\\[2mm]\dfrac{\partial z}{\partial y}=0\end{cases}$,即 $\begin{cases}3x^2-6x-9=0\\-3y^2+3=0\end{cases}$ 求出驻点 $(3,1),(3,-1),(-1,1),(-1,-1)$。

② 求出 $\dfrac{\partial^2 z}{\partial x^2},\dfrac{\partial^2 z}{\partial x\partial y},\dfrac{\partial^2 z}{\partial y^2}$ 分别代入每一驻点,得到 A,B,C 的值。

当 $AC-B^2>0$ 取得极点,再由 $A>0$ 取得极小值,$A<0$ 取得极大值。

$\dfrac{\partial^2 z}{\partial x^2}=6x-6,\dfrac{\partial^2 z}{\partial x\partial y}=0,\dfrac{\partial^2 z}{\partial y^2}=-6y$

将 $x=3,y=-1$ 代入得 $A=12,B=0,C=6$

$AC-B^2=72>0,A>0$

所以在 $(3,-1)$ 点取得极小值,其他点均不取得极值。

答案:A

8.解 利用原函数的定义求出 $f(x)=-2e^{-2x},f'(x)=4e^{-2x},f''(x)=-8e^{-2x}$,将 $f''(x)$ 代入积分即可。计算如下:

$$\int f''(x)\mathrm{d}x=\int -8e^{-2x}\mathrm{d}x=4\int e^{-2x}\mathrm{d}(-2x)=4e^{-2x}+C$$

答案:D

9.解 利用分部积分方法计算 $\int u\mathrm{d}v=uv-\int v\mathrm{d}u$,

即 $\int xe^{-2x}\mathrm{d}x=-\dfrac{1}{2}\int xe^{-2x}\mathrm{d}(-2x)=-\dfrac{1}{2}\int x\mathrm{d}e^{-2x}$

$$=-\dfrac{1}{2}\left(xe^{-2x}-\int e^{-2x}\mathrm{d}x\right)$$

$$=-\dfrac{1}{2}\left[xe^{-2x}+\dfrac{1}{2}\int e^{-2x}\mathrm{d}(-2x)\right]$$

$$= -\frac{1}{2}\left(xe^{-2x}+\frac{1}{2}e^{-2x}\right)+C$$

$$= -\frac{1}{4}(2x+1)e^{-2x}+C$$

答案：A

10.解 利用广义积分的方法计算。

对于选项 B：因 $\lim\limits_{x\to 2^-}\dfrac{1}{\sqrt{2-x}}=+\infty$，知 $x=2$ 为无穷不连续点，则有：

$$\int_0^2 \frac{1}{\sqrt{2-x}}\mathrm{d}x=-\int_0^2(2-x)^{-\frac{1}{2}}\mathrm{d}(2-x)=-2(2-x)^{\frac{1}{2}}\Big|_0^2$$

$$=-2\left[\lim_{x\to 2^-}(2-x)^{\frac{1}{2}}-\sqrt{2}\right]=2\sqrt{2}。$$

答案：B

11.解 由题目给出的条件知，围成的图形（如解图所示）化为极坐标计算，$S=$

$\displaystyle\iint\limits_D 1\mathrm{d}x\mathrm{d}y$，面积元素 $\mathrm{d}x\mathrm{d}y=r\mathrm{d}r\mathrm{d}\theta$。具体计算如下：

$$D:\begin{cases}0\leqslant\theta\leqslant\dfrac{\pi}{4}\\[2mm]\cos\theta\leqslant r\leqslant 2\cos\theta\end{cases}$$

$$S=\int_0^{\frac{\pi}{4}}\mathrm{d}\theta\int_{\cos\theta}^{2\cos\theta}r\mathrm{d}r=\int_0^{\frac{\pi}{4}}\left(\frac{1}{2}r^2\right)\Big|_{\cos\theta}^{2\cos\theta}\mathrm{d}\theta=\frac{1}{2}\int_0^{\frac{\pi}{4}}(4\cos^2\theta-$$

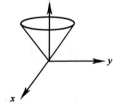

题 11 解图

$$\cos^2\theta)\mathrm{d}\theta=\frac{3}{2}\int_0^{\frac{\pi}{4}}\cos^2\theta\mathrm{d}\theta=\frac{3}{2}\int_0^{\frac{\pi}{4}}\frac{1+\cos2\theta}{2}\mathrm{d}\theta=\frac{3}{16}(\pi+2)$$

答案：C

12.解 通过题目给出的条件画出图形见图，利用柱面坐标计算，联立消 z：
$\begin{cases}z^2=x^2+y^2\\z=1\end{cases}$，得 $x^2+y^2=1$。代入 $x=r\cos\theta,y=r\sin\theta,z^2=x^2+y^2,z^2=r^2,z=r,-z=-r$，取 $z=r$（上半锥）。

$$D_{xy}:x^2+y^2\leqslant 1,\Omega:\begin{cases}r\leqslant z\leqslant 1\\0\leqslant r\leqslant 1\\0\leqslant\theta\leqslant 2\pi\end{cases},\mathrm{d}V=r\mathrm{d}r\mathrm{d}\theta\mathrm{d}z$$

题 12 解图

则 $V=\displaystyle\iiint\limits_\Omega z\mathrm{d}V=\iiint\limits_\Omega zr\mathrm{d}r\mathrm{d}\theta\mathrm{d}z$，再化为柱面坐标系下的三次积

分。先对 z 积，再对 r 积，最后对 θ 积分，即 $V=\displaystyle\int_0^{2\pi}\mathrm{d}\theta\int_0^1 r\mathrm{d}r\int_r^1 z\mathrm{d}z$。

答案：B

13. 解　利用交错级数收敛法可判定选项 B 的级数收敛,利用正项级数比值法可判定选项 C 的级数收敛,利用等比级数收敛性的结论知选项级数 D 的级数收敛,故发散的是选项 A 的级数。或直接通过正项级数比较法的极限形式判定,$\lim\limits_{n\to\infty}\dfrac{U_n}{V_n}=\lim\limits_{n\to\infty}\dfrac{\frac{1}{\sqrt{n+1}}}{\frac{1}{n}}=$

$\lim\limits_{n\to\infty}\dfrac{n}{\sqrt{n+1}}=\infty$,因级数 $\sum\limits_{n=\infty}^{\infty}\dfrac{1}{n}$ 发散,故 $\sum\limits_{n=1}^{\infty}\dfrac{1}{\sqrt{n+1}}$ 发散。

答案:A

14. 解　设 $x-1=t$,级数化为 $\sum\limits_{n=1}^{\infty}\dfrac{t^n}{3^n n}$,求级数的收敛半径。

因 $\lim\limits_{n\to\infty}\left|\dfrac{a_{n+1}}{a_n}\right|=\lim\limits_{n\to\infty}\dfrac{\frac{1}{3^{n+1}(n+1)}}{\frac{1}{3^n\cdot n}}=\lim\limits_{n\to\infty}\dfrac{n\cdot 3^n}{(n+1)3^{n+1}}=\dfrac{1}{3}$,

则 $R=\dfrac{1}{\rho}=3$,即 $|t|<3$ 收敛。

再判定 $t=3,t=-3$ 时的敛散性,当 $t=3$ 时发散,$t=-3$ 时收敛。

计算如下:$t=3$ 代入级数,$\sum\limits_{n=1}^{\infty}\dfrac{1}{n}$ 为调和级数发散;

$t=-3$ 代入级数,$\sum\limits_{n=1}^{\infty}(-1)^n\dfrac{1}{n}$ 为交错级数,满足莱布尼兹条件收敛。因此 $-3\leqslant x-1<3$,即 $-2\leqslant x<4$。

答案:A

15. 解　写出微分方程对应的特征方程 $r^2+2=0$,得 $r=\pm\sqrt{2}i$,即 $\alpha=0,\beta=\sqrt{2}$,写出通解 $y=A\sin\sqrt{2}x+B\cos\sqrt{2}x$。

答案:D

16. 解　将微分方程化成 $\dfrac{\mathrm{d}x}{\mathrm{d}y}+\dfrac{1}{y}x=1$,方程为一阶线性方程。

其中 $P(y)=\dfrac{1}{y},Q(y)=1$

代入求通解公式 $x=e^{-\int P(y)\mathrm{d}y}\left[\int\theta(y)e^{\int P(y)\mathrm{d}y}\mathrm{d}y+C\right]$

计算如下:

$x=e^{-\int\frac{1}{y}\mathrm{d}y}\left[\int e^{\int\frac{1}{y}\mathrm{d}y}\mathrm{d}y+C\right]=e^{-\ln y}\left[\int e^{\ln y}\mathrm{d}y+C\right]=\dfrac{1}{y}\left[\int y\mathrm{d}y+C\right]=\dfrac{1}{y}\left[\dfrac{1}{2}y^2+C\right]$

变形得 $xy = \dfrac{1}{2}y^2 + C, \left(x - \dfrac{y}{2}\right)y = C$

或将方程化为齐次方程 $\dfrac{\mathrm{d}y}{\mathrm{d}x} = -\dfrac{\dfrac{y}{x}}{1 - \dfrac{y}{x}}$ 计算

答案：A

17. 解 ①将分块矩阵变形为 $\begin{vmatrix} A & 0 \\ 0 & B \end{vmatrix}$ 的形式。

②利用分块矩阵计算公式 $\begin{vmatrix} A & 0 \\ 0 & B \end{vmatrix} = |A| \cdot |B|$。

将矩阵 B 的第一行与矩阵 A 的行互换，换的方法是从矩阵 A 最下面一行开始换，逐行往上换，换到第一行一共换了 m 次，行列式更换符号 $(-1)^m$。再将矩阵 B 的第二行与矩阵 A 的各行互换，换到第二行，又更换符号为 $(-1)^m$，……，最后再将矩阵 B 的最后一行与矩阵 A 的各行互换到矩阵的第 n 行位置，这样原矩阵：

$$\begin{vmatrix} 0 & A \\ B & 0 \end{vmatrix} = \underbrace{\dfrac{(-1)^m \cdot (-1)^m \cdots (-1)^m}{n \text{个}}}_{} \begin{vmatrix} B & 0 \\ 0 & A \end{vmatrix} = (-1)^{m \cdot n} \begin{vmatrix} B & 0 \\ 0 & A \end{vmatrix}$$

$$= (-1)^{mn} |B| |A| = (-1)^{mn} |A| |B|$$

答案：D

18. 解 由题目给出的运算写出相应矩阵，再验证还原到原矩阵时应用哪一种运算方法。

答案：A

19. 解 通过矩阵的特征值、特征向量的定义判定。只要满足式子 $Ax = \lambda x$，非零向量 x 即为矩阵 A 对应特征值 λ 的特征向量。

再利用题目给出的条件：

$$\boldsymbol{\alpha}^{\mathrm{T}}\boldsymbol{\beta} = 3 \qquad\qquad ①$$

$$A = \boldsymbol{\beta}\boldsymbol{\alpha}^{\mathrm{T}} \qquad\qquad ②$$

将等式②两边右乘 $\boldsymbol{\beta}$，得 $A \cdot \boldsymbol{\beta} = \boldsymbol{\beta}\boldsymbol{\alpha}^{\mathrm{T}} \cdot \boldsymbol{\beta}$

即 $A\boldsymbol{\beta} = \boldsymbol{\beta}(\boldsymbol{\alpha}^{\mathrm{T}}\boldsymbol{\beta})$，代入①式得 $A\boldsymbol{\beta} = \boldsymbol{\beta} \cdot 3$

故 $A\boldsymbol{\beta} = 3 \cdot \boldsymbol{\beta}$ 成立

答案：C

20. **解** 齐次线性方程组,当变量的个数与方程的个数相同时,方程组有非零解的充

要条件是系数行列式为零。即 $\begin{vmatrix} 1 & -k & 0 \\ k & -5 & 1 \\ 1 & 1 & 1 \end{vmatrix} = 0$

则 $\begin{vmatrix} 1 & -k & 0 \\ k & -5 & 1 \\ 1 & 1 & 1 \end{vmatrix} \xlongequal{(-1)r_2+r_3} \begin{vmatrix} 1 & -k & 0 \\ k & -5 & 1 \\ 1-k & 6 & 0 \end{vmatrix} = 1 \cdot (-1)^{2+3} \begin{vmatrix} 1 & -k \\ 1-k & 6 \end{vmatrix}$

$= -[6-(-k)(1-k)] = -(6+k-k^2)$

即 $k^2-k-6=0$,解得 $k_1=3, k_2=-2$。

答案: A

21. **解** $P(B|A \cup \bar{B}) = \dfrac{P(B(A \cup \bar{B}))}{P(A \cup \bar{B})} = \dfrac{P(AB \cup B\bar{B})}{P(A \cup \bar{B})} = \dfrac{P(AB)}{P(A)+P(\bar{B})-P(A\bar{B})}$

因为 A、B 相互独立,所以 A、$\bar{B}$ 也相互独立。

有 $P(AB)=P(A)P(B)$,$P(A\bar{B})=P(A)P(\bar{B})$

$P(B|A \cup \bar{B}) = \dfrac{P(A)P(B)}{P(A)+P(\bar{B})-P(A)P(\bar{B})}$

$= \dfrac{\dfrac{1}{2} \times \dfrac{1}{3}}{\dfrac{1}{2} + \left(1-\dfrac{1}{3}\right) - \dfrac{1}{2}\left(1-\dfrac{1}{3}\right)} = \dfrac{1}{5}$

答案: D

22. **解** 显然为古典概型,$P(A) = \dfrac{m}{n}$。

一个球一个球地放入杯中,每个球都有 4 种放法,所以所有可能结果数 $n=4\times4\times$

$4=64$,事件 A"杯中球的最大个数为 2"即 4 个杯中有一个杯子里有 2 个球,有 1 个杯子有

1 个球,还有两个空杯。第一个球有 4 种放法,从第二个球起有两种情况:①第 2 个球放

到已有一个球的杯中(一种放法),第 3 个球可放到 3 个空杯中任一个(3 种放法);②第 2

个球放到 3 个空杯中任一个(3 种放法),第 3 个球可放到两个有球杯中(2 种放法)。则

$m=4\times(1\times3+3\times2)=36$,因此 $P(A) = \dfrac{36}{64} = \dfrac{9}{16}$。或设 $A_i(i=1,2,3)$ 表示"杯中球的最

大个数为 i",则 $P(A_2)=1-P(A_1)-P(A_3)=1-\dfrac{4\times3\times2}{4\times4\times4}-\dfrac{4\times1\times1}{4\times4\times4}=\dfrac{9}{16}$。

答案: C

23.**解** $P(0 \leqslant X \leqslant 3) = \int_0^3 f(x)\mathrm{d}x = \int_1^3 \frac{1}{x^2}\mathrm{d}x = \frac{2}{3}$ 。

答案:B

24.**解** 因 $f(x,y) = \frac{1}{2\pi}e^{-\frac{x^2+y^2}{2}} = \frac{1}{\sqrt{2\pi}}e^{-\frac{x^2}{2}} \cdot \frac{1}{\sqrt{2\pi}}e^{-\frac{y^2}{2}}$,

所以 $X \sim N(0,1), Y \sim N(0,1), X, Y$ 相互独立。

$E(X^2 + Y^2) = E(X^2) + E(Y^2) = D(X) + [E(X)]^2 + D(Y) + [E(Y)]^2$

$\qquad\qquad\qquad = 1 + 1 = 2$

或 $E(X^2 + Y^2) = \int_{-\infty}^{+\infty}\int_{-\infty}^{+\infty}(x^2+y^2)\frac{1}{2\pi}e^{-\frac{x^2+y^2}{2}}\mathrm{d}x\mathrm{d}y$

$\qquad\qquad = \int_0^{2\pi}\int_0^{+\infty}r^2\frac{1}{2\pi}e^{-\frac{r^2}{2}}r\mathrm{d}r\mathrm{d}\theta$

$\qquad\qquad = \int_0^{2\pi}\mathrm{d}\theta\int_0^{+\infty}r^2\frac{1}{4\pi}e^{-\frac{r^2}{2}}\mathrm{d}r^2 \quad (令\ t = r^2)$

$\qquad\qquad = 2\pi \cdot \frac{1}{4\pi}\int_0^{+\infty}te^{-\frac{t}{2}}\mathrm{d}t$

$\qquad\qquad = \frac{1}{2}\left(-2te^{-\frac{t}{2}}\Big|_0^{+\infty} + \int_0^{+\infty}2e^{-\frac{t}{2}}\mathrm{d}t\right) = 2$

答案:A

25.**解** 由 $E_内 = \frac{m}{M}\frac{i}{2}RT$,又 $pV = \frac{m}{M}RT$, $E_内 = \frac{i}{2}pV$,对双原子分子 $i=5$ 。

答案:B

26.**解** $p = \frac{2}{3}n\overline{w} = \frac{2}{3}n\left(\frac{1}{2}m\overline{v}^2\right) = \frac{1}{3}nm\overline{v}^2$ 。

答案:C

27.**解** 单一等温膨胀过程并非循环过程,可以做到从外界吸收的热量全部用来对外做功,既不违反热力学第一定律也不违反热力学第二定律。

答案:C

28.**解** 对于给定的理想气体,内能的增量只与系统的起始和终了状态有关,与系统所经历的过程无关。

内能增量 $\Delta E = \frac{M}{\mu}\frac{i}{2}R(T_2 - T_1) = \frac{M}{\mu}\frac{i}{2}R\Delta T$,若 $T_2 = T_1$,则 $\Delta E = 0$,气体内能保持不变。

答案:D

29. 解 波腹的位置由公式 $x_{\text{腹}} = k\dfrac{\lambda}{2}$（$k$ 为整数）决定。相邻两波腹之间距离即 $\Delta x =$

$$x_{k+1} - x_k = (k+1)\frac{\lambda}{2} - k\frac{\lambda}{2} = \frac{\lambda}{2}。$$

答案：A

30. 解 质元在最大位移处，速度为零，"形变"为零，故质元的动能为零，势能也为零。

答案：B

31. 解 按多普勒效应公式 $\nu = \dfrac{u + v_0}{u}\nu_0$，今 $v_0 = \dfrac{u}{2}$，故 $\nu = \dfrac{u + \dfrac{u}{2}}{u}\nu_0 = \dfrac{3}{2}\nu_0$。

答案：D

32. 解 注意，所谓双缝间距指缝宽 d。由 $\Delta x = \dfrac{D}{d}\lambda$（$\Delta x$ 为相邻两明纹之间距离），所

以 $\Delta x = \dfrac{3000}{2} \times 600 \times 10^{-6}\text{mm} = 0.9\text{mm}$。

注：$1\text{nm} = 10^{-9}\text{m} = 10^{-6}\text{mm}$。

答案：B

33. 解 如图所示光程差 $\delta = n_2 d + r_2 - d - (n_1 d + r_1 -$

$d)$，

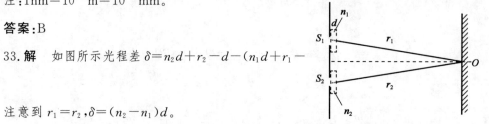

注意到 $r_1 = r_2$，$\delta = (n_2 - n_1)d$。

答案：A

题33解图

34. 解 牛顿环属超纲题（超出大纲范围），等厚干涉，同一级条纹对应同一个厚度。

答案：D

35. 解 转动前 $I_1 = I_0\cos^2\alpha_1$，转动后 $I_2 = I_0\cos^2\alpha_2$，$\dfrac{I_1}{I_2} = \dfrac{\cos^2\alpha_1}{\cos^2\alpha_2}$。

答案：C

36. 解 光栅常数越小，分辨率越高。

答案：D

37. 解 $Mg(OH)_2$ 的溶解度为 s，则 $K_{SP} = s(0.01 + 2s^2)$，因 s 很小，$0.01 + 2s \approx$

0.01，则 $5.6 \times 10^{-12} = s \times 0.01^2$，$s = 5.6 \times 10^{-8}$。

答案：C

38. 解 利用价电子对互斥理论确定杂化类型及分子空间构型的方法。

对于 AB_n 型分子、离子（A 为中心原子）：

(1)确定 A 的价电子对数(x)

$$x=\frac{1}{2}[\text{A 的价电子数}+\text{B 提供的价电子数}\pm\text{离子电荷数(负/正)}]$$

原则:A 的价电子数=主族序数;B 原子为 H 和卤素每个原子各提供一个价电子,为氧与硫不提供价电子;正离子应减去电荷数,负离子应加上电荷数。

(2)确定杂化类型

价电子对数	2	3	4
杂化类型	sp 杂化	sp^2 杂化	sp^3 杂化

(3)确定分子空间构型

原则:根据中心原子杂化类型及成键情况分子空间构型。如果中心原子的价电子对数等于 σ 键电子对数,杂化轨道构型为分子空间构型;如果中心原子的价电子对数大于 σ 键电子对数,分子空间构型发生变化。

$$\text{价电子对数}(x)=\sigma\text{ 键电子对数}+\text{孤对电子数}$$

根据价电子对互斥理论:BeCl$_2$ 的价电子对数 $x=\frac{1}{2}$(Be 的价电子数+2 个 Cl 提供的价电子数)$=\frac{1}{2}\times(2+2)=2$,BeCl$_2$ 分子中,Be 原子形成了两 Be-Clσ 键,价电子对数等于 σ 键数,所以两个 Be-Cl 夹角为 180°,BeCl$_2$ 为直线型分子,Be 为 sp 杂化。

答案:A

39.**解** 醋酸和醋酸钠组成缓冲溶液,醋酸和醋酸钠的浓度相等,与等体积水稀释后,醋酸和醋酸钠的浓度仍然相等。缓冲溶液的 pH$=$p$K_a-\lg\dfrac{C_{酸}}{C_{盐}}$,溶液稀释 pH 不变。

答案:C

40.**解** 由阿仑尼乌斯公式 $k=Ze^{\frac{-\varepsilon}{RT}}$ 可知:温度一定时,活化能越小,速率常数就越大,反应速率也越大。活化能越小,反应越易正向进行。活化能越小,反应放热越大。

答案:C

41.**解** 根据原子核外电子排布规律,26 号元素的原子核外电子排布为:$1s^2 2s^2 2p^6 3s^2 3p^6 3d^6 4s^2$,为 d 区副族元素。其价电子构型为 $3d^6 4s^2$。

答案:B

42.**解** 一组合理的量子数 n、l、m 取值对应一个合理的波函数 $\psi=\psi_{n,l,m}$,即可以确定一个原子轨道。

（1）主量子数

①$n=1,2,3,4\cdots$对应于第一、第二、第三、$\cdots$电子层,用K,L,M,N表示。

②表示电子到核的平均距离。

③决定原子轨道能量。

（2）角量子数

①$l=0,1,2,3$的原子轨道分别为 s、p、d、f 轨道。

②确定原子轨道的形状。s 轨道为球形,p 轨道为双球形,d 轨道为四瓣梅花形。

③对于多电子原子,与n共同确定原子轨道的能量。

（3）磁量子数

①确定原子轨道的取向。

②确定亚层中轨道数目。

答案:B

43.解 物质的标准熵值大小一般规律:

(1)对于同一种物质,$S_g>S_l>S_s$。

(2)同一物质在相同的聚集状态时,其熵值随温度的升高而增大,$S_{高温}>S_{低温}$。

(3)对于不同种物质,$S_{复杂分子}>S_{简单分子}$。

(4)对于混合物和纯净物,$S_{混合物}>S_{纯物质}$。

(5)对于一个化学反应的熵变,反应前后气体分子数增加的反应熵变大于零,反应前后气体分子数减小的反应熵变小于零。

4 个选项化学反应前后气体分子数的变化:

$A=2-2-1=-1$

$B=2-1-3=-2$

$C=1+1-1=1$

$D=0-1=-1$

答案:C

44.解 聚丙烯的结构式为 $\begin{array}{c}\left[CH_2-CH\right]\\ \quad\quad\mid\\ \quad\quad CH_3\end{array}$ 。

答案:C

45.解 烯烃双键两边 C 原子均通过δ键与不同基团时,才有顺反异构体。

答案:C

46.解 苯环上六个氢被氯取代为六氯苯。

答案：C

47.解 如解图所示，根据力的投影公式，$F_x = F\cos\alpha$，故 $\alpha = 60°$。而分力 F_x 的大小是力 F 大小的 2 倍，故力 F 与 y 轴垂直。

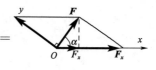

题 47 解图

答案：A

48.解 将力系向 A 点简化，作用于 C 点的力 F 沿作用线移到 A 点，作用于 B 点的力 F 平移到 A 点附加的力偶即主矩：$M_A = M_A(F) = \dfrac{\sqrt{3}}{2}aF$；三个力的主矢：$F_{Ry} = 0$，$F_{Rx} = F - F\sin30° - F\sin30° = 0$。

答案：A

49.解 根据受力分析，A、B、C 处的约束力均为水平方向，分别考虑 AC、BC 的平衡，采用力偶的平衡方程即可。

答案：B

50.解 均布力组成了力偶矩为 qa^2 的逆时针转向力偶。A、B 处的约束力沿铅垂方向组成顺时针转向力偶。

答案：C

51.解 点的速度、切向加速度和法向加速度分别为：$v = \dfrac{\mathrm{d}s}{\mathrm{d}t} = 20\mathrm{cm/s}$，$a_\tau = \dfrac{\mathrm{d}v}{\mathrm{d}t} = 0$，$a_n = \dfrac{v^2}{R} = \dfrac{400}{40} = 10\mathrm{cm/s^2}$。

答案：B

52.解 将运动方程中的参数 t 消去，即 $t = \dfrac{x}{2}$，$y = \left(\dfrac{x}{2}\right)^2 - \dfrac{x}{2}$，整理易得 $x^2 - 2x - 4y = 0$。

答案：C

53.解 根据定轴转动刚体上一点速度、加速度与转动角速度、角加速度的关系，$v_B = OB \cdot \omega = 50 \times 2 = 100\mathrm{cm/s}$，$a_B^t = OB \cdot \varepsilon = 50 \times 5 = 250\mathrm{cm/s}$，$a_B^n = OB \cdot \omega^2 = 50 \times 2^2 = 200\mathrm{cm/s}$。

答案：A

54.解 根据质点运动微分方程 $ma = \sum F$，当货物加速下降、匀速下降和减速下降时，加速度分别向下、为零、向上，代入公式有 $ma = W - R_1$，$0 = W - R_2$，$-ma = W - R_3$。

答案：C

55.解 根据动量矩定义和公式：$L_O = M_O(m_1v) + M_O(m_2v) + J_{O轮}\omega = m_1vr + m_2r +$

$\dfrac{1}{2}mr^2\omega, \omega = \dfrac{v}{r}, L_O = (m_1 + m_2 + \dfrac{1}{2}m)rv$。

答案：C

56.解 根据动能定理，当杆从水平转动到铅垂位置时，$T_1 = 0; T_2 = \dfrac{1}{2}$

$J_B\omega^2 = \dfrac{1}{2} \cdot \dfrac{1}{3}m(2l)^2 \cdot \omega^2 = \dfrac{2}{3}ml^2\omega^2; W_{12} = mgl$ 代入 $T_2 - T_1 = W_{12}$，得 $\omega^2 = \dfrac{3g}{2l}$

再根据定轴转动微分方程：$J_B\alpha = M_B(F) = 0, \alpha = 0$

质心运动定理：$a_{C\tau} = l\alpha = 0, a_{Cn} = 1\omega^2 = \dfrac{3g}{2}$

受力如图：$ml\omega^2 = F_{By} - mg, F_{By} = \dfrac{5}{2}mg, F_{Bx} = 0$

题56解图

答案：D

57.解 根据定轴转动刚体惯性力系的简化结果，惯性力主矢和主矩的大小分别为

$F_I = ma_C = 0, M_{IO} = J_O\varepsilon = \dfrac{1}{2}mr^2\varepsilon$。

答案：C

58.解 根据串、并联弹簧等效弹簧刚度的计算公式。

答案：C

59.解 轴向受力杆左段轴力是 $-3kN$，右段轴力是 $5kN$。

答案：B

60.解 把 F 力平移到铆钉群中心 O，并附加一个力偶 $m = F \cdot \dfrac{5}{4}L$，在铆钉上将产生

剪力 Q_1 和 Q_2，其中 $Q_1 = \dfrac{F}{2}$，而 Q_2 计算方法如下。

$$\sum M_O = 0, Q_2 \cdot \dfrac{L}{2} = F \cdot \dfrac{5}{4}L$$

得

$$Q_2 = \dfrac{5}{2}F$$

所以 $Q = Q_1 + Q_2 = 3F, \tau_{max} = \dfrac{Q}{\dfrac{\pi}{4}d^2} = \dfrac{12F}{\pi d^2}$

答案：C

61.解 由 $\theta = \dfrac{T}{GI_P}$，得 $\dfrac{T}{I_P} = \theta G$，故 $\tau_{max} = \dfrac{T}{I_P} \cdot \dfrac{d}{2} = \dfrac{\theta Gd}{2}$。

答案:D

62.**解** 为使 $\tau_1 = \dfrac{1}{2}\tau$，应使 $\dfrac{T}{\dfrac{\pi}{16}d_1^3} = \dfrac{1}{2}\dfrac{T}{\dfrac{\pi}{16}d^3}$，即 $d_1^3 = 2d^3$，故 $d_1 = \sqrt[3]{2}\,d$。

答案:D

63.**解** $I_{z1} = I_z + a^2 A = \dfrac{bh^3}{12} + h^2 \cdot bh = \dfrac{13}{12}bh^3$

答案:D

64.**解** 考虑梁的整体平衡: $\sum M_B = 0, F_A = 0$

应用直接法求剪力和弯矩,得 $F_{SA} = 0, M_C = 0$

答案:A

65.**解** 开裂前, $f = \dfrac{Fl^3}{3EI}$，其中 $I = \dfrac{b(2a)^3}{12} = 8\dfrac{ba^3}{12} = 8I_1$；

开裂后, $f_1 = \dfrac{\dfrac{F}{2}l^3}{3EI_1} = \dfrac{\dfrac{1}{2}Fl^3}{3E\dfrac{I}{8}} = 4 \cdot \dfrac{Fl^3}{3EI} = 4f$。

答案:C

66.**解** 原来, $f = \dfrac{Ml^2}{2EI}$；梁长减半后, $f_1 = \dfrac{M\left(\dfrac{l}{2}\right)^2}{2EI} = \dfrac{1}{4}f$。

答案:B

67.**解** 图 c)中 σ_1 和 σ_3 的差值最大。

$$\tau_{max} = \dfrac{\sigma_1 - \sigma_3}{2} = \dfrac{2\sigma - (-2\sigma)}{2} = 2\sigma$$

答案:C

68.**解** 图示杆是偏心拉伸,等价于轴向拉伸和两个方向弯曲的组合变形。

$$\sigma_{max}^+ = \dfrac{F_N}{bh} + \dfrac{M_g}{W_g} + \dfrac{M_y}{W_y} = \dfrac{F}{bh} + \dfrac{F\dfrac{h}{2}}{\dfrac{bh^2}{6}} + \dfrac{F\dfrac{b}{2}}{\dfrac{hb^2}{6}} = 7\dfrac{F}{bh}$$

答案:C

69.**解** 力 F 产生的弯矩引起 A 点的拉应力,力偶 T 产生的扭矩引起 A 点的切应力 τ，故 A 点应为既有拉应力 σ 又有 τ 的复杂应力状态。

答案:C

70.**解** 图 a) $\mu l = 1 \times 5 = 5\text{m}$，图 b) $\mu l = 2 \times 3 = 6\text{m}$，图 c) $\mu l = 0.7 \times 6 = 4.2\text{m}$。由公式

$F_{cr} = \dfrac{\pi^2 EI}{(\mu l)^2}$，可知图 b)$F_{cr}$ 最小，图 c)F_{cr} 最大。

答案：C

71.**解** 静止流体等压面应是一水平面，且应绘出于连通、连续同一种流体中，据此可绘出两个等压面以判断压强 p_1、p_2、p_3 的大小。

答案：A

72.**解** 测压管水头线的变化是由于过流断面面积的变化引起流速水头的变化，进而引起压强水头的变化，而与是否理想流体无关，故选项 A 说法是错误的。

答案：A

73.**解** 由判别流态的下临界雷诺数 $\mathrm{Re_k} = \dfrac{v_k d}{\nu}$ 解出下临界流速 v_k 即可，$v_k = \dfrac{\mathrm{Re_k}\nu}{d}$，而

$\mathrm{Re_k} = 2000$。代入题设数据后有：$v_k = \dfrac{2000 \times 1.31 \times 10^{-6}}{0.05} = 0.0524\mathrm{m/s}$。

答案：D

74.**解** 根据沿程损失计算公式 $h_f = \lambda \dfrac{L}{d} \dfrac{v^2}{2g}$ 及层流阻力系数计算公式 $\lambda = \dfrac{64}{\mathrm{Re}}$ 联立求解可得。

代入题设条件后有：$\dfrac{v_1}{d_1^2} = \dfrac{v_2}{d_2^2}$，而 $v_2 = v_1 \left(\dfrac{d_2}{d_1}\right)^2 = v_1 2^2 = 4v_1$

$\dfrac{Q_2}{Q_1} = \dfrac{v_2}{v_1}\left(\dfrac{d_2}{d_1}\right)^2 = 4 \times 2^2 = 16$

答案：D

75.**解** 圆柱形外管嘴正常工作的条件：$L = (3-4)d$，$H_0 < 9\mathrm{m}$。

答案：B

76.**解** 根据有压管基本公式 $H = SQ^2$，可解出流量 $Q = \sqrt{\dfrac{H}{S}}$。阀门关小，阻抗 S 增加，流量应减小。

答案：B

77.**解** 按达西公式 $Q = kAJ$，可解出渗流系数 $k = \dfrac{Q}{AJ} = \dfrac{0.1}{\dfrac{\pi}{4}(0.3)^2 \times \dfrac{90}{40} \times 8 \times 3600} =$

$2.183 \times 10^{-5}\mathrm{m/s} = 1.886\mathrm{m/d}$。

答案：B

78. 解 无量纲量即量纲为1的量,$\dim \dfrac{p}{\rho v^2} = \dfrac{ML^{-1}T^{-2}}{ML^{-3}(LT^{-1})^2} = 1$。

答案:A

79. 解 根据电磁感应定律,线圈 a 中是变化的电源,将产生变化的电流,考虑电磁作用 $i_a \neq \dfrac{u}{R_a}$;变化磁通将与线圈 b 交链,由此产生感应电流 $i_b \neq 0$。

答案:B

80. 解 电流源的端电压由外电路决定:$U = 5 + 0.1 \times (100 + 50) = 20\text{V}$。

答案:A

81. 解 用叠加原理分析,将电路分解为各个电源单独作用的电路。不作用的电压源短路,不作用的电流源断路。$U = U' + U''$,U' 为电流源作用,$U' = I_s(R_1 + R_2 /\!/ R_3)$;$U''$ 为电压源作用,$U' = \dfrac{R_2}{R_2 + R_3} U_s$。

答案:D

82. 解 交流电路中电压电流符合相量关系,$\dot{I}_R = \dot{I}_L + \dot{I}_C$,此题用画相量图的方法会简捷一些。

答案:B

83. 解 三相五线制供电系统中单相负载的外壳引出线应该与"PE 线"(保护零线)连接。

答案:D

84. 解 从图形判断这是一个高通滤波器的频率特性图。它反映了电路的输出电压和输入电压对于不同频率信号的响应关系,利用高通滤波器的传递函数分析。

答案:B

85. 解 三相交流异步电动机的转速关系公式为 $n \approx n_0 = \dfrac{60f}{p}$,可以看到电动机的转速 n 取决于电源的频率 f 和电机的极对数 p,要想实现平滑调速应该使用改变频率 f 的方法。

另外,电动机挂子串电阻的方法调整只能用于向下平滑调速。

答案:C

86. 解 在电动机的继电接触控制电路中,熔断器对电路实现短路保护,热继电器对电路实现过载保护,交流接触器起欠压保护的作用,需同时接在主电路和控制电路中;行程开关一般只连接在电机的控制回路中。

答案:D

87.解 信息通常是以编码的方式载入数字信号中的。

答案:A

88.解 七段显示器的各段符号是用发光二极管制作的,各段符号如图所示。在共阴极七段显示器电路中,高电平"1"字段发光,"0"熄灭。显示字母"E"的共阴极七段显示器显示时 b、c 段熄灭,显示码 abcdefg 应该是 1001111。

答案:A

89.解 图示电压信号是连续的时间信号,在多个时间点的数值确定;对其他的周期信号、数字信号、离散信号的定义均不符合。

答案:D

90.解 根据对模拟信号的频谱分析可知:周期信号的频谱是离散的,非周期信号的频谱是连续的。

答案:A

91.解 该电路是利用滤波技术进行信号处理,从图 a)到图 b)经过了低通滤波,从图 b)到图 c)利用了高通滤波技术(消去了直流分量)。

答案:A

92.解 此题的分析方法是先根据给定的波形图写输出和输入之间的真值表,然后观察输出与输入的逻辑关系,写出逻辑表达式即可。观察 $F = A \cdot B + \overline{A} \cdot \overline{B}$,属同或门关系。

答案:C

93.解 首先应清楚放大电路中输入电阻和输出电阻的概念,然后将放大电路的输入端等效成一个输入电阻,输出端等效成一个等效电压源(如解图所示),最后用电路理论计算可得结果。

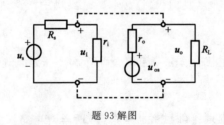

题 93 解图

其中：$u_i = \dfrac{r_i}{R_s + r_i} u_s$；$u_{os} = A_k u_i$；$u_o = \dfrac{R_L}{r_o + R_L} u_{os}$。

答案：D

94. **解** 该电路是电压比较电路。当反向输入信号 u_{i1} 大于基准信号 u_{i2} 时，输出为负的饱和值，当 u_{i1} 小于基准信号 u_{i2} 时，输出为正的饱和值。

答案：D

95. **解** 该电路是 D 触发器，这种连接方法构成保持状态：$Q_{n+1} = D = Q_n$。

答案：D

96. **解** 该题为两个 JK 触发器构成的计数器，考生可以列表分析，输出在三个时钟脉冲完成一次循环，但无增1，或减1规律。可见该电路是同步三进制计数器。

答案：C

97. **解** 微型计算机是以总线结构来连接各个功能部件的。

答案：C

98. **解** 信息可采用某种度量单位进行度量，并进行信息编码。现代计算机使用的是二进制。

答案：C

99. **解** 三位二进制对应一位八进制，将小数点后每三位二进制分成一组，101 对应 5，010 对应 2，111 对应 7，100 对应 4。

答案：B

100. **解** 图像的主要参数有分辨率（包括屏幕分辨率、图像分辨率、像素分辨率）、颜色深度、图像文件的大小。

答案：B

101. **解** 电子签名应用领域包括电子商务，企业信息系统，网上政府采购中，金融、财会、保险行业，食品、医药，教育，科学研究以及文件管理等方面。但最主要的还是表现在电子商务方面，在网上将买方、卖方以及服务于他们的中间商（如金融机构）之间的信息交换和交易行为集成到一起的电子运作方式，如签订合同、订购、付费等。数字签名是目前保证数据的完整无性、真实性和不可抵赖的最可靠的方法。什么地方需要，那就可以应用在什么地方。现在典型的应用如：网上银行、电子商务、电子政务、网络通信等。

答案：A

102. **解** 一个存储器段可以小至一个字节，可大至 4G 字节。而一个页的大小则规定为 4K 字节。

答案：C

103.解 即插即用就是在加上新的硬件以后不用为此硬件再安装驱动程序了。而 D 项说需安装相应软件才可立刻使用是错误的。

答案：D

104.解 构成信息化社会的三个主要技术支柱是计算机技术、通信技术和网络技术。

答案：B

105.解 网络软件是实现网络功能不可缺少的软件环境，主要包括网络传输协议和网络操作系统。

答案：A

106.解 网际网络是由相互连接的网络组成的网络。这些相互连接的网络中有一部分由大型公有组织和私有组织(如政府机构或工业企业)拥有并保留供其专用。在向公众开放的网际网络中，最著名并被广为使用的便是 Internet。Internet 是将属于 Internet 服务商提供商(ISP)的网络相互连接后建立的。这些 ISP 网络相互连接，为世界各地的用户提供接入服务。要确保通过这种多元化基础架构有效通信，需要采用统一的公认技术和协议，也需要众多网络管理机构相互协作。

答案：B

107.解 比较两家银行的年实际利率，其中较低者利息较少。

甲银行的年实际利率：$i_{甲}=\left(1+\dfrac{r}{m}\right)^{m}-1=\left(1+\dfrac{6\%}{4}\right)^{4}-1=6.14\%$；乙银行的年实际利率为 7%，故向甲银行贷款付出的利息较少。

答案：A

108.解 总成本费用有生产成本加期间费用和按生产要素两种估算方法。生产成本加期间费用计算公式为：总成本费用＝生产成本＋期间费用。

答案：A

109.解 准股本资金是一种既具有资本金性质又具有债务资金性质的资金，主要包括优先股股票和可转换债券。

答案：B

110.解 按计算财务净现值的公式计算。

$$FNPV = -200 - 300(P/F, 10\%, 1) + 150(P/A, 10\%, 8)(P/F, 10\%, 2)$$

$$= -200 - 300 \times 0.90909 + 150 \times 5.33493 \times 0.82645 = 188.63 \text{ 万元}$$

答案:B

111.解 可外贸货物影子价格:直接进口投入物的影子价格(到厂价)=到岸价(CIF)×影子汇率+进口费用。

答案:C

112.解 盈亏平衡点越低,说明项目盈利的可能性越大,项目抵抗风险的能力越强。

答案:C

113.解 改扩建项目盈利能力分析可能涉及的五种数据:①"现状"数据;②"无项目"数据;③"有项目"数据;④新增数据;⑤增量数据。

答案:D

114.解 在 ABC 分类法中,A 类部件占部件总数的比重较少,但占总成本的比重较大;C 类部件占部件总数的比重较大,占总数的 60%～80%,但占总成本的比重较小,占 5%～10%。

答案:C

115.解 《中华人民共和国安全生产法》第三十四条规定,生产经营单位使用的危险物品的容器、运输工具,以及涉及人身安全、危险性较大的海洋石油开采特种设备及矿山井下特种设备,必须按照国家有关规定,由专业生产单位生产,并经具有专业资质的检测、检验机构检测、检验合格,取得安全使用证或者安全标志,方可投入使用。检测、检验机构对检测、检验结果负责。

答案:B

116.解 《中华人民共和国招标投标法》第四十六条规定,招标人和中标人应当自中标通知书发出之日起三十日内,按照招标文件和中标人的投标文件订立书面合同。招标人和中标人不得再行订立背离合同实质性内容的其他协议。

答案:B

117.解 《中华人民共和国行政许可法》第十三条规定,本法第十二条所列事项,通过下列方式能够予以规范的,可以不设行政许可:

(一)公民、法人或者其他组织能够自主决定的;

(二)市场竞争机制能够有效调节的;

(三)行业组织或者中介机构能够自律管理的;

(四)行政机关采用事后监督等其他行政管理方式能够解决的。

答案:D

118.**解** 《中华人民共和国节约能源法》第十五条规定,国家实行固定资产投资项目节能评估和审查制度。不符合强制性节能标准的项目,依法负责项目审批或者核准的机关不得批准或者核准建设;建设单位不得开工建设;已经建成的,不得投入生产、使用。具体办法由国务院管理节能工作的部门会同国务院有关部门制定。

答案:C

119.**解** 《建设工程质量管理条例》第三十一条规定,施工人员对涉及结构安全的试块、试件以及有关材料,应当在建设单位或者工程监理单位监督下现场取样,并送具有相应资质等级的质量检测单位进行检测。

答案:D

120.**解** 《建设工程安全生产管理条例》第十四条规定,工程监理单位在实施监理过程中,发现存在安全事故隐患的,应当要求施工单位整改;情况严重的,应当要求施工单位暂时停止施工,并及时报告建设单位。施工单位拒不整改或者不停止施工的,工程监理单位应当及时向有关主管部门报告。

答案:D

2011 年度全国勘察设计注册工程师

执业资格考试试卷

基础考试
（上）

二〇一一年九月

应考人员注意事项

1. 本试卷科目代码为"1",考生务必将此代码填涂在答题卡"科目代码"相应的栏目内,否则,无法评分。

2. 书写用笔:**黑色或蓝色钢笔、签字笔或圆珠笔**;
   填涂答题卡用笔:**黑色 2B 铅笔**。

3. 必须用书写用笔将工作单位、姓名、准考证号填写在答题卡和试卷相应的栏目内。

4. 本试卷由 120 题组成,每题 1 分,满分 120 分,本试卷全部为单项选择题,每小题的四个备选项中只有一个正确答案,错选、多选、不选均不得分。

5. 考生作答时,必须**按题号在答题卡上**将相应试题所选选项对应的**字母用 2B 铅笔涂黑**。

6. 在答题卡上书写与题意无关的语言,或在答题卡上作标记的,均按违纪试卷处理。

7. 考试结束时,由监考人员当面将试卷、答题卡一并收回。

8. 草稿纸由各地统一配发,考后收回。

单项选择题(共 120 题,每题 1 分。每题的备选项中只有一个最符合题意。)

1. 设直线方程为 $x=y-1=z$,平面方程为 $x-2y+z=0$,则直线与平面:

  A. 重合
  B. 平行不重合
  C. 垂直相交
  D. 相交不垂直

2. 在三维空间中,方程 $y^2-z^2=1$ 所代表的图形是:

  A. 母线平行 x 轴的双曲柱面
  B. 母线平行 y 轴的双曲柱面
  C. 母线平行 z 轴的双曲柱面
  D. 双曲线

3. 当 $x\rightarrow 0$ 时,3^x-1 是 x 的:

  A. 高阶无穷小
  B. 低阶无穷小
  C. 等价无穷小
  D. 同阶但非等价无穷小

4. 函数 $f(x)=\dfrac{x-x^2}{\sin\pi x}$ 的可去间断点的个数为:

  A. 1 个
  B. 2 个
  C. 3 个
  D. 无穷多个

5. 如果 $f(x)$ 在 x_0 点可导,$g(x)$ 在 x_0 点不可导,则 $f(x)g(x)$ 在 x_0 点:

  A. 可能可导也可能不可导
  B. 不可导
  C. 可导
  D. 连续

6. 当 $x>0$ 时,下列不等式中正确的是:

  A. $e^x<1+x$
  B. $\ln(1+x)>x$
  C. $e^x<ex$
  D. $x>\sin x$

7.若函数 $f(x,y)$ 在闭区域 D 上连续,下列关于极值点的陈述中正确的是:

A. $f(x,y)$ 的极值点一定是 $f(x,y)$ 的驻点

B. 如果 P_0 是 $f(x,y)$ 的极值点,则 P_0 点处 $B^2-AC<0$ $\left(\text{其中},A=\dfrac{\partial^2 f}{\partial x^2},B=\dfrac{\partial^2 f}{\partial x\partial y},\right.$

$\left.C=\dfrac{\partial^2 f}{\partial y^2}\right)$

C. 如果 P_0 是可微函数 $f(x,y)$ 的极值点,则在 P_0 点处 $\mathrm{d}f=0$

D. $f(x,y)$ 的最大值点一定是 $f(x,y)$ 的极大值点

8. $\displaystyle\int \dfrac{\mathrm{d}x}{\sqrt{x}\,(1+x)} =$

A. $\arctan\sqrt{x}+C$ 　　　　　　　　　　B. $2\arctan\sqrt{x}+C$

C. $\tan(1+x)$ 　　　　　　　　　　　　　　D. $\dfrac{1}{2}\arctan x+C$

9.设 $f(x)$ 是连续函数,且 $f(x)=x^2+2\displaystyle\int_0^2 f(t)\mathrm{d}t$,则 $f(x) =$

A. x^2 　　　　　　　　　　　　　　　　　B. x^2-2

C. $2x$ 　　　　　　　　　　　　　　　　　D. $x^2-\dfrac{16}{9}$

10. $\displaystyle\int_{-2}^2 \sqrt{4-x^2}\,\mathrm{d}x =$

A. π 　　　　　　　　　　　　　　　　　B. 2π

C. 3π 　　　　　　　　　　　　　　　　　D. $\dfrac{\pi}{2}$

11.设 L 为连接 $(0,2)$ 和 $(1,0)$ 的直线段,则对弧长的曲线积分 $\displaystyle\int_L (x^2+y^2)\mathrm{d}S =$

A. $\dfrac{\sqrt{5}}{2}$ 　　　　　　　　　　　B. 2

C. $\dfrac{3\sqrt{5}}{2}$ 　　　　　　　　　　　D. $\dfrac{5\sqrt{5}}{3}$

12.曲线 $y=e^{-x}(x\geqslant 0)$ 与直线 $x=0,y=0$ 所围图形,绕 ox 轴旋转所得旋转体的体积为:

A. $\dfrac{\pi}{2}$ 　　　　　　　　　　　　　B. π

C. $\dfrac{\pi}{3}$ 　　　　　　　　　　　　　D. $\dfrac{\pi}{4}$

13. 若级数 $\sum\limits_{n=1}^{\infty} u_n$ 收敛,则下列级数中不收敛的是:

A. $\sum\limits_{n=1}^{\infty} ku_n \ (k \neq 0)$　　　　　　　　B. $\sum\limits_{n=1}^{\infty} u_{n+100}$

C. $\sum\limits_{n=1}^{\infty} \left(u_{2n} + \dfrac{1}{2^n} \right)$　　　　　　　　D. $\sum\limits_{n=1}^{\infty} \dfrac{50}{u_n}$

14. 设幂级数 $\sum\limits_{n=0}^{\infty} a_n x^n$ 的收敛半径为 2,则幂级数 $\sum\limits_{n=1}^{\infty} na_n (x-2)^{n+1}$ 的收敛区间是:

A. $(-2,2)$　　　　　　　　　　　　B. $(-2,4)$

C. $(0,4)$　　　　　　　　　　　　D. $(-4,0)$

15. 微分方程 $xy\,dx = \sqrt{2-x^2}\,dy$ 的通解是:

A. $y = e^{-C\sqrt{2-x^2}}$　　　　　　　　B. $y = e^{-\sqrt{2-x^2}} + C$

C. $y = Ce^{-\sqrt{2-x^2}}$　　　　　　　　D. $y = C - \sqrt{2-x^2}$

16. 微分方程 $\dfrac{dy}{dx} - \dfrac{y}{x} = \tan \dfrac{y}{x}$ 的通解是:

A. $\sin \dfrac{y}{x} = Cx$　　　　　　　　B. $\cos \dfrac{y}{x} = Cx$

C. $\sin \dfrac{y}{x} = x + C$　　　　　　　　D. $Cx \sin \dfrac{y}{x} = 1$

17. 设 $\boldsymbol{A} = \begin{bmatrix} 1 & 0 & 1 \\ 0 & 1 & 2 \\ -2 & 0 & -3 \end{bmatrix}$,则 $\boldsymbol{A}^{-1} =$

A. $\begin{bmatrix} 3 & 0 & 1 \\ 4 & 1 & 2 \\ 2 & 0 & 1 \end{bmatrix}$　　　　　　　　B. $\begin{bmatrix} 3 & 0 & 1 \\ 4 & 1 & 2 \\ -2 & 0 & -1 \end{bmatrix}$

C. $\begin{bmatrix} -3 & 0 & -1 \\ 4 & 1 & 2 \\ -2 & 0 & -1 \end{bmatrix}$　　　　　　　　D. $\begin{bmatrix} 3 & 0 & 1 \\ -4 & -1 & -2 \\ 2 & 0 & 1 \end{bmatrix}$

18. 设 3 阶矩阵 $\boldsymbol{A} = \begin{bmatrix} 1 & 1 & a \\ 1 & a & 1 \\ a & 1 & 1 \end{bmatrix}$,已知 $\boldsymbol{A}$ 的伴随矩阵的秩为 1,则 $a =$

A. -2　　　　　　B. -1　　　　　　C. 1　　　　　　D. 2

19. 设 A 是 3 阶矩阵，$P=(\alpha_1,\alpha_2,\alpha_3)$ 是 3 阶可逆矩阵，且 $P^{-1}AP=\begin{bmatrix}1&0&0\\0&2&0\\0&0&0\end{bmatrix}$。

若矩阵 $Q=(\alpha_2,\alpha_1,\alpha_3)$，则 $Q^{-1}AQ=$

A. $\begin{bmatrix}1&0&0\\0&2&0\\0&0&0\end{bmatrix}$ B. $\begin{bmatrix}2&0&0\\0&1&0\\0&0&0\end{bmatrix}$

C. $\begin{bmatrix}0&1&0\\2&0&0\\0&0&0\end{bmatrix}$ D. $\begin{bmatrix}0&2&0\\1&0&0\\0&0&0\end{bmatrix}$

20. 齐次线性方程组 $\begin{cases}x_1-x_2+x_4=0\\x_1-x_3+x_4=0\end{cases}$ 的基础解系为：

A. $\alpha_1=(1,1,1,0)^T$，$\alpha_2=(-1,-1,1,0)^T$

B. $\alpha_1=(2,1,0,1)^T$，$\alpha_2=(-1,-1,1,0)^T$

C. $\alpha_1=(1,1,1,0)^T$，$\alpha_2=(-1,0,0,1)^T$

D. $\alpha_1=(2,1,0,1)^T$，$\alpha_2=(-2,-1,0,1)^T$

21. 设 A，B 是两个事件，$P(A)=0.3$，$P(B)=0.8$，则当 $P(A\cup B)$ 为最小值时，$P(AB)=$

A. 0.1   B. 0.2

C. 0.3   D. 0.4

22. 三个人独立地破译一份密码，每人能独立译出这份密码的概率分别为 $\frac{1}{5}$、$\frac{1}{3}$、$\frac{1}{4}$，则这份密码被译出的概率为：

A. $\frac{1}{3}$ B. $\frac{1}{2}$

C. $\frac{2}{5}$ D. $\frac{3}{5}$

23. 设随机变量 X 的概率密度为 $f(x)=\begin{cases}2x,0<x<1\\0,其他\end{cases}$，$Y$ 表示对 X 的 3 次独立重复

观察中事件 $\{X\leqslant\frac{1}{2}\}$ 出现的次数，则 $P\{Y=2\}$ 等于：

A. $\frac{3}{64}$ B. $\frac{9}{64}$

C. $\frac{3}{16}$ D. $\frac{9}{16}$

24. 设随机变量 X 和 Y 都服从 $N(0,1)$ 分布，则下列叙述中正确的是：

A. $X+Y\sim$ 正态分布   B. $X^2+Y^2\sim\chi^2$ 分布

C. X^2 和 Y^2 都 $\sim\chi^2$ 分布   D. $\frac{X^2}{Y^2}\sim F$ 分布

25. 一瓶氦气和一瓶氮气，它们每个分子的平均平动动能相同，而且都处于平衡态，则

它们：

A. 温度相同，氦分子和氮分子的平均动能相同

B. 温度相同，氦分子和氮分子的平均动能不同

C. 温度不同，氦分子和氮分子的平均动能相同

D. 温度不同，氦分子和氮分子的平均动能不同

26. 最概然速率 v_p 的物理意义是：

A. v_p 是速率分布中的最大速率

B. v_p 是大多数分子的速率

C. 在一定的温度下，速率与 v_p 相近的气体分子所占的百分率最大

D. v_p 是所有分子速率的平均值

27. 1mol 理想气体从平衡态 $2p_1$、V_1 沿直线变化到另一平衡态 p_1、$2V_1$，则此过程中

系统的功和内能的变化是：

A. $W>0,\Delta E>0$ B. $W<0,\Delta E<0$

C. $W>0,\Delta E=0$ D. $W<0,\Delta E>0$

28. 在保持高温热源温度 T_1 和低温热源温度 T_2 不变的情况下，使卡诺热机的循环

曲线所包围的面积增大，则会：

A. 净功增大，效率提高   B. 净功增大，效率降低

C. 净功和功率都不变   D. 净功增大，效率不变

29. 一平面简谐波的波动方程为 $y = 0.01\cos 10\pi(25t - x)$ (SI)，则在 $t = 0.1$s 时刻，$x = 2$m 处质元的振动位移是：

    A. 0.01cm   B. 0.01m

    C. −0.01m   D. 0.01mm

30. 对于机械横波而言，下面说法正确的是：

    A. 质元处于平衡位置时，其动能最大，势能为零

    B. 质元处于平衡位置时，其动能为零，势能最大

    C. 质元处于波谷处时，动能为零，势能最大

    D. 质元处于波峰处时，动能与势能均为零

31. 在波的传播方向上，有相距为 3m 的两质元，两者的相位差为 $\dfrac{\pi}{6}$，若波的周期为 4s，则此波的波长和波速分别为：

    A. 36m 和 6m/s   B. 36m 和 9m/s

    C. 12m 和 6m/s   D. 12m 和 9m/s

32. 在双缝干涉实验中，入射光的波长为 λ，用透明玻璃纸遮住双缝中的一条缝（靠近屏一侧），若玻璃纸中光程比相同厚度的空气的光程大 2.5λ，则屏上原来的明纹处：

    A. 仍为明条纹   B. 变为暗条纹

    C. 既非明纹也非暗纹   D. 无法确定是明纹还是暗纹

33. 在真空中，可见光的波长范围为：

    A. 400~760nm   B. 400~760mm

    C. 400~760cm   D. 400~760m

34. 有一玻璃劈尖，置于空气中，劈尖角为 θ，用波长为 λ 的单色光垂直照射时，测得相邻明纹间距为 l，若玻璃的折射率为 n，则 θ、λ、l 与 n 之间的关系为：

    A. $\theta = \dfrac{\lambda n}{2l}$ B. $\theta = \dfrac{l}{2n\lambda}$

    C. $\theta = \dfrac{l\lambda}{2n}$ D. $\theta = \dfrac{\lambda}{2nl}$

35. 一束自然光垂直穿过两个偏振片，两个偏振片的偏振化方向成 45° 角。已知通过此两偏振片后的光强为 I，则入射至第二个偏振片的线偏振光强度为：

    A. I B. $2I$

    C. $3I$ D. $\dfrac{I}{2}$

36. 一单缝宽度 $a=1\times10^{-4}$m，透镜焦距 $f=0.5$m，若用 $\lambda=400$nm 的单色平行光垂直入射，中央明纹的宽度为：

    A. 2×10^{-3}m

    B. 2×10^{-4}m

    C. 4×10^{-4}m

    D. 4×10^{-3}m

37. 29 号元素的核外电子分布式为：

    A. $1s^2 2s^2 2p^6 3s^2 3p^6 3d^9 4s^2$

    B. $1s^2 2s^2 2p^6 3s^2 3p^6 3d^{10} 4s^1$

    C. $1s^2 2s^2 2p^6 3s^2 3p^6 4s^1 3d^{10}$

    D. $1s^2 2s^2 2p^6 3s^2 3p^6 4s^2 3d^9$

38. 下列各组元素的原子半径从小到大排序错误的是：

    A. Li＜Na＜K

    B. Al＜Mg＜Na

    C. C＜Si＜Al

    D. P＜As＜Se

39. 下列溶液混合，属于缓冲溶液的是：

    A. 50mL0.2mol·L^{-1} CH_3COOH 与 50mL0.1mol·L^{-1}NaOH

    B. 50mL0.1mol·L^{-1} CH_3COOH 与 50mL0.1mol·L^{-1}NaOH

    C. 50mL0.1mol·L^{-1} CH_3COOH 与 50mL0.2mol·L^{-1}NaOH

    D. 50mL0.2mol·L^{-1} HCl 与 50mL0.1mol·L^{-1} NH_3H_2O

40. 在一容器中，反应 $2NO_2(g) \rightleftharpoons 2NO(g)+O_2(g)$，恒温条件下达到平衡后，加一定量 Ar 气体保持总压力不变，平衡将会：

    A. 向正方向移动

    B. 向逆方向移动

    C. 没有变化

    D. 不能判断

41. 某第 4 周期的元素，当该元素原子失去一个电子成为正 1 价离子时，该离子的价层电子排布式为 $3d^{10}$，则该元素的原子序数是：

    A. 19

    B. 24

    C. 29

    D. 36

42. 对于一个化学反应，下列各组中关系正确的是：

    A. $\Delta_r G_m^\ominus > 0, K^\ominus < 1$

    B. $\Delta_r G_m^\ominus > 0, K^\ominus > 1$

    C. $\Delta_r G_m^\ominus < 0, K^\ominus = 1$

    D. $\Delta_r G_m^\ominus < 0, K^\ominus < 1$

43. 价层电子构型为 $4d^{10}5s^1$ 的元素在周期表中属于：

    A. 第四周期 VIIB 族

    B. 第五周期 IB 族

    C. 第六周期 VIIB 族

    D. 镧系元素

44. 下列物质中,属于酚类的是:

    A. C_3H_7OH

    B. $C_6H_5CH_2OH$

    C. C_6H_5OH

    D. $CH_2{-}CH{-}CH_2$
               | | |
               OH OH OH

45. 有机化合物 $H_3C{-}CH{-}CH{-}CH_2{-}CH_3$ 的名称是:
                      | |
                    CH_3 CH_3

    A. 2-甲基-3-乙基丁烷

    B. 3,4-二甲基戊烷

    C. 2-乙基-3-甲基丁烷

    D. 2,3-二甲基戊烷

46. 下列物质中,两个氢原子的化学性质不同的是:

    A. 乙炔

    B. 甲酸

    C. 甲醛

    D. 乙二酸

47. 两直角刚杆 AC、CB 支承如图所示,在铰 C 处受力 F 作用,则 A、B 两处约束力的作用线与 x 轴正向所成的夹角分别为:

    A. $0°$;$90°$

    B. $90°$;$0°$

    C. $45°$;$60°$

    D. $45°$;$135°$

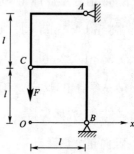

48. 在图示四个力三角形中,表示 $\boldsymbol{F}_R = \boldsymbol{F}_1 + \boldsymbol{F}_2$ 的图是:

    A.   B.   C.   D.

49. 均质杆 AB 长为 l,重为 $\boldsymbol{W}$,受到如图所示的约束,绳索 ED 处于铅垂位置,A、B 两处为光滑接触,杆的倾角为 α,又 $CD = l/4$,则 A、B 两处对杆作用的约束力大小关系为:

    A. $F_{NA} = F_{NB} = 0$

    B. $F_{NA} = F_{NB} \neq 0$

    C. $F_{NA} \leqslant F_{NB}$

    D. $F_{NA} \geqslant F_{NB}$

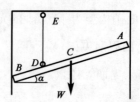

50. 一重力大小为 $W = 60$kN 的物块,自由放置在倾角为 $\alpha = 30°$ 的斜面上,如图所示,若物块与斜面间的静摩擦系数为 $f = 0.4$,则该物块的状态为:

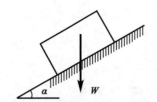

A. 静止状态

B. 临界平衡状态

C. 滑动状态

D. 条件不足,不能确定

51. 当点运动时,若位置矢大小保持不变,方向可变,则其运动轨迹为:

A. 直线   B. 圆周

C. 任意曲线   D. 不能确定

52. 刚体做平动时,某瞬时体内各点的速度和加速度为:

A. 体内各点速度不相同,加速度相同

B. 体内各点速度相同,加速度不相同

C. 体内各点速度相同,加速度也相同

D. 体内各点速度不相同,加速度也不相同

53. 在图示机构中,杆 $O_1A = O_2B$,$O_1A // O_2B$,杆 $O_2C = $ 杆 O_3D,$O_2C // O_3D$,且 $O_1A = 20$cm,$O_2C = 40$cm,若杆 O_1A 以角速度 $\omega = 3$rad/s 匀速转动,则杆 CD 上任意点 M 速度及加速度的大小分别为:

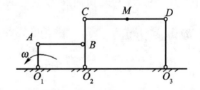

A. 60cm/s;180cm/s^2

B. 120cm/s;360cm/s^2

C. 90cm/s;270cm/s^2

D. 120cm/s;150cm/s^2

54. 图示均质圆轮,质量为 m,半径为 r,在铅垂图面内绕通过圆轮中心 O 的水平轴以匀角速度 ω 转动。则系统动量、对中心 O 的动量矩、动能的大小分别为:

A. 0;$\frac{1}{2}mr^2\omega$;$\frac{1}{4}mr^2\omega^2$

B. $mr\omega$;$\frac{1}{2}mr^2\omega$;$\frac{1}{4}mr^2\omega^2$

C. 0;$\frac{1}{2}mr^2\omega$;$\frac{1}{2}mr^2\omega^2$

D. 0;$\frac{1}{4}mr^2\omega$;$\frac{1}{4}mr^2\omega^2$

55. 如图所示,两重物 M₁ 和 M₂ 的质量分别为 m_1 和 m_2,两重物系在不计质量的软绳上,绳绕过均质定滑轮,滑轮半径 r,质量为 m,则此滑轮系统的动量为:

A. $(m_1 - m_2 + \frac{1}{2}m)v$ ↓

B. $(m_1 - m_2)v$ ↓

C. $(m_1 + m_2 + \frac{1}{2}m)v$ ↑

D. $(m_1 - m_2)v$ ↑

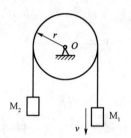

56. 均质细杆 AB 重力为 P、长 $2L$,A 端铰支,B 端用绳系住,处于水平位置,如图所示,当 B 端绳突然剪断瞬时,AB 杆的角加速度大小为:

A. 0

B. $\frac{3g}{4L}$

C. $\frac{3g}{2L}$

D. $\frac{6g}{L}$

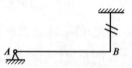

57. 质量为 m,半径为 R 的均质圆盘,绕垂直于图面的水平轴 O 转动,其角速度为 ω。在图示瞬间,角加速度为 0,盘心 C 在其最低位置,此时将圆盘的惯性力系向 O 点简化,其惯性力主矢和惯性力主矩的大小分别为:

A. $m\frac{R}{2}\omega^2$;0

B. $mR\omega^2$;0

C. 0;0

D. 0 ; $\frac{1}{2}m\frac{R}{2}\omega^2$

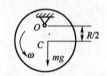

58. 图示装置中,已知质量 $m = 200\text{kg}$,弹簧刚度 $k = 100\text{N/cm}$,则图中各装置的振动周期为:

A. 图 a)装置振动周期最大

B. 图 b)装置振动周期最大

C. 图 c)装置振动周期最大

D. 三种装置振动周期相等

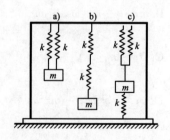

59. 圆截面杆 ABC 轴向受力如图,已知 BC 杆的直径 $d=100\text{mm}$,AB 杆的直径为 $2d$。杆的最大的拉应力为:

A. 40MPa

B. 30MPa

C. 80MPa

D. 120MPa

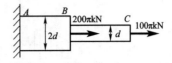

60. 已知铆钉的许可切应力为 $[\tau]$,许可挤压应力为 $[\sigma_{bs}]$,钢板的厚度为 t,则图示铆钉直径 d 与钢板厚度 t 的关系是:

A. $d=\dfrac{8t[\sigma_{bs}]}{\pi[\tau]}$

B. $d=\dfrac{4t[\sigma_{bs}]}{\pi[\tau]}$

C. $d=\dfrac{\pi[\tau]}{8t[\sigma_{bs}]}$

D. $d=\dfrac{\pi[\tau]}{4t[\sigma_{bs}]}$

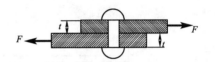

61. 图示受扭空心圆轴横截面上的切应力分布图中,正确的是:

A. 　　　　B. 　　　　C. 　　　　D.

62. 图示截面的抗弯截面模量 W_z 为:

A. $W_z=\dfrac{\pi d^3}{32}-\dfrac{a^3}{6}$

B. $W_z=\dfrac{\pi d^3}{32}-\dfrac{a^4}{6d}$

C. $W_z=\dfrac{\pi d^3}{32}-\dfrac{a^3}{6d}$

D. $W_z=\dfrac{\pi d^4}{64}-\dfrac{a^4}{12}$

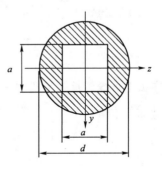

63. 梁的弯矩图如图所示,最大值在 B 截面。在梁的 A、B、C、D 四个截面中,剪力为 0 的截面是:

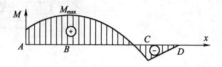

A. A 截面

B. B 截面

C. C 截面

D. D 截面

64. 图示悬臂梁 AB,由三根相同的矩形截面直杆胶合而成,材料的许可应力为 $[\sigma]$。若胶合面开裂,假设开裂后三根杆的挠曲线相同,接触面之间无摩擦力,则开裂后的梁承载能力是原来的:

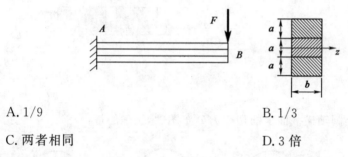

A. 1/9

B. 1/3

C. 两者相同

D. 3 倍

65. 梁的横截面是由狭长矩形构成的工字形截面,如图所示,z 轴为中性轴,截面上的剪力竖直向下,该截面上的最大切应力在:

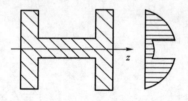

A. 腹板中性轴处

B. 腹板上下缘延长线与两侧翼缘相交处

C. 截面上下缘

D. 腹板上下缘

66. 矩形截面简支梁中点承受集中力 F。若 $h=2b$,分别采用图 a)、图 b)两种方式放置,图 a)梁的最大挠度是图 b)梁的:

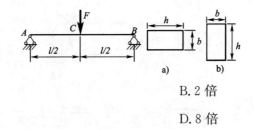

A. 1/2

B. 2 倍

C. 4 倍

D. 8 倍

67. 在图示 xy 坐标系下,单元体的最大主应力 σ_1 大致指向:

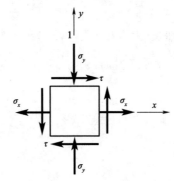

A. 第一象限,靠近 x 轴

B. 第一象限,靠近 y 轴

C. 第二象限,靠近 x 轴

D. 第二象限,靠近 y 轴

68. 图示变截面短杆,AB 段压应力 σ_{AB} 与 BC 段压应力 σ_{BC} 的关系是:

A. σ_{AB} 比 σ_{BC} 大 1/4

B. σ_{AB} 比 σ_{BC} 小 1/4

C. σ_{AB} 是 σ_{BC} 的 2 倍

D. σ_{AB} 是 σ_{BC} 的 1/2

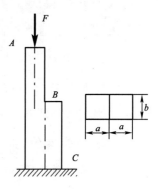

69.图示圆轴,固定端外圆上 $y=0$ 点(图中 A 点)的单元体的应力状态是:

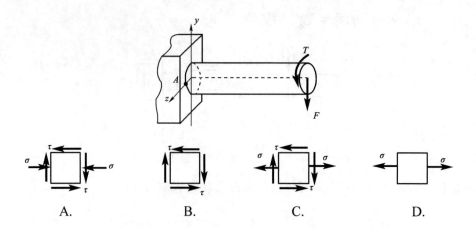

A.　　　　　　B.　　　　　　C.　　　　　　D.

70.一端固定一端自由的细长(大柔度)压杆,长为 L(图 a),当杆的长度减小一半时(图 b),其临界荷载 F_{cr} 比原来增加:

A.4 倍

B.3 倍

C.2 倍

D.1 倍

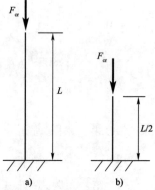

71.空气的黏滞系数与水的黏滞系数 μ 分别随温度的降低而:

　　A.降低,升高　　　　　　　　　　　　B.降低,降低

　　C.升高,降低　　　　　　　　　　　　D.升高,升高

72.重力和黏滞力分别属于:

　　A.表面力、质量力　　　　　　　　　　B.表面力、表面力

　　C.质量力、表面力　　　　　　　　　　D.质量力、质量力

73.对某一非恒定流,以下对于流线和迹线的正确说法是:

　　A.流线和迹线重合

　　B.流线越密集,流速越小

　　C.流线曲线上任意一点的速度矢量都与曲线相切

　　D.流线可能存在折弯

74. 对某一流段,设其上、下游两断面 1-1、2-2 的断面面积分别为 A_1、A_2,断面流速分别为 v_1、v_2,两断面上任一点相对于选定基准面的高程分别为 Z_1、Z_2,相应断面同一选定点的压强分别为 p_1、p_2,两断面处的流体密度分别为 ρ_1、ρ_2,流体为不可压缩流体,两断面间的水头损失为 h_{l1-2}。下列方程表述一定错误的是:

A. 连续性方程:$v_1 A_1 = v_2 A_2$

B. 连续性方程:$\rho_1 v_1 A_1 = \rho_2 v_2 A_2$

C. 恒定总流能量方程:$\dfrac{p_1}{\rho_1 g} + Z_1 + \dfrac{v_1^2}{2g} = \dfrac{p_2}{\rho_2 g} + Z_2 + \dfrac{v_2^2}{2g}$

D. 恒定总流能量方程:$\dfrac{p_1}{\rho_1 g} + Z_1 + \dfrac{v_1^2}{2g} = \dfrac{p_2}{\rho_2 g} + Z_2 + \dfrac{v_2^2}{2g} + h_{l1-2}$

75. 水流经过变直径圆管,管中流量不变,已知前段直径 $d_1 = 30\text{mm}$,雷诺数为 5000,后段直径变为 $d_2 = 60\text{mm}$,则后段圆管中的雷诺数为:

    A. 5000   B. 4000   C. 2500   D. 1250

76. 两孔口形状、尺寸相同,一个是自由出流,出流流量为 Q_1;另一个是淹没出流,出流流量为 Q_2。若自由出流和淹没出流的作用水头相等,则 Q_1 与 Q_2 的关系是:

    A. $Q_1 > Q_2$ B. $Q_1 = Q_2$

    C. $Q_1 < Q_2$ D. 不确定

77. 水力最优断面是指当渠道的过流断面面积 A、粗糙系数 n 和渠道底坡 i 一定时,其:

    A. 水力半径最小的断面形状   B. 过流能力最大的断面形状

    C. 湿周最大的断面形状   D. 造价最低的断面形状

78. 图示溢水堰模型试验,实际流量为 $Q_n = 537\text{m}^3/\text{s}$,若在模型上测得流量 $Q_n = 300\text{L/s}$,则该模型长度比尺为:

    A. 4.5   B. 6

    C. 10   D. 20

79. 点电荷 $+q$ 和点电荷 $-q$ 相距 30cm,那么,在由它们构成的静电场中:

    A. 电场强度处处相等

    B. 在两个点电荷连线的中点位置,电场力为 0

    C. 电场方向总是从 $+q$ 指向 $-q$

    D. 位于两个点电荷连线的中点位置上,带负电的可移动体将向 $-q$ 处移动

80.设流经图示电感元件的电流 $i=2\sin1000t$ A,若 $L=1$mH,则电感电压:

  A. $u_L=2\sin1000t$V

  B. $u_L=-2\cos1000t$V

  C. u_L 的有效值 $U_L=2$V

  D. u_L 的有效值 $U_L=1.414$V

81.图示两电路相互等效,由图 b)可知,流经 10Ω 电阻的电流 $I_R=1$A,由此可求得流经图 a)电路中 10Ω 电阻的电流 I 等于:

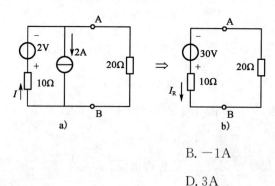

a)   b)

  A. 1A   B. -1A

  C. -3A   D. 3A

82.RLC 串联电路如图所示,在工频电压 $u(t)$ 的激励下,电路的阻抗等于:

  A. $R+314L+314C$

  B. $R+314L+1/314C$

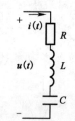

  C. $\sqrt{R^2+(314L-1/314C)^2}$

  D. $\sqrt{R^2+(314L+1/314C)^2}$

83.图示电路中,$u=10\sin(1000t+30°)$V,如果使用相量法求解图示电路中的电流 i,那么,如下步骤中存在错误的是:

  步骤1:$\dot{I}_1=\dfrac{10}{R+j1000L}$;步骤2:$\dot{I}_2=10\cdot j1000C$;

  步骤3:$\dot{I}=\dot{I}_1+\dot{I}_2=I\angle\Psi_i$;步骤4:$i=I\sqrt{2}\sin\Psi_i$。

  A. 仅步骤1和步骤2错

  B. 仅步骤2错

  C. 步骤1、步骤2和步骤4错

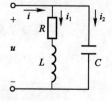

  D. 仅步骤4错

84. 图示电路中,开关 k 在 $t=0$ 时刻打开,此后,电流 i 的初始值和稳态值分别为:

A. $\dfrac{U_s}{R_2}$ 和 0

B. $\dfrac{U_s}{R_1+R_2}$ 和 0

C. $\dfrac{U_s}{R_1}$ 和 $\dfrac{U_s}{R_1+R_2}$

D. $\dfrac{U_s}{R_1+R_2}$ 和 $\dfrac{U_s}{R_1+R_2}$

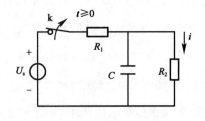

85. 在信号源 (u_s, R_s) 和电阻 R_L 之间接入一个理想变压器,如图所示。若 $u_s = 80\sin\omega t$ V,$R_L=10\Omega$,且此时信号源输出功率最大,那么,变压器的输出电压 u_2 等于:

A. $40\sin\omega t$ V

B. $20\sin\omega t$ V

C. $80\sin\omega t$ V

D. 20 V

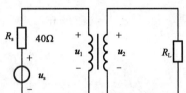

86. 接触器的控制线圈如图 a)所示,动合触点如图 b)所示,动断触点如图 c)所示,当有额定电压接入线圈后:

A. 触点 KM 1 和 KM 2 因未接入电路均处于断开状态

B. KM1 闭合,KM2 不变

C. KM1 闭合,KM2 断开

D. KM1 不变,KM2 断开

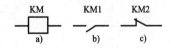

87. 某空调器的温度设置为 25℃,当室温超过 25℃后,它便开始制冷,此时红色指示灯亮,并在显示屏上显示"正在制冷"字样,那么:

A."红色指示灯亮"和"正在制冷"均是信息

B."红色指示灯亮"和"正在制冷"均是信号

C."红色指示灯亮"是信号,"正在制冷"是信息

D."红色指示灯亮"是信息,"正在制冷"是信号

88. 如果一个 16 进制数和一个 8 进制数的数字信号相同,那么:

    A. 这个 16 进制数和 8 进制数实际反映的数量相等

    B. 这个 16 进制数 2 倍于 8 进制数

    C. 这个 16 进制数比 8 进制数少 8

    D. 这个 16 进制数与 8 进制数的大小关系不定

89. 在以下关于信号的说法中,正确的是:

    A. 代码信号是一串电压信号,故代码信号是一种模拟信号

    B. 采样信号是时间上离散、数值上连续的信号

    C. 采样保持信号是时间上连续、数值上离散的信号

    D. 数字信号是直接反映数值大小的信号

90. 设周期信号 $u(t)=\sqrt{2}U_1\sin(\omega t+\psi_1)+\sqrt{2}U_3\sin(3\omega t+\psi_3)+\cdots$

$$u_1(t)=\sqrt{2}U_1\sin(\omega t+\psi_1)+\sqrt{2}U_3\sin(3\omega t+\psi_3)$$

$$u_2(t)=\sqrt{2}U_1\sin(\omega t+\psi_1)+\sqrt{2}U_5\sin(5\omega t+\psi_5)$$

则:

    A. $u_1(t)$ 较 $u_2(t)$ 更接近 $u(t)$

    B. $u_2(t)$ 较 $u_1(t)$ 更接近 $u(t)$

    C. $u_1(t)$ 与 $u_2(t)$ 接近 $u(t)$ 的程度相同

    D. 无法做出三个电压之间的比较

91. 某模拟信号放大器输入与输出之间的关系如图所示,那么,能够经该放大器得到

    5 倍放大的输入信号 $u_i(t)$ 最大值一定:

    A. 小于 2V

    B. 小于 10V 或大于 −10V

    C. 等于 2V 或等于 −2V

    D. 小于等于 2V 且大于等于 −2V

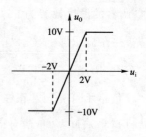

92. 逻辑函数 $F=\overline{\overline{AB}+\overline{BC}}$ 的化简结果是:

    A. $F=AB+BC$

    B. $F=\overline{A}+\overline{B}+\overline{C}$

    C. $F=A+B+C$

    D. $F=ABC$

93. 图示电路中，$u_i = 10\sin\omega t$，二极管 D_2 因损坏而断开，这时输出电压的波形和输出电压的平均值为：

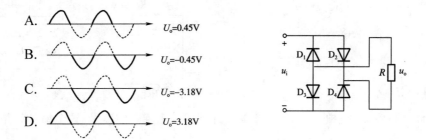

A. $U_o = 0.45\text{V}$

B. $U_o = -0.45\text{V}$

C. $U_o = -3.18\text{V}$

D. $U_o = 3.18\text{V}$

94. 图 a)所示运算放大器的输出与输入之间的关系如图 b)所示，若 $u_i = 2\sin\omega t$ mV，则 u_o 为：

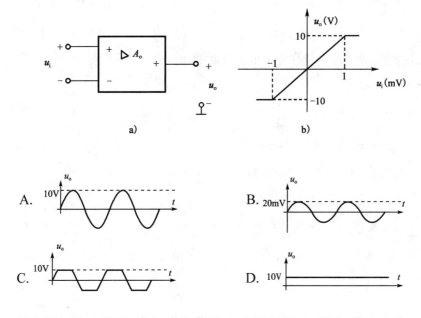

95. 基本门如图 a)所示，其中，数字信号 A 由图 b)给出，那么，输出 F 为：

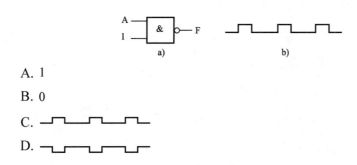

A. 1

B. 0

C.

D.

96.JK 触发器及其输入信号波形如图所示,那么,在 $t=t_0$ 和 $t=t_1$ 时刻,输出 Q 分

别为:

A. $Q(t_0)=1$, $Q(t_1)=0$

B. $Q(t_0)=0$, $Q(t_1)=1$

C. $Q(t_0)=0$, $Q(t_1)=0$

D. $Q(t_0)=1$, $Q(t_1)=1$

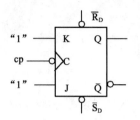 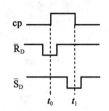

97.计算机存储器中的每一个存储单元都配置一个唯一的编号,这个编号就是:

A. 一种寄存标志   B. 寄存器地址

C. 存储器的地址   D. 输入/输出地址

98.操作系统作为一种系统软件,存在着与其他软件明显不同的三个特征是:

A. 可操作性、可视性、公用性   B. 并发性、共享性、随机性

C. 随机性、公用性、不可预测性   D. 并发性、可操作性、脆弱性

99.将二进制数 11001 转换成相应的十进制数,其正确结果是:

A. 25   B. 32   C. 24   D. 22

100.图像中的像素实际上就是图像中的一个个光点,这光点:

A. 只能是彩色的,不能是黑白的

B. 只能是黑白的,不能是彩色的

C. 既不能是彩色的,也不能是黑白的

D. 可以是黑白的,也可以是彩色的

101.计算机病毒以多种手段入侵和攻击计算机信息系统,下面有一种不被使用的手

段是:

A. 分布式攻击、恶意代码攻击

B. 恶意代码攻击、消息收集攻击

C. 删除操作系统文件、关闭计算机系统

D. 代码漏洞攻击、欺骗和会话劫持攻击

102.计算机系统中,存储器系统包括:

A. 寄存器组、外存储器和主存储器

B. 寄存器组、高速缓冲存储器(Cache)和外存储器

C. 主存储器、高速缓冲存储器(Cache)和外存储器

D. 主存储器、寄存器组和光盘存储器

103. 在计算机系统中,设备管理是指对:

A. 除 CPU 和内存储器以外的所有输入/输出设备的管理

B. 包括 CPU 和内存储器及所有输入/输出设备的管理

C. 除 CPU 外,包括内存储器及所有输入/输出设备的管理

D. 除内存储器外,包括 CPU 及所有输入/输出设备的管理

104. Windows 提供了两种十分有效的文件管理工具,它们是:

A. 集合和记录

B. 批处理文件和目标文件

C. 我的电脑和资源管理器

D. 我的文档、文件夹

105. 一个典型的计算机网络主要由两大部分组成,即:

A. 网络硬件系统和网络软件系统

B. 资源子网和网络硬件系统

C. 网络协议和网络软件系统

D. 网络硬件系统和通信子网

106. 局域网是指将各种计算机网络设备互联在一起的通信网络,但其覆盖的地理范围有限,通常在:

A. 几十米之内　　　　　　　　　　B. 几百公里之内

C. 几公里之内　　　　　　　　　　D. 几十公里之内

107. 某企业年初投资 5000 万元,拟 10 年内等额回收本利,若基准收益率为 8%,则每年年末应回收的资金是:

A. 540.00 万元　　　　　　　　　　B. 1079.46 万元

C. 745.15 万元　　　　　　　　　　D. 345.15 万元

108. 建设项目评价中的总投资包括:

A. 建设投资和流动资金

B. 建设投资和建设期利息

C. 建设投资、建设期利息和流动资金

D. 固定资产投资和流动资产投资

109. 新设法人融资方式,建设项目所需资金来源于:

    A. 资本金和权益资金　　　　　　　　B. 资本金和注册资本

    C. 资本金和债务资金　　　　　　　　D. 建设资金和债务资金

110. 财务生存能力分析中,财务生存的必要条件是:

    A. 拥有足够的经营净现金流量

    B. 各年累计盈余资金不出现负值

    C. 适度的资产负债率

    D. 项目资本金净利润率高于同行业的净利润率参考值

111. 交通运输部门拟修建一条公路,预计建设期为一年,建设期初投资为 100 万元,
    建成后即投入使用,预计使用寿命为 10 年,每年将产生的效益为 20 万元,每年
    需投入保养费 8000 元。若社会折现率为 10%,则该项目的效益费用比为:

    A. 1.07　　　　　　　　　　　　　　B. 1.17

    C. 1.85　　　　　　　　　　　　　　D. 1.92

112. 建设项目经济评价有一整套指标体系,敏感性分析可选定其中一个或几个主要
    指标进行分析,最基本的分析指标是:

    A. 财务净现值　　　　　　　　　　　B. 内部收益率

    C. 投资回收期　　　　　　　　　　　D. 偿债备付率

113. 在项目无资金约束、寿命不同、产出不同的条件下,方案经济比选只能采用:

    A. 净现值比较法

    B. 差额投资内部收益率法

    C. 净年值法

    D. 费用年值法

114. 在对象选择中,通过对每个部件与其他各部件的功能重要程度进行逐一对比打
    分,相对重要的得 1 分,不重要的得 0 分,此方法称为:

    A. 经验分析法　　　　　　　　　　　B. 百分比法

    C. ABC 分析法　　　　　　　　　　　D. 强制确定法

115. 按照《中华人民共和国建筑法》的规定,下列叙述中正确的是:

A. 设计文件选用的建筑材料、建筑构配件和设备,不得注明其规格、型号

B. 设计文件选用的建筑材料、建筑构配件和设备,不得指定生产厂、供应商

C. 设计单位应按照建设单位提出的质量要求进行设计

D. 设计单位对施工过程中发现的质量问题应当按照监理单位的要求进行改正

116. 根据《中华人民共和国招标投标法》的规定,招标人对已发出的招标文件进行必要的澄清或修改的,应该以书面形式通知所有招标文件收受人,通知的时间应当在招标文件要求提交投标文件截止时间至少:

A. 20 日前   B. 15 日前

C. 7 日前   D. 5 日前

117. 按照《中华人民共和国合同法》的规定,下列情形中,要约不失效的是:

A. 拒绝要约的通知到达要约人

B. 要约人依法撤销要约

C. 承诺期限届满,受要约人未作出承诺

D. 受要约人对要约的内容作出非实质性变更

118. 根据《中华人民共和国节约能源法》的规定,国家实施的能源发展战略是:

A. 限制发展高耗能、高污染行业,发展节能环保型产业

B. 节约与开发并举,把节约放在首位

C. 合理调整产业结构、企业结构、产品结构和能源消费结构

D. 开发和利用新能源、可再生能源

119. 根据《中华人民共和国环境保护法》的规定,下列关于企业事业单位排放污染物的规定中,正确的是:

(注:《中华人民共和国环境保护法》2014 年进行了修订,此题已过时)

A. 排放污染物的企业事业单位,必须申报登记

B. 排放污染物超过标准的企业事业单位,或者缴纳超标准排污费,或者负责治理

C. 征收的超标准排污费必须用于该单位污染的治理,不得挪作他用

D. 对造成环境严重污染的企业事业单位,限期关闭

120. 根据《建设工程勘察设计管理条例》的规定,建设工程勘察、设计方案的评标一般不考虑:

A. 投标人资质   B. 勘察、设计方案的优劣

C. 设计人员的能力   D. 投标人的业绩

2011 年度全国勘察设计注册工程师执业资格考试基础考试(上)试题解析及参考答案

1. **解** 直线方向向量 $\vec{s}=\{1,1,1\}$,平面法线向量 $\vec{n}=\{1,-2,1\}$,计算 $\vec{s}\cdot\vec{n}=0$,即 $1\times1+1\times(-2)+1\times1=0$,$\vec{s}\perp\vec{n}$,从而知直线 // 平面,或直线与平面重合;再在直线上取一点 $(0,1,0)$,代入平面方程得 $0-2\times1+0=-2\neq0$,不满足方程,所以该点不在平面上。

   答案:B

2. **解** 方程 $F(x,y,z)=0$ 中缺少一个字母,空间解析几何中这样的曲面方程表示为柱面。本题方程中缺少字母 x,方程 $y^2-z^2=1$ 表示以平面 yoz 曲线 $y^2-z^2=1$ 为准线,母线平行于 x 轴的双曲柱面。

   答案:A

3. **解** 可通过求 $\lim\limits_{x\to0}\dfrac{3^x-1}{x}$ 的极限判断。$\lim\limits_{x\to0}\dfrac{3^x-1}{x}\overset{\frac{0}{0}}{=\!=\!=}\lim\limits_{x\to0}\dfrac{3^x\ln3}{1}=\ln3\neq0$。

   答案:D

4. **解** 使分母为 0 的点为间断点,令 $\sin\pi x=0$,得 $x=0,\pm1,\pm2,\cdots$ 为间断点,再利用可去间断点定义,找出可去间断点。

   当 $x=0$ 时,$\lim\limits_{x\to0}\dfrac{x-x^2}{\sin\pi x}\overset{\frac{0}{0}}{=\!=\!=}\lim\limits_{x\to0}\dfrac{1-2x}{\pi\cos\pi x}=\dfrac{1}{\pi}$,极限存在,可知 $x=0$ 为函数的一个可去间断点。

   同样,可计算当 $x=1$ 时,$\lim\limits_{x\to1}\dfrac{x-x^2}{\sin\pi x}=\lim\limits_{x\to1}\dfrac{1-2x}{\pi\cos\pi x}=\dfrac{1}{\pi}$,极限存在,因而 $x=1$ 也是一个可去间断点。其余点求极限都不存在,均不满足可去间断点定义。

   答案:B

5. **解** 举例说明。

   如 $f(x)=x$ 在 $x=0$ 可导,$g(x)=|x|=\begin{cases}x & ,x\geq0\\-x,x<0\end{cases}$ 在 $x=0$ 处不可导,$f(x)g(x)=x|x|=\begin{cases}x^2 & ,x\geq0\\-x^2,x<0\end{cases}$,通过计算 $f'_+(0)=f'_-(0)=0$,知 $f(x)g(x)$ 在 $x=0$ 处可导。

   如 $f(x)=2$ 在 $x=0$ 处可导,$g(x)=|x|$ 在 $x=0$ 处不可导,$f(x)g(x)=2|x|=$

$$\begin{cases} 2x & ,x \geqslant 0 \\ -2x & ,x < 0 \end{cases}$$，通过计算函数 $f(x)g(x)$ 在 $x=0$ 处的右导为 2，左导为 -2，可知 $f(x)g(x)$ 在 $x=0$ 处不可导。

答案：A

6. 解 利用逐项排除判定。当 $x>0$，幂函数比对数函数趋向无穷大的速度快，指数函数又比幂函数趋向无穷大的速度快，故选项 A、B、C 均不成立，从而可知选项 D 成立。

还可利用函数的单调性证明。设 $f(x)=x-\sin x,x\subset(0,+\infty)$，得 $f'(x)=1-\cos x \geqslant 0$，所以 $f(x)$ 单增，当 $x=0$ 时，$f(0)=0$，从而当 $x>0$ 时，$f(x)>0$，即 $x-\sin x>0$。

答案：D

7. 解 在题目中只给出 $f(x,y)$ 在闭区域 D 上连续这一条件，并未讲函数 $f(x,y)$ 在 P_0 点是否具有一阶、二阶连续偏导，而选项 A、B 判定中均利用了这个未给的条件，因而选项 A、B 不成立。选项 D 中，$f(x,y)$ 的最大值点可以在 D 的边界曲线上取得，因而不一定是 $f(x,y)$ 的极大值点，故选项 D 不成立。

在选项 C 中，给出 P_0 是可微函数的极值点这个条件，因而 $f(x,y)$ 在 P_0 偏导存在，且 $\dfrac{\partial f}{\partial x}\Big|_{P_0}=0,\dfrac{\partial f}{\partial y}\Big|_{P_0}=0$。

故 $\mathrm{d}f=\dfrac{\partial f}{\partial x}\Big|_{P_0}\mathrm{d}x+\dfrac{\partial f}{\partial y}\Big|_{P_0}\mathrm{d}y=0$

答案：C

8. 解 方法 1：

凑微分再利用积分公式计算。

原式 $=2\displaystyle\int\frac{1}{1+x}\mathrm{d}\sqrt{x}=2\int\frac{1}{1+(\sqrt{x})^2}\mathrm{d}\sqrt{x}=2\arctan\sqrt{x}+C$。

方法 2：

换元，设 $\sqrt{x}=t,x=t^2,\mathrm{d}x=2t\mathrm{d}t$。

原式 $=\displaystyle\int\frac{2t}{t(1+t^2)}\mathrm{d}t=2\int\frac{1}{1+t^2}\mathrm{d}t=2\arctan t+C$，回代 $t=\sqrt{x}$。

答案：B

9. 解 $f(x)$ 是连续函数，$\displaystyle\int_0^2 f(t)\mathrm{d}t$ 的结果为一常数，设为 A，那么已知表达式化为

$f(x)=x^2+2A$，两边作定积分，$\displaystyle\int_0^2 f(x)\mathrm{d}x=\int_0^2(x^2+2A)\mathrm{d}x$，化为 $A=\displaystyle\int_0^2 x^2\mathrm{d}x+2A\int_0^2\mathrm{d}x$，

通过计算得到 $A = -\dfrac{8}{9}$。

计算如下：$A = \dfrac{1}{3}x^3\Big|_0^2 + 2Ax\Big|_0^2 = \dfrac{8}{3} + 4A$，得 $A = -\dfrac{8}{9}$，所以 $f(x) = x^2 + 2 \times$

$\left(-\dfrac{8}{9}\right) = x^2 - \dfrac{16}{9}$。

答案：D

10.解 利用偶函数在对称区间的积分公式得原式 $= 2\displaystyle\int_0^2 \sqrt{4-x^2}\,\mathrm{d}x$，而积分

$\displaystyle\int_0^2 \sqrt{4-x^2}\,\mathrm{d}x$ 为圆 $x^2 + y^2 = 4$ 面积的 $\dfrac{1}{4}$，即为 $\dfrac{1}{4} \cdot \pi \cdot 2^2 = \pi$，从而原式 $= 2\pi$。

另一方法：可设 $x = 2\sin t$，$\mathrm{d}x = 2\cos t\,\mathrm{d}t$，则 $\displaystyle\int_0^2 \sqrt{4-x^2}\,\mathrm{d}x = \int_0^{\frac{\pi}{2}} 4\cos^2 t\,\mathrm{d}t = 4 \cdot$

$\dfrac{1}{2}\displaystyle\int_0^{\frac{\pi}{2}} (1+\cos 2t)\,\mathrm{d}t = 2\left(t + \dfrac{1}{2}\sin 2t\right)\Big|_0^{\frac{\pi}{2}} = 2 \cdot \dfrac{\pi}{2} = \pi$，从而原式 $= 2\displaystyle\int_0^2 \sqrt{4-x^2}\,\mathrm{d}x = 2\pi$。

答案：B

11.解 利用已知两点求出直线方程 $L : y = -2x + 2$（见解图）

L 的参数方程 $\begin{cases} y = -2x + 2 \\ x = x \end{cases}(0 \leqslant x \leqslant 1)$

$\mathrm{d}S = \sqrt{1^2 + (-2)^2}\,\mathrm{d}x = \sqrt{5}\,\mathrm{d}x$

$S = \displaystyle\int_0^1 \left[x^2 + (-2x+2)^2\right]\sqrt{5}\,\mathrm{d}x$

$= \sqrt{5}\displaystyle\int_0^1 (5x^2 - 8x + 4)\,\mathrm{d}x$

$= \sqrt{5}\left(\dfrac{5}{3}x^3 - 4x^2 + 4x\right)\Big|_0^1 = \dfrac{5}{3}\sqrt{5}$

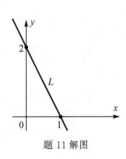

题 11 解图

答案：D

12.解 $y = e^{-x}$，即 $y = \left(\dfrac{1}{e}\right)^x$，画出平面图形（见解图）。根据 $V = \displaystyle\int_0^{+\infty} \pi(e^{-x})^2\,\mathrm{d}x$，可计算

结果。

$V = \displaystyle\int_0^{+\infty} \pi e^{-2x}\,\mathrm{d}x = -\dfrac{\pi}{2}\displaystyle\int_0^{+\infty} e^{-2x}\,\mathrm{d}(-2x) = -\dfrac{\pi}{2}e^{-2x}\Big|_0^{\infty} = \dfrac{\pi}{2}$

答案：A

13.解 利用级数性质易判定选项 A、B、C 均收敛。对于选项 D，

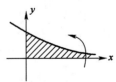

题 12 解图

因 $\displaystyle\sum_{n=1}^{\infty} u_n$ 收敛，则有 $\lim\limits_{x\to\infty} u_n = 0$，而级数 $\displaystyle\sum_{n=1}^{\infty} \dfrac{50}{u_n}$ 的一般项为 $\dfrac{50}{u_n}$，计算 $\lim\limits_{x\to\infty} \dfrac{50}{u_n} \to \infty$，故级数 D 发散。

答案：D

14.解 由已知条件可知 $\lim\limits_{n\to\infty}\left|\dfrac{a_{n+1}}{a_n}\right|=\dfrac{1}{2}$，设 $x-2=t$，幂级数 $\sum\limits_{n=1}^{\infty}na_n(x-2)^{n+1}$ 化为

$\sum\limits_{n=1}^{\infty}na_nt^{n+1}$，求系数比的极限确定收敛半径，$\lim\limits_{n\to\infty}\left|\dfrac{(n+1)a_{n+1}}{na_n}\right|=\lim\limits_{n\to\infty}\left|\dfrac{n+1}{n}\cdot\dfrac{a_{n+1}}{a_n}\right|=\dfrac{1}{2}$，

$R=2$，即 $|t|<2$ 收敛，$-2<x-2<2$，即 $0<x<4$ 收敛。

答案：C

15.解 分离变量，化为可分离变量方程 $\dfrac{x}{\sqrt{2-x^2}}\mathrm{d}x=\dfrac{1}{y}\mathrm{d}y$，两边进行不定积分，得

到最后结果。

注意左边式子的积分 $\displaystyle\int\dfrac{x}{\sqrt{2-x^2}}\mathrm{d}x=-\dfrac{1}{2}\int\dfrac{\mathrm{d}(2-x^2)}{\sqrt{2-x^2}}=-\sqrt{2-x^2}$，右边式子积分 $\displaystyle\int\dfrac{1}{y}\mathrm{d}y=$

$\ln y+C_1$，所以 $-\sqrt{2-x^2}=\ln y+C_1$，$\ln y=-\sqrt{2-x^2}-C_1$，$y=e^{-C_1-\sqrt{2-x^2}}=Ce^{-\sqrt{2-x^2}}$，其中

$C=e^{-C_1}$。

答案：C

16.解 微分方程为一阶齐次方程

设 $u=\dfrac{y}{x}$，$y=xu$，$\dfrac{\mathrm{d}y}{\mathrm{d}x}=u+x\dfrac{\mathrm{d}u}{\mathrm{d}x}$

代入化简得 $\cot u\,\mathrm{d}u=\dfrac{1}{x}\mathrm{d}x$

两边积分 $\displaystyle\int\cot u\,\mathrm{d}u=\int\dfrac{1}{x}\mathrm{d}x$，$\ln\sin u=\ln x+C_1$，$\sin u=e^{C_1+\ln x}=e^{C_1}\cdot e^{\ln x}$，$\sin u=$

Cx（其中 $C=e^{C_1}$）

代入 $u=\dfrac{y}{x}$，得 $\sin\dfrac{y}{x}=Cx$。

答案：A

17.解 **方法 1：**用公式 $\boldsymbol{A}^{-1}=\dfrac{1}{|\boldsymbol{A}|}\boldsymbol{A}^*$ 计算，但较麻烦。

方法 2：简便方法，试探一下给出的哪一个矩阵满足 $\boldsymbol{AB}=\boldsymbol{E}$

如：$\begin{bmatrix}1&0&1\\0&1&2\\-2&0&-3\end{bmatrix}\begin{bmatrix}3&0&1\\4&1&2\\-2&0&-1\end{bmatrix}=\begin{bmatrix}1&0&0\\0&1&0\\0&0&1\end{bmatrix}$

方法 3：用矩阵初等变换，求逆阵。

$$(A \mid E) = \begin{bmatrix} 1 & 0 & 1 & 1 & 0 & 0 \\ 0 & 1 & 2 & 0 & 1 & 0 \\ -2 & 0 & -3 & 0 & 0 & 1 \end{bmatrix} \xrightarrow{2r_1+r_3} \begin{bmatrix} 1 & 0 & 1 & 1 & 0 & 0 \\ 0 & 1 & 2 & 0 & 1 & 0 \\ 0 & 0 & -1 & 2 & 0 & 1 \end{bmatrix} \xrightarrow[2r_3+r_2+(-1)r_1]{r_3+r_1}$$

$$\begin{bmatrix} 1 & 0 & 0 & 3 & 0 & 1 \\ 0 & 1 & 0 & 4 & 1 & 2 \\ 0 & 0 & 1 & -2 & 0 & -1 \end{bmatrix}$$

选项 B 正确。

答案:B

18.**解**　利用结论:设 A 为 n 阶方阵,A^* 为 A 的伴随矩阵,则:

(1)$R(A)=n$ 的充要条件是 $R(A^*)=n$

(2)$R(A)=n-1$ 的充要条件是 $R(A^*)=1$

(3)$R(A)\leqslant n-2$ 的充要条件是 $R(A^*)=0$,即 $A^*=\mathbf{0}$

$n=3,R(A^*)=1,R(A)=2$

$$A = \begin{bmatrix} 1 & 1 & a \\ 1 & a & 1 \\ a & 1 & 1 \end{bmatrix} \xrightarrow[-ar_1+r_3]{-r_1+r_2} \begin{bmatrix} 1 & 1 & a \\ 0 & a-1 & 1-a \\ 0 & 1-a & 1-a^2 \end{bmatrix} \xrightarrow{r_2+r_3} \begin{bmatrix} 1 & 1 & a \\ 0 & a-1 & 1-a \\ 0 & 0 & 2-a-a^2 \end{bmatrix}$$

代入 $a=-2$,得

$$A = \begin{bmatrix} 1 & 1 & -2 \\ 0 & -3 & 3 \\ 0 & 0 & 0 \end{bmatrix}, R(A)=2$$

选项 A 对。

答案:A

19.**解**　当 $P^{-1}AP=\Lambda$ 时,$P=(\alpha_1,\alpha_2,\alpha_3)$ 中 α_1、α_2、α_3 的排列满足对应关系,α_1 对应 λ_1,α_2 对应 λ_2,α_3 对应 λ_3,可知 α_1 对应特征值 $\lambda_1=1$,α_2 对应特征值 $\lambda_2=2$,α_3 对应特征值

$\lambda_3=0$,由此可知当 $Q=(\alpha_2,\alpha_1,\alpha_3)$ 时,对应 $\Lambda = \begin{bmatrix} 2 & 0 & 0 \\ 0 & 1 & 0 \\ 0 & 0 & 0 \end{bmatrix}$。

答案:B

20.解 方法1：

对方程组的系数矩阵进行初等行变换，

$$\begin{bmatrix} 1 & -1 & 0 & 1 \\ 1 & 0 & -1 & 1 \end{bmatrix} \rightarrow \begin{bmatrix} 1 & -1 & 0 & 1 \\ 0 & 1 & -1 & 0 \end{bmatrix}$$

即 $\begin{cases} x_1 - x_2 + x_4 = 0 \\ x_2 - x_3 = 0 \end{cases}$

得到方程组的同解方程组 $\begin{cases} x_1 = x_2 - x_4 \\ x_3 = x_2 + 0 x_4 \end{cases}$

当 $x_2 = 1, x_4 = 0$ 时，得 $x_1 = 1, x_3 = 1$；当 $x_2 = 0, x_4 = 1$ 时，得 $x_1 = -1, x_3 = 0$，写成基

础解系 ξ_1, ξ_2，即 $\xi_1 = \begin{bmatrix} 1 \\ 1 \\ 1 \\ 0 \end{bmatrix}, \xi_2 = \begin{bmatrix} -1 \\ 0 \\ 0 \\ 1 \end{bmatrix}$。

方法2：

把选项中列向量代入核对，即：

$$\begin{bmatrix} 1 & -1 & 0 & 1 \\ 1 & 0 & -1 & 1 \end{bmatrix} \begin{bmatrix} 1 \\ 1 \\ 1 \\ 0 \end{bmatrix} = \begin{bmatrix} 0 \\ 0 \end{bmatrix}$$，选项 A 错。

$$\begin{bmatrix} 1 & -1 & 0 & 1 \\ 1 & 0 & -1 & 1 \end{bmatrix} \begin{bmatrix} -1 \\ -1 \\ 1 \\ 0 \end{bmatrix} = \begin{bmatrix} 0 \\ -2 \end{bmatrix}$$，选项 B 错。

$$\begin{bmatrix} 1 & -1 & 0 & 1 \\ 1 & 0 & -1 & 1 \end{bmatrix} \begin{bmatrix} -1 \\ 0 \\ 0 \\ 1 \end{bmatrix} = \begin{bmatrix} 0 \\ 0 \end{bmatrix}$$，选项 C 正确。

答案：C

21.解　$P(A \cup B) = P(A) + P(B) - P(AB), P(A \cup B) + P(AB) = P(A) + P(B) = $
$1.1, P(A \cup B)$ 取最小值时，$P(AB)$ 取最大
值，因 $P(A) < P(B)$，所以 $P(AB)$ 的最大
值等于 $P(A) = 0.3$。或用图示法（面积表
示概率），见解图。

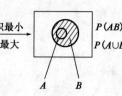

$A \cup B$面积最小
AB面积最大

$P(AB) = P(A)$
$P(A \cup B) = P(B)$

A　B　　A　B

答案：C

题21解图

22. **解**　设甲、乙、丙单人译出密码分别记为 A、B、C,则这份密码被破译出可记为 $A \cup B \cup C$,因为 A、B、C 相互独立,

所以 $P(A \cup B \cup C) = P(A) + P(B) + P(C) - P(AB) - P(AC) - P(BC) + P(ABC)$

$$= P(A) + P(B) + P(C) - P(A)P(B) - P(A)P(C) - P(B)P(C) +$$

$$P(A)P(B)P(C) = \frac{3}{5}$$

或由 $\overline{A}$、$\overline{B}$、$\overline{C}$ 也相互独立,

$$P(A \cup B \cup C) = 1 - P(\overline{A \cup B \cup C}) = 1 - P(\overline{A}\,\overline{B}\,\overline{C}) = 1 - P(\overline{A})P(\overline{B})P(\overline{C})$$

$$= 1 - [1 - P(A)][1 - P(B)][1 - P(C)] = \frac{3}{5}$$

答案: D

23. **解**　由题意可知 $Y \sim B(3, p)$,其中 $p = P\{X \leqslant \frac{1}{2}\} = \int_0^{\frac{1}{2}} 2x \mathrm{d}x = \frac{1}{4}, P(Y = 2) =$

$C_3^2 \left(\frac{1}{4}\right)^2 \frac{3}{4} = \frac{9}{64}$。

答案: B

24. **解**　由 χ^2 分布定义,$X^2 \sim \chi^2(1)$,$Y^2 \sim \chi^2(1)$,因不能确定 X 与 Y 是否相互独立,所以选项 A、B、D 都不对。当 $X \sim N(0,1)$,$Y = -X$ 时,$Y \sim N(0,1)$,但 $X + Y = 0$ 不是随机变量。

答案: C

25. **解**　①分子的平均平动动能 $\overline{w} = \frac{3}{2}kT$,分子的平均动能 $\overline{\varepsilon} = \frac{i}{2}kT$。

分子的平均平动动能相同,即温度相等。

②分子的平均动能＝平均(平动动能＋转动动能)$= \frac{i}{2}kT$。i 为分子自由度,$i(\mathrm{He}) = 3$,$i(\mathrm{N}_2) = 5$,故氦分子和氮分子的平均动能不同。

答案: B

26. **解**　v_p 为 $f(v)$ 最大值所对应的速率,由最概然速率定义得正确选项 C。

答案: C

27. **解**　理想气体从平衡态 $\mathrm{A}(2p_1, V_1)$ 变化到平衡态 $\mathrm{B}(p_1, 2V_1)$,体积膨胀,做功 $W > 0$。

判断内能变化情况:**方法 1**,画 p-V 图,注意到平衡态 $\mathrm{A}(2p_1, V_1)$ 和平衡态 $\mathrm{B}(p_1, 2V_1)$ 都在同一等温线上,$\Delta T = 0$,故 $\Delta E = 0$。**方法 2**,气体处于平衡态 A 时,其温度为 $T_\mathrm{A} = \frac{2p_1 \times V_1}{R}$;处于平衡态 B 时,温度 $T_\mathrm{B} = \frac{2p_1 \times V_1}{R}$,显然 $T_\mathrm{A} = T_\mathrm{B}$,温度不变,内能不变,$\Delta E = 0$。

答案: C

28. 解　循环过程的净功数值上等于闭合循环曲线所围的面积。若循环曲线所包围的面积增大,则净功增大。而卡诺循环的循环效率由下式决定:$\eta_{卡诺}=1-\dfrac{T_2}{T_1}$。若 T_1、T_2 不变,则循环效率不变。

答案:D

29. 解　按题意,$y=0.01\cos10\pi(25\times0.1-2)=0.01\cos5\pi=-0.01\mathrm{m}$。

答案:C

30. 解　质元在机械波动中,动能和势能是同相位的,同时达到最大值,又同时达到最小值,质元在最大位移处(波峰或波谷),速度为零,"形变"为零,此时质元的动能为零,势能为零。

答案:D

31. 解　由 $\Delta\phi=\dfrac{2\pi\nu\Delta x}{u}$,今 $\nu=\dfrac{1}{T}=\dfrac{1}{4}=0.25$,$\Delta x=3\mathrm{m}$,$\Delta\phi=\dfrac{\pi}{6}$,故 $u=9\mathrm{m/s}$,$\lambda=\dfrac{u}{\nu}=36\mathrm{m}$。

答案:B

32. 解　如图所示,考虑 O 处的明纹怎样变化。

①玻璃纸未遮住时:光程差 $\delta=r_1-r_2=0$,O 处为零级明纹。

②玻璃纸遮住后:光程差 $\delta'=\dfrac{5}{2}\lambda$,根据干涉条件知 $\delta'=\dfrac{5}{2}\lambda=(2\times2+1)\dfrac{\lambda}{2}$,满足暗纹条件。

答案:B

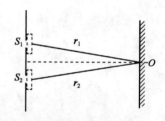

题 32 解图

33. 解　光学常识,可见光的波长范围 $400\sim760\mathrm{nm}$,注意 $1\mathrm{nm}=10^{-9}\mathrm{m}$。

答案:A

34. 解　玻璃劈尖的干涉条件为 $\delta=2nd+\dfrac{\lambda}{2}=k\lambda(k=1,2,\cdots)$(明纹),相邻两明(暗)纹对应的空气层厚度差为 $d_{k+1}-d_k=\dfrac{\lambda}{2n}$(见解图)。若劈尖的夹角为 θ,则相邻两明(暗)纹的间距 l 应满足关系式:

$$l\sin\theta=d_{k+1}-d_k=\dfrac{\lambda}{2n}\ 或\ l\sin\theta=\dfrac{\lambda}{2n}$$

$$l=\dfrac{\lambda}{2n\sin\theta}\approx\dfrac{\lambda}{2n\theta},故\ \theta=\dfrac{\lambda}{2nl}$$

答案:D

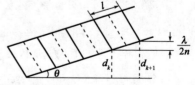

题 34 解图

35. 解　自然光垂直通过第一偏振后,变为线偏振光,光强设为 I',此即入射至第二个偏振片的线偏振光强度。今 $\alpha = 45°$，已知自然光通过两个偏振片后光强为 I'，根据马吕斯定律，$I = I'\cos^2 45° = \dfrac{I'}{2}$，所以 $I' = 2I$。

答案：B

36. **解** 单缝衍射中央明纹宽度 $\Delta x = \dfrac{2\lambda f}{a} = \dfrac{2 \times 400 \times 10^{-9} \times 0.5}{10^{-4}} = 4 \times 10^{-3} \text{m}$。

答案：D

37. **解** 原子核外电子排布服从三个原则：泡利不相容原理、能量最低原理、洪特规则。

(1)泡利不相容原理：在同一个原子中，不允许两个电子的四个量子数完全相同，即，同一个原子轨道最多只能容纳自旋相反的两个电子。

(2)能量最低原理：电子总是尽量占据能量最低的轨道。多电子原子轨道的能级取决于主量子数 n 和角量子数 l，主量子数 n 相同时，l 越大，能量越高；当主量子数 n 和角量子数 l 都不相同时，可以发生能级交错现象。轨道能级顺序：1s；2s，2p；3s，3p；4s，3d，4p；5s，4d，5p；6s，4f，5d，6p；7s，5f，6d，……。

(3)洪特规则：电子在 $n，l$ 相同的数个等价轨道上分布时，每个电子尽可能占据磁量子数不同的轨道且自旋方向相同。

原子核外电子分布式书写规则：根据三大原则和近似能级顺序将电子一次填入相应轨道，再按电子层顺序整理，相同电子层的轨道排在一起。

答案：B

38. **解** 元素周期表中，同一主族元素从上往下随着原子序数增加，原子半径增大；同一周期主族元素随着原子序数增加，原子半径减小。选项 D As 和 Se 是同一周期主族元素，Se 的原子半径小于 As。

答案：D

39. **解** 缓冲溶液的组成：弱酸、共轭碱或弱碱及其共轭酸所组成的溶液。选项 A CH_3COOH 过量，和 $NaOH$ 反应生成 CH_3COONa，形成 CH_3COOH/CH_3COONa 缓冲溶液。

答案：A

40. **解** 压力对固相或液相的平衡没有影响；对反应前后气体计量系数不变的反应的平衡也没有影响。反应前后气体计量系数不同的反应：增大压力，平衡向气体分子数减少的方向；减少压力，平衡向气体分子数增加的方向移动。

总压力不变，加入惰性气体 Ar，相当于减少压力，反应方程式中各气体的分压减小，平衡向气体分子数增加的方向移动。

答案：A

41. **解** 原子得失电子原则：当原子失去电子变成正离子时，一般是能量较高的最外层电子先失去,而且往往引起电子层数的减少;当原子得到电子变成负离子时,所得的电子总是分布在它的最外电子层。

本题中原子失去的为 4s 上的一个电子,该原子的价电子构型为 $3d^{10}4s^1$,为 29 号 Cu 原子的电子构型。

答案:C

42.**解** 根据吉布斯等温方程 $\Delta_r G_m^{\ominus} = -RT\ln K^{\ominus}$ 推断,$K^{\ominus} < 1$,$\Delta_r G_m^{\ominus} > 0$。

答案:A

43.**解** 元素的周期数为价电子构型中的最大主量子数,最大主量子数为 5,元素为第五周期;元素价电子构型特点为 $(n-1)d^{10}ns^1$,为 IB 族元素特征价电子构型。

答案:B

44.**解** 酚类化合物为苯环直接和羟基相连。A 为丙醇,B 为苯甲醇,C 为苯酚,D 为丙三醇。

答案:C

45.**解** 系统命名法:

(1)链烃及其衍生物的命名

①选择主链:选择最长碳链或含有官能团的最长碳链为主链;

②主链编号:从距取代基或官能团最近的一端开始对碳原子进行编号;

③写出全称:将取代基的位置编号、数目和名称写在前面,将母体化合物的名称写在后面。

(2)芳香烃及其衍生物的命名

①选择母体:选择苯环上所连官能团或带官能团最长的碳链为母体,把苯环视为取代基;

②编号:将母体中碳原子依次编号,使官能团或取代基位次具有最小值。

答案:D

46.**解** 甲酸结构式为 $H-\overset{\overset{O}{\|}}{C}-O-H$,两个氢处于不同化学环境。

答案:B

47.**解** AC 与 BC 均为二力杆件,分析铰链 C 的受力即可。

答案:D

48.**解** 根据力多边形法则,分力首尾相连,合力为力三角形的封闭边。

答案:B

49.**解** A、B 处为光滑约束,其约束力均为水平并组成一力偶,与力 W 和 DE 杆约束力组成的力偶平衡。

答案: B

50.**解** 根据摩擦定律 $F_{max}=W\cos30°\times f=20.8kN$,沿斜面向下的主动力为 $W\sin30°=$

$30kN > F_{max}$。

答案: C

51.**解** 点的运动轨迹为位置矢端曲线。

答案: B

52.**解** 可根据平行移动刚体的定义判断。

答案: C

53.**解** 杆 AB 和 CD 均为平行移动刚体,所以 $v_M=v_C=2v_B=2v_A=2\omega\cdot O_1A=$

$120cm/s,a_M=a_C=2a_B=2a_A=2\omega^2\cdot O_1A=360cm/s$。

答案: B

54.**解** 根据动量、动量矩、动能的定义,刚体做定轴转动时:

$$\boldsymbol{p}=mv_C,L_O=J_O\omega,T=\frac{1}{2}J_O\omega^2$$

此题中,$v_C=0,J_O=\frac{1}{2}mr^2$。

答案: A

55.**解** 根据动量的定义 $\boldsymbol{p}=\sum m_i\boldsymbol{v}_i$,所以,$p=(m_1-m_2)v$(向下)。

答案: B

56.**解** 用定轴转动微分方程 $J_A\alpha=M_A(F)$,见解图,$\frac{1}{3}\frac{P}{g}(2L)^2\alpha=PL$,所以角加速

度 $\alpha=\frac{3g}{4L}$。

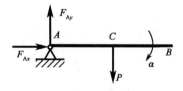

题 56 解图

答案: B

57.**解** 根据定轴转动刚体惯性力系向 O 点简化的结果,其主矩大小为 $M_{IO}=J_O\alpha=$

0,主矢大小为 $F_I=ma_C=m\cdot\frac{R}{2}\omega^2$。

答案:A

58.解　装置 a)、b)、c)的自由振动频率分别为 $\omega_{0a} = \sqrt{\dfrac{2k}{m}}$; $\omega_{0b} = \sqrt{\dfrac{k}{2m}}$; $\omega_{0c} = \sqrt{\dfrac{3k}{m}}$,且周期为 $T = \dfrac{2\pi}{\omega_0}$ 。

答案:B

59.解

$$\sigma_{AB} = \frac{F_{NAB}}{A_{AB}} = \frac{300\pi \times 10^3\,N}{\dfrac{\pi}{4} \times (200)^2\,mm^2} = 30MPa$$

$$\sigma_{BC} = \frac{F_{NBC}}{A_{BC}} = \frac{100\pi \times 10^3\,N}{\dfrac{\pi}{4} \times (100)^2\,mm^2} = 40MPa = \sigma_{max}$$

答案:A

60.解

$$\tau = \frac{Q}{A_Q} = \frac{F}{\dfrac{\pi}{4}d^2} = \frac{4F}{\pi d^2} = [\tau] \qquad ①$$

$$\sigma_{bs} = \frac{P_{bs}}{A_{bs}} = \frac{F}{dt} = [\sigma_{bs}] \qquad ②$$

再用②式除①式,可得 $\dfrac{\pi d}{4t} = \dfrac{[\sigma_{bs}]}{[\tau]}$ 。

答案:B

61.解　受扭空心圆轴横截面上的切应力分布与半径成正比,而且在空心圆内径中无应力,只有选项 B 图是正确的。

答案:B

62.解

$$W_z = \frac{I_z}{y_{max}} = \frac{\dfrac{\pi}{64}d^4 - \dfrac{a^4}{12}}{\dfrac{d}{2}} = \frac{\pi d^3}{32} - \frac{a^4}{6d}$$

答案:B

63.解　根据 $\dfrac{dM}{dx} = Q$ 可知,剪力为零的截面弯矩的导数为零,也即是弯矩有极值。

答案:B

64.解　开裂前

$$\sigma_{max} = \frac{M}{W_z} = \frac{M}{\dfrac{b}{6}(3a)^2} = \frac{2M}{3ba^2}$$

开裂后

$$\sigma_{1max} = \frac{\dfrac{M}{3}}{W_{z1}} = \frac{\dfrac{M}{3}}{\dfrac{ba^2}{6}} = \frac{2M}{ba^2}$$

开裂后最大正应力是原来的 3 倍,故梁承载能力是原来的 1/3。

答案:B

65.解 由矩形和工字形截面的切应力计算公式可知 $\tau = \dfrac{QS_z}{bI_z}$,切应力沿截面高度呈抛物线分布。由于腹板上截面宽度 b 突然加大,故 z 轴附近切应力突然减小。

答案:B

66.解 承受集中力的简支梁的最大挠度 $f_c = \dfrac{Fl^3}{48EI}$,与惯性矩 I 成反比。$I_a = \dfrac{hb^3}{12} = \dfrac{b^4}{6}$,而 $I_b = \dfrac{bh^3}{12} = \dfrac{4}{6}b^4$,因图 a) 梁 I_a 是图 b) 梁 I_b 的 $\dfrac{1}{4}$,故图 a) 梁的最大挠度是图 b) 梁的 4 倍。

答案:C

67.解 图示单元体的最大主应力 σ_1 的方向,可以看作是 σ_x 的方向(沿 x 轴)和纯剪切单元体的最大拉应力的主方向(在第一象限沿 45° 向上),叠加后的合应力的指向。

答案:A

68.解 AB 段是轴向受压,$\sigma_{AB} = \dfrac{F}{ab}$

BC 段是偏心受压,$\sigma_{BC} = \dfrac{F}{2ab} + \dfrac{F \cdot \dfrac{a}{2}}{\dfrac{b}{6}(2a)^2} = \dfrac{5F}{4ab}$

答案:B

69.解 图示圆轴是弯扭组合变形,在固定端处既有弯曲正应力,又有扭转切应力。但是图中 A 点位于中性轴上,故没有弯曲正应力,只有切应力,属于纯剪切应力状态。

答案:B

70.解 由压杆临界荷载公式 $F_{cr} = \dfrac{\pi^2 EI}{(\mu l)^2}$ 可知,F_{cr} 与杆长 l^2 成反比,故杆长度为 $\dfrac{l}{2}$ 时,F_{cr} 是原来的 4 倍。

答案:B

71.解 空气的黏滞系数,随温度降低而降低;而水的黏滞系数相反,随温度降低而升高。

答案:A

72.解 质量力是作用在每个流体质点上,大小与质量成正比的力;表面力是作用在所设流体的外表,大小与面积成正比的力。重力是质量力,黏滞力是表面力。

答案:C

73.解 根据流线定义及性质以及非恒定流定义可得。

答案:C

74.解 题中已给出两断面间有水头损失 h_{l1-2}，而选项 C 中未计及 h_{l1-2}，所以是错误的。

答案:C

75.解 根据雷诺数公式 $Re=\dfrac{vd}{\nu}$ 及连续方程 $v_1 A_1=v_2 A_2$ 联立求解可得。

$$v_2=v_1\left(\frac{d_1}{d_2}\right)^2=\left(\frac{30}{60}\right)^2 v_1=\frac{v_1}{4}$$

$$Re_2=\frac{v_2 d_2}{\nu}=\frac{\frac{v_1}{4}\times 2d_1}{\nu}=\frac{1}{2}Re_1=\frac{1}{2}\times 5000=2500$$

答案:C

76.解 当自由出流孔口与淹没出流孔口的形状、尺寸相同,且作用水头相等时,则出流量应相等。

答案:B

77.解 水力最优断面是过流能力最大的断面形状。

答案:B

78.解 依据弗劳德准则,流量比尺 $\lambda_Q=\lambda_L^{2.5}$,所以长度比尺 $\lambda_L=\lambda_Q^{1/2.5}$,代入题设数据后有: $\lambda_L=\left(\dfrac{537}{0.3}\right)^{1/2.5}=(1790)^{0.4}=20$。

答案:D

79.解 此题选项 A、C、D 明显不符合静电荷物理特征。关于选项 B 可以用电场强度的叠加定理分析,两个异性电荷连线的中心位置电场强度也不为零,因此,本题的四个选项均不正确。

答案:无可选项

80.解 电感电压与电流之间的关系是微分关系,即 $u=L\dfrac{\mathrm{d}i}{\mathrm{d}t}=2wL\sin(1000t+90°)$

或用相量法分析: $\dot{U}_L=jwL\dot{I}=\sqrt{2}\angle 90°\mathrm{V}$; $I=\sqrt{2}\mathrm{A}$, $jwL=j1\Omega(w=1000\mathrm{rad})$。

答案:D

81. **解** 根据线性电路的戴维南定理,图 a)和图 b)电路等效指的是对外电路电压和电流相同,即电路中 20Ω 电阻中的电流均为 1A,方向自下向上;然后利用节电电流关系可知,流过图 a)电路 10Ω 电阻中的电流是 1A。

答案:A

82. **解** RLC 串联的交流电路中,阻抗的计算公式是 $Z=R+jX_L-jX_C=R+j\omega L-j\dfrac{1}{\omega C}$,阻抗的模 $|Z|=\sqrt{R^2+\left(\omega L-\dfrac{1}{\omega C}\right)^2}$;$\omega=314\mathrm{rad/s}$。

答案:C

83. **解** 该电路是 RLC 混联的正弦交流电路,根据给定电压,将其写成复数为 $\dot U=U\angle30°=\dfrac{10}{\sqrt2}\angle30°\mathrm{V}$;电流 $\dot I=\dot I_1+\dot I_2=\dfrac{U\angle30°}{R+j\omega L}+\dfrac{U\angle30°}{-j\left(\dfrac{1}{\omega C}\right)}$;$i=I\sqrt2\sin(1000t+\Psi_i)\mathrm{A}$。

答案:C

84. **解** 在暂态电路中电容电压符合换路定则 $U_C(t_{0+})=U_C(t_{0-})$,开关闭合以前 $U_C(t_{0-})=\dfrac{R_2}{R_1+R_2}U_s$,$I(0_+)=U_C(0_+)/R_2$;电路达到稳定以后电容能量放光,电路中稳态电流 $I(\infty)=0$。

答案:B

85. **解** 信号源输出最大功率的条件是电源内阻与负载电阻相等,电路中的实际负载电阻折合到变压器的原边数值为 $R'_L=\left(\dfrac{U_1}{U_2}\right)^2R_L=R_S=40\Omega$;$K=\dfrac{u_1}{u_2}=2$,$u_1=u_s\dfrac{R'_L}{R_S+R'_L}=40\sin\omega t$;$u_2=\dfrac{u_1}{K}=20\sin\omega t$。

答案:B

86. **解** 在继电接触控制电路中,电器符号均表示电器没有动作的状态,当接触器线圈 KM 通电以后常开触点 KM1 闭合,常闭触点 KM2 断开。

答案:C

87. **解** 信息是通过感官接收的关于客观事物的存在形式或变化情况。信号是消息的表现形式,是可以直接观测到的物理现象(如电、光、声、电磁波等)。通常认为"信号是信息的表现形式"。红灯亮的信号传达了开始制冷的信息。

答案:C

88. **解** 八进制和十六进制都是数字电路中采用的数制,本质上都是二进制,在应用中是根据数字信号的不同要求所选取的不同的书写格式。

答案:A

89.**解** 模拟信号是幅值和时间均连续的信号,采样信号是时间离散、数值连续的信号,离散信号是指在某些不连续时间定义函数值的信号,数字信号是将幅值量化后并以二进制代码表示的离散信号。

答案:B

90.**解** 题中给出非正弦周期信号的傅里叶级数展开式。周期信号中各次谐波的幅值随着频率的增加而减少,但是 $u_1(t)$ 中包含基波和三次谐波,而 $u_2(t)$ 包含的谐波次数是基波和五次谐波,$u_1(t)$ 包含的信息较 $u_2(t)$ 更加完整。

答案:A

91.**解** 由图可以分析,当信号 $|u_i(t)| \leqslant 2\text{V}$ 时,放大电路工作在线性工作区,$u_o(t) = 5u_i(t)$;当信号 $|u_i(t)| \geqslant 2\text{V}$ 时,放大电路工作在非线性工作区,$u_o(t) = \pm 10\text{V}$。

答案:D

92.**解** 由逻辑电路的基本关系可得结果,变换中用到了逻辑电路的摩根定理。

$$F = \overline{\overline{AB} + \overline{BC}} = AB \cdot BC = ABC$$

答案:D

93.**解** 该电路为二极管的桥式整流电路,当 D_2 二极管断开时,电路变为半波整流电路,输入电压的交流有效值和输出直流电压的关系为 $U_o = 0.45U_i$,同时根据二极管的导通电流方向可得 $U_o = -3.18\text{V}$。

答案:C

94.**解** 由图可以分析,当信号 $|u_i(t)| \leqslant 1\text{V}$ 时,放大电路工作在线性工作区,$u_o(t) = 10u_i(t)$;当信号 $|u_i(t)| \geqslant 1\text{V}$ 时,放大电路工作在非线性工作区,$u_o(t) = \pm 10\text{V}$;输入信号 $u_i(t)$ 最大值为 2V,则有一部分工作区进入非线性区。

答案:C

95.**解** 图 a)示电路是与非门逻辑电路,$F = \overline{A}$(注:$A \cdot 1 = A$)。

答案:D

96.**解** 图示电路是下降沿触发的 JK 触发器,$\overline{R_D}$ 是触发器的清零端,$\overline{S_D}$ 是置"1"端,画图并由触发器的逻辑功能分析即可得答案。

答案:B

97.**解** 计算机存储单元是按一定顺序编号,这个编号被称为存储地址。

答案:C

98.**解** 操作系统的特征有并发性、共享性和随机性。

答案:B

99.**解** 二进制最后一位是1,转换后则一定是十进制数的奇数。

答案:A

100.**解** 像素实际上就是图像中的一个个光点,光点可以是黑白的,也可以是彩色的。

答案:D

101.**解** 删除操作系统文件,计算机将无法正常运行。

答案:C

102.**解** 存储器系统包括主存储器、高速缓冲存储器和外存储器。

答案:C

103.**解** 设备管理是对除 CPU 和内存储器之外的所有输入/输出设备的管理。

答案:A

104.**解** 两种十分有效的文件管理工具是"我的电脑"和"资源管理器"。

答案:C

105.**解** 计算机网络主要由网络硬件系统和网络软件系统两大部分组成。

答案:A

106.**解** 局域网覆盖的地理范围通常在几公里之内。

答案:C

107.**解** 按等额支付资金回收公式计算(已知 P 求 A)。

$A = P(A/P, i, n) = 5000 \times (A/P, 8\%, 10) = 5000 \times 0.14903 = 745.15$ 万元

答案:C

108.**解** 建设项目经济评价中的总投资,由建设投资、建设期利息和流动资金组成。

答案:C

109.**解** 新设法人项目融资的资金来源于项目资本金和债务资金,权益融资形成项目的资本金,债务融资形成项目的债务资金。

答案:C

110.**解** 在财务生存能力分析中,各年累计盈余资金不出现负值是财务生存的必要条件。

答案: B

111. **解** 分别计算效益流量的现值和费用流量的现值,二者的比值即为该项目的效益费用比。建设期1年,使用寿命10年,计算期共11年。注意:第1年为建设期,投资发生在第0年(即第1年的年初),第2年开始使用,效益和费用从第2年末开始发生。该项目的现金流量图如解图所示。

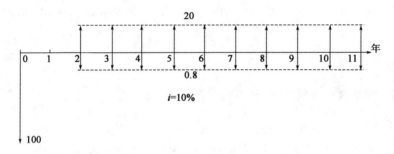

题111解图

效益流量的现值: $B=20\times(P/A,10\%,10)\times(P/F,10\%,1)$

$$=20\times6.144\times0.9091=111.72\text{ 万元}$$

费用流量的现值: $C=0.8\times(P/A,10\%,10)\times(P/F,10\%,1)$

$$=0.8\times6.1446\times0.9091+100=104.47\text{ 万元}$$

该项目的效益费用比为: $R_{BC}=B/C=111.72/104.47=1.07$

答案: A

112. **解** 投资项目敏感性分析最基本的分析指标是内部收益率。

答案: B

113. **解** 净年值法既可用于寿命期相同,也可用于寿命期不同的方案比选。

答案: C

114. **解** 强制确定法是以功能重要程度作为选择价值工程对象的一种分析方法,包括01评分法、04评分法等。其中,01评分法通过对每个部件与其他各部件的功能重要程度进行逐一对比打分,相对重要的得1分,不重要的得0分,最后计算各部件的功能重要性系数。

答案: D

115. **解** 《中华人民共和国建筑法》第五十七条规定,建筑设计单位对设计文件选用的建筑材料、建筑构配件和设备,不得指定生产厂家和供应商。

答案: B

116. **解** 《中华人民共和国招标投标法》第二十三条规定,招标人对已发出的招标文件进行必要的澄清或者修改的,应当在招标文件要求提交投标文件截止时间至少十五日前,以书面形式通知所有招标文件收受人。该澄清或者修改的内容为招标文件的组成部分。

答案:B

117.解 《中华人民共和国合同法》第二十条规定有下列情形之一的,要约失效:

(一)拒绝要约的通知到达要约人;

(二)要约人依法撤销要约;

(三)承诺期限届满,受要约人未作出承诺;

(四)受要约人对要约的内容作出实质性变更。

答案:D

118.解 《中华人民共和国节约能源法》第四条规定,节约资源是我国的基本国策。国家实施节约与开发并举,把节约放在首位的能源发展战略。

答案:B

119.解 《中华人民共和国环境保护法》2014年进行了修订,新法第四十五条规定,国家依照法律规定实行排污许可管理制度。此题已过时,未作解答。

120.解 《建设工程勘察设计管理条例》第十四条规定,建设工程勘察、设计方案评标,应当以投标人的业绩、信誉和勘察、设计人员的能力以及勘察、设计方案的优劣为依据,进行综合评定。

答案:A

2012 年度全国勘察设计注册工程师

执业资格考试试卷

基础考试
（上）

二〇一二年九月

应考人员注意事项

1. 本试卷科目代码为"1"，考生务必将此代码填涂在答题卡"科目代码"相应的栏目内，否则，无法评分。

2. 书写用笔：**黑色或蓝色钢笔、签字笔或圆珠笔**；
   填涂答题卡用笔：**黑色 2B 铅笔**。

3. 必须用书写用笔将工作单位、姓名、准考证号填写在答题卡和试卷相应的栏目内。

4. 本试卷由 120 题组成，每题 1 分，满分 120 分，本试卷全部为单项选择题，每小题的四个备选项中只有一个正确答案，错选、多选、不选均不得分。

5. 考生作答时，必须**按题号在答题卡**上将相应试题所选选项对应的**字母用 2B 铅笔涂黑**。

6. 在答题卡上书写与题意无关的语言，或在答题卡上作标记的，均按违纪试卷处理。

7. 考试结束时，由监考人员当面将试卷、答题卡一并收回。

8. 草稿纸由各地统一配发，考后收回。

单项选择题(共 120 题,每题 1 分。每题的备选项中只有一个最符合题意。)

1. 设 $f(x) = \begin{cases} \cos x + x\sin\dfrac{1}{x}, & x < 0 \\ x^2 + 1, & x \geq 0 \end{cases}$,则 $x=0$ 是 $f(x)$ 的下面哪一种情况:

A. 跳跃间断点   B. 可去间断点

C. 第二类间断点   D. 连续点

2. 设 $\alpha(x) = 1 - \cos x$,$\beta(x) = 2x^2$,则当 $x \to 0$ 时,下列结论中正确的是:

A. $\alpha(x)$ 与 $\beta(x)$ 是等价无穷小

B. $\alpha(x)$ 是 $\beta(x)$ 的高阶无穷小

C. $\alpha(x)$ 是 $\beta(x)$ 的低阶无穷小

D. $\alpha(x)$ 与 $\beta(x)$ 是同阶无穷小但不是等价无穷小

3. 设 $y = \ln(\cos x)$,则微分 $\mathrm{d}y$ 等于:

A. $\dfrac{1}{\cos x}\mathrm{d}x$

B. $\cot x\,\mathrm{d}x$

C. $-\tan x\,\mathrm{d}x$

D. $-\dfrac{1}{\cos x\sin x}\mathrm{d}x$

4. $f(x)$ 的一个原函数为 e^{-x^2},则 $f'(x) =$

A. $2(-1+2x^2)e^{-x^2}$

B. $-2xe^{-x^2}$

C. $2(1+2x^2)e^{-x^2}$

D. $(1-2x)e^{-x^2}$

5. $f'(x)$ 连续,则 $\displaystyle\int f'(2x+1)\mathrm{d}x$ 等于:

A. $f(2x+1)+C$

B. $\dfrac{1}{2}f(2x+1)+C$

C. $2f(2x+1)+C$

D. $f(x)+C$

(C 为任意常数)

6. 定积分 $\int_0^{\frac{1}{2}} \dfrac{1+x}{\sqrt{1-x^2}}\mathrm{d}x =$

A. $\dfrac{\pi}{3}+\dfrac{\sqrt{3}}{2}$

B. $\dfrac{\pi}{6}-\dfrac{\sqrt{3}}{2}$

C. $\dfrac{\pi}{6}-\dfrac{\sqrt{3}}{2}+1$

D. $\dfrac{\pi}{6}+\dfrac{\sqrt{3}}{2}+1$

7. 若 D 是由 $y=x, x=1, y=0$ 所围成的三角形区域,则二重积分 $\iint\limits_D f(x,y)\mathrm{d}x\mathrm{d}y$ 在

极坐标系下的二次积分是:

A. $\int_0^{\frac{\pi}{4}} \mathrm{d}\theta \int_0^{\cos\theta} f(r\cos\theta, r\sin\theta) r\mathrm{d}r$

B. $\int_0^{\frac{\pi}{4}} \mathrm{d}\theta \int_0^{\frac{1}{\cos\theta}} f(r\cos\theta, r\sin\theta) r\mathrm{d}r$

C. $\int_0^{\frac{\pi}{4}} \mathrm{d}\theta \int_0^{\frac{1}{\cos\theta}} r\mathrm{d}r$

D. $\int_0^{\frac{\pi}{4}} \mathrm{d}\theta \int_0^{\frac{1}{\cos\theta}} f(x,y)\mathrm{d}r$

8. 当 $a<x<b$ 时,有 $f'(x)>0, f''(x)<0$,则在区间 (a,b) 内,函数 $y=f(x)$ 图形沿 x

轴正向是:

A. 单调减且凸的

B. 单调减且凹的

C. 单调增且凸的

D. 单调增且凹的

9. 函数在给定区间上不满足拉格朗日定理条件的是:

A. $f(x)=\dfrac{x}{1+x^2}, [-1,2]$

B. $f(x)=x^{\frac{2}{3}}, [-1,1]$

C. $f(x)=e^{\frac{1}{x}}, [1,2]$

D. $f(x)=\dfrac{x+1}{x}, [1,2]$

10. 下列级数中,条件收敛的是:

    A. $\sum_{n=1}^{\infty} \dfrac{(-1)^n}{n}$

    B. $\sum_{n=1}^{\infty} \dfrac{(-1)^n}{n^3}$

    C. $\sum_{n=1}^{\infty} \dfrac{(-1)^n}{n(n+1)}$

    D. $\sum_{n=1}^{\infty} (-1)^n \dfrac{n+1}{n+2}$

11. 当 $|x| < \dfrac{1}{2}$ 时,函数 $f(x) = \dfrac{1}{1+2x}$ 的麦克劳林展开式正确的是:

    A. $\sum_{n=0}^{\infty} (-1)^{n+1} (2x)^n$

    B. $\sum_{n=0}^{\infty} (-2)^n x^n$

    C. $\sum_{n=1}^{\infty} (-1)^n 2^n x^n$

    D. $\sum_{n=1}^{\infty} 2^n x^n$

12. 已知微分方程 $y' + p(x)y = q(x) [q(x) \neq 0]$ 有两个不同的特解 $y_1(x)$, $y_2(x)$, C 为任意常数,则该微分方程的通解是:

    A. $y = C(y_1 - y_2)$

    B. $y = C(y_1 + y_2)$

    C. $y = y_1 + C(y_1 + y_2)$

    D. $y = y_1 + C(y_1 - y_2)$

13. 以 $y_1 = e^x$, $y_2 = e^{-3x}$ 为特解的二阶线性常系数齐次微分方程是:

    A. $y'' - 2y' - 3y = 0$

    B. $y'' + 2y' - 3y = 0$

    C. $y'' - 3y' + 2y = 0$

    D. $y'' + 3y' + 2y = 0$

14. 微分方程 $\dfrac{\mathrm{d}y}{\mathrm{d}x}+\dfrac{x}{y}=0$ 的通解是：

    A. $x^2+y^2=C\,(C\in R)$

    B. $x^2-y^2=C\,(C\in R)$

    C. $x^2+y^2=C^2\,(C\in R)$

    D. $x^2-y^2=C^2\,(C\in R)$

15. 曲线 $y=(\sin x)^{\frac{3}{2}}\,(0\leqslant x\leqslant\pi)$ 与 x 轴围成的平面图形绕 x 轴旋转一周而成的旋转体体积等于：

    A. $\dfrac{4}{3}$ B. $\dfrac{4}{3}\pi$

    C. $\dfrac{2}{3}\pi$ D. $\dfrac{2}{3}\pi^2$

16. 曲线 $x^2+4y^2+z^2=4$ 与平面 $x+z=a$ 的交线在 yOz 平面上的投影方程是：

    A. $\begin{cases}(a-z)^2+4y^2+z^2=4\\ x=0\end{cases}$

    B. $\begin{cases}x^2+4y^2+(a-x)^2=4\\ z=0\end{cases}$

    C. $\begin{cases}x^2+4y^2+(a-x)^2=4\\ x=0\end{cases}$

    D. $(a-z)^2+4y^2+z^2=4$

17. 方程 $x^2-\dfrac{y^2}{4}+z^2=1$，表示：

    A. 旋转双曲面   B. 双叶双曲面

    C. 双曲柱面   D. 锥面

18. 设直线 L 为 $\begin{cases}x+3y+2z+1=0\\ 2x-y-10z+3=0\end{cases}$，平面 π 为 $4x-2y+z-2=0$，则直线和平面的关系是：

    A. L 平行于 π B. L 在 π 上

    C. L 垂直于 π D. L 与 π 斜交

19. 已知 n 阶可逆矩阵 A 的特征值为 λ_0，则矩阵 $(2A)^{-1}$ 的特征值是：

　　A. $\dfrac{2}{\lambda_0}$

　　B. $\dfrac{\lambda_0}{2}$

　　C. $\dfrac{1}{2\lambda_0}$

　　D. $2\lambda_0$

20. 设 $\vec{\alpha_1},\vec{\alpha_2},\vec{\alpha_3},\vec{\beta}$ 为 n 维向量组，已知 $\vec{\alpha_1},\vec{\alpha_2},\vec{\beta}$ 线性相关，$\vec{\alpha_2},\vec{\alpha_3},\vec{\beta}$ 线性无关，则下列结论中正确的是：

　　A. $\vec{\beta}$ 必可用 $\vec{\alpha_1},\vec{\alpha_2}$ 线性表示

　　B. $\vec{\alpha_1}$ 必可用 $\vec{\alpha_2},\vec{\alpha_3},\vec{\beta}$ 线性表示

　　C. $\vec{\alpha_1},\vec{\alpha_2},\vec{\alpha_3}$ 必线性无关

　　D. $\vec{\alpha_1},\vec{\alpha_2},\vec{\alpha_3}$ 必线性相关

21. 要使得二次型 $f(x_1,x_2,x_3)=x_1^2+2tx_1x_2+x_2^2-2x_1x_3+2x_2x_3+2x_3^2$ 为正定的，则 t 的取值条件是：

　　A. $-1<t<1$

　　B. $-1<t<0$

　　C. $t>0$

　　D. $t<-1$

22. 若事件 A、B 互不相容，且 $P(A)=p$，$P(B)=q$，则 $P(\overline{A}\,\overline{B})$ 等于：

　　A. $1-p$

　　B. $1-q$

　　C. $1-(p+q)$

　　D. $1+p+q$

23. 若随机变量 X 与 Y 相互独立,且 X 在区间 $[0,2]$ 上服从均匀分布,Y 服从参数为 3 的指数分布,则数学期望 $E(XY)=$

    A. $\dfrac{4}{3}$

    B. 1

    C. $\dfrac{2}{3}$

    D. $\dfrac{1}{3}$

24. 设 $X_1, X_2, \cdots, X_n$ 是来自总体 $N(\mu, \sigma^2)$ 的样本,μ、σ^2 未知,$\overline{X}=\dfrac{1}{n}\sum\limits_{i=1}^{n}X_i$,$Q^2=$

    $\sum\limits_{i=1}^{n}(X_i-\overline{X})^2$,$Q>0$。则检验假设 $H_0:\mu=0$ 时应选取的统计量是:

    A. $\sqrt{n(n-1)}\,\dfrac{\overline{X}}{Q}$

    B. $\sqrt{n}\,\dfrac{\overline{X}}{Q}$

    C. $\sqrt{n-1}\,\dfrac{\overline{X}}{Q}$

    D. $\sqrt{n}\,\dfrac{\overline{X}}{Q^2}$

25. 两种摩尔质量不同的理想气体,它们压强相同、温度相同、体积不同。则它们的:

    A. 单位体积内的分子数不同

    B. 单位体积内气体的质量相同

    C. 单位体积内气体分子的总平均平动动能相同

    D. 单位体积内气体的内能相同

26. 某种理想气体的总分子数为 N,分子速率分布函数为 $f(v)$,则速率在 $v_1 \to v_2$ 区间内的分子数是:

    A. $\displaystyle\int_{v_1}^{v_2} f(v)\,\mathrm{d}v$ B. $N\displaystyle\int_{v_1}^{v_2} f(v)\,\mathrm{d}v$

    C. $\displaystyle\int_{0}^{\infty} f(v)\,\mathrm{d}v$ D. $N\displaystyle\int_{0}^{\infty} f(v)\,\mathrm{d}v$

27. 一定量的理想气体由 a 状态经过一过程到达 b 状态,吸热为 335J,系统对外做功 126J;若系统经过另一过程由 a 状态到达 b 状态,系统对外做功 42J,则过程中传入系统的热量为:

    A. 530J   B. 167J

    C. 251J   D. 335J

28. 一定量的理想气体,经过等体过程,温度增量 ΔT,内能变化 ΔE_1,吸收热量 Q_1;若经过等压过程,温度增量也为 ΔT,内能变化 ΔE_2,吸收热量 Q_2,则一定是:

    A. $\Delta E_2 = \Delta E_1$,$Q_2 > Q_1$

    B. $\Delta E_2 = \Delta E_1$,$Q_2 < Q_1$

    C. $\Delta E_2 > \Delta E_1$,$Q_2 > Q_1$

    D. $\Delta E_2 < \Delta E_1$,$Q_2 < Q_1$

29. 一平面简谐波的波动方程为 $y = 2 \times 10^{-2} \cos 2\pi \left(10t - \dfrac{x}{5}\right)$ (SI)。$t = 0.25\text{s}$ 时,处于平衡位置,且与坐标原点 $x = 0$ 最近的质元的位置是:

    A. $\pm 5\text{m}$

    B. 5m

    C. $\pm 1.25\text{m}$

    D. 1.25m

30. 一平面简谐波沿 x 轴正方向传播,振幅 $A = 0.02\text{m}$,周期 $T = 0.5\text{s}$,波长 $\lambda = 100\text{m}$,原点处质元的初相位 $\phi = 0$,则波动方程的表达式为:

    A. $y = 0.02\cos 2\pi \left(\dfrac{t}{2} - 0.01x\right)$ (SI)

    B. $y = 0.02\cos 2\pi (2t - 0.01x)$ (SI)

    C. $y = 0.02\cos 2\pi \left(\dfrac{t}{2} - 100x\right)$ (SI)

    D. $y = 0.02\cos 2\pi (2t - 100x)$ (SI)

31. 两人轻声谈话的声强级为 40dB,热闹市场上噪声的声强级为 80dB。市场上噪声的声强与轻声谈话的声强之比为:

    A. 2   B. 20

    C. 10^2 D. 10^4

32. P_1 和 P_2 为偏振化方向相互垂直的两个平行放置的偏振片,光强为 I_0 的自然光垂直入射在第一个偏振片 P_1 上,则透过 P_1 和 P_2 的光强分别为:

   A. $\dfrac{I_0}{2}$ 和 0

   B. 0 和 $\dfrac{I_0}{2}$

   C. I_0 和 I_0

   D. $\dfrac{I_0}{2}$ 和 $\dfrac{I_0}{2}$

33. 一束自然光自空气射向一块平板玻璃,设入射角等于布儒斯特角,则反射光为:

   A. 自然光

   B. 部分偏振光

   C. 完全偏振光

   D. 圆偏振光

34. 波长 $\lambda = 550$nm$(1$nm$=10^{-9}$m$)$ 的单色光垂直入射于光栅常数为 2×10^{-4}cm 的平面衍射光栅上,可能观察到光谱线的最大级次为:

   A. 2   B. 3   C. 4   D. 5

35. 在单缝夫琅禾费衍射实验中,波长为 λ 的单色光垂直入射到单缝上,对应于衍射角为 $30°$ 的方向上,若单缝处波阵面可分成 3 个半波带。则缝宽 a 为:

   A. λ

   B. 1.5λ

   C. 2λ

   D. 3λ

36. 以双缝干涉实验中,波长为 λ 的单色平行光垂直入射到缝间距为 a 的双缝上,屏到双缝的距离为 D,则某一条明纹与其相邻的一条暗纹的间距为:

   A. $\dfrac{D\lambda}{a}$

   B. $\dfrac{D\lambda}{2a}$

   C. $\dfrac{2D\lambda}{a}$

   D. $\dfrac{D\lambda}{4a}$

37. 钴的价层电子构型是 $3d^7 4s^2$，钴原子外层轨道中未成对电子数为：

    A. 1   B. 2

    C. 3   D. 4

38. 在 HF、HCl、HBr、HI 中，按熔、沸点由高到低顺序排列正确的是：

    A. HF、HCl、HBr、HI

    B. HI、HBr、HCl、HF

    C. HCl、HBr、HI、HF

    D. HF、HI、HBr、HCl

39. 对于 HCl 气体溶解于水的过程，下列说法正确的是：

    A. 这仅是一个物理变化过程

    B. 这仅是一个化学变化过程

    C. 此过程既有物理变化又有化学变化

    D. 此过程中溶质的性质发生了变化，而溶剂的性质未变

40. 体系与环境之间只有能量交换而没有物质交换，这种体系在热力学上称为：

    A. 绝热体系

    B. 循环体系

    C. 孤立体系

    D. 封闭体系

41. 反应 $PCl_3(g) + Cl_2(g) \rightleftharpoons PCl_5(g)$，298K 时 $K^\ominus = 0.767$，此温度下平衡时，如 $p(PCl_5) = p(PCl_3)$，则 $p(Cl_2) =$

    A. 130.38kPa

    B. 0.767kPa

    C. 7607kPa

    D. 7.67×10^{-3}kPa

42. 在铜锌原电池中，将铜电极的 $C(H^+)$ 由 1mol/L 增加到 2mol/L，则铜电极的电极电势：

    A. 变大

    B. 变小

    C. 无变化

    D. 无法确定

43. 元素的标准电极电势图如下：

$$Cu^{2+} \xrightarrow{0.159} Cu^+ \xrightarrow{0.52} Cu$$

$$Au^{3+} \xrightarrow{1.36} Au^+ \xrightarrow{1.83} Au$$

$$Fe^{3+} \xrightarrow{0.771} Fe^{2+} \xrightarrow{-0.44} Fe$$

$$MnO_4^- \xrightarrow{1.51} Mn^{2+} \xrightarrow{-1.18} Mn$$

在空气存在的条件下，下列离子在水溶液中最稳定的是：

A. Cu^{2+}

B. Au^+

C. Fe^{2+}

D. Mn^{2+}

44. 按系统命名法，下列有机化合物命名正确的是：

A. 2-乙基丁烷

B. 2,2-二甲基丁烷

C. 3,3-二甲基丁烷

D. 2,3,3-三甲基丁烷

45. 下列物质使溴水褪色的是：

A. 乙醇

B. 硬脂酸甘油酯

C. 溴乙烷

D. 乙烯

46. 昆虫能分泌信息素。下列是一种信息素的结构简式：

$$CH_3(CH_2)_5CH=CH(CH_2)_9CHO$$

下列说法正确的是：

A. 这种信息素不可以与溴发生加成反应

B. 它可以发生银镜反应

C. 它只能与 $1mol\ H_2$ 发生加成反应

D. 它是乙烯的同系物

47. 图示刚架中，若将作用于 B 处的水平力 P 沿其作用线移至 C 处，则 A、D 处的约束力：

A. 都不变

B. 都改变

C. 只有 A 处改变

D. 只有 D 处改变

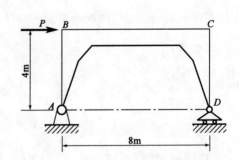

48.图示绞盘有三个等长为 l 的柄,三个柄均在水平面内,其间夹角都是 $120°$。如在水平面内,每个柄端分别作用一垂直于柄的力 F_1、F_2、F_3,且有 $F_1=F_2=F_3=F$,该力系向 O 点简化后的主矢及主矩应为:

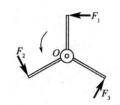

A. $F_R=0$,$M_O=3Fl(\curvearrowleft)$

B. $F_R=0$,$M_O=3Fl(\curvearrowright)$

C. $F_R=2F$(水平向右),$M_O=3Fl(\curvearrowleft)$

D. $F_R=2F$(水平向左),$M_O=3Fl(\curvearrowright)$

49.图示起重机的平面构架,自重不计,且不计滑轮质量,已知:$F=100kN$,$L=70cm$,B、D、E 为铰链连接。则支座 A 的约束力为:

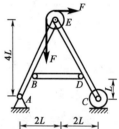

A. $F_{Ax}=100kN(\leftarrow)$ $F_{Ay}=150kN(\downarrow)$

B. $F_{Ax}=100kN(\rightarrow)$ $F_{Ay}=50kN(\uparrow)$

C. $F_{Ax}=100kN(\leftarrow)$ $F_{Ay}=50kN(\downarrow)$

D. $F_{Ax}=100kN(\leftarrow)$ $F_{Ay}=100kN(\downarrow)$

50.平面结构如图所示,自重不计。已知:$F=100kN$。判断图示 BCH 桁架结构中,内力为零的杆数是:

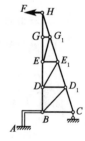

A. 3 根杆

B. 4 根杆

C. 5 根杆

D. 6 根杆

51.动点以常加速度 $2m/s^2$ 作直线运动。当速度由 $5m/s$ 增加到 $8m/s$ 时,则点运动的路程为:

A. 7.5m   B. 12m

C. 2.25m   D. 9.75m

52.物体作定轴转动的运动方程为 $\varphi=4t-3t^2$(φ 以 rad 计,t 以 s 计)。此物体内,转动半径 $r=0.5m$ 的一点,在 $t_0=0$ 时的速度和法向加速度的大小分别为:

A. $2m/s$,$8m/s^2$

B. $3m/s$,$3m/s^2$

C. $2m/s$,$8.54m/s^2$

D. 0,$8m/s^2$

53. 一木板放在两个半径 $r=0.25$m 的传输鼓轮上面。在图示瞬时,木板具有不变的加速度 $a=0.5$m/s^2,方向向右;同时,鼓动边缘上的点具有一大小为 3m/s^2 的全加速度。如果木板在鼓轮上无滑动,则此木板的速度为:

A. 0.86m/s

B. 3m/s

C. 0.5m/s

D. 1.67m/s

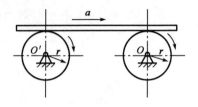

54. 重为 W 的人乘电梯铅垂上升,当电梯加速上升、匀速上升及减速上升时,人对地板的压力分别为 p_1、p_2、p_3,它们之间的关系为:

A. $p_1 = p_2 = p_3$ B. $p_1 > p_2 > p_3$

C. $p_1 < p_2 < p_3$ D. $p_1 < p_2 > p_3$

55. 均质细杆 AB 重力为 W,A 端置于光滑水平面上,B 端用绳悬挂,如图所示。当绳断后,杆在倒地的过程中,质心 C 的运动轨迹为:

A. 圆弧线

B. 曲线

C. 铅垂直线

D. 抛物线

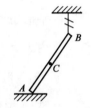

56. 杆 OA 与均质圆轮的质心用光滑铰链 A 连接,如图所示,初始时它们静止于铅垂面内,现将其释放,则圆轮 A 所作的运动为:

A. 平面运动

B. 绕轴 O 的定轴转动

C. 平行移动

D. 无法判断

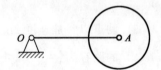

57. 图示质量为 m、长为 l 的均质杆 OA 绕 O 轴在铅垂平面内作定轴转动。已知某瞬时杆的角速度为 ω,角加速度为 α,则杆惯性力系合力的大小为:

A. $\dfrac{l}{2}m\sqrt{\alpha^2+\omega^2}$

B. $\dfrac{l}{2}m\sqrt{\alpha^2+\omega^4}$

C. $\dfrac{l}{2}m\alpha$

D. $\dfrac{l}{2}m\omega^2$

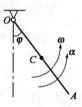

58. 已知单自由度系统的振动固有频率 $\omega_n = 2\text{rad/s}$, 若在其上分别作用幅值相同而频率为 $\omega_1 = 1\text{rad/s}$, $\omega_2 = 2\text{rad/s}$, $\omega_3 = 3\text{rad/s}$ 的简谐干扰力, 则此系统强迫振动的振幅为:

    A. $\omega_1 = 1\text{rad/s}$ 时振幅最大

    B. $\omega_2 = 2\text{rad/s}$ 时振幅最大

    C. $\omega_3 = 3\text{rad/s}$ 时振幅最大

    D. 不能确定

59. 截面面积为 A 的等截面直杆, 受轴向拉力作用。杆件的原始材料为低碳钢, 若将材料改为木材, 其他条件不变, 下列结论中正确的是:

    A. 正应力增大, 轴向变形增大

    B. 正应力减小, 轴向变形减小

    C. 正应力不变, 轴向变形增大

    D. 正应力减小, 轴向变形不变

60. 图示等截面直杆, 材料的拉压刚度为 EA, 杆中距离 A 端 $1.5L$ 处横截面的轴向位移是:

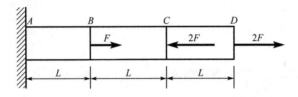

    A. $\dfrac{4FL}{EA}$ B. $\dfrac{3FL}{EA}$

    C. $\dfrac{2FL}{EA}$ D. $\dfrac{FL}{EA}$

61. 图示冲床的冲压力 $F = 300\pi\text{kN}$, 钢板的厚度 $t = 10\text{mm}$, 钢板的剪切强度极限 $\tau_b = 300\text{MPa}$。冲床在钢板上可冲圆孔的最大直径 d 是:

    A. $d = 200\text{mm}$

    B. $d = 100\text{mm}$

    C. $d = 4000\text{mm}$

    D. $d = 1000\text{mm}$

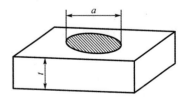

62.图示两根木杆连接结构,已知木材的许用切应力为$[\tau]$,许用挤压应力为$[\sigma_{bs}]$,则 a 与 h 的合理比值是:

A. $\dfrac{h}{a}=\dfrac{[\tau]}{[\sigma_{bs}]}$

B. $\dfrac{h}{a}=\dfrac{[\sigma_{bs}]}{[\tau]}$

C. $\dfrac{h}{a}=\dfrac{[\tau]a}{[\sigma_{bs}]}$

D. $\dfrac{h}{a}=\dfrac{[\sigma_{bs}]a}{[\tau]}$

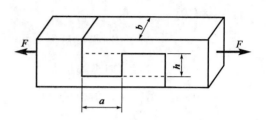

63.圆轴受力如图所示,下面 4 个扭矩图中正确的是:

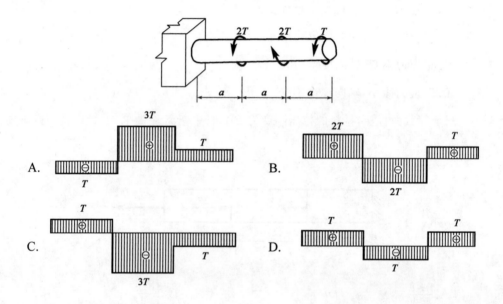

64.直径为 d 的实心圆轴受扭,若使扭转角减小一半,圆轴的直径需变为:

A. $\sqrt[4]{2}d$

B. $\sqrt[3]{2}d$

C. $0.5d$

D. $\dfrac{8}{3}d$

65. 梁 ABC 的弯矩如图所示,根据梁的弯矩图,可以断定该梁 B 点处:

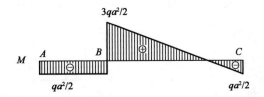

A. 无外荷载

B. 只有集中力偶

C. 只有集中力

D. 有集中力和集中力偶

66. 图示空心截面对 z 轴的惯性矩 I_z 为:

A. $I_z = \dfrac{\pi d^4}{32} - \dfrac{a^4}{12}$

B. $I_z = \dfrac{\pi d^4}{64} - \dfrac{a^4}{12}$

C. $I_z = \dfrac{\pi d^4}{32} + \dfrac{a^4}{12}$

D. $I_z = \dfrac{\pi d^4}{64} + \dfrac{a^4}{12}$

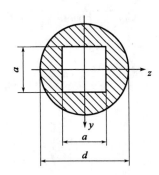

67. 两根矩形截面悬臂梁,弹性模量均为 E,横截面尺寸如图所示,两梁的载荷均为作用在自由端的集中力偶。已知两梁的最大挠度相同,则集中力偶 M_{e2} 是 M_{e1} 的:

$\left(\text{悬臂梁受自由端集中力偶 } M \text{ 作用,自由端挠度为 } \dfrac{ML^2}{2EI}\right)$

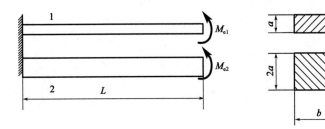

A. 8 倍

B. 4 倍

C. 2 倍

D. 1 倍

68. 图示等边角钢制成的悬臂梁 AB，c 点为截面形心，x' 为该梁轴线，y'、z' 为形心主轴。集中力 F 竖直向下，作用线过角钢两个狭长矩形边中线的交点，梁将发生以下变形：

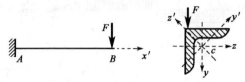

A. $x'z'$ 平面内的平面弯曲

B. 扭转和 $x'z'$ 平面内的平面弯曲

C. $x'y'$ 平面和 $x'z'$ 平面内的双向弯曲

D. 扭转和 $x'y'$ 平面、$x'z'$ 平面内的双向弯曲

69. 图示单元体，法线与 x 轴夹角 $\alpha = 45°$ 的斜截面上切应力 τ_α 是：

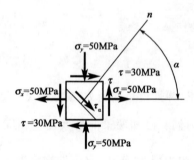

A. $\tau_\alpha = 10\sqrt{2}\,\mathrm{MPa}$

B. $\tau_\alpha = 50\,\mathrm{MPa}$

C. $\tau_\alpha = 60\,\mathrm{MPa}$

D. $\tau_\alpha = 0$

70. 图示矩形截面细长（大柔度）压杆，弹性模量为 E。该压杆的临界荷载 F_{cr} 为：

A. $F_{cr} = \dfrac{\pi^2 E}{L^2}\left(\dfrac{bh^3}{12}\right)$

B. $F_{cr} = \dfrac{\pi^2 E}{L^2}\left(\dfrac{hb^3}{12}\right)$

C. $F_{cr} = \dfrac{\pi^2 E}{(2L)^2}\left(\dfrac{bh^3}{12}\right)$

D. $F_{cr} = \dfrac{\pi^2 E}{(2L)^2}\left(\dfrac{hb^3}{12}\right)$

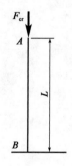

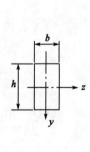

71. 按连续介质概念,流体质点是:

    A. 几何的点

    B. 流体的分子

    C. 流体内的固体颗粒

    D. 几何尺寸在宏观上同流动特征尺度相比是微小量,又含有大量分子的微元体

72. 设 A、B 两处液体的密度分别为 ρ_A 与 ρ_B,由 U 形管连接,如图所示,已知水银密度为 ρ_m,1、2 面的高度差为 Δh,它们与 A、B 中心点的高度差分别是 h_1 与 h_2,则 AB 两中心点的压强差 $P_A - P_B$ 为:

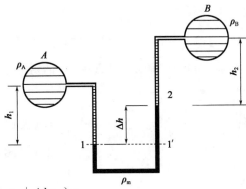

    A. $(-h_1\rho_A + h_2\rho_B + \Delta h\rho_m)g$

    B. $(h_1\rho_A - h_2\rho_B - \Delta h\rho_m)g$

    C. $[-h_1\rho_A + h_2\rho_B + \Delta h(\rho_m - \rho_A)]g$

    D. $[h_1\rho_A - h_2\rho_B - \Delta h(\rho_m - \rho_A)]g$

73. 汇流水管如图所示,已知三部分水管的横截面积分别为 $A_1 = 0.01m^2$,$A_2 = 0.005m^2$,$A_3 = 0.01m^2$,入流速度 $v_1 = 4m/s$,$v_2 = 6m/s$,求出流的流速 v_3 为:

    A. 8m/s

    B. 6m/s

    C. 7m/s

    D. 5m/s

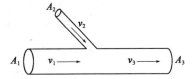

74. 尼古拉斯实验的曲线图中,在以下哪个区域里,不同相对粗糙度的试验点,分别落在一些与横轴平行的直线上,阻力系数 λ 与雷诺数无关:

    A. 层流区

    B. 临界过渡区

    C. 紊流光滑区

    D. 紊流粗糙区

75. 正常工作条件下,若薄壁小孔口直径为 d_1,圆柱形管嘴的直径为 d_2,作用水头 H 相等,要使得孔口与管嘴的流量相等,则直径 d_1 与 d_2 的关系是:

    A. $d_1 > d_2$ B. $d_1 < d_2$

    C. $d_1 = d_2$ D. 条件不足无法确定

76. 下面对明渠均匀流的描述哪项是正确的:

    A. 明渠均匀流必须是非恒定流

    B. 明渠均匀流的粗糙系数可以沿程变化

    C. 明渠均匀流可以有支流汇入或流出

    D. 明渠均匀流必须是顺坡

77. 有一完全井,半径 $r_0 = 0.3\text{m}$,含水层厚度 $H = 15\text{m}$,土壤渗透系数 $k = 0.0005\text{m/s}$,抽水稳定后,井水深 $h = 10\text{m}$,影响半径 $R = 375\text{m}$,则由达西定律得出的井的抽水量 Q 为:(其中计算系数为 1.366)

    A. $0.0276\text{m}^3/\text{s}$ B. $0.0138\text{m}^3/\text{s}$

    C. $0.0414\text{m}^3/\text{s}$ D. $0.0207\text{m}^3/\text{s}$

78. 量纲和谐原理是指:

    A. 量纲相同的量才可以乘除

    B. 基本量纲不能与导出量纲相运算

    C. 物理方程式中各项的量纲必须相同

    D. 量纲不同的量才可以加减

79. 关于电场和磁场,下述说法中正确的是:

    A. 静止的电荷周围有电场,运动的电荷周围有磁场

    B. 静止的电荷周围有磁场,运动的电荷周围有电场

    C. 静止的电荷和运动的电荷周围都只有电场

    D. 静止的电荷和运动的电荷周围都只有磁场

80. 如图所示,两长直导线的电流 $I_1 = I_2$,L 是包围 I_1、I_2 的闭合曲线,以下说法中正确的是:

    A. L 上各点的磁场强度 H 的量值相等,不等于 0

    B. L 上各点的 H 等于 0

    C. L 上任一点的 H 等于 I_1、I_2 在该点的磁场强度的叠加

    D. L 上各点的 H 无法确定

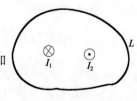

81. 电路如图所示，U_s 为独立电压源，若外电路不变，仅电阻 R 变化时，将会引起下述哪种变化？

A. 端电压 U 的变化

B. 输出电流 I 的变化

C. 电阻 R 支路电流的变化

D. 上述三者同时变化

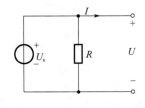

82. 在图 a) 电路中有电流 I 时，可将图 a) 等效为图 b)，其中等效电压源电压 U_s 和等效电源内阻 R_0 分别为：

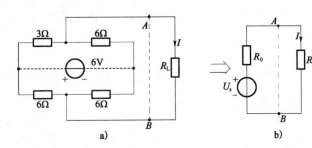

a)   b)

A. $-1V$, 5.143Ω B. $1V$, 5Ω

C. $-1V$, 5Ω D. $1V$, 5.143Ω

83. 某三相电路中，三个线电流分别为：

$$i_A = 18\sin(314t + 23°)(A)$$

$$i_B = 18\sin(314t - 97°)(A)$$

$$i_C = 18\sin(314t + 143°)(A)$$

当 $t=10s$ 时，三个电流之和为：

A. 18A   B. 0A   C. $18\sqrt{2}$ A   D. $18\sqrt{3}$ A

84. 电路如图所示，电容初始电压为零，开关在 $t=0$ 时闭合，则 $t\geqslant0$ 时，$u(t)$ 为：

A. $(1-e^{-0.5t})V$

B. $(1+e^{-0.5t})V$

C. $(1-e^{-2t})V$

D. $(1+e^{-2t})V$

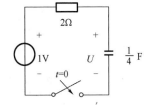

85. 有一容量为 10kV·A 的单相变压器，电压为 3300/220V，变压器在额定状态下运行。在理想的情况下副边可接 40W、220V、功率因数 $\cos\phi=0.44$ 的日光灯多少盏？

A. 110   B. 200

C. 250   D. 125

86. 整流滤波电路如图所示,已知 $U_1 = 30V$,$U_o = 12V$,$R = 2k\Omega$,$R_L = 4k\Omega$(稳压管的稳定电流 $I_{Zmin} = 5mA$ 与 $I_{Zmax} = 18mA$)。通过稳压管的电流和通过二极管的平均电流分别是:

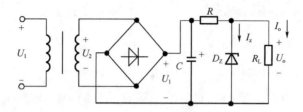

    A. 5mA,2.5mA   B. 8mA,8mA

    C. 6mA,2.5mA   D. 6mA,4.5mA

87. 晶体管非门电路如图所示,已知 $U_{CC} = 15V$,$U_B = -9V$,$R_C = 3k\Omega$,$R_B = 20k\Omega$,$\beta = 40$,当输入电压 $U_1 = 5V$ 时,要使晶体管饱和导通,R_X 的值不得大于:(设 $U_{BE} = 0.7V$,集电极和发射极之间的饱和电压 $U_{CES} = 0.3V$)

    A. 7.1kΩ

    B. 35kΩ

    C. 3.55kΩ

    D. 17.5kΩ

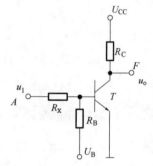

88. 图示为共发射极单管电压放大电路,估算静态点 I_B、I_C、V_{CE} 分别为:

    A. 57μA,2.28mA,5.16V

    B. 57μA,2.28mA,8V

    C. 57μA,4mA,0V

    D. 30μA,2.8mA,3.5V

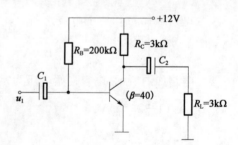

89.图为三个二极管和电阻 R 组成的一个基本逻辑门电路,输入二极管的高电平和低电平分别是 3V 和 0V,电路的逻辑关系式是:

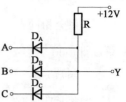

A. Y＝ABC

B. Y＝A＋B＋C

C. Y＝AB＋C

D. Y＝(A＋B)C

90.由两个主从型 JK 触发器组成的逻辑电路如图 a)所示,设 Q_1、Q_2 的初始态是 0、0,已知输入信号 A 和脉冲信号 cp 的波形,如图 b)所示,当第二个 cp 脉冲作用后,Q_1、Q_2 将变为:

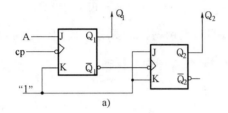

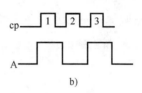

a)

b)

A. 1、1

B. 1、0

C. 0、1

D. 保持 0、0 不变

91.图示为电报信号、温度信号、触发脉冲信号和高频脉冲信号的波形,其中是连续信号的是:

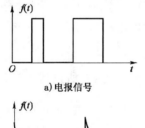

a)电报信号

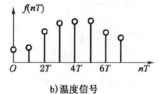

b)温度信号

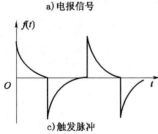

c)触发脉冲

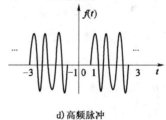

d)高频脉冲

A. a)、c)、d)

B. b)、c)、d)

C. a)、b)、c)

D. a)、b)、d)

92. 连续时间信号与通常所说的模拟信号的关系是：

    A. 完全不同   B. 是同一个概念

    C. 不完全相同   D. 无法回答

93. 单位冲激信号 $\delta(t)$ 是：

    A. 奇函数   B. 偶函数

    C. 非奇非偶函数   D. 奇异函数，无奇偶性

94. 单位阶跃信号 $\varepsilon(t)$ 是物理量单位跃变现象，而单位冲激信号 $\delta(t)$ 是物理量产生单位跃变什么的现象：

    A. 速度   B. 幅度

    C. 加速度   D. 高度

95. 如图所示的周期为 T 的三角波信号，在用傅氏级数分析周期信号时，系数 a_0、a_n 和 b_n 判断正确的是：

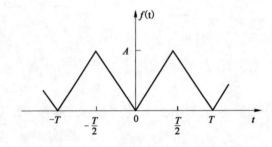

    A. 该信号是奇函数且在一个周期的平均值为零，所以傅立叶系数 a_0 和 b_n 是零

    B. 该信号是偶函数且在一个周期的平均值不为零，所以傅立叶系数 a_0 和 a_n 不是零

    C. 该信号是奇函数且在一个周期的平均值不为零，所以傅立叶系数 a_0 和 b_n 不是零

    D. 该信号是偶函数且在一个周期的平均值为零，所以傅立叶系数 a_0 和 b_n 是零

96. 将(11010010.01010100)$_2$ 表示成十六进制数是：

    A. (D2.54)$_H$ B. D2.54

    C. (D2.A8)$_H$ D. (D2.54)$_B$

97. 计算机系统内的系统总线是：

    A. 计算机硬件系统的一个组成部分

    B. 计算机软件系统的一个组成部分

    C. 计算机应用软件系统的一个组成部分

    D. 计算机系统软件的一个组成部分

98. 目前，人们常用的文字处理软件有：

    A. Microsoft Word 和国产字处理软件 WPS

    B. Microsoft Excel 和 Auto CAD

    C. Microsoft Access 和 Visual Foxpro

    D. Visual BASIC 和 Visual C++

99. 下面所列各种软件中，最靠近硬件一层的是：

    A. 高级语言程序

    B. 操作系统

    C. 用户低级语言程序

    D. 服务性程序

100. 操作系统中采用虚拟存储技术，实际上是为实现：

    A. 在一个较小内存储空间上，运行一个较小的程序

    B. 在一个较小内存储空间上，运行一个较大的程序

    C. 在一个较大内存储空间上，运行一个较小的程序

    D. 在一个较大内存储空间上，运行一个较大的程序

101. 用二进制数表示的计算机语言称为：

    A. 高级语言

    B. 汇编语言

    C. 机器语言

    D. 程序语言

102. 下面四个二进制数中，与十六进制数 AE 等值的一个是：

    A. 10100111

    B. 10101110

    C. 10010111

    D. 11101010

103. 常用的信息加密技术有多种，下面所述四条不正确的一条是：

    A. 传统加密技术、数字签名技术

    B. 对称加密技术

    C. 密钥加密技术

    D. 专用 ASCII 码加密技术

104.广域网,又称为远程网,它所覆盖的地理范围一般:

    A.从几十米到几百米

    B.从几百米到几公里

    C.从几公里到几百公里

    D.从几十公里到几千公里

105.我国专家把计算机网络定义为:

    A.通过计算机将一个用户的信息传送给另一个用户的系统

    B.由多台计算机、数据传输设备以及若干终端连接起来的多计算机系统

    C.将经过计算机储存、再生,加工处理的信息传输和发送的系统

    D.利用各种通信手段,把地理上分散的计算机连在一起,达到相互通信、共享软/硬件和数据等资源的系统

106.在计算机网络中,常将实现通信功能的设备和软件称为:

    A.资源子网   B.通信子网

    C.广域网   D.局域网

107.某项目拟发行 1 年期债券。在年名义利率相同的情况下,使年实际利率较高的复利计息期是:

    A.1 年   B.半年

    C.1 季度   D.1 个月

108.某建设工程建设期为 2 年。其中第一年向银行贷款总额为 1000 万元,第二年无贷款,贷款年利率为 6%,则该项目建设期利息为:

    A.30 万元   B.60 万元

    C.61.8 万元   D.91.8 万元

109.某公司向银行借款 5000 万元,期限为 5 年,年利率为 10%,每年年末付息一次,到期一次还本,企业所得税率为 25%。若不考虑筹资费用,该项借款的资金成本率是:

    A.7.5%   B.10%

    C.12.5%   D.37.5%

110. 对于某常规项目(IRR 唯一),当设定折现率为 12% 时,求得的净现值为 130 万元;当设定折现率为 14% 时,求得的净现值为 -50 万元,则该项目的内部收益率应是:

    A. 11.56%

    B. 12.77%

    C. 13%

    D. 13.44%

111. 下列财务评价指标中,反映项目偿债能力的指标是:

    A. 投资回收期

    B. 利息备付率

    C. 财务净现值

    D. 总投资收益率

112. 某企业生产一种产品,年固定成本为 1000 万元,单位产品的可变成本为 300 元、售价为 500 元,则其盈亏平衡点的销售收入为:

    A. 5 万元

    B. 600 万元

    C. 1500 万元

    D. 2500 万元

113. 下列项目方案类型中,适于采用净现值法直接进行方案选优的是:

    A. 寿命期相同的独立方案

    B. 寿命期不同的独立方案

    C. 寿命期相同的互斥方案

    D. 寿命期不同的互斥方案

114. 某项目由 A、B、C、D 四个部分组成,当采用强制确定法进行价值工程对象选择时,它们的价值指数分别如下所示。其中不应作为价值工程分析对象的是:

    A. 0.7559

    B. 1.0000

    C. 1.2245

    D. 1.5071

115. 建筑工程开工前,建设单位应当按照国家有关规定申请领取施工许可证,颁发施工许可证的单位应该是:

    A. 县级以上人民政府建设行政主管部门

    B. 工程所在地县级以上人民政府建设工程监督部门

    C. 工程所在地省级以上人民政府建设行政主管部门

    D. 工程所在地县级以上人民政府建设行政主管部门

116. 根据《中华人民共和国安全生产法》的规定,生产经营单位主要负责人对本单位的安全生产负总责,某生产经营单位的主要负责人对本单位安全生产工作的职责是:

    A. 建立、健全本单位安全生产责任制

    B. 保证本单位安全生产投入的有效使用

    C. 及时报告生产安全事故

    D. 组织落实本单位安全生产规章制度和操作规程

117. 根据《中华人民共和国招标投标法》的规定,某建设工程依法必须进行招标,招标人委托了招标代理机构办理招标事宜,招标代理机构的行为合法的是:

    A. 编制投标文件和组织评标

    B. 在招标人委托的范围内办理招标事宜

    C. 遵守《中华人民共和国招标投标法》关于投标人的规定

    D. 可以作为评标委员会成员参与评标

118. 《中华人民共和国合同法》规定的合同形式中不包括:

    A. 书面形式   B. 口头形式

    C. 特定形式   D. 其他形式

119. 根据《中华人民共和国行政许可法》规定,下列可以设定行政许可的事项是:

    A. 企业或者其他组织的设立等,需要确定主体资格的事项

    B. 市场竞争机制能够有效调节的事项

    C. 行业组织或者中介机构能够自律管理的事项

    D. 公民、法人或者其他组织能够自主决定的事项

120. 根据《建设工程质量管理条例》的规定,施工图必须经过审查批准,否则不得使用,某建设单位投资的大型工程项目施工图设计已经完成,该施工图应该报审的管理部门是:

    A. 县级以上人民政府建设行政主管部门

    B. 县级以上人民政府工程设计主管部门

    C. 县级以上政府规划部门

    D. 工程监理单位

2012 年度全国勘察设计注册工程师执业资格考试基础考试(上)

试题解析及参考答案

1. 解 $\lim\limits_{x \to 0^+} (x^2+1) = 1$，$\lim\limits_{x \to 0^-} \left(\cos x + x \sin \dfrac{1}{x} \right) = 1 + 0 = 1$

$f(0) = (x^2+1) \Big|_{x=0} = 1$，所以 $\lim\limits_{x \to 0^+} f(x) = \lim\limits_{x \to 0^-} f(x) = f(0)$

答案：D

2. 解 $\lim\limits_{x \to 0} \dfrac{1-\cos x}{2x^2} = \lim\limits_{x \to 0} \dfrac{\dfrac{1}{2}x^2}{2x^2} = \dfrac{1}{4} \neq 0$，当 $x \to 0$，$1 - \cos x \sim \dfrac{1}{2}x^2$。

答案：D

3. 解 $y = \ln\cos x$，$y' = \dfrac{-\sin x}{\cos x} = -\tan x$，$\mathrm{d}y = -\tan x\, \mathrm{d}x$

答案：C

4. 解 $f(x) = (e^{-x^2})' = -2x e^{-x^2}$

$f'(x) = -2[e^{-x^2} + x e^{-x^2}(-2x)] = 2e^{-x^2}(2x^2-1)$

答案：A

5. 解 $\displaystyle\int f'(2x+1)\mathrm{d}x = \dfrac{1}{2}\int f'(2x+1)\mathrm{d}(2x+1) = \dfrac{1}{2}f(2x+1) + C$

答案：B

6. 解 $\displaystyle\int_0^{\frac{1}{2}} \dfrac{1+x}{\sqrt{1-x^2}}\mathrm{d}x = \int_0^{\frac{1}{2}} \dfrac{1}{\sqrt{1-x^2}}\mathrm{d}x + \int_0^{\frac{1}{2}} \dfrac{x}{\sqrt{1-x^2}}\mathrm{d}x$

$\displaystyle = \arcsin x \Big|_0^{\frac{1}{2}} + \int_0^{\frac{1}{2}} \dfrac{1}{\sqrt{1-x^2}}\mathrm{d}\left(\dfrac{1}{2}x^2\right)$

$\displaystyle = \arcsin \dfrac{1}{2} + \left(-\dfrac{1}{2}\right) \times \int_0^{\frac{1}{2}} \dfrac{1}{\sqrt{1-x^2}}\mathrm{d}(1-x^2)$

$\displaystyle = \dfrac{\pi}{6} + \left(-\dfrac{1}{2}\right) \times 2(1-x^2)^{\frac{1}{2}} \Big|_0^{\frac{1}{2}}$

$\displaystyle = \dfrac{\pi}{6} - \left(\dfrac{\sqrt{3}}{2} - 1\right) = \dfrac{\pi}{6} + 1 - \dfrac{\sqrt{3}}{2}$

答案：C

7. 解　$D:\begin{cases}0\leqslant\theta<\dfrac{\pi}{4}\\[2mm]0\leqslant r\leqslant\dfrac{1}{\cos\theta}\end{cases}$，因为 $x=1,r\cos\theta=1$（即 $r=\dfrac{1}{\cos\theta}$）

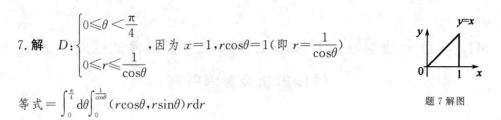

题 7 解图

等式 $=\displaystyle\int_0^{\frac{\pi}{4}}\mathrm{d}\theta\int_0^{\frac{1}{\cos\theta}}(r\cos\theta,r\sin\theta)r\mathrm{d}r$

答案：B

8. 解　已知 $a<x<b,f'(x)>0$，单增；$f''(x)<0$，凸。所以函数在区间 (a,b) 内图形沿 x 轴正向是单增且凸的。

答案：C

9. 解　$f(x)=x^{\frac{2}{3}}$ 在 $[-1,1]$ 连续。$f'(x)=\dfrac{2}{3}x^{-\frac{1}{3}}=\dfrac{2}{3}\cdot\dfrac{1}{\sqrt[3]{x}}$ 在 $(-1,1)$ 不可导［因为 $f'(x)$ 在 $x=0$ 导数不存在］，所以不满足拉格郎日定理的条件。

答案：B

10. 解　$\displaystyle\sum_{n=1}^{\infty}\left|\dfrac{(-1)^n}{n}\right|=\sum_{n=1}^{\infty}\dfrac{1}{n}$，发散；

而 $\displaystyle\sum_{n=1}^{\infty}\dfrac{(-1)^n}{n}$ 满足：①$u_n\geqslant u_{n+1}$，②$\displaystyle\lim_{n\to\infty}u_n=0$，该级数收敛。

所以级数条件收敛。

答案：A

11. 解　$|x|<\dfrac{1}{2}$，即 $-\dfrac{1}{2}<x<\dfrac{1}{2}$，$f(x)=\dfrac{1}{1+2x}$

已知：$\dfrac{1}{1+x}=1-x+x^2-x^3+\cdots+(-1)^nx^n+\cdots=\displaystyle\sum_{n=0}^{\infty}(-1)^nx^n$　$(-1<x<1)$

则 $f(x)=\dfrac{1}{1+2x}=1-(2x)+(2x)^2-(2x)^3+\cdots+(-1)^n(2x)^n+\cdots$

$$=\sum_{n=0}^{\infty}(-1)^n(2x)^n=\sum_{n=0}^{\infty}(-2)^nx^n(-1<2x<1,\text{即}-\dfrac{1}{2}<x<\dfrac{1}{2})$$

答案：B

12. 解　已知 $y_1(x)$，$y_2(x)$ 是微分方程 $y'+p(x)y=q(x)$ 两个不同的特解，所以 $y_1(x)-y_2(x)$ 为对应齐次方程 $y'+p(x)y=0$ 的一个解。

微分方程 $y'+p(x)y=q(x)$ 的通解为 $y=y_1+C(y_1-y_2)$。

答案：D

13. 解　$y''+2y'-3y=0$，特征方程为 $r^2+2r-3=0$，得 $r_1=-3,r_2=1$。所以 $y_1=e^x$，$y_2=e^{-3x}$ 为选项 B 的特解，满足条件。

答案：B

14. 解　$\dfrac{\mathrm{d}y}{\mathrm{d}x}=-\dfrac{x}{y}$，$y\mathrm{d}y=-x\mathrm{d}x$

两边积分：$\frac{1}{2}y^2 = -\frac{1}{2}x^2 + C$，$y^2 = -x^2 + 2C$，$y^2 + x^2 = C_1$，这里常数 $C_1 = 2C$，必须满足 $C_1 \geqslant 0$。

故方程的通解为 $x^2 + y^2 = C^2 (C \in R)$。

答案：C

15. **解** 旋转体体积 $V = \int_0^\pi \pi \left[(\sin x)^{\frac{3}{2}} \right]^2 dx$

$$= \pi \int_0^\pi \sin^3 x \, dx = \pi \int_0^\pi \sin^2 x \, d(-\cos x)$$

$$= -\pi \int_0^\pi (1 - \cos^2 x) d\cos x$$

$$= -\pi \left(\cos x - \frac{1}{3} \cos^3 x \right) \Big|_0^\pi$$

$$= \frac{4}{3} \pi$$

答案：B

16. **解** 方程组 $\begin{cases} x^2 + 4y^2 + z^2 = 4 & \text{①} \\ x + z = a & \text{②} \end{cases}$

消去字母 x

由②式得： $\qquad x = a - z \qquad\qquad$ ③

③式代入①式得：$(a - z)^2 + 4y^2 + z^2 = 4$

则曲线在 yOz 平面上投影方程为 $\begin{cases} (a-z)^2 + 4y^2 + z^2 = 4 \\ x = 0 \end{cases}$

答案：A

17. **解** 方程 $x^2 - \frac{y^2}{4} + z^2 = 1$，即 $x^2 + z^2 - \frac{y^2}{4} = 1$，可由 xOy 平面上双曲线 $\begin{cases} x^2 - \frac{y^2}{4} = 1 \\ z = 0 \end{cases}$ 绕 y 轴旋转得到，也可由 yOz 平面上双曲线 $\begin{cases} z^2 - \frac{y^2}{4} = 1 \\ x = 0 \end{cases}$ 绕 y 轴旋转得到。

所以 $x^2 + z^2 - \frac{y^2}{4} = 1$ 为旋转双曲面。

答案：A

18. **解** 直线 L 的方向向量 $\vec{s} = \begin{vmatrix} \vec{i} & \vec{j} & \vec{k} \\ 1 & 3 & 2 \\ 2 & -1 & -10 \end{vmatrix} = -28\vec{i} + 14\vec{j} - 7\vec{k}$，$\vec{s} = \{-28, 14, -7\}$

平面 π：$4x - 2y + z - 2 = 0$

法线向量：$\vec{n} = \{4, -2, 1\}$

$\vec{s}, \vec{n}$ 坐标成比例,$\dfrac{-28}{4}=\dfrac{14}{-2}=\dfrac{-7}{1}$,则 $\vec{s}//\vec{n}$,直线 L 垂直于平面 π。

答案:C

19.**解** $\boldsymbol{A}$ 的特征值为 λ_0,$2\boldsymbol{A}$ 的特征值为 $2\lambda_0$,$(2\boldsymbol{A})^{-1}$ 的特征值为 $\dfrac{1}{2\lambda_0}$。

答案:C

20.**解** 已知 $\vec{\alpha_1},\vec{\alpha_2},\vec{\beta}$ 线性相关,$\vec{\alpha_2},\vec{\alpha_3},\vec{\beta}$ 线性无关。由性质可知:$\vec{\alpha_1},\vec{\alpha_2},\vec{\alpha_3},\vec{\beta}$ 线性相关(部分相关,全体相关),$\vec{\alpha_2},\vec{\alpha_3},\vec{\beta}$ 线性无关。

故 $\vec{\alpha_1}$ 可用 $\vec{\alpha_2},\vec{\alpha_3},\vec{\beta}$ 线性表示。

答案:B

21.**解** 已知 $\boldsymbol{A}=\begin{bmatrix} 1 & t & -1 \\ t & 1 & 1 \\ -1 & 1 & 2 \end{bmatrix}$

由矩阵 $\boldsymbol{A}$ 正定的充分必要条件可知:$1>0$,$\begin{vmatrix} 1 & t \\ t & 1 \end{vmatrix}=1-t^2>0$,

$$\begin{vmatrix} 1 & t & -1 \\ t & 1 & 1 \\ -1 & 1 & 2 \end{vmatrix}\xlongequal[2c_1+c_3]{c_1+c_2}\begin{vmatrix} 1 & t+1 & 1 \\ t & t+1 & 1+2t \\ -1 & 0 & 0 \end{vmatrix}=(-1)[(t+1)(1+2t)-(t+1)]=-2t(t+1)>0,$$

求解 $t^2<1$,得 $-1<t<1$;再求解 $-2t(t+1)>0$,得 $t(t+1)<0$,即 $-1<t<0$,则公共解 $-1<t<0$。

答案:B

22.**解** $A、B$ 互不相容时,$P(AB)=0$。$\overline{A}\,\overline{B}=\overline{A\cup B}$

$P(\overline{A}\,\overline{B})=P(\overline{A\cup B})=1-P(A\cup B)$

$\qquad=1-[P(A)+P(B)-P(AB)]=1-(p+q)$

或使用图示法(面积表示概率),见解图。

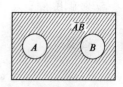

题 22 解图

答案:C

23.**解** X 与 Y 独立时,$E(XY)=E(X)E(Y)$;X 在 $[a,b]$ 上服从均匀分布时,

$E(X)=\dfrac{a+b}{2}=1$,Y 服从参数为 λ 的指数分布时,$E(Y)=\dfrac{1}{\lambda}=\dfrac{1}{3}$,$E(XY)=\dfrac{1}{3}$。

答案:D

24.**解** 当 σ^2 未知时检验假设 $H_0:\mu=\mu_0$,应选取统计量 $T=\dfrac{\overline{X}-\mu_0}{S}\sqrt{n}$,$S^2=\dfrac{1}{n-1}$

$\sum\limits_{i=1}^{n}(X_i-\overline{X})^2=\dfrac{1}{n-1}Q^2$,$S=\dfrac{Q}{\sqrt{n-1}}$。

当 $\mu_0=0$ 时,$T=\sqrt{n(n-1)}\dfrac{\overline{X}}{Q}$。

答案：A

25.解 ①由 $p=nkT$ 知选项 A 不正确；

②由 $pV=\dfrac{m}{M}RT$ 知选项 B 不正确；

③由 $\bar{\omega}=\dfrac{3}{2}kT$，温度、压强相等，单位体积分子数相同，知选项 C 正确；

④由 $E_{内}=\dfrac{i}{2}\dfrac{m}{M}RT=\dfrac{i}{2}pV$ 知选项 D 不正确。

答案：C

26.解 $N\displaystyle\int_{v_1}^{v_2}f(v)\mathrm{d}v$ 表示速率在 $v_1\to v_2$ 区间内的分子数。

答案：B

27.解 注意内能的增量 ΔE 只与系统的起始和终了状态有关，与系统所经历的过程无关。
$Q_{ab}=335=\Delta E_{ab}+126,\Delta E_{ab}=209\mathrm{J},Q'_{ab}=\Delta E_{ab}+42=251\mathrm{J}$

答案：C

28.解 等体过程：$\qquad Q_1=Q_v=\Delta E_1=\dfrac{m}{M}\dfrac{i}{2}R\Delta T$ ①

等压过程：$\qquad Q_2=Q_p=\Delta E_2+A=\dfrac{m}{M}\dfrac{i}{2}R\Delta T+A$ ②

对于给定的理想气体，内能的增量只与系统的起始和终了状态有关，与系统所经历的过程无关，$\Delta E_1=\Delta E_2$。

比较①式和②式，注意到 $A>0$，显然 $Q_2>Q_1$。

答案：A

29.解 在 $t=0.25\mathrm{s}$ 时刻，处于平衡位置，$y=0$

由简谐波的波动方程 $y=2\times10^{-2}\cos2\pi(10\times0.25-\dfrac{x}{5})=0$，可知

$$\cos2\pi(10\times0.25-\dfrac{x}{5})=0$$

则 $2\pi(10\times0.25-\dfrac{x}{5})=(2k+1)\dfrac{\pi}{2},k=0,\pm1,\pm2,\cdots$

由此可得 $2\dfrac{x}{5}=\dfrac{9}{2}-k$

当 $x=0$ 时，$k=4.5$

所以 $k=4,x=1.25$ 或 $k=5,x=-1.25$ 时，与坐标原点 $x=0$ 最近

答案：C

30. **解** 当初相位 $\phi=0$ 时,波动方程的表达式为 $y=A\cos\omega\left(t-\dfrac{x}{u}\right)$,利用 $\omega=2\pi\nu,\nu=$

$\dfrac{1}{T},u=\lambda\nu$,表达式 $y=A\cos\left[2\pi\nu\left(t-\dfrac{x}{\lambda\nu}\right)\right]=A\cos2\pi\left(\nu t-\dfrac{\nu x}{\lambda\nu}\right)=A\cos2\pi\left(\dfrac{t}{T}-\dfrac{x}{\lambda}\right)$,令 $A=$

$0.02\text{m},T=0.5\text{s},\lambda=100\text{m}$,则 $y=0.02\cos\left(\dfrac{t}{\frac{1}{2}}-\dfrac{x}{100}\right)=0.02\cos2\pi(2t-0.01x)$。

答案:B

31. **解** 声强级 $L=10\lg\dfrac{I}{I_0}\text{dB}$,由题意得 $40=10\lg\dfrac{I}{I_0}$,即 $\dfrac{I}{I_0}=10^4$;同理 $\dfrac{I'}{I_0}=10^8$,$\dfrac{I'}{I}=10^4$。

答案:D

32. **解** 自然光 I_0 通过 P_1 偏振片后光强减半为 $\dfrac{I_0}{2}$,通过 P_2 偏振后光强为 $I=\dfrac{I_0}{2}\cos^2 90°=0$。

答案:A

33. **解** 布儒斯特定律,以布儒斯特角入射,反射光为完全偏振光。

答案:C

34. **解** $(a+b)\sin\phi=\pm k\lambda$ $(k=0,1,2,\cdots)$

令 $\phi=90°$,$k=\dfrac{2000}{550}=3.63$,k 取小于此数的最大正整数,故 k 取 3。

答案:B

35. **解** $a\sin\phi=(2k+1)\dfrac{\lambda}{2}$,即 $a\sin30°=3\times\dfrac{\lambda}{2}$

答案:D

36. **解** $x_{明}=\pm k\dfrac{D\lambda}{a}$,$x_{暗}=(2k+1)\dfrac{D\lambda}{2a}$,间距 $=x_{暗}-x_{明}=\dfrac{D\lambda}{2a}$

答案:B

37. **解** 除 3d 轨道上的 7 个电子,其他轨道上的电子都已成对。3d 轨道上的 7 个电子填充到 5 个简并的 d 轨道中,按照洪特规则有 3 个未成对电子。

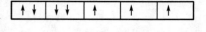

答案:C

38. **解** 分子间力包括色散力、诱导力、取向力。分子间力以色散力为主。对同类型分子,色散力正比于分子量,所以分子间力正比于分子量。分子间力主要影响物质的熔点、沸点和硬度。对同类型分子,分子量越大,色散力越大,分子间力越大,物质的熔、沸点越高,硬度越大。

分子间氢键使物质熔、沸点升高,分子内氢键使物质熔、沸点减低。

HF有分子间氢键,沸点最大。其他三个没有分子间氢键,HCl、HBr、HI分子量逐渐增大,分子间力逐渐增大,沸点逐渐增大。

答案:D

39.**解** HCl溶于水既有物理变化也有化学变化。HCl的微粒向水中扩散的过程是物理变化,HCl的微粒解离生成氢离子和氯离子的过程是化学变化。

答案:C

40.**解** 系统与环境间只有能量交换,没有物质交换是封闭系统;既有物质交换,又有能量交换是敞开系统;没有物质交换,也没有能量交换是孤立系统。

答案:D

41.**解** $K^\Theta = \dfrac{\dfrac{p_{PCl_5}}{p^\Theta}}{\dfrac{p_{PCl_3}}{p^\Theta}\dfrac{p_{Cl_2}}{p^\Theta}} = \dfrac{p_{PCl_5}}{p_{PCl_3}\cdot p_{Cl_2}}p^\Theta = \dfrac{p^\Theta}{p_{Cl_2}}, p_{Cl_2} = \dfrac{p^\Theta}{K^\Theta} = \dfrac{100\text{kPa}}{0.767} = 130.38\text{kPa}$

答案:A

42.**解** 铜电极的电极反应为:$Cu^{2+}+2e^-=Cu$,氢离子没有参与反应,所以铜电极的电极电势不受氢离子影响。

答案:C

43.**解** 元素电势图的应用。

(1)判断歧化反应:对于元素电势图 A $\xrightarrow{E^\Theta_{左}}$ B $\xrightarrow{E^\Theta_{右}}$ C,若 $E^\Theta_{右}$ 大于 $E^\Theta_{左}$,B 即是电极电势大的电对的氧化型,可作氧化剂,又是电极电势小的电对的还原型,也可作还原剂,B 的歧化反应能够发生;若 $E^\Theta_{右}$ 小于 $E^\Theta_{左}$,B 的歧化反应不能发生。

(2)计算标准电极电势:根据元素电势图,可以从已知某些电对的标准电极电势计算出另一电对的标准电极电势。

从元素电势图可知,Au^+ 可以发生歧化反应。由于 Cu^{2+} 达到最高氧化数,最不易失去电子,最稳定。

答案:A

44.**解** 系统命名法。

(1)链烃的命名

①选择主链:选择最长碳链或含有官能团的最长碳链为主链;

②主链编号:从距取代基或官能团最近的一端开始对碳原子进行编号;

③写出全称:将取代基的位置编号、数目和名称写在前面,将母体化合物的名称写在后面。

(2)衍生物的命名

①选择母体:选择苯环上所连官能团或带官能团最长的碳链为母体,把苯环视为取代基;

②编号:将母体中碳原子依次编号,使官能团或取代基位次具有最小值。

答案:B

45.解 含有不饱和键的有机物、含有醛基的有机物可使溴水褪色。

答案:D

46.解 信息素分子为含有C═C不饱和键的醛,C═C不饱和键和醛基可以与溴发生加成反应;醛基可以发生银镜反应;一个分子含有两个不饱和键(C═C双键和醛基),1mol分子可以和2mol H_2 发生加成反应;它是醛,不是乙烯同系物。

答案:B

47.解 根据力的可传性,作用于刚体上的力可沿其作用线滑移至刚体内任意点而不改变力对刚体的作用效应,同样也不会改变 A、D 处的约束力。

答案:A

48.解 主矢 $F_R = F_1 + F_2 + F_3$ 为三力的矢量和,且此三力可构成首尾相连自行封闭的力三角形,故主矢为零;对 O 点的主矩为各力向 O 点平移后附加各力偶(F_1、F_2、F_3 对 O 点之矩)的代数和,即 $M_O = 3Fa$(逆时针)。

答案:B

49.解 画出体系整体的受力图,列平衡方程:

$\Sigma F_x = 0$,$F_{Ax} + F = 0$,得到 $F_{Ax} = -F = -100$kN

$\Sigma M_C(F) = 0$,$F(2L+r) - F(4L+r) - F_{Ay}4L = 0$,

得到 $F_{Ay} = -\dfrac{F}{2} = -\dfrac{100}{2} = -50$kN

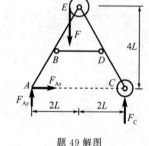

题49解图

答案:C

50.解 根据零杆判别的方法,分析节点 G 的平衡,可知杆 GG_1 为零杆;分析节点 G_1 的平衡,由于 GG_1 为零杆,故节点实际只连接了三根杆,由此可知杆 G_1E 为零杆。依次类推,逐一分析节点 E、E_1、D、D_1,可分别得出 EE_1、E_1D、DD_1、D_1B 为零杆。

答案:D

51.解 因为点做匀加速直线运动,所以可根据公式:$2as = v_t^2 - v_0^2$,点运动的路程应为:$s = \dfrac{v_t^2 - v_0^2}{2a} = \dfrac{8^2 - 5^2}{2 \times 2} = 9.75$m。

答案:D

52.解 根据转动刚体内一点的速度和法向加速度公式:$v = r\omega$;$a_n = r\omega^2$,且 $\omega = \dot{\varphi} = 4 - 6t$,因此,转动刚体内转动半径 $r = 0.5$m 的点,在 $t_0 = 0$ 时的速度和法向加速度的大小为:$v = r\omega = 0.5 \times 4 = 2$m/s,$a_n = r\omega^2 = 0.5 \times 4^2 = 8$m/s^2。

答案:A

53.解 木板的加速度与轮缘一点的切向加速度相等,即 $a_t = a = 0.5$m/s^2,若木板

的速度为 v，则轮缘一点的法向加速度 $a_n = r\omega^2 = \dfrac{v^2}{r} = \sqrt{a_A^2 - a_t^2}$，所以有：

$$v = \sqrt{r\sqrt{a_A^2 - a_t^2}} = \sqrt{0.25\sqrt{3^2 - 0.5^2}} = 0.86\text{m/s}$$

答案：A

54.解 根据质点运动微分方程 $m\boldsymbol{a} = \sum \boldsymbol{F}$，当电梯加速上升、匀速上升及减速上升时，加速度分别向上、零、向下，代入质点运动微分方程，分别有：

$$ma = P_1 - W, \quad 0 = W - P_2, \quad ma = W - P_3$$

所以：$P_1 = W + ma, \quad P_2 = W, \quad P_3 = W - ma$

答案：B

55.解 杆在绳断后的运动过程中，只受重力和地面的铅垂方向约束力，水平方向外力为零，根据质心运动定理，水平方向有：$ma_{Cx} = 0$。由于初始静止，故 $v_{Cx} = 0$，说明质心在水平方向无运动，只沿铅垂方向运动。

答案：C

56.解 分析圆轮 A，外力对轮心的力矩为零，即 $\sum M_A(F) = 0$，应用相对质心的动量矩定理，有 $J_A\alpha = \sum M_A(F) = 0$，则 $\alpha = 0$，由于初始静止，故 $\omega = 0$，圆轮无转动，所以其运动形式为平行移动。

答案：C

57.解 惯性力系合力的大小为 $F_I = ma_C$，而杆质心的切向和法向加速度分别为 $a_t = \dfrac{l}{2}\alpha$，$a_n = \dfrac{l}{2}\omega^2$，其全加速度为 $a_C = \sqrt{a_t^2 + a_n^2} = \dfrac{l}{2}\sqrt{\alpha^2 + \omega^4}$，因此 $F_I = \dfrac{l}{2}m\sqrt{\alpha^2 + \omega^4}$。

答案：B

58.解 因为干扰力的频率与系统固有频率相等时将发生共振，所以 $\omega_2 = 2\text{rad/s} = \omega_n$ 时发生共振，故有最大振幅。

答案：B

59.解 若将材料由低碳钢改为木材，则改变的只是弹性模量 E，而正应力计算公式 $\sigma = \dfrac{F_N}{A}$ 中没有 E，故正应力不变。但是轴向变形计算公式 $\Delta l = \dfrac{F_N l}{EA}$ 中，Δl 与 E 成反比，当木材的弹性模量减小时，轴向变形 Δl 增大。

答案：C

60.解 由杆的受力分析可知 A 截面受到一个约束反力为 F，方向向左，杆的轴力图如图所示：由于 BC 段杆轴力为零，没有变形，故杆中距离 A 端 $1.5L$ 处横截面的轴向位移就等于 AB 段杆的伸长，$\Delta l = \dfrac{FL}{EA}$。

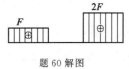

题60解图

答案：D

61.解 圆孔钢板冲断时的剪切面是一个圆柱面,其面积为 πdt,冲断条件是 $\tau_{max} = \dfrac{F}{\pi dt} = \tau_b$,故 $d = \dfrac{F}{\pi t \tau_b} = \dfrac{300\pi \times 10^3 \text{N}}{\pi \times 10 \text{mm} \times 300 \text{MPa}} = 100 \text{mm}$。

答案:B

62.解 图示结构剪切面面积是 ab,挤压面面积是 hb。

剪切强度条件: $$\tau = \frac{F}{ab} = [\tau] \qquad ①$$

挤压强度条件: $$\sigma_{bs} = \frac{F}{hb} = [\sigma_{bs}] \qquad ②$$

由 $\dfrac{①}{②} = \dfrac{h}{a} = \dfrac{[\tau]}{[\sigma_{bs}]}$。

答案:A

63.解 由外力平衡可知左端的反力偶为 T,方向是由外向内转。再由各段扭矩计算可知:左段扭矩为 $+T$,中段扭矩为 $-T$,右段扭矩为 $+T$。

答案:D

64.解 由 $\phi_1 = \dfrac{\phi}{2}$,即 $\dfrac{T}{GI_{p1}} = \dfrac{1}{2}\dfrac{T}{GI_p}$,得 $I_{p1} = 2I_p$,所以 $\dfrac{\pi d_1^4}{32} = 2\dfrac{\pi}{32}d^4$,故 $d_1 = \sqrt[4]{2}d$。

答案:A

65.解 此题未说明梁的类型,有两种可能(见解图),简支梁时答案为B,悬臂梁时答案为D。

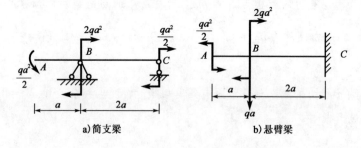

题65解图
a)简支梁   b)悬臂梁

答案:B 或 D

66.解 $I_z = \dfrac{\pi}{64}d^4 - \dfrac{a^4}{12}$

答案:B

67.解 因为 $I_2 = \dfrac{b(2a)^3}{12} = 8\dfrac{ba^3}{12} = 8I_1$,又 $f_1 = f_2$,即 $\dfrac{M_1 L^2}{2EI_1} = \dfrac{M_2 L^2}{2EI_2}$,故 $\dfrac{M_2}{M_1} = \dfrac{I_2}{I_1} = 8$。

答案:A

68.解 图示截面的弯曲中心是两个狭长矩形边的中线交点,形心主轴是 y' 和 z',故无扭转,而有沿两个形心主轴 y'、z' 方向的双向弯曲。

答案:C

69.解 图示单元体 $\sigma_x = 50 \text{MPa}$, $\sigma_y = -50 \text{MPa}$, $\tau_x = -30 \text{MPa}$, $\alpha = 45°$。

故 $\tau_a = \dfrac{\sigma_x - \sigma_y}{2}\sin 2\alpha + \tau_x \cos 2\alpha = \dfrac{50-(-50)}{2}\sin 90° - 30 \times \cos 90° = 50\text{MPa}$。

答案：B

70. 解　图示细长压杆，$\mu = 2$，$I_{min} = I_y = \dfrac{hb^3}{12}$，$F_{cr} = \dfrac{\pi^2 E I_{min}}{(\mu L)^2} = \dfrac{\pi^2 E}{(2L)^2}\left(\dfrac{hb^3}{12}\right)$。

答案：D

71. 解　由连续介质假设可知。

答案：D

72. 解　仅受重力作用的静止流体的等压面是水平面。点 1 与 1′ 的压强相等。

$$P_A + \rho_A g h_1 = P_B + \rho_B g h_2 + \rho_m g \Delta h$$

$$P_A - P_B = (-\rho_A h_1 + \rho_B h_2 + \rho_m \Delta h)g$$

答案：A

73. 解　用连续方程求解。

$$v_3 = \dfrac{v_1 A_1 + v_2 A_2}{A_3} = \dfrac{4 \times 0.01 + 6 \times 0.005}{0.01} = 7\text{m/s}$$

答案：C

74. 解　由尼古拉兹阻力曲线图可知，在紊流粗糙区。

答案：D

75. 解　薄壁小孔口与圆柱形外管嘴流量公式均可用，流量 $Q = \mu \cdot A \sqrt{2gH_0}$，根据面积 $A = \dfrac{\pi d^2}{4}$ 和题设两者的 H_0 及 Q 均相等，则有 $\mu_1 d_1^2 = \mu_2 d_2^2$，而 $\mu_2 > \mu_1$（$0.82 > 0.62$），所以 $d_1 > d_2$。

答案：A

76. 解　明渠均匀流必须发生在顺坡渠道上。

答案：D

77. 解　完全普通井流量公式：

$$Q = 1.366 \dfrac{k(H^2 - h^2)}{\lg \dfrac{R}{r_0}} = 1.366 \times \dfrac{0.0005 \times (15^2 - 10^2)}{\lg \dfrac{375}{0.3}} = 0.0276\text{m}^3/\text{s}$$

答案：A

78. 解　一个正确反映客观规律的物理方程中，各项的量纲是和谐的、相同的。

答案：C

79. 解　静止的电荷产生静电场，运动电荷周围不仅存在电场，也存在磁场。

答案：A

80. 解　用安培环路定律 $\oint H \mathrm{d}L = \sum I$，这里电流是代数和，注意它们的方向。

答案：C

81. **解**　注意理想电压源和实际电压源的区别,该题是理想电压源 $U_s=U$。

答案:C

82. **解**　利用等效电压源定理判断。在求等效电压源电动势时,将 A、B 两点开路后,电压源的两上方电阻和两下方电阻均为串联连接方式。求内阻时,将 6V 电压源短路。

答案:B

83. **解**　对称三相交流电路中,任何时刻三相电流之和均为零。

答案:B

84. **解**　该电路为线性一阶电路,暂态过程依据公式 $f(t)=f(\infty)+\left[f(t_{0+})-f(\infty)\right]e^{-t/\tau}$ 分析。$f(t)$ 表示电路中任意电压和电流,其中 $f(\infty)$ 是电量的稳态值,$f(t_{0+})$ 表示初始值,τ 表示电路的时间常数。在阻容耦合电路中 $\tau=RC$。

答案:C

85. **解**　变压器的额定功率用视在功率表示,它等于变压器初级绕组或次级绕组中电压额定值与电流额定值的乘积,$S_N=U_{1N}I_{1N}=U_{2N}I_{2N}$。接负载后,消耗的有功功率 $P_N=S_N\cos\varphi_N$。值得注意的是,次级绕组电压是变压器空载时的电压,$U_{2N}=U_{20}$。可以认为变压器初级端的功率因数与次级端的功率因数相同。

答案:A

86. **解**　该电路为直流稳压电源电路。对于输出的直流信号,电容在电路中可视为断路。桥式整流电路中的二极管通过的电流平均值是电阻 R 中通过电流的一半。

答案:D

87. **解**　根据晶体三极管工作状态的判断条件,当晶体管处于饱和状态时,基极电流与集电极电流的关系是:

$$I_B > I_{BS} = \frac{1}{\beta}I_{CS} = \frac{1}{\beta}\left(\frac{U_{CC}-U_{CES}}{R_C}\right)$$

从输入回路分析:

$$I_B = I_{Rx} - I_{RB} = \frac{U_i - U_{BE}}{R_x} - \frac{U_{BE} - U_B}{R_B}$$

答案:A

88. **解**　根据等效的直流通道计算,在直流等效电路中电容断路。

设 $U_{BE}=0.6$V

$$I_B = \frac{V_{CC} - U_{BE}}{R_B} = \frac{12-0.6}{200} = 0.057\text{mA}$$

$$I_C = \beta I_B = 40 \times 0.057 = 2.28\text{mA}$$

$$U_{CE} = V_{CC} - I_C R_C = 12 - 2.28 \times 3 = 5.16\text{V}$$

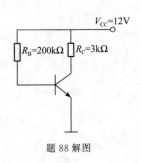

题 88 解图

答案:A

89.**解** 首先确定在不同输入电压下三个二极管的工作状态,依此确定输出端的电位 U_Y;然后判断各电位之间的逻辑关系,当点电位高于 2.4V 时视为逻辑状态"1",电位低于 0.4V 时视为逻辑状态"0"。

答案:A

90.**解** 该触发器为负边沿触发方式,即当时钟信号由高电平下降为低电平时刻输出端的状态可能发生改变。

答案:C

91.**解** 参看信号的分类,连续信号和离散信号部分。

答案:A

92.**解** 连续信号指的是时间连续的信号,模拟信号是指在时间和数值上均连续的信号。

答案:C

93.**解** $\delta(t)$ 只在 $t=0$ 时刻存在,$\delta(t)=\delta(-t)$,所以是偶函数。

答案:B

94.**解** 常用模拟信号中,单位冲激信号 $\delta(t)$ 与单位阶跃函数信号 $\varepsilon(t)$ 有微分关系。

答案:A

95.**解** 周期信号的傅氏级数分析。

答案:B

96.**解** 根据二进制与十六进制的关系转换。

答案:A

97.**解** 系统总线又称内总线。因为该总线是用来连接微机各功能部件而构成一个完整微机系统的,所以称之为系统总线。计算机系统内的系统总线是计算机硬件系统的一个组成部分。

答案:A

98.**解** Microsoft Word 和国产字处理软件 WPS 都是目前广泛使用的文字处理软件。

答案:A

99.**解** 操作系统是用户与硬件交互的第一层系统软件,一切其他软件都要运行于操作系统之上(包括选项 A、C、D)。

答案:B

100.**解** 操作系统中采用虚拟存储技术是为了给用户提供更大的随机存取空间而采用的一种存储技术。它将内存与外存结合使用,好像有一个容量极大的内存储器,工作速度接近于主存,在整机形成多层次存储系统。

答案:B

101. **解** 二进制数是计算机所能识别的,由 0 和 1 两个数码组成,称为机器语言。

答案:C

102. **解** 四位二进制对应一位十六进制,A 表示 10,对应的二进制为 1010,E 表示 14,对应的二进制为 1110。

答案:B

103. **解** 传统加密技术、数字签名技术、对称加密技术和密钥加密技术都是常用的信息加密技术,而专用 ASCII 码加密技术是不常用的信息加密技术。

答案:D

104. **解** 广域网又称为远程网,它一般是在不同城市之间的 LAN(局域网)或者 MAN(城域网)网络互联,它所覆盖的地理范围一般从几十公里到几千公里。

答案:D

105. **解** 我国专家把计算机网络定义为:利用各种通信手段,把地理上分散的计算机连在一起,达到相互通信、共享软/硬件和数据等资源的系统。

答案:D

106. **解** 人们把计算机网络中实现网络通信功能的设备及其软件的集合称为网络的通信子网,而把网络中实现资源共享功能的设备及其软件的集合称为资源。

答案:B

107. **解** 年名义利率相同的情况下,一年内计息次数较多的,年实际利率较高。

答案:D

108. **解** 按建设期利息公式 $Q = \sum\left(P_{t-1} + \dfrac{A_t}{2} \cdot i\right)$ 计算。

第一年贷款总额 1000 万元,计算利息时按贷款在年内均衡发生考虑。

$$Q_1 = (1000/2) \times 6\% = 30 \text{ 万元}$$
$$Q_2 = (1000 + 30) \times 6\% = 61.8 \text{ 万元}$$
$$Q = Q_1 + Q_2 = 30 + 61.8 = 91.8 \text{ 万元}$$

答案:D

109. **解** 按不考虑筹资费用的银行借款资金成本公式 $K_e = R_e(1-T)$ 计算。

$$K_e = R_e(1-T) = 10\% \times (1 - 25\%) = 7.5\%$$

答案:A

110. **解** 利用计算 IRR 的插值公式计算。

$$\text{IRR} = 12\% + (14\% - 12\%) \times (130)/(130 + |-50|) = 13.44\%$$

答案:D

111. **解** 利息备付率属于反映项目偿债能力的指标。

答案:B

112. 解　可先求出盈亏平衡产量,然后乘以单位产品售价,即为盈亏平衡点销售收入。

$$盈亏平衡点销售收入=500\times\left(\frac{10\times10^4}{500-300}\right)=2500\ 万元$$

答案:D

113. 解　寿命期相同的互斥方案可直接采用净现值法选优。

答案:C

114. 解　价值指数等于1说明该部分的功能与其成本相适应。

答案:B

115. 解　《中华人民共和国建筑法》第七条规定,建筑工程开工前,建设单位应当按照国家有关规定向工程所在地县级以上人民政府建设行政主管部门申请领取施工许可证;但是,国务院建设行政主管部门确定的限额以下的小型工程除外。

答案:D

116. 解　《中华人民共和国安全生产法》第十七条第(一)款,B、C、D各条均和法律条文有出入。

答案:A

117. 解　《中华人民共和国招标投标法》第十三条。

答案:B

118. 解　《中华人民共和国合同法》第十条规定,当事人订立合同有书面形式、口头形式和其他形式。

答案:C

119. 解　见《中华人民共和国行政许可法》第十二条第五款规定。选项 A 属于可以设定行政许可的内容,选项 B、C、D 均属于第十三条规定的可以不设行政许可的内容。

答案:A

120. 解　原《建设工程质量管理条例》第十一条确实写的是"施工图设计文件报县级以上人民政府建设行政主管部门审查",所以原来答案应选 A,但是2017年此条文改为"施工图设计文件审查的具体办法,由国务院建设行政主管部门、国务院其他有关部门制定"。

答案:无

2013 年度全国勘察设计注册工程师

执业资格考试试卷

基础考试
（上）

二〇一三年九月

应考人员注意事项

1. 本试卷科目代码为"1",考生务必将此代码填涂在答题卡"科目代码"相应的栏目内,否则,无法评分。

2. 书写用笔:**黑色或蓝色钢笔、签字笔或圆珠笔;**
   填涂答题卡用笔:**黑色 2B 铅笔。**

3. 必须用书写用笔将工作单位、姓名、准考证号填写在答题卡和试卷相应的栏目内。

4. 本试卷由 120 题组成,每题 1 分,满分 120 分,本试卷全部为单项选择题,每小题的四个备选项中只有一个正确答案,错选、多选、不选均不得分。

5. 考生作答时,必须**按题号在答题卡上**将相应试题所选选项对应的**字母用 2B 铅笔涂黑。**

6. 在答题卡上书写与题意无关的语言,或在答题卡上作标记的,均按违纪试卷处理。

7. 考试结束时,由监考人员当面将试卷、答题卡一并收回。

8. 草稿纸由各地统一配发,考后收回。

单项选择题(共 **120** 题,每题 **1** 分。每题的备选项中只有一个最符合题意。)

1.已知向量 $\boldsymbol{\alpha}=(-3,-2,1)$,$\boldsymbol{\beta}=(1,-4,-5)$,则 $|\boldsymbol{\alpha}\times\boldsymbol{\beta}|$ 等于:

    A. 0   B. 6

    C. $14\sqrt{3}$ D. $14\boldsymbol{i}+16\boldsymbol{j}-10\boldsymbol{k}$

2.若 $\lim\limits_{x\to1}\dfrac{2x^2+ax+b}{x^2+x-2}=1$,则必有:

    A. $a=-1,b=2$ B. $a=-1,b=-2$

    C. $a=-1,b=-1$ D. $a=1,b=1$

3.若 $\begin{cases} x=\sin t \\ y=\cos t \end{cases}$,则 $\dfrac{\mathrm{d}y}{\mathrm{d}x}$ 等于:

    A. $-\tan t$ B. $\tan t$

    C. $-\sin t$ D. $\cot t$

4.设 $f(x)$ 有连续导数,则下列关系式中正确的是:

    A. $\displaystyle\int f(x)\mathrm{d}x=f(x)$ B. $\left[\displaystyle\int f(x)\mathrm{d}x\right]'=f(x)$

    C. $\displaystyle\int f'(x)\mathrm{d}x=f(x)\mathrm{d}x$ D. $\left[\displaystyle\int f(x)\mathrm{d}x\right]'=f(x)+C$

5.已知 $f(x)$ 为连续的偶函数,则 $f(x)$ 的原函数中:

    A. 有奇函数

    B. 都是奇函数

    C. 都是偶函数

    D. 没有奇函数也没有偶函数

6.设 $f(x)=\begin{cases} 3x^2, & x\leqslant1 \\ 4x-1, & x>1 \end{cases}$,则 $f(x)$ 在点 $x=1$ 处:

    A. 不连续   B. 连续但左、右导数不存在

    C. 连续但不可导   D. 可导

7.函数 $y=(5-x)x^{\frac{2}{3}}$ 的极值可疑点的个数是:

    A. 0   B. 1

    C. 2   D. 3

8. 下列广义积分中发散的是:

A. $\int_0^{+\infty} e^{-x}\mathrm{d}x$

B. $\int_0^{+\infty} \dfrac{1}{1+x^2}\mathrm{d}x$

C. $\int_0^{+\infty} \dfrac{\ln x}{x}\mathrm{d}x$

D. $\int_0^1 \dfrac{1}{\sqrt{1-x^2}}\mathrm{d}x$

9. 二次积分 $\int_0^1 \mathrm{d}x \int_{x^2}^x f(x,y)\mathrm{d}y$ 交换积分次序后的二次积分是:

A. $\int_{x^2}^x \mathrm{d}y \int_0^1 f(x,y)\mathrm{d}x$

B. $\int_0^1 \mathrm{d}y \int_{y^2}^y f(x,y)\mathrm{d}x$

C. $\int_y^{\sqrt{y}} \mathrm{d}y \int_0^1 f(x,y)\mathrm{d}x$

D. $\int_0^1 \mathrm{d}y \int_y^{\sqrt{y}} f(x,y)\mathrm{d}x$

10. 微分方程 $xy' - y\ln y = 0$ 满足 $y(1)=e$ 的特解是:

A. $y = ex$

B. $y = e^x$

C. $y = e^{2x}$

D. $y = \ln x$

11. 设 $z = z(x,y)$ 是由方程 $xz - xy + \ln(xyz) = 0$ 所确定的可微函数,则 $\dfrac{\partial z}{\partial y} =$

A. $\dfrac{-xz}{xz+1}$

B. $-x + \dfrac{1}{2}$

C. $\dfrac{z(-xz+y)}{x(xz+1)}$

D. $\dfrac{z(xy-1)}{y(xz+1)}$

12. 正项级数 $\sum\limits_{n=1}^{\infty} a_n$ 的部分和数列 $\{S_n\}$ $(S_n = \sum\limits_{i=1}^n a_i)$ 有上界是该级数收敛的:

A. 充分必要条件

B. 充分条件而非必要条件

C. 必要条件而非充分条件

D. 既非充分又非必要条件

13. 若 $f(-x) = -f(x)(-\infty < x < +\infty)$,且在 $(-\infty, 0)$ 内 $f'(x) > 0, f''(x) < 0$,

则 $f(x)$ 在 $(0, +\infty)$ 内是:

A. $f'(x) > 0, f''(x) < 0$

B. $f'(x) < 0, f''(x) > 0$

C. $f'(x) > 0, f''(x) > 0$

D. $f'(x) < 0, f''(x) < 0$

14. 微分方程 $y'' - 3y' + 2y = xe^x$ 的待定特解的形式是:

A. $y = (Ax^2 + Bx)e^x$

B. $y = (Ax + B)e^x$

C. $y = Ax^2 e^x$

D. $y = Axe^x$

15.已知直线 $L: \dfrac{x}{3} = \dfrac{y+1}{-1} = \dfrac{z-3}{2}$，平面 $\pi: -2x+2y+z-1=0$，则：

A. L 与 π 垂直相交   B. L 平行于 π，但 L 不在 π 上

C. L 与 π 非垂直相交   D. L 在 π 上

16.设 L 是连接点 $A(1,0)$ 及点 $B(0,-1)$ 的直线段，则对弧长的曲线积分 $\int_L (y-x)\mathrm{d}s =$

A. -1 B. 1

C. $\sqrt{2}$ D. $-\sqrt{2}$

17.下列幂级数中，收敛半径 $R=3$ 的幂级数是：

A. $\displaystyle\sum_{n=0}^{\infty} 3x^n$ B. $\displaystyle\sum_{n=0}^{\infty} 3^n x^n$

C. $\displaystyle\sum_{n=0}^{\infty} \dfrac{1}{3^{\frac{n}{2}}} x^n$ D. $\displaystyle\sum_{n=0}^{\infty} \dfrac{1}{3^{n+1}} x^n$

18.若 $z=f(x,y)$ 和 $y=\varphi(x)$ 均可微，则 $\dfrac{\mathrm{d}z}{\mathrm{d}x}$ 等于：

A. $\dfrac{\partial f}{\partial x} + \dfrac{\partial f}{\partial y}$ B. $\dfrac{\partial f}{\partial x} + \dfrac{\partial f}{\partial y}\dfrac{\mathrm{d}\varphi}{\mathrm{d}x}$

C. $\dfrac{\partial f}{\partial y}\dfrac{\mathrm{d}\varphi}{\mathrm{d}x}$ D. $\dfrac{\partial f}{\partial x} - \dfrac{\partial f}{\partial y}\dfrac{\mathrm{d}\varphi}{\mathrm{d}x}$

19.已知向量组 $\boldsymbol{\alpha}_1 = (3,2,-5)^{\mathrm{T}}$，$\boldsymbol{\alpha}_2 = (3,-1,3)^{\mathrm{T}}$，$\boldsymbol{\alpha}_3 = \left(1,-\dfrac{1}{3},1\right)^{\mathrm{T}}$，$\boldsymbol{\alpha}_4 = (6,-2,6)^{\mathrm{T}}$，则该向量组的一个极大线性无关组是：

A. $\boldsymbol{\alpha}_2, \boldsymbol{\alpha}_4$ B. $\boldsymbol{\alpha}_3, \boldsymbol{\alpha}_4$

C. $\boldsymbol{\alpha}_1, \boldsymbol{\alpha}_2$ D. $\boldsymbol{\alpha}_2, \boldsymbol{\alpha}_3$

20.若非齐次线性方程组 $\boldsymbol{Ax}=\boldsymbol{b}$ 中，方程的个数少于未知量的个数，则下列结论中正确的是：

A. $\boldsymbol{Ax}=\boldsymbol{0}$ 仅有零解   B. $\boldsymbol{Ax}=\boldsymbol{0}$ 必有非零解

C. $\boldsymbol{Ax}=\boldsymbol{0}$ 一定无解   D. $\boldsymbol{Ax}=\boldsymbol{b}$ 必有无穷多解

21.已知矩阵 $\boldsymbol{A}=\begin{bmatrix} 1 & -1 & 1 \\ 2 & 4 & -2 \\ -3 & -3 & 5 \end{bmatrix}$ 与 $\boldsymbol{B}=\begin{bmatrix} \lambda & 0 & 0 \\ 0 & 2 & 0 \\ 0 & 0 & 2 \end{bmatrix}$ 相似，则 λ 等于：

A. 6   B. 5   C. 4   D. 14

22.设 A 和 B 为两个相互独立的事件,且 $P(A)=0.4,P(B)=0.5$,则 $P(A \cup B)$ 等于:

A. 0.9   B. 0.8

C. 0.7   D. 0.6

23.下列函数中,可以作为连续型随机变量的分布函数的是:

A. $\Phi(x)=\begin{cases} 0, & x<0 \\ 1-e^x, & x \geq 0 \end{cases}$ B. $F(x)=\begin{cases} e^x, & x<0 \\ 1, & x \geq 0 \end{cases}$

C. $G(x)=\begin{cases} e^{-x}, & x<0 \\ 1, & x \geq 0 \end{cases}$ D. $H(x)=\begin{cases} 0, & x<0 \\ 1+e^{-x}, & x \geq 0 \end{cases}$

24.设总体 $X \sim N(0,\sigma^2)$,$X_1,X_2,\cdots,X_n$ 是来自总体的样本,则 σ^2 的矩估计是:

A. $\dfrac{1}{n}\sum\limits_{i=1}^{n}X_i$ B. $n\sum\limits_{i=1}^{n}X_i$

C. $\dfrac{1}{n^2}\sum\limits_{i=1}^{n}X_i^2$ D. $\dfrac{1}{n}\sum\limits_{i=1}^{n}X_i^2$

25.一瓶氦气和一瓶氮气,它们每个分子的平均平动动能相同,而且都处于平衡态。则它们:

A.温度相同,氦分子和氮分子的平均动能相同

B.温度相同,氦分子和氮分子的平均动能不同

C.温度不同,氦分子和氮分子的平均动能相同

D.温度不同,氦分子和氮分子的平均动能不同

26.最概然速率 v_P 的物理意义是:

A. v_P 是速率分布中的最大速率

B. v_P 是大多数分子的速率

C.在一定的温度下,速率与 v_P 相近的气体分子所占的百分率最大

D. v_P 是所有分子速率的平均值

27.气体做等压膨胀,则:

A.温度升高,气体对外做正功

B.温度升高,气体对外做负功

C.温度降低,气体对外做正功

D.温度降低,气体对外做负功

28.一定量理想气体由初态(p_1, V_1, T_1)经等温膨胀到达终态(p_2, V_2, T_1),则气体吸收的热量Q为:

A. $Q = p_1 V_1 \ln \dfrac{V_2}{V_1}$

B. $Q = p_1 V_2 \ln \dfrac{V_2}{V_1}$

C. $Q = p_1 V_1 \ln \dfrac{V_1}{V_2}$

D. $Q = p_2 V_1 \ln \dfrac{p_2}{p_1}$

29.一横波沿一根弦线传播,其方程为$y = -0.02\cos\pi(4x - 50t)$(SI),该波的振幅与波长分别为:

A. 0.02cm,0.5cm

B. -0.02m,-0.5m

C. -0.02m,0.5m

D. 0.02m,0.5m

30.一列机械横波在t时刻的波形曲线如图所示,则该时刻能量处于最大值的媒质质元的位置是:

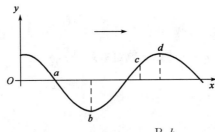

A. a

B. b

C. c

D. d

31.在波长为λ的驻波中,两个相邻波腹之间的距离为:

A. $\lambda/2$

B. $\lambda/4$

C. $3\lambda/4$

D. λ

32.两偏振片叠放在一起,欲使一束垂直入射的线偏振光经过两个偏振片后振动方向转过$90°$,且使出射光强尽可能大,则入射光的振动方向与前后两偏振片的偏振化方向夹角分别为:

A. $45°$和$90°$

B. $0°$和$90°$

C. $30°$和$90°$

D. $60°$和$90°$

33.光的干涉和衍射现象反映了光的:

A. 偏振性质

B. 波动性质

C. 横波性质

D. 纵波性质

34. 若在迈克耳逊干涉仪的可动反射镜 M 移动了 0.620mm 的过程中,观察到干涉条纹移动了 2300 条,则所用光波的波长为:

    A. 269nm   B. 539nm

    C. 2690nm   D. 5390nm

35. 在单缝夫琅禾费衍射实验中,屏上第三级暗纹对应的单缝处波面可分成的半波带的数目为:

    A. 3   B. 4

    C. 5   D. 6

36. 波长为 λ 的单色光垂直照射在折射率为 n 的劈尖薄膜上,在由反射光形成的干涉条纹中,第五级明条纹与第三级明条纹所对应的薄膜厚度差为:

    A. $\dfrac{\lambda}{2n}$ B. $\dfrac{\lambda}{n}$

    C. $\dfrac{\lambda}{5n}$ D. $\dfrac{\lambda}{3n}$

37. 量子数 $n=4, l=2, m=0$ 的原子轨道数目是:

    A. 1   B. 2

    C. 3   D. 4

38. PCl_3 分子空间几何构型及中心原子杂化类型分别为:

    A. 正四面体,sp^3 杂化   B. 三角锥型,不等性 sp^3 杂化

    C. 正方形,dsp^2 杂化   D. 正三角形,sp^2 杂化

39. 已知 $Fe^{3+} \underline{\quad 0.771 \quad} Fe^{2+} \underline{\quad -0.44 \quad} Fe$,则 $E^{\ominus}(Fe^{3+}/Fe)$ 等于:

    A. 0.331V   B. 1.211V

    C. −0.036V   D. 0.110V

40. 在 $BaSO_4$ 饱和溶液中,加入 $BaCl_2$,利用同离子效应使 $BaSO_4$ 的溶解度降低,体系中 $c(SO_4^{2-})$ 的变化是:

    A. 增大   B. 减小

    C. 不变   D. 不能确定

41. 催化剂可加快反应速率的原因。下列叙述正确的是:

    A. 降低了反应的 $\Delta_r H_m^{\ominus}$ B. 降低了反应的 $\Delta_r G_m^{\ominus}$

    C. 降低了反应的活化能   D. 使反应的平衡常数 $K^{\ominus}$ 减小

42. 已知反应 $C_2H_2(g)+2H_2(g) \rightleftharpoons C_2H_6(g)$ 的 $\Delta_r H_m<0$,当反应达平衡后,欲使反应向右进行,可采取的方法是:

A. 升温,升压
B. 升温,减压
C. 降温,升压
D. 降温,减压

43. 向原电池(-)Ag,AgCl│Cl⁻ ‖ Ag⁺│Ag(+)的负极中加入 NaCl,则原电池电动势的变化是:

A. 变大
B. 变小
C. 不变
D. 不能确定

44. 下列各组物质在一定条件下反应,可以制得比较纯净的 1,2-二氯乙烷的是:

A. 乙烯通入浓盐酸中

B. 乙烷与氯气混合

C. 乙烯与氯气混合

D. 乙烯与卤化氢气体混合

45. 下列物质中,不属于醇类的是:

A. C_4H_9OH
B. 甘油
C. $C_6H_5CH_2OH$
D. C_6H_5OH

46. 人造象牙的主要成分是 $\text{—}[CH_2\text{—}O]_n$,它是经加聚反应制得的。合成此高聚物的单体是:

A. $(CH_3)_2O$
B. CH_3CHO
C. $HCHO$
D. $HCOOH$

47. 图示构架由 AC、BD、CE 三杆组成,A、B、C、D 处为铰接,E 处光滑接触。已知:$F_p=2kN$,$\theta=45°$,杆及轮重均不计,则 E 处约束力的方向与 x 轴正向所成的夹角为:

A. $0°$

B. $45°$

C. $90°$

D. $225°$

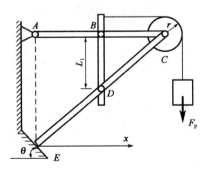

48. 图示结构直杆 BC,受载荷 F,q 作用,$BC=L$,$F=qL$,其中 q 为载荷集度,单位为 N/m,集中力以 N 计,长度以 m 计。则该主动力系数对 O 点的合力矩为:

A. $M_O=0$

B. $M_O=\dfrac{qL^2}{2}$N・m$(\curvearrowleft)$

C. $M_O=\dfrac{3qL^2}{2}$N・m$(\curvearrowleft)$

D. $M_O=qL^2$kN・m$(\curvearrowright)$

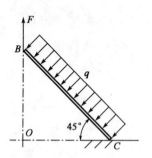

49. 图示平面构架,不计各杆自重。已知:物块 M 重 F_p,悬挂如图示,不计小滑轮 D 的尺寸与质量,A、E、C 均为光滑铰链,$L_1=1.5$m,$L_2=2$m。则支座 B 的约束力为:

A. $F_B=3F_p/4(\rightarrow)$

B. $F_B=3F_p/4(\leftarrow)$

C. $F_B=F_p(\leftarrow)$

D. $F_B=0$

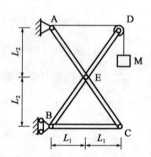

50. 物体重为 W,置于倾角为 α 的斜面上,如图所示。已知摩擦角 $\varphi_m>\alpha$,则物块处于的状态为:

A. 静止状态

B. 临界平衡状态

C. 滑动状态

D. 条件不足,不能确定

51. 已知动点的运动方程为 $x=t$,$y=2t^2$。则其轨迹方程为:

A. $x=t^2-t$

B. $y=2t$

C. $y-2x^2=0$

D. $y+2x^2=0$

52. 一炮弹以初速度和仰角 α 射出。对于图所示直角坐标的运动方程为 $x = v_0\cos\alpha t$，$y = v_0\sin\alpha t - \dfrac{1}{2}gt^2$，则当 $t = 0$ 时，炮弹的速度和加速度的大小分别为：

A. $v = v_0\cos\alpha, a = g$

B. $v = v_0, a = g$

C. $v = v_0\sin\alpha, a = -g$

D. $v = v_0, a = -g$

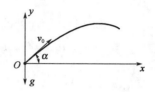

53. 两摩擦轮如图所示。则两轮的角速度与半径关系的表达式为：

A. $\dfrac{\omega_1}{\omega_2} = \dfrac{R_1}{R_2}$

B. $\dfrac{\omega_1}{\omega_2} = \dfrac{R_2}{R_1^2}$

C. $\dfrac{\omega_1}{\omega_2} = \dfrac{R_1}{R_2^2}$

D. $\dfrac{\omega_1}{\omega_2} = \dfrac{R_2}{R_1}$

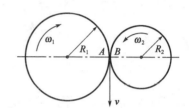

54. 质量为 m 的物块 A，置于与水平面成 θ 角的斜面 B 上，如图所示。A 与 B 间的摩擦系数为 f，为保持 A 与 B 一起以加速度 a 水平向右运动，则所需的加速度 a 至少是：

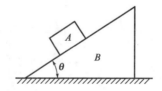

A. $a = \dfrac{g(f\cos\theta + \sin\theta)}{\cos\theta + f\sin\theta}$

B. $a = \dfrac{gf\cos\theta}{\cos\theta + f\sin\theta}$

C. $a = \dfrac{g(f\cos\theta - \sin\theta)}{\cos\theta + f\sin\theta}$

D. $a = \dfrac{gf\sin\theta}{\cos\theta + f\sin\theta}$

55. A 块与 B 块叠放如图所示,各接触面处均考虑摩擦。当 B 块受力 F 作用沿水平面运动时,A 块仍静止于 B 块上,于是:

A. 各接触面处的摩擦力都做负功

B. 各接触面处的摩擦力都做正功

C. A 块上的摩擦力做正功

D. B 块上的摩擦力做正功

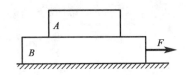

56. 质量为 m,长为 $2l$ 的均质杆初始位于水平位置,如图所示。A 端脱落后,杆绕轴 B 转动,当杆转到铅垂位置时,AB 杆 B 处的约束力大小为:

A. $F_{Bx}=0$,$F_{By}=0$

B. $F_{Bx}=0$,$F_{By}=\dfrac{mg}{4}$

C. $F_{Bx}=l$,$F_{By}=mg$

D. $F_{Bx}=0$,$F_{By}=\dfrac{5mg}{2}$

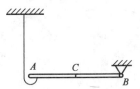

57. 质量为 m,半径为 R 的均质圆轮,绕垂直于图面的水平轴 O 转动,其角速度为 ω。在图示瞬时,角加速度为 0,轮心 C 在其最低位置,此时将圆轮的惯性力系向 O 点简化,其惯性力主矢和惯性力主矩的大小分别为:

A. $m\dfrac{R}{2}\omega^2$,0

B. $mR\omega^2$,0

C. 0,0

D. 0,$\dfrac{1}{2}mR^2\omega^2$

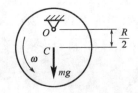

58. 质量为 110kg 的机器固定在刚度为 $2\times10^6\mathrm{N/m}$ 的弹性基础上,当系统发生共振时,机器的工作频率为:

A. 66.7rad/s

B. 95.3rad/s

C. 42.6rad/s

D. 134.8rad/s

59. 图示结构的两杆面积和材料相同,在铅直力 F 作用下,拉伸正应力最先达到许用
   应力的杆是:

   A. 杆 1

   B. 杆 2

   C. 同时达到

   D. 不能确定

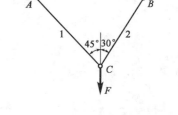

60. 图示结构的两杆许用应力均为$[\sigma]$,杆 1 的面积为 A,杆 2 的面积为 $2A$,则该结构
   的许用荷载是:

   A. $[F]=A[\sigma]$

   B. $[F]=2A[\sigma]$

   C. $[F]=3A[\sigma]$

   D. $[F]=4A[\sigma]$

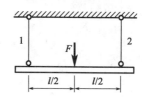

61. 钢板用两个铆钉固定在支座上,铆钉直径为 d,在图示荷载作用下,铆钉的最大切
   应力是:

   A. $\tau_{\max}=\dfrac{4F}{\pi d^2}$

   B. $\tau_{\max}=\dfrac{8F}{\pi d^2}$

   C. $\tau_{\max}=\dfrac{12F}{\pi d^2}$

   D. $\tau_{\max}=\dfrac{2F}{\pi d^2}$

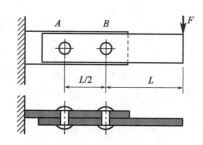

62. 螺钉承受轴向拉力 F,螺钉头与钢板之间的挤压应力是:

   A. $\sigma_{bs}=\dfrac{4F}{\pi(D^2-d^2)}$

   B. $\sigma_{bs}=\dfrac{F}{\pi dt}$

   C. $\sigma_{bs}=\dfrac{4F}{\pi d^2}$

   D. $\sigma_{bs}=\dfrac{4F}{\pi D^2}$

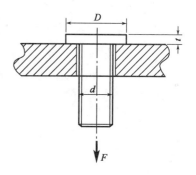

63. 圆轴直径为 d，切变模量为 G，在外力作用下发生扭转变形，现测得单位长度扭转角为 θ，圆轴的最大切应力是：

A. $\tau_{\max} = \dfrac{16\theta G}{\pi d^3}$

B. $\tau_{\max} = \theta G \dfrac{\pi d^3}{16}$

C. $\tau_{\max} = \theta G d$

D. $\tau_{\max} = \dfrac{\theta G d}{2}$

64. 图示两根圆轴，横截面面积相同，但分别为实心圆和空心圆。在相同的扭矩 T 作用下，两轴最大切应力的关系是：

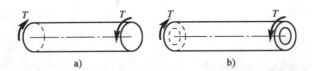

a)   b)

A. $\tau_a < \tau_b$

B. $\tau_a = \tau_b$

C. $\tau_a > \tau_b$

D. 不能确定

65. 简支梁 AC 的 A、C 截面为铰支端。已知的弯矩图如图所示，其中 AB 段为斜直线，BC 段为抛物线。以下关于梁上载荷的正确判断是：

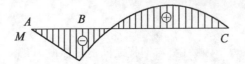

A. AB 段 $q=0$，BC 段 $q \neq 0$，B 截面处有集中力

B. AB 段 $q \neq 0$，BC 段 $q=0$，B 截面处有集中力

C. AB 段 $q=0$，BC 段 $q \neq 0$，B 截面处有集中力偶

D. AB 段 $q \neq 0$，BC 段 $q=0$，B 截面处有集中力偶

（q 为分布载荷集度）

66.悬臂梁的弯矩如图所示,根据梁的弯矩图,梁上的载荷 F、m 的值应是:

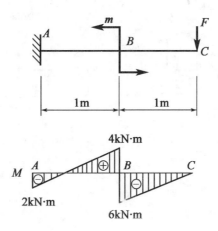

    A. $F=6$kN,$m=10$kN·m

    B. $F=6$kN,$m=6$kN·m

    C. $F=4$kN,$m=4$kN·m

    D. $F=4$kN,$m=6$kN·m

67.承受均布荷载的简支梁如图 a)所示,现将两端的支座同时向梁中间移动 $l/8$,如图 b)所示,两根梁的中点$\left(\dfrac{l}{2}处\right)$弯矩之比$\dfrac{M_a}{M_b}$为:

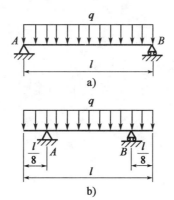

    A. 16

    B. 4

    C. 2

    D. 1

68. 按照第三强度理论,图示两种应力状态的危险程度是:

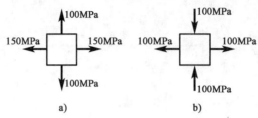

a)   b)

A. a)更危险

B. b)更危险

C. 两者相同

D. 无法判断

69. 两根杆粘合在一起,截面尺寸如图所示。杆 1 的弹性模量为 E_1,杆 2 的弹性模量为 E_2,且 $E_1=2E_2$。若轴向力 F 作用在截面形心,则杆件发生的变形是:

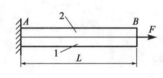

A. 拉伸和向上弯曲变形

B. 拉伸和向下弯曲变形

C. 弯曲变形

D. 拉伸变形

70. 图示细长压杆 AB 的 A 端自由,B 端固定在简支梁上。该压杆的长度系数 μ 是:

A. $\mu>2$

B. $2>\mu>1$

C. $1>\mu>0.7$

D. $0.7>\mu>0.5$

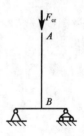

71. 半径为 R 的圆管中,横截面上流速分布为 $u=2\left(1-\dfrac{r^2}{R^2}\right)$,其中 r 表示到圆管轴线的距离,则在 $r_1=0.2R$ 处的黏性切应力与 $r_2=R$ 处的黏性切应力大小之比为:

A. 5   B. 25

C. 1/5   D. 1/25

72. 图示一水平放置的恒定变直径圆管流,不计水头损失,取两个截面标记为1和2,当 $d_1 > d_2$ 时,则两截面形心压强关系是:

A. $p_1 < p_2$

B. $p_1 > p_2$

C. $p_1 = p_2$

D. 不能确定

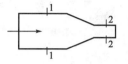

73. 水由喷嘴水平喷出,冲击在光滑平板上,如图所示,已知出口流速为 50m/s,喷射流量为 $0.2m^3/s$,不计阻力,则平板受到的冲击力为:

A. 5kN

B. 10kN

C. 20kN

D. 40kN

74. 沿程水头损失 h_f:

A. 与流程长度成正比,与壁面切应力和水力半径成反比

B. 与流程长度和壁面切应力成正比,与水力半径成反比

C. 与水力半径成正比,与流程长度和壁面切应力成反比

D. 与壁面切应力成正比,与流程长度和水力半径成反比

75. 并联压力管的流动特征是:

A. 各分管流量相等

B. 总流量等于各分管的流量和,且各分管水头损失相等

C. 总流量等于各分管的流量和,且各分管水头损失不等

D. 各分管测压管水头差不等于各分管的总能头差

76. 矩形水力最优断面的底宽是水深的:

A. $\frac{1}{2}$

B. 1 倍

C. 1.5 倍

D. 2 倍

77. 渗流流速 v 与水力坡度 J 的关系是：

    A. v 正比于 J

    B. v 反比于 J

    C. v 正比于 J 的平方

    D. v 反比于 J 的平方

78. 烟气在加热炉回热装置中流动，拟用空气介质进行实验。已知空气黏度 $\nu_{空气}=15\times10^{-6}\,\mathrm{m^2/s}$，烟气运动黏度 $\nu_{烟气}=60\times10^{-6}\,\mathrm{m^2/s}$，烟气流速 $v_{烟气}=3\mathrm{m/s}$，如若实际长度与模型长度的比尺 $\lambda_L=5$，则模型空气的流速应为：

    A. $3.75\mathrm{m/s}$

    B. $0.15\mathrm{m/s}$

    C. $2.4\mathrm{m/s}$

    D. $60\mathrm{m/s}$

79. 在一个孤立静止的点电荷周围：

    A. 存在磁场，它围绕电荷呈球面状分布

    B. 存在磁场，它分布在从电荷所在处到无穷远处的整个空间中

    C. 存在电场，它围绕电荷呈球面状分布

    D. 存在电场，它分布在从电荷所在处到无穷远处的整个空间中

80. 图示电路消耗电功率 2W，则下列表达式中正确的是：

    A. $(8+R)I^2=2,(8+R)I=10$

    B. $(8+R)I^2=2,-(8+R)I=10$

    C. $-(8+R)I^2=2,-(8+R)I=10$

    D. $-(8+R)I=10,(8+R)I=10$

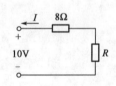

81. 图示电路中，a-b 端的开路电压 U_{abk} 为：

    A. 0

    B. $\dfrac{R_1}{R_1+R_2}U_s$

    C. $\dfrac{R_2}{R_1+R_2}U_s$

    D. $\dfrac{R_2//R_L}{R_1+R_2//R_L}U_s$

    （注：$R_2//R_L=\dfrac{R_2\cdot R_L}{R_2+R_L}$）

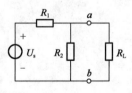

82. 在直流稳态电路中,电阻、电感、电容元件上的电压与电流大小的比值分别为:

  A. $R,0,0$ B. $0,0,\infty$

  C. $R,\infty,0$ D. $R,0,\infty$

83. 图示电路中,若 $u(t)=\sqrt{2}U\sin(\omega t+\psi_u)$ 时,电阻元件上的电压为 0,则:

  A. 电感元件断开了

  B. 一定有 $I_L=I_C$

  C. 一定有 $i_L=i_C$

  D. 电感元件被短路了

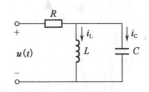

84. 已知图示三相电路中三相电源对称,$Z_1=z_1\angle\varphi_1$,$Z_2=z_2\angle\varphi_2$,$Z_3=z_3\angle\varphi_3$,若 $U_{NN'}=0$,则 $z_1=z_2=z_3$,且:

  A. $\varphi_1=\varphi_2=\varphi_3$

  B. $\varphi_1-\varphi_2=\varphi_2-\varphi_3=\varphi_3-\varphi_1=120°$

  C. $\varphi_1-\varphi_2=\varphi_2-\varphi_3=\varphi_3-\varphi_1=-120°$

  D. N' 必须被接地

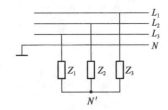

85. 图示电路中,设变压器为理想器件,若 $u=10\sqrt{2}\sin\omega t\,\mathrm{V}$,则:

  A. $U_1=\dfrac{1}{2}U$,$U_2=\dfrac{1}{4}U$

  B. $I_1=0.01U$,$I_1=0$

  C. $I_1=0.002U$,$I_2=0.004U$

  D. $U_1=0$,$U_2=0$

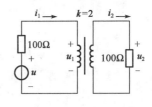

86. 对于三相异步电动机而言,在满载起动情况下的最佳启动方案是:

  A. Y-△启动方案,起动后,电动机以 Y 接方式运行

  B. Y-△启动方案,起动后,电动机以△接方式运行

  C. 自耦调压器降压启动

  D. 绕线式电动机串转子电阻启动

87. 关于信号与信息,如下几种说法中正确的是:

  A. 电路处理并传输电信号

  B. 信号和信息是同一概念的两种表述形式

  C. 用"1"和"0"组成的信息代码"1001"只能表示数量"5"

  D. 信息是看得到的,信号是看不到的

88. 图示非周期信号 $u(t)$ 的时域描述形式是:[注:$u(t)$ 是单位阶跃函数]

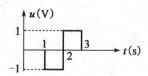

  A. $u(t) = \begin{cases} 1\text{V}, & t \leqslant 2 \\ -1\text{V}, & t > 2 \end{cases}$

  B. $u(t) = -l(t-1) + 2 \cdot l(t-2) - l(t-3)\text{V}$

  C. $u(t) = l(t-1) - l(t-2)\text{V}$

  D. $u(t) = -l(t+1) + l(t+2) - l(t+3)\text{V}$

89. 某放大器的输入信号 $u_1(t)$ 和输出信号 $u_2(t)$ 如图所示,则:

  A. 该放大器是线性放大器

  B. 该放大器放大倍数为 2

  C. 该放大器出现了非线性失真

  D. 该放大器出现了频率失真

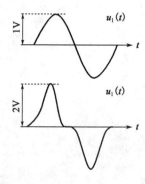

90. 对逻辑表达式 $ABC + A\overline{BC} + B$ 的化简结果是:

  A. AB   B. A+B

  C. ABC   D. $A\overline{BC}$

91. 已知数字信号 X 和数字信号 Y 的波形如图所示,

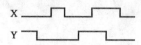

  则数字信号 $F = \overline{XY}$ 的波形为:

  A.

  B.

  C.

  D.

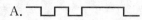

92. 十进制数字 32 的 BCD 码为：

A. 00110010   B. 00100000

C. 100000   D. 00100011

93. 二级管应用电路如图所示，设二极管 D 为理想器件，$u_i = 10\sin\omega t\,V$，则输出电压 u_o

的波形为：

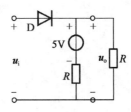

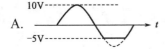

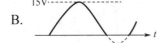

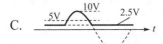

94. 晶体三极管放大电路如图所示，在进入电容 C_E 之后：

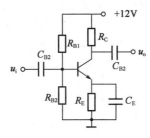

A. 放大倍数变小

B. 输入电阻变大

C. 输入电阻变小，放大倍数变大

D. 输入电阻变大，输出电阻变小，放大倍数变大

95. 图 a)所示电路中,复位信号 $\overline{R}_D$,信号 A 及时钟脉冲信号 cp 如图 b)所示,经分析可知,在第一个和第二个时钟脉冲的下降沿时刻,输出 Q 分别等于:

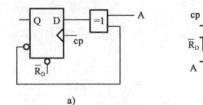

a)　　　　　　　　　　b)

    A. 0　　0

    B. 0　　1

    C. 1　　0

    D. 1　　1

附:触发器的逻辑状态表为

D	Q_{n+1}
0	0
1	1

96. 图 a)所示电路中,复位信号、数据输入及时钟脉冲信号如图 b)所示,经分析可知,在第一个和第二个时钟脉冲的下降沿过后,输出 Q 分别等于:

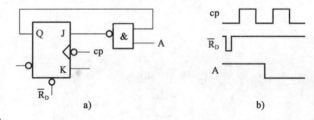

a)　　　　　　　　　　　　b)

    A. 0　　0

    B. 0　　1

    C. 1　　0

    D. 1　　1

附:触发器的逻辑状态表为

J	K	Q_{n+1}
0	0	Q_D
0	1	0
1	0	1
1	1	$\overline{Q}_D$

97.现在全国都在开发三网合一的系统工程,即:

    A.将电信网、计算机网、通信网合为一体

    B.将电信网、计算机网、无线电视网合为一体

    C.将电信网、计算机网、有线电视网合为一体

    D.将电信网、计算机网、电话网合为一体

98.在计算机的运算器上可以:

    A.直接解微分方程   B.直接进行微分运算

    C.直接进行积分运算   D.进行算数运算和逻辑运算

99.总线中的控制总线传输的是:

    A.程序和数据   B.主存储器的地址码

    C.控制信息   D.用户输入的数据

100.目前常用的计算机辅助设计软件是:

    A. Microsoft Word   B. Auto CAD

    C. Visual BASIC   D. Microsoft Access

101.计算机中度量数据的最小单位是:

    A. 数 0   B. 位

    C. 字节   D. 字

102.在下面列出的四种码中,不能用于表示机器数的一种是:

    A. 原码   B. ASCII 码

    C. 反码   D. 补码

103.一幅图像的分辨率为 640×480 像素,这表示该图像中:

    A.至少由 480 个像素组成

    B.总共由 480 个像素组成

    C.每行由 640×480 个像素组成

    D.每列由 480 个像素组成

104.在下面四条有关进程特征的叙述中,其中正确的一条是:

    A.静态性、并发性、共享性、同步性

    B.动态性、并发性、共享性、异步性

    C.静态性、并发性、独立性、同步性

    D.动态性、并发性、独立性、异步性

105.操作系统的设备管理功能是对系统中的外围设备:

    A.提供相应的设备驱动程序,初始化程序和设备控制程序等

    B.直接进行操作

    C.通过人和计算机的操作系统对外围设备直接进行操作

    D.既可以由用户干预,也可以直接执行操作

106.联网中的每台计算机:

    A.在联网之前有自己独立的操作系统,联网以后是网络中的某一个结点

    B.在联网之前有自己独立的操作系统,联网以后它自己的操作系统屏蔽

    C.在联网之前没有自己独立的操作系统,联网以后使用网络操作系统

    D.联网中的每台计算机有可以同时使用的多套操作系统

107.某企业向银行借款,按季度计息,年名义利率为 8%,则年实际利率为:

    A.8%   B.8.16%

    C.8.24%   D.8.3%

108.在下列选项中,应列入项目投资现金流量分析中的经营成本的是:

    A.外购原材料、燃料和动力费

    B.设备折旧

    C.流动资金投资

    D.利息支出

109.某项目第 6 年累计净现金流量开始出现正值,第五年末累计净现金流量为 -60 万元,第 6 年当年净现金流量为 240 万元,则该项目的静态投资回收期为:

    A.4.25 年   B.4.75 年

    C.5.25 年   D.6.25 年

110.某项目初期(第 0 年年初)投资额为 5000 万元,此后从第二年年末开始每年有相同的净收益,收益期为 10 年。寿命期结束时的净残值为零,若基准收益率为 15%,则要使该投资方案的净现值为零,其年净收益应为:[已知:$(P/A,15\%,10)=5.0188,(P/F,15\%,1)=0.8696$]

    A.574.98 万元

    B.866.31 万元

    C.996.25 万元

    D.1145.65 万元

111. 以下关于项目经济费用效益分析的说法中正确的是:

    A. 经济费用效益分析应考虑沉没成本

    B. 经济费用和效益的识别不适用"有无对比"原则

    C. 识别经济费用效益时应剔出项目的转移支付

    D. 为了反映投入物和产出物真实经济价值,经济费用效益分析不能使用市场价格

112. 已知甲、乙为两个寿命期相同的互斥项目,其中乙项目投资大于甲项目。通过测算得出甲、乙两项目的内部收益率分别为17%和14%,增量内部收益 ΔIRR(乙-甲)=13%,基准收益率为14%,以下说法中正确的是:

    A. 应选择甲项目   B. 应选择乙项目

    C. 应同时选择甲、乙两个项目   D. 甲、乙两项目均不应选择

113. 以下关于改扩建项目财务分析的说法中正确的是:

    A. 应以财务生存能力分析为主

    B. 应以项目清偿能力分析为主

    C. 应以企业层次为主进行财务分析

    D. 应遵循"有无对比"原则

114. 下面关于价值工程的论述中正确的是:

    A. 价值工程中的价值是指成本与功能的比值

    B. 价值工程中的价值是指产品消耗的必要劳动时间

    C. 价值工程中的成本是指寿命周期成本,包括产品在寿命期内发生的全部费用

    D. 价值工程中的成本就是产品的生产成本,它随着产品功能的增加而提高

115. 根据《中华人民共和国建筑法》规定,某建设单位领取了施工许可证,下列情节中,可能不导致施工许可证废止的是:

    A. 领取施工许可证之日起三个月内因故不能按期开工,也未申请延期

    B. 领取施工许可证之日起按期开工后又中止施工

    C. 向发证机关申请延期开工一次,延期之日起三个月内,因故仍不能按期开工,也未申请延期

    D. 向发证机关申请延期开工两次,超过 6 个月因故不能按期开工,继续申请延期

116. 某施工单位一个有职工 185 人的三级施工资质的企业,根据《安全生产法》规定,该企业下列行为中合法的是:

A. 只配备兼职的安全生产管理人员

B. 委托具有国家规定相关专业技术资格的工程技术人员提供安全生产管理服务,由其负责承担保证安全生产的责任

C. 安全生产管理人员经企业考核后即任职

D. 设置安全生产管理机构

117. 下列属于《中华人民共和国招标投标法》规定的招标方式是:

A. 公开招标和直接招标

B. 公开招标和邀请招标

C. 公开招标和协议招标

D. 公开招标和公开招标

118. 根据《中华人民共和国合同法》规定,下列行为不属于要约邀请的是:

A. 某建设单位发布招标公告

B. 某招标单位发出中标通知书

C. 某上市公司发出招标说明书

D. 某商场寄送的价目表

119. 根据《中华人民共和国行政许可法》的规定,除可以当场作出行政许可决定的外,行政机关应当自受理行政可之日起作出行政许可决定的时限是:

A. 5 日之内   B. 7 日之内

C. 15 日之内   D. 20 日之内

120. 某建设项目甲建设单位与乙施工单位签订施工总承包合同后,乙施工单位经甲建设单位认可,将打桩工程分包给丙专业承包单位,丙专业承包单位又将劳务作业分包给丁劳务单位,由于丙专业承包单位从业人员责任心不强,导致该打桩工程部分出现了质量缺陷,对于该质量缺陷的责任承担,以下说明正确的是:

A. 乙单位和丙单位承担连带责任

B. 丙单位和丁单位承担连带责任

C. 丙单位向甲单位承担全部责任

D. 乙、丙、丁三单位共同承担责任

2013 年度全国勘察设计注册工程师执业资格考试基础考试(上)

试题解析及参考答案

1.解 $\boldsymbol{\alpha}\times\boldsymbol{\beta}=\begin{vmatrix} \boldsymbol{i} & \boldsymbol{j} & \boldsymbol{k} \\ -3 & -2 & 1 \\ 1 & -4 & -5 \end{vmatrix}=14\boldsymbol{i}-14\boldsymbol{j}+14\boldsymbol{k}$

$|\boldsymbol{\alpha}\times\boldsymbol{\beta}|=\sqrt{14^2+14^2+14^2}=\sqrt{3\times14^2}=14\sqrt{3}$

答案:C

2.解 因为 $\lim\limits_{x\to1}(x^2+x-2)=0$

故 $\lim\limits_{x\to1}(2x^2+ax+b)=0$,即 $2+a+b=0$,得 $b=-2-a$,代入原式:

$\lim\limits_{x\to1}\dfrac{2x^2+ax-2-a}{x^2+x-2}=\lim\limits_{x\to1}\dfrac{2(x+1)(x-1)+a(x-1)}{(x+2)(x-1)}=\lim\limits_{x\to1}\dfrac{2\times2+a}{3}=1$

故 $4+a=3$,得 $a=-1,b=-1$

答案:C

3.解 $\dfrac{\mathrm{d}y}{\mathrm{d}x}=\dfrac{\dfrac{\mathrm{d}y}{\mathrm{d}t}}{\dfrac{\mathrm{d}x}{\mathrm{d}t}}=\dfrac{-\sin t}{\cos t}=-\tan t$

答案:A

4.解 $\left[\int f(x)\mathrm{d}x\right]'=f(x)$

答案:B

5.解 举例 $f(x)=x^2$,$\int x^2\mathrm{d}x=\dfrac{1}{3}x^3+C$

当 $C=0$ 时,$\int x^2\mathrm{d}x=\dfrac{1}{3}x^3$ 为奇函数;

当 $C=1$ 时,$\int x^2\mathrm{d}x=\dfrac{1}{3}x^3+1$ 为非奇非偶函数。

答案:A

6.解 $\lim\limits_{x\to1^-}f(x)=\lim\limits_{x\to1^-}3x^2=3$,$\lim\limits_{x\to1^+}(4x-1)=3$,$f(1)=3$,函数 $f(x)$ 在 $x=1$ 处连续。

$f'_+(1)=\lim\limits_{x\to1^+}\dfrac{4x-1-3\times1}{x-1}=\lim\limits_{x\to1^+}\dfrac{4(x-1)}{x-1}=4$

$$f'_-(1) = \lim_{x \to 1^-} \frac{3x^2 - 3}{x - 1} = \lim_{x \to 1^-} \frac{3(x+1)(x-1)}{x-1} = 6$$

$f'_+(1) \neq f'_-(1)$，在 $x=1$ 处不可导；

故 $f(x)$ 在 $x=1$ 处连续不可导。

答案：C

7.解 $y' = -1 \cdot x^{\frac{2}{3}} + (5-x)\frac{2}{3}x^{-\frac{1}{3}} = -x^{\frac{2}{3}} + \frac{2}{3} \cdot \frac{5-x}{x^{\frac{1}{3}}} = \frac{-3x + 2(5-x)}{3x^{\frac{1}{3}}}$

$\qquad = \frac{-3x + 10 - 2x}{3 \cdot x^{\frac{1}{3}}} = \frac{5(2-x)}{3x^{\frac{1}{3}}}$

可知 $x=0, x=2$ 为极值可疑点，所以极值可疑点的个数为 2。

答案：C

8.解 选项 A：$\int_0^{+\infty} e^{-x}\mathrm{d}x = -\int_0^{+\infty} e^{-x}\mathrm{d}(-x) = -e^{-x}\Big|_0^{+\infty} = -(\lim_{x \to +\infty} e^{-x} - 1) = 1$

选项 B：$\int_0^{+\infty} \frac{1}{1+x^2}\mathrm{d}x = \arctan x\Big|_0^{+\infty} = \frac{\pi}{2}$

选项 C：因为 $\lim_{x \to 0^+} \frac{\ln x}{x} = \lim_{x \to 0^+} \frac{1}{x}\ln x \to \infty$，所以函数在 $x \to 0^+$ 无界。

$\int_0^{+\infty} \frac{\ln x}{x}\mathrm{d}x = \int_0^1 \frac{\ln x}{x}\mathrm{d}x + \int_1^{+\infty} \frac{\ln x}{x}\mathrm{d}x = \int_0^1 \ln x\mathrm{d}\ln x + \int_1^{+\infty} \ln x\mathrm{d}\ln x$

而 $\int_0^1 \ln x\mathrm{d}\ln x = \frac{1}{2}(\ln x)^2\Big|_0^1 = -\infty$，故广义积分发散。

（注：$\lim_{x \to 0^+} \frac{\ln x}{x} = \infty, x=0$ 为无穷间断点）

选项 D：$\int_0^1 \frac{1}{\sqrt{1-x^2}}\mathrm{d}x = \arcsin x\Big|_0^1 = \frac{\pi}{2}$

> 注：$\lim_{x \to 1^-} \frac{1}{\sqrt{1-x^2}} = +\infty, x=1$ 为无穷间断点。

答案：C

9.解 见解图，$D:0 \leqslant y \leqslant 1, y \leqslant x \leqslant \sqrt{y}$；

$y=x$，即 $x=y$；$y=x^2$，得 $x=\sqrt{y}$；

所以二次积分交换积分顺序后为 $\int_0^1 \mathrm{d}y \int_y^{\sqrt{y}} f(x,y)\mathrm{d}x$。

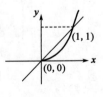

题 9 解图

答案：D

10.解 $x\frac{\mathrm{d}y}{\mathrm{d}x} = y\ln y, \frac{1}{y\ln y}\mathrm{d}y = \frac{1}{x}\mathrm{d}x, \ln\ln y = \ln x + \ln C$

$\ln y = Cx, y = e^{Cx}$，代入 $x=1, y=e$，有 $e = e^{1C}$，得 $C=1$

所以 $y = e^x$

答案: B

11. **解** $F(x, y, z) = xz - xy + \ln(xyz)$

$F_x = z - y + \dfrac{yz}{xyz} = z - y + \dfrac{1}{x}, F_y = -x + \dfrac{xz}{xyz} = -x + \dfrac{1}{y}, F_z = x + \dfrac{xy}{xyz} = x + \dfrac{1}{z}$

$\dfrac{\partial z}{\partial y} = -\dfrac{F_y}{F_z} = -\dfrac{\dfrac{-xy + 1}{y}}{\dfrac{xz + 1}{z}} = -\dfrac{(1 - xy)z}{y(xz + 1)} = \dfrac{z(xy - 1)}{y(xz + 1)}$

答案: D

12. **解** 正项级数 $\sum\limits_{n=1}^{\infty} u_n$ 收敛的充分必要条件是,它的部分和数列 $\{S_n\}$ 有界。

答案: A

13. **解** 已知 $f(-x) = -f(x)$,函数在 $(-\infty, +\infty)$ 为奇函数。

可配合图形说明在 $(-\infty, 0)$,$f'(x) > 0, f''(x) < 0$,凸增。

故在 $(0, +\infty)$ 为凹增,即在 $(0, +\infty)$,$f'(x) > 0, f'' > 0$。

答案: C

题 13 解图

14. **解** 特征方程:$r^2 - 3r + 2 = 0, r_1 = 1, r_2 = 2, f(x) = xe^x, r = 1$ 为对应齐次方程的特征方程的单根,故特解形式 $y^* = x(Ax + B) \cdot e^x$。

答案: A

15. **解** $\vec{S} = \{3, -1, 2\}, \vec{n} = \{-2, 2, 1\}, \vec{S} \cdot \vec{n} \neq 0, \vec{S}$ 与 $\vec{n}$ 不垂直。

故直线 L 不平行于平面 π,从而选项 B、D 不成立;又因为 $\vec{S}$ 不平行于 $\vec{n}$,所以 L 不垂直于平面 π,选项 A 不成立;即直线 L 与平面 π 非垂直相交。

答案: C

16. **解** 见解图,$L: y = x - 1$,所以 L 的参数方程 $\begin{cases} x = x \\ y = x - 1 \end{cases}$,

$0 \leqslant x \leqslant 1$

$ds = \sqrt{1^2 + 1^2} \, dx = \sqrt{2} \, dx$

故 $\displaystyle\int_L (y - x) \, ds = \int_0^1 (x - 1 - x) \sqrt{2} \, dx = -\sqrt{2} \cdot 1 = -\sqrt{2}$

答案: D

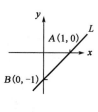

题 16 解图

17. **解** $R = 3$,则 $\rho = \dfrac{1}{3}$

选项 A:$\sum\limits_{n=0}^{\infty} 3x^n$,$\lim\limits_{n \to \infty} \left| \dfrac{a_{n+1}}{a_n} \right| = 1$

选项 B:$\sum\limits_{n=1}^{\infty} 3^n x^n$,$\lim\limits_{n \to \infty} \left| \dfrac{3^{n+1}}{3^n} \right| = 3$

选项 C：$\sum\limits_{n=0}^{\infty}\dfrac{1}{3^{\frac{n}{2}}}x^n$，$\lim\limits_{n\to\infty}\left|\dfrac{\frac{1}{3^{\frac{n+1}{2}}}}{\frac{1}{3^{\frac{n}{2}}}}\right|=\lim\limits_{n\to\infty}\dfrac{1}{3^{\frac{n+1}{2}}}\cdot 3^{\frac{n}{2}}=\lim\limits_{n\to\infty}3^{\frac{n}{2}-\frac{n+1}{2}}=3^{-\frac{1}{2}}$

选项 D：$\sum\limits_{n=0}^{\infty}\dfrac{1}{3^{n+1}}x^n$，$\lim\limits_{n\to\infty}\left|\dfrac{\frac{1}{3^{n+2}}}{\frac{1}{3^{n+1}}}\right|=\lim\limits_{n\to\infty}\dfrac{3^{n+1}}{3^{n+2}}=\dfrac{1}{3}$，$\rho=\dfrac{1}{3}$，$R=\dfrac{1}{\rho}=3$

答案：D

18.解　$z=f(x,y)$，$\begin{cases}x=x\\y=\varphi(x)\end{cases}$，则 $\dfrac{\mathrm{d}z}{\mathrm{d}x}=\dfrac{\partial f}{\partial x}\cdot 1+\dfrac{\partial f}{\partial y}\cdot\dfrac{\mathrm{d}\varphi}{\mathrm{d}x}$

答案：B

19.解　以 $\boldsymbol{\alpha}_1$、$\boldsymbol{\alpha}_2$、$\boldsymbol{\alpha}_3$、$\boldsymbol{\alpha}_4$ 为列向量作矩阵 $\boldsymbol{A}$

$$\boldsymbol{A}=\begin{bmatrix}3&3&1&6\\2&-1&-\frac{1}{3}&-2\\-5&3&1&6\end{bmatrix}\xrightarrow{-r_1+r_3}\begin{bmatrix}3&3&1&6\\2&-1&-\frac{1}{3}&-2\\-8&0&0&0\end{bmatrix}\xrightarrow{-\frac{1}{8}r_3}$$

$$\begin{bmatrix}3&3&1&6\\2&-1&-\frac{1}{3}&-2\\1&0&0&0\end{bmatrix}\xrightarrow[(-2)r_3+r_2]{(-3)r_3+r_1}\begin{bmatrix}0&3&1&6\\0&-1&-\frac{1}{3}&-2\\1&0&0&0\end{bmatrix}\xrightarrow{3r_2+r_1}$$

$$\begin{bmatrix}0&0&0&0\\0&-1&-\frac{1}{3}&-2\\1&0&0&0\end{bmatrix}\xrightarrow{r_1\leftrightarrow r_3}\begin{bmatrix}1&0&0&0\\0&-1&-\frac{1}{3}&-2\\0&0&0&0\end{bmatrix}$$

极大无关组为 $\boldsymbol{\alpha}_1$、$\boldsymbol{\alpha}_2$。

（说明：因为行阶梯形矩阵的第二行中第 3 列、第 4 列的数也不为 0，所以 $\boldsymbol{\alpha}_1$、$\boldsymbol{\alpha}_3$ 或 $\boldsymbol{\alpha}_1$、$\boldsymbol{\alpha}_4$ 也是向量组的最大线性无关组。）

答案：C

20.解　设 $\boldsymbol{A}$ 为 $m\times n$ 矩阵，$m<n$，则 $R(\boldsymbol{A})=r\leqslant\min\{m,n\}=m<n$，$\boldsymbol{A}x=\boldsymbol{0}$ 必有非零解。

选项 D 错误，因为增广矩阵的秩不一定等于系数矩阵的秩。

答案：B

21.解　矩阵相似有相同的特征多项式，有相同的特征值。

方法 1：

$$|\lambda\boldsymbol{E}-\boldsymbol{A}|=\begin{vmatrix}\lambda-1&1&-1\\-2&\lambda-4&2\\3&3&\lambda-5\end{vmatrix}\xrightarrow{(-3)r_1+r_3}\begin{vmatrix}\lambda-1&1&-1\\-2&\lambda-4&2\\-3\lambda+6&0&\lambda-2\end{vmatrix}\xrightarrow{-(\lambda-4)r_1+r_2}$$

$$\begin{vmatrix} \lambda-1 & 1 & -1 \\ -\lambda^2+5\lambda-6 & 0 & \lambda-2 \\ -3\lambda+6 & 0 & \lambda-2 \end{vmatrix} = (-1)^{1+2} \begin{vmatrix} -(\lambda-2)(\lambda-3) & \lambda-2 \\ -3(\lambda-2) & \lambda-2 \end{vmatrix}$$

$$= (\lambda-2)(\lambda-2) \begin{vmatrix} +(\lambda-3) & 1 \\ 3 & 1 \end{vmatrix} = (\lambda-2)(\lambda-2)[+(\lambda-3)-3]$$

$$= (\lambda-2)(\lambda-2)(\lambda-6)$$

特征值为 $2,2,6$；矩阵 **B** 中 $\lambda=6$。

方法 2：

因为 $\boldsymbol{A}\sim\boldsymbol{B}$，所以 $\boldsymbol{A}$ 与 $\boldsymbol{B}$ 的主对角线元素和相等，$\sum\limits_{i=1}^{3}a_{ii}=\sum\limits_{i=1}^{3}b_{ii}$，即 $1+4+5=\lambda+2+2$，

得 $\lambda=6$。

答案： A

22.解 A、B 相互独立，则 $P(AB)=P(A)P(B)$，$P(A\cup B)=P(A)+P(B)-P(AB)=P(A)+P(B)-P(A)P(B)=0.7$ 或 $P(A\cup B)=1-P(\overline{A\cup B})=1-P(\overline{A}\,\overline{B})=1-P(\overline{A})P(\overline{B})=0.7$。

答案： C

23.解 分布函数[记为 $Q(x)$]性质为：① $0\leqslant Q(x)\leqslant 1$，$Q(-\infty)=0$，$Q(+\infty)=1$；② $Q(x)$ 是非减函数；③ $Q(x)$ 是右连续的。

$\Phi(+\infty)=-\infty$；$F(x)$ 满足分布函数的性质①、②、③；

$G(-\infty)=+\infty$；$x\geqslant 0$ 时，$H(x)>1$。

答案： B

24.解 注意 $E(X)=0$，$\sigma^2=D(X)=E(X^2)-[E(X)]^2=E(X^2)$，$\sigma^2$ 也是 X 的二阶原点矩，σ^2 的矩估计量是样本的二阶原点矩 $\dfrac{1}{n}\sum\limits_{i=1}^{n}X_i^2$。

说明：统计推断时要充分利用已知信息。当 $E(X)=\mu$ 已知时，估计 $D(X)=\sigma^2$，用 $\dfrac{1}{n}\sum\limits_{i=1}^{n}(X_i-\mu)^2$ 比用 $\dfrac{1}{n}\sum\limits_{i=1}^{n}(X_i-\overline{X})^2$ 效果好。

答案： D

25.解 ①分子的平均动能 $=\dfrac{3}{2}kT$，若分子的平均平动动能相同，则温度相同。

②分子的平均动能＝平均(平动动能＋转动动能)$=\dfrac{i}{2}kT$。其中，i 为分子自由度，

而 $i(\mathrm{He})=3,i(\mathrm{N_2})=5$，则氦分子和氮分子的平均动能不同。

答案:B

26.解 此题需要正确理解最概然速率的物理意义,v_p 为 $f(v)$ 最大值所对应的速率。

答案:C

注:25、26 题 2011 年均考过。

27.解 画等压膨胀 $p\text{-}V$ 图,由图知 $V_2>V_1$,故气体对外做正功。

由等温线知 $T_2>T_1$,温度升高。

答案:A

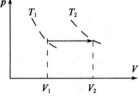
题 27 解图

28.解 $Q_\mathrm{T}=\dfrac{m}{M}RT\ln\dfrac{V_2}{V_1}=p_1V_1\ln\dfrac{V_2}{V_1}$

答案:A

29.解 ①波动方程标准式:$y=A\cos\left[\omega\left(t-\dfrac{x-x_0}{u}\right)+\varphi_0\right]$

②本题方程:$y=-0.02\cos\pi(4x-50t)=0.02\cos[\pi(4x-50t)+\pi]$

$$=0.02\cos[\pi(50t-4x)+\pi]=0.02\cos\left[50\pi\left(t-\dfrac{4x}{50}\right)+\pi\right]$$

$$=0.02\cos\left[50\pi\left[t-\dfrac{x}{\dfrac{50}{4}}\right]+\pi\right]$$

故 $\omega=50\pi=2\pi\nu,\nu=25\mathrm{Hz}$，$u=\dfrac{50}{4}$

波长 $\lambda=\dfrac{u}{\nu}=0.5\mathrm{m}$，振幅 $A=0.02\mathrm{m}$

答案:D

30.解 a、b、c、d 处质元都垂直于 x 轴上下振动。由图知,t 时刻 a 处质元位于振动的平衡位置,此时速率最大,动能最大,势能也最大。

答案:A

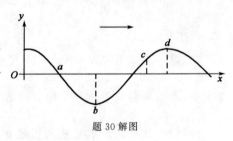
题 30 解图

31.解 $x_\text{腹}=\pm k\dfrac{\lambda}{2},k=0,1,2,\cdots$。相邻两波腹之间的距离为:$x_{k+1}-x_k=(k+1)\dfrac{\lambda}{2}-k\dfrac{\lambda}{2}=\dfrac{\lambda}{2}$。

答案:A

32.解 设线偏振光的光强为 I,线偏振光与第一个偏振片的夹角为 φ。因为最终线偏振光的振动方向要转过 $90°$,所以第一个偏振片与第二个偏振片的夹角为 $\dfrac{\pi}{2}-\varphi$。

根据马吕斯定律：

线偏振光通过第一块偏振片后的光强 $I_1 = I\cos^2\varphi$

线偏振光通过第二块偏振片后的光强 $I_2 = I_1\cos^2\left(\dfrac{\pi}{2} - \varphi\right) = \dfrac{I}{4}\sin^2 2\varphi$

要使透射光强达到最强，令 $\sin 2\varphi = 1$，得 $\varphi = \dfrac{\pi}{4}$，透射光强的最大值为 $\dfrac{I}{4}$。

入射光的振动方向与前后两偏振片的偏振化方向夹角分别为 $45°$ 和 $90°$。

答案：A

33. **解** 光的干涉和衍射现象反映了光的波动性质，光的偏振现象反映了光的横波性质。

答案：B

34. **解** 注意到 $1\text{nm} = 10^{-9}\text{m} = 10^{-6}\text{mm}$。

由 $\Delta x = \Delta n \dfrac{\lambda}{2}$，有 $0.62 = 2300\dfrac{\lambda}{2}$，$\lambda = 5.39\times 10^{-4}\text{mm} = 539\text{nm}$。

答案：B

35. **解** 对暗纹 $a\sin\varphi = k\lambda = 2k\dfrac{\lambda}{2}$，今 $k=3$，故半波带数目为 6。

答案：D

36. **解** 劈尖干涉明纹公式：$2nd + \dfrac{\lambda}{2} = k\lambda$，$k = 1,2,\cdots$

对应的薄膜厚度差 $2nd_5 - 2nd_3 = 2\lambda$，故 $d_5 - d_3 = \dfrac{\lambda}{n}$。

答案：B

37. **解** 一组允许的量子数 n、l、m 取值对应一个合理的波函数，即可以确定一个原子轨道。量子数 $n=4$，$l=2$，$m=0$ 为一组合理的量子数，确定一个原子轨道。

答案：A

38. **解** P 和 N 为同主族元素，PCl_3 中 P 的杂化类型与 NH_3 中的 N 原子杂化类型相同，为不等性 sp^3 杂化，四个杂化轨道呈四面体型，有一个杂化轨道被孤对电子占据，其余三个杂化轨道与三个 Cl 原子形成三个共价单键，分子为三角锥形。

答案：B

39. **解** 由已知条件可知 $Fe^{3+}\ \underset{z_1=1}{\overset{0.771}{\longrightarrow}}\ Fe^{2+}\ \underset{z_2=2}{\overset{-0.44}{\longrightarrow}}\ Fe$

$z = 3$

即 $Fe^{3+} + z_1 e = Fe^{2+}$

$+)Fe^{2+} + z_2 e = Fe$

———————————————

$Fe^{3+} + z e = Fe$

$E^{\ominus}(Fe^{3+}/Fe) = \dfrac{z_1 E^{\ominus}(Fe^{3+}/Fe^{2+}) + z_2 E^{\ominus}(Fe^{2+}/Fe)}{z}$

$= \dfrac{0.771 + 2\times(-0.44)}{3} \approx -0.036\text{V}$

答案:C

40.解 在 $BaSO_4$ 饱和溶液中,存在 $BaSO_4 = Ba^{2+} + SO_4^{2-}$ 平衡,加入 $BaCl_2$,溶液中 Ba^{2+} 增加,平衡向左移动,SO_4^{2+} 的浓度减小。

答案:B

41.解 催化剂之所以加快反应的速率,是因为它改变了反应的历程,降低了反应的活化能,增加了活化分子百分数。

答案:C

42.解 此反应为气体分子数减小的反应,升压,反应向右进行;反应的 $\Delta_r H_m < 0$,为放热反应,降温,反应向右进行。

答案:C

43.解 负极　氧化反应:$Ag + Cl^- = AgCl + e$

正极　还原反应:$Ag^+ + e = Ag$

电池反应:$Ag^+ + Cl^- = AgCl$

原电池负极能斯特方程式为:$\varphi AgCl/Ag = \varphi^{\ominus} AgCl/Ag + 0.059 \lg \dfrac{1}{c(Cl^-)}$。

由于负极中加入 $NaCl$,Cl^- 浓度增加,则负极电极电势减小,正极电极电势不变,因此电池的电动势增大。

答案:A

44.解 乙烯与氯气混合,可以发生加成反应:$C_2H_4 + Cl_2 = CH_2Cl - CH_2Cl$。

答案:C

45.解 羟基与烷基直接相连为醇,通式为 $R-OH$(R 为烷基);羟基与芳香基直接相连为酚,通式为 $Ar-OH$(Ar 为芳香基)。

答案:D

46.解 由低分子化合物(单体)通过加成反应,相互结合成高聚物的反应称为加聚反应。加聚反应没有产生副产物,高聚物成分与单体相同,单体含有不饱和键。$HCHO$ 为甲醛,加聚反应为:$nH_2C = O \rightarrow \left[CH_2 - O \right]_n$。

答案:C

47.解 E 处为光滑接触面约束,根据约束的性质,约束力应垂直于支撑面,指向被约束物体。

答案:B

48.解 F 力和均布力 q 的合力作用线均通过 O 点,故合力矩为零。

答案:A

49.解 取构架整体为研究对象,列平衡方程:

$$\sum M_A(F) = 0, F_B \cdot 2L_2 - F_P \cdot 2L_1 = 0$$

答案:A

50.解 根据斜面的自锁条件,斜面倾角小于摩擦角时,物体静止。

答案:A

51.解 将 $t = x$ 代入 y 的表达式。

答案:C

52.解 分别对运动方程 x 和 y 求时间 t 的一阶、二阶导数,再令 $t = 0$,且有 $v = \sqrt{\dot{x}^2 + \dot{y}^2}, a = \sqrt{\ddot{x}^2 + \ddot{y}^2}$。

答案:B

53.解 两轮啮合点 A、B 的速度相同,且 $v_A = R_1\omega_1, v_B = R_2\omega_2$。

答案:D

54.解 可在 A 上加一水平向左的惯性力,根据达朗贝尔原理,物块 A 上作用的重力 mg、法向约束力 F_N、摩擦力 F 以及大小为 ma 的惯性力组成平衡力系,沿斜面列平衡方程,当摩擦力 $F = ma\cos\theta + mg\sin\theta \leqslant F_N f(F_N = mg\cos\theta - ma\sin\theta)$ 时可保证 A 与 B 一起以加速度 a 水平向右运动。

答案:C

55.解 物块 A 上的摩擦力水平向右,使其向右运动,故做正功。

答案:C

56.解 杆位于铅垂位置时有 $J_B\alpha = M_B = 0$;故角加速度 $\alpha = 0$;而角速度可由动能定理: $\frac{1}{2}J_B\omega^2 = mgl$,得 $\omega^2 = \frac{3g}{2l}$。则质心的加速度为: $a_{Cx} = 0, a_{Cy} = l\omega^2$。根据质心运动定理,有 $ma_{Cx} = F_{Bx}, ma_{Cy} = F_{By} - mg$,便可得最后结果。

答案:D

57.解 根据定义,惯性力系主矢的大小为: $ma_C = m\frac{R}{2}\omega^2$;主矩的大小为: $J_O\alpha = 0$。

答案:A

58.解 发生共振时,系统的工作频率与其固有频率相等。

$$\omega_0 = \sqrt{\frac{k}{m}} = \sqrt{\frac{2 \times 10^6}{110}} = 134.8\text{rad/s}$$

答案：D

59.**解**　取节点 C，画 C 点的受力图，如图所示。

$$\sum F_x = 0: F_1 \sin 45° = F_2 \sin 30°$$

$$\sum F_y = 0: F_1 \cos 45° + F_2 \cos 30° = F$$

可得 $F_1 = \dfrac{\sqrt{2}}{1+\sqrt{3}}F, F_2 = \dfrac{2}{1+\sqrt{3}}F$

题 59 解图

故 $F_2 > F_1$，而 $\sigma_2 = \dfrac{F_2}{A} > \sigma_1 = \dfrac{F_1}{A}$

所以杆 2 最先达到许用应力。

答案：B

60.**解**　此题受力是对称的，故 $F_1 = F_2 = \dfrac{F}{2}$

由杆 1，得 $\sigma_1 = \dfrac{F_1}{A_1} = \dfrac{\frac{F}{2}}{A} = \dfrac{F}{2A} \leqslant [\sigma]$，故 $F \leqslant 2A[\sigma]$

由杆 2，得 $\sigma_2 = \dfrac{F_2}{A_2} = \dfrac{\frac{F}{2}}{2A} = \dfrac{F}{4A} \leqslant [\sigma]$，故 $F \leqslant 4A[\sigma]$

从两者取最小的，所以 $[F] = 2A[\sigma]$。

答案：B

61.**解**　把 F 力平移到铆钉群中心 O，并附加一个力偶 $m = F \cdot \dfrac{5}{4}L$，在铆钉上将产生

剪力 Q_1 和 Q_2，其中 $Q_1 = \dfrac{F}{2}$，而 Q_2 计算方法如下。

$$\sum M_O = 0: \quad Q_2 \cdot \dfrac{L}{2} = F \cdot \dfrac{5}{4}L, Q_2 = \dfrac{5}{2}F$$

$$Q = Q_1 + Q_2 = 3F, \tau_{max} = \dfrac{Q}{\frac{\pi}{4}d^2} = \dfrac{12F}{\pi d^2}$$

答案：C

62.**解**　螺钉头与钢板之间的接触面是一个圆环面，故挤压面 $A_{bs} = \dfrac{\pi}{4}(D^2 - d^2)$。

$$\sigma_{bs} = \dfrac{F_{bs}}{A_{bs}} = \dfrac{F}{\frac{\pi}{4}(D^2 - d^2)}$$

答案：A

63.解 圆轴的最大切应力 $\tau_{max} = \dfrac{T}{I_p} \cdot \dfrac{d}{2}$

圆轴的单位长度扭转角 $\theta = \dfrac{T}{GI_p}$

故 $\dfrac{T}{I_p} = \theta G$，代入得 $\tau_{max} = \theta G \dfrac{d}{2}$

答案：D

64.解 设实心圆直径为 d，空心圆外径为 D，空心圆内外径之比为 α，因两者横截面积相同，故有 $\dfrac{\pi}{4}d^2 = \dfrac{\pi}{4}D^2(1-\alpha^2)$，即 $d = D(1-\alpha^2)^{\frac{1}{2}}$。

$$\frac{\tau_a}{\tau_b} = \frac{\dfrac{T}{\dfrac{\pi}{16}d^3}}{\dfrac{T}{\dfrac{\pi}{16}D^3(1-\alpha^4)}} = \frac{D^3(1-\alpha^4)}{d^3} = \frac{D^3(1-\alpha^2)(1+\alpha^2)}{D^3(1-\alpha^2)(1-\alpha^2)^{\frac{1}{2}}} = \frac{1+\alpha^2}{\sqrt{1-\alpha^2}} > 1$$

答案：C

65.解 根据"零、平、斜""平、斜、抛"的规律，AB 段的斜直线，对应 AB 段 $q=0$；BC 段的抛物线，对应 BC 段 $q \neq 0$，即应有 q。而 B 截面处有一个转折点，应对应于一个集中力。

答案：A

66.解 弯矩图中 B 截面的突变值为 $10\text{kN} \cdot \text{m}$，故 $m = 10\text{kN} \cdot \text{m}$。

答案：A

67.解 $M_a = \dfrac{1}{8}ql^2$

M_b 的计算可用叠加法，如解图所示。

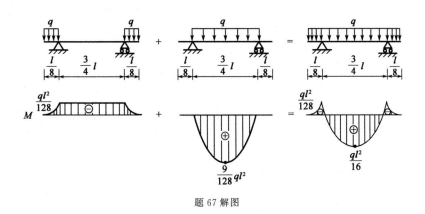

题 67 解图

$$\frac{M_a}{M_b} = \frac{\dfrac{ql^2}{8}}{\dfrac{ql^2}{16}} = 2$$

答案:C

68. 解　图 a)中 $\sigma_{r3} = \sigma_1 - \sigma_3 = 150 - 0 = 150\text{MPa}$;

图 b)中 $\sigma_{r3} = \sigma_1 - \sigma_3 = 100 - (-100) = 200\text{MPa}$;

显然图 b)σ_{r3} 更大,更危险。

答案:B

69. 解　设杆 1 受力为 F_1,杆 2 受力为 F_2,可见:

$$F_1 + F_2 = F \tag{①}$$

$\Delta l_1 = \Delta l_2$,即 $\dfrac{F_1 l}{E_1 A} = \dfrac{F_2 l}{E_2 A}$

故　　　　　　　　　$\dfrac{F_1}{F_2} = \dfrac{E_1}{E_2} = 2 \tag{②}$

联立①、②两式,得到 $F_1 = \dfrac{2}{3}F, F_2 = \dfrac{1}{3}F$。

这结果相当于偏心受拉,如解图所示,$M = \dfrac{F}{3} \cdot \dfrac{h}{2} = \dfrac{Fh}{6}$。

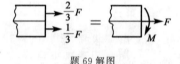

题 69 解图

答案:B

70. 解　杆端约束越弱,μ 越大,在两端固定($\mu=0.5$),一端固定、一端铰支($\mu=0.7$),两端铰支($\mu=1$)和一端固定、一端自由($\mu=2$)这四种杆端约束中,一端固定、一端自由的约束最弱,μ 最大。而图示细长压杆 AB 一端自由、一端固定在简支梁上,其杆端约束比一端固定、一端自由($\mu=2$)时更弱,故 μ 比 2 更大。

答案:A

71. 解　切应力 $\tau = \mu \dfrac{\mathrm{d}u}{\mathrm{d}y}$,而 $y = R - r, \mathrm{d}y = -\mathrm{d}r$,故 $\dfrac{\mathrm{d}u}{\mathrm{d}y} = -\dfrac{\mathrm{d}u}{\mathrm{d}r}$

题设流速 $u = 2\left(1 - \dfrac{r^2}{R^2}\right)$,故 $\dfrac{\mathrm{d}u}{\mathrm{d}y} = -\dfrac{\mathrm{d}u}{\mathrm{d}r} = \dfrac{2 \times 2r}{R^2} = \dfrac{4r}{R^2}$

题设 $r_1 = 0.2R$,故切应力 $\tau_1 = \mu\left(\dfrac{4 \times 0.2R}{R^2}\right) = \mu\left(\dfrac{0.8}{R}\right)$

题设 $r_2 = R$,则切应力 $\tau_2 = \mu\left(\dfrac{4R}{R^2}\right) = \mu\left(\dfrac{4}{R}\right)$

切应力大小之比 $\dfrac{\tau_1}{\tau_2} = \dfrac{\mu\left(\dfrac{0.8}{R}\right)}{\mu\left(\dfrac{4}{R}\right)} = \dfrac{0.8}{4} = \dfrac{1}{5}$

答案:C

72.解 对断面 1-1 及 2-2 中点写能量方程：$Z_1 + \dfrac{p_1}{\rho g} + \dfrac{\alpha_1 v_1^2}{2g} = Z_2 + \dfrac{p_2}{\rho g} + \dfrac{\alpha_2 v_2^2}{2g}$

题设管道水平，故 $Z_1 = Z_2$；又因 $d_1 > d_2$，由连续方程知 $v_1 < v_2$。

代入上式后知：$p_1 > p_2$。

答案：B

73.解 由动量方程可得：$\sum F_x = \rho Q v = 1\,000\,\text{kg/m}^3 \times 0.2\,\text{m}^3/\text{s} \times 50\,\text{m/s} = 10\,\text{kN}$。

答案：B

74.解 由均匀流基本方程知沿程损失 $h_f = \dfrac{\tau L}{\rho g R}$。

答案：B

75.解 由并联长管水头损失相等知：$h_{f1} = h_{f2} = h_{f3} = \cdots = h_f$，总流量 $Q = \sum\limits_{i=1}^{n} Q_i$。

答案：B

76.解 矩形断面水力最佳宽深比 $\beta = 2$，即 $b = 2h$。

答案：D

77.解 由渗流达西公式知 $v = kJ$。

答案：A

78.解 按雷诺模型，$\dfrac{\lambda_v \lambda_L}{\lambda_\nu} = 1$，流速比尺 $\lambda_v = \dfrac{\lambda_\nu}{\lambda_L}$

按题设 $\lambda_\nu = \dfrac{60 \times 10^{-6}}{15 \times 10^{-6}} = 4$，长度比尺 $\lambda_L = 5$，因此流速比尺 $\lambda_v = \dfrac{4}{5} = 0.8$

$\lambda_v = \dfrac{v_{烟气}}{v_{空气}}$，$v_{空气} = \dfrac{v_{烟气}}{\lambda_v} = \dfrac{3\text{m/s}}{0.8} = 3.75\text{m/s}$

答案：A

79.解 静止的电荷产生电场，不会产生磁场，并且电场是有源场，其方向从正电荷指向负电荷。

答案：D

80.解 电路的功率关系 $P = UI = I^2 R$ 以及欧姆定律 $U = RI$，是在电路的电压电流的正方向一致时成立；当方向不一致时，前面增加"—"号。

答案：B

81.解 考查电路的基本概念：开路与短路，电阻串联分压关系。当电路中 $a\text{-}b$ 开路时，电阻 R_1、R_2 相当于串联。

答案：C

82. **解** 在直流电源作用下电感等效于短路,电容等效于开路。

答案:D

83. **解** 根据已知条件(电阻元件的电压为0),电路处于谐振状态,电感支路与电容支路的电流大小相等,方向相反,可以写成 $I_L = I_C$,或 $i_L = -i_C$。

答案:B

84. **解** 三相电路中,电源中性点与负载中点等电位,说明电路中负载也是对称负载,三相电路负载的阻抗相等条件为:$z_1 = z_2 = z_3$,即 $\begin{cases} |Z_1| = |Z_2| = |Z_3| \\ \varphi_1 = \varphi_2 = \varphi_3 \end{cases}$。

答案:A

85. **解** 理想变压器的三个变比关系的正确应用,在变压器的初级回路中电源内阻与变压器的折合阻抗 R'_L 串联。

$$R'_L = K^2 R_L \quad (R_L = 100\Omega)$$

答案:C

86. **解** 绕线式的三相异步电动机转子串电阻的方法适应于不同接法的电动机,并且可以起到限制启动电流、增加启动转矩以及调速的作用。$Y-\Delta$ 启动方法只用于正常 Δ 接运行,并轻载启动的电动机。

答案:D

87. **解** 信号是以一种特定的物理形式(声、光、电等)来传递信息的工具,信息是人们通过感官接收到的客观事物变化的情况,是受信者所要获得的有价值的消息。

答案:A

88. **解** 信号可以用函数来描述,此信号波形是伴有延时阶跃信号的叠加构成。

答案:B

89. **解** 输出信号的失真属于非线性失真,其原因是由于三极管输入特性死区电压的影响。

答案:C

90. **解** 根据逻辑函数的相关公式计算 $ABC + A\overline{BC} + B = A(BC + \overline{BC}) + B = A + B$。

答案:B

91. **解** 根据给定的 X、Y 波形,其与非门的图形可利用有"0"则"1"的原则确定为选项 D。

答案:D

92.**解** BCD码是用二进制数表示的十进制数,属于无权码,此题的 BCD 码是用四位二进制数表示的。

答案:A

93.**解** 此题为二极管限幅电路,分析二极管电路首先要将电路模型线性化,即将二极管断开后分析极性(对于理想二极管,如果是正向偏置将二极管短路,否则将二极管断路),最后按照线性电路理论确定输入和输出信号关系。

即:该二极管截止后,求 $u_阳=u_i$,$u_阴=2.5V$,则 $u_i>2.5V$ 时,二极管导通,$u_o=u_i$;$u_i<2.5V$时,二极管截止,$u_o=2.5V$。

答案:C

94.**解** 根据三极管的微变等效电路分析可见,增加电容 C_E 以后,在动态信号作用下,发射极电阻被电容短路。放大倍数提高,输入电阻减小。

答案:C

95.**解** 此电路是组合逻辑电路(异或门)与时序逻辑电路(D 触发器)的组合应用,电路的初始状态由复位信号 $\overline{R_D}$ 确定,输出状态在时钟脉冲信号 cp 的上升沿触发。如解图所示,$D=A\oplus\overline{Q}$。

答案:A

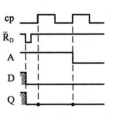

题 95 解图

96.**解** 此题与上题类似,是组合逻辑电路(与非门)与时序逻辑电路(JK 触发器)的组合应用,输出状态在时钟脉冲信号 cp 的下降沿触发。如解图所示,$J=\overline{Q\cdot A}$,K 端悬空时,可以认为 $K=1$。

答案:C

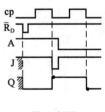

题 96 解图

97.**解** "三网合一"是指在未来的数字信息时代,当前的数据通信网(俗称数据网、计算机网)将与电视网(含有线电视网)以及电信网合三为一,并且合并的方向是传输、接收和处理全部实现数字化。

答案:C

98.**解** 计算机运算器的功能是完成算术运算和逻辑运算,算数运算是完成加、减、乘、除的运算,逻辑运算主要包括与、或、非、异或等,从而完成低电平与高电平之间的切换,送出控制信号,协调计算机工作。

答案:D

99.**解** 计算机的总线可以划分为数据总线、地址总线和控制总线,数据总线用来传输数据、地址总线用来传输数据地址、控制总线用来传输控制信息。

答案:C

100.**解** Microsoft Word 是文字处理软件。Visual BASIC 简称 VB,是 Microsoft 公

司推出的一种 Windows 应用程序开发工具。Microsoft Access 是小型数据库管理软件。Auto CAD 是专业绘图软件,主要用于工业设计中,被广泛用于民用、军事等各个领域。CAD 是 Computer Aided Design 的缩写,意思为计算机辅助设计。加上 Auto,指它可以应用于几乎所有跟绘图有关的行业,比如建筑、机械、电子、天文、物理、化工等。

答案:B

101. **解**　位也称为比特,记为 bit,是计算机最小的存储单位,是用 0 或 1 来表示的一个二进制位数。字节是数据存储中常用的基本单位,8 位二进制构成一个字节。字是由若干字节组成一个存储单元,一个存储单元中存放一条指令或一个数据。

答案:B

102. **解**　原码是机器数的一种简单的表示法。其符号位用 0 表示正号,用 1 表示负号,数值一般用二进制形式表示。机器数的反码可由原码得到。如果机器数是正数,则该机器数的反码与原码一样;如果机器数是负数,则该机器数的反码是对它的原码(符号位除外)各位取反而得到的。机器数的补码可由原码得到。如果机器数是正数,则该机器数的补码与原码一样;如果机器数是负数,则该机器数的补码是对它的原码(除符号位外)各位取反,并在末位加 1 而得到的。ASCII 码是将人在键盘上敲入的字符(数字、字母、特殊符号等)转换成机器能够识别的二进制数,并且每个字符唯一确定一个 ASCII 码,形象地说,它就是人与计算机交流时使用的键盘语言通过"翻译"转换成的计算机能够识别的语言。

答案:B

103. **解**　点阵中行数和列数的乘积称为图像的分辨率,若一个图像的点阵总共有480 行,每行 640 个点,则该图像的分辨率为 640×480＝307200 个像素。每一条水平线上包含 640 个像素点,共有 480 条线,即扫描列数为 640 列,行数为 480 行。

答案:D

104. **解**　进程与程序的的概念是不同的,进程有以下 4 个特征。

动态性:进程是动态的,它由系统创建而产生,并由调度而执行。

并发性:用户程序和操作系统的管理程序等,在它们的运行过程中,产生的进程在时间上是重叠的,它们同存在于内存储器中,并共同在系统中运行。

独立性:进程是一个能独立运行的基本单位,同时也是系统中独立获得资源和独立调度的基本单位,进程根据其获得的资源情况可独立地执行或暂停。

异步性:由于进程之间的相互制约,使进程具有执行的间断性。各进程按各自独立的、不可预知的速度向前推进。

答案:D

105. **解**　操作系统的设备管理功能是负责分配、回收外部设备,并控制设备的运行,是人与外部设备之间的接口。

答案:C

106. **解** 联网中的计算机都具有"独立功能",即网络中的每台主机在没联网之前就有自己独立的操作系统,并且能够独立运行。联网以后,它本身是网络中的一个结点,可以平等地访问其他网络中的主机。

答案:A

107. **解** 利用由年名义利率求年实际利率的公式计算:

$$i = \left(1 + \frac{r}{m}\right)^m - 1 = \left(1 + \frac{8\%}{4}\right)^4 - 1 = 8.24\%$$

答案:C

108. **解** 经营成本包括外购原材料、燃料和动力费、工资及福利费、修理费等,不包括折旧、摊销费和财务费用。流动资金投资不属于经营成本。

答案:A

109. **解** 根据静态投资回收期的计算公式:$P_t = 6 - 1 + \frac{|-60|}{240} = 5.25$ 年。

答案:C

110. **解** 该项目的现金流量图如解图所示。根据题意,有 NPV $= -5000 + A(P/A, 15\%, 10)(P/F, 15\%, 1) = 0$

解得 $A = 5000 \div (5.0188 \times 0.8696) = 1145.65$ 万元

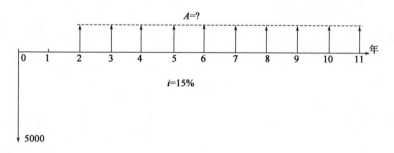

题 110 解图

答案:D

111. **解** 项目经济效益和费用的识别应遵循剔除转移支付原则。

答案:C

112. **解** 两个寿命期相同的互斥项目的选优应采用增量内部收益率指标,ΔIRR(乙－甲)为 13%,小于基准收益率 14%,应选择投资较小的方案。

答案:A

113. **解** "有无对比"是财务分析应遵循的基本原则。

答案:D

114. **解** 根据价值工程中价值公式中成本的概念。

答案:C

115. **解** 《中华人民共和国建筑法》第九条规定,建设单位应当自领取施工许可证之日起三个月内开工。因故不能按期开工的,应当向发证机关申请延期;延期以两次为限,每次不超过三个月。既不开工又不申请延期或者超过延期时限的,施工许可证自行废止。

答案:B

116. **解** 《中华人民共和国安全生产法》第十九条规定,矿山、建筑施工单位和危险物品的生产、经营、储存单位,应当设置安全生产管理机构或者配备专职安全生产管理人员。所以 D 为正确答案。A 是不正确的,因为安全生产管理人员必须专职,不能兼职。B 也是错误的,因为十九条还规定:生产经营单位依照前款规定委托工程技术人员提供安全生产管理服务的,保证安全生产的责任仍由本单位负责。C 也是错误的,第二十条规定:危险物品的生产、经营、储存单位以及矿山、建筑施工单位的主要负责人和安全生产管理人员,应当由有关主管部门对其安全生产知识和管理能力考核合格后方可任职。

答案:D

117. **解** 《中华人民共和国招标投标法》第十条规定,招标分为公开招标和邀请招标。

答案:B

118. **解** 《中华人民共和国合同法》第十五条规定,要约邀请是希望他人向自己发出要约的意思表示。寄送的价目表、拍卖公告、招标公告、招股说明书、商业广告等为要约邀请。商业广告的内容符合要约规定的,视为要约。

答案:B

119. **解** 《中华人民共和国行政许可法》第四十二条规定,除可以当场作出行政许可决定的外,行政机关应当自受理行政许可申请之日起二十日内做出行政许可决定。二十日内不能做出决定的,经本行政机关负责人批准,可以延长十日,并应当将延长期限的理由告知申请人。但是,法律、法规另有规定的,依照其规定。

答案:D

120. **解** 《中华人民共和国建筑法》第二十九条规定,建筑工程总承包单位按照总承包合同的约定对建设单位负责;分包单位按照分包合同的约定对总承包单位负责。总承包单位和分包单位就分包工程对建设单位承担连带责任。

答案:A

2014 年度全国勘察设计注册工程师

执业资格考试试卷

基础考试
（上）

二〇一四年九月

应考人员注意事项

1. 本试卷科目代码为"1",考生务必将此代码填涂在答题卡"科目代码"相应的栏目内,否则,无法评分。

2. 书写用笔:黑色或蓝色钢笔、签字笔或圆珠笔;

   填涂答题卡用笔:黑色 2B 铅笔。

3. 必须用书写用笔将工作单位、姓名、准考证号填写在答题卡和试卷相应的栏目内。

4. 本试卷由 120 题组成,每题 1 分,满分 120 分,本试卷全部为单项选择题,每小题的四个备选项中只有一个正确答案,错选、多选、不选均不得分。

5. 考生作答时,必须按题号在答题卡上将相应试题所选选项对应的字母用 2B 铅笔涂黑。

6. 在答题卡上书写与题意无关的语言,或在答题卡上作标记的,均按违纪试卷处理。

7. 考试结束时,由监考人员当面将试卷、答题卡一并收回。

8. 草稿纸由各地统一配发,考后收回。

单项选择题(共 120 题,每题 1 分。每题的备选项中只有一个最符合题意。)

1. 若 $\lim\limits_{x \to 0}(1-x)^{\frac{k}{x}}=2$,则常数 k 等于:

    A. $-\ln 2$ B. $\ln 2$

    C. 1   D. 2

2. 在空间直角坐标系中,方程 $x^2+y^2-z=0$ 所表示的图形是:

    A. 圆锥面   B. 圆柱面

    C. 球面   D. 旋转抛物面

3. 点 $x=0$ 是 $y=\arctan\dfrac{1}{x}$ 的:

    A. 可去间断点   B. 跳跃间断点

    C. 连续点   D. 第二类间断点

4. $\dfrac{\mathrm{d}}{\mathrm{d}x}\displaystyle\int_{2x}^{0} e^{-t^2}\,\mathrm{d}t$ 等于:

    A. e^{-4x^2} B. $2e^{-4x^2}$

    C. $-2e^{-4x^2}$ D. e^{-x^2}

5. $\dfrac{\mathrm{d}(\ln x)}{\mathrm{d}\sqrt{x}}$ 等于:

    A. $\dfrac{1}{2x^{3/2}}$ B. $\dfrac{2}{\sqrt{x}}$

    C. $\dfrac{1}{\sqrt{x}}$ D. $\dfrac{2}{x}$

6. 不定积分 $\displaystyle\int \dfrac{x^2}{\sqrt[3]{1+x^3}}\,\mathrm{d}x$ 等于:

    A. $\dfrac{1}{4}(1+x^3)^{\frac{4}{3}}+C$ B. $(1+x^3)^{\frac{1}{3}}+C$

    C. $\dfrac{3}{2}(1+x^3)^{\frac{2}{3}}+C$ D. $\dfrac{1}{2}(1+x^3)^{\frac{2}{3}}+C$

7. 设 $a_n=\left(1+\dfrac{1}{n}\right)^n$,则数列 $\{a_n\}$ 是:

    A. 单调增而无上界   B. 单调增而有上界

    C. 单调减而无下界   D. 单调减而有上界

8. 下列说法中正确的是：

A. 若 $f'(x_0)=0$，则 $f(x_0)$ 必是 $f(x)$ 的极值

B. 若 $f(x_0)$ 是 $f(x)$ 的极值，则 $f(x)$ 在 x_0 处可导，且 $f'(x_0)=0$

C. 若 $f(x)$ 在 x_0 处可导，则 $f'(x_0)=0$ 是 $f(x)$ 在 x_0 取得极值的必要条件

D. 若 $f(x)$ 在 x_0 处可导，则 $f'(x_0)=0$ 是 $f(x)$ 在 x_0 取得极值的充分条件

9. 设有直线 $L_1: \dfrac{x-1}{1}=\dfrac{y-3}{-2}=\dfrac{z+5}{1}$ 与 $L_2:\begin{cases} x=3-t \\ y=1-t \\ z=1+2t \end{cases}$，则 L_1 与 L_2 的夹角 θ 等于：

A. $\dfrac{\pi}{2}$ 　　　　　　　　　　　B. $\dfrac{\pi}{3}$

C. $\dfrac{\pi}{4}$ 　　　　　　　　　　　D. $\dfrac{\pi}{6}$

10. 微分方程 $xy'-y=x^2e^{2x}$ 通解 y 等于：

A. $x(\dfrac{1}{2}e^{2x}+C)$ 　　　　　　　B. $x(e^{2x}+C)$

C. $x(\dfrac{1}{2}x^2e^{2x}+C)$ 　　　　　D. $x^2e^{2x}+C$

11. 抛物线 $y^2=4x$ 与直线 $x=3$ 所围成的平面图形绕 x 轴旋转一周形成的旋转体体积是：

A. $\displaystyle\int_0^3 4x\,dx$ 　　　　　　　B. $\pi\displaystyle\int_0^3 (4x)^2\,dx$

C. $\pi\displaystyle\int_0^3 4x\,dx$ 　　　　　　D. $\pi\displaystyle\int_0^3 \sqrt{4x}\,dx$

12. 级数 $\displaystyle\sum_{n=1}^{\infty}(-1)^n\dfrac{1}{n^{p-1}}$：

A. 当 $1<p\leqslant 2$ 时条件收敛 　　　　B. 当 $p>2$ 时条件收敛

C. 当 $p<1$ 时条件收敛 　　　　　　D. 当 $p>1$ 时条件收敛

13. 函数 $y=C_1e^{-x+c_2}$（C_1,C_2 为任意常数）是微分方程 $y''-y'-2y=0$ 的：

A. 通解 　　　　　　　　　　　B. 特解

C. 不是解 　　　　　　　　　　D. 解，既不是通解又不是特解

14. 设 L 为从点 $A(0,-2)$ 到点 $B(2,0)$ 的有向直线段,则对坐标的曲线积分 $\int_L \dfrac{1}{x-y}\mathrm{d}x +$

 $y\mathrm{d}y$ 等于:

 A. 1 B. -1

 C. 3 D. -3

15. 设方程 $x^2+y^2+z^2=4z$ 确定可微函数 $z=z(x,y)$,则全微分 $\mathrm{d}z$ 等于:

 A. $\dfrac{1}{2-z}(y\mathrm{d}x+x\mathrm{d}y)$ B. $\dfrac{1}{2-z}(x\mathrm{d}x+y\mathrm{d}y)$

 C. $\dfrac{1}{2+z}(\mathrm{d}x+\mathrm{d}y)$ D. $\dfrac{1}{2-z}(\mathrm{d}x-\mathrm{d}y)$

16. 设 D 是由 $y=x$,$y=0$ 及 $y=\sqrt{a^2-x^2}$ $(x\geqslant 0)$ 所围成的第一象限区域,则二重积

 分 $\iint\limits_{D}\mathrm{d}x\mathrm{d}y$ 等于:

 A. $\dfrac{1}{8}\pi a^2$ B. $\dfrac{1}{4}\pi a^2$

 C. $\dfrac{3}{8}\pi a^2$ D. $\dfrac{1}{2}\pi a^2$

17. 级数 $\sum\limits_{n=1}^{\infty}\dfrac{(2x+1)^n}{n}$ 的收敛域是:

 A. $(-1,1)$ B. $[-1,1]$

 C. $[-1,0)$ D. $(-1,0)$

18. 设 $z=e^{xe^y}$,则 $\dfrac{\partial^2 z}{\partial x^2}$ 等于:

 A. e^{xe^y+2y} B. $e^{xe^y+y}(xe^y+1)$

 C. e^{xe^y} D. e^{xe^y+y}

19. 设 $\boldsymbol{A},\boldsymbol{B}$ 为三阶方阵,且行列式 $|\boldsymbol{A}|=-\dfrac{1}{2}$,$|\boldsymbol{B}|=2$,$\boldsymbol{A}^*$ 是 $\boldsymbol{A}$ 的伴随矩阵,则行列式

 $|2\boldsymbol{A}^*\boldsymbol{B}^{-1}|$ 等于:

 A. 1 B. -1

 C. 2 D. -2

20. 下列结论中正确的是：

A. 如果矩阵 A 中所有顺序主子式都小于零，则 A 一定为负定矩阵

B. 设 $A=(a_{ij})_{n\times n}$，若 $a_{ij}=a_{ji}$，且 $a_{ij}>0(i,j=1,2,\cdots,n)$，则 A 一定为正定矩阵

C. 如果二次型 $f(x_1,x_2,\cdots,x_n)$ 中缺少平方项，则它一定不是正定二次型

D. 二次型 $f(x_1,x_2,x_3)=x_1^2+x_2^2+x_3^2+x_1x_2+x_1x_3+x_2x_3$ 所对应的矩阵

是 $\begin{bmatrix} 1 & 1 & 1 \\ 1 & 1 & 1 \\ 1 & 1 & 1 \end{bmatrix}$

21. 已知 n 元非齐次线性方程组 $Ax=b$，秩 $r(A)=n-2$，$\vec{\alpha}_1,\vec{\alpha}_2,\vec{\alpha}_3$ 为其线性无关的解向量，k_1,k_2 为任意常数，则 $Ax=b$ 通解为：

A. $\vec{x}=k_1(\vec{\alpha}_1-\vec{\alpha}_2)+k_2(\vec{\alpha}_1+\vec{\alpha}_3)+\vec{\alpha}_1$

B. $\vec{x}=k_1(\vec{\alpha}_1-\vec{\alpha}_3)+k_2(\vec{\alpha}_2+\vec{\alpha}_3)+\vec{\alpha}_1$

C. $\vec{x}=k_1(\vec{\alpha}_2-\vec{\alpha}_1)+k_2(\vec{\alpha}_2-\vec{\alpha}_3)+\vec{\alpha}_1$

D. $\vec{x}=k_1(\vec{\alpha}_2-\vec{\alpha}_3)+k_2(\vec{\alpha}_1+\vec{\alpha}_2)+\vec{\alpha}_1$

22. 设 A 与 B 是互不相容的事件，$p(A)>0$，$p(B)>0$，则下列式子一定成立的是：

A. $P(A)=1-P(B)$

B. $P(A|B)=0$

C. $P(A|\bar{B})=1$

D. $P(\overline{AB})=0$

23. 设 (X,Y) 的联合概率密度为 $f(x,y)=\begin{cases} k, & 0<x<1,0<y<x \\ 0, & 其他 \end{cases}$，则数学期望 $E(XY)$

等于：

A. $\dfrac{1}{4}$ B. $\dfrac{1}{3}$

C. $\dfrac{1}{6}$ D. $\dfrac{1}{2}$

24. 设 $X_1, X_2, \cdots, X_n$ 与 $Y_1, Y_2, \cdots, Y_n$ 是来自正态总体 $X \sim N(\mu, \sigma^2)$ 的样本,并且相

互独立,$\overline{X}$ 与 $\overline{Y}$ 分别是其样本均值,则 $\dfrac{\sum\limits_{i=1}^{n}(X_i - \overline{X})^2}{\sum\limits_{i=1}^{n}(Y_i - \overline{Y})^2}$ 服从的分布是:

A. $t(n-1)$ B. $F(n-1, n-1)$

C. $\chi^2(n-1)$ D. $N(\mu, \sigma^2)$

25. 在标准状态下,当氢气和氦气的压强与体积都相等时,氢气和氦气的内能之比为:

A. $\dfrac{5}{3}$ B. $\dfrac{3}{5}$

C. $\dfrac{1}{2}$ D. $\dfrac{3}{2}$

26. 速率分布函数 $f(v)$ 的物理意义是:

A. 具有速率 v 的分子数占总分子数的百分比

B. 速率分布在 v 附近的单位速率间隔中百分数占总分子数的百分比

C. 具有速率 v 的分子数

D. 速率分布在 v 附近的单位速率间隔中的分子数

27. 有 1mol 刚性双原子分子理想气体,在等压过程中对外做功 W,则其温度变化

ΔT 为:

A. $\dfrac{R}{W}$ B. $\dfrac{W}{R}$

C. $\dfrac{2R}{W}$ D. $\dfrac{2W}{R}$

28. 理想气体在等温膨胀过程中:

A. 气体做负功,向外界放出热量   B. 气体做负功,从外界吸收热量

C. 气体做正功,向外界放出热量   D. 气体做正功,从外界吸收热量

29. 一横波的波动方程是 $y = 2 \times 10^{-2} \cos 2\pi (10t - \dfrac{x}{5})$(SI),$t = 0.25$s 时,距离原点

$(x=0)$ 处最近的波峰位置为:

A. ± 2.5m   B. ± 7.5m

C. ± 4.5m   D. ± 5m

30. 一平面简谐波在弹性媒质中传播,在某一瞬时,某质元正处于其平衡位置,此时它的:

    A. 动能为零,势能最大   B. 动能为零,势能为零

    C. 动能最大,势能最大   D. 动能最大,势能为零

31. 通常人耳可听到的声波的频率范围是:

    A. $20 \sim 200 Hz$ B. $20 \sim 2000 Hz$

    C. $20 \sim 20000 Hz$ D. $20 \sim 200000 Hz$

32. 在空气中用波长为 λ 的单色光进行双缝干涉验时,观测到相邻明条纹的间距为 1.33mm,当把实验装置放入水中(水的折射率为 $n=1.33$)时,则相邻明条纹的间距变为:

    A. 1.33mm   B. 2.66mm

    C. 1mm   D. 2mm

33. 在真空中可见的波长范围是:

    A. $400 \sim 760 nm$ B. $400 \sim 760 mm$

    C. $400 \sim 760 cm$ D. $400 \sim 760 m$

34. 一束自然光垂直穿过两个偏振片,两个偏振片的偏振化方向成 $45°$。已知通过此两偏振片后光强为 I,则入射至第二个偏振片的线偏振光强度为:

    A. I B. $2I$

    C. $3I$ D. $I/2$

35. 在单缝夫琅禾费衍射实验中,单缝宽度 $a=1 \times 10^{-4} m$,透镜焦距 $f=0.5 m$。若用 $\lambda=400 nm$ 的单色平行光垂直入射,中央明纹的宽度为:

    A. $2 \times 10^{-3} m$ B. $2 \times 10^{-4} m$

    C. $4 \times 10^{-4} m$ D. $4 \times 10^{-3} m$

36. 一单色平行光垂直入射到光栅上,衍射光谱中出现了五条明纹,若已知此光栅的缝宽 a 与不透光部分 b 相等,那么在中央明纹一侧的两条明纹级次分别是:

    A. 1 和 3   B. 1 和 2

    C. 2 和 3   D. 2 和 4

37. 下列元素,电负性最大的是:

    A. F   B. Cl

    C. Br   D. I

38. 在 NaCl，$MgCl_2$，$AlCl_3$，$SiCl_4$ 四种物质中，离子极化作用最强的是：

    A. NaCl
                B. $MgCl_2$

    C. $AlCl_3$
                D. $SiCl_4$

39. 现有 100mL 浓硫酸，测得其质量分数为 98%，密度为 $1.84g \cdot mL^{-1}$，其物质的量浓度为：

    A. $18.4mol \cdot L^{-1}$
                B. $18.8mol \cdot L^{-1}$

    C. $18.0mol \cdot L^{-1}$
                D. $1.84mol \cdot L^{-1}$

40. 已知反应 (1) $H_2(g) + S(s) \rightleftharpoons H_2S(g)$，其平衡常数为 $K_1^\ominus$，

    (2) $S(s) + O_2(g) \rightleftharpoons SO_2(g)$，其平衡常数为 $K_2^\ominus$，则反应

    (3) $H_2(g) + SO_2(s) \rightleftharpoons O_2(g) + H_2S(g)$ 的平衡常数为 $K_3^\ominus$ 是：

    A. $K_1^\ominus + K_2^\ominus$
                B. $K_1^\ominus \cdot K_2^\ominus$

    C. $K_1^\ominus - K_2^\ominus$
                D. $K_1^\ominus / K_2^\ominus$

41. 有原电池 $(-)Zn|ZnSO_4(c_1)||CuSO_4(c_2)|Cu(+)$，如向铜半电池中通入硫化氢，则原电池电动势变化趋势是：

    A. 变大
                B. 变小

    C. 不变
                 D. 无法判断

42. 电解 NaCl 水溶液时，阴极上放电的离子是：

    A. H^+
                B. OH^-

    C. Na^+
                D. Cl^-

43. 已知反应 $N_2(g) + 3H_2(g) \rightarrow 2NH_3(g)$ 的 $\Delta_r H_m < 0$，$\Delta_r S_m < 0$，则该反应为：

    A. 低温易自发，高温不易自发
        B. 高温易自发，低温不易自发

    C. 任何温度都易自发
            D. 任何温度都不易自发

44. 下列有机物中，对于可能处在同一平面上的最多原子数目的判断，正确的是：

    A. 丙烷最多有 6 个原子处于同一平面上

    B. 丙烯最多有 9 个原子处于同一平面上

    C. 苯乙烯( )最多有 16 个原子处于同一平面上

    D. $CH_3CH = CH - C \equiv C - CH_3$ 最多有 12 个原子处于同一平面上

45. 下列有机物中, 既能发生加成反应和酯化反应, 又能发生氧化反应的化合物是:

A. $CH_3CH=CHCOOH$

B. $CH_3CH=CHCOOC_2H_5$

C. $CH_3CH_2CH_2CH_2OH$

D. $HOCH_2CH_2CH_2CH_2OH$

46. 人造羊毛的结构简式为: $\{CH_2-\overset{|}{\underset{CN}{CH}}\}_n$, 它属于:

①共价化合物; ②无机化合物; ③有机化合物; ④高分子化合物; ⑤离子化合物。

A. ②④⑤   B. ①④⑤

C. ①③④   D. ③④⑤

47. 将大小为100N的力 F 沿 x、y 方向分解, 若 F 在 x 轴上的投影为50N, 而沿 x 方向的分力的大小为200N, 则 F 在 y 轴上的投影为:

A. 0

B. 50N

C. 200N

D. 100N

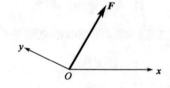

48. 图示边长为 a 的正方形物块 $OABC$, 已知: 力 $F_1=F_2=F_3=F_4=F$, 力偶矩 $M_1=M_2=Fa$。该力系向 O 点简化后的主矢及主矩应为:

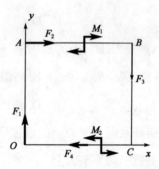

A. $F_R=0N$, $M_O=4Fa(\circlearrowleft)$

B. $F_R=0N$, $M_O=3Fa(\circlearrowleft)$

C. $F_R=0N$, $M_O=2Fa(\circlearrowleft)$

D. $F_R=0N$, $M_O=2Fa(\circlearrowleft)$

49. 在图示机构中,已知 F_p,$L=2$m,$r=0.5$m,$\theta=30°$,$BE=EG$,$CE=EH$,则支座 A 的约束力为:

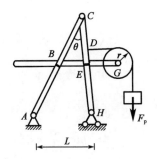

    A. $F_{Ax}=F_p(\leftarrow)$, $F_{Ay}=1.75F_p(\downarrow)$

    B. $F_{Ax}=0$, $F_{Ay}=0.75F_p(\downarrow)$

    C. $F_{Ax}=0$, $F_{Ay}=0.75F_p(\uparrow)$

    D. $F_{Ax}=F_p(\rightarrow)$, $F_{Ay}=1.75F_p(\uparrow)$

50. 图示不计自重的水平梁与桁架在 B 点铰接。已知:荷载 F_1、F 均与 BH 垂直,$F_1=8$kN,$F=4$kN,$M=6$kN·m,$q=1$kN/m,$L=2$m。则杆件 1 的内力为:

    A. $F_1=0$

    B. $F_1=8$kN

    C. $F_1=-8$kN

    D. $F_1=-4$kN

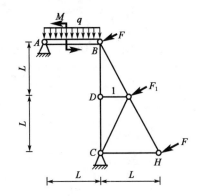

51. 动点 A 和 B 在同一坐标系中的运动方程分别为 $\begin{cases} x_A=t \\ y_A=2t^2 \end{cases}$,$\begin{cases} x_B=t^2 \\ y_B=2t^4 \end{cases}$,其中 x、y 以 cm 计,t 以 s 计,则两点相遇的时刻为:

    A. $t=1$s   B. $t=0.5$s

    C. $t=2$s   D. $t=1.5$s

52. 刚体作平动时,某瞬时体内各点的速度与加速度为:

    A. 体内各点速度不相同,加速度相同

    B. 体内各点速度相同,加速度不相同

    C. 体内各点速度相同,加速度也相同

    D. 体内各点速度不相同,加速度也不相同

53. 杆 OA 绕固定轴 O 转动,长为 l,某瞬时杆端 A 点的加速度 a 如图所示。则该瞬时 OA 的角速度及角加速度为:

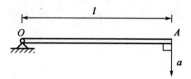

A. $0, \dfrac{a}{l}$

B. $\sqrt{\dfrac{a\cos\alpha}{l}}, \dfrac{a\sin\alpha}{l}$

C. $\sqrt{\dfrac{a}{l}}, 0$

D. $0, \sqrt{\dfrac{a}{l}}$

54. 在图示圆锥摆中,球 M 的质量为 m,绳长 l,若 α 角保持不变,则小球的法向加速度为:

A. $g\sin\alpha$

B. $g\cos\alpha$

C. $g\tan\alpha$

D. $g\cot\alpha$

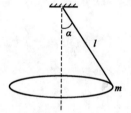

55. 图示均质链条传动机构的大齿轮以角速度 ω 转动,已知大齿轮半径为 R,质量为 m_1,小齿轮半径为 r,质量为 m_2,链条质量不计,则此系统的动量为:

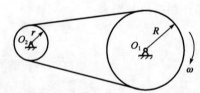

A. $(m_1+2m_2)v \rightarrow$

B. $(m_1+m_2)v \rightarrow$

C. $(2m_1-m_2)v \rightarrow$

D. 0

56. 均质圆柱体半径为 R,质量为 m,绕关于对纸面垂直的固定水平轴自由转动,初瞬时静止(G 在 O 轴的沿垂线上),如图所示,则圆柱体在位置 $\theta=90°$ 时的角速度是:

A. $\sqrt{\dfrac{g}{3R}}$

B. $\sqrt{\dfrac{2g}{3R}}$

C. $\sqrt{\dfrac{4g}{3R}}$

D. $\sqrt{\dfrac{g}{2R}}$

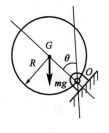

57. 质量不计的水平细杆 AB 长为 L,在沿垂图面内绕 A 轴转动,其另一端固连质量为 m 的质点 B,在图示水平位置静止释放。则此瞬时质点 B 的惯性力为:

A. $F_g=mg$

B. $F_g=\sqrt{2}mg$

C. 0

D. $F_g=\dfrac{\sqrt{2}}{2}mg$

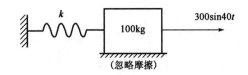

58. 如图所示系统中,当物块振动的频率比为 1.27 时,k 的值是:

A. $1\times10^5\,\text{N/m}$

B. $2\times10^5\,\text{N/m}$

C. $1\times10^4\,\text{N/m}$

D. $1.5\times10^5\,\text{N/m}$

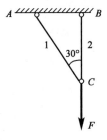

59. 图示结构的两杆面积和材料相同,在沿直向下的力 F 作用下,下面正确的结论是:

A. C 点位平放向下偏左,1 杆轴力不为零

B. C 点位平放向下偏左,1 杆轴力为零

C. C 点位平放铅直向下,1 杆轴力为零

D. C 点位平放向下偏右,1 杆轴力不为零

60. 图截面杆 ABC 轴向受力如图所示,已知 BC 杆的直径 $d=100$mm,AB 杆的直径为 $2d$,杆的最大拉应力是:

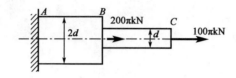

A. 40MPa

B. 30MPa

C. 80MPa

D. 120MPa

61. 桁架由 2 根细长直杆组成,杆的截面尺寸相同,材料分别是结构钢和普通铸铁,在下列桁架中,布局比较合理的是:

A. 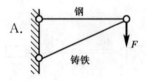   B.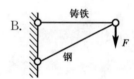

C. 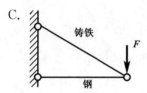   D.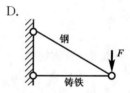

62. 冲床在钢板上冲一圆孔,圆孔直径 $d=100$mm,钢板的厚度 $t=10$mm 钢板的剪切强度极限 $\tau_b=300$MPa,需要的冲压力 F 是:

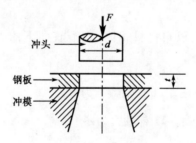

A. $F=300\pi$kN

B. $F=3000\pi$kN

C. $F=2500\pi$kN

D. $F=7500\pi$kN

63. 螺钉受力如图。已知螺钉和钢板的材料相同,拉伸许用应力$[\sigma]$是剪切许用应力$[\tau]$的2倍,即$[\sigma]=2[\tau]$,钢板厚度t是螺钉头高度h的1.5倍,则螺钉直径d的合理值是:

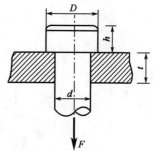

A. $d=2h$

B. $d=0.5h$

C. $d^2=2Dt$

D. $d^2=0.5Dt$

64. 图示受扭空心圆轴横截面上的切应力分布图,其中正确的是:

A. 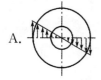   B.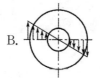

C.   D.

65. 在一套传动系统中,有多根圆轴,假设所有圆轴传递的功率相同,但转速不同,各轴所承受的扭矩与其转速的关系是:

A. 转速快的轴扭矩大

B. 转速慢的轴扭矩大

C. 各轴的扭矩相同

D. 无法确定

66. 梁的弯矩图如图所示,最大值在B截面。在梁的A、B、C、D四个截面中,剪力为零的截面是:

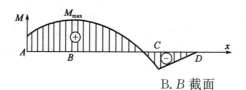

A. A 截面   B. B 截面

C. C 截面   D. D 截面

67.图示矩形截面受压杆,杆的中间段右侧有一槽,如图 a)所示,若在杆的左侧,即槽的对称位置也挖出同样的槽(见图 b),则图 b)杆的最大压应力是图 a)最大压应力的:

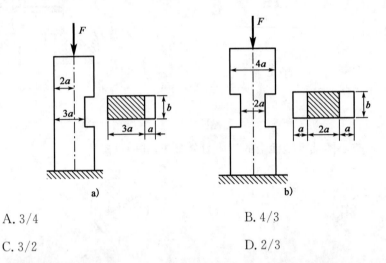

A. 3/4

B. 4/3

C. 3/2

D. 2/3

68.梁的横截面可选用图示空心矩形、矩形、正方形和圆形四种之一,假设四种截面的面积均相等,荷载作用方向沿垂向下,承载能力最大的截面是:

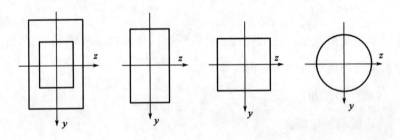

A. 空心矩形

B. 实心矩形

C. 正方形

D. 圆形

69.按照第三强度理论,图示两种应力状态的危险程度是:

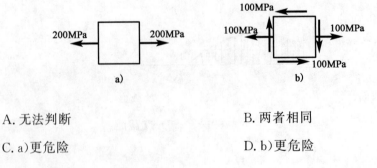

A. 无法判断

B. 两者相同

C. a)更危险

D. b)更危险

70. 正方形截面杆 AB,力 F 作用在 xoy 平面内,与 x 轴夹角 α,杆距离 B 端为 a 的横截面上最大正应力在 $\alpha=45°$ 时的值是 $\alpha=0$ 时值的:

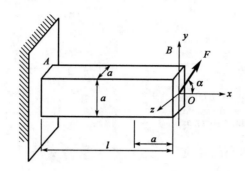

A. $\dfrac{7\sqrt{2}}{2}$ 倍

B. $3\sqrt{2}$ 倍

C. $\dfrac{5\sqrt{2}}{2}$ 倍

D. $\sqrt{2}$ 倍

71. 如图所示水下有一半径为 $R=0.1m$ 的半球形侧盖,球心至水面距离 $H=5m$,作用于半球盖上水平方向的静水压力是:

A. 0.98kN

B. 1.96kN

C. 0.77kN

D. 1.54kN

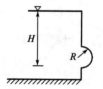

72. 密闭水箱如图所示,已知水深 $h=2m$,自由面上的压强 $p_0=88kN/m^2$,当地大气压强 $p_a=101kN/m^2$,则水箱底部 A 点的绝对压强与相对压强分别为:

A. $107.6kN/m^2$ 和 $-6.6kN/m^2$

B. $107.6kN/m^2$ 和 $6.6kN/m^2$

C. $120.6kN/m^2$ 和 $-6.6kN/m^2$

D. $120.6kN/m^2$ 和 $6.6kN/m^2$

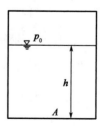

73. 下列不可压缩二维流动中,满足连续性方程的是:

A. $u_x = 2x, u_y = 2y$

B. $u_x = 0, u_y = 2xy$

C. $u_x = 5x, u_y = -5y$

D. $u_x = 2xy, u_y = -2xy$

74. 圆管层流中,下述错误的是:

A. 水头损失与雷诺数有关

B. 水头损失与管长度有关

C. 水头损失与流速有关

D. 水头损失与粗糙度有关

75. 主干管在 A、B 间是由两条支管组成的一个并联管路,两支管的长度和管径分别为 $l_1 = 1800m, d_1 = 150mm, l_2 = 3000m, d_2 = 200mm$,两支管的沿程阻力系数 λ 均为 0.01,若主干管流量 $Q = 39L/s$,则两支管流量分别为:

A. $Q_1 = 12L/s, Q_2 = 27L/s$

B. $Q_1 = 15L/s, Q_2 = 24L/s$

C. $Q_1 = 24L/s, Q_2 = 15L/s$

D. $Q_1 = 27L/s, Q_2 = 12L/s$

76. 一梯形断面明渠,水力半径 $R = 0.8m$,底坡 $i = 0.0006$,粗糙系数 $n = 0.05$,则输水流速为:

A. 0.42m/s

B. 0.48m/s

C. 0.6m/s

D. 0.75m/s

77. 地下水的浸润线是指:

A. 地下水的流线

B. 地下水运动的迹线

C. 无压地下水的自由水面线

D. 土壤中干土与湿土的界限

78. 用同种流体,同一温度进行管道模型实验,按黏性力相似准则,已知模型管径
0.1m,模型流速 4m/s,若原型管径为 2m,则原型流速为:

    A. 0.2m/s   B. 2m/s

    C. 80m/s   D. 8m/s

79. 真空中有三个带电质点,其电荷分别为 q_1、q_2 和 q_3,其中,电荷为 q_1 和 q_3 的质点
位置固定,电荷为 q_2 的质点可以自由移动,当三个质点的空间分布如图所示时,
电荷为 q_2 的质点静止不动,此时如下关系成立的是:

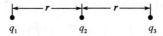

    A. $q_1 = q_2 = 2q_3$

    B. $q_1 = q_3 = |q_2|$

    C. $q_1 = q_2 = -q_3$

    D. $q_2 = q_3 = -q_1$

80. 在图示电路中,$I_1 = -4A$,$I_2 = -3A$,则 $I_3 =$

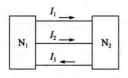

    A. $-1A$ B. 7A

    C. $-7A$ D. 1A

81. 已知电路如图所示,其中,响应电流 I 在电压源单独作用时的分量为:

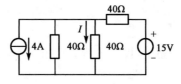

    A. 0.375A   B. 0.25A

    C. 0.125A   D. 0.1875A

82. 已知电流 $i(t)=0.1\sin(wt+10°)$ A，电压 $u(t)=10\sin(wt-10°)$ V，则如下表述中正确的是：

    A. 电流 $i(t)$ 与电压 $u(t)$ 呈反相关系

    B. $\dot{I}=0.1\angle10°$A，$\dot{U}=10\angle-10°$V

    C. $\dot{I}=70.7\angle10°$mA，$\dot{U}=-7.07\angle10°$V

    D. $\dot{I}=70.7\angle10°$mA，$\dot{U}=7.07\angle-10°$V

83. 一交流电路由 R、L、C 串联而成，其中，$R=10\Omega$，$X_L=8\Omega$，$X_C=6\Omega$。通过该电路的电流为 10A，则该电路的有功功率、无功功率和视在功率分别为：

    A. 1kW，1.6kvar，$2.6\text{kV}\cdot\text{A}$

    B. 1kW，200var，$1.2\text{kV}\cdot\text{A}$

    C. 100W，200var，$223.6\text{V}\cdot\text{A}$

    D. 1kW，200var，$1.02\text{kV}\cdot\text{A}$

84. 已知电路如图所示，设开关在 $t=0$ 时刻断开，那么如下表述中正确的是：

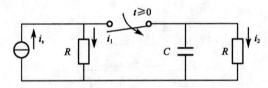

    A. 电路的左右两侧均进入暂态过程

    B. 电路 i_1 立即等于 i_s，电流 i_2 立即等于 0

    C. 电路 i_2 由 $\frac{1}{2}i_s$ 逐步衰减到 0

    D. 在 $t=0$ 时刻，电流 i_2 发生了突变

85. 图示变压器空载运行电路中，设变压器为理想器件，若 $u=\sqrt{2}U\sin\omega t$，则此时：

    A. $U_1=\dfrac{\omega L \cdot U}{\sqrt{R^2+(\omega L)^2}}$，$U_2=0$

    B. $u_1=u$，$U_2=\dfrac{1}{2}U_1$

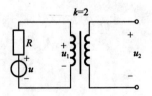

    C. $u_1\neq u$，$U_2=\dfrac{1}{2}U_1$

    D. $u_1=u$，$U_2=2U_1$

86.设某△接异步电动机全压启动时的启动电流 $I_{st} = 30A$,启动转矩 $T_u = 45N \cdot m$,若对此台电动机采用 Y-△降压启动方案,则启动电流和启动转矩分别为:

    A.17.32A,25.98N·m

    B.10A,15N·m

    C.10A,25.98N·m

    D.17.32A,15N·m

87.图示电路的任意一个输出端,在任意时刻都只出现 0V 或 5V 这两个电压值(例如,在 $t = t_0$ 时刻获得的输出电压从上到下依次为 5V、0V、5V、0V),那么该电路的输出电压:

    A. 是取值离散的连续时间信号

    B. 是取值连续的离散时间信号

    C. 是取值连续的连续时间信号

    D. 是取值离散的离散时间信号

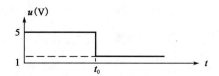

88.图示非周期信号 $u(t)$ 如图所示,若利用单位阶跃函数 $\varepsilon(t)$ 将其写成时间函数表达式,则 $u(t)$ 等于:

    A.5－1＝4V

    B.$5\varepsilon(t)+\varepsilon(t-t_0)$V

    C.$5\varepsilon(t)-4\varepsilon(t-t_0)$V

    D.$5\varepsilon(t)-4\varepsilon(t+t_0)$V

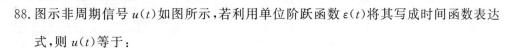

89.模拟信号经线性放大器放大后,信号中被改变的量是:

    A. 信号的频率

    B. 信号的幅值频谱

    C. 信号的相位频谱

    D. 信号的幅值

90.逻辑表达式(A＋B)(A＋C)的化简结果是:

    A. A

    B. $A^2+AB+AC+BC$

    C. A＋BC

    D. (A＋B)(A＋C)

91. 已知数字信号 A 和数字信号 B 的波形如图所示,则数字信号 F=$\overline{AB}$的波形为:

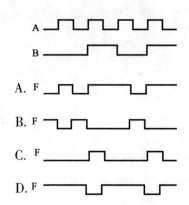

92. 逻辑函数 F=f(A、B、C)的真值表如图所示,由此可知:

A. F=$\overline{A}(\overline{B}C+B\overline{C})+A(\overline{B}\overline{C}+BC)$

B. F=$\overline{B}C+B\overline{C}$

C. F=$\overline{B}\,\overline{C}+BC$

D. F=$\overline{A}+\overline{B}+\overline{BC}$

A	B	C	F
0	0	0	1
0	0	1	0
0	1	0	0
0	1	1	1
1	0	0	1
1	0	1	0
1	1	0	0
1	1	1	1

93. 二极管应用电路如图 a)所示,电路的激励 u_i 如图 b)所示,设二极管为理想器件,则电路的输出电压 u_o 的平均值 U_o=

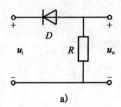
a)

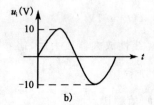
b)

A. $\dfrac{10}{\sqrt{2}}\times0.45=3.18V$

B. $10\times0.45=4.5V$

C. $-\dfrac{10}{\sqrt{2}}\times0.45=-3.18V$

D. $-10\times0.45=-4.5V$

94. 运算放大器应用电路如图所示,设运算放大器输出电压的极限值为±11V,如果将 2V 电压接入电路的"A"端,电路的"B"端接地后,测得输出电压为−8V,那么,如果将 2V 电压接入电路的"B"端,而电路的"A"端接地,则该电路的输出电压 u_o 等于:

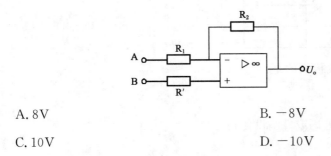

A. 8V
B. −8V
C. 10V
D. −10V

95. 图 a)所示电路中,复位信号 $\overline{R}_D$、信号 A 及时钟脉冲信号 cp 如图 b)所示,经分析可知,在第一个和第二个时钟脉冲的下降沿时刻,输出 Q 先后等于:

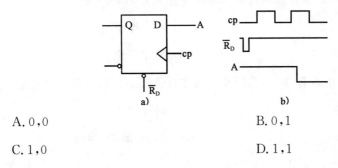

A. 0,0
B. 0,1
C. 1,0
D. 1,1

附:触发器的逻辑状态表为

D	Q_{n+1}
0	0
1	1

96. 图 a)所示电路中,复位信号、数据输入及时钟脉冲信号如图 b)所示,经分析可知,在第一个和第二个时钟脉冲的下降沿过后,输出 Q 先后等于:

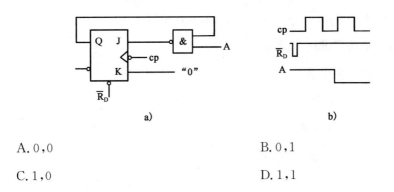

A. 0,0
B. 0,1
C. 1,0
D. 1,1

附:触发器的逻辑状态表为

J	K	Q_{n+1}
0	0	Q_D
0	1	0
1	0	1
1	1	$\overline{Q_D}$

97. 总线中的地址总线传输的是：

A. 程序和数据

B. 主储存器的地址码或外围设备码

C. 控制信息

D. 计算机的系统命令

98. 软件系统中，能够管理和控制计算机系统全部资源的软件是：

A. 应用软件　　　　　　　　　　B. 用户程序

C. 支撑软件　　　　　　　　　　D. 操作系统

99. 用高级语言编写的源程序，将其转换成能在计算机上运行的程序过程是：

A. 翻译、连接、执行　　　　　　B. 编辑、编译、连接

C. 连接、翻译、执行　　　　　　D. 编程、编辑、执行

100. 十进制的数 256.625 用十六进制表示则是：

A. 110. B　　　　　　　　　　B. 200. C

C. 100. A　　　　　　　　　　D. 96. D

101. 在下面有关信息加密技术的论述中，不正确的是：

A. 信息加密技术是为提高信息系统及数据的安全性和保密性的技术

B. 信息加密技术是为防止数据信息被别人破译而采用的技术

C. 信息加密技术是网络安全的重要技术之一

D. 信息加密技术是为清楚计算机病毒而采用的技术

102. 可以这样来认识进程，进程是：

A. 一段执行中的程序

B. 一个名义上的软件系统

C. 与程序等效的一个概念

D. 一个存放在 ROM 中的程序

103. 操作系统中的文件管理是：

    A. 对计算机的系统软件资源进行管理

    B. 对计算机的硬件资源进行管理

    C. 对计算机用户进行管理

    D. 对计算机网络进行管理

104. 在计算机网络中,常将负责全网络信息处理的设备和软件称为：

    A. 资源子网　　　　　　　　　　B. 通信子网

    C. 局域网　　　　　　　　　　　D. 广域网

105. 若按采用的传输介质的不同,可将网络分为：

    A. 双绞线网、同轴电缆网、光纤网、无线网

    B. 基带网和宽带网

    C. 电路交换类、报文交换类、分组交换类

    D. 广播式网络、点到点式网络

106. 一个典型的计算机网络系统主要是由：

    A. 网络硬件系统和网络软件系统组成

    B. 主机和网络软件系统组成

    C. 网络操作系统和若干计算机组成

    D. 网络协议和网络操作系统组成

107. 如现在投资 100 万元,预计年利率为 10%,分 5 年等额回收,每年可回收：[已知：$(A/P,10\%,5)=0.2638,(A/F,10\%,5)=0.1638$]

    A. 16.38 万元　　　　　　　　　B. 26.38 万元

    C. 62.09 万元　　　　　　　　　D. 75.82 万元

108. 某项目投资中有部分资金源于银行贷款,该贷款在整个项目期间将等额偿还本息。项目预计年经营成本为 5000 万元,年折旧费和摊销为 2000 万元,则该项目的年总成本费用应：

    A. 等于 5000 万元　　　　　　　B. 等于 7000 万元

    C. 大于 7000 万元　　　　　　　D. 在 5000 万元与 7000 万元之间

109. 下列财务评价指标中,反映项目盈利能力的指标是：

    A. 流动比率　　　　　　　　　　B. 利息备付率

    C. 投资回收期　　　　　　　　　D. 资产负债率

110. 某项目第一年年初投资 5000 万元,此后从第一年年末开始每年年末有相同的净收益,收益期为 10 年。寿命期结束时的净残值为 100 万元,若基准收益率为 12%,则要使该投资方案的净现值为零,其年净收益应为:[已知:$(P/A,12\%,10)=5.6500;(P/F,12\%,10)=0.3220$]

    A. 879. 26 万元   B. 884. 96 万元

    C. 890. 65 万元   D. 1610 万元

111. 某企业设计生产能力为年产某产品 40000t,在满负荷生产状态下,总成本为 30000 万元,其中固定成本为 10000 万元,若产品价格为 1 万元/t,则以生产能力利用率表示的盈亏平衡点为:

    A. 25%   B. 35%   C. 40%   D. 50%

112. 已知甲、乙为两个寿命期相同的互斥项目,通过测算得出:甲、乙两项目的内部收益率分别为 18% 和 14%,甲、乙两项目的净现值分别为 240 万元和 320 万元。假如基准收益率为 12%,则以下说法中正确的是:

    A. 应选择甲项目

    B. 应选择乙项目

    C. 应同时选择甲、乙两个项目

    D. 甲、乙项目均不应选择

113. 下列项目方案类型中,适于采用最小公倍数法进行方案比选的是:

    A. 寿命期相同的互斥方案   B. 寿命期不同的互斥方案

    C. 寿命期相同的独立方案   D. 寿命期不同的独立方案

114. 某项目整体功能的目标成本为 100 万元,在进行功能评价时,得出某一功能 F^* 的功能评价系数为 0.3,若其成本改进期望值为 −5000 元(即降低 5000 元),则 F^* 的现实成本为:

    A. 2. 5 万元   B. 3 万元   C. 3. 5 万元   D. 4 万元

115. 根据《中华人民共和国建筑法》规定,对从事建筑业的单位实行资质管理制度,将从事建活动的工程监理单位,划分为不同的资质等级。监理单位资质等级的划分条件可以不考虑:

    A. 注册资本   B. 法定代表人

    C. 已完成的建筑工程业绩   D. 专业技术人员

116. 某生产经营单位使用危险性较大的特种设备,根据《安全生产法》规定,该设备投入使用的条件不包括:

A. 该设备应由专业生产单位生产

B. 该设备应进行安全条件论证和安全评价

C. 该设备须经取得专业资质的检测、检验机构检测、检验合格

D. 该设备须取得安全使用证或者安全标志

117. 根据《中华人民共和国招标投标法》规定,某工程项目委托监理服务的招投标活动,应当遵循的原则是:

A. 公开、公平、公正、诚实信用

B. 公开、平等、自愿、公平、诚实信用

C. 公正、科学、独立、诚实信用

D. 全面、有效、合理、诚实信用

118. 根据《中华人民共和国合同法》规定,要约可以撤回和撤销。下列要约,不得撤销的是:

A. 要约到达受要约人

B. 要约人确定了承诺期限

C. 受要约人未发出承诺通知

D. 受要约人即将发出承诺通知

119. 下列情形中,作出行政许可决定的行政机关或者其上级行政机关,应当依法办理有关行政许可的注销手续的是:

A. 取得市场准入许可的被许可人擅自停业、歇业

B. 行政机关工作人员对直接关系生命财产安全的设施监督检查时,发现存在安全隐患的

C. 行政许可证件依法被吊销的

D. 被许可人未依法履行开发利用自然资源义务的

120. 某建设工程项目完成施工后,施工单位提出工程竣工验收申请,根据《建设工程质量管理条例》规定,该建设工程竣工验收应当具备的条件不包括:

A. 有施工单位提交的工程质量保证保证金

B. 有工程使用的主要建筑材料、建筑构配件和设备的进场试验报告

C. 有勘察、设计、施工、工程监理等单位分别签署的质量合格文件

D. 有完整的技术档案和施工管理资料

2014 年度全国勘察设计注册工程师执业资格考试基础考试(上)试题解析及参考答案

1. **解** $\lim\limits_{x \to 0}(1-x)^{\frac{k}{x}} = 2$

可利用公式 $\lim\limits_{x \to 0}(1+x)^{\frac{1}{x}} = e$ 计算

因 $\lim\limits_{x \to 0}(1-x)^{\frac{-k}{-x}} = \lim\limits_{x \to 0}\left[(1-x)^{\frac{1}{-x}}\right]^{-k} = e^{-k}$

所以 $e^{-k} = 2, k = -\ln 2$

答案:A

2. **解** $x^2 + y^2 - z = 0, z = x^2 + y^2$ 为旋转抛物面。

答案:D

3. **解** $y = \arctan\dfrac{1}{x}, x = 0$,分母为零,该点为间断点。

因 $\lim\limits_{x \to 0^+}\arctan\dfrac{1}{x} = \dfrac{\pi}{2}, \lim\limits_{x \to 0^-}\arctan\dfrac{1}{x} = -\dfrac{\pi}{2}$,所以 $x = 0$ 为跳跃间断点。

答案:B

4. **解** $\dfrac{\mathrm{d}}{\mathrm{d}x}\displaystyle\int_{2x}^{0}e^{-t^2}\mathrm{d}t = -\dfrac{\mathrm{d}}{\mathrm{d}x}\displaystyle\int_{0}^{2x}e^{-t^2}\mathrm{d}t = -e^{-4x^2} \cdot 2 = -2e^{-4x^2}$

答案:C

5. **解** $\dfrac{\mathrm{d}(\ln x)}{\mathrm{d}\sqrt{x}} = \dfrac{\dfrac{1}{x}\mathrm{d}x}{\dfrac{1}{2} \cdot \dfrac{1}{\sqrt{x}}\mathrm{d}x} = \dfrac{2}{\sqrt{x}}$

答案:B

6. **解** $\displaystyle\int\dfrac{x^2}{\sqrt[3]{1+x^3}}\mathrm{d}x = \dfrac{1}{3}\displaystyle\int\dfrac{1}{\sqrt[3]{1+x^3}}\mathrm{d}x^3 = \dfrac{1}{3}\displaystyle\int\dfrac{1}{\sqrt[3]{1+x^3}}\mathrm{d}(1+x^3)$

$= \dfrac{1}{3} \times \dfrac{3}{2}(1+x^3)^{\frac{2}{3}} + C = \dfrac{1}{2}(1+x^3)^{\frac{2}{3}} + C$

答案:D

7. **解** $a_n = \left(1+\dfrac{1}{n}\right)^n$,数列 $\{a_n\}$ 是单调增而有上界。

答案:B

8.解 函数 $f(x)$ 在点 x_0 处可导,则 $f'(x_0)=0$ 是 $f(x)$ 在 x_0 取得极值的必要条件。

答案:C

9.解
$$L_1:\frac{x-1}{1}=\frac{y-3}{-2}=\frac{z+5}{1},\vec{S_1}=\{1,-2,1\}$$

$$L_2:\frac{x-3}{-1}=\frac{y-1}{-1}=\frac{z-1}{2}=t,\vec{S_2}=\{-1,-1,2\}$$

$$\cos(\vec{S_1},\vec{S_2})=\frac{\vec{S_1}\cdot\vec{S_2}}{|\vec{S_1}||\vec{S_2}|}=\frac{3}{\sqrt{6}\times\sqrt{6}}=\frac{1}{2},(\vec{S_1},\vec{S_2})=\frac{\pi}{3}$$

答案:B

10.解 $xy'-y=x^2e^{2x}\Rightarrow y'-\frac{1}{x}y=xe^{2x}$

$P(x)=-\frac{1}{x},Q(x)=xe^{2x}$

$$y=e^{-\int\left(-\frac{1}{x}\right)\mathrm{d}x}\left[\int xe^{2x}e^{\int\left(-\frac{1}{x}\right)\mathrm{d}x}\mathrm{d}x+C\right]$$

$$=e^{\ln x}(\int xe^{2x}e^{-\ln x}\mathrm{d}x+C)=x(\int e^{2x}\mathrm{d}x+C)$$

$$=x\left(\frac{1}{2}e^{2x}+C\right)$$

答案:A

11.解 $V=\int_0^3\pi y^2\mathrm{d}x=\int_0^3\pi 4x\mathrm{d}x=\pi\int_0^3 4x\mathrm{d}x$

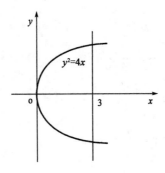

题 11 解图

答案:C

12.解 $\sum\limits_{n=1}^{\infty}(-1)^n\frac{1}{n^{p-1}}$ 级数条件收敛应满足条件:①取绝对值后级数发散;②原级数收敛。

$\sum\limits_{n=1}^{\infty}\left|(-1)^n\frac{1}{n^{p-1}}\right|=\sum\limits_{n=1}^{\infty}\frac{1}{n^{p-1}}$,当 $0<p-1\leqslant 1$ 时,即 $1<p\leqslant 2$,取绝对值后级数发散,原

级数 $\sum\limits_{n=1}^{\infty}(-1)^n\dfrac{1}{n^{p-1}}$ 为交错级数。

当 $p-1>0$ 时,即 $p>1$

利用幂函数性质判定: $y=x^p(p>0)$

当 $x\in(0,+\infty)$ 时, $y=x^p$ 单增,且过 $(1,1)$ 点,本题中, $p>1$,因而 $n^{p-1}<(n+1)^{p-1}$,

所以 $\dfrac{1}{n^{p-1}}>\dfrac{1}{(n+1)^{p-1}}$ 。

满足:① $\dfrac{1}{n^{p-1}}>\dfrac{1}{(n+1)^{p-1}}$;② $\lim\limits_{n\to\infty}\dfrac{1}{n^{p-1}}=0$ 。故 $\sum\limits_{n=1}^{\infty}(-1)^n\dfrac{1}{n^{p-1}}$ 收敛。

综合以上结论, $1<p\leqslant2$ 和 $p>1$,应为 $1<p\leqslant2$ 。

答案: A

13.解 $y=C_1e^{-x+C_2}=C_1e^{C_2}e^{-x}$

$y'=-C_1e^{C_2}e^{-x},y''=C_1e^{C_2}e^{-x}$

代入方程得 $C_1e^{C_2}e^{-x}-(-C_1e^{C_2}e^{-x})-2C_1e^{C_2}e^{-x}=0$

$y=C_1e^{-x+C_2}$ 是方程 $y''-y'-2y=0$ 的解,又因 $y=C_1e^{-x+C_2}=C_1e^{C_2}e^{-x}=C_3e^{-x}$ (其中 $C_3=C_1e^{C_2}$)只含有一个独立的任意常数,所以 $y=C_1e^{-x+C_2}$,既不是方程的通解,也不是方程的特解。

答案: D

14.解 $L:\begin{cases}y=x-2\\x=x\end{cases}$, $x:0\to2$,如解图所示。

注:从起点对应的参数积到终点对应的参数。

$$\int_L\dfrac{1}{x-y}dx+ydy=\int_0^2\dfrac{1}{x-(x-2)}dx+(x-2)dx$$

$$=\int_0^2\left(x-\dfrac{3}{2}\right)dx=\left(\dfrac{1}{2}x^2-\dfrac{3}{2}x\right)\Big|_0^2$$

$$=\dfrac{1}{2}\times4-\dfrac{3}{2}\times2=-1$$

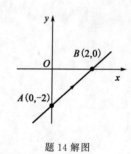

题 14 解图

答案: B

15.解 $x^2+y^2+z^2=4z,x^2+y^2+z^2-4z=0$

$F_x=2x,F_y=2y,F_z=2z-4$

$\dfrac{\partial z}{\partial x}=-\dfrac{F_x}{F_z}=-\dfrac{2x}{2z-4}=-\dfrac{x}{z-2},\dfrac{\partial z}{\partial y}=-\dfrac{F_y}{F_z}=-\dfrac{2y}{2z-4}=-\dfrac{y}{z-2}$

$dz=\dfrac{\partial z}{\partial x}dx+\dfrac{\partial z}{\partial y}dy=-\dfrac{x}{z-2}dx-\dfrac{y}{z-2}dy=\dfrac{1}{2-z}(xdx+ydy)$

答案: B

16. 解 $D:\begin{cases}0\leqslant\theta\leqslant\dfrac{\pi}{4}\\0\leqslant r\leqslant a\end{cases}$，如解图所示。

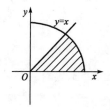

题 16 解图

$$\iint\limits_{D}\mathrm{d}x\mathrm{d}y=\int_0^{\frac{\pi}{4}}\mathrm{d}\theta\int_0^a r\mathrm{d}r=\frac{\pi}{4}\times\frac{1}{2}r^2\Big|_0^a=\frac{1}{8}\pi a^2$$

答案: A

17. 解 设 $2x+1=z$，级数为 $\sum\limits_{n=1}^{\infty}\dfrac{z^n}{n}$

$$\lim_{n\to\infty}\left|\frac{a_{n+1}}{a_n}\right|=\lim_{n\to\infty}\frac{\frac{1}{n+1}}{\frac{1}{n}}=1,\rho=1,R=\frac{1}{\rho}=1$$

当 $z=1$ 时，$\sum\limits_{n=1}^{\infty}\dfrac{1}{n}$ 发散，当 $z=-1$ 时，$\sum\limits_{n=1}^{\infty}\dfrac{(-1)^n}{n}$ 收敛

所以 $-1\leqslant z<1$ 收敛，即 $-1\leqslant 2x+1<1,-1\leqslant x<0$

答案: C

18. 解 $z=e^{xe^y},\dfrac{\partial z}{\partial x}=e^{xe^y}\cdot e^y=e^y\cdot e^{xe^y}$

$$\frac{\partial^2 z}{\partial x^2}=e^y\cdot e^{xe^y}\cdot e^y=e^{xe^y}\cdot e^{2y}=e^{xe^y+2y}$$

答案: A

19. 解 方法 1：$|2\boldsymbol{A}^*\boldsymbol{B}^{-1}|=2^3|\boldsymbol{A}^*\boldsymbol{B}^{-1}|=2^3|\boldsymbol{A}^*|\cdot|\boldsymbol{B}^{-1}|$

$$\boldsymbol{A}^{-1}=\frac{1}{|\boldsymbol{A}|}\boldsymbol{A}^*,\boldsymbol{A}^*=|\boldsymbol{A}|\cdot\boldsymbol{A}^{-1}$$

$$\boldsymbol{A}\cdot\boldsymbol{A}^{-1}=\boldsymbol{E},|\boldsymbol{A}|\cdot|\boldsymbol{A}^{-1}|=1,|\boldsymbol{A}^{-1}|=\frac{1}{|\boldsymbol{A}|}=\frac{1}{-\frac{1}{2}}=-2$$

$$|\boldsymbol{A}^*|=||\boldsymbol{A}|\cdot\boldsymbol{A}^{-1}|=\left|-\frac{1}{2}\mathrm{A}^{-1}\right|=\left(-\frac{1}{2}\right)^3|\boldsymbol{A}^{-1}|=\left(-\frac{1}{2}\right)^3\times(-2)=\frac{1}{4}$$

$$\boldsymbol{B}\cdot\boldsymbol{B}^{-1}=\boldsymbol{E},|\boldsymbol{B}|\cdot|\boldsymbol{B}^{-1}|=1,|\boldsymbol{B}^{-1}|=\frac{1}{|\boldsymbol{B}|}=\frac{1}{2}$$

因此，$|2\boldsymbol{A}^*\boldsymbol{B}^{-1}|=2^3\times\dfrac{1}{4}\times\dfrac{1}{2}=1$

方法 2：直接用公式计算 $|\boldsymbol{A}^*|=|\boldsymbol{A}|^{n-1},|\boldsymbol{B}^{-1}|=\dfrac{1}{|\boldsymbol{B}|},|2\boldsymbol{A}^*\mathrm{B}^{-1}|=2^3|\boldsymbol{A}^*\boldsymbol{B}^{-1}|=$

$2^3|\boldsymbol{A}^*||\boldsymbol{B}^{-1}|=2^3|\boldsymbol{A}|^{3-1}\cdot\dfrac{1}{|\boldsymbol{B}|}=2^3\cdot\left(-\dfrac{1}{2}\right)^2\cdot\dfrac{1}{2}=1$

答案: A

20. 解 选项 A,A 未必是实对称矩阵,即使 A 为实对称矩阵,但所有顺序主子式都小于零,不符合对称矩阵为负定的条件。对称矩阵为负定的充分必要条件:奇数阶顺序主子式为负,而偶数阶顺序主子式为正,所以错误。

选项 B,实对称矩阵为正定矩阵的充分必要条件是所有特征值都大于零,选项 B 给出的条件有时不能满足所有特征值都大于零的条件,例如 $A = \begin{bmatrix} 1 & 1 \\ 1 & 1 \end{bmatrix}$,$|A| = 0$,$A$ 有特征值 $\lambda = 0$,所以错误。

选项 D,给出的二次型所对应的对称矩阵为 $\begin{bmatrix} 1 & \frac{1}{2} & \frac{1}{2} \\ \frac{1}{2} & 1 & \frac{1}{2} \\ \frac{1}{2} & \frac{1}{2} & 1 \end{bmatrix}$,所以错误。

选项 C,由惯性定理可知,实二次型 $f(x_1, x_2, \cdots, x_n) = x^{\mathrm{T}} A x$ 经可逆线性变换(或配方法)化为标准型时,在标准型(或规范型)中,正、负平方项的个数是唯一确定的。对于缺少平方项的 n 元二次型的标准型(或规范型),正惯性指数不会等于未知数的个数 n。

例如:$f(x_1, x_2) = x_1 \cdot x_2$,无平方项,设 $\begin{cases} x_1 = y_1 + y_2 \\ x_2 = y_1 - y_2 \end{cases}$,代入变形 $f = y_1^2 - y_2^2$(标准型),正惯性指数为 $1 < n = 2$。所以二次型 $f(x_1, x_2)$ 不是正定二次型。

答案:C

21. 解 **方法 1:**

已知 n 元非齐次线性方程组 $Ax = b$,$r(A) = n-2$,对应 n 元齐次线性方程组 $Ax = 0$ 的基础解系中的线性无关解向量的个数为 $n - (n-2) = 2$,可验证 $\alpha_2 - \alpha_1$,$\alpha_2 - \alpha_3$ 为齐次线性方程组的解:$A(\alpha_2 - \alpha_1) = A\alpha_2 - A\alpha_1 = b - b = 0$,$A(\alpha_2 - \alpha_3) = A\alpha_2 - A\alpha_3 = b - b = 0$;还可验 $\alpha_2 - \alpha_1$,$\alpha_2 - \alpha_3$ 线性无关。

所以 $k_1(\alpha_2 - \alpha_1) + k_2(\alpha_2 - \alpha_3)$ 为 n 元齐次线性方程组 $Ax = 0$ 的通解,而 α_1 为 n 元非齐次线性方程组 $Ax = b$ 的一特解。

因此,$Ax = b$ 的通解为 $x = k_1(\alpha_2 - \alpha_1) + k_2(\alpha_2 - \alpha_3) + \alpha_1$。

方法 2:

观察四个选项异同点,结合 $Ax = b$ 通解结构,想到一个结论:

设 $y_1, y_2, \cdots, y_s$ 为 $Ax = b$ 的解,$k_1, k_2, \cdots, k_s$ 为数,则:

当 $\sum_{i=1}^{s} k_i = 0$ 时,$\sum_{i=1}^{s} k_i y_i$ 为 $Ax = 0$ 的解;

当 $\displaystyle\sum_{i=1}^{s} k_i = 1$ 时，$\displaystyle\sum_{i=1}^{s} k_i y_i$ 为 $\boldsymbol{A}\boldsymbol{x} = \boldsymbol{b}$ 的解。

可以判定选项 C 正确。

答案:C

22.**解** A 与 B 互不相容，$P(AB) = 0$，$P(A \mid B) = \dfrac{P(AB)}{P(B)} = 0$。

答案:B

23.**解** $\displaystyle\int_{-\infty}^{+\infty}\int_{-\infty}^{+\infty} f(x,y)\mathrm{d}x\mathrm{d}y = \int_0^1\int_0^x k\mathrm{d}y\mathrm{d}x = \dfrac{k}{2} = 1$，得 $k = 2$

$$E(XY) = \int_{-\infty}^{+\infty}\int_{-\infty}^{+\infty} xy f(x,y)\mathrm{d}x\mathrm{d}y = \int_0^1\int_0^x 2xy\,\mathrm{d}y\mathrm{d}x = \dfrac{1}{4}$$

答案:A

题 23 解图

24.**解** 设 $S_1^2 = \dfrac{1}{n-1}\displaystyle\sum_{i=1}^{n}(X_i - \overline{X})^2$

因为总体 $X \sim N(\mu, \sigma^2)$

所以 $\dfrac{\displaystyle\sum_{i=1}^{n}(X_i - \overline{X})^2}{\sigma^2} = \dfrac{(n-1)S_1^2}{\sigma^2} \sim \chi^2(n-1)$，同理 $\dfrac{\displaystyle\sum_{i=1}^{n}(Y_i - \overline{Y})^2}{\sigma^2} \sim \chi^2(n-1)$

又因为两样本相互独立

所以 $\dfrac{\displaystyle\sum_{i=1}^{n}(X_i - \overline{X})^2}{\sigma^2}$ 与 $\dfrac{\displaystyle\sum_{i=1}^{n}(Y_i - \overline{Y})^2}{\sigma^2}$ 相互独立

$$\dfrac{\displaystyle\sum_{i=1}^{n}(X_i - \overline{X})^2}{\displaystyle\sum_{i=1}^{n}(Y_i - \overline{Y})^2} = \dfrac{\dfrac{\displaystyle\sum_{i=1}^{n}(X_i - \overline{X})^2}{(n-1)\sigma^2}}{\dfrac{\displaystyle\sum_{i=1}^{n}(Y_i - \overline{Y})^2}{(n-1)\sigma^2}} \sim F(n-1, n-1)$$

注意:解答选择题，有时抓住关键点就可判定。$\displaystyle\sum_{i=1}^{n}(X_i - \overline{X})^2$ 与 χ^2 分布有关，

$\dfrac{\displaystyle\sum_{i=1}^{n}(X_i - \overline{X})^2}{\displaystyle\sum_{i=1}^{n}(Y_i - \overline{Y})^2}$ 与 F 分布有关，只有选项 B 是 F 分布。

答案:B

25.**解** 由 $E = \dfrac{m}{M}\dfrac{i}{2}RT = \dfrac{i}{2}pV$，注意到氢为双原子分子，氦为单原子分子，

即 $i(\mathrm{H}_2) = 5$，$i(\mathrm{He}) = 3$，又 $p(\mathrm{H}_2) = p(\mathrm{He})$，$V(\mathrm{H}_2) = V(\mathrm{He})$

故 $\dfrac{E(\mathrm{H}_2)}{E(\mathrm{He})} = \dfrac{i(\mathrm{H}_2)}{i(\mathrm{He})} = \dfrac{5}{3}$

答案:A

26.**解** 由麦克斯韦速率分布函数定义 $f(v) = \dfrac{\mathrm{d}N}{N\mathrm{d}v}$ 可得。

答案:B

27.**解** 由 $W_{等压} = p\Delta V = \dfrac{m}{M}R\Delta T$,令 $\dfrac{m}{M} = 1$,故 $\Delta T = \dfrac{W}{R}$ 。

答案:B

28.**解** 等温膨胀过程的特点是:理想气体从外界吸收的热量 Q,全部转化为气体对外做功 $A(A > 0)$ 。

答案:D

29.**解** 所谓波峰,其纵坐标 $y = +2\times10^{-2}\mathrm{m}$,亦即要求 $\cos 2\pi\left(10t - \dfrac{x}{5}\right) = 1$,即

$$2\pi\left(10t - \dfrac{x}{5}\right) = \pm 2k\pi ;$$

当 $t = 0.25\mathrm{s}$ 时, $20\pi\times0.25 - \dfrac{2\pi x}{5} = \pm 2k\pi , x = (12.5\mp 5k)$;

因为要取距原点最近的点(注意 $k = 0$ 并非最小),逐一取 $k = 0,1,2,3,\cdots$,其中 $k = 2, x = 2.5 ; k = 3, x = -2.5$ 。

答案:A

30.**解** 质元处于平衡位置,此时速度最大,故质元动能最大,动能与势能是同相的,所以势能也最大。

答案:C

31.**解** 声波的频率范围为 $20\sim20000\mathrm{Hz}$ 。

答案:C

32.**解** 间距 $\Delta x = \dfrac{D\lambda}{nd}$ [D 为双缝到屏幕的垂直距离(如图), d 为缝宽, n 为折射率]

今 $1.33 = \dfrac{D\lambda}{d}(n_{空气} \approx 1)$,当把实验装置放入水

中,则 $\Delta x_{水} = \dfrac{D\lambda}{1.33d} = 1$

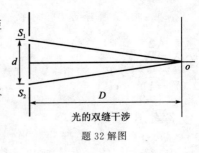

光的双缝干涉

题 32 解图

答案:C

33.**解** 可见光的波长范围 $400\sim760\mathrm{nm}$ 。

答案:A

34.**解** 自然光垂直通过第一个偏振片后,变为线偏振光,光强设为 I' ,即入射至第二

个偏振片的线偏振光强度。根据马吕斯定律,自然光通过两个偏振片后,$I = I'\cos^2 45° = \dfrac{I'}{2}$,$I' = 2I$。

答案:B

35.解 中央明纹的宽度由紧邻中央明纹两侧的暗纹($k=1$)决定。如图所示,通常衍射角 ϕ 很小,且 $D \approx f$(f 为焦距),则 $x \approx \phi f$

由暗纹条件 $a\sin\phi = 1 \times \lambda$($k=1$)($a$ 缝宽),得 $\phi \approx \dfrac{\lambda}{a}$

第一级暗纹距中心 P_0 距离为 $x_1 = \phi f = \dfrac{\lambda}{a}f$

所以中央明纹的宽度 Δx(中央)$= 2x_1 = \dfrac{2\lambda f}{a}$

故 $\Delta x = \dfrac{2 \times 0.5 \times 400 \times 10^{-9}}{10^{-4}} = 400 \times 10^{-5}\,\text{m}$

$= 4 \times 10^{-3}\,\text{m}$

答案:D

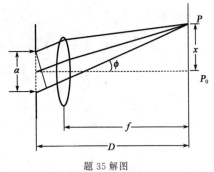

题35解图

36.解 根据光栅的缺级理论,当 $\dfrac{a+b(\text{光栅常数})}{a(\text{缝宽})} = $ 整数时,会发生缺级现象,今 $\dfrac{a+b}{a} = \dfrac{2a}{a} = 2$,在光栅明纹中,将缺 $k = 2,4,6,\cdots$ 级。(此题超纲)

答案:A

37.解 周期表中元素电负性的递变规律:同一周期从左到右,主族元素的电负性逐渐增大;同一主族从上到下元素的电负性逐渐减小。

答案:A

38.解 离子在外电场或另一离子作用下,发生变形产生诱导偶极的现象叫离子极化。正负离子相互极化的强弱取决于离子的极化力和变形性。离子的极化力为某离子使其他离子变形的能力。极化力取决于:①离子的电荷。电荷数越多,极化力越强。②离子的半径。半径越小,极化力越强。③离子的电子构型。当电荷数相等、半径相近时,极化力的大小为:18 或 18+2 电子构型>9～17 电子构型>8 电子构型。每种离子都具有极化力和变形性,一般情况下,主要考虑正离子的极化力和负离子的变形性。离子半径的变化规律:同周期不同元素离子的半径随离子电荷代数值增大而减小。四个化合物中,$SiCl_4$ 为共价化合物,其余三个为离子化合物。三个离子化合物中阴离子相同,阳离子为同周期元素,离子半径逐渐减小,离子电荷的代数值逐渐增大,所以极化作用逐渐增大。离子极化的结果使离子键向共价键过渡。

答案:C

39.解 100mL 浓硫酸中 H_2SO_4 的物质的量 $n = \dfrac{100 \times 1.84 \times 0.98}{98} = 1.84 \text{mol}$

物质的量浓度 $c = \dfrac{1.84}{0.1} = 18.4 \text{mol} \cdot L^{-1}$

答案:A

40.解 多重平衡规则:当 n 个反应相加(或相减)得总反应时,总反应的 K 等于各个反应平衡常数的乘积(或商)。题中反应(3)=(1)-(2),所以 $K_3^\Theta = \dfrac{K_1^\Theta}{K_2^\Theta}$。

答案:D

41.解 铜电极通入 H_2S,生成 CuS 沉淀,Cu^{2+} 浓度减小。

铜半电池反应为:$Cu^{2+} + 2e^- = Cu$,根据电极电势的能斯特方程式:

$$\varphi = \varphi^\Theta + \frac{0.059}{2} \lg \frac{c_{氧化型}}{c_{还原型}} = \varphi^\Theta + \frac{0.059}{2} \lg C_{Cu^{2+}}$$

$C_{Cu^{2+}}$ 减小,电极电势减小

原电池的电动势 $E = \varphi_正 - \varphi_负$,$\varphi_正$ 减小,$\varphi_负$ 不变,则电动势 E 减小。

答案:B

42.解 电解产物析出顺序由它们的析出电势决定。析出电势与标准电极电势、离子浓度、超电势有关。总的原则:析出电势代数值较大的氧化型物质首先在阴极还原;析出电势代数值较小的还原型物质首先在阳极氧化。

阴极:当 $\varphi^\Theta > \varphi^\Theta_{Al^{3+}/Al}$ 时,$M^{n+} + ne^- = M$

当 $\varphi^\Theta < \varphi^\Theta_{Al^{3+}/Al}$ 时,$2H^+ + 2e^- = H_2$

因 $\varphi^\Theta_{Na^+/Na} < \varphi^\Theta_{Al^{3+}/Al}$ 时,所以 H^+ 首先放电析出。

答案:A

43.解 由公式 $\Delta G = \Delta H - T\Delta S$ 可知,当 ΔH 和 ΔS 均小于零时,ΔG 在低温时小于零,所以低温自发,高温非自发。

答案:A

44.解 丙烷最多5个原子处于一个平面,丙烯最多7个原子处于一个平面,苯乙烯最多16个原子处于一个平面,$CH_3CH=CH-C\equiv C-CH_3$ 最多10个原子处于一个平面。

答案:C

45.解 A 为丙烯酸,烯烃能发生加成反应和氧化反应,酸可以发生酯化反应。

答案:A

46.解 人造羊毛为聚丙烯腈,由单体丙烯腈通过加聚反应合成,为高分子化合物。

分子中存在共价键,为共价化合物,同时为有机化合物。

答案:C

47.解 根据力的投影公式,$F_x = F\cos\alpha$,故 $\alpha = 60°$;而分力 F_x 的大小是力 F 大小的 2 倍,故力 F 与 y 轴垂直。

答案:A （此题 2010 年考过）

48.解 M_1 与 M_2 等值反向,四个分力构成自行封闭的四边形,故合力为零,F_1 与 F_3、F_2 与 F_4 构成顺时针转向的两个力偶,其力偶矩的大小均为 Fa。

答案:D

49.解 对系统进行整体分析,外力有主动力 F_P,A、H 处约束力,由于 F_P 与 H 处约束力均为铅垂方向,故 A 处也只有铅垂方向约束力,列平衡方程 $\sum M_H(F) = 0$,便可得结果。

答案:B

50.解 分析节点 D 的平衡,可知 1 杆为零杆。

答案:A

51.解 只有当 $t = 1s$ 时两个点才有相同的坐标。

答案:A

52.解 根据平行移动刚体的定义和特点。

答案:C （此题 2011 年考过）

53.解 根据定轴转动刚体上一点加速度与转动角速度、角加速度的关系:$a_n = \omega^2 l$,$a_\tau = \alpha l$,此题 $a_n = 0$,$\alpha = \dfrac{a_\tau}{l} = \dfrac{a}{l}$。

答案:A

54.解 在铅垂平面内垂直于绳的方向列质点运动微分方程(牛顿第二定律),有:

$$ma_n\cos\alpha = mg\sin\alpha$$

答案:C

55.解 两轮质心的速度均为零,动量为零,链条不计质量。

答案:D

56.解 根据动能定理:$T_2 - T_1 = W_{12}$,其中 $T_1 = 0$(初瞬时静止),$T_2 = \dfrac{1}{2} \times \dfrac{3}{2}mR^2\omega^2$,$W_{12} = mgR$,代入动能定理可得结果。

答案:C

57.**解** 杆水平瞬时,其角速度为零,加在物块上的惯性力铅垂向上,列平衡方程$\sum M_O(F)=0$,则有$(F_g-mg)l=0$,所以$F_g=mg$。

答案:A

58.**解** 已知频率比$\dfrac{\omega}{\omega_0}=1.27$,且$\omega=40\text{ rad/s}$,$\omega_0=\sqrt{\dfrac{k}{m}}$($m=100\text{kg}$)

所以,$k=\left(\dfrac{40}{1.27}\right)^2\times100=9.9\times10^4\approx1\times10^5\text{N/m}$

答案:A

59.**解** 首先取节点C为研究对象,根据节点C的平衡可知,杆1受力为零,杆2的轴力为拉力F;再考虑两杆的变形,杆1无变形,杆2受拉伸长。由于变形后两根杆仍然要连在一起,因此此C点变形后的位置,应该在以A点为圆心,以杆1原长为半径的圆弧,和以B点为圆心、以伸长后的杆2长度为半径的圆弧的交点C'上,如图所示。显然这个点在C点向下偏左的位置。

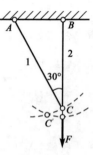

题59解图

答案:B

60.**解** $\sigma_{AB}=\dfrac{F_{NAB}}{A_{AB}}=\dfrac{300\pi\times10^3\text{N}}{\frac{\pi}{4}\times200^2\text{mm}^2}=30\text{MPa}$

$\sigma_{BC}=\dfrac{F_{NBC}}{A_{BC}}=\dfrac{100\pi\times10^3\text{N}}{\frac{\pi}{4}\times100^2\text{mm}^2}=40\text{MPa}$

显然杆的最大拉应力是40MPa

答案:A

61.**解** A图、B图中节点的受力是图a),C图、D图中节点的受力是图b)。

为了充分利用铸铁抗压性能好的特点,应该让铸铁承受更大的压力,显然A图布局比较合理。

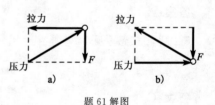

题61解图

答案:A

62.**解** 被冲断的钢板的剪切面是一个圆柱面,其面积$A_Q=\pi dt$,根据钢板破坏的条件:

$$\tau_Q=\dfrac{Q}{A_Q}=\dfrac{F}{\pi dt}=\tau_b$$

可得$F=\pi dt\tau_b=\pi\times100\text{mm}\times10\text{mm}\times300\text{MPa}=300\pi\times10^3\text{N}=300\pi\text{kN}$

答案:A

63.解 螺杆受拉伸,横截面面积是 $\frac{\pi}{4}d^2$,由螺杆的拉伸强度条件,可得:

$$\sigma = \frac{F}{\frac{\pi}{4}d^2} = \frac{4F}{\pi d^2} = [\sigma] \qquad ①$$

螺母的内圆周面受剪切,剪切面面积是 πdh,由螺母的剪切强度条件,可得:

$$\tau_Q = \frac{F_Q}{A_Q} = \frac{F}{\pi dh} = [\tau] \qquad ②$$

把①、②两式同时代入 $[\sigma]=2[\tau]$,即有 $\frac{4F}{\pi d^2} = 2 \cdot \frac{F}{\pi dh}$,化简后得 $d=2h$。

答案:A

64.解 受扭空心圆轴横截面上各点的切应力应与其到圆心的距离成正比,而在空心圆部分因没有材料,故也不应有切应力,故正确的只能是B。

答案:B

65.解 根据外力矩(此题中即是扭矩)与功率、转速的计算公式:$M(\text{kN} \cdot \text{m}) = 9.55 \frac{p(\text{kW})}{n(\text{r/min})}$ 可知,转速小的轴,扭矩(外力矩)大。

答案:B

66.解 根据剪力和弯矩的微分关系 $\frac{dm}{dx}=Q$ 可知,弯矩的最大值发生在剪力为零的截面,也就是弯矩的导数为零的截面,故选 B。

答案:B

67.解 题图 a)图是偏心受压,在中间段危险截面上,外力作用点 O 与被削弱的截面形心 C 之间的偏心距 $e=\frac{a}{2}$(如解图),产生的附加弯矩 $M=F \cdot \frac{a}{2}$,故题图 a)中的最大应力:

$$\sigma_a = -\frac{F_N}{A_a} - \frac{M}{W} = -\frac{F}{3ab} - \frac{F\frac{a}{2}}{\frac{b}{6}(3a)^2} = -\frac{2F}{3ab}$$

题图 b)虽然截面面积小,但却是轴向压缩,其最大压应力:

$$\sigma_b = -\frac{F_N}{A_b} = -\frac{F}{2ab}$$

故 $\frac{\sigma_b}{\sigma_a} = \frac{3}{4}$

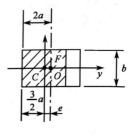

题 67 解图

答案:A

68.解 由梁的正应力强度条件:

$$\sigma_{max} = \frac{M_{max}}{I} \cdot y_{max} = \frac{M_{max}}{W} \leqslant [\sigma]$$

可知,梁的承载能力与梁横截面惯性矩 I(或 W)的大小成正比,当外荷载产生的弯矩

M_{max}不变的情况下,截面惯性矩(或W)越大,其承载能力也越大,显然相同面积制成的梁,矩形比圆形好,空心矩形的惯性矩(或W)最大,其承载能力最大。

答案:A

69.解 图 a)中 $\sigma_1 = 200\text{MPa}$,$\sigma_2 = 0$,$\sigma_3 = 0$

$\sigma_{r3}^a = \sigma_1 - \sigma_3 = 200\text{MPa}$

图 b)中 $\sigma_1 = \dfrac{100}{2} + \sqrt{\left(\dfrac{100}{2}\right)^2 + 100^2} = 161.8\text{MPa}$,$\sigma_2 = 0$

$\sigma_3 = \dfrac{100}{2} - \sqrt{\left(\dfrac{100}{2}\right)^2 + 100^2} = -61.8\text{MPa}$

$\sigma_{r3}^b = \sigma_1 - \sigma_3 = 223.6\text{MPa}$

故图 b)更危险

答案:D

70.解 当 $\alpha = 0°$时,杆是轴向受位:

$$\sigma_{max}^{0°} = \frac{F_N}{A} = \frac{F}{a^2}$$

当 $\alpha = 45°$时,杆是轴向受拉与弯曲组合变形:

$$\sigma_{max}^{45°} = \frac{F_N}{A} + \frac{M_g}{W_g} = \frac{\frac{\sqrt{2}}{2}F}{a^2} + \frac{\frac{\sqrt{2}}{2}F \cdot a}{\frac{a^3}{6}} = \frac{7\sqrt{2}}{2}\frac{F}{a^2}$$

可得 $\dfrac{\sigma_{max}^{45°}}{\sigma_{max}^{0°}} = \dfrac{\dfrac{7\sqrt{2}}{2}\dfrac{F}{a^2}}{\dfrac{F}{a^2}} = \dfrac{7\sqrt{2}}{2}$

答案:A

71.解 水平静压力 $P_x = \rho g h_c \pi r^2 = 1 \times 9.8 \times 5 \times \pi \times (0.1)^2 = 1.54\text{kN}$

答案:D

72.解 A 点绝对压强 $p_A' = p_0 + \rho g h = 88 + 1 \times 9.8 \times 2 = 107.6\text{kPa}$

A 点相对压强 $p_A = p_A' - p_a = 107.6 - 101 = 6.6\text{kPa}$

答案:B

73.解 对二维不可压缩流体运动连续性微分方程式为:$\dfrac{\partial u_x}{\partial x} + \dfrac{\partial u_y}{\partial y} = 0$,即$\dfrac{\partial u_x}{\partial x} = -\dfrac{\partial u_y}{\partial y}$。

对题中 C 项求偏导数可得$\dfrac{\partial u_x}{\partial x} = 5$,$\dfrac{\partial u_y}{\partial y} = -5$,满足连续性方程。

答案:C

74.解 圆管层流中水头损失与管壁粗糙度无关。

答案:D

75.**解** $Q_1 + Q_2 = 39\text{L/s}$

$$\frac{Q_1}{Q_2} = \sqrt{\frac{S_2}{S_1}} = \sqrt{\frac{8\lambda L_2}{\pi^2 g d_2^5} \Big/ \frac{8\lambda L_1}{\pi^2 g d_1^5}} = \sqrt{\frac{L_2 \cdot d_1^5}{L_1 \cdot d_2^5}} = \sqrt{\frac{3000}{1800} \times \left(\frac{0.15}{0.20}\right)^5} = 0.629$$

即 $0.629Q_2 + Q_2 = 39\text{L/s}$,得 $Q_2 = 24\text{L/s}$,$Q_1 = 15\text{L/s}$。

答案:B

76.**解** $v = C\sqrt{Ri}$,$C = \frac{1}{n}R^{\frac{1}{6}} = \frac{1}{0.05}(0.8)^{\frac{1}{6}} = 19.27\sqrt{\text{m}}/\text{s}$

流速 $v = 19.27 \times \sqrt{0.8 \times 0.0006} = 0.42\text{m/s}$

答案:A

77.**解** 地下水的浸润线是指无压地下水的自由水面线。

答案:C

78.**解** 按雷诺准则设计应满足比尺关系式 $\frac{\lambda_v \cdot \lambda_L}{\lambda_v} = 1$,则流速比尺 $\lambda_v = \frac{\lambda_v}{\lambda_L}$,题设用相

同温度、同种流体做试验,所以 $\lambda_v = 1$,$\lambda_v = \frac{1}{\lambda_L}$,而长度比尺 $\lambda_L = \frac{2\text{m}}{0.1\text{m}} = 20$,所以流速比尺

$\lambda_v = \frac{1}{20}$,即 $\frac{v_{原型}}{v_{模型}} = \frac{1}{20}$,$v_{原型} = \frac{4}{20}\text{m/s} = 0.2\text{m/s}$。

答案:A

79.**解** 三个电荷处在同一直线上,且每个电荷均处于平衡状态,可建立电荷平衡方程:

$$\frac{kq_1 q_2}{r^2} = \frac{kq_3 q_2}{r^2}$$

则 $q_1 = q_3 = |q_2|$

答案:B

80.**解** 根据节点电流关系:$\sum I = 0$,即 $I_1 + I_2 - I_3 = 0$,得 $I_3 = I_1 + I_2 = -7\text{A}$。

答案:C

81.**解** 根据叠加原理,写出电压源单独作用时的电路模型。

$$I' = \frac{15}{40 + 40 // 40} \times \frac{40}{40 + 40} = \frac{15}{40 + 20} \times \frac{1}{2} = 0.125\text{A}$$

答案:C

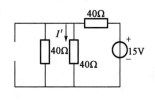

题81解图

82.**解** ① $u_{(t)}$ 与 $i_{(t)}$ 的相位差 $\varphi = \psi_u - \psi_i = -20°$

②用有效值相量表示 $u_{(t)}$,$i_{(t)}$:

$$\dot{U} = U \angle \psi_u = \frac{10}{\sqrt{2}} \angle -10° = 7.07 \angle -10°\text{V}$$

$$\dot{I} = I \angle \psi_i = \frac{0.1}{\sqrt{2}} \angle 10° = 0.0707 \angle 10° \dot{\text{A}} = 70.7 \angle 10°\text{mA}$$

答案:D

83.**解** 交流电路的功率关系为:

$$S^2 = P^2 + Q^2$$

式中:S——视在功率反映设备容量;

$\qquad P$——耗能元件消耗的有功功率;

$\qquad Q$——储能元件交换的无功功率。

本题中:$P = I^2 R = 1000\text{W}, Q = I^2(X_L - X_C) = 200\text{var}$

$S = \sqrt{P^2 + Q^2} = 1019 \approx 1020\text{V} \cdot \text{A}$

答案:D

84.**解** 开关打开以后电路如解图所示。

左边电路中无储能元件,无暂态过程,右边电路中出现暂态过程,变化为:

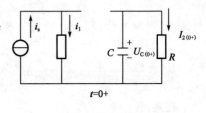

$$I_{2(0+)} = \frac{U_{C(0+)}}{R} = \frac{U_{C(0-)}}{R} \neq 0$$

$$I_{2(\infty)} = \frac{U_{C(\infty)}}{R} = 0$$

题84解图

答案:C

85.**解** 理想变压器空载运行 $R_L \to \infty$,则 $R'_L = K^2 R_L \to \infty$

$u_1 = u$

又有 $k = \dfrac{U_1}{U_2} = 2$

则 $U_1 = 2U_2$

答案:B

86.**解** 当正常运行为三角形接法的三相交流异步电动机启动时采用显形接法,电机为降压运行,启动电流和启动力矩均为正常运行的三分之一。

即 $I'_{st} = \dfrac{1}{3} I_{st} = 10\text{A}, T'_{st} = \dfrac{1}{3} T_{st} = 15\text{N} \cdot \text{m}$

答案:B

87.**解** 自变量在整个连续区间内都有定义的信号是连续信号或连续时间信号。图示电路的输出信号为时间连续数值离散的信号。

答案：A

88.**解** 图示的非周期信号利用可叠加，性质等效为两个阶跃信号：

$$u(t) = u_1(t) + u_2(t)$$

$$u_1(t) = 5\varepsilon(t)$$

$$u_2(t) = -4\varepsilon(t - t_0)$$

答案：C

89.**解** 放大电路是在输入信号控制下，将信号的幅值放大，而频率不变。

电路的传递函数定义为：

$$T(j\omega) = \frac{\dot{U}_o(j\omega)}{\dot{U}_i(j\omega)} = \left| \frac{\dot{U}_o(j\omega)}{\dot{U}_i(j\omega)} \right| \angle \psi_0 - \psi_i$$

其中：$\left| \dfrac{\dot{U}_o(j\omega)}{\dot{U}_i(j\omega)} \right| = T(\omega)$ 称为"放大器的幅频"，特性表为信号的幅值频谱。

答案：D

90.**解** 根据逻辑代数公式分析如下：

$$(A+B)(A+C) = A \cdot A + A \cdot B + A \cdot C + B \cdot C = A(1+B+C) + BC = A + BC$$

答案：C

91.**解** "与非门"电路遵循输入有"0"输出则"1"的原则，利用输入信号 A、B 的对应波形分析即可。

答案：D

92.**解** 根据真值表，写出函数的最小项表达式后进行化简即可：

$$F(A \cdot B \cdot C) = \overline{A}\overline{B}\overline{C} + \overline{A}BC + A\overline{B}\overline{C} + ABC$$

$$= (\overline{A}+A)\overline{B}\overline{C} + (\overline{A}+A)BC$$

$$= \overline{B}\overline{C} + BC$$

答案：C

93.**解** 由图示电路分析输出波形如图所示。

$u_i > 0$ 时，$u_o = 0$；

$u_i < 0$ 时，$u_o = u_i$ 为半波整流电路。

$u_o = 0.45u_i = 0.45 \times \dfrac{-10}{\sqrt{2}} = -3.18\text{V}$

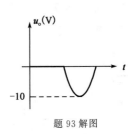

题 93 解图

答案：C

94.**解** ①当 A 端接输入信号，B 端接地时，电路为反相比例放大电路：

$$u_o = -\frac{R_2}{R_1}u_i = -8 = -\frac{R_2}{R_1} \times 2$$

得 $\dfrac{R_2}{R_1}=4$

②如 A 端接地，B 端接输入信号为同相放大电路：

$$u_o = \left(1+\dfrac{R_2}{R_1}\right)u_i = (1+4)\times 2 = 10\text{V}$$

答案：C

95. 解　图示为 D 触发器，触发时刻为 cp 波形的上升沿，输入信号 D＝A，输出波形为 Q 所示，对应于第一和第二个脉冲的下降沿，Q 为高电平"1"。

答案：D

96. 解　图示为 J K 触发器和与非门的组合，触发时刻为 cp 脉冲的下降沿，触发器输入信号为：$J=\overline{Q\cdot A}$，K＝"0"

输出波形为 Q 所示。两个脉冲的下降沿后 Q 为高电平。

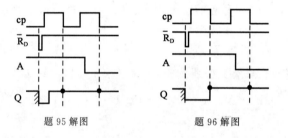

题 95 解图　　　　　题 96 解图

答案：D

97. 解　根据总线传送信息的类别，可以把总线划分为数据总线、地址总线和控制总线，数据总线用来传送程序或数据；地址总线用来传送主存储器地址码或外围设备码；控制总线用来传送控制信息。

答案：B

98. 解　为了使计算机系统所有软硬件资源有条不紊、高效、协调、一致地进行工作，需要由一个软件来实施统一管理和统一调度工作，这种软件就是操作系统，由它来负责管理、控制和维护计算机系统的全部软硬件资源以及数据资源。应用软件是指计算机用户为了利用计算机的软、硬件资源而开发研制出的那些专门用于某一目的的软件。用户程序是为解决用户实际应用问题而专门编写的程序。支撑软件是指支援其他软件的编写制作和维护的软件。

答案：D

99. 解　一个计算机程序执行的过程可分为编辑、编译、连接和运行四个过程。用高级语言编写的程序成为编辑程序，编译程序是一种语言的翻译程序，翻译完的目标程序不能立即被执行，要通过连接程序将目标程序和有关的系统函数库以及系统提供的其他信息连接起来，形成一个可执行程序。

答案：B

100. 解　先将十进制 256.625 转换成二进制数,整数部分 256 转换成二进制 100000000,小数部分 0.625 转换成二进制 0.101,而后根据四位二进制对应一位十六进制关系进行转换,转换后结果为 100.A。

答案:C

101. 解　信息加密技术是为提高信息系统及数据的安全性和保密性的技术,是防止数据信息被别人破译而采用的技术,是网络安全的重要技术之一。不是为清除计算机病毒而采用的技术。

答案:D

102. 解　进程是一段运行的程序,进程运行需要各种资源的支持。

答案:A

103. 解　文件管理是对计算机的系统软件资源进行管理,主要任务是向计算机用户提供提供一种简便、统一的管理和使用文件的界面。

答案:A

104. 解　计算机网络可以分为资源子网和通信子网两个组成部分。资源子网主要负责全网的信息处理,为网络用户提供网络服务和资源共享功能等。

答案:A

105. 解　采用的传输介质的不同,可将网络分为双绞线网、同轴电缆网、光纤网、无线网;按网络的传输技术可以分为广播式网络、点到点式网络;按线路上所传输信号的不同又可分为基带网和宽带网。

答案:A

106. 解　一个典型的计算机网络系统主要是由网络硬件系统和网络软件系统组成。网络硬件是计算机网络系统的物质基础,网络软件是实现网络功能不可缺少的软件环境。

答案:A

107. 解　根据等额支付资金回收公式,每年可回收:

$$A = P(A/P, 10\%, 5) = 100 \times 0.2638 = 26.38 \text{ 万元}$$

答案:B

108. 解　经营成本是指项目总成本费用扣除固定资产折旧费、摊销费和利息支出以后的全部费用。即,经营成本=总成本费用−折旧费−摊销费−利息支出。本题经营成本与折旧费、摊销费之和为 7000 万元,再加上利息支出,则该项目的年总成本费用大于 7000 万元。

答案:C

109. 解　投资回收期是反映项目盈利能力的财务评价指标之一。

答案:C

110. 解　该项目的现金流量图如解图所示。

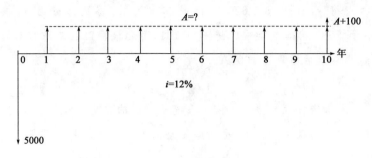

题 110 解图

根据题意有：$NPV = A(P/A, 12\%, 10) + 100 \times (P/F, 12\%, 10) - P = 0$

因此，$A = [P - 100 \times (P/F, 12\%, 10)] \div (P/A, 12\%, 10)$

$\qquad = (5000 - 100 \times 0.3220) \div 5.6500 = 879.26$ 万元

答案：A

111. 解　根据题意，该企业单位产品变动成本为：

$$(30000 - 10000) \div 40000 = 0.5 \text{ 万元/t}$$

根据盈亏平衡点计算公式，盈亏平衡生产能力利用率为：

$$E^* = \frac{Q^*}{Q_c} \times 100\% = \frac{C_f}{(P - C_v)Q_c} \times 100\% = \frac{10000}{(1 - 0.5) \times 40000} \times 100\% = 50\%$$

答案：D

112. 解　两个寿命期相同的互斥方案只能选择其中一个方案，可采用净现值法、净年值法、差额内部收益率法等选优，不能直接根据方案的内部收益率选优。采用净现值法应选净现值大的方案。

答案：B

113. 解　最小公倍数法适用于寿命期不等的互斥方案比选。

答案：B

114. 解　功能 F^* 的目标成本为：$10 \times 0.3 = 3$ 万元

功能 F^* 的现实成本为：$3 + 0.5 = 3.5$ 万元

答案：C

115. 解　《中华人民共和国建筑法》第十三条规定，从事建筑活动的建筑施工企业、勘察单位、设计单位和工程监理单位，按照其拥有的注册资本、专业技术人员、技术装备和已完成的建筑工程业绩等资质条件，划分为不同的资质等级，经资质审查合格，取得相应等级的资质证书后，方可在其资质等级许可的范围内从事建筑活动。

答案：B

116. **解** 《中华人民共和国安全生产法》第三十四条规定,生产经营单位使用的危险物品的容器、运输工具,以及涉及人身安全、危险性较大的海洋石油开采特种设备和矿山井下特种设备,必须按照国家有关规定,由专业生产单位生产,并经具有专业资质的检测、检验机构检测、检验合格,取得安全使用证或者安全标志,方可投入使用。检测、检验机构对检测、检验结果负责。

答案:B

117. **解** 《中华人民共和国招标投标法》第五条规定,招标投标活动应当遵循公开、公平、公正和诚实信用的原则。

答案:A

118. **解** 《中华人民共和国合同法》第十九条规定,有下列情形之一的,要约不得撤销:

(一)要约人确定了承诺期限或者以其他形式明示要约不可撤销。

答案:B

119. **解** 《中华人民共和国行政许可法》第七十条规定,有下列情形之一的,行政机关应当依法办理有关行政许可的注销手续:

(一)行政许可有效期届满未延续的;

(二)赋予公民特定资格的行政许可,该公民死亡或者丧失行为能力的;

(三)法人或者其他组织依法终止的;

(四)行政许可依法被撤销、撤回,或者行政许可证件依法被吊销的;

(五)因不可抗力导致行政许可事项无法实施的;

(六)法律、法规规定的应当注销行政许可的其他情形。

答案:C

120. **解** 《建设工程质量管理条例》第十六条规定,建设单位收到建设工程竣工报告后,应当组织设计、施工、工程监理等有关单位进行竣工验收。建设工程竣工验收应当具备下列条件:

(一)完成建设工程设计和合同约定的各项内容;

(二)有完整的技术档案和施工管理资料;

(三)有工程使用的主要建筑材料、建筑构配件和设备的进场试验报告;

(四)有勘察、设计、施工、工程监理等单位分别签署的质量合格文件;

(五)有施工单位签署的工程保修书。

答案:A

2016 年度全国勘察设计注册工程师

执业资格考试试卷

基础考试
（上）

二〇一六年九月

应考人员注意事项

1. 本试卷科目代码为"1",考生务必将此代码填涂在答题卡"科目代码"相应的栏目内,否则,无法评分。

2. 书写用笔:黑色或蓝色钢笔、签字笔或圆珠笔;
   填涂答题卡用笔:黑色 2B 铅笔。

3. 必须用书写用笔将工作单位、姓名、准考证号填写在答题卡和试卷相应的栏目内。

4. 本试卷由 120 题组成,每题 1 分,满分 120 分,本试卷全部为单项选择题,每小题的四个备选项中只有一个正确答案,错选、多选、不选均不得分。

5. 考生作答时,必须按题号在答题卡上将相应试题所选选项对应的字母用 2B 铅笔涂黑。

6. 在答题卡上书写与题意无关的语言,或在答题卡上作标记的,均按违纪试卷处理。

7. 考试结束时,由监考人员当面将试卷、答题卡一并收回。

8. 草稿纸由各地统一配发,考后收回。

单项选择题(共 **120** 题,每题 **1** 分。每题的备选项中只有一个最符合题意。)

1.下列极限式中,能够使用洛必达法则求极限的是:

A. $\lim\limits_{x \to 0} \dfrac{1+\cos x}{e^x - 1}$

B. $\lim\limits_{x \to 0} \dfrac{x - \sin x}{\sin x}$

C. $\lim\limits_{x \to 0} \dfrac{x^2 \sin \frac{1}{x}}{\sin x}$

D. $\lim\limits_{x \to \infty} \dfrac{x + \sin x}{x - \sin x}$

2.设 $\begin{cases} x = t - \arctan t \\ y = \ln(1 + t^2) \end{cases}$,则 $\dfrac{\mathrm{d}y}{\mathrm{d}x}\Big|_{t=1}$ 等于:

A. 1

B. -1

C. 2

D. $\dfrac{1}{2}$

3.微分方程 $\dfrac{\mathrm{d}y}{\mathrm{d}x} = \dfrac{1}{xy + y^3}$ 是:

A. 齐次微分方程

B. 可分离变量的微分方程

C. 一阶线性微分方程

D. 二阶微分方程

4.若向量 $\boldsymbol{\alpha}, \boldsymbol{\beta}$ 满足 $|\boldsymbol{\alpha}| = 2, |\boldsymbol{\beta}| = \sqrt{2}$,且 $\boldsymbol{\alpha} \cdot \boldsymbol{\beta} = 2$,则 $|\boldsymbol{\alpha} \times \boldsymbol{\beta}|$ 等于:

A. 2

B. $2\sqrt{2}$

C. $2 + \sqrt{2}$

D. 不能确定

5.$f(x)$ 在点 x_0 处的左、右极限存在且相等是 $f(x)$ 在点 x_0 处连续的:

A. 必要非充分的条件

B. 充分非必要的条件

C. 充分且必要的条件

D. 既非充分又非必要的条件

6.设 $\int_0^x f(t)\mathrm{d}t = \dfrac{\cos x}{x}$,则 $f\left(\dfrac{\pi}{2}\right)$ 等于:

A. $\dfrac{\pi}{2}$

B. $-\dfrac{2}{\pi}$

C. $\dfrac{2}{\pi}$

D. 0

7.若 $\sec^2 x$ 是 $f(x)$ 的一个原函数,则 $\int x f(x)\mathrm{d}x$ 等于:

A. $\tan x + C$

B. $x \tan x - \ln|\cos x| + C$

C. $x \sec^2 x + \tan x + C$

D. $x \sec^2 x - \tan x + C$

8. yOz 坐标面上的曲线 $\begin{cases} y^2+z=1 \\ x=0 \end{cases}$ 绕 Oz 轴旋转一周所生成的旋转曲面方程是：

A. $x^2+y^2+z=1$

B. $x+y^2+z=1$

C. $y^2+\sqrt{x^2+z^2}=1$

D. $y^2-\sqrt{x^2+z^2}=1$

9. 若函数 $z=f(x,y)$ 在点 $P_0(x_0,y_0)$ 处可微，则下面结论中错误的是：

A. $z=f(x,y)$ 在 P_0 处连续

B. $\lim\limits_{\substack{x\to x_0 \\ y\to y_0}} f(x,y)$ 存在

C. $f'_x(x_0,y_0)$，$f'_y(x_0,y_0)$ 均存在

D. $f'_x(x,y)$，$f'_y(x,y)$ 在 P_0 处连续

10. 若 $\int_{-\infty}^{+\infty} \dfrac{A}{1+x^2}dx=1$，则常数 A 等于：

A. $\dfrac{1}{\pi}$

B. $\dfrac{2}{\pi}$

C. $\dfrac{\pi}{2}$

D. π

11. 设 $f(x)=x(x-1)(x-2)$，则方程 $f'(x)=0$ 的实根个数是：

A. 3

B. 2

C. 1

D. 0

12. 微分方程 $y''-2y'+y=0$ 的两个线性无关的特解是：

A. $y_1=x$，$y_2=e^x$

B. $y_1=e^{-x}$，$y_2=e^x$

C. $y_1=e^{-x}$，$y_2=xe^{-x}$

D. $y_1=e^x$，$y_2=xe^x$

13. 设函数 $f(x)$ 在 (a,b) 内可微，且 $f'(x)\neq 0$，则 $f(x)$ 在 (a,b) 内：

A. 必有极大值

B. 必有极小值

C. 必无极值

D. 不能确定有还是没有极值

14. 下列级数中，绝对收敛的级数是：

A. $\sum\limits_{n=1}^{\infty}(-1)^{n-1}\dfrac{1}{n}$

B. $\sum\limits_{n=1}^{\infty}(-1)^{n-1}\dfrac{1}{\sqrt{n}}$

C. $\sum\limits_{n=1}^{\infty}\dfrac{n^2}{1+n^2}$

D. $\sum\limits_{n=1}^{\infty}\dfrac{\sin\frac{3}{2}n}{n^2}$

15.若 D 是由 $x=0, y=0, x^2+y^2=1$ 所围成在第一象限的区域,则二重积分

$\iint\limits_{D} x^2 y \mathrm{d}x \mathrm{d}y$ 等于:

A. $-\dfrac{1}{15}$　　　　　　　　　　　B. $\dfrac{1}{15}$

C. $-\dfrac{1}{12}$　　　　　　　　　　　D. $\dfrac{1}{12}$

16.设 L 是抛物线 $y=x^2$ 上从点 $A(1,1)$ 到点 $O(0,0)$ 的有向弧线,则对坐标的曲线积

分 $\int\limits_{L} x\mathrm{d}x + y\mathrm{d}y$ 等于:

A. 0　　　　　　　　　　　　B. 1

C. -1　　　　　　　　　　　D. 2

17.幂级数 $\sum\limits_{n=0}^{\infty} \dfrac{(-1)^n}{2^n} x^n$ 在 $|x|<2$ 的和函数是:

A. $\dfrac{2}{2+x}$　　　　　　　　　　　B. $\dfrac{2}{2-x}$

C. $\dfrac{1}{1-2x}$　　　　　　　　　　　D. $\dfrac{1}{1+2x}$

18.设 $z=\dfrac{3^{xy}}{x}+xF(u)$,其中 $F(u)$ 可微,且 $u=\dfrac{y}{x}$,则 $\dfrac{\partial z}{\partial y}$ 等于:

A. $3^{xy}-\dfrac{y}{x}F'(u)$　　　　　　　B. $\dfrac{1}{x}3^{xy}\ln 3+F'(u)$

C. $3^{xy}+F'(u)$　　　　　　　　　D. $3^{xy}\ln 3+F'(u)$

19.若使向量组 $\boldsymbol{\alpha}_1=(6,t,7)^{\mathrm{T}}, \boldsymbol{\alpha}_2=(4,2,2)^{\mathrm{T}}, \boldsymbol{\alpha}_3=(4,1,0)^{\mathrm{T}}$ 线性相关,则 t 等于:

A. -5　　　　　　　　　　　B. 5

C. -2　　　　　　　　　　　D. 2

20.下列结论中正确的是:

A.矩阵 $\boldsymbol{A}$ 的行秩与列秩可以不等

B.秩为 r 的矩阵中,所有 r 阶子式均不为零

C.若 n 阶方阵 $\boldsymbol{A}$ 的秩小于 n,则该矩阵 $\boldsymbol{A}$ 的行列式必等于零

D.秩为 r 的矩阵中,不存在等于零的 $r-1$ 阶子式

21. 已知矩阵 $A = \begin{bmatrix} 5 & -3 & 2 \\ 6 & -4 & 4 \\ 4 & -4 & a \end{bmatrix}$ 的两个特征值为 $\lambda_1 = 1, \lambda_2 = 3$，则常数 a 和另一特征

值 λ_3 为：

A. $a = 1, \lambda_3 = -2$ B. $a = 5, \lambda_3 = 2$

C. $a = -1, \lambda_3 = 0$ D. $a = -5, \lambda_3 = -8$

22. 设有事件 A 和 B，已知 $P(A) = 0.8, P(B) = 0.7$，且 $P(A|B) = 0.8$，则下列结论中

正确的是：

A. A 与 B 独立   B. A 与 B 互斥

C. $B \supset A$ D. $P(A \cup B) = P(A) + P(B)$

23. 某店有 7 台电视机，其中 2 台次品。现从中随机地取 3 台，设 X 为其中的次品

数，则数学期望 $E(X)$ 等于：

A. $\dfrac{3}{7}$ B. $\dfrac{4}{7}$ C. $\dfrac{5}{7}$ D. $\dfrac{6}{7}$

24. 设总体 $X \sim N(0, \sigma^2)$，$X_1, X_2, \cdots, X_n$ 是来自总体的样本，$\hat{\sigma}^2 = \dfrac{1}{n} \sum\limits_{i=1}^{n} X_i^2$，则下面结

论中正确的是：

A. $\hat{\sigma}^2$ 不是 σ^2 的无偏估计量   B. $\hat{\sigma}^2$ 是 σ^2 的无偏估计量

C. $\hat{\sigma}^2$ 不一定是 σ^2 的无偏估计量   D. $\hat{\sigma}^2$ 不是 σ^2 的估计量

25. 假定氧气的热力学温度提高一倍，氧分子全部离解为氧原子，则氧原子的平均速

率是氧分子平均速率的：

A. 4 倍   B. 2 倍

C. $\sqrt{2}$ 倍   D. $\dfrac{1}{\sqrt{2}}$ 倍

26. 容积恒定的容器内盛有一定量的某种理想气体，分子的平均自由程为 $\bar{\lambda}_0$，平均碰

撞频率为 $\bar{Z}_0$，若气体的温度降低为原来的 $\dfrac{1}{4}$ 倍，则此时分子的平均自由程 $\bar{\lambda}$ 和平

均碰撞频率 $\bar{Z}$ 为：

A. $\bar{\lambda} = \bar{\lambda}_0, \bar{Z} = \bar{Z}_0$ B. $\bar{\lambda} = \bar{\lambda}_0, \bar{Z} = \dfrac{1}{2} \bar{Z}_0$

C. $\bar{\lambda} = 2\bar{\lambda}_0, \bar{Z} = 2\bar{Z}_0$ D. $\bar{\lambda} = \sqrt{2}\bar{\lambda}_0, \bar{Z} = 4\bar{Z}_0$

27.一定量的某种理想气体由初始态经等温膨胀变化到末态时,压强为 p_1;若由相同的初始态经绝热膨胀到另一末态时,压强为 p_2,若两过程末态体积相同,则:

A. $p_1 = p_2$ B. $p_1 > p_2$

C. $p_1 < p_2$ D. $p_1 = 2p_2$

28.在卡诺循环过程中,理想气体在一个绝热过程中所做的功为 W_1,内能变化为 ΔE_1,则在另一绝热过程中所做的功为 W_2,内能变化为 ΔE_2,则 W_1、W_2 及 ΔE_1、ΔE_2 之间的关系为:

A. $W_2 = W_1$,$\Delta E_2 = \Delta E_1$ B. $W_2 = -W_1$,$\Delta E_2 = \Delta E_1$

C. $W_2 = -W_1$,$\Delta E_2 = -\Delta E_1$ D. $W_2 = W_1$,$\Delta E_2 = -\Delta E_1$

29.波的能量密度的单位是:

A. $J \cdot m^{-1}$ B. $J \cdot m^{-2}$

C. $J \cdot m^{-3}$ D. J

30.两相干波源,频率为 $100Hz$,相位差为 π,两者相距 $20m$,若两波源发出的简谐波的振幅均为 A,则在两波源连线的中垂线上各点合振动的振幅为:

A. $-A$ B. 0

C. A D. $2A$

31.一平面简谐波的波动方程为 $y = 2 \times 10^{-2} \cos 2\pi (10t - \dfrac{x}{5})$ (SI),对 $x = 2.5m$ 处的质元,在 $t = 0.25s$ 时,它的:

A. 动能最大,势能最大   B. 动能最大,势能最小

C. 动能最小,势能最大   D. 动能最小,势能最小

32.一束自然光自空气射向一块玻璃,设入射角等于布儒斯特角 i_0,则光的折射角为:

A. $\pi + i_0$ B. $\pi - i_0$

C. $\dfrac{\pi}{2} + i_0$ D. $\dfrac{\pi}{2} - i_0$

33.两块偏振片平行放置,光强为 I_0 的自然光垂直入射在第一块偏振片上,若两偏振片的偏振化方向夹角为 $45°$,则从第二块偏振片透出的光强为:

A. $\dfrac{I_0}{2}$ B. $\dfrac{I_0}{4}$

C. $\dfrac{I_0}{8}$ D. $\dfrac{\sqrt{2}}{4} I_0$

34. 在单缝夫琅禾费衍射实验中,单缝宽度为 a,所用单色光波长为 λ,透镜焦距为 f,则中央明条纹的半宽度为:

    A. $\dfrac{f\lambda}{a}$ B. $\dfrac{2f\lambda}{a}$

    C. $\dfrac{a}{f\lambda}$ D. $\dfrac{2a}{f\lambda}$

35. 通常亮度下,人眼睛瞳孔的直径约为 3mm,视觉感受到最灵敏的光波波长为 550nm($1nm=1\times10^{-9}$ m),则人眼睛的最小分辨角约为:

    A. 2.24×10^{-3} rad   B. 1.12×10^{-4} rad

    C. 2.24×10^{-4} rad   D. 1.12×10^{-3} rad

36. 在光栅光谱中,假如所有偶数级次的主极大都恰好在透射光栅衍射的暗纹方向上,因而出现缺级现象,那么此光栅每个透光缝宽度 a 和相邻两缝间不透光部分宽度 b 的关系为:

    A. $a=2b$ B. $b=3a$

    C. $a=b$ D. $b=2a$

37. 多电子原子中同一电子层原子轨道能级(量)最高的亚层是:

    A. s 亚层   B. p 亚层

    C. d 亚层   D. f 亚层

38. 在 CO 和 N_2 分子之间存在的分子间力有:

    A. 取向力、诱导力、色散力   B. 氢键

    C. 色散力   D. 色散力、诱导力

39. 已知 $K_b^{\ominus}(NH_3 \cdot H_2O)=1.8\times10^{-5}$,$0.1mol \cdot L^{-1}$ 的 $NH_3 \cdot H_2O$ 溶液的 pH 为:

    A. 2.87   B. 11.13

    C. 2.37   D. 11.63

40. 通常情况下,$K_a^{\ominus}$、$K_b^{\ominus}$、$K^{\ominus}$、$K_{sp}^{\ominus}$,它们的共同特性是:

    A. 与有关气体分压有关   B. 与温度有关

    C. 与催化剂的种类有关   D. 与反应物浓度有关

41. 下列各电对的电极电势与 H^+ 浓度有关的是:

    A. Zn^{2+}/Zn B. Br_2/Br

    C. AgI/Ag D. MnO_4^-/Mn^{2+}

42. 电解 Na_2SO_4 水溶液时,阳极上放电的离子是:

    A. H^+
                        B. OH^-

    C. Na^+
                        D. SO_4^{2-}

43. 某化学反应在任何温度下都可以自发进行,此反应需满足的条件是:

    A. $\Delta_r H_m < 0, \Delta_r S_m > 0$

    B. $\Delta_r H_m > 0, \Delta_r S_m < 0$

    C. $\Delta_r H_m < 0, \Delta_r S_m < 0$

    D. $\Delta_r H_m > 0, \Delta_r S_m > 0$

44. 按系统命名法,下列有机化合物命名正确的是:

    A. 3-甲基丁烷
                    B. 2-乙基丁烷

    C. 2,2-二甲基戊烷
             D. 1,1,3-三甲基戊烷

45. 苯氨酸和山梨酸($CH_3CH=CHCH=CHCOOH$)都是常见的食品防腐剂。下列物质中只能与其中一种酸发生化学反应的是:

    A. 甲醇
                    B. 溴水

    C. 氢氧化钠
                D. 金属钾

46. 受热到一定程度就能软化的高聚物是:

    A. 分子结构复杂的高聚物

    B. 相对摩尔质量较大的高聚物

    C. 线性结构的高聚物

    D. 体型结构的高聚物

47. 图示结构由直杆 AC,DE 和直角弯杆 BCD 所组成,自重不计,受载荷 F 与 $M = F \cdot a$ 作用。则 A 处约束力的作用线与 x 轴正向所成的夹角为:

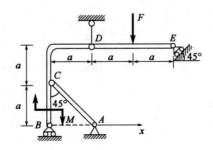

    A. 135°
                    B. 90°

    C. 0°
                     D. 45°

48. 图示平面力系中,已知 $q=10\text{kN/m}, M=20\text{kN}\cdot\text{m}, a=2\text{m}$。则该主动力系对 B 点的合力矩为:

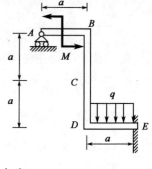

A. $M_B=0$

B. $M_B=20\text{kN}\cdot\text{m}$ ($\curvearrowleft$)

C. $M_B=40\text{kN}\cdot\text{m}$ ($\curvearrowleft$)

D. $M_B=40\text{kN}\cdot\text{m}$ ($\curvearrowright$)

49. 简支梁受分布荷载作用如图所示。支座 A、B 的约束力为:

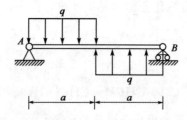

A. $F_A=0, F_B=0$

B. $F_A=\dfrac{1}{2}qa\uparrow, F_B=\dfrac{1}{2}qa\uparrow$

C. $F_A=\dfrac{1}{2}qa\uparrow, F_B=\dfrac{1}{2}qa\downarrow$

D. $F_A=\dfrac{1}{2}qa\downarrow, F_B=\dfrac{1}{2}qa\uparrow$

50. 重 W 的物块自由地放在倾角为 α 的斜面上如图示。且 $\sin\alpha=\dfrac{3}{5}, \cos\alpha=\dfrac{4}{5}$。物块上作用一水平力 F,且 $F=W$。若物块与斜面间的静摩擦系数 $f=0.2$,则该物块的状态为:

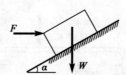

A. 静止状态　　　　　　　　　　　B. 临界平衡状态

C. 滑动状态　　　　　　　　　　　D. 条件不足,不能确定

51. 一动点沿直线轨道按照 $x=3t^3+t+2$ 的规律运动(x 以 m 计,t 以 s 计),则当 $t=4\mathrm{s}$ 时,动点的位移、速度和加速度分别为:

A. $x=54\mathrm{m},v=145\mathrm{m/s},a=18\mathrm{m/s^2}$ B. $x=198\mathrm{m},v=145\mathrm{m/s},a=72\mathrm{m/s^2}$

C. $x=198\mathrm{m},v=49\mathrm{m/s},a=72\mathrm{m/s^2}$ D. $x=192\mathrm{m},v=145\mathrm{m/s},a=12\mathrm{m/s^2}$

52. 点在直径为 6m 的圆形轨迹上运动,走过的距离是 $s=3t^2$,则点在 2s 末的切向加速度为:

A. $48\mathrm{m/s^2}$ B. $4\mathrm{m/s^2}$

C. $96\mathrm{m/s^2}$ D. $6\mathrm{m/s^2}$

53. 杆 $OA=l$,绕固定轴 O 转动,某瞬时杆端 A 点的加速度 a 如图所示,则该瞬时杆 OA 的角速度及角加速度为:

A. $0,\dfrac{a}{l}$

B. $\sqrt{\dfrac{a\cos\alpha}{l}},\dfrac{a\sin\alpha}{l}$

C. $\sqrt{\dfrac{a}{l}},0$

D. $0,\sqrt{\dfrac{a}{l}}$

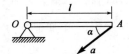

54. 质量为 m 的物体 M 在地面附近自由降落,它所受的空气阻力的大小为 $F_R=Kv^2$,其中 K 为阻力系数,v 为物体速度,该物体所能达到的最大速度为:

A. $v=\sqrt{\dfrac{mg}{K}}$ B. $v=\sqrt{mgK}$

C. $v=\sqrt{\dfrac{g}{K}}$ D. $v=\sqrt{gK}$

55. 质点受弹簧力作用而运动,l_0 为弹簧自然长度,k 为弹簧刚度系数,质点由位置 1 到位置 2 和由位置 3 到位置 2 弹簧力所做的功为:

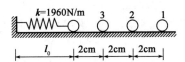

A. $W_{12}=-1.96\mathrm{J},W_{32}=1.176\mathrm{J}$ B. $W_{12}=1.96\mathrm{J},W_{32}=1.176\mathrm{J}$

C. $W_{12}=1.96\mathrm{J},W_{32}=-1.176\mathrm{J}$ D. $W_{12}=-1.96\mathrm{J},W_{32}=-1.176\mathrm{J}$

56. 如图所示圆环以角速度 ω 绕铅直轴 AC 自由转动,圆环的半径为 R,对转轴 z 的转动惯量为 I。在圆环中的 A 点放一质量为 m 的小球,设由于微小的干扰,小球离开 A 点。忽略一切摩擦,则当小球达到 B 点时,圆环的角速度为:

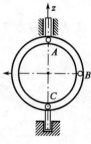

A. $\dfrac{mR^2\omega}{I+mR^2}$ B. $\dfrac{I\omega}{I+mR^2}$

C. ω D. $\dfrac{2I\omega}{I+mR^2}$

57. 图示均质圆轮,质量为 m,半径为 r,在铅垂图面内绕通过圆盘中心 O 的水平轴转动,角速度为 ω,角加速度为 ε,此时将圆轮的惯性力系向 O 点简化,其惯性力主矢和惯性力主矩的大小分别为:

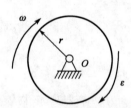

A. $0,0$ B. $mr\varepsilon,\dfrac{1}{2}mr^2\varepsilon$

C. $0,\dfrac{1}{2}mr^2\varepsilon$ D. $0,\dfrac{1}{4}mr^2\omega^2$

58. 5kg 质量块振动,其自由振动规律是 $x=X\sin\omega_n t$,如果振动的圆频率为 30rad/s,则此系统的刚度系数为:

A. 2500N/m   B. 4500N/m

C. 180N/m   D. 150N/m

59.横截面直杆,轴向受力如图,杆的最大拉伸轴力是:

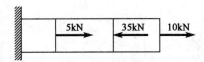

A. 10kN   B. 25kN

C. 35kN   D. 20kN

60.已知铆钉的许用切应力为$[\tau]$,许用挤压应力为$[\sigma_{bs}]$,钢板的厚度为t,则图示铆钉直径d与钢板厚度t的合理关系是:

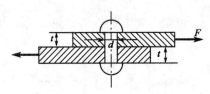

A. $d=\dfrac{8t[\sigma_{bs}]}{\pi[\tau]}$ B. $d=\dfrac{4t[\sigma_{bs}]}{\pi[\tau]}$

C. $d=\dfrac{\pi[\tau]}{8t[\sigma_{bs}]}$ D. $d=\dfrac{\pi[\tau]}{4t[\sigma_{bs}]}$

61.直径为d的实心圆轴受扭,在扭矩不变的情况下,为使扭转最大切应力减小一半,圆轴的直径应改为:

A. $2d$ B. $0.5d$

C. $\sqrt{2}d$ D. $\sqrt[3]{2}d$

62.在一套传动系统中,假设所有圆轴传递的功率相同,转速不同。该系统的圆轴转速与其扭矩的关系是:

A. 转速快的轴扭矩大

B. 转速慢的轴扭矩大

C. 全部轴的扭矩相同

D. 无法确定

63. 面积相同的三个图形如图示,对各自水平形心轴 z 的惯性矩之间的关系为:

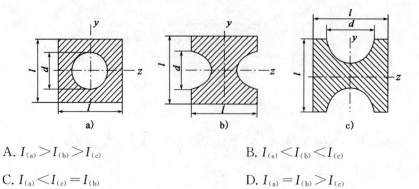

A. $I_{(a)} > I_{(b)} > I_{(c)}$

B. $I_{(a)} < I_{(b)} < I_{(c)}$

C. $I_{(a)} < I_{(c)} = I_{(b)}$

D. $I_{(a)} = I_{(b)} > I_{(c)}$

64. 悬臂梁的弯矩如图示,根据弯矩图推得梁上的荷载应为:

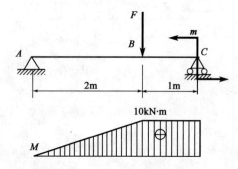

A. $F = 10kN, m = 10kN \cdot m$

B. $F = 5kN, m = 10kN \cdot m$

C. $F = 10kN, m = 5kN \cdot m$

D. $F = 5kN, m = 5kN \cdot m$

65. 在图示 xy 坐标系下,单元体的最大主应力 σ_1 大致指向:

A. 第一象限,靠近 x 轴

B. 第一象限,靠近 y 轴

C. 第二象限,靠近 x 轴

D. 第二象限,靠近 y 轴

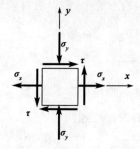

66. 图示变截面短杆，AB 段压应力 σ_{AB} 与 BC 段压应力 σ_{BC} 的关系是：

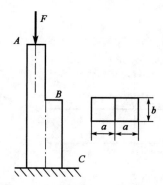

A. $\sigma_{AB} = 1.25\sigma_{BC}$

B. $\sigma_{AB} = 0.8\sigma_{BC}$

C. $\sigma_{AB} = 2\sigma_{BC}$

D. $\sigma_{AB} = 0.5\sigma_{BC}$

67. 简支梁 AB 的剪力图和弯矩图如图示。该梁正确的受力图是：

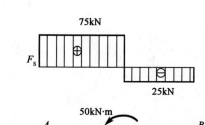

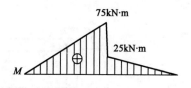

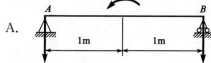

A.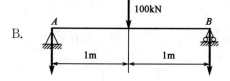

B.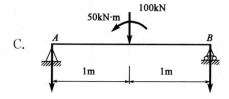

C.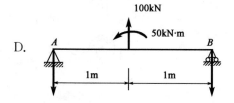

D.

68. 矩形截面简支梁中点承受集中力 $F=100\text{kN}$。若 $h=200\text{mm}$，$b=100\text{mm}$，梁的最大弯曲正应力是：

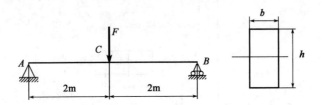

A. 75MPa

B. 150MPa

C. 300MPa

D. 50MPa

69. 图示槽形截面杆，一端固定，另一端自由，作用在自由端角点的外力 F 与杆轴线平行。该杆将发生的变形是：

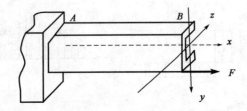

A. xy 平面 xz 平面内的双向弯曲

B. 轴向拉伸及 xy 平面和 xz 平面内的双向弯曲

C. 轴向拉伸和 xy 平面内的平面弯曲

D. 轴向拉伸和 xz 平面内的平面弯曲

70. 两端铰支细长(大柔度)压杆，在下端铰链处增加一个扭簧弹性约束，如图示。该压杆的长度系数 μ 的取值范围是：

A. $0.7<\mu<1$

B. $2>\mu>1$

C. $0.5<\mu<0.7$

D. $\mu<0.5$

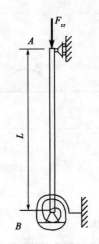

71. 标准大气压时的自由液面下1m处的绝对压强为：

  A. 0.11MPa   B. 0.12MPa

  C. 0.15MPa   D. 2.0MPa

72. 一直径 $d_1 = 0.2m$ 的圆管，突然扩大到直径为 $d_2 = 0.3m$，若 $v_1 = 9.55m/s$，则 v_2 与 Q 分别为：

  A. 4.24m/s, 0.3m³/s   B. 2.39m/s, 0.3m³/s

  C. 4.24m/s, 0.5m³/s   D. 2.39m/s, 0.5m³/s

73. 直径为20mm的管流，平均流速为9m/s，已知水的运动黏性系数 $\nu = 0.0114cm^2/s$，则管中水流的流态和水流流态转变的层流流速分别是：

  A. 层流，19cm/s   B. 层流，13cm/s

  C. 紊流，19cm/s   D. 紊流，13cm/s

74. 边界层分离现象的后果是：

  A. 减小了液流与边壁的摩擦力 B. 增大了液流与边壁的摩擦力

  C. 增加了潜体运动的压差阻力 D. 减小了潜体运动的压差阻力

75. 如图由大体积水箱供水，且水位恒定，水箱顶部压力表读数19600Pa，水深 $H = 2m$，水平管道长 $l = 100m$，直径 $d = 200mm$，沿程损失系数0.02，忽略局部损失，则管道通过流量是：

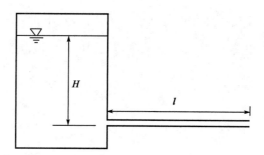

  A. 83.8L/s   B. 196.5L/s

  C. 59.3L/s   D. 47.4L/s

76. 两条明渠过水断面面积相等，断面形状分别为(1)方形，边长为 a；(2)矩形，底边宽为 $2a$，水深为 $0.5a$，它们的底坡与粗糙系数相同，则两者的均匀流流量关系式为：

  A. $Q_1 > Q_2$ B. $Q_1 = Q_2$

  C. $Q_1 < Q_2$ D. 不能确定

77. 如图,均匀砂质土壤装在容器中,设渗透系数为 0.012cm/s,渗流流量为 0.3m³/s,则渗流流速为:

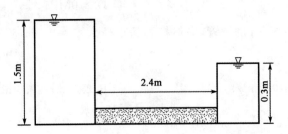

A. 0.003cm/s

B. 0.006cm/s

C. 0.009cm/s

D. 0.012cm/s

78. 雷诺数的物理意义是:

A. 压力与黏性力之比

B. 惯性力与黏性力之比

C. 重力与惯性力之比

D. 重力与黏性力之比

79. 真空中,点电荷 q_1 和 q_2 的空间位置如图所示,q_1 为正电荷,且 $q_2 = -q_1$,则 A 点的电场强度的方向是:

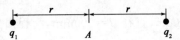

A. 从 A 点指向 q_1

B. 从 A 点指向 q_2

C. 垂直于 $q_1 q_2$ 连线,方向向上

D. 垂直于 $q_1 q_2$ 连线,方向向下

80. 设电阻元件 R、电感元件 L、电容元件 C 上的电压电流取关联方向,则如下关系成立的是:

A. $i_R = R \cdot u_R$

B. $u_C = C \dfrac{d\,i_C}{dt}$

C. $i_C = C \dfrac{du_C}{dt}$

D. $u_L = \dfrac{1}{L}\displaystyle\int i_C\, dt$

81. 用于求解图示电路的 4 个方程中,有一个错误方程,这个错误方程是:

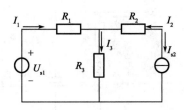

A. $I_1R_1+I_3R_3-U_{s1}=0$

B. $I_2R_2+I_3R_3=0$

C. $I_1+I_2-I_3=0$

D. $I_2=-I_{s2}$

82. 已知有效值为 10V 的正弦交流电压的相量图如图所示,则它的时间函数形式是:

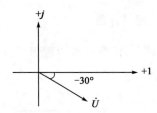

A. $u(t)=10\sqrt{2}\sin(\omega t-30°)$V

B. $u(t)=10\sin(\omega t-30°)$V

C. $u(t)=10\sqrt{2}\sin(-30°)$V

D. $u(t)=10\cos(-30°)+10\sin(-30°)$V

83. 图示电路中,当端电压 $\dot{U}=100\angle0°$V 时,$\dot{I}$ 等于:

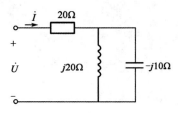

A. $3.5\angle-45°$A

B. $3.5\angle45°$A

C. $4.5\angle26.6°$A

D. $4.5\angle-26.6°$A

84. 在图示电路中,开关 S 闭合后:

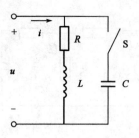

A. 电路的功率因数一定变大

B. 总电流减小时,电路的功率因数变大

C. 总电流减小时,感性负载的功率因数变大

D. 总电流减小时,一定出现过补偿现象

85. 图示变压器空载运行电路中,设变压器为理想器件,若 $u=\sqrt{2}U\sin\omega t$,则此时:

A. $\dfrac{U_2}{U_1}=2$

B. $\dfrac{U}{U_2}=2$

C. $u_2=0, u_1=0$

D. $\dfrac{U}{U_1}=2$

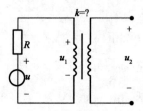

86. 设某△接三相异步电动机的全压启动转矩为 66Nm,当对其使用 Y-△降压启动
方案时,当分别带 10Nm、20Nm、30Nm、40Nm 的负载启动时:

A. 均能正常启动

B. 均无法正常启动

C. 前两者能正常启动,后两者无法正常启动

D. 前三者能正常启动,后者无法正常启动

87. 图示电压信号 u_o 是:

A. 二进制代码信号

B. 二值逻辑信号

C. 离散时间信号

D. 连续时间信号

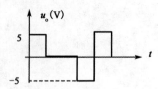

88. 信号 $u(t)=10 \cdot 1(t)-10 \cdot 1(t-1)$ V,其中,$1(t)$ 表示单位阶跃函数,则 $u(t)$ 应为:

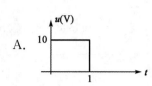
A.

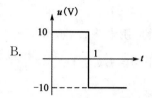
B.

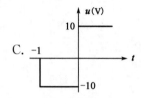
C.

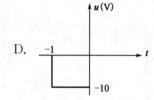
D.

89. 一个低频模拟信号 $u_1(t)$ 被一个高频的噪声信号污染后,能将这个噪声滤除的装置是:

A. 高通滤波器
B. 低通滤波器
C. 带通滤波器
D. 带阻滤波器

90. 对逻辑表达式 $\overline{AB}+\overline{BC}$ 的化简结果是:

A. $\overline{A}+\overline{B}+\overline{C}$
B. $\overline{A}+2\overline{B}+\overline{C}$
C. $\overline{\overline{A}+\overline{C}}+B$
D. $\overline{A}+\overline{C}$

91. 已知数字信号 A 和数字信号 B 的波形如图所示,则数字信号 $F=A\overline{B}+\overline{A}B$ 的波形为:

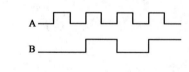

92. 十进制数字 10 的 BCD 码为:

   A. 00010000   B. 00001010

   C. 1010   D. 0010

93. 二极管应用电路如图所示,设二极管为理想器件,当 $u_1 = 10\sin\omega t$ V 时,输出电压 u_o 的平均值 U_o 等于:

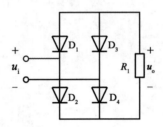

   A. 10V   B. $0.9 \times 10 = 9$V

   C. $0.9 \times \dfrac{10}{\sqrt{2}} = 6.36$V   D. $-0.9 \times \dfrac{10}{\sqrt{2}} = -6.36$V

94. 运算放大器应用电路如图所示,设运算放大器输出电压的极限值为 ±11V。如果将 −2.5V 电压接入"A"端,而"B"端接地后,测得输出电压为 10V,如果将 −2.5V 电压接入"B"端,而"A"端接地,则该电路的输出电压 u_o 等于:

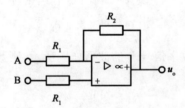

   A. 10V   B. −10V

   C. −11V   D. −12.5V

95. 图示逻辑门的输出 F_1 和 F_2 分别为:

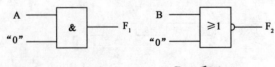

   A. 0 和 $\overline{B}$ B. 0 和 1

   C. A 和 $\overline{B}$ D. A 和 1

96. 图 a)所示电路中,时钟脉冲、复位信号及数模输入信号如图 b)所示。经分析可知,在第一个和第二个时钟脉冲的下降沿过后,输出 Q 先后等于:

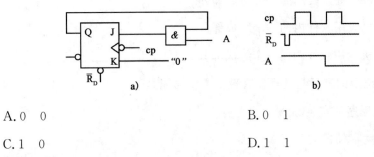

A. 0　0　　　　　　　　　　　　B. 0　1

C. 1　0　　　　　　　　　　　　D. 1　1

附:触发器的逻辑状态表为

J	K	Q_{n+1}
0	0	Q_n
0	1	0
1	0	1
1	1	$\overline{Q_n}$

97. 计算机发展的人性化的一个重要方面是:

　　A. 计算机的价格便宜

　　B. 计算机使用上的"傻瓜化"

　　C. 计算机使用不需要电能

　　D. 计算机不需要软件和硬件,自己会思维

98. 计算机存储器是按字节进行编址的,一个存储单元是:

　　A. 8 个字节　　　　　　　　　　　B. 1 个字节

　　C. 16 个二进制数位　　　　　　　　D. 32 个二进制数位

99. 下面有关操作系统的描述中,其中错误的是:

　　A. 操作系统就是充当软、硬件资源的管理者和仲裁者的角色

　　B. 操作系统具体负责在各个程序之间,进行调度和实施对资源的分配

　　C. 操作系统保证系统中的各种软、硬件资源得以有效地、充分地利用

　　D. 操作系统仅能实现管理和使用好各种软件资源

100. 计算机的支撑软件是：

    A. 计算机软件系统内的一个组成部分

    B. 计算机硬件系统内的一个组成部分

    C. 计算机应用软件内的一个组成部分

    D. 计算机专用软件内的一个组成部分

101. 操作系统中的进程与处理器管理的主要功能是：

    A. 实现程序的安装、卸载

    B. 提高主存储器的利用率

    C. 使计算机系统中的软硬件资源得以充分利用

    D. 优化外部设备的运行环境

102. 影响计算机图像质量的主要参数有：

    A. 存储器的容量、图像文件的尺寸、文件保存格式

    B. 处理器的速度、图像文件的尺寸、文件保存格式

    C. 显卡的品质、图像文件的尺寸、文件保存格式

    D. 分辨率、颜色深度、图像文件的尺寸、文件保存格式

103. 计算机操作系统中的设备管理主要是：

    A. 微处理器 CPU 的管理   B. 内存储器的管理

    C. 计算机系统中的所有外部设备的管理   D. 计算机系统中的所有硬件设备的管理

104. 下面四个选项中，不属于数字签名技术的是：

    A. 权限管理

    B. 接收者能够核实发送者对报文的签名

    C. 发送者事后不能对报文的签名进行抵赖

    D. 接收者不能伪造对报文的签名

105. 实现计算机网络化后的最大好处是：

    A. 存储容量被增大   B. 计算机运行速度加快

    C. 节省大量人力资源   D. 实现了资源共享

106. 校园网是提高学校教学、科研水平不可缺少的设施，它是属于：

    A. 局域网   B. 城域网

    C. 广域网   D. 网际网

107. 某企业拟购买 3 年期一次到期债券,打算三年后到期本利和为 300 万元,按季复利计息,年名义利率为 8％,则现在应购买债券:

    A. 119.13 万元   B. 236.55 万元

    C. 238.15 万元   D. 282.70 万元

108. 在下列费用中,应列入项目建设投资的是:

    A. 项目经营成本   B. 流动资金

    C. 预备费   D. 建设期利息

109. 某公司向银行借款 2400 万元,期限为 6 年,年利率为 8％,每年年末付息一次,每年等额还本,到第 6 年末还完本息。请问该公司第 4 年年末应还的本息和是:

    A. 432 万元   B. 464 万元

    C. 496 万元   D. 592 万元

110. 某项目动态投资回收期刚好等于项目计算期,则以下说法中正确的是:

    A. 该项目动态回收期小于基准回收期

    B. 该项目净现值大于零

    C. 该项目净现值小于零

    D. 该项目内部收益率等于基准收益率

111. 某项目要从国外进口一种原材料,原始材料的 CIF(到岸价格)为 150 美元/吨,美元的影子汇率为 6.5,进口费用为 240 元/吨,请问这种原材料的影子价格是:

    A. 735 元人民币   B. 975 元人民币

    C. 1215 元人民币   D. 1710 元人民币

112. 已知甲、乙为两个寿命期相同的互斥项目,其中乙项目投资大于甲项目。通过测算得出甲、乙两项目的内部收益率分别为 18％ 和 14％,增量内部收益率 $\Delta IRR_{(乙-甲)}=13\%$,基准收益率为 11％,以下说法中正确的是:

    A. 应选择甲项目   B. 应选择乙项目

    C. 应同时选择甲、乙两个项目   D. 甲、乙两个项目均不应选择

113. 以下关于改扩建项目财务分析的说法中正确的是:

    A. 应以财务生存能力分析为主

    B. 应以项目清偿能力分析为主

    C. 应以企业层次为主进行财务分析

    D. 应遵循"有无对比"原则

114. 某工程设计有四个方案,在进行方案选择时计算得出:甲方案功能评价系数 0.85,成本系数 0.92;乙方案功能评价系数 0.6,成本系数 0.7;丙方案功能评价系数 0.94,成本系数 0.88;丁方案功能评价系数 0.67,成本系数 0.82。则最优方案的价值系数为:

A. 0.924   B. 0.857

C. 1.068   D. 0.817

115. 根据《中华人民共和国建筑法》的规定,有关工程发包的规定,下列理解错误的是:

A. 关于对建筑工程进行肢解发包的规定,属于禁止性规定

B. 可以将建筑工程的勘察、设计、施工、设备采购一并发包给一个工程总承包单位

C. 建筑工程实行直接发包的,发包单位可以将建筑工程发包给具有资质证书的承包单位

D. 提倡对建筑工程实行总承包

116. 根据《建设工程安全生产管理条例》的规定,施工单位实施爆破、起重吊装等施工时,应当安排现场的监督人员是:

A. 项目管理技术人员   B 应急救援人员

C. 专职安全生产管理人员   D. 专职质量管理人员

117. 某工程项目实行公开招标,招标人根据招标项目的特点和需要编制招标文件,其招标文件的内容不包括:

A. 招标项目的技术要求   B. 对投标人资格审查的标准

C. 拟签订合同的时间   D. 投标报价要求和评标标准

118. 某水泥厂以电子邮件的方式于 2008 年 3 月 5 日发出销售水泥的要约,要求 2008 年 3 月 6 日 18:00 前回复承诺。甲施工单位于 2008 年 3 月 6 日 16:00 对该要约发出承诺,由于网络原因,导致该电子邮件于 2008 年 3 月 6 日 20:00 到达水泥厂,此时水泥厂的水泥已经售完。下列关于该承诺如何处理的说法,正确的是:

A. 张厂长说邮件未能按时到达,可以不予理会

B. 李厂长说邮件是在期限内发出的,应该作为有效承诺,我们必须想办法给对方供应水泥

C. 王厂长说虽然邮件是在期限内发出的,但是到达晚了,可以认为是无效承诺

D. 赵厂长说我们及时通知对方,因承诺到达已晚,不接受就是了

119. 根据《中华人民共和国环境保护法》的规定,下列关于建设项目中防治污染的设施的说法中,不正确的是:

A. 防治污染的设施,必须与主体工程同时设计、同时施工、同时投入使用

B. 防治污染的设施不得擅自拆除

C. 防治污染的设施不得擅自闲置

D. 防治污染的设施经建设行政主管部门验收合格后方可投入生产或者使用

120. 根据《建设工程质量管理条例》的规定,监理单位代表建设单位对施工质量实施监理,并对施工质量承担监理责任,其监理的依据不包括:

A. 有关技术标准　　　　　　　　B. 设计文件

C. 工程承包合同　　　　　　　　D. 建设单位指令

2016年度全国勘察设计注册工程师执业资格考试基础考试(上)试题解析及参考答案

1.解 $\lim\limits_{x\to 0}\dfrac{x-\sin x}{\sin x}\overset{\frac{0}{0}}{=}\lim\limits_{x\to 0}\dfrac{1-\cos x}{\cos x}=0$

答案:B

2.解 由 $\begin{cases}x=t-\arctan t\\ y=\ln(1+t^2)\end{cases}$,知 $\dfrac{dx}{dt}=\dfrac{t^2}{1+t^2},\dfrac{dy}{dt}=\dfrac{2t}{1+t^2}$,则 $\dfrac{dy}{dx}=\dfrac{\frac{dy}{dt}}{\frac{dx}{dt}}=\dfrac{2t}{t^2},\dfrac{dy}{dx}\Big|_{t=1}=\dfrac{2}{t}\Big|_{t=1}=2$

答案:C

3.解 $\dfrac{dy}{dx}=\dfrac{1}{xy+y^3},\dfrac{dx}{dy}=xy+y^3,\dfrac{dx}{dy}-yx=y^3$,方程为关于 $F(y,x,x')=0$ 的一阶线性微分方程。

答案:C

4.解 $|\boldsymbol{\alpha}|=2,|\boldsymbol{\beta}|=\sqrt{2},\boldsymbol{\alpha}\cdot\boldsymbol{\beta}=2$

由 $\boldsymbol{\alpha}\cdot\boldsymbol{\beta}=|\boldsymbol{\alpha}||\boldsymbol{\beta}|\cos(\widehat{\boldsymbol{\alpha},\boldsymbol{\beta}})=2\cdot\sqrt{2}\cos(\widehat{\boldsymbol{\alpha},\boldsymbol{\beta}})=2$,可知 $\cos(\widehat{\boldsymbol{\alpha},\boldsymbol{\beta}})=\dfrac{\sqrt{2}}{2},(\widehat{\boldsymbol{\alpha},\boldsymbol{\beta}})=\dfrac{\pi}{4}$

故 $|\boldsymbol{\alpha}\times\boldsymbol{\beta}|=|\boldsymbol{\alpha}||\boldsymbol{\beta}|\sin(\widehat{\boldsymbol{\alpha},\boldsymbol{\beta}})=2\cdot\sqrt{2}\cdot\dfrac{\sqrt{2}}{2}=2$

答案:A

5.解 $f(x)$ 在点 x_0 处的左、右极限存在且相等,是 $f(x)$ 在点 x_0 连续的必要非充分条件。

答案:A

6.解 对 $\displaystyle\int_0^x f(t)dt=\dfrac{\cos x}{x}$ 两边求导,得 $f(x)=\dfrac{-x\sin x-\cos x}{x^2}$

则 $f\left(\dfrac{\pi}{2}\right)=\dfrac{-\dfrac{\pi}{2}\cdot 1-0}{\dfrac{\pi^2}{4}}=-\dfrac{2}{\pi}$

答案:B

7.解 $\displaystyle\int xf(x)dx=\int xd\sec^2 x=x\sec^2 x-\int \sec^2 x dx=x\sec^2 x-\tan x+C$

答案:D

8. 解 $\begin{cases} y^2+z=1 \\ x=0 \end{cases}$ 表示在 yOz 平面上曲线绕 z 轴旋转,得曲面方程 $x^2+y^2+z=1$。

答案:A

9. 解 $f'_x(x_0,y_0),f'_y(x_0,y_0)$ 在点 $P_0(x_0,y_0)$ 处连续仅是函数 $z=f(x,y)$ 在点 $P_0(x_0,y_0)$ 可微的充分条件,反之不一定成立,即 $z=f(x,y)$ 在点 $P_0(x_0,y_0)$ 处可微,不能保证偏导 $f'_x(x_0,y_0),f'_y(x_0,y_0)$ 在点 $P_0(x_0,y_0)$ 处连续。没有定理保证。

答案:D

10. 解 $\displaystyle\int_{-\infty}^{+\infty}\frac{A}{1+x^2}dx=A\int_{-\infty}^{+\infty}\frac{1}{1+x^2}dx=A\left[\int_{-\infty}^{0}\frac{1}{1+x^2}dx+\int_{0}^{+\infty}\frac{1}{1+x^2}dx\right]$

$\qquad\qquad =A\left(\arctan x\Big|_{-\infty}^{0}+\arctan x\Big|_{0}^{+\infty}\right)=A\left(\frac{\pi}{2}+\frac{\pi}{2}\right)=A\pi$

由 $A\pi=1$,得 $A=\dfrac{1}{\pi}$

答案:A

11. 解 $f(x)=x(x-1)(x-2)$

$f(x)$ 在 $[0,1]$ 连续,在 $(0,1)$ 可导,且 $f(0)=f(1)$

由罗尔定理可知,存在 $f'(\zeta_1)=0,\zeta_1$ 在 $(0,1)$ 之间

$f(x)$ 在 $[1,2]$ 连续,在 $(1,2)$ 可导,且 $f(1)=f(2)$

由罗尔定理可知,存在 $f'(\zeta_2)=0,\zeta_2$ 在 $(1,2)$ 之间

因为 $f'(x)=0$ 是二次方程,所以 $f'(x)=0$ 的实根个数为 2

答案:B

12. 解 $y''-2y'+y=0,r^2-2r+1=0,r=1$,二重根。

通解 $y=(C_1+C_2x)e^x$ (其中 C_1,C_2 为任意常数)

线性无关的特解为 $y_1=e^x,y_2=xe^x$

答案:D

13. 解 $f(x)$ 在 (a,b) 内可微,且 $f'(x)\neq0$。

由函数极值存在的必要条件,$f(x)$ 在 (a,b) 内可微,即 $f(x)$ 在 (a,b) 内可导,且在 x_0 处取得极值,那么 $f'(x_0)=0$。

该题不符合此条件,所以必无极值。

答案:C

14. 解 对 $\displaystyle\sum_{n=1}^{\infty}\frac{\sin\frac{3}{2}n}{n^2}$ 取绝对值,即 $\displaystyle\sum_{n=1}^{\infty}\left|\frac{\sin\frac{3}{2}n}{n^2}\right|$,而 $\left|\dfrac{\sin\frac{3}{2}n}{n^2}\right|\leqslant\dfrac{1}{n^2}$

因为 $\sum\limits_{n=1}^{\infty}\dfrac{1}{n^2}$，$p=2>1$，收敛，由比较法知 $\sum\limits_{n=1}^{\infty}\left|\dfrac{\sin\frac{3}{2}n}{n^2}\right|$ 收敛，所以级数 $\sum\limits_{n=1}^{\infty}\dfrac{\sin\frac{3}{2}n}{n^2}$ 绝对收敛。

答案：D

15. **解** 如解图所示，$D:\begin{cases}0\leqslant r\leqslant 1\\0\leqslant\theta\leqslant\dfrac{\pi}{2}\end{cases}$

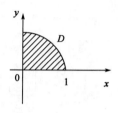

题 15 解图

$$\iint\limits_{D}x^2y\mathrm{d}x\mathrm{d}y=\int_0^{\frac{\pi}{2}}\cos^2\theta\sin\theta\mathrm{d}\theta\int_0^1 r^4\mathrm{d}r$$

$$=\dfrac{1}{5}\int_0^{\frac{\pi}{2}}\cos^2\theta\ \sin\theta\mathrm{d}\theta=-\dfrac{1}{5}\int_0^{\frac{\pi}{2}}\cos^2\theta\mathrm{d}\cos\theta$$

$$=-\dfrac{1}{5}\cdot\dfrac{1}{3}\cos^3\theta\Big|_0^{\frac{\pi}{2}}=\dfrac{1}{15}$$

答案：B

16. **解** 如解图所示，$L:\begin{cases}y=x^2\\x=x\end{cases}\qquad(x:1\rightarrow 0)$

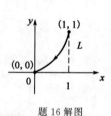

题 16 解图

$$\int_L x\mathrm{d}x+y\mathrm{d}y=\int_1^0 x\mathrm{d}x+x^2\cdot 2x\mathrm{d}x=-\int_0^1(x+2x^3)\mathrm{d}x$$

$$=-\left(\dfrac{1}{2}x^2+\dfrac{2}{4}x^4\right)\Big|_0^1$$

$$=-\left(\dfrac{1}{2}+\dfrac{1}{2}\right)=-1$$

答案：C

17. **解** $\sum\limits_{n=0}^{\infty}\dfrac{(-1)^n}{2^n}x^n=1-\dfrac{x}{2}+\left(\dfrac{x}{2}\right)^2-\left(\dfrac{x}{2}\right)^3+\cdots$

因为 $|x|<2$，所以 $\left|\dfrac{x}{2}\right|<1$，$q=-\dfrac{x}{2}$，$|q|=\left|\dfrac{x}{2}\right|<1$

级数的和函数 $S=\dfrac{a_1}{1-q}=\dfrac{1}{1-\left(-\frac{x}{2}\right)}=\dfrac{2}{2+x}$

答案：A

18. **解** $z=\dfrac{3^{xy}}{x}+xF(u)$，$u=\dfrac{y}{x}$

$$\dfrac{\partial z}{\partial y}=\dfrac{1}{x}3^{xy}\cdot\ln 3\cdot x+xF'(u)\dfrac{1}{x}=3^{xy}\ln 3+F'(u)$$

答案：D

19.解　将 $\boldsymbol{\alpha}_1,\boldsymbol{\alpha}_2,\boldsymbol{\alpha}_3$ 组成矩阵 $\begin{bmatrix} 6 & 4 & 4 \\ t & 2 & 1 \\ 7 & 2 & 0 \end{bmatrix}$

$\boldsymbol{\alpha}_1,\boldsymbol{\alpha}_2,\boldsymbol{\alpha}_3$ 线性相关的充要条件是 $\begin{vmatrix} 6 & 4 & 4 \\ t & 2 & 1 \\ 7 & 2 & 0 \end{vmatrix}=0$

$$\begin{vmatrix} 6 & 4 & 4 \\ t & 2 & 1 \\ 7 & 2 & 0 \end{vmatrix} \xrightarrow{r_2(-4)+r_1} \begin{vmatrix} 6-4t & -4 & 0 \\ t & 2 & 1 \\ 7 & 2 & 0 \end{vmatrix} = 1 \cdot (-1)^{2+3} \begin{vmatrix} 6-4t & -4 \\ 7 & 2 \end{vmatrix}$$

$=(-1)(12-8t+28)=-(-8t+40)=8t-40=0,$ 得 $t=5$

答案: B

20.解　根据 n 阶方阵 $\boldsymbol{A}$ 的秩小于 n 的充要条件是 $|\boldsymbol{A}|=0$，可知选项 C 正确。

答案: C

21.解　由方阵 $\boldsymbol{A}$ 的特征值和特征向量的重要性质计算

设方阵 $\boldsymbol{A}$ 的特征值为 $\lambda_1,\lambda_2,\lambda_3$

则 $\begin{cases} \lambda_1+\lambda_2+\lambda_3=a_{11}+a_{22}+a_{33} \quad\quad\quad ① \\ \lambda_1 \cdot \lambda_2 \cdot \lambda_3=|\boldsymbol{A}| \quad\quad\quad\quad\quad\quad\quad ② \end{cases}$

由①式可知　　　　　　　$1+3+\lambda_3=5+(-4)+a$

得 $\lambda_3-a=-3$

由②式可知　　　　　　　$1 \cdot 3 \cdot \lambda_3 = \begin{vmatrix} 5 & -3 & 2 \\ 6 & -4 & 4 \\ 4 & -4 & a \end{vmatrix}$

得 $3\lambda_3=2\begin{vmatrix} 5 & -3 & 2 \\ 3 & -2 & 2 \\ 4 & -4 & a \end{vmatrix} \xrightarrow{r_1(-1)+r_2} 2\begin{vmatrix} 5 & -3 & 2 \\ -2 & 1 & 0 \\ 4 & -4 & a \end{vmatrix} \xrightarrow{2c_2+c_1} 2\begin{vmatrix} -1 & -3 & 2 \\ 0 & 1 & 0 \\ -4 & -4 & a \end{vmatrix}$

$=2 \cdot 1(-1)^{2+2}\begin{vmatrix} -1 & 2 \\ -4 & a \end{vmatrix}$

$=2(-a+8)=-2a+16$

解方程组 $\begin{cases} \lambda_3-a=-3 \\ 3\lambda_3+2a=16 \end{cases}$

得 $\lambda_3 = 2, a = 5$

答案：B

22.解 因 $P(AB) = P(B)P(A|B) = 0.7 \times 0.8 = 0.56$，而 $P(A)P(B) = 0.8 \times 0.7 = 0.56$，故 $P(AB) = P(A)P(B)$，即 A 与 B 独立。因 $P(AB) = P(A) + P(B) - P(A \cup B) = 1.5 - P(A \cup B) > 0$，选项 B 错。因 $P(A) > P(B)$，选项 C 错。因 $P(A) + P(B) = 1.5 > 1$，选项 D 错。

注意：独立是用概率定义的，即可用概率来判定是否独立。而互斥、包含、对立（互逆）是不能由概率来判定的，所以选项 B，C 错。

答案：A

23.解

$$P(X = 0) = \frac{C_5^3}{C_7^3} = \frac{\dfrac{5 \times 4 \times 3}{1 \times 2 \times 3}}{\dfrac{7 \times 6 \times 5}{1 \times 2 \times 3}} = \frac{2}{7}$$

$$P(X = 1) = \frac{C_5^2 C_2^1}{C_7^3} = \frac{\dfrac{5 \times 4}{1 \times 2} \times 2}{\dfrac{7 \times 6 \times 5}{1 \times 2 \times 3}} = \frac{4}{7}$$

$$P(X = 2) = \frac{C_5^1 C_2^2}{C_7^3} = \frac{5}{\dfrac{7 \times 6 \times 5}{1 \times 2 \times 3}} = \frac{1}{7} \text{ 或 } P(X = 2) = 1 - \frac{2}{7} - \frac{4}{7} = \frac{1}{7}$$

$$E(X) = 0 \times P(X = 0) + 1 \times P(X = 1) + 2 \times P(X = 2) = \frac{6}{7}$$

$$[\text{求 } E(X) \text{ 时，可以不求 } P(X = 0)]$$

答案：D

24.解 $X_1, X_2, \cdots, X_n$ 与总体 X 同分布

$$E(\hat{\sigma}^2) = E\left(\frac{1}{n}\sum_{i=1}^{n}X_i^2\right) = \frac{1}{n}\sum_{i=1}^{n}E(X_i^2) = \frac{1}{n}\sum_{i=1}^{n}E(X^2) = E(X^2)$$

$$= D(X) + [E(X)]^2 = \sigma^2 + 0^2 = \sigma^2$$

答案：B

25.解 $\bar{v} = \sqrt{\dfrac{8RT}{\pi M}}$, $\bar{v}_{O_2} = \sqrt{\dfrac{8RT}{\pi M}} = \sqrt{\dfrac{8RT}{\pi \cdot 32}}$

氧气的热力学温度提高一倍，氧分子全部离解为氧原子，$T_O = 2T_{O_2}$

$$\bar{v}_O = \sqrt{\dfrac{8RT_O}{\pi M_O}} = \sqrt{\dfrac{8R \cdot 2T}{\pi \cdot 16}} , \text{ 则 } \frac{\bar{v}_O}{\bar{v}_{O_2}} = \frac{\sqrt{\dfrac{8R \cdot 2T}{\pi \cdot 16}}}{\sqrt{\dfrac{8RT}{\pi \cdot 32}}} = 2$$

答案：B

26.**解**　气体分子的平均碰撞频率 $Z_0 = \sqrt{2}n\pi d^2 \bar{v} = \sqrt{2}n\pi d^2\sqrt{\dfrac{8RT}{\pi M}}$

平均自由程为 $\bar{\lambda}_0 = \dfrac{\bar{v}}{Z_0} = \dfrac{1}{\sqrt{2}n\pi d^2}$

$$T' = \frac{1}{4}T,\ \bar{\lambda} = \bar{\lambda}_0,\ \bar{Z} = \frac{1}{2}\bar{Z}_0$$

答案：B

27.**解**　气体从同一状态出发做相同体积的等温膨胀或绝热膨胀，如解图所示。

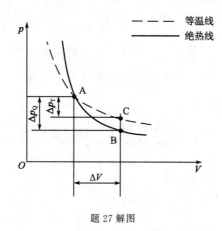

题 27 解图

绝热线比等温线陡，故 $p_1 > p_2$。

答案：B

28.**解**　卡诺正循环由两个准静态等温过程和两个准静态绝热过程组成，如解图所示。

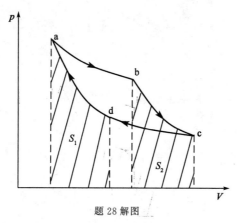

题 28 解图

由热力学第一定律：$Q = \Delta E + W$，绝热过程 $Q=0$，两个绝热过程高低温热源温度相同，温差相等，内能差相同。一个绝热过程为绝热膨胀，另一个绝热过程为绝热压缩，$W_2 = -W_1$，一个内能增大，一个内能减小，$\Delta E_2 = -\Delta E_1$。

答案:C

29.解 单位体积的介质中波所具有的能量称为能量密度。

$$w = \frac{\Delta W}{\Delta V} = \rho\, \omega^2 A^2 \sin^2\left[\omega\left(t - \frac{x}{u}\right)\right]$$

答案:C

30.解 在中垂线上各点:波程差为零,初相差为 π

$$\Delta\varphi = \alpha_2 - \alpha_1 - \frac{2\pi(r_2 - r_1)}{\lambda} = \pi$$

符合干涉减弱条件,故振幅为 $A = A_2 - A_1 = 0$

答案:B

31.解 简谐波在弹性媒质中传播时媒质质元的能量不守恒,任一质元 $W_p = W_k$,平衡位置时动能及势能均为最大,最大位移处动能及势能均为零。

将 $x = 2.5\text{m}, t = 0.25\text{s}$ 代入波动方程:

$$y = 2 \times 10^{-2} \cos 2\pi\left(10 \times 0.25 - \frac{2.5}{5}\right) = 0.02\text{m}$$

为波峰位置,动能及势能均为零。

答案:D

32.解 当自然光以布儒斯特角 i_0 入射时,$i_0 + \gamma = \frac{\pi}{2}$,故光的折射角为 $\frac{\pi}{2} - i_0$。

答案:D

33.解 此题考查的知识点为马吕斯定律。光强为 I_0 的自然光通过第一个偏振片光强为入射光强的一半,通过第二个偏振片光强为 $I = \frac{I_0}{2}\cos^2\frac{\pi}{4} = \frac{I_0}{4}$。

答案:B

34.解 单缝夫琅禾费衍射中央明条纹的宽度 $l_0 = 2x_1 = \frac{2\lambda}{a}f$,半宽度 $\frac{f\lambda}{a}$。

答案:A

35.解 人眼睛的最小分辨角:

$$\theta = 1.22\frac{\lambda}{D} = \frac{1.22 \times 550 \times 10^{-6}}{3} = 2.24 \times 10^{-4}\text{rad}$$

答案:C

36.解 光栅衍射是单缝衍射和多缝干涉的和效果,当多缝干涉明纹与单缝衍射暗纹方向相同时,将出现缺级现象。

单缝衍射暗纹条件: $a\sin\varphi = k\lambda$

光栅衍射明纹条件: $(a+b)\sin\varphi = k'\lambda$

$$\frac{a\sin\varphi}{(a+b)\sin\varphi} = \frac{k\lambda}{k'\lambda} = \frac{1}{2}, \frac{2}{4}, \frac{3}{6}, \cdots$$

$$2a = a+b, a = b$$

答案: C

37. 解 多电子原子中原子轨道的能级取决于主量子数 n 和角量子数 l: 主量子数 n 相同时, l 越大, 能量越高; 角量子数 l 相同时, n 越大, 能量越高。n 决定原子轨道所处的电子层数, l 决定原子轨道所处亚层($l=0$ 为 s 亚层, $l=1$ 为 p 亚层, $l=2$ 为 d 亚层, $l=3$ 为 f 亚层)。同一电子层中的原子轨道 n 相同, l 越大, 能量越高。

答案: D

38. 解 分子间力包括色散力、诱导力、取向力。极性分子与极性分子之间的分子间力有色散力、诱导力、取向力; 极性分子与非极性分子之间的分子间力有色散力、诱导力; 非极性分子与非极性分子之间的分子间力只有色散力。CO 为极性分子, N_2 为非极性分子, 所以, CO 与 N_2 间的分子间力有色散力、诱导力。

答案: D

39. 解 $NH_3 \cdot H_2O$ 为一元弱碱

$$C_{OH^-} = \sqrt{K_b \cdot C} = \sqrt{1.8 \times 10^{-5} \times 0.1} \approx 1.34 \times 10^{-3} \, mol/L$$

$$C_{H^+} = 10^{-14} / C_{OH^-} \approx 7.46 \times 10^{-12}, \, pH = -\lg C_{H^+} \approx 11.13$$

答案: B

40. 解 它们都属于平衡常数, 平衡常数是温度的函数, 与温度有关, 与分压、浓度、催化剂都没有关系。

答案: B

41. 解 四个电对的电极反应分别为:

$$Zn^{2+} + 2e = Zn; \quad Br_2 + 2e^- = 2Br^-$$

$$AgI + e = Ag + I^-$$

$$MnO_4^- + 8H^+ + 5e = Mn^{2+} + 4H_2O$$

只有 MnO_4^- / Mn^{2+} 电对的电极反应与 H^+ 的浓度有关。

根据电极电势的能斯特方程式, MnO_4^- / Mn^{2+} 电对的电极电势与 H^+ 的浓度有关。

答案: D

42. 解 如果阳极为惰性电极，阳极放电顺序：

①溶液中简单负离子如 I^-、Br^-、Cl^- 将优先 OH^- 离子在阳极上失去电子析出单质；

②若溶液中只有含氧根离子(如 SO_4^{2-}、NO_3^-)，则溶液中 OH^- 在阳极放电析出 O_2。

答案：B

43. 解 由公式 $\Delta G = \Delta H - T\Delta S$ 可知，当 $\Delta H < 0$ 和 $\Delta S > 0$ 时，ΔG 在任何温度下都小于零，都能自发进行。

答案：A

44. 解 系统命名法：

(1)链烃及其衍生物的命名

①选择主链：选择最长碳链或含有官能团的最长碳链为主链；

②主链编号：从距取代基或官能团最近的一端开始对碳原子进行编号；

③写出全称：将取代基的位置编号、数目和名称写在前面，将母体化合物的名称写在后面。

(2)其衍生物的命名

①选择母体：选择苯环上所连官能团或带官能团最长的碳链为母体，把苯环视为取代基；

②编号：将母体中碳原子依次编号，使官能团或取代基位次具有最小值。

答案：C

45. 解 甲醇可以和两个酸发生酯化反应；氢氧化钠可以和两个酸发生酸碱反应；金属钾可以和两个酸反应生成苯氨酸钾和山梨酸钾；溴水只能和山梨酸发生加成反应。

答案：B

46. 解 塑料一般分为热塑性塑料和热固性塑料。前者为线性结构的高分子化合物，这类化合物能溶于适当的有机溶剂，受热时会软化、熔融，加工成各种形状，冷后固化，可以反复加热成型；后者为体型结构的高分子化合物，具有热固性，一旦成型后不溶于溶剂，加热也不再软化、熔融，只能一次加热成型。

答案：C

47. 解 首先分析杆 DE，E 处为活动铰链支座，约束力垂直于支撑面，如解图 a)所示，杆 DE 的铰链 D 处的约束力可按三力汇交原理确定；其次分析铰链 D，D 处铰接了杆 DE、直角弯杆 BCD 和连杆，连杆的约束力 F_D 沿杆为铅垂方向，杆 DE 作用在铰链 D 上的力为 $F'_{D右}$，按照铰链 D 的平衡，其受力图如解图 b)所示；最后分析直杆 AC 和直角弯杆 BCD，直杆 AC 为二力杆，A 处约束力沿杆方向，根据力偶的平衡，由 F_A 与 $F'_{D左}$ 组成的逆时针转向力偶与顺时针转向的主动力偶 M 组成平衡力系,故 A 处约束力的指向如解图 c)所示。

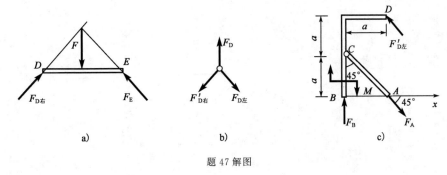

题 47 解图

答案:D

48.**解** 将主动力系对 B 点取矩求代数和:
$$M_B = M - qa^2/2 = 20 - 10 \times 2^2/2 = 0$$

答案:A

49.**解** 均布力组成了力偶矩为 qa^2 的逆时针转向力偶。A、B 处的约束力应沿铅垂方向组成顺时针转向的力偶。

答案:C （此题 2010 年考过）

50.**解** 如解图,若物块平衡沿斜面方向有:
$$F_f = F\cos\alpha - W\sin\alpha = 0.2F$$

而最大静摩擦力 $F_{fmax} = f \cdot F_N$
$$= f(F\sin\alpha + W\cos\alpha) = 0.28F$$

因 $F_{fmax} > F_f$,所以物块静止。

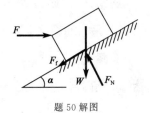

题 50 解图

答案:A

51.**解** 将 x 对时间 t 求一阶导数为速度,即:$v = 9t^2 + 1$;再对时间 t 求一阶导数为加速度,即 $a = 18t$,将 $t = 4\text{s}$ 代入,可得:$x = 198\text{m}$,$v = 145\text{m/s}$,$a = 72\text{m/s}^2$。

答案:B

52.**解** 根据定义,切向加速度为弧坐标 s 对时间的二阶导数,即 $a_\tau = 6\text{m/s}^2$。

答案:D

53.**解** 根据定轴转动刚体上一点加速度与转动角速度、角加速度的关系:$a_n = \omega^2 l$,$a_\tau = \alpha l$,而题中 $a_n = a\cos\alpha = \omega^2 l$,所以 $\omega = \sqrt{\dfrac{a\cos\alpha}{l}}$,$a_\tau = a\sin\alpha = \alpha l$,所以 $\alpha = \dfrac{a\sin\alpha}{l}$。

答案:B （此题 2009 年考过）

54.解 按照牛顿第二定律,在铅垂方向有 $ma = F_R - mg = Kv^2 - mg$,当 $a = 0$(速度 v 的导数为零)时有速度最大,为 $v = \sqrt{\dfrac{mg}{K}}$。

答案:A

55.解 根据弹簧力的功公式:

$$W_{12} = \frac{k}{2}(0.06^2 - 0.04^2) = 1.96\text{J}$$

$$W_{32} = \frac{k}{2}(0.02^2 - 0.04^2) = -1.176\text{J}$$

答案:C

56.解 系统在转动中对转动轴 z 的动量矩守恒,即:$I\omega = (I + mR^2)\omega_t$(设 ω_t 为小球达到 B 点时圆环的角速度),则 $\omega_t = \dfrac{I\omega}{I + mR^2}$。

答案:B

57.解 根据定轴转动刚体惯性力系的简化结果:惯性力主矢和主矩的大小分别为 $F_I = ma_C = 0$,$M_{IO} = J_O\alpha = \dfrac{1}{2}mr^2\varepsilon$。

答案:C (此题 2010 年考过)

58.解 由公式 $\omega_n^2 = k/m$,$k = m\omega_n^2 = 5 \times 30^2 = 4500\text{N/m}$。

答案:B

59.解 首先考虑整体平衡,可求出左端支座反力是水平向右的力,大小等于 20kN,分三段求出各段的轴力,画出轴力图如解图所示。

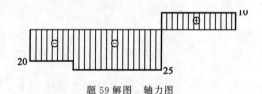

题 59 解图 轴力图

可以看到最大拉伸轴力是 10kN。

答案:A

60.解 由铆钉的剪切强度条件:$\tau = \dfrac{F_s}{A_s} = \dfrac{F}{\frac{\pi}{4}d^2} = [\tau]$

可得:$\dfrac{4F}{\pi d^2} = [\tau]$ ①

由铆钉的挤压强度条件:$\sigma_{bs} = \dfrac{F_{bs}}{A_{bs}} = \dfrac{F}{dt} = [\sigma_{bs}]$

可得：$\dfrac{F}{dt}=[\sigma_{bs}]$ ②

d 与 t 的合理关系应使两式同时成立，②式除以①式得到 $\dfrac{\pi d}{4t}=\dfrac{[\sigma_{bs}]}{[\tau]}$，即 $d=\dfrac{4t[\sigma_{bs}]}{\pi[\tau]}$。

答案：B

61.解 设原直径为 d 时，最大切应力为 τ，最大切应力减小后为 τ_1，直径为 d_1。

则有
$$\tau=\frac{T}{\dfrac{\pi}{16}d^3},\quad \tau_1=\frac{T}{\dfrac{\pi}{16}d_1^3}$$

因 $\tau_1=\dfrac{\tau}{2}$，则 $\dfrac{T}{\dfrac{\pi}{16}d_1^3}=\dfrac{1}{2}\cdot\dfrac{T}{\dfrac{\pi}{16}d^3}$，即 $d_1^3=2d^3$，所以 $d_1=\sqrt[3]{2}d$。

答案：D

62.解 根据外力偶矩（扭矩 T）与功率（P）和转速（n）的关系：
$$T=M_e=9550\frac{P}{n}$$

可见，在功率相同的情况下，转速慢（n 小）的轴扭矩 T 大。

答案：B

63.解 图(a)与图(b)面积相同，面积分布的位置到 z 轴的距离也相同，故惯性矩 $I_{z(a)}=I_{z(b)}$，而图(c)虽然面积与(a)、(b)相同，但是其面积分布的位置到 z 轴的距离小，所以惯性矩 $I_{z(c)}$ 也小。

答案：D

64.解 由于 C 端的弯矩就等于外力偶矩，所以 $m=$ 10kN·m，又因为 BC 段弯矩图是水平线，属于纯弯曲，剪力为零，所以 C 点支反力为零。

题 64 解图

由梁的整体受力图可知 $F_A=F$，所以 B 点的弯矩 $M_B=F_A\times2=10$kN·m，即 $F_A=5$kN。

答案：B

65.解 图示单元体的最大主应力 σ_1 的方向，可以看作是 σ_x 的方向（沿 x 轴）和纯剪切单元体的最大拉应力的主方向（在第一象限沿 45°向上），叠加后的合应力的指向。

答案：A （此题 2011 年考过）

66.解 AB 段是轴向受压，$\sigma_{AB}=\dfrac{F}{ab}$；

BC 段是偏心受压，$\sigma_{BC}=\dfrac{F}{2ab}+\dfrac{F\cdot\dfrac{a}{2}}{\dfrac{b}{6}(2a)^2}=\dfrac{5F}{4ab}$。

答案:B （此题 2011 年考过）

67. 解 从剪力图看梁跨中有一个向下的突变,对应于一个向下的集中力,其值等于突变值 100kN;从弯矩图看梁的跨中有一个突变值 50kN·m,对应于一个外力偶矩 50kN·m,所以只能选 C 图。

答案:C

68. 解 梁两端的支座反力为 $\dfrac{F}{2}=50\text{kN}$,梁中点最大弯矩 $M_{max}=50\times2=100\text{kN}\cdot\text{m}$

最大弯曲正应力 $\sigma_{max}=\dfrac{M_{max}}{W_z}=\dfrac{M_{max}}{\dfrac{bh^2}{6}}=\dfrac{100\times10^6\text{N}\cdot\text{mm}}{\dfrac{1}{6}\times100\times200^2\text{mm}^3}=150\text{MPa}$

答案:B

69. 解 本题是一个偏心拉伸问题,由于水平力 F 对两个形心主轴 y、z 都有偏心距,所以可以把 F 力平移到形心轴 x 以后,将产生两个平面内的双向弯曲和 x 轴方向的轴向拉伸的组合变形。

答案:B

70. 解 从常用的四种杆端约束的长度系数 μ 的值可看出,杆端约束越强,μ 值越小,而杆端约束越弱,则 μ 值越大。本题图中所示压杆的杆端约束比两端铰支压杆($\mu=1$）强,又比一端铰支、一端固定压杆($\mu=0.7$）弱,故 $0.7<\mu<1$。

答案:A

71. 解 静水压力基本方程为 $p=p_0+\rho gh$,将题设条件代入可得:绝对压强 $p=101.325\text{kPa}+9.8\text{kPa/m}\times1\text{m}=111.125\text{kPa}\approx0.111\text{MPa}$。

答案:A

72. 解 流速 $v_2=v_1\times\left(\dfrac{d_1}{d_2}\right)^2=9.55\times\left(\dfrac{0.2}{0.3}\right)^2=4.24\text{m/s}$

流量 $Q=v_1\times\dfrac{\pi}{4}d_1{}^2=9.55\times\dfrac{\pi}{4}(0.2)^2=0.3\text{m}^3\text{/s}$

答案:A

73. 解 管中雷诺数 $\text{Re}=\dfrac{v\cdot d}{\nu}=\dfrac{2\times900}{0.0114}=157894.74\gg\text{Re}_k$,为紊流

欲使流态转变为层流时的流速 $v_k=\dfrac{\text{Re}_k\cdot\nu}{d}=\dfrac{2300\times0.0114}{2}=13.1\text{cm/s}$

答案:D

74. 解 边界层分离增加了潜体运动的压差阻力。

答案:C

75.**解** 对水箱自由液面与管道出口写能量方程:

$$H+\frac{p}{\rho g}=\frac{v^2}{2g}+h_\mathrm{f}=\frac{v^2}{2g}\left(1+\lambda\frac{L}{d}\right)$$

代入题设数据并化简:

$$2+\frac{19600}{9800}=\frac{v^2}{2g}\left(1+0.02\times\frac{100}{0.2}\right)$$

计算得流速 $v=2.67\mathrm{m/s}$

流量 $Q=v\times\frac{\pi}{4}d^2=2.67\times\frac{\pi}{4}(0.2)^2=0.08384\mathrm{m^3/s}=83.84\mathrm{L/s}$

答案:A

76.**解** 由明渠均匀流谢才-曼宁公式 $Q=\frac{1}{n}R^{\frac{2}{3}}i^{\frac{1}{2}}A$ 可知:在题设条件下面积 A,粗糙系数 n,底坡 i 均相同,则流量 Q 的大小取决于水力半径 R 的大小。对于方形断面,其水力半径 $R_1=\frac{a^2}{3a}=\frac{a}{3}$,对于矩形断面,其水力半径为 $R_2=\frac{2a\times0.5a}{2a+2\times0.5a}=\frac{a^2}{3a}=\frac{a}{3}$,即 $R_1=R_2$。故 $Q_1=Q_2$。

答案:B

77.**解** 将题设条件代入达西定律 $v=kJ$

则有渗流速度 $v=0.012\mathrm{cm/s}\times\frac{1.5-0.3}{2.4}=0.006\mathrm{cm/s}$

答案:B

78.**解** 雷诺数的物理意义为:惯性力与黏性力之比。

答案:B

79.**解** 点电荷 q_1、q_2 电场作用的方向分布为:始于正电荷(q_1),终止于负电荷(q_2)。

答案:B

80.**解** 电路中,如果取元件中电压电流正方向一致,则它们的电压电流关系如下:

电压: $u_\mathrm{L}=L\frac{\mathrm{d}i_\mathrm{L}}{\mathrm{d}t}$

电容: $i_\mathrm{C}=C\frac{\mathrm{d}u_\mathrm{C}}{\mathrm{d}t}$

电阻: $u_\mathrm{R}=Ri_\mathrm{R}$

答案:C

81.解 本题考查对电流源的理解和对基本 KCL、KVL 方程的应用。

需注意,电流源的端电压由外电路决定。

如解图所示,当电流源的端电压 U_{Is2} 与 I_{s2} 取一致方向时:

$$U_{Is2}=I_2R_2+I_3R_3\neq0$$

其他方程正确。

答案:B

82.解 本题注意正弦交流电的三个特征(大小、相位、速度)和描述方法,图中电压 $\dot{U}$ 为有效值相量。

由相量图可分析,电压最大值为 $10\sqrt{2}$ V,初相位为 $-30°$,角频率用 ω 表示,时间函数的正确描述为:

$$u(t)=10\sqrt{2}\sin(\omega t-30°)\text{V}$$

答案:A

83.解 用相量法。

$$\dot{I}=\frac{\dot{U}}{20+(j20//-j10)}=\frac{100\angle0°}{20-j20}$$

$$=\frac{5}{\sqrt{2}}\angle45°=3.5\angle45°\text{A}$$

答案:B

84.解 电路中 R-L 串联支路为电感性质,右支路电容为功率因数补偿所设。

如图示,当电容量适当增加时电路功率因数提高。当 $\varphi=0$,$\cos\varphi=1$ 时,总电流 I 达到最小值。如果 I_c 继续增加出现过补偿(即电流 $\dot{I}$ 超前于电压 $\dot{U}$ 时),会使电路的功率因数降低。

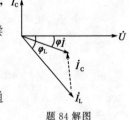

题 84 解图

当电容参数 C 改变时,感性电路的功率因数 $\cos\varphi_L$ 不变。通常,进行功率因数补偿时不出现 $\varphi<0$ 情况。仅有总电流 I 减小时电路的功率因素($\cos\varphi$)变大。

答案:B

85.解 理想变压器副边空载时,可以认为原边电流为零,则 $U=U_1$。根据电压变比关系可知：$\dfrac{U}{U_2}=2$。

答案：B

86.**解** 三相交流异步电动机正常运行采用三角形接法时，为了降低启动电流可以采用星形启动，即 Y-△ 启动。但随之带来的是启动转矩也是△接法的 1/3。

答案：C

87.**解** 本题信号波形在时间轴上连续，数值取值为 +5、0、−5，是离散的。"二进制代码信号""二值逻辑信号"均不符合题义。只能认为是连续的时间信号。

答案：D

88.**解** 将图形用数学函数描述为：$u(t)=10\cdot 1(t)-10\cdot 1(t-1)$，这是两个阶跃信号的叠加。

答案：A

89.**解** 低通滤波器可以使低频信号畅通，而高频的干扰信号淹没。

答案：B

90.**解** 此题可以利用反演定理处理如下：

$$\overline{\overline{AB}+\overline{BC}}=\overline{A}+\overline{B}+\overline{B}+\overline{C}=\overline{A}+\overline{B}+\overline{C}$$

答案：A

91.**解** $F=A\overline{B}+\overline{A}B$ 为异或关系。

由输入量 A、B 和输出的波形分析可见：

$$\begin{cases} 当输入 A 与 B 相异时，输出 F 为"1"。 \\ 当输入 A 与 B 相同时，输出 F 为"0"。 \end{cases}$$

答案：A

92.**解** BCD 码是用二进制表示的十进制数，当用四位二进制数表示十进制的 10 时，可以写为"0001 0000"。

答案：A

93.**解** 本题采用全波整流电路，结合二极管连接方式分析。

输出直流电压 U_o 与输入交流有效值 U_i 的关系为：

$$U_o=-0.9U_i$$

本题 $U_i=\dfrac{10}{\sqrt{2}}$V，代入上式得 $U_o=-0.9\times\dfrac{10}{\sqrt{2}}=-6.36$V。

答案：D

94. 解 将电路"A"端接入-2.5V 的信号电压,"B"端接地,则构成如解图 a)所示的反相比例运算电路。输出电压与输入的信号电压关系为:

$$u_o = -\frac{R_2}{R_1}u_i$$

可知:

$$\frac{R_2}{R_1} = -\frac{u_o}{u_i} = 4$$

当"A"端接地,"B"端接信号电压,就构成解图 b)的同相比例电路,则输出 u_o 与输入电压 u_i 的关系为:

$$u_o = \left(1+\frac{R_2}{R_1}\right)u_i = -12.5V$$

考虑到运算放大器输出电压在-11~11V 之间,可以确定放大器已经工作在负饱和状态,输出电压为负的极限值-11V。

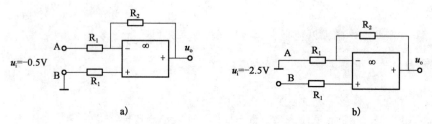

题 94 解图

答案:C

95. 解 左侧电路为与门:$F_1 = A \cdot 0 = 0$,右侧电路为或非门:$F_2 = \overline{B+0} = \overline{B}$。

答案:A

96. 解 本题为 J-K 触发器(脉冲下降沿动作)和与门构成的时序逻辑电路。其中 J 触发信号为 $J = Q \cdot A$。(注:为波形分析方便,作者补充了 J 端的辅助波形,图中阴影表示该信号未知。)

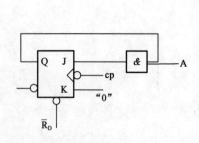

题 96 解图

答案:A

97.解 计算机发展的人性化的一个重要方面是"使用傻瓜化"。计算机要成为大众的工具,首先必须做到"使用傻瓜化"。要让计算机能听懂、能说话、能识字、能写文、能看图像、能现实场景等。

答案:B

98.解 计算机内的存储器是由一个个存储单元组成的,每一个存储单元的容量为 8 位二进制信息,称一个字节。

答案:B

99.解 操作系统是一个庞大的管理控制程序。通常,它是由进程与处理器调度、作业管理、存储管理、设备管理、文件管理等五大功能组成。

答案:D

100.解 支撑软件是指支援其他软件的编写制作和维护的软件,主要包括环境数据库、各种接口软件和工具软件,是计算机系统内的一个组成部分。

答案:A

101.解 进程与处理器调度负责把 CPU 的运行时间合理地分配给各个程序,以使处理器的软硬件资源得以充分的利用。

答案:C

102.解 影响计算机图像质量的主要参数有分辨率、颜色深度、图像文件的尺寸和文件保存格式等。

答案:D

103.解 计算机操作系统中的设备管理的主要功能是负责分配、回收外部设备,并控制设备的运行,是人与外部设备之间的接口。

答案:C

104.解 数字签名机制提供了一种鉴别方法,以解决伪造、抵赖、冒充和篡改等安全问题。接收方能够鉴别发送方所宣称的身份,发送方事后不能否认他曾经发送过数据这一事实。

答案:A

105.解 计算机网络是用通信线路和通信设备将分布在不同地点的具有独立功能的多个计算机系统互相连接起来,在功能完善的网络软件的支持下实现彼此之间的数据通信和资源共享的系统。

答案:D

106.解 局域网是指在一个较小地理范围内的各种计算机网络设备互连在一起的通信网络,可以包含一个或多个子网,通常其作用范围是一座楼房、一个学校或一个单位,地理范围一般不超过几公里。城域网的地理范围一般是一座城市。广域网实际上是一种可以跨越长距离,且可以将两个或多个局域网或主机连接在一起的网络。网际网实际上是多个不同的网络通过网络互联设备互联而成的大型网络。

答案: A

107.解 首先计算年实际利率:$i = \left(1 + \dfrac{8\%}{4}\right)^4 - 1 = 8.243\%$

根据一次支付现值公式:

$$P = \frac{F}{(1+i)^n} = \frac{300}{(1+8.24\%)^3} = 236.55 \text{ 万元}$$

或季利率 $i = 8\%/4 = 2\%$,三年共 12 个季度,按一次支付现值公式计算:

$$P = \frac{F}{(1+i)^n} = \frac{300}{(1+2\%)^{12}} = 236.55 \text{ 万元}$$

答案: B

108.解 建设项目评价中的总投资包括建设投资、建设期利息和流动资金之和。建设投资由工程费用(建筑工程费、设备购置费、安装工程费)、工程建设其他费用和预备费(基本预备费和涨价预备费)组成。

答案: C

109.解 该公司借款偿还方式为等额本金法。

每年应偿还的本金:2400/6=400 万元

前 3 年已经偿还本金:400×3=1200 万元

尚未还款本金:2400-1200=1200 万元

第 4 年应还利息 $I_4 = 1200 \times 8\% = 96$ 万元,本息和 $A_4 = 400 + 96 = 496$ 万元

或按等额本金法公式计算:

$$A_t = \frac{I_c}{n} + I_c\left(1 - \frac{t-1}{n}\right)i = \frac{2400}{6} + 2400 \times \left(1 - \frac{4-1}{6}\right) \times 8\% = 496 \text{ 万元}$$

答案: C

110.解 动态投资回收期 T^* 是指在给定的基准收益率(基准折现率)i_c 的条件下,用项目的净收益回收总投资所需要的时间。动态投资回收期的表达式为:

$$\sum_{t=0}^{T^*} (\mathrm{CI} - \mathrm{CO})_t (1 + i_c)^{-t} = 0$$

式中,i_c 为基准收益率。

内部收益率 IRR 是使一个项目在整个计算期内各年净现金流量的现值累计为零时的利率,表达式为:

$$\sum_{t=0}^{n} (\mathrm{CI} - \mathrm{CO})_t (1 + \mathrm{IRR})^{-t} = 0$$

式中,n 为项目计算期。如果项目的动态投资回收期 T 正好等于计算期 n,则该项目的内部收益率 IRR 等于基准收益率 i_c。

答案:D

111.解 直接进口原材料的影子价格(到厂价)=到岸价(CIF)×影子汇率+进口费用=150×6.5+240=1215 元人民币/t。

答案:C

112.解 对于寿命期相等的互斥项目,应依据增量内部收益率指标选优。如果增量内部收益率 ΔIRR 大于基准收益率 i_c,应选择投资额大的方案;如果增量内部收益率 ΔIRR 小于基准收益率 i_c,则应选择投资额小的方案。

答案:B

113.解 改扩建项目财务分析要进行项目层次和企业层次两个层次的分析。项目层次应进行盈利能力分析、清偿能力分析和财务生存能力分析,应遵循"有无对比"的原则。

答案:D

114.解 价值系数=功能评价系数/成本系数,本题各方案价值系数:

甲方案:0.85/0.92=0.924

乙方案:0.6/0.7=0.857

丙方案:0.94/0.88=1.068

丁方案:0.67/0.82=0.817

其中,丙方案价值系数 1.068,与 1 相差 6.8%,说明功能与成本基本一致,为四个方案中的最优方案。

答案:C

115.解 见《中华人民共和国建筑法》第二十四条,可知选项 A、B、D 正确,又第二十二条规定:发包单位应当将建筑工程发包给具有资质证书的承包单位。

答案:C

116.**解**　《中华人民共和国安全生产法》第四十条规定,生产经营单位进行爆破、吊装以及国务院安全生产监督管理部门会同国务院有关部门规定的其他危险作业,应当安排专门人员进行现场安全管理,确保操作规程的遵守和安全措施的落实。

答案:C

117.**解**　其招标文件要包括拟签订的合同条款,而不是签订时间。

《中华人民共和国招标投标法》第十九条规定,招标人应当根据招标项目的特点和需要编制招标文件。招标文件应当包括招标项目的技术要求、对投标人资格审查的标准、投标报价要求和评标标准等所有实质性要求和条件以及拟签订合同的主要条款。

答案:C

118.**解**　水泥厂只要求 18:00 之前回复,并没有写明是 18:00 点之前到达水泥厂,所以施工单位在约定的 18:00 之前发出的承诺是符合要求的。

答案:B

119.**解**　应由环保部门验收,不是建设行政主管部门验收,见《中华人民共和国环境保护法》。

《中华人民共和国环境保护法》第十条规定,国务院环境保护主管部门,对全国环境保护工作实施统一监督管理;县级以上地方人民政府环境保护主管部门,对本行政区域环境保护工作实施统一监督管理。

县级以上人民政府有关部门和军队环境保护部门,依照有关法律的规定对资源保护和污染防治等环境保护工作实施监督管理。

第四十一条规定,建设项目中防治污染的设施,应当与主体工程同时设计、同时施工、同时投产使用。防治污染的设施应当符合经批准的环境影响评价文件的要求,不得擅自拆除或者闲置。

(旧版《中华人民共和国环境保护法》第二十六条规定,建设项目中防治污染的措施,必须与主体工程同时设计、同时施工、同时投产使用。防治污染的设施必须经原审批环境影响报告书的环境保护行政主管部门验收合格后,该建设项目方可投入生产或者使用。)

答案:D

120.**解**　《中华人民共和国建筑法》第三十二条规定,建筑工程监理应当依照法律、行政法规及有关的技术标准、设计文件和建筑工程承包合同,对承包单位在施工质量、建设工期和建设资金使用等方面,代表建设单位实施监督。

答案:D

2017 年度全国勘察设计注册工程师

执业资格考试试卷

基础考试
（上）

二〇一七年九月

应考人员注意事项

1. 本试卷科目代码为"1"，考生务必将此代码填涂在答题卡"科目代码"相应的栏目内，否则，无法评分。

2. 书写用笔：**黑色或蓝色钢笔、签字笔或圆珠笔；**
   填涂答题卡用笔：**黑色 2B 铅笔。**

3. 必须用书写用笔将工作单位、姓名、准考证号填写在答题卡和试卷相应的栏目内。

4. 本试卷由 120 题组成，每题 1 分，满分 120 分，本试卷全部为单项选择题，每小题的四个备选项中只有一个正确答案，错选、多选、不选均不得分。

5. 考生作答时，必须**按题号在答题卡上**将相应试题所选选项对应的**字母用 2B 铅笔涂黑。**

6. 在答题卡上书写与题意无关的语言，或在答题卡上作标记的，均按违纪试卷处理。

7. 考试结束时，由监考人员当面将试卷、答题卡一并收回。

8. 草稿纸由各地统一配发，考后收回。

单项选择题(共 120 题,每题 1 分。每题的备选项中只有一个最符合题意。)

1. 要使得函数 $f(x)=\begin{cases} \dfrac{x\ln x}{1-x}, & x>0 \\ a, & x=1 \end{cases}$ 在 $(0,+\infty)$ 上连续,则常数 a 等于:

 A. 0   B. 1

 C. -1 D. 2

2. 函数 $y=\sin\dfrac{1}{x}$ 是定义域内的:

 A. 有界函数   B. 无界函数

 C. 单调函数   D. 周期函数

3. 设 $\boldsymbol{\alpha}$、$\boldsymbol{\beta}$ 均为非零向量,则下面结论正确的是:

 A. $\boldsymbol{\alpha}\times\boldsymbol{\beta}=\mathbf{0}$ 是 $\boldsymbol{\alpha}$ 与 $\boldsymbol{\beta}$ 垂直的充要条件

 B. $\boldsymbol{\alpha}\cdot\boldsymbol{\beta}=0$ 是 $\boldsymbol{\alpha}$ 与 $\boldsymbol{\beta}$ 平行的充要条件

 C. $\boldsymbol{\alpha}\times\boldsymbol{\beta}=\mathbf{0}$ 是 $\boldsymbol{\alpha}$ 与 $\boldsymbol{\beta}$ 平行的充要条件

 D. 若 $\boldsymbol{\alpha}=\lambda\boldsymbol{\beta}$($\lambda$ 是常数),则 $\boldsymbol{\alpha}\cdot\boldsymbol{\beta}=0$

4. 微分方程 $y'-y=0$ 满足 $y(0)=2$ 的特解是:

 A. $y=2e^{-x}$ B. $y=2e^{x}$

 C. $y=e^{x}+1$ D. $y=e^{-x}+1$

5. 设函数 $f(x)=\displaystyle\int_{x}^{2}\sqrt{5+t^{2}}\,\mathrm{d}t$,$f'(1)$ 等于:

 A. $2-\sqrt{6}$ B. $2+\sqrt{6}$

 C. $\sqrt{6}$ D. $-\sqrt{6}$

6. 若 $y=g(x)$ 由方程 $e^{y}+xy=e$ 确定,则 $y'(0)$ 等于:

 A. $-\dfrac{y}{e^{y}}$ B. $-\dfrac{y}{x+e^{y}}$

 C. 0   D. $-\dfrac{1}{e}$

7. $\displaystyle\int f(x)\mathrm{d}x=\ln x+C$,则 $\displaystyle\int\cos x f(\cos x)\mathrm{d}x$ 等于:

 A. $\cos x+C$ B. $x+C$

 C. $\sin x+C$ D. $\ln\cos x+C$

8. 函数 $f(x,y)$ 在点 $P_0(x_0,y_0)$ 处有一阶偏导数是函数在该点连续的：

    A. 必要条件   B. 充分条件

    C. 充分必要条件   D. 既非充分又非必要

9. 过点 $(-1,-2,3)$ 且平行于 z 轴的直线的对称方程是：

    A. $\begin{cases} x=1 \\ y=-2 \\ z=-3t \end{cases}$ B. $\dfrac{x-1}{0}=\dfrac{y+2}{0}=\dfrac{z-3}{1}$

    C. $z=3$ D. $\dfrac{x+1}{0}=\dfrac{y+2}{0}=\dfrac{z-3}{1}$

10. 定积分 $\displaystyle\int_1^2 \dfrac{1-\dfrac{1}{x}}{x^2}\,\mathrm{d}x$ 等于：

    A. 0 B. $-\dfrac{1}{8}$

    C. $\dfrac{1}{8}$ D. 2

11. 函数 $f(x)=\sin\left(x+\dfrac{\pi}{2}+\pi\right)$ 在区间 $[-\pi,\pi]$ 上的最小值点 x_0 等于：

    A. $-\pi$ B. 0

    C. $\dfrac{\pi}{2}$ D. π

12. 设 L 是椭圆 $\begin{cases} x=a\cos\theta \\ y=b\sin\theta \end{cases}$ $(a>0,b>0)$ 的上半椭圆周，沿顺时针方向，则曲线积分

    $\displaystyle\int_L y^2\,\mathrm{d}x$ 等于：

    A. $\dfrac{5}{3}ab^2$ B. $\dfrac{4}{3}ab^2$

    C. $\dfrac{2}{3}ab^2$ D. $\dfrac{1}{3}ab^2$

13. 级数 $\displaystyle\sum_{n=1}^{\infty}\dfrac{(-1)^n}{a_n}\ (a_n>0)$ 满足下列什么条件时收敛：

    A. $\displaystyle\lim_{n\to\infty}a_n=\infty$ B. $\displaystyle\lim_{n\to\infty}\dfrac{1}{a_n}=0$

    C. $\displaystyle\sum_{n=1}^{\infty}a_n$ 发散   D. a_n 单调递增且 $\displaystyle\lim_{n\to\infty}a_n=+\infty$

14. 曲线 $f(x)=xe^{-x}$ 的拐点是：

A. $(2,2e^{-2})$　　　　　　　　　　B. $(-2,-2e^{2})$

C. $(-1,e)$　　　　　　　　　　　D. $(1,e^{-1})$

15. 微分方程 $y''+y'+y=e^{x}$ 的特解是：

A. $y=e^{x}$　　　　　　　　　　B. $y=\dfrac{1}{2}e^{x}$

C. $y=\dfrac{1}{3}e^{x}$　　　　　　　　D. $y=\dfrac{1}{4}e^{x}$

16. 若圆域 $D:x^{2}+y^{2}\leqslant 1$，则二重积分 $\iint\limits_{D}\dfrac{\mathrm{d}x\mathrm{d}y}{1+x^{2}+y^{2}}$ 等于：

A. $\dfrac{\pi}{2}$　　　　　　　　　　B. π

C. $2\pi\ln 2$　　　　　　　　　　D. $\pi\ln 2$

17. 幂级数 $\sum\limits_{n=1}^{\infty}\dfrac{x^{n}}{n!}$ 的和函数 $S(x)$ 等于：

A. e^{x}　　　　　　　　　　　B. $e^{x}+1$

C. $e^{x}-1$　　　　　　　　　　D. $\cos x$

18. 设 $z=y\varphi\left(\dfrac{x}{y}\right)$，其中 $\varphi(u)$ 具有二阶连续导数，则 $\dfrac{\partial^{2}z}{\partial x\partial y}$ 等于：

A. $\dfrac{1}{y}\varphi''\left(\dfrac{x}{y}\right)$　　　　　　B. $-\dfrac{x}{y^{2}}\varphi''\left(\dfrac{x}{y}\right)$

C. 1　　　　　　　　　　D. $\varphi''\left(\dfrac{x}{y}\right)-\dfrac{x}{y}\varphi'\left(\dfrac{x}{y}\right)$

19. 矩阵 $\boldsymbol{A}=\begin{bmatrix}0 & 0 & -2\\ 0 & 3 & 0\\ 1 & 0 & 0\end{bmatrix}$ 的逆矩阵是 $\boldsymbol{A}^{-1}$ 是：

A. $\begin{bmatrix}-\dfrac{1}{2} & 0 & 0\\ 0 & \dfrac{1}{3} & 0\\ 0 & 0 & 1\end{bmatrix}$　　　　　　B. $\begin{bmatrix}0 & 0 & -\dfrac{1}{2}\\ 0 & \dfrac{1}{3} & 0\\ 1 & 0 & 0\end{bmatrix}$

C. $\begin{bmatrix}0 & 0 & 1\\ 0 & \dfrac{1}{3} & 0\\ -\dfrac{1}{2} & 0 & 0\end{bmatrix}$　　　　　　D. $\begin{bmatrix}0 & 0 & 6\\ 0 & 2 & 0\\ 3 & 0 & 0\end{bmatrix}$

20. 设 A 为 $m \times n$ 矩阵,则齐次线性方程组 $Ax = 0$ 有非零解的充分必要条件是:

    A. 矩阵 A 的任意两个列向量线性相关

    B. 矩阵 A 的任意两个列向量线性无关

    C. 矩阵 A 的任一列向量是其余列向量的线性组合

    D. 矩阵 A 必有一个列向量是其余列向量的线性组合

21. 设 $\lambda_1 = 6, \lambda_2 = \lambda_3 = 3$ 为三阶实对称矩阵 A 的特征值,属于 $\lambda_2 = \lambda_3 = 3$ 的特征向量
为 $\xi_2 = (-1, 0, 1)^{\mathrm{T}}, \xi_3 = (1, 2, 1)^{\mathrm{T}}$,则属于 $\lambda_1 = 6$ 的特征向量是:

    A. $(1, -1, 1)^{\mathrm{T}}$ B. $(1, 1, 1)^{\mathrm{T}}$

    C. $(0, 2, 2)^{\mathrm{T}}$ D. $(2, 2, 0)^{\mathrm{T}}$

22. 有 A、B、C 三个事件,下列选项中与事件 A 互斥的事件是:

    A. $\overline{B \cup C}$ B. $\overline{A \cup B \cup C}$

    C. $\overline{A}B + A\overline{C}$ D. $A(B + C)$

23. 设二维随机变量 (X, Y) 的概率密度为 $f(x, y) = \begin{cases} e^{-2ax + by}, & x > 0, y > 0 \\ 0, & \text{其他} \end{cases}$,则常数 a, b

应满足的条件是:

    A. $ab = -\dfrac{1}{2}$,且 $a > 0, b < 0$ B. $ab = \dfrac{1}{2}$,且 $a > 0, b > 0$

    C. $ab = -\dfrac{1}{2}$,$a < 0, b > 0$ D. $ab = \dfrac{1}{2}$,且 $a < 0, b < 0$

24. 设 $\hat{\theta}$ 是参数 θ 的一个无偏估计量,又方差 $D(\hat{\theta}) > 0$,下面结论中正确的是:

    A. $(\hat{\theta})^2$ 是 θ^2 的无偏估计量

    B. $(\hat{\theta})^2$ 不是 θ^2 的无偏估计量

    C. 不能确定 $(\hat{\theta})^2$ 是不是 θ^2 的无偏估计量

    D. $(\hat{\theta})^2$ 不是 θ^2 的估计量

25.有两种理想气体,第一种的压强为 p_1,体积为 V_1,温度为 T_1,总质量为 M_1,摩尔质量为 μ_1;第二种的压强为 p_2,体积为 V_2,温度为 T_2,总质量为 M_2,摩尔质量为 μ_2。当 $V_1=V_2$,$T_1=T_2$,$M_1=M_2$ 时,则 $\dfrac{\mu_1}{\mu_2}$:

A. $\dfrac{\mu_1}{\mu_2}=\sqrt{\dfrac{p_1}{p_2}}$　　　　　　　　B. $\dfrac{\mu_1}{\mu_2}=\dfrac{p_1}{p_2}$

C. $\dfrac{\mu_1}{\mu_2}=\sqrt{\dfrac{p_2}{p_1}}$　　　　　　　　D. $\dfrac{\mu_1}{\mu_2}=\dfrac{p_2}{p_1}$

26.在恒定不变的压强下,气体分子的平均碰撞频率 $\bar{Z}$ 与温度 T 的关系是:

A. $\bar{Z}$ 与 T 无关　　　　　　　　B. $\bar{Z}$ 与 $\sqrt{T}$ 无关

C. $\bar{Z}$ 与 $\sqrt{T}$ 成反比　　　　　　D. $\bar{Z}$ 与 $\sqrt{T}$ 成正比

27.一定量的理想气体对外做了 500J 的功,如果过程是绝热的,则气体内能的增量为:

A. 0J　　　　　　　　　　　　B. 500J

C. −500J　　　　　　　　　　D. 250J

28.热力学第二定律的开尔文表述和克劳修斯表述中,下述正确的是:

A. 开尔文表述指出了功热转换的过程是不可逆的

B. 开尔文表述指出了热量由高温物体传到低温物体的过程是不可逆的

C. 克劳修斯表述指出通过摩擦而做功变成热的过程是不可逆的

D. 克劳修斯表述指出气体的自由膨胀过程是不可逆的

29.已知平面简谐波的方程为 $y=A\cos(Bt-Cx)$,式中 A、B、C 为正常数,此波的波长和波速分别为:

A. $\dfrac{B}{C}$,$\dfrac{2\pi}{C}$　　　　　　　　B. $\dfrac{2\pi}{C}$,$\dfrac{B}{C}$

C. $\dfrac{\pi}{C}$,$\dfrac{2B}{C}$　　　　　　　　D. $\dfrac{2\pi}{C}$,$\dfrac{C}{B}$

30.对平面简谐波而言,波长 λ 反映:

    A.波在时间上的周期性　　　　　　　　B.波在空间上的周期性

    C.波中质元振动位移的周期性　　　　　D.波中质元振动速度的周期性

31.在波的传播方向上,有相距为3m的两质元,两者的相位差为 $\frac{\pi}{6}$,若波的周期为

    4s,则此波的波长和波速分别为:

    A.36m 和 6m/s　　　　　　　　　　　B.36m 和 9m/s

    C.12m 和 6m/s　　　　　　　　　　　D.12m 和 9m/s

32.在双缝干涉实验中,入射光的波长为λ,用透明玻璃纸遮住双缝中的一条缝(靠近屏的一侧),若玻璃纸中光程比相同厚度的空气的光程大 2.5λ,则屏上原来的明纹处:

    A.仍为明条纹　　　　　　　　　　　　B.变为暗条纹

    C.既非明条纹也非暗条纹　　　　　　　D.无法确定是明纹还是暗纹

33.一束自然光通过两块叠放在一起的偏振片,若两偏振片的偏振化方向间夹角由 α_1 转到 α_2,则前后透射光强度之比为:

    A. $\dfrac{\cos^2\alpha_2}{\cos^2\alpha_1}$ 　　　　　　　　　　　　B. $\dfrac{\cos\alpha_2}{\cos\alpha_1}$

    C. $\dfrac{\cos^2\alpha_1}{\cos^2\alpha_2}$ 　　　　　　　　　　　　D. $\dfrac{\cos\alpha_1}{\cos\alpha_2}$

34.若用衍射光栅准确测定一单色可见光的波长,在下列各种光栅常数的光栅中,选用哪一种最好:

    A.1.0×10^{-1} mm　　　　　　　　　B.5.0×10^{-1} mm

    C.1.0×10^{-2} mm　　　　　　　　　D.1.0×10^{-3} mm

35.在双缝干涉实验中,光的波长 600nm,双缝间距 2mm,双缝与屏的间距为 300cm,则屏上形成的干涉图样的相邻明条纹间距为:

    A.0.45mm　　　　　　　　　　　　　　B.0.9mm

    C.9mm　　　　　　　　　　　　　　　　D.4.5mm

36.一束自然光从空气投射到玻璃板表面上,当折射角为 30°时,反射光为完全偏振光,则此玻璃的折射率为:

    A.2　　　　　　　　　　　　　　　　　B.3

    C.$\sqrt{2}$ 　　　　　　　　　　　　　　　D.$\sqrt{3}$

37. 某原子序数为 15 的元素,其基态原子的核外电子分布中,未成对电子数是:

    A. 0   B. 1

    C. 2   D. 3

38. 下列晶体中熔点最高的是:

    A. $NaCl$ B. 冰

    C. SiC D. Cu

39. 将 $0.1mol \cdot L^{-1}$ 的 HOAc 溶液冲稀一倍,下列叙述正确的是:

    A. HOAc 的电离度增大   B. 溶液中有关离子浓度增大

    C. HOAc 的电离常数增大   D. 溶液的 pH 值降低

40. 已知 $K_b(NH_3 \cdot H_2O) = 1.8 \times 10^{-5}$,将 $0.2mol \cdot L^{-1}$ 的 $NH_3 \cdot H_2O$ 溶液和 $0.2mol \cdot L^{-1}$ 的 HCl 溶液等体积混合,其混合溶液的 pH 值为:

    A. 5.12   B. 8.87

    C. 1.63   D. 9.73

41. 反应 $A(S) + B(g) \rightleftharpoons C(g)$ 的 $\Delta H < 0$,欲增大其平衡常数,可采取的措施是:

    A. 增大 B 的分压   B. 降低反应温度

    C. 使用催化剂   D. 减小 C 的分压

42. 两个电极组成原电池,下列叙述正确的是:

    A. 作正极的电极的 $E_{(+)}$ 值必须大于零

    B. 作负极的电极的 $E_{(-)}$ 值必须小于零

    C. 必须是 $E^{\ominus}_{(+)} > E^{\ominus}_{(-)}$

    D. 电极电势 E 值大的是正极,E 值小的是负极

43. 金属钠在氯气中燃烧生成氯化钠晶体,其反应的熵变是:

    A. 增大   B. 减少

    C. 不变   D. 无法判断

44. 某液体烃与溴水发生加成反应生成 2,3-二溴-2-甲基丁烷,该液体烃是:

    A. 2-丁烯   B. 2-甲基-1-丁烷

    C. 3-甲基-1-丁烷   D. 2-甲基-2-丁烯

45. 下列物质中与乙醇互为同系物的是：

    A. $CH_2=CHCH_2OH$

    B. 甘油

    C. — CH_2OH

    D. $CH_3CH_2CH_2CH_2OH$

46. 下列有机物不属于烃的衍生物的是：

    A. $CH_2=CHCl$ B. $CH_2=CH_2$

    C. $CH_3CH_2NO_2$ D. CCl_4

47. 结构如图所示，杆 DE 的点 H 由水平闸拉住，其上的销钉 C 置于杆 AB 的光滑直槽中，各杆自重均不计，已知 $F_P=10kN$。销钉 C 处约束力的作用线与 x 轴正向所成的夹角为：

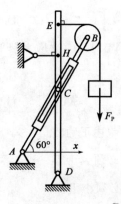

    A. $0°$ B. $90°$

    C. $60°$ D. $150°$

48. 力 F_1、F_2、F_3、F_4 分别作用在刚体上同一平面内的 A、B、C、D 四点，各力矢首尾相连形成一矩形如图所示。该力系的简化结果为：

    A. 平衡

    B. 一合力

    C. 一合力偶

    D. 一力和一力偶

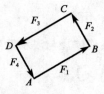

49. 均质圆柱体重力为 P，直径为 D，置于两光滑的斜面上。设有图示方向力 F 作用，当圆柱不移动时，接触面 2 处的约束力 F_{N2} 的大小为：

A. $F_{N2} = \dfrac{\sqrt{2}}{2}(P-F)$

B. $F_{N2} = \dfrac{\sqrt{2}}{2}F$

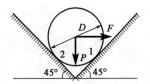

C. $F_{N2} = \dfrac{\sqrt{2}}{2}P$

D. $F_{N2} = \dfrac{\sqrt{2}}{2}(P+F)$

50. 如图所示，杆 AB 的 A 端置于光滑水平面上，AB 与水平面夹角为 30°，杆重力大小为 P，B 处有摩擦，则杆 AB 平衡时，B 处的摩擦力与 x 方向的夹角为：

A. 90°

B. 30°

C. 60°

D. 45°

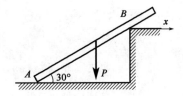

51. 点沿直线运动，其速度 $v = 20t + 5$，已知：当 $t=0$ 时，$x=5\text{m}$，则点的运动方程为：

A. $x = 10t^2 + 5t + 5$ B. $x = 20t + 5$

C. $x = 10t^2 + 5t$ D. $x = 20t^2 + 5t + 5$

52. 杆 $OA = l$，绕固定轴 O 转动，某瞬时杆端 A 点的加速度 a 如图所示，则该瞬时杆 OA 的角速度及角加速度为：

A. $0,\ \dfrac{a}{l}$

B. $\sqrt{\dfrac{a}{l}},\ \dfrac{a}{l}$

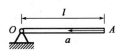

C. $\sqrt{\dfrac{a}{l}},\ 0$

D. $0,\ \sqrt{\dfrac{a}{l}}$

53. 如图所示,一绳缠绕在半径为 r 的鼓轮上,绳端系一重物 M,重物 M 以速度 v 和加速度 a 向下运动,则绳上两点 A、D 和轮缘上两点 B、C 的加速度是:

    A. A、B 两点的加速度相同,C、D 两点的加速度相同

    B. A、B 两点的加速度不相同,C、D 两点的加速度不相同

    C. A、B 两点的加速度相同,C、D 两点的加速度不相同

    D. A、B 两点的加速度不相同,C、D 两点的加速度相同

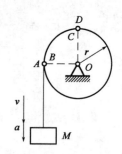

54. 汽车重力大小为 $W = 2800$N,并以匀速 $v = 10$m/s 的行驶速度驶入刚性洼地底部,洼地底部的曲率半径 $\rho = 5$m,取重力加速度 $g = 10$m/s^2,则在此处地面给汽车约束力的大小为:

    A. 5600N   B. 2800N

    C. 3360N   D. 8400N

55. 图示均质圆轮,质量 m,半径 R,由挂在绳上的重力大小为 W 的物块使其绕 O 运动。设物块速度为 v,不计绳重,则系统动量、动能的大小为:

    A. $\dfrac{W}{g} \cdot v$; $\dfrac{1}{2} \cdot \dfrac{v^2}{g}\left(\dfrac{1}{2}mg + W\right)$

    B. mv ; $\dfrac{1}{2} \cdot \dfrac{v^2}{g}\left(\dfrac{1}{2}mg + W\right)$

    C. $\dfrac{W}{g} \cdot v + mv$; $\dfrac{1}{2} \cdot \dfrac{v^2}{g}\left(\dfrac{1}{2}mg - W\right)$

    D. $\dfrac{W}{g} \cdot v - mv$; $\dfrac{W}{g} \cdot v + mv$

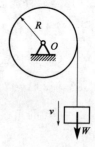

56. 边长为 L 的均质正方形平板,位于铅垂平面内并置于光滑水平面上,在微小扰动下,平板从图示位置开始倾倒,在倾倒过程中,其质心 C 的运动轨迹为:

    A. 半径为 $L/\sqrt{2}$ 的圆弧

    B. 抛物线

    C. 铅垂直线

    D. 椭圆曲线

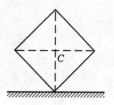

57.如图所示,均质直杆 OA 的质量为 m,长为 l,以匀角速度 ω 绕 O 轴转动。此时将 OA 杆的惯性力系向 O 点简化,其惯性力主矢和惯性力主矩的大小分别为:

A. $0,0$

B. $\frac{1}{2}ml\omega^2$, $\frac{1}{3}ml^2\omega^2$

C. $ml\omega^2$, $\frac{1}{2}ml^2\omega^2$

D. $\frac{1}{2}ml\omega^2$,0

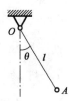

58.如图所示,重力大小为 W 的质点,由长为 l 的绳子连接,则单摆运动的固有频率为:

A. $\sqrt{\dfrac{g}{2l}}$

B. $\sqrt{\dfrac{W}{l}}$

C. $\sqrt{\dfrac{g}{l}}$

D. $\sqrt{\dfrac{2g}{l}}$

59.已知拉杆横截面积 $A=100mm^2$,弹性模量 $E=200GPa$,横向变形系数 $\mu=0.3$,轴向拉力 $F=20kN$,则拉杆的横向应变 ε' 是:

A. $\varepsilon'=0.3\times10^{-3}$

B. $\varepsilon'=-0.3\times10^{-3}$

C. $\varepsilon'=10^{-3}$

D. $\varepsilon'=-10^{-3}$

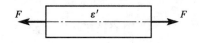

60.图示两根相同的脆性材料等截面直杆,其中一根有沿横截面的微小裂纹。在承受图示拉伸荷载时,有微小裂纹的杆件的承载能力比没有裂纹杆件的承载能力明显降低,其主要原因是:

A. 横截面积小

B. 偏心拉伸

C. 应力集中

D. 稳定性差

61.已知图示杆件的许用拉应力$[\sigma]$＝120MPa,许用剪应力$[\tau]$＝90MPa,许用挤压应力$[\sigma_{bs}]$＝240MPa,则杆件的许用拉力$[P]$等于:

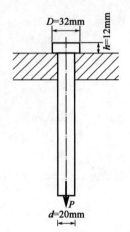

A.18.8kN

B.67.86kN

C.117.6kN

D.37.7kN

62.如图所示,等截面传动轴,轴上安装 a、b、c 三个齿轮,其上的外力偶矩的大小和转向一定,但齿轮的位置可以调换。从受力的观点来看,齿轮 a 的位置应放置在下列选项中的何处?

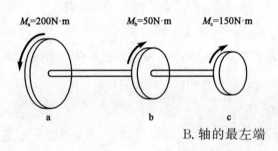

A.任意处

B.轴的最左端

C.轴的最右端

D.齿轮 b 与 c 之间

63. 梁 AB 的弯矩图如图所示,则梁上荷载 F、m 的值为:

A. $F=8kN, m=14kN \cdot m$

B. $F=8kN, m=6kN \cdot m$

C. $F=6kN, m=8kN \cdot m$

D. $F=6kN, m=14kN \cdot m$

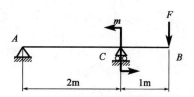

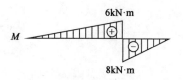

64. 悬臂梁 AB 由三根相同的矩形截面直杆胶合而成,材料的许用应力为$[\sigma]$,在力 F 的作用下,若胶合面完全开裂,接触面之间无摩擦力,假设开裂后三根杆的挠曲线相同,则开裂后的梁强度条件的承载能力是原来的:

A. 1/9   B. 1/3

C. 两者相同   D. 3 倍

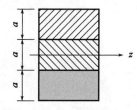

65. 梁的横截面为图示薄壁工字型,z 轴为截面中性轴,设截面上的剪力竖直向下,则该截面上的最大弯曲切应力在:

A. 翼缘的中性轴处 4 点

B. 腹板上缘延长线与翼缘相交处的 2 点

C. 左侧翼缘的上端 1 点

D. 腹板上边缘的 3 点

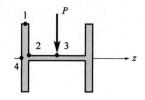

66. 图示悬臂梁自由端承受集中力偶 m_g。若梁的长度减少一半,梁的最大挠度是原来的:

A. 1/2

B. 1/4

C. 1/8

D. 1/16

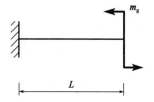

67. 矩形截面简支梁梁中点承受集中力 F,若 $h = 2b$,若分别采用图 a)、b)两种方式放置,图 a)梁的最大挠度是图 b)的:

A. 1/2　　　　　　　　　　B. 2 倍

C. 4 倍　　　　　　　　　　D. 6 倍

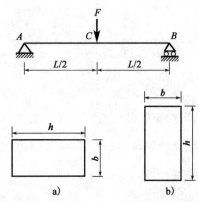

68. 已知图示单元体上的 $\sigma > \tau$,则按第三强度理论,其强度条件为:

A. $\sigma - \tau \leqslant [\sigma]$

B. $\sigma + \tau \leqslant [\sigma]$

C. $\sqrt{\sigma^2 + 4\tau^2} \leqslant [\sigma]$

D. $\sqrt{\left(\dfrac{\sigma}{2}\right)^2 + \tau^2} \leqslant [\sigma]$

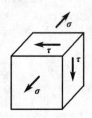

69. 图示矩形截面拉杆中间开一深为 $\dfrac{h}{2}$ 的缺口,与不开缺口时的拉杆相比(不计应力集中影响),杆内最大正应力是不开口时正应力的多少倍?

A. 2　　　　　　　　　　　B. 4

C. 8　　　　　　　　　　　D. 16

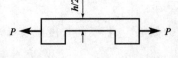

70.一端固定另一端自由的细长(大柔度)压杆,长度为 L (图 a),当杆的长度减少一半时(图 b),其临界载荷是原来的:

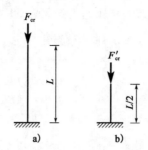

A.4 倍   B.3 倍

C.2 倍   D.1 倍

71.水的运动黏性系数随温度的升高而:

A.增大   B.减小

C.不变   D.先减小然后增大

72.密闭水箱如图所示,已知水深 $h=1m$,自由面上的压强 $p_0=90kN/m^2$,当地大气压 $p_a=101kN/m^2$,则水箱底部 A 点的真空度为:

A. $-1.2kN/m^2$

B. $9.8kN/m^2$

C. $1.2kN/m^2$

D. $-9.8kN/m^2$

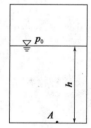

73.关于流线,错误的说法是:

A.流线不能相交

B.流线可以是一条直线,也可以是光滑的曲线,但不可能是折线

C.在恒定流中,流线与迹线重合

D.流线表示不同时刻的流动趋势

74. 如图所示,两个水箱用两段不同直径的管道连接,1～3 管段长 $l_1=10m$,直径 $d_1=200mm$,$\lambda_1=0.019$;3～6 管段长 $l_2=10m$,直径 $d_2=100mm$,$\lambda_2=0.018$,管道中的局部管件:1 为入口($\xi_1=0.5$);2 和 5 为 90°弯头($\xi_2=\xi_5=0.5$);3 为渐缩管($\xi_3=0.024$);4 为闸阀($\xi_4=0.5$);6 为管道出口($\xi_6=1$)。若输送流量为 40L/s,则两水箱水面高度差为:

A. 3.501m

B. 4.312m

C. 5.204m

D. 6.123m

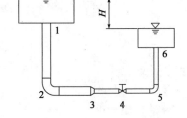

75. 在长管水力计算中:

A. 只有速度水头可忽略不计

B. 只有局部水头损失可忽略不计

C. 速度水头和局部水头损失均可忽略不计

D. 两断面的测压管水头差并不等于两断面间的沿程水头损失

76. 矩形排水沟,底宽 5m,水深 3m,则水力半径为:

A. 5m   B. 3m

C. 1.36m   D. 0.94m

77. 潜水完全井抽水量大小与相关物理量的关系是:

A. 与井半径成正比

B. 与井的影响半径成正比

C. 与含水层厚度成正比

D. 与土体渗透系数成正比

78. 合力 F、密度 ρ、长度 l、速度 v 组合的无量纲数是:

A. $\dfrac{F}{\rho v l}$ B. $\dfrac{F}{\rho v^2 l}$

C. $\dfrac{F}{\rho v^2 l^2}$ D. $\dfrac{F}{\rho v l^2}$

79. 由图示长直导线上的电流产生的磁场:

   A. 方向与电流方向相同

   B. 方向与电流方向相反

   C. 顺时针方向环绕长直导线(自上向下俯视)

   D. 逆时针方向环绕长直导线(自上向下俯视)

80. 已知电路如图所示,其中电流 I 等于:

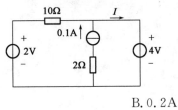

   A. 0.1A

   B. 0.2A

   C. -0.1A

   D. -0.2A

81. 已知电路如图所示,其中响应电流 I 在电流源单独作用时的分量为:

   A. 因电阻 R 未知,故无法求出

   B. 3A

   C. 2A

   D. -2A

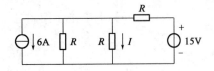

82. 用电压表测量图示电路 $u(t)$ 和 $i(t)$ 的结果是 10V 和 0.2A,设电流 $i(t)$ 的初相位

   为 $10°$,电压与电流呈反相关系,则如下关系成立的是:

   A. $\dot{U} = 10 \angle -10° \text{V}$

   B. $\dot{U} = -10 \angle -10° \text{V}$

   C. $\dot{U} = 10\sqrt{2} \angle -170° \text{V}$

   D. $\dot{U} = 10 \angle -170° \text{V}$

83. 测得某交流电路的端电压 u 和电流 i 分别为 110V 和 1A,两者的相位差为 $30°$,则

   该电路的有功功率、无功功率和视在功率分别为:

   A. 95.3W,55var,110V·A

   B. 55W,95.3var,110V·A

   C. 110W,110var,110V·A

   D. 95.3W,55var,150.3V·A

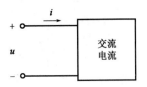

84. 已知电路如图所示,设开关在 $t=0$ 时刻断开,那么:

A. 电流 i_C 从 0 逐渐增长,再逐渐衰减为 0

B. 电压从 3V 逐渐衰减到 2V

C. 电压从 2V 逐渐增长到 3V

D. 时间常数 $\tau=4C$

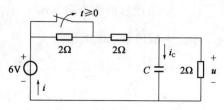

85. 图示变压器为理想变压器,且 $N_1=100$ 匝,若希望 $I_1=1A$ 时,$P_{R2}=40W$,则 N_2 应为:

A. 50 匝

B. 200 匝

C. 25 匝

D. 400 匝

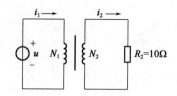

86. 为实现对电动机的过载保护,除了将热继电器的热元件串接在电动机的供电电路中外,还应将其:

A. 常开触点串接在控制电路中

B. 常闭触点串接在控制电路中

C. 常开触点串接在主电路中

D. 常闭触点串接在主电路中

87. 通过两种测量手段测得某管道中液体的压力和流量信号如图中曲线 1 和曲线 2 所示,由此可以说明:

A. 曲线 1 是压力的模拟信号

B. 曲线 2 是流量的模拟信号

C. 曲线 1 和曲线 2 均为模拟信号

D. 曲线 1 和曲线 2 均为连续信号

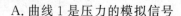
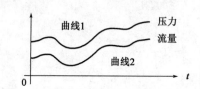

88. 设周期信号 $u(t)$ 的幅值频谱如图所示,则该信号:

A. 是一个离散时间信号

B. 是一个连续时间信号

C. 在任意瞬间均取正值

D. 最大瞬时值为 1.5V

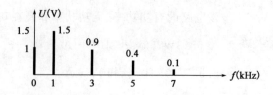

89. 设放大器的输入信号为 $u_1(t)$，放大器的幅频特性如图所示，令 $u_1(t)=\sqrt{2}u_1\sin2\pi ft$，且 $f>f_H$，则：

    A. $u_2(t)$ 的出现频率失真

    B. $u_2(t)$ 的有效值 $U_2=AU_1$

    C. $u_2(t)$ 的有效值 $U_2<AU_1$

    D. $u_2(t)$ 的有效值 $U_2>AU_1$

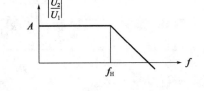

90. 对逻辑表达式 $AC+DC+\overline{AD}\cdot C$ 的化简结果是：

    A. C

    B. A+D+C

    C. AC+DC

    D. $\overline{A}+\overline{C}$

91. 已知数字信号 A 和数字信号 B 的波形如图所示，则数字信号 $F=\overline{A+B}$ 的波形为：

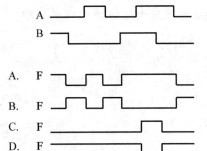

92. 十进制数字 88 的 BCD 码为：

    A. 00010001

    B. 10001000

    C. 01100110

    D. 01000100

93. 二极管应用电路如图 a)所示，电路的激励 u_f 如图 b)所示，设二极管为理想器件，则电路输出电压 u_o 的波形为：

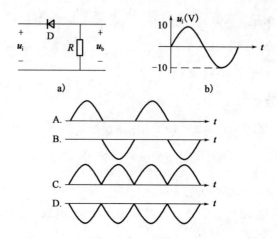

94. 图 a)所示的电路中，运算放大器输出电压的极限值为 $\pm U_{oM}$，当输入电压 $u_{i1} = 1V$，$u_{i2} = 2\sin at$ 时，输出电压波形如图 b)所示。如果将 u_{i1} 从 1V 调至 1.5V，将会使输出电压的：

A. 频率发生改变   B. 幅度发生改变

C. 平均值升高   D. 平均值降低

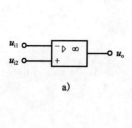

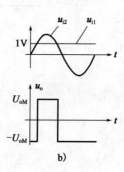

95. 图 a)所示的电路中,复位信号 $\overline{R}_D$、信号 A 及时钟脉冲信号 cp 如图 b)所示,经分析可知,在第一个和第二个时钟脉冲的下降沿时刻,输出 Q 先后等于:

A. 0　0

B. 0　1

C. 1　0

D. 1　1

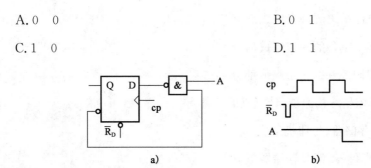

a)　　　　　　b)

附:触发器的逻辑状态表为

D	Q_{n+1}
0	0
1	1

96. 图示时序逻辑电路是一个:

A. 左移寄存器

B. 右移寄存器

C. 异步三位二进制加法计数器

D. 同步六进制计数器

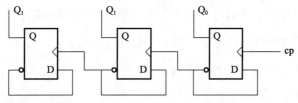

附:触发器的逻辑状态表为

D	Q_{n+1}
0	0
1	1

97.计算机系统的内存存储器是:

    A.计算机软件系统的一个组成部分

    B.计算机硬件系统的一个组成部分

    C.隶属于外围设备的一个组成部分

    D.隶属于控制部件的一个组成部分

98.根据冯·诺依曼结构原理,计算机的硬件由:

    A.运算器、存储器、打印机组成

    B.寄存器、存储器、硬盘存储器组成

    C.运算器、控制器、存储器、I/O 设备组成

    D.CPU、显示器、键盘组成

99.微处理器与存储器以及外围设备之间的数据传送操作通过:

    A.显示器和键盘进行   B.总线进行

    C.输入/输出设备进行   D.控制命令进行

100.操作系统的随机性指的是:

    A.操作系统的运行操作是多层次的

    B.操作系统与单个用户程序共享系统资源

    C.操作系统的运行是在一个随机的环境中进行的

    D.在计算机系统中同时存在多个操作系统,且同时进行操作

101.Windows 2000 以及以后更新的操作系统版本是:

    A.一种单用户单任务的操作系统

    B.一种多任务的操作系统

    C.一种不支持虚拟存储器管理的操作系统

    D.一种不适用于商业用户的营组系统

102.十进制的数 256.625,用八进制表示则是:

    A.412.5   B.326.5

    C.418.8   D.400.5

103.计算机的信息数量的单位常用 kB、MB、GB、TB 表示,它们中表示信息数量最大
    的一个是:

    A.kB   B.MB

    C.GB   D.TB

104.下列选项中,不是计算机病毒特点的是:

    A.非授权执行性、复制传播性

    B.感染性、寄生性

    C.潜伏性、破坏性、依附性

    D.人机共患性、细菌传播性

105.按计算机网络作用范围的大小,可将网络划分为:

    A.X.25 网、ATM 网

    B.广域网、有线网、无线网

    C.局域网、城域网、广域网

    D.环形网、星形网、树形网、混合网

106.下列选项中不属于局域网拓扑结构的是:

    A.星形   B.互联形

    C.环形   D.总线型

107.某项目借款 2000 万元,借款期限 3 年,年利率为 6%,若每半年计复利一次,则实际年利率会高出名义利率多少:

    A.0.16%   B.0.25%

    C.0.09%   D.0.06%

108.某建设项目的建设期为 2 年,第一年贷款额为 400 万元,第二年贷款额为 800 万元,贷款在年内均衡发生,贷款年利率为 6%,建设期内不支付利息,则建设期贷款利息为:

    A.12 万元   B.48.72 万

    C.60 万元   D.60.72 万元

109.某公司发行普通股筹资 8000 万元,筹资费率为 3%,第一年股利率为 10%,以后每年增长 5%,所得税率为 25%,则普通股资金成本为:

    A.7.73%   B.10.31%

    C.11.48%   D.15.31%

110. 某投资项目原始投资额为 200 万元,使用寿命为 10 年,预计净残值为零,已知该项目第 10 年的经营净现金流量为 25 万元,回收营运资金 20 万元,则该项目第 10 年的净现金流量为:

A. 20 万元

B. 25 万元

C. 45 万元

D. 65 万元

111. 以下关于社会折现率的说法中,不正确的是:

A. 社会折现率可用作经济内部收益率的判别基准

B. 社会折现率可用作衡量资金时间经济价值

C. 社会折现率可用作不同年份之间资金价值转化的折现率

D. 社会折现率不能反映资金占用的机会成本

112. 某项目在进行敏感性分析时,得到以下结论:产品价格下降 10%,可使 NPV＝0;经营成本上升 15%,NPV＝0;寿命期缩短 20%,NPV＝0;投资增加 25%,NPV＝0。则下列因素中,最敏感的是:

A. 产品价格

B. 经营成本

C. 寿命期

D. 投资

113. 现有两个寿命期相同的互斥投资方案 A 和 B,B 方案的投资额和净现值都大于 A 方案,A 方案的内部收益率为 14%,B 方案的内部收益率为 15%,差额的内部收益率为 13%,则使 A、B 两方案优劣相等时的基准收益率应为:

A. 13%

B. 14%

C. 15%

D. 13% 至 15% 之间

114. 某产品共有五项功能 F_1、F_2、F_3、F_4、F_5,用强制确定法确定零件功能评价体系时,其功能得分分别为 3、5、4、1、2,则 F_5 的功能评价系数为:

A. 0.20

B. 0.13

C. 0.27

D. 0.33

115. 根据《中华人民共和国建筑法》规定,施工企业可以将部分工程分包给其他具有相应资质的分包单位施工,下列情形中不违反有关承包的禁止性规定的是:

A. 建筑施工企业超越本企业资质等级许可的业务范围或者以任何形式用其他建筑施工企业的名义承揽工程

B. 承包单位将其承包的全部建筑工程转包给他人

C. 承包单位将其承包的全部建筑工程肢解以后以分包的名义分别转包给他人

D. 两个不同资质等级的承包单位联合共同承包

116. 根据《中华人民共和国安全生产法》规定,从业人员享有权利并承担义务,下列情形中属于从业人员履行义务的是:

    A. 张某发现直接危及人身安全的紧急情况时禁止作业撤离现场

    B. 李某发现事故隐患或者其他不安全因素,立即向现场安全生产管理人员或者本单位负责人报告

    C. 王某对本单位安全生产工作中存在的问题提出批评、检举、控告

    D. 赵某对本单位的安全生产工作提出建议

117. 某工程实行公开招标,招标文件规定,投标人提交投标文件截止时间为 3 月 22 日下午 5 点整。投标人 D 由于交通拥堵于 3 月 22 日下午 5 点 10 分送达投标文件,其后果是:

    A. 投标保证金被没收

    B. 招标人拒收该投标文件

    C. 投标人提交的投标文件有效

    D. 由评标委员会确定为废标

118. 在订立合同是显失公平的合同时,当事人可以请求人民法院撤销该合同,其行使撤销权的有效期限是:

    A. 自知道或者应当知道撤销事由之日起五年内

    B. 自撤销事由发生之日一年内

    C. 自知道或者应当知道撤销事由之日起一年内

    D. 自撤销事由发生之日五年内

119. 根据《建设工程质量管理条例》规定,下列有关建设工程质量保修的说法中,正确的是:

    A. 建设工程的保修期,自工程移交之日起计算

    B. 供冷系统在正常使用条件下,最低保修期限为 2 年

    C. 供热系统在正常使用条件下,最低保修期限为 2 年采暖期

    D. 建设工程承包单位向建设单位提交竣工结算资料时,应当出具质量保修书

120. 根据《建设工程安全生产管理条例》规定,建设单位确定建设工程安全作业环境及安全施工措施所需费用的时间是:

    A. 编制工程概算时   B. 编制设计预算时

    C. 编制施工预算时   D. 编制投资估算时

2017 年度全国勘察设计注册工程师执业资格考试基础考试(上)试题解析及参考答案

1.解 本题考查分段函数的连续性问题,重点考查在分界点处的连续性。

要求在分界点处函数的左右极限存在且相等并且等于该点的函数值:

$$\lim_{x \to 1}\frac{x\ln x}{1-x} \overset{\frac{0}{0}型}{=\!=\!=} \lim_{x \to 1}\frac{(x\ln x)'}{(1-x)'}=\lim_{x \to 1}\frac{1 \cdot \ln x+x \cdot \frac{1}{x}}{-1}=-1$$

而 $\lim\limits_{x \to 1}\dfrac{x\ln x}{1-x}=f(1)=a \Rightarrow a=-1$

答案:C

2.解 本题考查复合函数在定义域内的性质。

函数 $\sin\dfrac{1}{x}$ 的定义域为 $(-\infty,0),(0,+\infty)$,它是由函数 $y=\sin t$, $t=\dfrac{1}{x}$ 复合而成的,当 x 在 $(-\infty,0),(0,+\infty)$ 变化时,t 在 $(-\infty,+\infty)$ 内变化,函数 $y=\sin t$ 的值域为 $[-1,1]$,所以函数 $y=\sin\dfrac{1}{x}$ 是有界函数。

答案:A

3.解 本题考查空间向量的相关性质,注意"点乘"和"叉乘"对向量运算的几何意义。

选项 A、C 中,$|\boldsymbol{\alpha} \times \boldsymbol{\beta}|=|\boldsymbol{\alpha}| \cdot |\boldsymbol{\beta}| \cdot \sin(\boldsymbol{\alpha},\boldsymbol{\beta})$,若 $\boldsymbol{\alpha} \times \boldsymbol{\beta}=\boldsymbol{0}$,且 $\boldsymbol{\alpha},\boldsymbol{\beta}$ 非零,则有 $\sin(\boldsymbol{\alpha},\boldsymbol{\beta})=0$,故 $\boldsymbol{\alpha}//\boldsymbol{\beta}$,选项 A 错误,C 正确。

选项 B 中,$\boldsymbol{\alpha} \cdot \boldsymbol{\beta}=|\boldsymbol{\alpha}| \cdot |\boldsymbol{\beta}| \cdot \cos(\boldsymbol{\alpha},\boldsymbol{\beta})$,若 $\boldsymbol{\alpha} \cdot \boldsymbol{\beta}=0$,且 $\boldsymbol{\alpha},\boldsymbol{\beta}$ 非零,则有 $\cos(\boldsymbol{\alpha},\boldsymbol{\beta})=0$,故 $\boldsymbol{\alpha} \perp \boldsymbol{\beta}$,选项 B 错误。

选项 D 中,若 $\boldsymbol{\alpha}=\lambda\boldsymbol{\beta}$,则 $\boldsymbol{\alpha}//\boldsymbol{\beta}$,此时 $\boldsymbol{\alpha} \cdot \boldsymbol{\beta}=\lambda\boldsymbol{\beta} \cdot \boldsymbol{\beta}=\lambda|\boldsymbol{\beta}||\boldsymbol{\beta}|\cos 0° \neq 0$,选项 D 错误。

答案:C

4.解 本题考查一阶线性微分方程的特解形式,本题采用公式法和代入法均能得到结果。

方法 1:公式法,一阶线性微分方程的一般形式为:$y'+P(x)y=Q(x)$

其通解为 $y=e^{-\int P(x)\mathrm{d}x}\left[\int Q(x)e^{\int P(x)\mathrm{d}x}\mathrm{d}x+C\right]$

本题中,$P(x)=-1,Q(x)=0$,有 $y=e^{-\int -1\mathrm{d}x}[0+C]=Ce^x$

由 $y(0)=2 \Rightarrow Ce^0=2$,即 $C=2$,故 $y=2e^x$

方法 2:利用可分离变量方程计算。

方法 3:代入法,将选项 A 中 $y = 2e^{-x}$ 代入 $y' - y = 0$ 中,不满足方程。同理,选项 C、D 也不满足。

答案:B

5.解 本题考查变限定积分求导的问题。

对于下限有变量的定积分求导,可先转化为上限有变量的定积分求导问题,注意交换上下限的位置之后,增加一个负号,再利用公式即可:

$$f(x) = \int_x^2 \sqrt{5 + t^2}\, \mathrm{d}t = -\int_2^x \sqrt{5 + t^2}\, \mathrm{d}t$$

$$f'(x) = -\sqrt{5 + x^2}$$

$$f'(1) = -\sqrt{6}$$

答案:D

6.解 本题考查隐函数求导的问题。

方法 1:方程两边对 x 求导,注意 y 是 x 的函数:

$$e^y + xy = e$$

$$(e^y)' + (xy)' = e'$$

$$(e^y + x)y' = -y$$

解出 $y' = \dfrac{-y}{x + e^y}$

当 $x = 0$ 时,有 $e^y = e \Rightarrow y = 1$,$y'(0) = -\dfrac{1}{e}$

方法 2:利用二元方程确定的隐函数导数的计算方法计算。

$$e^y + xy = e,\ e^y + xy - e = 0$$

设 $F(x, y) = e^y + xy - e$

$$F'_y(x, y) = e^y + x,\ F'_x(x, y) = y$$

所以 $\dfrac{\mathrm{d}y}{\mathrm{d}x} = -\dfrac{F'_x(x, y)}{F'_y(x, y)} = -\dfrac{y}{e^y + x}$

当 $x = 0$ 时,$y = 1$,代入得

$$\dfrac{\mathrm{d}y}{\mathrm{d}x}\bigg|_{x=0} = -\dfrac{1}{e}$$

注:本题易错选 B 项,选 B 则是没有看清题意,题中所求是 $y'(0)$ 而并非 $y'(x)$。

答案:D

7. 解 本题考查不定积分的相关内容。

已知 $\int f(x)\mathrm{d}x = \ln x + C$,可知 $f(x) = \dfrac{1}{x}$

则 $f(\cos x) = \dfrac{1}{\cos x}$,即 $\int \cos x f(\cos x)\mathrm{d}x = \int \cos x \cdot \dfrac{1}{\cos x}\mathrm{d}x = x + C$

注:本题不适合采用凑微分的形式。

答案:B

8. 解 本题考查多元函数微分学的概念性问题,涉及多元函数偏导数与多元函数连续等概念,需记忆下图的关系式方可快速解答:

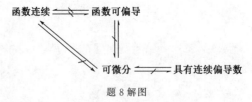

题8解图

$f(x,y)$ 在点 $P_0(x_0,y_0)$ 有一阶偏导数,不能推出 $f(x,y)$ 在 $P_0(x_0,y_0)$ 连续。

同样,$f(x,y)$ 在 $P_0(x_0,y_0)$ 连续,不能推出 $f(x,y)$ 在 $P_0(x_0,y_0)$ 有一阶偏导数。

可知,函数可偏导与函数连续之间的关系是不能相互导出的。

答案:D

9. 解 本题考查空间解析几何中对称直线方程的概念。

对称式直线方程的特点是连等号的存在,故而选项 A 和 C 可直接排除,且选项 A 和 C 并不是直线的表达式。由于所求直线平行于 z 轴,取 z 轴的方向向量为所求直线的方向向量。

$$\vec{S}_{z轴} = \{0,0,1\},\ M_0(-1,-2,3)$$

利用点向式写出对称式方程:

$$\frac{x+1}{0} = \frac{y+2}{0} = \frac{z-3}{1}$$

答案:D

10. 本题考查定积分的计算。对于定积分的计算,首选凑微分和分部积分。

对本题,观察分子中有 $\dfrac{1}{x}$,而 $\left(\dfrac{1}{x}\right)' = -\dfrac{1}{x^2}$,故适合采用凑微分解答:

$$原式 = \int_1^2 -\left(1-\frac{1}{x}\right)\mathrm{d}\left(\frac{1}{x}\right) = \int_1^2 \left(\frac{1}{x}-1\right)\mathrm{d}\left(\frac{1}{x}\right) = \int_1^2 \frac{1}{x}\mathrm{d}\left(\frac{1}{x}\right) - \int_1^2 1\mathrm{d}\left(\frac{1}{x}\right)$$

$$= \frac{1}{2}\left(\frac{1}{x}\right)^2 \Big|_1^2 - \frac{1}{x}\Big|_1^2 = \frac{1}{8}$$

答案:C

11.解 本题考查了三角函数的基本性质,可以采用求导的方法直接求出。

方法 1: $f(x) = \sin\left(x + \frac{\pi}{2} + \pi\right) = -\cos x$

$x \in [-\pi, \pi]$

$f'(x) = \sin x, f'(x) = 0$,即 $\sin x = 0, x = 0, -\pi, \pi$ 为驻点

则 $f(0) = -\cos 0 = -1, f(-\pi) = -\cos(-\pi) = 1, f(\pi) = -\cos\pi = 1$

所以 $x = 0$,函数取得最小值,最小值点 $x_0 = 0$

方法 2:通过作图,可以看出在 $[-\pi, \pi]$ 上的最小值点 $x_0 = 0$。

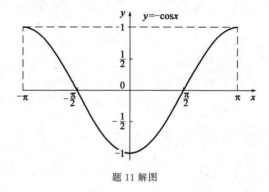

题 11 解图

答案:B

12.解 本题考查参数方程形式的对坐标的曲线积分(也称第二类曲线积分),注意绕行方向为顺时针。

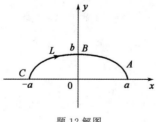

题 12 解图

如解图所示,上半椭圆 ABC 是由参数方程 $\begin{cases} x = a\cos\theta \\ y = b\sin\theta \end{cases}$ $(a > 0, b > 0)$ 画出的。本题积分

路径 L 为沿上半椭圆顺时针方向,从 C 到 B,再到 A,θ 变化范围由 π 变化到 0,具体计算

可由方程 $x = a\cos\theta$ 得到。起点为 $C(-a, 0)$,把 $-a$ 代入方程中的 x,得 $\theta = \pi$。终点为

$A(a, 0)$,把 a 代入方程中的 x,得 $\theta = 0$,因此参数 θ 的变化为从 $\theta = \pi$ 变化到 $\theta = 0$,

即 $\theta:\pi\rightarrow 0$。

由 $x=a\cos\theta$ 可知，$\mathrm{d}x=-a\sin\theta\mathrm{d}\theta$，因此原式有：

$$\int_L y^2\mathrm{d}x=\int_\pi^0 (b\sin\theta)^2(-a\sin\theta)\mathrm{d}\theta=\int_0^\pi ab^2\sin^3\theta\mathrm{d}\theta=ab^2\int_0^\pi \sin^2\theta\mathrm{d}(-\cos\theta)$$

$$=-ab^2\int_0^\pi (1-\cos^2\theta)\mathrm{d}(\cos\theta)=\frac{4}{3}ab^2$$

> 注：对坐标的曲线积分应注意积分路径的方向，然后写出积分变量的上下限，本题若取逆时针为绕行方向，则 θ 的范围应从 0 到 π。简单作图即可观察和验证。

答案：B

13.解 本题考查级数收敛的充分条件。

注意本题有 $(-1)^n$，显然 $\sum\limits_{n=1}^{\infty}\dfrac{(-1)^n}{a_n}(a_n>0)$ 是一个交错级数。

交错级数收敛，即 $\sum\limits_{n=1}^{\infty}(-1)^n a_n$ 只要满足：①$a_n>a_{n+1}$，②$a_n\rightarrow 0(n\rightarrow\infty)$ 即可。

在选项 D 中，已知 a_n 单调递增，即 $a_n<a_{n+1}$，所以 $\dfrac{1}{a_n}>\dfrac{1}{a_{n+1}}$

又知 $\lim\limits_{n\rightarrow\infty}a_n=+\infty$，所以 $\lim\limits_{n\rightarrow\infty}\dfrac{1}{a_n}=0$

故级数 $\sum\limits_{n=1}^{\infty}\dfrac{(-1)^n}{a_n}(a_n>0)$ 收敛

其他选项均不符合交错级数收敛的判别方法。

答案：D

14.解 本题考查函数拐点的求法。

求解函数拐点即求函数的二阶导数为 0 的点，因此有：

$$f'(x)=e^{-x}-xe^{-x}$$

$$f''(x)=xe^{-x}-2e^{-x}=(x-2)e^{-x}$$

令 $f''(x)=0$，解出 $x=2$

当 $x\in(-\infty,2)$ 时，$f''(x)<0$

当 $x\in(2,+\infty)$ 时，$f''(x)>0$

所以拐点为 $(2,2e^{-2})$

答案：A

15.解 本题考查二阶常系数线性非齐次方程的特解问题。

严格说来本题有点超纲，大纲要求是求解二阶常系数线性齐次微分方程，对于非齐次方程并不做要求。因此本题可采用代入法求解,考虑到 $e^x=(e^x)'=(e^x)''$,观察各选项,易知选项C符合要求。

具体解析过程如下:

$y''+y'+y=e^x$ 对应的齐次方程为 $y''+y'+y=0$

$r^2+r+1=0 \Rightarrow r_{1,2}=\dfrac{-1\pm\sqrt{3}i}{2}$

所以 $\lambda=1$ 不是特征方程的根

设二阶非齐次线性方程的特解 $y^*=Ax^0 e^x=Ae^x$

$(y^*)'=Ae^x$,$(y^*)''=Ae^x$

代入,得 $Ae^x+Ae^x+Ae^x=e^x$

$3Ae^x=e^x$,$3A=1$,$A=\dfrac{1}{3}$,所以特解为 $y^*=\dfrac{1}{3}e^x$

答案:C

16.解 本题考查二重积分在极坐标下的运算规则。

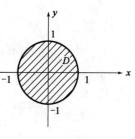

题16解图

注意到在二重积分的极坐标中有 $x=r\cos\theta$,$y=r\sin\theta$,故 $x^2+y^2=r^2$,因此对于圆域有 $0\leqslant r^2\leqslant 1$,也即 $r:0\to1$,整个圆域范围内有 $\theta:0\to2\pi$,如解图所示,同时注意二重积分中面积元素 $\mathrm{d}x\mathrm{d}y=r\mathrm{d}r\mathrm{d}\theta$,故:

$$\iint_D \frac{\mathrm{d}x\mathrm{d}y}{1+x^2+y^2}=\int_0^{2\pi}\mathrm{d}\theta\int_0^1\frac{1}{1+r^2}r\mathrm{d}r \xrightarrow[\text{对}r\text{凑微分}]{\theta\text{和}r\text{无关直接积分}} 2\pi\int_0^1\frac{1}{2}\frac{1}{1+r^2}\mathrm{d}(1+r^2)$$

$$=\pi\ln(1+r^2)\Big|_0^1=\pi\ln2$$

答案:D

17.解 本题考查幂级数的和函数的基本运算。

级数 $\displaystyle\sum_{n=1}^{\infty}\frac{x^n}{n!}=\frac{x}{1!}+\frac{x^2}{2!}+\frac{x^3}{3!}+\cdots+\frac{x^n}{n!}+\cdots$

已知 $e^x=1+\dfrac{x}{1!}+\dfrac{x^2}{2!}+\cdots+\dfrac{x^n}{n!}+\cdots$ $(-\infty,+\infty)$

所以级数 $\displaystyle\sum_{n=1}^{\infty}\frac{x^n}{n!}$ 的和函数 $S(x)=e^x-1$

注:考试中常见的幂级数展开式有:

$\dfrac{1}{1-x}=1+x+x^2+\cdots+x^k+\cdots=\displaystyle\sum_{k=0}^{\infty}x^k,|x|<1$

$$\frac{1}{1+x}=1-x+x^2-\cdots+(-1)^k x^k+\cdots=\sum_{k=0}^{\infty}(-1)^k x^k,|x|<1$$

$$e^x=1+x+\frac{x^2}{2!}+\cdots+\frac{x^k}{k!}+\cdots=\sum_{k=0}^{\infty}\frac{x^k}{k!},(-\infty,+\infty)$$

答案: C

18. 解 本题考查多元抽象函数偏导数的运算,及多元复合函数偏导数的计算方法。

$$z=y\varphi\left(\frac{x}{y}\right)$$

$$\frac{\partial z}{\partial x}=y\cdot\varphi'\left(\frac{x}{y}\right)\cdot\frac{1}{y}=\varphi'\left(\frac{x}{y}\right)$$

$$\frac{\partial^2 z}{\partial x\partial y}=\varphi''\left(\frac{x}{y}\right)\cdot\left(\frac{x}{y}\right)'=\varphi''\left(\frac{x}{y}\right)\cdot\left(\frac{x}{-y^2}\right)$$

注:复合函数的链式法则为 $f'(g(x))=f'\cdot g'$,读者应注意题目中同时含有抽象函数与具体函数的求导规则,抽象函数求导就直接加一撇,具体函数求导则利用求导公式。

答案: B

19. 解 本题考查可逆矩阵的相关知识。

方法1: 利用初等行变换求解如下:

由 $[\boldsymbol{A}\mid\boldsymbol{E}]\xrightarrow{\text{初等行变换}}[\boldsymbol{E}\mid\boldsymbol{A}^{-1}]$

得:
$$\begin{bmatrix}0 & 0 & -2 & 1 & 0 & 0\\ 0 & 3 & 0 & 0 & 1 & 0\\ 1 & 0 & 0 & 0 & 0 & 1\end{bmatrix}\xrightarrow{r_1\leftrightarrow r_2}\begin{bmatrix}1 & 0 & 0 & 0 & 0 & 1\\ 0 & 3 & 0 & 0 & 1 & 0\\ 0 & 0 & -2 & 1 & 0 & 0\end{bmatrix}\xrightarrow{\frac{1}{3}r_2,-\frac{1}{2}r_3}$$

$$\begin{bmatrix}1 & 0 & 0 & 0 & 0 & 1\\ 0 & 1 & 0 & 0 & \frac{1}{3} & 0\\ 0 & 0 & 1 & -\frac{1}{2} & 0 & 0\end{bmatrix}$$

故 $\boldsymbol{A}^{-1}=\begin{bmatrix}0 & 0 & 1\\ 0 & \frac{1}{3} & 0\\ -\frac{1}{2} & 0 & 0\end{bmatrix}$

方法2: 逐项代入法,与矩阵 $\boldsymbol{A}$ 乘积等于 $\boldsymbol{E}$,即为正确答案。验证选项C,计算过程如下:

$$\begin{bmatrix}0 & 0 & -2\\ 0 & 3 & 0\\ 1 & 0 & 0\end{bmatrix}\begin{bmatrix}0 & 0 & 1\\ 0 & \frac{1}{3} & 0\\ -\frac{1}{2} & 0 & 0\end{bmatrix}=\begin{bmatrix}1 & 0 & 0\\ 0 & 1 & 0\\ 0 & 0 & 1\end{bmatrix}$$

方法 3:利用求逆矩阵公式:

$$A^{-1} = \frac{A^*}{|A|} = \frac{1}{|A|} \begin{bmatrix} A_{11} & A_{21} & A_{31} \\ A_{12} & A_{22} & A_{32} \\ A_{13} & A_{23} & A_{33} \end{bmatrix}$$

答案:C

20.**解**　本题考查线性齐次方程组解的基本知识,矩阵的秩和矩阵列向量组的线性相关性。

方法 1:

$Ax=0$ 有非零解 $\Longleftrightarrow R(A)<n \Longleftrightarrow A$ 的列向量组线性相关 $\Longleftrightarrow$ 至少有一个列向量是其余列向量的线性组合。

方法 2:

举反例:$A = \begin{bmatrix} 1 & 0 & 0 \\ 0 & 1 & 1 \\ 0 & 0 & 0 \end{bmatrix}$,齐次方程组 $Ax=0$ 就有无穷多解,因为 $R(A)=2<3$,然而矩阵中第一列和第二列线性无关,选项 A 错。第二列和第三列线性相关,选项 B 错。第一列不是第二列、第三列的线性组合,选项 C 错。

答案:D

21.**解**　本题考查实对称阵的特征值与特征向量的相关知识。

已知重要结论:实对称矩阵属于不同特征值的特征向量必然正交。

方法 1:

设对应 $\lambda_1 = 6$ 的特征向量 $\xi_1 = (x_1 \quad x_2 \quad x_3)^T$,由于 A 是实对称矩阵,故 $\xi_1^T \cdot \xi_2 = 0$,$\xi_1^T \cdot \xi_3 = 0$,即

$$\begin{cases} (x_1 \quad x_2 \quad x_3) \begin{bmatrix} -1 \\ 0 \\ 1 \end{bmatrix} = 0 \\ (x_1 \quad x_2 \quad x_3) \begin{bmatrix} 1 \\ 2 \\ 1 \end{bmatrix} = 0 \end{cases} \Rightarrow \begin{cases} -x_1 + x_3 = 0 \\ x_1 + 2x_2 + x_3 = 0 \end{cases}$$

$$\begin{bmatrix} -1 & 0 & 1 \\ 1 & 2 & 1 \end{bmatrix} \rightarrow \begin{bmatrix} 1 & 0 & -1 \\ 1 & 2 & 1 \end{bmatrix} \rightarrow \begin{bmatrix} 1 & 0 & -1 \\ 0 & 2 & 2 \end{bmatrix} \rightarrow \begin{bmatrix} 1 & 0 & -1 \\ 0 & 1 & 1 \end{bmatrix}$$

该同解方程组为 $\begin{cases} x_1 - x_3 = 0 \\ x_2 + x_3 = 0 \end{cases} \Rightarrow \begin{cases} x_1 = x_3 \\ x_2 = -x_3 \end{cases}$

当 $x_3 = 1$ 时，$x_1 = 1$，$x_2 = -1$

方程组的基础解系 $\boldsymbol{\xi} = (1 \quad -1 \quad 1)^{\mathrm{T}}$，取 $\boldsymbol{\xi}_1 = (1 \quad -1 \quad 1)^{\mathrm{T}}$

方法 2：

采用代入法，对四个选项进行验证，对于选项 A：

$$(1 \quad -1 \quad 1)\begin{bmatrix} -1 \\ 0 \\ 1 \end{bmatrix} = 0,\ (1 \quad -1 \quad 1)\begin{bmatrix} 1 \\ 2 \\ 1 \end{bmatrix} = 0,\ 可知正确。$$

答案：A

22. **解**　$A(\overline{B \cup C}) = A\,\overline{B}\,\overline{C}$ 可能发生，选项 A 错。

$A(\overline{A \cup B \cup C}) = A\,\overline{A}\,\overline{B}\,\overline{C} = \varnothing$，选项 B 对。

或见解图，图 a) $\overline{B \cup C}$（斜线区域）与 A 有交集，图 b) $\overline{A \cup B \cup C}$（斜线区域）与 A 无交集。

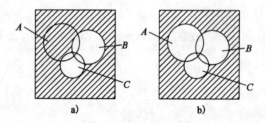

题 22 解图

答案：B

23. **解**　本题考查概率密度的性质：$\displaystyle\int_{-\infty}^{+\infty}\int_{-\infty}^{+\infty} f(x,y)\mathrm{d}x\mathrm{d}y = 1$

方法 1：

$$\int_0^{+\infty}\int_0^{+\infty} e^{-2ax+by}\mathrm{d}y\mathrm{d}x = \int_0^{+\infty} e^{-2ax}\mathrm{d}x \cdot \int_0^{+\infty} e^{by}\mathrm{d}y = 1$$

当 $a > 0$ 时，$\displaystyle\int_0^{+\infty} e^{-2ax}\mathrm{d}x = \left.\frac{-1}{2a}e^{-2ax}\right|_0^{+\infty} = \frac{1}{2a}$

当 $b < 0$ 时，$\displaystyle\int_0^{+\infty} e^{by}\mathrm{d}y = \left.\frac{1}{b}e^{by}\right|_0^{+\infty} = \frac{-1}{b}$

$$\frac{1}{2a} \cdot \frac{-1}{b} = 1,\ ab = -\frac{1}{2}$$

方法 2：

当 $x > 0, y > 0$ 时，$f(x,y) = e^{-2ax+by} = 2ae^{-2ax} \cdot (-b)e^{by} \cdot \frac{-1}{2ab}$

当 $\dfrac{-1}{2ab} = 1$，即 $ab = -\dfrac{1}{2}$ 时，X 与 Y 相互独立，且

X 服从参数 $\lambda=2a(a>0)$ 的指数分布, Y 服从参数 $\lambda=-b(b<0)$ 的指数分布。

答案: A

24. 解 因为 $\hat{\theta}$ 是 θ 的无偏估计量, 即 $E(\hat{\theta})=\theta$

所以 $E[(\hat{\theta})^2]=D(\hat{\theta})+[E(\hat{\theta})]^2=D(\hat{\theta})+\theta^2$

又因为 $D(\hat{\theta})>0$, 所以 $E[(\hat{\theta})^2]>\theta^2$, $(\hat{\theta})^2$ 不是 θ^2 的无偏估计量

答案: B

25. 解 理想气体状态方程 $pV=\dfrac{M}{\mu}RT$, 因为 $V_1=V_2$, $T_1=T_2$, $M_1=M_2$, 所以 $\dfrac{\mu_1}{\mu_2}=\dfrac{p_2}{p_1}$。

答案: D

26. 解 气体分子的平均碰撞频率: $\bar{Z}=\sqrt{2}n\pi d^2 \bar{v}$, 已知 $\bar{v}=1.6\sqrt{\dfrac{RT}{M}}$, $p=nkT$, 则:

$$\bar{Z}=\sqrt{2}n\pi d^2 \bar{v}=\sqrt{2}\frac{p}{kT}\pi d^2 \cdot 1.6\sqrt{\frac{RT}{M}} \propto \frac{1}{\sqrt{T}}$$

答案: C

27. 解 热力学第一定律 $Q=W+\Delta E$, 绝热过程做功等于内能增量的负值, 即 $\Delta E=-W=-500\text{J}$。

答案: C

28. 解 此题考查对热力学第二定律与可逆过程概念的理解。开尔文表述的是关于热功转换过程中的不可逆性, 克劳修斯表述则指出热传导过程中的不可逆性。

答案: A

29. 解 此题考查波动方程基本关系。

$$y=A\cos(Bt-Cx)=A\cos B\left(t-\frac{x}{B/C}\right)$$

$$u=\frac{B}{C}, \omega=B, T=\frac{2\pi}{\omega}=\frac{2\pi}{B}$$

$$\lambda=u \cdot T=\frac{B}{C} \cdot \frac{2\pi}{B}=\frac{2\pi}{C}$$

答案: B

30. 解 波长 λ 反映的是波在空间上的周期性。

答案: B

31. 解 由描述波动的基本物理量之间的关系得:

$$\frac{\lambda}{3}=\frac{2\pi}{\pi/6}, \lambda=36$$

$$u=\frac{\lambda}{T}=\frac{36}{4}=9$$

答案:B

32.解 光的干涉,光程差变化为半波长的奇数倍时,原明纹处变为暗条纹。

答案:B

33.解 此题考查马吕斯定律。

$I=I_0\cos^2\alpha$,光强为 I_0 的自然光通过第一个偏振片,光强为入射光强的一半,通过第二个偏振片,光强为 $I=\dfrac{I_0}{2}\cos^2\alpha$,则:

$$\frac{I_1}{I_2}=\frac{\frac{1}{2}I_0\cos^2\alpha_1}{\frac{1}{2}I_0\cos^2\alpha_2}=\frac{\cos^2\alpha_1}{\cos^2\alpha_2}$$

答案:C

34.解 光栅公式 $d\sin\theta=k\lambda$,对同级条纹,光栅常数小,衍射角大,选光栅常数小的。

答案:D

35.解 由双缝干涉条纹间距公式计算:

$$\Delta x=\frac{D}{d}\lambda=\frac{3000}{2}\times 600\times 10^{-6}=0.9\text{mm}$$

答案:B

36.解 由布儒斯特定律,折射角为 30°时,入射角为 60°, $\tan 60°=\dfrac{n_2}{n_1}=\sqrt{3}$ 。

答案:D

37.解 原子序数为 15 的元素,原子核外有 15 个电子,基态原子的核外电子排布式为 $1s^2\,2s^2\,2p^6\,3s^2\,3p^3$,根据洪特规则,$3p^3$ 中 3 个电子分占三个不同的轨道,并且自旋方向相同。所以原子序数为 15 的元素,其基态原子核外电子分布中,有 3 个未成对电子。

答案:D

38.解 NaCl 是离子晶体,冰是分子晶体,SiC 是原子晶体,Cu 是金属晶体。所以 SiC 的熔点最高。

答案:C

39.解 根据稀释定律 $\alpha=\sqrt{K_a/C}$,一元弱酸 HOAc 的浓度越小,解离度越大。所以 HOAc 浓度稀释一倍,解离度增大。

注:HOAc 一般写为 HAc,普通化学书中常用 HAc。

答案:A

40.**解**　将 0.2 mol·L^{-1} 的 $NH_3·H_2O$ 与 0.2mol·L^{-1} 的 HCl 溶液等体积混合生成 0.1mol·L^{-1} 的 NH_4Cl 溶液,NH_4Cl 为强酸弱碱盐,可以水解,溶液 $C_{H^+} = \sqrt{C·K_w/K_b} = \sqrt{0.1 \times \frac{10^{-14}}{1.8 \times 10^{-5}}} \approx 7.5 \times 10^{-6}$,pH $= -lgC_{H^+} = 5.12$。

答案:A

41.**解**　此反应为放热反应。平衡常数只是温度的函数,对于放热反应,平衡常数随着温度升高而减小。相反,对于吸热反应,平衡常数随着温度的升高而增大。

答案:B

42.**解**　电对的电极电势越大,其氧化态的氧化能力越强,越易得电子发生还原反应,做正极;电对的电极电势越小,其还原态的还原能力越强,越易失电子发生氧化反应,做负极。

答案:D

43.**解**　反应方程式为 $2Na(s) + Cl_2(g) = 2NaCl(s)$。气体分子数增加的反应,其熵值增大;气体分子数减小的反应,熵值减小。

答案:B

44.**解**　加成反应生成 2,3-二溴-2-甲基丁烷,所以在 2,3 位碳碳间有双键,所以该烃为 2-甲基-2-丁烯。

答案:D

45.**解**　同系物是指结构相似、分子组成相差若干个 $-CH_2-$ 原子团的有机化合物。

答案:D

46.**解**　烃类化合物是碳氢化合物的统称,是由碳与氢原子所构成的化合物,主要包含烷烃、环烷烃、烯烃、炔烃、芳香烃。烃分子中的氢原子被其他原子或者原子团所取代而生成的一系列化合物称为烃的衍生物。

答案:B

47.**解**　销钉 C 处为光滑接触约束,约束力应垂直于 AB 光滑直槽,由于 F_P 的作用,直槽的左上侧与销钉接触,故其约束力的作用线与 x 轴正向所成的夹角为 $150°$。

答案:D

48.**解**　根据力系简化结果分析,分力首尾相连组成自行封闭的力多边形,则简化后的主矢为零,而 F_1 与 F_3、F_2 与 F_4 分别组成逆时针转向的力偶,合成后为一合力偶。

答案:C

49.解 以圆柱体为研究对象,沿1、2接触点的法线方向有约束力 $\boldsymbol{F}_{N1}$ 和 $\boldsymbol{F}_{N2}$,受力如解图所示。对圆柱体列 $\boldsymbol{F}_{N2}$ 方向的平衡方程:

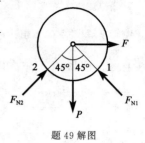

$$\sum F_2 = 0, F_{N2} - P\cos45° + F\sin45° = 0$$

$$F_{N2} = \frac{\sqrt{2}}{2}(P-F)$$

题49解图

答案:A

50.解 在重力作用下,杆 A 端有向左侧滑动的趋势,故 B 处摩擦力应沿杆指向右上方向。

答案:B

51.解 因为速度 $v = \dfrac{dx}{dt}$,积一次分,即: $\displaystyle\int_5^x dx = \int_0^t (20t+5)dt, x - 5 = 10t^2 + 5t$。

答案:A

52.解 根据定轴转动刚体上一点加速度与转动角速度、角加速度的关系: $a_n = \omega^2 l$, $a_\tau = \alpha l$,而题中 $a_n = a = \omega^2 l$,所以 $\omega = \sqrt{\dfrac{a}{l}}$, $a_\tau = 0 = \alpha l$,所以 $\alpha = 0$。

答案:C

53.解 绳上各点的加速度大小均为 a,而轮缘上各点的加速度大小为 $\sqrt{a^2 + \left(\dfrac{v^2}{r}\right)^2}$。

答案:B

54.解 汽车运动到洼地底部时加速度的大小为 $a = a_n = \dfrac{v^2}{\rho}$,其运动及受力如解图所示,按照牛顿第二定律,在铅垂方向有 $ma = F_N - W$, $\boldsymbol{F}_N$ 为地面给汽车的合约束,力 $F_N = \dfrac{W}{g} \cdot \dfrac{v^2}{\rho} + W = \dfrac{2800}{10} \times$

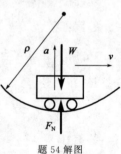

$\dfrac{10^2}{5} + 2800 = 8400N$。

题54解图

答案:D

55.解 根据动量的公式: $p = mv_C$,则圆轮质心速度为零,动量为零,故系统的动量只有物块的 $\dfrac{W}{g} \cdot v$;又根据动能的公式:圆轮的动能为 $\dfrac{1}{2} \cdot \dfrac{1}{2}mR^2\omega^2 = \dfrac{1}{4}mR^2\left(\dfrac{v}{R}\right)^2 \Big| = \dfrac{1}{4}mv^2$,物块的动能为 $\dfrac{1}{2} \cdot \dfrac{W}{g}v^2$,两者相加为 $\dfrac{1}{2} \cdot \dfrac{v^2}{g}\left(\dfrac{1}{2}mg + W\right)$。

答案:A

56.解 由于系统在水平方向受力为零,故在水平方向有质心守恒,即质心只沿铅垂方向运动。

答案:C

57.解 根据定轴转动刚体惯性力系的简化结果分析,匀角速度转动($\alpha=0$)刚体的惯性力主矢和主矩的大小分别为:$F_I=ma_C=\frac{1}{2}ml\omega^2$,$M_{IO}=J_O\alpha=0$。

答案:D

58.解 单摆运动的固有频率公式:$\omega_n=\sqrt{\dfrac{g}{l}}$。

答案:C

59.解 $\varepsilon'=-\mu\varepsilon=-\mu\dfrac{\sigma}{E}=-\mu\dfrac{F_N}{AE}$

$$=-0.3\times\frac{20\times10^3\,\text{N}}{100\,\text{mm}^2\times200\times10^3\,\text{MPa}}=-0.3\times10^{-3}$$

答案:B

60.解 由于沿横截面有微小裂纹,使得横截面的形心有变化,杆件由原来的轴向拉伸变成了偏心拉伸,其应力 $\sigma=\dfrac{F_N}{A}+\dfrac{M_z}{W_z}$ 明显变大,故有裂纹的杆件比没有裂纹杆件的承载能力明显降低。

答案:B

61.解 由 $\sigma=\dfrac{P}{\frac{1}{4}\pi d^2}\leqslant[\sigma]$,$\tau=\dfrac{P}{\pi dh}\leqslant[\tau]$,$\sigma_{bs}=\dfrac{P}{\frac{\pi}{4}(D^2-d^2)}\leqslant[\sigma_{bs}]$ 分别求出$[P]$,然后取最小值即为杆件的许用拉力。

答案:D

62.解 由于 a 轮上的外力偶矩 M_a 最大,当 a 轮放在两端时轴内将产生较大扭矩;只有当 a 轮放在中间时,轴内扭矩才较小。

答案:D

63.解 由最大负弯矩为 8kN·m,可以反推:$M_{max}=F\times1\text{m}$,故 $F=8\text{kN}$

再由支座 C 处(即外力偶矩 M 作用处)两侧的弯矩的突变值是 14kN·m,可知外力偶矩$=14\text{kN·m}$

答案:A

64.解 开裂前,由整体梁的强度条件 $\sigma_{max}=\dfrac{M}{W_z}\leqslant[\sigma]$,可知:

$$M \leqslant [\sigma]W_z = [\sigma]\frac{b(3a)^2}{6} = \frac{3}{2}ba^2[\sigma]$$

胶合面开裂后,每根梁承担总弯矩 M_1 的 $\frac{1}{3}$,由单根梁的强度条件 $\sigma_{1max} = \frac{M_1}{W_{z1}} = \frac{\frac{M_1}{3}}{W_{z1}} =$

$\frac{M_1}{3W_{z1}} \leqslant [\sigma]$,可知:

$$M_1 \leqslant 3[\sigma]W_{z1} = 3[\sigma]\frac{ba^2}{6} = \frac{1}{2}ba^2[\sigma]$$

故开裂后每根梁的承载能力是原来的 $\frac{1}{3}$。

答案:B

65.**解** 矩形截面切应力的分布是一个抛物线形状,最大切应力在中性轴 z 上,图示梁的横截面可以看作是一个中性轴附近梁的宽度 b 突然变大的矩形截面。根据弯曲切应力的计算公式:

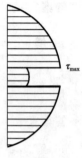

$$\tau = \frac{QS_z^*}{bI_z}$$

在 b 突然变大的情况下,中性轴附近的 τ 突然变小,切应力分布图沿 y 方向的分布如解图所示,所以最大切应力在 2 点。

题65解图

答案:B

66.**解** 由悬臂梁的最大挠度计算公式 $f_{max} = \frac{m_g L^2}{2EI}$,可知 f_{max} 与 L^2 成正比,故有

$$f'_{max} = \frac{m_g\left(\frac{L}{2}\right)^2}{2EI} = \frac{1}{4}f_{max}$$

答案:B

67.**解** 由跨中受集中力 F 作用的简支梁最大挠度的公式 $f_c = \frac{Fl^3}{48EI}$,可知最大挠度与截面对中性轴的惯性矩成反比。

因为 $I_a = \frac{b^3h}{12} = \frac{b^4}{6}$,而 $I_b = \frac{bh^3}{12} = \frac{2b^4}{3}$,所以 $\frac{f_a}{f_b} = \frac{I_b}{I_a} = \frac{\frac{2}{3}b^4}{\frac{b^4}{6}} = 4$

答案:C

68.**解** 首先求出三个主应力:$\sigma_1 = \sigma, \sigma_2 = \tau, \sigma_3 = -\tau$,再由第三强度理论得 $\sigma_{r3} = \sigma_1 - \sigma_3 = \sigma + \tau \leqslant [\sigma]$。

答案:B

69.**解** 开缺口的截面是偏心受拉,偏心距为 $\frac{h}{4}$,由公式 $\sigma_{max} = \frac{P}{A} + \frac{P \cdot \frac{h}{4}}{W_z}$ 可求得结果。

答案：C

70. 解 由一端固定、另一端自由的细长压杆的临界力计算公式 $F_{cr}=\dfrac{\pi^2 EI}{(2L)^2}$，可知 F_{cr} 与 L^2 成反比，故有

$$F'_{cr}=\frac{\pi^2 EI}{\left(2\cdot\dfrac{L}{2}\right)^2}=4\,\frac{\pi^2 EI}{(2L)^2}=4F_{cr}$$

答案：A

71. 解 水的运动黏性系数随温度的升高而减小。

答案：B

72. 解 真空度 $p_v=p_a-p'=101-(90+9.8)=1.2\text{kN/m}^2$

答案：C

73. 解 流线表示同一时刻的流动趋势。

答案：D

74. 解 对两水箱水面写能量方程可得：$H=h_w=h_{w_1}+h_{w_2}$

$1\sim 3$ 管段中的流速 $v_1=\dfrac{Q}{\dfrac{\pi}{4}d_1^2}=\dfrac{0.04}{\dfrac{\pi}{4}\times(0.2)^2}=1.27\text{m/s}$

$h_{w_1}=\left(\lambda_1\dfrac{l_1}{d_1}+\sum\zeta_1\right)\dfrac{v_1^2}{2g}=\left(0.019\times\dfrac{10}{0.2}+0.5+0.5+0.024\right)\times\dfrac{1.27^2}{2\times 9.8}=0.162\text{m}$

$3\sim 6$ 管段中的流速 $v_2=\dfrac{Q}{\dfrac{\pi}{4}d_2^2}=\dfrac{0.04}{\dfrac{\pi}{4}\times 0.1^2}=5.1\text{m/s}$

$h_{w_2}=\left(\lambda_2\dfrac{l_2}{d_2}+\sum\zeta_2\right)\dfrac{v_2^2}{2g}=\left(0.018\times\dfrac{10}{0.1}+0.5+0.05+1\right)\times\dfrac{5.1^2}{2\times 9.8}=5.042\text{m}$

$H=h_{w_1}+h_{w_2}=0.162+5.042=5.204\text{m}$

答案：C

75. 解 在长管水力计算中，速度水头和局部损失均可忽略不计。

答案：C

76. 解 矩形排水管水力半径 $R=\dfrac{A}{\chi}=\dfrac{5\times 3}{5+2\times 3}=1.36\text{m}$。

答案：C

77. 解 潜水完全井流量 $Q=1.36k\dfrac{H^2-h^2}{\lg\dfrac{R}{r}}$，因此 Q 与土体渗透数 k 成正比。

答案:D

78.**解** 无量纲量即量纲为1的量,$\dim\dfrac{F}{\rho v^2 l^2}=\dfrac{\rho v^2 l^2}{\rho v^2 l^2}=1$

答案:C

79.**解** 电流与磁场的方向可以根据右手螺旋定则确定,即让右手大拇指指向电流的方向,则四指的指向就是磁感线的环绕方向。

答案:D

80.**解** 见解图,设2V电压源电流为I',则:

$I=I'+0.1$

$10I'=2-4=-2$V

$I'=-0.2$A

$I=-0.2+0.1=-0.1$A

答案:C

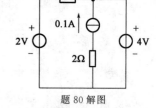

题80解图

81.**解** 电流源单独作用时,15V的电压源做短路处理,则

$$I=\dfrac{1}{3}\times(-6)=-2\text{A}$$

答案:D

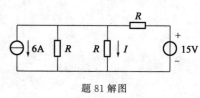

题81解图

82.**解** 画相量图分析(见解图),电压表和电流表读数为有效值。

答案:D

83.**解** $P=UI\cos\varphi$

$\qquad=110\times1\times\cos30°=95.3$W

$Q=UI\sin\varphi$

$\qquad=110\times1\times\sin30°=55$W

$S=UI=110\times1=110$V·A

答案:A

题82解图

题83解图

交流
电路

84.**解** 在直流稳态电路中电容作开路处理。开关未动作前,$u=U_{C(0-)}$

电容为开路状态时,$U_{C(0-)}=\dfrac{1}{2}\times6=3$V

电源充电进入新的稳态时

$$U_{C(\infty)} = \frac{1}{3} \times 6 = 2\mathrm{V}$$

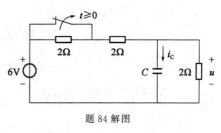

题 84 解图

因此换路电容电压逐步衰减到 2V。电路的时间常数 $\tau = RC$,本题中 C 值没给出,是不能确定 τ 的数值的。

答案:B

85.**解** 如解图所示,根据理想变压器关系有

$$I_2 = \sqrt{\frac{P_2}{R_2}} = \sqrt{\frac{40}{10}} = 2\mathrm{A}$$

$$K = \frac{I_2}{I_1} = 2$$

$$N_2 = \frac{N_1}{K} = \frac{100}{2} = 50 \text{ 匝}$$

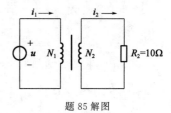

题 85 解图

答案:A

86.**解** 实现对电动机的过载保护,除了将热继电器的热元件串联在电动机的主电路外,还应将热继电器的常闭触点串接在控制电路中。

当电机过载时,这个常闭触点断开,控制电路供电通路断开。

答案:B

87.**解** 模拟信号与连续时间信号不同,模拟信号是幅值连续变化的连续时间信号。题中两条曲线均符合该性质。

答案:C

88.**解** 周期信号的幅值频谱是离散且收敛的。这个周期信号一定是时间上的连续信号。

本题给出的图形是周期信号的频谱图。频谱图是非正弦信号中不同正弦信号分量的幅值按频率变化排列的图形,其大小是表示各次谐波分量的幅值,用正值表示。例如本题频谱图中出现的 1.5V 对应于 1kHz 的正弦信号分量的幅值,而不是这个周期信号的幅值。因此本题选项 C 或 D 都是错误的。

答案:B

89.**解** 放大器的输入为正弦交流信号。但 $u_1(t)$ 的频率过高,超出了上限频率 f_H,放大倍数小于 A,因此输出信号 u_2 的有效值 $U_2 < AU_1$。

答案:C

90.解 $AC+DC+\overline{AD}\cdot C$

$$=(A+D+\overline{AD})\cdot C$$
$$=(A+D+\overline{A}+\overline{D})\cdot C$$
$$=1\cdot C=C$$

答案:A

91.解 $\overline{A+B}=F$

F 是个或非关系,可以用"有 1 则 0"的口诀处理。

答案:B

92.解 本题各选项均是用八位二进制 BCD 码表示的十进制数,即是以四位二进制表示一位十进制。

十进制数字 88 的 BCD 码是 10001000。

答案:B

93.解 图示为二极管的单相半波整流电路。

当 $u_i>0$ 时,二极管截止,输出电压 $u_o=0$;当 $u_i<0$ 时,二极管导通,输出电压 u_o 与输入电压 u_i 相等。

答案:B

94.解 本题为用运算放大器构成的电压比较电路,波形分析如下:

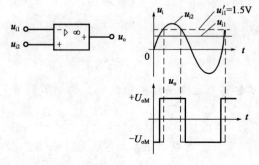

题 94 解图

当 $u_{i1}<u_{i2}$ 时,$u_o=+U_{oM}$

当 $u_{i1}>u_{i2}$ 时,$u_o=-U_{oM}$

当 u_{i1} 升高到 1.5V 时,u_o 波形的正向面积减小,反向面积增加,电压平均值降低(如解图中虚线波形所示)。

答案:D

95.解 题图为一个时序逻辑电路,由解图可以看出,第一个和第二个时钟的下降沿时刻,输出 Q 均等于0。

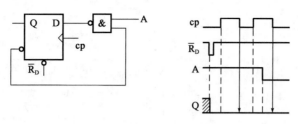

题 95 解图

答案:A

96.**解** 图示为三位的异步二进制加法计数器,波形图分析如下。

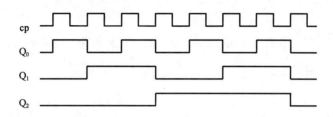

答案:C

97.**解** 计算机硬件的组成包括输入/输出设备、存储器、运算器、控制器。内存储器是主机的一部分,属于计算机的硬件系统。

答案:B

98.**解** 根据冯·诺依曼结构原理,计算机硬件是由运算器、控制器、存储器、I/O 设备组成。

答案:C

99.**解** 当要对存储器中的内容进行读写操作时,来自地址总线的存储器地址经地址译码器译码之后,选中指定的存储单元,而读写控制电路根据读写命令实施对存储器的存取操作,数据总线则用来传送写入内存储器或从内存储器读出的信息。

答案:B

100.**解** 操作系统的运行是在一个随机的环境中进行的,也就是说,人们不能对于所运行的程序的行为以及硬件设备的情况做任何的假定,一个设备可能在任何时候向微处理器发出中断请求。人们也无法知道运行着的程序会在什么时候做了些什么事情,也无法确切的知道操作系统正处于什么样的状态之中,这就是随机性的含义。

答案:C

101.**解** 多任务操作系统是指可以同时运行多个应用程序。比如:在操作系统下,在打开网页的同时还可以打开 **QQ** 进行聊天,可以打开播放器看视频等。目前的操作系统都是多任务的操作系统。

答案:B

102.解 先将十进制数转换为二进制数(100000000＋0.101＝100000000.101),而后三位二进制数对应于一位八进制数。

答案:D

103.解 $1kB＝2^{10}B＝1024B,1MB＝2^{20}B＝1024kB,1GB＝2^{30}B＝1024MB＝1024×1024kB,1TB＝2^{40}B＝1024GB＝1024×1024MB。$

答案:D

104.解 计算机病毒特点包括非授权执行性、复制传染性、依附性、寄生性、潜伏性、破坏性、隐蔽性、可触发性。

答案:D

105.解 通常人们按照作用范围的大小,将计算机网络分为三类:局域网、城域网和广域网。

答案:C

106.解 常见的局域网拓扑结构分为星形网、环形网、总线网,以及它们的混合型。

答案:B

107.解 年实际利率为:

$$i=\left(1+\frac{r}{m}\right)^m-1=\left(1+\frac{6\%}{2}\right)^2-1=6.09\%$$

年实际利率高出名义利率:6.09％－6％＝0.09％

答案:C

108.解 第一年贷款利息:400/2×6％＝12 万元

第二年贷款利息:(400＋800/2＋12)×6％＝48.72 万元

建设期贷款利息:12＋48.72＝60.72 万元

答案:D

109.解 由于股利必须在企业税后利润中支付,因而不能抵减所得税的缴纳。普通股资金成本为:

$$K_s=\frac{8000×10\%}{8000×(1-3\%)}+5\%=15.31\%$$

答案:D

110. 解 回收营运资金为现金流入,故项目第 10 年的净现金流量为 $25+20=45$ 万元。

答案:C

111. 解 社会折现率是用以衡量资金时间经济价值的重要参数,代表资金占用的机会成本,并且用作不同年份之间资金价值换算的折现率。

答案:D

112. 解 题目给出的影响因素中,产品价格变化较小就使得项目净现值为零,故该因素最敏感。

答案:A

113. 解 差额投资内部收益率是两个方案各年净现金流量差额的现值之和等于零时的折现率。差额内部收益率等于基准收益率时,两方案的净现值相等,即两方案的优劣相等。

答案:A

114. 解 F_3 的功能系数为: $F_3 = \dfrac{4}{3+5+4+1+2} = 0.27$

答案:C

115. 解 《中华人民共和国建筑法》第二十七条规定,大型建筑工程或者结构复杂的建筑工程,可以由两个以上的承包单位联合共同承包。共同承包的各方对承包合同的履行承担连带责任。

两个以上不同资质等级的单位实行联合共同承包的,应当按照资质等级低的单位的业务许可范围承揽工程。

答案:D

116. 解 选项 B 属于义务,其他几条属于权利。

答案:B

117. 解 《中华人民共和国招标投标法》第二十八条规定,投标人应当在招标文件要求提交投标文件的截止时间前,将投标文件送达投标地点。招标人收到投标文件后,应当签收保存,不得开启。投标人少于三个的,招标人应当依照本法重新招标。在招标文件要求提交投标文件的截止时间后送达的投标文件,招标人应当拒收。

答案:B

118. 解 《中华人民共和国合同法》第五十四条规定,下列合同,当事人一方有权请求人民法院或者仲裁机构变更或者撤销：

（一）因重大误解订立的；

（二）在订立合同时显失公平的。

……

第五十五条　有下列情形之一的,撤销权消灭：

（一）具有撤销权的当事人自知道或者应当知道撤销事由之日起一年内没有行使撤销权。

……

答案：C

119. **解**　《建筑工程质量管理条例》第三十九条规定,建设工程实行质量保修制度。建设工程承包单位在向建设单位提交工程竣工验收报告时,应当向建设单位出具质量保修书。质量保修书中应当明确建设工程的保修范围、保修期限和保修责任等。

建设工程的保修期,自竣工验收合格之日起计算。

国务院规定的保修年限没有"最低"这个限制词,所以选项B和C都不对。

答案：D

120. **解**　《建设工程安全生产管理条例》第八条规定,建设单位在编制工程概算时,应当确定建设工程安全作业环境及安全施工措施所需费用。

答案：A

2018 年度全国勘察设计注册工程师

执业资格考试试卷

基础考试
（上）

二〇一八年十月

应考人员注意事项

1. 本试卷科目代码为"1",考生务必将此代码填涂在答题卡"科目代码"相应的栏目内,否则,无法评分。

2. 书写用笔:**黑色或蓝色钢笔、签字笔或圆珠笔;**
   填涂答题卡用笔:**黑色 2B 铅笔。**

3. 必须用书写用笔将工作单位、姓名、准考证号填写在答题卡和试卷相应的栏目内。

4. 本试卷由 120 题组成,每题 1 分,满分 120 分,本试卷全部为单项选择题,每小题的四个备选项中只有一个正确答案,错选、多选、不选均不得分。

5. 考生作答时,必须按**题号**在**答题卡**上将相应试题所选选项对应的**字母用 2B 铅笔涂黑。**

6. 在答题卡上书写与题意无关的语言,或在答题卡上作标记的,均按违纪试卷处理。

7. 考试结束时,由监考人员当面将试卷、答题卡一并收回。

8. 草稿纸由各地统一配发,考后收回。

单项选择题(共 **120** 题,每题 **1** 分。每题的备选项中只有一个最符合题意。)

1. 下列等式中不成立的是:

A. $\lim\limits_{x \to 0} \dfrac{\sin x^2}{x^2} = 1$

B. $\lim\limits_{x \to \infty} \dfrac{\sin x}{x} = 1$

C. $\lim\limits_{x \to 0} \dfrac{\sin x}{x} = 1$

D. $\lim\limits_{x \to \infty} x \sin \dfrac{1}{x} = 1$

2. 设 $f(x)$ 为偶函数,$g(x)$ 为奇函数,则下列函数中为奇函数的是:

A. $f[g(x)]$

B. $f[f(x)]$

C. $g[f(x)]$

D. $g[g(x)]$

3. 若 $f'(x_0)$ 存在,则 $\lim\limits_{x \to x_0} \dfrac{x f(x_0) - x_0 f(x)}{x - x_0} =$:

A. $f'(x_0)$

B. $-x_0 f'(x_0)$

C. $f(x_0) - x_0 f'(x_0)$

D. $x_0 f'(x_0)$

4. 已知 $\varphi(x)$ 可导,则 $\dfrac{\mathrm{d}}{\mathrm{d}x} \displaystyle\int_{\varphi(x^2)}^{\varphi(x)} e^{t^2} \, \mathrm{d}t$ 等于:

A. $\varphi'(x) e^{[\varphi(x)]^2} - 2x \varphi'(x^2) e^{[\varphi(x^2)]^2}$

B. $e^{[\varphi(x)]^2} - e^{[\varphi(x^2)]^2}$

C. $\varphi'(x) e^{[\varphi(x)]^2} - \varphi'(x^2) e^{[\varphi(x^2)]^2}$

D. $\varphi'(x) e^{\varphi(x)} - 2x \varphi'(x^2) e^{\varphi(x^2)}$

5. 若 $\displaystyle\int f(x) \, \mathrm{d}x = F(x) + C$,则 $\displaystyle\int x f(1 - x^2) \, \mathrm{d}x$ 等于:

A. $F(1 - x^2) + C$

B. $-\dfrac{1}{2} F(1 - x^2) + C$

C. $\dfrac{1}{2} F(1 - x^2) + C$

D. $-\dfrac{1}{2} F(x) + C$

6. 若 $x = 1$ 是函数 $y = 2x^2 + ax + 1$ 的驻点,则常数 a 等于:

A. 2

B. -2

C. 4

D. -4

7. 设向量 $\boldsymbol{\alpha}$ 与向量 $\boldsymbol{\beta}$ 的夹角 $\theta = \dfrac{\pi}{3}$,$|\boldsymbol{\alpha}| = 1$,$|\boldsymbol{\beta}| = 2$,则 $|\boldsymbol{\alpha} + \boldsymbol{\beta}|$ 等于:

A. $\sqrt{8}$

B. $\sqrt{7}$

C. $\sqrt{6}$

D. $\sqrt{5}$

8. 微分方程 $y''=\sin x$ 的通解 y 等于：

A. $-\sin x+C_1+C_2$

B. $-\sin x+C_1 x+C_2$

C. $-\cos x+C_1 x+C_2$

D. $\sin x+C_1 x+C_2$

9. 设函数 $f(x),g(x)$ 在 $[a,b]$ 上均可导 $(a<b)$，且恒正，若 $f'(x)g(x)+f(x)g'(x)>0$，则当 $x\in(a,b)$ 时，下列不等式中成立的是：

A. $\dfrac{f(x)}{g(x)}>\dfrac{f(a)}{g(b)}$

B. $\dfrac{f(x)}{g(x)}>\dfrac{f(b)}{g(b)}$

C. $f(x)g(x)>f(a)g(a)$

D. $f(x)g(x)>f(b)g(b)$

10. 由曲线 $y=\ln x$，y 轴与直线 $y=\ln a$，$y=\ln b(b>a>0)$ 所围成的平面图形的面积等于：

A. $\ln b-\ln a$

B. $b-a$

C. e^b-e^a

D. e^b+e^a

11. 下列平面中，平行于且非重合于 yOz 坐标面的平面方程是：

A. $y+z+1=0$

B. $z+1=0$

C. $y+1=0$

D. $x+1=0$

12. 函数 $f(x,y)$ 在点 $P_0(x_0,y_0)$ 处的一阶偏导数存在是该函数在此点可微分的：

A. 必要条件

B. 充分条件

C. 充分必要条件

D. 既非充分条件也非必要条件

13. 下列级数中，发散的是：

A. $\sum\limits_{n=1}^{\infty}\dfrac{1}{n(n+1)}$

B. $\sum\limits_{n=1}^{\infty}\dfrac{1}{n^{3/2}}$

C. $\sum\limits_{n=1}^{\infty}\left(\dfrac{n}{2n+1}\right)^2$

D. $\sum\limits_{n=1}^{\infty}(-1)^n\dfrac{1}{\sqrt{n}}$

14. 在下列微分方程中，以函数 $y=C_1 e^{-x}+C_2 e^{4x}$（C_1，C_2 为任意常数）为通解的微分方程是：

A. $y''+3y'-4y=0$

B. $y''-3y'-4y=0$

C. $y''+3y'+4y=0$

D. $y''+y'-4y=0$

15. 设 L 是从点 $A(0,1)$ 到点 $B(1,0)$ 的直线段,则对弧长的曲线积分 $\int_L \cos(x+y)\mathrm{d}s$

等于:

 A. $\cos 1$ B. $2\cos 1$

 C. $\sqrt{2}\cos 1$ D. $\sqrt{2}\sin 1$

16. 若正方形区域 $D:|x|\leqslant 1,|y|\leqslant 1$,则二重积分 $\iint\limits_D (x^2+y^2)\mathrm{d}x\mathrm{d}y$ 等于:

 A. 4   B. $\dfrac{8}{3}$

 C. 2   D. $\dfrac{2}{3}$

17. 函数 $f(x)=a^x(a>0,a\neq 1)$ 的麦克劳林展开式中的前三项是:

 A. $1+x\ln a+\dfrac{x^2}{2}$ B. $1+x\ln a+\dfrac{\ln a}{2}x^2$

 C. $1+x\ln a+\dfrac{(\ln a)^2}{2}x^2$ D. $1+\dfrac{x}{\ln a}+\dfrac{x^2}{2\ln a}$

18. 设函数 $z=f(x^2 y)$,其中 $f(u)$ 具有二阶导数,则 $\dfrac{\partial^2 z}{\partial x\partial y}$ 等于:

 A. $f''(x^2 y)$ B. $f'(x^2 y)+x^2 f''(x^2 y)$

 C. $2x[f'(x^2 y)+xf''(x^2 y)]$ D. $2x[f'(x^2 y)+x^2 y f''(x^2 y)]$

19. 设 $\boldsymbol{A}$、$\boldsymbol{B}$ 均为三阶矩阵,且行列式 $|\boldsymbol{A}|=1$,$|\boldsymbol{B}|=-2$,$\boldsymbol{A}^{\mathrm{T}}$ 为 $\boldsymbol{A}$ 的转置矩阵,则行列式 $|-2\boldsymbol{A}^{\mathrm{T}}\boldsymbol{B}^{-1}|$ 等于:

 A. -1 B. 1

 C. -4 D. 4

20. 要使齐次线性方程组 $\begin{cases} ax_1+x_2+x_3=0 \\ x_1+ax_2+x_3=0 \\ x_1+x_2+ax_3=0 \end{cases}$,有非零解,则 a 应满足:

 A. $-2<a<1$ B. $a=1$ 或 $a=-2$

 C. $a\neq -1$ 且 $a\neq -2$ D. $a>1$

21. 矩阵 $A=\begin{bmatrix} 1 & -1 & 0 \\ -1 & 3 & 0 \\ 0 & 0 & 0 \end{bmatrix}$ 所对应的二次型的标准型是：

A. $f=y_1^2-3y_2^2$

B. $f=y_1^2-2y_2^2$

C. $f=y_1^2+2y_2^2$

D. $f=y_1^2-y_2^2$

22. 已知事件 A 与 B 相互独立，且 $P(\overline{A})=0.4$，$P(\overline{B})=0.5$，则 $P(A\cup B)$ 等于：

A. 0.6

B. 0.7

C. 0.8

D. 0.9

23. 设随机变量 X 的分布函数为 $F(x)=\begin{cases} 0 & x\leqslant 0 \\ x^3 & 0<x\leqslant 1 \\ 1 & x>1 \end{cases}$，则数学期望 $E(X)$ 等于：

A. $\int_0^1 3x^2\,\mathrm{d}x$

B. $\int_0^1 3x^3\,\mathrm{d}x$

C. $\int_0^1 \dfrac{x^4}{4}\mathrm{d}x+\int_1^{+\infty} x\,\mathrm{d}x$

D. $\int_0^{+\infty} 3x^3\,\mathrm{d}x$

24. 若二维随机变量 (X,Y) 的分布规律为：

y \ x	1	2	3
1	$\frac{1}{6}$	$\frac{1}{9}$	$\frac{1}{18}$
2	$\frac{1}{3}$	β	α

且 X 与 Y 相互独立，则 α、β 取值为：

A. $\alpha=\dfrac{1}{6},\beta=\dfrac{1}{6}$

B. $\alpha=0,\beta=\dfrac{1}{3}$

C. $\alpha=\dfrac{2}{9},\beta=\dfrac{1}{9}$

D. $\alpha=\dfrac{1}{9},\beta=\dfrac{2}{9}$

25. 1mol 理想气体（刚性双原子分子），当温度为 T 时，每个分子的平均平动动能为：

A. $\dfrac{3}{2}RT$

B. $\dfrac{5}{2}RT$

C. $\dfrac{3}{2}kT$

D. $\dfrac{5}{2}kT$

26. 一密闭容器中盛有 1mol 氦气（视为理想气体），容器中分子无规则运动的平均自由程仅取决于：

A. 压强 P

B. 体积 V

C. 温度 T

D. 平均碰撞频率 $\overline{Z}$

27. "理想气体和单一恒温热源接触做等温膨胀时,吸收的热量全部用来对外界做功。"对此说法,有以下几种讨论,其中正确的是:

    A. 不违反热力学第一定律,但违反热力学第二定律

    B. 不违反热力学第二定律,但违反热力学第一定律

    C. 不违反热力学第一定律,也不违反热力学第二定律

    D. 违反热力学第一定律,也违反热力学第二定律

28. 一定量的理想气体,由一平衡态 (p_1, V_1, T_1) 变化到另一平衡态 (p_2, V_2, T_2),若 $V_2 > V_1$,但 $T_2 = T_1$,无论气体经历怎样的过程:

    A. 气体对外做的功一定为正值   B. 气体对外做的功一定为负值

    C. 气体的内能一定增加   D. 气体的内能保持不变

29. 一平面简谐波的波动方程为 $y = 0.01\cos 10\pi(25t - x)$ (SI),则在 $t = 0.1$s 时刻,$x = 2$m 处质元的振动位移是:

    A. 0.01cm   B. 0.01m

    C. -0.01m   D. 0.01mm

30. 一平面简谐波的波动方程为 $y = 0.02\cos\pi(50t + 4x)$ (SI),此波的振幅和周期分别为:

    A. 0.02m,0.04s   B. 0.02m,0.02s

    C. -0.02m,0.02s   D. 0.02m,25s

31. 当机械波在媒质中传播,一媒质质元的最大形变量发生在:

    A. 媒质质元离开其平衡位置的最大位移处

    B. 媒质质元离开其平衡位置的 $\frac{\sqrt{2}}{2}A$ 处(A 为振幅)

    C. 媒质质元离开其平衡位置的 $\frac{A}{2}$ 处

    D. 媒质质元在其平衡位置处

32. 双缝干涉实验中,若在两缝后(靠近屏一侧)各覆盖一块厚度均为 d,但折射率分别为 n_1 和 n_2 ($n_2 > n_1$)的透明薄片,则从两缝发出的光在原来中央明纹初相遇时,光程差为:

    A. $d(n_2 - n_1)$ B. $2d(n_2 - n_1)$

    C. $d(n_2 - 1)$ D. $d(n_1 - 1)$

33. 在空气中做牛顿环实验,当平凸透镜垂直向上缓慢平移而远离平面镜时,可以观察到这些环状干涉条纹:

A. 向右平移   B. 静止不动

C. 向外扩张   D. 向中心收缩

34. 真空中波长为 λ 的单色光,在折射率为 n 的均匀透明媒质中,从 A 点沿某一路径传播到 B 点,路径的长度为 l,A、B 两点光振动的相位差为 $\Delta\varphi$,则:

A. $l=\dfrac{3\lambda}{2}$,$\Delta\varphi=3\pi$ B. $l=\dfrac{3\lambda}{2n}$,$\Delta\varphi=3n\pi$

C. $l=\dfrac{3\lambda}{2n}$,$\Delta\varphi=3\pi$ D. $l=\dfrac{3n\lambda}{2}$,$\Delta\varphi=3n\pi$

35. 空气中用白光垂直照射一块折射率为 1.50、厚度为 0.4×10^{-6} m 的薄玻璃片,在可见光范围内,光在反射中被加强的光波波长是($1m=1\times10^{9}nm$):

A. 480nm   B. 600nm

C. 2400nm   D. 800nm

36. 有一玻璃劈尖,置于空气中,劈尖角 $\theta=8\times10^{-5}$ rad(弧度),用波长 $\lambda=589$nm 的单色光垂直照射此劈尖,测得相邻干涉条纹间距 $l=2.4$mm,则此玻璃的折射率为:

A. 2.86   B. 1.53   C. 15.3   D. 28.6

37. 某元素正二价离子(M^{2+})的外层电子构型是 $3s^{2}3p^{6}$,该元素在元素周期表中的位置是:

A. 第三周期,第 VIII 族   B. 第三周期,第 VIA 族

C. 第四周期,第 IIA 族   D. 第四周期,第 VIII 族

38. 在 Li^{+}、Na^{+}、K^{+}、Rb^{+} 中,极化力最大的是:

A. Li^{+} B. Na^{+} C. K^{+} D. Rb^{+}

39. 浓度均为 $0.1mol\cdot L^{-1}$ 的 NH_4Cl、$NaCl$、$NaOAc$、Na_3PO_4 溶液,其 pH 值从小到大顺序正确的是:

A. NH_4Cl,$NaCl$,$NaOAc$,Na_3PO_4 B. Na_3PO_4,$NaOAc$,$NaCl$,NH_4Cl

C. NH_4Cl,$NaCl$,Na_3PO_4,$NaOAc$ D. $NaOAc$,Na_3PO_4,$NaCl$,NH_4Cl

40. 某温度下,在密闭容器中进行如下反应 $2A(g)+B(g)\rightleftharpoons 2C(g)$,开始时,$p(A)=p(B)=300$kPa,$p(C)=0$kPa,平衡时,$p(C)=100$kPa,在此温度下反应的标准平衡常数 $K^{\ominus}$ 是:

A. 0.1   B. 0.4   C. 0.001   D. 0.002

41. 在酸性介质中,反应 $MnO_4^- + SO_3^{2-} + H^+ \rightarrow Mn^{2+} + SO_4^{2-}$,配平后,$H^+$ 的系数为:

 A.8   B.6   C.0   D.5

42. 已知:酸性介质中,$E^{\ominus}(ClO_4^-/Cl^-) = 1.39V$,$E^{\ominus}(ClO_3^-/Cl^-) = 1.45V$,$E^{\ominus}(HClO/Cl^-) = 1.49V$,$E^{\ominus}(Cl_2/Cl^-) = 1.36V$,以上各电对中氧化型物质氧化能力最强的是:

 A.ClO_4^- B.ClO_3^- C.$HClO$ D.Cl_2

43. 下列反应的热效应等于 $CO_2(g)$ 的 $\Delta_f H_m^{\ominus}$ 的是:

 A.$C(金刚石) + O_2(g) \rightarrow CO_2(g)$ B.$CO(g) + \frac{1}{2}O_2(g) \rightarrow CO_2(g)$

 C.$C(石墨) + O_2(g) \rightarrow CO_2(g)$ D.$2C(石墨) + 2O_2(g) \rightarrow 2CO_2(g)$

44. 下列物质在一定条件下不能发生银镜反应的是:

 A. 甲醛   B. 丁醛

 C. 甲酸甲酯   D. 乙酸乙酯

45. 下列物质一定不是天然高分子的是:

 A. 蔗糖   B. 塑料

 C. 橡胶   D. 纤维素

46. 某不饱和烃催化加氢反应后,得到 $(CH_3)_2CHCH_2CH_3$,该不饱和烃是:

 A.1-戊炔   B.3-甲基-1-丁炔

 C.2-戊炔   D.1,2-戊二烯

47. 设力 F 在 x 轴上的投影为 F,则该力在与 x 轴共面的任一轴上的投影:

 A. 一定不等于零   B. 不一定不等于零

 C. 一定等于零   D. 等于 F

48. 在图示边长为 a 的正方形物块 $OABC$ 上作用一平面力系,已知:$F_1 = F_2 = F_3 = 10N$,$a = 1m$,力偶的转向如图所示,力偶矩的大小为 $M_1 = M_2 = 10N \cdot m$,则力系向 O 点简化的主矢、主矩为:

 A.$F_R = 30N$(方向铅垂向上),$M_O = 10N \cdot m (\rightarrow)$

 B.$F_R = 30N$(方向铅垂向上),$M_O = 10N \cdot m (\leftarrow)$

 C.$F_R = 50N$(方向铅垂向上),$M_O = 30N \cdot m (\rightarrow)$

 D.$F_R = 10N$(方向铅垂向上),$M_O = 10N \cdot m (\leftarrow)$

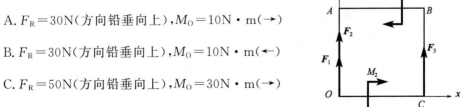

49. 在图示结构中,已知 $AB=AC=2r$,物重 F_p,其余质量不计,则支座 A 的约束力为:

A. $F_A=0$

B. $F_A=\frac{1}{2}F_P(\leftarrow)$

C. $F_A=\frac{1}{2}\cdot 3F_P(\rightarrow)$

D. $F_A=\frac{1}{2}\cdot 3F_P(\leftarrow)$

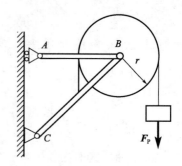

50. 图示平面结构,各杆自重不计,已知 $q=10\text{kN/m}$,$F_P=20\text{kN}$,$F=30\text{kN}$,$L_1=2\text{m}$,$L_2=5\text{m}$,B、C 处为铰链连接,则 BC 杆的内力为:

A. $F_{BC}=-30\text{kN}$

B. $F_{BC}=30\text{kN}$

C. $F_{BC}=10\text{kN}$

D. $F_{BC}=0$

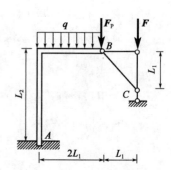

51. 点的运动由关系式 $S=t^4-3t^3+2t^2-8$ 决定(S 以 m 计,t 以 s 计),则 $t=2\text{s}$ 时的速度和加速度为:

A. $-4\text{m/s},16\text{m/s}^2$ B. $4\text{m/s},12\text{m/s}^2$

C. $4\text{m/s},16\text{m/s}^2$ D. $4\text{m/s},-16\text{m/s}^2$

52. 质点以匀速度 15m/s 绕直径为 10m 的圆周运动,则其法向加速度为:

A. 22.5m/s^2 B. 45m/s^2

C. 0 D. 75m/s^2

53. 四连杆机构如图所示,已知曲柄 O_1A 长为 r,且 $O_1A=O_2B$,$O_1O_2=AB=2b$,角速度为 ω,角加速度为 α,则杆 AB 的中点 M 的速度、法向和切向加速度的大小分别为:

A. $v_M=b\omega$,$a_M^n=b\omega^2$,$a_M^t=b\alpha$

B. $v_M=b\omega$,$a_M^n=r\omega^2$,$a_M^t=r\alpha$

C. $v_M=r\omega$,$a_M^n=r\omega^2$,$a_M^t=r\alpha$

D. $v_M=r\omega$,$a_M^n=b\omega^2$,$a_M^t=b\alpha$

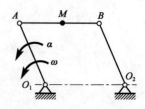

54. 质量为 m 的小物块在匀速转动的圆桌上,与转轴的距离为 r,如图所示。设物块与圆桌之间的摩擦系数为 μ,为使物块与桌面之间不产生相对滑动,则物块的最大速度为:

A. $\sqrt{\mu g}$

B. $2\sqrt{\mu g r}$

C. $\sqrt{\mu g r}$

D. $\sqrt{\mu r}$

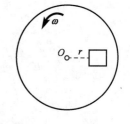

55. 重 10N 的物块沿水平面滑行 4m,如果摩擦系数是 0.3,则重力及摩擦力各做的功是:

A. 40N·m,40N·m

B. 0,40N·m

C. 0,12N·m

D. 40N·m,12N·m

56. 质量 m_1 与半径 r 均相同的三个均质滑轮,在绳端作用有力或挂有重物,如图所示。已知均质滑轮的质量为 $m_1=2$kN·s²/m,重物的质量分别为 $m_2=0.2$kN·s²/m,$m_3=0.1$kN·s²/m,重力加速度按 $g=10$m/s² 计算,则各轮转动的角加速度 α 间的关系是:

A. $\alpha_1=\alpha_3>\alpha_2$

B. $\alpha_1<\alpha_2<\alpha_3$

C. $\alpha_1>\alpha_3>\alpha_2$

D. $\alpha_1\neq\alpha_2=\alpha_3$

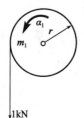 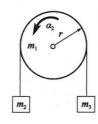 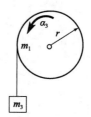

57. 均质细杆 OA,质量为 m,长 l。在如图所示水平位置静止释放,释放瞬时轴承 O 施加于杆 OA 的附加动反力为:

A. $3mg\uparrow$

B. $3mg\downarrow$

C. $\dfrac{3}{4}mg\uparrow$

D. $\dfrac{3}{4}mg\downarrow$

58.图示两系统均做自由振动,其固有圆频率分别为:

A. $\sqrt{\dfrac{2k}{m}},\sqrt{\dfrac{k}{2m}}$

B. $\sqrt{\dfrac{k}{m}},\sqrt{\dfrac{m}{2k}}$

C. $\sqrt{\dfrac{k}{2m}},\sqrt{\dfrac{k}{m}}$

D. $\sqrt{\dfrac{k}{m}},\sqrt{\dfrac{k}{2m}}$

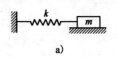

a)

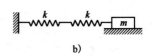

b)

59.等截面杆,轴向受力如图所示,则杆的最大轴力是:

A.8kN

B.5kN

C.3kN

D.13kN

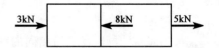

60.变截面杆 AC 受力如图所示。已知材料弹性模量为 E,杆 BC 段的截面积为 A,杆 AB 段的截面积为 $2A$,则杆 C 截面的轴向位移是:

A. $\dfrac{FL}{2EA}$

B. $\dfrac{FL}{EA}$

C. $\dfrac{2FL}{EA}$

D. $\dfrac{3FL}{EA}$

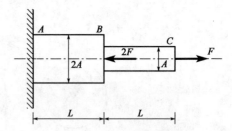

61.直径 $d=0.5\mathrm{m}$ 的圆截面立柱,固定在直径 $D=1\mathrm{m}$ 的圆形混凝土基座上,圆柱的轴向压力 $F=1000\mathrm{kN}$,混凝土的许用应力 $[\tau]=1.5\mathrm{MPa}$。假设地基对混凝土板的支反力均匀分布,为使混凝土基座不被立柱压穿,混凝土基座所需的最小厚度 t 应是:

A.159mm

B.212mm

C.318mm

D.424mm

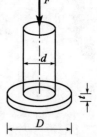

62. 实心圆轴受扭,若将轴的直径减小一半,则扭转角是原来的:

A. 2 倍

B. 4 倍

C. 8 倍

D. 16 倍

63. 图示截面对 z 轴的惯性矩 I_z 为:

A. $I_z = \dfrac{\pi d^4}{64} - \dfrac{bh^3}{3}$

B. $I_z = \dfrac{\pi d^4}{64} - \dfrac{bh^3}{12}$

C. $I_z = \dfrac{\pi d^4}{32} - \dfrac{bh^3}{6}$

D. $I_z = \dfrac{\pi d^4}{64} - \dfrac{13bh^3}{12}$

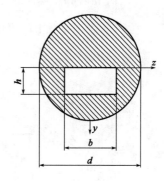

64. 图示圆轴的抗扭截面系数为 W_T,切变模量为 G。扭转变形后,圆轴表面 A 点处截取的单元体互相垂直的相邻边线改变了 γ 角,如图所示。圆轴承受的扭矩 T 是:

A. $T = G\gamma W_T$

B. $T = \dfrac{G\gamma}{W_T}$

C. $T = \dfrac{\gamma}{G} W_T$

D. $T = \dfrac{W_T}{G\gamma}$

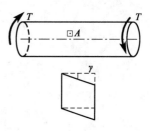

65. 材料相同的两根矩形截面梁叠合在一起,接触面之间可以相对滑动且无摩擦力。设两根梁的自由端共同承担集中力偶 m,弯曲后两根梁的挠曲线相同,则上面梁承担的力偶矩是:

A. $m/9$

B. $m/5$

C. $m/3$

D. $m/2$

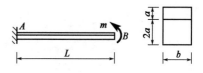

66.图示等边角钢制成的悬臂梁 AB，C 点为截面形心，x 为该梁轴线，y'、z' 为形心主轴。集中力 F 竖直向下，作用线过形心，则梁将发生以下哪种变化：

A.xy 平面内的平面弯曲

B.扭转和 xy 平面内的平面弯曲

C.xy' 和 xz' 平面内的双向弯曲

D.扭转及 xy' 和 xz' 平面内的双向弯曲

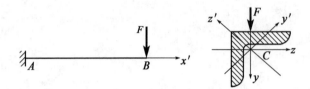

67.图示直径为 d 的圆轴，承受轴向拉力 F 和扭矩 T。按第三强度理论，截面危险的相当应力 σ_{eq3} 为：

A.$\sigma_{eq3}=\dfrac{32}{\pi d^3}\sqrt{F^2+T^2}$

B.$\sigma_{eq3}=\dfrac{16}{\pi d^3}\sqrt{F^2+T^2}$

C.$\sigma_{eq3}=\sqrt{\left(\dfrac{4F}{\pi d^2}\right)^2+4\left(\dfrac{16T}{\pi d^3}\right)^2}$

D.$\sigma_{eq3}=\sqrt{\left(\dfrac{4F}{\pi d^2}\right)^2+4\left(\dfrac{32T}{\pi d^3}\right)^2}$

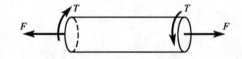

68.在图示 4 种应力状态中，最大切应力 τ_{max} 数值最大的应力状态是：

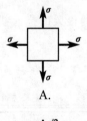

A.

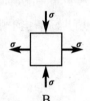

B.

C.

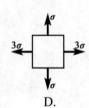

D.

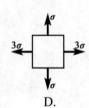

69.图示圆轴固定端最上缘 A 点单元体的应力状态是：

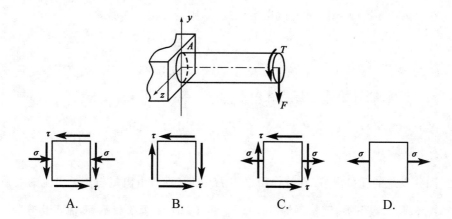

A.　　　　　B.　　　　　C.　　　　　D.

70.图示三根压杆均为细长（大柔度）压杆，且弯曲刚度为 EI。三根压杆的临界荷载 F_{cr} 的关系为：

A. $F_{cra} > F_{crb} > F_{crc}$　　　　　　　B. $F_{crb} > F_{cra} > F_{crc}$

C. $F_{crc} > F_{cra} > F_{crb}$　　　　　　　D. $F_{crb} > F_{crc} > F_{cra}$

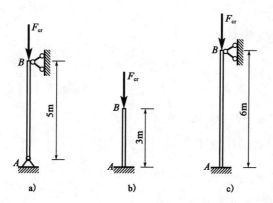

71.压力表测出的压强是：

　　A.绝对压强　　　　　　　　　　B.真空压强

　　C.相对压强　　　　　　　　　　D.实际压强

72.有一变截面压力管道，测得流量为 15L/s，其中一截面的直径为 100mm，另一截面处的流速为 20m/s，则此截面的直径为：

　　A.29mm　　　　　　　　　　　B.31mm

　　C.35mm　　　　　　　　　　　D.26mm

73. 一直径为 50mm 的圆管,运动黏滞系数 $\nu=0.18\text{cm}^2/\text{s}$、密度 $\rho=0.85\text{g/cm}^3$ 的油在管内以 $v=10\text{cm/s}$ 的速度做层流运动,则沿程损失系数是:

A. 0.18

B. 0.23

C. 0.20

D. 0.26

74. 圆柱形管嘴,直径为 0.04m,作用水头为 7.5m,则出水流量为:

A. 0.008m³/s

B. 0.023m³/s

C. 0.020m³/s

D. 0.013m³/s

75. 同一系统的孔口出流,有效作用水头 H 相同,则自由出流与淹没出流的关系为:

A. 流量系数不等,流量不等

B. 流量系数不等,流量相等

C. 流量系数相等,流量不等

D. 流量系数相等,流量相等

76. 一梯形断面明渠,水力半径 $R=1\text{m}$,底坡 $i=0.0008$,粗糙系数 $n=0.02$,则输水流速度为:

A. 1m/s

B. 1.4m/s

C. 2.2m/s

D. 0.84m/s

77. 渗流达西定律适用于:

A. 地下水渗流

B. 砂质土壤渗流

C. 均匀土壤层流渗流

D. 地下水层流渗流

78. 几何相似、运动相似和动力相似的关系是:

A. 运动相似和动力相似是几何相似的前提

B. 运动相似是几何相似和动力相似的表象

C. 只有运动相似,才能几何相似

D. 只有动力相似,才能几何相似

79. 图示为环线半径为 r 的铁芯环路,绕有匝数为 N 的线圈,线圈中通有直流电流 I,磁路上的磁场强度 H 处处均匀,则 H 值为:

A. $\dfrac{NI}{r}$,顺时针方向

B. $\dfrac{NI}{2\pi r}$,顺时针方向

C. $\dfrac{NI}{r}$,逆时针方向

D. $\dfrac{NI}{2\pi r}$,逆时针方向

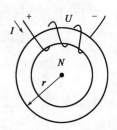

80. 图示电路中,电压 $U=$

A. 0V

B. 4V

C. 6V

D. -6V

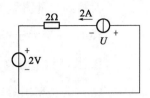

81. 对于图示电路,可以列写 a、b、c、d 4 个结点的 KCL 方程和①、②、③、④、⑤5 个回路的 KVL 方程。为求出 6 个未知电流 $I_1 \sim I_6$,正确的求解模型应该是:

A. 任选 3 个 KCL 方程和 3 个 KVL 方程

B. 任选 3 个 KCL 方程和①、②、③ 3 个回路的 KVL 方程

C. 任选 3 个 KCL 方程和①、②、④ 3 个回路的 KVL 方程

D. 写出 4 个 KCL 方程和任意 2 个 KVL 方程

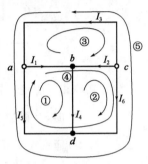

82. 已知交流电流 $i(t)$ 的周期 $T=1$ms,有效值 $I=0.5$A,当 $t=0$ 时,$i=0.5\sqrt{2}$A,则它的时间函数描述形式是:

A. $i(t)=0.5\sqrt{2}\sin 1000t$A

B. $i(t)=0.5\sin 2000\pi t$A

C. $i(t)=0.5\sqrt{2}\sin(2000\pi t+90°)$A

D. $i(t)=0.5\sqrt{2}\sin(1000\pi t+90°)$A

83. 图 a)滤波器的幅频特性如图 b)所示,当 $u_i=u_{i1}=10\sqrt{2}\sin 100t$V 时,输出 $u_o=u_{o1}$,当 $u_i=u_{i2}=10\sqrt{2}\sin 10^4 t$V 时,输出 $u_o=u_{o2}$,则可以算出:

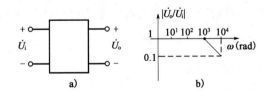

A. $U_{o1}=U_{o2}=10$V

B. $U_{o1}=10$V,U_{o2} 不能确定,但小于 10V

C. $U_{o1}<10$V,$U_{o2}=0$

D. $U_{o1}=10$V,$U_{o2}=1$V

84. 如图 a)所示功率因数补偿电路中,当 $C=C_1$ 时得到相量图如图 b)所示,当 $C=C_2$ 时得到相量图如图 c)所示,则:

A. C_1 一定大于 C_2

B. 当 $C=C_1$ 时,功率因数 $\lambda|_{C_1}=-0.866$;当 $C=C_2$ 时,功率因数 $\lambda|_{C_2}=0.866$

C. 因为功率因数 $\lambda|_{C_1}=\lambda|_{C_2}$,所以采用两种方案均可

D. 当 $C=C_2$ 时,电路出现过补偿,不可取

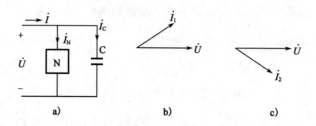

85. 某单相理想变压器,其一次线圈为 550 匝,有两个二次线圈。若希望一次电压为 100V 时,获得的二次电压分别为 10V 和 20V,则 $N_2|_{10V}$ 和 $N_2|_{20V}$ 应分别为:

A. 50 匝和 100 匝   B. 100 匝和 50 匝

C. 55 匝和 110 匝   D. 110 匝和 55 匝

86. 为实现对电动机的过载保护,除了将热继电器的常闭触点串接在电动机的控制电路中外,还应将其热元件:

A. 也串接在控制电路中

B. 再并接在控制电路中

C. 串接在主电路中

D. 并接在主电路中

87. 某温度信号如图 a)所示,经温度传感器测量后得到图 b)波形,经采样后得到图 c)波形,再经保持器得到图 d)波形,则:

A. 图 b)是图 a)的模拟信号

B. 图 a)是图 b)的模拟信号

C. 图 c)是图 b)的数字信号

D. 图 d)是图 a)的模拟信号

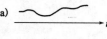

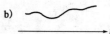

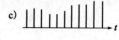

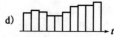

88. 若某周期信号的一次谐波分量为 $5\sin10^3 t\,\mathrm{V}$,则它的三次谐波分量可表示为:

　　A. $U\sin3\times10^3 t, U > 5\mathrm{V}$

　　B. $U\sin3\times10^3 t, U < 5\mathrm{V}$

　　C. $U\sin10^6 t, U > 5\mathrm{V}$

　　D. $U\sin10^6 t, U < 5\mathrm{V}$

89. 设放大器的输入信号为 $u_1(t)$,放大器的幅频特性如图所示,令 $u_1(t)=\sqrt{2}U_1\sin2\pi ft$,
则 $U_1\sin2\pi ft$,且 $f > f_{\mathrm{H}}$,则:

　　A. $u_2(t)$ 的出现频率失真

　　B. $u_2(t)$ 的有效值 $U_2 = AU_1$

　　C. $u_2(t)$ 的有效值 $U_2 < AU_1$

　　D. $u_2(t)$ 的有效值 $U_2 > AU_1$

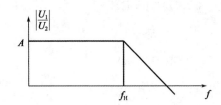

90. 对逻辑表达式 $\overline{AD+\overline{\overline{A}\,\overline{D}}}$ 的化简结果是:

　　A. 0 　　　　　　　　　　　　　　　　B. 1

　　C. $\overline{A}D+A\overline{D}$ 　　　　　　　　　　D. $\overline{AD}+AD$

91. 已知数字信号 A 和数字信号 B 的波形如图所示,则数字信号 $F=\overline{A+B}$ 的波形为:

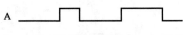

　　A. F

　　B. F

　　C. F

　　D. F

92. 十进制数字 16 的 BCD 码为:

　　A. 00010000 　　　　　　　　　　　B. 00010110

　　C. 00010100 　　　　　　　　　　　D. 00011110

93. 二极管应用电路如图所示，$U_A = 1V$，$U_B = 5V$，设二极管为理想器件，则输出电压U_F：

    A. 等于1V

    B. 等于5V

    C. 等于0V

    D. 因R未知，无法确定

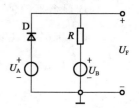

94. 运算放大器应用电路如图所示，其中$C = 1\mu F$，$R = 1M\Omega$，$U_{OM} = \pm 10V$，若$u_1 = 1V$，则u_o：

    A. 等于0V

    B. 等于1V

    C. 等于10V

    D. $t < 10s$ 时，为$-t$；$t \geqslant 10s$后，为$-10V$

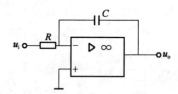

95. 图a)所示电路中，复位信号$\overline{R}_D$、信号A及时钟脉冲信号cp如图b)所示，经分析可知，在第一个和第二个时钟脉冲的下降沿时刻，输出Q先后等于：

    A. 0   0   B. 0   1

    C. 1   0   D. 1   1

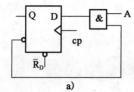

附：触发器的逻辑状态表

D	Q_{n+1}
0	0
1	1

96. 图示电路的功能和寄存数据是：

A. 左移的三位移位寄存器,寄存数据是 010

B. 右移的三位移位寄存器,寄存数据是 010

C. 左移的三位移位寄存器,寄存数据是 000

D. 右移的三位移位寄存器,寄存数据是 010

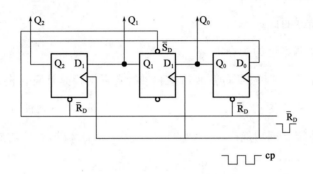

97. 计算机按用途可分为：

A. 专业计算机和通用计算机

B. 专业计算机和数字计算机

C. 通用计算机和模拟计算机

D. 数字计算机和现代计算机

98. 当前微机所配备的内存储器大多是：

A. 半导体存储器

B. 磁介质存储器

C. 光线(纤)存储器

D. 光电子存储器

99. 批处理操作系统的功能是将用户的一批作业有序地排列起来：

A. 在用户指令的指挥下、顺序地执行作业流

B. 计算机系统会自动地、顺序地执行作业流

C. 由专门的计算机程序员控制作业流的执行

D. 由微软提供的应用软件来控制作业流的执行

100. 杀毒软件应具有的功能是：

A. 消除病毒

B. 预防病毒

C. 检查病毒

D. 检查并消除病毒

101. 目前,微机系统中普遍使用的字符信息编码是：

A. BCD 编码

B. ASCII 编码

C. EBCDIC 编码

D. 汉字字型码

102. 下列选项中,不属于 Windows 特点的是:

    A. 友好的图形用户界面   B. 使用方便

    C. 多用户单任务   D. 系统稳定可靠

103. 操作系统中采用虚拟存储技术,是为了对:

    A. 外为存储空间的分配

    B. 外存储器进行变换

    C. 内存储器的保护

    D. 内存储器容量的扩充

104. 通过网络传送邮件、发布新闻消息和进行数据交换是计算机网络的:

    A. 共享软件资源功能   B. 共享硬件资源功能

    C. 增强系统处理功能   D. 数据通信功能

105. 下列有关因特网提供服务的叙述中,错误的一条是:

    A. 文件传输服务、远程登录服务

    B. 信息搜索服务、WWW 服务

    C. 信息搜索服务、电子邮件服务

    D. 网络自动连接、网络自动管理

106. 若按网络传输技术的不同,可将网络分为:

    A. 广播式网络、点到点式网络

    B. 双绞线网、同轴电缆网、光纤网、无线网

    C. 基带网和宽带网

    D. 电路交换类、报文交换类、分组交换类

107. 某企业准备 5 年后进行设备更新,到时所需资金估计为 600 万元,若存款利率为

    5%,从现在开始每年年末均等额存款,则每年应存款:

    [已知:$(A/F,5\%,5)=0.18097$]

    A. 78.65 万元   B. 108.58 万元

    C. 120 万元   D. 165.77 万元

108. 某项目投资于邮电通信业,运营后的营业收入全部来源于对客户提供的电信服

    务,则在估计该项目现金流时不包括:

    A. 企业所得税   B. 增值税

    C. 城市维护建设税   D. 教育税附加

109. 某公司向银行借款 150 万元，期限为 5 年，年利率为 8%，每年年末等额还本付息一次（即等额本息法），到第五年末还完本息。则该公司第 2 年年末偿还的利息为：

[已知：$(A/P, 8\%, 5) = 0.2505$]

A. 9.954 万元

B. 12 万元

C. 25.575 万元

D. 37.575 万元

110. 以下关于项目内部收益率指标的说法正确的是：

A. 内部收益率属于静态评价指标

B. 项目内部收益率就是项目的基准收益率

C. 常规项目可能存在多个内部收益率

D. 计算内部收益率不必事先知道准确的基准收益率 i_c

111. 影子价格是商品或生产要素的任何边际变化对国家的基本社会经济目标所做贡献的价值，因而影子价格是：

A. 目标价格

B. 反映市场供求状况和资源稀缺程度的价格

C. 计划价格

D. 理论价格

112. 在对项目进行盈亏平衡分析时，各方案的盈亏平衡点生产能力利用率有如下四种数据，则抗风险能力较强的是：

A. 30%

B. 60%

C. 80%

D. 90%

113. 甲、乙为两个互斥的投资方案。甲方案现时点的投资为 25 万元，此后从第一年年末开始，年运行成本为 4 万元，寿命期为 20 年，净残值为 8 万元；乙方案现时点的投资额为 12 万元，此后从第一年年末开始，年运行成本为 6 万元，寿命期也为 20 年，净残值 6 万元。若基准收益率为 20%，则甲、乙方案费用现值分别为：

[已知：$(P/A, 20\%, 20) = 4.8696$，$(P/F, 20\%, 20) = 0.02608$]

A. 50.80 万元，−41.06 万元

B. 54.32 万元，41.06 万元

C. 44.27 万元，41.06 万元

D. 50.80 万元，44.27 万元

114.某产品的实际成本为 10000 元,它由多个零部件组成,其中一个零部件的实际成本为 880 元,功能评价系数为 0.140,则该零部件的价值指数为:

A.0.628

B.0.880

C.1.400

D.1.591

115.某工程项目甲建设单位委托乙监理单位对丙施工总承包单位进行监理,有关监理单位的行为符合规定的是:

A.在监理合同规定的范围内承揽监理业务

B.按建设单位委托,客观公正地执行监理任务

C.与施工单位建立隶属关系或者其他利害关系

D.将工程监理业务转让给具有相应资质的其他监理单位

116.某施工企业取得了安全生产许可证后,在从事建筑施工活动中,被发现已经不具备安全生产条件,则正确的处理方法是:

A.由颁发安全生产许可证的机关暂扣或吊销安全生产许可证

B.由国务院建设行政主管部门责令整改

C.由国务院安全管理部门责令停业整顿

D.吊销安全生产许可证,5 年内不得从事施工活动

117.某工程项目进行公开招标,甲乙两个施工单位组成联合体投标该项目,下列做法中,不合法的是:

A.双方商定以一个投标人的身份共同投标

B.要求双方至少一方应当具备承担招标项目的相应能力

C.按照资质等级较低的单位确定资质等级

D.联合体各方协商签订共同投标协议

118.某建设工程总承包合同约定,材料价格按照市场价履约,但具体价款没有明确约定,结算时应当依据的价格是:

A.订立合同时履行地的市场价格

B.结算时买方所在地的市场价格

C.订立合同时签约地的市场价格

D.结算工程所在地的市场价格

119. 某城市计划对本地城市建设进行全面规划,根据《中华人民共和国环境保护法》的规定,下列城乡建设行为不符合《中华人民共和国环境保护法》规定的是:

A. 加强在自然景观中修建人文景观

B. 有效保护植被、水域

C. 加强城市园林、绿地园林

D. 加强风景名胜区的建设

120. 根据《建设工程安全生产管理条例》规定,施工单位主要负责人应当承担的责任是:

A. 落实安全生产责任制度、安全生产规章制度和操作规程

B. 保证本单位安全生产条件所需资金的投入

C. 确保安全生产费用的有效使用

D. 根据工程的特点组织特定安全施工措施

2018 年度全国勘察设计注册工程师执业资格考试基础考试(上)
试题解析及参考答案

1. **解** 本题考查基本极限公式以及无穷小量的性质。

选项 A 和 C 是基本极限公式,成立。

选项 B, $\lim\limits_{x\to\infty}\dfrac{\sin x}{x}=\lim\limits_{x\to\infty}\dfrac{1}{x}\sin x$, 其中 $\dfrac{1}{x}$ 是无穷小, $\sin x$ 是有界函数,无穷小乘以有界函数的值为无穷小量,也就是 0,故选项 B 不成立。

选项 D,只要令 $t=\dfrac{1}{x}$, 则可化为选项 C 的结果。

答案:B

2. **解** 本题考查奇偶函数的性质。当 $f(-x)=-f(x)$ 时, $f(x)$ 为奇函数;当 $f(-x)=f(x)$ 时, $f(x)$ 为偶函数。

方法 1:

选项 D,设 $H(x)=g[g(x)]$, 则

$$H(-x)=g[g(-x)]\xmapsto[\text{奇函数}]{g(x)\text{为}}g[-g(x)]=-g[g(x)]=-H(x)$$

故 $g[g(x)]$ 为奇函数。

方法 2:

采用特殊值法,题中 $f(x)$ 是偶函数, $g(x)$ 是奇函数,可设 $f(x)=x^2$, $g(x)=x$, 验证选项 A、B、C 均是偶函数,错误。

答案:D

3. **解** 本题考查导数的定义,需要熟练拼凑相应的形式。

根据导数定义: $f'(x_0)=\lim\limits_{x\to x_0}\dfrac{f(x)-f(x_0)}{x-x_0}$, 与题中所给形式类似,进行拼凑:

$$\lim\limits_{x\to x_0}\dfrac{xf(x_0)-x_0f(x)}{x-x_0}=\lim\limits_{x\to x_0}\dfrac{xf(x_0)-x_0f(x)+x_0f(x_0)-x_0f(x_0)}{x-x_0}$$

$$=\lim\limits_{x\to x_0}\left[\dfrac{-x_0f(x)+x_0f(x_0)}{x-x_0}+\dfrac{xf(x_0)-x_0f(x_0)}{x-x_0}\right]$$

$$=-x_0f'(x_0)+f(x_0)$$

答案:C

4.解 本题考查变限定积分求导的计算方法。

变限定积分求导的方法如下：

$$\frac{\mathrm{d}\left(\int_{\psi(x)}^{\varphi(x)} f(t)\,\mathrm{d}t\right)}{\mathrm{d}x} = \frac{\mathrm{d}}{\mathrm{d}x}\left(\int_{\psi(x)}^{a} f(t)\,\mathrm{d}t + \int_{a}^{\varphi(x)} f(t)\,\mathrm{d}t\right) \quad (a\ 为常数)$$

$$= \frac{\mathrm{d}}{\mathrm{d}x}\left(-\int_{a}^{\psi(x)} f(t)\,\mathrm{d}t + \int_{a}^{\varphi(x)} f(t)\,\mathrm{d}t\right)$$

$$= -f(\psi(x))\psi'(x) + f(\varphi(x))\varphi'(x)$$

求导时，先把积分下限函数化为积分上限函数，再求导。

计算如下：

$$\frac{\mathrm{d}}{\mathrm{d}x}\int_{\varphi(x^2)}^{\varphi(x)} e^{t^2}\,\mathrm{d}t$$

$$= \frac{\mathrm{d}}{\mathrm{d}x}\left[\int_{\varphi(x^2)}^{a} e^{t^2}\,\mathrm{d}t + \int_{a}^{\varphi(x)} e^{t^2}\,\mathrm{d}t\right] \quad (a\ 为常数)$$

$$= \frac{\mathrm{d}}{\mathrm{d}x}\left[-\int_{a}^{\varphi(x^2)} e^{t^2}\,\mathrm{d}t + \int_{a}^{\varphi(x)} e^{t^2}\,\mathrm{d}t\right]$$

$$= -e^{\left[\varphi(x^2)\right]^2}\varphi'(x^2)\cdot 2x + e^{\left[\varphi(x)\right]^2}\cdot\varphi'(x)$$

$$= \varphi'(x)e^{\left[\varphi(x)\right]^2} - 2x\varphi'(x^2)e^{\left[\varphi(x^2)\right]^2}$$

答案：A

5.解 本题考查不定积分的基本计算技巧：凑微分。

$$\int xf(1-x^2)\,\mathrm{d}x = -\frac{1}{2}\int f(1-x^2)\,\mathrm{d}(1-x^2) \xlongequal[\int f(x)\,\mathrm{d}x = F(x)+C]{\text{已知}} -\frac{1}{2}F(1-x^2)+C$$

答案：B

6.解 本题考查一阶导数的应用。

驻点是函数的一阶导数为 0 的点，本题中函数明显是光滑连续的，所以对函数求导，有 $y' = 4x+a$，将 $x=1$ 代入得到 $y'(1)=4+a=0$，解出 $a=-4$。

答案：D

7.解 本题考查向量代数的基本运算。

方法 1：

$$(\boldsymbol{\alpha}+\boldsymbol{\beta})\cdot(\boldsymbol{\alpha}+\boldsymbol{\beta}) = |\boldsymbol{\alpha}+\boldsymbol{\beta}|\cdot|\boldsymbol{\alpha}+\boldsymbol{\beta}|\cdot\cos 0 = |\boldsymbol{\alpha}+\boldsymbol{\beta}|^2$$

所以 $|\boldsymbol{\alpha}+\boldsymbol{\beta}|^2 = (\boldsymbol{\alpha}+\boldsymbol{\beta})\cdot(\boldsymbol{\alpha}+\boldsymbol{\beta}) = \boldsymbol{\alpha}\cdot\boldsymbol{\alpha}+\boldsymbol{\beta}\cdot\boldsymbol{\alpha}+\boldsymbol{\alpha}\cdot\boldsymbol{\beta}+\boldsymbol{\beta}\cdot\boldsymbol{\beta}$

$$= \boldsymbol{\alpha}\cdot\boldsymbol{\alpha}+2\boldsymbol{\alpha}\cdot\boldsymbol{\beta}+\boldsymbol{\beta}\cdot\boldsymbol{\beta}$$

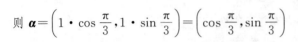 $1 \times 1 \times \cos 0 + 2 \times 1 \times 2 \times \cos \dfrac{\pi}{3} + 2 \times 2 \times \cos 0$

$$= 7$$

所以，$|\boldsymbol{\alpha}+\boldsymbol{\beta}|^2 = 7$，则 $|\boldsymbol{\alpha}+\boldsymbol{\beta}| = \sqrt{7}$

方法 2：可通过作图来辅助求解。

如解图所示：若设 $\boldsymbol{\beta} = (2,0)$，由于 $\boldsymbol{\alpha}$ 和 $\boldsymbol{\beta}$ 的夹角为 $\dfrac{\pi}{3}$，

则 $\boldsymbol{\alpha} = \left(1 \cdot \cos \dfrac{\pi}{3}, 1 \cdot \sin \dfrac{\pi}{3}\right) = \left(\cos \dfrac{\pi}{3}, \sin \dfrac{\pi}{3}\right)$

$\boldsymbol{\beta} = (2,0)$

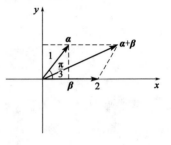

题 7 解图

$\boldsymbol{\alpha}+\boldsymbol{\beta} = \left(2+\cos \dfrac{\pi}{3}, \sin \dfrac{\pi}{3}\right)$

$$|\boldsymbol{\alpha}+\boldsymbol{\beta}| = \sqrt{\left(2+\cos \dfrac{\pi}{3}\right)^2 + \sin^2 \dfrac{\pi}{3}}$$

$$= \sqrt{4 + 2 \times 2 \times \cos \dfrac{\pi}{3} + \cos^2 \dfrac{\pi}{3} + \sin^2 \dfrac{\pi}{3}} = \sqrt{7}$$

答案：B

8. 解　本题考查简单的二阶常微分方程求解，直接进行两次积分即可。

$y'' = \sin x$，则 $y' = \displaystyle\int \sin x \, \mathrm{d}x = -\cos x + C_1$

再次对 x 进行积分，有：

$$y = \int (-\cos x + C_1) \, \mathrm{d}x = -\sin x + C_1 x + C_2$$

答案：B

9. 解　本题考查导数的基本应用与计算。

已知 $f(x)$，$g(x)$ 在 $[a,b]$ 上均可导，且恒正，

设 $H(x) = f(x)g(x)$，则 $H'(x) = f'(x)g(x) + f(x)g'(x)$，

已知 $f'(x)g(x) + f(x)g'(x) > 0$，所以函数 $H(x) = f(x)g(x)$ 在 $x \in (a,b)$ 时单调增

加，因此有 $H(a) < H(x) < H(b)$，即 $f(a)g(a) < f(x)g(x) < f(b)g(b)$。

答案：C

10. 解　本题考查定积分的基本几何应用。注意积分变量的选择，是选择 x 方便，还

是选择 y 方便？

如解图所示，本题所求图形面积即为阴影图形面积，此时选择积分变量 y 较方便。

$$A = \int_{\ln a}^{\ln b} \varphi(y) \, dy$$

因为 $y = \ln x$，则 $x = e^y$，故：

$$A = \int_{\ln a}^{\ln b} e^y \, dy = e^y \Big|_{\ln a}^{\ln b} = e^{\ln b} - e^{\ln a} = b - a$$

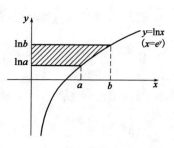

题 10 解图

答案：B

11. 解　本题考查空间解析几何中平面的基本性质和运算。

方法 1：

若某平面 π 平行于 yOz 坐标面，则平面 π 的法向量平行于 x 轴，可取 $\boldsymbol{n} = (1, 0, 0)$，利用平面 $Ax + By + Cz + D = 0$ 所对应的法向量 $\boldsymbol{n} = (A, B, C)$ 判定选项 D 中，平面方程 $x + 1 = 0$ 的法线向量为 $\vec{n} = (1, 0, 0)$，正确。

方法 2：

可通过画出选项 A、B、C 的图形来确定。

答案：D

12. 解　本题考查多元函数微分学的概念性问题，涉及多元函数偏导数与多元函数连续等概念，需记忆下图的关系式方可快速解答：

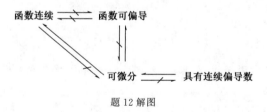

题 12 解图

可知，函数可微可推出一阶偏导数存在，而函数一阶偏导数存在推不出函数可微，故在此点一阶偏导数存在是函数在该点可微的必要条件。

答案：A

13. 解　本题考查级数中常数项级数的敛散性。

利用级数敛散性判定方法以及 p 级数的相关性判定。

选项 A，利用比较法的极限形式，选择级数 $\sum\limits_{n=1}^{\infty} \dfrac{1}{n^2}$，$p > 1$ 收敛。

而 $\lim\limits_{n \to \infty} \dfrac{\dfrac{1}{n(n+1)}}{\dfrac{1}{n^2}} = \lim\limits_{n \to \infty} \dfrac{n^2}{n^2 + n} = 1$

所以级数收敛。

选项 B,可利用 p 级数的敛散性判断。

p 级数 $\sum\limits_{n=1}^{\infty}\dfrac{1}{n^p}(p>0,$ 实数$)$,当 $p>1$ 时,p 级数收敛;当 $p\leqslant1$ 时,p 级数发散。

选项 B,$p=\dfrac{3}{2}>1$,故级数收敛。

选项 D,可利用交错级数的莱布尼茨定理判断。

设交错级数 $\sum\limits_{n=1}^{\infty}(-1)^{n-1}a_n$,其中 $a_n>0$,只要:①$a_n\geqslant a_{n+1}(n=1,2,\cdots)$,②$\lim\limits_{n\to\infty}a_n=0$,则 $\sum\limits_{n=1}^{\infty}(-1)^{n-1}a_n$ 就收敛。

选项 D 中①$\dfrac{1}{\sqrt{n}}>\dfrac{1}{\sqrt{n+1}}(n=1,2,\cdots)$,②$\lim\limits_{n\to\infty}\dfrac{1}{\sqrt{n}}=0$,故级数收敛。

选项 C,对于级数 $\sum\limits_{n=1}^{\infty}\left(\dfrac{n}{2n+1}\right)^2$,$\lim\limits_{n\to\infty}u_n=\lim\limits_{n\to\infty}\left(\dfrac{n}{2n+1}\right)^2=\left(\dfrac{1}{2}\right)^2=\dfrac{1}{4}\neq0$

级数收敛的必要条件是 $\lim\limits_{n\to\infty}u_n=0$,而本选项 $\lim\limits_{n\to\infty}u_n\neq0$,故级数发散。

答案:C

14.解 本题考查二阶常系数微分方程解的基本结构。

已知函数 $y=C_1e^{-x}+C_2e^{4x}$ 是某微分方程的通解,则该微分方程拥有的特征方程的解分别为 $r_1=-1,r_2=+4$,则有 $(r+1)(r-4)=0$,展开有 $r^2-3r-4=0$,故对应的微分方程为 $y''-3y'-4y=0$。

答案:B

15.解 本题考查对弧长曲线积分(也称第一类曲线积分)的相关计算。

依据题意,作解图,知 L 方程为 $y=-x+1$

L 的参数方程为 $\begin{cases}x=x\\y=-x+1\end{cases}$ $(0\leqslant x\leqslant1)$

题 15 解图

$\mathrm{d}S=\sqrt{1^2+(-1)^2}\,\mathrm{d}x=\sqrt{2}\,\mathrm{d}x$

$\displaystyle\int_L\cos(x+y)\,\mathrm{d}S=\int_0^1\cos[x+(-x+1)]\sqrt{2}\,\mathrm{d}x$

$\displaystyle=\int_0^1\sqrt{2}\cos1\,\mathrm{d}x=\sqrt{2}\cos1\cdot x\Big|_0^1=\sqrt{2}\cos1$

注:写出直线 L 的方程后,需判断 x 的取值范围(对弧长的曲线积分,积分变量应由小变大),从方程中看可知 $x:0\to1$,若考查对坐标的曲线积分(也称第二类曲线积分),则应特别注意路径行走方向,以便判断 x 的上下限。

答案:C

16.解 本题考查直角坐标系下的二重积分计算问题。

根据题中所给正方形区域可作图,其中,$D:|x|\leqslant1,|y|\leqslant1$,即 $-1\leqslant x\leqslant1$,$-1\leqslant y\leqslant1$。

有 $\displaystyle\iint\limits_{D}(x^2+y^2)\mathrm{d}x\mathrm{d}y=\int_{-1}^{1}\mathrm{d}x\int_{-1}^{1}(x^2+y^2)\mathrm{d}y=\int_{-1}^{1}\left(x^2y+\frac{y^3}{3}\right)\bigg|_{-1}^{1}\mathrm{d}x$

$$=\int_{-1}^{1}\left(2x^2+\frac{2}{3}\right)\mathrm{d}x=\left(\frac{2}{3}x^3+\frac{2}{3}x\right)\bigg|_{-1}^{1}=\frac{8}{3}$$

或利用对称性,$D=4D_1$,则

$$\iint\limits_{D}(x^2+y^2)\mathrm{d}x\mathrm{d}y\xrightarrow{\text{利用对称性}}4\iint\limits_{D_1}(x^2+y^2)\mathrm{d}x\mathrm{d}y$$

$$=4\int_{0}^{1}\mathrm{d}x\int_{0}^{1}(x^2+y^2)\mathrm{d}y=4\int_{0}^{1}\left(x^2y+\frac{1}{3}y^3\right)\bigg|_{0}^{1}\mathrm{d}x$$

$$=4\int_{0}^{1}\left(x^2+\frac{1}{3}\right)\mathrm{d}x=4\times\left[\frac{1}{3}x^3+\frac{1}{3}x\right]_{0}^{1}$$

$$=4\times\left(\frac{1}{3}+\frac{1}{3}\right)=\frac{8}{3}$$

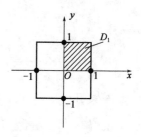

题 16 解图

答案:B

17.解 本题考查麦克劳林展开式的基本概念。

麦克劳林展开式的一般形式为

$$f(x)=f(0)+f'(0)x+\frac{f''(0)}{2!}x^2+\cdots+\frac{f^{(n)}(0)}{n!}x^n+R_n(x)$$

其中 $R_n(x)=\dfrac{f^{(n+1)}(\xi)}{(n+1)!}x^{n+1}$,这里 ξ 是介于 0 与 x 之间的某个值。

$f'(x)=a^x\ln a$,$f''(x)=a^x(\ln a)^2$,故 $f'(0)=\ln a$,$f''(0)=(\ln a)^2$,$f(0)=1$,

$$f(x)=1+x\ln a+\frac{(\ln a)^2}{2}x^2$$

答案:C

18.解 本题考查多元函数的混合偏导数求解。

函数 $z=f(x^2y)$

$$\frac{\partial z}{\partial x}=2xyf'(x^2y)$$

$$\frac{\partial^2 z}{\partial x\partial y}=2x[f'(x^2y)+yf''(x^2y)x^2]$$

$$=2x[f'(x^2y)+x^2yf''(x^2y)]$$

答案:D

19.解 本题考查矩阵和行列式的基本计算。

因为 A、B 均为三阶矩阵,则

$$\left|-2A^TB^{-1}\right|$$

$$=(-2)^3\left|A^TB^{-1}\right|$$

$$=(-8)\left|A^T\right|\cdot\left|B^{-1}\right|(\text{矩阵乘积的行列式性质})$$

$$=(-8)\left|A\right|\cdot\frac{1}{\left|B\right|}$$

$$\left(\text{矩阵转置行列式性质},\left|BB^{-1}\right|=\left|E\right|,\left|B\right|\cdot\left|B^{-1}\right|=1,\left|B^{-1}\right|=\frac{1}{\left|B\right|}\right)$$

$$=-8\times1\times\frac{1}{-2}=4$$

答案:D

20.解 本题考查线性方程组 $Ax=0$,有非零解的充要条件。

方程组 $\begin{cases} ax_1+x_2+x_3=0 \\ x_1+ax_2+x_3=0 \\ x_1+x_2+ax_3=0 \end{cases}$ 有非零解的充要条件是 $\begin{vmatrix} a & 1 & 1 \\ 1 & a & 1 \\ 1 & 1 & a \end{vmatrix}=0$

$$\begin{vmatrix} a & 1 & 1 \\ 1 & a & 1 \\ 1 & 1 & a \end{vmatrix} \xlongequal{(-1)c_3+c_2} \begin{vmatrix} a & 0 & 1 \\ 1 & a-1 & 1 \\ 1 & 1-a & a \end{vmatrix} \xlongequal{(-a)c_3+c_1} \begin{vmatrix} 0 & 0 & 1 \\ 1-a & a-1 & 1 \\ 1-a^2 & 1-a & a \end{vmatrix}$$

$$=\begin{vmatrix} 1-a & a-1 \\ 1-a^2 & 1-a \end{vmatrix}=(1-a)^2\begin{vmatrix} 1 & -1 \\ 1+a & 1 \end{vmatrix}=(1-a)^2(2+a)=0$$

所以 $a=1$ 或 -2。

答案:B

21.解 本题考查利用配方方法求二次型的标准型,考查的知识点较偏。

方法1:

由矩阵 A 可写出二次型为 $f(x_1,x_2,x_3)=x_1^2-2x_1x_2+3x_2^2$,利用配方法得到:

$f(x_1,x_2,x_3)=x_1^2-2x_1x_2+x_2^2+2x_2^2=(x_1-x_2)^2+2x_2^2$

令 $x_1-x_2=y_1$,$x_2=y_2$

可得 $f=y_1^2+2y_2^2$

方法2:

利用惯性定理,选项 A、B、D(正惯性指数为 1,负惯性指数为 1)可以互化,因此对单选题,一定是错的。不用计算可知,只能选 C。

答案：C

22.解 因为 A 与 B 独立，所以 $\overline{A}$ 与 $\overline{B}$ 独立。

$P(A\bigcup B)=1-P(\overline{A\bigcup B})=1-P(\overline{A}\,\overline{B})=1-P(\overline{A})P(\overline{B})=1-0.4\times0.5=0.8$

或者 $P(A\bigcup B)=P(A)+P(B)-P(AB)$

由于 A 与 B 相互独立，则 $P(AB)=P(A)P(B)$

而 $P(A)=1-P(\overline{A})=0.6,P(B)=1-P(\overline{B})=0.5$

故 $P(A\bigcup B)=0.6+0.5-0.6\times0.5=0.8$

答案：C

23.解 数学期望 $E(X)=\int_{-\infty}^{+\infty}xf(x)\mathrm{d}x$,

$$f(x)=F'(x)=\begin{cases}3x^2,0<x<1\\0,其他\end{cases}$$

$$E(X)=\int_0^1 x\cdot 3x^2\mathrm{d}x$$

答案：B

24.解 二维离散型随机变量 X、Y 相互独立的充要条件是 $P_{ij}=P_{i.}P_{.j}$

还有分布律性质 $\sum_i\sum_j P(X=i,Y=j)=1$

利用上述等式建立两个独立方程，解出 α、β。

下面根据独立性推出一个公式：

因为 $\dfrac{P(X=i,Y=1)}{P(X=i,Y=2)}=\dfrac{P(X=i)P(Y=1)}{P(X=i)P(Y=2)}=\dfrac{P(Y=1)}{P(Y=2)}$ $\quad i=1,2,3,\cdots$

所以 $\dfrac{P(X=1,Y=1)}{P(X=1,Y=2)}=\dfrac{P(X=2,Y=1)}{P(X=2,Y=2)}=\dfrac{P(X=3,Y=1)}{P(X=3,Y=2)}$

即 $\dfrac{\frac{1}{6}}{\frac{1}{3}}=\dfrac{\frac{1}{9}}{\beta}=\dfrac{\frac{1}{18}}{\alpha}$

选项 D 对。

答案：D

25.解 分子的平均平动动能公式 $\overline{\omega}=\dfrac{3}{2}kT$,分子的平均动能公式 $\overline{\varepsilon}=\dfrac{i}{2}kT$,刚性双原子分子自由度 $i=5$,但此题问的是每个分子的平均平动动能而不是平均动能，故正确答案为 C。

答案:C

26.解 分子无规则运动的平均自由程公式 $\lambda = \dfrac{\overline{v}}{\overline{Z}} = \dfrac{1}{\sqrt{2}\pi d^2 n}$，气体定了，$d$ 就定了，所以容器中分子无规则运动的平均自由程仅取决于 n，即单位体积的分子数。此题给定 1mol 氦气，分子总数定了，故容器中分子无规则运动的平均自由程仅取决于体积 V。

答案:B

27.解 理想气体和单一恒温热源做等温膨胀时，吸收的热量全部用来对外界做功，既不违反热力学第一定律，也不违反热力学第二定律。因为等温膨胀是一个单一的热力学过程而非循环过程。

答案:C

28.解 理想气体的功和热量是过程量。内能是状态量，是温度的单值函数。此题给出 $T_2 = T_1$，无论气体经历怎样的过程，气体的内能保持不变。而因为不知气体变化过程，故无法判断功的正负。

答案:D

29.解 将 $t = 0.1\mathrm{s}, x = 2\mathrm{m}$ 代入方程，即

$$y = 0.01\cos 10\pi(25t-x) = 0.01\cos 10\pi(2.5-2) = -0.01$$

答案:C

30.解 $A = 0.02\mathrm{m}, T = \dfrac{2\pi}{\omega} = \dfrac{2\pi}{50\pi} = \dfrac{1}{25} = 0.04\mathrm{s}$

答案:A

31.解 机械波在媒质中传播，一媒质质元的最大形变量发生在平衡位置，此位置动能最大，势能也最大，总机械能亦最大。

答案:D

32.解 上下缝各覆盖一块厚度为 d 的透明薄片，则从两缝发出的光在原来中央明纹初相遇时，光程差为:

$$\delta = r-d+n_2 d-(r-d+n_1 d) = d(n_2-n_1)$$

答案:A

33.解 牛顿环的环状干涉条纹为等厚干涉条纹，当平凸透镜垂直向上缓慢平移而远离平面镜时，原 k 级条纹向环中心移动，故这些环状干涉条纹向中心收缩。

答案:D

34. **解**　$\Delta\varphi=\dfrac{2\pi}{\lambda}\delta=\dfrac{2\pi}{\lambda}nl=3\pi,l=\dfrac{3\lambda}{2n}$

答案:C

35. **解**　反射光的光程差加强条件 $\delta=2nd+\dfrac{\lambda}{2}=k\lambda$

可见光范围 $\lambda(400\sim760\text{nm})$,取 $\lambda=400\text{nm},k=3.5$;取 $\lambda=760\text{nm},k=2.1$

k 取整数,$k=3,\lambda=480\text{nm}$

答案:A

36. **解**　玻璃劈尖相邻干涉条纹间距公式为:$l=\dfrac{\lambda}{2n\theta}$

此玻璃的折射率为:$n=\dfrac{\lambda}{2l\theta}=1.53$

答案:B

37. **解**　当原子失去电子成为正离子时,一般是能量较高的最外层电子先失去,而且往往引起电子层数的减少。某元素正二价离子(M^{2+})的外层电子构型是 $3s^2 3p^6$,所以该元素原子基态核外电子构型为 $1s^2 2s^2 2p^6 3s^2 3p^6 4s^2$。该元素基态核外电子最高主量子数为 4,为第四周期元素;价电子构型为 $4s^2$,为 s 区元素,IIA 族元素。

答案:C

38. **解**　离子的极化力是指某离子使其他离子变形的能力。极化率(离子的变形性)是指某离子在电场作用下电子云变形的程度。每种离子都具有极化力与变形性,一般情况下,主要考虑正离子的极化力和负离子的变形性。极化力与离子半径有关,离子半径越小,极化力越强。

答案:A

39. **解**　NH_4Cl 为强酸弱碱盐,水解显酸性;$NaCl$ 不水解;$NaOAc$ 和 Na_3PO_4 均为强碱弱酸盐,水解显碱性,因为 $K_a(HAc) > K_{a3}(H_3PO_4)$,所以 Na_3PO_4 的水解程度更大,碱性更强。

答案:A

40. **解**　根据理想气体状态方程 $pV=nRT$,得 $n=pVRT$。所以当温度和体积不变时,反应器中气体(反应物或生成物)的物质的量与气体分压成正比。根据 $2A(g)+B(g)\rightleftharpoons 2C(g)$ 可知,生成物气体 C 的平衡分压为 100kPa,则 A 要消耗 100kPa,B 要消耗 50kPa,平衡时 $p(A)=200\text{kPa},p(B)=250\text{kPa}$。

$$K^{\ominus}=\dfrac{\left(\dfrac{p(C)}{p^{\ominus}}\right)^2}{\left(\dfrac{p(A)}{p^{\ominus}}\right)^2\left(\dfrac{p(B)}{p^{\ominus}}\right)}=\dfrac{\left(\dfrac{100}{100}\right)^2}{\left(\dfrac{200}{100}\right)^2\left(\dfrac{250}{100}\right)}=0.1。$$

答案:A

41. 解 根据氧化还原反应配平原则,还原剂失电子总数等于氧化剂得电子总数,配平后的方程式为:$2MnO_4^- + 5SO_3^{2-} + 6H^+ = 2Mn^{2+} + 5SO_4^{2-} + 3H_2O$。

答案:B

42. 解 电极电势的大小,可以判断氧化剂与还原剂的相对强弱。电极电势越大,表示电对中氧化态的氧化能力越强。所以题中氧化剂氧化能力最强的是 HClO。

答案:C

43. 解 标准状态时,由指定单质生成单位物质的量的纯物质 B 时反应的焓变(反应的热效应),称为标准摩尔焓变,记作 $\Delta_f H_m^{\ominus}$。指定单质通常指标准压力和该温度下最稳定的单质,如 C 的指定单质为石墨(s)。选项 A 中 C(金刚石)不是指定单质,选项 D 中不是生成单位物质的量的 $CO_2(g)$。

答案:C

44. 解 发生银镜反应的物质要含有醛基(—CHO),所以甲醛、乙醛、乙二醛等各种醛类、甲酸及其盐(如 HCOOH、HCOONa)、甲酸酯(如甲酸甲酯 $HCOOCH_3$、甲酸丙酯 $HCOOC_3H_7$ 等)和葡萄糖、麦芽糖等分子中含醛基的糖与银氨溶液在适当条件下可以发生银镜反应。

答案:D

45. 解 塑料、橡胶、纤维素都是天然高分子,蔗糖($C_{12}H_{22}O_{11}$)不是。

答案:A

46. 解 1-戊炔、2-戊炔、1,2-戊二烯催化加氢后产物均为戊烷,3-甲基-1-丁炔催化加氢后产物为 2-甲基丁烷,结构式为$(CH_3)_2CHCH_2CH_3$。

答案:B

47. 解 根据力的投影公式,$F_x = F\cos\alpha$,故只当 $\alpha = 0°$ 时 $F_x = F$,即力 F 与 x 轴平行;而除力 F 在与 x 轴垂直的 y 轴($\alpha = 90°$)上投影为 0 外,在其余与 x 轴共面轴上的投影均不为 0。

答案:B

48. 解 主矢 $F_R = F_1 + F_2 + F_3 = 30j$N 为三力的矢量和;对 O 点的主矩为各力向 O

点取矩及外力偶矩的代数和,即 $M_O = F_3 a - M_1 - M_2 = -10$N·m(顺时针)。

答案:A

49.解 取整体为研究对象,受力如解图所示。

列平衡方程:

$$\sum m_C(F) = 0, F_A \cdot 2r - F_p \cdot 3r = 0$$

$$F_A = \frac{3}{2}F_p$$

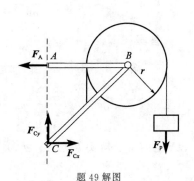

题 49 解图

答案:D

50.解 分析节点 C 的平衡,可知 BC 杆为零杆。

答案:D

51.解 当 $t = 2$s 时,点的速度 $v = \dfrac{\mathrm{d}S}{\mathrm{d}t} = 4t^3 - 9t^2 + 4t = 4$m/s

点的加速度 $a = \dfrac{\mathrm{d}^2 S}{\mathrm{d}t^2} = 12t^2 - 18t + 4 = 16$m/s^2

答案:C

52.解 根据点做曲线运动时法向加速度的公式:$a_n = \dfrac{v^2}{\rho} = \dfrac{15^2}{5} = 45$m/s^2。

答案:B

53.解 因为点 A、B 两点的速度、加速度方向相同,大小相等,根据刚体做平行移动时的特性,可判断杆 AB 的运动形式为平行移动,因此,平行移动刚体上 M 点和 A 点有相同的速度和加速度,即:$v_M = v_A = r\omega, a_M^n = a_A^n = r\omega^2, a_M^t = a_M^t = r\alpha$。

答案:C

54.解 物块与桌面之间最大的摩擦力 $F = \mu mg$

根据牛顿第二定律:$ma = F$

即 $m\dfrac{v^2}{r} = F = \mu mg$,则得 $v = \sqrt{\mu gr}$

答案:C

55.解 重力与水平位移相垂直,故做功为零,摩擦力 $F = 10 \times 0.3 = 3$N,所做之功 $W = 3 \times 4 = 12$N·m。

答案:C

56.解 根据动量矩定理:$J\alpha_1 = 1 \times r$(J 为滑轮的转动惯量);$J\alpha_2 + m_2 r^2 \alpha_2 + m_3 r^2 \alpha_2 =$

$(m_2 g - m_3 g)r = 1 \times r$; $J\alpha_3 + m_3 r^2 \alpha_3 = m_3 gr = 1 \times r$。

则 $\alpha_1 = \dfrac{1 \times r}{J}$; $\alpha_2 = \dfrac{1 \times r}{J + m_2 r^2 + m_3 r^2}$; $\alpha_3 = \dfrac{1 \times r}{J + m_3 r^2}$

答案:C

57.**解** 如解图所示,杆释放瞬时,其角速度为零,根据

动量矩定理:$J_O \alpha = mg \dfrac{l}{2}$,$\dfrac{1}{3}ml^2 \alpha = mg \dfrac{l}{2}$,$\alpha = \dfrac{3g}{2l}$;施加于杆

OA 上的附加动反力为 $ma_C = m \dfrac{3g}{2l} \cdot \dfrac{l}{2} = \dfrac{3}{4}mg$,方向与质

心加速度 a_C 方向相反。

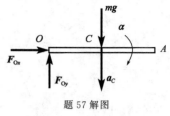

题 57 解图

答案:C

58.**解** 根据单自由度质点直线振动固有频率公式,

a)系统:$\omega_a = \sqrt{\dfrac{k}{m}}$;

b)系统:等效的弹簧刚度为 $\dfrac{k}{2}$,$\omega_b = \sqrt{\dfrac{k}{2m}}$。

答案:D

59.**解** 用直接法求轴力,可得:左段杆的轴力是 $-3kN$,右段杆的轴力是 $5kN$。所以杆的最大轴力是 $5kN$。

答案:B

60.**解** 用直接法求轴力,可得:$N_{AB} = -F$,$N_{BC} = F$

杆 C 截面的位移是:

$$\delta_C = \Delta l_{AB} + \Delta l_{BC} = \dfrac{-F \cdot l}{E \cdot 2A} + \dfrac{Fl}{EA} = \dfrac{Fl}{2EA}$$

答案:A

61.**解** 混凝土基座与圆截面立柱的交接面,即圆环形基座板的内圆柱面即为剪切面(如解图所示):

$$A_Q = \pi dt$$

圆形混凝土基座上的均布压力(面荷载)为:

$$q = \dfrac{1000 \times 10^3 \, N}{\dfrac{\pi}{4} \times 1000^2 \, mm^2} = \dfrac{4}{\pi} \, MPa$$

作用在剪切面上的剪力为:

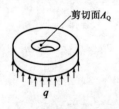

剪切面 A_Q

题 61 解图

$$Q = q \cdot \frac{\pi}{4}(1000^2 - 500^2) = 750 \text{kN}$$

由剪切强度条件：$\tau = \dfrac{Q}{A_Q} = \dfrac{Q}{\pi d t} \leqslant [\tau]$

可得：$t \geqslant \dfrac{Q}{\pi d [\tau]} = \dfrac{750 \times 10^3 \text{N}}{\pi \times 500 \text{mm} \times 1.5 \text{MPa}} = 318.3 \text{mm}$

答案：C

62. 解　设实心圆轴直径为 d，则：

$$\phi = \frac{Tl}{GI_p} = \frac{Tl}{G \dfrac{\pi}{32}d^4} = 32 \frac{Tl}{\pi d^4 G}$$

若实心圆轴直径减小为 $d_1 = \dfrac{d}{2}$，则：

$$\phi_1 = \frac{Tl}{GI_{p1}} = \frac{Tl}{G \dfrac{\pi}{32}\left(\dfrac{d}{2}\right)^4} = 16 \frac{32Tl}{\pi d^4 G} = 16\phi$$

答案：D

63. 解　图示截面对 z 轴的惯性矩等于圆形截面对 z 轴的惯性矩减去矩形对 z 轴的惯性矩。

$$I_z^{矩} = \frac{bh^3}{12} + \left(\frac{h}{2}\right)^2 \cdot bh = \frac{bh^3}{3}$$

$$I_z = I_z^{圆} - I_z^{矩} = \frac{\pi d^4}{64} - \frac{bh^3}{3}$$

答案：A

64. 解　圆轴表面 A 点的剪应力 $\tau = \dfrac{T}{W_T}$

根据胡克定律 $\tau = G\gamma$

因此 $T = \tau W_T = G\gamma W_T$

答案：A

65. 解　上下梁的挠曲线曲率相同，故有：

$$\rho = \frac{M_1}{EI_1} = \frac{M_2}{EI_2}$$

所以 $\dfrac{M_1}{M_2} = \dfrac{I_1}{I_2} = \dfrac{\dfrac{ba^3}{12}}{\dfrac{b(2a)^3}{12}} = \dfrac{1}{8}$

即 $M_2 = 8M_1$

又有 $M_1 + M_2 = m$，因此 $M_1 = \dfrac{m}{9}$

答案：A

66. **解**　图示截面的弯曲中心是两个狭长矩形边的中线交点，形心主轴是 y' 和 z'，因为外力 F 作用线没有通过弯曲中心，故无扭转，还有沿两个形心主轴 y'、z' 方向的双向弯曲。

答案：D

67. **解**　本题是拉扭组合变形，轴向拉伸产生的正应力 $\sigma = \dfrac{F}{A} = \dfrac{4F}{\pi d^2}$

扭转产生的剪应力 $\tau = \dfrac{T}{W_{\mathrm{T}}} = \dfrac{16T}{\pi d^3}$

$$\sigma_{eq3} = \sqrt{\sigma^2 + 4\tau^2} = \sqrt{\left(\dfrac{4F}{\pi d^2}\right)^2 + 4\left(\dfrac{16T}{\pi d^3}\right)^2}$$

答案：C

68. **解**　A 图：$\sigma_1 = \sigma, \sigma_2 = \sigma, \sigma_3 = 0$

$$\tau_{\max} = \dfrac{\sigma - 0}{2} = \dfrac{\sigma}{2}$$

B 图：$\sigma_1 = \sigma, \sigma_2 = 0, \sigma_3 = -\sigma$

$$\tau_{\max} = \dfrac{\sigma - (-\sigma)}{2} = \sigma$$

C 图：$\sigma_1 = 2\sigma, \sigma_2 = 0, \sigma_3 = -\dfrac{\sigma}{2}$

$$\tau_{\max} = \dfrac{2\sigma - \left(-\dfrac{\sigma}{2}\right)}{2} = \dfrac{5}{4}\sigma$$

D 图：$\sigma_1 = 3\sigma, \sigma_2 = \sigma, \sigma_3 = 0$

$$\tau_{\max} = \dfrac{3\sigma - 0}{2} = \dfrac{3}{2}\sigma$$

答案：D

69. **解**　图示圆轴是弯扭组合变形，力 F 作用下产生的弯矩在固定端最上缘 A 点引起拉伸正应力 σ，外力偶 T 在 A 点引起扭转切应力 τ，故 A 点单元体的应力状态是选项 C。

答案：C

70. **解**　A 图：$\mu l = 1 \times 5 = 5$

B 图：$\mu l = 2 \times 3 = 6$

C 图：$\mu l = 0.7 \times 6 = 4.2$

根据压杆的临界荷载公式 $F_{cr}=\dfrac{\pi^2 EI}{(\mu l)^2}$

可知:μl 越大,临界荷载越小;μl 越小,临界荷载越大。

所以 F_{crc} 最大,而 F_{crb} 最小。

答案:C

71.解 压力表测出的是相对压强。

答案:C

72.解 设第一截面的流速为 $v_1=\dfrac{Q}{\dfrac{\pi}{4}d_1^2}=\dfrac{0.015\mathrm{m^3/s}}{\dfrac{\pi}{4}(0.1)^2\mathrm{m^2}}=1.91\mathrm{m/s}$

另一截面流速 $v_2=20\mathrm{m/s}$,待求直径为 d_2,由连续方程可得:

$$d_2=\sqrt{\dfrac{v_1}{v_2}d_1^2}=\sqrt{\dfrac{1.91}{20}(0.1)^2}=0.031\mathrm{m}=31\mathrm{mm}$$

答案:B

73.解 层流沿程损失系数 $\lambda=\dfrac{64}{\mathrm{Re}}$,而雷诺数 $\mathrm{Re}=\dfrac{vd}{\nu}$

代入题设数据,得:$\mathrm{Re}=\dfrac{10\times5}{0.18}=278$

沿程损失系数 $\lambda=\dfrac{64}{278}=0.23$

答案:B

74.解 圆柱形管嘴出水流量 $Q=\mu A\sqrt{2gH_0}$

代入题设数据,得:$Q=0.82\times\dfrac{\pi}{4}(0.04)^2\sqrt{2\times9.8\times7.5}=0.0125\mathrm{m^3/s}\approx0.013\mathrm{m^3/s}$

答案:D

75.解 在题设条件下,则自由出流孔口与淹没出流孔口的关系应为:流量系数相等、流量相等。

答案:D

76.解 由明渠均匀流谢才公式知流速 $v=C\sqrt{Ri}$,$C=\dfrac{1}{n}R^{\frac{1}{6}}$

代入题设数据,得:$C=\dfrac{1}{0.02}(1)^{\frac{1}{6}}=50\sqrt{\mathrm{m}}/\mathrm{s}$

流速 $v=50\sqrt{1\times0.0008}=1.41\mathrm{m/s}$

答案:B

77.解 达西渗流定律适用于均匀土壤层流渗流。

答案:C

78.解 运动相似是几何相似和动力相似的表象。

答案:B

79.解 根据恒定磁路的安培环路定律:$\sum HL = \sum NI$

得:$H = \dfrac{NI}{L} = \dfrac{NI}{2\pi\gamma}$

磁场方向按右手螺旋关系判断为顺时针方向。

答案:B

80.解 $U = -2 \times 2 - 2 = -6\text{V}$

答案:D

81.解 该电路具有 6 条支路,为求出 6 个独立的支路电流,所列方程数应该与支路数相等,即要列出 6 阶方程。

正确的列写方法是:

KCL 独立节点方程=节点数-1=4-1=3

KVL 独立回路方程(网孔数)=支路数-独立节点数=6-3=3

"网孔"为内部不含支路的回路。

答案:B

82.解 $i(t) = I_m \sin(\omega t + \phi_i)\text{A}$

$t = 0$ 时,$i(t) = I_m \sin\phi_i = 0.5\sqrt{2}\text{A}$

$$\begin{cases} \sin\phi_i = 1, \phi_i = 90° \\ I_m = 0.5\sqrt{2}\text{A} \\ \omega = 2\pi f = 2\pi\dfrac{1}{T} = 2000\pi \end{cases}$$

$i(t) = 0.5\sqrt{2}\sin(2000\pi t + 90°)\text{A}$

答案:C

83.解 图 b)给出了滤波器的幅频特性曲线。U_{i1} 与 U_{i2} 的频率不同,它们的放大倍数是不一样的。

从特性曲线查出:

$U_{o1}/U_{i1} = 1 \Rightarrow U_{o1} = U_{i1} = 10\text{V} \Rightarrow U_{o2}/U_{i2} = 0.1 \Rightarrow U_{o2} = 0.1 \times U_{i2} = 1\text{V}$

答案:D

84.**解** 画相量图分析,如解图所示。

$$\dot{I}_2 = \dot{I}_N + \dot{I}_{C2}$$

$$\dot{I}_1 = \dot{I}_N + \dot{I}_{C1}$$

$$|\dot{I}_{C1}| > |\dot{I}_{C2}|$$

$$I_C = \frac{U}{X_C} = \frac{U}{\frac{1}{\omega C}} = U\omega C \propto C$$

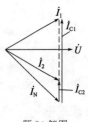

题 84 解图

有 $I_{C1} > I_{C2}$,所以 $C_1 > C_2$

并且功率因数在 $\lambda|_{C_1} = -0.866$ 时电路出现过补偿,呈容性性质,一般不采用。

当 $C = C_2$ 时,电路中总电流 $\dot{I}_2$ 落后于电压 $\dot{U}$,为感性性质,不为过补偿。

答案:A

85.**解** 如解图所示,由题意可知:

$N_1 = 550$ 匝

当 $U_1 = 100V$ 时,$U_{21} = 10V$,$U_{22} = 20V$

$$\frac{N_1}{N_2|_{10V}} = \frac{U_1}{U_{21}}, \quad N_2|_{10V} = N_1 \cdot \frac{U_{21}}{U_1} = 550 \times \frac{10}{100} = 55 \text{ 匝}$$

$$\frac{N_1}{N_2|_{20V}} = \frac{U_1}{U_{22}}, \quad N_2|_{20V} = N_1 \cdot \frac{U_{22}}{U_1} = 550 \times \frac{20}{100} = 110 \text{ 匝}$$

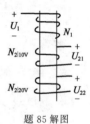

题 85 解图

答案:C

86.**解** 为实现对电动机的过载保护,热继电器的热元件串联在电动机的主电路中,测量电动机的主电流,同时将热继电器的常闭触点接在控制电路中,一旦电动机过载,则常闭触点断开,切断电机的供电电路。

答案:C

87.**解** "模拟"是指把某一个量用与它相对应的连续的物理量(电压)来表示;图 d)不是模拟信号,图 c)是采样信号,而非数字信号。对本题的分析可见,图 b)是图 a)的模拟信号。

答案:A

88.**解** 周期信号频谱是离散的频谱,信号的幅度随谐波次数的增高而减小。针对本题情况可知该周期信号的一次谐波分量为:

$$u_1 = U_{1m}\sin\omega_1 t = 5\sin 10^3 t$$

$$U_{1m} = 5V, \quad \omega_1 = 10^3$$

$$u_3 = U_{3m}\sin 3\omega t$$

$$\omega_3 = 3\omega_1 = 3 \times 10^3$$

$$U_{3m} < U_{1m}$$

答案:B

89.解 放大器的输入为正弦交流信号,但 $u_1(t)$ 的频率过高,超出了上限频率 f_H,放大倍数小于 A,因此输出信号 u_2 的有效值 $U_2 < AU_1$。

答案:C

90.解 根据逻辑电路的反演关系,对公式变化可知结果

$$\overline{AD + \overline{A}\,\overline{D}} = \overline{AD} \cdot \overline{\overline{A}\,\overline{D}} = (\overline{A} + \overline{D}) \cdot (A + D) = \overline{A}D + A\overline{D}$$

答案:C

91.解 本题输入信号 A、B 与输出信号 F 为或非逻辑关系,$F = \overline{A + B}$(输入有 1 输出则 0),对齐相位画输出波形如解图所示。

题91解图

结果与选项 A 的图形一致。

答案:A

92.解 BCD 码是用二进制数表示十进制数。有两种常用形式,压缩 BCD 码,用 4 位二进制数表示 1 位十进制数;非压缩 BCD 码,用 8 位二进制数表示 1 位十进制数,本题的 BCD 码形式属于第一种。

选项 B,0001 表示十进制的 1,0110 表示十进制的 6,即 $(16)_{BCD} = (0001\ 0110)_B$,正确。

答案:B

93.解 设二极管 D 截止,可以判断:

$$U_{D阳} = 1V$$

$$U_{D阴} = 5V$$

D 为反向偏置状态,可见假设成立,$U_F = U_B = 5V$

答案:B

94.解 该电路为运算放大器的积分运算电路。

$$u_o = -\frac{1}{RC}\int u_i \mathrm{d}t$$

当 $u_i = 1V$ 时,$u_o = -\frac{1}{RC}t$

当 $t<10\mathrm{s}$ 时 $,u_\circ=-t$

$t\geqslant10\mathrm{s}$ 后,电路出现反向饱和,$u_\circ=-10\mathrm{V}$

答案:D

95.**解** 输出 Q 与输入信号 A 的关系:$Q_{n+1}=D=A\cdot\overline{Q_n}$

输入信号 Q 在时钟脉冲的上升沿触发。

如解图所示,可知 cp 脉冲的两个下降沿时刻 Q 的状态分别是 1 0。

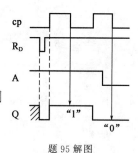

题 95 解图

答案:C

96.**解** 由题图可见该电路由 3 个 D 触发器组成,在时钟脉冲的作用下,存储数据依次向左循环移位。

当 $\overline{R_D}=0$ 时,系统初始化:$Q_2=0,Q_1=1,Q_0=0$。

即存储数据是"010"。

答案:A

97.**解** 计算机按用途可分为专业计算机和通用计算机。专业计算机是为解决某种特殊问题而设计的计算机,针对具体问题能显示出有效、快速和经济的特性,但它的适应性较差,不适用于其他方面的应用。在导弹和火箭上使用的计算机很大部分就是专业计算机。通用计算机适应性很强,应用范围很广,如应用于科学计算、数据处理和实时控制等领域。

答案:A

98.**解** 当前计算机的内存储器多数是半导体存储器。半导体存储器从使用功能上分,有随机存储器(Random Access Memory,简称 RAM,又称读写存储器),只读存储器(Read Only Memory,简称 ROM)。

答案:A

99.**解** 批处理操作系统是指将用户的一批作业有序地排列在一起,形成一个庞大的作业流。计算机指令系统会自动地顺序执行作业流,以节省人工操作时间和提高计算机的使用效率。

答案:B

100.**解** 杀毒软件能防止计算机病毒的入侵,及时有效地提醒用户当前计算机的安全状况,可以对计算机内的所有文件进行检查,发现病毒时可清除病毒,有效地保护计算机内的数据安全。

答案:D

101. **解** ASCII 码是"美国信息交换标准代码"的简称,是目前国际上最为流行的字符信息编码方案。在这种编码中每个字符用 7 个二进制位表示。这样,从 0000000 到 1111111 可以给出 128 种编码,可以用来表示 128 个不同的字符,其中包括 10 个数字、大小写字母各 26 个、算术运算符、标点符号及专用符号等。

答案:B

102. **解** Windows 特点的是使用方便、系统稳定可靠、有友好的用户界面、更高的可移动性,笔记本用户可以随时访问信息等。

答案:C

103. **解** 虚拟存储技术实际上是在一个较小的物理内存储器空间上,来运行一个较大的用户程序。它利用大容量的外存储器来扩充内存储器的容量,产生一个比内存空间大得多、逻辑上的虚拟存储空间。

答案:D

104. **解** 通信和数据传输是计算机网络主要功能之一,用来在计算机系统之间传送各种信息。利用该功能,地理位置分散的生产单位和业务部门可通过计算机网络连接在一起进行集中控制和管理。也可以通过计算机网络传送电子邮件,发布新闻消息和进行电子数据交换,极大地方便了用户,提高了工作效率。

答案:D

105. **解** 因特网提供的服务有电子邮件服务、远程登录服务、文件传输服务、WWW 服务、信息搜索服务。

答案:D

106. **解** 按采用的传输介质不同,可将网络分为双绞线网、同轴电缆网、光纤网、无线网;按网络传输技术不同,可将网络分为广播式网络和点到点式网络;按线路上所传输信号的不同,又将网络分为基带网和宽带网两种。

答案:A

107. **解** 根据等额支付偿债基金公式(已知 F,求 A):

$$A = F\left[\frac{i}{(1+i)^n - 1}\right] = F(A/F, i, n)$$

$$= 600 \times (A/F, 5\%, 5) = 600 \times 0.18097 = 108.58 \text{ 万元}$$

答案:B

108. **解** 从企业角度进行投资项目现金流量分析时,可不考虑增值税,因为增值税是价外税,不进入企业成本也不进入销售收入。执行新的《中华人民共和国增值税暂行条例》以后,为了体现固定资产进项税抵扣导致企业应纳增值税的降低进而致使净现金流量增加的作用,应在现金流入中增加销项税额,同时在现金流出中增加进项税额以及应纳增值税。

答案:B

109. 解 注意题目问的是第2年年末偿还的利息(不包括本金)。

等额本息法每年还款的本利和相等,根据等额支付资金回收公式(已知 P 求 A),每年年末还本付息金额为:

$$A = P\left[\frac{i(1+i)^n}{(1+i)^n-1}\right]$$

$$= P(A/P, 8\%, 5) = 150 \times 0.2505 = 37.575 \text{ 万元}$$

则第1年末偿还利息为 $150 \times 8\% = 12$ 万元,偿还本金为 $37.575 - 12 = 25.575$ 万元

第1年已经偿还本金 25.575 万元,尚未偿还本金为 $150 - 25.575 = 124.425$ 万元

第2年年末应偿还利息为 $(150 - 25.575) \times 8\% = 9.954$ 万元

答案:A

110. 解 内部收益率是指项目在计算期内各年净现金流量现值累计等于零时的收益率,属于动态评价指标。计算内部收益率不需要事先给定基准收益率 i_c,计算出内部收益率后,再与项目的基准收益率 i_c 比较,以判定项目财务上的可行性。

常规项目投资方案是指除了建设期初或投产期初的净现金流量为负值外,以后年份的净现金流量均为正值,计算期内净现金流量由负到正只变化一次,这类项目只要累计净现金流量大于零,内部收益率就有唯一解,即项目的内部收益率。

答案:D

111. 解 影子价格是能够反映资源真实价值和市场供求关系的价格。

答案:B

112. 解 生产能力利用率的盈亏平衡点指标数值越低,说明较低的生产能力利用率即可达到盈亏平衡,也即说明企业经营抗风险能力较强。

答案:A

113. 解 由于残值可以回收,并没有真正形成费用消耗,故应从费用中将残值减掉。

由甲方案的现金流量图可知:

甲方案的费用现值:

$$P=4(P/A,20\%,20)+25-8(P/F,20\%,20)$$

$$=4\times4.8696+25-8\times0.02608=44.27\ \text{万元}$$

同理可计算乙方案的费用现值：

$$P=6(P/A,20\%,20)+12-6(P/F,20\%,20)$$

$$=6\times4.8696+12-6\times0.02608=41.06\ \text{万元}$$

答案:C

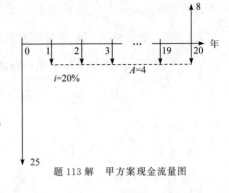

题113解　甲方案现金流量图

114.解　该零件的成本系数为：

$$C=880\div10000=0.088$$

该零部件的价值指数为：

$$0.140\div0.088=1.591$$

答案:D

115.解　《中华人民共和国建筑法》第三十四条规定,工程监理单位应当根据建设单位的委托,客观、公正地执行监理任务。

选项C和D明显错误。选项A也是错误的,因为监理单位承揽监理业务的范围是根据其单位资质决定的,而不是和甲方签订的合同所决定的。

答案:B

116.解　《中华人民共和国安全法》第六十条规定,负有安全生产监督管理职责的部门依照有关法律、法规的规定,对涉及安全生产的事项需要审查批准(包括批准、核准、许可、注册、认证、颁发证照等,下同)或者验收的,必须严格依照有关法律、法规和国家标准或者行业标准规定的安全生产条件和程序进行审查;不符合有关法律、法规和国家标准或者行业标准规定的安全生产条件的,不得批准或者验收通过。对未依法取得批准或者验收合格的单位擅自从事有关活动的,负责行政审批的部门发现或者接到举报后应当立即予以取缔,并依法予以处理。对已经依法取得批准的单位,负责行政审批的部门发现其不再具备安全生产条件的,应当撤销原批准。

答案:A

117.解　《中华人民共和国建筑法》第二十七条规定,大型建筑工程或者结构复杂的建筑工程,可以由两个以上的承包单位联合共同承包。共同承包的各方对承包合同的履行承担连带责任。

两个以上不同资质等级的单位实行联合共同承包的,应当按照资质等级低的单位的业务许可范围承揽工程。

答案:B

118.**解** 《中华人民共和国合同法》第六十二条第二款规定,价款或者报酬不明确的,按照订立合同时履行地的市场价格履行。

答案:A

119.**解** 《中华人民共和国环境保护法》第三十五条规定,城乡建设应当结合当地自然环境的特点,保护植被、水域和自然景观,加强城市园林、绿地和风景名胜区的建设与管理。

答案:A

120.**解** 《中华人民共和国安全法》第十八条规定,生产经营单位的主要负责人对本单位安全生产工作负有下列职责:

(一)建立、健全本单位安全生产责任制;

(二)组织制定本单位安全生产规章制度和操作规程;

(三)组织制定并实施本单位安全生产教育和培训计划;

(四)保证本单位安全生产投入的有效实施;

(五)督促、检查本单位的安全生产工作,及时消除生产安全事故隐患;

(六)组织制定并实施本单位的生产安全事故应急救援预案;

(七)及时、如实报告生产安全事故。

答案:A

2019 年度全国勘察设计注册工程师

执业资格考试试卷

基础考试
（上）

二〇一九年十月

应考人员注意事项

1. 本试卷科目代码为"1",考生务必将此代码填涂在答题卡"科目代码"相应的栏目内,否则,无法评分。

2. 书写用笔:**黑色或蓝色钢笔、签字笔或圆珠笔**;

   填涂答题卡用笔:**黑色 2B 铅笔**。

3. 必须用书写用笔将工作单位、姓名、准考证号填写在答题卡和试卷相应的栏目内。

4. 本试卷由 120 题组成,每题 1 分,满分 120 分,本试卷全部为单项选择题,每小题的四个备选项中只有一个正确答案,错选、多选、不选均不得分。

5. 考生作答时,必须按**题号在答题卡上**将相应试题所选选项对应的**字母用 2B 铅笔涂黑**。

6. 在答题卡上书写与题意无关的语言,或在答题卡上作标记的,均按违纪试卷处理。

7. 考试结束时,由监考人员当面将试卷、答题卡一并收回。

8. 草稿纸由各地统一配发,考后收回。

单项选择题(共 120 题,每题 1 分。每题的备选项中只有一个最符合题意。)

1.极限 $\lim\limits_{x\to 0}\dfrac{3+e^{\frac{1}{x}}}{1-e^{\frac{2}{x}}}$ 等于:

A. 3

B. -1

C. 0

D. 不存在

2.函数 $f(x)$ 在点 $x=x_0$ 处连续是 $f(x)$ 在点 $x=x_0$ 处可微的:

A. 充分条件

B. 充要条件

C. 必要条件

D. 无关条件

3. x 趋于 0 时,$\sqrt{1-x^2}-\sqrt{1+x^2}$ 与 x^k 是同阶无穷小,则常数 k 等于:

A. 3

B. 2

C. 1

D. 1/2

4.设 $y=\ln(\sin x)$,则二阶导数 y'' 等于:

A. $\dfrac{\cos x}{\sin^2 x}$

B. $\dfrac{1}{\cos^2 x}$

C. $\dfrac{1}{\sin^2 x}$

D. $-\dfrac{1}{\sin^2 x}$

5.若函数 $f(x)$ 在 $[a,b]$ 上连续,在 (a,b) 内可导,且 $f(a)=f(b)$,则在 (a,b) 内满足 $f'(x_0)=0$ 的点 x_0:

A. 必存在且只有一个

B. 至少存在一个

C. 不一定存在

D. 不存在

6.设 $f(x)$ 在 $(-\infty,+\infty)$ 内连续,其导数 $f'(x)$ 的图形如图所示,则 $f(x)$ 有:

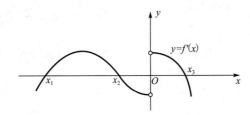

A. 一个极小值点和两个极大值点

B. 两个极小值点和两个极大值点

C. 两个极小值点和一个极大值点

D. 一个极小值点和三个极大值点

7. 不定积分 $\int \dfrac{x}{\sin^2(x^2+1)}dx$ 等于:

A. $-\dfrac{1}{2}\cot(x^2+1)+C$

B. $\dfrac{1}{\sin(x^2+1)}+C$

C. $-\dfrac{1}{2}\tan(x^2+1)+C$

D. $-\dfrac{1}{2}\cot x+C$

8. 广义积分 $\displaystyle\int_{-2}^{2}\dfrac{1}{(1+x)^2}dx$ 的值为:

A. $\dfrac{4}{3}$

B. $-\dfrac{4}{3}$

C. $\dfrac{2}{3}$

D. 发散

9. 已知向量 $\boldsymbol{\alpha}=(2,1,-1)$,若向量 $\boldsymbol{\beta}$ 与 $\boldsymbol{\alpha}$ 平行,且 $\boldsymbol{\alpha}\cdot\boldsymbol{\beta}=3$,则 $\boldsymbol{\beta}$ 为:

A. $(2,1,-1)$

B. $\left(\dfrac{3}{2},\dfrac{3}{4},-\dfrac{3}{4}\right)$

C. $\left(1,\dfrac{1}{2},-\dfrac{1}{2}\right)$

D. $\left(1,-\dfrac{1}{2},\dfrac{1}{2}\right)$

10. 过点 $(2,0,-1)$ 且垂直于 xOy 坐标面的直线方程是:

A. $\dfrac{x-2}{1}=\dfrac{y}{0}=\dfrac{z+1}{0}$

B. $\dfrac{x-2}{0}=\dfrac{y}{1}=\dfrac{z+1}{0}$

C. $\dfrac{x-2}{0}=\dfrac{y}{0}=\dfrac{z+1}{1}$

D. $\begin{cases}x=2\\z=-1\end{cases}$

11. 微分方程 $y\ln x\,dx-x\ln y\,dy=0$ 满足条件 $y(1)=1$ 的特解是:

A. $\ln^2 x+\ln^2 y=1$

B. $\ln^2 x-\ln^2 y=1$

C. $\ln^2 x+\ln^2 y=0$

D. $\ln^2 x-\ln^2 y=0$

12. 若 D 是由 x 轴、y 轴及直线 $2x+y-2=0$ 所围成的闭区域,则二重积分 $\displaystyle\iint\limits_{D}dxdy$

的值等于:

A. 1

B. 2

C. $\dfrac{1}{2}$

D. -1

13. 函数 $y=C_1C_2e^{-x}$ (C_1、C_2 是任意常数)是微分方程 $y''-2y'-3y=0$ 的:

A. 通解

B. 特解

C. 不是解

D. 既不是通解又不是特解,而是解

14. 设圆周曲线 $L: x^2 + y^2 = 1$ 取逆时针方向,则对坐标的曲线积分 $\int_L \dfrac{y\mathrm{d}x - x\mathrm{d}y}{x^2 + y^2}$ 等于:

A. 2π

B. -2π

C. π

D. 0

15. 对于函数 $f(x, y) = xy$,原点 $(0, 0)$:

A. 不是驻点

B. 是驻点但非极值点

C. 是驻点且为极小值点

D. 是驻点且为极大值点

16. 关于级数 $\sum\limits_{n=1}^{\infty} (-1)^{n-1} \dfrac{1}{n^p}$ 收敛性的正确结论是:

A. $0 < p \leqslant 1$ 时发散

B. $p > 1$ 时条件收敛

C. $0 < p \leqslant 1$ 时绝对收敛

D. $0 < p \leqslant 1$ 时条件收敛

17. 设函数 $z = \left(\dfrac{y}{x}\right)^x$,则全微分 $\mathrm{d}z\Big|_{\substack{x=1 \\ y=2}} =$

A. $\ln2\mathrm{d}x + \dfrac{1}{2}\mathrm{d}y$

B. $(\ln2 + 1)\mathrm{d}x + \dfrac{1}{2}\mathrm{d}y$

C. $2\left[(\ln2 - 1)\mathrm{d}x + \dfrac{1}{2}\mathrm{d}y\right]$

D. $\dfrac{1}{2}\ln2\mathrm{d}x + 2\mathrm{d}y$

18. 幂级数 $\sum\limits_{n=1}^{\infty} (-1)^{n-1} \dfrac{x^{2n-1}}{2n-1}$ 的收敛域是:

A. $[-1, 1]$

B. $(-1, 1]$

C. $[-1, 1)$

D. $(-1, 1)$

19. 若 n 阶方阵 $\boldsymbol{A}$ 满足 $|\boldsymbol{A}| = b\,(b \neq 0, n \geqslant 2)$,而 $\boldsymbol{A}^*$ 是 $\boldsymbol{A}$ 的伴随矩阵,则行列式 $|\boldsymbol{A}^*|$ 等于:

A. b^n

B. b^{n-1}

C. b^{n-2}

D. b^{n-3}

20.已知二阶实对称矩阵 A 的一个特征值为1,而 A 的对应特征值1的特征向量为

$\begin{bmatrix} 1 \\ -1 \end{bmatrix}$,若 $|A|=-1$,则 A 的另一个特征值及其对应的特征向量是:

A. $\begin{cases} \lambda=1 \\ x=(1,1)^{\mathrm{T}} \end{cases}$ B. $\begin{cases} \lambda=-1 \\ x=(1,1)^{\mathrm{T}} \end{cases}$

C. $\begin{cases} \lambda=-1 \\ x=(-1,1)^{\mathrm{T}} \end{cases}$ D. $\begin{cases} \lambda=-1 \\ x=(1,-1)^{\mathrm{T}} \end{cases}$

21.设二次型 $f(x_1,x_2,x_3)=x_1^2+tx_2^2+3x_3^2+2x_1x_2$,要使其秩为 2,则参数 t 的值等于:

A. 3   B. 2

C. 1   D. 0

22.设 A、B 为两个事件,且 $P(A)=\dfrac{1}{3}$,$P(B)=\dfrac{1}{4}$,$P(B\mid A)=\dfrac{1}{6}$,则 $P(A\mid B)$ 等于:

A. $\dfrac{1}{9}$ B. $\dfrac{2}{9}$

C. $\dfrac{1}{3}$ D. $\dfrac{4}{9}$

23.设随机向量 (X,Y) 的联合分布律为

Y\X	-1	0
1	1/4	1/4
2	1/6	a

则 a 的值等于:

A. $\dfrac{1}{3}$ B. $\dfrac{2}{3}$

C. $\dfrac{1}{4}$ D. $\dfrac{3}{4}$

24.设总体 X 服从均匀分布 $U(1,\theta)$,$\overline{X}=\dfrac{1}{n}\sum_{i=1}^{n}X_i$,则 θ 的矩估计为:

A. $\overline{X}$ B. $2\overline{X}$

C. $2\overline{X}-1$ D. $2\overline{X}+1$

25.关于温度的意义,有下列几种说法:

(1)气体的温度是分子平均平动动能的量度;

(2)气体的温度是大量气体分子热运动的集体表现,具有统计意义;

(3)温度的高低反映物质内部分子运动剧烈程度的不同;

(4)从微观上看,气体的温度表示每个气体分子的冷热程度。

这些说法中正确的是:

A.(1)、(2)、(4)

B.(1)、(2)、(3)

C.(2)、(3)、(4)

D.(1)、(3)、(4)

26.设 $\bar{v}$ 代表气体分子运动的平均速率,v_{p} 代表气体分子运动的最概然速率,$(\overline{v^2})^{\frac{1}{2}}$ 代表气体分子运动的方均根速率,处于平衡状态下的理想气体,三种速率关系正确的是:

A. $(\overline{v^2})^{\frac{1}{2}} = \bar{v} = v_{\mathrm{p}}$

B. $\bar{v} = v_{\mathrm{p}} < (\overline{v^2})^{\frac{1}{2}}$

C. $v_{\mathrm{p}} < \bar{v} < (\overline{v^2})^{\frac{1}{2}}$

D. $v_{\mathrm{p}} > \bar{v} > (\overline{v^2})^{\frac{1}{2}}$

27.理想气体向真空做绝热膨胀:

A.膨胀后,温度不变,压强减小

B.膨胀后,温度降低,压强减小

C.膨胀后,温度升高,加强减小

D.膨胀后,温度不变,压强不变

28. 两个卡诺热机的循环曲线如图所示，一个工作在温度为 T_1 与 T_3 的两个热源之间，另一个工作在温度为 T_2 与 T_3 的两个热源之间，已知这两个循环曲线所包围的面积相等，由此可知：

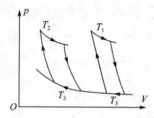

A. 两个热机的效率一定相等

B. 两个热机从高温热源所吸收的热量一定相等

C. 两个热机向低温热源所放出的热量一定相等

D. 两个热机吸收的热量与放出的热量(绝对值)的差值一定相等

29. 刚性双原子分子理想气体的定压摩尔热容量 C_p 与其定体摩尔热容量 C_V 之比，C_p/C_V 等于：

A. $\dfrac{5}{3}$　　　　　　　　　　B. $\dfrac{3}{5}$

C. $\dfrac{7}{5}$　　　　　　　　　　D. $\dfrac{5}{7}$

30. 一横波沿绳子传播时，波的表达式为 $y = 0.05\cos(4\pi x - 10\pi t)$(SI)，则：

A. 波长为 0.5m

B. 波速为 5m/s

C. 波速为 25m/s

D. 频率为 2Hz

31. 火车疾驰而来时，人们听到的汽笛音调，与火车远离而去时人们听到的汽笛音调相比较，音调：

A. 由高变低

B. 由低变高

C. 不变

D. 变高，还是变低不能确定

32. 在波的传播过程中,若保持其他条件不变,仅使振幅增加一倍,则波的强度增加到:

A. 1 倍

B. 2 倍

C. 3 倍

D. 4 倍

33. 两列相干波,其表达式为 $y_1 = A\cos 2\pi\left(vt - \dfrac{x}{\lambda}\right)$ 和 $y_2 = A\cos 2\pi\left(vt + \dfrac{x}{\lambda}\right)$,在叠加后形成的驻波中,波腹处质元振幅为:

A. A

B. $-A$

C. $2A$

D. $-2A$

34. 在玻璃(折射率 $n_1 = 1.60$)表面镀一层 MgF_2(折射率 $n_2 = 1.38$)薄膜作为增透膜,为了使波长为 $500nm(1nm = 10^{-9}m)$ 的光从空气($n_1 = 1.00$)正入射时尽可能少反射,MgF_2 薄膜的最小厚度应为:

A. 78.1nm

B. 90.6nm

C. 125nm

D. 181nm

35. 在单缝衍射实验中,若单缝处波面恰好被分成奇数个半波带,在相邻半波带上,任何两个对应点所发出的光在明条纹处的光程差为:

A. λ

B. 2λ

C. $\lambda/2$

D. $\lambda/4$

36. 在双缝干涉实验中,用单色自然光,在屏上形成干涉条纹。若在两缝后放一个偏振片,则:

A. 干涉条纹的间距不变,但明纹的亮度加强

B. 干涉条纹的间距不变,但明纹的亮度减弱

C. 干涉条纹的间距变窄,但明纹的亮度减弱

D. 无干涉条纹

37. 下列元素中第一电离能最小的是：

    A. H   B. Li

    C. Na   D. K

38. $H_2C = HC — CH = CH_2$ 分子中所含化学键共有：

    A. 4 个 σ 键,2 个 π 键

    B. 9 个 σ 键,2 个 π 键

    C. 7 个 σ 键,4 个 π 键

    D. 5 个 σ 键,4 个 π 键

39. 在 $NaCl$,$MgCl_2$,$AlCl_3$,$SiCl_4$ 四种物质的晶体中,离子极化作用最强的是：

    A. $NaCl$ B. $MgCl_2$

    C. $AlCl_3$ D. $SiCl_4$

40. $pH = 2$ 溶液中的 $c(OH^-)$ 是 $pH = 4$ 溶液中 $c(OH^-)$ 的：

    A. 2 倍   B. 0.5 倍

    C. 0.01 倍   D. 100 倍

41. 某反应在 298K 及标准状态下不能自发进行,当温度升高到一定值时,反应能自发进行,下列符合此条件的是：

    A. $\Delta_r H_m^\ominus > 0$,$\Delta_r S_m^\ominus > 0$

    B. $\Delta_r H_m^\ominus < 0$,$\Delta_r S_m^\ominus < 0$

    C. $\Delta_r H_m^\ominus < 0$,$\Delta_r S_m^\ominus > 0$

    D. $\Delta_r H_m^\ominus > 0$,$\Delta_r S_m^\ominus < 0$

42. 下列物质水溶液 $pH > 7$ 的是：

    A. $NaCl$ B. Na_2CO_3

    C. $Al_2(SO_4)_3$ D. $(NH_4)_2SO_4$

43. 已知 $E^\ominus(Fe^{3+}/Fe^{2+}) = 0.77V$,$E^\ominus(MnO_4^-/Mn^{2+}) = 1.51V$,当同时提高两电对酸度时,两电对电极电势数值的变化下列正确的是：

    A. $E^\ominus(Fe^{3+}/Fe^{2+})$ 变小,$E^\ominus(MnO_4^-/Mn^{2+})$ 变大

    B. $E^\ominus(Fe^{3+}/Fe^{2+})$ 变大,$E^\ominus(MnO_4^-/Mn^{2+})$ 变大

    C. $E^\ominus(Fe^{3+}/Fe^{2+})$ 不变,$E^\ominus(MnO_4^-/Mn^{2+})$ 变大

    D. $E^\ominus(Fe^{3+}/Fe^{2+})$ 不变,$E^\ominus(MnO_4^-/Mn^{2+})$ 不变

44. 分子式为 C_5H_{12} 的各种异构体中,所含甲基数和它的一氯代物的数目与下列情况相符的是:

    A．2 个甲基,能生成 4 种一氯代物　　　　B．3 个甲基,能生成 5 种一氯代物

    C．3 个甲基,能生成 4 种一氯代物　　　　D．4 个甲基,能生成 4 种一氯代物

45. 在下列有机物中,经催化加氢反应后不能生成 2-甲基戊烷的是:

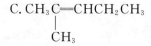

    A. $CH_2\!=\!CCH_2CH_2CH_3$
               B. $(CH_3)_2CHCH_2CH\!=\!CH_2$
        |
        CH_3

    C. $CH_3C\!=\!CHCH_2CH_3$
                D. $CH_3CH_2CHCH\!=\!CH_2$
        |
        CH_3 CH_3

46. 以下是分子式为 $C_5H_{12}O$ 的有机物,其中能被氧化为含相同碳原子数的醛的化合物是:

    ①$CH_2CH_2CH_2CH_2CH_3$ ②$CH_3CHCH_2CH_2CH_3$
      |　　　　　　　　　　　　　　　　　　　　　　|
      OH OH

    ③$CH_3CH_2CHCH_2CH_3$ ④$CH_3CHCH_2CH_3$
          |　　　　　　　　　　　　　　　　　　　|
          OH CH_2OH

    A.①②　　　　　　　　　　　　　　　　B.③④

    C.①④　　　　　　　　　　　　　　　　D. 只有①

47. 图示三角刚架中,若将作用于构件 BC 上的力 F 沿其作用线移至构件 AC 上,则 A、B、C 处约束力的大小:

    A. 都不变

    B. 都改变

    C. 只有 C 处改变

    D. 只有 C 处不改变

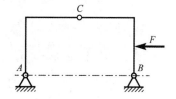

48. 平面力系如图所示,已知:$F_1=160\text{N}$,$M=4\text{N}\cdot\text{m}$,则力系向 A 点简化后的主矩大小应为:

    A. $M_A=4\text{N}\cdot\text{m}$

    B. $M_A=1.2\text{N}\cdot\text{m}$

    C. $M_A=1.6\text{N}\cdot\text{m}$

    D. $M_A=0.8\text{N}\cdot\text{m}$

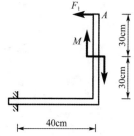

49. 图示承重装置,B、C、D、E处均为光滑铰链连接,各杆和滑轮的重量略去不计,已知:a,r,F_p。则固定端A的约束力偶为:

A. $M_A = F_p \times \left(\dfrac{a}{2} + r\right)$（顺时针）

B. $M_A = F_p \times \left(\dfrac{a}{2} + r\right)$（逆时针）

C. $M_A = F_p r$（逆时针）

D. $M_A = \dfrac{a}{2} F_p$（顺时针）

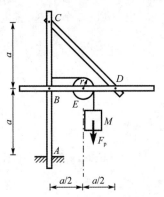

50. 判断图示桁架结构中,内力为零的杆数是:

A. 3

B. 4

C. 5

D. 6

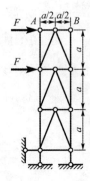

51. 汽车匀加速运动,在 10s 内,速度由 0 增加到 5m/s。则汽车在此时间内行驶的距离为:

A. 25m

B. 50m

C. 75m

D. 100m

52. 物体作定轴转动的运动方程为 $\varphi = 4t - 3t^2$（φ 以 rad 计,t 以 s 计）,则此物体内转动半径 $r = 0.5$m 的一点在 $t = 1$s 时的速度和切向加速度的大小分别为:

A. -2m/s,-20m/s^2

B. -1m/s,-3m/s^2

C. -2m/s,-8.54m/s^2

D. 0,-20.2m/s^2

53. 如图所示机构中,曲柄 $OA = r$,以常角速度 ω 转动。则滑动构件 BC 的速度、加速度的表达式分别为:

A. $r\omega\sin\omega t, r\omega\cos\omega t$

B. $r\omega\cos\omega t, r\omega^2\sin\omega t$

C. $r\sin\omega t, r\omega\cos\omega t$

D. $r\omega\sin\omega t, r\omega^2\cos\omega t$

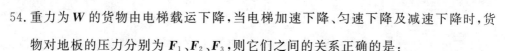

54. 重力为 W 的货物由电梯载运下降,当电梯加速下降、匀速下降及减速下降时,货物对地板的压力分别为 F_1、F_2、F_3,则它们之间的关系正确的是:

A. $F_1 = F_2 = F_3$

B. $F_1 > F_2 > F_3$

C. $F_1 < F_2 < F_3$

D. $F_1 < F_2 > F_3$

55. 均质圆盘的质量为 m,半径为 R,在铅垂平面内绕 O 轴转动,图示瞬时角速度为 ω,则其对 O 轴的动量矩大小为:

A. $mR\omega$

B. $\dfrac{1}{2}mR\omega$

C. $\dfrac{1}{2}mR^2\omega$

D. $\dfrac{3}{2}mR^2\omega$

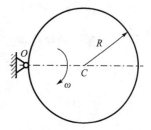

56. 均质圆柱体半径为 R,质量为 m,绕关于对纸面垂直的固定水平轴自由转动,初瞬时静止 $\theta = 0°$,如图所示,则圆柱体在任意位置 θ 时的角速度为:

A. $\sqrt{\dfrac{4g(1-\sin\theta)}{3R}}$

B. $\sqrt{\dfrac{4g(1-\cos\theta)}{3R}}$

C. $\sqrt{\dfrac{2g(1-\cos\theta)}{3R}}$

D. $\sqrt{\dfrac{g(1-\cos\theta)}{2R}}$

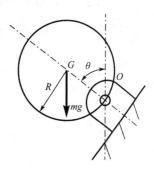

57. 质量为 m 的物体 A,置于水平成 θ 角的倾面 B 上,如图所示,A 与 B 间的摩擦系数为 f,当保持 A 与 B 一起以加速度 a 水平向右运动时,则物块 A 的惯性力是:

A. $ma(\leftarrow)$

B. $ma(\rightarrow)$

C. $ma(\nearrow)$

D. $ma(\swarrow)$

58. 一无阻尼弹簧—质量系统受简谐激振力作用,当激振频率 $\omega_1 = 6\mathrm{rad/s}$ 时,系统发生共振,给质量块增加 1kg 的质量后重新试验,测得共振频率 $\omega_2 = 5.86\mathrm{rad/s}$。则原系统的质量及弹簧刚度系数是:

A. 19.69kg,623.55N/m

B. 20.69kg,623.55N/m

C. 21.69kg,744.84N/m

D. 20.69kg,744.84N/m

59. 图示四种材料的应力—应变曲线中,强度最大的材料是:

A. A

B. B

C. C

D. D

60. 图示等截面直杆,杆的横截面面积为 A,材料的弹性模量为 E,在图示轴向荷载作用下杆的总伸长度为:

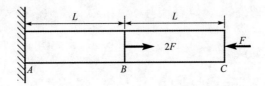

A. $\Delta L = 0$

B. $\Delta L = \dfrac{FL}{4EA}$

C. $\Delta L = \dfrac{FL}{2EA}$

D. $\Delta L = \dfrac{FL}{EA}$

61. 两根木杆用图示结构连接,尺寸如图所示,在轴向外力 F 作用下,可能引起连接结构发生剪切破坏的名义切应力是:

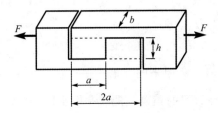

A. $\tau = \dfrac{F}{ab}$

B. $\tau = \dfrac{F}{ah}$

C. $\tau = \dfrac{F}{bh}$

D. $\tau = \dfrac{F}{2ab}$

62. 扭转切应力公式 $\tau_\rho = \rho \dfrac{T}{I_{\mathrm{p}}}$ 适用的杆件是:

A. 矩形截面杆

B. 任意实心截面杆

C. 弹塑性变形的圆截面杆

D. 线弹性变形的圆截面杆

63. 已知实心圆轴按强度条件可承担的最大扭矩为 T,若改变该轴的直径,使其横截面积增加 1 倍,则可承担的最大扭矩为:

A. $\sqrt{2}\,T$

B. $2T$

C. $2\sqrt{2}\,T$

D. $4T$

64. 在下列关于平面图形几何性质的说法中,错误的是:

A. 对称轴必定通过圆形形心

B. 两个对称轴的交点必为圆形形心

C. 图形关于对称轴的静矩为零

D. 使静矩为零的轴必为对称轴

65. 悬臂梁的载荷情况如图所示,若有集中力偶 m 在梁上移动,则梁的内力变化情况是:

A. 剪力图、弯矩图均不变

B. 剪力图、弯矩图均改变

C. 剪力图不变,弯矩图改变

D. 剪力图改变,弯矩图不变

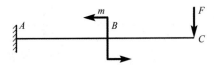

66. 图示悬臂梁,若梁的长度增加 1 倍,则梁的最大正应力和最大切应力与原来相比:

A. 均不变

B. 均为原来的 2 倍

C. 正应力为原来的 2 倍,剪应力不变

D. 正应力不变,剪应力为原来的 2 倍

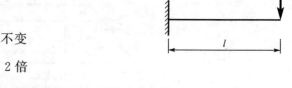

67. 简支梁受力如图所示,梁的正确挠曲线是图示四条曲线中的:

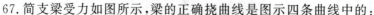

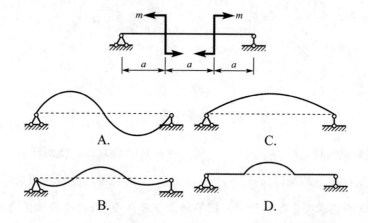

68. 两单元体分别如图 a)、b)所示。关于其主应力和主方向,下列论述正确的是:

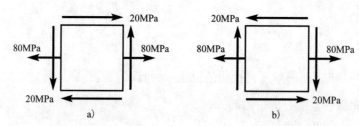

A. 主应力大小和方向均相同

B. 主应力大小相同,但方向不同

C. 主应力大小和方向均不同

D. 主应力大小不同,但方向均相同

69.图示圆轴截面面积为 A,抗弯截面系数为 W,若同时受到扭矩 T、弯矩 M 和轴向内力 F_N 的作用,按第三强度理论,下面的强度条件表达式中正确的是:

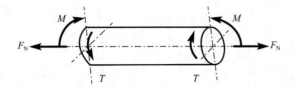

A. $\dfrac{F_N}{A}+\dfrac{1}{W}\sqrt{M^2+T^2}\leqslant[\sigma]$

B. $\sqrt{\left(\dfrac{F_N}{A}\right)^2+\left(\dfrac{M}{W}\right)^2+\left(\dfrac{T}{2W}\right)^2}\leqslant[\sigma]$

C. $\sqrt{\left(\dfrac{F_N}{A}+\dfrac{M}{W}\right)^2+\left(\dfrac{T}{W}\right)^2}\leqslant[\sigma]$

D. $\sqrt{\left(\dfrac{F_N}{A}+\dfrac{M}{W}\right)^2+4\left(\dfrac{T}{W}\right)^2}\leqslant[\sigma]$

70.图示四根细长(大柔度)压杆,弯曲刚度为 EI。其中具有最大临界荷载 F_{cr} 的压杆是:

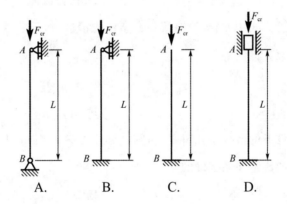

A.　　　　B.　　　　C.　　　　D.

71.连续介质假设意味着是:

A.流体分子相互紧连

B.流体的物理量是连续函数

C.流体分子间有间隙

D.流体不可压缩

72. 盛水容器形状如图所示，已知 $h_1 = 0.9\text{m}, h_2 = 0.4\text{m}, h_3 = 1.1\text{m}, h_4 = 0.75\text{m}, h_5 = 1.33\text{m}$，则下列各点的相对压强正确的是：

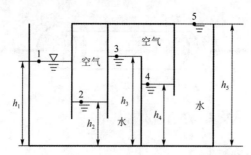

A. $p_1 = 0, p_2 = 4.90\text{kPa}, p_3 = -1.96\text{kPa}, p_4 = -1.96\text{kPa}, p_5 = -7.64\text{kPa}$

B. $p_1 = -4.90\text{kPa}, p_2 = 0, p_3 = -6.86\text{kPa}, p_4 = -6.86\text{kPa}, p_5 = -19.4\text{kPa}$

C. $p_1 = 1.96\text{kPa}, p_2 = 6.86\text{kPa}, p_3 = 0, p_4 = 0, p_5 = -5.68\text{kPa}$

D. $p_1 = 7.64\text{kPa}, p_2 = 12.54\text{kPa}, p_3 = 5.68\text{kPa}, p_4 = 5.68\text{kPa}, p_5 = 0$

73. 流体的连续性方程 $v_1 A_1 = v_2 A_2$ 适用于：

A. 可压缩流体   B. 不可压缩流体

C. 理想流体   D. 任何流体

74. 尼古拉兹实验曲线中，当某管路流动在紊流光滑区时，随着雷诺数 Re 的增大，其沿程损失系数 λ 将：

A. 增大   B. 减小

C. 不变   D. 增大或减小

75. 正常工作条件下的薄壁小孔口 d_1 与圆柱形外管嘴 d_2 相等，作用水头 H 相等，则孔口与管嘴的流量关系正确的是：

A. $Q_1 > Q_2$ B. $Q_1 < Q_2$

C. $Q_1 = Q_2$ D. 条件不足无法确定

76. 半圆形明渠，半径 $r_0 = 4\text{m}$，水力半径为：

A. 4m   B. 3m

C. 2m   D. 1m

77. 有一完全井,半径 $r_0 = 0.3$m,含水层厚度 $H = 15$m,抽水稳定后,井水深度 $h = 10$m,影响半径 $R = 375$m,已知井的抽水量是 0.0276m³/s,则土壤的渗透系数 k 为:

A. 0.0005m/s
B. 0.0015m/s

C. 0.0010m/s
D. 0.00025m/s

78. L 为长度量纲,T 为时间量纲,则沿程损失系数 λ 的量纲为:

A. L
B. L/T

C. L²/T
D. 无量纲

79. 图示铁芯线圈通以直流电流 I,并在铁芯中产生磁通 Φ,线圈的电阻为 R,那么线圈两端的电压为:

A. $U = IR$

B. $U = N\dfrac{\mathrm{d}\Phi}{\mathrm{d}t}$

C. $U = -N\dfrac{\mathrm{d}\Phi}{\mathrm{d}t}$

D. $U = 0$

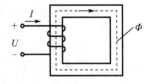

80. 图示电路,如下关系成立的是:

A. $R = \dfrac{u}{i}$

B. $u = i(R+L)$

C. $i = L\dfrac{\mathrm{d}u}{\mathrm{d}t}$

D. $u_L = L\dfrac{\mathrm{d}i}{\mathrm{d}t}$

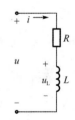

81. 图示电路,电流 I_s 为:

A. -0.8A

B. 0.8A

C. 0.6A

D. -0.6A

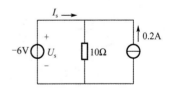

82. 图示电流 $i(t)$ 和电压 $u(t)$ 的相量分别为：

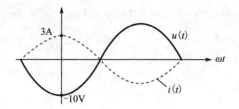

A. $\dot{I}=j2.12\text{A},\dot{U}=-j7.07\text{V}$

B. $\dot{I}=2.12\underline{/90°}\text{A},\dot{U}=-7.07\underline{/-90°}\text{V}$

C. $\dot{I}=j3\text{A},\dot{U}=-j10\text{V}$

D. $\dot{I}=3\text{A},\dot{U}_\text{m}=-10\text{V}$

83. 额定容量为 20kV·A、额定电压为 220V 的某交流电源,有功功率为 8kW、功率因数为 0.6 的感性负载供电后,负载电流的有效值为:

A. $\dfrac{20\times10^3}{220}=90.9\text{A}$

B. $\dfrac{8\times10^3}{0.6\times220}=60.6\text{A}$

C. $\dfrac{8\times10^3}{220}=36.36\text{A}$

D. $\dfrac{20\times10^3}{0.6\times220}=151.5\text{A}$

84. 图示电路中,电感及电容元件上没有初始储能,开关 S 在 $t=0$ 时刻闭合,那么,在开关闭合瞬间$(t=0)$,电路中取值为 10V 的电压是:

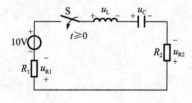

A. u_L

B. u_C

C. $u_\text{R1}+U_\text{R2}$

D. u_R2

85. 设图示变压器为理想器件，且 $u_s = 90\sqrt{2}\sin\omega t\,\mathrm{V}$，开关 S 闭合时，信号源的内阻 R_1 与信号源右侧电路的等效电阻相等，那么，开关 S 断开后，电压 u_1：

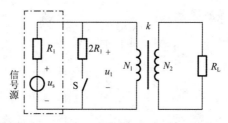

A. 因变压器的匝数比 k、电阻 R_L 和 R_1 未知而无法确定

B. $u_1 = 45\sqrt{2}\sin\omega t\,\mathrm{V}$

C. $u_1 = 60\sqrt{2}\sin\omega t\,\mathrm{V}$

D. $u_1 = 30\sqrt{2}\sin\omega t\,\mathrm{V}$

86. 三相异步电动机在满载启动时，为了不引起电网电压的过大波动，则应该采用的异步电动机类型和启动方案是：

A. 鼠笼式电动机和 Y-△ 降压启动

B. 鼠笼式电动机和自耦调压器降压启动

C. 绕线式电动机和转子绕组串电阻启动

D. 绕线式电动机和 Y-△ 降压启动

87. 在模拟信号、采样信号和采样保持信号这几种信号中，属于连续时间信号的是：

A. 模拟信号与采样保持信号　　　　　　B. 模拟信号和采样信号

C. 采样信号与采样保持信号　　　　　　D. 采样信号

88. 模拟信号 $u_1(t)$ 和 $u_2(t)$ 的幅值频谱分别如图 a) 和图 b) 所示，则在时域中：

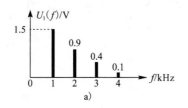
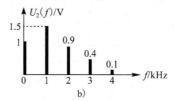

A. $u_1(t)$ 和 $u_2(t)$ 是同一个函数

B. $u_1(t)$ 和 $u_2(t)$ 都是离散时间函数

C. $u_1(t)$ 和 $u_2(t)$ 都是周期性连续时间函数

D. $u_1(t)$ 是非周期性时间函数，$u_2(t)$ 是周期性时间函数

89. 放大器在信号处理系统中的作用是：

    A. 从信号中提取有用信息

    B. 消除信号中的干扰信号

    C. 分解信号中的谐波成分

    D. 增强信号的幅值以便后续处理

90. 对逻辑表达式 $ABC + A\overline{B} + AB\overline{C}$ 的化简结果是：

    A. A

    B. $A\overline{B}$

    C. AB

    D. $AB\overline{C}$

91. 已知数字信号 A 和数字信号 B 的波形如图所示，则数字信号 $F = \overline{A+B}$ 的波形为：

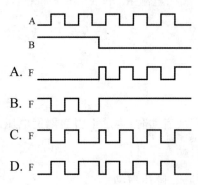

92. 逻辑函数 $F = f(A, B, C)$ 的真值表如下所示，由此可知：

A	B	C	F
0	0	0	0
0	0	1	1
0	1	0	1
0	1	1	0
1	0	0	0
1	0	1	0
1	1	0	0
1	1	1	0

    A. $F = \overline{A}\,\overline{B}C + \overline{B}\overline{C}$

    B. $F = \overline{A}\,\overline{B}C + \overline{A}B\overline{C}$

    C. $F = \overline{A}\,\overline{B}\,\overline{C} + \overline{A}\overline{B}C$

    D. $F = A\overline{B}\,\overline{C} + \overline{A}BC$

93. 二极管应用电路如图所示,图中,$u_A = 1V, u_B = 5V, R = 1k\Omega$,设二极管均为理想器件,则电流 $i_R =$

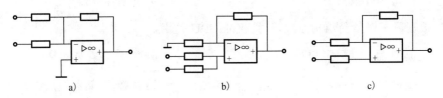

    A. 5mA

    B. 1mA

    C. 6mA

    D. 0mA

94. 图示电路中,能够完成加法运算的电路:

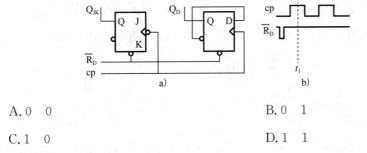

    A. 是图 a)和图 b)   B. 仅是图 a)

    C. 仅是图 b)   D. 是图 c)

95. 图 a)示电路中,复位信号及时钟脉冲信号如图 b)所示,经分析可知,在 t_1 时刻,输出 Q_{JK} 和 Q_D 分别等于:

    A. 0 0   B. 0 1

    C. 1 0   D. 1 1

附:D 触发器的逻辑状态表为

D	Q_{n+1}
0	0
1	1

JK 触发器的逻辑状态表为

J	K	Q_{n+1}
0	0	Q_n
0	1	0
1	0	1
1	1	$\overline{Q_n}$

96.图 a)示时序逻辑电路的工作波形如图 b)所示,由此可知,图 a)电路是一个:

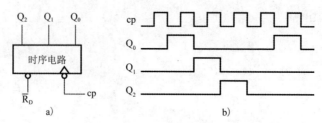

A. 右移寄存器

B. 三进制计数器

C. 四进制计数器

D. 五进制计数器

97.根据冯·诺依曼结构原理,计算机的 CPU 是由:

A. 运算器、控制器组成

B. 运算器、寄存器组成

C. 控制器、寄存器组成

D. 运算器、存储器组成

98.在计算机内,为有条不紊地进行信息传输操作,要用总线将硬件系统中的各个部件:

A. 连接起来

B. 串接起来

C. 集合起来

D. 耦合起来

99.若干台计算机相互协作完成同一任务的操作系统属于:

A. 分时操作系统

B. 嵌入式操作系统

C. 分布式操作系统

D. 批处理操作系统

100.计算机可以直接执行的程序是用:

A. 自然语言编制的程序

B. 汇编语言编制的程序

C. 机器语言编制的程序

D. 高级语言编制的程序

101.汉字的国标码是用两个字节码表示的,为与 ASCII 码区别,是将两个字节的最高位:

A. 都置成 0

B. 都置成 1

C. 分别置成 1 和 0

D. 分别置成 0 和 1

102.下列所列的四条存储容量单位之间换算表达式中,正确的一条是:

A. 1GB＝1024B

B. 1GB＝1024KB

C. 1GB＝1024MB

D. 1GB＝1024TB

103. 下列四条关于防范计算机病毒的方法中,并非有效的一条是:

 A. 不使用来历不明的软件   B. 安装防病毒软件

 C. 定期对系统进行病毒检测   D. 计算机使用完后锁起来

104. 下面四条描述操作系统与其他软件明显不同的特征中,正确的一条是:

 A. 并发性、共享性、随机性   B. 共享性、随机性、动态性

 C. 静态性、共享性、同步性   D. 动态性、并发性、异步性

105. 构成信息化社会的主要技术支柱有三个,它们是:

 A. 计算机技术、通信技术和网络技术

 B. 数据库技术、计算机技术和数字技术

 C. 可视技术、大规模集成技术、网络技术

 D. 动画技术、网络技术、通信技术

106. 为有效防范网络中的冒充、非法访问等威胁,应采用的网络安全技术是:

 A. 数据加密技术   B. 防火墙技术

 C. 身份验证与鉴别技术   D. 访问控制与目录管理技术

107. 某项目向银行借款,按半年复利计息,年实际利率为 8.6%,则年名义利率为:

 A. 8%   B. 8.16%

 C. 8.24%   D. 8.42%

108. 对于国家鼓励发展的缴纳增值税的经营性项目,可以获得增值税的优惠。在财务评价中,先征后返的增值税应记作项目的:

 A. 补贴收入   B. 营业收入

 C. 经营成本   D. 营业外收入

109. 下列筹资方式中,属于项目资本金的筹集方式的是:

 A. 银行贷款   B. 政府投资

 C. 融资租赁   D. 发行债券

110. 某建设项目预计第三年息税前利润为 200 万元,折旧与摊销为 30 万元,所得税为 20 万元,项目生产期第三年应还本付息金额为 100 万元。则该年偿债备付率为:

 A. 1.5 万元   B. 1.9 万元

 C. 2.1 万元   D. 2.5 万元

111. 在进行融资前项目投资现金流量分析时,现金流量应包括:

A. 资产处置收益分配　　　　　　　　B. 流动资金

C. 借款本金偿还　　　　　　　　　　D. 借款利息偿还

112. 某拟建生产企业设计年产 6 万 t 化工原料,年固定成本为 1000 万元,单位可变成本、销售税金和单位产品增值税之和为 800 万元/t,单位产品售价为 1000 元/t。销售收入和成本费用均采用含税价格表示。以生产能力利用率表示的盈亏平衡点为:

A. 9.25%　　　　　　　　　　　　　B. 21%

C. 66.7%　　　　　　　　　　　　　D. 83.3%

113. 某项目有甲、乙两个建设方案,投资分别为 500 万元和 1000 万元,项目期均为 10 年,甲项目年收益为 140 万元,乙项目年收益为 250 万元。假设基准收益率为 10%,则两项目的差额净现值为:

[已知:$(P/A,10\%,10)=6.1446$]

A. 175.9 万元　　　　　　　　　　　B. 360.24 万元

C. 536.14 万元　　　　　　　　　　D. 896.38 万元

114. 某项目打算采用甲工艺进行施工,但经广泛的市场调研和技术论证后,决定用乙工艺代替甲工艺,并达到了同样的施工质量,且成本下降 15%。根据价值工程原理,该项目提高价值的途径是:

A. 功能不变,成本降低　　　　　　　B. 功能提高,成本降低

C. 功能和成本均下降,但成本降低幅度更大　　D. 功能提高,成本不变

115. 某投资亿元的建设工程,建设工期 3 年,建设单位申请领取施工许可证,经审查该申请不符合法定条件的是:

A. 已取得该建设工程规划许可证

B. 已依法确定施工单位

C. 到位资金达到投资额的 30%

D. 该建设工程设计已经发包由某设计单位完成

116. 根据《中华人民共和国安全生产法》,组织制定并实施本单位的生产安全事故应急救援预案的责任人是:

A. 项目负责人

B. 安全生产管理人员

C. 单位主要负责人

D. 主管安全的负责人

117. 根据《中华人民共和国招标投标法》，下列工程建设项目，项目的勘察、设计、施工、监理以及与工程建设有关的重要设备、材料等的采购，按照国家有关规定可不进行招标的是：

A. 大型基础设施、公用事业等关系社会公共利益、公众安全的项目

B. 全部或者部分使用国有资金投资或者国家融资的项目

C. 使用国际组织或者外国政府贷款、援助基金的项目

D. 利用扶贫资金实行以工代赈、需要使用农民工的项目

118. 订立合同需要经过要约和承诺两个阶段，下列关于要约的说法，错误的是：

A. 要约是希望和他人订立合同的意思表示

B. 要约内容应当具体明确

C. 要约是吸引他人向自己提出订立合同的意思表示

D. 经受要约人承诺，要约人即受该意思表示约束

119. 根据《中华人民共和国行政许可法》，行政机关对申请人提出的行政许可申请，应当根据不同情况分别作出处理。下列行政机关的处理，符合规定的是：

A. 申请事项依法不需要取得行政许可的，应当即时告知申请人向有关行政机关申请

B. 申请事项依法不属于本行政机关职权范围内的，应当即时告知申请人不需申请

C. 申请材料存在可以当场更正的错误的，应当告知申请人 3 日内补正

D. 申请材料不齐全，应当当场或者在 5 日内一次告知申请人需要补正的全部内容

120. 根据《建设工程质量管理条例》，下列有关建设单位的质量责任和义务的说法，正确的是：

A. 建设工程发包单位不得暗示承包方以低价竞标

B. 建设单位在办理工程质量监督手续前，应当领取施工许可证

C. 建设单位可以明示或者暗示设计单位违反工程建设强制性标准

D. 建设单位提供的与建设工程有关的原始资料必须真实、准确、齐全

2019 年度全国勘察设计注册工程师执业资格考试基础考试(上)试题解析及参考答案

1. **解** 本题考查函数极限的求法以及洛必达法则的应用。

当自变量 $x \to 0$ 时,只有当 $x \to 0^+$ 及 $x \to 0^-$ 时,函数左右极限各自存在并且相等时,函数极限才存在。即当 $\lim\limits_{x \to 0^+} f(x) = \lim\limits_{x \to 0^-} f(x) = A$ 时,$\lim\limits_{x \to 0} f(x) = A$,否则函数极限不存在。

应用洛必达法则:

$$\lim_{x \to 0^+} \frac{3 + e^{\frac{1}{x}}}{1 - e^{\frac{2}{x}}} \xlongequal[\text{当} x \to 0^+ \text{时}, y \to +\infty]{\text{设} y = \frac{1}{x}} \lim_{y \to +\infty} \frac{3 + e^y}{1 - e^{2y}} \xlongequal{\frac{\infty}{\infty}} \lim_{y \to +\infty} \frac{e^y}{-2e^{2y}} = \lim_{y \to +\infty} \frac{1}{-2e^y} = 0$$

$$\lim_{x \to 0^-} \frac{3 + e^{\frac{1}{x}}}{1 - e^{\frac{2}{x}}} \xlongequal[\text{当} x \to 0^- \text{时}, y \to -\infty]{\text{设} y = \frac{1}{x}} \lim_{y \to -\infty} \frac{3 + e^y}{1 - e^{2y}} \xlongequal[e^y \to 0]{y \to -\infty} \frac{3}{1} = 3$$

因 $\lim\limits_{x \to 0^+} f(x) \neq \lim\limits_{x \to 0^-} f(x)$,所以 $\lim\limits_{x \to 0} f(x)$ 不存在。

答案:D

2. **解** 本题考查函数可微、可导与函数连续之间的关系。

对于一元函数而言,函数可导和函数可微等价。函数可导必连续,函数连续不一定可导(例如 $y = |x|$ 在 $x = 0$ 处连续,但不可导)。因而,$f(x)$ 在点 $x = x_0$ 处连续为函数在该点处可微的必要条件。

答案:C

3. **解** 利用同阶无穷小定义计算。

求极限 $\lim\limits_{x \to 0} \dfrac{\sqrt{1 - x^2} - \sqrt{1 + x^2}}{x^k}$,只要当极限值为常数 C,且 $C \neq 0$ 时,即为同阶无穷小。

$$\lim_{x \to 0} \frac{\sqrt{1 - x^2} - \sqrt{1 + x^2}}{x^k} \xlongequal{\text{分子有理化}} \lim_{x \to 0} \frac{(\sqrt{1 - x^2} - \sqrt{1 + x^2})(\sqrt{1 - x^2} + \sqrt{1 + x^2})}{x^k(\sqrt{1 - x^2} + \sqrt{1 + x^2})}$$

$$= \lim_{x \to 0} \frac{-2x^2}{x^k(\sqrt{1 - x^2} + \sqrt{1 + x^2})} \xlongequal{\text{只有} k = 2 \text{时}, \text{极限值才满足为常数} C, \text{且} C \neq 0}$$

$$\lim_{x \to 0} \frac{-2x^2}{x^2(\sqrt{1 - x^2} + \sqrt{1 + x^2})} = -1$$

答案:B

4. 解 本题为求复合函数的二阶导数,可利用复合函数求导公式计算。

设 $y = \ln u, u = \sin x$,先对中间变量求导,再乘以中间变量 u 对自变量 x 的导数(注意正确使用导数公式)。

$$y' = \frac{1}{\sin x} \cdot \cos x = \cot x, y'' = (\cot x)' = -\frac{1}{\sin^2 x}$$

答案:D

5. 解 本期考查罗尔中值定理。

由罗尔中值定理可知,函数满足:①在闭区间连续;②在开区间可导;③两端函数值相等,则在开区间内至少存在一点 ξ,使得 $f'(\xi) = 0$。本题满足罗尔中值定理的条件,因而结论 B 成立。

答案:B

6. 解 $x = 0$ 处导数不存在。x_1 和 O 点两侧导函数符号由负变为正,函数在该点取得极小值,故 x_1 和 O 点是函数的极小值点;x_2 和 x_3 点两侧导函数符号由正变为负,函数在该点取得极大值,故 x_2 和 x_3 点是函数的极大值点。

答案:B

7. 解 本题可用第一类换元积分方法计算,也可用凑微分方法计算。

方法 1:

设 $x^2 + 1 = t$,则有 $2x\mathrm{d}x = \mathrm{d}t$,即 $x\mathrm{d}x = \frac{1}{2}\mathrm{d}t$

$$\int \frac{x}{\sin^2(x^2+1)}\mathrm{d}x = \int \frac{1}{\sin^2 t}\frac{1}{2}\mathrm{d}t = \frac{1}{2}\int \csc^2 t\mathrm{d}t = -\frac{1}{2}\cot t + C = -\frac{1}{2}\cot(x^2+1) + C$$

方法 2:

$$\int \frac{x}{\sin^2(x^2+1)}\mathrm{d}x = \frac{1}{2}\int \frac{1}{\sin^2(x^2+1)}\mathrm{d}(x^2+1) = -\frac{1}{2}\cot(x^2+1) + C$$

答案:A

8. 解 当 $x = -1$ 时,$\lim\limits_{x \to -1}\frac{1}{(1+x)^2} = +\infty$,所以 $x = -1$ 为函数的无穷不连续点。

本题为被积函数有无穷不连续点的广义积分。按照这类广义积分的计算方法,把广义积分在无穷不连续点 $x = -1$ 处分成两部分,只有当每一部分都收敛时,广义积分才收敛,否则广义积分发散。

即:$\int_{-2}^{2} \frac{1}{(1+x)^2}\mathrm{d}x = \int_{-2}^{-1} \frac{1}{(1+x)^2}\mathrm{d}x + \int_{-1}^{2} \frac{1}{(1+x)^2}\mathrm{d}x$

计算第一部分:

$$\int_{-2}^{-1} \frac{1}{(1+x)^2}dx = \int_{-2}^{-1} \frac{1}{(1+x)^2}d(x+1) = -\frac{1}{1+x}\Big|_{-2}^{-1} = \lim_{x \to -1} \left(-\frac{1}{1+x}\right) - \left(-\frac{1}{-1}\right) = \infty,$$

发散

所以,广义积分发散。

答案:D

9.**解** 利用两向量平行的知识以及两向量数量积的运算法则计算。

已知 $\boldsymbol{\beta}//\boldsymbol{\alpha}$,则有 $\beta = \lambda\boldsymbol{\alpha}$($\lambda$ 为任意非零常数)

所以 $\boldsymbol{\alpha} \cdot \boldsymbol{\beta} = \boldsymbol{\alpha} \cdot \lambda\boldsymbol{\alpha} = \lambda(\boldsymbol{\alpha} \cdot \boldsymbol{\alpha}) = \lambda[2 \times 2 + 1 \times 1 + (-1) \times (-1)] = 6\lambda$

已知 $\boldsymbol{\alpha} \cdot \boldsymbol{\beta} = 3$,即 $6\lambda = 3$,$\lambda = \frac{1}{2}$

所以 $\boldsymbol{\beta} = \frac{1}{2}\boldsymbol{\alpha} = \left(1, \frac{1}{2}, -\frac{1}{2}\right)$

答案:C

10.**解** 因直线垂直于 xOy 平面,因而直线的方向向量只要选与 z 轴平行的向量即可,取所求直线的方向向量 $\vec{s} = (0,0,1)$,如解图所示,再按照直线的点向式方程的写法写出直线方程:

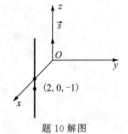

题10解图

$$\frac{x-2}{0} = \frac{y-0}{0} = \frac{z+1}{1}$$

答案:C

11.**解** 通过分析可知,本题为一阶可分离变量方程,分离变量后两边积分求出方程的通解,再代入初始条件求出方程的特解。

$$y\ln x dx - x\ln y dy = 0 \Rightarrow y\ln x dx = x\ln y dy \Rightarrow \frac{\ln x}{x}dx = \frac{\ln y}{y}dy$$

$$\Rightarrow \int \frac{\ln x}{x}dx = \int \frac{\ln y}{y}dy \Rightarrow \int \ln x d(\ln x) = \int \ln y d(\ln y)$$

$$\Rightarrow \frac{1}{2}\ln^2 x = \frac{1}{2}\ln^2 y + C_1 \Rightarrow \ln^2 x - \ln^2 y = C_2 \quad (其中,C_2 = 2C_1)$$

代入初始条件 $y(x=1)=1$,得 $C_2 = 0$

所以方程的特解:$\ln^2 x - \ln^2 y = 0$

答案:D

12.**解** 画出积分区域 D 的图形,如解图所示。

方法 1:

因被积函数 $f(x,y) = 1$,所以积分 $\iint\limits_{D} dxdy$ 的值即为这三条直线所围成的区域面积,

所以 $\iint\limits_{D} \mathrm{d}x\mathrm{d}y = \dfrac{1}{2} \times 1 \times 2 = 1$ 。

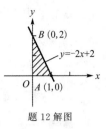

题 12 解图

方法 2：

把二重积分转化为二次积分，可先对 y 积分再对 x 积分，也可先对 x 积分再对 y 积分。本题先对 y 积分后再对 x 积分：

$$D: \begin{cases} 0 \leqslant x \leqslant 1 \\ 0 \leqslant y \leqslant -2x + 2 \end{cases}$$

$$\iint\limits_{D}\mathrm{d}x\mathrm{d}y = \int_{0}^{1}\mathrm{d}x \int_{0}^{-2x+2}\mathrm{d}y = \int_{0}^{1} y \Big|_{0}^{-2x+2}\mathrm{d}x$$

$$= \int_{0}^{1}(-2x+2)\mathrm{d}x = (-x^2 + 2x)\Big|_{0}^{1} = -1 + 2 = 1$$

答案： A

13. 解　$y = C_1 C_2 e^{-x}$ ，因 C_1、C_2 是任意常数，可设 $C = C_1 \cdot C_2$（C 仍为任意常数），即 $y = Ce^{-x}$ ，则有 $y' = -Ce^{-x}$ ，$y'' = Ce^{-x}$ 。

代入得 $Ce^{-x} - 2(-Ce^{-x}) - 3Ce^{-x} = 0$ ，可知 $y = Ce^{-x}$ 为方程的解。

因 $y = Ce^{-x}$ 仅含一个独立的任意常数，可知 $y = Ce^{-x}$ 既不是方程的通解，也不是方程的特解，只是方程的解。

答案： D

14. 解　本题考查对坐标的曲线积分的计算方法。

应注意，对坐标的曲线积分与曲线的积分路径、方向有关，积分变量的变化区间应从起点所对应的参数积到终点所对应的参数。

$$L: x^2 + y^2 = 1$$

参数方程可表示为 $\begin{cases} x = \cos\theta \\ y = \sin\theta \end{cases}$（$\theta: 0 \to 2\pi$）

则 $\displaystyle\int_{L} \dfrac{y\mathrm{d}x - x\mathrm{d}y}{x^2 + y^2} = \int_{0}^{2\pi} \dfrac{\sin\theta(-\sin\theta) - \cos\theta\cos\theta}{\cos^2\theta + \sin^2\theta}\mathrm{d}\theta = \int_{0}^{2\pi}(-1)\mathrm{d}\theta = -\theta\Big|_{0}^{2\pi} = -2\pi$

答案： B

15. 解　本题函数为二元函数，先求出二元函数的驻点，再利用二元函数取得极值的充分条件判定。

$$f(x,y) = xy$$

求得偏导数 $\begin{cases} f_x(x,y) = y \\ f_y(x,y) = x \end{cases}$，则 $\begin{cases} f_x(0,0) = 0 \\ f_y(0,0) = 0 \end{cases}$，故点 $(0,0)$ 为二元函数的驻点。

求得二阶导数 $f''_{xx}(x,y)=0, f''_{xy}(x,y)=1, f''_{yy}(x,y)=0$

则有 $A=f''_{xx}(0,0)=0, B=f''_{xy}(0,0)=1, C=f''_{yy}(0,0)=0$

$AC-B^2=-1<0$，所以在驻点 $(0,0)$ 处取不到极值。

点 $(0,0)$ 是驻点，但非极值点。

答案：B

16. 解 本题考查级数条件收敛、绝对收敛的有关概念，以及级数收敛与发散的基本判定方法。

将级数 $\sum\limits_{n=1}^{\infty}(-1)^{n-1}\dfrac{1}{n^p}$ 各项取绝对值，得 p 级数 $\sum\limits_{n=1}^{\infty}\dfrac{1}{n^p}$。

当 $p>1$ 时，原级数 $\sum\limits_{n=1}^{\infty}(-1)^{n-1}\dfrac{1}{n^p}$ 绝对收敛；当 $0<p\leqslant1$ 时，级数 $\sum\limits_{n=1}^{\infty}\dfrac{1}{n^p}$ 发散。所以，选项 B、C 均不成立。

再判定原级数 $\sum\limits_{n=1}^{\infty}(-1)^{n-1}\dfrac{1}{n^p}$ 在 $0<p\leqslant1$ 时的敛散性。

级数 $\sum\limits_{n=1}^{\infty}(-1)^{n-1}\dfrac{1}{n^p}$ 为交错级数，记 $u_n=\dfrac{1}{n^p}$。

当 $p>0$ 时，$n^p<(n+1)^p$，则 $\dfrac{1}{n^p}>\dfrac{1}{(n+1)^p}$，$u_n>u_{n+1}$，又 $\lim\limits_{n\to\infty}u_n=0$，所以级数 $\sum\limits_{n=1}^{\infty}(-1)^{n-1}\dfrac{1}{n^p}$ 在 $0<p\leqslant1$ 时条件收敛。

答案：D

17. 解 利用二元函数求全微分公式 $\mathrm{d}z=\dfrac{\partial z}{\partial x}\mathrm{d}x+\dfrac{\partial z}{\partial y}\mathrm{d}y$ 计算，然后代入 $x=1, y=2$ 求出 $\mathrm{d}z\Big|_{\substack{x=1\\y=2}}$ 的值。

(1) 计算 $\dfrac{\partial z}{\partial x}$：

$z=\left(\dfrac{y}{x}\right)^x$，两边取对数，得 $\ln z=x\ln\left(\dfrac{y}{x}\right)$，两边对 x 求导，得：

$\dfrac{1}{z}z_x=\ln\dfrac{y}{x}+x\dfrac{x}{y}\left(-\dfrac{y}{x^2}\right)=\ln\dfrac{y}{x}-1$

进而得：$z_x=z\left(\ln\dfrac{y}{x}-1\right)=\left(\dfrac{y}{x}\right)^x\left(\ln\dfrac{y}{x}-1\right)$

(2) 计算 $\dfrac{\partial z}{\partial y}$：

$\dfrac{\partial z}{\partial y}=x\left(\dfrac{y}{x}\right)^{x-1}\dfrac{1}{x}=\left(\dfrac{y}{x}\right)^{x-1}$

$$dz = \frac{\partial z}{\partial x}dx + \frac{\partial z}{\partial y}dy = \left(\frac{y}{x}\right)^x \left(\ln \frac{y}{x} - 1\right)dx + \left(\frac{y}{x}\right)^{x-1}dy$$

$$dz\bigg|_{\substack{x=1 \\ y=2}} = 2(\ln 2 - 1)dx + dy = 2\left[(\ln 2 - 1)dx + \frac{1}{2}dy\right]$$

答案:C

18.解 幂级数只含奇数次幂项,求出级数的收敛半径,再判断端点的敛散性。

方法1:

$$\lim_{n\to\infty}\left|\frac{u_{n+1}(x)}{u_n(x)}\right| = \lim_{n\to\infty}\left|\frac{\dfrac{x^{2n+1}}{2n+1}}{\dfrac{x^{2n-1}}{2n-1}}\right| = \lim_{n\to\infty}\left|\frac{2n-1}{2n+1}x^2\right| = x^2$$

当 $x^2 < 1$,即 $-1 < x < 1$ 时,级数收敛;当 $x^2 > 1$,即 $x > 1$ 或 $x < -1$ 时,级数发散:判断端点的敛散性。

当 $x = 1$ 时,$\displaystyle\sum_{n=1}^{\infty}(-1)^{n-1}\frac{x^{2n-1}}{2n-1} \Rightarrow \sum_{n=1}^{\infty}(-1)^{n-1}\frac{1}{2n-1}$,为交错级数,同时满足 $u_n > u_{n+1}$ 和 $\displaystyle\lim_{n\to\infty}u_n = 0$,级数收敛。

当 $x = -1$ 时,$\displaystyle\sum_{n=1}^{\infty}(-1)^{n-1}\frac{x^{2n-1}}{2n-1} \Rightarrow \sum_{n=1}^{\infty}(-1)^n\frac{-1}{2n-1}$,为交错级数,同时满足 $u_n > u_{n+1}$ 和 $\displaystyle\lim_{n\to\infty}u_n = 0$,级数收敛。

综上,级数 $\displaystyle\sum_{n=1}^{\infty}(-1)^{n-1}\frac{x^{2n-1}}{2n-1}$ 的收敛域为 $[-1, 1]$。

方法2:

四个选项已给出,仅在端点处不同,直接判断端点 $x = 1$、$x = -1$ 的敛散性即可。

答案:A

19.解 利用公式 $|\boldsymbol{A}^*| = \boldsymbol{A}^{n-1}$ 判断。代入 $|\boldsymbol{A}| = b$,得 $|\boldsymbol{A}^*| = b^{n-1}$。

答案:B

20.解 利用公式 $|\boldsymbol{A}| = \lambda_1\lambda_2\cdots\lambda_n$,当 $\boldsymbol{A}$ 为二阶方阵时,$|\boldsymbol{A}| = \lambda_1\lambda_2$

则有 $\lambda_2 = \dfrac{|\boldsymbol{A}|}{\lambda_1} = \dfrac{-1}{1} = -1$

由"实对称矩阵对应不同特征值的特征向量正交"判断:

$$\begin{pmatrix} 1 \\ 1 \end{pmatrix}^{\mathrm{T}}\begin{pmatrix} 1 \\ -1 \end{pmatrix} = (1, 1)\begin{pmatrix} 1 \\ -1 \end{pmatrix} = 0$$

所以 $\begin{pmatrix} 1 \\ 1 \end{pmatrix}$ 与 $\begin{pmatrix} 1 \\ -1 \end{pmatrix}$ 正交

答案:B

21.解 二次型 f 的秩就是对应矩阵 $\boldsymbol{A}$ 的秩。

二次型对应矩阵为 $\boldsymbol{A} = \begin{bmatrix} 1 & 1 & 0 \\ 1 & t & 0 \\ 0 & 0 & 3 \end{bmatrix}$，$R(\boldsymbol{A}) = 2$，则有 $|\boldsymbol{A}| = 0$，即 $3(t-1) = 0$，

可以得出 $t = 1$。

答案:C

22.解 $P(A \mid B) = \dfrac{P(AB)}{P(B)} = \dfrac{P(A)P(B \mid A)}{P(B)} = \dfrac{\dfrac{1}{3} \times \dfrac{1}{6}}{\dfrac{1}{4}} = \dfrac{2}{9}$

答案:B

23.解 由联合分布律的性质：$\sum\limits_{i}\sum\limits_{j} p_{ij} = 1$，得 $\dfrac{1}{4} + \dfrac{1}{4} + \dfrac{1}{6} + a = 1$，则 $a = \dfrac{1}{3}$。

答案:A

24.解 因为 $X \sim U(1, \theta)$，所以 $E(X) = \dfrac{1 + \theta}{2}$，则 $\theta = 2E(X) - 1$，用 $\overline{X}$ 代替 $E(X)$，

得 θ 的矩估计 $\hat{\theta} = 2\overline{X} - 1$。

答案:C

25.解 温度的统计意义告诉我们：气体的温度是分子平均平动动能的量度，气体的温度是大量气体分子热运动的集体体现，具有统计意义，温度的高低反映物质内部分子运动剧烈程度的不同，正是因为它的统计意义，单独说某个分子的温度是没有意义的。

答案:B

26.解 气体分子运动的三种速率：

$$v_{\mathrm{p}} = \sqrt{\dfrac{2kT}{m}} \approx 1.41 \sqrt{\dfrac{RT}{M}}$$

$$\overline{v} = \sqrt{\dfrac{8kT}{\pi m}} \approx 1.60 \sqrt{\dfrac{RT}{M}} \, , \quad \sqrt{\overline{v^2}} = \sqrt{\dfrac{3kT}{m}} \approx 1.73 \sqrt{\dfrac{RT}{M}}$$

答案:C

27.解 理想气体向真空作绝热膨胀，注意"真空"和"绝热"。由热力学第一定律 $Q = \Delta E + W$，理想气体向真空作绝热膨胀不做功，不吸热，故内能变化为零，温度不变，但膨胀致体积增大，单位体积分子数 n 减少，根据 $p = nkT$，故压强减小。

答案:A

28.解 此题考查卡诺循环。

卡诺循环的热机效率为：$\eta = 1 - \dfrac{T_2}{T_1}$

T_1 与 T_2 不同，所以效率不同。

两个循环曲线所包围的面积相等，净功相等，$W = Q_1 - Q_2$，即两个热机吸收的热量与放出的热量（绝对值）的差值一定相等。

答案：D

29.解 此题考查理想气体分子的摩尔热容。

$$C_V = \frac{i}{2}R, \quad C_p = C_V + R = \frac{i+2}{2}R$$

刚性双原子分子理想气体 $i = 5$ ，故 $\dfrac{C_p}{C_V} = \dfrac{7}{5}$

答案：C

30.解 将波动方程化为标准式：$y = 0.05\cos(4\pi x - 10\pi t) = 0.05\cos 10\pi\left(t - \dfrac{x}{2.5}\right)$

$$u = 2.5\text{m/s}, \quad \omega = 2\pi\nu = 10\pi, \quad \nu = 5\text{Hz}, \quad \lambda = u/\nu = \frac{2.5}{5} = 0.5\text{m}$$

答案：A

31.解 此题考查声波的多普勒效应。

题目讨论的是火车疾驰而来时的过程与火车远离而去时人们听到的汽笛音调比较。

火车疾驰而来时音调（即频率）：$\nu'_{\text{来}} = \dfrac{u}{u - v_\text{s}}\nu$

火车远离而去时的音调：$\nu'_{\text{去}} = \dfrac{u}{u + v_\text{s}}\nu$

式中，u 为声速，v_s 为火车相对地的速度，ν 为火车发出汽笛声的原频率。

相比，人们听到的汽笛音调应是由高变低的。

答案：A

32.解 此题考查波的强度公式：$I = \dfrac{1}{2}\rho u A^2 \omega^2$

保持其他条件不变，仅使振幅 A 增加 1 倍，则波的强度增加到原来的 4 倍。

答案：D

33.解 两列振幅相同的相干波，在同一直线上沿相反方向传播，叠加的结果即为驻波。

叠加后形成的驻波的波动方程为：$y = y_1 + y_2 = \left(2A\cos 2\pi\dfrac{x}{\lambda}\right)\cos 2\pi\nu t$

驻波的振幅是随位置变化的，$A' = 2A\cos2\pi\dfrac{x}{\lambda}$，波腹处有最大振幅 $2A$。

答案:C

34.**解** 此题考查光的干涉。

薄膜上下两束反射光的光程差：$\delta = 2n_2e$

增透膜要求反射光相消：$\delta = 2n_2e = (2k+1)\dfrac{\lambda}{2}$

$k=0$ 时，膜有最小厚度，$e = \dfrac{\lambda}{4n_2} = \dfrac{500}{4 \times 1.38} = 90.6\text{nm}$

答案:B

35.**解** 此题考查光的衍射。

单缝衍射明纹条件光程差为半波长的奇数倍。

答案:C

36.**解** 此题考查光的干涉与偏振。

双缝干涉条纹间距 $\Delta x = \dfrac{D}{d}\lambda$，加偏振片不改变波长，故干涉条纹的间距不变，而自然光通过偏振片光强衰减为原来的一半，故明纹的亮度减弱。

答案:B

37.**解** 第一电离能是基态的气态原子失去一个电子形成 $+1$ 价气态离子所需要的最低能量。变化规律：同一周期从左到右，主族元素的有效核电荷数依次增加，原子半径依次减小，电离能依次增大；同一主族元素从上到下原子半径依次增大，电离能依次减小。

答案:D

38.**解** 共价键的类型分 σ 键和 π 键。共价单键均为 σ 键；共价双键中含 1 个 σ 键，1 个 π 键；共价三键中含 1 个 σ 键，2 个 π 键。

丁二烯分子中，碳氢间均为共价单键，碳碳间含 1 个碳碳单键，2 个碳碳双键。结构

式为：

答案:B

39.**解** 正负离子相互极化的强弱取决于离子的极化力和变形性，正负离子均具有极化力和变形性。正负离子相互极化的强弱一般主要考虑正离子的极化力和负离子的变形

性。正离子的电荷数越多,极化力越大,半径越小,极化力越大。四个化合物中 $SiCl_4$ 是分子晶体。$NaCl$、$MgCl_2$、$AlCl_3$ 中的阴离子相同,都为 Cl^-,阳离子分别为 Na^+、Mg^{2+}、Al^{3+},离子半径逐渐减小,离子电荷逐渐增大,极化力逐渐增强,对 Cl^- 的极化作用逐渐增强,所以离子极化作用最强的是 $AlCl_3$。

答案:C

40.解　根据 $pH=-lgC_{H^+}$,$K_w=C_{H^+}\times C_{OH^-}$

$$pH=2\ 时,C_{H^+}=10^{-2}\,mol\cdot L^{-1},C_{OH^-}=10^{-12}\,mol\cdot L^{-1}$$

$$pH=2\ 时,C_{H^+}=10^{-4}\,mol\cdot L^{-1},C_{OH^-}=10^{-10}\,mol\cdot L^{-1}$$

答案:C

41.解　吉布斯函数变 $\Delta G<0$ 时化学反应能自发进行。根据吉布斯等温方程,当 $\Delta_r H_m^{\ominus}>0,\Delta_r S_m^{\ominus}>0$ 时,反应低温不能自发进行,高温能自发进行。

答案:A

42.解　根据盐类的水解理论,$NaCl$ 为强酸强碱盐,不水解,溶液显中性;Na_2CO_3 为强碱弱酸盐,水解,溶液显碱性;硫酸铝和硫酸铵均为强酸弱碱盐,水解,溶液显酸性。

答案:B

43.解　电对对应的半反应中无 H^+ 参与时,酸度大小对电对的电极电势无影响;电对对应的半反应中有 H^+ 参与时,酸度大小对电对的电极电势有影响,影响结果由能斯特方程决定。

电对 Fe^{3+}/Fe^{2+} 对应的半反应为 $Fe^{3+}+e^-=Fe^{2+}$,没有 H^+ 参与,酸度大小对电对的电极电势无影响;电对 MnO_4^-/Mn^{2+} 对应的半反应为 $MnO_4^-+8H^++7e^-=Mn^{2+}+4H_2O$,有 H^+ 参与,根据能斯特方程,H^+ 浓度增大,电对的电极电势增大。

答案:C

44.解　C_5H_{12} 有三个异构体,每种异构体中,有几种类型氢原子,就有几种一氯代物。

异构体 $H_3C-CH_2-CH_2-CH_2-CH_3$ 中,有 2 个甲基,3 种一氯代物;

异构体 $H_3C-\overset{\displaystyle |}{\underset{\displaystyle CH_3}{CH}}-CH_2-CH_3$ 中,有 3 个甲基,4 种一氯代物;

异构体 $H_3C-\overset{\displaystyle CH_3}{\underset{\displaystyle CH_3}{\overset{|}{\underset{|}{C}}}}-CH_3$ 中,有 4 个甲基,1 种一氯代物。

答案:C

45.解 选项 A、B、C 催化加氢均生成 2-甲基戊烷,选项 D 催化加氢生成 3-甲基戊烷。

答案:D

46.解 与端基碳原子相连的羟基氧化为醛,不与端基碳原子相连的羟基氧化为酮。

答案:C

47.解 若力 F 作用于构件 BC 上,则 AC 为二力构件,满足二力平衡条件,BC 满足三力平衡条件,受力图如解图 a)所示。

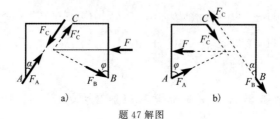

题 47 解图

对 BC 列平衡方程:

$$\sum F_x = 0, F - F_B \sin\varphi - F'_C \sin\alpha = 0$$

$$\sum F_y = 0, F'_C \cos\alpha - F_B \cos\varphi = 0$$

解得:$F'_C = \dfrac{F}{\sin\alpha + \cos\alpha\tan\varphi} = F_A$,$F_B = \dfrac{F}{\tan\alpha\cos\varphi + \sin\varphi}$

若力 $\boldsymbol{F}$ 移至构件 AC 上,则 BC 为二力构件,而 AC 满足三力平衡条件,受力图如解图 b)所示。

对 AC 列平衡方程:

$$\sum F_x = 0, F - F_A \sin\varphi - F'_C \sin\alpha = 0$$

$$\sum F_y = 0, F_A \cos\varphi - F'_C \cos\alpha = 0$$

解得:$F'_C = \dfrac{F}{\sin\alpha + \cos\alpha\tan\varphi} = F_B$,$F_A = \dfrac{F}{\tan\alpha\cos\varphi + \sin\varphi}$

由此可见,两种情况下,只有 C 处约束力的大小没有改变,而 A、B 处约束力的大小都发生了改变。

答案:D

48.解 由图可知力 $\boldsymbol{F}_1$ 过 A 点,故向 A 点简化的附加力偶为 0,因此主动力系向 A 点简化的主矩即为 $M_A = M = 4\text{N} \cdot \text{m}$。

答案:A

49.解 对系统整体列平衡方程:

$$\sum M_A(F) = 0, M_A - F_P\left(\dfrac{a}{2} + r\right) = 0$$

得：$M_A = F_p \left(\dfrac{a}{2} + r \right)$（逆时针）

答案： B

50. 解 分析节点 A 的平衡，可知铅垂杆为零杆，再分析节点 B 的平衡，节点连接的两根杆均为零杆，故内力为零的杆数是 3。

答案： A

51. 解 当 $t = 10s$ 时，$v_t = v_0 + at = 10a = 5\text{m/s}$，故汽车的加速度 $a = 0.5\text{m/s}^2$。则有：

$$S = \frac{1}{2}at^2 = \frac{1}{2} \times 0.5 \times 10^2 = 25\text{m}$$

答案： A

52. 解 物体的角速度及角加速度分别为：$\omega = \dot{\varphi} = 4 - 6t \text{ rad/s}, \alpha = \ddot{\varphi} = -6 \text{ rad/s}^2$，则 $t = 1s$ 时物体内转动半径 $r = 0.5\text{m}$ 点的速度为：$v = \omega r = -1\text{m/s}$，切向加速度为：$a_\tau = \alpha r = -3\text{m/s}^2$。

答案： B

53. 解 构件 BC 是平行移动刚体，根据其运动特性，构件上各点有相同的速度和加速度，用其上一点 B 的运动即可描述整个构件的运动，点 B 的运动方程为：

$$x_B = -r\cos\theta = -r\cos\omega t$$

则其速度的表达式为 $v_{BC} = \dot{x}_B = r\omega\sin\omega t$，加速度的表达式为 $a_{BC} = \ddot{x}_B = r\omega^2\cos\omega t$

答案： D

54. 解 质点运动微分方程：$ma = \boldsymbol{F}$

当电梯加速下降、匀速下降及减速下降时，加速度分别向下、零、向上，代入质点运动微分方程，分别有：

$ma = W - F_1, 0 = W - F_2, ma = F_3 - W$

所以：$F_1 = W - ma, F_2 = W, F_3 = W + ma$

故 $F_1 < F_2 < F_3$

答案： C

55. 解 定轴转动刚体动量矩的公式：$L_O = J_O\omega$

其中，$J_O = \dfrac{1}{2}mR^2 + mR^2$

因此，动量矩 $L_O = \dfrac{3}{2}mR^2\omega$

答案： D

56. 解 动能定理：$T_2 - T_1 = W_{12}$

其中：$T_1 = 0, T_2 = \dfrac{1}{2} J_O \omega^2$

将 $W_{12} = mg(R - R\cos\theta)$ 代入动能定理：$\dfrac{1}{2}\left(\dfrac{1}{2}mR^2 + mR^2\right)\omega^2 - 0 = mg(R - R\cos\theta)$

解得：$\omega = \sqrt{\dfrac{4g(1-\cos\theta)}{3R}}$

答案： B

57. 解 惯性力的定义为：$\boldsymbol{F}_1 = -m\boldsymbol{a}$

惯性力主矢的方向总是与其加速度方向相反。

答案： A

58. 解 当激振频率与系统的固有频率相等时，系统发生共振，即：

$$\omega_0 = \sqrt{\dfrac{k}{m}} = \omega_1 = 6\text{rad/s};\ \sqrt{\dfrac{k}{1+m}} = \omega_2 = 5.86\text{rad/s}$$

联立求解可得：$m = 20.68\text{kg}, k = 744.53\text{N/m}$

答案： D

59. 解 由图可知，曲线 A 的强度失效应力最大，故 A 材料强度最高。

答案： A

60. 解 根据截面法可知，AB 段轴力 $F_{AB} = F$，BC 段轴力 $F_{BC} = -F$

则 $\Delta L = \Delta L_{AB} + \Delta L_{BC} = \dfrac{Fl}{EA} + \dfrac{-Fl}{EA} = 0$

答案： A

61. 解 取一根木杆进行受力分析，可知剪力是 F，剪切面是 ab，故名义切应力 $\tau = \dfrac{F}{ab}$。

答案： A

62. 解 此公式只适用于线弹性变形的圆截面（含空心圆截面）杆，选项 A、B、C 都不适用。

答案： D

63. 解 由强度条件 $\tau_{\max} = \dfrac{T}{W_p} \leqslant [\tau]$，可知直径为 d 的圆轴可承担的最大扭矩为

$T \leqslant [\tau]W_p = [\tau]\dfrac{\pi d^3}{16}$

若改变该轴直径为 d_1，使 $A_1 = \dfrac{\pi d_1^2}{4} = 2A = 2\dfrac{\pi d^2}{4}$

则有 $d_1^2 = 2d^2$，即 $d_1 = \sqrt{2}d$

故其可承担的最大扭矩为：$T_1 = [\tau]\dfrac{\pi d_1^3}{16} = 2\sqrt{2}[\tau]\dfrac{\pi d^3}{16} = 2\sqrt{2}T$

答案：C

64. 解　在有关静矩的性质中可知，若平面图形对某轴的静矩为零，则此轴必过形心；反之，若某轴过形心，则平面图形对此轴的静矩为零。对称轴必须过形心，但过形心的轴不一定是对称轴。例如，平面图形的反对称轴也是过形心的。所以选项 D 错误。

答案：D

65. 解　集中力偶 m 在梁上移动，对剪力图没有影响，但是受集中力偶作用的位置弯矩图会发生突变，故力偶 m 位置的变化会引起弯矩图的改变。

答案：C

66. 解　若梁的长度增加一倍，最大剪力 F 没有变化，而最大弯矩则增大一倍，由 Fl 变为 $2Fl$，而最大正应力 $\sigma_{\max} = \dfrac{M_{\max}}{I_z}y_{\max}$ 变为原来的 2 倍，最大剪应力 $\tau_{\max} = \dfrac{3F}{2A}$ 没有变化。

答案：C

67. 解　简支梁受一对自相平衡的力偶作用，不产生支座反力，左边第一段和右边第一段弯矩为零（无弯曲，是直线），中间一段为负弯矩（向下弯曲）。

答案：D

68. 解　图 a)、图 b)两单元体中 $\sigma_y = 0$，用解析法公式：

$$\begin{matrix}\sigma_1\\\sigma_3\end{matrix} = \dfrac{\sigma}{2} \pm \sqrt{\left(\dfrac{\sigma}{2}\right)^2 + \tau^2} = \dfrac{80}{2} \pm \sqrt{\left(\dfrac{80}{2}\right)^2 + 20^2} = \begin{matrix}84.72\\-4.72\end{matrix}\text{MPa}$$

则 $\sigma_1 = 84.72\text{MPa}$，$\sigma_2 = 0$，$\sigma_3 = -4.72\text{MPa}$，两单元体主应力大小相同。

两单元体主应力的方向可以用观察法判断。

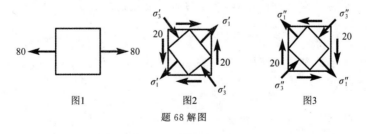

题 68 解图

题图 a)主应力的方向可以看成是图 1 和图 2 两个单元体主应力方向的叠加，显然主应力 σ_1 的方向在第一象限。

题图 b)主应力的方向可以看成是图 1 和图 3 两个单元体主应力方向的叠加，显然主

应力 σ_1 的方向在第四象限。

所以两单元体主应力的方向不同。

答案: B

69. 解 轴力 F_N 产生的拉应力 $\sigma'=\dfrac{F_N}{A}$,弯矩产生的最大拉应力

题69解图

$\sigma''=\dfrac{M}{W}$,故 $\sigma=\sigma'+\sigma''=\dfrac{F_N}{A}+\dfrac{M}{W}$

扭矩 T 作用下产生的最大切应力 $\tau=\dfrac{T}{W_p}=\dfrac{T}{2W}$,所以危险截面的应力状态如解图

所示。

而 $\begin{matrix}\sigma_1\\\sigma_3\end{matrix}=\dfrac{\sigma}{2}\pm\sqrt{\left(\dfrac{\sigma}{2}\right)^2+\tau^2}$

所以,$\sigma_{r3}=\sigma_1-\sigma_3=2\sqrt{\left(\dfrac{\sigma}{2}\right)^2+\tau^2}=\sqrt{\sigma^2+4\tau^2}$

$$=\sqrt{\left(\dfrac{F_N}{A}+\dfrac{M}{W}\right)^2+4\left(\dfrac{T}{2W}\right)^2}=\sqrt{\left(\dfrac{F_N}{A}+\dfrac{M}{W}\right)^2+\left(\dfrac{T}{W}\right)^2}$$

答案: C

70. 解 图(A)为两端铰支压杆,其长度系数 $\mu=1$。

图(B)为一端固定、一端铰支压杆,其长度系数 $\mu=0.7$。

图(C)为一端固定、一端自由压杆,其长度系数 $\mu=2$。

图(D)为两端固定压杆,其长度系数 $\mu=0.5$。

根据临界荷载公式:$F_{cr}=\dfrac{\pi^2EI}{(\mu l)^2}$,可知 F_{cr} 与 μ 成反比,故图(D)的临界荷载最大。

答案: D

71. 解 根据连续介质假设可知,流体的物理量是连续函数。

答案: B

72. 解 盛水容器的左侧上方为敞口的自由液面,故液面上点1的相对压强 $p_1=0$,而

选项B、C、D点1的相对压强 p_1 均不等于零,故此三个选项均错误,因此可知正确答案为A。

现根据等压面原理和静压强计算公式,求出其余各点的相对压强如下:

$p_2=1000\times9.8\times(h_1-h_2)=9800\times(0.9-0.4)=4900\text{Pa}=4.90\text{kPa}$

$p_3=p_2-1000\times9.8\times(h_3-h_2)=4900-9800\times(1.1-0.4)=-1960\text{Pa}=-1.96\text{kPa}$

$p_4=p_3=-1.96\text{kPa}$(微小高度空气压强可忽略不计)

$$p_5 = p_4 - 1000 \times 9.8 \times (h_5 - h_4) = -1960 - 9800 \times (1.33 - 0.75) = -7644\text{Pa} = -7.64\text{kPa}$$

答案:A

73.**解** 流体连续方程是根据质量守恒原理和连续介质假设推导而得的,在此条件下,同一流路上任意两断面的质量流量需相等,即 $\rho_1 v_1 A_1 = \rho_2 v_2 A_2$。对不可压缩流体,密度 ρ 为不变的常数,即 $\rho_1 = \rho_2$,故连续方程简化为:$v_1 A_1 = v_2 A_2$。

答案:B

74.**解** 由尼古拉兹实验曲线图可知,在紊流光滑区,随着雷诺数 Re 的增大,沿程损失系数将减小。

答案:B

75.**解** 薄壁小孔口流量公式:$Q_1 = \mu_1 A_1 \sqrt{2gH_{01}}$

圆柱形外管嘴流量公式:$Q_2 = \mu_2 A_2 \sqrt{2gH_{02}}$

按题设条件:$d_1 = d_2$,即可得 $A_1 = A_2$

另有题设条件:$H_{01} = H_{02}$

由于小孔口流量系数 $\mu_1 = 0.60 \sim 0.62$,圆柱形外管嘴流量系数 $\mu_2 = 0.82$,即 $\mu_1 < \mu_2$

综上,则有 $Q_1 < Q_2$

答案:B

76.**解** 水力半径 R 等于过流面积除以湿周,即 $R = \dfrac{\pi r_0^2}{2\pi r_0}$

代入题设数据,可得水力半径 $R = \dfrac{\pi \times 4^2}{2 \times \pi \times 4} = 2\text{m}$

答案:C

77.**解** 普通完全井流量公式:$Q = 1.366 \dfrac{k(H^2 - h^2)}{\lg \dfrac{R}{r_0}}$

代入题设数据:$0.0276 = 1.366 \dfrac{k(15^2 - 10^2)}{\lg \dfrac{3.75}{0.3}}$

解得:$k = 0.0005\text{m/s}$

答案:A

78.**解** 由沿程水头损失公式:$h_f = \lambda \dfrac{L}{d} \cdot \dfrac{v^2}{2g}$,可解出沿程损失系数 $\lambda = \dfrac{2gdh_f}{Lv^2}$,写成量

纲表达式 $\dim\left(\dfrac{2gdh_f}{Lv^2}\right) = \dfrac{\text{LT}^{-2}\text{LL}}{\text{LL}^2\text{T}^{-2}} = 1$,即 $\dim(\lambda) = 1$。故沿程损失系数 λ 为无量纲数。

答案:D

79.解　线圈中通入直流电流 I,磁路中磁通 Φ 为常量,根据电磁感应定律:

$$e = -N\frac{\mathrm{d}\Phi}{\mathrm{d}t} = 0$$

本题中电压—电流关系仅受线圈的电阻 R 影响,所以 $U = IR$。

答案:A

80.解　本题为交流电源,电流受电阻和电感的影响。

电压—电流关系为:

$$u = u_R + u_L = iR + L\frac{\mathrm{d}i}{\mathrm{d}t}$$

即 $u_L = L\dfrac{\mathrm{d}i}{\mathrm{d}t}$

答案:D

81.解　图示电路分析如下:

$$I_s = I_R - 0.2 = \frac{U_s}{R} - 0.2 = \frac{-6}{10} - 0.2 = -0.8\text{A}$$

根据直流电路的欧姆定律和节点电流关系分析即可。

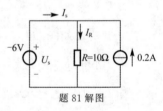

题 81 解图

答案:A

82.解　从电压电流的波形可以分析:

最大值: $I_m = 3\text{A}$　　　　$U_m = 10\text{V}$

有效值: $I = \dfrac{I_m}{\sqrt{2}} = 2.12\text{A}$　$U = \dfrac{U_m}{\sqrt{2}} = 7.07\text{V}$

初相位: $\varphi_i = +90°$　　　$\varphi_u = -90°$

$\dot{U}$、$\dot{I}$ 的复数形式为:

$\dot{U} = 7.07\underline{/-90°} = -j7.07\text{V}$　$\dot{U}_m = -j10\text{V}$

$\dot{I} = 2.12\underline{/90°} = j2.12\text{A}$　　$\dot{I}_m = j3\text{A}$

答案:A

83.解　交流电路中电压、电流与有功功率的基本关系为:

$$P = UI\cos\varphi\ (\cos\varphi\ 是功率因数)$$

可知, $I = \dfrac{P}{U\cos\varphi} = \dfrac{8000}{220 \times 0.6} = 60.6\text{A}$

答案:B

84.**解** 在开关 S 闭合时刻：
$$U_{C(0+)} = 0V, I_{L(0+)} = 0A$$
则
$$U_{R_1(0+)} = U_{R_2(0+)} = 0V$$
根据电路的回路电压关系：$\sum U_{(0+)} = -10 + U_{L(0+)} + U_{C(0+)} + U_{R_1(0+)} + U_{R_2(0+)} = 0$

代入数值，得 $U_{L(0+)} = 10V$

答案: A

85.**解** 图示电路可以等效为解图，其中，$R'_L = K^2 R_L$。

在 S 闭合时，$2R_1 // R'_L = R_1$，可知 $R'_L = 2R_1$

如果开关 S 打开，则 $u_1 = \dfrac{R'_L}{R_1 + R'_L} u_s = \dfrac{2}{3} u_s = 60\sqrt{2} \sin\omega t \text{ V}$

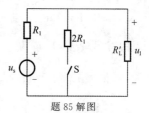
题 85 解图

答案: C

86.**解** 三相异步电动机满载启动时必须保证电动机的启动力矩大于电动机的额定力矩。四个选项中，A、B、D 均属于降压启动，电压降低的同时必会导致启动力矩降低。所以应该采用转子绕组串电阻的方案，只有绕线式电动机的转子才能串电阻。

答案: C

87.**解** 采样信号是离散时间信号(有些时间点没有定义)，而模拟信号和采样保持信号才是时间上的连续信号。

答案: A

88.**解** 周期信号的频谱是离散的，各谐波信号的幅值随频率的升高而减小。

信号 $u_1(t)$ 和 $u_2(t)$ 的幅值频谱均符合以上特征。

答案: C

89.**解** 放大器是对信号的幅值(电压或电流)进行放大，以不失真为条件，目的是便于后续处理。

答案: D

90.**解** 逻辑函数化简：

$$F = ABC + A\bar{B} + AB\bar{C} = AB(C + \bar{C}) + A\bar{B} = AB + A\bar{B} = A(B + \bar{B}) = A$$

答案: A

91.**解** $F = \overline{A + B}$

(F 函数与 A、B 信号为或非关系，可以用口诀"A、B"有 1，"F"则 0 处理)

即

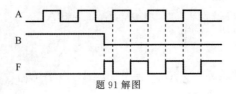

题91解图

答案:A

92.**解** 从真值表到逻辑表达式的方法:首先在真值表中 $F=1$ 的项组用"或"组合;然后每个 $F=1$ 的项组输入变量取值,对应一个乘积项为"与"逻辑,其中输入变量取值为1的写原变量,取值为0的写反变量;最后将输出函数 F"合成"。

根据真值表可以写出逻辑表达式为: $F=\overline{A}\overline{B}C+A\overline{B}\overline{C}$

答案:B

93.**解** 因为二极管 D_2 的阳极电位为5V,而二极管 D_1 的阳极电位为1V,可见二极管 D_2 是优先导通的。之后 u_F 电位箝位为5V,二极管 D_1 可靠截止。i_R 电流通道如解图虚线所示。

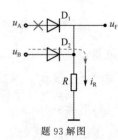

题93解图

$$i_R = \frac{u_B}{R} = \frac{5}{1000} = 5\text{mA}$$

答案:A

94.**解** 图 a)是反向加法运算电路,图 b)是同向加法运算电路,图 c)是减法运算电路。

答案:A

95.**解** 当清零信号 $\overline{R}_D=0$ 时,两个触发器同时为零。D 触发器在时钟脉冲 cp 的前沿触发,JK 触发器在时钟脉冲 cp 的后沿触发。如解图所示,在 t_1 时刻,$Q_D=1$,$Q_{JK}=0$。

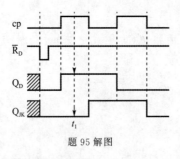

题95解图

答案:B

96.**解** 从解图分析可知为四进制计数器(4个时钟周期完成一次循环)。

答案:C

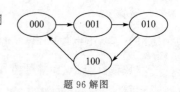

题96解图

97.**解** CPU是分析指令和执行指令的部件,是计算机的核心。它主要是由运算器和控制器组成。

答案:A

98.**解** 总线就是一组公共信息传输线路,它能为多个部件服务,可分时地发送与接收各部件的信息。总线的工作方式通常是由发送信息的部件分时地将信息发往总线,再由总线将这些信息同时发往各个接收信息的部件。从总线的结构可以看出,所有设备和部件均可通过总线交换信息,因此要用总线将计算机硬件系统中的各个部件连接起来。

答案:A

99.**解** 分时操作系统是在一台计算机系统中可以同时连接多个近程或多个远程终端,允许多个用户同时使用一台计算机运行,系统能及时对用户的请求作出响应。每个用户可随时与计算机系统进行对话,通过终端向系统提交各种服务请求,最终实现自己的预定目标。

答案:A

100.**解** 计算机可直接执行的是机器语言编制的程序,它采用二进制编码形式,是由CPU可以识别的一组由0、1序列构成的指令码。其他三种语言都需要编码、编译器。

答案:C

101.**解** ASCII码最高位都置成0,它是"美国信息交换标准代码"的简称,是目前国际上最为流行的字符信息编码方案。在这种编码方案中每个字符用7个二进制位表示。对于两个字节的国标码将两个字节的最高位都置成1,而后由软件或硬件来对字节最高位做出判断,以区分ASCII码与国标码。

答案:B

102.**解** GB是giga byte的缩写,其中G表示1024M,B表示字节,相当于10的9次方,用二进制表示,则相当于2的30次方,即$2^{30} \approx 1024 \times 1024$K。

答案:C

103.**解** 国家计算机病毒应急处理中心与计算机病毒防治产品检测中心制定了防治病毒策略:①建立病毒防治的规章制度,严格管理;②建立病毒防治和应急体系;③进行计算机安全教育,提高安全防范意识;④对系统进行风险评估;⑤选择经过公安部认证的病毒防治产品;⑥正确配置使用病毒防治产品;⑦正确配置系统,减少病毒侵害事件;⑧定期检查敏感文件;⑨适时进行安全评估,调整各种病毒防治策略;⑩建立病毒事故分析制度;⑪确保恢复,减少损失。

答案:D

104.解 操作系统作为一种系统软件,存在着与其他软件明显不同的特征分别是并发性、共享性和随机性。并发性是指在计算机中同时存在有多个程序,从宏观上看,这些程序是同时向前进行操作的。共享性是指操作系统程序与多个用户程序共用系统中的各种资源。随机性是指操作系统的运行是在一个随机的环境中进行的。

答案:A

105.解 21世纪是一个以网络为核心技术的信息化时代,其典型特征就是数字化、网络化和信息化。构成信息化社会的主要技术支柱有三个,那就是计算机技术、通信技术和网络技术。

答案:A

106.解 防火墙技术是建立在现代通信网络技术和信息安全技术基础上的应用型安全技术,可控制和监测网络之间的数据,管理进出网络的访问行为,封堵某些禁止行为,记录通过防火墙的信息内容和活动以及对网络攻击进行监测和报警。

答案:B

107.解 根据题意,按半年复利计息,则一年计息周期数 $m=2$,年实际利率 $i=8.6\%$,由名义利率 r 求年实际利率 i 的公式为:

$$i = \left(1 + \frac{r}{m}\right)^m - 1$$

则 $8.6\% = \left(1 + \frac{r}{2}\right)^2 - 1$,解得名义利率 $r = 8.42\%$。

答案:D

108.解 根据建设项目经济评价方法的有关规定,在建设项目财务评价中,对于先征后返的增值税、按销量或工作量等依据国家规定的补助定额计算并按期给予的定额补贴,以及属于财政扶持而给予的其他形式的补贴等,应按相关规定合理估算,记作补贴收入。

答案:A

109.解 建设项目按融资的性质分为权益融资和债务融资,权益融资形成项目的资本金,债务融资形成项目的债务资金。资本金的筹集方式包括股东投资、发行股票、政府投资等,债务资金的筹集方式包括各种贷款和债券、出口信贷、融资租赁等。

答案:B

110.解 偿债备付率 $= \dfrac{\text{用于计算还本付息的资金}}{\text{应还本付息金额}}$

式中,用于计算还本付息的资金=息税前利润+折旧和摊销-所得税

本题的偿债备付率为:

$$偿债备付率 = \frac{200+30-20}{100} = 2.1 \text{万元}$$

答案:C

111.解 融资前项目投资的现金流量包括现金流入和现金流出,其中现金流入包括营业收入、补贴收入、回收固定资产余值、回收流动资金等,现金流出包括建设投资、流动资金、经营成本和税金等。

答案:B

112.解 以产量表示的盈亏平衡产量为:

$$BEP_{产量} = \frac{年固定总成本}{单位产品销售价格-单位产品可变成本-单位产品税金及附加}$$

$$= \frac{1000}{1000-800} = 5 \text{万 t}$$

以生产能力利用率表示的盈亏平衡点为:

$$BEP_{生产能力利用率} = \frac{盈亏平衡产量}{设计生产能力} = \frac{5}{6} \times 100\% = 83.3\%$$

答案:D

113.解 两项目的差额现金流量:

差额投资$_{乙-甲}$=1000-500=500 万元

差额年收益$_{乙-甲}$=250-140=110 万元

所以两项目的差额净现值为:

差额净现值$_{乙-甲}$=-500+110(P/A,10%,10)=-500+110×6.1446=175.9 万元

答案:A

114.解 根据价值工程原理,价值=功能/成本,该项目提高价值的途径是功能不变,成本降低。

答案:A

115.解 2011 年修订的《中华人民共和国建筑法》第八条规定:

申请领取施工许可证,应当具备下列条件:

(一)已经办理该建筑工程用地批准手续;

(二)在城市规划区的建筑工程,已经取得规划许可证;

(三)需要拆迁的,其拆迁进度符合施工要求;

（四）已经确定建筑施工企业；

（五）有满足施工需要的施工图纸及技术资料；

（六）有保证工程质量和安全的具体措施；

（七）建设资金已经落实；

（八）法律、行政法规规定的其他条件。

所以选项 A、B 都是对的。

另外，按照 2014 年执行的《建筑工程施工许可管理办法》第（八）条的规定：建设资金已经落实。建设工期不足一年的，到位资金原则上不得少于工程合同价的 50%，建设工期超过一年的，到位资金原则上不得少于工程合同价的 30%。按照上条规定，选项 C 也是对的。

只有选项 D 与《建筑工程施工许可管理办法》第（五）条文字表述不太一致，原条文（五）有满足施工需要的技术资料，施工图设计文件已按规定审查合格。选项 D 中没有说明施工图审查合格的论述，所以只能选 D。

但是，提醒考生注意：

2019 年 4 月 23 日十三届人大常务委员会第十次会议上对原《中华人民共和国建筑法》第八条做了较大修改，修改后的条文是：

第八条 申请领取施工许可证，应当具备下列条件：

（一）已经办理该建筑工程用地批准手续；

（二）依法应当办理建设工程规划许可证的，已经取得规划许可证；

（三）需要拆迁的，其拆迁进度符合施工要求；

（四）已经确定建筑施工企业；

（五）有满足施工需要的资金安排、施工图纸及技术资料；

（六）有保证工程质量和安全的具体措施。

据此《建筑工程施工许可管理办法》也已做了相应修改。

答案：D

116.解《中华人民共和国安全生产法》第十八条规定，生产经营单位的主要负责人对本单位安全生产工作负有下列职责：

（一）建立、健全本单位安全生产责任制；

（二）组织制定本单位安全生产规章制度和操作规程；

（三）组织制定并实施本单位安全生产教育和培训计划；

（四）保证本单位安全生产投入的有效实施；

（五）督促、检查本单位的安全生产工作，及时消除生产安全事故隐患；

（六）组织制定并实施本单位的生产安全事故应急救援预案；

（七）及时、如实报告生产安全事故。

答案：C

117.解 《中华人民共和国招标投标法》第三条规定：

在中华人民共和国境内进行下列工程建设项目包括项目的勘察、设计、施工、监理以及与工程建设有关的重要设备、材料等的采购，必须进行招标：

（一）大型基础设施、公用事业等关系社会公共利益、公众安全的项目；

（二）全部或者部分使用国有资金投资或者国家融资的项目；

（三）使用国际组织或者外国政府贷款、援助资金的项目。

选项 D 不在上述法律条文必须进行招标的规定中。

答案：D

118.解 《中华人民共和国合同法》第十四条规定：

要约是希望和他人订立合同的意思表示，该意思表示应当符合下列规定：

（一）内容具体确定；

（二）表明经受要约人承诺，要约人即受该意思表示约束。

选项 C 不符合上述条文规定。

答案：C

119.解 《中华人民共和国行政许可法》（2019 年修订）第三十二条规定，行政机关对申请人提出的行政许可申请，应当根据下列情况分别作出处理：

（一）申请事项依法不需要取得行政许可的，应当即时告知申请人不受理；

（二）申请事项依法不属于本行政机关职权范围的，应当即时作出不予受理的决定，并告知申请人向有关行政机关申请；

（三）申请材料存在可以当场更正的错误的，应当允许申请人当场更正；

（四）申请材料不齐全或者不符合法定形式的，应当当场或者在五日内一次告知申请人需要补正的全部内容，逾期不告知的，自收到申请材料之日起即为受理；

选项 A 和 B 都与法规条文不符，两条内容是互相抄错了。

选项 C 明显不符合规定，正确的做法是当场改正。

选项 D 正确。

答案:D

120. 解 《工程质量管理条例》第九条规定,建设单位必须向有关的勘察、设计、施工、工程监理等单位提供与建设工程有关的原始资料。原始资料必须真实、准确、齐全。

所以选项 D 正确。

选项 C 明显错误。

选项 B 也不对,工程质量监督手续应当在领取施工许可证之前办理。

选项 A 的说法不符合原文第十条:建设工程发包单位不得迫使承包方以低于成本的价格竞标。"低价"和"低于成本价"有本质上的不同。

答案:D

2020 年度全国勘察设计注册工程师

执业资格考试试卷

基础考试
（上）

二〇二〇年十月

应考人员注意事项

1. 本试卷科目代码为"1",考生务必将此代码填涂在答题卡"科目代码"相应的栏目内,否则,无法评分。

2. 书写用笔:**黑色或蓝色钢笔、签字笔或圆珠笔;**

   填涂答题卡用笔:**黑色 2B 铅笔。**

3. 必须用书写用笔将工作单位、姓名、准考证号填写在答题卡和试卷相应的栏目内。

4. 本试卷由 120 题组成,每题 1 分,满分 120 分,本试卷全部为单项选择题,每小题的四个备选项中只有一个正确答案,错选、多选、不选均不得分。

5. 考生作答时,**必须按题号在答题卡上**将相应试题所选选项对应的**字母用 2B 铅笔涂黑。**

6. 在答题卡上书写与题意无关的语言,或在答题卡上作标记的,均按违纪试卷处理。

7. 考试结束时,由监考人员当面将试卷、答题卡一并收回。

8. 草稿纸由各地统一配发,考后收回。

单项选择题(共 120 题,每题 1 分。每题的备选项中只有一个最符合题意。)

1. 当 $x \to +\infty$ 时,下列函数为无穷大量的是:

A. $\dfrac{1}{2+x}$

B. $x\cos x$

C. $e^{3x}-1$

D. $1-\arctan x$

2. 设函数 $y=f(x)$ 满足 $\lim\limits_{x \to x_0} f'(x) = \infty$,且曲线 $y=f(x)$ 在 $x=x_0$ 处有切线,则此

切线:

A. 与 ox 轴平行

B. 与 oy 轴平行

C. 与直线 $y=-x$ 平行

D. 与直线 $y=x$ 平行

3. 设可微函数 $y=y(x)$ 由方程 $\sin y + e^x - xy^2 = 0$ 所确定,则微分 $\mathrm{d}y$ 等于:

A. $\dfrac{-y^2+e^x}{\cos y - 2xy}\mathrm{d}x$

B. $\dfrac{y^2+e^x}{\cos y - 2xy}\mathrm{d}x$

C. $\dfrac{y^2+e^x}{\cos y + 2xy}\mathrm{d}x$

D. $\dfrac{y^2-e^x}{\cos y - 2xy}\mathrm{d}x$

4. 设 $f(x)$ 的二阶导数存在,$y=f(e^x)$,则 $\dfrac{\mathrm{d}^2 y}{\mathrm{d}x^2}$ 等于:

A. $f''(e^x)\,e^x$

B. $[f''(e^x)+f'(e^x)]e^x$

C. $f''(e^x)e^{2x}+f'(e^x)e^x$

D. $f''(e^x)e^x+f'(e^x)e^{2x}$

5. 下列函数在区间 $[-1,1]$ 上满足罗尔定理条件的是:

A. $f(x) = \sqrt[3]{x^2}$

B. $f(x) = \sin x^2$

C. $f(x) = |x|$

D. $f(x) = \dfrac{1}{x}$

6. 曲线 $f(x)=x^4+4x^3+x+1$ 在区间 $(-\infty,+\infty)$ 上的拐点个数是:

A. 0

B. 1

C. 2

D. 3

7. 已知函数 $f(x)$ 的一个原函数是 $1+\sin x$,则不定积分 $\displaystyle\int x f'(x)\mathrm{d}x$ 等于:

A. $(1+\sin x)(x-1)+C$

B. $x\cos x-(1+\sin x)+C$

C. $-x\cos x+(1+\sin x)+C$

D. $1+\sin x+C$

8. 由曲线 $y=x^3$，直线 $x=1$ 和 ox 轴所围成的平面图形绕 ox 轴旋转一周所形成的旋转的体积是：

A. $\dfrac{\pi}{7}$ B. 7π

C. $\dfrac{\pi}{6}$ D. 6π

9. 设向量 $\boldsymbol{\alpha}=(5,1,8)$，$\boldsymbol{\beta}=(3,2,7)$，若 $\lambda\boldsymbol{\alpha}+\boldsymbol{\beta}$ 与 oz 轴垂直，则常数 λ 等于：

A. $\dfrac{7}{8}$ B. $-\dfrac{7}{8}$

C. $\dfrac{8}{7}$ D. $-\dfrac{8}{7}$

10. 过点 $M_1(0,-1,2)$ 和 $M_2(1,0,1)$ 且平行于 z 轴的平面方程是：

A. $x-y=0$ B. $\dfrac{x}{1}=\dfrac{y+1}{-1}=\dfrac{z-2}{0}$

C. $x+y-1=0$ D. $x-y-1=0$

11. 过点 $(1,2)$ 且切线斜率为 $2x$ 的曲线 $y=f(x)$ 应满足的关系式是：

A. $y'=2x$ B. $y''=2x$

C. $y'=2x,y(1)=2$ D. $y''=2x,y(1)=2$

12. 设 D 是由直线 $y=x$ 和圆 $x^2+(y-1)^2=1$ 所围成且在直线 $y=x$ 下方的平面区域，则二重积分 $\iint\limits_{D}x\mathrm{d}x\mathrm{d}y$ 等于：

A. $\displaystyle\int_0^{\frac{\pi}{2}}\cos\theta\mathrm{d}\theta\int_0^{2\cos\theta}\rho^2\mathrm{d}\rho$ B. $\displaystyle\int_0^{\frac{\pi}{2}}\sin\theta\mathrm{d}\theta\int_0^{2\sin\theta}\rho^2\mathrm{d}\rho$

C. $\displaystyle\int_0^{\frac{\pi}{4}}\sin\theta\mathrm{d}\theta\int_0^{2\sin\theta}\rho^2\mathrm{d}\rho$ D. $\displaystyle\int_0^{\frac{\pi}{4}}\cos\theta\mathrm{d}\theta\int_0^{2\sin\theta}\rho^2\mathrm{d}\rho$

13. 已知 y_0 是微分方程 $y''+py'+qy=0$ 的解，y_1 是微分方程 $y''+py'+qy=f(x)[f(x)\neq 0]$ 的解，则下列函数中的微分方程 $y''+py'+qy=f(x)$ 的解是：

A. $y=y_0+C_1y_1$（C_1 是任意常数）

B. $y=C_1y_1+C_2y_0$（C_1、C_2 是任意常数）

C. $y=y_0+y_1$

D. $y=2y_1+3y_0$

14. 设 $z = \dfrac{1}{x}e^{xy}$,则全微分 $\mathrm{d}z|_{(1,-1)}$ 等于：

    A. $e^{-1}(\mathrm{d}x+\mathrm{d}y)$　　　　　　　　B. $e^{-1}(-2\mathrm{d}x+\mathrm{d}y)$

    C. $e^{-1}(\mathrm{d}x-\mathrm{d}y)$　　　　　　　　D. $e^{-1}(\mathrm{d}x+2\mathrm{d}y)$

15. 设 L 为从原点 $O(0,0)$ 到点 $A(1,2)$ 的有向直线段,则对坐标的曲线积分 $\displaystyle\int_{L} -y\mathrm{d}x + x\mathrm{d}y$ 等于：

    A. 0　　　　　　　　　　　　B. 1

    C. 2　　　　　　　　　　　　D. 3

16. 下列级数发散的是：

    A. $\displaystyle\sum_{n=1}^{\infty} \dfrac{n^2}{3n^4+1}$　　　　　　　　B. $\displaystyle\sum_{n=2}^{\infty} \dfrac{1}{\sqrt[3]{n(n-1)}}$

    C. $\displaystyle\sum_{n=1}^{\infty} \dfrac{(-1)^n}{\sqrt{n}}$　　　　　　　　D. $\displaystyle\sum_{n=1}^{\infty} \dfrac{5}{3^n}$

17. 设函数 $z = f^2(xy)$,其中 $f(u)$ 具有二阶导数,则 $\dfrac{\partial^2 z}{\partial x^2}$ 等于：

    A. $2y^3 f'(xy)f''(xy)$

    B. $2y^2[f'(xy)+f''(xy)]$

    C. $2y\{[f'(xy)]^2+f''(xy)\}$

    D. $2y^2\{[f'(xy)]^2+f(xy)f''(xy)\}$

18. 若幂级数 $\displaystyle\sum_{n=1}^{\infty} a_n (x+2)^n$ 在 $x=0$ 处收敛,在 $x=-4$ 处发散,则幂级数 $\displaystyle\sum_{n=1}^{\infty} a_n (x-1)^n$ 的收敛域是：

    A. $(-1,3)$　　　　　　　　　B. $[-1,3)$

    C. $(-1,3]$　　　　　　　　　D. $[-1,3]$

19. 设 A 为 n 阶方阵,B 是只对调 A 的一、二列所得的矩阵,若 $|A|\neq|B|$,则下面结论中一定成立的是：

    A. $|A|$ 可能为 0　　　　　　　B. $|A|\neq 0$

    C. $|A+B|\neq 0$　　　　　　　D. $|A-B|\neq 0$

20. 设 $A=\begin{bmatrix} 1 & x & 1 \\ x & 1 & y \\ 1 & y & 1 \end{bmatrix}$, $B=\begin{bmatrix} 0 & 0 & 0 \\ 0 & 1 & 0 \\ 0 & 0 & 2 \end{bmatrix}$, 且 A 与 B 相似, 则下列结论中成立的是:

A. $x=y=0$ B. $x=0, y=1$

C. $x=1, y=0$ D. $x=y=1$

21. 若向量组 $\boldsymbol{\alpha}_1=(a,1,1)^{\mathrm{T}}$, $\boldsymbol{\alpha}_2=(1,a,-1)^{\mathrm{T}}$, $\boldsymbol{\alpha}_3=(1,-1,a)^{\mathrm{T}}$ 线性相关, 则 a 的取值为:

A. $a=1$ 或 $a=-2$ B. $a=-1$ 或 $a=2$

C. $a>2$ D. $a>-1$

22. 设 A、B 是两事件, $P(A)=\dfrac{1}{4}$, $P(B|A)=\dfrac{1}{3}$, $P(A|B)=\dfrac{1}{2}$, 则 $P(A\cup B)$ 等于:

A. $\dfrac{3}{4}$ B. $\dfrac{3}{5}$

C. $\dfrac{1}{2}$ D. $\dfrac{1}{3}$

23. 设随机变量 x 与 y 相互独立, 方差 $D(x)=1$, $D(y)=3$, 则方差 $D(2x-y)$ 等于:

A. 7   B. -1

C. 1   D. 4

24. 设随机变量 X 与 Y 相互独立, 且 $X\sim N(\mu_1, \sigma_1^2)$, $Y\sim N(\mu_2, \sigma_2^2)$, 则 $Z=X+Y$ 服从的分布是:

A. $N(\mu_1, \sigma_1^2+\sigma_2^2)$ B. $N(\mu_1+\mu_2, \sigma_1\sigma_2)$

C. $N(\mu_1+\mu_2, \sigma_1^2\sigma_2^2)$ D. $N(\mu_1+\mu_2, \sigma_1^2+\sigma_2^2)$

25. 某理想气体分子在温度 T_1 时的方均根速率等于温度 T_2 时的最概然速率, 则两温度之比 $\dfrac{T_2}{T_1}$ 等于:

A. $\dfrac{3}{2}$ B. $\dfrac{2}{3}$

C. $\sqrt{\dfrac{3}{2}}$ D. $\sqrt{\dfrac{2}{3}}$

26. 一定量的理想气体经等压膨胀后, 气体的:

A. 温度下降, 做正功   B. 温度下降, 做负功

C. 温度升高, 做正功   D. 温度升高, 做负功

27.一定量的理想气体从初态经一热力学过程达到末态,如初、末态均处于同一温度线上,则此过程中的内能变化 ΔE 和气体做功 W 为:

A. $\Delta E=0$,W 可正可负
B. $\Delta E=0$,W 一定为正
C. $\Delta E=0$,W 一定为负
D. $\Delta E>0$,W 一定为正

28.具有相同温度的氧气和氢气的分子平均速率之比 $\dfrac{\bar{v}_{O_2}}{\bar{v}_{H_2}}$ 为:

A. 1
B. $\dfrac{1}{2}$
C. $\dfrac{1}{3}$
D. $\dfrac{1}{4}$

29.一卡诺热机,低温热源的温度为 27℃,热机效率为 40%,其高温热源温度为:

A. 500K
B. 45℃
C. 400K
D. 500℃

30.一平面简谐波,波动方程为 $y=0.02\sin(\pi t+x)$(SI),波动方程的余弦形式为:

A. $y=0.02\cos(\pi t+x+\dfrac{\pi}{2})$(SI)

B. $y=0.02\cos(\pi t+x-\dfrac{\pi}{2})$(SI)

C. $y=0.02\cos(\pi t+x+\pi)$(SI)

D. $y=0.02\cos(\pi t+x+\dfrac{\pi}{4})$(SI)

31.一简谐波的频率 $\nu=2000\mathrm{Hz}$,波长 $\lambda=0.20\mathrm{m}$,则该波的周期和波速为:

A. $\dfrac{1}{2000}$s,400m/s
B. $\dfrac{1}{2000}$s,40m/s
C. 2000s,400m/s
D. $\dfrac{1}{2000}$s,20m/s

32.两列相干波,其表达式分别为 $y_1=2A\cos 2\pi(\nu t-\dfrac{x}{2})$ 和 $y_2=A\cos 2\pi(\nu t+\dfrac{x}{2})$,在叠加后形成的合成波中,波中质元的振幅范围是:

A. $A\sim 0$
B. $3A\sim 0$
C. $3A\sim -A$
D. $3A\sim A$

33.图示为一平面简谐机械波在 t 时刻的波形曲线,若此时 A 点处媒质质元的弹性势能在减小,则:

A. A 点处质元的振动动能在减小

B. A 点处质元的振动动能在增加

C. B 点处质元的振动动能在增加

D. B 点处质元在正向平衡位置处运动

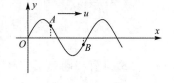

34.在双缝干涉实验中,设缝是水平的,若双缝所在的平板稍微向上平移,其他条件不变,则屏上的干涉条纹:

A.向下平移,且间距不变　　　　　　　　B.向上平移,且间距不变

C.不移动,但间距改变　　　　　　　　　D.向上平移,且间距改变

35.在空气中有一肥皂膜,厚度为 $0.32\mu m(1\mu m=10^{-6}m)$,折射率 $n=1.33$,若用白光垂直照射,通过反射,此膜呈现的颜色大体是:

A. 紫光(430nm)　　　　　　　　　　　　B. 蓝光(470nm)

C. 绿光(566nm)　　　　　　　　　　　　D. 红光(730nm)

36.三个偏振片 P_1、P_2 与 P_3 堆叠在一起,P_1 和 P_3 的偏振化方向相互垂直,P_2 和 P_1 的偏振化方向间的夹角为 $30°$,强度为 I_0 的自然光垂直入射于偏振片 P_1,并依次通过偏振片 P_1、P_2 与 P_3,则通过三个偏振片后的光强为:

A. $I=I_0/4$　　　　　　　　　　　　　　B. $I=I_0/8$

C. $I=3I_0/32$　　　　　　　　　　　　　D. $I=3I_0/8$

37.主量子数 $n=3$ 的原子轨道最多可容纳的电子总数是:

A. 10　　　　　　　　　　　　　　　　　B. 8

C. 18　　　　　　　　　　　　　　　　　D. 32

38.下列物质中,同种分子间不存在氢键的是:

A. HI　　　　　　　　　　　　　　　　　B. HF

C. NH_3　　　　　　　　　　　　　　　D. C_2H_5OH

39.已知铁的相对原子质量是56,测得 100mL 某溶液中含有 112mg 铁,则溶液中铁的浓度为:

A. $2mol \cdot L^{-1}$　　　　　　　　　　　B. $0.2mol \cdot L^{-1}$

C. $0.02mol \cdot L^{-1}$　　　　　　　　　D. $0.002mol \cdot L^{-1}$

40. 已知 $K^{\ominus}(\text{HOAc})=1.8\times10^{-5}$，$0.1\text{mol}\cdot\text{L}^{-1}\text{NaOAc}$ 溶液的 pH 值为：

　　A. 2.87　　　　　　　　　　　　　B. 11.13

　　C. 5.13　　　　　　　　　　　　　D. 8.88

41. 在 298K，100kPa 下，反应 $2\text{H}_2(\text{g})+\text{O}_2(\text{g})=2\text{H}_2\text{O}(l)$ 的 $\Delta_r H_m^{\ominus}=-572\text{kJ}\cdot\text{mol}^{-1}$，则 $\text{H}_2\text{O}(l)$ 的 $\Delta_f H_m^{\ominus}$ 是：

　　A. $572\text{kJ}\cdot\text{mol}^{-1}$　　　　　　　　　B. $-572\text{kJ}\cdot\text{mol}^{-1}$

　　C. $286\text{kJ}\cdot\text{mol}^{-1}$　　　　　　　　　D. $-286\text{kJ}\cdot\text{mol}^{-1}$

42. 已知 298K 时，反应 $\text{N}_2\text{O}_4(\text{g})\rightleftharpoons2\text{NO}_2(\text{g})$ 的 $K^{\ominus}=0.1132$，在 298K 时，如 $p(\text{N}_2\text{O}_4)=p(\text{NO}_2)=100\text{kPa}$，则上述反应进行的方向是：

　　A. 反应向正向进行　　　　　　　　B. 反应向逆向进行

　　C. 反应达平衡状态　　　　　　　　D. 无法判断

43. 有原电池 $(-)\text{Zn}\,|\,\text{ZnSO}_4(c_1)\,||\,\text{CuSO}_4(c_2)\,|\,\text{Cu}(+)$，如提高 ZnSO_4 浓度 c_1 的数值，则原电池电动势：

　　A. 变大　　　　　　　　　　　　　B. 变小

　　C. 不变　　　　　　　　　　　　　D. 无法判断

44. 结构简式为 $(\text{CH}_3)_2\text{CHCH}(\text{CH}_3)\text{CH}_2\text{CH}_3$ 的有机物的正确命名是：

　　A. 2-甲基-3-乙基戊烷　　　　　　　B. 2,3-二甲基戊烷

　　C. 3,4-二甲基戊烷　　　　　　　　D. 1,2-二甲基戊烷

45. 化合物对羟基苯甲酸乙酯，其结构式为 HO—〈　〉—COOC_2H_5，它是一种常用的化妆品防霉剂。下列叙述正确的是：

　　A. 它属于醇类化合物

　　B. 它既属于醇类化合物，又属于酯类化合物

　　C. 它属于醚类化合物

　　D. 它属于酚类化合物，同时还属于酯类化合物

46. 某高聚物分子的一部分为:—CH₂—CH—CH₂—CH—CH₂—CH—

$$-CH_2-\underset{\underset{COOCH_3}{|}}{CH}-CH_2-\underset{\underset{COOCH_3}{|}}{CH}-CH_2-\underset{\underset{COOCH_3}{|}}{CH}-$$

在下列叙述中,正确的是:

A. 它是缩聚反应的产物

B. 它的链节为 $-\underset{\underset{H}{|}}{\overset{\overset{CH_3}{|}}{C}}-\underset{\underset{COOCH_3}{|}}{\overset{\overset{H}{|}}{C}}-$

C. 它的单体为 CH_2=$CHCOOCH_3$和 CH_2=CH_2

D. 它的单体为 CH_2=$CHCOOCH_3$

47. 结构如图所示,杆 DE 的点 H 由水平绳拉住,其上的销钉 C 置于杆 AB 的光滑直槽中,各杆自重均不计。则销钉 C 处约束力的作用线与 x 轴正向所成的夹角为:

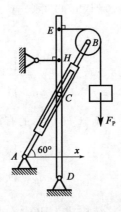

A. 0°   B. 90°

C. 60°   D. 150°

48. 直角构件受力 F＝150N,力偶 $M=\dfrac{1}{2}Fa$ 作用,如图所示,a＝50cm,θ＝30°,则该力系对 B 点的合力矩为:

A. M_B＝3750N·cm(顺时针)

B. M_B＝3750N·cm(逆时针)

C. M_B＝12990N·cm(逆时针)

D. M_B＝12990N·cm(顺时针)

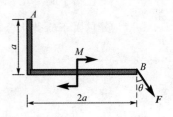

49. 图示多跨梁由 AC 和 CD 铰接而成,自重不计。已知 $q=10\text{kN/m}$,$M=40\text{kN}\cdot\text{m}$,

$F=2\text{kN}$ 作用在 AB 中点,且 $\theta=45°$,$L=2\text{m}$。则支座 D 的约束力为:

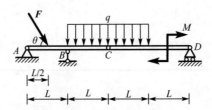

A. $F_D=10$ kN(铅垂向上)

B. $F_D=15$ kN(铅垂向上)

C. $F_D=40.7$ kN(铅垂向上)

D. $F_D=14.3$ kN(铅垂向下)

50. 图示物块重力 $F_p=100\text{N}$ 处于静止状态,接触面处的摩擦角 $\varphi_m=45°$,在水平力 $F=$

100N 的作用下,物块将:

A. 向右加速滑动

B. 向右减速滑动

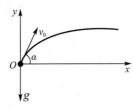

C. 向左加速滑动

D. 处于临界平衡状态

51. 已知动点的运动方程为 $x=t^2$,$y=2t^4$,则其轨迹方程为:

A. $x=t^2-t$ B. $y=2t$

C. $y-2x^2=0$ D. $y+2x^2=0$

52. 一炮弹以初速度和仰角 α 射出。对于图示直角坐标的运动方程为 $x=v_0\cos\alpha t$,$y=$

$v_0\sin\alpha t-\dfrac{1}{2}gt^2$,则当 $t=0$ 时,炮弹的速度大小为:

A. $v_0\cos\alpha$

B. $v_0\sin\alpha$

C. v_0

D. 0

53. 滑轮半径 $r=50$mm，安装在发动机上旋转，其皮带的运动速度为 20m/s，加速度为 6m/s²。扇叶半径 $R=75$mm，如图所示。则扇叶最高点 B 的速度和切向加速度分别为：

A. 30m/s，9m/s²

B. 60m/s，9m/s²

C. 30m/s，6m/s²

D. 60m/s，18m/s²

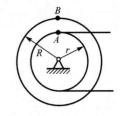

54. 质量为 m 的小球，放在倾角为 α 的光滑面上，并用平行于斜面的软绳将小球固定在图示位置，如斜面与小球均以加速度 a 向左运动，则小球受到斜面的约束力 N 应为：

A. $N=mg\cos\alpha-ma\sin\alpha$

B. $N=mg\cos\alpha+ma\sin\alpha$

C. $N=mg\cos\alpha$

D. $N=ma\sin\alpha$

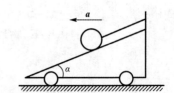

55. 图示质量 $m=5$kg 的物体受力拉动，沿与水平面30°夹角的光滑斜平面上移动 6m，其拉动物体的力为 70N，且与斜面平行，则所有力做功之和是：

A. 420N·m

B. −147N·m

C. 273N·m

D. 567N·m

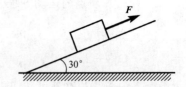

56. 在两个半径及质量均相同的均质滑轮 A 及 B 上，各绕以不计质量的绳，如图所示。轮 B 绳末端挂一重力为 P 的重物，轮 A 绳末端作用一铅垂向下的力为 P，则此两轮绕以不计质量的绳中拉力大小的关系为：

A. $F_A < F_B$

B. $F_A > F_B$

C. $F_A = F_B$

D. 无法判断

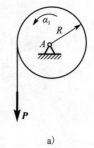 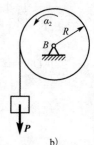

a)　　　　　　b)

57. 物块 A 的质量为 8kg，静止放在无摩擦的水平面上。另一质量为 4kg 的物块 B 被绳系住，如图所示，滑轮无摩擦。若物块 A 的加速度 $a=3.3\text{m/s}^2$，则物块 B 的惯性力是：

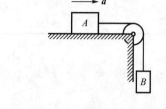

A. 13.2N（铅垂向上）

B. 13.2N（铅垂向下）

C. 26.4N（铅垂向上）

D. 26.4N（铅垂向下）

58. 如图所示系统中，$k_1=2\times10^5\text{N/m}$，$k_2=1\times10^5\text{N/m}$。激振力 $F=200\sin50t$，当系统发生共振时，质量 m 是：

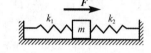

A. 80kg

B. 40kg

C. 120kg

D. 100kg

59. 在低碳钢拉伸试验中，冷作硬化现象发生在：

A. 弹性阶段   B. 屈服阶段

C. 强化阶段   D. 局部变形阶段

60. 图示等截面直杆，拉压刚度为 EA，杆的总伸长量为：

A. $\dfrac{2Fa}{EA}$

B. $\dfrac{3Fa}{EA}$

C. $\dfrac{4Fa}{EA}$

D. $\dfrac{5Fa}{EA}$

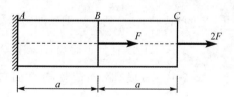

61. 如图所示,钢板用钢轴连接在铰支座上,下端受轴向拉力 F,已知钢板和钢轴的许用挤压应力均为$[\sigma_{bs}]$,则钢轴的合理直径 d 是:

A. $d \geqslant \dfrac{F}{t[\sigma_{bs}]}$

B. $d \geqslant \dfrac{F}{b[\sigma_{bs}]}$

C. $d \geqslant \dfrac{F}{2t[\sigma_{bs}]}$

D. $d \geqslant \dfrac{F}{2b[\sigma_{bs}]}$

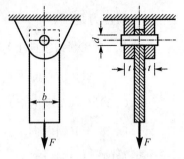

62. 如图所示,空心圆轴的外径为 D,内径为 d,其极惯性矩 I_p 是:

A. $I_p = \dfrac{\pi}{16}(D^3 - d^3)$

B. $I_p = \dfrac{\pi}{32}(D^3 - d^3)$

C. $I_p = \dfrac{\pi}{16}(D^4 - d^4)$

D. $I_p = \dfrac{\pi}{32}(D^4 - d^4)$

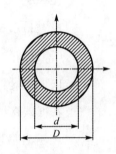

63. 在平面图形的几何性质中,数值可正、可负、也可为零的是:

A. 静矩和惯性矩   B. 静矩和惯性积

C. 极惯性矩和惯性矩   D. 惯性矩和惯性积

64. 若梁 ABC 的弯矩图如图所示,则该梁上的荷载为:

A. AB 段有分布荷载,B 截面无集中力偶

B. AB 段有分布荷载,B 截面有集中力偶

C. AB 段无分布荷载,B 截面无集中力偶

D. AB 段无分布荷载,B 截面有集中力偶

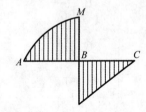

65. 承受竖直向下荷载的等截面悬臂梁,结构分别采用整块材料、两块材料并列、三块材料并列和两块材料叠合(未黏结)四种方案,对应横截面如图所示。在这四种横截面中,发生最大弯曲正应力的截面是:

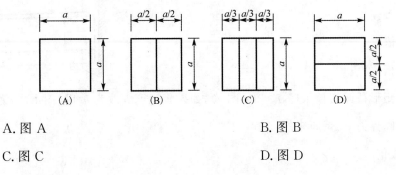

A. 图 A

B. 图 B

C. 图 C

D. 图 D

66. 图示 ACB 用积分法求变形时,确定积分常数的条件是:(式中 V 为梁的挠度,θ 为梁横截面的转角,ΔL 为杆 DB 的伸长变形)

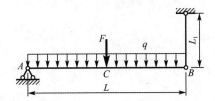

A. $V_A = 0, V_B = 0, V_{C左} = V_{C右}$, $\theta_C = 0$

B. $V_A = 0, V_B = \Delta L, V_{C左} = V_{C右}$, $\theta_C = 0$

C. $V_A = 0, V_B = \Delta L, V_{C左} = V_{C右}$, $\theta_{C左} = \theta_{C右}$

D. $V_A = 0, V_B = \Delta L, V_C = 0$, $\theta_{C左} = \theta_{C右}$

67. 分析受力物体内一点处的应力状态,如可以找到一个平面,在该平面上有最大切应力,则该平面上的正应力:

A. 是主应力

B. 一定为零

C. 一定不为零

D. 不属于前三种情况

68. 在下面四个表达式中,第一强度理论的强度表达式是:

A. $\sigma_1 \leqslant [\sigma]$

B. $\sigma_1 - \nu(\sigma_2 + \sigma_3) \leqslant [\sigma]$

C. $\sigma_1 - \sigma_3 \leqslant [\sigma]$

D. $\sqrt{\dfrac{1}{2}\left[(\sigma_1 - \sigma_2)^2 + (\sigma_2 - \sigma_3)^2 + (\sigma_3 - \sigma_1)^2\right]} \leqslant [\sigma]$

69. 如图所示,正方形截面悬臂梁 AB,在自由端 B 截面形心作用有轴向力 F,若将轴向力 F 平移到 B 截面下缘中点,则梁的最大正应力是原来的:

A. 1 倍

B. 2 倍

C. 3 倍

D. 4 倍

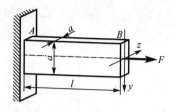

70. 图示矩形截面细长压杆,$h=2b$(图 a),如果将宽度 b 改为 h 后(图 b,仍为细长压杆),临界力 F_{cr} 是原来的:

A. 16 倍

B. 8 倍

C. 4 倍

D. 2 倍

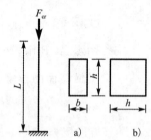

71. 静止流体能否承受切应力?

A. 不能承受

B. 可以承受

C. 能承受很小的

D. 具有黏性可以承受

72. 水从铅直圆管向下流出,如图所示,已知 $d_1=10\text{cm}$,管口处水流速度 $v_1=1.8\text{m/s}$,试求管口下方 $h=2\text{m}$ 处的水流速度 v_2 和直径 d_2:

A. $v_2=6.5\text{m/s},d_2=5.2\text{cm}$

B. $v_2=3.25\text{m/s},d_2=5.2\text{cm}$

C. $v_2=6.5\text{m/s},d_2=2.6\text{cm}$

D. $v_2=3.25\text{m/s},d_2=2.6\text{cm}$

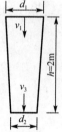

73. 利用动量定理计算流体对固体壁面的作用力时,进、出口截面上的压强应为:

A. 绝对压强

B. 相对压强

C. 大气压

D. 真空度

74.一直径为 50mm 的圆管,运动黏性系数 $\gamma = 0.18\text{cm}^2/\text{s}$、密度 $\rho = 0.85\text{g/cm}^3$ 的油在管内以 $v = 5\text{cm/s}$ 的速度作层流运动,则沿程损失系数是:

A. 0.09　　　　　　　　　　　B. 0.461

C. 0.1　　　　　　　　　　　 D. 0.13

75.并联长管 1、2,两管的直径相同,沿程阻力系数相同,长度 $L_2 = 3L_1$,通过的流量为:

A. $Q_1 = Q_2$　　　　　　　　B. $Q_1 = 1.5Q_2$

C. $Q_1 = 1.73Q_2$　　　　　 D. $Q_1 = 3Q_2$

76.明渠均匀流只能发生在:

A. 平坡棱柱形渠道　　　　　　B. 顺坡棱柱形渠道

C. 逆坡棱柱形渠道　　　　　　D. 不能确定

77.均匀砂质土填装在容器中,已知水力坡度 $J = 0.5$,渗透系数 $k = 0.005\text{cm/s}$,则渗流速度为:

A. 0.0025cm/s　　　　　　　 B. 0.0001cm/s

C. 0.001cm/s　　　　　　　　D. 0.015cm/s

78.进行水力模型试验,要实现有压管流的相似,应选用的相似准则是:

A. 雷诺准则　　　　　　　　　B. 弗劳德准则

C. 欧拉准则　　　　　　　　　D. 马赫数

79.在图示变压器中,左侧线圈中通以直流电流 I,铁芯中产生磁通 Φ。此时,右侧线圈端口上的电压 u_2 是:

A. 0

B. $\dfrac{N_2}{N_1}\dfrac{\mathrm{d}\Phi}{\mathrm{d}t}$

C. $N_1\dfrac{\mathrm{d}\Phi}{\mathrm{d}t}$

D. $\dfrac{N_1}{N_2}\dfrac{\mathrm{d}\Phi}{\mathrm{d}t}$

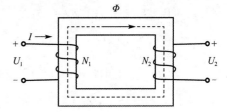

80. 将一个直流电源通过电阻 R 接在电感线圈两端,如图所示。如果 $U=10\text{V}$, $I=1\text{A}$,那么,将直流电源换成交流电源后,该电路的等效模型为:

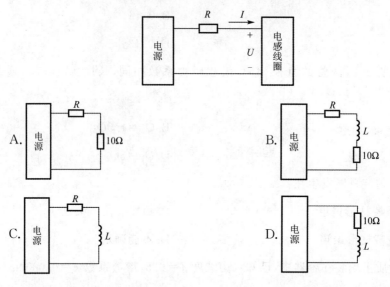

81. 图示电路中,a-b 端左侧网络的等效电阻为:

A. $R_1 + R_2$

B. $R_1 // R_2$

C. $R_1 + R_2 // R_L$

D. R_2

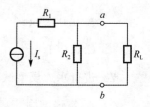

82. 在阻抗 $Z=10 \angle 45° \Omega$ 两端加入交流电压 $u(t) = 220\sqrt{2}\sin(314t+30°)\text{V}$ 后,电流 $i(t)$ 为:

A. $22\sin(314t+75°)\text{A}$

B. $22\sqrt{2}\sin(314t+15°)\text{A}$

C. $22\sin(314t+15°)\text{A}$

D. $22\sqrt{2}\sin(314t-15°)\text{A}$

83. 图示电路中,$Z_1 = (6+j8)\Omega$, $Z_2 = -jX_C\Omega$,为使 I 取得最大值,X_C 的数值为:

A. 6

B. 8

C. −8

D. 0

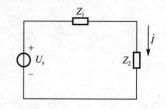

84. 三相电路如图所示,设电灯 D 的额定电压为三相电源的相电压,用电设备 M 的外壳线 a 及电灯 D 另一端线 b 应分别接到:

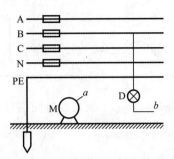

A. PE 线和 PE 线

B. N 线和 N 线

C. PE 线和 N 线

D. N 线和 PE 线

85. 设三相交流异步电动机的空载功率因数为 λ_1,20% 的额定负载时的功率因数为 λ_2,满载时功率因数为 λ_3,那么以下关系成立的是:

A. $\lambda_1 > \lambda_2 > \lambda_3$

B. $\lambda_3 > \lambda_2 > \lambda_1$

C. $\lambda_2 > \lambda_1 > \lambda_3$

D. $\lambda_3 > \lambda_1 > \lambda_2$

86. 能够实现用电设备连续工作的控制电路为:

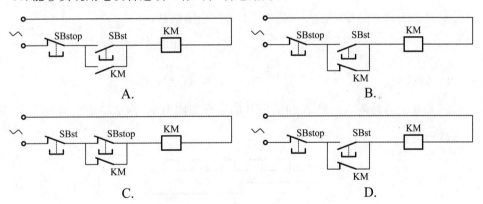

87. 下述四个信号中,不能用来表示信息代码"10101"的图是:

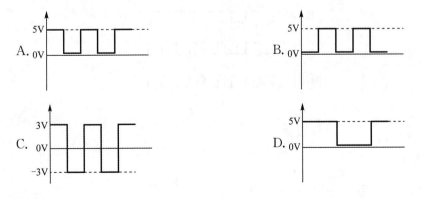

88. 模拟信号 $u_1(t)$ 和 $u_2(t)$ 的幅值频谱分别如图 a)和图 b)所示,则:

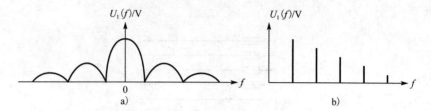

A. $u_1(t)$ 是连续时间信号,$u_2(t)$ 是离散时间信号

B. $u_1(t)$ 是非周期性时间信号,$u_2(t)$ 是周期性时间信号

C. $u_1(t)$ 和 $u_2(t)$ 都是非周期时间信号

D. $u_1(t)$ 和 $u_2(t)$ 都是周期时间信号

89. 以下几种说法中正确的是:

A. 滤波器会改变正弦波信号的频率

B. 滤波器会改变正弦波信号的波形形状

C. 滤波器会改变非正弦周期信号的频率

D. 滤波器会改变非正弦周期信号的波形形状

90. 对逻辑表达式 $ABCD + \overline{A} + \overline{B} + \overline{C} + \overline{D}$ 的简化结果是:

A. 0   B. 1

C. ABCD   D. $\overline{ABCD}$

91. 已知数字电路输入信号 A 和信号 B 的波形如图所示,则数字输出信号 $F = \overline{AB}$ 的波形为:

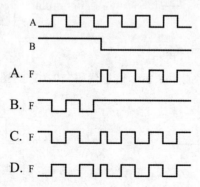

92. 逻辑函数 F＝f(A,B,C)的真值表如下,由此可知:

A	B	C	F
0	0	0	0
0	0	1	0
0	1	0	0
0	1	1	1
1	0	0	0
1	0	1	0
1	1	0	1
1	1	1	1

A. F＝BC＋AB＋$\overline{A}\overline{B}$C＋B$\overline{C}$

B. F＝$\overline{A}$B$\overline{C}$＋AB$\overline{C}$＋AC＋ABC

C. F＝AB＋BC＋AC

D. F＝$\overline{A}$BC＋AB$\overline{C}$＋ABC

93. 晶体三极管放大电路如图所示,在并入电容 C_E 后 ,下列不变的量是:

A. 输入电阻和输出电阻

B. 静态工作点和电压放大倍数

C. 静态工作点和输出电阻

D. 输入电阻和电压放大倍数

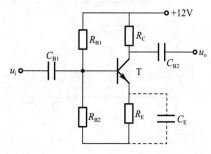

94. 图示电路中,运算放大器输出电压的极限值±U_{oM},输入电压 $u_i＝U_m\sin\omega t$,现将信号电压 u_i 从电路的"A"端送入,电路的"B"端接地,得到输出电压 u_{o1}。而将信号电压 u_i 从电路的"B"端输入,电路的"A"接地,得到输出电压 u_{o2}。则以下正确的是:

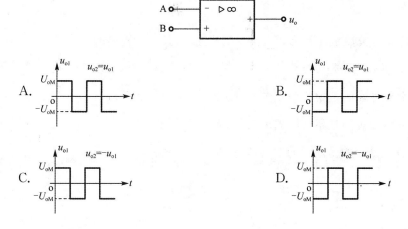

95.图示逻辑门电路的输出 F_1 和 F_2 分别为：

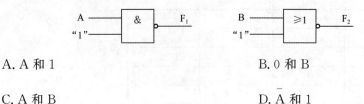

A. A 和 1   B. 0 和 B

C. A 和 B   D. $\overline{A}$ 和 1

96.图 a)示电路,加入复位信号及时钟脉冲信号如图 b)所示,经分析可知,在 t_1 时刻,

输出 Q_{JK} 和 Q_D 分别等于：

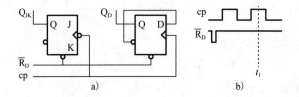

附:D 触发器的逻辑状态表为:

D	Q_{n+1}
0	0
1	1

JK 触发器的逻辑状态表为:

J	K	Q_{n+1}
0	0	Q_n
0	1	0
1	0	1
1	1	$\overline{Q_n}$

A. 0 0   B. 0 1

C. 1 0   D. 1 1

97.下面四条有关数字计算机处理信息的描述中,其中不正确的一条是:

A. 计算机处理的是数字信息

B. 计算机处理的是模拟信息

C. 计算机处理的是不连续的离散(0 或 1)信息

D. 计算机处理的是断续的数字信息

98. 程序计数器(PC)的功能是：

    A. 对指令进行译码

    B. 统计每秒钟执行指令的数目

    C. 存放下一条指令的地址

    D. 存放正在执行的指令地址

99. 计算机的软件系统是由：

    A. 高级语言程序、低级语言程序构成

    B. 系统软件、支撑软件、应用软件构成

    C. 操作系统、专用软件构成

    D. 应用软件和数据库管理系统构成

100. 允许多个用户以交互方式使用计算机的操作系统是：

    A. 批处理单道系统   B. 分时操作系统

    C. 实时操作系统   D. 批处理多道系统

101. 在计算机内，ASSCII 码是为：

    A. 数字而设置的一种编码方案

    B. 汉字而设置的一种编码方案

    C. 英文字母而设置的一种编码方案

    D. 常用字符而设置的一种编码方案

102. 在微机系统内，为存储器中的每一个：

    A. 字节分配一个地址   B. 字分配每一个地址

    C. 双字分配一个地址   D. 四字分配一个地址

103. 保护信息机密性的手段有两种，一是信息隐藏，二是数据加密。下面四条表述中，有错误的一条是：

    A. 数据加密的基本方法是编码，通过编码将明文变换为密文

    B. 信息隐藏是使非法者难以找到秘密信息而采用"隐藏"的手段

    C. 信息隐藏与数据加密所采用的技术手段不同

    D. 信息隐藏与数字加密所采用的技术手段是一样的

104. 下面四条有关线程的表述中,其中错误的一条是:

 A. 线程有时也称为轻量级进程

 B. 有些进程只包含一个线程

 C. 线程是所有操作系统分配 CPU 时间的基本单位

 D. 把进程再仔细分成线程的目的是为更好地实现并发处理和共享资源

105. 计算机与信息化社会的关系是:

 A. 没有信息化社会就不会有计算机

 B. 没有计算机在数值上的快速计算,就没有信息化社会

 C. 没有计算机及其与通信、网络等的综合利用,就没有信息化社会

 D. 没有网络电话就没有信息化社会

106. 域名服务器的作用是:

 A. 为连入 Internet 网的主机分配域名

 B. 为连入 Internet 网的主机分配 IP 地址

 C. 为连入 Internet 网的一个主机域名寻找所对应的 IP 地址

 D. 将主机的 IP 地址转换为域名

107. 某人预计 5 年后需要一笔 50 万元的资金,现市场上正发售期限为 5 年的电力债券,年利率为 5.06%,按年复利计息,5 年末一次还本付息,若想 5 年后拿到 50 万元的本利和,他现在应该购买电力债券:

 A. 30.52 万元　　　　　　　　　　B. 38.18 万元

 C. 39.06 万元　　　　　　　　　　D. 44.19 万元

108. 以下关于项目总投资中流动资金的说法正确的是:

 A. 是指工程建设其他费用和预备费之和

 B. 是指投产后形成的流动资产和流动负债之和

 C. 是指投产后形成的流动资产和流动负债的差额

 D. 是指投产后形成的流动资产占用的资金

109. 下列筹资方式中,属于项目债务资金的筹集方式是:

    A. 优先股   B. 政府投资

    C. 融资租赁   D. 可转换债券

110. 某建设项目预计生产期第三年息税前利润为 200 万元,折旧与摊销为 50 万元,所得税为 25 万元,计入总成本费用的应付利息为 100 万元,则该年的利息备付率为:

    A. 1.25   B. 2

    C. 2.25   D. 2.5

111. 某项目方案各年的净现金流量见表(单位:万元),其静态投资回收期为:

年份	0	1	2	3	4	5
净现金流量	−100	−50	40	60	60	60

    A. 2.17 年   B. 3.17 年

    C. 3.83 年   D. 4 年

112. 某项目的产出物为可外贸货物,其离岸价格为 100 美元,影子汇率为 6 元人民币/美元,出口费用为每件 100 元人民币,则该货物的影子价格为:

    A. 500 元人民币   B. 600 元人民币

    C. 700 元人民币   D. 800 元人民币

113. 某项目有甲、乙两个建设方案,投资分别为 500 万元和 1000 万元,项目期均为 10 年,甲项目年收益为 140 万元,乙项目年收益为 250 万元。假设基准收益率为 8%。已知 $(P/A, 8\%, 10) = 6.7101$,则下列关于该项目方案选择的说法中正确的是:

    A. 甲方案的净现值大于乙方案,故应选择甲方案

    B. 乙方案的净现值大于甲方案,故应选择乙方案

    C. 甲方案的内部收益率大于乙方案,故应选择甲方案

    D. 乙方案的内部收益率大于甲方案,故应选择乙方案

114. 用强制确定法(FD 法)选择价值工程的对象时,得出某部件的价值系数为 1.02,则下列说法正确的是:

A. 该部件的功能重要性与成本比重相当,因此应将该部件作为价值工程对象

B. 该部件的功能重要性与成本比重相当,因此不应将该部件作为价值工程对象

C. 该部件功能重要性较小,而所占成本较高,因此应将该部件作为价值工程对象

D. 该部件功能过高或成本过低,因此应将该部件作为价值工程对象

115. 某在建的建筑工程因故中止施工,建设单位的下列做法符合《中华人民共和国建筑法》的是:

A. 自中止施工之日起一个月内向发证机关报告

B. 自中止施工之日起半年内报发证机关核验施工许可证

C. 自中止施工之日起三个月内向发证机关申请延长施工许可证的有效期

D. 自中止施工之日起满一年,向发证机关重新申请施工许可证

116. 依据《中华人民共和国安全生产法》,企业应当对职工进行安全生产教育和培训,某施工总承包单位对职工进行安全生产培训,其培训的内容不包括:

A. 安全生产知识   B. 安全生产规章制度

C. 安全生产管理能力   D. 本岗位安全操作技能

117. 下列说法符合《中华人民共和国招标投标法》规定的是:

A. 招标人自行招标,应当具有编制招标文件和组织评标的能力

B. 招标人必须自行办理招标事宜

C. 招标人委托招标代理机构办理招标事宜,应当向有关行政监督部门备案

D. 有关行政监督部门有权强制招标人委托招标代理机构办理招标事宜

118. 甲乙双方于 4 月 1 日约定采用数据电文的方式订立合同,但双方没有指定特定系统,乙方于 4 月 8 日下午收到甲方以电子邮件方式发出的要约,于 4 月 9 日上午又收到甲方发出同样内容的传真,甲方于 4 月 9 日下午给乙方打电话通知对方,邀约已经发出,请对方尽快做出承诺,则该要约生效的时间是:

A. 4 月 8 日下午   B. 4 月 9 日上午

C. 4 月 9 日下午   D. 4 月 1 日

119. 根据《中华人民共和国行政许可法》规定,行政许可采取统一办理或者联合办理的,办理的时间不得超过:

A. 10 日   B. 15 日

C. 30 日   D. 45 日

120. 依据《建设工程质量管理条例》,建设单位收到施工单位提交的建设工程竣工验收报告申请后,应当组织有关单位进行竣工验收,参加验收的单位可以不包括:

A. 施工单位   B. 工程监理单位

C. 材料供应单位   D. 设计单位

2020 年度全国勘察设计注册工程师执业资格考试基础考试(上)试题解析及参考答案

1.**解** 本题考查当 $x \to +\infty$ 时,无穷大量的概念。

选项 A,$\lim\limits_{x \to +\infty} \dfrac{1}{2+x} = 0$;

选项 B,$\lim\limits_{x \to +\infty} x\cos x$ 计算结果在 $-\infty$ 到 $+\infty$ 间连续变化,不符合当 $x \to +\infty$ 函数值趋向于无穷大,且函数值越来越大的定义;

选项 D,当 $x \to +\infty$ 时,$\lim\limits_{x \to +\infty}(1-\arctan x) = 1 - \dfrac{\pi}{2}$。

故选项 A、B、D 均不成立。

选项 C,$\lim\limits_{x \to +\infty}(e^{3x}-1) = +\infty$。

答案:C

2.**解** 本题考查函数 $y = f(x)$ 在 x_0 点导数的几何意义。

已知曲线 $y = f(x)$ 在 $x = x_0$ 处有切线,函数 $y = f(x)$ 在 $x = x_0$ 点导数的几何意义表示曲线 $y = f(x)$ 在 $x = x_0$ 点切线向上,方向和 x 轴正向夹角的正切即斜率 $k = \tan\alpha$,只有当 $\alpha \to \dfrac{\pi}{2}$ 时,才有 $\lim\limits_{x \to x_0} f'(x) = \lim\limits_{\alpha \to \frac{\pi}{2}}\tan\alpha = \infty$,因而在该点的切线与 oy 轴平行。

选项 A、C、D 均不成立。

答案:B

3.**解** 本题考查隐函数求导方法。可利用一元隐函数求导方法或二元隐函数求导方法计算,但一般利用二元隐函数求导方法计算更简单。

方法 1:

用二元隐函数方法计算。

设 $F(x,y) = \sin y + e^x - xy^2$,$F_x' = e^x - y^2$,$F_y' = \cos y - 2xy$

故 $\dfrac{\mathrm{d}y}{\mathrm{d}x} = -\dfrac{F_x}{F_y} = -\dfrac{e^x - y^2}{\cos y - 2xy} = \dfrac{y^2 - e^x}{\cos y - 2xy}$

$\mathrm{d}y = \dfrac{y^2 - e^x}{\cos y - 2xy}\mathrm{d}x$

方法 2:

用一元隐函数方法计算。

已知 $\sin y + e^x - xy^2 = 0$，方程两边对 x 求导，得 $\cos y \dfrac{\mathrm{d}y}{\mathrm{d}x} + e^x - \left(y^2 + 2xy\dfrac{\mathrm{d}y}{\mathrm{d}x}\right) = 0$，

整理 $(\cos y - 2xy)\dfrac{\mathrm{d}y}{\mathrm{d}x} = y^2 - e^x$，$\dfrac{\mathrm{d}y}{\mathrm{d}x} = \dfrac{y^2 - e^x}{\cos y - 2xy}$，故 $\mathrm{d}y = \dfrac{y^2 - e^x}{\cos y - 2xy}\mathrm{d}x$

选项 A、B、C 均不成立。

答案： D

4. **解** 本题考查一元抽象复合函数高阶导数的计算，计算中注意函数的复合层次，特别是求二阶导时更应注意。

$$Y = f(e^x), \quad \frac{\mathrm{d}y}{\mathrm{d}x} = f'(e^x) \cdot e^x = e^x \cdot f'(e^x)$$

$$\frac{\mathrm{d}^2 y}{\mathrm{d}x^2} = e^x \cdot f'(e^x) + e^x \cdot f''(e^x) \cdot e^x = e^x \cdot f'(e^x) + e^{2x} \cdot f''(e^x)$$

选项 A、B、D 均不成立。

答案： C

5. **解** 本题考查利用罗尔定理判定 4 个选项中，哪一个函数满足罗尔定理条件。首先要掌握定理的条件：①函数在闭区间连续；②函数在开区间可导；③函数在区间两端的函数值相等。三条均成立才行。

选项 A，$(x^{\frac{2}{3}})' = \dfrac{2}{3}x^{-\frac{1}{3}} = \dfrac{2}{3}\dfrac{1}{\sqrt[3]{x}}$，在 $x = 0$ 处不可导，因而在 $(-1, 1)$ 可导不满足。

选项 C，$f(x) = |x| = \begin{cases} x & x \geqslant 0 \\ -x & x < 0 \end{cases}$，函数在 $x = 0$ 左导数为 -1，在 $x = 0$ 右导数为 1，因而在 $x = 0$ 处不可导，在 $(-1, 1)$ 可导不满足。

选项 D，$f(x) = \dfrac{1}{x}$，函数在 $x = 0$ 处间断，因而在 $[-1, 1]$ 连续不成立。

选项 A、C、D 均不成立。

选项 B，$f(x) = \sin x^2$ 在 $[-1, 1]$ 上连续，$f'(x) = 2x \cdot \cos x^2$ 在 $(-1, 1)$ 可导，且 $f(-1) = f(1) = \sin 1$，三条均满足。

答案： B

6. **解** 本题考查曲线 $f(x)$ 求拐点的计算方法。

$f(x) = x^4 + 4x^3 + x + 1$ 的定义域为 $(-\infty, +\infty)$,

$f'(x) = 4x^3 + 12x^2 + 1$, $f''(x) = 12x^2 + 24x = 12x(x+2)$,

令 $f''(x) = 0$, 即 $12x(x+2) = 0$, 得到 $x = 0, x = -2$

$x = -2, x = 0$, 分定义域为 $(-\infty, -2), (-2, 0), (0, +\infty)$,

检验 $x = -2$ 点, 在区间 $(-\infty, -2), (-2, 0)$ 上二阶导的符号:

当在 $(-\infty, -2)$ 时, $f''(x) > 0$, 凹; 当在 $(-2, 0)$ 时, $f''(x) < 0$, 凸。

所以 $x = -2$ 为拐点的横坐标。

检验 $x = 0$ 点, 在区间 $(-2, 0), (0, +\infty)$ 上二阶导的符号:

当在 $(-2, 0)$ 时, $f''(x) < 0$, 凸; 当在 $(0, +\infty)$ 时, $f''(x) > 0$, 凹。

所以 $x = 0$ 为拐点的横坐标。

综上, 函数有两个拐点。

答案:C

7.解 本题考查函数原函数的概念及不定积分的计算方法。

已知函数 $f(x)$ 的一个原函数是 $1 + \sin x$, 即 $f(x) = (1 + \sin x)' = \cos x$, $f'(x) = -\sin x$。

方法1:

$$\int x f'(x) dx = \int x(-\sin x) dx = \int x d\cos x = x\cos x - \int \cos x dx = x\cos x - \sin x + c$$
$$= x\cos x - \sin x - 1 + C = x\cos x - (1 + \sin x) + C \quad (\text{其中 } C = 1 + c)$$

方法2:

$$\int x f'(x) dx = \int x df(x) = x f(x) - \int f(x) dx, \text{ 因为 } f(x) = (1 + \sin x)' = \cos x, \text{ 则}$$

原式 $= x\cos x - \int \cos x dx = x\cos x - \sin x + c = x\cos x - (1 + \sin x) + C$

答案:B

8.解 本题考查平面图形 x 轴旋转一周所得到的旋转体体积算法, 如解图所示。

$X: [0, 1]$

$[x, x+dx]: dV = \pi f^2(x) dx = \pi x^6 dx$

$V = \int_0^1 \pi \cdot x^6 dx = \pi \cdot \frac{1}{7} x^7 \big|_0^1 = \frac{\pi}{7}$

答案:A

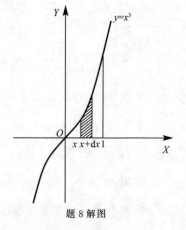

题 8 解图

9.解 本题考查两向量的加法,向量与数量的乘法和运算,以及两向量垂直与坐标运算的关系。

已知 $\boldsymbol{\alpha}=(5,1,8)$,$\boldsymbol{\beta}=(3,2,7)$,$\lambda\boldsymbol{\alpha}+\boldsymbol{\beta}=\lambda(5,1,8)+(3,2,7)=(5\lambda+3,\lambda+2,8\lambda+7)$。

设 oz 轴的单位正向量为 $\boldsymbol{\tau}=(0,0,1)$,

已知 $\lambda\boldsymbol{\alpha}+\boldsymbol{\beta}$ 与 oz 轴垂直,由两向量数量积的运算:

$\boldsymbol{a}\cdot\boldsymbol{b}=a_xb_x+a_yb_y+a_zb_z$,

$\boldsymbol{a}\perp\boldsymbol{b}$,则 $\boldsymbol{a}\cdot\boldsymbol{b}=0$,即 $a_xb_x+a_yb_y+a_zb_z=0$。

所以 $(\lambda\boldsymbol{\alpha}+\boldsymbol{\beta})\cdot\boldsymbol{\tau}=0,0+0+8\lambda+7=0$,$\lambda=-\dfrac{7}{8}$。

答案:B

10.解 本题考查直线与平面平行时,直线的方向向量和平面法向量间的关系,求出平面的法向量及所求平面方程。

(1)求平面的法向量

设 oz 轴的方向向量 $\vec{r}=(0,0,1)$,

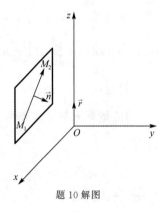

题10解图

$\overrightarrow{M_1M_2}=(1,1,-1)$,$\overrightarrow{M_1M_2}\times\vec{r}=\begin{vmatrix}\vec{i}&\vec{j}&\vec{k}\\1&1&-1\\0&0&1\end{vmatrix}=\vec{i}-\vec{j}$,

所求平面的法向量 $\vec{n}_{平面}=\vec{i}-\vec{j}=(1,-1,0)$。

(2)写出所求平面的方程

已知 $M_1(0,-1,2)$,$\vec{n}_{平面}=(1,-1,0)$,

$1\cdot(x-0)-1\cdot(y+1)+0\cdot(z-2)=0$,即 $x-y-1=0$。

答案:D

11.解 本题考查利用题目给出的已知条件,写出曲线微分方程。

设曲线方程为 $y=f(x)$,已知曲线的切线斜率为 $2x$,列式 $f'(x)=2x$,

又知曲线 $y=f(x)$ 过(1,2)点,满足微分方程的初始条件 $y|_{x=1}=2$,

即 $f'(x)=2x$,$y|_{x=1}=2$ 为所求。

答案:C

12.解 本题考查将直角坐标系下的二重积分化为极坐标系下的二次积分的知识。关键是把区域 D 写成极坐标系下的不等式组,其中将圆的方程 $x^2+(y-1)^2=1$ 化为极坐标系下的表达式又是关键的关键。如解图所示。

$x^2 + (y-1)^2 = 1$，即 $x^2 + y^2 - 2y = 0$

直角坐标和极坐标的关系为：

$x = \rho\cos\theta, y = \rho\sin\theta$

代入方程 $x^2 + (y-1)^2 = 1$，得：

$\rho^2 - 2\rho\sin\theta = 0, \rho(\rho - 2\sin\theta) = 0$

所以 $\rho = 0, \rho = 2\sin\theta$

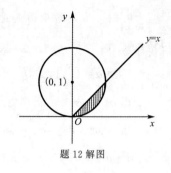

题 12 解图

积分区域 D 的极坐标表达式为 $\begin{cases} 0 \leqslant \theta \leqslant \dfrac{\pi}{4} \\ 0 \leqslant \rho \leqslant 2\sin\theta \end{cases}$

面积元素 $\mathrm{d}x\mathrm{d}y = \rho\mathrm{d}\rho\mathrm{d}\theta$

$\displaystyle\iint\limits_{D} x\mathrm{d}x\mathrm{d}y = \int_0^{\frac{\pi}{4}}\mathrm{d}\theta\int_0^{2\sin\theta}\rho\cdot\sin\theta\cdot\rho\mathrm{d}\rho = \int_0^{\frac{\pi}{4}}\sin\theta\mathrm{d}\theta\int_0^{2\sin\theta}\rho^2\mathrm{d}\rho$。

答案：C

13.解 本题考查微分方程解的基本知识。可将选项代入微分方程,满足微分方程的才是解。

已知 y_1 是微分方程 $y'' + py' + qy = f(x)(f(x) \neq 0)$ 的解,即将 y_1 代入后,满足微分方程 $y_1'' + py_1' + qy_1 = f(x)$,但对任意常数 $C_1(C_1 \neq 0)$,C_1y_1 得到的解均不满足微分方程,验证如下：

设 $y = C_1y_1(C_1 \neq 0)$,求导 $y' = C_1y_1'$,$y'' = C_1y_1''$,$y = C_1y_1$ 代入方程得：

$C_1y_1'' + pC_1y_1' + qC_1y_1 = C_1(y_1'' + py_1' + qy_1) = C_1f(x) \neq f(x)$

所以 C_1y_1 不是微分方程的解。

因而在选项 A、B、D 中,含有常数 $C_1(C_1 \neq 0)$ 乘 y_1 的形式,即 C_1y_1 这样的解均不满足方程解的条件,所以选项 A、B、D 均不成立。

可验证选项 C 成立。已知：

$y = y_0 + y_1$,$y' = y_0' + y_1'$,$y'' = y_0'' + y_1''$,代入方程,得：

$(y_0'' + y_1'') + p(y_0' + y_1') + q(y_0 + y_1) = y_0'' + py_0' + qy_0 + y_1'' + py_1' + qy_1$

$$= 0 + f(x) = f(x)$$

注意：本题只是验证选项中哪一个解是微分方程的解,不是求微分方程的通解。

答案：C

14.解 本题考查二元函数在一点的全微分的计算方法。

先求出二元函数的全微分,然后代入点 $(1,-1)$ 坐标,求出在该点的全微分。

$$z = \frac{1}{x} e^{xy} , \frac{\partial z}{\partial x} = \left(-\frac{1}{x^2}\right)e^{xy} + \frac{1}{x}e^{xy} \cdot y = -\frac{1}{x^2}e^{xy} + \frac{y}{x}e^{xy} = e^{xy}\left(-\frac{1}{x^2} + \frac{y}{x}\right)$$

$$\frac{\partial z}{\partial y} = \frac{1}{x}e^{xy} \cdot x = e^{xy} , dz = \left(-\frac{1}{x^2} + \frac{y}{x}\right)e^{xy} dx + e^{xy} dy$$

$$dz\big|_{(1,-1)} = -2e^{-1}dx + e^{-1}dy = e^{-1}(-2dx + dy)$$

答案:B

15.**解** 本题考查坐标曲线积分的计算方法。

已知 $O(0,0)$,$A(1,2)$,过两点的直线 L 的方程为 $y=2x$,见解图。

直线 L 的参数方程 $\begin{cases} y=2x \\ x=x \end{cases}$,

L 的起点 $x=0$,终点 $x=1$,$x:0\rightarrow1$,

$$\int_L -y dx + x dy = \int_0^1 -2x dx + x \cdot 2 dx = \int_0^1 0 dx = 0$$

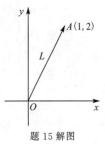

题 15 解图

答案:A

16.**解** 本题考查正项级数、交错级数敛散性的判定。

选项 A, $\sum\limits_{n=1}^{\infty} \frac{n^2}{3n^4+1}$,因为 $\frac{n^2}{3n^4+1} < \frac{n^2}{3n^4} = \frac{1}{3n^2}$,

级数 $\sum\limits_{n=1}^{\infty} \frac{1}{n^2}$,$P=2>1$,级数收敛,$\sum\limits_{n=1}^{\infty} \frac{1}{3n^2}$ 收敛,

利用正项级数的比较判别法,$\sum\limits_{n=1}^{\infty} \frac{n^2}{3n^4+1}$ 收敛。

选项 B, $\sum\limits_{n=2}^{\infty} \frac{1}{\sqrt[3]{n(n-1)}}$,因为 $n(n-1)<n^2$, $\sqrt[3]{n(n-1)} < \sqrt[3]{n^2}$, $\frac{1}{\sqrt[3]{n(n-1)}} >$

$\frac{1}{\sqrt[3]{n^2}} = \frac{1}{n^{\frac{2}{3}}}$,级数 $\sum\limits_{n=2}^{\infty} \frac{1}{n^{\frac{2}{3}}}$,$P<1$,级数发散,

利用正项级数的比较判别法,$\sum\limits_{n=2}^{\infty} \frac{1}{\sqrt[3]{n(n-1)}}$ 发散。

选项 C, $\sum\limits_{n=1}^{\infty} \frac{(-1)^n}{\sqrt{n}}$,级数为交错级数,利用莱布尼兹定理判定:

(1)因为 $n<(n+1)$, $\sqrt{n} < \sqrt{n+1}$, $\frac{1}{\sqrt{n}} > \frac{1}{\sqrt{n+1}}$, $u_n > u_{n+1}$,

(2)一般项 $\lim\limits_{n\to\infty} \frac{1}{\sqrt{n}} = 0$,所以交错级数收敛。

选项 D, $\sum\limits_{n=1}^{\infty} \frac{5}{3^n} = 5\sum\limits_{n=1}^{\infty} \frac{1}{3^n}$,级数为等比级数,公比 $q = \frac{1}{3}$, $|q|<1$,级数收敛。

答案:B

17. 解 本题为抽象函数的二元复合函数,利用复合函数的导数算法计算,注意函数复合的层次。

$z = f^2(xy)$,$\dfrac{\partial z}{\partial x} = 2f(xy) \cdot f'(xy) \cdot y = 2y \cdot f(xy) \cdot f'(xy)$,

$$\dfrac{\partial^2 z}{\partial x^2} = 2y[f'(xy) \cdot y \cdot f'(xy) + f(xy) \cdot f''(xy) \cdot y]$$

$$= 2y^2\{[f'(xy)]^2 + f(xy) \cdot f''(xy)\}$$

答案:D

18. 解 本题考查幂级数 $\sum\limits_{n=1}^{\infty} a_n x^n$ 与幂级数 $\sum\limits_{n=1}^{\infty} a_n(x+x_0)^n$,$\sum\limits_{n=1}^{\infty} a_n(x-x_0)^n$ 收敛域之间的关系。

方法 1:

已知幂级数 $\sum\limits_{n=1}^{\infty} a_n(x+2)^n$ 在 $x=0$ 处收敛,把 $x=0$ 代入级数,得到 $\sum\limits_{n=1}^{\infty} a_n 2^n$,收敛。又知 $\sum\limits_{n=1}^{\infty} a_n(x+2)^n$ 在 $x=-4$ 处发散,把 $x=-4$ 代入级数,得到 $\sum\limits_{n=1}^{\infty} a_n(-2)^n$,发散。得到对应的幂级数 $\sum\limits_{n=1}^{\infty} a_n x^n$,在 $x=2$ 点收敛,在 $x=-2$ 点发散,由阿贝尔定理可知 $\sum\limits_{n=1}^{\infty} a_n x^n$ 的收敛域为 $(-2,2]$。

以选项 C 为例,验证选项 C 是幂级数 $\sum\limits_{n=1}^{\infty} a_n(x-1)^n$ 的收敛域:

选项 C,$(-1,3]$,把发散点 $x=-1$,收敛点 $x=3$ 分别代入级数 $\sum\limits_{n=1}^{\infty} a_n(x-1)^n$,得到数项级数 $\sum\limits_{n=1}^{\infty} a_n(-2)^n$,$\sum\limits_{n=1}^{\infty} a_n 2^n$,由题中给出的条件可知 $\sum\limits_{n=1}^{\infty} a_n(-2)^n$ 发散,$\sum\limits_{n=1}^{\infty} a_n 2^n$ 收敛,且当级数 $\sum\limits_{n=1}^{\infty} a_n(x-1)^n$ 在收敛域 $(-1,3]$ 变化时和 $\sum\limits_{n=1}^{\infty} a_n x^n$ 的收敛域 $(-2,2]$ 相对应。

所以级数 $\sum\limits_{n=1}^{\infty} a_n(x-1)^n$ 的收敛域为 $(-1,3]$。

可验证选项 A、B、D 均不成立。

方法 2:

在方法 1 解析过程中得到 $\sum\limits_{n=1}^{\infty} a_n x^n$ 的收敛域为 $-2 < x \leqslant 2$,当把级数中的 x 换成 x

-1 时,得到 $\displaystyle\sum_{n=1}^{\infty}a_n(x-1)^n$ 的收敛域为 $-2<x-1\leqslant2$, $-1<x\leqslant3$,即 $\displaystyle\sum_{n=1}^{\infty}a_n(x-1)^n$ 的收敛域为 $(-1,3]$。

答案:C

19.解 由行列式性质可得 $|\boldsymbol{A}|=-|\boldsymbol{B}|$,又因 $|\boldsymbol{A}|\neq|\boldsymbol{B}|$,所以 $|\boldsymbol{A}|\neq-|\boldsymbol{A}|$,

$2|\boldsymbol{A}|\neq0$, $|\boldsymbol{A}|\neq0$。

答案:B

20.解 因为 $\boldsymbol{A}$ 与 $\boldsymbol{B}$ 相似,所以 $|\boldsymbol{A}|=|\boldsymbol{B}|=0$,且 $R(\boldsymbol{A})=R(\boldsymbol{B})=2$。

方法1:

当 $x=y=0$ 时, $|\boldsymbol{A}|=\begin{vmatrix}1&0&1\\0&1&0\\1&0&1\end{vmatrix}=0$, $\boldsymbol{A}=\begin{bmatrix}1&0&1\\0&1&0\\1&0&1\end{bmatrix}\xrightarrow{-r_1+r_3}\begin{bmatrix}1&0&1\\0&1&0\\0&0&0\end{bmatrix}$

$R(\boldsymbol{A})=R(\boldsymbol{B})=2$

方法2:

$|\boldsymbol{A}|=\begin{vmatrix}1&x&1\\x&1&y\\1&y&1\end{vmatrix}\xrightarrow[-r_1+r_3]{-xr_1+r_2}\begin{vmatrix}1&x&1\\0&1-x^2&y-x\\0&y-x&0\end{vmatrix}=-(y-x)^2$

令 $|\boldsymbol{A}|=0$,得 $x=y$

当 $x=y=0$ 时, $|\boldsymbol{A}|=|\boldsymbol{B}|=0$, $R(\boldsymbol{A})=R(\boldsymbol{B})=2$;

当 $x=y=1$ 时, $|\boldsymbol{A}|=|\boldsymbol{B}|=0$,但 $R(\boldsymbol{A})=1\neq R(\boldsymbol{B})$。

答案:A

21.解 因为 $\boldsymbol{\alpha}_1$、$\boldsymbol{\alpha}_2$、$\boldsymbol{\alpha}_3$ 线性相关的充要条件是行列式 $|\boldsymbol{\alpha}_1,\boldsymbol{\alpha}_2,\boldsymbol{\alpha}_3|=0$,即

$|\boldsymbol{\alpha}_1,\boldsymbol{\alpha}_2,\boldsymbol{\alpha}_3|=\begin{vmatrix}a&1&1\\1&a&-1\\1&-1&a\end{vmatrix}\xrightarrow[-r_3+r_2]{-ar_3+r_1}\begin{vmatrix}0&1+a&1-a^2\\0&a+1&-1-a\\1&-1&a\end{vmatrix}=\begin{vmatrix}1+a&1-a^2\\1+a&-1-a\end{vmatrix}$

$=(1+a)^2\begin{vmatrix}1&1-a\\1&-1\end{vmatrix}=(1+a)^2(a-2)=0$

解得 $a=-1$ 或 $a=2$。

答案:B

22.解 $P(A\cup B)=P(A)+P(B)-P(AB)$

$$P(AB) = P(A)P(B|A) = \frac{1}{4} \times \frac{1}{3} = \frac{1}{12}$$

$$P(B)P(A|B) = P(AB), \quad \frac{1}{2}P(B) = \frac{1}{12}, \quad P(B) = \frac{1}{6}$$

$$P(A \cup B) = \frac{1}{4} + \frac{1}{6} - \frac{1}{12} = \frac{1}{3}$$

答案:D

23.解 利用方差性质得 $D(2X - Y) = D(2X) + D(Y) = 4D(X) + D(Y) = 7$。

答案:A

24.解 $E(Z) = E(X) + E(Y) = \mu_1 + \mu_2$,

$D(Z) = D(X) + D(Y) = \sigma_1^2 + \sigma_2^2$。

答案:D

25.解 气体分子运动的最概然速率:$v_p = \sqrt{\frac{2RT}{M}}$

方均根速率:$\sqrt{\overline{v^2}} = \sqrt{\frac{3RT}{M}}$

由 $\sqrt{\frac{3RT_1}{M}} = \sqrt{\frac{2RT_2}{M}}$,可得到 $\frac{T_2}{T_1} = \frac{3}{2}$

答案:A

26.解 一定量的理想气体经等压膨胀(注意等压和膨胀),由热力学第一定律 $Q = \Delta E + W$,体积单向膨胀做正功,内能增加,温度升高。

答案:C

27.解 理想气体的内能是温度的单值函数,内能差仅取决于温差,此题所示热力学过程初、末态均处于同一温度线上,温度不变,故内能变化 $\Delta E = 0$,但功是过程量,题目并未描述过程如何进行,故无法判定功的正负。

答案:A

28.解 气体分子运动的平均速率:$\bar{v} = \sqrt{\frac{8RT}{\pi M}}$,氧气的摩尔质量 $M_{O_2} = 32g$,氢气的摩尔质量 $M_{H_2} = 2g$,故相同温度的氧气和氢气的分子平均速率之比 $\frac{\bar{v}_{O_2}}{\bar{v}_{H_2}} = \sqrt{\frac{M_{H_2}}{M_{O_2}}} = \sqrt{\frac{2}{32}} = \frac{1}{4}$。

答案:D

29.解 卡诺循环的热机效率 $\eta = 1 - \dfrac{T_2}{T_1} = 1 - \dfrac{273 + 27}{T_1} = 40\%$，$T_1 = 500\mathrm{K}$。

此题注意开尔文温度与摄氏温度的变换。

答案：A

30.解 由三角函数公式,将波动方程化为余弦形式：

$$y = 0.02\sin(\pi t + x) = 0.02\cos\left(\pi t + x - \dfrac{\pi}{2}\right)$$

答案：B

31.解 此题考查波的物理量之间的基本关系。

$$T = \dfrac{1}{\nu} = \dfrac{1}{2000}\mathrm{s}, u = \dfrac{\lambda}{T} = \lambda \cdot \nu = 400\mathrm{m/s}$$

答案：A

32.解 两列振幅不同的相干波,在同一直线上沿相反方向传播,叠加的合成波振幅为：

$$A^2 = A_1{}^2 + A_2{}^2 + 2A_1 A_2 \cos\Delta\varphi$$

当 $\cos\Delta\varphi = 1$ 时,合振幅最大，$A' = A_1 + A_2 = 3A$ ；

当 $\cos\Delta\varphi = -1$ 时,合振幅最小，$A' = |A_1 - A_2| = A$。

此题注意振幅没有负值,要取绝对值。

答案：D

33.解 此题考查波的能量特征。波动的动能与势能是同相的,同时达到最大最小。若此时 A 点处媒质质元的弹性势能在减小,则其振动动能也在减小。此时 B 点正向负最大位移处运动,振动动能在减小。

答案：A

34.解 由双缝干涉相邻明纹(暗纹)的间距公式：$\Delta x = \dfrac{D}{a}\lambda$,若双缝所在的平板稍微向上平移,中央明纹与其他条纹整体向上稍作平移,其他条件不变,则屏上的干涉条纹间距不变。

答案：B

35.解 此题考查光的干涉。薄膜上下两束反射光的光程差：$\delta = 2ne + \dfrac{\lambda}{2}$

反射光加强：$\delta = 2ne + \dfrac{\lambda}{2} = k\lambda$, $\lambda = \dfrac{2ne}{k - \dfrac{1}{2}} = \dfrac{4ne}{2k - 1}$

$k = 2$ 时 $, \lambda = \dfrac{4ne}{2k-1} = \dfrac{4 \times 1.33 \times 0.32 \times 10^3}{3} = 567 \mathrm{nm}$

答案:C

36.解 自然光 I_0 穿过第一个偏振片后成为偏振光,光强减半,为 $I_1 = \dfrac{1}{2} I_0$。

第一个偏振片与第二个偏振片夹角为 $30°$,第二个偏振片与第三个偏振片夹角为 $60°$,

穿过第二个偏振片后的光强用马吕斯定律计算: $I_2 = \dfrac{1}{2} I_0 \cos^2 30°$

穿过第三个偏振片后的光强为: $I_3 = \dfrac{1}{2} I_0 \cos^2 30° \cos^2 60° = \dfrac{3}{32} I_0$

答案:C

37.解 主量子数为 n 的电子层中原子轨道数为 n^2,最多可容纳的电子总数为 $2n^2$。主量子数 $n = 3$,原子轨道最多可容纳的电子总数为 $2 \times 3^2 = 18$。

答案:C

38.解 当分子中的氢原子与电负性大、半径小、有孤对电子的原子(如 N、O、F)形成共价键后,还能吸引另一个电负性较大原子(如 N、O、F)中的孤对电子而形成氢键。所以分子中存在 $N-H$、$O-H$、$F-H$ 共价键时会形成氢键。

答案:A

39.解 112mg 铁的物质的量 $n = \dfrac{\frac{112}{1000}}{56} = 0.002 \mathrm{mol}$

溶液中铁的浓度 $C = \dfrac{n}{V} = \dfrac{0.002}{\frac{100}{1000}} = 0.02 \mathrm{mol \cdot L^{-1}}$

答案:C

40.解 NaOAc 为强碱弱酸盐,可以水解,水解常数 $K_h = \dfrac{K_w}{K_a}$

$0.1 \mathrm{mol \cdot L^{-1}}$ NaOAc 溶液:

$C_{OH^-} = \sqrt{C \cdot K_h} = \sqrt{C \cdot \dfrac{K_w}{K_a}} = \sqrt{0.1 \times \dfrac{1 \times 10^{-14}}{1.8 \times 10^{-5}}} \approx 7.5 \times 10^{-6} \mathrm{mol \cdot L^{-1}}$

$C_{H^+} = \dfrac{K_w}{C_{OH^-}} = \dfrac{1 \times 10^{-14}}{7.5 \times 10^{-6}} \approx 1.3 \times 10^{-9} \mathrm{mol \cdot L^{-1}}$,$pH = -\lg C_{H^+} \approx 8.88$

答案:D

41.解 由物质的标准摩尔生成焓 $\Delta_f H_m^\ominus$ 和反应的标准摩尔反应焓变 $\Delta_r H_m^\ominus$ 的定义可

知，$H_2O(l)$ 的标准摩尔生成焓 $\Delta_f H_m^\ominus$ 为反应 $H_2(g)+\dfrac{1}{2}O_2(g)=H_2O(l)$ 的标准摩尔反应

焓变 $\Delta_r H_m^\ominus$。反应 $2H_2(g)+O_2(g)=2H_2O(l)$ 的标准摩尔反应焓变是反应 $H_2(g)+\dfrac{1}{2}$

$O_2(g)=H_2O(l)$ 的标准摩尔反应焓变的 2 倍，即 $H_2(g)+\dfrac{1}{2}O_2(g)=H_2O(l)$ 的 $\Delta_f H_m^\ominus=\dfrac{1}{2}\times$

$(-572)=-286\mathrm{kJ}\cdot\mathrm{mol}^{-1}$。

答案：D

42.**解**　$p(N_2O_4)=p(NO_2)=100\mathrm{kPa}$ 时，$N_2O_4(g)\rightleftharpoons 2NO_2(g)$ 的反应熵 $Q=\dfrac{\left[\dfrac{p(NO_2)}{p^\ominus}\right]^2}{\dfrac{p(N_2O_4)}{p^\ominus}}=$

$1>K^\ominus=0.1132$，根据反应熵判据，反应逆向进行。

答案：B

43.**解**　原电池电动势 $E=\varphi_正-\varphi_负$，负极对应电对 Zn^{2+}/Zn 的能斯特方程式为

$\varphi_{Zn^{2+}/Zn}=\varphi_{Zn^{2+}/Zn}^\ominus+\dfrac{0.059}{2}\lg C_{Zn^{2+}}$，$ZnSO_4$ 浓度增加，$C_{Zn^{2+}}$ 增加，$\varphi_{Zn^{2+}/Zn}$ 增加，原电池电动势

变小。

答案：B

44.**解**　$(CH_3)_2CHCH(CH_3)CH_2CH_3$ 的结构式为 $H_3C\!-\!\underset{\displaystyle\overset{|}{CH_3}}{CH}\!-\!\underset{\displaystyle\overset{|}{CH_3}}{CH}\!-\!CH_2\!-\!CH_3$，

根据有机化合物命名规则，该有机物命名为 2,3-二甲基戊烷。

答案：B

45.**解**　对羟基苯甲酸乙酯含有 $HO\!-\!\bigcirc$ 部分，为酚类化合物；含有 $-COOC_2H_5$ 部分，为酯类化合物。

答案：D

46.**解**　该高聚物的重复单元为 $-CH_2-\underset{\displaystyle\overset{|}{COOCH_3}}{CH}-$，是由单体 $CH_2=CHCOOCH_3$ 通过

加聚反应形成的。

答案：D

47.**解**　销钉 C 处为光滑接触约束，约束力应垂直于 AB 光滑直槽，由于 F_P 的作用，直槽的左上侧与锁钉接触，故其约束力的作用线与 x 轴正向所成的夹角为 150°。

答案:D(此题 2017 年考过)

48. **解** 由图可知力 $\boldsymbol{F}$ 过 B 点,故对 B 点的力矩为 0,因此该力系对 B 点的合力矩为:

$$M_B = M = \frac{1}{2}Fa = \frac{1}{2} \times 150 \times 50 = 3750\text{N} \cdot \text{cm(顺时针)}$$

答案:A

49. **解** 以 CD 为研究对象,其受力如解图所示。

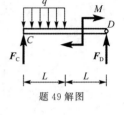

列平衡方程: $\sum M_C(F) = 0$,$2L \cdot F_D - M - q \cdot L \cdot \dfrac{L}{2} = 0$

代入数值得: $F_D = 15\text{kN}$(铅垂向上)

题 49 解图

答案:B

50. **解** 由于主动力 $\boldsymbol{F_p}$、$\boldsymbol{F}$ 大小均为 100N,故其二力合力作用线与接触面法线方向的夹角为 45°,与摩擦角相等,根据自锁条件的判断,物块处于临界平衡状态。

答案:D

51. **解** 消去运动方程中的参数 t,将 $t^2 = x$ 代入 y 中,有 $y = 2x^2$,故 $y - 2x^2 = 0$ 为动点的轨迹方程。

答案:C

52. **解** 速度的大小为运动方程对时间的一阶导数,即:

$$v_x = \frac{\mathrm{d}x}{\mathrm{d}t} = v_0\cos\alpha,\quad v_y = \frac{\mathrm{d}y}{\mathrm{d}t} = v_0\sin\alpha - gt$$

则当 $t = 0$ 时,炮弹的速度大小为: $v = \sqrt{v_x^2 + v_y^2} = v_0$

答案:C

53. **解** 滑轮上 A 点的速度和切向加速度与皮带相应的速度和加速度相同,根据定轴转动刚体上速度、切向加速度的线性分布规律,可得 B 点的速度 $v_B = 20R/r = 30\text{m/s}$,切向加速度 $a_{Bt} = 6R/r = 9\text{m/s}^2$。

答案:A

54. **解** 小球的运动及受力分析如解图所示。根据质点运动微分方程 $\boldsymbol{F} = m\boldsymbol{a}$,将方程沿着 N 方向投影有: $ma\sin\alpha = N - mg\cos\alpha$,解得:

$$N = mg\cos\alpha + ma\sin\alpha$$

题 54 解图

答案:B

55. **解** 物体受主动力 $\boldsymbol{F}$、重力 mg 及斜面的约束力 $\boldsymbol{F_N}$ 作用,做功分别为:

$$W(\boldsymbol{F}) = 70 \times 6 = 420\text{N} \cdot \text{m},\ W(mg) = -5 \times 9.8 \times 6\sin30° = -147\text{N} \cdot \text{m},\ W(\boldsymbol{F_N}) = 0$$

故所有力做功之和为：$W = 420 - 147 = 273 \mathrm{N} \cdot \mathrm{m}$

答案：C

56. **解** 根据动量矩定理，两轮分别有：$J\alpha_1 = F_A R$，$J\alpha_2 = F_B R$，对于轮 A 有 $J\alpha_1 = PR$，对于图 b) 系统有 $\left(J + \dfrac{P}{g}R^2\right)\alpha_2 = PR$，所以 $\alpha_1 > \alpha_2$，故有 $F_A > F_B$。

答案：B

57. **解** 根据惯性力的定义：$\boldsymbol{F}_{\mathrm{I}} = -m\boldsymbol{a}$，物块 B 的加速度与物块 A 的加速度大小相同，且向下，故物块 B 的惯性力 $F_{\mathrm{BI}} = 4 \times 3.3 = 13.2 \mathrm{N}$，方向与其加速度方向相反，即铅垂向上。

答案：A

58. **解** 当激振力频率与系统的固有频率相等时，系统发生共振，即

$$\omega_0 = \sqrt{\frac{k}{m}} = \omega = 50 \mathrm{rad/s}$$

系统的等效弹簧刚度 $k = k_1 + k_2 = 3 \times 10^5 \mathrm{N/m}$

代入上式可得：$m = 120 \mathrm{kg}$

答案：C

59. **解** 由低碳钢拉伸时 σ-ε 曲线（如解图所示）可知：在加载到强化阶段后卸载，再加载时，屈服点 C' 明显提高，断裂前变形明显减少，所以"冷作硬化"现象发生在强化阶段。

答案：C

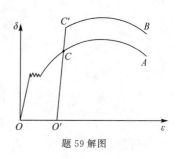

题 59 解图

60. **解** AB 段轴力是 $3F$，$\Delta l_{AB} = \dfrac{3Fa}{EA}$，$BC$ 段轴力是 $2F$，$\Delta l_{BC} = \dfrac{2Fa}{EA}$，

杆的总伸长 $\Delta l = \Delta l_{AB} + \Delta l_{BC} = \dfrac{3Fa}{EA} + \dfrac{2Fa}{EA} = \dfrac{5Fa}{EA}$

答案：D

61. **解** 钢板和钢轴的计算挤压面积是 dt，由钢轴的挤压强度条件 $\sigma_{\mathrm{bs}} = \dfrac{F}{dt} \leqslant [\sigma_{\mathrm{bs}}]$，得 $d \geqslant \dfrac{F}{t[\sigma_{\mathrm{bs}}]}$。

答案：A

62. **解** 根据极惯性矩 I_{p} 的定义：$I_{\mathrm{p}} = \displaystyle\int_A \rho^2 \mathrm{d}A$，可知极惯性矩是一个定积分，具有可

加性，所以 $I_p = \dfrac{\pi}{32}D^4 - \dfrac{\pi}{32}d^4 = \dfrac{\pi}{32}(D^4 - d^4)$。

答案：D

63. 解 根据定义，惯性矩 $I_y = \displaystyle\int_A z^2 \mathrm{d}A$、$I_z = \displaystyle\int_A y^2 \mathrm{d}A$ 和极惯性矩 $I_p = \displaystyle\int_A \rho^2 \mathrm{d}A$ 的值恒为

正，而静矩 $S_y = \displaystyle\int_A z\mathrm{d}A$、$S_z = \displaystyle\int_A y\mathrm{d}A$ 和惯性积 $I_{yz} = \displaystyle\int_A yz\mathrm{d}A$ 的数值可正、可负，也可为零。

答案：B

64. 解 由"零、平、斜，平、斜、抛"的微分规律，可知 AB 段有分布荷载；B 截面有弯矩的突变，故 B 处有集中力偶。

答案：B

65. 解 A 图看整体：$\sigma_{\max} = \dfrac{M}{W_z} = \dfrac{M}{\dfrac{a^3}{6}} = \dfrac{6M}{a^3}$

B 图看一根梁：$\sigma_{\max} = \dfrac{M}{W_z} = \dfrac{0.5M}{\dfrac{0.5a^3}{6}} = \dfrac{M}{\dfrac{a^3}{6}} = \dfrac{6M}{a^3}$

C 图看一根梁：$\sigma_{\max} = \dfrac{M}{W_z} = \dfrac{\dfrac{1}{3}M}{\dfrac{\dfrac{1}{3}a^3}{6}} = \dfrac{M}{\dfrac{a^3}{6}} = \dfrac{6M}{a^3}$

D 图看一根梁：$\sigma_{\max} = \dfrac{M}{W_z} = \dfrac{0.5M}{\dfrac{a \times (0.5a)^2}{6}} = \dfrac{2M}{\dfrac{a^3}{6}} = \dfrac{12M}{a^3}$

答案：D

66. 解 A 处为固定铰链支座，挠度总是等于 0，即 $V_A = 0$

B 处挠度等于 BD 杆的变形量，即 $V_B = \Delta L$

C 处有集中力 F 作用，挠度方程和转角方程将发生转折，但是满足连续光滑的要求，即 $V_{C左} = V_{C右}$，$\theta_{C左} = \theta_{C右}$。

答案：C

67. 解 最大切应力所在截面，一定不是主平面，该平面上的正应力也一定不是主应力，也不一定为零，故只能选 D。

答案：D

68. 解 根据第一强度理论（最大拉应力理论）可知：$\sigma_{eq1} = \sigma_1$，所以只能选 A。

答案：A

69. 解 移动前杆是轴向受拉:$\sigma_{max} = \dfrac{F}{A} = \dfrac{F}{a^2}$

移动后杆是偏心受拉,属于拉伸与弯曲的组合受力与变形:

$$\sigma_{max} = \dfrac{F}{A} + \dfrac{0.5aF}{\dfrac{a^3}{6}} = \dfrac{F}{a^2} + \dfrac{3F}{a^2} = \dfrac{4F}{a^2}$$

答案:D

70. 解 压杆总是在惯性矩最小的方向失稳,

对图 a):$I_a = \dfrac{hb^3}{12}$;对图 b):$I_b = \dfrac{h^4}{12}$,则:

$$F_{cr}^a = \dfrac{\pi^2 E I_a}{(\mu L)^2} = \dfrac{\pi^2 E \dfrac{hb^3}{12}}{(2L)^2} = \dfrac{\pi^2 E \dfrac{2b \times b^3}{12}}{(2L)^2} = \dfrac{\pi^2 E b^4}{24L^2}$$

$$F_{cr}^b = \dfrac{\pi^2 E I_b}{(\mu L)^2} = \dfrac{\pi^2 E \dfrac{2b \times (2b)^3}{12}}{(2L)^2} = \dfrac{\pi^2 E b^4}{3L^2} = 8F_{cr}^a$$

故临界力是原来的 8 倍。

答案:B

71. 解 由流体的物理性质知,流体在静止时不能承受切应力,在微小切力作用下,就会发生显著的变形而流动。

答案:A

72. 解 由于题设条件中未给出计算水头损失的数据,现按不计水头损失的能量方程解析此题。

设基准面 0-0 与断面 2 重合,对断面 1-1 及断面 2-2 写能量方程:

$$Z_1 + \dfrac{v_1^2}{2g} = Z_2 + \dfrac{v_2^2}{2g}$$

代入数据 $2 + \dfrac{1.8^2}{2g} = \dfrac{v_2^2}{2g}$,解得 $v_2 = 6.50\text{m/s}$

又由连续方程 $v_1 A_1 = v_2 A_2$,可得 $1.8\text{m/s} \times \dfrac{\pi}{4}(0.1)^2 = 6.50\text{m/s} \times \dfrac{\pi}{4}d_2^2$

解得 $d_2 = 5.2\text{cm}$

答案:A

73. 解 利用动量定理计算流体对固体壁的作用力时,进出口断面上的压强应为相对压强。

答案:B

74.解 有压圆管层流运动的沿程损失系数 $\lambda = \dfrac{64}{Re}$

而雷诺数 $Re = \dfrac{vd}{\nu} = \dfrac{5 \times 5}{0.18} = 138.89$，$\lambda = \dfrac{64}{138.89} = 0.461$

答案:B

75.解 并联长管路的水头损失相等,即 $S_1 Q_1^2 = S_2 Q_2^2$

式中管路阻抗 $S_1 = \dfrac{8\lambda \dfrac{L_1}{d_1}}{g\pi^2 d_1^4}$，$S_2 = \dfrac{8\lambda \dfrac{3L_1}{d_2}}{g\pi^2 d_2^4}$

又因 $d_1 = d_2$,所以得: $\dfrac{Q_1}{Q_2} = \sqrt{\dfrac{S_2}{S_1}} = \sqrt{\dfrac{3L_1}{L_1}} = 1.732$，$Q_1 = 1.732 Q_2$

答案:C

76.解 明渠均匀流只能发生在顺坡棱柱形渠道。

答案:B

77.解 均匀砂质土壤适用达西渗透定律: $v = kJ$

代入题设数据,则渗流速度 $v = 0.005 \times 0.5 = 0.0025 \text{cm/s}$

答案:A

78.解 压力管流的模型试验应选择雷诺准则。

答案:A

79.解 直流电源作用下,电压 U_1、电流 I 均为恒定值,产生恒定磁通 Φ。根据电磁感应定律,线圈 N_2 中不会产生感应电动势,所以 $U_2 = 0$。

答案:A

80.解 通常电感线圈的等效电路是 R-L 串联电路。当线圈通入直流电时,电感线圈的感应电压为 0,可以计算线圈电阻为 $R' = \dfrac{U}{I} = \dfrac{10}{1} = 10\Omega$。在交流电源作用下线圈的感应电压不为 0,要考虑线圈中感应电压的影响必须将电感线圈等效为 R-L 串联电路。因此,该电路的等效模型为:10Ω 电阻与电感 L 串联后再与传输线电阻 R 串联。

答案:B

81.解 求等效电阻时应去除电源作用(电压源短路,电流源断路),将电流源断开后 a-b 端左侧网络的等效电阻为 R_2。

答案:D

82.解 首先根据给定电压函数 $u(t)$ 写出电压的相量 $\dot{U}$,利用交流电路的欧姆定律计算电流相量：

$$\dot{I} = \frac{\dot{U}}{Z} = \frac{220\angle 30°}{10\angle 45°} = 22\angle -15°$$

最后写出函数表达式为 $22\sqrt{2}\sin(314t - 15°)\mathrm{A}$。

答案：D

83.解　根据电路可以分析，总阻抗 $Z = Z_1 + Z_2 = 6 + j8 - jX_C$，当 $X_C = 8$ 时，Z 有最小值，电流 I 有最大值（电路出现谐振，呈现电阻性质）。

答案：B

84.解　用电设备 M 的外壳线 a 应接到保护地线 PE 上，电灯 D 的接线 b 应接到电源中性点 N 上，说明如下：

(1)三相四线制：包括相线 A、B、C 和保护零线 PEN（图示的 N 线）。PEN 线上有工作电流通过，PEN 线在进入用电建筑物处要做重复接地；我国民用建筑的配电方式采用该系统。

(2)三相五线制：包括相线 A、B、C，零线 N 和保护接地线 PE。N 线有工作电流通过，PE 线平时无电流（仅在出现对地漏电或短路时有故障电流）。

零线和地线的根本差别在于一个构成工作回路，一个起保护作用（叫做保护接地），一个回电网，一个回大地，在电子电路中这两个概念要区别开，工程中也要求这两根线分开接。

答案：C

85.解　三相交流异步电动机的空载功率因数较小，为 $0.2\sim 0.3$，随着负载的增加功率因数增加，当电机达到满载时功率因数最大，可以达到 0.9 以上。

答案：B

86.解　控制电路图中所有控制元件均是未工作的状态，同一电器用同一符号注明。要保持电气设备连续工作必须有自锁环节。

图 B 的自锁环节使用了 KM 接触器的常闭触点，图 C 和图 D 中的停止按钮 SBstop 两端不能并入 KM 接触器的常闭触点或常开触点，因此图 B、C、D 都是错误的。

图 A 的电路符合设备连续工作的要求：按启动按钮 SBst（动合）后，接触器 KM 线圈通电，KM 常开触点闭合（实现自锁）；按停止按钮 SBstop（动断）后，接触器 KM 线圈断电，用电设备停止工作。可见四个选项中图 A 符合电气设备连续工作的要求。

答案：A

87.解 表示信息的数字代码是二进制。通常用电压的高电位表示"1",低电位表示"0",或者反之。四个选项中的前三项都可以用来表示二进制代码"10101",选项 D 的电位不符合"高—低—高—低—高"的规律,则不能用来表示数码"10101"。

答案:D

88.解 根据信号的幅值频谱关系,周期信号的频谱是离散的,而非周期信号的频谱是连续的。图 a)是非周期性时间信号的频谱,图 b)是周期性时间信号的频谱。

答案:B

89.解 滤波器是频率筛选器,通常根据信号的频率不同进行处理。它不会改变正弦波信号的形状,而是通过正弦波信号的频率来识别,保留有用信号,滤除干扰信号。而非正弦周期信号可以分解为多个不同频率正弦波信号的合成,它的频率特性是收敛的。对非正弦周期信号滤波时要保留基波和低频部分的信号,滤除高频部分的信号。这样做虽然不会改变原信号的频率,但是滤除高频分量以后会影响非正弦周期信号波形的形状。

答案:D

90.解 根据逻辑函数的摩根定理对原式进行分析:

$$\text{ABCD}+\overline{A}+\overline{B}+\overline{C}+\overline{D}=\text{ABCD}+\overline{\overline{\overline{A}+\overline{B}+\overline{C}+\overline{D}}}=\text{ABCD}+\overline{\text{ABCD}}=1$$

答案:B

91.解 $F=\overline{AB}$ 为与非门,分析波形可以用口诀:"A、B"有 0,"F"为 1;"A、B"全 1,"F"为 0。

答案:B

92.解 根据真值表写出逻辑表达式的方法是:找出真值表输出信号 F=1 对应的输入变量取值组合,每组输入变量取值为一个乘积项(与),输入变量值为 1 的写原变量,输入变量值为 0 的写反变量。最后将这些变量相加(或),即可得到输出函数 F 的逻辑表达式。

根据该给定的真值表可以写出:$F=\overline{A}BC+AB\overline{C}+ABC$。

答案:D

93.解 电压放大器的耦合电容有隔直通交的作用,因此电容 C_E 接入以后不会改变放大器的静态工作点。对于交变信号,接入电容 C_E 以后电阻 R_E 被短路,根据放大器的交流通道来分析放大器的动态参数,输入电阻 R_i、输出电阻 R_o、电压放大倍数 A_u 分别为:

$$R_i = R_{B1} // R_{B2} // [r_{be} + (1+\beta)R_E]$$

$$R_o = R_C$$

$$A_u = \frac{-\beta R'_L}{\gamma_{be} + (1+\beta)R_E} \quad (R'_L = R_C // R_L)$$

可见,输出电阻 R_o 与 R_E 无关。

所以,并入电容 C_E 后不变的量是静态工作点和输出电阻 R_o。

答案: C

94.**解** 本电路属于运算放大器非线性应用,是一个电压比较电路。A 点是反相输入端,B 点是同相输入端。当 B 点电位高于 A 点电位时,输出电压有正的最大值 U_{oM}。当 B 点电位低于 A 点电位时,输出电压有负的最大值 $-U_{oM}$。

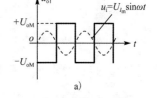

题 94 解图

解图 a)、b)表示输出端 u_{o1} 和 u_{o2} 的波形正确关系。

选项 D 的 u_{o1} 波形分析正确,并且 $u_{o1} = -u_{o2}$,符合题意。

答案: D

95.**解** 利用逻辑函数分析如下:$F_1 = \overline{A \cdot 1} = \overline{A}$;$F_2 = B + 1 = 1$。

答案: D

96.**解** 两个电路分别为 JK 触发器和 D 触发器,逻辑状态表给定,它们有同一触发脉冲和清零信号作用。但要注意到两个触发器的触发时间不同,JK 触发器为下降沿触发,D 触发器为上升沿触发。

结合逻辑表分析输出脉冲波形如解图所示。

JK 触发器:$J = K = 1$, $Q_{JK}^{n+1} = \overline{Q_{JK}^n}$,cp 下降沿触发。

D 触发器:$Q_D^{n+1} = D = \overline{Q_D^n}$,cp 上升沿触发。

对应的 t_1 时刻两个触发器的输出分别是 $Q_{JK} = 1$,$Q_D = 0$,选项 C 正确。

答案: C

97.**解** 计算机分为模拟计算机、数字计算机以及数字模拟混合计算机。模拟计算机主要用于处理模拟信息,如工业控制中的温度、压力等,目前已基本被数字计算机代替。数字计算机采用二进制运算,其特点是解题精度高,便于存储信息,是通用性很强的计算工具。数字模拟混合计算机是取数字、模拟计算机之长,既能高速运算,又便于存储信息,但这类计算机造价昂贵。现在人们所使用的大都属于数字计算机。计算机处理时输入和输出的数值都是数字信息。

答案:B

98.**解** 程序计数器(PC)的功能是用来存放下一条指令的地址的。当执行一条指令时,首先需要根据 PC 中存放的指令地址,将指令由内存取到指令寄存器中,此过程称为"取指令"。与此同时,PC 中的地址或自动加 1 或由转移指针给出下一条指令的地址。此后经过分析指令、执行指令,完成第一条指令的执行,而后根据 PC 取出第二条指令的地址,如此循环,执行每一条指令。

答案:C

99.**解** 计算机的软件系统是由系统软件、支撑软件和应用软件构成。系统软件是负责管理、控制和维护计算机软、硬件资源的一种软件,它为应用软件提供了一个运行平台。支撑软件是支持其他软件的编写制作和维护的软件。应用软件是特定应用领域专用的软件。

答案:B

100.**解** 允许多个用户以交互方式使用计算机的操作系统是分时操作系统。分时操作系统是使一台计算机同时为几个、几十个甚至几百个用户服务的一种操作系统。它将系统处理机时间与内存空间按一定的时间间隔,轮流地切换给各终端用户的。

答案:B

101.**解** ASSCII 码是"美国信息交换标准代码"的简称,是目前国际上最为流行的字符信息编码方案。在这种编码中每个字符用 7 个二进制位表示,从 0000000 到 1111111 可以给出 128 种编码,用来表示 128 个不同的常用字符。

答案:D

102.**解** 计算机系统内的存储器是由一个个存储单元组成的,而每一个存储单元的容量为 8 位二进制信息,称为一个字节。为了对存储器进行有效的管理,给每个单元都编上一个号,也就是给存储器中的每一个字节都分配一个地址码,俗称给存储器地址"编址"。

答案:A

103.**解** 给数据加密,是隐蔽信息的可读性,将可读的信息数据转换为不可读的信息数据,称为密文。把信息隐藏起来,即隐藏信息的存在性,将信息隐藏在一个容量更大的信息载体之中,形成隐秘载体。信息隐藏和数据加密的方法是不一样的。

答案:D

104. 解 线程有时也称为轻量级进程,是被系统独立调度和 CPU 的基本运行单位。有些进程只包含一个线程,也可包含多个线程。线程的优点之一就是资源共享。

答案:C

105. 解 信息化社会是以计算机信息处理技术和传输手段的广泛应用为基础和标志的新技术革命,影响和改造社会生活方式与管理方式。信息化社会指在经济生活全面信息化的进程中,人类社会生活的其他领域也逐步利用先进的信息技术建立起各种信息网络,信息技术在生产、科研教育、医疗保健、企业和政府管理以及家庭中的广泛应用对经济和社会发展产生了巨大而深刻的影响,从根本上改变了人们的生活方式、行为方式和价值观念。计算机则是实现信息社会的必备工具之一,两者相互影响、相互制约、相互推动、相互促进,是密不可分的关系。

答案:C

106. 解 如果要寻找一个主机名所对应的 IP 地址,则需要借助域名服务器来完成。当 Internet 应用程序收到一个主机域名时,它向本地域名服务器查询该主机域名对应的 IP 地址。如果在本地域名服务器中找不到该主机域名对应的 IP 地址,则本地域名服务器向其他域名服务器发出请求,要求其他域名服务器协助查找,并将找到的 IP 地址返回给发出请求的应用程序。

答案:C

107. 解 根据一次支付现值公式(已知 F 求 P):

$$P = \frac{F}{(1+i)^n} = = \frac{50}{(1+5.06\%)^5} = 39.06 \text{ 万元}$$

答案:C

108. 解 项目总投资中的流动资金是指运营期内长期占用并周转使用的营运资金。估算流动资金的方法有扩大指标法或分项详细估算法。采用分项详细估算法估算时,流动资金是流动资产与流动负债的差额。

答案:C

109. 解 资本金(权益资金)的筹措方式有股东直接投资、发行股票、政府投资等,债务资金的筹措方式有商业银行贷款、政策性银行贷款、外国政府贷款、国际金融组织贷款、出口信贷、银团贷款、企业债券、国际债券和融资租赁等。

优先股股票和可转换债券属于准股本资金,是一种既具有资本金性质又具有债务资金性质的资金。

答案:C

110. 解 利息备付率＝息税前利润/应付利息

式中,息税前利润＝利润总额＋利息支出

本题已经给出息税前利润,因此该年的利息备付率为:

利息备付率＝息税前利润/应付利息＝200/100＝2

答案:B

111. 解 计算各年的累计净现金流量见解表。

题 111 解表

年份	0	1	2	3	4	5
净现金流量	−100	−50	40	60	60	60
累计净现金流量	−100	−150	−110	−50	10	70

静态投资回收期＝4−1+|−50|÷60＝3.83 年

答案:C

112. 解 该货物的影子价格为:

直接出口产出物的影子价格(出厂价)＝离岸价(FOB)×影子汇率−出口费用

$$＝100×6−100＝500 元人民币$$

答案:A

113. 解 甲方案的净现值为:$NPV_甲＝−500+140×6.7101＝439.414$ 万元

乙方案的净现值为:$NPV_乙＝−1000+250×6.7101＝677.525$ 万元

$$NPV_乙＞NPV_甲,故应选择乙方案$$

互斥方案比较不应直接用方案的内部收益率比较,可采用差额投资内部收益率进行比较。

答案:B

114. 解 用强制确定法选择价值工程的对象时,计算结果存在以下三种情况:

①价值系数小于1较多,表明该零件相对不重要且费用偏高,应作为价值分析的对象;

②价值系数大于1较多,即功能系数大于成本系数,表明该零件较重要而成本偏低,是否需要提高费用视具体情况而定;

③价值系数接近或等于1,表明该零件重要性与成本适应,较为合理。

本题该部件的价值系数为1.02,接近1,说明该部件功能重要性与成本比重相当,不应将该部件作为价值工程对象。

答案:B

115. 解 《中华人民共和国建筑法》第十条规定:在建的建筑工程因故中止施工的,建设单位应当自中止施工之日起一个月内,向发证机关报告,并按照规定做好建筑工程的维护管理工作。

答案:A

116. 解 《中华人民共和国安全生产法》第二十五条规定:生产经营单位应当对从业人员进行安全生产教育和培训,保证从业人员具备必要的安全生产知识,熟悉有关的安全生产规章制度和安全操作规程,掌握本岗位的安全操作技能,了解事故应急处理措施,知悉自身在安全生产方面的权利和义务。

答案:C

117. 解 《中华人民共和国招标投标法》第十二条规定:招标人有权自行选择招标代理机构,委托其办理招标事宜。任何单位和个人不得以任何方式为招标人指定招标代理机构。招标人具有编制招标文件和组织评标能力的,可以自行办理招标事宜。任何单位和个人不得强制其委托招标代理机构办理招标事宜。依法必须进行招标的项目,招标人自行办理招标事宜的,应当向有关行政监督部门备案。

从上述条文可以看出选项 A 正确,选项 B 错误,因为招标人可以委托代理机构办理招标事宜。选项 C 错误,招标人自行招标时才需要备案,不是委托代理人才需要备案。选项 D 明显不符合第十二条的规定。

答案:A

118. 解 《中华人民共和国合同法》第十六条规定:要约到达受要约人时生效。

采用数据电文形式订立合同,收件人指定特定系统接收数据电文的,该数据电文进入该特定系统的时间,视为到达时间;未指定特定系统的,该数据电文进入收件人的任何系统的首次时间,视为到达时间。

答案:A

119. 解 依照《中华人民共和国行政许可法》第二十六条的规定,行政许可采取统一办理或者联合办理、集中办理的,办理的时间不得超过四十五日;四十五日内不能办结的,经本级人民政府负责人批准,可以延长十五日,并应当将延长期限的理由告知申请人。

答案:D

120. 解 《建设工程质量管理条例》第十六条规定:建设单位收到建设工程竣工报告后,应当组织设计、施工、工程监理等有关单位进行竣工验收。

答案:C

2021 全国勘察设计注册工程师
执业资格考试用书

Zhuce Dianqi Gongchengshi(Fashu Biandian) Zhiye Zige Kaoshi
Jichu Kaoshi Linian Zhenti Xiangjie

注册电气工程师(发输变电)执业资格考试
基础考试历年真题详解
专业基础

蒋　徵　曹纬浚　王　东/主编

人民交通出版社股份有限公司
北　京

内 容 提 要

本书为注册电气工程师(发输变电)执业资格考试基础考试历年真题解析。本书分为公共基础、专业基础两册,公共基础分册收录2009~2020年考试真题,专业基础分册收录2005~2020年考试真题,每套真题后均附有参考答案和解析。

本书可供参加2021年注册电气工程师(发输变电)执业资格考试基础考试的考生复习使用,也可供供配电专业的考生参考练习。

图书在版编目(CIP)数据

2021注册电气工程师(发输变电)执业资格考试基础考试历年真题详解/蒋徵,曹纬浚,王东主编.—北京：人民交通出版社股份有限公司,2021.3

ISBN 978-7-114-17161-1

Ⅰ.①2…　Ⅱ.①蒋…②曹…③王…　Ⅲ.①发电—电力工程—资格考试—题解 ②输电—电力工程—资格考试—题解 ③变电所—电力工程—资格考试—题解 Ⅳ.①TM-44

中国版本图书馆CIP数据核字(2021)第047972号

书　　名：**2021注册电气工程师(发输变电)执业资格考试基础考试历年真题详解**
著 作 者：蒋　徵　曹纬浚　王　东
责任编辑：刘彩云　李　梦
责任印制：张　凯
出版发行：人民交通出版社股份有限公司
地　　址：(100011)北京市朝阳区安定门外外馆斜街3号
网　　址：http://www.ccpcl.com.cn
销售电话：(010)59757973
总 经 销：人民交通出版社股份有限公司发行部
经　　销：各地新华书店
印　　刷：北京印匠彩色印刷有限公司
开　　本：787×1092　1/16
印　　张：67.5
字　　数：1199千
版　　次：2021年3月　第1版
印　　次：2021年3月　第1次印刷
书　　号：ISBN 978-7-114-17161-1
定　　价：188.00元(含两册)
(有印刷、装订质量问题的图书由本公司负责调换)

目录（专业基础）

2005 年度全国勘察设计注册电气工程师（发输变电）

执业资格考试试卷

基础考试
（下）

二〇〇五年九月

应考人员注意事项

1. 本试卷科目代码为"2",考生务必将此代码填涂在答题卡"科目代码"相应的栏目内,否则,无法评分。

2. 书写用笔:黑色或蓝色钢笔、签字笔或圆珠笔;
   填涂答题卡用笔:黑色 2B 铅笔。

3. 必须用书写用笔将工作单位、姓名、准考证号填写在答题卡和试卷相应的栏目内。

4. 本试卷由 60 题组成,每题 2 分,满分 120 分,本试卷全部为单项选择题,每小题的四个备选项中只有一个正确答案,错选、多选、不选均不得分。

5. 考生作答时,必须**按题号在答题卡上**将相应试题所选选项对应的**字母用 2B 铅笔涂黑**。

6. 在答题卡上书写与题意无关的语言,或在答题卡上作标记的,均按违纪试卷处理。

7. 考试结束时,由监考人员当面将试卷、答题卡一并收回。

8. 草稿纸由各地统一配发,考后收回。

单项选择题(共 60 题,每题 2 分。每题的备选项中只有一个最符合题意。)

1. 如图所示电路中 $u=-10\text{V}$,则 6V 电压源发出的功率为:

A. 9.6W

B. -9.6W

C. 2.4W

D. -2.4W

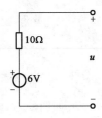

2. 如图所示电路 A 点的电压 u_A 为:

A. 5V

B. 5.21V

C. -5V

D. 38.3V

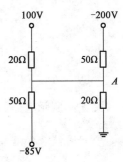

3. 正弦电流流过电容元件时,下列哪项关系是正确的?

A. $I_m = j\omega C U_m$

B. $u_c = X_c i_c$

C. $\dot{I} = j\dot{U}/X_c$

D. $\dot{I} = C\dfrac{\mathrm{d}\dot{U}}{\mathrm{d}t}$

4. 一个由 $R=3\text{k}\Omega$、$L=4\text{H}$ 和 $C=1\mu\text{F}$ 三个元件相串联的电路,若电路振荡,则振荡角频率为:

A. 375rad/s

B. 500rad/s

C. 331rad/s

D. 不振荡

5. 无限长无损耗传输线上任意处的电压在相位上超前电流的角度为:

A. $90°$

B. $-90°$

C. $0°$

D. 某一固定角度

6. 如图所示空心变压器 AB 间的输入阻抗为:

A. $j15\Omega$

B. $j5\Omega$

C. $j1.25\Omega$

D. $j11.25\Omega$

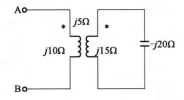

7. 如图所示电路中，$U = 220\text{V}$，$f = 50\text{Hz}$，S断开及闭合时电流 I 的有效值均为0.5A，则感抗 X_L 为：

A. 440Ω

B. 220Ω

C. 380Ω

D. 不能确定

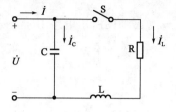

8. 如图所示，电路 $u_{C1}(0_-) = u_{C2}(0_-) = 0$，$t = 0$ 时闭合开关 S 后，u_{C1} 为：

A. $12e^{-t/\tau}$ V，式中 $\tau = 3\mu s$

B. $12 - 8e^{-t/\tau}$ V，式中 $\tau = 3\mu s$

C. $8e^{-t/\tau}$ V，式中 $\tau = 3\mu s$

D. $8(1 - e^{-t/\tau})$ V，式中 $\tau = 1\mu s$

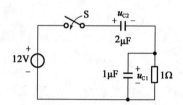

9. 如图所示电路原已稳定，$t = 0$ 时断开开关 S，则 $u_{C1}(0_+)$ 为：

A. 78V

B. 117V

C. 135V

D. 39V

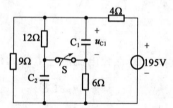

10. 如图所示电路中，电压 u 含有基波和三次谐波，基波角频率为 10^4rad/s。若要求 u_1 中不含基波分量而将 u 中的三次谐波分量全部取出，则 C_1 应为：

A. 2.5μF

B. 1.25μF

C. 5μF

D. 10μF

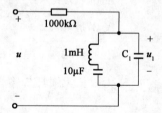

11. 三相对称三线制电路线电压为380V，功率表接线如图所示，且各负载 $Z = R = 22Ω$。此时功率表读数为：

A. 3800W

B. 2200W

C. 0W

D. 6600W

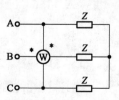

12. 已知如图所示正弦电流电路发生谐振时,电流表 A_1、A_2 的读数分别为 4A 和 3A,则电流表 A_3 的读数为:

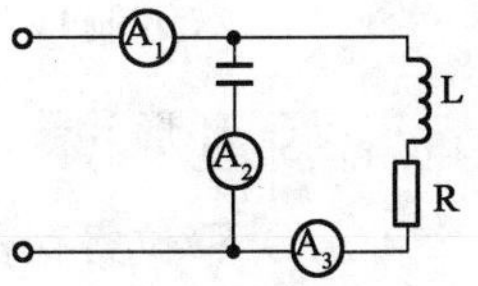

    A. 1A

    B. 7A

    C. 5A

    D 不能确定

13. 在 RLC 串联电路中,$X_L = 20\Omega$;若总电压维持不变而将 L 短路,总电流的有效值与原来相同;则 X_C 应为:

    A. 40Ω   B. 30Ω   C. 10Ω   D. 5Ω

14. 如图所示电路的戴维南等效电路参数 U_S 和 R_S 为:

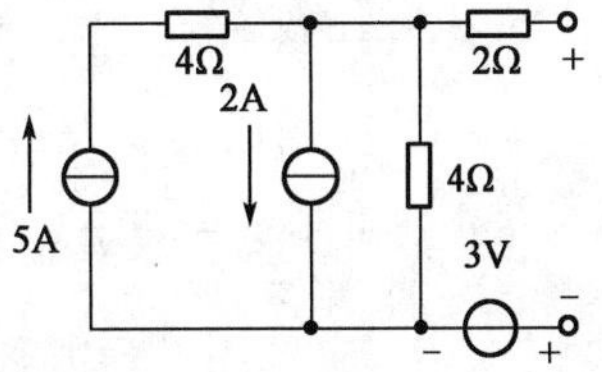

    A. 9V,2Ω

    B. 3V,4Ω

    C. 3V,6Ω

    D. 9V,6Ω

15. 如图所示电路中,ab 间的等效电阻与电阻 R_L 相等,则 R_L 为:

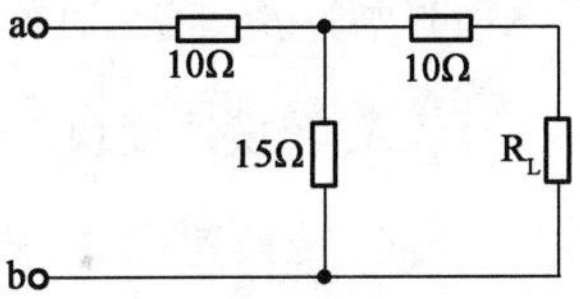

    A. 10Ω

    B. 15Ω

    C. 20Ω

    D. $5\sqrt{10}\,\Omega$

16. 已知正弦电流的初相为 60°,$t = 0$ 时的瞬时值为 8.66A,经过 1/300s 后电流第一次下降为 0,则其振幅 I_m 为:

    A. 314A   B. 50A   C. 10A   D. 100A

17. 有一个紧靠地面的半球接地体,其半径为 0.5m,土壤的电导率 $\gamma = 10^{-2}$ S/m。此时接地体的接地电阻为:

    A. 31.84Ω   B. 7.96Ω   C. 63.68Ω   D. 15.92Ω

18. 两半径为 a 和 b($a < b$)的同心导体球面间电位差为 V_0。问:若 b 固定,要使半径为 a 的球面上场强最小,a 与 b 的比值应为:

    A. $\dfrac{1}{3}$ B. $\dfrac{1}{e}$ C. $\dfrac{1}{2}$ D. $\dfrac{1}{4}$

19.某时序电路的状态图如图所示,则其为下列哪种电路?

A. 五进制计数器

B. 六进制计数器

C. 环形计数器

D. 移位寄存器

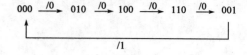

20.为了稳定输出电压,提高输入电阻,放大电路应该引入下列哪种负反馈?

A. 电压串联   B. 电压并联   C. 电流串联   D. 电流并联

21.同一差动放大电路中,采用下列哪种方式可使共模抑制比 K_{CMR} 最大?

A. 单端输入   B. 双端输入   C. 单端输出   D. 双端输出

22.基本运算放大器中的"虚地"概念只在下列哪种电路中存在?

A. 比较器   B. 差动放大器

C. 反相比例放大器   D. 同相比例放大器

23.某放大器要求其输出电流几乎不随负载电阻的变化而变化,且信号源的内阻很大,应选用下列哪种负反馈?

A. 电压串联   B. 电压并联   C. 电流串联   D. 电流并联

24.与逐次渐近 ADC 比较,双积分 ADC 有下列哪种特点?

A. 转换速度快,抗干扰能力强   B. 转换速度慢,抗干扰能力强

C. 转换速度高,抗干扰能力差   D. 转换速度低,抗干扰能力差

25.数字系统中,有三种最基本的逻辑关系,这些逻辑关系的常用表达方式为:

A. 真值表   B. 逻辑式   C. 符号图   D. A、B 和 C

26.在如图所示电路中,已知 $u_1 = 1V$,硅稳压管 D_Z 的稳定电压为 6V,正向导通压降为 0.6V,运放为理想运放,则输出电压 u_o 为:

A. 6V

B. −6V

C. −0.6V

D. 0.6V

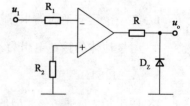

27. 一基本共射放大电路如图所示,已知 $V_{CC}=12V$,$R_B=1.2M\Omega$,$R_C=2.7k\Omega$,晶体管的 $\beta=100$,且已测得 $r_{be}=2.7k\Omega$。若输入正弦电压有效值为 27mV,则用示波器观察到的输出电压波形是:

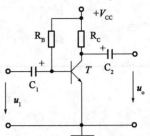

A. 正弦波

B. 顶部削平的失真了的正弦波

C. 底部削平的失真了的正弦波

D. 底部和顶部都削平的梯形波

28. 将十进制数 24 转换为二进制数,结果为:

    A. 10100   B. 10010   C. 11000   D. 100100

29. 一个具有 13 位地址输入和 8 位 I/O 端的存储器,其存储容量为:

    A. $8k\times8$ B. $13\times8k$ C. $13k\times8$ D. 64000 位

30. 逻辑电路如图所示,其逻辑功能的正确描述为:

    A. 裁判功能,且 A 为主裁

    B. 三变量表决功能

    C. 当 A=1 时,B 或 C 为 1,输出为 1

    D. C 为 1 时,A 或 B 为 1,输出为 1

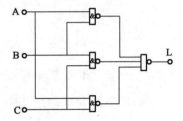

31. 已知并励直流发电机的数据为:$U_N=230V$,$I_{aN}=15.7A$,$n_N=2000r/min$,$R_a=1\Omega$(包括电刷接触电阻),$R_f=610\Omega$,已知电刷在几何中性线上,不考虑电枢反应的影响,今将其改为电动机运行,并联于 220V 电网,当电枢电流与发电机在额定状态下的电枢电流相同时,电动机的转速为:

    A. 2000r/min   B. 1831r/min

    C. 1739r/min   D. 1663r/min

32. 同步发电机单机运行供给纯电容性负载,当电枢电流达额定时,电枢反应的作用使其端电压比空载时:

    A. 不变   B. 降低

    C. 增高   D. 不能确定

33. 一台变压器的高压绕组由两个完全相同可以串联也可以并联的绕组组成。当它们同绕向串联并施以 2200V,50Hz 的电压时,空载电流为 0.3A,空载损耗为 160W。如果它们改为并联,施以 1100V,50Hz 电压时,此时的空载电流和空载损耗为下列哪组数值?(电阻损耗忽略不计)

A. $I_0=0.3\text{A},P_0=160\text{W}$

B. $I_0=0.6\text{A},P_0=160\text{W}$

C. $I_0=0.15\text{A},P_0=240\text{W}$

D. $I_0=0.6\text{A},P_0=240\text{W}$

34. 变压器的其他条件不变,电源频率增加 10%,则原边漏抗 X_1,副边漏抗 X_2 和励磁电抗 X_m 会发生下列哪种变化?(分析时假设磁路不饱和)

A. 增加 10%　　　　B. 不变　　　　C. 增加 21%　　　　D. 减少 10%

35. 若外加电压随时间正弦变化,当磁路饱和时,单相变压器的励磁磁势随时间变化的波形是:

A. 尖顶波　　　　B. 平顶波　　　　C. 正弦波　　　　D. 矩形波

36. 三相同步发电机在与电网并联时,必须满足一些条件,在下列条件中,必须先绝对满足的条件是:

A. 电压相等　　　　B. 频率相等　　　　C. 相序相同　　　　D. 相位相同

37. 一台三相绕线式异步电动机若定子绕组为四级,转子绕组为六级。定子绕组接到频率为 50Hz 的三相额定电压时,此时转子的转速应为:

A. 接近于 1500r/min

B. 接近于 1000r/min

C. 转速为零

D. 接近于 2500r/min

38. 一台积复励直流发电机与直流电网连接向电网供电。欲将它改为积复励直流电动机运行,若保持电机原转向不变(设电网电压极性不变),需要采取下列哪项措施?

A. 反接并励绕组

B. 反接串励绕组

C. 反接电枢绕组

D. 所有绕组接法不变

39. 如图所示,此台三相变压器的连接组应属下列哪项?

A. D,y11

B. D,y5

C. D,y1

D. D,y7

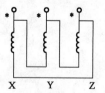

40.目前我国电能的主要输送方式是：

    A.直流   B.单相交流

    C.三相交流   D.多相交流

41.在电力系统分析和计算中,功率和阻抗一般分别是指：

    A.一相功率,一相阻抗   B.三相功率,一相阻抗

    C.三相功率,三相阻抗   D.三相功率,一相等值阻抗

42.变压器的 S_{TN}(kVA)、U_{TN}(kV)及试验数据 $U_K\%$ 已知,求变压器 X_T 的公式为：

    A. $X_T = \dfrac{U_k\%}{100} \cdot \dfrac{U_{TN}^2}{S_{TN}^2} \times 10^{-3}\ \Omega$

    B. $X_T = \dfrac{U_k\%}{100} \cdot \dfrac{U_{TN}^2}{S_{TN}} \times 10^{3}\ \Omega$

    C. $X_T = \dfrac{U_k\%}{100} \cdot \dfrac{S_{TN}^2}{U_{TN}^2} \times 10^{-3}\ \Omega$

    D. $X_T = \dfrac{U_k\%}{100} \cdot \dfrac{S_{TN}}{U_{TN}^2} \times 10^{3}\ \Omega$

43.电力系统接线如图所示,各级电网的额定电压示于图中,发电机 G 和变压器 T_1、T_2、T_3 的额定电压分别为下列哪组？

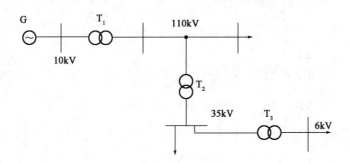

    A. G:10.5kV T_1:10.5/121kV T_2:110/38.5kV T_3:35/6.3kV

    B. G:10kV T_1:10/121kV T_2:121/35kV T_3:35/6kV

    C. G:11kV T_1:11/110kV T_2:110/38.5kV T_3:35/6.6kV

    D. G:10.5kV T_1:10.5/110kV T_2:121/35kV T_3:35/6kV

44. 某网络中的参数如图所示：

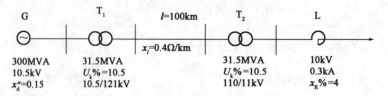

用近似计算法计算得到的各元件标幺值为下列哪组？（取 $S_B = 100$MVA）

A. $x''_{d*} = 0.048, x_{T_{1*}} = 0.333, x_{l*} = 0.302, x_{T_{2*}} = 0.333, x_{R*} = 0.698$

B. $x''_{d*} = 0.5, x_{T_{1*}} = 0.333, x_{l*} = 0.302, x_{T_{2*}} = 0.333, x_{R*} = 0.698$

C. $x''_{d*} = 0.15, x_{T_{1*}} = 3.33, x_{l*} = 0.302, x_{T_{2*}} = 3.33, x_{R*} = 0.769$

D. $x''_{d*} = 0.5, x_{T_{1*}} = 0.33, x_{l*} = 0.364, x_{T_{2*}} = 0.33, x_{R*} = 0.769$

45. 输电线路的等值电路如图所示，已知末端功率及电压，$\dot{S}_2 = 11.77 + j5.45$MVA，

$\dot{U}_2 = 110\angle 0°$kV，图中所示的始端功率 $\dot{S}_1$ 和始端电压 $\dot{U}_1$ 为：

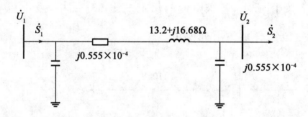

A. $112.24\angle 0.58°, 11.95 + j5.45$MVA

B. $112.14\angle 0.62°, 11.95 + j4.30$MVA

C. $112.14\angle 0.62°, 11.95 + j5.45$MVA

D. $112.24\angle 0.58°, 11.77 + j4.30$MVA

46. 在如图所示系统中，已知 220kV 线路的参数为 $R = 16.9\Omega, X = 83.1\Omega, B = 5.79\times10^{-4}$S，当线路（220kV）两端开关都断开时，两端母线电压分别为 242kV 和 220kV，开关 A 合上时，开关 B 断口两端的电压差为：

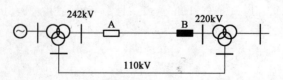

A. 22kV

B. 34.20kV

C. 27.95kV

D. 5.40kV

47. 如图所示输电系统,在满足送端电压固定为112kV,变压器低压侧母线要求逆调压的条件时,应安装的静电电容器的容量为(忽略功率损耗及电压降横分量):

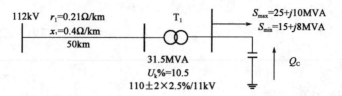

  A. 10.928Mvar   B. 1.323Mvar

  C. 1.0928Mvar   D. 13.23Mvar

48. 网络结线和元件参数如图所示,当 f 处发生三相短路时,其短路电流是:

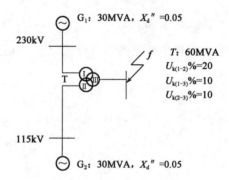

  A. 32.9925kA   B. 34.6400kA

  C. 57.1425kA   D. 60.0000kA

49. 系统如图所示。

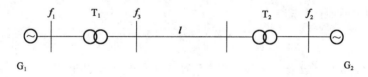

已知: T_1,T_2:100MVA,$U_k\% = 10$。l: $S_B = 100$MVA 时的标幺值电抗为 0.03。当 f_1 点三相短路时,短路容量为 1000MVA,当 f_2 点三相短路时,短路容量为 833MVA,则当 f_3 点三相短路时的短路容量为:

  A. 222MVA   B. 500MVA

  C. 909MVA   D. 1000MVA

50. 系统如图所示,在取基准功率 100MVA 时,各元件的标幺值电抗分别是:对于 G,$X_d'' = X_{(2)} = 0.1, E''_{|0|} = 1.0$;对于 T, $X_T = 0.1$,YN,d11 接线。则在母线 B 发生 BC 两相短路时,变压器三角形接线侧 A 相电流为:

A. 0kA

B. 1.25kA

C. $\sqrt{3} \times 1.25$kA

D. 2.5kA

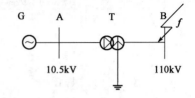

51. 中性点绝缘的 35kV 系统发生单相接地短路时,其故障处的非故障相电压是:

   A. 35kV   B. 38.5kV   C. 110kV   D. 115kV

52. 系统如图所示,各元件标幺值参数为:G:$x_d'' = 0.1, x_{(2)}'' = 0.1, E'' = 1.0$;T,$x_T'' = 0.2, x_p = 0.2/3$。当在变压器高压侧的 B 母线发生 A 相接地短路时,变压器中性线中的电流为:

A. 1

B. $\sqrt{3}$

C. 2

D. 3

53. 下列哪种情况或设备应校验热稳定以及动稳定?

   A. 装设在电流互感器回路中的裸导线和电器

   B. 装设在电压互感器回路中的裸导线和电器

   C. 用熔断器保护的电器

   D. 电缆

54. 高压断路器一般采用多断口结构,通常在每个断口并联电容 C。并联电容的作用是:

   A. 使弧隙电压的恢复过程由周期性变为非周期性

   B. 使得电压能均匀地分布在每个断口上

   C. 可以增大介质强度的恢复速度

   D. 可以限制系统中的操作过电压

55. 下列叙述哪项是正确的?

    A. 发电厂和变电站接地网的接地电阻主要根据工作接地的要求决定

    B. 保护接地就是根据电力系统的正常运行方式的需要而将网络的某一点接地

    C. 中性点不接地系统发生单相接地故障时,非故障相电压不变,所以可以继续运行 2h 左右

    D. 在工作接地和保护接地中,接地体材料一般采用铜或铝

56. 断路器开断空载变压器发生过电压的主要原因是:

    A. 断路器的开断能力不够

    B. 断路器对小电感电流的截流

    C. 断路器弧隙恢复电压高于介质强度

    D. 三相断路器动作不同期

57. 中性点不接地系统中,三相电压互感器作绝缘监视用的附加副绕组的额定电压应选择:

    A. $\dfrac{100}{\sqrt{3}}$V   B. 100V   C. $\dfrac{100}{3}$V   D. $100\sqrt{3}$V

58. 电流互感器的误差(电流误差 f_i 和相位差 δ_i)与二次负荷阻抗 (z_{2f})的关系式为:

    A. $f_i \propto z_{2f}^2, \delta_i \propto z_{2f}^2$ B. $f_i \propto \dfrac{1}{z_{2f}^2}, \delta_i \propto \dfrac{1}{z_{2f}^2}$

    C. $f_i \propto z_{2f}, \delta_i \propto z_{2f}$ D. $f_i \propto \dfrac{1}{z_{2f}}, \delta_i \propto \dfrac{1}{z_{2f}}$

59. 下列哪项叙述是正确的?

    A. 为了限制短路电流,通常在架空线上装设电抗器

    B. 母线电抗器一般装设在主变压器回路和发电机回路中

    C. 采用分裂低压绕组变压器主要是为了组成扩大单元接线

    D. 分裂电抗器两个分支负荷变化过大将造成电压波动,甚至可能出现过电压

60. 断路器开断交流电路的短路故障时,弧隙电压恢复过程与电路参数等有关,为了把具有周期性振荡特性的恢复过程转变为非周期性的恢复过程,可在断路器触头两端并联一只电阻 r,其值一般取下列哪项?(C、L 为电路中的电容值、电感值)

    A. $r \leqslant \dfrac{1}{2}\sqrt{\dfrac{C}{L}}$ B. $r \geqslant \dfrac{1}{2}\sqrt{\dfrac{C}{L}}$

    C. $r \leqslant \dfrac{1}{2}\sqrt{\dfrac{L}{C}}$ D. $r \geqslant \dfrac{1}{2}\sqrt{\dfrac{L}{C}}$

2005 年度全国勘察设计注册电气工程师(发输变电)执业资格考试基础考试(下)试题解析及参考答案

1.解 按电压方向为正,则:

$$P = 6 \cdot (-I) = 6 \times \frac{6-u}{10} = 6 \times \frac{6+10}{10} = 9.6\text{W}$$

注:电流方向可任意设置,数值可正可负。

答案:A

2.解 设电路中 A 点的电压为 u_A,根据基尔霍夫电流定律,则:

$$\frac{100-u_A}{20} + \frac{-85-u_A}{50} = \frac{u_A-(-200)}{50} + \frac{u_A-0}{20} \Rightarrow u_A = -5\text{V}$$

注:基尔霍夫电流定律为在集中参数电路中,对任何一个节点,在任何时刻流入(流出)该节点的电流的代数和恒等于零。

答案:C

3.解 电流通过电容元件的基本方程主要为:

相量表达式:$\dot{U}_L = -X_C \dot{I}_C$ 或 $\dot{I}_C = jB_C \dot{U}_C$;瞬时表达式:$i = C\dfrac{du}{dt}$

其中 $\dot{U}_L = -X_C \dot{I}_C \Rightarrow \dot{I}_C = \dfrac{\dot{U}_L}{-jX_C} = j\dfrac{\dot{U}_L}{X_C}$,因此选项 C 正确。

答案:C

4.解 LC 串联电路的角频率公式:

$$\omega L = \frac{1}{\omega C} \Rightarrow \omega = \frac{1}{\sqrt{LC}} = \frac{1}{\sqrt{4 \times 1 \times 10^{-6}}} = 500\text{rad/s}$$

注:$R = 2\sqrt{\dfrac{L}{C}}$ 的过渡过程为临界非振荡过程,这时的电阻为临界电阻,电阻小于此值时,为欠阻尼状态,振荡放电过程;大于此值时,为过阻尼状态,非振荡放电过程。

另,发生谐振时角频率和频率分别为:$\omega_0 = \dfrac{1}{\sqrt{LC}}$,$f_0 = \dfrac{1}{2\pi\sqrt{LC}}$,品质因数为:$Q = \dfrac{1}{R}\sqrt{\dfrac{L}{C}}$。

答案:B

5.解 由特性阻抗公式 $Z_C=\sqrt{\dfrac{R_0+j\omega L_0}{G_0+j\omega C_0}}=\sqrt{\dfrac{Z_0}{Y_0}}$，其中无损耗传输线的 $R_0=0\Omega$，

$G_0=0\Omega$，可知特性阻抗为一实数，因此无损传输线上各点的电压电流同相位。

> 注:沿传输线路的电阻、电感、电导和电容是均匀分布的传输线为均匀传输线,当其中电阻和电导均为零时,则称其为无损耗均匀传输线。

答案:C

6.解 参见附录一"高频考点知识补充"的知识点1,去耦等效电路如解图1所示。

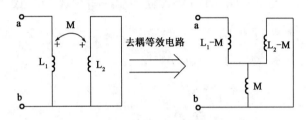

题 6 解图 1

将数据代入,如解图 2 所示。

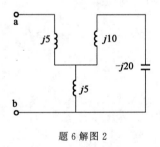

题 6 解图 2

则 ab 间的输入阻抗为: $Z_{in}=j5+[j5//(j10-j20)]=j5+\dfrac{j5\times(-j10)}{j5-j10}=j15\Omega$

> 注:附录一的知识点1中所有去耦等效电路需牢记。

答案:A

7.解 由于 S 断开及闭合时总电流有效值均为 0.5A,根据电感与电容的电压电流相位关系,可绘制相量图,如解图所示。

显然,三个电流相量组成一个正三角形,电感回路有效值 $I_{RL}=0.5A$,则:

电感感抗: $X_L=Z\sin\varphi=\dfrac{U}{I_{RL}}\sin\varphi=\dfrac{220}{0.5}\times\sin30°=220\Omega$

> 注:电感元件上,两端电压相量超期于电流相量 90°;电容元件上,两端电压相量滞后于电流相量 90°。

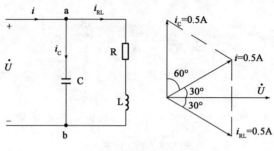

题 7 解图

答案: B

8. **解** 由于电容为储能元件,其电压不能突变,则:

$$u_{C1}(0_+) = U_{C1}(0_-) = 0V; u_{C2}(0_+) = U_{C2}(0_-) = 0V$$

换路后,电源分别向 C_1 和 C_2 充电,由电容有公式 $q=Cu$,电容 C_1 和 C_2 上的总电荷一定,且换路前后总电压一定,稳态时 $u_{C1}(\infty) + u_{C2}(\infty) = 12$,则可列方程:

$$\begin{cases} C_1 u_{C1}(\infty) = C_2 u_{C2}(\infty) \\ u_{C1}(\infty) + u_{C2}(\infty) = 12 \end{cases}$$

解得:$u_{C1}(\infty) = 8V, u_{C2}(\infty) = 4V$

时间常数:$\tau = RC = 1 \times 1 \times 10^{-6} = 1\mu s$

代入一阶电路全响应方程 $f(t) = f(\infty) + [f(0_+) - f(\infty)]e^{-\frac{t}{\tau}}$,则:

$$u_{C1}(t) = 8 + (0-8)e^{-\frac{t}{\tau}} = 8(1 - e^{-\frac{t}{\tau}})V$$

答案: D

9. **解** 由于电容为储能元件,其电压不能突变,则:

$$u_{C1}(0_+) = u_{C1}(0_-) = \frac{195}{[9//(12+6)] + 4} \times \frac{9}{9 + 12 + 6} \times 12 = 78V$$

答案: A

10. **解** 由题意可知,$u_1(t)$ 仅把三次谐波含量完整地取出。分析可知,基波频率时,LC 电路应发生串联谐振(视为短路),二次频率时,LC 并联电路发生并联谐振(视为断路),则三次谐波并联电抗相等:$3\omega L_1 - \frac{1}{3\omega C} = \frac{1}{3\omega C_1}$

即:$3 \times 10^4 \times 10^{-3} - \frac{1}{3 \times 10^4 \times 10 \times 10^{-6}} = \frac{1}{3 \times 10^4 \times C_1}$,解得:$C_1 = 1.25\mu F$

答案: B

11. **解** 功率表测量原理可参见附录一"高频考点知识补充"的知识点 2,功率表的电流端接在 B 相,电压端接在 AC 线间,为线电压,则功率表读数为:$P = U_{AC} I_{BN}$。

在星形连接的三相电源或三相负载中,线电流和相电流为同一电流,线电压是相电压的$\sqrt{3}$倍,且线电压超前于相应的相电压$30°$,则设 B 相电压相位为$0°$,由于负载为纯电阻性负载,因此相电流与相电压同相位,则:

各相电压:$\dot{U}_{AN}=U_P\angle120°,\dot{U}_{BN}=U_P\angle0°,\dot{U}_{CN}=U_P\angle-120°$;

各相电流:$\dot{I}_{AN}=I_P\angle120°,\dot{I}_{BN}=I_P\angle0°,\dot{I}_{CN}=I_P\angle-120°$;

各线电压:$\dot{U}_{AB}=\sqrt{3}U_{AN}\angle30°=\sqrt{3}U_P\angle150°,\dot{U}_{BC}=\sqrt{3}U_{BN}\angle30°=\sqrt{3}U_P\angle30°,\dot{U}_{CA}=\sqrt{3}U_{CN}\angle30°=\sqrt{3}U_P\angle-90°$

其中U_P、I_P分别为相电压与相电流有效值,那么,功率表读数为:

$$P=\dot{U}_{AC}\dot{I}_{BN}=U_P\angle90°\times I_P\angle0°=380\times\frac{380}{\sqrt{3}\times22}\times\cos90°=0\text{W}$$

注:本题考查功率表的测量原理以及星形接线中各相、线的电压电流相位关系。

答案:C

12.解 设ab点之间电压为$\dot{U}_{ab}\angle0°$,由于发生谐振,总电流应与电压同相位,即为$\dot{I}_1$$\angle0°$。另,根据电感元件两端电压相量超前于电流相量$90°$,电容元件上两端电压相量滞后于电流相量$90°$,考虑到电感支路存在电阻,因此可绘出相量图如解图所示,根据平行四边形相似原理,$I_3=\sqrt{I_1^2+I_2^2}=\sqrt{4^2+3^2}=5\text{A}$。

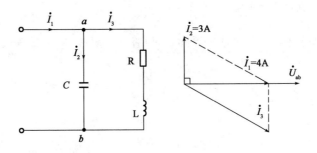

题12解图

注:电感与电容两端的电压电流相位关系必须牢记,即电感元件两端电压相量超前于电流相量$90°$,电容元件上两端电压相量滞后于电流相量$90°$。

答案:C

13.解 RLC 串联电路如解图1所示,当 S 开关闭合时,电感被短路。

设电压为$\dot{U}\angle0°$,电感短路前电流为$\dot{I}$,电感短路后电流为$\dot{I}'$,根据电容元件上两端电

压相量滞后于电流相量$90°$,电感元件两端电压相量超前于电流相量$90°$,及短路前后总电流有效值不变,则存在如解图2所示的相量关系,则：

$$\frac{U}{\sqrt{R^2+(X_L-X_C)^2}}=\frac{U}{\sqrt{R^2+X_C^2}}\Rightarrow X_L-X_C=X_C$$

由 $X_L=20\Omega$,则 $X_C=20/2=10\Omega$

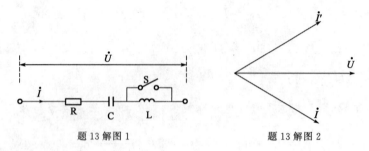

题13解图1　　　　　　　　　　题13解图2

注:电感与电容两端的电压电流相位关系必须牢记,即电感元件两端电压相量超前于电流相量$90°$,电容元件上两端电压相量滞后于电流相量$90°$。

答案:C

14.解　戴维南等效电路,等效内阻和开路电压分析如下:

(1)等效内阻:

$$R_S=2+4=6\Omega$$

(2)开路电压:

由基尔霍夫电流电压定律,$u_S=(5-2)\times4-3=9V$

注:等效内阻需将电流源和电压源置零,即将电流源断路、电压源短路。

答案:D

15.解　根据电阻并联公式,则:

$$R_{ab}=10+[15//(10+R_L)]=R_L\Rightarrow 10+\frac{15\times(10+R_L)}{25+R_L}=R_L$$

解得:$R_L=20\Omega$

答案:C

16.解　正弦电流表达式:$i=I_m\sin(\omega t+\varphi)$,则:

半个周期$180°$,相角由$60°$第一次下降至0经过$\dfrac{1}{300}$ms,需经过$120°$,弧度$\dfrac{2\pi}{3}$,即 $i=$

$I_m\sin(\omega t+120°)=0$,则当 $t=0$ 时:

$$I_m\sin120°=8.66\Rightarrow I_m=10A$$

频率也可如下求得：

$$\omega t = 2\pi f t = \frac{2\pi}{3} \Rightarrow f = \frac{2\pi}{3} \times \frac{300}{2\pi} = 100\text{kHz}$$

> 注：隐含条件，相角由第一次下降至 0 时，$\omega t + \varphi = \pi$；相角由第二次下降至 0 时，$\omega t + \varphi = 2\pi$，依此类推。

答案:C

17.解　采用恒定电场的基本方程 $\oint_S J \cdot dS = 0, J = \gamma E$，设流出的电流为 I，则：

$$J = \frac{I}{2\pi r^2}, E = \frac{I}{2\pi\gamma r^2}$$

则接地电阻为：

$$R_e = \frac{U}{I} = \int_{0.5}^{\infty} \frac{1}{2\pi\gamma r^2} dr = \frac{1}{2\pi\gamma R_0} = \frac{1}{2\pi \times 10^{-2} \times 0.5} = 31.84\Omega$$

答案:A

18.解　设 a 导体球所带电流为 q，由高斯定律，则金属球间的电场强度 $E = \frac{q}{4\pi\varepsilon r^2}(a < r < b)$。

则两球面电压差为：$U_0 = \int_a^b \frac{q}{4\pi\varepsilon r^2} dr = \frac{q}{4\pi\varepsilon}\left(\frac{1}{a} - \frac{1}{b}\right)$，因此 $q = \dfrac{4\pi\varepsilon \cdot U_0}{\dfrac{1}{a} - \dfrac{1}{b}}$

电场强度：$E_{r=a} = \frac{q}{4\pi\varepsilon a^2} = \frac{U_0}{a^2 \cdot (b-a)} \times ab = \frac{b}{a \cdot (b-a)} U_0,(a < r < b)$。若使 $E_{r=a}$ 最小，U_0 为固定值（常数），那么 $\frac{a}{b}(b-a)$ 应取得最大值。根据函数极值的求解方式，设 b 固定，对 a 求导可得：

$$f'(a) = \left[\frac{a}{b}(b-a)\right]' = \left(a - \frac{a^2}{b}\right)' = 1 - 2\frac{a}{b}$$

由导数几何意义，当 $f'(a) = 0$ 时，$E_{r=a}$ 取得极值，则 $2\frac{a}{b} - 1 = 0$，解得：$\frac{a}{b} = \frac{1}{2}$

> 注:可记住结论，即两同心球体内球体表面场强最小时，两球体半径比值为 2；两同心柱体内柱体表面场强最小时，两柱体半径比值为 e。

答案:C

19.解　各计数器的定义和状态如下：

移位寄存器是每个时间脉冲依次向左或向右移动一个比特，状态转换形式为 000→

$100 \rightarrow 010 \rightarrow 001$。

环形计数器是移位寄存器加上一定的反馈电路闭环构成,反馈电路的输出移向移位寄存器的串行输入端,状态转换形式为:$000 \rightarrow 100 \rightarrow 010 \rightarrow 001 \rightarrow 000$。

显然,题中电路与上面两种电路不一致,由于其每 5 个状态完成依次循环,显然为 5 进制计数器。

答案:A

20.**解**　稳定电压就做电压反馈,稳定电流就做电流反馈,串联负反馈适用于输入信号为恒压源或近似恒压源,并联负反馈适用于输入信号为恒流源或近似恒流源。各反馈特点如下:

电压串联负反馈:重要特点是电路的输出电压趋于稳定,提高输入电阻,降低输出电阻。

电压并联负反馈:常用于电流—电压变换器中。

电流串联负反馈:常用于电压—电流变换器中。

电流并联负反馈:重要特点是电路的输出电流趋于稳定,减少输入电阻,提高输出电阻。

> 注:几种基本负反馈的特点应熟记于心。

答案:A

21.**解**　共模抑制比载双端输出和单端输出时,分别为:

$$双端输出:K_{CMR} = \left| \frac{A_{ud}}{A_{uc}} \right| \approx \infty$$

$$单端输出:K_{CMR} = \left| \frac{A_{ud1}}{A_{uc1}} \right| \approx \frac{\beta R_e}{R_e + r_{be}}$$

> 注:差动放大电路的差模电压放大倍数、共模电压放大倍数、共模抑制比等基本公式应熟记。

答案:D

22.**解**　基本概念,不再赘述。

答案:C

23.**解**　稳定电压就做电压反馈,稳定电流就做电流反馈,串联负反馈适用于输入信号为恒压源或近似恒压源,并联负反馈适用于输入信号为恒流源或近似恒流源。

各反馈特点如下:

电压串联负反馈:重要特点是电路的输出电压趋于稳定,提高输入电阻,降低输出电阻。

电压并联负反馈:常用于电流—电压变换器中。

电流串联负反馈:常用于电压—电流变换器中。

电流并联负反馈:重要特点是电路的输出电流趋于稳定,减少输入电阻,提高输出电阻。

答案:D

24.解 逐次渐进 ADC 与双积分 ADC 的特点如下:

逐次渐进 ADC(数模转换器),就是将输入模拟信号与不同的参考电压做多次比较,使转换所得的数字量在数值上逐次逼近输入模拟量对应值。

双积分 ADC(数模转换器)是一种间接转换器,它的基本原理是,对输入模拟电压和参考电压分别进行两次积分,将输入电压平均值变换成与之成正比的时间间隔,然后利用时钟脉冲和计数器测出此时间间隔,进而得到相应的数字量输出。

由于双积分 ADC(数模转换器)是对输入电压的平均值进行变换,所以其具有很强的抗工频干扰能力。

转换时间与转换电路的类型有关,其中并行比较 ADC 的转换速度最高,逐次比较型 ADC 次之,间接 ACD 最慢,如双积分的转换时间一般在几十毫秒至几百毫秒之间。

> 注:数模转换的题目多年来考查较少,了解即可。

答案:B

25.解 基本概念,不再赘述,本年题目相对较简单。

答案:D

26.解 本题电路为一个单门限电压比较器,其原理是,当输入电压(反相输入端)高于基准电压(正相输入端),则输出为低电位;当输入电压(反相输入端)低于基准电压(正相输入端),则输出为高电位。

由于本题输入电压为 1V,大于基准电压 0V(正相输入端接地),则输出端 u_o 为低电平,二极管正向导通,因此输出电压为 $-0.6V$。

> 注:同理,当输入电压(正相输入端)高于基准电压(反相输入端),则输出为高电位;当输入电压(正相输入端)低于基准电压(反相输入端),则输出为低电位。

答案:C

27.解 该电路为共射极放大电路,输出和输入波形反向,三极管正常工作应满足条件 $U_C > U_B > U_E$,因此可根据 U_{BE} 和 U_{CE} 的正负判断三极管是否正常工作,若 $U_{CE} < 0$,则出现截止失真,若 $U_{BE} < 0$,则出现饱和失真。

(1)当输入正向峰值 $u_{i+} = 27\sqrt{2}$ mV 时,则:

$$I_B = \frac{V_{CC} - U_{BE}}{R_B} = \frac{12 - 0.7}{1.2 \times 10^6} \approx 10^{-5} A = 10^{-2} mA$$

$$i_b = \frac{u_{i+}}{r_{be}} = \frac{27\sqrt{2}}{2.7 \times 10^3} = 10\sqrt{2} \times 10^{-3} \text{mA}$$

$$i_C = \beta i_B = 100 \times (10^{-2} + 10\sqrt{2} \times 10^{-3}) \approx 2.4 \text{mA}$$

$$U_{CE} = V_{CC} - i_C \times R_c = 12 - 2.4 \times 2.7 = 5.52 \text{V} > 0$$

因此,未发生截止失真,输出波形没有发生底部被削平的情况。

(2)当输入负向峰值 $u_{i-} = -27\sqrt{2}$ mV 时,则:

$$U_B = \frac{V_{CC}}{R_B + r_{be}} = \frac{12}{1.2 \times 10^6 + 2.7 \times 10^3} \times 2.7 \times 10^3 \approx 2.7 \times 10^{-2} \text{V} = 27 \text{mV}$$

$$U_{BE} = U_B + u_{i-} = 27 - 27\sqrt{2} = -11.18 \text{V} < 0$$

因此,发生饱和失真,输出波形发生顶部被削平的情况。

答案:B

28.解 基本概念,可采用除基取余法计算,不再赘述。以下为更为简单的技巧:

$$(24)_{10} = (8 + 8 + 8)_{10} = (1000 + 1000 + 1000)_2 = (11000)_2$$

答案:C

29.解 13 位地址存储器的容量为:$2^{13} = 2^3 \times 2^{10} = 8$k,则与 8 位 I/O 端口串联后,其存储容量为 8k×8。

答案:A

30.解 根据狄·摩根定律,$\overline{A \cdot B \cdot C} = \overline{A} + \overline{B} + \overline{C}$,逻辑式为 $L = \overline{\overline{AB} \cdot \overline{BC} \cdot \overline{AC}} = AB + BC + AC$,列真值表见解表。

题 30 解表

A	B	C	L
0	0	0	0
0	0	1	0
0	1	0	1
0	1	1	1
1	0	0	0
1	0	1	1
1	1	0	1
1	1	1	1

可见,当 A、B、C 三个变量中有两个同时为 1 时,则输出为 1,为三变量多数表决功能。

注:狄·摩根定律:$\overline{A + B + C} = \overline{A} \cdot \overline{B} \cdot \overline{C}$ 和 $\overline{A \cdot B \cdot C} = \overline{A} + \overline{B} + \overline{C}$,需牢记。

答案:B

31. 解 并励直流发电机和并励直流电动机的区别主要在电枢电压与外加电压的关系上：

(1)发电机状态运行时：

$$E_a = U + I_a R_a = 230 + 15.7 \times 1 = 245.7\Omega$$

由电枢电动势 E_a 的表达式：

$$E_a = C_e \varphi n, C_e \varphi = \frac{E_a}{n} = \frac{245.7}{2000} = 0.123$$

(2)电动机状态运行时：

由电磁转矩表达式 $T = C_T \varphi I_a$ 可知,若电磁转矩不变,则电枢电流不变,即 $I_a = 15.7A$

$$E_a = U - I_a R_a = 220 - 15.7 \times 1 = 204.3V$$

$$n = \frac{E_a}{C_e \varphi} = \frac{204.3}{0.123} = 1661 \text{r/min}$$

注:隐含条件为负载转矩不变,电枢电流不变。

答案:D

32. 解 题干采用发电机供给纯电容性负载,与在电网并联电容器同理,则：

忽略导线电阻时,末端电压为: $U_1 = U_2 - \frac{BX}{2}U_2$,由于线路的 Ⅱ 形等值电路的电纳是容性, B 本身大于零,因此首末端电压的关系为: $U_2 > U_1$ 。

注:此为线路空载或轻载时,线路末端电压升高现象的基本原理,应牢记。

答案:C

33. 解 设变压器励磁阻抗为 Z ,则：

空载电流为串联时: $I_0 = \frac{2200}{2Z} = 0.3A$;并联时: $I_0' = \frac{1100}{Z/2} = \frac{2200}{Z} = 0.6A$

空载损耗为励磁损耗,其值与并联、串联无关,保持不变,即: $P_0 = 160W$

答案:B

34. 解 根据 $X_L = \omega L = 2\pi f L$,漏电抗与励磁电抗均与电源频率成正比变化。

答案:A

35. 解 电压波形为正弦波,其交变磁通也按正弦变化,如解图所示,可见由于变压器铁磁材料的非线性磁化特性,当外加电压按正选规律变化时,磁通磁势是一个富含奇数次谐波的尖顶波形。

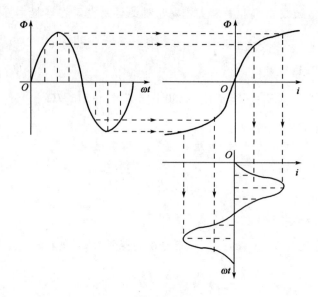

题 35 解图

这是由于磁通较大,铁芯饱和后,较小的磁通磁势需要较大的励磁电流增量去建立的缘故。

答案:A

36.**解**　理想状态下,同步发电机并联投入电网的条件如下:

(1)发电机的频率和电网频率要相同。

如果 $f_2 \neq f_1$,相量 $\dot{U}_2 = \dot{E}_0$ 和 $\dot{U}_1$ 之间有相对运动,将产生数值一直变化的环流,引起发电机内的功率振荡。

(2)发电机的电压波形和电网电压波形要一致。

如果波形不同,将在发电机和电网内产生一高次谐波环流,会增加运行时的损耗,使运行温度增高,效率降低,显然对发电机和线路是很不利的。

(3)发电机的电压相位和电网电压相位要相同。

如果相位不一致,则在发电机和电网之间产生一个环流 $\dot{I}_h$,在极性相反的情况下误投入合闸时,I_h 的数值可以高达(20~30)I_N,此时由于电磁力的冲击,定子绕组端部可能受到极大的损伤。

(4)发电机的相序和电网的相序要一致。

如果前三个条件都相同,但相序不同,是绝不允许其投入电网的。因为某相虽满足了三个条件,另外两相在电网和投入的发电机之间存在的电位差会产生无法消除的环流,将危害发电机的安全运行。

(5)发电机的电压和电网的电压要相等。

答案：C

37.**解** 定子上外加电压后,形成的基波磁动势的旋转转速为:

$$n=\frac{60f}{P}=\frac{60\times50}{2}=1500\text{r/min}$$

转子的转速接近且小于此速度,存在转差率 s。

> 注:P 为极对数,定子为 4 极,极对数为 2,电机转速与转子的极数无关。

答案：A

38.**解** 复励直流电机主磁极有两套励磁绕组,按两个励磁绕组所产生的磁动势关系,可分为积复励和差复励。积复励中串励绕组所产生的磁动势 F_s 和并绕组所产生的磁动势 F_f,方向一致,互相叠加,此时主磁通磁动势为 $\sum F=F_s+F_f$;反之,若两者磁动势方向相反,互相抵消,则称为差复励。

由于并励绕组与电枢并联,在发电机转为电动机的过程中,其两端的电动势不变,则其励磁电流方向不变,因此并励绕组也维持不变;但串励绕组不同,由于其是串接在电枢绕组中,其在发电机转为电动机的过程中,串励绕组的电压极性发生对调,因此若要求其能继续运行,则需同时反接串励绕组,以保持其与并励绕组的磁动势方向仍然一致。

答案：B

39.**解** 同名端依次对应,三角侧电压相量超前星形侧电压相量30°,若将三角形侧电压相量指向12点,则星形侧对应相量指向 1 点,因此接线组别为△/Y-1。

> 注:变压器时序组别定义:高压侧大写长针在前,低压侧小写短针在后,数字 n 为低压侧相对高压侧顺时针旋转 $n\times30°$。

答案：C

40.**解** 基本概念,不再赘述。

答案：C

41.**解** 基本概念,不再赘述。

答案：B

42.**解** 基本公式,注意区分有名值和标幺值的求值公式。

答案：B

43.**解** 变压器一次侧绕组相当于用电设备,故其额定电压等于电力网络标称电压,并同时考虑其分接头位置;变压器二次绕组相当于供电设备,再考虑到变压器内部的电压损耗,故一般对于较大变压器(阻抗值在 7.5% 以上时),规定其二次绕组的额定电压比电力网的标称电压高 10%,对于阻抗较小(如 35kV 以下,容量不大,阻抗值在 7.5% 以下时)的变压器,由于其内部电压损耗不大,其额定电压可比电网标称电压高 5%。则:

发电机端电压:$10 \times 1.05 = 10.5 \text{kV}$

变压器 T_1 额定变比为:$10.5/(110 \times 1.05) \text{kV} = 10.5/121 \text{kV}$

变压器 T_2 额定变比为:$110/(35 \times 1.05) \text{kV} = 110/38.5 \text{kV}$

变压器 T_3 额定变比为:$35/(6 \times 1.05) \text{kV} = 35/6.3 \text{kV}$

> 注:发电机为供电设备,其端电压应为线路标称电压的 1.05 倍。

答案:A

44.解 考查标幺值计算公式,各元件标幺值计算如下:

发电机 G:$x''_{d*} = x''_d \times \dfrac{S_j}{S_G} = 0.15 \times \dfrac{100}{30} = 0.5$

变压器 T_1、T_2:$x_{T*} = \dfrac{U_d \%}{100} \cdot \dfrac{S_j}{S_{TN}} = \dfrac{10.5}{100} \times \dfrac{100}{31.5} = 0.333$

线路 l:$x''_{l*} = 100 \times x_l \times \dfrac{S_j}{U_j^2} = 100 \times 0.4 \times \dfrac{100}{115} = 0.302$

电抗器 L:$x''_{R*} = \dfrac{x_R \%}{100} \times \dfrac{S_j}{U_j^2} \times \dfrac{U_N}{I_N} = \dfrac{4}{100} \times \dfrac{100}{\sqrt{3} \times 10.5^2} \times \dfrac{10}{0.3} = 0.698$

答案:B

45.解 从末端向首端计算功率损耗及功率分布,电压用额定电压 110kV,则线路始端功率为:

$$S'_2 = S_2 - j\dfrac{B_L}{2}U_N^2 = 11.77 + j5.45 - j0.555 \times 10^{-4} \times 110^2 = 11.77 + j4.78$$

线路首端电压为:

$$U_1 = \sqrt{(U_2 + \Delta U)^2 + \delta U^2}$$

$$= \sqrt{\left(110 + \dfrac{11.77 \times 13.2 + 4.78 \times 16.68}{110}\right)^2 + \left(\dfrac{11.77 \times 16.68 - 4.78 \times 13.2}{110}\right)^2}$$

$$= \sqrt{(110 + 2.137)^2 + 1.21^2} = 112.14 \text{kV}$$

$$\delta = \arctan\dfrac{\delta U}{U_1 - \Delta U} = \arctan\dfrac{1.21}{112.137} = 0.62°$$

则首端电压:$\dot{U}_1 = 112.14 \angle 0.62°$

$$S'_1 = S'_2 + \Delta S_L = 11.77 + j4.78 + \dfrac{11.77^2 + 4.78^2}{110^2} \times (13.2 + j16.68) = 11.946 + j5.0$$

$$S_1 = S_1' - j\frac{B_L}{2}U_N^2 = 11.946 + j5.0 - j0.555 \times 10^{-4} \times 112.14^2 = 11.946 + j4.30$$

答案:B

46.**解** 显然,线路空载,末端电压升高,采用 Ⅱ 形等值电路计算如下:

$$U_1 = U_2 + \Delta U_2 + \delta U_2 = U_2 - \frac{BX}{2}U_2 + j\frac{BR}{2}U_2 \Rightarrow U_2 = \frac{U_1}{1 - \frac{BX}{2} + j\frac{BR}{2}}$$

$$-\frac{BX}{2} = -\frac{5.79 \times 10^{-4} \times 83.1}{2} = -0.024$$

$$\frac{BR}{2} = \frac{5.79 \times 10^{-4} \times 16.9}{2} = 0.0049$$

线路末端电压为:

$$U_2 = \frac{242\angle0°}{1 - 0.024 + j0.0049} = \frac{242\angle0°}{0.976 + j0.0049} = \frac{242\angle0°}{0.976\angle0.288°} = 247.95\angle-0.288°$$

断口 B 两端的电压差为:$\Delta U' = 247.95 - 220 = 27.95\text{kV}$

答案:C

47.**解** 线路及变压器的等值总阻抗为:

$$Z_\Sigma = 50 \times 0.21 + j50 \times 0.4 + j\frac{10.5}{100} \times \frac{110^2}{31.5} = 10.5 + j60.33$$

最大负荷和最小负荷时变压器的电压损耗为:

$$\Delta U_{T\max} = \frac{PR + QX}{U_{1\max}} = \frac{25 \times 10.5 + 10 \times 60.33}{112} = 7.73\text{kV}$$

$$\Delta U_{T\min} = \frac{PR + QX}{U_{1\min}} = \frac{15 \times 10.5 + 8 \times 60.33}{112} = 5.72\text{kV}$$

逆调压为最大负荷时,提高负荷侧电压,即低压侧升高至105%的额定电压;为最小负荷时,降低或保持负荷侧电压,即低压侧保持额定电压。按最小负荷时没有补偿的情况确定变压器的分接头:

$$U_T = \frac{U_{1\min} - \Delta U_{T\min}}{U_{2\min}}U_{2N} = \frac{112 - 5.72}{10} \times 11 = 116.91\text{kV}$$

选择分接头 $110 + 2 \times 2.5\% = 115.5\text{kV}$

变比为:$K = \frac{115.5}{11} = 10.5$

按照最大负荷计算容量补偿:

$$Q_C = \frac{U_{2c\max}}{X}\left(U_{2c\max} - \frac{U_{2c\max}'}{K}\right)K^2 = \frac{10.5}{60.33} \times \left(10.5 - \frac{112 - 7.73}{10.5}\right) \times 10.5^2 = 10.928\text{kvar}$$

注:逆调压为最大负荷时,提高负荷侧电压,即低压侧升高至 105% 的额定电压;为最小负荷时,降低或保持负荷侧电压,即低压侧保持额定电压。顺调压为最大负荷时,低压侧为102.5% 的额定电压;为最小负荷时,低压侧为 107.5% 的额定电压。

答案:A

48.解 设基准容量 $S_j=60MVA$,各元件电抗标幺值计算如下:

发电机 G_1、G_2:$X_{*G1}=X_{*G2}=X'' \cdot \dfrac{S_j}{S_{G1}}=0.05 \times \dfrac{60}{30}=0.1$

变压器:$U_{k1}=\dfrac{1}{2} \times (20+10-10)=10$,$X_{*T1}=\dfrac{U_d\%}{100} \cdot \dfrac{S_j}{S_{TN}}=\dfrac{10}{100} \times \dfrac{60}{60}=0.1$

$U_{k2}=\dfrac{1}{2} \times (20+10-10)=10$,$X_{*T2}=\dfrac{U_d\%}{100} \cdot \dfrac{S_j}{S_{TN}}=\dfrac{10}{100} \times \dfrac{60}{60}=0.1$

$U_{k3}=\dfrac{1}{2} \times (10+10-20)=0$,$X_{*T3}=\dfrac{U_d\%}{100} \cdot \dfrac{S_j}{S_{TN}}=\dfrac{0}{100} \times \dfrac{60}{60}=0$

等值电路如解图所示:

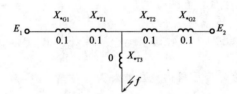

题 48 解图

短路等效总阻抗:$X_{*\Sigma}=(X_{*G1}+X_{*T1})//(X_{*G2}+X_{*T2})=(0.1+0.1)//(0.1+0.1)=0.1$

短路电流为:$I_k=I_j \cdot I_*=\dfrac{S_j}{\sqrt{3}U_j} \times \dfrac{1}{X_{*\Sigma}}=\dfrac{60}{\sqrt{3} \times 10.5} \times \dfrac{1}{0.1}=32.99kA$

答案:A

49.解 各元件的电抗标幺值如下:

变压器:$X_{T1}=X_{T2}=\dfrac{U_d\%}{100} \cdot \dfrac{S_j}{S_{TN}}=\dfrac{0.1}{100} \times \dfrac{100}{100}=0.1$

线路 L:$X_L=0.03$

设发电机 G_1 和 G_2 的次暂态电抗标幺值为 X_{G1} 和 X_{G2},及 $X_\Sigma=\dfrac{1}{I_*}=\dfrac{1}{S_*}$,则:

当 f_1 点短路时:$X_{G1}=\dfrac{1}{S_{*1}}=0.1$(忽略另一侧)

当 f_2 点短路时：$X_{G2} = \dfrac{1}{S_{*2}} = 0.12$（忽略另一侧）

当 f_3 点短路时：$S_3 = \dfrac{1}{X_\Sigma} \cdot S_j = \dfrac{1}{(0.1+0.1)//(0.03+0.1+0.12)} \times 100 = 900\text{MVA}$

> 注：此题不严谨，此种忽略另一侧短路电流的方式，其误差较大，但考虑到各选项答案数据差距较大，其出题者的用意应为忽略了另一侧短路电流。若考虑其他分支的短路电流，可列出下式：
>
> 当 f_1 点短路时：$X_{G1}//(0.1+0.1+0.03+X_{G2}) = \dfrac{1}{S_{*1}} = 0.1$
>
> 当 f_2 点短路时：$X_{G2}//(0.1+0.1+0.03+X_{G1}) = \dfrac{1}{S_{*2}} = 0.12$
>
> 求解一元二次方程，但过程较为繁杂，也无对应结果。

答案：C

50.解 b、c 两相短路，由于三角形侧无零序电流流通，因此根据复合序网，仅考虑正序与负序阻抗即可，正负序网如解图所示。

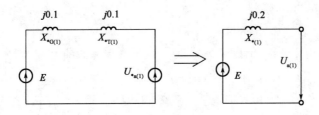

正序网络

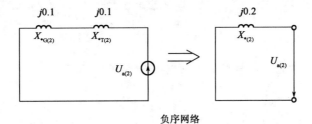

负序网络

题 50 解图

则正负、负序阻抗为：$X_{*\Sigma(1)} = X_{*\Sigma(2)} = j0.1 + j0.1 = j0.2$

A 相正序电流：$\dot{I}_{a1} = -\dot{I}_{a2} = \dfrac{E}{j(X_{*\Sigma(1)} + X_{*\Sigma(2)})} = \dfrac{1}{j(0.2+0.2)} = -j2.5$

从短路点到发电机母线之间经过 YNd11 接线变压器，由星形侧到三角形侧，正序电

流逆时针方向转过30°,负序电流顺时针方向转过30°,则:

$$\dot{I}_{\Delta a1}=\dot{I}_{a1}\cdot e^{j30°}=-j2.5\times(\cos30°+j\sin30°)$$

$$\dot{I}_{\Delta a2}=\dot{I}_{a1}\cdot e^{-j30°}=j2.5\times[\cos(-30°)+j\sin(-30°)]$$

短路时三角形侧 A 相电流标幺值为:

$$\dot{I}_{\Delta a}=\dot{I}_{\Delta a1}+\dot{I}_{\Delta a2}=j2.5(-\cos30°-j\sin30°+\cos30°-j\sin30°)$$

$$=j2.5(-j2\sin30°)=2.5$$

注:非短路点的电流和电压计算较为复杂,各序电压在系统中的分布大致有如下规律:(电流也可参考)

(1)电源点的正序电压最高,约靠近短路点,正序电压数值越低,而短路点的正序电压最低。三相短路时,短路点的正序电压为零;两相短路接地时,正序电压降低的情形次于三相短路;单相短路接地时电压降低最小。

(2)在负序和零序网络中,短路点的负序和零序电压分量相当于电源,因此短路点的负序和零序电压值最高,离短路点越远,负序和零序电压越低。

答案: D

51. 解 非故障相电压,可以近似分析如下,其中正负序阻抗相等,即 $X_{\Sigma1}=X_{\Sigma2}$:

$$\dot{U}_{fb}=a^2\dot{U}_{f1}+a\dot{U}_{f2}+\dot{U}_{f0}=\frac{\sqrt{3}}{2}[(2X_{\Sigma1}+X_{0\Sigma})-j\sqrt{3}X_{0\Sigma}]\times\frac{1}{j(2X_{\Sigma1}+X_{0\Sigma})}$$

$$=-\frac{\sqrt{3}X_{0\Sigma}}{(2X_{\Sigma1}+X_{0\Sigma})}\cdot\frac{\sqrt{3}}{2}-j\frac{\sqrt{3}}{2}=-\frac{3}{2}\cdot\frac{\dfrac{X_{0\Sigma}}{X_{\Sigma1}}}{\left(2+\dfrac{X_{0\Sigma}}{X_{\Sigma1}}\right)}-j\frac{\sqrt{3}}{2}=-\frac{3}{2}\frac{2K}{(2+K)}-j\frac{\sqrt{3}}{2}$$

其中 $K=\dfrac{X_{\Sigma0}}{X_{\Sigma1}}$,中性点不接地电力系统,最严重情况 $X_{\Sigma0}=\infty$,则:

$$\dot{U}_{fb}=-\frac{3}{2}\frac{2K}{(2+K)}-j\frac{\sqrt{3}}{2}=-\frac{3}{2}-j\frac{\sqrt{3}}{2}=\sqrt{3}\left(-\frac{\sqrt{3}}{2}-j\frac{1}{2}\right)=\sqrt{3}\angle 30°$$

$$\dot{U}_{fc}=-\frac{3}{2}\frac{2K}{(2+K)}+j\frac{\sqrt{3}}{2}=-\frac{3}{2}+j\frac{\sqrt{3}}{2}=\sqrt{3}\left(-\frac{\sqrt{3}}{2}+j\frac{1}{2}\right)=\sqrt{3}\angle -30°$$

由此可见,中性点不接地电力系统中发生单相接地短路时,而非故障相电压升高到线电压,而中性点电压升高到相电压。

注:基本概念,应牢记。以上推导过程供考生参考,不必深究。

答案:A

52.**解** 根据 A 相单相短路时,复合序网的网络接线,可知各序电抗:

正序电抗:$X_{\Sigma(1)} = x''_d + x''_T = 0.1 + 0.2 = 0.3$

负序电抗:$X_{\Sigma(2)} = x''_{(2)} + x''_T = 0.1 + 0.2 = 0.3$

零序电抗:$X_{\Sigma(0)} = x'' + 3x_p = 0.2 + 0.2 = 0.4$

A 相正序电流:$\dot{I}_{a(1)} = \dfrac{E}{j(X_{\Sigma(1)} + X_{\Sigma(2)} + X_{\Sigma(0)})} = \dfrac{1}{j(0.3 + 0.3 + 0.4)} = -j$

A 相负序和零序电流与正序电流相等,即:$\dot{I}_{a(2)} = \dot{I}_{a(0)} = \dot{I}_{a(1)} = -j$

中性线上仅有零序电流流过,其值为 3 倍零序电流,即:$\dot{I}_0 = 3\dot{I}_{a(0)} = -j3$

答案:D

53.**解** 《3～110kV 高压配电装置设计规范》(GB 50060—2008) 的相关规定如下:

第 4.1.5 条:采用熔断器保护的导体和电器可不验算热稳定;除采用具有限流作用的熔断器保护外,导体和电器应验算动稳定。采用熔断器保护的电压互感器回路,可不验算动稳定和热稳定。

《导体和电器选择设计技术规定》(DL/T 5222—2005) 的相关规定如下:

第 15.0.1 条:电流互感器应按下列技术条件选择和校验:

第 7 款:动稳定倍数。

第 8 款:热稳定倍数。

其条文说明中有更为详细的要求,包括内部动稳定、外部动稳定和热稳定计算公式等。

> 注:直观的解释,电缆、架空线均为软导体,不检验动稳定,电压互感器一般均由限流型熔断器保护,不检验动热稳定。

答案:B

54.**解** 断路器开断过程中,电流通过弧隙(触头间电弧燃烧的间隙)产生热量,使电弧中心温度达到 1 万度以上,在高温作用下,气体中不规则热运动速度增加,产生热游离。电弧的熄灭过程也称去游离过程,即电弧中的正离子和电子复合为原子和分子,当触头之间的介质绝缘强度恢复到大于触头之间的恢复电压时,开断才能成功。

高压断路器在采用性能较好的灭弧介质的同时,一般都采用多断口,目的是灭弧时分散碰撞游离和热游离的强度,有利于灭弧。但对于多断口形式的断路器,若电压在各断口上的分布不均匀,某个断口上电压相当高,灭弧还是非常困难,为了改变这种情况,在断路器的每个断口上并联一个电容量大且相等的电容器,使各个断口上电压分布均匀,该电容称为均压电容。

答案:B

55.**解** 各选项分析如下:

(1)《火力发电厂厂用电设计技术规定》(DL/T 5153—2002)的相关规定如下:

第4.2.1条:当高压厂用电系统的接地电容电流 I_R 小于或等于7A 时,其中性点宜采用高电阻接地方式,也可采用不接地方式;当接地电容电流 I_R 大于7A 时,其中性点宜采用低电阻接地方式,也可采用不接地方式。

直接接入的电阻器阻值为: $R_N = \dfrac{U_e}{\sqrt{3} I_R}$

(2)《交流电气装置的接地设计规范》(GB/T 50065—2011)的相关规定如下:

第2.0.3条:保护接地是为电气安全,将系统、装置或设备的一点或多点接地。

其他接地方式的定义也适当了解下:

第2.0.2条:系统接地是电力系统的一点或多点的功能性接地。

第2.0.4条:雷电保护接地是为雷电保护装置(避雷针、避雷线和避雷器等)向大地泄放雷电流而设的接地。

第2.0.5条:防静电接地是为防止静电对易燃油、天然气贮罐和管道等的危险作用而设的接地。

(3)《交流电气装置的接地设计规范》(GB/T 50065—2011)附录E高压电器装置接地导线的热稳定校验。

接地导体对钢和铝材的最大允许温度分别取400℃和300℃.钢和铝材的热稳定系数 C 值分别取70和120。由此可见接地导体材料一般采用钢和铝。

(4)选项C表述错误,请参考第51题依据中的推导过程和结论,不再赘述。

答案:A

56.**解** 空载变压器中负载为励磁阻抗,为感性负载。《交流电气装置的过电压保护和绝缘配合》(DL/T 620—1997)规定如下:

第4.2.6条:开断空载变压器由于断路器强制熄弧(截流)产生的过电压。与断路器形式、变压器铁芯材料、绕组形式、回路元件参数和系统接地方式等有关。

采用熄弧性能较强的断路器开断励磁电流较大的变压器以及并联电抗补偿装置产生的高幅值过电压,可在断路器的非电源侧装设阀式避雷器加以限制。

由此可见,其过电压来源是断路器对电感电流的截流及熄弧。在电力系统中常有电感性负载的操作,如切除空载变压器、并联电抗器及电动机等。

答案:B

57.**解** 《导体和电器选择设计技术规定》(DL/T 5222—2002)的相关规定如下:

第16.0.7条:用于中性点直接接地系统的电压互感器,其剩余绕组额定电压应为100V;用于中性点非直接接地系统的电压互感器,其剩余绕组额定电压应为100/3V。

答案:C

58.**解** 电流互感器的误差有幅值误差和相角误差两种。由于二次绕组存在着阻抗、励磁阻抗和铁芯损耗,故随着电流及二次负载阻抗和功率因数的变化,会产生不同的误差。

(1)幅值误差,以百分比表示:

$$f\% = \frac{(Z_2 + Z_{2L})L_{av}}{222N_2^2\delta\mu}\sin(\psi + \alpha) \approx \frac{Z_{2L}L_{av}}{222N_2^2\delta\mu}\sin(\psi + \alpha)$$

忽略测量表计内阻时,幅值误差与二次负荷阻抗成正比。

(2)相角误差:以角度"分"来表示:

$$\delta = 3440 \times \frac{(Z_2 + Z_{2L})L_{av}}{222N_2^2\delta\mu}\sin(\psi + \alpha) \approx 3440 \times \frac{Z_{2L}L_{av}}{222N_2^2\delta\mu}\sin(\psi + \alpha)$$

忽略测量表计内阻 Z_2 时,相角误差与二次负荷阻抗 Z_{2L} 成正比。

答案:C

59.**解** 为了限制短路电流,可采取的措施包括:在发电机电压母线分段回路中安装电抗器;变压器分裂运行;在变压器回路中加装电抗器;采用低压侧为分裂绕组的变压器;出线上装设电抗器。因此选项 A、B、C 均错误。

为了使分裂电抗器所接的两段母线的电压差别减小,应该使分裂电抗器两臂通过的负荷电流尽量相等或相近。但是由于两段母线负荷实际上的不平衡,分裂电抗器的两臂负荷电流实际上存在着差别,一般取两臂的负荷波动分别不超过 $0.7I_n$ 和 $0.3I_n$。

答案:D

60.**解** 断路器触头一端并联电阻的等效电路如解图所示,其中 L、R 分别为设备的电感和电阻,C 为设备的对地电容,电源电压为 $e(t)$,为便于分析,认为在此过程中电源电压瞬时值的变化并不大,以一常数 E_0 来代表,为电流过零熄弧瞬间的电源电压瞬时值。

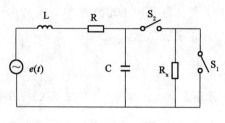

题 60 解图

断路器 S_1 打开后间隙两端的电压恢复过程，实际上就是电源向电容 C 上的充电过程，当开关 K 关闭后在间隙上的电压变化过程就是间隙两端的电压恢复工程。在 K 闭合瞬间，间隙上的电压为 $-U_x$，即熄弧电压值，取负号表明与电源电势相反，下面对弧隙电压恢复过程进行分析：

$$
\left.
\begin{aligned}
E_0 &= iR + L\frac{\mathrm{d}i}{\mathrm{d}t} + u_C \\[2mm]
i &= i_C + i_r = C\frac{\mathrm{d}u_C}{\mathrm{d}t} + \frac{u_C}{R_x} \\[2mm]
\frac{1}{C}\int i_C\mathrm{d}t &= i_r \cdot R_x
\end{aligned}
\right\}
\frac{\mathrm{d}^2 u_C}{\mathrm{d}t^2} + \left(\frac{R}{L} + \frac{1}{R_x C}\right)\frac{\mathrm{d}u_C}{\mathrm{d}t} + \left(\frac{R}{LCR_x} + \frac{1}{LC}\right)u_C = \frac{E_0}{LC}
$$

从特征方程可以解得：

当 $\left(\dfrac{R}{L} + \dfrac{1}{R_x C}\right)^2 > \left(\dfrac{R}{LCR_x} + \dfrac{1}{LC}\right)$ 时，特征方程为两实数根，非周期性过程；

当 $\left(\dfrac{R}{L} + \dfrac{1}{R_x C}\right)^2 = \left(\dfrac{R}{LCR_x} + \dfrac{1}{LC}\right)$ 时，特征方程为两实数重根，非周期性过程；

当 $\left(\dfrac{R}{L} + \dfrac{1}{R_x C}\right)^2 < \left(\dfrac{R}{LCR_x} + \dfrac{1}{LC}\right)$ 时，特征方程为两虚数根，周期性过程。

在考虑断路器触头之间并联电阻 R_x 时，可认为 R 为已知定值，且通常 $R \ll R_x$，则 $\left(\dfrac{R}{L} + \dfrac{1}{R_x C}\right)^2 = \left(\dfrac{R}{LCR_x} + \dfrac{1}{LC}\right)$ 可近似为 $\left(\dfrac{R}{2L} + \dfrac{1}{2R_x C}\right)^2 = \dfrac{1}{LC}$，满足该条件的并联电阻值为临界电阻 r_{lj}，则有：

$$
r_{lj} = \frac{1}{C\left(\dfrac{2}{\sqrt{LC}} - \dfrac{R}{L}\right)}\ (\Omega)，当 R 很小时，可近似为 r_{lj} = \frac{1}{2}\sqrt{\frac{L}{C}}
$$

显然，当 $R_{lj} \leqslant r_{lj}$ 时，电压恢复过程为非周期性的，而当 $R_{lj} > r_{lj}$ 时，就应为周期性的。

答案：C

2006 年度全国勘察设计注册电气工程师（发输变电）

执业资格考试试卷

基础考试
（下）

二〇〇六年九月

应考人员注意事项

1. 本试卷科目代码为"2",考生务必将此代码填涂在答题卡"科目代码"相应的栏目内,否则,无法评分。

2. 书写用笔:**黑色或蓝色钢笔、签字笔或圆珠笔**;

   填涂答题卡用笔:**黑色 2B 铅笔**。

3. 必须用书写用笔将工作单位、姓名、准考证号填写在答题卡和试卷相应的栏目内。

4. 本试卷由 60 题组成,每题 2 分,满分 120 分,本试卷全部为单项选择题,每小题的四个备选项中只有一个正确答案,错选、多选、不选均不得分。

5. 考生作答时,必须**按题号在答题卡上**将相应试题所选选项对应的**字母用 2B 铅笔涂黑**。

6. 在答题卡上书写与题意无关的语言,或在答题卡上作标记的,均按违纪试卷处理。

7. 考试结束时,由监考人员当面将试卷、答题卡一并收回。

8. 草稿纸由各地统一配发,考后收回。

单项选择题(共 60 题,每题 2 分。每题的备选项中只有一个最符合题意。)

1. 如图所示电路, $I=$:

   A. 1A

   B. 2A

   C. -2A

   D. 3A

2. 列写节点方程,如图所示电路 BC 间互导为:

   A. 2S

   B. -14S

   C. 3S

   D. -3S

3. 若电路中 $L=1$H, $C=100$pF 时,恰好有 $X_L=X_C$。则此时频率 f 为:

   A. 17kHz

   B. 15.92kHz

   C. 20kHz

   D. 21kHz

4. 在 $R=4$kΩ, $L=4$H, $C=1\mu$F 三个元件串联电路中,电路的暂态属于下列哪种类型?

   A. 振荡

   B. 非振荡

   C. 临界振荡

   D. 不能确定

5. 电阻为 300Ω 的信号源通过特性阻抗为 300Ω 的传输线,向 75Ω 的电阻性负载供电,为达到匹配目的,在传输线与负载间插入一段长度为 $\lambda/4$ 的无损传输线,该线的特性阻抗应为:

   A. 187.5Ω

   B. 150Ω

   C. 600Ω

   D. 75Ω

6. 图示电路 $L_1=L_2=10$H, $C=1000\mu$F, M 从 0 变至 6H 时,谐振角频率的变化范围应为:

   A. $10\sim\dfrac{10}{\sqrt{14}}$rad/s

   B. $0\sim\infty$rad/s

   C. $10\sim12.5$rad/s

   D. 不能确定

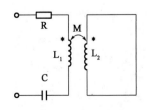

7. 如图所示电路,当 $u=[36+100\sin(\omega t)]$V 时,电流 $i=[4+4\sin(\omega t)]$A,其中 $\omega=400$rad/s,$R=$

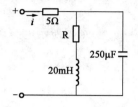

    A. 4Ω

    B. 9Ω

    C. 20Ω

    D. 250Ω

8. 图示电路 $u_{C1}(0_-)=10$V,$u_{C2}(0_-)=0$V,当 $t=0$ 时闭合开关 S 后,u_{C1} 应为:

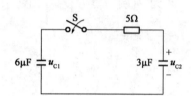

    A. $6.67(1-e^{-t/\tau})$V

    B. $10e^{-t/\tau}$V

    C. $10(1-e^{-t/\tau})$V

    D. $(6.67+3.33e^{-t/\tau})$V

    (以上各式中 $\tau=2\mu$S)

9. 图示电路中,$i_L(0_-)=0$,在 $t=0$ 时闭合开关 S 后,$t=0_+$ 时 $\dfrac{di_L}{dt}$ 应为:

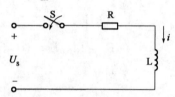

    A. 0

    B. U_s/R

    C. U_s/L

    D. U_s

10. 图示电路中,电压 $u=60[1+2\cos(\omega t)+\sqrt{2}\cos(2\omega t)]$V,$\omega L_1=100\Omega$,$\omega L_2=100\Omega$,$1/\omega C_1=400\Omega$,$1/\omega C_2=100\Omega$,则有效值 i_1 应为:

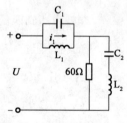

    A. 1.204A

    B. 0.45A

    C. 1.3A

    D. 1.9A

11. 图示对称三相电路,线电压 380V,每相阻抗 $Z=(18+j24)\Omega$,则图中功率表读数为:

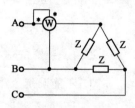

    A. 5134W

    B. 997W

    C. 1772W

    D. 7667W

12. 图示电路的谐振频率应为：

A. $1/\sqrt{LC}$

B. $0.5/\sqrt{LC}$

C. $2/\sqrt{LC}$

D. $4/\sqrt{LC}$

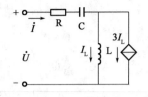

13. 在 R、L、C 串联电路中，若总电压 U，电容电压 U_C，及 R、L 两端的电压 U_{RL} 均为 100V，且 $R=10\Omega$，则电流 I 应为：

A. 10A

B. 8.66A

C. 5A

D. 5.77A

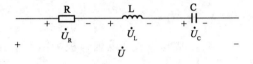

14. 图示电路的戴维南等效电路参数 U_S 和 R_S 应为：

A. 3V，1.2Ω

B. 3V，1Ω

C. 4V，14Ω

D. 3.6V，1.2Ω

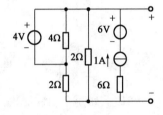

15. 图示电路的等效电阻 R_{ab} 应为：

A. 5Ω

B. 5.33Ω

C. 5.87Ω

D. 3.2Ω

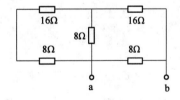

16. 已知正弦电流的初相为 $60°$，在 $t=0$ 时瞬时值为 8.66A，经过 $(1/300)$ms 后电流第一次下降为 0，则其频率应为下列哪项数值：

A. 50kHz

B. 100kHz

C. 314kHz

D. 628kHz

17. 一半径为 0.5m 的导体球作接地极，深埋于地下，土壤的导电率 $\gamma = 10^{-2}$ s/m，则此接地体的接地电阻应为下列哪项数值：

    A. 31.84Ω   B. 7.96Ω

    C. 63.68Ω   D. 15.92Ω

18. 如图所示电路中，电阻 R_L 应为：

    A. 18Ω

    B. 13.5Ω

    C. 9Ω

    D. 6Ω

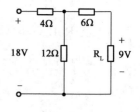

19. 集成运算放大器输入极采用差动放大电路的主要目的应为：

    A 稳定放大倍数   B. 克服温漂

    C. 提高输入阻抗   D. 扩展频带

20. 文氏桥振荡电路的固有频率为：

    A. $\dfrac{1}{2\pi RC}$ B. $\dfrac{1}{2\pi\sqrt{RC}}$

    C. $\dfrac{1}{2\pi\sqrt{6}RC}$ D. $\dfrac{RC}{2\pi}$

21. 下列哪个元件能提高计时精度？

    A. 施密特   B. 双稳态

    C. 单稳态   D. 多谐振荡器

22. 关于 JK 触发器的特性方程，下列表述正确的是：

    A. $Q_{n+1} = JQ_n$ B. $Q_{n+1} = J + KQ_n$

    C. $Q_{n+1} = J\bar{Q}_n + \bar{K}Q_n$ D. $Q_{n+1} = Q_n$

23. 在放大电路失真时，若输入信号为正弦波，则输出信号为：

    A. 会产生线性失真   B. 会产生非线性失真

    C. 为正弦波   D. 为非正弦波

24. 图中为正弦波,二极管在一个周期导通电角度的关系为:

A. $Q_a > Q_b > Q_c$

B. $Q_b > Q_c > Q_a$

C. $Q_c > Q_a > Q_b$

D. $Q_a > Q_c > Q_b$

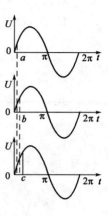

25. 一电路输出电压时 5V,接上 $2k\Omega$ 的电阻后输出电压降到 4V,则内阻是:

A. $0.5k\Omega$ B. $2k\Omega$

C. $10k\Omega$ D. $8k\Omega$

26. D 触发器接线如图所示,若输入端 u_i 的频率为 16Hz,则输出端 u_o 的频率为:

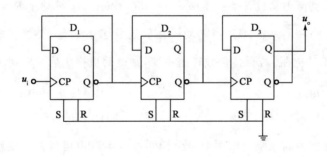

A. 1Hz   B. 2Hz   C. 4Hz   D. 8Hz

27. 多谐振荡器如图所示,则其振荡周期最接近:

A. 20ms

B. 44ms

C. 4.4ms

D. 2.2ms

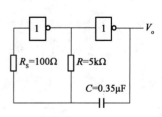

28. 在图示电路中，A 为理想运算放大器，三端集成稳压器的 2、3 端之间的电压用 U_{REF} 表示，则电路的输出电压可表示为：

A. $U_0 = (U_1 + U_{REF}) \dfrac{R_2}{R_1}$

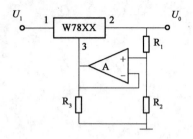

B. $U_0 = U_1 \dfrac{R_2}{R_1}$

C. $U_0 = U_{REF} \left(1 + \dfrac{R_2}{R_1}\right)$

D. $U_0 = U_{REF} \left(1 + \dfrac{R_1}{R_2}\right)$

29. 在图示电路中，设 D_{Z1} 的稳定电压为 7V，D_{Z2} 的稳定电压为 13V，则电压 U_{AB} 等于：

A. 0.7V

B. 7V

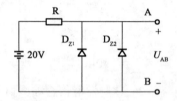

C. 13V

D. 20V

30. 一台并励直流电动机，$U_N = 110V$，$n_N = 1500 r/min$，$I_N = 28A$，$R_a = 0.15\Omega$（含电刷的接触压降），$R_f = 110\Omega$。当电动机在额定状态下运行，突然在电枢回路串入一 $R' = 0.5\Omega$ 的电阻，若保持负载转矩不变，则电动机稳定后的转速为：

A. 1220r/min

B. 1255r/min

C. 1309r/min

D. 1500r/min

31. 一台变压器的高压绕组由两个完全相同可以串联也可以并联的绕组组成。当它们同绕向串联并施以 2200V、50Hz 的电压时，空载电流为 0.3A，空载损耗为 160W，如果它们改为并联并施以 1100V、50Hz 电压时，此时的空载电流和空载损耗为：（电阻损耗忽略不计）

A. $I_0 = 0.3A$，$P_0 = 160W$

B. $I_0 = 0.6A$，$P_0 = 160W$

C. $I_0 = 0.15A$，$P_0 = 240W$

D. $I_0 = 0.6A$，$P_0 = 240W$

32. 无穷大电网同步发电机在 $\cos\Phi = 1$ 下运行，保持励磁电流不变，减小输出有功，将引起功率角 θ、功率因数 $\cos\theta$ 哪些变化？

A. 功率角减小，功率因数减小

B. 功率角增大，功率因数减小

C. 功率角减小，功率因数增大

D. 功率角增大，功率因数增大

33. 同步电动机处于过励磁状态,它从电网吸收:

    A. 感性功率　　　　　　　　　　　　　B. 容性功率

    C. 纯有功功率　　　　　　　　　　　　D. 纯电阻电流

34. 一台三相绕组变压器 $S_N = 31500kVA, U_{1N}/U_{2N} = 110/11kV,$ YNd11 接线,已知空载损耗 $P_0 = 9460W$,短路损耗 $P_k = 215000W$,当变压器运行负荷率为 73% 时,其励磁损耗 P_m 为:

    A. $P_m = P_k = 215000W$　　　　　　B. $P_m = P_0 = 9460W$

    C. $P_m \neq P_k, P_m = 114574W$　　　　D. $P_m \neq P_0, P_m = 6906W$

35. 一台正向旋转的直流并励电动机接在直流电网上运行,若将电枢电极反接,则电动机将:

    A. 停转　　　　　　　　　　　　　　　B. 作为电动机反向运行

    C. 作为电动机正向运行　　　　　　　　D. 不能继续运行

36. 一台三相四极绕线式感应电动机,额定转速为 n_N,转差率为 S,接在频率为 $50Hz$ 的电网上运行,当负载转矩不变,若在转子回路中每相串入一个与转子绕组每相电阻阻值相同的附加电阻,则稳定后的转差率为:

    A. S　　　　　　B. 3S　　　　　　C. 2S　　　　　　D. 4S

37. 一台三相绕组变压器 $S_N = 2000kVA, U_{1N}/U_{2N} = 10/0.4kV$ 的高压绕组,Dyn11 接线,已知短路损耗 $P_k = 62.5kW$,阻抗电压 $U_k\% = 0.32$,设基准容量为 $100MVA$,则其电抗标幺值折算到高压侧为:

    A. 16　　　　　　B. 0.16　　　　　　C. 1600　　　　　　D. 1.6

38. 一台直流电动机在额定电压下半载起动与空载起动相比,两种情况下合闸瞬间的起动电流应为:

    A. 前者大于后者　　　　　　　　　　　B. 相等

    C. 前者小于后者　　　　　　　　　　　D. 无法确定

39. 我国 110kV 及以上系统中性点接地方式一般为:

    A. 中性点直接接地　　　　　　　　　　B. 不接地

    C. 经小电阻接地　　　　　　　　　　　D. 经消弧线圈接地

40. 衡量电能质量的指标是:

    A. 电压、频率　　　　　　　　　　　　B. 电压、频率、网损率

    C. 电压、频率、波形　　　　　　　　　D. 电压、频率、三相不平衡度

41. 某 110/35kV 变电站,输送有功功率为 10MW,功率因数为 0.79,拟在 35kV 侧装设电容器,以使得末端电压从 33kV 提高至 38.5kV,则需装电容器的总容量为:

    A. 7. 19Mvar   B. 71.9Mvar

    C. 1. 15Mvar   D. 11.5Mvar

42. 计算功率损耗的公式为:

    A. $\Delta \dot{S}=\dfrac{P^2+Q^2}{U^2}(R+jX)$ B. $\Delta \dot{S}=\dfrac{P+jQ}{U}(R+jX)$

    C. $\Delta \dot{S}=\dfrac{P^2+Q^2}{U^2}(R+jX)$ D. $\Delta \dot{S}=\dfrac{P^2+Q^2}{U^2}(R+jX)$

43. 对高压线末端电压升高的现象,常用的办法是在末端加:

    A. 并联电抗器   B. 串联电抗器

    C. 并联电容器   D. 串联电容器

44. 已知某变压器变比为 $110(1\pm2\times2.5\%)/11kV$,容量为 20MVA,低压母线最大负荷为 18MVA,$\cos\varphi=0.6$,最小负荷为 7MVA,$\cos\varphi=0.7$,归算到高压侧的变压器参数为 $5+j60\Omega$,变电所高压侧母线在任何情况下均维持电压为 107kV,为了使低压侧母线保持顺调压,该变压器的分接头为:

    A. 主接头档,$U_1=110kV$

    B. $110(1-5\%)$档,$U_1=104.5kV$

    C. $110(1+2.5\%)$档,$U_1=112.75kV$

    D. $110(1-2.5\%)$档,$U_1=107.25kV$

45. 反映输电线路电晕现象的参数是:

    A. 电阻   B. 电纳

    C. 电抗   D. 电导

46. 变压器等值电路及参数如图所示,已知末端电压 $\dot{U}_2=112\angle0°kV$,末端负荷功率 $\tilde{S}_2=(50+j20)MVA$,则变压器始端电压 $\dot{U}_1$ 为:

    A. $116.3\angle4.32°kV$

    B. $122.24\angle4.5°kV$

    C. $114.14\angle4.62°kV$

    D. $116.3\angle1.32°kV$

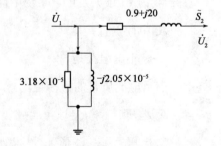

47. 短路电流冲击值在什么情况下最大?

    A. 短路前负载,电压初相相位为0°

    B. 短路前负载,电压初相相位为90°

    C. 短路前空载,电压初相相位为0°

    D. 短路前空载,电压初相相位为90°

48. 系统为无穷大功率的电源发生三相短路时,短路电流的基频分量、倍频分量和直流分量的变化趋势分别为:

    A. 基频、直流和倍频分量均降到稳定值

    B. 基频、倍频分量均降到稳定值,直流分量衰减到零

    C. 基频分量降到稳定值,直流和倍频分量衰减到零

    D. 基频、直流和倍频分量均衰减到零

49. 系统如图所示:已知变压器 T_1,T_2:100MVA,$U_k\%=10$;线路 L:标幺值电抗为 0.03(基准短路容量 100MVA)。当 f_1 点三相短路时,短路容量为 1000MVA,当 f_2 点三相短路时,短路容量为 833MVA,则当 f_3 点三相短路时的短路容量为:

    A. 222MVA

    B. 500MVA

    C. 900MVA

    D. 1000MVA

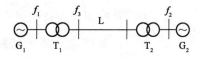

50. 系统如图所示,各元件标幺值参数为:发电机 G:$X_d''=0.1$,$X_{(2)}=0.1$,$E''=1.0$;变压器 T:$X_T=0.2$,$X_p=0.2/3$.当在变压器高压侧的 B 母线发生 A 相接地短路时,变压器中性线的电流为:

    A. 1

    B. $\sqrt{3}$

    C. 2

    D. 3

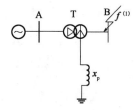

51. 如图所示，Y 侧 BC 两相短路时，短路电流为 $\dot{I}_f$，则△侧三相电路上电流为：

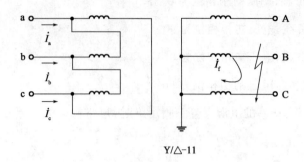

$$Y/\triangle-11$$

A. $\dot{I}_a=-\dfrac{1}{\sqrt{3}}\dot{I}_f,\ \dot{I}_b=-\dfrac{1}{\sqrt{3}}\dot{I}_f,\ \dot{I}_c=\dfrac{1}{\sqrt{3}}\dot{I}_f$

B. $\dot{I}_a=-\dfrac{1}{\sqrt{3}}\dot{I}_f,\ \dot{I}_b=\dfrac{2}{\sqrt{3}}\dot{I}_f,\ \dot{I}_c=-\dfrac{1}{\sqrt{3}}\dot{I}_f$

C. $\dot{I}_a=\dfrac{2}{\sqrt{3}}\dot{I}_f,\ \dot{I}_b=-\dfrac{1}{\sqrt{3}}\dot{I}_f,\ \dot{I}_c=\dfrac{1}{\sqrt{3}}\dot{I}_f$

D. $\dot{I}_a=\dfrac{1}{\sqrt{3}}\dot{I}_f,\ \dot{I}_b=\dfrac{1}{\sqrt{3}}\dot{I}_f,\ \dot{I}_c=-\dfrac{2}{\sqrt{3}}\dot{I}_f$

52. 如图所示，G_1，G_2：30MVA，$X''_d=X_{(2)}=0.1$，$E''=1.1$；T_1，T_2：30MVA，$U_k\%=10$，$10.5/121kV$，当 f 处发生 A 相接地短路，其短路电流值为：

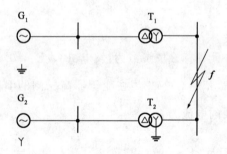

A. 1. 5747kA   B. 1. 6569kA

C. 1. 9884kA   D. 1. 1479kA

53. 电流互感器二次绕组在运行时：

    A. 允许短路不允许开路

    B. 允许开路不允许短路

    C. 不允许开路不允许短路

    D. 允许开路也允许短路

54. 充填石英砂有限流作用的高压熔断器,只能用在:

A. 电网的额定电压小于或等于其额定电压的电网中

B. 电网的额定电压大于或等于其额定电压的电网中

C. 电网的额定电压等于其额定电压的电网中

D. 其所在电路的最大长期工作电流大于其额定电流

55. 下列说法正确的是:

A. 电网中性点接地方式对架空线过电压没有影响

B. 内部过电压就是操作过电压

C. 雷电过电压可分为感应雷击过电压和直接雷击过电压

D. 间歇电弧接地过电压是谐振过电压中的一种

56. 选择10kV馈线上的电流互感器时,电流互感器的接线方式为不完全星形接线, 若电流互感器与测量仪表相距40m,则其连接线长度 L_{js} 应为:

A. 40m   B. 69.3m   C. 80m   D. 23.1m

57. 内桥形式主接线适用于:

A. 出线多,变压器操作少

B. 出线多,变压器操作多

C. 出线少,变压器操作多

D. 出线少,变压器操作少

58. 主接线中,旁路母线的作用是:

A. 作备用母线

B. 不停电检修出线断路器

C. 不停电检修母线隔离开关

D. 母线或母线隔离开关故障时,可以减少停电范围

59. 为了保证断路器在关合短路电流时的安全性,其关合电流满足下列哪种条件?

A. 不应小于短路冲击电流

B. 不应大于短路冲击电流

C. 只需大于长期工作电流

D. 只需大于通过断路器的短路稳态电流

60. 如图所示,分裂电抗器中间抽头 3 接电源,两个分支 1 和 2 接相等的两组负荷,两个分支的自感电抗相同,均为 X_k,耦合系数 K 取 0.5,下列表达哪项正确?

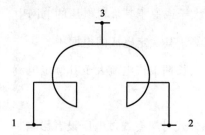

A. 正常运行时,电抗器的电抗值为 $0.25X_k$

B. 当分支 1 出现短路时,电抗器的电抗值为 $2X_k$

C. 当分支 1 出现短路时,电抗器的电抗值为 $1.5X_k$

D. 正常运行时,电抗器的电抗值为 X_k;当分支 1 出现短路时,电抗器的电抗值为 $3X_k$

2006年度全国勘察设计注册电气工程师(发输变电)执业资格考试

基础考试(下)试题解析及参考答案

1. **解** 按电流方向为正,则:

$$I = \frac{5 - 4 - 17}{4 + 1 + 3} = -2\text{A}$$

注:电流方向可任意设置,数值可正可负。

答案:C

2. **解** 考查节点方程的自导定义,BC 点互导为 -3S。

注:节点方程的有效自导指本节点与所有相邻节点支路中除电流支路电导的所有电导之和。有效互导指本节点与相邻节点之间的电导(电流源支路电导为0),且互导为负值。

答案:D

3. **解** 由容抗与感抗的公式可知:

$$\omega L = \frac{1}{\omega C} \Rightarrow \omega^2 = (2\pi f)^2 = \frac{1}{LC} \Rightarrow f = \frac{1}{2\pi}\sqrt{\frac{1}{LC}} = \frac{1}{2\pi} \times \sqrt{\frac{1}{1 \times 100 \times 10^{-6}}} = 15.92\text{Hz}$$

答案:B

4. **解** 由临界振荡条件,则:

$$2\sqrt{\frac{L}{C}} = 2 \times \sqrt{\frac{4}{1 \times 10^{-6}}} = 2 \times 2 \times 10^3 = 4\text{k}\Omega = R,\text{为临界振荡过程。}$$

注:$R = 2\sqrt{\dfrac{L}{C}}$ 的过渡过程为临界非振荡过程,这时的电阻为临界电阻,电阻小于此值时,为欠阻尼状态,振荡放电过程;大于此值时,为过阻尼状态,非振荡放电过程。

另,发生谐振时角频率和频率分别为:$\omega_0 = \dfrac{1}{\sqrt{LC}}$,$f_0 = \dfrac{1}{2\pi\sqrt{LC}}$,品质因数为:

$Q = \dfrac{1}{R}\sqrt{\dfrac{L}{C}}$。

答案:C

5.解 串入 1/4 波长的无损耗传输线 L_2 后,从 L_2 起始看进去的输入阻抗 Z_{in} 为:

$$Z_{in} = Z_C \frac{Z_2 + jZ_C \tan\left(\frac{2\pi}{\lambda} \cdot \frac{\lambda}{4}\right)}{jZ_2 \tan\left(\frac{2\pi}{\lambda} \cdot \frac{\lambda}{4}\right) + Z_C} = \frac{Z_C^2}{Z_2} = \frac{Z_C^2}{75},\text{为达到匹配的目的,应 } Z_{in}=300,\text{则}$$

$$Z_C = \sqrt{75 \times 300} = 150\Omega$$

> 注:长度为 1/4 波长的无损耗线,可以用来作为接在传输线和负载之间的匹配元件,它的作用如同一个阻抗变换器。终端接入的负载 Z_L 等于均匀传输线的特性阻抗 Z_C 时,称传输线工作在匹配状态。

答案:B

6.解 参见附录一"高频考点知识补充"的知识点 1,去耦等效电路如解图所示:

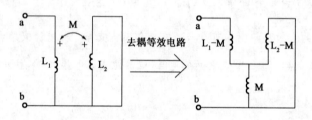

题 6 解图

将数据代入(括号内为 $M=6$),则:

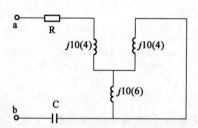

当 $M=0$ 时,$L_{eq}=10\text{H}$,则:$\omega = \sqrt{\frac{1}{L_{eq}C}} = \sqrt{\frac{1}{10 \times 1000 \times 10^{-6}}} = 10\text{rad/s}$

当 $M=8$ 时,$L_{eq} = (6//4) + 4 = 6.4\text{H}$,

则:$\omega = \sqrt{\frac{1}{L_{eq}C}} = \sqrt{\frac{1}{6.4 \times 1000 \times 10^{-6}}} = 12.5\text{rad/s}$

答案:C

7.解 由于电容为隔直元件,因此电流直流分量仅在电感回路流通,则仅考虑直流分

量,列式如下:

$$5 + R = \frac{36}{4} \Rightarrow R = 4\Omega$$

答案:A

8.解 由于电容为储能元件,其电压不能突变,则:

$$u_{C1}(0_+) = U_{C1}(0_-) = 10V; u_{C2}(0_+) = U_{C2}(0_-) = 0V$$

换路后,C_1 经 R 向 C_2 充电,原 C_1 储存的电荷在两个电容上重新分配,由电容有公式 $q = Cu$,由于换路前后电容中的电荷总量一定,且稳态时 $u_{C1}(\infty) = U_{C2}(\infty)$,则:

$$C_1 u_{C1}(\infty) + C_2 u_{C2}(\infty) = C_1 u_{C1}(0_+) + C_2 u_{C2}(0_+)$$

$$\Rightarrow u_{C1}(\infty) = u_{C2}(\infty) = \frac{C_1 u_{C1}(0_+) + C_2 u_{C2}(0_+)}{C_1 + C_2} = \frac{6 \times 10 + 3 \times 0}{6 + 3} = 6.67V$$

电容串联时,总电容:$C = \dfrac{C_1 C_2}{C_1 + C_2} = \dfrac{6 \times 3}{6 + 3} = 2\mu F$, 则:

时间常数:$\tau = RC = 1 \times 2 \times 10^{-6} = 2\mu s$

代入一阶电路全响应方程 $f(t) = f(\infty) + [f(0_+) - f(\infty)]e^{-\frac{t}{\tau}}$, 则:

$$u_{C1}(t) = 6.67 + [10 - 6.67]e^{-\frac{t}{\tau}} = 6.67 + 3.33e^{-\frac{t}{\tau}}$$

答案:D

9.解 由于电感为储能元件,其电流不能突变,由电感电压与电流的关系,则:

$t = 0$ 时,电路电流 $I = 0A$,因此电阻两端无电压,电压全部加在了电感两端,因此:

$$U_L = U_s = L\frac{di_L}{dt} \Rightarrow \frac{di_L}{dt} = \frac{U_s}{L}$$

答案:C

10.解 对直流分量、基波分量和二次谐波分量分别分析如下:

(1)直流分量:$I_0 = \dfrac{U}{R} = \dfrac{60}{60} = 1A$

(2)基波分量:$\omega L_2 = \dfrac{1}{\omega C_2} = 100\Omega$,$L_2$ 和 C_2 发生串联谐振,相当于短路,则:

$$I_{11} = \frac{U}{X_{L1}} = \frac{60}{j100} = -j0.6A$$

(3)二次谐波分量:$2\omega L_1 = \dfrac{1}{2\omega C_1} = 200\Omega$,$L_1$ 和 C_1 发生并联谐振,相当于断路,则:

$$I_{12} = \frac{U}{X_{L1}} = \frac{60}{j200} = -j0.3A$$

则,I_1 电流有效值:$I_1 = \sqrt{I_0^2 + I_{11}^2 + I_{12}^2} = \sqrt{1^2 + 0.6^2 + 0.3^2} = 1.204A$

答案：A

11. 解 功率表测量原理可参见附录一"高频考点知识补充"的知识点 2，功率表的电流端接在 A 相，电压端接在 AB 相，且为线电压，则：

功率表读数为：$P = U_{AB} I_{AN}$；

相间的阻抗进行三角-星变换，如解图所示，则：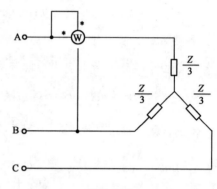

$$Z' = \frac{Z}{3} = \frac{18 + j24}{3} = 6 + j8 \, \Omega$$

$$I_P = \frac{U}{|Z|} = \frac{220}{\sqrt{6^2 + 8^2}} = 22 \, A$$

功率因数角为 $\varphi = \arctan(8/6) = 53.13°$

题 11 解图

在星形连接的三相电源或三相负载中，线电流和相电流为同一电流，线电压是相电压的$\sqrt{3}$倍，且线电压超前于相应的相电压 30°，设 A 相电压相位为 0°，则：

各相电压：$\dot{U}_{AN} = U_P \angle 0°$，$\dot{U}_{BN} = U_P \angle -120°$，$\dot{U}_{CN} = U_P \angle 120°$；

各相电流：$\dot{I}_{AN} = I_P \angle -53.13°$，$\dot{I}_{BN} = I_P \angle -173.13°$，$\dot{I}_{CN} = I_P \angle 66.87°$；

各线电压：$\dot{U}_{AB} = \sqrt{3} U_{AN} \cdot \angle 30° = \sqrt{3} U_P \angle 30°$，$\dot{U}_{BC} = \sqrt{3} U_{BN} \cdot \angle 30° = \sqrt{3} U_P \angle -90°$，$\dot{U}_{CA} = \sqrt{3} U_{CN} \cdot \angle 30° = \sqrt{3} U_P \angle 150°$

其中 $U_P = 220V$、$I_P = 22A$ 分别为相电压与相电流有效值，那么，功率表读数为

$$P = \dot{U}_{AB} \dot{I}_{AN} = \sqrt{3} U_P \angle 30° \times I_P \angle -53.13° = 380 \times 22 \times \cos 83.13° = 1000W$$

注：本题考查功率表的测量原理以及星形接线中各相、线的电压电流相位关系。

答案：B

12. 解 电路总电流为 $\dot{I} = 4 \dot{I}_L$，则：

$$\dot{U} = 4 \left(R + \frac{1}{j\omega C} \right) \dot{I}_L + j\omega L \dot{I}_L = \left[4R + j \left(\omega L - \frac{4}{\omega C} \right) \right] \dot{I}_L$$

电路发生谐振，虚部为零，则：

$$\omega L - \frac{4}{\omega C} = 0 \Rightarrow \omega = \sqrt{\frac{4}{LC}} = \frac{2}{\sqrt{LC}}$$

答案：C

13.解 由于总电压与电流同相位,则各相量关系如解图所示,则:

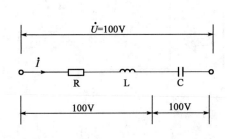 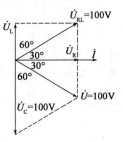

题 13 解图

则,电阻电压:$U_R = 100\cos 30° = 86.6V$

总电流:$I = \dfrac{U_R}{R} = \dfrac{86.6}{10} = 8.66A$

注:电感与电容两端的电压电流相位关系必须牢记,即电感元件两端电压相量超前于电流相量90°,电容元件上两端电压相量滞后于电流相量90°。

答案: B

14.解 如解图所示,戴维南等效电路,开路电压和等效内阻分析如下:

(1)等效内阻:$R_{in} = 2//2 = 1\Omega$

(2)开路电压:$u_S = 3 \times 1 = 3V$

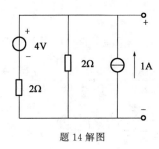

题 14 解图

注:等效内阻需将电流源和电压源置零,即将电流源断路、电压源短路。

答案: B

15.解 如解图所示,将电路电阻进行△-星变换。

则:$R_{ab} = [(16+8+4)//2]+4 = 5.87\Omega$

答案: C

16.解 正弦电流表达式:$i = I_m \sin(\omega t + \varphi)$,则:

半个周期180°,相角由60°第一次下降至0经过$\dfrac{1}{300}$ms,需经过120°,弧度$\dfrac{2\pi}{3}$,即:

$$i = I_m \sin(\omega t + 120°) = 0$$

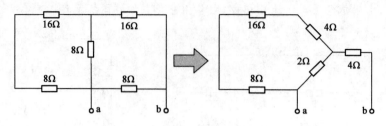

题15解图

$$\omega t = 2\pi ft = \frac{2\pi}{3} \Rightarrow f = \frac{2\pi}{3} \times \frac{300}{2\pi} = 100 \text{kHz}$$

注:隐含条件,相角由第一次下降至0时,$\omega t + \varphi = \pi$;相角由第二次下降至0时,$\omega t + \varphi = 2\pi$,依此类推。

答案:B

17.**解** 采用恒定电场的基本方程 $\oint_S J \cdot dS = 0, J = \gamma E$,设流出的电流为 I。

则:$J = \dfrac{I}{4\pi r^2}, E = \dfrac{I}{4\pi \gamma r^2}$

则接地电阻为:$R_e = \dfrac{U}{I} = \int_{0.5}^{\infty} \dfrac{1}{4\pi \gamma r^2} dr = \dfrac{1}{4\pi \gamma R_0} = \dfrac{1}{4\pi \times 10^{-2} \times 0.5} = 15.92 \text{V}$

答案:D

18.**解** 根据电路列方程如下:

$$R_\Sigma = [(6 + R_L)//12] + 4$$

$$I = \frac{18}{R_\Sigma} = \frac{18}{[(6 + R_L)//12] + 4} = \frac{18(6 + R_L + 12)}{(6 + R_L)12 + 4(6 + R_L + 12)}$$

由 R_L 电压为9V,则:$\dfrac{12}{6 + R_L + 12} \times I \times R_L = 9$

将电流代入方程后,得:$R_L = 18\Omega$

答案:A

19.**解** 零点漂移(温度漂移)就是当放大电路的输入端短路时,输出端还有缓慢变化的电压产生,即输出电压偏离原来的起始点而上下漂动。

在差分式电路中,无论是温度变化,还是电源电压的波动都会引起两管集电极电流以及相应的集电极电压相同的变化,其效果相当于在两个输入端加入共模信号,由于电路的对称性和恒流源偏置,在理想情况下,可使输出电压不变,从而抑制了零点漂移。当然,在实际情况下,要做到两管电路完全对称和理想恒流源是非常困难的,但是输出漂移电压降大为减小。由于这个缘故,所以差分式放大电路特别适用于作为多级直接耦合放大电路的输入级。

答案:B

20.**解**　文式桥振荡电路也称 RC 桥式振荡电路,如解图所示。

虚线框所表示的 RC 串并联选频网络具有选频作用,它的频率响应是不均匀的。图中阻抗为:

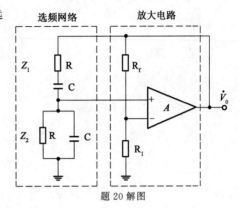

选频网络　　放大电路

题 20 解图

$$Z_1 = R + \frac{1}{j\omega C} = \frac{1 + j\omega CR}{j\omega C}$$

$$Z_1 = \frac{R \cdot \frac{1}{j\omega C}}{R + \frac{1}{j\omega C}} = \frac{R}{1 + j\omega CR}$$

则反馈网络的反馈系数为:

$$\dot{F}_V(s) = \frac{V_f(s)}{V_0(s)} = \frac{Z_2}{Z_1 + Z_2} = \frac{j\omega RC}{(1 - \omega^2 R^2 C^2) + j3\omega RC}$$

若其中 $\omega_0 = \frac{1}{RC}$,则上式变为:

$$\dot{F}_V = \frac{1}{3 + j\left(\frac{\omega}{\omega_0} - \frac{\omega_0}{\omega}\right)}$$

由此可得 RC 串并联选频网络的幅频响应和相频响应,即:

$$F_V = \frac{1}{\sqrt{3^2 + \left(\frac{\omega}{\omega_0} - \frac{\omega_0}{\omega}\right)^2}}, \varphi = -\arctan\frac{\frac{\omega}{\omega_0} - \frac{\omega_0}{\omega}}{3}$$

由公式可知,当 $\omega = \omega_0 = \frac{1}{RC}$ 或 $f = f_0 = \frac{1}{2\pi RC}$ 时,幅频响应幅值最大,相频响应的相位角为零。

注:基本电路的公式应熟记于心。

答案:A

21.**解**　多谐振荡器的振荡周期不仅与时间常数 RC 有关,而且还取决于门电路的阈值电压。由于阈值电压容易受温度、电源电压及干扰的影响,因此为了得到频率稳定性很高的脉冲波形,多采用由石英晶体组成的石英晶体多谐振荡器,由阻抗频率响应可知,石英晶体的选频特性非常好,其有一个极为稳定的串联谐振频率 f_a,且等效品质因数 Q 值很高。

答案: D

22.解 基本概念,不再赘述。

答案: C

23.解 截止失真和饱和失真,均为顶部被削平的正弦波。所不同的是顶部削平发生在正半周或负半周。

答案: B

24.解 导通角是指在一个周期内,由电力电子器件控制器导通的角度。

由于交流电一般为正弦波,一个周期为 2π,正负半周各占 π。这里 a 点导通电压最低,b 点其次,c 点再次,因此其导通角为 $Q_a > Q_b > Q_c$。

答案: A

25.解 戴维南等效电路求内阻,电路图如解图所示。则:

$$\frac{5-4}{R_{in}} = \frac{4}{2} \Rightarrow R_{in} = 0.5 k\Omega$$

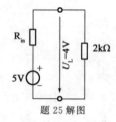

题 25 解图

答案: A

26.解 由 D 触发器构成的三级分频电路,每个 D 触发器的反相输出端与自身的数据输入端 D 连接,构成 2 分频单元。三级 2 分频单元串接实现了 8 分频电路,增加串接的分频单元数量,即可相应增大分频比,n 级 2 分频单元串接可实现 2^n 分频功能。则:

$$f_o = \frac{16}{2^3} = 2Hz$$

答案: B

27.解 多谐振荡器振荡周期公式,则:

$$T = RCln4 = 5000 \times 0.35 \times 1.386 \times 10^{-6} = 2.4 \times 10^{-3} s = 2.4ms$$

答案: D

28.

解 W78XX 的 2—3 端额定输出电压为 U_{REF},利用运算放大器的虚短概念,则:

$U_{A+} = U_{A-} = U_{23} = U_{R1}$,$R_1$ 两端的电压为 U_{REF},则:

$$\frac{U_0}{R_1 + R_2} = \frac{U_{REF}}{R_1} \Rightarrow U_0 = U_{REF}\left(1 + \frac{R_2}{R_1}\right)$$

注:虚断、虚短以及虚地是线性工作状态下理想集成运放的重要特点,也是历年必考的知识点。

答案:C

29.解　稳压管 D_{Z1} 的稳定电压小于稳压管 D_{Z2},因此稳压管 D_{Z1} 优先导通,导通后 $U_{AB}=7V$,则稳压管 D_{Z2} 截止。

答案:B

30.解　并励直流电动机接线图如解图所示,根据图中电流电压关系,则:

励磁回路电流:$I_f=110÷110=1A$

电枢回路电流:$I_a=I_N-I_f=28-1=27A$

电枢电动势:$E_a=U_N-I_aR_a=110-27×0.15=105.95V$

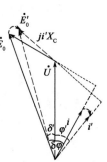

题30解图

由公式 $E_a=C_e\varphi n$,可得 $C_e\varphi=\dfrac{E_a}{n}=\dfrac{105.95}{1500}=0.07063$

串入 0.5Ω 电阻,由于负载转矩不变,则电枢电流不变,由公式 $E_a=U_N-I_aR_a$,则:

$E_a'=U_N-I_aR_a'=110-27×(0.15+0.5)=92.45V$

则,电动机转速:$n=\dfrac{E_a'}{C_e\varphi}=\dfrac{92.45}{0.07063}=1309r/min$

注:隐含条件为负载转矩不变,电枢电流不变。

答案:C

31.解　设变压器励磁阻抗为 Z,则:

空载电流为串联时:$I_0=\dfrac{2200}{2Z}=0.3A$;并联时:$I_0'=\dfrac{1100}{Z/2}=\dfrac{2200}{Z}=0.6A$

空载损耗为励磁损耗,其值与并联、串联无关,保持不变,即:$P_0=160W$

答案:B

32.解　由 $E_0=4.44fN_1\Phi_m$,励磁电流不变,即由其建立的磁场磁链不变,从而空载感应电动势 E_0 不变;由于并网于无穷大电网,则发电机端电压 U 也不变。

由原动机输出功率:$P=\dfrac{mUE_0}{X_c}\sin\delta$,由于 P 减小,则 $\sin\delta$ 应相应减小,即功角 δ 减小。

相量图如解图所示,当功角 δ 减小,E_0 旋转至 E_0' 处,根据图中延

题32解图

长线的垂直关系,I 将旋转至 I' 处,可见功率因数角 φ 增加,功率因数 $\cos\varphi$ 减小。

答案: A

33.解 如解图所示,同步电动机 V 形曲线的最低点是 $\cos\varphi=1$ 的点,在此点上电枢电流全部为有功电流。在此基础上,增大励磁电流,即运行在过励磁状态时,电动机既从电网吸取有功电流,还吸取超前的无功电流,即容性无功电流;若在此基础上,减小励磁电流,即运行在欠励磁状态时,电动机既从电网吸取有功电流,还吸取滞后的无功电流,即感性无功电流。

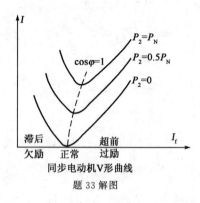

题 33 解图

> 注:同步发电机的 V 形曲线,超前与滞后的位置则正好相反。建议考生记住其中之一即可,否则难免混淆。

答案: B

34.解 变压器励磁损耗即为空载损耗,其计算公式为:

$$P_0 = K_c P_c G_c$$

式中:K_c——工艺系数;

P_c——铁芯材料的单位损耗,W/kg;

G_c——铁芯质量,kg。

由此可见,空载损耗不随负载的变化而变化。

答案: B

35.解 直流电动机的电源极性反接将产生制动转矩,是反接制动的一种。

答案: A

36.解 恒转矩负载运行,由 $T = C_T \Phi_m I'_2 \cos\varphi_2$ 可知,在电源电压一定时,主磁通 Φ_m 也一定。在转子串入电阻后仍保持转子电流不变,因此功率因数 $\cos\varphi_2$ 也保持不变。

设原来转子电阻为 R_2,电流为 I_{2N},转差率为 S_N,则 $I_{2N} = \dfrac{E_2}{\sqrt{(R_2/S_N)^2 + X^2}}$

转子串入电阻 R_S 后,转差率变为 S,电流仍为 I_{2N},则 $I_{2N} = \dfrac{E_2}{\sqrt{[(R_2+R_S)/S_N]^2 + X^2}}$

因此有 $\dfrac{R_2+R_S}{S} = \dfrac{R_2}{S_N}$,则 $\dfrac{R_2}{S} = \dfrac{R_2+R_2}{S'} \Rightarrow S' = 2S$

> 注:异步电动机的最大电磁转矩 T_{max} 与转子电阻 R'_2 无关,而产生最大转矩的临界转差率 S_m 与转子电阻 R'_2 成正比。

答案:C

37.解 标幺值无论是折算至低压侧还是高压侧,均为同一数值,利用标幺值公式:

$$X_T = \frac{U_d\%}{100} \cdot \frac{S_j}{S_{TN}} = \frac{0.32}{100} \times \frac{100}{2} = 0.16$$

答案:B

38.解 直流电动机起动电流仅与电枢回路电阻大小有关(并励直流电动机还需考虑励磁回路电流),与负载大小无关。

答案:B

39.解 我国电网中,有关系统中性点接地方式主要有四种,其特点及应用范围如下:

(1)中性点直接接地

优点是系统的过电压水平和输变电设备所需的绝缘水平较低,系统的动态电压升高不超过系统额定电压的80%,110kV及以上高压电网中普遍采用这种接地方式,以降低设备和线路造价,经济效益显著。

缺点是发生单相接地故障时单相接地电流很大,必然引起断路器跳闸,降低了供电连续性,供电可靠性较差。此外,单相接地电流有时会超过三相短路电流,影响断路器开断能力选择,并对通信线路产生干扰。

(2)中性点不接地

优点是发生单相接地故障时,不形成短路回路,通过接地点的电流仅为接地电容电流,当单相接地故障电流很小时,只使三相对地电位发生变化,故障点电弧可以自熄,熄弧后绝缘可自行恢复,无须断开线路,可以带故障运行一段时间,因而提供了供电可靠性。在3~66kV电网中应用广泛,但要求其单相接地电容电流不能超过允许值,因此其对临近通信线路干扰较小。

缺点是发生单相接地故障时,会产生弧光过电压。这种过电压现象会造成电气设备的绝缘损坏或开关柜绝缘子闪络,电缆绝缘击穿,所以要求系统绝缘水平较高。

(3)中性点经消弧线圈接地

在3~66kV电网中,当单相接地电容电流超过允许值时,采用消弧线圈补偿电容电流保证接地电弧瞬间熄灭,消除弧光间歇接地过电压。

如变压器无中性点或中性点未引出,应装设专用接地变压器,其容量应与消弧线圈的容量相配合。

(4)中性点经电阻接地

经高电阻接地方式可以限制单相接地故障电流,消除大部分谐振过电压和间歇弧光接地过电压,接地故障电流小于10A,系统在单相接地故障条件下可持续运行,缺点是系统绝缘水平要求较高。主要适用于发电机回路。

经低电阻接地方式可快速切除故障,过电压水平低,可采用绝缘水平低的电缆和设备。但供电可靠性较差。主要适用于以电缆线路为主,不容易发生瞬时性单相接地故障且系统电容电流比较大的城市配电网、发电厂厂用电系统及工矿企业配电系统。

答案:A

40.**解** 电能质量的指标就是电压、频率和波形,其对应国家规范为:

(1)《电能质量 供电电压偏差》(GB/T 12325—2008);

(2)《电能质量 电压波动和闪变》(GB/T 12326—2008);

(3)《电能质量 三相电压不平衡》(GB/T 15543—2008);

(4)《电能质量 暂时过电压和瞬态过电压》(GB/T 18481—2001);

(5)《电能质量 公用电网谐波》(GB/T 14549—1993);

(6)《电能质量 电力系统频率允许偏差》(GB/T 15945—2008);

(7)《电能质量 公用电网间谐波》(GB/T 24337—2009)。

答案:C

41.**解** 以提高变电所母线运行电压为目的时,补偿的最大容性无功量公式为:

$$Q_{cum} = \frac{U_m \cdot \Delta U_m}{X_l}$$

其中,线路感抗为 $X_l = \dfrac{U_N^2}{Q} = \dfrac{35^2}{10 \times \tan(\arccos 0.79)} = 157.8\Omega$,则:

$$Q_{cum} = \frac{U_m \cdot \Delta U_m}{X_l} = \frac{33 \times (38.5 - 33)}{157.8} = 1.15\text{Mvar}$$

答案:C

42.**解** 基本公式,不再赘述。

答案:A

43.**解** 在330kV及以上超高压配电装置的线路侧,装设同一电压等级的并联电抗器,其作用如下:

(1)线路并联电抗器可以补偿线路的容性无功功率,改善线路无功平衡。

(2)削弱空载或轻载线路中的电容效应,抑制其末端电压升高,降低工频暂态过电压,限制操作过电压的幅值。

（3）改善沿线电压分布,提供负载线路中的母线电压,增加了系统稳定性及送电能力。

（4）有利于消除同步电机带空载长线时可能出现的自励磁谐振现象。

（5）采用电抗器中性点经小电抗接地的办法,可补偿线路相间及相对地电容,加速潜供电弧自灭,有利于单相快速重合闸的实现。

答案:A

44.解 最大负荷和最小负荷分别为:

$$S_{max}=18\times0.6+j18\times0.8=10.8+j14.4$$

$$S_{min}=7\times0.7+j7\times0.714=4.9+j5$$

变压器的电压损耗分别为:

$$\Delta U_{Tmax}=\frac{PR+QX}{U_{1max}}=\frac{10.8\times5+14.4\times60}{107}=8.58kV$$

$$\Delta U_{Tmin}=\frac{PR+QX}{U_{1min}}=\frac{4.9\times5+5.0\times60}{107}=3.03kV$$

由于题目中未确定低压母线电压变化范围,假定在最大和最小负荷时,变压器低压侧的电压均为11kV,则:

$$U_{1Tmax}=\frac{U_{1max}-\Delta U_{Tmax}}{U_{1max}}U_{2N}=\frac{107-8.58}{1.025\times10}\times11=105.62kV$$

$$U_{1Tmin}=\frac{U_{1min}-\Delta U_{Tmin}}{U_{1min}}U_{2N}=\frac{107-3.03}{1.075\times10}\times11=106.39kV$$

$$U_{1T\cdot av}=\frac{U_{1Tmax}+U_{1Tmin}}{2}=\frac{105.62+106.39}{2}=106kV,就近选取分接头107.25kV。$$

> 注:逆调压为最大负荷时,提高负荷侧电压,即低压侧升高至105%的额定电压;最小负荷时,降低或保持负荷侧电压,即低压侧保持额定电压。顺调压为最大负荷时,低压侧为102.5%的额定电压;为最小负荷时,低压侧为107.5%的额定电压。

答案:D

45.解 在架空线路传输电能时,将伴随着一系列的物理现象,主要表述如下:

电流通过导线时会因为电阻损耗而产生热量;当交流电流通过电力线路时,在三相导线内部和周围都要产生交变的磁场,而交变磁通匝链导线后,将在导线中产生感应电动势;当交流电压加在电力线路上时,在三相导线的周围会产生交变的电场,在其作用下,不同相的导线之间和导线与大地之间将产生位移电流,形成容性电流和容性功率;在高电压作用下,导线表面的电场强度过高时,将导致电晕或电流泄漏。

在电力系统分析中,采用一些电气参数来表征上述物理现象,以建立数学模型。其中用电阻 R 来反映电力线路的发热效应,用电抗 X 来反映线路的磁场效应,用电纳 B 来反映线路的电场效应,用电导 G 来反映线路的电晕和泄漏效应。

答案:D

46.解 根据电压降落的公式,线路首端电压为 $U_1 = \sqrt{(U_2 + \Delta U)^2 + \delta U^2}$

电压降落纵分量: $\Delta U = \dfrac{PR + QX}{U} = \dfrac{50 \times 0.9 + 20 \times 20}{112} = 3.973\text{kV}$

电压降落横分量: $\delta U = \dfrac{PX - QR}{U} = \dfrac{50 \times 20 - 20 \times 0.9}{112} = 8.768\text{kV}$

线路首端电压为:

$$U_1 = \sqrt{(U_2 + \Delta U)^2 + (\delta U)^2} = \sqrt{(112 + 3.973)^2 + (8.768)^2} = 116.3\text{kV}$$

$$\delta = \arctan \frac{\delta U}{U_1 - \Delta U} = \arctan \frac{8.768}{115.973} = 4.32°$$

则首端电压为 $\dot{U}_1 = 116.3 \angle 4.32°$

> 注:电压降落为两端电压的相量差,电压损耗为两端电压的幅值差。

答案:A

47.解 若 $\dot{E}_m$、$\dot{I}_m$、$\dot{I}_{pm}$ 分别代表电源电势、短路前电流和短路后周期电流,如解图所示,当 $t = 0$ 时:

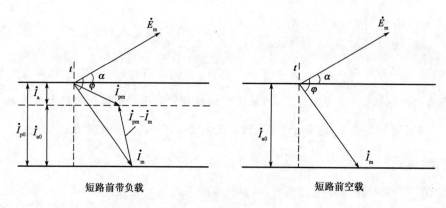

短路前带负载　　　　　　　短路前空载

题 47 解图

$\dot{I}_m$ 在时间轴上的投影为短路前电流瞬时值: $i_{(0)} = I_m \sin(\alpha - \varphi')$

$\dot{I}_{pm}$ 在时间轴上的投影为短路后电流瞬时值: $i_{(p0)} = I_{pm} \sin(\alpha - \varphi)$

为了保持电感中电流在短路后不发生突变,电路中必须产生一个非周期自由电流,其初始值为 $i_{(0)}$ 和 $i_{(p0)}$ 之差。可见,非周期电流初始值的大小与短路发生时刻有关,即与短路发生时电源电势的初始相角(合闸角)有关。

由以上分析可知,非周期分量最大初值的条件为:

①相量差 $\dot{I}_m - \dot{I}_{pm}$ 取最大可能值;②相量差 $\dot{I}_m - \dot{I}_{pm}$ 在 $t=0$ 时与时间轴平行。

在感性电路中,符合上述条件的情况是:电路原来处于空载状态,短路恰好发生在短路周期电流取幅值的时刻。一般短路回路的感抗比电阻大得多($\omega L \gg R$),可以近似地认为 $\varphi \approx 90°$,则上述情况相当于短路发生在电源电势刚好过零值,即初相角 $\alpha=0°$。

冲击电流最大值 i_P 也可同理分析。

注:此概念为电气专业基本知识,建议记住此结论。

答案:C

48.解 基本概念,不再赘述。

答案:C

49.解 各元件的电抗标幺值如下:

变压器:$X_{T1}=X_{T2}=\dfrac{U_d\%}{100} \cdot \dfrac{S_j}{S_{TN}}=\dfrac{0.1}{100} \times \dfrac{100}{100}=0.1$

线路 L:$X_L=0.03$

设发电机 G_1 和 G_2 的次暂态电抗标幺值为 X_{G1} 和 X_{G2},及 $X_\Sigma=\dfrac{1}{I_*}=\dfrac{1}{S_*}$,则:

当 f_1 点短路时:$X_{G1}=\dfrac{1}{S_{*1}}=0.1$(忽略另一侧)

当 f_2 点短路时:$X_{G2}=\dfrac{1}{S_{*2}}=0.12$(忽略另一侧)

当 f_3 点短路时,则:

$$S_3=\dfrac{1}{X_\Sigma} \cdot S_j=\dfrac{1}{(0.1+0.1)//(0.03+0.1+0.12)} \times 100=900\text{MVA}$$

注:此题不严谨,此种忽略另一侧短路电流的方式,其误差较大,但考虑到各选项答案数据差距较大,其出题者的用意也不应是复杂的数学计算。若考虑其他分支的短路电流,可列出下式:

当 f_1 点短路时:$X_{G1}//(0.1+0.1+0.03+X_{G2})=\dfrac{1}{S_{*1}}=0.1$

当 f_2 点短路时:$X_{G2}//(0.1+0.1+0.03+X_{G1})=\dfrac{1}{S_{*2}}=0.12$

求解一元二次方程,但过程较为繁杂,也无对应结果。

答案:C

50.解 根据 A 相单相短路时,复合序网的网络接线,可知各序电抗:

正序电抗:$X_{\Sigma(1)} = X'' + X'' = 0.1 + 0.2 = 0.3$

负序电抗:$X_{\Sigma(2)} = X''(2) + X'' = 0.1 + 0.2 = 0.3$

零序电抗:$X_{\Sigma(0)} = X'' + 3X_p = 0.2 + 0.2 = 0.4$

A 相正序电流:$\dot{I}_{a(1)} = \dfrac{E}{j(X_{\Sigma(1)} + X_{\Sigma(2)} + X_{\Sigma(0)})} = \dfrac{1}{j(0.3 + 0.3 + 0.4)} = -j$

A 相负序和零序电流与正序电流相等,即:$\dot{I}_{a(2)} = \dot{I}_{a(0)} = \dot{I}_{a(1)} = -j$

中性线上仅有零序电流流过,其值为 3 倍零序电流,即:$\dot{I}_0 = 3\dot{I}_{a(0)} = -j3$

答案:D

51.解 设 $\dot{I}_A$、$\dot{I}_B$、$\dot{I}_C$ 为星形侧各相电流,$\dot{I}_a$、$\dot{I}_b$、$\dot{I}_c$ 为三角形侧各相电流,如解图所示。

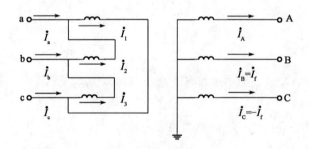

题 51 解图

由两相短路边界条件,可知:$\dot{I}_A = 0$,$\dot{I}_B = -\dot{I}_C = \dot{I}_f$,则:

$$\dot{I}_a = \dot{I}_1 - \dot{I}_2 = \frac{\dot{I}_A - \dot{I}_B}{\sqrt{3}} = \frac{0 - \dot{I}_f}{\sqrt{3}} = -\frac{1}{\sqrt{3}}\dot{I}_f$$

$$\dot{I}_b = \dot{I}_2 - \dot{I}_3 = \frac{\dot{I}_B - \dot{I}_C}{\sqrt{3}} = \frac{\dot{I}_f - (-\dot{I}_f)}{\sqrt{3}} = \frac{2}{\sqrt{3}}\dot{I}_f$$

$$\dot{I}_c = \dot{I}_3 - \dot{I}_1 = \frac{\dot{I}_C - \dot{I}_A}{\sqrt{3}} = \frac{-\dot{I}_f - 0}{\sqrt{3}} = -\frac{1}{\sqrt{3}}\dot{I}_f$$

答案:B

52.解 设基准短路容量为 30MVA,则变压器电抗标幺值为 $X_{T1} = X_{T2} = 0.1$,正(负)序网络图如解图 1 所示。

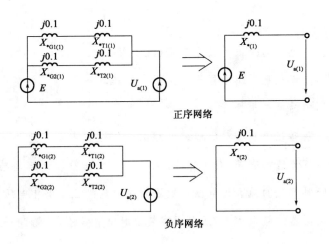

正序网络

负序网络

题 52 解图 1

则：$X_{*\Sigma(1)} = X_{*\Sigma(2)} = (0.1+0.1)//(0.1+0.1) = 0.1$

零序电流只在变压器 T_2 的星形侧流通,因此零序序网如解图 2 所示。

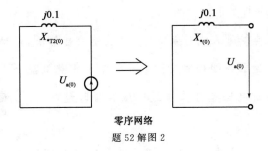

零序网络

题 52 解图 2

则：$X_{*\Sigma(0)} = 0.1$

短路电流标幺值：$\dot{I}_f = 3\dot{I}_{a1} = \dfrac{3 \cdot E}{j(X_{*\Sigma(1)} + X_{*\Sigma(2)} + X_{*\Sigma(0)})} = \dfrac{3 \times 1.1}{j(0.1+0.1+0.1)} = -j11$

单相短路电流：$I_f = I_j \cdot I_f = \dfrac{30}{\sqrt{3} \times 115} \times 11 = 1.657 \text{kA}$

注：计算短路电流时,基准电压应取各级的平均电压,即 $U_j = 1.05 U_n$,U_n 为各级标称电压。

答案：B

53.**解** 《电气装置的电测量仪表装置设计规范》(GB/T 50063—2008) 的相关规定如下：

第 8.1.2 条：电流互感器的二次回路不宜切换,当需要时,应采用防止开路的措施。

注：原理是电流互感器正常工作时近似短路状态,若二次绕组开路,二次绕组在磁通过零时感应产生很高的尖顶波电动势,其值可达数千甚至上万伏,危及人员及线路绝缘。

答案:A

54.解 《导体和电器选择设计技术规定》(DL/T 5222—2005)的相关规定如下:

第17.0.4条:限流式高压熔断器不宜使用在工作电压低于其额定电压的电网中,以免因过电压使电网中的电气损坏。

限流式高压熔断器在限制和截断短路电流的动作过程中会产生过电压,此过电压的幅值与开断电流和熔体结构有关,与工作电压关系不大,一般设计熔体结构时,往往采取措施把熔断器熔断时产生的最大过电压倍数限制在规定的2.5倍相电压以内。此值并未超过同一电压等级电器的绝缘水平,所以正常使用时没有危险,但熔断器若使用在工作电压低于其额定电压的电网中,过电压就有可能大大超过电器绝缘的耐受水平。

> 注:此题多次考查。

答案:A

55.解 答案选项分析如下:

选项A错误:中性点接地方式对架空线过电压有直接影响,110V及以上中性点直接接地与35kV及以下经消弧线圈接地或不接地的电网,其绝缘配合要求是不一样的。

选项B错误:内部过电压包括操作过电压和暂时过电压(工频过电压和谐振过电压)。

选项C正确:雷电过电压设计中应考虑直接雷击、感应雷过电压和雷电反击。

选项D错误:单相间歇性电弧接地故障属于操作过电压的一种。

> 注:可参考《交流电气装置的过电压保护和绝缘配合》(DL/T 620—1997)第3.2条、第4.2.8条、第5.1.1条。

答案:D

56.解 对于测量表计,应按其准确等级校验电流互感器,电流互感器的二次负载为:

$$Z_2 = K_{cj}Z_{cj} + K_{lx}Z_{lx} + Z_c$$

式中:Z_{cj}——测量表计线圈的内阻;

Z_{lx}——连接导线的电阻;

Z_c——接触电阻;

K_{cj}、K_{lx}——针对不同内阻的换算系数。

在不完全星形时连接线的阻抗换算系数 $K_{lx} = \sqrt{3}$,且线路阻抗与其长度成正比,则计算长度为:

$$L_{js}=\sqrt{3}L=\sqrt{3}\times40=69.3\text{m}$$

测量表计的阻抗换算系数和连接线的阻抗换算系数取值较为复杂,可参考解表:

题 56 解表

接线方式	单相	三相星形	三相不完全星形	二相差接	三角形
K_{lx}	2	1	$\sqrt{3}$	$2\sqrt{3}$	3
K_{cj}	1	1	$\sqrt{3}$	$\sqrt{3}$	3

注:按照完全星形接线方式装设在每相中的继电器,能反应所有的短路类型;当中性线中接入继电器时,该继电器只反应接地短路。所以,三相星形接线适用于所有短路类型都要动作的保护装置。而在中性点非直接接地的电力系统中,由于允许短路时间的单相接地运行,并且在大多数情况下都装设有单相接地的信号装置,所以,在这种系统内保护装置广泛采用不完全星形接线方式来实现相间短路保护。

答案:B

57.**解** 内桥与外桥接线的特点分析见解表。

题 57 解表

	内桥接线	外桥接线
接线图	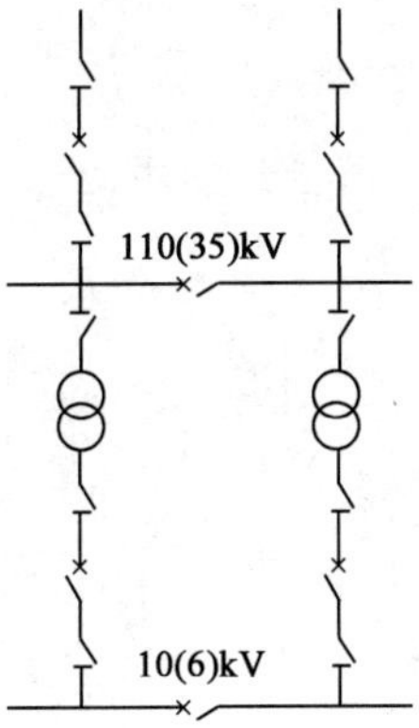 110(35)kV 10(6)kV	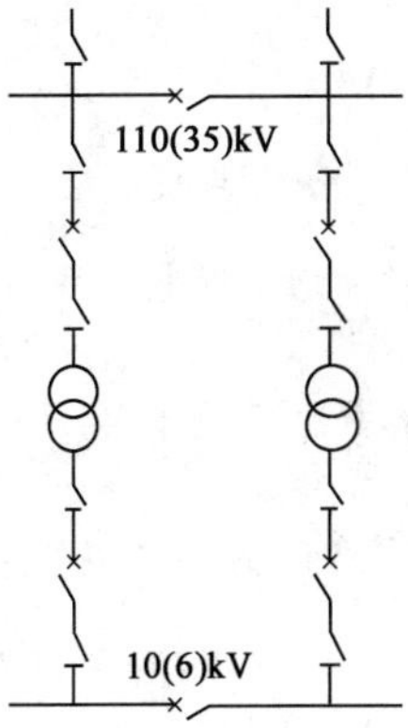 110(35)kV 10(6)kV
优点	高压断路器数量少,占地少,四个回路只需三台断路器	高压断路器数量少,占地少,四个回路只需三台断路器
缺点	a.变压器的切除和投入较复杂,需动作两台断路器,影响一回线路的暂时停运; b.桥连断路器检修时,两个回路需解列运行; c.线路断路器检修时,需较长时间中断线路的供电	a.线路的切除和投入较复杂,需动作两台断路器,并有一台变压器暂时停运; b.桥连断路器检修时,两个回路需解列运行; c.变压器侧断路器检修时,变压器需较长时期停运

	内 桥 接 线	外 桥 接 线
适用范围	适用于较小容量的发电厂,对一、二级负荷供电,并且变压器不经常切换或线路较长、故障率较高的变电所	适用于较小容量的发电厂,对一、二级负荷供电,并且变压器的切换较频繁或线路较短,故障率较少的变电所。此外,线路有穿越功率时,也宜采用外桥接线

注:外桥与内桥接线的区别和特点需牢记,这是经常考查的知识点。

答案:A

58.解 基本概念,为了保证采用单母线分段或双母线分段的配电装置,在进出线断路器检修时(包括其保护装置的检修和调试),不中断对用户的供电,可增设旁路母线或旁路隔离开关。

答案:B

59.解 《导体和电器选择设计技术规定》(DL/T 5222—2002)的相关规定如下:

第9.2.6条:断路器的额定关合电流,不应小于短路电流最大冲击值(第一个大半波电流峰值)。

答案:A

60.解 分裂电抗器在结构上与普通电抗器相似,但线圈中心多一个中间抽头,其一般用来连接电源,两个分支1和2连接负荷。两个分支的自感 L 相同,自感抗为 $X_k = \omega L$,两个分支之间具有磁耦合,互感抗为 $X_m = \omega M = \omega L \times 0.5 = \dfrac{X_k}{2}$。下面简单分析正常运行时和短路时的等效情况:

(1)正常运行时,功率方向为由抽头3至两个分支,两个分支功率接近相等,可近似认为两个分支流过大小相等,方向相反的电流。则每一分支的电压降为:

$$\Delta U = \frac{1}{2}IX_k - \frac{1}{2}IX_m = \frac{1}{2}IX_k - \frac{1}{4}IX_k = \frac{1}{4}IX_k$$

即正常工作时,分裂电抗器相当于一个电抗值为 $\dfrac{X_k}{4}$ 的普通电抗器。

(2)当分支1出线短路时,由于短路电流远大于负荷电流,忽略分支2的负荷电流,分支1上的电压降为:$\Delta U = IX_k$,则分裂电抗器相当于一个电抗值为 X_k 的普通电抗。即正常情况过渡到短路情况,电抗值增加4倍。

答案:A

2007 年度全国勘察设计注册电气工程师（发输变电）

执业资格考试试卷

基础考试
（下）

二〇〇七年九月

应考人员注意事项

1. 本试卷科目代码为"2",考生务必将此代码填涂在答题卡"科目代码"相应的栏目内,否则,无法评分。

2. 书写用笔:黑色或蓝色钢笔、签字笔或圆珠笔;
   填涂答题卡用笔:黑色 2B 铅笔。

3. 必须用书写用笔将工作单位、姓名、准考证号填写在答题卡和试卷相应的栏目内。

4. 本试卷由 60 题组成,每题 2 分,满分 120 分,本试卷全部为单项选择题,每小题的四个备选项中只有一个正确答案,错选、多选、不选均不得分。

5. 考生作答时,必须**按题号在答题卡上**将相应试题所选选项对应的**字母用 2B 铅笔涂黑**。

6. 在答题卡上书写与题意无关的语言,或在答题卡上作标记的,均按违纪试卷处理。

7. 考试结束时,由监考人员当面将试卷、答题卡一并收回。

8. 草稿纸由各地统一配发,考后收回。

单项选择题(共 **60** 题,每题 **2** 分。每题的备选项中只有一个最符合题意。)

1. 如图所示电路中,电流 I 为:

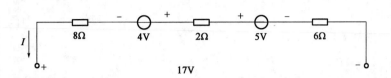

17V

A. $-1A$ B. $2A$

C. $-2A$ D. $3A$

2. 若电路中 $L=4H,C=25pF$ 时恰好有 $X_L=X_C$,则此时频率 f 为:

A. $15.92kHz$ B. $16kHz$ C. $24kHz$ D. $36kHz$

3. 电阻为 300Ω 的信号源通过特性阻抗为 36Ω 的传输线向 25Ω 的电阻性负载馈电,为达到匹配的目的,在传输线与负载之间插入一段长度为 $\lambda/4$ 的无损耗传输线,该线的特性阻抗应为:

A. 30Ω B. 150Ω

C. 20Ω D. 70Ω

4. 如图所示电路中,$L_1=L_2=10H,C=1000\mu F$,M 从 0H 变到 8H 时,谐振角频率的变化范围是:

A. $10\sim\dfrac{10}{\sqrt{14}}rad/s$

B. $0\sim\infty rad/s$

C. $10\sim16.67rad/s$

D. 不能确定

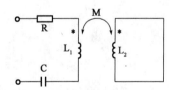

5. 如图所示电路中,$u_{C1}(0_-)=10V,u_{C2}(0_-)=0$,当 $t=0$ 时闭合开关 S 后,u_{C1} 应为:

(各式中 $\tau=2\mu s$)

A. $6.67(1-e^{-t/\tau})V$

B. $10e^{-t/\tau}V$

C. $10(1-e^{-t/\tau})V$

D. $(6.67+3.33e^{-t/\tau})V$

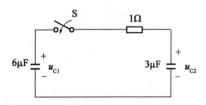

6. 如图所示电路,输入电压 u 中含有三次和五次谐波分量,基波角频率为1000rad/s。若要求电阻 R 上的电压中没有三次谐波分量,R 两端电压与 u 的五次谐波分量完全相同,则 L 应为:

A. 1/9H

B. 1/900H

C. 4×10^{-4}H

D. 1×10^{-3}H

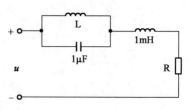

7. RLC 串联电路中,在电容 C 上再并联一个电阻 R_1,则电路的谐振频率将:

A. 升高   B. 降低

C. 不变   D. 不确定

8. 如图所示电路中,电压 u 是:

A. 48V

B. 24V

C. 4.8V

D. 8V

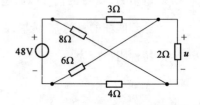

9. 已知正弦电流的初相角为60°,在 $t=0$ 时的瞬时值为7.32A,经过(1/150)s后电流第一次下降为 0,则其频率为:

A. 50Hz   B. 100Hz

C. 314Hz   D. 628Hz

10. 在一个圆柱形电容器中,置有两层同轴的绝缘体,其内导体的半径为2cm,外导体的内半径为8cm,内、外两绝缘层的厚度分别为2cm 和4cm,内、外导体间的电压为150V(以外导体为电位参考点)。设有一根薄的金属圆柱片放在两层绝缘体之间,为了使两层绝缘体内的最大场强相等,金属圆柱片的电位应为:

A. 100V   B. 250V   C. 667V   D. 360V

11. 列写节点方程时,图示部分电路中 B 点的自导为:

A. 7S

B. -14S

C. 5S

D. 4S

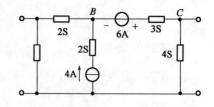

12. 在 $R=9\text{k}\Omega, L=9\text{H}, C=1\mu\text{F}$ 三个元件串联的电路中,电路的暂态属于下列哪种类型?

　　A. 振荡　　　　　　　　　　　　　B. 非振荡

　　C. 临界振荡　　　　　　　　　　　D. 不能确定

13. 终端短路的无损耗传输线长度为波长的倍数为下列哪项数值时,其入端阻抗的绝对值不等于特性阻抗?

　　A. 1/8　　　　　　　　　　　　　B. 3/8

　　C. 1/2　　　　　　　　　　　　　D. 5/8

14. 在图示电路中,$u_1=50\sqrt{2}\sin(\omega t)\text{V}$,在电阻 10Ω 上的有功功率为 10W,则总电路的功率因数为:

　　A. 0.6

　　B. 0.5

　　C. 0.3

　　D. 不能确定

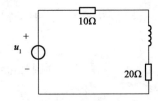

15. 如图所示电路中,$t=0$ 时闭合开关 S,且 $u_{C1}(0_-)=u_{C2}(0_-)=0$,则 $u_{C1}(0_+)$ 等于:

　　A. 6V

　　B. 18V

　　C. 4V

　　D. 0V

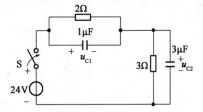

16. 如图所示电路中,电压 $u=100\left[1+\sqrt{2}\cos(\omega t)+\sqrt{2}\cos(2\omega t)\right]\text{V}$,$\omega L_1=100\Omega$,$\omega L_2=100\Omega$,$1/(\omega C_1)=400\Omega$,$1/(\omega C_2)=100\Omega$,则有效值 I_1 为:

　　A. 1.5A

　　B. 0.64A

　　C. 2.5A

　　D. 1.9A

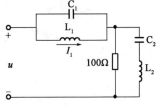

17. 如图所示对称三相电路中,线电压为380V,线电流为3A,功率因素为0.8,则功率表读数为:

A. 208W

B. 684W

C. 173W

D. 0W

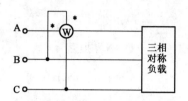

18. 如图所示电路的戴维南等效电路参数 u_S 和 R_S 为:

A. 8V,2Ω

B. 3V,1Ω

C. 4V,14Ω

D. 3.6V,1.2Ω

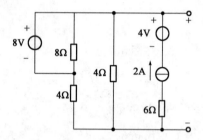

19. 一高压同轴圆柱电缆,外导体的半径为 b,内导体的内半径为 a,其值可以自由选定,若 b 固定,要使半径为 a 的内导体表面上场强最小,b 与 a 的比值应是:

A. e   B. 2   C. 3   D. 4

20. 正弦电流通过电感元件时,下列关系中正确的是:

A. $u_L = \omega L i$

B. $\dot{U}_L = jX_L \dot{I}$

C. $\dot{U}_L = L\dfrac{d\dot{I}}{dt}$

D. $\psi_i = \psi_u + \dfrac{\pi}{2}$

21. 在 $R=6k\Omega, L=8H, C=2\mu F$ 三个元件串联的电路中,电路的暂态属于下列哪种类型?

A. 振荡

B. 不能确定

C. 临界振荡

D. 非振荡

22. 如图所示,电路原已稳定,$t=0$ 时断开开关 S,则 $u_{C1}(0_+)$ 等于:

A. 5V

B. 25V

C. 10V

D. 20V

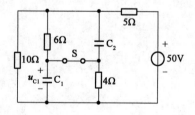

23. 如图所示电路中,电压 u 含有基波和三次谐波,基波角频率为 10^4 rad/s。若要求 u_1 中不含基波分量而将 u 中的三次谐波分量全部取出,则 C 的值等于:

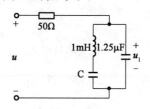

    A. $10\mu F$

    B. $30\mu F$

    C. $50\mu F$

    D. $20\mu F$

24. 若含有 R、L 的线圈与电容 C 串联,线圈电压 $U_{RL}=100V$,$U_C=60V$,总电压与电流同相,则总电压为:

    A. 20V   B. 40V

    C. 80V   D. 58.3V

25. 一半球形接地体系统,已知其接地电阻为 100Ω,土壤电导率 $\gamma=10^{-2}$ S/m,设有短路电流 500A,从该接地体流入地中,有人以 0.6m 的步距向此接地系统前进,前足距接地体中心 2m,则跨步电压为:

    A. 512V   B. 624V

    C. 728V   D. 918V

26. 在某放大电路中,测得三极管各电极对地的电压分别为 6V、9.8V、10V,由此可判断该三极管为:

    A. NPN 硅管   B. NPN 锗管

    C. PNP 硅管   D. PNP 锗管

27. 如图所示桥式整流电容滤波电路中,若二极管具有理想的特性,那么,当 $u_2=10\sqrt{2}\sin314t$ V,$R_L=10k\Omega$,$C=50\mu F$ 时,U_o 约为:

    A. 9V

    B. 10V

    C. 12V

    D. 14.14V

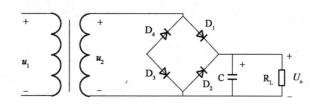

28. 文氏电桥式正弦波发生器电路如图所示,电路的振荡频率 f_0 约为:

A. 1590 Hz

B. 10000 Hz

C. 159 Hz

D. 10^{-1} Hz

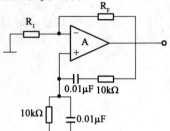

29. 一放大电路如图所示,当逐渐增大输入电压 u_1 的幅度时,输出电压 u_0 波形首先出现了顶部被削平的现象,为了消除这种失真应:

A. 减小 R_C

B. 减小 R_B

C. 减小 $-V_{CC}$

D. 换用 β 小的管子

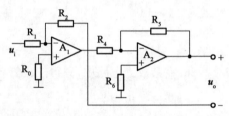

30. 如图所示的理想运放电路,已知 $R_1 = 1\,\mathrm{k\Omega}$,$R_2 = R_4 = R_5 = 10\,\mathrm{k\Omega}$,$u_i = 1\,\mathrm{V}$,$u_o$ 应为:

A. 20 V

B. 15 V

C. 10 V

D. 5 V

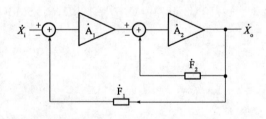

31. 某负反馈放大电路的组成框图如图所示,则电路的总闭环增益 $\dot{A}_f = \dot{X}_o / \dot{X}_i$ 等于:

A. $\dfrac{\dot{A}_1 \dot{A}_2}{1 + \dot{A}_1 \dot{A}_2 \dot{F}_1}$

B. $\dfrac{\dot{A}_1 \dot{A}_2}{1 + \dot{A}_1 \dot{A}_2 \dot{F}_1 \dot{F}_2}$

C. $\dfrac{\dot{A}_1 \dot{A}_2}{1 + \dot{A}_2 \dot{F}_2 + \dot{A}_1 \dot{F}_1}$

D. $\dfrac{\dot{A}_1 \dot{A}_2}{1 + \dot{A}_2 \dot{F}_2 + \dot{A}_1 \dot{A}_2 \dot{F}_1}$

32. 用卡诺图简化具有无关项的逻辑函数时,若用圈"1"法,在包围圈内的×和包围圈外的×分别按下列哪项处理?

　　A. 1,1　　　　　　　　　　　　　　B. 1,0

　　C. 0,0　　　　　　　　　　　　　　D. 无法确定

33. 若干个三态逻辑门的输出端连接在一起,能实现的逻辑功能是:

　　A. 线与　　　　　　　　　　　　　　B. 无法确定

　　C. 数据驱动　　　　　　　　　　　　D. 分时传送数据

34. n 位寄存器组成的环形移位寄存器可以构成下列哪种进制的计数器?

　　A. n　　　　　　　　　　　　　　　B. 2^n

　　C. 4^n　　　　　　　　　　　　　　D. 无法确定

35. 要用 256×4 的 RAM 扩展成 $4k \times 8$ RAM,需选用此种 256×4 RAM 的片数为:

　　A. 8　　　　　　　　　　　　　　　B. 16

　　C. 32　　　　　　　　　　　　　　D. 64

36. 由 555 定时器构成的多谐振荡器如图所示,已知 $R_1 = 33k\Omega$,$R_2 = 27k\Omega$,$C = 0.083\mu F$,$V_{cc} = 15V$。电路的谐振频率 f_0 约为:

TH	$\overline{TR}$	$\overline{R}_D$	OUT	DIS
×	×	L	L	导通
$>2V_{CC}/3$	$>V_{CC}/3$	H	L	导通
$<2V_{CC}/3$	$>V_{CC}/3$	H	不变	不变
×	$<V_{CC}/3$	H	H	截止

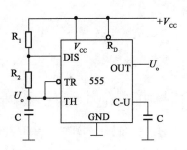

　　A. 286Hz　　　　　　　　　　　　B. 200Hz

　　C. 127Hz　　　　　　　　　　　　D. 140Hz

37. 时序电路如图所示,其中 R_A、R_B、R_S 均为 8 位移位寄存器,其余电路分别为全加器和 D 触发器,那么,该电路具有何种逻辑功能?

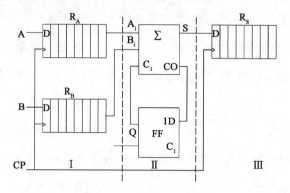

A. 实现两组 8 位二进制串行乘法功能

B. 实现两组 8 位二进制串行除法功能

C. 实现两组 8 位二进制串行加法功能

D. 实现两组 8 位二进制串行减法功能

38. 一台变压器,额定功率为 50Hz,如果将其接到 60Hz 的电源上,电压的大小仍与原值相等,那么此时变压器铁芯中的磁通与原来相比将:

A. 为零   B. 不变

C. 减少   D. 增加

39. 一台三相变压器,$S_N = 31500kVA$,$U_{1N}/U_{2N} = 110kV/10.5kV$,$f_N = 50Hz$,Yd 接线,已知空载试验(低压侧)时 $U_0 = 10.5kV$,$I_0 = 46.76A$,$P_0 = 86kW$;短路试验(高压侧)时 $U_k = 8.29kV$,$I_k = 165.33A$,$P_k = 198kW$。当变压器在 $\cos\varphi_2 = 0.8$(滞后)时的最大效率为:

A. 0.9932   B. 0.9897   C. 0.9722   D. 0.8

40. 一台并联在电网上运行的同步发电机,若要在保持其输出的有功功率不变的前提下,增大其感性无功功率的输出,可以采用下列哪种办法?

A. 保持励磁电流不变,增大原动机输入,使功角增加

B. 保持励磁电流不变,减小原动机输入,使功角减小

C. 保持原动机输入不变,增大励磁电流

D. 保持原动机输入不变,减小励磁电流

41. 一台隐极同步发动机,分别在 U、I、$\cos\varphi_1$(滞后)和 U、I、$\cos\varphi_2$(滞后)两种情况下运行,其中 U、I 大小保持不变,而 $\cos\varphi_1 > \cos\varphi_2$,那么两种情况所需的励磁电流相比为下列哪种情况?

A. $I_{f1} > I_{f2}$ B. $I_{f1} = I_{f2}$

C. $I_{f1} < I_{f2}$ D. 无法相比

42. 一台三相绕线式感应电动机,额定频率 $f_N = 50\text{Hz}$,额定转速 $n_N = 980\text{r/min}$,当定子接到额定电压,转子不转且开路时的每相感应电动势为 110V,那么电动机在额定运行时转子每相感应电势 E_2 为下列何值?

A. 0V   B. 2.2V

C. 38.13V   D. 110V

43. 一台并励直流电动机 $P_N = 17\text{kW}$,$U_N = 220\text{V}$,$n_N = 3000\text{r/min}$,$I_{aN} = 87.7\text{A}$,电枢回路总电阻 $R_a = 0.114\Omega$,拖动额定的恒转矩负载运行时,电枢回路串入 0.15Ω 的电阻,忽略电枢反应的影响,稳定后的转速为下列何值?

A. 1295r/min   B. 2812r/min

C. 3000r/min   D. 3947r/min

44. 在我国,35kV 及容性电流大的电力系统中性点常采用:

A. 直接接地   B. 不接地

C. 经消弧线圈接地   D. 经小电阻接地

45. 衡量电能质量的指标有:

A. 电压   B. 频率

C. 波形   D. 以上三种都有

46. 电力系统的部分接线如图所示,各级电网的额定电压示于图中,设变压器 T_1 工作于 $+2.5\%$ 的抽头,T_2 工作于主抽头,T_3 工作于 -5% 抽头,这些变压器的实际变比分别为:

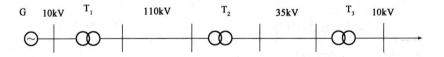

A. T_1:10.5/124.025kV T_2:110/38.5kV T_3:33.25/11kV

B. T_1:10.5/121kV T_2:110/38.5kV T_3:36.575/10kV

C. T_1:10.5/112.75kV T_2:110/35kV T_3:37.5/11kV

D. T_1:10.5/115.5kV T_2:110/35kV T_3:37.5/11kV

47. 某三相三绕组自耦变压器,S_{TN} 为 90MVA,额定电压为 220kV/121kV/38.5kV,容量比 100/100/50,实测的短路试验数据如下:$P'_{k(1-2)} = 333\text{kW}$,$P'_{k(1-3)} = 265\text{kW}$,$P'_{k(2-3)} = 277\text{kW}$(1、2、3 分别代表高、中、低压绕组,"'"表示未归算到额定容量),三绕组变压器归算到低压侧等值电路中的 R_{T1}、R_{T2}、R_{T3} 分别为:

A. 1.990Ω,1.583Ω,1.655Ω
B. 0.026Ω,0.035Ω,0.168Ω
C. 0.850Ω,1.140Ω,5.480Ω
D. 0.213Ω,0.284Ω,1.370Ω

48. 某变电所有两台变压器并联运行,每台变压器的额定容量为 31.5MVA,短路损耗 $P_K = 148\text{kW}$,短路电压百分比 $U_K\% = 10.5$,空载损耗 $P_0 = 40\text{kW}$,空载电流 $I_0\% = 0.8$。变压器运行在额定电压下,变比为 110/11kV,两台变压器流过的总功率为 $40 + j30\text{MVA}$,则两台变压器的总功率损耗为:

A. 0.093+j2.336MVA
B. 0.372+j9.342MVA
C. 0.127+j1.547MVA
D. 0.268+j4.67MVA

49. 一条空载运行的 220kV 单回输电线,长 200km,导线型号为 LGJ—300,$r_1 = 0.18\Omega/\text{km}$,$x_1 = 0.426\Omega/\text{km}$,$b_1 = 2.66 \times 10^{-6}\text{S/km}$,线路受端电压为 205kV,则线路送端电压为:

A. 200.35kV
B. 205kV
C. 220kV
D. 209.65kV

50. 一条 110kV 的供电线路,输送有功为 22MW,功率因数为 0.74。现装设串联电容器以使末端电压从 109kV 提高为 115kV,为达到此目的选用标准单相电容器,其中 $U_G = 0.66\text{kV}$,$Q_{CN} = 40\text{kVA}$,则需装电容器的总容量为:

A. 1.20Mvar
B. 3.60Mvar
C. 6.00Mvar
D. 2.52Mvar

51. 当高压电网发生三相短路故障时,其短路电流非周期分量出现最大瞬时值的条件是:

A. 短路前负载,电压初相位为 0°
B. 短路前负载,电压初相位为 90°
C. 短路前空载,电压初相位为 0°
D. 短路前空载,电压初相位为 90°

52. 系统如图所示,原来出线1的断路器容量是按一台发电机考虑的,现在又装设一台同样的发电机,电抗器 X_R 应选择多少,使 f 点发生三相短路时,短路容量不变?

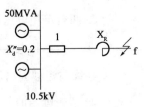

    A. 0.10Ω

    B. 0.2205Ω

    C. 0.20Ω

    D. 0.441Ω

53. 系统如图所示,系统中各元件在同一基准功率下的标幺值电抗:G: $x_d'' = x_{(2)} = 0.05, x_{(0)} = 0.1$ (Y接线,中性点接地), $E''_{(G)} = 1.1$;T: $x_T = 0.05$,Y/△-11 接法,中性点接地电抗 $x_p = 0.05/3$;负荷的标幺值电抗: $x_D = 0.9$ (Y接线)。则当图示 f 点发生 A 相接地短路时,发电机母线处的 A 相电压是:

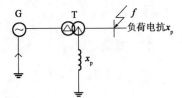

    A. 0.9315

    B. 0.94

    C. 1.0194

    D. 1.0231

54. 判断下列哪种情况或设备应校验热稳定以及动稳定?

    A. 装设在电流互感器回路中的裸导体和电器

    B. 装设在电压互感器回路中的裸导体和电器

    C. 用熔断器保护的电器

    D. 电缆

55. 充填石英砂有限流作用的高压熔断器,只能用在:

    A. 电网的额定电压小于或等于其额定电压的电网中

    B. 电网的额定电压大于或等于其额定电压的电网中

    C. 电网的额定电压等于其额定电压的电网中

    D. 其所在电路的最大长期工作电流大于其额定电流

56. 内桥形式的主接线适用于:

    A. 出线线路较长,主变压器操作较少的电厂

    B. 出线线路较长,主变压器操作较多的电厂

    C. 出线线路较短,主变压器操作较多的电厂

    D. 出线线路较短,主变压器操作较少的电厂

57. 在 3～20kV 电网中,为了测量相对地电压,通常采用:

    A. 三相五柱式电压互感器

    B. 三相三柱式电压互感器

    C. 两台单相电压互感器接成不完全星形接线

    D. 三台单相电压互感器接成 Y/Y 接线

58. 绝缘与污秽闪络等事故主要发生在:

    A. 下雷阵雨时   B. 下冰雹时

    C. 雾天   D. 刮大风时

59. 决定电气设备绝缘水平的避雷器参数是:

    A. 额定电压   B. 残压

    C. 工频参考电压   D. 最大长期工作电压

60. 用超低频(0.1Hz)法对大电机进行绝缘试验时,所需的试验设备容量仅为工频试验设备的:

    A. 1/50   B. 1/100

    C. 1/250   D. 1/500

2007 年度全国勘察设计注册电气工程师(发输变电)执业资格考试基础考试(下)试题解析及参考答案

1. **解** 按电流方向为正,则:

$$I = \frac{5-4-17}{8+2+6} = -1\text{A}$$

注:电流方向可任意设置,数值可正可负。

答案: A

2. **解** 由容抗与感抗的公式可知:

$$\omega L = \frac{1}{\omega C} \Rightarrow \omega^2 = (2\pi f)^2 = \frac{1}{LC} \Rightarrow f = \frac{1}{2\pi}\sqrt{\frac{1}{LC}} = \frac{1}{2\pi} \times \sqrt{\frac{1}{4 \times 25 \times 10^{-12}}} = 15.92\text{kHz}$$

答案: A

3. **解** 串入 1/4 波长的无损耗传输线 L_2 后,从 L_2 起始看进去的输入阻抗 Z_{in} 为:

$$Z_{\text{in}} = Z_{\text{C}} \frac{Z_2 + jZ_{\text{C}}\tan\left(\frac{2\pi}{\lambda} \cdot \frac{\lambda}{4}\right)}{jZ_2\tan\left(\frac{2\pi}{\lambda} \cdot \frac{\lambda}{4}\right) + Z_{\text{C}}} = \frac{Z_{\text{C}}^2}{Z_2} = \frac{Z_{\text{C}}^2}{25}$$

为达到匹配的目的,因 $Z_{\text{in}} = 36$,则:

$$Z_{\text{C}} = \sqrt{25 \times 36} = 30\Omega$$

注:长度为 1/4 波长的无损耗线,可以用来作为接在传输线和负载之间的匹配元件,它的作用如同一个阻抗变换器。终端接入的负载 Z_{L} 等于均匀传输线的特性阻抗 Z_{C} 时,称传输线工作在匹配状态。

答案: A

4. **解** 参见附录一"高频知识考点补充"的知识点 1,去耦等效电路如解图 1 所示。

将数据代入(括号内为 $M=8$),则:

当 $M=0$ 时,$L_{\text{eq}} = 10\text{H}$,则:$\omega = \sqrt{\frac{1}{L_{\text{eq}}C}} = \sqrt{\frac{1}{10 \times 1000 \times 10^{-6}}} = 10\text{rad/s}$

当 $M=8$ 时,$L_{\text{eq}} = (8//2) + 2 = 3.6\text{H}$,则:$\omega = \sqrt{\frac{1}{L_{\text{eq}}C}} = \sqrt{\frac{1}{3.6 \times 1000 \times 10^{-6}}} = 16.67\text{rad/s}$

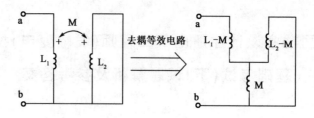

题 4 解图 1

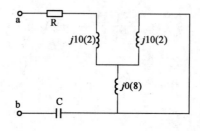

题 4 解图 2

答案:C

5.解 由于电容为储能元件,其电压不能突变,则:

$$u_{C1}(0_+)=U_{C1}(0_-)=10V;u_{C2}(0_+)=U_{C2}(0_-)=0V$$

换路后,C_1 经 R 向 C_2 充电,原 C_1 储存的电荷在两个电容上重新分配,由电容有公式 $q=Cu$,由于换路前后电容中的电荷总量一定,且稳态时 $u_{C1}(\infty)=U_{C2}(\infty)$,则:

$$C_1 u_{C1}(\infty)+C_2 u_{C2}(\infty)=C_1 u_{C1}(0_+)+C_2 u_{C2}(0_+)$$

$$\Rightarrow u_{C1}(\infty)=u_{C2}(\infty)=\frac{C_1 u_{C1}(0_+)+C_2 u_{C2}(0_+)}{C_1+C_2}=\frac{6\times10+3\times0}{6+3}=6.67V$$

电容串联时,总电容:$C=\dfrac{C_1 C_2}{C_1+C_2}=\dfrac{6\times3}{6+3}=2\mu F$,则

时间常数:$\tau=RC=1\times2\times10^{-6}=2\mu s$

代入一阶电路全响应方程 $f(t)=f(\infty)+[f(0_+)-f(\infty)]e^{-\frac{t}{\tau}}$,则

$$u_{C1}(t)=6.67+[10-6.67]e^{-\frac{t}{\tau}}=6.67+3.33e^{-\frac{t}{\tau}}$$

答案:D

6.解 由题意可知,$u(t)$ 仅把五次谐波含量完整地取出,分析可知,三次谐波频率时, LC 电路应发生并联谐振(视为断路),五次频率时,LC 电路发生串联谐振(视为短路),则 三次频率时:

$$3\omega L=\frac{1}{3\omega C}\Rightarrow L=\frac{1}{3^2\times10^6\times10^{-6}}=\frac{1}{9}H$$

答案: A

7. 解 电路如解图所示,则总阻抗为:

题7解图

$$Z_o = R + j\omega L + \left[R_1 // \left(-j\frac{1}{\omega C} \right) \right]$$

其中 $R_1 // \left(-j\frac{1}{\omega C} \right) = \dfrac{-j\dfrac{R_1}{\omega C}}{R_1 - j\dfrac{1}{\omega C}} = \dfrac{-j\dfrac{R_1}{\omega C}\left(R_1 + j\dfrac{1}{\omega C} \right)}{\left(R_1 - j\dfrac{1}{\omega C} \right)\left(R_1 + j\dfrac{1}{\omega C} \right)} = \dfrac{\dfrac{R_1}{\omega^2 C^2} - j\dfrac{R_1^2}{\omega C}}{R_1^2 - \left(j\dfrac{1}{\omega C} \right)^2}$

$$= \dfrac{\dfrac{R_1}{\omega^2 C^2} - j\dfrac{R_1^2}{\omega C}}{R_1^2 + \dfrac{1}{\omega^2 C^2}}$$

$$= \dfrac{\dfrac{R_1}{\omega^2 C^2}}{R_1^2 + \dfrac{1}{\omega^2 C^2}} - j\dfrac{\dfrac{R_1^2}{\omega C}}{R_1^2 + \dfrac{1}{\omega^2 C^2}}$$

那么, $Z_o = R + \dfrac{\dfrac{R_1}{\omega^2 C^2}}{R_1^2 + \dfrac{1}{\omega^2 C^2}} + j\left(\omega L - \dfrac{\dfrac{R_1^2}{\omega C}}{R_1^2 + \dfrac{1}{\omega^2 C^2}} \right)$, 由于发生串联谐振,使其虚部为

零,即

$$\omega L - \dfrac{\dfrac{R_1^2}{\omega C}}{R_1^2 + \dfrac{1}{\omega^2 C^2}} = 0 \Rightarrow \omega^3 R_1^2 L C^2 - \omega(L - R_1^2 C) = 0$$

$$\omega = \sqrt{\dfrac{R_1^2 C - L}{R_1^2 L C^2}} = \sqrt{\dfrac{1}{LC} - \dfrac{1}{R_1^2 C^2}} < \sqrt{\dfrac{1}{LC}}$$

显然,电路的谐振频率降低。

> 注:计算过程较烦琐,考生应注意,当分母为虚数时,需使用必要的技巧使其实部与虚部分离。

答案: B

8. 解 将 2Ω 电阻两端断开,求其戴维南等效电路:

(1)开路电压:

$$U_o = 48 \times \frac{6}{3+6} - 48 \times \frac{4}{8+4} = 32 - 16 = 16V$$

(2)等效电阻:

$$R_{eq} = (3//6) + (8//4) = \frac{14}{3}\Omega$$

(3)负载电阻电压:

$$u = 16 \times \frac{2}{14 \div 3 + 2} = 4.8\text{V}$$

答案:C

9.**解** 正弦电流表达式:$i = I_m \sin(\omega t + \varphi)$

则:半个周期180°,相角由60°第一次下降至0经过$\frac{1}{150}$s,经过120°,弧度$\frac{2\pi}{3}$,即 $i = I_m \sin(\omega t + 120°) = 0$

$$\omega t = 2\pi f t = \frac{2\pi}{3} \Rightarrow f = \frac{2\pi}{3} \times \frac{150}{2\pi} = 50\text{Hz}$$

注:隐含条件,相角由第一次下降至0时,$\omega t + \varphi = \pi$;相角由第二次下降至0时,$\omega t + \varphi = 2\pi$,以此类推。

答案:A

10.**解** 由公式$E = \frac{I}{2\pi\gamma r}$可知,场强与半径成反比,因此内、外绝缘最大且相等的场强应出现在2cm、4cm处,即:

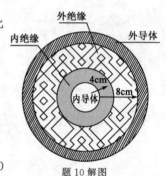

题10解图

$$\frac{I}{2\pi\gamma_1 \times 2} = \frac{I}{2\pi\gamma_2 \times 4} \Rightarrow \gamma_1 = 2\gamma_2$$

两导体之间的电压为:

$$U = \int_2^4 \frac{I}{2\pi\gamma_1 r}dr + \int_2^4 \frac{I}{2\pi\gamma_2 r}dr = \frac{I}{2\pi}\left(\frac{1}{\gamma_1}\ln 2 + \frac{1}{\gamma_2}\ln 2\right) = 150$$

解得金属圆柱的电位为:$U' = \frac{I}{2\pi\gamma_2}\ln 2 = 100\text{V}$

注:不必计算出γ_1、γ_2准确数值,即可求出答案。本题采用恒定电场公式求解,同理,考生也可用静电场公式解答。

答案:A

11.**解** 考查节点方程的自导定义,B点自导为:$2 + 3 = 5\text{S}$

注:节点方程的有效自导指本节点与所有相邻节点支路中除电流支路电导的所有电导之和。有效互导指本节点与相邻节点之间的电导(电流源支路电导为0)。

答案:C

12.**解** 由临界振荡条件,则:

$2\sqrt{\frac{L}{C}} = 2 \times \sqrt{\frac{9}{10^{-6}}} = 2 \times 3 \times 10^3 = 6\text{k}\Omega < R = 9\text{k}\Omega$,为非振荡过程。

注：$R = 2\sqrt{\dfrac{L}{C}}$ 的过渡过程为临界非振荡过程,这时的电阻为临界电阻,电阻小于此值时,为欠阻尼状态,振荡放电过程;大于此值时,为过阻尼状态,非振荡放电过程。

另,发生谐振时角频率和频率分别为：$\omega_0 = \dfrac{1}{\sqrt{LC}}$,$f_0 = \dfrac{1}{2\pi\sqrt{LC}}$,品质因数为：$Q = \dfrac{1}{R}\sqrt{\dfrac{L}{C}}$。

答案：B

13. 解　当终端短路状态时,$Z_{in} = jZ_C\tan\dfrac{2\pi}{\lambda}l$,$Z_C$ 为特性阻抗,则：

当 $l = \dfrac{5}{8}\lambda$、$l = \dfrac{7}{8}\lambda$、$l = \dfrac{11}{8}\lambda$,代入方程：$Z_{in} = jZ_C$

当 $l = \dfrac{1}{2}\lambda$,代入方程：$Z_{in} = 0$

注：无损耗的均匀传输线的输入阻抗,当终端开路状态时,$Z_{in} = -jZ_C\cot\dfrac{2\pi}{\lambda}l$;当终端短路状态时,$Z_{in} = jZ_C\tan\dfrac{2\pi}{\lambda}l$。

答案：C

14. 解　根据有功功率公式,则电流有效值为：

$$P = I^2R \Rightarrow I = \sqrt{\dfrac{P}{R}} = \sqrt{\dfrac{10}{10}} = 1\text{A}$$

则,总有功功率：$P_{\Sigma} = I^2R_{\Sigma} = 1^2 \times (10+20) = 30\text{W}$

总功率因数：$\cos\varphi = \dfrac{P}{S} = \dfrac{30}{50} = 0.6$

答案：A

15. 解　由于电阻并联,电容电压发生跃变,则：

由公式 $q = Cu$,电路中的电荷总量一定,则 $\dfrac{C_1}{C_2} = \dfrac{u_{C2}}{u_{C1}}$,即：

$$u_{C1}(0_+) = \dfrac{C_2}{C_1+C_2}U = \dfrac{3}{1+3} \times 24 = 18V$$

答案：B

16. 解　对直流分量、基波分量和二次谐波分量分别分析如下：

(1)直流分量：$I_0 = \dfrac{U}{R} = \dfrac{100}{100} = 1\text{A}$

(2)基波分量：$\omega L_2 = \dfrac{1}{\omega C_2} = 100\Omega$，$L_2$ 和 C_2 发生串联谐振，相当于短路，则：

$$I_{11} = \frac{U}{X_{L1}} = \frac{100}{j100} = -j1\text{A}$$

(3)二次谐波分量：$2\omega L_1 = \dfrac{1}{2\omega C_1} = 200\Omega$，$L_1$ 和 C_1 发生并联谐振，相当于断路，则：

$$I_{12} = \frac{U}{X_{L1}} = \frac{100}{j200} = -j0.5\text{A}$$

则，I_1 电流有效值：$I_1 = \sqrt{I_0^2 + I_{11}^2 + I_{12}^2} = \sqrt{1^2 + 1^2 + 0.5^2} = 1.5\text{A}$

> 注：I_1 是 L_1 支路中电流，非线路总电流，因此计算中不考虑容抗。

答案： A

17. **解**　功率表测量原理可参见附录一"高频考点知识补充"的知识点 2，功率表的电流端接在 A 相，电压端接在 BC 相，且为线电压，则功率表读数为：$P = U_{BC} I_{AN}$。

在星形连接的三相电源或三相负载中，线电流和相电流为同一电流，线电压是相电压的 $\sqrt{3}$ 倍，且线电压超前于相应的相电压 30°，则设 A 相电压相位为 0°，功率因数角为 $\varphi = \arccos 0.8 = 36.87°$，则：

各相电压：$\dot{U}_{AN} = U_P \angle 0°$，$\dot{U}_{BN} = U_P \angle -120°$，$\dot{U}_{CN} = U_P \angle 120°$；

各相电流：$\dot{I}_{AN} = I_P \angle -36.87°$，$\dot{I}_{BN} = I_P \angle -156.87°$，$\dot{I}_{CN} = I_P \angle 83.13°$；

各线电压：$\dot{U}_{AB} = \sqrt{3}\,U_{AN} \cdot \angle 30° = \sqrt{3}\,U_P \angle 30°$，$\dot{U}_{BC} = \sqrt{3}\,U_{BN} \cdot \angle 30° = \sqrt{3}\,U_P \angle -90°$，$\dot{U}_{CA} = \sqrt{3}\,U_{CN} \cdot \angle 30° = \sqrt{3}\,U_P \angle 150°$

其中 $U_P = 220$V、$I_P = 3$A 分别为相电压与相电流有效值，那么，功率表读数为：

$$P = \dot{U}_{BC} \dot{I}_{AN} = \sqrt{3}\,U_P \angle -90° \times I_P \angle -36.87° = 380 \times 3 \times \cos(-53.13°) = 684\text{W}$$

> 注：本题考查功率表的测量原理以及星形接线中各相、线的电压电流相位关系。

答案： B

18. **解**　化简等效电路如解图所示，则戴维南等效电路，开路电压和等效内阻分析如下：

(1)等效内阻：

$$R_{in} = 4//4 = 2\Omega$$

(2)开路电压：

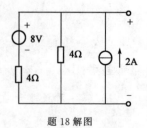

题 18 解图

$$u_s = 2 \times 4 = 8V$$

注:等效内阻需将电流源和电压源置零,即将电流源断路、电压源短路。

答案: A

19.解 设同轴电缆内导体单位长度所带电荷为 τ,则电场强度 $E = \dfrac{\tau}{2\pi\varepsilon r}(a < r < b)$。

设电缆电压为 U_0(电缆内外导体电位差),则 $U_0 = \displaystyle\int_a^b \dfrac{\tau}{2\pi\varepsilon r}\mathrm{d}r = \dfrac{\tau}{2\pi\varepsilon}\ln\dfrac{b}{a}$,因此 $\tau = \dfrac{2\pi\varepsilon \cdot U_0}{\ln\dfrac{b}{a}}$

电场强度:$E_{r=a} = \dfrac{\tau}{2\pi\varepsilon a} = \dfrac{U_0}{a \cdot (\ln b - \ln a)}(a < r < b)$,若使 $E_{r=a}$ 最小,U_0 为固定值(常数),那么 $a(\ln b - \ln a)$ 应取得最大值。根据函数极值的求解方式,设 b 固定,对 a 求导可得:

$$f'(a) = \left(a\ln\dfrac{b}{a}\right)' = \ln\dfrac{b}{a} - 1$$

由导数几何意义,当 $f'(a) = 0$ 时,$E_{r=a}$ 取得极值,则 $\ln\dfrac{b}{a} - 1 = 0$,解得 $\dfrac{b}{a} = e$

答案: A

20.解 基本概念,其他选项正确表达方式为:

选项 A:$u_L = L\dfrac{\mathrm{d}i}{\mathrm{d}t}$;选项 C:$U_L = L\dfrac{\mathrm{d}I}{\mathrm{d}t}$;选项 D:$\Psi_u = \Psi_i + \dfrac{\pi}{2}$。

答案: B

21.解 由临界振荡条件,则:

$$2\sqrt{\dfrac{L}{C}} = 2 \times \sqrt{\dfrac{8}{2 \times 10^{-6}}} = 4 \times 10^3 = 4k\Omega < R = 6k\Omega,为非振荡过程。$$

注:$R = 2\sqrt{\dfrac{L}{C}}$ 的过渡过程为临界非振荡过程,这时的电阻为临界电阻,电阻小于此值时,为欠阻尼状态,振荡放电过程;大于此值时,为过阻尼状态,非振荡放电过程。

另,发生谐振时角频率和频率分别为:$\omega_0 = \dfrac{1}{\sqrt{LC}}$,$f_0 = \dfrac{1}{2\pi\sqrt{LC}}$,品质因数为:$Q = \dfrac{1}{R}\sqrt{\dfrac{L}{C}}$。

答案: D

22.解 由于电容为储能元件,其电压不能突变,则:

$$u_{C1}(0_+) = U_{C1}(0_-) = \frac{50}{[(4+6)//10]+5} \times \frac{1}{2} \times 4 = 10V$$

答案:C

23.解 根据输出电压只含有三次谐波分量,可知基频时,发生串联谐振;三次谐频时,发生并联谐振。

基波时,电路发生串联谐振,电容电感串联回路相当于短路,即:

$$\omega L = \frac{1}{\omega C} \Rightarrow C = \frac{1}{\omega^2 L} = \frac{1}{10^8 \times 10^{-3}} = 10^{-5}F = 10\mu F$$

答案:A

24.解 由于总电压与电流同相位,则各相量关系如解图所示:

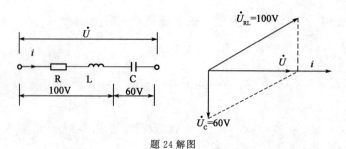

题 24 解图

则,总电压:$U = \sqrt{100^2 - 60^2} = 80V$

> 注:电感与电容两端的电压电流相位关系必须牢记,即电感元件两端电压相量超前于电流相量90°,电容元件上两端电压相量滞后于电流相量90°。

答案:C

25.解 采用恒定电场的基本方程 $\oint_S J \cdot dS = 0$,$J = \gamma E$,设流出的电流为 I,则:

$$J = \frac{I}{2\pi r^2}, E = \frac{I}{2\pi \gamma r^2}$$

则,跨步电位差为:$U_l = \int_2^{2.6} \frac{I}{2\pi \gamma r^2} dr = \frac{500}{2\pi \times 10^{-2}} \times \left(\frac{1}{2} - \frac{1}{2.6}\right) = 918.2V$

答案:D

26.解 PNP 和 NPN 型半导体三极管具有几乎等同的特性,只是各电极端的电压极性和电流流向不一样,如解图所示。

基极与发射极之间的电压 V_{BE} 为一固定值,对于

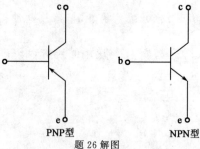

PNP型   NPN型
题 26 解图

硅管,为 0.7V 左右,对于锗管,为 0.2V 左右。由题意可知,$U_B=10V$,$U_E=9.8V$,即为锗管,则 $U_C=6V$,因此电流方向为 $e\to c$,为 PNP 型。

答案: D

27.解 一般的,桥式整流电路输出电压 $U_o=1.1\sim1.2U_2$;而当 C 值一定,$R=\infty$ 时,即空载时,$U_o=1.4U_2$;当 $C=0$,即无电容时,$U_o=0.9U_2$。

则:$U_o=1.1\sim1.2U_2=(1.1\sim1.2)\times\dfrac{10\sqrt{2}}{\sqrt{2}}=11\sim12V$

> 注:桥式整流电路的基本公式要牢记。

答案: C

28.解 也称 RC 桥式正弦波振荡电路,其振荡频率公式为:

$$f=\frac{1}{2\pi RC}=\frac{1}{2\pi\times10\times10^3\times0.01\times10^{-6}}=1591.5\text{Hz}$$

> 注:几种基本的正弦波、方波、锯齿波产生电路的基本特性需要掌握。

答案: A

29.解 u_o 正半周被削平,出现截止失真。修正方式为减小 R_B。当 u_o 负半周被削平,出现饱和失真。修正方式为增加 R_B。

> 注:Q 点太高,当输入信号足够大时,三极管进入饱和区,产生饱和失真,u_o 负半周被削平;Q 点太低,当输入信号足够大时,三极管进入截止区,产生截止失真,u_o 正半周被削平。

答案: B

30.解 两个运算放大器分别分析如下:

(1)运算放大器 A_1,根据虚地和虚断:

$$u_{A1o}=-\frac{R_2}{R_1}u_1=-10V$$

(2)运算放大器 A_2,根据虚地和虚断:

$$u_{A2o}=-\frac{R_5}{R_4}u_{A1o}=-1\times(-10)=10V$$

则,输出电压:$u_o=u_{A2o}-u_{A1o}=10-(-10)=20V$

> 注:虚断、虚短以及虚地是线性工作状态下理想集成运放的重要特点,也是历年必考的知识点。

答案:A

31.解 由运算放大器 A_1 和 A_2 的关系,可知:

$$\dot{X}_{A1-OUT}=\dot{A}_1(\dot{X}_i-\dot{F}_1\dot{X}_o);\quad \dot{X}_o=\dot{X}_{A2-OUT}=\dot{A}_2(\dot{X}_{A1-OUT}-\dot{F}_2\dot{X}_o),则:$$

$$\dot{X}_o=\dot{A}_2[\dot{A}_1(\dot{X}_i-\dot{F}_1\dot{X}_o)-\dot{F}_2\dot{X}_o]\Rightarrow\dot{X}_o+\dot{A}_2\dot{F}_2\dot{X}_o-\dot{A}_2\dot{A}_1\dot{F}_1\dot{X}_o=\dot{A}_2\dot{A}_1\dot{X}_i$$

$$\Rightarrow\frac{\dot{X}_o}{\dot{X}_i}=\frac{\dot{A}_2\dot{A}_1}{1+\dot{A}_2\dot{F}_2+\dot{A}_2\dot{A}_1\dot{F}_1}$$

> 注:图中 $\dot{X}$ 表示一般信号量,既可表示电压,也可表示电流。带箭头的线条表示各组成部分的连线,信号沿箭头方向传输,符号 $\otimes$ 表示比较环节(比较电路)。

答案:D

32.解 所谓无关项,即取值可以为1或0,原则是应有利于得到更为简化的逻辑函数式。卡诺图中相邻方格包括上下底相邻,左右边相邻和四角相邻。

答案:B

33.解 三态逻辑门(三态与非门)的最重要的用途就是可向一条导线上轮流传送几组不同的数据和控制信号,也称为总线传输,这种方式在计算机中被广泛采用,但需要指出,为了保证接在同一条总线上的许多三态门能正常工作,一个必要条件是,任何时间里最多只有一个门处于工作状态,否则就有可能出现输出状态不正常的现象。

> 注:三态逻辑门又称三态门。它与一般门电路不同,它的输出端除了出现高电平、低电平外,还可以出现第三个状态,即高阻态,但并不是3个逻辑值电路。

答案:D

34.解 基本概念,不再赘述。

答案:A

35.解 $n=\dfrac{4\times1024\times8}{256\times4}=32$ 片

答案:C

36.解 此为555定时器构成的多谐振荡器,输出端为一个周期性的方波,其频率为:

$$f=\frac{1.43}{(R_1+2R_2)C}=\frac{1.43}{(33+2\times27)\times10^3\times0.083\times10^{-6}}=198\text{Hz}$$

注：v_c 下降到 $\frac{1}{3}V_{CC}$ 时，触发器被置位，v_o 翻转为高电平，电容器 C 放电所需的时间为：$t_{PL} = R_2 C\ln 2 \approx 0.7 R_2 C$；当 C 放电结束时，$V_{CC}$ 将通过 R_1、R_2 向电容器 C 充电，v_c 由 $\frac{1}{3}V_{CC}$ 上升至 $\frac{2}{3}V_{CC}$ 所需的时间为：$t_{PH} = (R_1+R_2)C\ln 2 \approx 0.7(R_1+R_2)C$；当 v_c 上升到 $\frac{2}{3}V_{CC}$ 时，触发器又发生翻转。如此周而复始，在输出端得到的周期性方波的频率为：$f = \dfrac{1}{t_{PL}+t_{PH}} \approx \dfrac{1.43}{(R_1+2R_2)C}$

答案：B

37. **解** 由于 $C_1 = Q = D$，$Q^{n+1} = D = CO$，可列真值表见解表。

题 37 解表

A_1	B_1	C_1	CO	S
0	0	—	0	0
0	1	0	0	1
1	0	0	0	1
1	1	0	1	0
0	0	1	0	1

此为串行加法器。

答案：C

38. **解** 根据电磁感应定律可知，变压器原副边的感应电动势有效值为：

$$E_1 = 4.44 f N_1 \Phi_m; \quad E_2 = 4.44 f N_2 \Phi_m$$

若频率由 50Hz 提高到 60Hz，而保持感应电动势有效值不变，则铁芯中的磁通将降低至原来的 5/6。

答案：C

39. **解** 变压器最大效率发生在某负载率时，其铜耗等于铁耗，即 $P_0 = \beta^2 P_k \Rightarrow \beta = \sqrt{\dfrac{P_0}{P_k}} = \sqrt{86 \div 198} = 0.659$

利用变压器效率计算公式：$\eta = 1 - \dfrac{\beta^2 P_{kN} + P_0}{\beta S_N \cos\varphi_2 + \beta^2 P_{kN} + P_0}$，则：

$$\eta = 1 - \frac{0.659^2 \times 198 + 86}{0.659 \times 31500 \times 0.8 + 0.659^2 \times 198 + 86} = 0.9897$$

答案:B

40.解 同步发电机无功功率调节,其 V 形曲线如解图所示。

(1)每条 V 形曲线都有一个最低点,该点表示 $\cos\varphi=1$,即电枢电流 I 只有有功的电流,因此 I 最小。对应此时的励磁电流称为正常电流。在基础上,I_f 增大时,I 也增大,此时发电机发出有功功率,也发出滞后的无功功率,称为过励。如果从正常励磁开始减小励磁电流电枢电流也增大,则此时发电机既发出有功功率,也发出超前的无功功率,称为欠励。

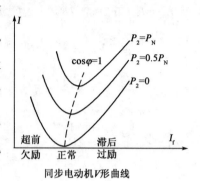

同步电动机V形曲线

题 40 解图

(2)在同一个励磁电流下,有功功率越大,电枢电流就越大,V 形曲线就越高。

(3)过励,受发热条件限制;欠励,既受发热条件限制,也受不稳定条件限制。

注:同步电动机的 V 形曲线,超前与滞后的位置则正好相反。建议考生记住其中之一即可,否则难免混淆。

答案:C

41.解 原理同上题,不再赘述。

答案:C

42.解 转子电动势:$E_2=\sqrt{2}\pi f N_1 k_{dp1}\Phi_m$

转子绕组开路时,转子静止,磁场交变频率 $f_2=f_1$,当转子旋转时,其 $f_2'=sf_1=sf_2$,因此其转子绕组电压为 $E_2'=sE_2$

同步转速:$n_N=\dfrac{60f}{p}=1000r/min$,转差率:$s=\dfrac{1000-980}{1000}=0.02$

转子绕组电压:$E_2'=0.02\times110=2.2V$

注:感应电动机的额定转速一般略小于同步转速,因此可知本题同步转速为 $1000r/min$。

答案:B

43.解 并励直流电动机接线图如解图所示。

电枢电动势:$E_a=U_N-I_aR_a=220-87.7\times0.114=210V$

由公式 $E_a=C_e\varphi n$,可得 $C_e\varphi=\dfrac{E_a}{n}=\dfrac{210}{3000}=0.07$

当串入 0.15Ω 电阻时,由于负载转矩不变,则电枢电流不变,由公式 $E_a=U_N-I_aR_a$,电枢电动势为:

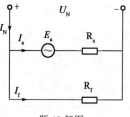

$$E_a=U_N-I_aR_a=220-87.7\times(0.114+0.15)=196.847V$$

$$E_a'=C_e\varphi n \Rightarrow n=\frac{E_a'}{C_e\varphi}=\frac{196.847}{0.07}=2812.1r/min$$

题43解图

注:隐含条件为负载转矩不变,电枢电流不变。

答案:B

44.解 我国电网中,有关系统中性点接地方式主要有四种,其特点及应用范围如下:

(1)中性点直接接地

优点是系统的过电压水平和输变电设备所需的绝缘水平较低,系统的动态电压升高不超过系统额定电压的80%,110kV及以上高压电网中普遍采用这种接地方式,以降低设备和线路造价,经济效益显著。

缺点是发生单相接地故障时单相接地电流很大,必然引起断路器跳闸,降低了供电连续性,供电可靠性较差。此外,单相接地电流有时会超过三相短路电流,影响断路器开断能力选择,并对通信线路产生干扰的危险。

(2)中性点不接地

优点是发生单相接地故障时,不形成短路回路,通过接地点的电流仅为接地电容电流,当单相接地故障电流很小时,只使三相对地电位发生变化,故障点电弧可以自熄,熄弧后绝缘可自行恢复,无须断开线路,可以带故障运行一段时间,因而提供了供电可靠性。在3~66kV电网中应用广泛,但要求其单相接地电容电流不能超过允许值,因此其对临近通信线路干扰较小。

缺点是发生单相接地故障时,会产生弧光过电压。这种过电压现象会造成电气设备的绝缘损坏或开关柜绝缘子闪络,电缆绝缘击穿,所以要求系统绝缘水平较高。

(3)中性点经消弧线圈接地

在3~66kV电网中,当单相接地电容电流超过允许值时,采用消弧线圈补偿电容电流保证接地电弧瞬间熄灭,消除弧光间歇接地过电压。

如变压器无中性点或中性点未引出,应装设专用接地变压器,其容量应与消弧线圈的容量相配合。

(4)中性点经电阻接地

经高电阻接地方式可以限制单相接地故障电流,消除大部分谐振过电压和间歇弧光接地过电压,接地故障电流小于10A,系统在单相接地故障条件下可持续运行,缺点是系统绝缘水平要求较高。主要适用于发电机回路。

经低电阻接地方式可快速切除故障,过电压水平低,可采用绝缘水平低的电缆和设备。但供电可靠性较差。主要适用于以电缆线路为主,不容易发生瞬时性单相接地故障且系统电容电流比较大的城市配电网、发电厂厂用电系统及工矿企业配电系统。

答案:C

45.**解** 电能质量的指标就是电压、频率和波形,其对应国家规范为:

(1)《电能质量 供电电压偏差》(GB/T 12325—2008);

(2)《电能质量 电压波动和闪变》(GB/T 12326—2008);

(3)《电能质量 三相电压不平衡》(GB/T 15543—2008);

(4)《电能质量 暂时过电压和瞬态过电压》(GB/T 18481—2001);

(5)《电能质量 公用电网谐波》(GB/T 14549—1993);

(6)《电能质量 电力系统频率允许偏差》(GB/T 15945—2008);

(7)《电能质量 公用电网间谐波》(GB/T 24337—2009)。

答案:D

46.**解** 变压器一次侧绕组相当于用电设备,故其额定电压等于电力网络标称电压,并同时考虑其分接头位置;变压器二次绕组相当于供电设备,再考虑到变压器内部的电压损耗,故一般对于较大变压器(阻抗值在7.5%以上时),规定其二次绕组的额定电压比电力网的标称电压高10%,对于阻抗较小(如35kV以下,容量不大,阻抗值在7.5%以下时)的变压器,由于其内部电压损耗不大,其额定电压可比电网标称电压高5%。则:

变压器 T_1 额定变比为:10.5/121kV,实际变比为:10.5/[121(1+2.5%)]=10.5/124.025kV;

变压器 T_2 额定变比为:110/38.5kV,实际变比为:110/38.5kV

变压器 T_3 额定变比为:35/11kV,实际变比为:35(1−5%)/11kV=33.25/11kV

注:发电机为供电设备,其端电压应为线路标称电压的1.05倍。

答案:A

47.**解** 自耦变压器的短路试验数据中,$P'_{k(1-3)}$、$P'_{k(2-3)}$ 均为第三绕组中流过其本身额定电流,即1/2变压器额定电流时测得的数据,由 $P=I^2R$,因此将其归算至变压器额定容量为:

$P_{k(1-2)}=333kW$;

$$P_{k(1-3)} = 4P'_{k(1-3)} = 4 \times 265 = 1060\text{kW};$$

$$P_{k(2-3)} = 4P'_{k(2-3)} = 4 \times 277 = 1108\text{kW}_{\circ}$$

则：$P_{k1} = \dfrac{1}{2}(P_{k(1-2)} + P_{k(1-3)} - P_{k(2-3)}) = \dfrac{1}{2}(333 + 1060 - 1108) = 142.5\text{kW}$

$$P_{k2} = \dfrac{1}{2}(P_{k(1-2)} + P_{k(2-3)} - P_{k(1-3)}) = \dfrac{1}{2}(333 + 1108 - 1060) = 190.5\text{kW}$$

$$P_{k3} = \dfrac{1}{2}(P_{k(2-3)} + P_{k(1-3)} - P_{k(1-2)}) = \dfrac{1}{2}(1060 + 1108 - 333) = 917.5\text{kW}$$

则归算至低压侧等值电路中的电阻为：

$$R_{T1} = \frac{P_{k1} \cdot U_N^2}{1000 S_N^2} = \frac{142.5 \times 38.5^2}{1000 \times 90^2} = 0.026\Omega$$

$$R_{T2} = \frac{P_{k2} \cdot U_N^2}{1000 S_N^2} = \frac{190.5 \times 38.5^2}{1000 \times 90^2} = 0.035\Omega$$

$$R_{T3} = \frac{P_{k3} \cdot U_N^2}{1000 S_N^2} = \frac{917.5 \times 38.5^2}{1000 \times 90^2} = 0.168\Omega$$

答案：B

48. **解** P_0 为空载损耗(铁耗)，反映变压器励磁支路的损耗，此损耗仅与变压器材质与结构有关，当2台变压器并联时，励磁损耗也加倍；P_k 为变压器短路损耗(铜耗)，反映变压器绕组的发热效应，相当于电阻并联，总电阻减半，短路损耗也相应减半。则：

负载系数：$\beta = \dfrac{P_2}{S_N \cos\varphi_2} = \dfrac{40}{2 \times 31.5 \times 0.8} = 0.794$

$$\Delta S = \frac{1}{2}\beta^2(P_k + jQ_k) + 2(P_0 + jQ_0)$$

$$= \frac{1}{2}\beta^2 \left(\frac{P_k}{1000} + j\frac{U_k\% \cdot S_N}{100} \right) + 2\left(\frac{P_0}{1000} + j\frac{I_0\% \cdot S_N}{100} \right)$$

$$= 0.5 \times 0.794^2 \times (0.148 + j0.105 \times 31.5) + 2 \times (0.04 + j0.008 \times 31.5)$$

$$= 0.127 + j1.547$$

注：在进行变压器经济运行的分析和计算时，为了简化计算，近似取 $Q_0 \approx S_0 = I_0\% S_N \times 10^{-2}$，$Q_k \approx S_k = U_k\% S_N \times 10^{-2}$。

答案：C

49. **解** 从末端向首端计算功率损耗及功率分布，电压用末端电压 205kV，则：

输电线路参数：$R = 0.18 \times 200 = 36\Omega$；$X = 0.426 \times 200 = 85.2\Omega$；$B = 2.66 \times 10^{-6} \times$

$200 = 5.32 \times 10^{-4}\text{S}$

电压降落纵分量：$\Delta U = -\dfrac{U_{\mathrm{N}}B_{\mathrm{L}}X}{2} = -\dfrac{205 \times 5.32 \times 10^{-4} \times 85.2}{2} = -4.646\mathrm{kV}$

电压降落横分量：$\delta U = \dfrac{U_{\mathrm{N}}B_{\mathrm{L}}R}{2} = \dfrac{205 \times 5.32 \times 10^{-4} \times 36}{2} = 1.963\mathrm{kV}$

线路首端电压为：

$$U_1 = \sqrt{(U_2 + \Delta U)^2 + \delta U^2} = \sqrt{(205 - 4.646)^2 + 1.963^2} = 200.36\mathrm{V}$$

答案：A

50.**解** 以提高变电所母线运行电压为目的时,补偿的最大容性无功量公式为:

$$Q_{\mathrm{cum}} = \frac{U_{\mathrm{m}} \cdot \Delta U_{\mathrm{m}}}{X_l}$$

其中,线路感抗为 $X_l = \dfrac{U_{\mathrm{N}}^2}{Q} = \dfrac{110^2}{22 \times \tan(\arccos 0.74)} = 550\Omega$

则：$Q_{\mathrm{cum}} = \dfrac{U_{\mathrm{m}} \cdot \Delta U_{\mathrm{m}}}{X_l} = \dfrac{109 \times (115 - 109)}{550} = 1.19\mathrm{Mvar}$

由于单台电容器容量为 40kVA,总补偿量应为其整数倍,且大于 1.19Mvar,因此单相补偿容量取 1.2Mvar,总补偿容量为 $3 \times 1.2 = 3.6\mathrm{Mvar}$。

答案：B

51.**解** 若 $\dot{E}_{\mathrm{m}}$、$\dot{I}_{\mathrm{m}}$、$\dot{I}_{\mathrm{pm}}$ 分别代表电源电势、短路前电流和短路后周期电流,如解图所示。

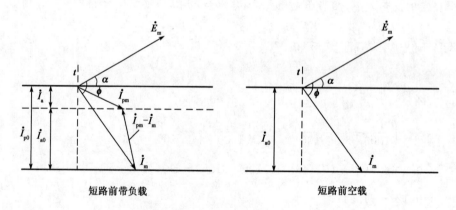

短路前带负载　　　　　短路前空载

题 51 解图

当 $t = 0$ 时：

$\dot{I}_{\mathrm{m}}$ 在时间轴上的投影为短路前电流瞬时值：$i_{(0)} = I_{\mathrm{m}}\sin(\alpha - \varphi')$

$\dot{I}_{\mathrm{pm}}$ 在时间轴上的投影为短路后电流瞬时值：$i_{(\mathrm{p}0)} = I_{\mathrm{pm}}\sin(\alpha - \varphi)$

为了保持电感中电流在短路后不发生突变,电路中必须产生一个非周期自由电流,其初始值为 $i_{(0)}$ 和 $i_{(\mathrm{p}0)}$ 之差。可见,非周期电流初始值的大小与短路发生时刻有关,即与短路发生时电源电势的初始相角(合闸角)有关。

由以上分析可知,非周期分量最大初值的条件为:

①相量差$\dot{I}_\mathrm{m}-\dot{I}_\mathrm{pm}$取最大可能值;②相量差$\dot{I}_\mathrm{m}-\dot{I}_\mathrm{pm}$在$t=0$时与时间轴平行。

在感性电路中,符合上述条件的情况是:电路原来处于空载状态,短路恰好发生在短路周期电流取幅值的时刻。一般短路回路的感抗比电阻大得多($\omega L\gg R$),可以近似地认为$\varphi\approx90°$,则上述情况相当于短路发生在电源电势刚好过零值,即初相角$\alpha=0°$。

答案:C

52.**解** 两台发电机并联向网络供电,则并联之后的电抗标幺值应与并联之前的电抗标幺值相等,为:

$$X''_\mathrm{d}=(X''_\mathrm{d}//X''_\mathrm{d})+X'_\mathrm{R}\Rightarrow0.2=(0.2//0.2)+X'_\mathrm{R}\Rightarrow X'_\mathrm{R}=0.1$$

$$X_\mathrm{R}=X'_\mathrm{R}\cdot X_\mathrm{j}=0.1\times\frac{10.5^2}{50}=0.2205\Omega$$

答案:B

53.**解** 因本题求A点电压,则正负序网仅与发电机端提供的短路电流有关,零序网在变压器星形侧与负荷侧之间流通,不通过发电机。

正(负)序网络图如解图1所示,则:$X_{*\Sigma(1)}=X_{*\Sigma(2)}=0.05+0.05=0.1$

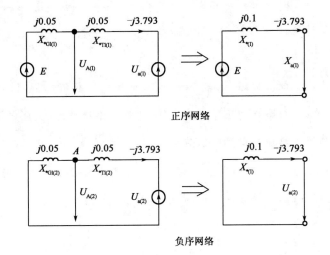

题53解图1

零序网络图如解图2所示,则:$X_{*\Sigma(0)}=(0.05+0.05)//0.9=0.09$

A相正序电流:$\dot{I}_\mathrm{a1}=\dot{I}_\mathrm{a2}=\dot{I}_\mathrm{a0}=\dfrac{E}{j(X_{*\Sigma(1)}+X_{*\Sigma(2)}+X_{*\Sigma(0)})}$

$$=\frac{1.1}{j(0.1+0.1+0.09)}=-j3.793$$

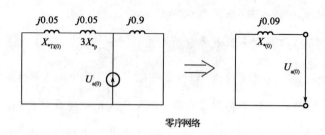

零序网络

题 53 解图 2

节点 A 的正序电压: $\dot{U}_{A(1)} = 1.1 - j0.05 \times (-j3.793) = 0.91$

节点 A 的负序电压: $\dot{U}_{A(2)} = j0.05 \times (-j3.793) = 0.19$

节点 A 的零序电压: $\dot{U}_{A(0)} = 0$ (发电机的变压器为三角形接线,发电机端零序电压为0)

从短路点到发电机母线之间经过 YNd11 接线变压器,由星形侧到三角形侧,正序电压逆时针方向转过 $30°$,负序电压顺时针方向转过 $30°$,则:

$$\dot{U}_A = \dot{U}_{A(1)} e^{j30°} + \dot{U}_{A(2)} e^{-j30°} + \dot{U}_{A(0)} = 0.91 e^{j30°} + 0.19 e^{-j30°} + 0$$
$$= 0.91 (\cos 30° + j\sin 30°) + 0.19 [\cos(-30°) + j\sin(-30°)]$$
$$= 0.95 + j0.36 = 1.016 \angle 20.75°$$

注:此题计算过程过于复杂,难度过大,考场上几乎无可能计算出结果。各序电压在系统中的分布大致有如下规律:

(1)电源点的正序电压最高,越靠近短路点,正序电压数值越低,而短路点的正序电压最低。三相短路时,短路点的正序电压为零;两相短路接地时,正序电压降低的情形次于三相短路;单相短路接地时电压降低最小。

(2)在负序和零序网络中,短路点的负序和零序电压分量相当于电源,因此短路点的负序和零序电压值最高,离短路点越远,负序和零序电压越低。

答案:C

54. 解 《3～110kV 高压配电装置设计规范》(GB 50060—2008)的相关规定如下:

第4.1.5条:采用熔断器保护的导体和电器可不验算热稳定;除采用具有限流作用的熔断器保护外,导体和电器应验算动稳定。采用熔断器保护的电压互感器回路,可不验算动稳定和热稳定。

《导体和电器选择设计技术规定》(DL/T 5222—2005)的相关规定如下:

第 15.0.1 条:电流互感器应按下列技术条件选择和校验:

第 7 款:动稳定倍数。

第 8 款:热稳定倍数。

其条文说明中有更为详细的要求,包括内部动稳定、外部动稳定和热稳定计算公式等。

> 注:直观的解释,电缆、架空线均为软导体,不检验动稳定,电压互感器一般均由限流型熔断器保护,不检验动热稳定。

答案:A

55.解 《导体和电器选择设计技术规定》(DL/T 5222—2005)的相关规定如下:

第 17.0.4 条:限流式高压熔断器不宜使用在工作电压低于其额定电压的电网中,以免因过电压使电网中的电气损坏。

限流式高压熔断器在限制和截断短路电流的动作过程中会产生过电压,此过电压的幅值与开断电流和熔体结构有关,与工作电压关系不大,一般设计熔体结构时,往往采取措施把熔断器熔断时产生的最大过电压倍数限制在规定的 2.5 倍相电压以内。此值并未超过同一电压等级电器的绝缘水平,所以正常使用时没有危险,但熔断器若使用在工作电压低于其额定电压的电网中,过电压就有可能大大超过电器绝缘的耐受水平。

答案:A

56.解 内桥与外桥接线的特点分析见解表。

题 56 解表

	内桥接线	外桥接线
接线图	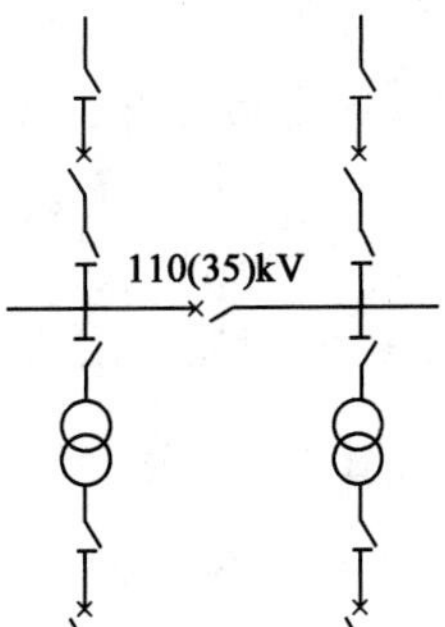	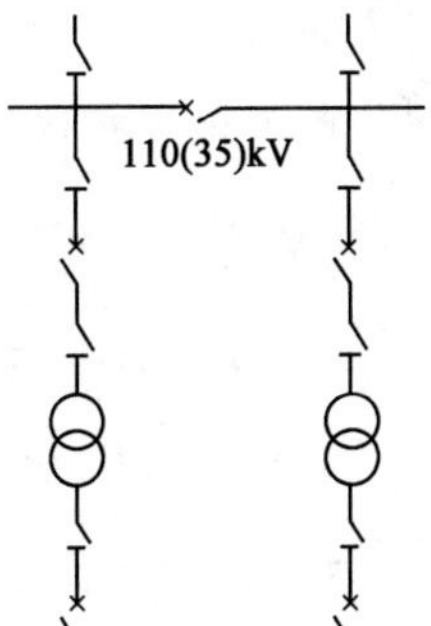
优点	高压断路器数量少,占地少,四个回路只需三台断路器	高压断路器数量少,占地少,四个回路只需三台断路器

	内 桥 接 线	外 桥 接 线
缺点	a. 变压器的切除和投入较复杂,需动作两台短路器,影响一回线路的暂时停运; b. 桥连断路器检修时,两个回路需解列运行; c. 线路断路器检修时,需较长时间中断线路的供电	a. 线路的切除和投入较复杂,需动作两台断路器,并有一台变压器暂时停运; b. 桥连断路器检修时,两个回路需解列运行; c. 变压器侧断路器检修时,变压器需较长时期停运
适用范围	适用于较小容量的发电厂,对一、二级负荷供电,并且变压器不经常切换或线路较长、故障率较高的变电所	适用于较小容量的发电厂,对一、二级负荷供电,并且变压器的切换较频繁或线路较短,故障率较少的变电所。此外,线路有穿越功率时,也宜采用外桥接线

> 注:外桥与内桥接线的区别和特点需牢记,这是经常考查的知识点。

答案:A

57. **解** 《导体和电器选择设计技术规定》(DL/T 5222—2005) 的相关规定如下:

第16.0.4条的条文说明中,对各电压互感器的接线及使用范围有如下表述:

(1)两台单相电压互感器接成不完全星形或 V-V 接线,因其原副边均无中性点可接地,因此无法测量相对地电压。

(2)三相三柱式电压互感器,不允许将电压互感器高压侧中性点接地,因此无法测量相对地电压。

(3)三相五柱式电压互感器,高低压侧中性点均接地,可以测量相对地电压,另外开口三角形还可测量零序电压。

(4)副边接成三角形,肯定不能测量相对地电压。

答案:A

58. **解** 电晕是污秽闪络事故的主要形式,电晕起始场强与电极尺寸、气候条件及导体表面状态等很多因素有关:

在雨、雪、雾等不良天气时,绝缘子表面会出现许多水滴,它们在强场强和重力的作用下,将克服本身的表面张力而拉成锥形,从而使导线表面的电场发生变化,结果在较低的电压和表面电场强度下就会出现电晕放电。因此,不良天气时的电晕功率损耗要比好天气时大很多。

答案:C

59. **解** 残压是指冲击电流通过避雷器时,在阀片上产生的电压峰值。

绝缘水平(保护水平)表示该避雷器上可能出现的足底啊冲击电压的峰值。我国和国际标准都规定以残压、标准雷电冲击(1.2/50μs)放电电压及陡波放电电压除以 1.15 后所得三个电压值中的最大值作为该避雷器的绝缘水平。显然,被保护设备的冲击绝缘水平应高于避雷器的保护水平,且需留有一定的安全裕度。

答案:B

60.解 绝缘电气强度是确认电气设备、材料的绝缘可靠性的试验,通常加上比额定电压高的电压来进行试验。电气强度试验分为耐压试验和击穿电压试验两类。按电压种类又可分为交流、直流、雷电冲击和操作冲击电气强度试验。

其中直流耐压试验具有一定的优点,如试验设备轻便、可同时测量泄漏电流、对绝缘损伤较小等,但直流耐压试验对电机绝缘的等价性不理想,且对交联聚乙烯绝缘电缆具有一定的危害,通常改用超低频交流电压做耐压试验,使试验设备容量可以比工频试验时小得多,一般采用 0.1Hz,设备容量仅需工频时的 1/500。

> 注:直流耐压试验对已运行的交联聚乙烯电力电缆会将电荷注入 XLPE 绝缘子中,由于 XLPE 绝缘电阻率很高,试验后的短路放电很难将其放逸,以致再次投入运行时,此空间电荷引起电场严重畸变,使 XLPE 分子降解,造成 XLPE 绝缘的劣化,从而引起不必要的事故。

答案:D

2008 年度全国勘察设计注册电气工程师（发输变电）

执业资格考试试卷

基础考试
（下）

二〇〇八年九月

应考人员注意事项

1. 本试卷科目代码为"2"，考生务必将此代码填涂在答题卡"科目代码"相应的栏目内，否则，无法评分。

2. 书写用笔：**黑色或蓝色钢笔、签字笔或圆珠笔**；
   填涂答题卡用笔：**黑色 2B 铅笔**。

3. 必须用书写用笔将工作单位、姓名、准考证号填写在答题卡和试卷相应的栏目内。

4. 本试卷由 60 题组成，每题 2 分，满分 120 分，本试卷全部为单项选择题，每小题的四个备选项中只有一个正确答案，错选、多选、不选均不得分。

5. 考生作答时，必须**按题号在答题卡上**将相应试题所选选项对应的**字母用 2B 铅笔涂黑**。

6. 在答题卡上书写与题意无关的语言，或在答题卡上作标记的，均按违纪试卷处理。

7. 考试结束时，由监考人员当面将试卷、答题卡一并收回。

8. 草稿纸由各地统一配发，考后收回。

单项选择题(共 60 题,每题 2 分。每题的备选项中只有一个最符合题意。)

1. 电路如图所示,已知 $u=-8V$,则 8V 电压源发出的功率为:

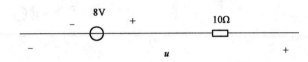

    A. 12.8W   B. 16W

    C. $-12.8W$ D. $-16W$

2. 电路如图所示,则电位 u_A 为:

    A. 0.5V

    B. 0.4V

    C. $-0.5V$

    D. $-0.4V$

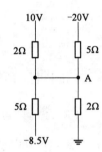

3. 电路如图所示,求 ab 之间的电阻值为:

    A. 4Ω

    B. 6Ω

    C. 8Ω

    D. 9Ω

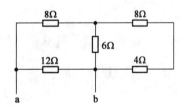

4. 电路如图所示,图中的戴维南等效电路参数 u_S 和 R_S 分别为:

    A. 16V,2Ω

    B. 12V,4Ω

    C. 8V,4Ω

    D. 8V,2Ω

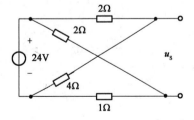

5.电路如图所示,图示部分电路中 AB 间的互导为:

A. 2S

B. 0

C. 4S

D. 0.5S

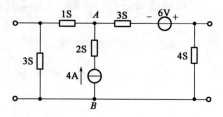

6.电路如图所示, R 的值为:

A. 12.5Ω

B. 15.5Ω

C. 15Ω

D. 18Ω

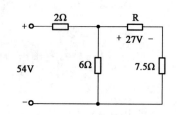

7.正弦电流的初相为45°,在 $t=0$ 时的瞬时值为8.66A,经过 $\dfrac{3}{800}$ s 后,电流第一次下

降为0,则角频率为:

A. 785rad/s   B. 628rad/s

C. 50rad/s   D. 100rad/s

8.已知 RLC 串联电路,总电压 $u=100\sqrt{2}\sin\omega t$, $U_C=180$ V, $U_R=80$ V,则 U_{RL} 为:

A. 110V   B. 50 $\sqrt{2}$ V   C. 144V   D. 80V

9.已知 RLC 串并联电路如图所示,电路的谐振角频率为:

A. $\dfrac{1}{2\sqrt{LC}}$ rad/s

B. $\dfrac{2}{\sqrt{LC}}$ rad/s

C. $\dfrac{4}{\sqrt{LC}}$ rad/s

D. $\dfrac{1}{2\sqrt{LC}}$ rad/s

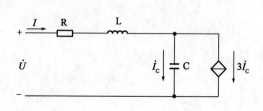

10. 如图所示,线电压为380V,每相阻抗 $Z=(3+j4)\Omega$,图中功率表的读数为:

A. 5134W

B. 7667W

C. 46128W

D. 23001W

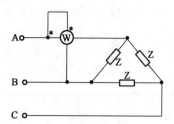

11. 对称三相负载三角形连接,线电压 U_1,若端线上的一根保险丝熔断,则该保险丝两端的电压为:

A. U_1

B. $\dfrac{U_1}{\sqrt{3}}$

C. $\dfrac{U_1}{2}$

D. $\dfrac{\sqrt{3}U_1}{2}$

12. 电路如图所示,当 $t=0$ 时,闭合开关 S,开关闭合前有 $u_{L1}(0_-)=u_{L2}(0_-)=0$,则 $u_{L1}(0_+)$ 为:

A. 1.5V

B. 6V

C. 3V

D. 7.5V

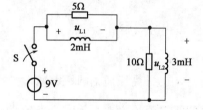

13. 电路如图所示,电路的时间常数为:

A. 10ms

B. 5ms

C. 8ms

D. 12ms

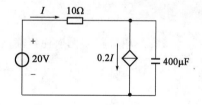

14. 电路如图所示,电压 U 含基波和三次谐波,基波角频率为 10^4,若要求 U_1 不含基波而将 U 中三次谐波分量全部取出。则电感 L 应为:

A. 2.5mH

B. 5mH

C. 2mH

D. 1mH

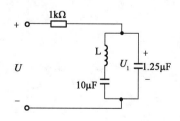

15. 如图所示,有一夹角为30°的半无限大导电平板接地,其内有一点电荷 q,若用镜像法计算其间的电荷分布,需镜像电荷的个数为:

A. 12

B. 11

C. 6

D. 3

16. 已知一带电量为 $q=10^{-6}$C 的点电荷距离不接地金属球壳(其半径 $R=5$cm)的球心1.5cm 处,则球壳表面的最大电场强度 E_{max} 为:

A. $2.00×10^4$ V/m   B. $2.46×10^6$ V/m

C. $3.6×10^6$ V/m   D. $3.23×10^6$ V/m

17. 一理想的平板电容器,极板间距离为 d,由直流电压源充电至电压 U_0,此时两极板间相互作用力为 f,然后又断开电源,断电后将极板间距离增大到 $3d$,则两板相互作用力为:

A. $f/3$ B. f

C. $f/9$ D. $3f$

18. 一高压同轴圆柱电缆,内导体的半径为 a,外导体的内半径为 b,若 b 固定,要使内导体表面上场强最小,a 与 b 的比值应该为:

A. $1/e$ B. $1/2$

C. $1/4$ D. $1/8$

19. 终端短路的无损耗传输线的长度为波长的多少时,入端阻抗的绝对值不等于其特性阻抗?

A. $1/8$ B. $3/8$

C. $1/2$ D. $5/8$

20. 无限长无损耗传输线任意处的电压在相位上超前电流的角度为:

A. 90°   B. $-90°$

C. 45°   D. 0

21. 简单电路如图所示,已知晶闸管 $\beta=100$,$r_{be}=1k\Omega$,耦合对交流信号视为短路,求

电路的电压放大倍数 $\dot{A}_u=\dfrac{\dot{U}_o}{\dot{U}_i}$ 为:

A. -8.75

B. 300

C. -300

D. -150

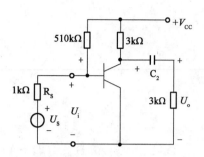

22. 在图示电路中,为使输出电压稳定,应该引入下列哪种反馈?

A. 电压并联负反馈

B. 电流并联负反馈

C. 电压串联负反馈

D. 电流串联负反馈

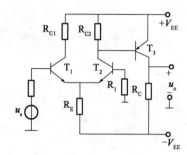

23. 一半径为 R 的金属半球,置于真空中的一无限大接地导电平板上,在球外有一点

电荷 q,位置如图所示,当用镜像法计算点电荷 q 受力时,需放置镜像电荷的个

数为:

A. 4 个

B. 3 个

C. 2 个

D. 无限多

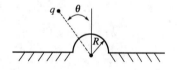

24. 电路如图所示,如果放大器是理想运放,直流输入电压满足理想运放的要求,则电

路的输出电压 u_o 最大值为:

A. 15V

B. 18V

C. 22.5V

D. 30V

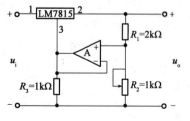

25. 电路如图所示，$R_1=R_3=1\text{k}\Omega$，$R_2=R_4=10\text{k}\Omega$，则$\dfrac{U_o}{U_{i1}-U_{i2}}$为：

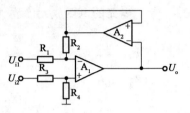

A. 10

B. 5

C. -5

D. -10

26. 已知$L=\overline{A}B\,\overline{D}+\overline{B}CD+\overline{A}\,\overline{B}D$的简化式为$L=B\oplus D$，则函数的无关项至少有：

A. 1个   B. 2个

C. 3个   D. 4个

27. 如图所示的电路，其功能是：

A. 减法器

B. 加法器

C. 比较器

D. 译码器

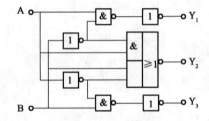

28. 电路如图所示，电路是用555定时器组成的开机延时电路，给定$C=25\mu\text{F}$，$R=91\text{k}\Omega$，$V_{CC}=12\text{V}$，当开关S断开后，V_C跃变为高电平需经过：

A. 1s

B. 1.5s

C. 8s

D. 2.5s

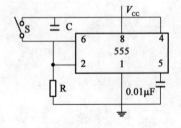

29. 一片12位ADC电路，最小分辨电压时1.2mV，若输入电压为4.387V，则显示的数字量为：

A. E47H   B. E48H

C. E49H   D. E50H

30. 关于是哪种计数器的判断,正确的是:

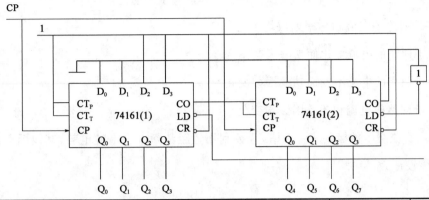

CP	EP	ED	CT$_P$	CT$_V$	工作状态
×	0	×	×	×	置零
1	1	0	×	×	预置数
×	1	1	0	×	保持
×	1	1	×	0	保持
1	1	1	1	1	保持

    A. 同步 196 计数器   B. 同步 195 计数器

    C. 同步 198 计数器   D. 同步 256 计数器

31. 变压器当副边电流增加到额定值,若副边电压等于开路电压,即 $\Delta U \% = 0$,则两

    边阻抗性质为:

    A. 感性   B. 纯电阻性

    C. 容性   D. 任意性质

32. 无穷大电网同步发电机在 $\cos\varphi = 1$ 下运行,保持励磁电流不变,减小输出有功,将

    引起功率角 θ,功率因数 $\cos\theta$ 怎样变化?

    A. 功率角减小,功率因数减小   B. 功率角增大,功率因数减小

    C. 功率角减小,功率因数增大   D. 功率角增大,功率因数增大

33. 水轮发电机转速为 $150r/min$,$f = 50Hz$,主磁极数为:

    A. 10   B. 20   C. 30   D. 40

34. 一台绕线式感应电动机拖动恒转矩负载运行时,当转子回路串入电阻,电机的转速 n 会发生变化,与未串入电阻时相比,下列选项正确的是:

A. 转子回路的电流和功率因数均不变

B. 转子回路的电流变化而功率因数不变

C. 转子回路的电流不变而功率因数变化

D. 转子回路的电流和功率因数均变化

35. 一双层交流绕组的极距 $\tau = 15$ 槽,今欲利用短距消除 5 次谐波电势,其线圈节距 y 应该设计为:

A. 12   B. 11

C. 10   D. $y \leqslant 10$ 的某值

36. 一台正向旋转的直流并励发电机接在直流电网上运行,若撤掉原动机,则发电机的运行状态是:

A. 停止   B. 作为电动机反向运行

C. 作为电动机正向运行   D. 不能运行

37. 一台 4 极三相感应电动机,接在频率为 50Hz 的电源上,当转差率 $s = 0.05$ 时,定子电流产生的旋转磁势相对于转子的转速为:

A. 0r/min   B. 75r/min

C. 1425r/min   D. 1500r/min

38. 判断并网运行的同步发电机,处于过励运行状态的依据是:

A. $\dot{E}_0$ 超前 $\dot{U}$ B. $\dot{E}_0$ 滞后 $\dot{U}$

C. $\dot{I}_a$ 超前 $\dot{U}$ D. $\dot{I}_a$ 滞后 $\dot{U}$

39. 电力系统的主要元件包括:

A. 发电厂、变电所、电容器、变压器

B. 发电厂、变电所、输电线路、负荷

C. 发电厂、变压器、输电线路、负荷

D. 发电厂、变压器、电容器、输电线路

40. 计算功率损耗的公式为:

A. $\Delta \tilde{S} = \dfrac{P^2 + Q^2}{U^2}(R + jX)$ B. $\Delta \tilde{S} = \dfrac{P + jQ}{U}(R + jX)$

C. $\Delta \tilde{S} = \dfrac{P + jQ}{U^2}(R + jX)$ D. $\Delta \tilde{S} = \dfrac{P^2 + Q^2}{U^2}(B + jX)$

41. 变压器 X_T 的计算公式是：

A. $X_T = \dfrac{U_k\%}{100}\dfrac{U_{TN}^2}{S_{TN}}\Omega$　　　　B. $X_T = \dfrac{U_k\%U_{TN}^2}{S_{TN}}\times 10\Omega$

C. $X_T = \dfrac{U_k\%S_{TN}^2}{U_{TN}^2}\times 10\Omega$　　　　D. $X_T = \dfrac{U_k\%S_{TN}}{10U_{TN}^2}\Omega$

42. 电力系统的部分接线如图所示，各电压级的额定电压已标明，则各电气设备 G，T_1，T_2，T_3 的额定电压表述正确的是：

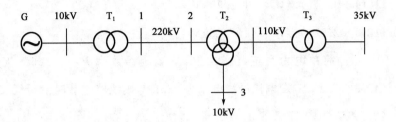

A. G:10.5　　T_1:10.5/242　　T_2:220/121/11　　T_3:110/38.5

B. G:10　　　T_1:10/242　　　T_2:220/110/11　　T_3:110/35

C. G:10.5　　T_1:10.5/220　　T_2:220/110/11　　T_3:110/38.5

D. G:10.5　　T_1:10.5/242　　T_2:220/110/11　　T_3:110/38.5

43. 变压器等值电路如图所示，末端电压 $\dot{U}_2 = 110\angle 0°\text{kV}$，末端负荷功率 $S_2 = 50 + j20\text{MVA}$，则变压器始端电压 $\dot{U}_1$ 及串联支路功率损耗为：

A. $112.24\angle 0.58°\text{kV}, 0.95+j5.45\text{MVA}$

B. $114.39\angle 4.5°\text{kV}, 0.215+j4.79\text{MVA}$

C. $114.14\angle 4.62°\text{kV}, 1.95+j5.45\text{MVA}$

D. $112.24\angle 4.5°\text{kV}, 0.77+j4.30\text{MVA}$

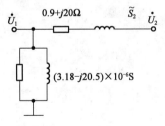

44. 对高压线末端电压升高现象，常用办法是在线路末端加：

A. 并联电抗器　　　　　　　　　　B. 串联电抗器

C. 并联电容器　　　　　　　　　　D. 串联电容器

45. 已知某变压器变比为 110(1±2×2.5%)/11kV,容量为 20MVA,低压母线最大负荷为 18MVA,cosφ＝0.6,最小负荷为 7MVA,cosφ＝0.7,归算到高压侧的变压器参数为 5＋j60Ω,变电所高压母线在任何情况下均保持电压为 107kV,为了使低压侧母线保持顺调压,该变压器的分接头为:

    A. 主接头档,U_1＝110kV

    B. 110(1－5%)档,U_1＝104.5kV

    C. 110(1＋2.5%)档,U_1＝112.75kV

    D. 110(1－2.5%)档,U_1＝107.25kV

46. 如图所示的简单电力系统,已知 220kV 系统参数为 $R＝19.65Ω,X＝59.10Ω$,$B＝43.33×10^{-6}S$,发电机母线电压为 225kV,则线路空载时 B 母线实际电压为:

    A. 229.718∠0.23°kV

    B. 225∠0°kV

    C. 227.81∠0.23°kV

    D. 220.5∠5°kV

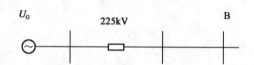

47. 如图所示的电力系统,元件参数如图中标出,用有名值表示该电力系统等值电路(功率标幺值30MVA),下面选项正确的是:

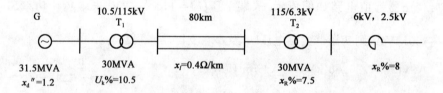

    A. $x''_{d*}＝1.143,x_{T1*}＝0.105,x_{l*}＝0.0725,x_{T2*}＝0.075,x_{R*}＝0.0838$

    B. $x''_{d*}＝0.5,x_{T1*}＝0.35,x_{l*}＝0.302,x_{T2*}＝0.33,x_{R*}＝0.698$

    C. $x''_{d*}＝1.143,x_{T1*}＝10.5,x_{l*}＝0.364,x_{T2*}＝7.5,x_{R*}＝0.769$

    D. $x''_{d*}＝1.143,x_{T1*}＝0.105,x_{l*}＝0.0363,x_{T2*}＝0.075,x_{R*}＝0.0838$

48. 当中性点绝缘的 35kV 系统发生单相接地短路时,故障处的非故障相电压为:

    A. 35kV   B. 38.5kV

    C. $\sqrt{3}×35kV$ D. $\sqrt{2}×35kV$

49. 已知某电力系统如图所示,各线路电抗均为 $0.4\Omega/km$,$S_B=250MVA$,如果 f 处发生三相短路,瞬时故障电流周期分量起始值为:

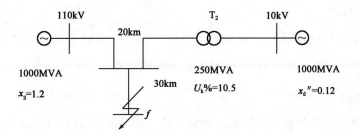

A. 3.8605kA   B. 2.905kA

C. 5.4767kA   D. 2.7984kA

50. 简单电力系统如图所示,取基准功率 $S_B=100MVA$ 时,计算 f 点发生 a 相接地短路时短路点的短路电流(kA)及短路点正序电压(kV)为:

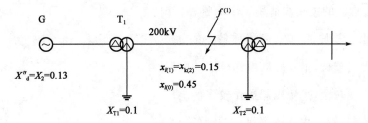

A. 0.887kA,127.17kV   B. 2.789kA,76.089kV

C. 0.887kA,76.089kV   D. 2.789kA,127.17kV

51. 电力系统中绝缘配合的目的是:

　　A. 确定绝缘子串中绝缘子个数   B. 确定设备的试验电压值

　　C. 确定空气的间隙距离   D. 确定避雷器的额定电压

52. 下列哪种测量仪器最适合测量陡波冲击高压:

　　A. 静电电压表   B. 高阻串微安表

　　C. 阻容分压器   D. 测量球隙

53. 下面哪种方式能够有效地降低线路操作过电压:

　　A. 加串联电抗器   B. 增加线间距离

　　C. 断路器加装合,分闸电阻   D. 增加绝缘子片数

54. 影响 SF_6 气体绝缘特性的因素不包括：

A. 分子密度   B. 电场分布

C. 导电微粒   D. 分子质量

55. 某变电站母线上带有三条波阻抗为 $Z = 400\Omega$ 的无限长输电线，当幅值为 $750kV$ 的行波沿其中一条出线传至母线时，此母线的电压值为：

A. $500kV$ B. $750kV$ C. $375kV$ D. $250kV$

56. 断路器开断中性点不直接接地系统中的三相短路电流时，首先开断相开断后的工频恢复电压为（U_{ph} 为相电压）：

A. U_{ph} B. $0.866U_{ph}$ C. $1.5U_{ph}$ D. $1.3U_{ph}$

57. 中性点不接地系统中，三相电压互感器的附加绕组额定电压是：

A. 100 B. $\dfrac{100}{\sqrt{3}}$ C. $\dfrac{100}{3}$ D. $100\sqrt{3}$

58. 内桥形式的主接线适用于下面哪种情况？

A. 出线较长，主变压器操作较少的电厂

B. 出线较长，主变压器操作较多的电厂

C. 出线较短，主变压器操作较多的电厂

D. 出线较短，主变压器操作较少的电厂

59. 在 6～20kV 电网中，为了测量三相电压，通常用下面哪种方式？

A. 三相五柱式电压互感器

B. 三相三柱式电压互感器

C. 两台单相电压互感器接成不完全星形

D. Y/△连接的三台单相电压互感器

60. 下列叙述正确的是：

A. 验算热稳定的短路计算时间为继电保护动作时间与断路器开断时间之和

B. 验算热稳定的短路计算时间为继电保护动作时间与断路器固有的分闸时间之和

C. 电气的开断计算时间应为后备保护动作时间与断路器固有的分闸时间之和

D. 电气的开断计算时间应为主保护动作时间与断路器全开断时间之和

2008 年度全国勘察设计注册电气工程师(发输变电)执业资格考试
基础考试(下)试题解析及参考答案

1. 解　设电流方向与 8V 电源方向为关联方向:

$$P = 8 \times \frac{8+8}{10} = 12.8\text{W}$$

答案:A

2. 解　设电路中 A 点的电压为 u_A,根据基尔霍夫电流定律,则:

$$\frac{10-u_A}{2} + \frac{-8.5-u_A}{5} = \frac{u_A-(-20)}{5} + \frac{u_A-0}{2} \Rightarrow u_A = -0.5\text{V}$$

> 注:基尔霍夫电流定律为:在集中参数电路中,对任何一个节点,在任何时刻流入(流出)该节点的电流的代数和恒等于零。

答案:C

3. 解
$$R' = 6//(8+4) = 4\Omega$$
$$R_{ab} = (R'+8)//12 = (4+8)//12 = 6\Omega$$

答案:B

4. 解　根据基尔霍夫电流电压定律:

(1)开路电压:

$$U_o = 24 \times \frac{4}{2+4} - 24 \times \frac{1}{2+1} = 16-8 = 8\text{V}$$

(2)等效电阻:

$$R_{eq} = (2//4) + (2//1) = 2\Omega$$

答案:D

5. 解　考查节点方程的互导定义,B 点互导为 0。

> 注:节点方程的有效自导指本节点与所有相邻节点支路中除电流支路电导的所有电导之和。有效互导指本节点与相邻节点之间的电导(电流源支路电导为 0)。

答案:B

6.解 依照题意,可列方程如下:

$$I_1 = \frac{27}{R}A , U' = 27 + \frac{27}{R} \times 7.5 , I_2 = \frac{U'}{6} = 4.5 + \frac{33.75}{R}$$

则:$2(I_1 + I_2) + U' = 54$

$$\Rightarrow 2\left(\frac{27}{R} + 4.5 + \frac{33.75}{R}\right) + 27 + \frac{27 \times 7.5}{R} = 54$$

可解得:$R = 18\Omega$

答案:D

7.解 正弦电流表达式:$i = I_m \sin(\omega t + \varphi)$,则:

相角两次经过零时,需经半个周期180°,所以相角由45°第一次下降至0经过$\frac{3}{800}$s,即

经过135°,弧度$\frac{3\pi}{4}$,即 $i = I_m \sin(\omega t + 135°) = 0$

$$\omega t = \frac{3\pi}{4} \Rightarrow \omega = \frac{3\pi}{4} \times \frac{800}{3} = 628 \text{rad/s}$$

> 注:频率为 $\omega t = 2\pi f t = \frac{3\pi}{4} \Rightarrow f = \frac{3\pi}{4} \times \frac{1}{2\pi} \times \frac{800}{3} = 100 \text{Hz}$;隐含条件,相角由第一次下降至0时,$\omega t + \varphi = \pi$;相角由第二次下降至0时,$\omega t + \varphi = 2\pi$,依此类推。

答案:B

8.解 根据电感与电容元件两端电压电流的相位关系,可画出相量图,如解图所示。
(忽略题中总电压的相位条件,设串联电路电流相量为 $I\angle 0°A$)

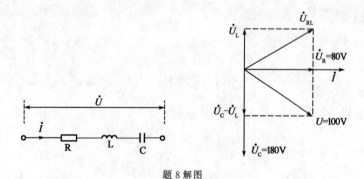

题 8 解图

由相量图可知:$\Delta U = U_C - U_L = \sqrt{100^2 - 80^2} = 60V$

则,电感两端电压:$U_L = 180 - 60 = 120V$,$U_{RL} = \sqrt{120^2 + 80^2} = 144.22V$

> 注:电感元件两端电压相量超前于电流相量90°,电容元件上两端电压相量滞后于电流相量90°。

答案:C

9. 解 电路总电流为$\dot{I}=4\dot{I}_C$,则:

$$\dot{U}=4(R+j\omega L)\dot{I}_C+\frac{1}{j\omega C}\dot{I}_C=\left[4R+j\left(4\omega L-\frac{1}{\omega C}\right)\right]\dot{I}_C$$

电路发生谐振,虚部为零,则:

$$4\omega L-\frac{1}{\omega C}=0\Rightarrow\omega=\frac{1}{2\sqrt{LC}}\text{rad/s}$$

答案:A

10. 解 功率表测量原理可参见附录一"高频考点知识补充"的知识点2,功率表的电流端接在A相,电压端接在AB相,且为线电压,则功率表读数为:$P=U_{AB}I_{AN}$

相间的阻抗进行△-星变换,如解图所示,则:

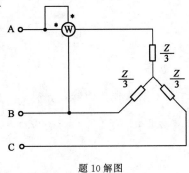

题10解图

$$Z'=\frac{Z}{3}=\frac{3+j4}{3}=1+j\frac{4}{3}\Omega$$

$$I_P=\frac{U}{|Z|}=\frac{220}{\sqrt{1^2+(4/3)^2}}=132\text{A}$$

功率因数角为$=\arctan(4/3)=53.13°$

在星形连接的三相电源或三相负载中,线电流和相电流为同一电流,线电压是相电压的$\sqrt{3}$倍,且线电压超前于相应的相电压30°,设A相电压相位为0°,则:

各相电压:$\dot{U}_{AN}=U_P\angle0°,\dot{U}_{BN}=U_P\angle-120°,\dot{U}_{CN}=U_P\angle120°$

各相电流:$\dot{I}_{AN}=I_P\angle-53.13°,\dot{I}_{BN}=I_P\angle-173.13°,\dot{I}_{CN}=I_P\angle66.87°$

各线电压:$\dot{U}_{AB}=\sqrt{3}U_{AN}\cdot\angle30°=\sqrt{3}U_P\angle30°,\dot{U}_{BC}=\sqrt{3}U_{BN}\cdot\angle30°=\sqrt{3}U_P\angle-90°$,

$\dot{U}_{CA}=\sqrt{3}U_{CN}\cdot\angle30°=\sqrt{3}U_P\angle150°$

其中$U_P=220\text{V}、I_P=132\text{A}$分别为相电压与相电流有效值,则功率表读数为:

$$P=\dot{U}_{AB}\dot{I}_{AN}=\sqrt{3}U_P\angle30°\times I_P\angle-53.13°=380\times132\times\cos-23.13°=46128\text{W}$$

注:本题考查功率表的测量原理以及星形接线中各相、线的电压电流相位关系。

答案:C

11. 解 为便于分析,负载三角形连接转换为星形连接,如解图所示。

$$\dot{U}_{XX'}=\dot{U}_{AB}+\dot{U}_{BX'}=\dot{U}_{AB}+\dot{U}_{BN}=\dot{U}_{AB}+\frac{1}{2}\dot{U}_{BC}$$

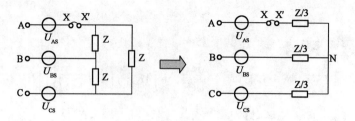

题11解图

在星形连接的三相电源或三相负载中,线电流和相电流为同一电流,线电压是相电压的 $\sqrt{3}$ 倍,且线电压超前于相应的相电压30°,设 A 相电压相位为0°,参考上题中电压相位分析,可知:

$$\dot{U}_{XX'}=\dot{U}_{AB}+\frac{1}{2}\dot{U}_{BC}=U_1\angle 0°+\frac{U_1}{2}\angle -90°=\frac{\sqrt{3}}{2}U_1$$

答案:D

12.解 电感为储能元件,电流不能突变,由于开关闭合前,电感两端电压均为零,电流亦为零,则 $i_{L1}(0_+)=i_{L1}(0_-)=0\mathrm{V}$,$i_{L2}(0_+)=i_{L2}(0_-)=0\mathrm{V}$,电感两端电压按电阻电压分配:

$$u_{L1}=9\times \frac{5}{5+10}=3\mathrm{V}$$

答案:C

13.解 将电容两端断开,将电压源短路,求其入端电阻:$R_{in}=\dfrac{U}{I}=\dfrac{-10I}{-(I-0.2I)}=$ 12.5Ω

时间常数:$\tau=CR_{in}=400\times 10^{-6}\times 12.5=5\times 10^{-3}\mathrm{s}=5\mathrm{ms}$

答案:B

14.解 根据输出电压只含有三次谐波分量,可知基频时,发生串联谐振;三次谐频时,发生并联谐振,则:

(1)基频时:(电路发生串联谐振,回路相当于短路)

$$\omega L-\frac{1}{\omega C_1}=0 \Rightarrow L=\frac{1}{\omega^2 C_1}=\frac{1}{10^{4\times 2}\times 10\times 10^{-6}}=10^{-3}\mathrm{H}=1\mathrm{mH}$$

(2)三次频率时:(校核电路发生并联谐振)

$$3\omega L-\frac{1}{3\omega C_1}=3\times 10^4\times 10^{-3}-\frac{1}{3\times 10^4\times 10\times 10^{-6}}=\frac{80}{3}\Omega$$

$$\frac{1}{3\omega C_2}=\frac{1}{3\times 10^4\times 1.25\times 10^{-6}}=\frac{80}{3}\Omega$$

因此,三次谐波时发生并联谐振。

答案:D

15. **解** 若无限大导电二面角的角度 $\varphi=\dfrac{\pi}{n}$,则总可以找到合适的镜像,其中 n 必须是正整数,其中电荷总数量为 $\dfrac{2\pi}{\varphi}$,而镜像电荷数量为 $\dfrac{2\pi}{\varphi}-1$,则:

需要镜像电荷的数量为:$m=\dfrac{360}{30}-1=11$

注:本原则书上无直接公式,但可总结获得。

答案:B

16. **解** 导体球不接地,导体球面应是一个等位面,由于原来球壳没带电荷,则球壳外的电场,可由高斯定律直接计算:

$$E_{max}=\frac{q}{4\pi\varepsilon r^2}=\frac{10^{-6}}{4\pi\times8.85\times10^{-12}\times0.05^2}=3.6\times10^6\,\text{V/m}$$

答案:C

17. **解** 设电容器中介填充介质的介电常数为 ε,板面积为 S,则平板电容器电容为 $C=\varepsilon S/d$

静电场能量:$W_e=\dfrac{1}{2}CU_0^2=\dfrac{\varepsilon S}{2d}U_0^2$

利用虚位移法计算电场力:$f=\dfrac{\partial w_e}{\partial g}\Big|_{\varphi=常量}=-\dfrac{\varepsilon S}{2d^2}U_0^2$

当电容电压为 U_0,断开电源,则电容电荷总量恒定不变,利用公式 $W_e=\dfrac{1}{2}\cdot\dfrac{Q^2}{C}=\dfrac{d}{2\varepsilon S}Q^2$,$f=-\dfrac{\partial w_e}{\partial g}\Big|_{Q=常量}=-\dfrac{1}{2\varepsilon S}Q^2$,可知电场力与板间距大小无关,作用力保持不变。

答案:B

18. **解** 设同轴电缆的内导体单位长度所带电荷为 τ,则电场强度 $E=\dfrac{\tau}{2\pi\varepsilon r}$($a<r<b$)。

设同轴电缆的电压为 U_0(内外导体电位差),则 $U_0=\displaystyle\int_a^b\dfrac{\tau}{2\pi\varepsilon r}dr=\dfrac{\tau}{2\pi\varepsilon}\ln\dfrac{b}{a}$,解得:$\tau=\dfrac{2\pi\varepsilon\cdot U_0}{\ln\dfrac{b}{a}}$,代入电场强度公式,得到电场强度:$E_{r=a}=\dfrac{\tau}{2\pi\varepsilon a}=\dfrac{U_0}{a\cdot(\ln b-\ln a)}$($a<r<b$),若电场强度最大值为 $E_{r=a}=E_m\,\text{kV/cm}$,当 $a(\ln b-\ln a)$ 取得最大值时,电容器承受最大电

压 U_0。

根据题目已知条件及函数极值的求解方式,设 b 固定,对 a 求导可得:

$$f'(a) = \left(a\ln\frac{b}{a}\right)' = \ln\frac{b}{a} - 1$$

由导数几何意义,当 $f'(a) = 0$ 时,$E_{r=a}$ 取得极值,则:

$$\ln\frac{b}{a} - 1 = 0 \Rightarrow \frac{a}{b} = \frac{1}{e}$$

> 注:可记住结论,两同心球体内球体表面场强最小时,两球体半径比值为 2,两同心柱体内柱体表面场强最小时,两柱体半径比值为 e。

答案:A

19.**解** 当终端为短路状态时,$Z_{in} = jZ_C\tan\frac{2\pi}{\lambda}l$,$Z_C$ 为特性阻抗,则:

当 $l = \frac{1}{8}\lambda$、$l = \frac{3}{8}\lambda$、$l = \frac{5}{8}\lambda$,代入方程:$Z_{in} = jZ_C$

当 $l = \frac{1}{2}\lambda$,代入方程:$Z_{in} = 0$

> 注:无损耗的均匀传输线的输入阻抗,当终端为开路状态时,$Z_{in} = -jZ_C\cot\frac{2\pi}{\lambda}l$;当终端为短路状态时,$Z_{in} = jZ_C\tan\frac{2\pi}{\lambda}l$。

答案:C

20.**解** 由特性阻抗公式 $Z_C = \sqrt{\dfrac{R_0 + j\omega L_0}{G_0 + j\omega C_0}} = \sqrt{\dfrac{Z_0}{Y_0}}$,其中无损耗传输线的 $R_0 = 0\Omega$,$G_0 = 0\Omega$,可知特性阻抗为一实数,因此无损传输线上各点的电压电流同相位。

> 注:沿传输线路的电阻、电感、电导和电容是均匀分布的传输线为均匀传输线,当其中电阻和电导均为零时,则称其为无损耗均匀传输线。

答案:D

21.**解** 共射极的微变等效电路如解图所示。

$$A_u = -\frac{\beta R_L'}{r_{be}} = -\frac{100 \times (3//3)}{1} = -150$$

> 注:电压放大倍数的分母为输入电压 U_i,而非电压源 U_S。

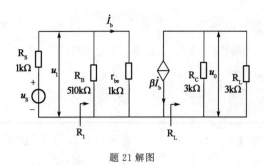

题 21 解图

答案: D

22.**解**　稳定电压就做电压反馈,再根据瞬时极性,输入与输出反相,为构成负反馈,输入信号与反馈信号都加在同一端,为电压并联负反馈。

> 注:稳定电压就做电压反馈,稳定电流就做电流反馈,串联负反馈适用于输入信号为恒压源或近似恒压源,并联负反馈适用于输入信号为恒流源或近似恒流源。各反馈特点如下:
>
> (1)电压串联负反馈:重要特点是电路的输出电压趋于稳定,提高输入电阻,降低输出电阻。
>
> (2)电压并联负反馈:常用于电流-电压变换器中。
>
> (3)电流串联负反馈:常用于电压-电流变换器中。
>
> (4)电流并联负反馈:重要特点是电路的输出电流趋于稳定,减少输入电阻,提高输出电阻。

答案: A

23.**解**　考虑将整个空间变为 ε_0,要保持分界面为零等位面,应关于平面对称处放置 $-q$,但二者共同作用的半球面不再是等电位面,故将 q 与 $-q$ 分别求出二者关于半径为 R 的金属球体的镜像,即在上下半球内各再设镜像电荷 $-q$ 和 q。由于此二电荷等量异号,且关于平面对称,故仍可保证平面为零等位面,因此需再放置镜像电荷的数目为 3 个。

答案: B

24.**解**　LM7815 的 2-3 端额定输出电压为 $U_{23}=15\text{V}$,利用运算放大器的虚短概念,则:

$U_{A+}=U_{A-}=U_{23}=U_{R1}$,$R_1$ 两端的电压为 U_{REF}

$$\frac{u_o}{R_1+R_2}=\frac{u_{23}}{R_1} \Rightarrow u_o=u_{23}\left(1+\frac{R_2}{R_1}\right)=15\times\left(1+\frac{0\sim1}{2}\right)=15\sim22.5\text{V}$$

因此,$u_{omax}=22.5\text{V}$

注:虚断、虚短以及虚地是线性工作状态下理想集成运放的重要特点。LM78×× 为三端串联稳压器,其后两位为输出电压值,因此 LM7815 输出电压,即 2、3 端电压为 15V。

答案:C

25.解 利用基本运算电路 A_1 与 A_2 的虚短和虚断,可列出如下方程:

基本运算电路 A_2:$u_o = u_{A2+} = u_{A2-}$,代入基本运算电路 A_2 的方程为:

$u_{A1-} = u_{i1} + \dfrac{R_1}{R_1+R_2}(u_o - u_{i1})$ 和 $u_{A1+} = u_{i2} \times \dfrac{R_3}{R_3+R_4}$,由 A_2 的虚短,有 $u_{A2-} = u_{A2+}$,即:

$$u_{i1} + \frac{R_1}{R_1+R_2}(u_o - u_{i1}) = \frac{R_4}{R_3+R_4}u_{i2}$$

整理可得:$\dfrac{u_o}{u_{i1}-u_{i2}} = -10$

答案:D

26.解 两逻辑函数的卡诺图如解图所示:

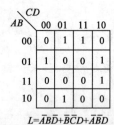 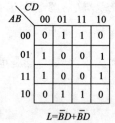

题 26 解图

对比可知,无关项为 3 个。

注:所谓无关项,即取值可以为 1 或 0,原则是应有利于得到更为简化的逻辑函数式。卡诺图中相邻方格包括上下底相邻,左右边相邻和四角相邻。

答案:C

27.解 逻辑式为:$Y_1 = A\bar{B}$,$Y_2 = A\bar{B} + \bar{A}B$,$Y_3 = \bar{A}B$,列真值表见解表。

题 27 解表

A	B	Y_1	Y_2	Y_3
0	0	0	1	0
0	1	0	0	1
1	0	1	0	0
1	1	0	1	0

当 $A>B$ 时,$Y_1=1$;当 $A=B$ 时,$Y_2=1$;当 $A<B$ 时,$Y_3=1$,显然为比较器。

答案:C

28.**解** 电容电压 V_C 从零电平上升至 $\frac{2}{3}V_{CC}$ 的时间,即为输出电压的脉宽 t_w,则:

$$t_w = RC\ln 3 = 1.0986 \times 25 \times 10^{-6} \times 91 \times 10^3 = 2.5\text{s}$$

答案:D

29.**解** 由 $\frac{4.387}{1.2 \times 10^{-3}} = 3655.83 \approx 3656$,十进制转十六进制,则 $(3656)_{10} = (E48)_{16}$。

答案:B

30.**解** 74161 为 4 位二进制异步计数器,可预置数的加法器。

采用两片 74161 并行级联的方式,其中左片为低位计数,预置数为:$(1100)_2$;右片为高位计数,预置数为:$(0011)_2$。转换为 16 进制,总计数为 $(3C)_{16}$。

16 进制转化为 10 进制:$(3C)_{16} = (60)_{10}$

74161 是 4 位二进制异步加计数器,题中采用同步预置法,即先预置数为 60,然后计数器再计数,输入到第 256 个脉冲时产生整体置零信号,因此本逻辑电路为 $256-60=196$ 分频器。

> 注:两片计数器的连接方式分两种:
>
> 并行进位:低位片的进位信号(CO)作为高位片的使能信号,称为同步级联。
>
> 串行进位:低位片的进位信号(CO)作为高位片的时钟脉冲,称为异步级联。
>
> 计数器实现任意计数的方法主要有两种,一种为利用清除端 CR 的复位法,即反馈清零法,另一种为置入控制端 LD 的置数法,即同步预置法,两种方法的计数分析方法不同,为历年考查重点,考生均应掌握。

答案:A

31.**解** 用变压器的简化等效电路对应的相量图导出电压调整率的计算公式:

$$\Delta U\% = \beta \left(\frac{I_{1N}R_{k75}\cos\varphi_2 + I_{1N}X_k\sin\varphi_2}{U_{1N}} \right) \times 100\%$$

若要其值为零,则:$I_{1N}R_{k75}\cos\varphi_2 + I_{1N}X_k\sin\varphi_2 = 0$,其中 X_k 必为负值,即容性负载。

> 注:$\Delta U\%$ 的定义:一次侧加额定电压,负载功率因数一定,二次侧空载电压与负载时电压之差 $(U_{20}-U_2)$ 用二次侧额定电压 U_{2N} 的百分数来表示。电压调整率 $\Delta U\%$ 与变压器的参数、负载大小及性质有关,是变压器的一个重要运行性能指标。

答案:C

32.解 由 $E_0 = 4.44fN_1\Phi_m$，励磁电流不变，即由其建立的磁 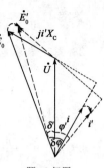 场磁链不变，从而空载感应电动势 E_0 不变；由于并网于无穷大电 网，则发电机端电压 U 也不变，由原动机输出功率: $P = \dfrac{mUE_0}{X_c}\sin\delta$，

由于 P 减小，则 $\sin\delta$ 应相应减小，即功角 δ 减小。

相量图如解图所示,可见当功角 δ 减小,E_0 旋转至 E_0' 处,根据 图中延长线的垂直关系,I 将旋转至 I' 处,可见功率因数角 φ 增加,

题32解图

功率因数 $\cos\varphi$ 减小。

答案:A

33.解 转速与极对数的公式为 $n = \dfrac{60f}{P}$,则:

极对数: $P = \dfrac{60f}{n} = \dfrac{60\times50}{150} = 20$ 对,极数为 $2\times20 = 40$ 个。

> 注:极数与极对数不能混淆。

答案:D

34.解 恒转矩负载运行,由 $T = C_T\Phi_m I_2'\cos\varphi_2$ 可知,在电源电压一定时,主磁通 Φ_m 也一定。在转子串入电阻后仍保持转子电流不变,因此功率因数 $\cos\varphi_2$ 也保持不变。

设原来转子电阻为 R_2,电流为 I_{2N},转差率为 S_N,则 $I_{2N} = \dfrac{E_2}{\sqrt{(R_2/S_N)^2 + X^2}}$

转子串入电阻 R_s 后,转差率变为 S,电流仍为 I_{2N},则 $I_{2N} = \dfrac{E_2}{\sqrt{[(R_2+R_s)/S_N]^2 + X^2}}$

因此有 $\dfrac{R_2+R_s}{S} = \dfrac{R_2}{S_N}$,可见转子串入电阻时,其转差率将相应变化。

答案:A

35.解 因谐波电动势 $E_{\varphi v} = 4.44f_v N k_{pv} k_{dv}\Phi_v$,若需削弱或消除某次谐波电动势中, 只需使某次谐波的短距系数 k_{pv} 或分布系数 k_{dv} 为零(或很小)即可。

采用短距方法中,若消除 v 次谐波,可令 $k_{pv} = 0$,可得到 $y = \dfrac{v-1}{v}\tau$,即其节距只需缩短

v 次谐波的一个节距,则线圈节距为: $y = \dfrac{5-1}{5}\times15 = 12$

答案:A

36.**解**　并励直流发电机和电动机原理图如解图所示。

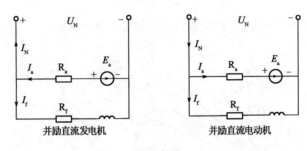

题36解图

由原理图分析可知,当原动机撤走,直流发电机仍接在电网之上,电枢电流方向将反向,成为并联直流电动机继续运行。

答案:C

37.**解**　同步转速为 $n_1 = \dfrac{60f_1}{P} = \dfrac{60 \times 50}{2} = 1500\text{r/min}$,则转子绕组磁动势相对于转子的转速 $n_2 = sn_1 = 0.05 \times 1500 = 75\text{r/min}$

答案:B

38.**解**　当励磁电流为 I_{f1} 时,励磁电动势为 E_{01},设 I_{f1} 为常励磁电流,相应的电枢电

流为 I_1，$\cos\varphi=1$，此时发电机只输出有功功率，与电网没有无功功率交换。

E_{02} 为励磁增大的情况，相应的电枢电流 I_2，滞后于端电压 U。发电机除输出有功功率外，还供给电网一个感性无功功率。此时发电机处于过励磁状态，由于功角 δ 随励磁电流增大而减小，提高了发电机运行的稳定度，增加感性无功功率的输出，将受到励磁电流和电枢电流的限制。

E_{03} 为励磁减小后的情况，相应的电枢电流 I_3 较 U 超前。发电机除输出有功功率外，还供给电网一个容性无功功率，此时发电机处于欠励磁状态。由于功角 δ 随励磁电流减小而增大，降低了发电机运行的稳定性。

E_{04} 的情况，功角 δ 已达到 $90°$，发电机处于静态稳定的极限状态，当 δ 继续增大，发电机将失去稳定。

参考解图所示，$\dot{E}_0$ 相量的端点必然落在 mm' 线上，该线与横坐标的距离为 $E_0\cos\varphi$；相量 $\dot{I}$ 的端点必然落在 nn' 线上，该线与纵坐标的距离为 $I\cos\varphi$。

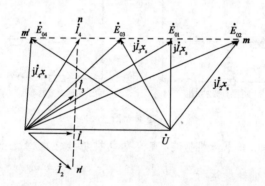

题 38 解图

答案：D

39. **解** 基本概念，不再赘述。

答案：B

40. **解** 基本公式，不再赘述。

答案：A

41. **解** 基本公式，不再赘述。

答案：A

42. **解** 变压器一次侧绕组相当于用电设备，故其额定电压等于电力网络标称电压，并同时考虑其分接头位置；变压器二次绕组相当于供电设备，再考虑到变压器内部的电压损耗，故一般对于较大变压器（阻抗值在 7.5% 以上时），规定其二次绕组的额定电压比电力网的标称电压高 10%,对于阻抗较小(如 35kV 以下,容量不大,阻抗值在 7.5% 以下时)的变压器,由于其内部电压损耗不大,其额定电压可比电网标称电压高 5%。

答案:A

43.**解** 从末端向首端计算功率分布和电压损失,如解图所示。

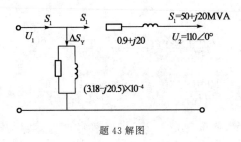

题 43 解图

串联支路的功率损耗:

$$\Delta S_T = \frac{P_2^2 + Q_2^2}{U_2^2}(R_T + jX_T) = \frac{50^2 + 20^2}{110^2}(0.9 + j20) = 0.216 + j4.793\text{MVA}$$

变压器始端电压:

$$U_1 = U_2 + \frac{P_2 R_T + Q_2 X_T}{U_2} + j\frac{P_2 X_T - Q_2 R_T}{U_2}$$

$$= 110 + \frac{50 \times 0.9 + 20 \times 20}{110} + j\frac{50 \times 20 - 20 \times 0.9}{110}$$

$$= 114.4\angle 4.48°\text{kV}$$

并联支路的功率损耗:

$$\Delta S_Y = U_1^2(G_T + jB_T)^* = 114.4^2 \times [3.18 - (-j20.5)] \times 10^{-6} = 0.042 + j0.268\text{MVA}$$

变压器的输入功率:

$$S_1 = S_2 + \Delta S_T + \Delta S_Y = 50.417 + j25.061\text{MVA}$$

答案:B

44.**解** 在 330kV 及以上超高压配电装置的线路侧,装设同一电压等级的并联电抗器,其作用如下:

(1)线路并联电抗器可以补偿线路的容性无功功率,改善线路无功平衡。

(2)削弱空载或轻载线路中的电容效应,抑制其末端电压升高,降低工频暂态过电压,限制操作过电压的幅值。

(3)改善沿线电压分布,提供负载线路中的母线电压,增加了系统稳定性及送电能力。

(4)有利于消除同步电机带空载长线时可能出现的自励磁谐振现象。

(5)采用电抗器中性点经小电抗接地的办法,可补偿线路相间及相对地电容,加速潜供电弧自灭,有利于单相快速重合闸的实现。

答案:A

45.解 最大负荷和最小负荷时变压器的电压损耗:

$$S_{max} = P_{max} + jQ_{max} = 18 \times 0.6 + j18 \times 0.8 = 10.8 + j14.4 \text{MVA}$$

$$S_{min} = P_{min} + jQ_{min} = 7 \times 0.7 + j7 \times 0.7 = 4.9 + j4.9 \text{MVA}$$

$$\Delta U_{Tmax} = \frac{PR + QX}{U_{1max}} = \frac{10.8 \times 5 + 14.4 \times 60}{107} = 8.58 \text{kV}$$

$$\Delta U_{Tmin} = \frac{PR + QX}{U_{1min}} = \frac{4.9 \times 8.5 + 4.9 \times 60}{107} = 3.137 \text{kV}$$

顺调压为最大负荷时,低压侧为 102.5% 的额定电压;顺调压为最小负荷时,低压侧为 107.5% 的额定电压,则:

$$U_{1Tmax} = \frac{U_{1max} - \Delta U_{Tmax}}{U_{1max}} U_{2N} = \frac{107 - 8.58}{1.025 \times 10} \times 11 = 105.62 \text{kV}$$

$$U_{1Tmin} = \frac{U_{1min} - \Delta U_{Tmin}}{U_{1min}} U_{2N} = \frac{107 - 3.137}{1.075 \times 10} \times 11 = 106.28 \text{kV}$$

$$U_{1T \cdot av} = \frac{U_{1Tmax} + U_{1Tmin}}{2} = \frac{105.62 + 106.28}{2} = 105.95 \text{kV},就近选取分接头 107.25 \text{kV}。$$

> 注:逆调压为最大负荷时,提高负荷侧电压,即低压侧升高至 105% 的额定电压;最小负荷时,降低或保持负荷侧电压,即低压侧保持额定电压。顺调压为最大负荷时,低压侧为102.5% 的额定电压;最小负荷时,低压侧为 107.5% 的额定电压。

答案:D

46.解 输电线路的Ⅱ型等效电路,如解图所示。

已知首端电压和末端功率,计算时未知的末端电压采用电路额定电压,则:

串联支路末端并联支路功率:

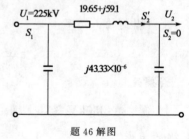

题 46 解图

$$S_2' = -j\frac{B_L}{2}U_N^2 = -j\frac{43.38 \times 10^{-6}}{2} \times 220^2 = -j1.05 \text{MVA}$$

串联支路功率损耗:

$$\Delta S_L = \frac{P_2^2 + Q_2^2}{U_N^2}(R + jX) = \frac{1.05^2}{220^2} \times (19.65 + j59.1) = 0.00045 + j0.00128$$

串联支路首端功率:$S_1' = S_2' + \Delta S_L = 0.00045 - j1.049$

串联支路首端并联支路功率:$\Delta S_1' = -j\frac{B_L}{2}U_N^2 = -j\frac{43.38 \times 10^{-6}}{2} \times 225^2 =$

$-j1.098\text{MVA}$

线路首端功率：$S_1 = S_1' + \Delta S_1'$

$$= 0.00045 - j1.049 - j1.098 = 0.00045 - j2.147 \approx -j2.147\text{MVA}$$

从首端向末端计算电压分布：

$$U_A = U_1 - \frac{P_1 R_L + Q_1 X_L}{U_1} - j\frac{P_1 X_L - Q_1 R_L}{U_1}$$

$$= 225 - \frac{-2.147 \times 59.1}{225} - j\frac{-2.147 \times 19.65}{225} = 225.56\angle 0.05°\text{kV}$$

> 注：也可采用末端电压升高公式直接计算，但上述计算结果较为严谨，可参考。

答案：B

47.解 考查标幺值计算公式，各元件标幺值计算如下：

发电机 G：$X_{d*}'' = X_d'' \times \dfrac{S_j}{S_G} = 1.2 \times \dfrac{30}{31.5} = 1.143$

变压器 T_1：$X_{T*} = \dfrac{U_d\%}{100} \cdot \dfrac{S_j}{S_{TN}} = \dfrac{10.5}{100} \times \dfrac{30}{30} = 0.105$

变压器 T_2：$X_{T*} = \dfrac{U_d\%}{100} \cdot \dfrac{S_j}{S_{TN}} = \dfrac{7.5}{100} \times \dfrac{30}{30} = 0.075$

线路 l：$X_{L*}'' = 80 \times x_l \times \dfrac{S_j}{U_j^2} = 80 \times 0.4 \times \dfrac{30}{115^2} = 0.0725$

电抗器 L：$X_{R*}'' = \dfrac{X_R\%}{100} \times \dfrac{S_j}{U_j^2} \times \dfrac{U_N}{I_N} = \dfrac{8}{100} \times \dfrac{30}{\sqrt{3} \times 6.3^2} \times \dfrac{6}{2.5} = 0.0838$

答案：A

48.解 非故障相电压，可以近似分析如下，其中正负序阻抗相等，即 $X_{\Sigma 1} = X_{\Sigma 2}$，则：

$$\dot{U}_{fb} = a^2 \dot{U}_{f1} + a\dot{U}_{f2} + \dot{U}_{f0} = \frac{\sqrt{3}}{2}\left[(2X_{\Sigma 1} + X_{0\Sigma}) - j\sqrt{3}X_{0\Sigma}\right] \cdot \frac{1}{j(2X_{\Sigma 1} + X_{0\Sigma})}$$

$$= -\frac{\sqrt{3}X_{0\Sigma}}{(2X_{\Sigma 1} + X_{0\Sigma})} \cdot \frac{\sqrt{3}}{2} - j\frac{\sqrt{3}}{2} = -\frac{3}{2} \cdot \frac{\dfrac{X_{0\Sigma}}{X_{\Sigma 1}}}{\left(2 + \dfrac{X_{0\Sigma}}{X_{\Sigma 1}}\right)} - j\frac{\sqrt{3}}{2} = -\frac{3}{2}\frac{2K}{(2+K)} - j\frac{\sqrt{3}}{2}$$

其中 $K = \dfrac{X_{\Sigma 0}}{X_{\Sigma 1}}$，中性点不接地电力系统，最严重情况 $X_{\Sigma 0} = \infty$，则：

$$\dot{U}_{fb} = -\frac{3}{2}\frac{2K}{(2+K)} - j\frac{\sqrt{3}}{2} = -\frac{3}{2} - j\frac{\sqrt{3}}{2} = \sqrt{3}\left(-\frac{\sqrt{3}}{2} - j\frac{1}{2}\right) = \sqrt{3}\angle 30°$$

$$\dot{U}_{fc} = -\frac{3}{2}\frac{2K}{(2+K)} + j\frac{\sqrt{3}}{2} = -\frac{3}{2} + j\frac{\sqrt{3}}{2} = \sqrt{3}\left(-\frac{\sqrt{3}}{2} + j\frac{1}{2}\right) = \sqrt{3}\angle -30°$$

由此可见,中性点不接地电力系统中发生单相接地短路时,非故障相电压升高到线电压,而中性点电压升高到相电压。

> 注:基本概念,应牢记。以上推导过程供考生参考,不必深究。

答案:A

49.解 各元件标幺值计算如下:

发电机 1:$X_{*G1}=X_s\dfrac{S_j}{S_G}=1.2\times\dfrac{250}{1000}=0.3$

发电机 2:$X_{*G2}=X_d''\dfrac{S_j}{S_G}=0.12\times\dfrac{250}{250}=0.12$

变压器 T:$X_{*T}=\dfrac{U_{k1}\%}{100}\cdot\dfrac{S_j}{S_T}=\dfrac{10.5}{100}\times\dfrac{250}{250}=0.105$

线路 1、2:$X_{*L2}=X_{L1}\dfrac{S_j}{U_j^2}=20\times0.4\times\dfrac{250}{115^2}=0.151$

线路 3:$X_{*L3}=X_{L3}\dfrac{S_j}{U_j^2}=30\times0.4\times\dfrac{250}{115^2}=0.227$

等值电路如解图所示,计算电抗为:

题 49 解图

$$X_{*\Sigma}=[(0.3+0.151)//(0.151+0.105+0.12)]+0.227=0.432$$

三相短路电流有效值为:

$$I_K=\dfrac{I_j}{X_{*\Sigma}}=\dfrac{S_j}{\sqrt{3}U_j}\times\dfrac{1}{X_{*\Sigma}}=\dfrac{250}{\sqrt{3}\times115}\times\dfrac{1}{0.432}=2.905\text{kA}$$

答案:B

50.解 a 相接地短路,正负序网络如解图 1 所示。

正负阻抗为:$X_{*\Sigma(1)}=0.13+0.1+0.15=0.38$

负序阻抗为:$X_{*\Sigma(2)}=0.13+0.1+0.15=0.38$

零序网络如解图 2 所示。

零序阻抗为:$X_{*\Sigma(0)}=(0.1+0.45)//0.1=0.085$

A 相正序电流标幺值:$\dot{I}_{a1}=\dfrac{1}{j(X_{\Sigma(1)}+X_{\Sigma(2)}+X_{\Sigma(0)})}=\dfrac{1}{j(0.38+0.38+0.085)}=-j1.183$

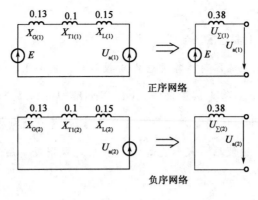

正序网络

负序网络

题 50 解图 1

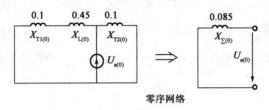

零序网络

题 50 解图 2

短路点短路电流标幺值：$\dot{I}_a = 3 \times \dot{I}_{a1} = 3 \times (-j1.183) = -j3.55$

短路电流有名值：$I_f = I_a \cdot I_B = 3.55 \times \dfrac{100}{\sqrt{3} \times 231} = 0.887\text{kA}$

短路点正序电压标幺值：$U_{*a} = E - I_{a1} X_{*\Sigma(1)} = 1 - 1.183 \times 0.38 = 0.55$

短路点正序电压有名值：$U_a = U_{*a} \cdot U_B = 0.55 \times 231 = 127.17\text{kV}$

注：零序电流在变压器三角形侧无流通,因此零序网络不包含发电机。

答案：A

51. **解**   绝缘配合的核心问题是确定各种电器设备的绝缘水平,电气设备的绝缘水平是指设备绝缘能耐受的试验电压值(耐受电压),在此电压作用下,绝缘不发生闪络、击穿或其他损坏现象。对应设备绝缘可能承受的各种作用电压,绝缘水平分为全波基本冲击绝缘水平(BIL)、基本操作冲击绝缘水平(BSL)以及工频绝缘水平。

在不同电压等级系统中绝缘配合的具体原则不同,同时还要按照不同的系统结构、不同的地区及电力系统不同发展阶段来进行具体分析。在 220kV 及以下系统中,电气设备的绝缘水平由雷电过电压决定。限制过电压的措施主要是采用避雷器。在 330kV 及以上的超高压系统中,操作过电压的幅值很高,一般需采用专门的限制内部过电压的措施,如并联电抗器、带有并联电阻的断路器及金属氧化物避雷器等。由于限制过电压的措施和要求不同,绝缘配合的做法也不同。

答案:B

52. 解 所谓流液冲击电压主要是针对在电气设备中使用的绝缘液体,运行中可能要承受叠加于工频电压之上的瞬态操作冲击电压或雷电冲击电压作用。

《绝缘液体雷电冲击击穿电压测定法》(DL/T 418—1991) 的相关规定如下:

第4.1.2条:冲击电压的测量。冲击电压测量时,用经过精确校准的电阻分压器与峰值电压变配合使用比单独使用示波器优越。测量系统可按规定用球隙法校正,冲击电压峰值测量误差应不超过3%。

> 注:此题较偏,不建议深究。绝缘液体的冲击击穿是一个尚未弄清楚的复杂现象。概而言之,击穿需要激发和预击穿扰动的传播(流柱),规范中测量仪器建议采用精确校准的电阻分压器,但本题无此选项。属高电压测量技术之冲击电压测量内容。

答案:C

53. 解 电力系统操作过电压种类不同,其特性各异,所采用的限制措施也各不相同,主要的方式如下:

系统中性点经消弧线圈接地可以防护间歇电弧接地过电压所带来的危害;切空载变压器过电压可用一般的避雷器保护;切空载线路过电压可用提高断路器灭弧能力避免重燃的办法来解决;合空载线路过电压通常将断路器装设并联电阻为主要措施。另外,也可以采用性能良好的避雷器限制操作过电压。

断路器触头一端并联电阻的等效电路如解图所示,其中L、R分别为设备的电感和电阻,C为设备的对地电容,电源电压为 e(t),为便于分析,认为在此过程中电源电压瞬时值的变化并不大,以一常数 E_0 来代表,为电流过零熄弧瞬间的电源电压瞬

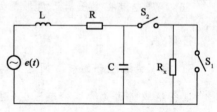

题53解图

时值。断路器 S_1 打开后间隙两端的电压恢复过程,实际上就是电源向电容C上的充电过程,当开关K关闭后在间隙上的电压变化过程就是间隙两端的电压恢复工程。在K闭合瞬间,间隙上的电压为 $-U_x$,即熄弧电压值,取负号表明与电源电势相反。

> 注:本题属高电压技术之操作过电压限制措施内容。

答案:C

54. 解 SF_6 气体的绝缘主要特性如下:

(1)电离特性。

SF_6 气体密度大,电气的平均自由程很小,不易从电场积聚足够的能量,从而减少了电子撞击电离的概率。SF_6 气体分子的负电性很强,在很小的电子能量下就可能产生附着,这样小的电子能仅热运动本身就能达到,不需要由电场供给。

(2)电场和压力特性。

SF_6 气体绝缘只适用于均匀和稍不均匀电场,不适用于极不均匀电场,主要原因为:①极不均匀电场将产生局部放电,会使 SF_6 气体离解,离解物和继发性反应物有很大的腐蚀性,对绝缘有较大危害;②通常 SF_6 气体绝缘采用封闭式结构并与高气压并用,极不均匀电场中,在一定的气压区域,间隙击穿电压与气压的关系存在异常的低谷,这个应避开;③对 SF_6 气体,电场越不均匀,提高气压对提高间隙击穿电压的作用越小,故一般气压维持在 $0.1\text{MPa} \leqslant p \leqslant 0.4\text{MPa}$ 范围内较为适宜。

(3)极性效应。

在 SF_6 气体常用的稍不均匀电场情况和气压范围,对于所有的单极性电压来说,曲率较大的电极为负时,间隙的击穿电压均小于电极为正时的值,这就是说,SF_6 气体绝缘的绝缘水平是由负极性电压决定的。

(4)时间特性。

在 SF_6 气体常用的稍不均匀电场情况和气压范围,统计时延在总的击穿时间中占有很大的分量。同时,SF_6 气体分子具有很强的负电性,容易吸附自由电子,减少有效电子出现的概率,这就使平均统计时延及其分散性均增大,间隙总的击穿时间及其分散性也随之增大。

注:此题属高电压技术之高电气强度气体作用特性内容。

答案:D

55.**解** 参见附录一"高频考点知识补充"的知识点3,等效电路如解图所示。

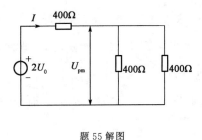

题55解图

则:$U_{pm} = \dfrac{400//400}{400//400+400} \times 2U_0 = \dfrac{200}{600} \times 2 \times 750 = 500\text{kV}$

答案:A

56.**解** 《导体和电器选择设计技术规定》(DL/T 5222—2005)的相关规定如下:

第9.2.3条的条文说明:三相断路器在开断短路故障时,由于动作的不同期性,首相开断的断口触头间所承受的工频恢复电压将要增高,增高的数值用首相开断系数来表征。首相开断系数是指三相系统当两相短路时,在断路器安装处的完好相对另两相间的工频电压与短路去掉后在同一处获得的相对中性点电压之比。分析系统中经常发生的各种短路形式,第一开断相断口间的工频恢复电压,中性点不接地系统者多为1.5倍的相电压;中性点接地系统多为1.3倍相电压。

中性点不直接接地系统的三相短路故障如解图所示。

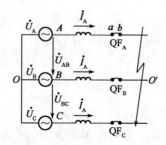

题56解图

设A相为首先开断相:电弧电流先过零,电弧先熄灭,即:

$$\dot{U}_{ab} = \dot{U}_{AO'} = \dot{U}_{AB} + 0.5\dot{U}_{BC} = 1.5\dot{U}_{AO}$$

在A相熄灭后,经过5ms(90°),B、C两相电流同时过零,电弧同时熄灭,此时电源的线电压加在两个串联的断口上,若认为两断口是均匀分布的,则每一断口只承担一半电压,即:

$$0.5U_{BC} = 0.866U_{BO}(U_{CO})$$

答案:C

57.解 电压互感器的额定电压选择见解表。

型式	一次电压(V)		二次电压(V)	第三绕组电压(V)	
单相	接于一次线电压上	U	100	—	
	接于一次相电压上	$U/\sqrt{3}$	$100/\sqrt{3}$	中性点非直接接地系统	$100/3$
				中性点直接接地系统	100
三相		U	100	$100/3$	

另《导体和电器选择设计技术规定》(DL/T 5222—2005)的相关规定如下：

第 16.0.7 条：用于中性点直接接地系统的电压互感器，其剩余绕组额定电压应为 100V；用于中性点非直接接地系统的电压互感器，其剩余绕组额定电压应为 100/3V。

答案：C

58.解 内桥与外桥接线的特点分析见解表。

	内 桥 接 线	外 桥 接 线
接线图		
优点	高压断路器数量少，占地少，四个回路只需三台断路器	高压断路器数量少，占地少，四个回路只需三台断路器
缺点	a.变压器的切除和投入较复杂，需动作两台断路器，影响一回线路的暂时停运； b.桥连断路器检修时，两个回路需解列运行； c.线路断路器检修时，需较长时间中断线路的供电	a.线路的切除和投入较复杂，需动作两台断路器，并有一台变压器暂时停运； b.桥连断路器检修时，两个回路需解列运行； c.变压器侧断路器检修时，变压器需较长时期停运
适用范围	适用于较小容量的发电厂，对一、二级负荷供电，并且变压器不经常切换或线路较长、故障率较高的变电所	适用于较小容量的发电厂，对一、二级负荷供电，并且变压器的切换较频繁或线路较短、故障率较少的变电所。此外，线路有穿越功率时，也宜采用外桥接线

注：外桥与内桥接线的区别和特点需牢记，经常考查的知识点。

答案：A

59. **解** 《导体和电器选择设计技术规定》(DL/T 5222—2005)的相关规定如下：

第16.0.4条：在满足二次电压和负荷要求的条件下，电压互感器宜采用简单接线，当需要零序电压时，3～20kV宜采用三相五柱电压互感器或三个单相式电压互感器。

其条文说明中有如下叙述：

主二次绕组连接成星形以供电给测量表计、继电器以及绝缘检查电压表。对于要求相电压的测量表计，只有在系统中性点直接接地时才能接入。附加的二次绕组接成开口三角形，构成零序电压滤过器供电给保护继电器和接地信号继电器。

答案：A

60. **解** 《3～110kV高压配电装置设计规范》(GB 50060—2008)的相关规定如下：

第4.1.4条：验算导体短路电流热效应的计算时间，宜采用主保护动作时间加相应的断路器全分闸时间。当主保护有死区时，应采用对该死区起作用的后备保护动作时间，并应采用相应的短路电流值。

验算电器短路热效应的计算时间，宜采用后备保护动作时间加相应的断路器全分闸时间。

答案：A

2009 年度全国勘察设计注册电气工程师（发输变电）

执业资格考试试卷

基础考试
（下）

二〇〇九年九月

应考人员注意事项

1. 本试卷科目代码为"2",考生务必将此代码填涂在答题卡"科目代码"相应的栏目内,否则,无法评分。

2. 书写用笔:**黑色或蓝色钢笔、签字笔或圆珠笔**;

   填涂答题卡用笔:**黑色 2B 铅笔**。

3. 必须用书写用笔将工作单位、姓名、准考证号填写在答题卡和试卷相应的栏目内。

4. 本试卷由 60 题组成,每题 2 分,满分 120 分,本试卷全部为单项选择题,每小题的四个备选项中只有一个正确答案,错选、多选、不选均不得分。

5. 考生作答时,必须**按题号在答题卡上**将相应试题所选选项对应的**字母用 2B 铅笔涂黑**。

6. 在答题卡上书写与题意无关的语言,或在答题卡上作标记的,均按违纪试卷处理。

7. 考试结束时,由监考人员当面将试卷、答题卡一并收回。

8. 草稿纸由各地统一配发,考后收回。

单项选择题(共 60 题,每题 2 分。每题的备选项中只有一个最符合题意。)

1. 电路如图所示,2A 电流源发出的功率为:

    A. −16W

    B. −12W

    C. 12W

    D. 16W

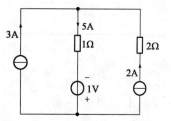

2. 如图所示,电路中的 u 应为:

    A. 18V

    B. 12V

    C. 9V

    D. 8V

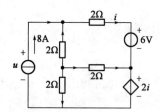

3. 在如图所示正弦稳态电路中,若 $\dot{U}_s = 20\angle0°V$,$\dot{I}$ 与 $\dot{U}_s$ 同相位,电流表 A 示数为 40A,电流表 A$_2$ 的读数为 28.28A,则 ωC 为:

    A. $2\Omega^{-1}$

    B. $0.5\Omega^{-1}$

    C. $2.5\Omega^{-1}$

    D. $1\Omega^{-1}$

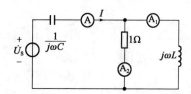

4. 如图所示的电路为含耦合电感的正弦稳态电路,则当开关 S 闭合时,$\dot{U}$ 为:

    A. $\sqrt{2}\angle45°V$

    B. $\sqrt{2}\angle-45°V$

    C. 0V

    D. $-\sqrt{2}\angle30°V$

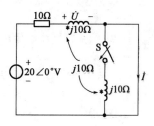

5. 如图所示电路为非正弦周期电路,若此电路中的 $R=10\Omega$, $L_1=1H$, $u_s(t)=100+50\sqrt{2}\cos(1000t+45°)+50\sqrt{2}\cos(3000t-20°)V$, $C_1=1\mu F$, $C_2=125\mu F$,则电阻 R 吸收的平均功率为:

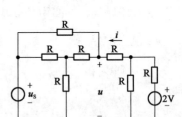

A. 200W

B. 250W

C. 150W

D. 300W

6. 如图所示电路中, $u=0.5V$, $i=1A$,则 R 为:

A. $-\dfrac{1}{3}\Omega$

B. $\dfrac{1}{3}\Omega$

C. $\dfrac{1}{2}\Omega$

D. $-\dfrac{1}{2}\Omega$

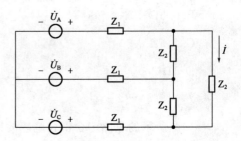

7. 如图所示对称三相电路中,若线电压为 380V, $Z_1=110-j110\Omega$, $Z_2=330+j330\Omega$,则 $\dot I$ 为:

A. $-\dfrac{\sqrt{3}}{3}\angle-30°A$

B. $-\dfrac{\sqrt{3}}{3}\angle30°A$

C. $\dfrac{\sqrt{3}}{3}\angle30°A$

D. $\dfrac{\sqrt{3}}{3}\angle-30°A$

8. 如图所示正弦交流电路中,若电源电压有效值 $U=100V$,角频率为 ω,电流有效值 $I=I_1=I_2$,电源提供的有功功率 $P=866W$,则 $\dfrac{1}{\omega C}$ 为:

A. 30Ω

B. 25Ω

C. 15Ω

D. 10Ω

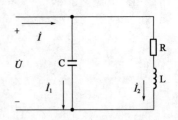

9. 如图所示对称三相电路中,相电压是 200V, $Z = 100\sqrt{3} + j100\ \Omega$,功率表 W_2 的读数为:

A. $50\sqrt{3}$ W

B. $100\sqrt{3}$ W

C. $150\sqrt{3}$ W

D. $200\sqrt{3}$ W

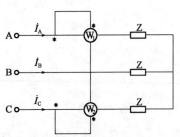

10. 如图所示电路中,开关 S 闭合前电路为稳态,$t=0$ 时开关 S 闭合,则 $t>0$ 时电容电压 $u_C(t)$ 为:

A. $3(1+e^{-10t})$ V

B. $5(1+e^{-10t})$ V

C. $5(1-e^{-10t})$ V

D. $3(1-e^{-10t})$ V

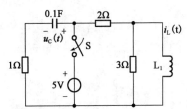

11. 如图所示电路中,已知电流有效值 $I=2$A,则有效值 U 为:

A. 200V

B. 150V

C. 100V

D. 50V

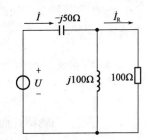

12. 若电路中 $L=1$H,$C=100$pF 时,恰好 $X_L = X_C$,则此时角频率 ω 为:

A. 10^5 rad/s

B. 10^{10} rad/s

C. 10^2 rad/s

D. 10^4 rad/s

13. 如图所示电路中，$L_1 = L_2 = 40\text{H}$，$C = 1000\mu\text{F}$，M 从 0H 变至 10H 时，谐振角频率的变化范围是：

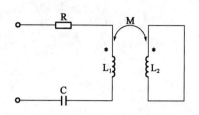

　　A. $10 \sim 16.67\text{rad/s}$

　　B. $0 \sim \infty \text{rad/s}$

　　C. $2.50 \sim 2.58\text{rad/s}$

　　D. 不能确定

14. 正弦电流通过电容元件时，下列关系正确的是：

　　A. $\dot{U}_C = \omega C I$ 　　　　　　　　　　　　B. $\dot{U}_C = -j\omega C \dot{I}$

　　C. $\dot{U}_C = C\dfrac{\mathrm{d}\dot{I}}{\mathrm{d}t}$ 　　　　　　　　　　D. $\psi_u = \psi_i + \dfrac{\pi}{2}$

15. 终端短路的无损耗传输线的长度为波长的多少时，其入端阻抗的绝对值不等于特性阻抗？

　　A. $\dfrac{9}{8}$ 　　　　　　　　　　　　　　　B. $\dfrac{7}{8}$

　　C. $\dfrac{3}{2}$ 　　　　　　　　　　　　　　　D. $\dfrac{5}{8}$

16. 有一段特性阻抗为 $Z_0 = 500\Omega$ 的无损耗传输线，当其终端短路时，测得始端的端阻抗为 250Ω 的感抗，则该传输线的长度为：（设该传输线上传输的电磁波的波长为 λ）

　　A. $7.4 \times 10^{-2}\lambda$ 　　　　　　　　　　B. $7.4 \times 10^{-1}\lambda$

　　C. λ 　　　　　　　　　　　　　　　　D. 0.5λ

17. 无限长同轴圆柱面，半径分别为 a 和 $b(b > a)$，每单位长度上电荷：内柱为 τ，而外柱为 $-\tau$，已知两圆柱面间的电介质为真空，则两带电圆柱面间的电压 U 为：

　　A. $\dfrac{\tau}{2\pi\varepsilon_0}\ln\left(\dfrac{a}{b}\right)$ 　　　　　　　　　B. $\ln\left(\dfrac{a}{b}\right)$

　　C. $\dfrac{\tau}{2\pi\varepsilon_0}$ 　　　　　　　　　　　　D. $\dfrac{\tau}{2\pi\varepsilon_0}\ln\left(\dfrac{b}{a}\right)$

18. 一理想的平板电容器，极板间介质为真空，两极板距离为 $d = 10^{-3}\text{m}$，若真空的击穿场强为 $3 \times 10^6 \text{V/m}$，那么在该电容器上所施加的电压应小于：

　　A. $3 \times 10^6\text{V}$ 　　　　　　　　　　　　B. $3 \times 10^3\text{V}$

　　C. $3 \times 10^2\text{V}$ 　　　　　　　　　　　　D. 30V

19. 双导体架空线,可看成是无损耗的均匀传输线,已知特性阻抗 $Z_0 = 500\Omega$,线长 $l = 7.5\text{m}$,现始端施以正弦电压,其有效值 $U_1 = 100\text{V}$,频率 $f = 16\text{MHz}$,终端接一容抗为 $X = 500\Omega$ 的电容器,那么其入端阻抗为:

   A. 500Ω B. 0Ω

   C. $\infty\Omega$ D. 250Ω

20. 一半径为 a 和 $b(a<b)$ 的同心导体球面间电位差为 U_0,若 b 固定,要使半径为 a 的球面场强最小,则 a 与 b 的比值应为:

   A. $\dfrac{1}{e}$ B. $\dfrac{1}{2}$

   C. $\dfrac{1}{4}$ D. $\dfrac{1}{8}$

21. 如图所示电路中,设 D_{Z1} 的稳定电压为 7V,D_{Z2} 的稳定电压为 13V,则电压 U_{AB} 等于:

   A. 0.7V

   B. 7V

   C. 13V

   D. 20V

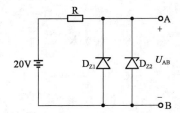

22. 晶体管的参数受温度的影响较大,当温度升高时,晶体管的 β、I_{CBO}、U_{BE} 的变化情况为:

   A. β 和 I_{CBO} 增加,U_{BE} 减小   B. β 和 U_{BE} 减小,I_{CBO} 增加

   C. β 增加,I_{CBO} 和 U_{BE} 减小   D. β、U_{BE} 和 I_{CBO} 都增加

23. 某双端输入、单端输出的差分放大电路的差模电压放大倍数为 200,当 $U_i = 1\text{V}$ 时,$U_o = 100\text{mV}$,该电路的共模抑制比为:

   A. 10   B. 20

   C. 200   D. 2000

24. 如图所示电路中，为使输出电压稳定，应该引入下列哪项反馈方式？

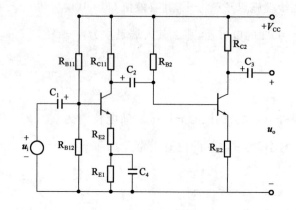

A. 电压并联负反馈　　　　　　　　　B. 电流并联负反馈

C. 电压串联负反馈　　　　　　　　　D. 电流串联负反馈

25. 电路如图所示，设运算放大器均有理想的特性，则输出电压 u_o 为：

A. $\dfrac{R_3}{R_2+R_3}(u_{i2}-u_{i1})$

B. $\dfrac{R_3}{R_2+R_3}(u_{i1}-u_{i2})$

C. $\dfrac{R_3}{R_2+R_3}(u_{i1}+u_{i2})$

D. $\dfrac{R_3}{R_2+R_3}\left(\dfrac{u_{i1}+u_{i2}}{2}\right)$

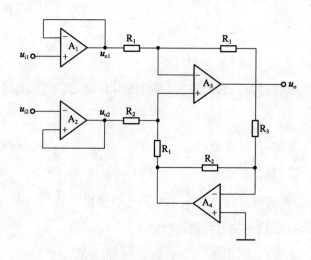

26. 已知 $F=\overline{ABC+CD}$，选出下列可以肯定使 F＝0 的取值是：

A. ABC＝011　　　　　　　　　　　B. BC＝11

C. CD＝10　　　　　　　　　　　　D. BCD＝111

27. 逻辑函数 $Y(A,B,C,D)=\sum m(0,1,2,3,6,8)+\sum d(10,11,12,13,14)$ 的最简与

或表达式为：

A. $\overline{AB}+C\overline{D}+A\overline{D}$　　　B. $A+\overline{B}C+D$　　　C. $A+C+D$　　　D. $A+D$

28. 由 CMOS 集成施密特触发器组成的电路及该施密特触发器的电压传输特性曲线

如图所示,该电路组成了一个：

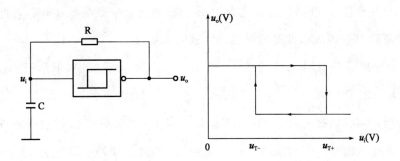

A. 存储器　　　　　　　　　　　　B. 单稳态触发器

C. 反相器　　　　　　　　　　　　D. 多谐振荡器

29. 某 10 位 ADC 的最小分辨率电压为 8mV,采用四舍五入的量化方法,若输入电压

为 5.337V,则输出数字量为：

A. $(1010011111)_B$　　　　　　　　　　B. $(1110011001)_B$

C. $(1010011011)_B$　　　　　　　　　　D. $(1010010001)_B$

30. 如图所示,电路实现的逻辑功能是：

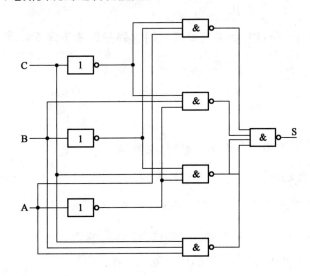

A. 三变量异或　　　　　　　　　　B. 三变量同或

C. 三变量与非　　　　　　　　　　D. 三变量或非

31. 一台并励直流电动机，$P_N=35kW$，$U_N=220V$，$I_{aN}=180A$，$n_N=1000r/min$，电枢回路总电阻(含电刷接触压降)$R_a=0.12\Omega$，不考虑电枢反应，额定运行时的电磁功率 P_M 为：

    A. 36163.4W

    B. 31563.6W

    C. 31964.5W

    D. 35712W

32. 一台并励直流发电机，在转速为 $500r/min$ 时建立空载电压 120V，若此时把转速提高到 $1000r/min$，此时发电机的空载电压变为：

    A. 小于或等于 120V

    B. 大于 120V 但小于 240V

    C. 等于 240V

    D. 大于 240V

33. 变压器铭牌数据为：$S_N=100KVA$，$U_{1N}/U_{2N}=6300/400V$，连接组为 Y，d11。若电源电压由 6300V 改为 10000V，采用保持低压绕组匝数每相为 10 匝不变，改换高压绕组的办法来满足电源电压的改变，则新的高压绕组每相匝数应为：

    A. 40   B. 144   C. 577   D. 630

34. 变压器空载运行时存在饱和现象，若此时励磁电流为正弦波形，则副边的感应电势波形为：

    A. 正弦波   B. 三角波   C. 尖顶波   D. 平顶波

35. 一台 6 极 50Hz 的三相异步电机在额定状态下运行，此时的转差率为 $S_N=0.04$，若此时突然将电源相序改变，改变瞬间电动机的转差率为：

    A. 0.04   B. 1   C. 1.96   D. 2

36. 异步电动机在运行中，如果负载增大引起转子转速下降 5%，此时转子磁势相对空间的转速：

    A. 增加 5%

    B. 保持不变

    C. 减小 5%

    D. 减小 10%

37. 一台三相同步发电机与电网并联时，并网条件除发电机电压小于电网电压 10% 外，其他条件均已满足，若在两电压同相时合闸并联，发电机将出现的现象是：

    A. 产生很大的冲击电流，使发电机不能并网

    B. 产生不大的冲击电流，发出的此电流是电感性电流

    C. 产生不大的冲击电流，发出的此电流是电容性电流

    D. 产生不大的冲击电流，发出的电流是纯有功电流

38. 一台额定功率为 $P_N=75\text{kW}$，额定电压 $U_N=380\text{V}$，定子绕组为 Y 接法的三相隐极同步发电机并网运行，已知发电机的同步电抗 $X_S=1.0$，每相空载电势 $E_0=270\text{V}$，不计饱和及电枢绕组的电阻，此时发电机额定运行时的功率角 δ 为：

    A. $14.10°$　　　　　　B. $24.89°$　　　　　　C. $65.11°$　　　　　　D. $75.90°$

39. 反应输电线路的磁场效应的参数为：

    A. 电阻　　　　　　B. 电抗　　　　　　C. 电容　　　　　　D. 电导

40. 衡量电能质量的指标是：

    A. 电压、频率　　　　　　　　　　　　B. 电压、频率、网损率

    C. 电压、波形、频率　　　　　　　　　D. 电压、频率、不平衡度

41. 一 35kV 电力系统中性点不接地系统，单相接地短路时，非故障相对地电压为：

    A. 35kV　　　　　　　　　　　　B. $\sqrt{3}\times35\text{kV}$

    C. $35/\sqrt{3}\,\text{kV}$　　　　　　　　　D. 0kV

42. 发电机与 10kV 母线相接，变压器一次侧接发电机，二次侧接 220kV 线路，该变压器分接头工作在 $+2.5\%$，其实际变比为：

    A. $10.5/220\text{kV}$　　　　　　　　　B. $10.5/225.5\text{kV}$

    C. $10.5/242\text{kV}$　　　　　　　　　D. $10.5/248.05\text{kV}$

43. 高电压长距离输电线路，当末端空载时，末端电压与始端电压相比，会有什么现象？

    A. 末端电压比始端电压低　　　　　　　B. 末端电压比始端电压高

    C. 末端电压等于始端电压　　　　　　　D. 不确定

44. n 台相同变压器在额定功率 S_N，额定电压下并联运行，其总无功损耗为：

    A. $n\times\left(\dfrac{I_0\%}{100}+\dfrac{U_k\%}{100}\right)S_{TN}$

    B. $\left(\dfrac{1}{n}\times\dfrac{I_0\%}{100}+n\times\dfrac{U_k\%}{100}\right)S_{TN}$

    C. $\left(\dfrac{I_0\%}{100}+\dfrac{U_k\%}{100}\right)\dfrac{S_{TN}}{n}$

    D. $\left(n\times\dfrac{I_0\%}{100}+\dfrac{1}{n}\times\dfrac{U_k\%}{100}\right)S_{TN}$

45. 一辐射性网络电源侧电压为 112kV,线路和变压器归算到高压侧的数据标在图中,在图中所标负荷数据下,变压所高压母线电压 $\dot{U}_A$ 为:

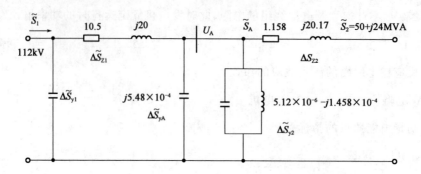

  A. $115\angle10°$kV   B. $98.01\angle-1.2°$kV

  C. $108.24\angle2.5°$kV   D. $101.96\angle-3.26°$kV

46. 某变电站有一台容量 240MW 的变压器,电压为 $242\pm2\times2.5\%/11$kV,变电站高压母线最大负荷时为 235kV,最小负荷时为 226kV。变电站归算高压侧的电压损耗最大负荷时为 8kV,最小负荷时为 4kV。变电站低压侧母线要求为逆调压,该变压器的分接头为:

  A. 242kV   B. $242(1-2.5\%)$kV

  C. $242(1+2.5\%)$kV   D. $242(1-5\%)$kV

47. 冲击电流是指短路前空载、电源电压过零发生三相短路时全短路电流的:

  A. 有效值   B. 一个周期的平均值

  C. 最大瞬时值   D. 一个周期的均方根值

48. 变压器负序阻抗与正序阻抗相比,其值:

  A. 比正序阻抗大

  B. 与正序阻抗相等

  C. 比正序阻抗小

  D. 由变压器接线方式决定

49. 图中参数均为标幺值,若母线 a 处发生三相短路,网络对故障点的等值阻抗和短路电流标幺值分别为:

A. 0.358　2.793

B. 0.278　3.591

C. 0.358　2.591

D. 0.397　2.519

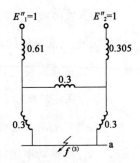

50. 系统如图所示,母线 C 发生 a 相接地短路时,短路点短路电流和发电机 A 母线 a 相电压标幺值分别为:[变压器绕组为 YN,d11;各元件标幺值参数为:G: X''_d = 0.1, $X_{(2)}$ = 0.1, E'' = 1, X_T = 0.2, X_P = 0.2/3; L: X_1 = 0.2, $X_{(2)}$ = 0.1, $X_{(0)}$ = 0.2, E'' = 1]

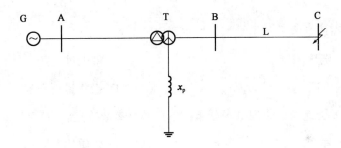

A. 1.9　0.833∠46.1°　　　　　B. 2.0　0.833∠46.1°

C. 1.9　0.968∠26.6°　　　　　D. 2.0　0.968∠26.6°

51. 在 3～20kV 电网中,为了测量相对地电压,通常采用什么方式?

A. 三相五柱式电压互感器　　　　　B. 三相三柱式电压互感器

C. 两台单相电压互感器接成不完全星形　　D. 一台单相电压互感器

52. 三相平行导体发生三相短路故障时,下列正确的是:

A. A 相的电动势最大　　　　　B. B 相的电动势最大

C. C 相的电动势最大　　　　　D. A、B、C 三相的电动势相同

53. 断路器开断中性点不直接接地系统中的三相短路电流时,首先开断相的恢复电压为:

A. 1.5U_{PH}　　　　　B. U_{PH}　　　　　C. 1.25U_{PH}　　　　　D. U_m

54.配电装置的汇流母线,其截面选择应按:

    A.经济电流密度
    B.导体长期发热允许电流

    C.导体短时发热允许电流
    D.导体的机械强度

55.电流互感器的额定容量是:

    A.正常发热允许的容量
    B.短路发热允许的容量

    C.额定二次负荷下的容量
    D.由额定二次电流确定的容量

56.影响远距离输电线路传输容量的约束条件是:

    A.线路功率损耗
    B.稳定性

    C.电压降落
    D.线路造价

57.中性点不接地系统中,三相电压互感器附加副绕组额定电压是多少?

    A.100V
    B.$\dfrac{100}{\sqrt{3}}$V

    C.$\dfrac{100}{3}$V
    D.$100\sqrt{3}$V

58.决定超高压电力设备绝缘配合的主要因素是:

    A.工频过电压
    B.雷电过电压

    C.谐振过电压
    D.操作过电压

59.直流下多层绝缘介质的电场分布由下列哪个参数决定?

    A.介质的厚度
    B.介质的电阻率

    C.介质的介电常数
    D.介质的质量密度

60.一波阻抗为 $Z_1 = 300\Omega$ 的架空线路与一波阻抗为 $Z_2 = 60\Omega$ 的电缆线相连,当幅值为 300kV 的无限长直角行波沿 Z_2 向 Z_1 传播时,架空线路中的行波幅值为:

    A.500kV
    B.50kV

    C.1000kV
    D.83.3kV

2009 年度全国勘察设计注册电气工程师(发输变电)执业资格考试基础考试(下)试题解析及参考答案

1. **解** 利用基尔霍夫电流与电压定律,计算 2A 电流源两端电压:

$$U_{2A} = 2 \times 2 + (2+3) \times 1 - 1 = 8V$$

$$P = 2 \times 8 = 16W$$

答案:D

2. **解** 如解图所示,采用网孔分析法:

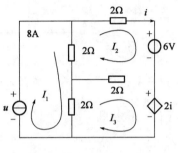

$$\begin{cases} I_1 = 8A, I_2 = i \\ -2I_1 + 6I_2 - 2I_3 = -6 \\ -2I_1 - 2I_2 + 4I_3 = 2i \end{cases}$$

可解得:$I_2 = 3A$,$I_3 = 4A$,对网孔 I_1 有方程:

$$U = 4I_1 - 2I_2 - 2I_3 = 4 \times 8 - 2 \times 3 - 2 \times 4 = 18V$$

题 2 解图

答案:A

3. **解** 为便于分析,设电阻两端电压为 $U_{ab}\angle 0° = U_L \angle 0°$(忽略题干中电压源的相位条件),如解图 1 所示。根据电感与电容元件两端电压电流的相位关系,可画出相量图,如解图 2 和解图 3 所示。

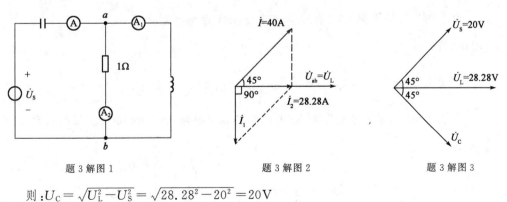

题 3 解图 1   题 3 解图 2   题 3 解图 3

则:$U_C = \sqrt{U_L^2 - U_S^2} = \sqrt{28.28^2 - 20^2} = 20V$

由于 $I = 40A$,则:$\dfrac{1}{\omega C} = \dfrac{U_C}{I} = \dfrac{20}{40} = 2\Omega \Rightarrow \omega C = 2\Omega^{-1}$

答案:A

4.**解**　参考附录一"高频考点知识补充"的知识点 1,去耦等效电路,如解图 1 所示。

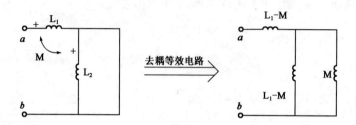

题 4 解图 1

将数据代入,并将 S 断开,如解图 2 所示。

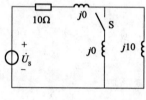

题 4 解图 2

则 $U=0V$

答案:A

5.**解**　已知有功功率 $P=30W$,视在功率 $S=50\times1=50VA$,则:

(1)由于电容的隔直作用,直流分量在电阻上无功率产生。

(2)基频时:

$$j\omega L_1 = j1000\times1 = j1000\Omega \,,\quad \frac{1}{j\omega C_1} = \frac{1}{j1000\times10^{-6}} = -j1000\Omega$$

$X_{L1}+X_{C1}=0$,发生串联谐振,谐振回路相当于短路,则流过 R 的基频电流为 $I_1 = 50\div10 = 5A$

(3)三次谐波时:

$$j3\omega L_1 = j3000\Omega$$

$$\frac{1}{j3\omega C_1} = -j\frac{1}{3000\times10^{-6}} = -j\frac{1000}{3}\Omega$$

$$\frac{1}{j3\omega C_2} = -j\frac{1}{3000\times0.125\times10^{-6}} = -j\frac{8000}{3}\Omega$$

$Z_{eq} = \left(j3000 - j\frac{1000}{3} \right) // \left(-j\frac{8000}{3} \right) = 0$，发生并联谐振，谐振回路相当于断路，则：

流过 R 的三次谐波电流：$I_3 = 0A$

总电流：$I = \sqrt{I_0^2 + I_1^2 + I_3^2} = \sqrt{0 + 5^2 + 0} = 5A$

流过 R 上的总有功功率：$P = I^2 R = 5^2 \times 10 = 250W$

答案：B

6.**解**　依照题意可将电路图分解，如解图所示。

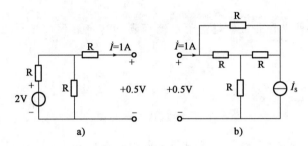

题 6 解图

依照图 a)，可列出方程：

$$\begin{cases} 2 - 0.5 = IR + R \\ 2 - IR = (I-1)R \end{cases}$$，可求得 $R = \frac{1}{3}$

答案：B

7.**解**　设 A 相的相电压为 $U_{AN} = 220\angle 0°$

利用三角-星型变换，$Z = Z_1 + Z_2 = 110 - j110 + 110 + j110 = 220\Omega$

A 相线电流：$I_A = \frac{U_A}{Z} = \frac{220\angle 0°}{220} = 1\angle 0°$

三角形接法的线电流与相电流的关系为 $I_A = \sqrt{3} I_{AC}\angle -30°$

相电流：$I_{AC} = \frac{1}{\sqrt{3}} I_A \angle 30° = \frac{1}{\sqrt{3}}\angle 30° = \frac{\sqrt{3}}{3}\angle 30°A$

答案：C

8.**解**　根据电感与电容元件两端电压电流的相位关系，可画出相量图，如解图所示。

分析可知，电路的功率因数角为30°，则电路总电流：$I = \frac{S}{U} = \frac{P \div \cos 30°}{U} = 10A$

由 $I = I_1 = I_2$

电容容抗：$\frac{1}{\omega C} = X_C = \frac{U}{I_1} = \frac{100}{10} = 10\Omega$

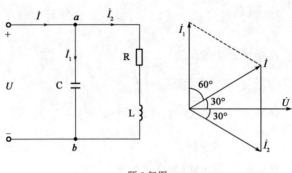

题8解图

答案:D

9. 解 功率表测量原理可参见附录一"高频考点知识补充"的知识点2,W_1 功率表的电流端接在 A 相,电压端接在 AB 线间,为线电压;W_2 功率表的电流端接在 C 相,电压端接在 BC 线间,为线电压,则:

功率表 W_1 读数为:$P = U_{AB} I_{AN}$

功率表 W_2 读数为:$P = U_{BC} I_{CN}$

在星形连接的三相电源或三相负载中,线电流和相电流为同一电流,线电压是相电压的 $\sqrt{3}$ 倍,且线电压超前于相应的相电压30°,则设 A 相电压相位为0°,由于负载 $Z = 100\sqrt{3} + j100 = 200\angle 30°$,则各相电压:$\dot{U}_{AN} = U_P \angle 0°$,$\dot{U}_{BN} = U_P \angle -120°$,$\dot{U}_{CN} = U_P \angle 120°$;各相电流:$\dot{I}_{AN} = I_P \angle -30°$,$\dot{I}_{BN} = I_P \angle -150°$,$\dot{I}_{CN} = I_P \angle 90°$;各线电压:$\dot{U}_{AB} = \sqrt{3} U_{AN} \cdot \angle 30° = \sqrt{3} U_P \angle 30°$,$\dot{U}_{BC} = \sqrt{3} U_{BN} \cdot \angle 30° = \sqrt{3} U_P \angle -90°$,$\dot{U}_{CA} = \sqrt{3} U_{CN} \cdot \angle 30° = \sqrt{3} U_P \angle 150°$

其中 $U_P = 200V$、$I_P = 200 \div 200 = 1A$ 分别为相电压与相电流有效值,则:

功率表 W_1 读数为 $P = \dot{U}_{AB} \dot{I}_{AN} = \sqrt{3} \times 200 \angle 30° \times 1 \angle -30° = 200\sqrt{3} W$

功率表 W_2 读数为 $P = \dot{U}_{BC} \dot{I}_{CN} = \sqrt{3} \times 200 \angle -90° \times 1 \angle 90° = 200\sqrt{3} W$

答案:D

10. 解 由于电容为储能元件,其电压不能突变,则:

$$u(0_-) = u(0_+) = 0V; \quad u(\infty) = 5V$$

把储能元件以外的部分,应用戴维南定理或诺顿定理进行等效变换,则内阻:$R_{in} = 1\Omega$

时间常数：$\tau=R_{in}C=1\times0.1=0.1s$

代入一阶电路全响应方程 $f(t)=f(\infty)+[f(0_+)-f(\infty)]e^{-\frac{t}{\tau}}$

则：$u(t)=5+(0-5)e^{-10t}=5(1-e^{-10t})V$

> 注：在RC一阶电路中，时间常数 $\tau=RC$；在RL一阶电路中，时间常数 $\tau=\dfrac{L}{R}$。求解一阶电路时，可以把储能元件以外的部分，应用戴维南定理或诺顿定理进行等效变换，然后求得储能元件上的电压和电流。

答案：C

11.**解** 等效内阻抗：$Z_{in}=-j50+(j100//100)=-j50+\dfrac{j10^4}{100+j100}=50\Omega$

电压有效值：$U=IZ_{in}=2\times50=100V$

答案：C

12.**解** 谐振角频率：$\omega=\sqrt{\dfrac{1}{LC}}=\sqrt{\dfrac{1}{1\times100\times10^{-12}}}=10^5rad/s$

答案：A

13.**解** 参见附录一"高频考点知识补充"的知识点1，去耦等效电路如解图1所示。

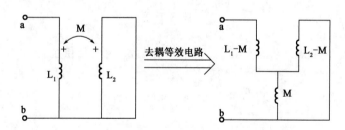

题13解图1

将数据代入（括号内为 $M=10$），如解图2所示。

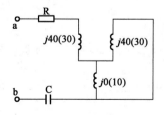

题13解图2

当 $M=0$ 时，$L_{eq}=40H$，则：$\omega=\sqrt{\dfrac{1}{L_{eq}C}}=\sqrt{\dfrac{1}{40\times4000\times10^{-6}}}=2.5rad/s$

当 $M=8$ 时, $L_{eq}=(30//10)+30=37.5\mathrm{H}$,则:

$$\omega=\sqrt{\frac{1}{L_{eq}C}}=\sqrt{\frac{1}{37.5\times4000\times10^{-6}}}=2.58\mathrm{rad/s}$$

答案:C

14.解 选项B正确。其他选项的正确写法如下:

选项A:$\dot{U}_C=\frac{1}{j\omega C}\dot{I}=-j\omega C\dot{I}$;选项C:$\dot{U}_C=C\frac{\mathrm{d}i}{\mathrm{d}t}$;选项D:$\varphi_u=\varphi_i-\frac{\pi}{2}$

答案:B

15.解 当终端为短路状态时,$Z_{in}=jZ_C\tan\frac{2\pi}{\lambda}l$,$Z_C$ 为特性阻抗,则:

当 $l=\frac{9}{8}\lambda$、$l=\frac{7}{8}\lambda$、$l=\frac{5}{8}\lambda$,代入方程:$Z_{in}=jZ_C$

当 $l=\frac{3}{2}\lambda$,代入方程:$Z_{in}=\sqrt{3}$

> 注:无损耗的均匀传输线的输入阻抗,当终端为开路状态时,$Z_{in}=-jZ_C\cot\frac{2\pi}{\lambda}l$;当终端为短路状态时,$Z_{in}=jZ_C\tan\frac{2\pi}{\lambda}l$。

答案:C

16.解 当终端为短路状态时,$Z_{in}=jZ_C\tan\frac{2\pi}{\lambda}l$,$Z_C$ 为特性阻抗,则:

$$250=500\tan\frac{2\pi}{\lambda}l\Rightarrow\frac{2\pi}{\lambda}l=\arctan0.5\Rightarrow l=7.38\times10^{-2}\lambda$$

> 注:无损耗的均匀传输线的输入阻抗,当终端为开路状态时,$Z_{in}=-jZ_C\cot\frac{2\pi}{\lambda}l$;当终端为短路状态时,$Z_{in}=jZ_C\tan\frac{2\pi}{\lambda}l$。

答案:A

17.解 根据高斯定理,在任意曲面上,电位移向量的面积分恒等于该闭合曲面内所有自由电荷的代数和,即 $\oint_s D\cdot\mathrm{d}S=\oint_v\rho\cdot\mathrm{d}V$ $D\cdot2\pi r=\tau$,在各向同性线性介质中,还存在关系式 $D=\varepsilon E$,则当真空中带电球体外半径 r 处的电场强度为 $E=\frac{\tau}{2\pi\varepsilon_0 r}$,两圆柱面之间的电压为 $U_0=\int_a^b\frac{\tau}{2\pi\varepsilon_0 r}\mathrm{d}r=\frac{\tau}{2\pi\varepsilon_0}\ln\frac{b}{a}$

答案: D

18. 解 平板电容器所加的最大电压: $U_{max} = E_{max} \cdot d = 3 \times 10^6 \times 10^{-3} = 3 \times 10^3 \text{V}$

答案: B

19. 解 输入阻抗 Z_{in} 的公式为 $Z_{in} = Z_C \dfrac{Z_2 + jZ_C \tan\left(\dfrac{2\pi}{\lambda}\right)}{jZ_2 \tan\left(\dfrac{2\pi}{\lambda}\right) + Z_C}$

正弦电压波长为 $\lambda = \dfrac{v}{f} = \dfrac{3 \times 10^8}{50 \times 10^6} = 20\text{m}$，代入上式计算,可得:

$$Z_{in} = 500 \times \frac{500 + j500 \tan\left(\dfrac{2\pi}{20}\right)}{j500 \tan\left(\dfrac{2\pi}{20}\right) + 500} = 500\Omega$$

可见入端阻抗与电压频率无关。

答案: A

20. 解 设 a 导体球所带电流为 q,由高斯定律,金属球间的电场强度 $E = \dfrac{q}{4\pi\varepsilon r^2}(a < r < b)$,则两球面电压差为 $U_0 = \int_a^b \dfrac{q}{4\pi\varepsilon r^2}dr = \dfrac{q}{4\pi\varepsilon}\left(\dfrac{1}{a} - \dfrac{1}{b}\right)$,因此 $q = \dfrac{4\pi\varepsilon \cdot U_0}{\dfrac{1}{a} - \dfrac{1}{b}}$

电场强度: $E_{r=a} = \dfrac{q}{4\pi\varepsilon a^2} = \dfrac{U_0}{a^2 \cdot (b-a)} \times ab = \dfrac{b}{a \cdot (b-a)}U_0 (a < r < b)$

若使 $E_{r=a}$ 最小,U_0 为固定值(常数),那么 $\dfrac{a}{b}(b-a)$ 应取得最大值。

根据函数极值的求解方式,设 b 固定,对 a 求导可得:

$$f'(a) = \left[\frac{a}{b}(b-a)\right]' = \left(a - \frac{a^2}{b}\right)' = 1 - 2\frac{a}{b}$$

由导数几何意义,当 $f'(a) = 0$ 时,$E_{r=a}$ 取得极值,则 $2\dfrac{a}{b} - 1 = 0$

解得: $\dfrac{a}{b} = \dfrac{1}{2}$

> **注:** 可记住结论,即两同心球体内球体表面场强最小时,两球体半径比值为2;两同心柱体内柱体表面场强最小时,两柱体半径比值为 e。

答案: B

21. 解 由于稳压管 D_{Z1} 的稳定电压小于稳压管 D_{Z2},因此 D_{Z1} 优先导通,则 $U_{ab} = 7\text{V}$,稳压管 D_{Z2} 截止。

答案:B

22.解 对于硅管而言,虽然三个参数均随温度而变化,但其中 I_{CBO} 的值很小,对工作点稳定性影响较小。硅管的 V_{BE} 的温度系数为 $-2.2\text{mV}/℃$,在任意温度 T 时的 V_{BE} 为 $V_{BE}=V_{BE(T_0=25℃)}-(T-T_0)=2.2\times10^{-3}\text{mV}$,可见 V_{BE} 随温度升高而降低。电流放大系数 β 会随温度的升高而增大,这是因为温度升高后,加快了基区注入载流子的扩散速度,根据实验结果,温度每升高一度,β 要增加 $0.5\%\sim1.0\%$ 左右。I_{CBO} 随温度升高而增加。

答案:A

23.解 输出电压与两个输入信号的差模信号(v_{id})和共模信号(v_{ic})都有关,则:

$$v_{id}=v_{i1}-v_{i2}=0\text{V},\quad v_{ic}=\frac{1}{2}(v_{i1}+v_{i2})=1\text{V}$$

双端输入,单端输出的共模电压增益:$A_{VC}=\dfrac{v_{oc1}}{v_{ic}}=-\dfrac{0.1}{1}=-0.1\text{V}$

共模抑制比作为一项技术指标衡量,定义为放大电路对差模信号的电压增益与对共模信号的电压增益之比的绝对值。

共模抑制比:$K_{CMR}=\left|\dfrac{A_{VD}}{A_{VC}}\right|=\left|\dfrac{200}{-0.1}\right|=2000$

注:差模电压增益越大,共模电压增益越小,则共模抑制比越强,放大电路性能越优良。

答案:D

24.解 为稳定输出电压,应引入电压负反馈,根据瞬时极性法,此时输出与输入瞬时极性相同,为形成负反馈,应接到非输入端位置,构成串联负反馈,因此应选择电压串联负反馈。

注:各种反馈的特点如下:

电压串联负反馈:重要特点是电路的输出电压趋于稳定,提高输入电阻,降低输出电阻。

电压并联负反馈:常用于电流—电压变换器中。

电流串联负反馈:常用于电压—电流变换器中。

电流并联负反馈:重要特点是电路的输出电流趋于稳定,减少输入电阻,提高输出电阻。

答案:C

25.解 基本运算电路 A_1 与 A_2 为电压跟随器,即 $u_{o1}=u_{i1}$,$u_{o2}=u_{i2}$;A_3 为减法运算器,A_4 为反比例运算器,利用 A_4 虚地和虚断的概念,可知 $u_{o4}=-\dfrac{R_2}{R_3}u_o$。利用 A_3 虚短与

A_4 虚地的概念,可列出方程:

$$\begin{cases} \dfrac{u_o - u_{A3-}}{R_1} = \dfrac{u_{A3-} - u_{o1}}{R_1} \\ \dfrac{u_{o2} - u_{A3+}}{R_1} = \dfrac{u_{A3+} - u_{o4}}{R_1} \end{cases} \Rightarrow \begin{cases} u_o - u_{A3-} = u_{A3-} - u_{o1} \\ u_{o2} - u_{A3+} = u_{A3+} - u_{o4} \end{cases}$$

上下两方程相减得:$u_o - u_{o2} = u_{o4} - u_{o1}$,再将 $u_{o1} = u_{i1}$,$u_{o2} = u_{i2}$,$u_{o4} = -\dfrac{R_2}{R_3}u_o$ 代入

方程,整理可得:

$$u_o\left(1 + \frac{R_2}{R_3}\right) = u_{i2} - u_{i1} \Rightarrow u_o = \frac{R_3}{R_2 + R_3}(u_{i2} - u_{i1})$$

答案:A

26.**解** 依狄·摩根定律:$\overline{A + B + C} = \overline{A} \cdot \overline{B} \cdot \overline{C}$,推导可知:

$$F = \overline{ABC + CD} = \overline{ABC} \cdot \overline{CD}$$

可见只要 $ABC = 1$ 或 $CD = 1$ 时,$F = 0$,因此只有选项 D 符合。

> 注:狄·摩根定律:$\overline{A + B + C} = \overline{A} \cdot \overline{B} \cdot \overline{C}$ 和 $\overline{A \cdot B \cdot C} = \overline{A} + \overline{B} + \overline{C}$。

答案:D

27.**解** 根据题意,卡诺图及三个包围圈如解图所示。

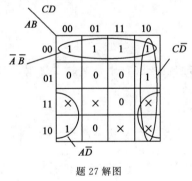

题 27 解图

则:$Y = \overline{A}\,\overline{B} + A\overline{D} + C\overline{D}$

> 注:卡诺图中相邻方格包括上下底相邻,左右边相邻和四角相邻。其画包围圈的合并原则为:
>
> (1)包围圈内的方格数应为 2^n 个。
>
> (2)包围圈要尽量大,以便消去更多的变量因子。
>
> (3)同一方格可以被不同的包围圈包围,包围圈中必须有新变量,否则该包围圈将是多余的。

答案:C

28.**解** 接通电源的瞬间,电容 C 上的电压为 0V,输出 V_o 为高电平,V_o 通过电阻对电容 C 充电,当 V_i 达到 V_{T+} 时,施密特触发器翻转,输出为低电平,此后电容 C 又开始放电,V_i 下降,当 V_i 下降到 V_{T-} 时,电路又发生翻转,如此反复形成振荡,其输入、输出波形如解图所示。因此,其为多谐振荡器。

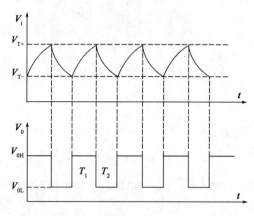

题 28 解图

注:振荡周期 $T = T_1 + T_2 = RC\ln\left(\dfrac{V_{DD} - V_{T-}}{V_{DD} - V_{T+}} \cdot \dfrac{V_{T+}}{V_{T-}}\right)$,对于典型的参数值($V_{T-} = 0.8V, V_{T+} = 1.6V$,输出电压摆幅 3V),其输出振荡频率为 $f = \dfrac{0.7}{RC}$。

答案:D

29.**解** 由 $\dfrac{5.337}{8 \times 10^{-3}} = 667.125 \approx 667$,十进制转二进制,则 $(667)_{10} = (1010011011)_2$。

答案:C

30.**解** 根据与非门的逻辑关系式及狄·摩根定律,则:
$$L_1 = \overline{\overline{Y_1} \cdot \overline{Y_2} \cdot \overline{Y_3} \cdot \overline{Y_4}} = Y_1 + Y_2 + Y_3 + Y_4$$

其中:$Y_1 = A\overline{B}\overline{C}, Y_2 = \overline{A}B\overline{C}, Y_3 = \overline{A}\,\overline{B}C, Y_4 = ABC$,真值表见解表。

题 30 解表

A	B	C	Y_1	Y_2	Y_3	Y_4	S
0	0	0	0	0	0	0	0
0	0	1	0	0	1	0	1
0	1	0	0	1	0	0	1
0	1	1	0	0	0	0	0
1	0	0	1	0	0	0	1
1	0	1	0	0	0	0	0
1	1	0	0	0	0	0	0
1	1	1	0	0	0	1	1

由真值表可见,当三变量 A、B、C 中"1"的个数为奇数时,输出为真。因此为三变量异或关系。

答案: A

31. **解** 并励直流电动机的原理图如图所示。

由电枢电动势方程 $E_a = U - I_a R_a$,可求得 $E_a = U - I_a R_a = 220 - 180 \times 0.12 = 198.4V$。

电磁功率为电功率转换为机械功率的部分,即: $P_M = E_a I_a = 198.4 \times 180 = 35712W$

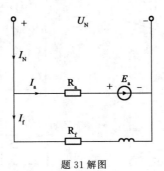

题 31 解图

注:可进一步求出电磁转矩为 $T_M = \dfrac{P_M}{\Omega} = \dfrac{35712}{2\pi \times 1000 \div 60} = 341N/m$

答案: D

32. **解** 并励直流发电机的原理图如解图所示。由电枢电动势公式: $E_a = C_e \Phi n$,可知在磁通(或励磁电流)不变的条件下,转速与电枢电动势成正比。题中转速调整为 $2n$,原则上电枢电动势应为 $2E_0$,但实际上磁通在整个过程中是变化的,参考解图可知,$E_a \uparrow \Rightarrow U_N \uparrow \Rightarrow I_f \uparrow \Rightarrow \Phi \uparrow$,因此有 $\Phi' > \Phi, n' = 2n$,则 $E_a' > 2E_a$。

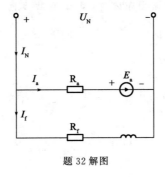

题 32 解图

答案: D

33. **解** 对于三相变压器,变比是指一、二次绕组相电动势之比,则:

$$\frac{N'}{10} = \frac{10000 \div \sqrt{3}}{400} \Rightarrow N' = 144.34$$

答案:B

34.解 应分两种情况分析:变压器在空载运行时,当外电压为正弦波时,由于 $e \approx -u$,故感应电动势 e、主磁通 Φ 也是正弦的。如果磁路饱和,励磁电流 i_0 将呈现尖顶波形,如解图1所示。

同理,如果励磁电流为正弦波,由于磁路非线性,主磁通应为平顶波,感应电动势也为尖顶波,其中除了基波,还含有较强的三次谐波,如解图2所示。

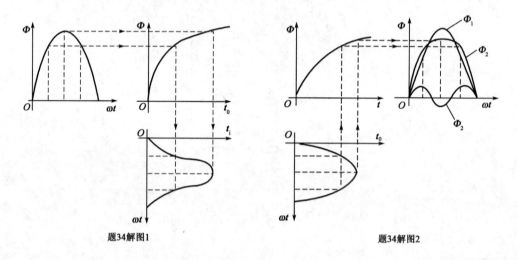

题34解图1　　　　　　　　　　题34解图2

答案:D

35.解 异步电动机转差率为 $s = \dfrac{n_1 - n}{n_1}$,相序改变的瞬间,转子转速无变化,转差率也无变化。

> 注:转子旋转时,突然将电源相序改变,转子旋转方向与磁场旋转方向相反,电磁转矩变现为制动转矩,此时电机运行于电磁制动状态。

答案:A

36.解 转子绕组磁动势相对于空间的转速即为同步速,不随转子转速变化。

> 注:转子绕组电流的频率 $f_2 = \dfrac{pn_2}{60} = \dfrac{p(n_1 - n_N)}{60} = \dfrac{n_1 - n_N}{n_1} \times \dfrac{pn_1}{60} = sf_1$,转子绕组磁动势相对于转子的转速 $n_2 = \dfrac{60f_2}{P} = \dfrac{60sf_1}{P} = sn_1$,转子转速 $n = (1-s)n_1$,转子绕组磁动势在空间的转速为 $n_2 + n = sn_1 + (1-s)n_1 = n_1$,即为电动机同步速。

答案:B

37. 解 若同步发电机的其他条件都一致,仅两个电压大小不一致,则在发电机和电网之间将产生一个环流 $\dot{I}_h$,在两电压同相时合闸并联,则有:

$$\dot{I}_h = \frac{\Delta \dot{U}}{jx} = \frac{\dot{U}_G - \dot{U}_L}{jx} = \frac{U_G - U_L}{jx} = \frac{0.9U_L - U_L}{jx} = j\frac{0.1U_L}{x}$$

X 是发电机电抗,由上式可见冲击电流为容性电流。

答案:C

38. 解 额定相电压:$U_{N\varphi} = \frac{380}{\sqrt{3}} = 220\text{V}$,由隐极同步发电机的功角特性表达式 $P_M = \frac{mUE_0}{X_s}\sin\delta$,可知 $\sin\delta = \frac{P_M X_s}{mUE_0} = \frac{75000 \times 1.0}{3 \times 220 \times 270} = 0.421$,则 $\delta = 24.89°$。

答案:B

39. 解 在架空线路传输电能时,将伴随着一系列的物理现象,主要表述如下:

电流通过导线时会因为电阻损耗而产生热量;当交流电流通过电力线路时,在三相导线内部和周围都要产生交变的磁场,而交变磁通匝链导线后,将在导线中产生感应电动势;当交流电压加在电力线路上时,在三相导线的周围会产生交变的电场,在其作用下,不同相的导线之间和导线与大地之间将产生位移电流,形成容性电流和容性功率;在高电压作用下,导线表面的电场强度过高时,将导致电晕或电流泄漏。

在电力系统分析中,采用一些电气参数来表征上述物理现象,以建立数学模型。其中用电阻 R 来反映电力线路的发热效应,用电抗 X 来反映线路的磁场效应,用电纳 B 来反映线路的电场效应,用电导 G 来反映线路的电晕和泄漏效应。

答案:B

40. 解 电能质量的指标就是电压、频率和波形,其对应国家规范为:

(1)《电能质量 供电电压偏差》(GB/T 12325—2008);

(2)《电能质量 电压波动和闪变》(GB/T 12326—2008);

(3)《电能质量 三相电压不平衡》(GB/T 15543—2008);

(4)《电能质量 暂时过电压和瞬态过电压》(GB/T 18481—2001);

(5)《电能质量 公用电网谐波》(GB/T 14549—1993);

(6)《电能质量 电力系统频率允许偏差》(GB/T 15945—2008);

(7)《电能质量 公用电网间谐波》(GB/T 24337—2009)。

答案:C

41. 解 非故障相电压,可以近似分析如下,其中正负序阻抗相等,即 $X_{\Sigma 1} = X_{\Sigma 2}$,则

$$\dot{U}_{fb} = a^2 \dot{U}_{f1} + a \dot{U}_{f2} + \dot{U}_{f0} = \frac{\sqrt{3}}{2}[(2X_{\Sigma1} + X_{0\Sigma}) - j\sqrt{3}X_{0\Sigma}] \times \frac{1}{j(2X_{\Sigma1} + X_{0\Sigma})}$$

$$= -\frac{\sqrt{3}X_{0\Sigma}}{(2X_{\Sigma1} + X_{0\Sigma})} \cdot \frac{\sqrt{3}}{2} - j\frac{\sqrt{3}}{2} = -\frac{3}{2} \cdot \frac{\dfrac{X_{0\Sigma}}{X_{\Sigma1}}}{2 + \dfrac{X_{0\Sigma}}{X_{\Sigma1}}} - j\frac{\sqrt{3}}{2} = -\frac{3}{2} \cdot \frac{2K}{2+K} - j\frac{\sqrt{3}}{2}$$

其中 $K = \dfrac{X_{\Sigma0}}{X_{\Sigma1}}$，中性点不接地电力系统，最严重情况为 $X_{\Sigma0} = \infty$，则：

$$\dot{U}_{fb} = -\frac{3}{2} \cdot \frac{2K}{2+K} - j\frac{\sqrt{3}}{2} = -\frac{3}{2} - j\frac{\sqrt{3}}{2} = \sqrt{3}\left(-\frac{\sqrt{3}}{2} - j\frac{1}{2}\right) = \sqrt{3}\angle 30°$$

$$\dot{U}_{fc} = -\frac{3}{2} \cdot \frac{2K}{2+K} + j\frac{\sqrt{3}}{2} = -\frac{3}{2} + j\frac{\sqrt{3}}{2} = \sqrt{3}\left(-\frac{\sqrt{3}}{2} + j\frac{1}{2}\right) = \sqrt{3}\angle -30°$$

由此可见，中性点不接地电力系统中发生单相接地短路时，非故障相电压升高到线电压，而中性点电压升高到相电压。

> 注：基本概念，应牢记。以上推导过程供考生参考，不必深究。

答案：A

42.解 变压器一次侧绕组相当于用电设备，故其额定电压等于电力网络标称电压，并同时考虑其分接头位置；变压器二次绕组相当于供电设备，再考虑到变压器内部的电压损耗，故一般对于较大变压器（阻抗值在 7.5% 以上时），规定其二次绕组的额定电压比电力网的标称电压高 10%，对于阻抗较小（如 35kV 以下，容量不大，阻抗值在 7.5% 以下时）的变压器，由于其内部电压损耗不大，其额定电压可比电网标称电压高 5%。则发电机母线电压，即变压器低压侧电压：10.5kV；变压器高压侧电压 242kV，由于分接头在 +2.5%，则变压器实际变比为 $K = 10.5/[242 \times (1+2.5\%)] = 10.5/248.05$kV。

答案：D

43.解 基本概念。

答案：B

44.解 因变压器等效电路中电阻值远远小于电抗值，因此空载电流 $I_0\%$ 近似为励磁电抗，反映变压器励磁支路的无功损耗，此损耗仅与变压器材质与结构有关，当 n 台变压器并联时，总励磁无功损耗为单台变压器励磁无功损耗的 n 倍；$U_k\%$ 近似为变压器为短路电抗，反映变压器绕组的无功损耗，当 n 台变压器并联时，相当于电抗并联，总电抗为 n 分之一倍的单台变压器电抗。

答案：D

45. **解** 网络如解图所示,先从末端向首端计算功率分布,末端电压用额定电压代入,即 $U_2 = 100\angle 0° \text{kV}$

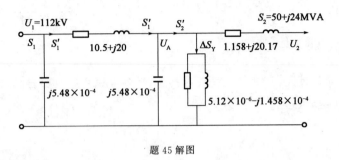

题 45 解图

变压器串联支路的功率损耗:

$$\Delta S_\text{T} = \frac{P_2^2 + Q_2^2}{U_2^2}(R_\text{T} + jX_\text{T}) = \frac{50^2 + 24^2}{100^2} \times (1.158 + j20.17) = 0.3562 + j6.2043 \text{MVA}$$

变压器始端电压:

$$U_\text{A}' = U_2 + \frac{P_2 R_\text{T} + Q_2 X_\text{T}}{U_2} + j\frac{P_2 X_\text{T} - Q_2 R_\text{T}}{U_2} = 100 + \frac{50 \times 1.158 + 24 \times 20.17}{100} +$$

$$j\frac{50 \times 20.17 - 24 \times 1.158}{100} = 105.87\angle 5.311° \text{kV}$$

变压器并联支路的功率损耗:

$$\Delta S_\text{Y} = U_\text{A}'^2 (G_\text{T} + jB_\text{T})^* = 105.87^2 \times [5.12 \times 10^{-6} - (-j14.58 \times 10^{-4})]$$

$$= 0.057 + j1.634 \text{MVA}$$

变压器的输入功率:

$$S_{2'} = S_2 + \Delta S_\text{T} + \Delta S_\text{Y} = 50.417 + j31.838 \text{MVA}$$

线路并联支路功率损耗:

$$\Delta S_\text{yA} = U_\text{A}'^2 (jB_\text{T})^* = 105.87^2 \times (-j5.48 \times 10^{-4}) = -j6.14 \text{MVA}$$

$$\Delta S_\text{y1} = U_1^2 (jB_\text{T})^* = 112^2 \times (-j5.48 \times 10^{-4}) = -j6.87 \text{MVA}$$

线路串联支路末端功率:

$$S_1'' = S_2' + \Delta S_\text{B} = 50.417 + j31.838 - j6.14 = 50.417 + j25.70 \text{MVA}$$

线路串联支路功率损耗:

$$\Delta S_L = \frac{P_2^2 + Q_2^2}{U_2^2}(R_\text{T} + jX_\text{T}) = \frac{50.417^2 + 25.70^2}{105.87^2} \times (10.5 + j20) = 3 + j5.715 \text{MVA}$$

线路串联支路首端功率:

$$S_1' = S_1'' + \Delta S_L = 53.417 + j31.415 \text{MVA}$$

再从首端向末端计算电压分布:

$$U_A = U_1 - \frac{P_1 R_L + Q_1}{U_1} - j\frac{P_1 X_L - Q_1 R_L}{U_1}$$

$$= 112 - \frac{53.417 \times 10.5 + 31.415 \times 20}{112} - j\frac{53.417 \times 20 - 31.415 \times 10.5}{112}$$

$$= 101.59 \angle -3.72° \text{kV}$$

注:本题计算量过大,且计算过程极易出错,近年考试中也较少出现,如有类似题目, 建议考生合理分配时间。

答案:D

46.**解** 逆调压为最大负荷时,低压侧升高至105%的额定电压;为最小负荷时,低压 侧保持额定电压,则:

$$U_{1Tmax} = \frac{U_{1max} - \Delta U_{Tmax}}{U_{1max}}U_{2N} = \frac{235-8}{1.05 \times 10} \times 11 = 237.8 \text{kV}$$

$$U_{1Tmin} = \frac{U_{1min} - \Delta U_{Tmin}}{U_{1min}}U_{2N} = \frac{226-4}{1.0 \times 10} \times 11 = 244.2 \text{kV}$$

$$U_{1T \cdot av} = \frac{U_{1Tmax} + U_{1Tmin}}{2} = \frac{237.8 + 244.2}{2} = 241 \text{kV},就近选取分接头 242kV。$$

注:逆调压为最大负荷时,提高负荷侧电压,即低压侧升高至105%的额定电压;为 最小负荷时,降低或保持负荷侧电压,即低压侧保持额定电压。顺调压为最大负荷时,低 压侧为102.5%的额定电压;为最小负荷时,低压侧为107.5%的额定电压。

答案:A

47.**解** 基本概念,不再赘述。

答案:C

48.**解** 基本概念,不再赘述。

注:非旋转磁势类电气元件的正、负序阻抗均相等。

答案:B

49.**解** 化为星形连接的等效网络如解图所示。

等值总电抗:$X_\Sigma = (0.61+0.1)//(0.305+0.1)+0.1 = 0.358$

短路电流标幺值:$I_* = \frac{E}{X_\Sigma} = \frac{1}{0.358} = 2.794$

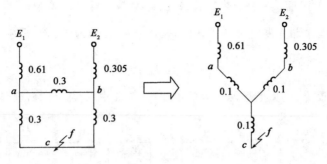

题 49 解图

答案:A

50.**解** a相接地短路,正负序网络如解图1所示。

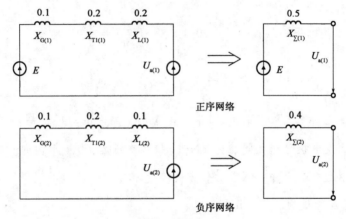

正序网络

负序网络

题 50 解图 1

正负阻抗为:$X_{*\Sigma(1)}=0.1+0.2+0.2=0.5$

负序阻抗为:$X_{*\Sigma(2)}=0.1+0.2+0.1=0.4$

零序网络如解图 2 所示。

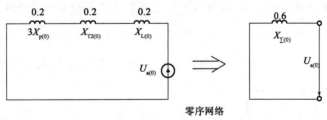

零序网络

题 50 解图 2

零序阻抗为:$X_{*\Sigma(0)}=0.2+0.2+0.2=0.6$

A 相正序电流:$\dot{I}_{a1}=\dfrac{1}{j(X_{\Sigma(1)}+X_{\Sigma(2)}+X_{\Sigma(0)})}=\dfrac{1}{j(0.5+0.4+0.6)}=-j\dfrac{2}{3}$

短路点端短路电流:$\dot{I}_a=3\times\dot{I}_{a1}=3\times(-j\dfrac{2}{3})=-j2$

短路电流标幺值:$\dot{I}_{*f}=\sqrt{3}I_{a1}=-j\sqrt{3}\times1.087=-j1.883$

发电机母线 A 相电压实际为非故障点电压,计算过程较为复杂,计算如下:

由上述计算及单相短路边界条件,可知短路点的 A 相的正、负、零序短路电流为:

$$\dot{I}_{a1} = \dot{I}_{a2} = \dot{I}_{a0} = -j2$$

非故障点电压的正、负序序网图如解图 3 所示,其中 A 点为发电机母线节点,则:

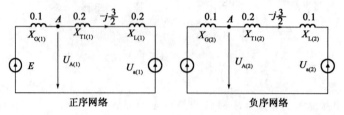

题 50 解图 3

节点 A 的正序电压:$\dot{U}_{A(1)} = 1 - j0.1 \times \left(-j\frac{2}{3}\right) = \frac{14}{15}$

节点 A 的负序电压:$\dot{U}_{A(2)} = j0.1 \times \left(-j\frac{2}{3}\right) = \frac{1}{15}$

由于变压器三角侧无零序电流,因此节点 A 的零序电压:$\dot{U}_{A(0)} = 0$

从短路点到发电机母线之间经过 YNd11 接线变压器,由星形侧到三角形侧,正序电压逆时针方向转过 30°,负序电压顺时针方向转过 30°。

则,发电机 A 母线的 a 相电压标幺值:

$$\dot{U}_{A \cdot a} = \dot{U}_{A(1)} e^{j30°} + \dot{U}_{A(2)} e^{-j30°} + \dot{U}_{A(0)} = \frac{14}{15}(\cos30° + j\sin30°) + \frac{1}{15}[\cos(-30°) + j\sin(-30°)]$$

$$= \frac{\sqrt{3}}{2} + j\frac{13}{30} = 0.968 \angle 26.6°$$

> 注:此题计算过程过于复杂,难度较大。各序电压在系统中的分布大致有如下规律:
>
> (1)电源点的正序电压最高,越靠近短路点,正序电压数值越低,而短路点的正序电压最低。三相短路时,短路点的正序电压为零;两相短路接地时,正序电压降低的情形次于三相短路;单相短路接地时电压降低最小。
>
> (2)在负序和零序网络中,短路点的负序和零序电压分量相当于电源,因此短路点的负序和零序电压值最高,离短路点越远,负序和零序电压越低。

答案:D

51.解 《导体和电器选择设计技术规定》(DL/T 5222—2005) 的相关规定如下:

第 16.0.4 条:在满足二次电压和负荷要求的条件下,电压互感器宜采用简单接线,当需要零序电压时,3~20kV 宜采用三相五柱电压互感器或三个单相式电压互感器。

其条文说明中有如下叙述：

主二次绕组连接成星形以供电给测量表计、继电器以及绝缘检查电压表。对于要求相电压的测量表计,只有在系统中性点直接接地时才能接入。附加的二次绕组接成开口三角形,构成零序电压滤过器供电给保护继电器和接地信号继电器。

答案：A

52.**解** 由于是对称网络,三相短路时,各相短路电动势相同。但 B 相的短路电动力最大。基本概念。

答案：D

53.**解** 《导体和电器选择设计技术规定》(DL/T 5222—2005)的相关规定如下：

第 9.2.3 条的条文说明:三相断路器在开断短路故障时,由于动作的不同期性,首相开断的断口触头间所承受的工频恢复电压将要增高,增高的数值用首相开断系数来表征。首相开断系数是指三相系统当两相短路时,在断路器安装处的完好相对另两相间的工频电压与短路去掉后在同一处获得的相对中性点电压之比。分析系统中经常发生的各种短路形式,第一开断相断口间的工频恢复电压,中性点不接地系统者多为 1.5 倍的相电压;中性点接地系统多为 1.3 倍相电压。

中性点不直接接地系统的三相短路故障如解图所示。

设 A 相为首先开断相:电弧电流先过零,电弧先熄灭,即：

$$\dot{U}_{ab} = \dot{U}_{AO'} = \dot{U}_{AB} + 0.5\dot{U}_{BC} = 1.5\dot{U}_{AO}$$

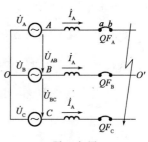

题 53 解图

在 A 相熄灭后,经过 5ms(90°),B、C 两相电流同时过零,电弧同时熄灭,此时电源的线电压加在两个串联的断口上,若认为两断口是均匀分布,则每一断口只承担一半电压,即：

$$0.5U_{BC} = 0.866U_{BO}(U_{CO})$$

注:中性点直接接地系统的三相短路故障时,首开相 A 相弧熄时,工频恢复电压为 1.3 倍的电源相电压,紧接着 A 相过零的 C 相,然后是 B 相,第二开断相 C 相弧熄时,工频恢复电压为 1.25 倍的电源相电压,C 相电流分段后,此时电路中电流只剩下 B 相一相,在弧熄时,其工频恢复电压即为电源相电压。

开断单相短路电流,当电流过零时,工频恢复电压的瞬时值为 $U_0 = U_m\sin\varphi$,通常短路时,φ 角度接近 90°,所以工频恢复电压约为电源电压的最大瞬时值 $U_0 = U_m$。

此题属高电压技术断路器开断弧隙电压恢复过程内容。

答案:A

54.解 《电力工程电气设计手册 电气一次部分》第333～336页。

配电装置的汇流母线及较短导体(20m以下)一般按最大长期工作电流选择截面。

除配电装置的汇流母线外,对于全年负荷利用小时数较大,母线较长(长度超过20m),传输容量较大的回路(如发电机至变压器和发电机至主配电装置的回路),均应按经济电流密度选择导体截面,当无合适规格导体时,导体截面可小于经济电流密度的计算截面。

对110kV及以上电压的母线(一般为软导线)应按电晕电压校验。

答案:B

55.解 《导体和电器选择设计技术规定》(DL/T 5222—2005)的相关规定如下:

第15.0.1条的条文说明:电流互感器的容量可用二次负荷与额定二次电流表示,关系为:$S_b = Z_b I_{sn}^2$,电流互感器的二次侧额定电流一般有1A和5A两种,而其负荷通常由两部分组成,一部分是所连接的测量仪表或保护装置,另一部分是连接导线。

答案:C

56.解 线路远距离传输容量受制约的因素主要有以下几点:

(1)热极限:架空线路的温度要低于一定的极限值才不会造成杆塔之间线路弧垂过大,不会造成线路无法恢复的延展或线路接头的熔化。这个热极限对应的传输功率称为线路热极限传输容量。

(2)电压约束:馈电线路为保持用户端的电压,线路上的电压降必须有所限制,因此,对线路上流过的功率也有一定的限制,这个限制值就是受电压约束的线路传输容量。

(3)稳定性约束:是指为了维护输电线两端的电力系统同步运行所必须遵守的条件。包括系统受到小扰动时的静态稳定约束和受到大扰动时的暂态稳定约束。线路的稳定性极限传输容量随着线路距离的增长而迅速下降。

对于远距离输电线路最重要的是稳定性约束,当稳定性极限小于热极限时,线路的利用率将降低。

答案:B

57.解 电压互感器的额定电压选择见解表。

形式	一次电压(V)		二次电压(V)	第三绕组电压(V)	
单相	接于一次线电压上	U	100	—	
	接于一次相电压上	$U/\sqrt{3}$	$100/\sqrt{3}$	中性点非直接接地系统	100/3
				中性点直接接地系统	100
三相	U		100	100/3	

答案:C

58.解 绝缘配合的核心问题是确定各种电气设备的绝缘水平,在不同电压等级中绝缘配合的具体原则不同。

在 220kV 及以下系统中,电气设备的绝缘水平由雷电过电压决定。限制雷电过电压的措施主要是采用避雷器,避雷器的雷电冲击保护水平是确定设备绝缘水平的基础。由这样确定的绝缘水平在正常情况下能耐受操作过电压的作用,故 220kV 及以下系统一般不采用专门的限制内部过电压的措施。

在 330kV 及以上的超高压系统中,操作过电压的幅值较高,一般需采用专门的限制内部过电压的措施,如并联电抗器、带有并联电阻的断路器及金属氧化物避雷器等。

> 注:此题属高电压技术之电力系统绝缘配合原则的内容。

答案:D

59.解 如解图所示,以直流下两层绝缘介质为例进行分析如下,多层介质可以此类推。

设有厚度 d_1、d_2 的两种材料,其介电常数分别 ε_1、ε_2,电容量 C_1、C_2,当施加直流电压后,则有:

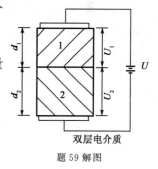

双层电介质
题 59 解图

$$\begin{cases} \dfrac{U_1}{U_2} = \dfrac{C_1}{C_2} = \dfrac{\varepsilon_1 d_1}{\varepsilon_2 d_2} \\ U_1 + U_2 = U \end{cases}$$

可解得:$E_1 = \dfrac{\varepsilon_2 U}{\varepsilon_1 d_2 + \varepsilon_2 d_1}$,$E_2 = \dfrac{\varepsilon_1 U}{\varepsilon_1 d_2 + \varepsilon_2 d_1}$,则 $\dfrac{E_1}{E_2} = \dfrac{\varepsilon_2}{\varepsilon_1}$

由上式可知,双层串联介质结构中的电场强度是不同的,与绝缘材料的介电常数成反比,即在介电常数小的材料中承受较大的电场强度。因此,一般在电缆芯处使用 ε_r 较大的材料,可减少电缆芯处场强,使电缆中电场分布均匀一些,从而提高整体的耐电强度。

答案:C

60.**解**　参见附录一"高频考点知识补充"的知识点 3,显然,当雷电波沿波阻抗为 60Ω 的电缆传输至节点时,等效电路如解图所示。

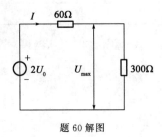

题 60 解图

则:$U_{max} = \dfrac{300}{300+60} \times 2U_0 = \dfrac{300}{360} \times 2 \times 300 = 500\text{kV}$

答案:A

2010 年度全国勘察设计注册电气工程师（发输变电）

执业资格考试试卷

基础考试
（下）

二〇一〇年九月

应考人员注意事项

1. 本试卷科目代码为"2"，考生务必将此代码填涂在答题卡"科目代码"相应的栏目内，否则，无法评分。

2. 书写用笔：**黑色或蓝色钢笔、签字笔或圆珠笔；**
   填涂答题卡用笔：**黑色 2B 铅笔。**

3. 必须用书写用笔将工作单位、姓名、准考证号填写在答题卡和试卷相应的栏目内。

4. 本试卷由 60 题组成，每题 2 分，满分 120 分，本试卷全部为单项选择题，每小题的四个备选项中只有一个正确答案，错选、多选、不选均不得分。

5. 考生作答时，必须**按题号在答题卡上**将相应试题所选选项对应的**字母用 2B 铅笔涂黑。**

6. 在答题卡上书写与题意无关的语言，或在答题卡上作标记的，均按违纪试卷处理。

7. 考试结束时，由监考人员当面将试卷、答题卡一并收回。

8. 草稿纸由各地统一配发，考后收回。

单项选择题(共60分,每题2分,每题的备选项中只有一个最符合题意。)

1.图示电路中,1A 电流源发出的功率为:

A. 6 W

B. −2 W

C. 2 W

D. −6 W

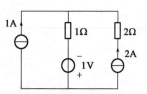

2.图示电路中在电流 i 为:

A. −1A

B. 1A

C. 2A

D. −2A

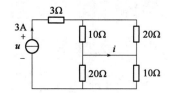

3.图示直流电路中 I_a 为:

A. 1A

B. 2A

C. 3A

D. 4A

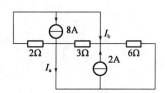

4.在图示正弦稳态电路中,若 $U_s = 20\angle 0°\text{V}$,电流表 A 读数为 40A,电流表 A_2 读数为28.28A则 ωL 应为:

A. 2Ω

B. 5Ω

C. 1Ω

D. 1.5Ω

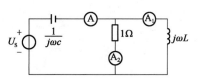

5. 在图示正弦稳态电路中,若电压表读数为50V,电流表读数为1A,功率表读数为30W,则 ωL 为:

A. 45Ω

B. 25Ω

C. 35Ω

D. 40Ω

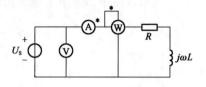

6. 图示电路为含耦合电感的正弦稳态电路,开关 S 断开时,I 为:

A. $\sqrt{2}\angle 45°$A

B. $\sqrt{2}\angle -45°$A

C. $\sqrt{2}\angle 30°$A

D. $-\sqrt{2}\angle 30°$A

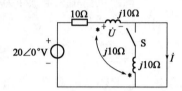

7. 图示电路为对称三相电路,相电压为200V,$Z_1=Z_2=150-j150$,I_{AC} 为:

A. $\sqrt{2}\angle 45°$A

B. $\sqrt{2}\angle -45°$A

C. $\dfrac{\sqrt{6}}{6}\angle -15°$A

D. $\dfrac{\sqrt{6}}{6}\angle 15°$A

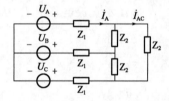

8. 图示电路,若 $u_S(t)=10+15\sqrt{2}\cos(1000t+45°)+20\sqrt{2}\cos(2000t-20°)$V,$u(t)=15\sqrt{2}\cos(1000t+45°)$V,$R=10$,$L_1=1$mH,$L_2=\dfrac{2}{3}$mH,则 C_2 为:

A. 150μF

B. 200μF

C. 250μF

D. 500μF

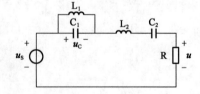

9. 在图示电路中,若 $u=0.5$V,$i=1$A,则 i_S 为:

A. -0.25A

B. 0.125A

C. -0.125A

D. 0.25A

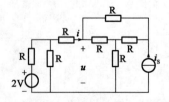

10. 图示电路在开关 S 闭合时为对称三相电路,且三个电流表读数为 30A,$Z=10-j10$,开关 S 闭合时,三个负载 Z 的总无功功率为:

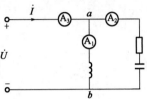

   A. -9kvar

   B. 9kvar

   C. 150kvar

   D. -150kvar

11. 图示正弦稳态电路发生谐振时,安培表 A_1 的读数为 12A,安培表 A_2 的读数为 20A,安培表 A_3 的读数为:

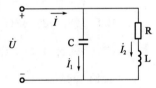

   A. 16A

   B. 8A

   C. 4A

   D. 2A

12. 图示正弦交流电路中,已知电源电压有效值 $U=100\text{V}$,角频率为 ω,电流有效值 $I=I_1=I_2$,电源提供的有功功率 $P=866\text{W}$。则 ωL 为

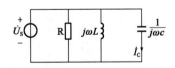

   A. 15Ω

   B. 10Ω

   C. 5Ω

   D. 1Ω

13. 图示正弦稳态电路中,已知 $\dot{U}_S=20\angle0°\text{V}$,$\omega=1000\text{rad/s}$,$R=10\Omega$,$L=1\text{mH}$,当 L 和 C 发生并联谐振时,$\dot{I}_C$ 为:

   A. $20\angle-90°\text{A}$

   B. $20\angle90°\text{A}$

   C. 2A

   D. 20A

14. 图示对称三相电路中,相电压为 200V,$Z=100\sqrt{3}+j100\Omega$,功率表 W_1 的读数为:

    A. $100\sqrt{3}$ W

    B. $200\sqrt{3}$ W

    C. $300\sqrt{3}$ W

    D. $400\sqrt{3}$ W

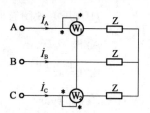

15. 图示电路中,电路原已达稳态,设 $t=0$ 时开关 S 断开,则开关 S 断开后的电感电流 $i(t)$ 为:

    A. $-2e^{-3t}$ A

    B. $2e^{-3t}$ A

    C. $-3e^{-\frac{t}{3}}$ A

    D. $3e^{-\frac{t}{3}}$ A

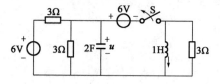

16. 已知三相对称电路的线电压为 380V,三相负载消耗的总有功功率为 10kW,负载的功率因数为 $\cos\varphi=0.6$,则负载 Z 的值为:

    A. $4.123\pm j6.931\Omega$

    B. $5.198\pm j3.548\Omega$

    C. $5.198\pm j4.246\Omega$

    D. $5.198\pm j6.931\Omega$

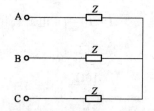

17. 在 $R=7K,L=4.23H,C=0.47\mu F$ 三个元件串联的电路中,电路的暂态属于下列哪种类型?

    A. 非振荡   B. 临界振荡

    C. 振荡   D. 不能确定

18. 在 R、L、C 串联电路中,若总电压 U 电感电压 U_L 及 RC 两端的电压 U_{RC} 均为 400V,且 $R=50$,则电流 I 为:

    A. 8A   B. 8.660A

    C. 1.732A   D. 6.928A

19. 已知正弦电流的初相为 90°,在 $t=0$ 时的瞬间时值为 17.32A,经过 $(1/50)$s 后电流第一次下降为 0,则其角频率为:

    A. 78.54rad/s   B. 50rad/s

    C. 39.27rad/s   D. 100rad/s

20. 图示电路 $u=10\sin(\omega t)\mathrm{V}$,$i=2\sin(\omega t)\mathrm{A}$,$\omega=1000\mathrm{rad/s}$,则无源二端网络 N 可以

   看作 R 和与 C 串联,其数值应为下列哪组:

   A.1,1.0μF

   B.1,0.125μF

   C.4,1.0μF

   D.2,1.0μF

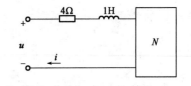

21. 图示电路原已稳定,$t=0$ 时闭合开关 S 后,则 $U_L(t)$ 为:

   A.$-3e^{-t}$V

   B.$3e^{-t}$V

   C.0V

   D.$1+3e^{-t}$V

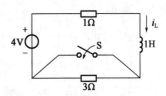

22. 图示电路的谐振频率 f 为:

   A.79.58Hz

   B.238.74Hz

   C.159.16Hz

   D.477.48Hz

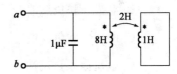

23. 球形电容器的内半径 $R_1=5\mathrm{cm}$,外半径 $R_2=10\mathrm{cm}$,若介质的电导率 $\gamma=10^{-10}\mathrm{S/m}$,

   则该球形电容器的漏电导为:

   A.0.2×10^{-9}S   B.0.15×10^{-9}S

   C.0.126×10^{-9}S   D.0.1×10^{-9}S

24. 如图所示,半径为 R 的无线长直导线通有均匀分布的电流 I,则其单位长度的内

   自感为:

   A.$\dfrac{\mu}{8\pi R}$

   B.$\dfrac{\mu}{4\pi R}$

   C.$\dfrac{\mu}{8\pi}$

   D.$\dfrac{\mu}{4\pi}$

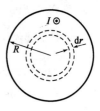

25. 终端开路的无损耗传输线的长度是波长的倍数为下列哪项数值时,其输入端阻抗的绝对值不等于特性阻抗?

A. $\dfrac{11}{8}$

B. $\dfrac{5}{8}$

C. $\dfrac{7}{8}$

D. $\dfrac{4}{8}$

26. 某晶体管的极限参数 $P_{CM}=150\text{mW}$,$I_{CM}=100\text{mA}$,$U_{(SR)CEO}=30\text{V}$。若它的工作电压分别为 $U_{CE}=10\text{V}$ 和 $U_{CE}=1\text{V}$ 时,则其最大允许工作电流分别为下列哪组数值?

A. 15mA,100mA

B. 10mA,100mA

C. 150mA,100mA

D. 15mA,10mA

27. 在图示电路中,为使输出电压稳定,应该引入下列哪种反馈方式?

A. 电压并联负反馈

B. 电流并联负反馈

C. 电压串联负反馈

D. 电流串联负反馈

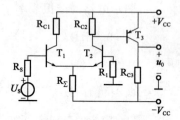

28. 若一个 8 位 ACD 的最小量化电压为 19.6mV,当输入电压为 4.0V 时,输出数字量为:

A. $(11001001)_B$

B. $(11001000)_B$

C. $(10001100)_B$

D. $(11001100)_B$

29. 图示是用 555 定时器组成的开机延时电路,若给定 $C=25\mu\text{F}$,$R=91\text{k}\Omega$,$V_{CC}=12\text{V}$,常闭开关 S 断开以后经过延时为下列哪项数值,V_0 才能跳变为高电平?

A. 1.59s

B. 2.5s

C. 1.82s

D. 2.275s

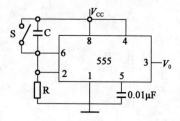

30. 同步16进制加法集成计数器74163构成的电路如图所示,74163的功能表如表所示,该电路完成下列哪种功能?

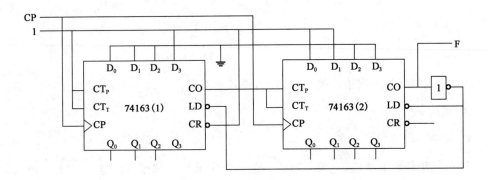

74163 功 能 表

CP	$\overline{CP}$	$\overline{LD}$	CT_P	CT_T	工作状态
↑	0	×	×	×	置零
↑	1	0	×	×	预置数
×	1	1	0	×	保持
×	1	1	×	0	保持
↑	1	1	1	1	计数

    A. 256 分频   B. 240 分频

    C. 208 分频   D. 200 分频

31. 一台直流励磁电动机 $P_N=75kW,U_N=230V,I_{aN}=38A,n_N=1750r/min$,电枢回路总电阻 $R_{aN}=0.2\Omega$,励磁回路总电阻 $R_f=383\Omega$,求满载运行时的电磁转矩为:

    A. 397.5N·m   B. 454.1N·m

    C. 461.0N·m   D. 345.7N·m

32. 一台并励直流电动机拖动一台他励直流发电机,当电动机的外加电压和励磁回路电阻均不变时,若增加发动机的负荷,则电动机的电枢电流和转速将会出现:

    A. 电枢电流升高,转速降低

    B. 电枢电流降低,转速升高

    C. 电枢电流升高,转速升高

    D. 电枢电流降低,转速降低

33. 两台变压器并列运行,变压器 A 的参数如下:$S_N = 1000kVA$,$U_1/U_2 = 6300/400V$,Y/D11,$U_k\% = 6.25$;变压器 B 的参数如下:$S_N = 1800KVA$,$U_1/U_2 = 6300/400V$,Y/D11,$U_k\% = 6.6$。若供给的负荷为 2800KVA,则:

    A. A 过载   B. B 过载

    C. 均不过载   D. 均过载

34. 变压器空载时,一次边线路电压增高,铁芯损耗将:

    A. 增加   B. 不变

    C. 减少   D. 不定

35. 一台三相异步电动机,电源频率为 50Hz,额定运行时转子的转速 $n = 1400r/min$,此时转子绕组中感应电磁的频率为:

    A. 0.067Hz   B. 3.333Hz

    C. 50Hz   D. 100Hz

36. 异步电动机在发电机状态下工作,其转速的变化范围为:

    A. $n < 0$ B. $n = 0$ C. $0 < n < n_1$ D. $n > n_1$

37. 一台三相同步发电机单机运行供给一纯电阻性负载,运行中如果增大此发电机的励磁电流,那么总输出的电枢电流比原来:

    A. 多输出感性电流   B. 多输出纯有功电流

    C. 多输出容性电流   D. 电枢电流不变

38. 一台隐极同步发动机,$P_N = 25000kW$,$U_N = 10.5kV$,定子绕组接成 Y 型,功率因数 $\cos\varphi_N = 0.8$(滞后),同步电抗 $X_S = 9.39\Omega$,忽略电枢绕组的电阻,额定运行状态下 E_0 为:

    A. 20358.3V   B. 23955.8V

    C. 31953.9V   D. 13830.9V

39. 三绕组变压器数学模型中的电抗反映变压器绕组的:

    A. 铜耗   B. 铁耗

    C. 等值漏磁通   D. 漏磁通

40. 电力系统电压降公式为:

    A. $d\dot{U} = \dot{U}_1 - \dot{U}_2$ B. $d\dot{U} = |\dot{U}_1| - |\dot{U}_2|$

    C. $d\dot{U} = \dfrac{\dot{U}_1 - \dot{U}_2}{U_N}$ D. $dU = \dfrac{U_1 - U_2}{U_N}$

41. 发电机接入 10kV 网络,变压器一次侧接发电机,二次侧接 110kV 线路,发电机和变压器额定电压分别为:

    A. 10.5kV,10.5/121kV   B. 10.5kV,10.5/110kV

    C. 10kV,10/110kV   D. 10.5kV,10/121kV

42. n 台相同变压器在额定功率 S_{TN}、额定电压下并联运行,其总有功损耗为:(单位:kW)

$$\text{A. } n \times \left(\frac{P_0}{1000} + \frac{P_k}{1000} \right) \qquad\qquad \text{B. } \frac{1}{n} \times \left(\frac{P_0}{1000} + \frac{P_k}{1000} \right)$$

$$\text{C. } n \times \frac{P_0}{1000} + \frac{1}{n} \times \frac{P_k}{1000} \qquad \text{D. } \frac{1}{n} \times \frac{P_0}{1000} + n \times \frac{P_k}{1000}$$

43. 如在高压电网中某线路始端母线的电压高于末端($U_1 > U_2$),而始端母线的相位小于末端($\delta_1 < \delta_2$),则:

    A. 有功功率从始端流向末端,无功功率从始端流向末端

    B. 有功功率从末端流向始端,无功功率从末端流向始端

    C. 有功功率从始端流向末端,无功功率从末端流向始端

    D. 有功功率从末端流向始端,无功功率从始端流向末端

44. 某 330kV 输电线路的等值电路如图所示,已知 $\dot{U}_2 = 330\angle 0° kV$,$\dot{S}_2 = 150 + j50MVA$,线路始端功率 $\dot{S}_1$ 和始端电压 $\dot{U}_1$ 分别为:

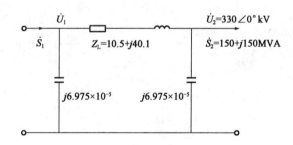

    A. $146.7 + j60.538MVA$,$351.62\angle 4.44°$

    B. $146.7 + j60.538MVA$,$344.62\angle 3.49°$

    C. $152.34 + j43.21MVA$,$342.75\angle 3.147°$

    D. $152.34 + j43.21MVA$,$341.05\angle 2.833°$

45. 110kV 及以上电力系统中性点采用:

    A. 不接地   B. 经消弧线圈接地

    C. 直接接地   D. 经高电阻接地

46. 一降压变电所,变压器归算到高压侧参数如图所示,最大负荷时变压器高压母线电压维持在 113kV,最小负荷时变压器高压母线电压维持在 115kV,若不考虑功率损耗,变压器低压母线顺调压,变压器分接头电压应为:

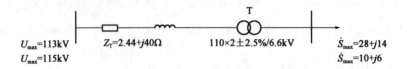

$U_{max}=113kV$
$U_{max}=115kV$
$Z_T=2.44+j40\Omega$
$110\times2\pm2.5\%/6.6kV$
$\dot{S}_{max}=28+j14$
$\dot{S}_{max}=10+j6$

A. 112.75

B. 115.5

C. 107.25

D. 110

47. 电力系统短路计算中,短路冲击电流的定义为:

A. 短路电流的最大有效值

B. 短路电流直流分量最大值

C. 短路电流周期分量起始值

D. 短路电流最大瞬时值

48. 网络接线如图所示,元件参数标于图中,系统 S 的短路容量为 1200MVA,取 $S_B=60$MVA,当图示 f 点发生三相短路时,短路点的总电抗标幺值和短路电流有名值分别为:

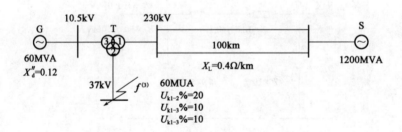

10.5kV
230kV
G
T
S
60MVA
$X''_d=0.12$
100km
$X_L=0.4\Omega/km$
1200MVA
37kV $f^{(3)}$
60MUA
$U_{k1-2}\%=20$
$U_{k1-3}\%=10$
$U_{k1-3}\%=10$

A. 0.231,7.953

B. 0.169,5.499

C. 0.147,6.369

D. 0.097,9.677

49. 系统如图所示,各元件的标幺值电抗为:发电机 G:$X_d'' = X_{(0)}'' = 0.21$,$X_{PG} = 0.12$;
线路 L:$X_{L1(0)} = X_{L2(0)} = 0.28$;变压器 T_1、T_2:$X_{T1} = X_{T2} = 0.15$,$X_{P1} = X_{P2} = 0.27$,
当 f 处发生不对称短路故障时,其零序电抗为:

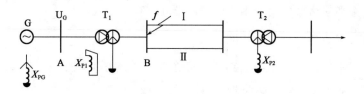

A. 0.194   B. 0.148   C. 0.155   D. 0.181

50. 系统接线如图所示,图中参数均为归算到统一基准值下($S_B = 50\text{MVA}$)的标幺
值,系统在 f 点发生 a 相接地,短路处短路电流为(变压器连接组 Y,d11):

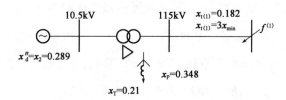

A. 0.214kA   B. 0.316kA   C. 0.412kA   D. 0.238kA

51. 在电气主接线中,旁路母线的作用是:

A. 可以用作备用母线

B. 可以不停电检修出线断路器

C. 可以不停电检修母线隔离开关

D. 母线或母线隔离开关故障时,可以减少停电范围

52. 为保证断路器在关合短路电流时的安全性,其额定关合电流:

A. 不应小于短路冲击电流

B. 不应大于短路冲击电流

C. 只需大于长期工作电流

D. 只需大于通过断路器的短路稳态电流

53. 具有三条进线和三条出线时,采用一个半断路器接线和六角形接线相比较,正确的是:

A. 一个半断路器接线多用三台断路器

B. 一个半断路器接线少用三台断路器

C. 两种接线断路器数量相同

D. 六角形接线比一个半断路器接线在设备选择方面更方便

54. 下列关于互感器的叙述哪些是对的?

A. 电流互感器二次侧要装保险,电流互感器二次侧不允许开断

B. 电流互感器二次侧要装保险,电压互感器二次侧不允许开断

C. 电压互感器二次侧要装保险,电压互感器二次侧不允许开断

D. 电压互感器二次侧要装保险,电流互感器二次侧不允许开断

55. 分裂电抗器中间抽头 3 接电源,两个分支 1 和 2 接相等的两组负荷,两个分支的自感抗相同,为 X_K,耦合系数 K 取 0.5,下列表述正确的是:

A. 当分支 1 出线短路时,电抗器的电抗值为 $1.5X_K$

B. 当分支 1 出线短路时,电抗器的电抗值为 $2.0X_K$

C. 正常运行时,电抗器的电抗值为 $0.5X_K$

D. 正常运行时,电抗器的电抗值为 X_K,当分支 1 出现短路时,电抗值为 $3X_K$

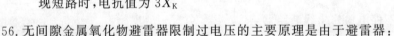

56. 无间隙金属氧化物避雷器限制过电压的主要原理是由于避雷器:

A. 无极性效应   B. 有良好接地

C. 响应速度快   D. 非线性阻抗

57. 提高空气间隙放电电压的有效方法是:

A. 封闭间隙   B. 均匀电场

C. 增加湿度   D. 净化空气

58. 冲击高电压测量试验中,下列哪种表计或装置是不用的:

A. 静电电压表   B. 测量球隙

C. 分压表   D. 峰值电压表

59. 某 110kV 变电所母线上接有 3 条架空线和 1 条电缆线路,架空线波阻抗 300Ω,电缆波阻抗 100Ω,当幅值为 600kV 的雷电过电压波沿其中一条架空线进入变电所时,电缆上的过电压幅值为:

A. 125kV   B. 200kV

C. 100kV   D. 500kV

60. 线路上装设并联电抗器的作用是:

A. 降低线路末端过电压   B. 改善无功平衡

C. 提高稳定性   D. 提高线路功率因数

2010年度全国勘察设计注册电气工程师(发输变电)执业资格考试基础考试(下)试题解析及参考答案

1. **解** 利用基尔霍夫电流与电压定律,计算1A电流源两端电压:

$$U_{1A} = (1+2) \times 1 - 1 = 2V$$

$$P = 2 \times 1 = 2W$$

答案:C

2. **解** 根据电阻并联电流计算公式:

$$i = 3 \times \frac{20}{10+20} - 3 \times \frac{10}{10+20} = 1A$$

> 注:需注意电流方向是否与题干标注一致。

答案:B

3. **解** 使用叠加定理,分别计算两个电流源分别单独作用时的 I_{a1} 和 I_{a2},则:

2A电流源单独作用时: $I_{a1} = \frac{2 \times (2//3//6)}{(2//3)} = \frac{5}{3}A$

8A电流源单独作用时: $I_{a2} = \frac{8 \times (2//3//6)}{6} = \frac{4}{3}A$

则 $I_a = I_{a1} + I_{a2} = \frac{5}{3} + \frac{4}{3} = 3A$

答案:C

4. **解** 为便于分析,设电阻两端电压为 $U_{ab} \angle 0°$(忽略题干中电压源的相位条件),相位关系如解图所示。

绘制向量图可知, $I_1 = \sqrt{I^2 - I_2^2} = \sqrt{40^2 - 28.28^2} = 28.28A$

则 $X_L = \omega L = 28.28 \times \frac{1}{28.28} = 1\Omega$

> 注:电感元件上,两端电压相量超前于电流相量90°;电容元件上,两端电压相量滞后于电流相量90°。

答案:C

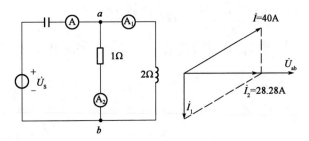

题 4 解图

5. 解 已知有功功率 $P=30\text{W}$,视在功率 $S=50\times1=50\text{VA}$,则:

功率因数:$\cos\varphi=\dfrac{P}{S}=\dfrac{30}{50}=0.6\Rightarrow\varphi=53.13°$

则 $R=30\div1^2=30\Omega$,$\omega L=R\times\tan\varphi=30\times\tan53.13°=40\Omega$

答案:D

6. 解 由于电感电流不能突变,断开 S 的瞬间,电感的磁场能量依然存在,参见附录一"高频考点知识补充"的知识点 1,去耦等效电路如解图所示。

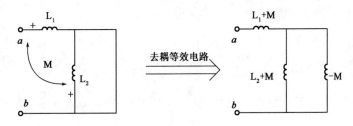

题 6 解图

$$I=20\angle0°/(10+\text{j}10)=\sqrt{2}\angle-45°$$

答案:B

7. 解 设 $U_\text{A}=200\angle0°$

利用△-星形变换,$Z=Z_1+Z_2=200-j200=200\sqrt{2}\angle-45°$

线电流:$I_\text{A}=\dfrac{U_\text{A}}{Z}=\dfrac{200\angle0°}{200\sqrt{2}\angle-45°}=\dfrac{1}{\sqrt{2}}\angle45°$

线电流与相电流的关系为 $I_\text{A}=\sqrt{3}I_\text{AC}\angle30°$

相电流:$I_\text{AC}=\dfrac{1}{\sqrt{3}}I_\text{A}\angle-30°=\dfrac{1}{\sqrt{3}\times\sqrt{2}}\angle45°-30°=\dfrac{1}{\sqrt{6}}\angle15°$

答案:D

8. 解 由题意可知,$u(t)$ 仅把基波含量完整地取出,分析可知,基波频率时,LC 电路应发生串联谐振(视为短路),二次频率时,LC 并联电路发生并联谐振(视为断路),则:

（1）二次频率时：$j2\omega L_1 = j2000 \times 10^{-3} = j2$，则：

$$2\omega L_1 = \frac{1}{2\omega C_1} \Rightarrow C_1 = \frac{1}{4\omega^2 L_1} = \frac{1}{4 \times 10^{3 \times 2} \times 10^{-3}} = \frac{1}{4000}F = 250\mu F$$

（2）基频时：

$$(\omega C_2)^{-1} = \omega L_1 // (\omega C_1)^{-1} + \omega L_2 = j2, C_2 = 0.5 \times 10^{-3}F = 500\mu F$$

答案：D

9.解 依照题意可将电路图分解如下：

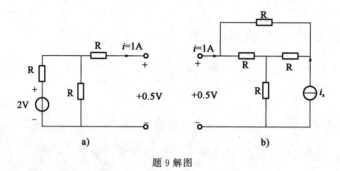

题9解图

依照解图 a) 可列出方程：

$$\begin{cases} 2 - 0.5 = IR + R \\ 2 - IR = (I-1)R \end{cases}，可求得 R = \frac{1}{3}$$

解图 b) 进行△-星形变换后，可列方程 $(1+i_S) \times \dfrac{4R}{3} = 0.5 - \dfrac{R}{3}$，代入 $R = \dfrac{1}{3}$，

则 $i_S = -0.125A$。

答案：C

10.解 设 $\dot{U}_L = U_0\angle 0°$，负载进行星三角变换后为 $Z_N = \dfrac{10\sqrt{2}}{3}\angle -45°$，则线电压

为：

$$U_L = I_L Z_N = 30 \times \frac{10\sqrt{2}}{3} = 100\sqrt{2}$$

$$Q = 3I_{AN}U_{AN}\sin\varphi = 3 \times 30 \times 100\sqrt{2} \times \sin(-45°) = -9000var$$

答案：A

11.解 设 ab 点之间的电压为 $\dot{U}\angle 0°$，由于发生谐振，总电流应与电压同相位，即为

$\dot{I}\angle 0°$。另，根据电感元件两端电压相量超前于电流相量90°，电容元件上两端电压相量滞

后于电流相量90°，考虑到电容支路存在电阻，因此可绘出相量图如解图所示，则电流表

A_3 的读数为：$\sqrt{I} = \overline{20^2 - 12^2} = 16A$。

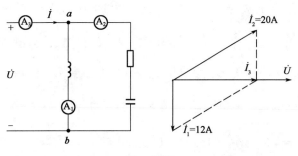

题 11 解图

> 注:电感与电容两端的电压电流相位关系必须牢记,即电感元件两端电压相量超前于电流相量90°,电容元件上两端电压相量滞后于电流相量90°。

答案:A

12.**解** 设电压为 $\dot{U}\angle 0°$,由于发生谐振,总电流应与电压同相位,即为 $\dot{I}\angle 0°$。另,根据电感元件两端电压相量超前于电流相量90°,电容元件上两端电压相量滞后于电流相量90°,考虑到电感支路存在电阻,因此可绘出相量图如解图所示。

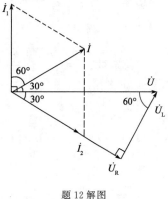

由于 $I=I_1=I_2$ 且 $I=I_1+I_2$,则 I、I_1、I_2 实际上构成一个正三角形,内角60°。

由向量图可知:电压 U 与电流 I_2 夹角为30°,则:

$$Q = P \times \tan\varphi = 886 \times \tan 30° = 500\text{var}$$

$$Q = \frac{U_L^2}{X_L} = \frac{100 \times \sin 30°}{X_L} = 500\text{var}$$

因此, $\omega L = X_L = \frac{(100 \times \sin 30°)^2}{500} = 5\Omega$

题 12 解图

答案:C

13.**解** $j\omega L = j1000 \times 1 \times 10^{-3} = 1\angle 90°\Omega$,并联谐振,因此 $\frac{1}{j\omega C} = j\omega L = 1\angle -90°\Omega$

则,电容回路电流为: $\dot{I}_C = \frac{20\angle 0°}{1\angle -90°} = 20\angle 90°\text{A}$

答案:B

14.**解** 功率表测量原理可参见附录一"高频考点知识补充"的知识点2,W_1 功率表的电流端接在 A 相,电压端接在 AB 线间,为线电压,则功率表读数为:$P=U_{AB}I_{AN}$

在星形连接的三相电源或三相负载中,线电流和相电流为同一电流,线电压是相电压的$\sqrt{3}$倍,且线电压超前于相应的相电压 $30°$,则设 A 相电压相位为 $0°$,由于负载 $Z=100\sqrt{3}$ $+j100=200\angle 30°$,则:

各相电压:$\dot{U}_{AN}=U_P\angle 0°,\dot{U}_{BN}=U_P\angle -120°,\dot{U}_{CN}=U_P\angle 120°$;

各相电流:$\dot{I}_{AN}=I_P\angle -30°,\dot{I}_{BN}=I_P\angle -150°,\dot{I}_{CN}=I_P\angle 90°$;

各线电压:$\dot{U}_{AB}=\sqrt{3}U_{AN}\cdot\angle 30°=\sqrt{3}U_P\angle 30°,\dot{U}_{BC}=\sqrt{3}U_{BN}\cdot\angle 30°=\sqrt{3}U_P\angle -90°$,
$\dot{U}_{CA}=\sqrt{3}U_{CN}\cdot\angle 30°=\sqrt{3}U_P\angle 150°$

其中 $U_P=200V$、$I_P=200\div 200=1A$ 分别为相电压与相电流有效值,那么,功率表读数为 $P=U_{AB}I_{AN}\cos\varphi=\sqrt{3}\times 200\times 1\times\cos[30°-(-30°)]=100\sqrt{3}W$

> 注:有关"两表法"功率测量的接线方式可参见附录一"高频考点知识补充"的知识点 2。

答案:A

15.解 由于电感为储能元件,其电流不能突变,则:

采用叠加原理:$i_L(0_+)=i_L(0_-)=2-4=-2A;i_L(\infty)=0A$

时间常数:$\tau=\dfrac{L}{R_{in}}=\dfrac{1}{3}$

依据一阶动态全响应公式:$f(t)=f(\infty)+[f(0_+)-f(\infty)]e^{-\frac{t}{\tau}}$

则:$i_L(t)=i_L(\infty)+[i_L(0_+)-i_L(\infty)]e^{-\frac{t}{\tau}}=0+(-2-0)e^{-3t}=-2e^{-3t}A$

答案:A

16.解 对称电路视在功率 $S=\dfrac{P}{\cos\varphi}=\dfrac{10}{0.6}=\dfrac{50}{3}kVA$,则:

线电流:$I_L=\dfrac{S}{U}=\dfrac{50\div 3}{380}\times 10^3=43.86A$

等效阻抗:$Z=R+jX=\dfrac{U_L}{I_L}=\dfrac{380}{43.86}=8.664\Omega$

功率因数角:$\varphi=\arccos 0.6=\pm 53.13°$

$R=8.664\times\cos\varphi=8.712\times 0.6=5.198\Omega$

$X=8.664\times\sin\varphi=8.712\times(\pm 0.8)=\pm 6.931\Omega$

$Z=R+jX=5.198\pm j6.931\Omega$

答案:D

17.解 由临界振荡条件,则:

$$2\sqrt{\frac{L}{C}} = 2 \times \sqrt{\frac{4.23}{0.47 \times 10^{-6}}} = 2 \times 3 \times 10^3 = 6000 < R = 7000$$

注:$R = 2\sqrt{\frac{L}{C}}$ 的过渡过程为临界非振荡过程,这时的电阻为临界电阻,电阻小于此值时,为欠阻尼状态,振荡放电过程;大于此值时,为过阻尼状态,非振荡放电过程。另,发生谐振时角频率和频率分别为:$\omega_0 = \frac{1}{\sqrt{LC}}$,$f_0 = \frac{1}{2\pi\sqrt{LC}}$,品质因数为:$Q = \frac{1}{R}\sqrt{\frac{L}{C}}$。

答案: C

18. 解 由于 $U = U_{RC} = U_L$,且 $\dot{U} = \dot{U}_{RC} + \dot{U}_L$,$U$、$U_L$、$U_{RC}$ 应构成一个正三角形,内角 $60°$。相量图如解图所示,可知电流 I 与电压 U_{RC} 夹角为 $30°$,则:

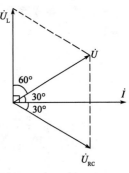

题 18 解图

$$\varphi = -30°, \quad |Z| = \frac{R}{\cos\varphi} = \frac{50}{\cos(-30°)} = 57.7\Omega$$

$$I = \frac{U}{|Z|} = \frac{400}{57.7} = 6.928A$$

注:电感元件两端电压相量超前于电流相量 $90°$,电容元件上两端电压相量滞后于电流相量 $90°$。

答案: D

19. 解 正弦电流表达式:$i = I_m\sin(\omega t + \varphi)$,则:

半个周期 $180°$,相角由 $90°$ 第一次下降至 0 经过 $\frac{1}{50}$ s,经过 $90°$,弧度 $\frac{\pi}{2}$,即

$$i = I_m\sin(\omega t + 90°) = 0$$

$$\omega t = \frac{\pi}{2} \Rightarrow \omega = \frac{\pi}{2} \times 50 = 78.54Hz$$

注:隐含条件,相角由第一次下降至 0 时,$\omega t + \varphi = \pi$;相角由第二次下降至 0 时,$\omega t + \varphi = 2\pi$,依此类推。

答案: A

20. 解 按题意,电压与电流同相位,说明电路发生串联谐振,则:

$$\omega L = \frac{1}{\omega C} \Rightarrow C = \frac{1}{\omega^2 L} = \frac{1}{1000^2 \times 1} = 10^{-6}F = 1\mu F$$

$$R = \frac{U}{I} - 4 = \frac{10}{2} - 4 = 1\Omega$$

答案: A

21. 解 换路后,电感电流不能突变,根据换路前电路已达稳定,则:

$$i_L(0_+) = i_L(0_-) = \frac{4}{1+3} = 1A$$

换路后,达到稳定状态时:$i_L(\infty) = \frac{4}{1} = 4A$

时间常数:$\tau = \frac{L}{R} = \frac{1}{1} = 1s$

代入一阶电路全响应方程 $f(t) = f(\infty) + [f(0_+) - f(\infty)]e^{-\frac{t}{\tau}}$,则:

$$i_L(t) = 4 + (1-4)e^{-4000t} = 4 - 3e^{-t}$$

$$u_L(t) = L\frac{di_L}{dt} = 1 \times (4 - 3e^{-t})' = 3e^{-t}$$

答案:B

22.**解** 参考附录一"高频考点知识补充"的知识点1,去耦等效电路如解图1所示。

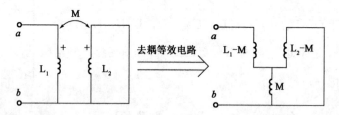

题 22 解图 1

将数据代入,如解图 2 所示。

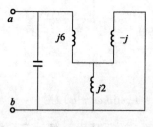

题 22 解图 2

$$L_{eq} = (L_1 - M) + [(L_2 - M)//M] = (8-2) + [(1-2)//2] = 4H$$

发生谐振,则 $2\pi fL = \frac{1}{2\pi fC} \Rightarrow f = \frac{1}{2\pi}\sqrt{\frac{1}{LC}} = \frac{1}{2\pi} \times \sqrt{\frac{1}{4 \times 10^{-6}}} = 79.58Hz$

答案:A

23.**解** 采用恒定电场的基本方程:

由电流强度与电流密度的关系:$I = \int_S J \cdot dS$,可得电流密度 $J = \frac{I}{4\pi r^2}$

由欧姆定律的微分形式:$J = \gamma E$,可得电场强度 $E = \frac{I}{4\pi \gamma r^2}$

$$U = \int_{R_1}^{R_2} \frac{I}{4\pi \gamma r^2} dr = \frac{I}{4\pi \gamma}\left(\frac{1}{R_1} - \frac{1}{R_2}\right) = 8 \times 10^9 \times I$$

则漏电导:$G = \frac{I}{U} = \frac{1}{8 \times 10^9} = 0.125 \times 10^{-9}S$

答案:C

24.解 磁通即表示某面积上的磁感应强度的通量,为 $\Phi = \int_S B \cdot dS \Rightarrow d\Phi = B \cdot dS$。

导线内部半径为 r 处的磁感应强度为:$B = \dfrac{\mu_0 I \cdot \pi r^2}{2\pi r \cdot \pi R^2} = \dfrac{\mu_0 Ir}{2\pi R^2}$,代入上式为

$$d\Phi = B \cdot dS = \frac{\mu_0 Ir}{2\pi R^2} l dr$$

由于 $d\Phi$ 包围的电流不是 I,而是导线中全部电流的一部分,相当于一匝电流的比例,

为:$\dfrac{I'}{I} = \dfrac{I\pi r^2}{I\pi R^2} = \dfrac{r^2}{R^2}$,则内磁链微分量为:$d\Psi = \dfrac{I'}{I} d\Phi = \dfrac{\mu_0 Ilr^3}{2\pi R^4} dr$,则:

内磁链:$\Psi = \int_S d\Psi = \int_0^\pi \dfrac{\mu_0 Ilr^3}{2\pi R^4} dr = \dfrac{\mu_0 l}{8\pi}$

内自感:$L = \dfrac{\Psi}{I} = \dfrac{\mu_0 l}{8\pi}$,因此单位长度内自感为:$L_0 = \dfrac{\mu_0}{8\pi}$,为一常数。

答案:C

25.解 当终端为开路状态时,$Z_{in} = -jZ_C \cot \dfrac{2\pi}{\lambda} l$,$Z_C$ 为特性阻抗,则:

当 $l = \dfrac{5}{8}\lambda$、$l = \dfrac{7}{8}\lambda$、$l = \dfrac{11}{8}\lambda$,代入方程:$Z_{in} = -jZ_C$

当 $l = \dfrac{1}{2}\lambda$,代入方程:$Z_{in} = \infty$

> 注:无损耗的均匀传输线的输入阻抗,当终端为开路状态时,$Z_{in} = -jZ_C \cot \dfrac{2\pi}{\lambda} l$;当
>
> 终端为短路状态时,$Z_{in} = jZ_C \tan \dfrac{2\pi}{\lambda} l$。

答案:D

26.解 P_{CM} 为最大集电极允许耗散功率,集电极耗散功率 $P_C = U_{CE} \times I_C$,过大就会使 PN 结升温超过允许值,所以晶体管有最大集电极耗散功率 P_{CM} 的规定。I_{CM} 为最大集电极电流,因为晶体管特性曲线是非线性的,当 I_C 超过 I_{CM} 时,输出波形会产生严重失真(进入饱和区),所以规定 I_C 不能超过 I_{CM}。

当工作电压为 1V 时,$I_C = P_{CM}/U_{CE} = 150\text{mA} > I_{CM}$,只能取 100mA。

答案:A

27.解 稳定电压就做电压反馈,稳定电流就做电流反馈,串联负反馈适用于输入信号为恒压源或近似恒压源,并联负反馈适用于输入信号为恒流源或近似恒流源。采用瞬

时极性法可知输入与输出极性相反,构成负反馈需与输入信号并联。

各反馈特点如下:

电压串联负反馈:重要特点是电路的输出电压趋于稳定,提高输入电阻,降低输出电阻。

电压并联负反馈:常用于电流—电压变换器中。

电流串联负反馈:常用于电压—电流变换器中。

电流并联负反馈:重要特点是电路的输出电流趋于稳定,减少输入电阻,提高输出电阻。

答案:A

28. **解**　由 $\frac{4000}{19.6} = 204.08 \approx 204$,十进制转二进制,则 $(204)_{10} = (11001100)_2$。

答案:D

29. **解**　555定时器是应用极为广泛的集成电路,只需外接少量的阻容元件就可以构成单稳、多稳和施密特触发器。

555定时器的基本原理(6-阈值输入;2-触发输入):

(1)当阈值输入电压大于 $\frac{2}{3}V_{CC}$,触发输入电压大于 $\frac{1}{3}V_{CC}$,输出端 V_O 为低电平;

(2)当阈值输入电压小于 $\frac{2}{3}V_{CC}$,触发输入电压小于 $\frac{1}{3}V_{CC}$,输出端 V_O 为高电平;

(3)当阈值输入电压小于 $\frac{2}{3}V_{CC}$,触发输入电压大于 $\frac{1}{3}V_{CC}$,输出端 V_O 为保持原状态不变。

显然,因为2和6点电位相同,只有当其一起小于 $\frac{1}{3}V_{CC}$ 时,输出端 V_O 为高电平,利用一阶动态电路分析方法可知:

$$U_2 = U_{CC} \times e^{-\frac{t}{\tau}} = 12 \times e^{-\frac{t}{RC}}$$

其中 $U_2 = \frac{1}{3}U_{CC}$,化简得:

$$t = \ln3 \times 91 \times 10^3 \times 25 \times 10^{-6} = 2.5\text{s}$$

答案:B

30. **解**　左片为低四位,预置数为 $(1000)_2$;右片为高四位,预置数为 $(0011)_2$。总预置数为 $(38)_{16}$。

十六进制转化为十进制: $(38)_{16} = (56)_{10}$

74163 是 4 位二进制同步加法计数器,若无预置数,两个 74163 集成计数器可组成 16×16＝256 位计数器,则:

本逻辑电路的计数为:256－56＝200,为 200 分频器。

注:两片计数器的连接方式分两种:

并行进位:低位片的进位信号(CO)作为高位片的使能信号,称为同步级联。

串行进位:低位片的进位信号(CO)作为高位片的时钟脉冲,称为异步级联。

计数器实现任意计数的方法主要有两种,一种为利用清除端 CR 的复位法,即反馈清零法;另一种为置入控制端 LD 的置数法,即同步预置法。两种方法的计数分析方法不同,为历年考查重点,考生均应掌握。

答案:D

31. 解 并励直流电动机的原理图如解图所示。

电枢电流:$I_a = I_N - I_f = 38 - \dfrac{230}{383} = 37.4$A

由电枢电动势方程 $U = E_a + I_a R_a$,可求得:

$E_a = U - I_a R_a = 230 - 37.4 \times 0.2 = 222.52$V

电磁功率为电功率转换为机械功率的部分,即:

$P_M = E_a I_a = 222.52 \times 37.4 = 83222.25$W

电磁转矩:$T_M = \dfrac{P_M}{\Omega} = \dfrac{83222.25}{2\pi \times 1750 \div 60} = 454.1$N/m

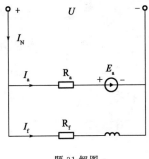

题 31 解图

答案:B

32. 解 增加他励直流发电机的负荷,意味着加大并励直流电动机的负载转矩,则电磁转矩应相应增加;电磁转矩公式 $T = C_T \Phi I_a$,由于电动机外加电压不变,则励磁电流 I_f 不变,磁通 Φ 不变,由于 C_T 为一常数,则电动机的电枢电流 I_a 应增加;由电动势平衡方程式 $U = E_a + I_a R_a$,在电枢电阻和外加电压不变时,电枢电动势 E_a 下降;由电枢电动势表达式 $E_a = C_e \Phi n$ 可知,转速也应下降。

注:在磁通(或励磁电流)不变的情况下,由电磁转矩公式 $T = C_T \Phi I_a$ 可知,负载转矩不变,则电枢电流不变;由电枢电动势公式 $E_a = C_e \Phi n$ 可知,电枢电动势不变,则转速不变。

答案:A

33.解 参见附录一"高频考点知识补充"的知识点5,可知对于仅短路阻抗电压不同的变压器并联时,其并联运行变压器的负载系数与短路阻抗(短路电压)模值标幺值成反比,即:

$$\frac{\beta_A}{\beta_B} = \frac{u_B\%}{u_A\%} = \frac{6.5}{6.25} = 1.04$$

$$\beta_A S_A + \beta_B S_B = 1.04\beta_B \times 1000 + \beta_B \times 1800 = 2800$$

解得:$\beta_B = 0.986, \beta_A = 1.04\beta_B = 1.04 \times 0.986 = 1.025$

答案:A

34.解 变压器空载损耗公式:

$$P_0 = K_c P_c G_c$$

式中:P_0——变压器的空载损耗,W;

　　K_c——工艺系数;

　　P_c——铁芯材料的单位损耗,W/kg;

　　G_c——铁芯质量,kg。

可见变压器空载损耗,也称为励磁损耗,不随电流、电压的变化而变化,其仅与铁芯材质有关。

答案:B

35.解 由于异步电动机额定转速与同步转速相差不大,可知同步转速为 $n_1 = \frac{60f}{p} = \frac{60 \times 50}{2} = 1500 \text{r/min}$,转差率为 $s = \frac{n_1 - n_N}{n_1} = \frac{1500 - 1400}{1500} = 0.0667$。转子绕组感应电动势频率正比于导体与磁场的相对切割速度,故转子绕组电动势频率为 $f_2 = \frac{pn_2}{60} = \frac{p(n_1 - n_N)}{60} = \frac{n_1 - n_N}{n_1} \times \frac{pn_1}{60} = sf_1 = \frac{1}{15} \times 50 = 3.333 \text{Hz}$

答案:B

36.解 用原动机拖动异步电机,使其转子转速大于同步转速,即 $n > n_1, s < 0$。转子上导体切割旋转磁场的方向与电动机时相反,从而导体上感应电动势、电流方向与电动机状态相反,电磁转矩的方向与转子转向相反,电磁转矩为制动性质。此时异步电机由转轴从原动机输入机械频率,克服电磁转矩,通过电磁感应由定子向电网输出电功率,电机处于发电机状态。

答案:D

37.解 考查发电机无功功率的调节,调节同步发电机的无功功率,是通过调节发电机的励磁电流来实现的,在调节励磁电流 I_f 过程中,由于为纯电阻负载,发电机的有功功率将保持不变,而电枢电流 I 和功率因数 $\cos\varphi$ 都随之改变,其变化曲线如解图所示。

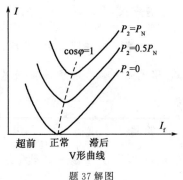

题37解图

可见,在功率因数为1,保持发电机输出的有功功率不变的情况下,单纯增大励磁电流 I_f,电枢电流 I 也增大,此时发电机既发出有功功率,也发出滞后的无功功率,此时励磁电流称为过励。

> 注:若是同步电动机,超前与滞后的位置应调换。

答案:A

38.解 额定相电压:$U_{N\varphi} = \dfrac{10.5}{\sqrt{3}} = 6.062\text{kV}$

额定相电流:$I_N = \dfrac{P}{\sqrt{3}U_N\cos\varphi} = \dfrac{25000}{\sqrt{3} \times 10.5 \times 0.8} = 1718.3\text{A}$

额定功率因数角:$\varphi = \arccos 0.8 = 36.9°$

设相电压为参考相量,即 $\dot{U} = U\angle 0°$,则 $\dot{I} = I\angle -36.9°$

空载电动势:

$$\dot{E}_0 = \dot{U} + j\dot{I}X_s$$

$$= 6.062 + 1.718\angle -36.9° \times 9.39\angle 90° = 15.742 + j12.91 = 20.359\angle 39.36°$$

则:$E_0 = 20.359\text{kV} = 20359\text{V}$

答案:A

39.解 变压器 T 形等值电路如解图所示。R_{T1} 和 R_{T2} 反映一、二次侧绕组中有功功率损耗(铜耗);X_{T1} 和 X_{T2} 反映一、二次侧绕组中等值漏磁通,与漏磁场有关;G_T 反映变压器铁芯中的有功功率损耗(铁耗);B_T 反映变压器铁芯中的励磁电流。

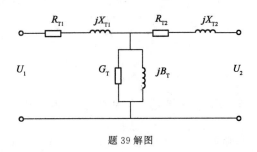

题39解图

答案:C

40.**解** 串联回路中,阻抗元件两端电压相量的几何差 $d\dot{U} = \dot{U_1} - \dot{U_2}$,称为电压降落,阻抗元件两端电压的代数差 $dU = |\dot{U_1}| - |\dot{U_2}|$,称为电压损失或电压损耗。基本概念。

答案:A

41.**解** 变压器一次侧绕组相当于用电设备,故其额定电压等于电力网络标称电压,并同时考虑其分接头位置;变压器二次绕组相当于供电设备,再考虑到变压器内部的电压损耗,故一般对于较大变压器(阻抗值在 7.5% 以上时),规定其二次绕组的额定电压比电力网的标称电压高 10%,对于阻抗较小(如 35kV 以下,容量不大,阻抗值在 7.5% 以下时)的变压器,由于其内部电压损耗不大,其额定电压可比电网标称电压高 5%。

答案:A

42.**解** P_0 为空载损耗(铁耗),反映变压器励磁支路的损耗,此损耗仅与变压器材质与结构有关,当 n 台变压器并联时,总励磁损耗为单台变压器励磁损耗的 n 倍;P_k 为变压器短路损耗(铜耗),反映变压器绕组的电阻损耗,当 n 台变压器并联时,相当于电阻并联,总电抗为 n 分之一倍的单台变压器电阻,短路损耗也相应减少。

答案:C

43.**解** 由于高压输电线路的电阻远小于电抗,因而使得高压输电线路中有功功率的流向主要由两端节点电压的相位决定,有功功率是从电压相位超前的一端流向滞后的一端,输电线路中无功功率的流向主要由两端节点电压的幅值决定,由幅值高的一端流向低的一端。公式分析如下:

$$\dot{U_1} = \dot{U_2} + \frac{P_2R + Q_2X}{U_2} + j\frac{P_2X - Q_2R}{U_2},\text{其中输电线路电阻忽略不计,}R=0,\text{则}$$

$$\dot{U_1} = \dot{U_2} + \frac{Q_2X}{U_2} + j\frac{P_2X}{U_2} \Rightarrow U_1(\cos\delta + j\sin\delta) = U_1 + \frac{Q_2X}{U_2} + j\frac{P_2X}{U_2}$$

$$\text{则 } U_1\sin\delta = \frac{P_2X}{U_2} \Rightarrow P_2 = \frac{U_1U_2}{X}\sin\delta$$

$$\text{同理,可推导无功功率公式,即 } Q_2 = \frac{(U_1\cos\delta - U_2)U_2}{X} \approx \frac{(U_1 - U_2)U_2}{X}$$

答案:D

44.**解** 从末端向首端计算功率损耗及功率分布,则潮流计算如下:

$$S_2' = S_2 - j\frac{B_L}{2}U_N^2 = 150 + j50 - j6.975 \times 10^{-5} \times 330^2 = 150 + j42.4$$

$$S_1' = S_2' + \Delta S_L = 150 + j42.4 + \frac{150^2 + 42.4^2}{330^2}(10.5 + j40.1) = 152.34 + j51.34$$

线路末端电压为：

$$U_1 = \sqrt{(U_2 + \Delta U)^2 + \delta U^2}$$

$$= \sqrt{\left(330 + \frac{152.34 \times 10.5 + 51.34 \times 40.1}{330}\right)^2 + \left(\frac{152.34 \times 40.1 - 51.34 \times 10.5}{330}\right)^2}$$

$$= \sqrt{(330 + 11.08)^2 + 16.88^2} = 341.50\text{kV}$$

$$\delta = \arctan \frac{\delta U}{U_1 - \Delta U} = \arctan \frac{16.88}{341.08} = 2.833°$$

则末端电压为 $\dot{U}_2 = 341.50\angle 2.833°$

$$S_1 = S_1' - j\frac{B_L}{2}U_1^2 = 152.34 + 51.34 - j6.975 \times 10^{-5} \times 341.50^2 = 152.34 + j43.21\text{MVA}$$

答案：D

45.**解** 我国电网中,有关系统中性点接地方式主要有四种,其特点及应用范围如下：

(1)中性点直接接地

优点是系统的过电压水平和输变电设备所需的绝缘水平较低,系统的动态电压升高不超过系统额定电压的80%,110kV及以上高压电网中普遍采用这种接地方式,以降低设备和线路造价,经济效益显著。

缺点是发生单相接地故障时单相接地电流很大,必然引起断路器跳闸,降低了供电连续性,供电可靠性较差。此外,单相接地电流有时会超过三相短路电流,影响断路器开断能力选择,并对通信线路产生干扰。

(2)中性点不接地

优点是发生单相接地故障时,不形成短路回路,通过接地点的电流仅为接地电容电流,当单相接地故障电流很小时,只使三相对地电位发生变化,故障点电弧可以自熄,熄弧后绝缘可自行恢复,无须断开线路,可以带故障运行一段时间,因而提供了供电可靠性,在3～66kV电网中应用广泛,但要求其单相接地电容电流不能超过允许值,因此其对邻近通信线路干扰较小。

缺点是发生单相接地故障时,会产生弧光过电压。这种过电压现象会造成电气设备的绝缘损坏或开关柜绝缘子闪络,电缆绝缘击穿,所以要求系统绝缘水平较高。

（3）中性点经消弧线圈接地

在 3～66kV 电网中,当单相接地电容电流超过允许值时,采用消弧线圈补偿电容电流保证接地电弧瞬间熄灭,消除弧光间歇接地过电压。

如变压器无中性点或中性点未引出,应装设专用接地变压器,其容量应与消弧线圈的容量相配合。

（4）中性点经电阻接地

经高电阻接地方式可以限制单相接地故障电流,消除大部分谐振过电压和间歇弧光接地过电压,接地故障电流小于 10A,系统在单相接地故障条件下可持续运行,缺点是系统绝缘水平要求较高。主要适用于发电机回路。

经低电阻接地方式可快速切除故障,过电压水平低,可采用绝缘水平低的电缆和设备。但供电可靠性较差。主要适用于以电缆线路为主,不容易发生瞬时性单相接地故障,适用于系统电容电流比较大的城市配电网、发电厂用电系统及工矿企业配电系统。

答案:C

46.解 最大负荷和最小负荷时变压器的电压损耗:

$$\Delta U_{Tmax} = \frac{PR+QX}{U_{1max}} = \frac{28 \times 2.44 + 14 \times 40}{113} = 5.56kV$$

$$\Delta U_{Tmin} = \frac{PR+QX}{U_{1min}} = \frac{10 \times 2.44 + 6 \times 40}{115} = 2.23kV$$

顺调压为最大负荷时,低压侧升高至 102.5% 的额定电压;为最小负荷时,低压侧升高至 107.5% 的额定电压,则:

$$U_{1Tmax} = \frac{U_{1max} - \Delta U_{Tmax}}{U_{1max}} U_{2N} = \frac{113 - 5.56}{1.025 \times 6} \times 6.6 = 115.3kV$$

$$U_{1Tmin} = \frac{U_{1min} - \Delta U_{Tmin}}{U_{1min}} U_{2N} = \frac{115 - 2.23}{1.075 \times 6} \times 6.6 = 115.39kV$$

$$U_{1T \cdot av} = \frac{U_{1Tmax} + U_{1Tmin}}{2} = \frac{115.3 + 115.39}{2} = 115.345kV, 就近选取分接头 115.5kV。$$

注:逆调压为最大负荷时,提高负荷侧电压,即低压侧升高至 105% 的额定电压;为最小负荷时,降低或保持负荷侧电压,即低压侧保持额定电压。顺调压为最大负荷时,低压侧为 102.5% 的额定电压;为最小负荷时,低压侧为 107.5% 的额定电压。

答案:B

47. 解 基本概念,不再赘述。

答案:D

48. 解 设基准容量为 $S_B = 60MVA$,基准电压为 $U_j = 1.05 \times 330 = 345kV$,则各元件标幺值为:

发电机: $X_{*G} = X''_d \dfrac{S_B}{S_G} = 0.12 \times \dfrac{60}{60} = 0.12$

负荷: $X_{*S} = \dfrac{S_B}{S_L} = \dfrac{60}{1200} = 0.05$

线路: $X_{*L} = X_L \dfrac{S_B}{U_B^2} = \dfrac{1}{2} \times 100 \times 0.4 \times \dfrac{60}{230^2} = 0.0227$

变压器: $U_{k1}\% = U_{k2}\% = \dfrac{1}{2} \times (20+10-10) = 10, U_{k3}\% = \dfrac{1}{2}(10+10-20) = 0$

则:

$$X_{*T1} = X_{*T2} = \frac{U_{k1}\%}{100} \cdot \frac{S_B}{S_T} = \frac{10}{100} \times \frac{60}{60} = 0.1$$

$$X_{*T3} = \frac{U_{k3}\%}{100} \cdot \frac{S_B}{S_T} = \frac{0}{100} \times \frac{60}{60} = 0$$

则等值电路如解图所示,计算电抗为:

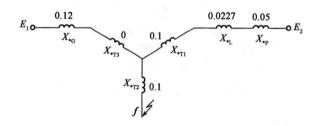

题 48 解图

短路点总电抗标幺值: $X_{*\Sigma} = [0.12//(0.1+0.0227+0.05)]+0.1 = 0.17$

三相短路电流有效值为:

$$I_K = \frac{I_B}{X_{*\Sigma}} = \frac{S_B}{\sqrt{3}U_B} \times \frac{1}{X_{*\Sigma}} = \frac{60}{\sqrt{3} \times 37} \times \frac{1}{0.17} = 5.507kA$$

答案:B

49. 解 零序网络如解图所示。

则: $X_{\Sigma(0)} = (0.03+0.15)//(0.14+0.15+0.81) = 0.18//1.1 = 0.155$

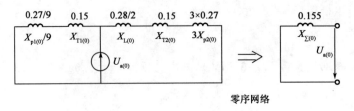

题 49 解图

注：三角形绕组的零序电流大小和相位都彼此相等，在绕组中形成环流，三角形内阻抗 X_{pT} 代入零序网络时，为 $\frac{1}{3} \times \frac{X_{pT}}{3}$，但三角形侧外无零序电流，因此不纳入计算。

答案：C

50.**解** 正序与负序网络包含所有元件，如解图1所示，零序电流在发电机中不流通，各序电抗计算如下：

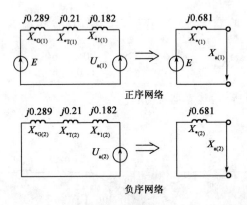

题 50 解图 1

则 $X_{*\Sigma(1)} = X_{*\Sigma(2)} = 0.289 + 0.21 + 0.182 = 0.681$

零序网络图如解图 2 所示。

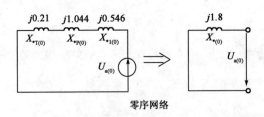

题 50 解图 2

则 $X_{*\Sigma(0)} = 0.21 + 3 \times 0.348 + 3 \times 0.182 = 1.8$

单相短路电流标幺值：

$$I_{f*} = 3I_{a1} = \frac{3E_1}{j(X_{1\Sigma} + X_{2\Sigma} + X_{0\Sigma})} = \frac{3}{j(0.681 + 0.681 + 1.8)} = -j0.949$$

单相短路电流有名值：$I_f = 0.949 \times \dfrac{50}{\sqrt{3} \times 115} = 0.238 \text{kA}$

答案：D

51. 解 基本概念，不再赘述。

答案：B

52. 解 《导体和电器选择设计技术规定》(DL/T 5222—2005)的相关规定如下：

第9.2.6条：断路器的额定关合电流，不应小于短路电流最大冲击值(第一个大半波电流峰值)。

关合电流：表征断路器关合电流能力的参数。由于断路器在接通电路时，电路中可能预伏有短路故障，此时断路器将关合很大的短路电流。这样，一方面由于短路电流的电动力减弱了合闸的操作力，另一方面由于触头尚未接触前发生击穿而产生电弧，可能使触头熔焊，从而使断路器造成损伤，因此要求断路器能够可靠关合短路电流的最大峰值。

答案：A

53. 解 三进三出时，一个半断路器接线和六角形接线的示意图如解图所示。

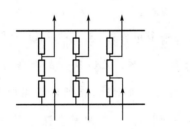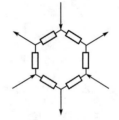

题53解图

显然，一个半断路器接线比六角形接线多用了三台断路器。

答案：A

54. 解 电流互感器二次绕组开断后，一次绕组电流变成励磁电流，使铁芯的磁密度增加巨大，磁路高度饱和，损耗猛增，将导致铁芯过热绕组烧毁；其次，电流互感器二次侧绕组大大多于一次侧，相当于一个很大的升压变压器，在二次绕组的开路时将产生极高的尖峰电压，危及安全。

电压互感器实际上相当于一个降压变压器，二次侧短路时将产生极大的过电流，直接烧毁互感器，因此，应装设二次熔断器(保险)。

答案：D

55. 解 分裂电抗器在结构上与普通电抗器相似，但线圈中心多一个中间抽头，其一般用来连接电源，两个分支1和2连接负荷。两个分支的自感 L 相同，自感抗为 $X_k =$

ωL,两个分支之间具有磁耦合,互感抗为 $X_m = \omega M = \omega L \times 0.5 = \dfrac{X_k}{2}$。下面简单分析正常

运行时和短路时的等效情况:

(1)正常运行时,功率方向为由抽头3至两个分支,两个分支功率接近相等,可近似认为两个分支流过大小相等、方向相反的电流。则每一分支的电压降为:

$$\Delta U = \frac{1}{2}IX_k - \frac{1}{2}IX_m = \frac{1}{2}IX_k - \frac{1}{4}IX_k = \frac{1}{4}IX_k$$

即正常工作时,分裂电抗器相当于一个电抗值为 $\dfrac{X_k}{4}$ 的普通电抗器。

(2)当分支1出现短路时,由于短路电流远大于负荷电流,忽略分支2的负荷电流,分支1上的电压降为:$\Delta U = IX_k$,则分裂电抗器相当于一个电抗值为 X_k 的普通电抗器。即正常情况过渡到短路情况,电抗值增加4倍。

答案:C

56.**解** 从结构和特性来看,避雷器分为两大类型:有间隙避雷器和无间隙避雷器。保护间隙、管式避雷器和阀式避雷器属于有间隙避雷器;氧化锌避雷器可以取消串联放电间隙,因此称为无间隙避雷器。

氧化锌阀片的非线性特性与其微观结构密切相关,典型的 Z_nO 非线性电阻的微观结构,主要由 Z_nO 晶粒、晶界层和尖晶石三部分组成。Z_nO 阀片的非线性主要取决于晶界层的状态,晶界层的电阻率与所处的电场强度关系极大,在低电场强度作用下,其电阻率大于 $10^8\Omega \cdot cm$,但当电场强度增加到某一数值时,其电阻率会骤然下降,呈现低阻状态。Z_nO 阀片具有很理想的非线性伏安特性,可参见解图。

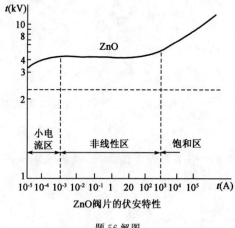

ZnO阀片的伏安特性

题56解图

注:此题属高电压技术之避雷器保护原理和基本类型的内容。

答案:D

57.解 一般为了减小设备尺寸,希望间隙的绝缘距离尽可能小,为此需采取措施,以提高气体间隙的击穿电压。通常可采用两种途径,一是改善间隙中的电场分布,使之均匀化;二是设法削弱或抑制气体介质中的电离过程。

(1)均匀电场间隙的平均击穿场强比极不均匀电场间隙的高很多,一般来说,电场分布大致均匀,平均击穿场强也越高,因此可以改进电极形状、增大电极曲率半径,以改善电场分布,提高间隙的击穿电压。

(2)在极不均匀电场中,放入薄片固体绝缘材料,在一定条件下,可以显著提高间隙的击穿电压,所采用的薄片固体绝缘材料称为屏障,屏障很薄,本身的击穿电压很低,但同样存在屏障效应,所以屏障效应不是由于屏障分担电压的作用而造成,屏障本身的击穿电压没有实际意义。

(3)提高气压可以减少电子的平均自由程,削弱电离过程,从而提高气体的电气强度。

(4)采用高真空,原理类似高气压,可削弱间隙中碰撞电离过程,从而显著增加间隙的击穿电压。

(5)采用高电气强度气体,如六氟化硫、氟利昂等,其电气强度比空气的高很多,采用这些气体代替空气可以大大提高间隙的击穿电压。

注:这些属高电压技术之提高气体介质电气强度方法的内容。

答案:B

58.解 冲击电压,无论是雷电冲击波或是操作冲击波,都是快速的变化过程,其波形的变化过程更快,以纳秒计,因此测量冲击高电压的仪器和测量系统,必须具有良好的瞬态响应特性。冲击电压的测量,包括峰值测量和波形记录两个方面。能够直接测量冲击电压峰值的方法,仅为测量球隙。在测量波形及非放电手段测量峰值时,需要通过转换装置所组成的测量系统来实现,最常用的是分压器。冲击测量系统通常由串联阻尼电阻的高压引线、分压器、接地回路、测量电缆或光缆以及示波器等测量仪器组成。

目前最常用的测量冲击高电压的方法为:测量球隙;分压器与数字存储示波器为主要组件的测量系统;微分积分环节与数字存储示波器为主要组件的测量系统;光电测量系统。

注:此题属高电压试验技术之冲击高电压测量方法的基本内容。

答案:A

59.**解**　参见附录一"高频考点知识补充"的知识点 3。显然,当雷电波击中波阻抗为 300Ω 的架空线路时,等效电路如解图所示,则:

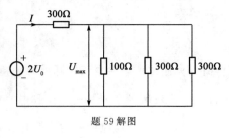

题 59 解图

$$U_{max} = \frac{100//300//300}{300 + 100//300//300} \times 2U_0$$

$$= \frac{60}{360} \times 2 \times 600 = 200kV$$

> 注:本题属高电压技术之输电线路波过程的行波折反射内容。

答案:B

60.**解**　在 330kV 及以上超高压配电装置的线路侧,装设同一电压等级的并联电抗器,其作用如下:

(1)线路并联电抗器可以补偿线路的容性无功功率,改善线路无功平衡。

(2)削弱空载或轻载线路中的电容效应,抑制其末端电压升高,降低工频暂态过电压,限制操作过电压的幅值。

(3)改善沿线电压分布,提供负载线路中的母线电压,增加了系统稳定性及送电能力。

(4)有利于消除同步电机带空载长线时可能出现的自励磁谐振现象。

(5)采用电抗器中性点经小电抗接地的办法,可补偿线路相间及相对地电容,加速潜供电弧自灭,有利于单相快速重合闸的实现。

答案:B

2011 年度全国勘察设计注册电气工程师（发输变电）执业资格考试试卷

基础考试
（下）

二〇一一年九月

应考人员注意事项

1. 本试卷科目代码为"2"，考生务必将此代码填涂在答题卡"科目代码"相应的栏目内，否则，无法评分。

2. 书写用笔：黑色或蓝色钢笔、签字笔或圆珠笔；
   填涂答题卡用笔：黑色 2B 铅笔。

3. 必须用书写用笔将工作单位、姓名、准考证号填写在答题卡和试卷相应的栏目内。

4. 本试卷由 60 题组成，每题 2 分，满分 120 分，本试卷全部为单项选择题，每小题的四个备选项中只有一个正确答案，错选、多选、不选均不得分。

5. 考生作答时，必须按题号在答题卡上将相应试题所选选项对应的字母用 2B 铅笔涂黑。

6. 在答题卡上书写与题意无关的语言，或在答题卡上作标记的，均按违纪试卷处理。

7. 考试结束时，由监考人员当面将试卷、答题卡一并收回。

8. 草稿纸由各地统一配发，考后收回。

单项选择题(共 60 题,每题 2 分。每题的备选项中只有一个最符合题意。)

1. 图示电路中,已知 $R_1 = 10\Omega, R_2 = 2\Omega, U_{S1} = 10V, U_{S2} = 6V$。电阻 R_2 两端的电压 U 为:

   A. 4V

   B. 2V

   C. −4V

   D. −2V

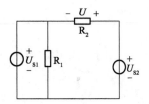

2. 图示电路中,测得 $U_{S1} = 10V$,电流 $I = 10A$。流过电阻 R 的电流 I_1 为:

   A. 3A

   B. −3A

   C. 6A

   D. −6A

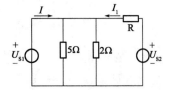

3. 图示电路中,已知 $U_S = 12V, R_1 = 15\Omega, R_2 = 30\Omega, R_3 = 20\Omega, R_4 = 8\Omega, R_5 = 12\Omega$。电流 I 为:

   A. 2A

   B. 1.5A

   C. 1A

   D. 0.5A

4. 图示电路中,已知 $U_S = 12V, I_{S1} = 2A, I_{S2} = 8A, R_1 = 12\Omega, R_2 = 6\Omega, R_3 = 8\Omega, R_4 = 4\Omega$。取节点③为参考节点,节点 1 的电压 U_{n1} 为:

   A. 15V

   B. 21V

   C. 27V

   D. 33V

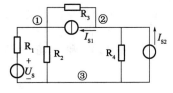

5. 图示电路中,电流 I 为:

A. $-2A$

B. $2A$

C. $-1A$

D. $1A$

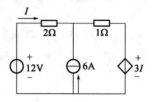

6. 图示电路中的电阻 R 阻值可变,R 为下列哪项数值时可获得最大功率?

A. 12Ω

B. 15Ω

C. 10Ω

D. 6Ω

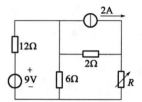

7. 图示电路中的 R、L 串联电路为日光灯的电路模型。将此电路接于 50Hz 的正弦交流电压源上,测得端电压为 220V,电流为 0.4A,功率为 40W。电路吸收的无功功率 Q 为:

A. 76.5var

B. 78.4var

C. 82.4var

D. 85.4var

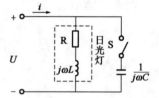

8. 在题 7 中,如果要求将功率因数提高到 0.95,应给日光灯并联的电容 C 为:

A. $4.29\mu F$　　　　　　　　　　B. $3.29\mu F$

C. $5.29\mu F$　　　　　　　　　　D. $1.29\mu F$

9. 在图示正弦交流电路中,已知 $Z=10+j50\Omega$,$Z_1=400+j1000\Omega$。当 β 为下列哪项数值时,$\dot{I}_1$ 和 $\dot{U}_s$ 的相位差为 $90°$?

A. -41

B. 41

C. -51

D. 51

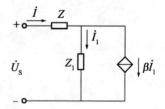

10. 图示正弦交流电路中,已知 $U_s = 100\angle 0°\text{V}, R = 10\Omega, X_L = 20\Omega, X_C = 30\Omega$,当负载 Z_L 为下列哪项数值时,它将获得最大功率?

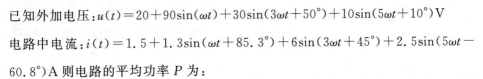

    A. $8 + j21\Omega$

    B. $8 - j21\Omega$

    C. $8 + j26\Omega$

    D. $8 - j26\Omega$

11. 在 RC 串联电路中,

已知外加电压: $u(t) = 20 + 90\sin(\omega t) + 30\sin(3\omega t + 50°) + 10\sin(5\omega t + 10°)\text{V}$

电路中电流: $i(t) = 1.5 + 1.3\sin(\omega t + 85.3°) + 6\sin(3\omega t + 45°) + 2.5\sin(5\omega t - 60.8°)\text{A}$ 则电路的平均功率 P 为:

    A. 124.12W   B. 128.12W

    C. 145.28W   D. 134.28W

12. 图示 RLC 串联电路中,已知 $R = 10\Omega, L = 0.05\text{H}, C = 50\mu\text{F}$,电源电压为: $u(t) = 20 + 90\sin(\omega t) + 30\sin(3\omega t + 45°)\text{V}$,电源的基波角频率 $\omega = 314\text{rad/s}$。电路中的电路 $i(t)$ 为:

    A. $1.3\sqrt{2}\sin(\omega t + 78.2°) - 0.77\sqrt{2}\sin(3\omega t - 23.9°)\text{A}$

    B. $1.3\sqrt{2}\sin(\omega t + 78.2°) + 0.77\sqrt{2}\sin(3\omega t - 23.9°)\text{A}$

    C. $1.3\sqrt{2}\sin(\omega t - 78.2°) - 0.77\sqrt{2}\sin(3\omega t - 23.9°)\text{A}$

    D. $1.3\sqrt{2}\sin(\omega t + 78.2°) + 0.77\sqrt{2}\sin(3\omega t + 23.9°)\text{A}$

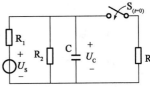

13. 图示电路中,已知 $U_s = 6\text{V}, R_1 = 1\Omega, R_2 = 2\Omega, R_3 = 4\Omega$,开关闭合前电路处于稳态,$t = 0$ 时开关 S 闭合。$t = 0_+$ 时,$u_c(0_+)$ 为:

    A. -6V

    B. 6V

    C. -4V

    D. 4V

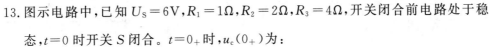

14. 图示电路中,已知 $R_1=3\Omega$, $R_2=R_3=2\Omega$, $U_S=10\mathrm{V}$, 开关 S 闭合前电路处于稳态, $t=0$ 时开关闭合。$t=0_+$ 时, $i_c(0_+)$ 为:

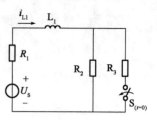

A. 2A

B. −2A

C. 2.5A

D. −2.5A

15. 图示电路中,开关 S 闭合前电路已处于稳态,在 $t=0$ 时开关 S 闭合。开关闭合后的 $u_c(t)$ 为:

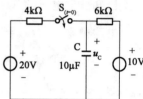

A. $16-6e^{\frac{t}{2.4}\times 10^2}$ A

B. $16-6e^{-\frac{t}{2.4}\times 10^2}$ A

C. $16+6e^{\frac{t}{2.4}\times 10^2}$ A

D. $16+6e^{-\frac{t}{2.4}\times 10^2}$ A

16. 图示电路,换路前已处于稳定状态,在 $t=0$ 时开关 S 打开。开关 S 打开后的电流 $i(t)$ 为:

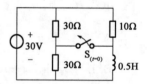

A. $3-e^{20t}$ A

B. $3-e^{-20t}$ A

C. $3+e^{-20t}$ A

D. $3+e^{20t}$ A

17. 图示含耦合电感电路中,已知 $L_1=0.1\mathrm{H}$, $L_2=0.4\mathrm{H}$, $M=0.12\mathrm{H}$。ab 端的等效电感 L_{ab} 为:

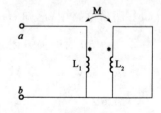

A. 0.064H

B. 0.062H

C. 0.64H

D. 0.62H

18. 图示电路中, n 为下列哪项数值时, $R=4\Omega$ 电阻可以获得最大功率?

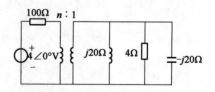

A. 2

B. 7

C. 3

D. 5

19. 图示对称三相电路中，已知线电压 $U_1 = 380V$，负载阻抗 $z0_1 = -j12\Omega$，$z_2 = 3 + j4\Omega$。三相负载吸收的全部平均功率 P 为：

A. 17.424kW

B. 13.068kW

C. 5.808kW

D. 7.424kW

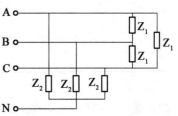

20. 图示电路中，已知 $L_1 = 0.12H$，$\omega = 314rad/s$，$u_1(t) = U_{1m}\cos(\omega t) + U_{3m}\cos(3\omega t)$，$u_2(t) = U_{1m}\cos(\omega t)$。$C_1$ 和 C_2 的数值分别为下列哪种数值？

A. 7.39μF 和 71.14μF

B. 71.14μF 和 7.39μF

C. 9.39μF 和 75.14μF

D. 75.14μF 和 9.39μF

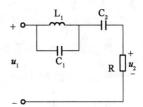

21. 图示电路中，换路前已达稳态，在 $t = 0$ 时开关 S 打开，欲使电路产生临界阻尼响应，R 应取下列哪项数值？（精确到小数点后两位）

A. 3.16Ω

B. 6.33Ω

C. 12.66Ω

D. 20Ω

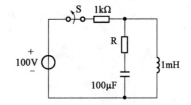

22. 在 RCL 串联谐振电路中，$R = 10\Omega$，$L = 20mH$，$C = 200pF$，电源电压 $U = 10V$，电路的品质因数 Q 为：

A. 3

B. 10

C. 100

D. 10000

23. 真空中有一线密度 τ 沿 Z 轴均匀分布的无限长线电荷，P 点距离 Z 轴垂直距离为 ρ，求距离导线 τ 处一点 P 的电场强度 E：

A. $\dfrac{\tau}{4\pi\varepsilon_0\rho}$V/m

B. $\dfrac{\tau}{2\pi\varepsilon_0\rho}$V/m

C. $\dfrac{\tau}{4\pi\varepsilon_0\rho^2}$V/m

D. $\dfrac{\tau}{2\pi\varepsilon_0\rho^2}$V/m

24. 真空中相距为 a 的两无限大平板,电荷面密度分别为 $+\delta$ 和 $-\delta$,这两个带电面之间的电压 U 为:

A. $\dfrac{\delta a}{2\varepsilon_0}$V

B. $\dfrac{\delta a}{\varepsilon_0}$V

C. $\dfrac{\delta a}{3\varepsilon_0}$V

D. $\dfrac{\delta a}{4\varepsilon_0}$V

25. 设 $y=0$ 平面是两种介质的分界面,在 $y>0$ 区域内,$\varepsilon_1=5\varepsilon_0$,在 $y<0$ 区域内,$\varepsilon_2=3\varepsilon_0$,在此分界面上无自由电荷,已知 $E_1=(10e_x+12e_y)$V/m,则 E_2 为:

A. $(10e_x+20e_y)$V/m

B. $(20e_x+10e_y)$V/m

C. $(10e_x-20e_y)$V/m

D. $(20e_x-100e_y)$V/m

26. 在恒定电场中,若两种不同的媒质分界面为 $X0Z$ 平面,其上有电流线密度 $K=2e_x$A/m,已知 $H_1=(e_x+2e_y+3e_z)$A/m,$\mu_1=\mu_0$,$\mu_2=2\mu_0$,则 H_2 为:

A. $(3e_x+2e_y+e_z)$A/m

B. $(3e_x+e_y+3e_z)$A/m

C. $(3e_x+e_y+e_z)$A/m

D. $(e_x+e_y+3e_z)$A/m

27. 一条长度为 $\lambda/4$ 的无损耗传输线,特性阻抗为 Z_0,终端接负载 $Z_L=R_L+jX_L$,其输入阻抗相当于一电阻 R_i 与电容 X_i 并联,其数值为:

A. $R_L Z_0$ 和 $X_L Z_0$

B. $\dfrac{Z_0^2}{X_L}$ 和 $\dfrac{Z_0^2}{R_L}$

C. $\dfrac{Z_0^2}{R_L}$ 和 $\dfrac{Z_0^2}{X_L}$

D. $R_L Z_0^2$ 和 $X_L Z_0^2$

28. 在图示电路中,A 为理想运算放大器,三端集成稳压器的 2、3 端之间的电压用 U_{REF} 表示,则电路的输出电压可表示为:

A. $U_0=(U_1+U_{REF})\dfrac{R_2}{R_1}$

B. $U_0=U_1\dfrac{R_2}{R_1}$

C. $U_0=U_{REF}\left(1+\dfrac{R_2}{R_1}\right)$

D. $U_0=U_{REF}\left(1+\dfrac{R_1}{R_2}\right)$

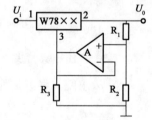

29. 要获得 32K×8 的 RAM,需要 4K×4 的 RAM 的片数为:

A. 8 个

B. 16 个

C. 32 个

D. 64 个

30.74LS161 的功能如表所示,图示电路的分频比(即 Y 与 CP 的频率之比)为:

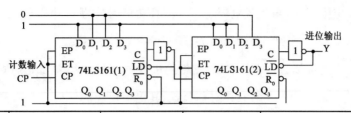

CP	$\overline{R_0}$	$\overline{LD}$	EP	ET	工作状态
×	0	×	×	×	置零
↑	1	0	×	×	预置数
×	1	1	0	1	保持
×	1	1	×	0	保持(但$C=0$)
↑	1	1	1	1	计数

A.1:63   B.1:60

C.1:96   D.1:256

31.一台并网运行的三相同步发电机,运行时输出 $\cos\varphi = 0.5$(滞后)的额定电流,现在要让它输出 $\cos\varphi = 0.8$(滞后)的额定电流,可采取的办法是:

A.输入的有功功率不变,增大励磁电流

B.增大输入的有功功率,减小励磁电流

C.增大输入的有功功率,增大励磁电流

D.减小输入的有功功率,增大励磁电流

32.一台 $S_N = 5600kVA$,$U_{1N}/U_{2N} = 6000/4000V$,Y/△连接的三相变压器,其空载损耗 $P_0 = 18kW$,短路损耗 $P_{kN} = 56kW$,当负载的功率因数 $\cos\varphi_2 = 0.8$(滞后),保持不变,变压器的效率达到最大值时,变压器一次边输入电流为:

A.305.53A   B.529.2A

C.538.86A   D.933.33A

33.一台三相感应电动机 $P_N = 1000kW$,电源频率 f 为 $50Hz$,额定电压 $U_N = 6kV$,Y接法,功率因数 $\cos\varphi = 0.75$,效率 $\eta_N = 0.92$,绕组系数 $K_{W1} = 0.945$,定子绕组每相串联匝数 $N_1 = 92$,已知电机的励磁电流 $I_m = 45\%I_n$,求其三相基波旋转磁势幅值为:

A.4803.3 安匝   B.9607.6 安匝

C.21346.7 安匝   D.16367.8 安匝

34. 一台隐极式同步发电机,忽略电枢电阻,同步电抗的标幺值 $X_s^* = 1.0$,端电压 U 保持额定值不变,当负载电流为额定值且功率因数为 1,功率角 δ 为:

    A. 0°   B. 36.87°   C. 45°   D. 90°

35. 每相同步电抗标幺值 $X_s = 1$ 的三相隐极式同步发电机单机运行,供给每相阻抗标幺值为 $Z_L = 4 - j3$ 的三相对称负载,其电枢反应的性质为:

    A. 纯交轴电枢反应   B. 直轴去磁兼交轴电枢反应

    C. 直轴加磁兼交轴电枢反应   D. 纯直轴去磁电枢反应

36. 绕线式异步电动机拖动恒转矩负载运行,当转子回路串入不同电阻,电动机转速不同,而串入电阻与未串入电阻相比,对转子的电流和功率因数的影响是:

    A. 转子电流大小和功率因数均不变

    B. 转子电流大小变化、功率因数不变

    C. 转子电流大小不变、功率因数变化

    D. 转子电流大小和功率因数均变化

37. 设有两台三相变压器并联运行,额定电压均为 6300/400V,连接组相同,其中 A 变压器额定容量为 500kVA,阻抗电压 $U_{ka} = 0.0568$;B 变压器额定容量为 1000kVA,阻抗电压 $U_{kb} = 0.0532$,在不使任何一台变压器过载的情况下,两台变压器并联运行所能供给的最大负荷为:

    A. 1200kVA   B. 1468.31kVA

    C. 1500kVA   D. 1567.67kVA

38. 三相鼠笼式电动机,$P_N = 10$kW,$U_N = 380$V,$n_N = 1455$r/min,定子△接法,等效电路参数如下:$R_1 = 1.375\Omega$,$R_2' = 1.047\Omega$,$X_{1\sigma} = 2.43\Omega$,$X_{2\sigma}' = 4.4\Omega$,则最大电磁转矩的转速为:

    A. 1455r/min   B. 1275r/min

    C. 1260r/min   D. 1250r/min

39. 由三台相同的单相变压器组成的 YN,y0 连接的三相变压器,相电势的波形是:

    A. 正弦波   B. 方波

    C. 平顶波   D. 尖顶波

40.电力系统的主要元件有：

    A.发电厂、变电所、电容器、变压器

    B.发电厂、变电所、输电线路、负荷

    C.发电厂、变压器、输电线路、负荷

    D.发电厂、变压器、电容器、输电线路

41.我国电力系统中性点直接接地方式一般在下列哪个电压等级的电网中使用？

    A.10kV 及以上   B.35kV 及以上

    C.110kV 及以上   D.220kV 及以上

42.电力系统接线如下图,各级电网的额定电压示于图中,发电机、变压器 T_1、T_2 的额定电压分别为：

    A.G:10.5kV,T_1:10.5/242kV,T_2:220/38.5kV

    B.G:10kV,T_1:10/242kV,T_2:242/35kV

    C.G:10.5kV,T_1:10.5/220kV,T_2:220/38.5kV

    D.G:10.5kV,T_1:10.5/242kV,T_2:220/35kV

43.电力系统电压降低计算公式为：

    A. $\dfrac{P_i X + Q_i R}{U_i} + j\dfrac{P_i R - Q_i X}{U_i}$

    B. $\dfrac{P_i X - Q_i R}{U_i} + j\dfrac{P_i R + Q_i X}{U_i}$

    C. $\dfrac{Q_i X + P_i R}{U_i} + j\dfrac{P_i R - Q_i X}{U_i}$

    D. $\dfrac{P_i R + Q_i X}{U_i} + j\dfrac{P_i X - Q_i R}{U_i}$

44.长距离输电线路,末端加装电抗器的目的是：

    A.吸收容性无功功率,升高末端电压

    B.吸收感性无功功率,降低末端电压

    C.吸收容性无功功率,降低末端电压

    D.吸收感性无功功率,升高末端电压

45. 三相感应电动机定子绕组,△接法,接在三相对称交流电源上,如果有一相断线,在气隙中产生的基波合成磁势为:

   A. 不能产生磁势   B. 圆形旋转磁势

   C. 椭圆形旋转磁势   D. 脉振磁势

46. 有一线路和变压器组成的简单电力系统归算到高压侧的等值电路如图所示,线路及变压器的参数标在图中,当C点实际电压为 $110\angle 0°$ kV,线路末端并联支路功率及输入变压器的功率分别为:(不考虑电压降落横分量)

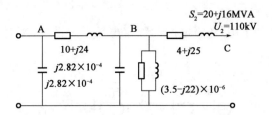

   A. $-j2.688$ MVA,$20.22+j17.65$

   B. $-j3.688$ MVA,$23.15+j19.32$

   C. $-j2.688$ MVA,$23.15+j19.32$

   D. $-j3.688$ MVA,$20.22+j17.65$

47. 简单系统如图所示,输电端母线 A 电压保持 116kV,变压器低压母线 C 要求恒调压,电压保持 10.5kV,满足以上要求时接在母线上的电容器容量 Q_c 为:

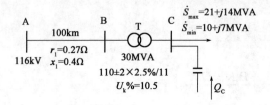

   A. 8.76Mvar   B. 8.44Mvar

   C. 9.76Mvar   D. 9.69Mvar

48. 同步补偿机实际是特殊状态下的同步电动机,特殊状态是:

   A. 满载运行   B. 空载运行

   C. 短路堵转运行   D. 半载运行

49. 系统发生三相短路后,其短路点冲击电流和最大有效值电流计算公式为:

A. $K_M I''_{fm}$ 和 $I''_f \sqrt{1+2(K_M-1)^2}$

B. $K_M I''_f$ 和 $I''_f \sqrt{1+2(K_M-1)^2}$

C. $I''_f \sqrt{1+2(K_M-1)^2}$ 和 $K_M I''_{fm}$

D. $I''_f \sqrt{1+2(K_M-1)^2}$ 和 $K_M I''_f$

50. 已知某电力系统如图所示,各线路电抗约为 $0.4\Omega/km$,长度标在图中,取 $S_B=$ 250MVA,如果 f 处发生三相短路时,其短路电流周期分量起始值及冲击电流分别为:

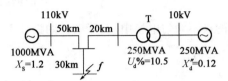

A. 0. 29,2. 395

B. 2. 7,6. 82

C. 0. 21,2. 395

D. 2. 1,6. 82

51. 系统如图所示,系统中各元件在统一基准功率下的标幺值阻抗:G:$X''_d=X_{(2)}=$ $0.03,X_{(0)}=0.15,E=1.12$;T:$X_T=0.06$,Y/△-11 接法,中性点接地阻抗 $X_p=$ $0.04/3$,当图示 f 点发生 A 相接地短路时,短路处 A 相短路电流和短路点处系统的等值零序电抗分别为:

A. 12,0. 1

B. 4,0. 1

C. 0. 09,4

D. 12,0. 04

52. 下列哪种主接线在出线断路器检修时,会暂时中断该回路的供电?

A. 三分之四

B. 双母线分段

C. 二分之三

D. 双母线分段带旁路

53. 3~20kV 电网中,为了测量对地电压,通常采用下列哪种电流互感器?

A. 三相三柱式

B. 三相五柱式

C. 三台单相式

D. 两台单相式

54. 电流互感器的容量为:

A. 正常发热允许的容量

B. 短路发热允许的容量

C. 额定二次负载下的容量

D. 额定二次电流下的容量

55. 断路器开断中性点不直接接地系统中的三相短路电流,首先开断相后的工频恢复电压为:(U_{ph}为相电压)

    A. U_{ph} B. $0.866U_{ph}$

    C. $1.5U_{ph}$ D. $1.3U_{ph}$

56. 为使断路器弧熄电压恢复过程为非周期性的,可在断路器触头两端:

    A. 并联电容   B. 并联电抗

    C. 并联电阻   D. 辅助触头

57. 在棒-板电极形成的极不均匀电场中,在棒电极的极性不同的情况下,起始电晕电压和放电电压的特性为:

    A. 负极性、高、高   B. 正极性、高、低

    C. 负极性、高、低   D. 正极性、高、高

58. 提高悬式绝缘子耐污性能的方法是下列哪一项?

    A. 改善绝缘子电位分布   B. 涂憎水性涂料

    C. 增加绝缘子爬距   D. 增加绝缘子片数

59. 雷电冲击电压波在线路中传播时,为何会出现折射现象?

    A. 线路阻抗大   B. 线路阻抗小

    C. 线路有节点   D. 线路有雷电感应电压波

60. 一幅值为 $U=1200kV$ 的直角雷电波击中波阻抗为 250Ω、$150km$ 长的无损空载输电线路的首端,波传播到线路末端时,末端电压为:

    A. 1200kV   B. 2400kV

    C. 1600kV   D. 1800kV

2011年度全国勘察设计注册电气工程师(发输变电)执业资格考试基础考试(下)试题解析及参考答案

1. **解** 利用基尔霍夫电压定律,则:

$$U_{R2} = U_{S2} - U_{S1} = 6 - 10 = -4V$$

答案:C

2. **解** 利用基尔霍夫电流定律,则:

$$I + I_1 = \frac{U_{S1}}{5//2} \Rightarrow I_1 = \frac{10}{5//2} - 10 = -3A$$

答案:B

3. **解** 星-△等效变换:

$$R_{31} = \frac{R_3 R_4}{R_3 + R_4 + R_5} = \frac{20 \times 8}{20 + 8 + 12} = 4\Omega$$

$$R_{41} = \frac{R_4 R_5}{R_3 + R_4 + R_5} = \frac{8 \times 12}{20 + 8 + 12} = 2.4\Omega$$

$$R_{51} = \frac{R_3 R_5}{R_3 + R_4 + R_5} = \frac{20 \times 12}{20 + 8 + 12} = 6\Omega$$

等效电阻:$X_\Sigma = (15+4)//(30+6)+2.4 = 14.84\Omega$,则:

$$I = \frac{U}{R_\Sigma} = \frac{12}{14.84} = 0.81A$$

答案:C

4. **解** 设节点3电压为0,即将节点3接地,则列节点电压方程:

$$\begin{cases} \left(\dfrac{1}{R_1} + \dfrac{1}{R_2} + \dfrac{1}{R_3}\right)U_1 - \dfrac{1}{R_3}U_2 = \dfrac{U_{S1}}{R_1} + I_{S1} \Rightarrow \left(\dfrac{1}{12} + \dfrac{1}{6} + \dfrac{1}{8}\right)U_1 - \dfrac{1}{8}U_2 = \dfrac{12}{12} + 2 \\ \left(\dfrac{1}{R_3} + \dfrac{1}{R_4}\right)U_2 - \dfrac{1}{R_3}U_1 = I_{S2} - I_{S1} \Rightarrow \left(\dfrac{1}{8} + \dfrac{1}{4}\right)U_2 - \dfrac{1}{8}U_1 = 8 - 2 \end{cases}$$

解方程可得:$U_1 = 15V$,$U_2 = 21V$

> 注:节点方程的有效自导指本节点与所有相邻节点支路中除电流支路电导的所有电导之和。有效互导指本节点与相邻节点之间的电导(电流源支路电导为0)。

答案:A

5. 解 利用基尔霍夫电压定律，则：

$$12-3I=2I+(I+6)\times1\Rightarrow I=1A$$

答案：D

6. 解 最大功率传输条件是，当负载电阻等于去掉负载后的戴维南等效电路的内阻 R_{in} 时，在负载中可获得最大功率。因此本题实际为求取戴维南等效电路内阻。

将图中两个独立电源置零（电流源开路，电压源短路），则：

$$R_{in}=(12//6)+2=6\Omega$$

答案：D

7. 解 利用功率三角形关系，则：

$$Q=\sqrt{S^2-P^2}=\sqrt{(220\times0.4)^2-40^2}=78.38kvar$$

答案：B

8. 解 求得原电路中各电阻电抗、功率因数等计算因子：

总阻抗：$Z=\dfrac{U}{I}=\dfrac{220}{0.4}=550\Omega$

电阻：$R=\dfrac{P}{I^2}=\dfrac{40}{0.4^2}=250\Omega$

电抗：$X_L=\sqrt{550^2-250^2}=490\Omega$

功率因数角：$\varphi_1=\arctan\dfrac{490}{250}=62.97°$，则总阻抗为 $Z=550\angle62.97°$

补偿后的功率因数为 0.95，则 $\varphi_2=\arccos0.95=18.2°$

由 $Z//X_C$ 可知：$\dfrac{490-X_c}{250}=\tan(63°-90°-18.2°)$，则 $X_C=740\Omega$

由 $X_C=\dfrac{1}{\omega C}$，则 $C=\dfrac{1}{2\pi\times50\times740}=4.3\times10^{-6}F=4.3\mu F$

注：也可通过公式直接求得。

$\tan\varphi_1=78.4\div40=1.96$；$\tan\varphi_2=\tan(\arccos0.95)=0.3287$

$C=\dfrac{P}{\omega U^2}(\tan\varphi_1-\tan\varphi_2)=\dfrac{40}{2\pi\times50\times220^2}\times(1.96-0.3287)$

$=4.29\times10^{-6}F=4.29\mu F$

答案：A

9. 解 由于 $\dot{U}_S$ 与 $\dot{I}_1$ 相位差为 90°，等效阻抗 $Z_{eq}=\dfrac{U_S}{I_1}$ 的实部为零，则：

$$U_S = (1+\beta)I_1 Z + I_1 Z_1 \Rightarrow \frac{U_S}{I_1} = (1+\beta)(10+j50) + 400 + j1000$$

$$= (410+10\beta) + j(1050+50\beta)$$

令其实部为零，即 $410+\beta10=0 \Rightarrow \beta=-41$

答案：A

10.解 最大功率传输条件是，当负载阻抗等于去掉负载后的戴维南等效电路的内阻抗共轭时，在负载中可获得最大功率。因此本题实际为求取戴维南等效电路内阻抗。

将图中两个独立电源置零（电流源开路，电压源短路），则：

$$Z_{in} = (j20//10) + (-j30) = 8 - j26\Omega$$

则其共轭值为：$Z_L = 8 + j26$

答案：C

11.解 根据平均功率的公式：

$$P = P_0 + P_1 + P_3 + P_5 = U_0 I_0 + U_0 I_0 \cos\varphi_1 + U_3 I_3 \cos\varphi_3 + U_5 I_5 \cos\varphi_3$$

$$= 30 + \frac{117}{2}\cos(-85.3°) + \frac{180}{2}\cos5° + \frac{25}{2}\cos70.8°$$

$$= 30 + 4.79 + 89.66 + 4.11 = 128.56kW$$

注：区分平均值和有效值的计算方式。

答案：B

12.解 RCL 串联电路对于直流相当于断路，因此无直流电流分量。

(1)基频时：

$$X_{1L} = \omega L = 314 \times 0.05 = 15.7\Omega; X_{1C} = \frac{1}{\omega C} = \frac{1}{314 \times 50 \times 10^{-6}} = 63.7\Omega$$

总阻抗：$Z_1 = 10 + j(15.7 - 63.7) = 10 - j48 = 49\angle-78.2°\Omega$

(2)三次频率时：

$$X_{3L} = 3\omega L = 3 \times 314 \times 0.05 = 47.1\Omega; X_{3C} = \frac{1}{3\omega C} = \frac{1}{3 \times 314 \times 50 \times 10^{-6}} = 21.2\Omega$$

总阻抗：$Z_3 = 10 + j(47.1 - 21.2) = 10 + j25.9 = 27.76\angle68.9°\Omega$

则电流方程为：

$$i(t) = \frac{u(t)}{Z} = \frac{90}{49}\sin[\omega t - (-78.2°)] + \frac{30}{27.76}\sin[3\omega t + (45 - 68.9°)]$$

$$= 1.837\sin(\omega t + 78.2°) + 1.08\sin(3\omega t - 23.9°)$$

答案：B

13. 解 开关S闭合前,原稳定电路中电容电压已达到稳定,由于电容为储能元件,电压不突变,则:

$$u_C(0_+) = u_C(0_-) = \frac{6}{3} \times 2 = 4\text{V}$$

答案:D

14. 解 开关S闭合前,原稳定电路中电感电流已达到稳定,由于电感为储能元件,电流不突变,则:

$$i_C(0_+) = i_C(0_-) = \frac{10}{3+2} = 2\text{A}$$

答案:A

15. 解 由于电容为储能元件,其电压不能突变,则:

$$u_{C1}(0_+) = u_{C1}(0_-) = 10\text{V}$$

$$u_{C1}(\infty) = \frac{20-10}{4+6} \times 6 + 10 = 16\text{V}$$

时间常数:$\tau = R_{in}C = (4//6) \times 10^3 \times 10 \times 10^{-6} = 2.4 \times 10^{-2}$

代入一阶动态全响应公式:$f(t) = f(\infty) + [f(0_+) - f(\infty)]e^{-\frac{t}{\tau}}$

$$u_{C1}(t) = 16 - 6e^{-\frac{t}{\tau}} = 16 - 6e^{-\frac{t}{2.4} \times 10^2}$$

答案:B

16. 解 由于电感为储能元件,其电流不能突变,则:

$$i_L(0_+) = f(0_-) = 4\text{A}; i_L(\infty) = \frac{30}{10} = 3\text{A}$$

时间常数:$\tau = \frac{L}{R_{in}} = \frac{0.5}{10} = 0.05$

代入一阶动态全响应公式:$f(t) = f(\infty) + [f(0_+) - f(\infty)]e^{-\frac{t}{\tau}}$

$$i_L(t) = 3 + [4-3]e^{-\frac{t}{0.05}} = 3 + e^{-20t}$$

答案:C

17. 解 参见附录一"高频考点知识分析"的知识点1之去耦等效电路1,如解图所示。

将数据代入,等效电感为:

$L_{eq} = (L_1 - M) + [(L_2 - M)//M] = (0.1 - 0.12) + [(0.4 - 0.12)//0.12] = 0.064\text{H}$

注:应熟记附录一所有去耦等效电路图,以便在考场上快速计算结果。

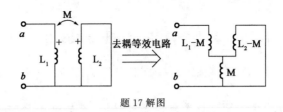

题17解图

答案：A

18. **解** 最大功率条件为等效阻抗与负载阻抗共轭，即 $R_{eq} = R_2$ 和 $X_{eq} = -X_2$，副变感抗与容抗等量异号，发生并联谐振，即相当于断路，因此仅考虑电阻等效即可，则：

变压器原副边等效公式：$R_1 = n^2 R_2 \Rightarrow n = \sqrt{\dfrac{100}{4}} = 5$

答案：D

19. **解** 设相电压 $\dot{U}_{AN} = 220\angle 0°$，先进行星-△转换，则 $Z_1' = \dfrac{Z_1}{3} = \dfrac{-j12}{3} = -j4\Omega$

总等效阻抗：$Z_{eq} = Z_1'//Z_2 = -j4//(3+j4) = \dfrac{-j4(3+j4)}{3+j4-j4} = \dfrac{20}{3}\angle -36.87°$

相电流：$I_{AN} = \dfrac{U_{AN}}{Z_{eq}} = \dfrac{3\times 220\angle 0°}{20\angle -36.87°} = 33\angle 36.87°$，则：

电路平均功率：$P = 3U_{AN}I_{AN}\cos\varphi = 3\times 220\times 33\times \cos 36.87° = 17424W = 17.424kW$

注：此题也可用线电压线电流计算，但功率因数角须是相电压超前相电流的夹角。

答案：A

20. **解** 根据输出电压只含有基频分量可知，基频时，发生串联谐振；三次频率时，发生并联谐振，则：

(1)三次频率时：(电路发生并联谐振，电容电感串联回路相当于断路)

$\dfrac{1}{3\omega C_1} = 3\omega L_1 \Rightarrow C_1 = \dfrac{1}{9\omega^2 L_1} = \dfrac{1}{9\times 314^2\times 0.12} = 9.39\times 10^{-6}F = 9.39\mu F$

(2)基频时：(电路发生串联谐振，回路相当于短路)

$$X_{C1} = (\omega C_1)^{-1} = 314\times 9.39\times 10^{-6} = 339\Omega$$

$$X_{L1} = \omega L_1 = 314\times 0.12 = 37.68\Omega$$

$$X_{L1}//X_{C1} = j37.68//(-j339) = j42.39\Omega$$

$$X_{C2} - X_{L1}//X_{C1} = 0$$

$$C_2 = \dfrac{1}{314\times 42.39} = 75.13\times 10^{-6}F = 75.13\mu F$$

答案:C

21.**解** 由临界条件:$R = 2\sqrt{\dfrac{L}{C}}$,则 $R = 2\sqrt{10} = 6.33\Omega$

> 注:$R = 2\sqrt{\dfrac{L}{C}}$ 的过渡过程为临界非振荡过程,这时的电阻为临界电阻,电阻小于此值时,为欠阻尼状态,振荡放电过程;大于此值时,为过阻尼状态,非振荡放电过程。

答案:B

22.**解** 品质因数 Q 表征一个储能器件(如电感线圈、电容等)、谐振电路所储能量同每周损耗能量之比的一种质量指标。元件的 Q 值越大,用该元件组成的电路或网络的选择性越佳。

无辐射系统:$Q = \dfrac{\text{无功功率}}{\text{有功功率}} = \dfrac{|X|}{R}$

串联谐振:$Q = \dfrac{\text{特性阻抗}}{\text{回路电阻}} = \dfrac{1}{R}\sqrt{\dfrac{L}{C}}$

特性阻抗 $Z = \sqrt{\dfrac{L}{C}} = \sqrt{\dfrac{20 \times 10^{-3}}{200 \times 10^{-12}}} = 10^5$,$Q = \dfrac{10^5}{R} = 10000$

> 注:并联谐振的品质因数为 $Q = R\sqrt{\dfrac{C}{L}}$。

答案:D

23.**解** 在 z' 处的元电荷 $\tau dz' = \dfrac{\tau dz'}{4\pi\varepsilon_0 R^2}$,在 $-z'$ 处的元电荷与之合成的电场为

$2\tau dz' = \dfrac{\cos\theta\tau dz'}{2\pi\varepsilon_0 R^2}$

$E(\rho) = \displaystyle\int_0^\infty \dfrac{\cos\theta\, dz'}{2\pi\varepsilon_0 R^2} = \dfrac{\tau\rho}{2\pi\varepsilon_0}\int_0^\infty \dfrac{dz'}{(z'^2 + \rho^2)^{\frac{3}{2}}} = \dfrac{\tau}{2\pi\varepsilon_0\rho}\ (R = \sqrt{z'^2 + \rho^2})$

答案:B

24.**解** 真空中无限大带电平面的电场强度为 $E(x) = \dfrac{\sigma}{2\varepsilon_0}$(基本公式),因此两平面之间的电场强度为 $E(x) = \dfrac{\delta}{2\varepsilon_0} + \dfrac{\delta}{2\varepsilon_0} = \dfrac{\delta}{\varepsilon_0}$,场强的方向由 $+\delta$ 指向 $-\delta$。

两个带电面之间的电压为:$U(x) = \displaystyle\int_0^a \dfrac{\delta}{\varepsilon_0} dx = \dfrac{\delta a}{\varepsilon_0}$

答案: B

25.解 考查电场分界面条件,两个介质分界面的基本方程为 $E_{1t} = E_{2t}, D_{1n} - D_{2n} = \sigma$,即分界面两侧相邻点的电场强度切向分量相等,电位法向分量之差为分界面的自由电荷面密度 σ ,当分界面无自由电荷时, $D_{1n} = D_{2n}$ 。

$\tan\varphi_1 = \dfrac{10}{12} = \dfrac{5}{6}$,由分界条件可得: $\dfrac{\tan\varphi_2}{\tan\varphi_1} = \dfrac{\varepsilon_2}{\varepsilon_1} = \dfrac{3}{5}$, $\tan\varphi_2 = 0.5$

$E_{2t} = E_{1t} = 10e_x, E_{2n} = \dfrac{10}{0.5} = 20e_y$,则 $E_2 = 10e_x + 20e_y$

注:未明确时,均可按各向同性介质考虑。

答案: A

26.解 磁场分界面条件,两个介质分界面的基本方程为 $H_{1t} - H_{2t} = J_S$ 和 $B_{1n} = B_{2n}$,
H_1 中的 x 方向和 z 方向分量构成分界面处的切向分量,可得:

$$H_{1z} - H_{2z} = 0, H_{1x} - H_{2x} = -2$$

经计算可得: $H_{2z} = H_{1z} = 3, H_{2x} = H_{1x} + 2 = 3$

H_1 中的 y 方向分量构成分界面处的法向分量,可得:

$$B_{1n} = B_{2n} \Rightarrow \mu_1 H_{1y} = \mu_2 H_{2y} \Rightarrow H_{2y} = \dfrac{\mu_1 H_{1y}}{\mu_2} = 1$$

则 $H_2 = 3e_x + e_y + 3e_z$

答案: B

27.解 长度为 $\dfrac{\lambda}{4}$ 的无损线路,其输入阻抗为:

$$Z_{in} = Z_C \dfrac{Z_L \cos\beta l + j Z_C \sin\beta l}{Z_C \cos\beta l + j Z_L \sin\beta l} = \dfrac{j Z_C^2}{j Z_L} = \dfrac{Z_0^2}{R_L + j X_L} = \dfrac{1}{\dfrac{R_L}{Z_0^2} + j\left(\dfrac{X_L}{Z_0^2}\right)}$$

电阻 R_i 与电容 X_i 并联,总阻抗为:

$$R_i // -jX_i = \dfrac{R_i(-jX_i)}{R_i - jX_i} = \dfrac{-jR_iX_i}{R_i - jX_i} = \dfrac{R_iX_i}{jR_i + X_i} = \dfrac{1}{\dfrac{1}{R_i} + j\dfrac{1}{X_i}}$$

则 $\dfrac{1}{R_i} + j\dfrac{1}{X_i} = \dfrac{R_L}{Z_0^2} + j\dfrac{X_L}{Z_0^2} \Rightarrow R_i = \dfrac{Z_0^2}{R_L}, X_i = \dfrac{Z_0^2}{X_L}$

答案: C

28.解 W78×× 的 2-3 端额定输出电压为 U_{REF} ,利用运算放大器的虚短概念,则:

$$U_{A+} = U_{A-} = U_{23} = U_{R1} , R_1 两端的电压为 U_{REF}$$

$$\frac{U_0}{R_1+R_2}=\frac{U_{\text{REF}}}{R_1} \Rightarrow U_0=U_{\text{REF}}\left(1+\frac{R_2}{R_1}\right)$$

注:虚断、虚短以及虚地是线性工作状态下理想集成运放的重要特点,也是历年必考的知识点。

答案: C

29. $n=\dfrac{32\times1024\times8}{4\times1024\times4}=16$ 片

答案: B

30.**解** 74161 为 4 位二进制异步计数器,为可预置数的加法器。

采用两片 74161 串行级联的方式,其中左片为低位计数,预置数为 $(1001)_2=(9)_{16}=(9)_{10}$;右片为高位计数,预置数为 $(0111)_2=(7)_{16}=(7)_{10}$。

如果不考虑预置数的话(设 $D_0D_1D_2D_3=0$)是 16 分频,但这两个计数器不是从 0 开始计数的,左片是从 9 开始的,右片是从 7 开始的,因此 $CP:Y=(16-9)\times(16-7)=63$

注:两片计数器的连接方式分两种:

并行进位:低位片的进位信号(CO)作为高位片的使能信号,称为同步级联。

串行进位:低位片的进位信号(CO)作为高位片的时钟脉冲,称为异步级联。

计数器实现任意计数的方法主要有两种,一种为利用清除端 CR 的复位法,即反馈清零法,另一种为置入控制端 LD 的置数法,即同步预置法,两种方法的计数分析方法不同,为历年考查重点,考生均应掌握。

答案: A

31.**解** 电枢电流 I 和励磁电流 I_f 之间的关系,为 V 形曲线,此曲线必须牢记。

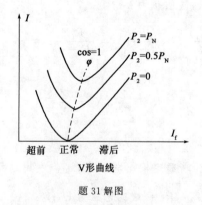

题 31 解图

由图可见升高滞后的功率因数,需减小励磁电流,同时增加有功功率输出。

升高超前的功率因数,需增大励磁电流,同时增加有功功率输出。

> 注:若是同步电动机,超前与滞后的位置应调换。

答案:B

32. 解 变压器效率在铁耗与铜耗相等时达到最大,即负载系数为:

$$\beta = \sqrt{\frac{P_0}{P_k}} = \sqrt{\frac{18}{56}} = 0.567$$

则一次电流为:$I_1 = \frac{\beta S_N}{\sqrt{3} U_{N1}} = \frac{0.567 \times 5600}{\sqrt{3} \times 6} = 305.53A$

答案:A

33. 解 额定相电流:$I_{ph} = \frac{P}{\sqrt{3} U_N \eta \cos\varphi} = \frac{1000}{\sqrt{3} \times 6 \times 0.75 \times 0.92} = 139.46A$

三相基波磁动势幅值:

$$F_1 = \frac{3}{2} F_{ph1} = 1.35 N K_{N1} I_{ph} = 1.35 \times 92 \times 0.945 \times 139.46 = 16367.8 \text{ 安匝}$$

> 注:三相合成磁动势的幅值为单相磁动势幅值的 1.5 倍,单相绕组磁动势幅值为
>
> $F_{ph1} = 0.9 \frac{I_{ph} N}{p} K_{N1}$(安匝/极)。

答案:D

34. 解 由功率因数为1,设相电压标幺值 $\dot{U} = 1.0\angle 0°$,相电流标幺值 $\dot{I} = 1.0\angle 0°$。

空载电动势:$E_0 = U + jIX = 1.0\angle 0° + 1\angle 90° \times 1\angle 0° = \sqrt{2}\angle 45°$

则功角(U 和 E_0 的夹角)$\delta = 45°$

答案:C

35. 解 负荷 $Z_L = 4 - j3$,则发电机输出功率为 $S = 4 - j3 = 5\angle -36.87°$,其中 $\varphi = \arccos\frac{-6}{8} = -36.87°$,负号说明电流超前电压。

设发电机端电压标幺值为 $U = 1.0\angle -36.87°$

电流为 $I = \frac{S}{U} = \frac{5}{1} = 5$,由于带有容性负载,电流超前于

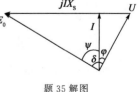

题35解图

电压,则 $\dot{I} = 5\angle 0°$

空载电动势:$E_0 = U + jIX = 1.0\angle -36.87° + j5 \times 1 = 0.8 + j4.4 = 4.47\angle 79.7°$

由图可知,内功率因数角(电流与空载电动势的夹角)即为 $\psi = 79.7°$

$0 < \psi < 90°$,为直轴去磁兼交轴电枢反应。

注:内功率因数角对应的电枢反应分类如下:

当 $\psi = 0$,为纯交轴电枢反应;

当 $\psi = 90°$,为纯直轴去磁电枢反应;

当 $\psi = -90°$,为纯直轴加磁电枢反应;

当 $0 < \psi < 90°$,为直轴去磁兼交轴电枢反应;

当 $-90° < \psi < 0$,为直轴加磁兼交轴电枢反应。

答案:B

36.解 恒转矩负载运行,由 $T = C_T \Phi_m I_2' \cos\varphi_2$ 可知,在电源电压一定时,主磁通 Φ_m 也一定。在转子串入电阻后仍保持转子电流不变,因此功率因数 $\cos\varphi_2$ 也保持不变。设原来转子电阻为 R_2,电流为 I_{2N},转差率为 S_N,则 $I_{2N} = \dfrac{E_2}{\sqrt{(R_2/S_N)^2 + X^2}}$ 转子串入电阻 R_S 后,转差率变为 S,电流仍为 I_{2N},则 $I_{2N} = \dfrac{E_2}{\sqrt{[(R_2 + R_S)/S_N]^2 + X^2}}$,因此有 $\dfrac{R_2 + R_S}{S} = \dfrac{R_2}{S_N}$,可见转子串入电阻时,其转差率将相应变化。

答案:A

37.解 参见附录一"高频考点知识补充"的知识点5,可知对于仅短路阻抗电压不同的变压器并联时,其并联运行变压器的负载系数与短路阻抗(短路电压)模值标幺值成反比。设 A、B 变压器负荷率分别为 β_A 和 β_B,则:

$$\frac{\beta_A}{\beta_B} = \frac{U_{kB}\%}{U_{kA}\%} = \frac{0.0532}{0.0568} = 0.9366$$

在保证两台变压器都不过载的情况下,显然两变压器的最大负荷率分别为 $\beta_A = 0.9366$ 和 $\beta_B = 1.0$。

则 $S = S_A\beta_A + S_B\beta_B = 500 \times 0.9366 + 1000 \times 1.0 = 1468.31\text{kVA}$

答案:B

38.解 电磁转矩的最大值 T_{max} 对应于临界转差率 S_m,则:

$$S_m = \frac{R_2'}{\sqrt{R_1^2 + (X_1 + X_2)^2}} = \frac{1.047}{\sqrt{1.375^2 + (2.43 + 4.4)^2}} = 0.15$$

由于额定转速应与同步转速相差不大,因此不难判断同步转速为:

$$n_1 = \frac{60f}{P} = \frac{60 \times 50}{2} = 1500 \text{r/min}$$

最大电磁转矩时电动机的转速:$n = (1-s)n_1 = (1-0.15) \times 1500 = 1275 \text{r/min}$

答案:B

39.**解** 三台相同的单相变压器即为三相组式变压器,分析如下:

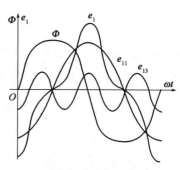

题39解图

三相组式变压器磁路相互独立,彼此不相关联。当励磁电流为正弦波,由于磁路的非线性,主磁通为平顶波,主磁通 Φ 中三次谐波磁通 Φ_3 和基波磁通 Φ_1 一样,可以沿铁芯闭合,在铁芯饱和的情况下,三次谐波含量较大,可达到基波磁通的 $15\% \sim 20\%$,又因为三次谐波磁通在绕组中感应出三次谐波电动势 e_{13},其频率是基波的 3 倍,故三次谐波电动势 e_{13} 的幅值可达基波电动势 e_{11} 幅值的 $45\% \sim 60\%$,甚至更大,将 e_{13} 和 e_{11} 相加,即得到尖顶波形的相电动势,如解图所示。

注:但在三相线电动势中,因三次谐波电动势互相抵消,线电动势的波形仍为正弦波。由于尖顶波形相电动势的幅值较正弦波形相电动势的幅值升高很多,可能将绕组绝缘击穿,因此三相组式变压器是不能采用 Yy 连接方式的。

答案:D

40.**解** 基本概念,不再赘述。

答案:B

41.**解** 我国电网中,有关系统中性点接地方式主要有四种,其特点及应用范围如下:

(1)中性点直接接地

优点是系统的过电压水平和输变电设备所需的绝缘水平较低,系统的动态电压升高不超过系统额定电压的 80%,110kV 及以上高压电网中普遍采用这种接地方式,以降低设备和线路造价,经济效益显著。

缺点是发生单相接地故障时单相接地电流很大,必然引起断路器跳闸,降低了供电连续性,供电可靠性较差。此外,单相接地电流有时会超过三相短路电流,影响断路器开断能力选择,并对通信线路产生干扰。

（2）中性点不接地

优点是发生单相接地故障时，不形成短路回路，通过接地点的电流仅为接地电容电流，当单相接地故障电流很小时，只使三相对地电位发生变化，故障点电弧可以自熄，熄弧后绝缘可自行恢复，无须断开线路，可以带故障运行一段时间，因而提供了供电可靠性。在 3~66kV 电网中应用广泛，但要求其单相接地电容电流不能超过允许值，因此其对邻近通信线路干扰较小。

缺点是发生单相接地故障时，会产生弧光过电压。这种过电压现象会造成电气设备的绝缘损坏或开关柜绝缘子闪络，电缆绝缘击穿，所以要求系统绝缘水平较高。

（3）中性点经消弧线圈接地

在 3~66kV 电网中，当单相接地电容电流超过允许值时，采用消弧线圈补偿电容电流，保证接地电弧瞬间熄灭，消除弧光间歇接地过电压。

如变压器无中性点或中性点未引出，应装设专用接地变压器，其容量应与消弧线圈的容量相配合。

（4）中性点经电阻接地

经高电阻接地方式可以限制单相接地故障电流，消除大部分谐振过电压和间歇弧光接地过电压，接地故障电流小于 10A，系统在单相接地故障条件下可持续运行。缺点是系统绝缘水平要求较高。主要适用于发电机回路。

经低电阻接地方式可快速切除故障，过电压水平低，可采用绝缘水平低的电缆和设备，但供电可靠性较差。主要适用于电缆线路为主，不容易发生瞬时性单相接地故障且系统电容电流比较大的城市配电网、发电厂用电系统及工矿企业配电系统。

答案：C

42.**解** 电网及设备电压的基本原则如下：

（1）发电机额定电压规定比网络额定电压高 5%。

（2）变压器一次绕组相当于用电设备，其额定电压等于网络额定电压，但与发电机直接连接时，等于发电机额定电压。

（3）变压器二次绕组相当于供电设备，故一般额定电压比网络高 5%~10%（$U_K\% <7\%$，取 5%；$U_K\% > 7\%$，取 10%）。

答案：A

43.**解** 基本公式，不再赘述。

答案：D

44.解 线路空载时,线路末端的功率为零,根据 Ⅱ 形输电线路等值电路,得到公式:

$$\dot{U}_1 = U_2 - \frac{BX}{2}U_2 + j\frac{BR}{2}U_2 \approx U_2 - \frac{BX}{2}U_2$$

高压输电线路空载或轻载时,都会产生末端电压升高的现象,常用的措施是在线路末端加装并联电抗器,用它来吸收线路分布电容所产生的容性电流,避免线路末端电压超过允许值,导致设备绝缘损坏。

答案:C

45.解 设 C 相绕组断线,则 C 相电流为零,A、B 两相仍流过对称两相电流,设:

$$i_A = I_m \sin\omega t, i_B = I_m \sin\left(\omega t - \frac{2\pi}{3}\right)$$

坐标原点取在 A 相绕组轴线上,则有:

$$\begin{cases} f_{A1} = F_{\phi 1} \cos\alpha \sin\omega t \\ f_{B1} = F_{\phi 1} \cos\left(\alpha - \frac{2\pi}{3}\right)\sin\left(\omega t - \frac{2\pi}{3}\right) \end{cases}$$

$$f_1 = f_{A1} + f_{B1} = F_{\phi 1}\left[\sin(\omega t - \alpha) - \frac{1}{2}\sin\left(\omega t + \alpha - \frac{\pi}{3}\right)\right]$$

显然,为椭圆形磁动势。

注:定子绕组 Y 接法,一相断线时,在气隙中产生的基波合成磁势为脉振磁势;定子绕组△接法,一相断线时,在气隙中产生的基波合成磁势为椭圆形旋转磁势。

答案:C

46.解 等效电路如解图所示,各功率及电压标注在图中。

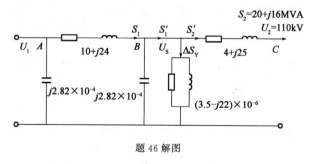

题 46 解图

变压器串联支路电压降落纵分量:

$$\Delta U = \frac{P_2 R + Q_2 X}{U_2} = \frac{20 \times 4 + 16 \times 25}{110} = 4.364\text{kV}$$

忽略电压降落横分量,则 $U_B = U_2 + \Delta U = 110 + 4.364 = 114.364\text{kV}$

线路末端并联支路功率:

$$\Delta S_C = -jB_L U_N^2 = -j2.82 \times 10^{-4} \times 114.364^2 = -j3.688 \text{MVA}$$

变压器串联支路功率损耗：

$$\Delta S_T = \frac{P_2^2 + Q_2^2}{U_2^2}(R+jX) = \frac{20^2 + 16^2}{110^2} \times (4+j25) = 0.217 + j1.355$$

$$S_2' = S_2 + \Delta S_T = 20 + j16 + 0.217 + j1.355 = 20.217 + 17.355 \text{MVA}$$

变压器并联支路的功率损耗：

$$\Delta S_Y = (G_T + jB_T)^* \cdot U_1'^2 = (G_T - jB_T) \cdot U_1'^2 = (3.5 + j22) \times 10^{-6} \times 114.364^2$$
$$= 0.046 + j0.288 \text{MVA}$$

输入变压器的功率为：

$$S_1' = S_2' + \Delta S_Y = 20.217 + j17.355 + 0.046 + j0.288 = 20.217 + j17.643$$

注：变压器的总无功功率损耗为并联支路损耗 ΔQ_Y 与串联支路损耗 ΔQ_Z 之和，变压器并联支路。根据公式可知，串联支路消耗感性无功功率，而并联支路由于励磁感抗 B_T 为感性，其值为负，而 $-B_T$ 为正，说明也消耗无功功率，其对应励磁无功功率，消耗感性无功功率。

答案： D

47. **解** 线路与变压器参数计算如下：

线路：$R = 100 \times 0.27 = 27\Omega$，$X = 100 \times 0.4 = 40\Omega$

变压器：$X_T = 0.105 \times 110^2 \times 10^3 / 30 \times 10^3 = 42.35\Omega$

线路加变压器等效阻抗：$Z = 27 + j82.35\Omega$

(1) 第一种算法：直接用末端功率计算网络电压损耗

$$U_{2max} = 116 - \Delta U_{max} = 116 - \frac{PR + QX}{U} = 116 - \frac{21 \times 27 + 14 \times 82.35}{116} = 101.17 \text{kV}$$

$$U_{2min} = 116 - \Delta U_{min} = 116 - \frac{PR + QX}{U} = 116 - \frac{10 \times 27 + 7 \times 82.35}{116} = 108.7 \text{kV}$$

根据调压要求，按最小负荷没有补偿的情况下确定变压器分接头：

$$U_T = \frac{U_{2min}}{U_2} \times U_{2N} = \frac{108.7}{10.5} \times 11 = 113.88 \text{kV}$$

选择最近的分接头为：$110 \times (1 + 2.5\%) = 112.75\text{kV}$，变比 $K = 10.25$

$$Q_C = \frac{U_{2max}}{X}\left(U_{2max} - \frac{U_{2max}'}{k}\right)k^2 = \frac{10.5}{82.35} \times \left(10.5 - \frac{101.17}{10.25}\right) \times 10.25^2 = 8.44 \text{Mvar}$$

(2) 第二种算法：因首端电压已知，先用末端功率进行潮流计算

$$\Delta S_{max} = \frac{21^2 + 14^2}{110^2} \times (27 + j82.35) = 0.0526 \times (27 + j82.35) = 1.42 + j4.33$$

$$\Delta S_{min} = \frac{10^2 + 7^2}{110^2} \times (27 + j82.35) = 0.0123 \times (27 + j82.35) = 0.33 + j1.01$$

$$S_{1max} = \Delta S_{max} + S_{max} = 1.42 + j4.33 + 21 + j14 = 22.42 + j18.33$$

$$S_{1min} = \Delta S_{min} + S_{min} = 0.33 + j1.01 + 10 + j7 = 10.33 + j8.01$$

利用首端电压和首端功率计算出电压损耗:

$$U_{2max} = 116 - \Delta U_{max} = 116 - \frac{PR + QX}{U} = 116 - \frac{22.42 \times 27 + 18.33 \times 82.35}{116} = 97.77 \text{kV}$$

$$U_{2min} = 116 - \Delta U_{min} = 116 - \frac{PR + QX}{U} = 116 - \frac{10.33 \times 27 + 8.01 \times 82.35}{116} = 107.91 \text{kV}$$

根据调压要求,按最小负荷没有补偿的情况下确定变压器分接头:

$$U_T = \frac{U_{2min}}{U_2} \times U_{2N} = \frac{107.91}{10.5} \times 11 = 113.05 \text{kV}$$

选择最近的分接头为:$110 \times (1 + 2.5\%) = 112.75 \text{kV}$,变比 $K = 10.25$

按最大负荷时计算电容器的补偿容量:

$$Q_C = \frac{U_{2max}}{X}\left(U_{2max} - \frac{U'_{2max}}{k}\right)k^2 = \frac{10.5}{82.35} \times \left(10.5 - \frac{97.77}{10.25}\right) \times 10.25^2 = 12.88 \text{Mvar}$$

总结:第二种算法是天大版复习教程上的计算思路,但是出题的人可能认为此计算太过繁琐,所以答案选项是针对较为简单的计算过程。但第一种计算方式不够严谨。

答案:B

48.**解** 同步补偿机实质上就是同步电动机的空载运行,是专门的无功功率发电机,它也可以像同步电动机一样通过调节励磁电流来改变吸收无功的大小和无功的性质,同步补偿机的损耗由电网来提供。

答案:B

49.**解** 短路全电流峰值(冲击电流)出现在短路发生后的半个周期0.01s内瞬间,公式:$i_p = K_p \sqrt{2} I''_k$

短路全电流最大有效值 I_P 公式:

$$I_P = I''_k \sqrt{1 + 2(K_p - 1)^2}$$

式中:K_p——短路电流峰值系数,$K_p = 1 + e^{-\frac{0.01}{T_f}}$;

T_f——短路电流直流分量衰减时间常数,s,当电网频率为 50Hz 时, $T_f = \dfrac{X_\Sigma}{314R_\Sigma}$;

X_Σ——短路电路总电抗,Ω;

R_Σ——短路电路总电阻,Ω。

答案: A

50.解 各元件标幺值计算如下:

系统:$X_{*S1} = X_S \dfrac{S_j}{S_G} = 1.2 \times \dfrac{250}{1000} = 0.3$

发电机:$X_{*G2} = X''_d \dfrac{S_j}{S_G} = 0.12 \times \dfrac{250}{250} = 0.12$

变压器 T:$X_{*T} = \dfrac{U_{k1}\%}{100} \cdot \dfrac{S_j}{S_T} = \dfrac{10.5}{100} \times \dfrac{250}{250} = 0.105$

线路 1:$X_{*L1} = X_{L1} \dfrac{S_j}{U_j^2} = 50 \times 0.4 \times \dfrac{250}{115^2} = 0.378$

线路 2:$X_{*L2} = X_{L1} \dfrac{S_j}{U_j^2} = 20 \times 0.4 \times \dfrac{250}{115^2} = 0.151$

线路 3:$X_{*L3} = X_{L3} \dfrac{S_j}{U_j^2} = 30 \times 0.4 \times \dfrac{250}{115^2} = 0.227$

则等值电路如解图所示,计算电抗为:

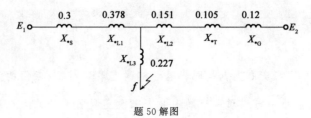

题 50 解图

$X_{*\Sigma} = [(0.3+0.378)//(0.151+0.105+0.12)] + 0.227 = 0.469$

三相短路电流有效值为:

$I_K = \dfrac{I_j}{X_{*\Sigma}} = \dfrac{S_j}{\sqrt{3}U_j} \times \dfrac{1}{X_{*\Sigma}} = \dfrac{250}{\sqrt{3} \times 115} \times \dfrac{1}{0.469} = 2.676\text{kA}$

$i_{ch} = 2.55 \times 2.676 = 6.824\text{kA}$

答案: B

51.解 正(负)序网络图如解图 1 所示。

则正、负序网络等值电抗:$X_{\Sigma(1)} = X_{\Sigma(2)} = 0.03 + 0.06 = 0.09$

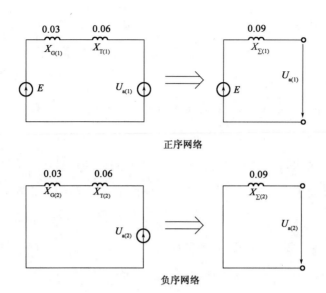

正序网络

负序网络

题51解图1

零序电流仅在变压器中流通,零序序网如解图2所示。

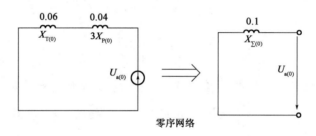

零序网络

题51解图2

则零序网络等值电抗:$X_{*\Sigma(0)}=0.06+3\times\dfrac{0.04}{3}=0.1$

短路电流标幺值:$\dot{I}_f=3\dot{I}_{a1}=\dfrac{3\cdot E}{j(X_{\Sigma(1)}+X_{\Sigma(2)}+X_{\Sigma(0)})}=\dfrac{3\times1.12}{j(0.09+0.09+0.1)}=-j12$

> 注:零序电流仅在变压器三角形侧内形成环流,三角形外无零序电流。因此零序电流不包含发电机分量。

答案:A

52. 解 电气主接线形式。

(1)3/2接线形式:

该接线形式具有很高的可靠性。任一设备故障或检修时都不会中断供电,甚至两组母线同时故障的极端情况下仍不影响供电;方式的转换通过操作断路器完成,隔离开关仅在检修时作为隔离带电设备使用,因而可以有效减少误操作概率。

(2)4/3接线形式：

类似于 3/2 接线，但可靠性有所降低，可节省投资，但布置比较复杂。

(3)双母线分段接线形式：

具有互为备用的两组母线，每回进出线通过一台断路器和并列的两组隔离开关分别与两组母线连接。通过两组母线隔离开关的倒换操作可以轮流检修一组母线而不致使供电中断，检修任一母线隔离开关时，也只需断开此隔离开关所属的一条回路和与该开关相连的一组母线，不影响其他回路供电。但若检修出线断路器时，将不可避免地暂时中断该回路供电。

(4)双母线分段(单母线分段)带旁路接线形式：

为了检修出线断路器时不致中断该出线回路供电，可增设旁路母线。在投入旁路母线前先通过旁路断路器对旁路母线充电，待与工作母线等电位后投入旁路隔离开关，将出线转移到旁路母线上。

注:请考生参考相关资料中的主接线接线图分析理解，本书不再赘述。

答案:B

53.解 《导体和电器选择设计技术规定》(DL/T 5222—2005)的相关规定如下：

第 16.0.4 条的条文说明中，对各电压互感器的接线及使用范围有如下表述：

(1)两台单相电压互感器接成不完全星形或 V-V 接线，因其原副边均无中性点可接地，因此无法测量相对地电压。

(2)三相三柱式电压互感器，不允许将电压互感器高压侧中性点接地，因此无法测量相对地电压。

(3)三相五柱式电压互感器，高低压侧中性点均接地，可以测量相对地电压。另外，开口三角形还可测量零序电压。

(4)副边接成三角形，肯定不能测量相对地电压。

答案:B

54.解 《导体和电器选择设计技术规定》(DL/T 5222—2005)的相关规定如下：

第 15.0.1 条的条文说明:电流互感器的容量可用二次负荷与额定二次电流表示，关系为:$S_b = Z_b I_{sn}^2$，电流互感器的二次侧额定电流一般有 1A 和 5A 两种，而其负荷通常由两部分组成，一部分是所连接的测量仪表或保护装置，另一部分是连接导线。

答案:C

55.解 《导体和电器选择设计技术规定》(DL/T 5222—2005)的相关规定如下：

第 9.2.3 条的条文说明：三相断路器在开断短路故障时，由于动作的不同期性，首相开断的断口触头间所承受的工频恢复电压将要增高，增高的数值用首相开断系数来表征。首相开断系数是指三相系统当两相短路时，在断路器安装处的完好相对另两相间的工频电压与短路去掉后在同一处获得的相对中性点电压之比。分析系统中经常发生的各种短路形式，第一开断相断口间的工频恢复电压，中性点不接地系统者多为 1.5 倍的相电压；中性点接地系统多为 1.3 倍相电压。

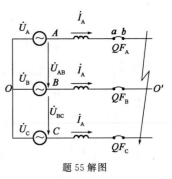

题 55 解图

中性点不直接接地系统的三相短路故障如解图所示。

设 A 相为首先开断相：电弧电流先过零，电弧先熄灭，即：

$$\dot{U}_{ab} = \dot{U}_{AO'} = \dot{U}_{AB} + 0.5\dot{U}_{BC} = 1.5\dot{U}_{AO}$$

在 A 相熄灭后，经过 5ms(90°)，B、C 两相电流同时过零，电弧同时熄灭，此时电源的线电压加在两个串联的断口上，若认为两断口是均匀分布，则每一断口只承担一半电压，即：

$$0.5U_{BC} = 0.866U_{BO}(U_{CO})$$

注：中性点直接接地系统的三相短路故障时，首开相 A 相弧熄时，工频恢复电压为 1.3 倍的电源相电压，紧接着 A 相过零的 C 相，然后是 B 相，第二开断相 C 相弧熄时，工频恢复电压为 1.25 倍的电源相电压，C 相电流分段后，此时电路中电流只剩下 B 相一相，在弧熄时，其工频恢复电压即为电源相电压。

开断单相短路电流，当电流过零时，工频恢复电压的瞬时值为 $U_0 = U_m\sin\varphi$，通常短路时，φ 角度接近 90°，所以工频恢复电压约为电源电压的最大瞬时值，即 $U_0 = U_m$。

本题属高电压技术断路器开断弧隙电压恢复过程内容。

答案：C

56. **解** 断路器触头一端并联电阻的等效电路如解图所示，其中 L、R 分别为设备的电感和电阻，C 为设备的对地电容，电源电压为 $e(t)$，为便于分析，认为在此过程中电源电压瞬时值的变化并不大，以一常数 E_0 来代表，为电流过零熄弧瞬间的电源电压瞬时值。

断路器 S_1 打开后间隙两端的电压恢复过程，

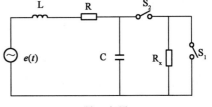

题 56 解图

实际上就是电源向电容 C 上充电的过程,当开关 K 关闭后在间隙上的电压变化过程就是间隙两端的电压恢复过程。在 K 闭合瞬间,间隙上的电压为 $-U_x$,即熄弧电压值,取负号表明与电源电势相反。下面对弧隙电压恢复过程进行分析:

$$\left. \begin{array}{l} E_0 = iR + L\dfrac{\mathrm{d}i}{\mathrm{d}t} + u_C \\[2mm] i = i_C + i_R = C\dfrac{\mathrm{d}u_C}{\mathrm{d}t} + \dfrac{u_C}{R_x} \\[2mm] \dfrac{1}{C}\displaystyle\int i_C \mathrm{d}t = i_R \cdot R_x \end{array} \right\} \quad \dfrac{\mathrm{d}^2 u_C}{\mathrm{d}t^2} + \left(\dfrac{R}{L} + \dfrac{1}{R_x C} \right)\dfrac{\mathrm{d}u_C}{\mathrm{d}t} + \left(\dfrac{R}{LCR_x} + \dfrac{1}{LC} \right)u_C = \dfrac{E_0}{LC}$$

从特征方程可以解得:

当 $\left(\dfrac{R}{L} + \dfrac{1}{R_x C} \right)^2 > \dfrac{R}{LCR_x} + \dfrac{1}{LC}$ 时,特征方程为两实数根,非周期性过程;

当 $\left(\dfrac{R}{L} + \dfrac{1}{R_x C} \right)^2 = \dfrac{R}{LCR_x} + \dfrac{1}{LC}$ 时,特征方程为两实数重根,非周期性过程;

当 $\left(\dfrac{R}{L} + \dfrac{1}{R_x C} \right)^2 < \dfrac{R}{LCR_x} + \dfrac{1}{LC}$ 时,特征方程为两虚数根,周期性过程。

答案:C

57.**解** 在极不均匀电场中,电压还不足以导致击穿时,大曲率电极附近的电场最强处已可产生电离现象,棒-板间隙是典型的极不均匀电场,这种间隙中,电离过程总是先从棒电极附近开始,棒的极性不同时,空间电荷的作用是不同的,存在极性效应。

(1)电晕放电阶段

①当棒为正极性时,间隙中出现的电子向棒运动,进入强电场区,开始引起电离现象而形成电子崩。随着电压逐渐上升,到达放电自持、爆发电晕之前,这种电子崩在间隙中已相当多。当电子崩到达棒极后,其中的电子就进入棒极,而正离子仍留在空间,相对来说缓慢地向板极移动。于是在棒极附近,积聚起正空间电荷,从而减少了紧贴棒极附近的电场,而略微加强了外部空间的电场,如此,棒极附近的电离被削弱,难以造成流注,这使得自持放电即电晕放电难以形成。

②当棒为负极性时,阴极表面形成的电子立即进入强电场区,造成电子崩。当电子崩中的电子离开强电场区后,就不能引起电离了,而以越来越慢的速度向阳极运动。一部分直接消失于阳极,其余的可为氧原子所吸附而成为负离子。电子崩中正离子逐渐向棒极运动而消失于棒极,但由于其运动速度缓慢,所以在棒极附近总是存在着正空间电荷,而在其后则是非常分散的负空间电荷。负空间电荷由于浓度小,对外电场影响不大,而正空间电荷则将使电场畸变。棒极附近的电场得到增强,因而自持放电条件易于得到满足,易

于转入流注而形成电晕放电。

(2)起始放电阶段(流注发展阶段)

①当棒为正极性时,如电压足够高,棒极附近形成流注,由于外电场的特点,流注等离子体头部具有正电荷。头部的正电荷削弱了等离子体中的电场,而加强了其头部电场。流注头部前方电场得到加强,使得此处易于产生新的电子崩,它的电子吸引入流注头部的正电荷区内,加强并延长了流注通道,其尾部的正离子则构成了流注头部的正电荷。流注及其头部的正电荷是强电场区,更向前移,如同将棒极向前延伸了,于是促进了流注通道的进一步发展,逐渐向阴极推进。

②当棒为负极性时,电压达到电晕起始电压后,紧贴棒极的强电场使得同时产生了大量的电子崩,汇入围绕棒极的正空间电荷。由于同时产生了许多电子崩,造成了扩散状分布的等离子体层。此等离子体层实际增大了棒极曲率半径,将使得前沿电场受到削弱。继续提高电压时,会形成大量二次电子崩,通道头部也将呈现弥散状,通道前方电场被加强的程度也比正极性下要弱得多。

注:本题属高电压技术之极不均匀电场间隙的击穿、极性效应的内容。

答案:B

58.**解** 绝缘子的雷电闪络电压最大的影响因素是电弧距离,一般可采取如下措施:

(1)提高憎水性。这可使绝缘子表面的水分以小水珠的形式出现,难以形成连续的水膜,在持续电压的作用下,表面不易形成集中放电的通道,从而可有效提高污闪电压。另外,憎水性的绝缘子表面电阻也较大,一般来说表面电阻大,污闪电压也越高。

(2)增加爬电距离。爬电距离是指沿绝缘表面测得的两个导电器件或导电器件与设备界面之间的最短距离,主要用来确定绝缘子,如支持绝缘子的长度和绝缘子串的数量。

(3)改善电位分布。绝缘子电场强度不均匀是绝缘子污闪电压低的重要因素。改善电位分布,抑制带电粒子迁移,降低泄漏电流,可大幅度提高单个绝缘子的污闪电压(如均压环),实际也可提高绝缘子串的闪络电压,但这不是该措施的主要效果。

注:本题属高电压技术之提高间隙沿面闪络电压方法的内容。

答案:B

59.**解** 参见附录一"高频考点知识补充"知识点3的内容。

注:此题属高电压技术之输电线路波过程的行波折、反射内容。

答案:C

60. **解**　参见附录一"高频考点知识补充"知识点 3 的内容,由于线路为空载状态,即线路末端开路。

线路末端开路相当于 $Z_2 = \infty$ 的情况,说明入射波 U_0 到达开路的末端后将发生全反射。全反射的结果是使线路末端电压上升到入射波电压的 2 倍。随着反射电压波的反行,导线上的电压降逐点上升至入射波的 2 倍,未到之处仍为 U_0;在电压发生全反射的同时,电流则发生了负的全反射,电流负反射的结果使线路末端的电流为零,而随着反射电流波的反行,导线上的电流将逐点下降为零。

注:此题属高电压技术之输电线路波过程的行波折、反射内容。

答案:B

2012 年度全国勘察设计注册电气工程师（发输变电）

执业资格考试试卷

基础考试
（下）

二〇一二年九月

应考人员注意事项

1. 本试卷科目代码为"2",考生务必将此代码填涂在答题卡"科目代码"相应的栏目内,否则,无法评分。

2. 书写用笔:黑色或蓝色钢笔、签字笔或圆珠笔;

   填涂答题卡用笔:黑色 2B 铅笔。

3. 必须用书写用笔将工作单位、姓名、准考证号填写在答题卡和试卷相应的栏目内。

4. 本试卷由 60 题组成,每题 2 分,满分 120 分,本试卷全部为单项选择题,每小题的四个备选项中只有一个正确答案,错选、多选、不选均不得分。

5. 考生作答时,必须按题号在答题卡上将相应试题所选选项对应的字母用 2B 铅笔涂黑。

6. 在答题卡上书写与题意无关的语言,或在答题卡上作标记的,均按违纪试卷处理。

7. 考试结束时,由监考人员当面将试卷、答题卡一并收回。

8. 草稿纸由各地统一配发,考后收回。

单项选择题(共 60 题,每题 2 分。每题的备选项中只有一个最符合题意。)

1. 图示电路为一端口网络,如图所示,若右端口等效为一电压源,则 β 值为:

   A. 1

   B. 3

   C. 5

   D. 7

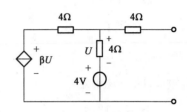

2. 图示电路中电流源 $i_S(t)=20\sqrt{2}\cos(2t+45°)\mathrm{A}$,$R_1=R_2=1\Omega$,$L=0.5\mathrm{H}$,$C=0.5\mathrm{F}$。当负载 Z_L 为多少 Ω 时,它能获得最大功率?

   A. 1

   B. $\dfrac{1}{2}$

   C. $\dfrac{1}{4}$

   D. $\dfrac{1}{8}$

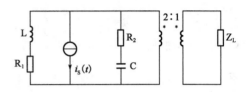

3. 图示对称三相电路中,三相电源线电压为 380V,频率为 50Hz,负载阻抗 $Z=(16+j2)\Omega$,接入三角形连接电容网络,电容 C 为多少 μF 时,电路的功率因数为 1?

   A. 76.21

   B. 62.82

   C. 75.93

   D. 8.16

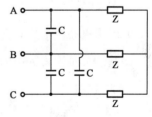

4. 无损耗传输线终端接一匹配负载,则传输线上任意处的电压在相位上超前电流多少度?

   A. $-90°$ B. $90°$

   C. $0°$ D. 某一固定角度

5. 图示空心变压器 AB 间的输入阻抗为下列何值?

   A. $-j3\Omega$

   B. $j3\Omega$

   C. $-j4\Omega$

   D. $j4\Omega$

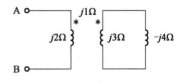

6. 图示电路中, $\dot{U}=220\text{V}, f=50\text{Hz}$, S 断开及闭合时电流 I 的有效值均为 0.5A, 则容抗为:

A. 110Ω

B. 440Ω

C. 220Ω

D. 不能确定

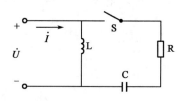

7. 图示电路中 $u_C(0_-)=0, t=0$ 时闭合开关 S 后, $u_C(t)$ 为多少 V?

A. $6e^{-\frac{t}{\tau}}$, 式中 $\tau=0.5\mu s$

B. $6-8e^{-\frac{t}{\tau}}$, 式中 $\tau=0.5\mu s$

C. $8e^{-\frac{t}{\tau}}$, 式中 $\tau=2\mu s$

D. $6(1-e^{-\frac{t}{\tau}})$, 式中 $\tau=2\mu s$

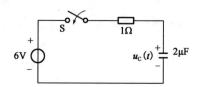

8. 图示电路原已稳定, $t=0$ 时断开开关 S, 则 $u_{(0+)}$ 为:

A. 12V

B. 24V

C. 0V

D. 36V

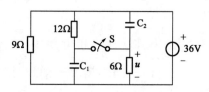

9. 图示电路中电压 u 含有基波和三次谐波, 基波角频率为 10^4 rad/s, 若要 u_1 中不含基波分量而将 u 中的三次谐波分量全部取出, 则 C_1 为:

A. $10\mu F$

B. $1.25\mu F$

C. $5\mu F$

D. $2.5\mu F$

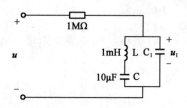

10. 已知图示正弦电流电路发生谐振时, 电流表 A_1、A_2 的读数分别为 4A 和 3A, 则电流表 A_3 的读数为:

A. 1A

B. $\sqrt{7}\,\text{A}$

C. 5A

D. 不能确定

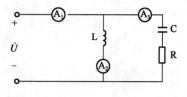

11. 在 RLC 串联电路中，$X_C = 10\Omega$，若总电压维持不变而将 L 短路，总电流的有效值与原来相同，则 X_L 为：

    A. 40Ω B. 20Ω

    C. 10Ω D. 5Ω

12. 图示电路的戴维南等效电路参数 U_S 和 R_S 为：

    A. 10V 和 5Ω

    B. 2V 和 3.5Ω

    C. 2V 和 5Ω

    D. 10V 和 3.5Ω

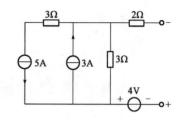

13. 图示电路的谐振角频率为：

    A. $\dfrac{1}{9}\dfrac{1}{\sqrt{LC}}$

    B. $\dfrac{9}{\sqrt{LC}}$

    C. $\dfrac{3}{\sqrt{LC}}$

    D. $\dfrac{1}{3}\dfrac{1}{\sqrt{LC}}$

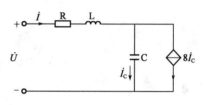

14. 图示对称三相电路中，线电压为 380V，每相阻抗 $Z = (54 + j72)\Omega$，则图中功率表读数为：

    A. 334.78W

    B. 766.75W

    C. 513.42W

    D. 997W

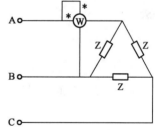

15. 图示电路时间常数为：

    A. 12ms

    B. 10ms

    C. 8ms

    D. 6ms

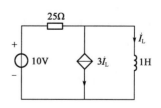

16. 图示电路中 $u_C(0_-)=0$,在 $t=0$ 时闭合开关 S 后,$t=0_+$ 时 $\dfrac{\mathrm{d}u_C}{\mathrm{d}t}$ 为:

A. 0

B. $\dfrac{U_s}{R}$

C. $\dfrac{U_s}{RC}$

D. $\dfrac{U_s}{C}$

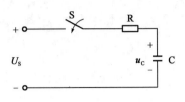

17. 一高压同轴电缆,内导体半径 a 的值可以自由选定,外导体半径 b 固定,若希望电缆能承受的最大电压为 $\dfrac{b}{e}E_\mathrm{m}$(其中,E_m 是介质击穿场强),则 a 与 b 的比值应当为:

A. $\dfrac{1}{4e}$ B. $\dfrac{1}{3e}$ C. $\dfrac{1}{2e}$ D. $\dfrac{1}{e}$

18. 介质为空气的一平板电容器,板极间距离为 d,与电压 U_0 连接时,两板间的相互作用力为 f,断开电源后,将板间距离缩小到 $\dfrac{d}{3}$,则两板间的作用力为:

A. f B. $3f$ C. $9f$ D. $6f$

19. 图示两夹角为 90°的半无限大导体平板接地,其间有一点电荷 q,若用镜像法计算其间的电场分布,需要设置几个镜像电荷?

A. 2

B. 3

C. 4

D. 1

20. 终端短路的无损耗传输线的长度为波长的几倍时,其入端阻抗为零?

A. $\dfrac{1}{8}$ B. $\dfrac{1}{4}$ C. $\dfrac{1}{2}$ D. $\dfrac{2}{3}$

21. 图示电路引入的反馈为:

A. 电压串联负反馈

B. 电压并联负反馈

C. 电流并联负反馈

D. 电流串联负反馈

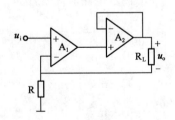

22.已知某放大器的频率特性表达式为 $A(jw)=\dfrac{200\times10^6}{jw+10^6}$,该放大器的中频电压增益为:

    A. 200   B. 200×10^6

    C. 120dB   D. 160dB

23.有两个性能完全相同的放大器,其开路电压增益为 20dB,$R_1=2k\Omega$,$R_f=3k\Omega$。现将两个放大器级联构成两级放大器,则其开路电压增益为:

    A. 40dB   B. 32dB

    C. 30dB   D. 20dB

24.电路如图所示,设图中各二极管的性能均为理想,当 $u_i=15V$ 时,u_0 为:

    A. 6V

    B. 12V

    C. 15V

    D. 18V

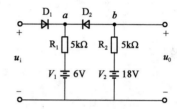

25.在图示放大电路中,$\beta_1=\beta_2=50$,$r_{be1}=r_{be2}=1.5k\Omega$,$U_{BE1Q}=U_{BE2Q}=0.7V$,各电容器的容量均足够大。当输入信号 $u_s=4.2\sin(wt)mV$ 时,电路实际输出电压的峰值为:

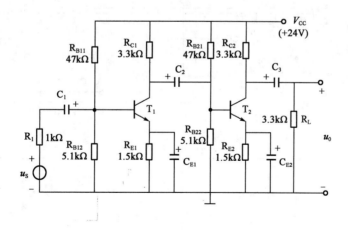

    A. 3.3V   B. 2.3V

    C. 2.0V   D. 1.8V

26.测得某74系列TTL门的 I_{ts} 为 0.2mA, I_{tn} 为 5μA, I_{CL} 为 10mA, I_{CH} 为 400μA,这种门的扇出系数为:

A. 200

B. 80

C. 50

D. 20

27.欲把 36kHz 的脉冲信号变为 1Hz 的脉冲信号,若采用 10 进制集成计数器,则各级的分频系数为:

A. (3,6,10,10,10)

B. (4,9,10,10,10)

C. (3,12,10,10,10)

D. (18,2,10,10,10)

28.逻辑函数 $L=\overline{AB}+\overline{B}C+B\overline{C}+\overline{AB}$ 的最简与一式为:

A. $L=\overline{B}\,\overline{C}$

B. $L=\overline{B}+\overline{C}$

C. $L=\overline{BC}$

D. $L=BC$

29.一片 12 位 ADC 的最小分辨电压为 1.2mV,采用四舍五入的量化方法。若输入电压为 4.387V,则输出数字量为:

A. E50H

B. E49H

C. E48H

D. E47H

30.16 进制加法计数器 74161 构成的电路如图所示。74161 的功能表如表所示,F 为输出。该电路能完成的功能为:

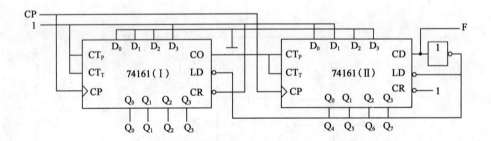

74161 功 能 表

CP	$\overline{CR}$	$\overline{LD}$	CT_P	CT_T	工作状态
×	0	×	×	×	清零
↑	1	0	×	×	预置数
×	1	1	0	×	保持
×	1	1	×	0	保持
↑	1	1	1	1	计数

A. 200 分频

B. 208 分频

C. 240 分频

D. 256 分频

31. 一台并励直流发电机额定电压 250V,额定功率 10kW,电枢电阻 0.1Ω(包括电刷接触电阻),励磁回路电阻 250Ω,额定转速 900r/min。如果用作电动机,所加电压仍为 250V,如果调节负载使电枢电流与发电机额定时相等,此时电动机的转速为:

    A. 900r/min   B. 891r/min

    C. 881r/min   D. 871r/min

32. 一台并励直流电动机,$P_N=96kW$,$U_N=440V$,$I_N=255A$,$I_{FV}=5A$,$n_N=500r/min$,$R_a=0.078Ω$(包括电刷接触电阻)。其在额定运行时的电磁转矩为:

    A. 1991 N・m   B. 2007 N・m

    C. 2046 N・m   D. 2084N・m

33. 一台三相六极感应电动机,额定功率 $P_N=28kW$,$U_N=380V$,$n_N=950r/min$,频率 50Hz,额定负载运行时,机械损耗和杂散损耗之和为 1.1kW,此刻转子的铜耗为:

    A. 1.532kW   B. 1.474kW

    C. 1.455kW   D. 1.4kW

34. 一台感应电动机空载运行时,转差率为 0.01,当负载转矩增大,引起转子转速下降,转差率变为 0.05,那么此时此电机转子电流产生的转子基波磁势的转速将:

    A. 下降 4%   B. 不变

    C. 上升 4%   D. 不定

35. 一台 $S_N=1800kVA$,$U_{1N}/U_{2N}=10000/400V$,Y/yn 连接的三相变压器,其阻抗电压 $u_k=4.5\%$。当有额定电流时的短路损耗 $p_{1N}=22000W$,当一次边保持额定电压,二次边电流达到额定且功率因数为 0.8(滞后)时,其电压调整率 ΔU 为:

    A. 0.98%   B. 2.6%

    C. 3.23%   D. 3.58%

36. 一台三相隐极同步发电机并网运行,已知电网电压 $U_N=400V$,发电机每相同步电抗 $X_S=1.2Ω$,电枢绕组 Y 接法。当发电机在输出功率为 80kW,且 $cos\varphi=1$ 时,若保持励磁电流不变,减少原动机的输出,使发电机的输出功率减少到 20kW,不计电阻压降,此时发电机的功角 δ 为:

    A. 90°   B. 46.21°

    C. 30.96°   D. 7.389°

37. 一台三相 Y 接凸极同步发电机，$X''_d = 0.8$，$X''_q = 0.55$，忽略电枢电阻，$\cos\varphi_N = 0.85$(滞后)，额定负载时电压调整率 ΔU 为：

  A. 0.572   B. 0.62

  C. 0.568   D. 0.74

38. 一台单相变压器二次边开路，若将其一次边接入电网运行，电网电压的表达式为 $u_i = U_{1m}\sin(wt+\alpha)$，$\alpha$ 为 $t=0$ 合闸时电压的初相角。试问当 α 为何值时合闸电流最小？

  A. $0°$ B. $45°$

  C. $90°$ D. $135°$

39. 电力系统主要组成部分为：

  A. 发电厂、变电所、电容器、变压器

  B. 发电厂、变电所、输电线路、负荷

  C. 发电厂、变压器、输电线路、负荷

  D. 发电厂、变压器、电容器、输电线路

40. 在高压网中有功功率和无功功率的流向为：

  A. 有功功率和无功功率均从电压相位超前端流向电压相位滞后端

  B. 有功功率从高电压端流向低电压端，无功功率从相位超前端流向相位滞后端

  C. 有功功率从电压相位超前端流向相位滞后端，无功功率从高电压端流向低电压端

  D. 有功功率和无功功率均从高电压端流向低电压端

41. 当输电线路电压等级越高时，普通线路电抗和电容的变化为：

  A. 电抗值变大，电容值变小

  B. 电抗值不变，电容值变小

  C. 电抗值变小，电容值变大

  D. 电抗值不变，电容值不变

42. 电力系统电压偏移计算公式为：

  A. $\Delta\dot{U} = |\dot{U}_1 - \dot{U}_2|$ B. $\Delta U = U_1 - U_2$

  C. $\Delta\dot{U} = \dot{U}_1 - \dot{U}_2$ D. $\Delta U = \dfrac{U_1 - U_2}{U_N}$

43.高电压长距离输电线路常采用分裂导线,其目的为:

    A.均为改善导线周围磁场分布,增加等值半径,减小线路电抗

    B.均为改善导线周围电场分布,减小等值半径,减小线路电抗

    C.均为改善导线周围磁场分布,增加等值半径,增大线路电抗

    D.均为改善导线周围电场分布,减小等值半径,增大线路电抗

44.线路空载运行时,由于输电线路充电功率的作用,使线路末端电压高于始端电压,其升高幅度与输电线路长度的关系和抑制电压升高的方法分别为:

    A.线性关系:在线路末端并联电容器

    B.平方关系:在线路末端并联电容器

    C.平方关系:在线路末端并联电抗器

    D.线性关系:在线路末端并联电抗器

45.网络及参数如图所示,已知末端电压为 $10.5\angle0°\mathrm{kV}$,线路末端功率为 $\dot{S}_2=4-j3\mathrm{MVA}$,始端电压和线路始端功率为:

    A. $\dot{U}_1=10.33\angle11.724\mathrm{kV},\dot{S}_1=4.45-j3.91\mathrm{MVA}$

    B. $\dot{U}_1=11.01\angle10.99\mathrm{kV},\dot{S}_1=3.55+j2.09\mathrm{MVA}$

    C. $\dot{U}_1=10.33\angle11.724\mathrm{kV},\dot{S}_1=4.45-j2.09\mathrm{MVA}$

    D. $\dot{U}_1=11.01\angle10.99\mathrm{kV},\dot{S}_1=4.45+j3.91\mathrm{MVA}$

46.一条 35kV 供电线路,输送有功功率为 12MW,功率因数为 0.75,线路径串联电容器使末端电压从 33.5kV 提高到 37.5kV,选用电容器额定电压为 0.66kV,额定容量为 40kvar。应安装的静止电容器的个数和总容量为:

    A.60 个,5.67Mvar   B.90 个,3.6Mvar

    C.30 个,1.79Mvar   D.105 个,6.51Mvar

47.发电机的暂态电势与励磁绕组的关系为:

    A.正比于励磁电流   B.反比于励磁磁链

    C.反比于励磁电流   D.正比于励磁磁链

48. 系统发生三相短路后,其短路点冲击电流和最大值有效电流计算公式为:

A. $K_M I''_{fM}$ 和 $I''_f \sqrt{1+2(K_{M-1})^2}$

B. $K_M I''$ 和 $I''_f \sqrt{1+2(K_{M-1})^2}$

C. $I''_f \sqrt{1+2(K_{M-1})^2}$ 和 $K_M I''_{fM}$

D. $I''_f \sqrt{1+2(K_{M-1})^2}$ 和 $K_M I''$

49. 系统如图所示,已知 T_1、T_2 额定容量 100MVA,$U_K\% = 10.5$。系统 S_1 的短路容量为 1000MVA,系统 S_2 的短路容量为 800MVA,当 f 点发生三相短路时,短路点的短路容量(MVA)及短路电流(kA)为:(取 $S_B = 100$MVA,线路电抗标幺值为 $x = 0.05$)

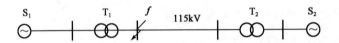

A. 859.0MVA,4.55kA   B. 844.9MVA,4.55kA

C. 859.0MVA,4.24kA   D. 847.5MVA,4.26kA

50. 系统如图所示,系统中各元件在统一基准功率下的标幺值电抗:

G:$x''_d = x_{(2)} = 0.1$,$E'' = 1$;T_1:Y/$\triangle$-11,$x_{T1} = 0.1$,中性点接地电抗 $x_p = 0.01$;

T_2:Y/$\triangle$-11,$x_{T2} = 0.1$,三角绕组中接入电抗 $x_{pT} = 0.18$;

L:$x_i = 0.01$,$x_{i0} = 3x_i$。

当图示 f 点发生 A 相短路接地时,其零序网等值电抗及短路点电流标幺值分别为:

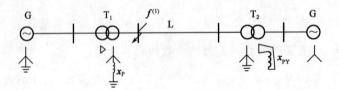

A. 0.0696,10.95   B. 0.0697,3.7

C. 0.0969,4   D. 0.0969,3.5

51.某 220kV 系统的重要变电站,装设 2 台 120MVA 的主变压器,220kV 侧有 4 回进线,110kV 侧有 10 回出线且均为 Ⅰ、Ⅱ 类负荷,不允许停电检修出线断路器,应采用何种接线方式?

    A.220kV 母线采用一个半断路器接线,110kV 母线采用单母线接线

    B.220kV 母线采用一个半断路器接线,110kV 母线采用双母线接线

    C.220kV 母线采用双母线接线,110kV 母线采用双母线接线带旁母接线

    D.220kV 母线和 110kV 母线均采用双母线接线

52.断路器开断中性点直接接地系统中的三相接地短路电流,首先开断相恢复电压的工频分量为:(U_{Ph} 为相电压)

    A.U_{Ph} B.$1.25\,U_{Ph}$

    C.$1.5U_{Ph}$ D.$1.3U_{Ph}$

53.中性点不接地系统中,三相电压互感器作绝缘监视用的附加绕组的额定电压应为:

    A.100V

    B.$\dfrac{100}{3}$V

    C.$3U_0$V(U_0 为零序电压)

    D.U_{1N}/K_0V(U_{1N} 为电压互感器一次侧额定电压,K_0 为额定变比)

54.电流互感器的误差(电流误差 f_1 和相位误差 δ_1)与二次负荷阻抗(Z_{2f})的关系是下列哪组?

    A.f_1,δ_1 正比于 Z_{2f}

    B.f_1,δ_1 正比于 $1/Z_{2f}^2$

    C.f_1,δ_1 正比于 Z_{2f}^2

    D.f_1,δ_1 正比于 $1/Z_{2f}$

55.为使弧隙电压恢复过程为非周期性的,可在断路器触头两端并联电阻,其值应为:

    A.$r \leqslant \dfrac{1}{2}\sqrt{\dfrac{C}{L}}$ B.$r \geqslant \dfrac{1}{2}\sqrt{\dfrac{C}{L}}$

    C.$r \leqslant \dfrac{1}{2}\sqrt{\dfrac{L}{C}}$ D.$r \geqslant \dfrac{1}{2}\sqrt{\dfrac{L}{C}}$

56. 超高压输电线路采用分裂导线的目的之一是:

    A. 减少导线电容   B. 减少线路雷击概率

    C. 增加导线机械强度   D. 提高线路输送容量

57. 极不均匀电场中操作冲击电压击穿特性具有的特点是:

    A. 放电分散性小

    B. 随间隙距离增大,放电电压线性提高

    C. 饱和特性

    D. 正极性放电电压大于负极性放电电压

58. 架空输电线路在雷电冲击电压作用下出现的电晕对波的传播有什么影响?

    A. 传播速度加快,波阻抗减小

    B. 波幅降低,陡度增大

    C. 波幅降低,陡度减小

    D. 传播速度减缓,波阻抗增加

59. 某一变电站低网面积为 S,工频接地电阻为 R,扩建后地网面积增大为 $2S$,扩建后变电站网工频接地电阻为:

    A. $2R$ B. $\dfrac{1}{4}R$

    C. $\dfrac{1}{2}R$ D. $\dfrac{1}{\sqrt{2}}R$

60. 母线上接有波阻抗分别为 50Ω、100Ω、300Ω 的三条出线,一幅值为 U_0 的无穷长直角雷电冲击中其中某条线路。依据过电压理论求母线上可能出现的最大电压值?

    A. $\dfrac{6}{5}U_0$ B. $\dfrac{1}{5}U_0$

    C. $\dfrac{4}{7}U_0$ D. $\dfrac{8}{5}U_0$

2012年度全国勘察设计注册电气工程师(发输变电)执业资格考试基础考试(下)试题解析及参考答案

1.**解** 端口等效一电压源,则电路 R_{in} 内阻为零,设受控电流源 βu 的等效电阻为 R,则:

$$(R+4)//4+4=\frac{4(R+4)}{R+8}+4=0,解得:R=-6\Omega$$

将独立电压源置零,则并联的支路的电阻,一支为 4Ω,另一支为 $-6+4=-2\Omega$,电流应按反比分配,根据电流方向及分配规律有:

$$2\left(-\frac{U}{4}\right)=-\frac{\beta U}{6}\Rightarrow\beta=3$$

答案:B

2.**解** 最大功率传输条件是,当负载电阻等于去掉负载电阻后的戴维南等效电路的内阻 R_{in} 时,在负载中可获得最大功率。

$$X_L=\omega L=2\times0.5=1\Omega;X_C=\frac{1}{\omega C}=\frac{1}{2\times0.5}=1\Omega$$

$$R_{in}=\frac{1}{n^2}[(1+j1)//(1-j1)]=\frac{1}{4}\times\frac{1^2-j^2}{1+1}=\frac{1}{4}\Omega$$

当 $R_L=R_{in}=\frac{1}{4}\Omega$ 时,负载可获得最大功率。

答案:C

3.**解** 将 Z 所在星形接线变化为三角形接线,$Z_\triangle=3Z=48+j6$,则其导纳为:

$$G_\triangle=\frac{1}{Z_\triangle}=\frac{1}{48+j6}=\frac{48-j6}{48^2+6^2}=\frac{4}{195}+j\frac{1}{390}$$

当电容容纳与导纳虚部相等时,并联后导纳虚部为零,即功率因数为1。

$$\omega C=\frac{1}{390}\Rightarrow C=\frac{1}{390\times2\pi\times50}=8.16\times10^{-6}F=8.16\mu F$$

答案:D

4.**解** 工作在匹配状态下的无损耗均匀传输线,终端接以匹配负载,此时将存在:

$$\dot{U}=\dot{U}_1e^{-j\beta x}\ ,\ \dot{I}=\dot{I}_1e^{-j\beta x}\ ,其中 \beta 为相位系数。$$

沿线路各处的电压和电流的有效值将不再变化,仅仅相位随 x 变化。由于特性阻抗是实数,沿线路任一位置电压和电流都是同相位的。此时衰减系数 $\alpha=0$,效率 $\eta=100\%$,达到最大值。

答案:C

5.**解** 参见附录一"高频考点知识补充"的知识点1,去耦等效电路如解图所示。

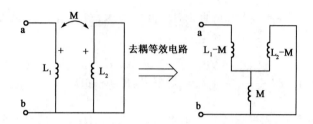

题5解图1

将数据代入,如解图2所示,即:

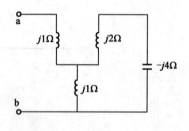

题5解图2

则 $Z_{in}=j1+j[1//(2-4)]=j3\Omega$

注:附录一"高频考点知识补充"知识点1中所有去耦等效电路及其变换公式,必须牢记。

答案:B

6.**解** 由于S断开及闭合时总电流有效值均为0.5A,根据电感与电容的电压电流相位关系,可绘制如下相量图。

显然,三个电流相量组成一个正三角形,电感回路有效值 $I_{RC}=0.5A$,则:

电感感抗:$X_L=Z\sin\varphi=\dfrac{U}{I_{RC}}\sin\varphi=\dfrac{220}{0.5}\times\sin30°=220\Omega$

注:电感元件上,两端电压相量超前于电流相量90°;电容元件上,两端电压相量滞后于电流相量90°。

答案:C

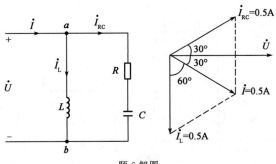

题 6 解图

7. 解 电容为储能元件,电压不能突变,则 $u_C(0_+)=u_C(0_-)=0V$

电容对直流相当于断路,当 $t\to\infty$ 时,$u_C(\infty)=6V$

时间常数:$\tau=RC=1\times2\times10^{-6}=2\mu s$

代入一阶电路全响应方程 $f(t)=f(\infty)+[f(0_+)-f(\infty)]e^{-\frac{t}{\tau}}$,则:

$$u_C(t)=6+(0-6)e^{-\frac{t}{\tau}}=6(1-e^{-\frac{t}{\tau}})$$

答案:D

8. 解 换路前,$u_{C1}(0_-)=\dfrac{36}{12+6}\times6=12V$

根据换路定则,$u_{C1}(0_+)=u_{C1}(0_-)=12V$

答案:A

9. 解 由题意,u_1 中不含基波分量,要求并联回路(电容电感串联)基频($\omega_1=10000$)时应发生串联谐振,相当于短路;而三次频率($\omega_3=30000$)时应发生并联谐振,相当于断路,则:

(1)基波分量时:

代入数据,可得:$\omega L=\dfrac{1}{\omega C}$,发生串联谐振。

(2)三次谐波分量时:

$$\frac{1}{\omega C_1}=\omega L-\frac{1}{\omega C}=3\times10^4\times1\times10^{-3}-\frac{1}{3\times10^4\times10\times10^{-6}}=26.67$$

$$\Rightarrow C_1=\frac{1}{3\times10^4\times26.67}=1.25\times10^{-6}F=1.25\mu F$$

答案:B

10. 解 设 ab 点之间电压为 $\dot{U}\angle0°$,由于发生谐振,总电流应与电压同相位,即为 $\dot{I}\angle0°$。另,根据电感元件两端电压相量超前于电流相量90°,电容元件上两端电压相量滞后于电流相量90°,考虑到电容支路存在电阻,因此可绘出相量图如图所示,则:

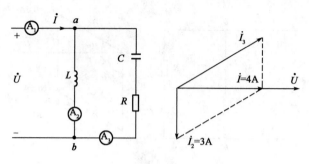

题10解图

电流表 A_1 的读数为：$I_3 = \sqrt{I_1^2 + I^2} = \sqrt{4^2 + 3^2} = 5A$

> 注：电感与电容两端的电压电流相位关系必须牢记，即电感元件两端电压相量超前于电流相量90°，电容元件上两端电压相量滞后于电流相量90°。

答案： C

11.解 RLC串联电路如解图1所示，当S开关闭合时，电感被短路。

设电压为 $\dot{U}\angle 0°$，电感短路前电流为 $\dot{I}$，电感短路后电流为 $\dot{I}'$，根据电容元件上两端电压相量滞后于电流相量90°，电感元件两端电压相量超前于电流相量90°，及短路前后总电流有效值不变，则存在如解图2所示的相量关系。

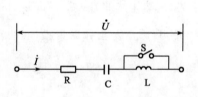

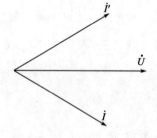

题11解图1   题11解图2

则：$\dfrac{U}{\sqrt{R^2 + (X_L - X_C)^2}} = \dfrac{U}{\sqrt{R^2 + X_C^2}} \Rightarrow X_L - X_C = X_C$，由 $X_C = 10\Omega$，$X_L = 2 \times 10 = 20\Omega$

答案： B

12.解 等效电路如解图所示，独立电压源的电压为该含源一端口电路在端口处的开路电压。

则：$U_。= -9 + 3 \times 5 - 4 = 2V$

电路中电源置零，则：

$R_{in} = 2 + 3 = 5\Omega$

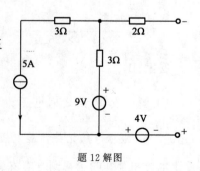

题12解图

注:任何一个含有独立电源的线性一端口电阻电路,对外电路而言可以用一个独立电压源和一个线性电阻相串联的电路等效替代;其独立电压源的电压为该含源一端口电路在端口处的开路电压;其串联电阻为该含源一端口电路中所有独立电源置零后,端口处的入端电阻。

答案:C

13.解 电路总电流为 $\dot{I}=8\dot{I}_C+\dot{I}_C=9\dot{I}_C$,则:

$$\dot{U}=9(R+j\omega L)\dot{I}_C+\frac{1}{j\omega C}\dot{I}_C=\left[9R+j\left(9\omega L-\frac{1}{\omega C}\right)\right]\dot{I}_C$$

电路发生谐振,虚部为零,则:

$$9\omega L-\frac{1}{\omega C}=0\Rightarrow\omega=\sqrt{\frac{1}{9LC}}=\frac{1}{3}\sqrt{\frac{1}{LC}}$$

答案:D

14.解 功率表测量原理可参见附录一"高频考点知识补充"知识点 2,功率表的电流端接在 A 相,电压端接在 AB 相,且为线电压,则功率表读数为:$P=U_{AB}I_{AN}$

相间的阻抗进行△-星变换,如解图所示,则:

题 14 解图

$$Z'=\frac{Z}{3}=\frac{54+j72}{3}=18+j24\Omega$$

$$I_P=\frac{U}{|Z|}=\frac{220}{\sqrt{18^2+24^2}}=7.33A$$

功率因数角为 $\varphi=\arctan\frac{24}{18}=53.13°$

在星形连接的三相电源或三相负载中,线电流和相电流为同一电流,线电压是相电压的 $\sqrt{3}$ 倍,且线电压超前于相应的相电压 $30°$,设 A 相电压相位为 $0°$,则:

各相电压:$\dot{U}_{AN}=U_P\angle0°,\dot{U}_{BN}=U_P\angle-120°,\dot{U}_{CN}=U_P\angle120°$

各相电流:$\dot{I}_{AN}=I_P\angle-53.13°,\dot{I}_{BN}=I_P\angle-173.13°,\dot{I}_{CN}=I_P\angle66.87°$

各线电压:$\dot{U}_{AB}=\sqrt{3}U_{AN}\cdot\angle30°=\sqrt{3}U_P\angle30°,\dot{U}_{BC}=\sqrt{3}U_{BN}\cdot\angle30°=\sqrt{3}U_P\angle-90°,$
$\dot{U}_{CA}=\sqrt{3}U_{CN}\cdot\angle30°=\sqrt{3}U_P\angle150°$

其中 $U_P=220V$、$I_P=7.33A$ 分别为相电压与相电流有效值,那么,功率表读数为:

$$P=\dot{U}_{AB}\dot{I}_{AN}=\sqrt{3}U_P\angle30°\times I_P\angle-53.13°=380\times7.33\times\cos83.13°=333.2W$$

注:本题考查功率表的测量原理以及星形接线中各相、线的电压电流相位关系。

答案:A

15.**解** 先求其等效内阻:

$$R_{in} = \frac{(3i_L + i_L) \times 25}{i_L} = 100\Omega$$

时间常数:$\tau = \dfrac{L}{R} = \dfrac{1}{100} = 0.01s = 10ms$

答案:B

16.**解** 由于电容为储能元件,其电压不能突变,则有 $u_C(0_+) = u_C(0_-) = 0V$

电路达到稳态时:$u_C(\infty) = U_S$,时间常数:$\tau = RC$

代入一阶电路全响应方程 $f(t) = f(\infty) + [f(0_+) - f(\infty)]e^{-\frac{t}{\tau}}$

则:$u_C(t) = U_S + [0 - U_S]e^{-\frac{t}{\tau}} = U_S - U_S e^{-\frac{t}{RC}}$,其中 U_S 为常数。

$\dfrac{du_C(t)}{dt} = -(-\dfrac{U_S}{RC})e^{-\frac{t}{RC}}$,当 $t = 0_+$ 时,可得:$\dfrac{du_C(t)}{dt} = \dfrac{U_S}{RC}$

答案:C

17.**解** 设同轴电缆的内导体单位长度所带电荷为 τ,则电场强度 $E = \dfrac{\tau}{2\pi\varepsilon r}(a < r < b)$

设同轴电缆的电压为 U_0(内外导体电位差),则 $U_0 = \displaystyle\int_a^b \dfrac{\tau}{2\pi\varepsilon r}dr = \dfrac{\tau}{2\pi\varepsilon}\ln\dfrac{b}{a}$,解得:$\tau$

$= \dfrac{2\pi\varepsilon \cdot U_0}{\ln\dfrac{b}{a}}$,代入电场强度公式,得到电场强度:$E_{r=a} = \dfrac{\tau}{2\pi\varepsilon a} = \dfrac{U_0}{a \cdot (\ln b - \ln a)}(a < r < b)$

,若电场强度最大值为 $E_{r=a} = E_m kV/cm$,当 $a(\ln b - \ln a)$ 取得最大值时,电容器承受最大电压 U_0。

根据题目已知条件及函数极值的求解方式,设 b 固定,对 a 求导可得:

$$f'(a) = \left(a\ln\dfrac{b}{a}\right)' = \ln\dfrac{b}{a} - 1$$

由导数几何意义,当 $f'(a) = 0$ 时,$E_{r=a}$ 取得极值,则:$\ln\dfrac{b}{a} - 1 = 0 \Rightarrow \dfrac{a}{b} = \dfrac{1}{e}$

代入 $E_{r=a}$ 方程验算,得到:

$$E_m = \dfrac{U_0}{a(\ln b - \ln a)} = \dfrac{E_m b/e}{a} \Rightarrow \dfrac{a}{b} = \dfrac{1}{e}$$

> 注:建议记住最大电压的求解方法,推导过程供考生参考。

答案:D

18.**解** 设电容器中介填充介质的介电常数为 ε,板面积为 S,则平板电容器电容为 $C = \dfrac{\varepsilon S}{d}$

静电场能量:$W_e = \dfrac{1}{2}CU_0^2 = \dfrac{\varepsilon S}{2d}U_0^2$

利用虚位移法计算电场力:$f = \dfrac{\partial w_e}{\partial g}\bigg|_{\varphi=常量} = -\dfrac{\varepsilon S}{2d^2}U_0^2$

当电容电压为 U_0,断开电源,则电容电荷总量恒定不变,利用公式:

$W_e = \dfrac{1}{2} \cdot \dfrac{Q^2}{C} = \dfrac{d}{2\varepsilon S}Q^2$,$f = -\dfrac{\partial w_e}{\partial g}\bigg|_{Q=常量} = -\dfrac{1}{2\varepsilon S}Q^2$,可知电场力与板间距大小无

关,作用力保持不变。

答案:A

19.解 若无限大导电二面角的角度 $\varphi = \dfrac{\pi}{n}$,则总可以找到合适的镜像,其中 n 必须

是正整数,其中电荷总数量为 $\dfrac{2\pi}{\varphi}$,而镜像电荷数量为 $\dfrac{2\pi}{\varphi} - 1$,则需要镜像电荷的数量为: m

$= \dfrac{360}{90} - 1 = 3$

> 注:本原则书上无直接公式,但可总结获得。

答案:B

20.解 当终端为短路状态时, $Z_{in} = jZ_c \tan \dfrac{2\pi}{\lambda} l$, Z_c 为特性阻抗,则:

当 $l = \dfrac{5}{8}\lambda$ 、 $l = \dfrac{7}{8}\lambda$ 、 $l = \dfrac{11}{8}\lambda$,代入方程: $Z_{in} = jZ_c$

当 $l = \dfrac{1}{2}\lambda$,代入方程: $Z_{in} = 0$

> 注:无损耗的均匀传输线的输入阻抗,当终端为开路状态时, $Z_{in} = -jZ_c \cot \dfrac{2\pi}{\lambda} l$;当
> 终端为短路状态时, $Z_{in} = jZ_c \tan \dfrac{2\pi}{\lambda} l$ 。

答案:C

21.解 输入信号 u_i 与反馈信号 u_f 不在同一点,其 u_i 和 u_f 在输入回路中彼此串联,
因此为串联反馈;

当输出电流 i_o 流过 R_1 和 R (反馈电阻亦为取样电阻)时,在 R 两端产生反馈电压 u_f ,
其对应输入回路中, u_f 抵消了与 u_i 的差额部分,导致基本放大电路的净输入电压减小,故
引入的为负反馈。

由于电路中采取输出电流取样、输入串联比较,因此本电路为电流串联负反馈。

> 注:各种反馈的特点如下:
>
> 电压串联负反馈:重要特点是电路的输出电压趋于稳定,提高输入电阻,降低输出
> 电阻。
>
> 电压并联负反馈:常用于电流—电压变换器中。
>
> 电流串联负反馈:常用于电压—电流变换器中。
>
> 电流并联负反馈:重要特点是电路的输出电流趋于稳定,减少输入电阻,提高输出
> 电阻。

答案:D

22. 解 低通有源滤波器频率特性表达式：$A(j\omega) = \dfrac{A_{up}}{1+j\omega RC}$，则：

$$A(j\omega) = \frac{200 \times 10^6}{j\omega + 10^6} = \frac{200}{j\omega \cdot 10^{-6} + 1}$$

可见，中频电压增益 $A_{up} = 200$

注：考查基本滤波电路的传递函数公式。低通有源滤波器频率特性表达式：$A(j\omega)_L$ $= \dfrac{A_{up}}{1+j\omega RC}$，低通有源滤波器频率特性表达式：$A(j\omega)_H = \dfrac{j\omega RC}{1+j\omega RC}A_{up}$

答案：A

23. 解 用分贝表示的电压增益公式为 $20\lg|A_{up}|$，由于放大器的开路电压增益（对数）为 20dB，则：

通带（中频）电压增益为：$20\lg|A_{up}| = 20 \Rightarrow A_{up} = 10$

两个放大器级联的总电压增益为：$A_{up\Sigma} = 10 \times 10 = 100$

总开路电压增益（对数）为：$20\lg|A_{up\Sigma}| = 20\lg|100| = 40\text{dB}$

注：电压增益反映了放大电路在输入信号控制下，将供电电源能量转换为信号能量的能力。用分贝表示的电压增益公式、电流增益公式和功率增益公式分别为 $20\lg$ $|A_{up}|$、$20\lg|A_{ip}|$ 和 $10\lg|A_p|$。

答案：A

24. 解 此类电路的分析原则，即先将二极管回路断开，移除外加电源后，分析 a、b 点电压值，可知 $U_a = U_b = 12\text{V}$，则当输入电压 $U_i = 15\text{V} > U_a$，则 D_1 二极管导通；导通后 a 点电压为 $U_a = 15\text{V}$，此时 $U_b < U_a$，D_2 本应截止，但一旦 D_2 截止，则 $U_b = 18\text{V} > U_a$，因此 D_2 应为导通状态，则输出电压 $U_o = 15\text{V}$。

答案：C

25. 解 两个共射极放大电路串联，三极管 T_2 的微变等效电路如解图1所示。

$$R'_{L2} = R_{C2}//R_L = 3.3//3.3 = 1.65\text{k}\Omega$$

$$R_{i2} = R_{B21}//R_{B22}//r_{be} = 47//5.1//1.5 = 1.13\text{k}\Omega$$

$$A_{u2} = -\frac{\beta R'_{L2}}{r_{be}} = -50 \times \frac{1.65}{1.5} = -55$$

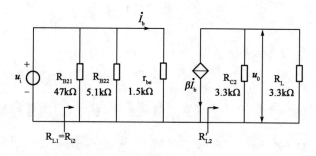

题 25 解图 1

三极管 T_1 的微变等效电路如解图 2 所示。

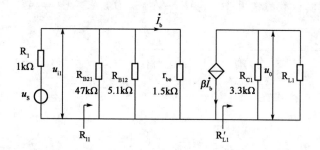

题 25 解图 2

$$R_{L1} = R_{i2} = 1.13 \text{k}\Omega$$

$$R'_{L1} = R_{C1} // R_{L1} = 3.3 // 1.13 = 0.84 \text{k}\Omega$$

$$R_{i1} = R_{B11} // R_{B12} // r_{be} = 47 // 5.1 // 1.5 = 1.13 \text{k}\Omega$$

$$A_{u1} = -\frac{\beta R'_{L1}}{r_{be}} = -50 \times \frac{0.84}{1.5} = -28$$

输入电压峰值：

$$u_i = \frac{R_i}{R_1 + R_i} u_s = \frac{1.13}{1 + 1.13} \times 4.2 = 2.23 \text{mV}$$

输出电压峰值：

$$u_o = A_{u1} A_{u2} u_i = -28 \times (-55) \times 2.23 = 34342 \text{mV} = 3.43 \text{V}$$

> 注：R_{E1} 和 R_{E2} 由于与电容并联，视为短路。

答案：A

26.解 扇出系数是指 TTL 与非门输出端连接同类门的最多数量，它反映了与非门带负载能力。

低电平输出时的扇出门：$N_{OL} = \dfrac{I_{CL}（驱动门）}{I_{ts}（负载门）} = \dfrac{10}{0.2} = 50$

高电平输出时的扇出门：$N_{OH} = \dfrac{I_{CH}(\text{驱动门})}{I_{tn}(\text{负载门})} = \dfrac{400}{5} = 80$

由于 $N_{OL} \neq N_{OH}$，取二者较小值，为50。

答案：C

27.**解** 基本概念，采用10进制集成计数器分频，则每个计数器的分频系数都应小于10，且系数乘积应为 $36 \times \dfrac{1000}{1} = 36000$

答案：B

28.**解** 依逻辑函数的常用公式：$AB + \overline{A}B = B$，$A + \overline{A}B = A + B$，$A + AB = A$，推导可知：

$$L = \overline{AB + \overline{B}C + B\overline{C} + \overline{A}B} = \overline{B + \overline{B}C + B\overline{C}} = \overline{B + \overline{B}C} = \overline{B + C} = \overline{B}\,\overline{C}$$

> 注：狄·摩根定律：$\overline{A + B + C} = \overline{A} \cdot \overline{B} \cdot \overline{C}$ 和 $\overline{A \cdot B \cdot C} = \overline{A} + \overline{B} + \overline{C}$。

答案：A

29.**解** 由 $\dfrac{4.387}{1.2 \times 10^{-3}} = 3655.83 \approx 3656$，十进制转十六进制，则 $(3656)_{10} = (E48)_{16}$。

答案：C

30.**解** 74161为4位二进制异步计数器，可预置数的加法器；

采用两片74161并行级联的方式，其中左片为低位计数，预置数为 $(1000)_2$；右片为高位计数，预置数为 $(0011)_2$。转换为16进制，总计数为 $(38)_{16}$；

十六进制转化为十进制：$(38)_{16} = (56)_{10}$

74161是4位二进制异步加计数器，题中采用同步预置法，即先预置数为56，然后计数器再计数，输入到第256个脉冲时产生整体置零信号，因此本逻辑电路为 $256 - 56 = 200$ 分频器。

> 注：两片计数器的连接方式分两种：
>
> 并行进位：低位片的进位信号（CO）作为高位片的使能信号，称为同步级联。
>
> 串行进位：低位片的进位信号（CO）作为高位片的时钟脉冲，称为异步级联。
>
> 计数器实现任意计数的方法主要有两种，一种为利用清除端CR的复位法，即反馈清零法，另一种为置入控制端LD的置数法，即同步预置法，两种方法的计数分析方法不同，为历年考查重点，考生均应掌握。

答案：A

31.**解** 并励直流发电机接线图如解图 1 所示。

发电机额定电流：$I_N = \dfrac{P_N}{U_N} = \dfrac{10 \times 10^3}{250} = 40A$

励磁电流：$I_f = \dfrac{U_N}{R_f} = \dfrac{250}{250} = 1A$

额定运行时的电枢电流：$I_{aN} = I_N + I_f = 40 + 1 = 41A$

电枢电动势：$E_a = U_N + I_{Na}R_a = 250 + 41 \times 0.1 = 254.1V$

由公式 $E_a = C_e \varphi n$，可得 $C_e \varphi = \dfrac{E_a}{n} = \dfrac{254.1}{900} = 0.2823$

当用作电动机时，其接线图如解图 2 所示。

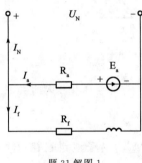

题 31 解图 1

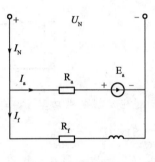

题 31 解图 2

电枢电动势：$E_a = U_N - I_{Na}R_a = 250 + 41 \times 0.1 = 245.9V$

电动机转速：$n = \dfrac{E_{a2}}{C_e \varphi} = \dfrac{245.9}{0.2823} = 870.96 r/min$

> 注：考查并励直流发电机和电动机的基本原理，隐含条件为电枢电流不变，负载转矩不变。

答案：D

32.**解** 并励直流电动机接线图可参考上题。

额定运行时的电枢电流：$I_{aN} = I_N - I_f = 255 - 5 = 250A$

电枢电动势：$E_a = U_N - I_aR_a = 440 - 250 \times 0.078 = 420.5V$

额定运行时的电磁功率：$P_M = E_aI_a = 420.5 \times 250 = 105.125kW$

电磁转矩：$T_M = \dfrac{P_M \times 10^3}{2\pi n_N/60} = 9550 \times \dfrac{P_M}{n_N} = 9950 \times \dfrac{105.124}{500} = 2007.89 N \cdot m$

答案：B

33.解 由于定子旋转磁动势的同步转速应与额定转速相差不大,则:

$$n_1 = \frac{60f}{P} = \frac{60 \times 50}{3} = 1000 \text{r/min}$$

额定转差率:$s_N = \dfrac{n_1 - n_N}{n_1} = \dfrac{1000 - 950}{1000} = 0.05$

总机械功率:$P_{Mec} = P_2 + P_\Omega + P_{ad} = 28 + 1.1 = 29.1 \text{kW}$

电磁功率:$P_M = \dfrac{P_{Mec}}{1 - S} = \dfrac{29.1}{1 - 0.05} = 30.63 \text{kW}$

转子铜耗:$P_{Cu2} = S P_M = 0.05 \times 30.63 \times 1000 = 1532 \text{W} = 1.532 \text{kW}$

注:感应电动机的功率流程可参考下图,应牢记。

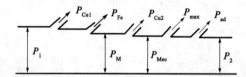

同时还应掌握电磁功率 P_M 与总机械功率 P_{Mec}、转子铜耗 P_{Cu2} 之间的关系,即 $P_{Mec} = P_M(1-S)$ 和 $P_{Cu2} = S P_M$。

其中,P_{Cu1} 为定子绕组铜耗;P_{Fe} 为定子绕组铁耗;P_{Cu2} 为转子绕组铜耗;$P_\Omega = P_{Mec}$ 为机械损耗;P_{ad} 为附加损耗。

答案:A

34.解 转子空载运行时,转子绕组中没有电流,这时作用在磁路上的只有定子基波磁动势,其旋转转速为 $n_1 = \dfrac{60f}{P}$,负载运行时,转子感应电流的频率与定子电流频率一致,则其基波磁动势转速也应一致,均为同步速 $n_1 = \dfrac{60f}{P}$,但当转子转速为 n 时,旋转磁场就以 $n_1 - n$ 的相对速度切割转子绕组,即相对切割速度随转子转速的快慢而变化,或可说随转差率的变化而变化。

答案:B

35.解 一次侧额定电流:$I_N = \dfrac{S_N}{\sqrt{3} U_N} = \dfrac{1800}{\sqrt{3} \times 10} = 103.9 \text{A}$

短路阻抗:$Z_k = u_k \times \dfrac{U_{1N}}{I_{1N}} = 0.045 \times \dfrac{10000}{103.9} = 4.33 \Omega$

短路电阻:$R_k = \dfrac{P_{kN}}{I_N^2} = \dfrac{22000}{103.9^2} = 2.04 \Omega$

短路电抗：$X_k = \sqrt{Z_k^2 - R_k^2} = \sqrt{4.33^2 - 2.04^2} = 3.82\Omega$

电压调整率：

$$\Delta U\% = \beta\left(\frac{I_{1N}R_k\cos\varphi_2 + I_{1N}X_k\sin\varphi_2}{U_{1N}}\right) \times 100\%$$

$$= \frac{103.9 \times 2.04 \times 0.8 + 103.9 \times 3.82 \times 0.6}{10000} \times 100\% = 4.08\%$$

注：电压调整率的定义：一次侧加额定电压，负载功率因数一定，二次侧空载电压与负载时电压之差$(U_{20} - U_2)$用二次侧额定电压U_{2N}的百分数来表示，即：

$$\Delta U\% = \frac{U_{2N} - U_2}{U_{2N}} \times 100\% = \frac{U_{1N} - U_2'}{U_{1N}} \times 100\%$$

答案：D

36.解　额定相电压：$U_{Np} = \frac{U_N}{\sqrt{3}} = \frac{400}{\sqrt{3}} = 230.94V$

额定相电流：$I_N = \frac{P_N}{\sqrt{3}U_N\cos\varphi} = \frac{80}{\sqrt{3} \times 0.4 \times 1} = 115.47A$

功率因数角：$\varphi = 0°$，则设$\dot{U} = 230.94\angle 0°$，$\dot{I} = 115.47\angle 0°$

发电机空载电动势：$\dot{E}_0 = \dot{U} + j\dot{I}X_c = 230.94 + j115.47 \times 1.2 = 269.32\angle 30.96°$

输出功率变化前的电机功角：$\delta_1 = 30.96°$

由功角特性表达式：$P_M = \frac{mUE_0}{X_c}\sin\delta$，可知当励磁电流、输出电压不变时，$P_M$正比于$\sin\delta$，则：

$$\frac{P_{M1}}{P_{M2}} = \frac{\sin\delta_1}{\sin\delta_2} \Rightarrow \sin\delta_2 = \frac{P_{M2}}{P_{M1}}\sin\delta_1 = \frac{20}{80} \times \sin30.96° = 0.1286$$

解得：$\delta_2 = 7.389°$

注：隐含条件，励磁电流不变则励磁电动势E_0不变，并网运行则发电机出口电压U不变。

答案：D

37.解　以端电压作为参考相量，则$\dot{U}_* = 1\angle 0°$，$\dot{I}_* = 1\angle 31.79°$

内功率因数角：$\tan\psi = \dfrac{I_* X_q + U_* \sin\varphi}{I_* \sin\varphi} = \dfrac{1 \times 0.55 + 1 \times \sin 31.79°}{\cos 31.79°} = 1.267$

解得：$\psi = 51.71°$

电枢电流的直轴和交轴分量分别为：

$$I_{d*} = I_* \sin\psi = 0.785;\ I_{q*} = I_* \cos\psi = 0.62$$

根据凸极发电机的电动势平衡相量图，可知：

励磁电动势：$E_{0*} = U_* \cdot \cos(\psi - \varphi) + I_d X_c$

$$= 1 \times \cos(51.71° - 31.79°) + 0.8 \times 0.785 = 1.568$$

电压调整率：$\Delta E\% = \dfrac{1.568 - 1}{1} \times 100\% = 56.8\%$

答案：C

38. 解　此为变压器空载合闸到电网的变压器的瞬变过程。

合闸后，变压器一次绕组中的电流 i_1 满足如下微分方程：

$$i_1 r_1 + N_1 \dfrac{\mathrm{d}\Phi}{\mathrm{d}t} = U_{1m} \sin(\omega t + \alpha)$$

其中，Φ 为与一次绕组相交链的总磁通，包括主磁通和漏磁通，这里近似认为等于主磁通。电阻压降 $i_1 r_1$ 较小，在分析瞬变过程时可忽略，则上式变为：

$$N_1 \dfrac{\mathrm{d}\Phi}{\mathrm{d}t} = U_{1m} \sin(\omega t + \alpha)$$

解此微分方程，可得 $\Phi = -\dfrac{U_{1m}}{\omega N_1} \cos(\omega t + \alpha) + C$，其中 C 由初始条件决定。

因为变压器空载合闸前磁链为 0，根据磁链守恒原理，有 $C = \dfrac{U_{1m}}{\omega N_1} \cos\alpha$，则：

$$\Phi = \dfrac{U_{1m}}{\omega N_1} \cos\alpha - \dfrac{U_{1m}}{\omega N_1} \cos(\omega t + \alpha) = \dfrac{U_{1m}}{\omega N_1} [\cos\alpha - \cos(\omega t + \alpha)]$$

由此可见，磁通 Φ 的瞬变过程与合闸时间 $t = 0$ 电压的初相角 α 有关，设 $\Phi_m = \dfrac{U_{1m}}{\omega N_1}$，显然若 $t = 0$ 时，$\alpha = 90°$，$\Phi = -\Phi_m \cos(\omega t + 90°) = \Phi_m \sin\omega t$

即从 $t = 0$ 时开始，变压器一次电流 i_1 在铁芯中就建立了稳态磁通 $\Phi_m \sin\omega t$，而不会发生瞬变过程，一次电流 i_1 也是正常运行时的稳态空载电流 i_0。

若 $t = 0$ 时，$\alpha = 0°$，$\Phi = \Phi_m(1 - \cos\omega t) = \Phi_m - \Phi_m \cos\omega t$

即从 $t = 0$ 时开始经过半个周期即 $t = \dfrac{\pi}{\omega}$ 时，磁通 Φ 达到最大值，$\Phi_{max} = 2\Phi_m$，即瞬变过

程中磁通可达到稳态分量最大值的 2 倍。

答案:C

39.解 基本概念,不再赘述。

答案:B

40.解 由于高压输电线路的电阻远小于电抗,因而使得高压输电线路中有功功率的流向主要由两端节点电压的相位决定,有功功率是从电压相位超前的一端流向滞后的一端,输电线路中无功功率的流向主要由两端节点电压的幅值决定,由幅值高的一端流向低的一端。公式分析如下:

$$\dot{U}_1 = \dot{U}_2 + \frac{P_2 R + Q_2 X}{U_2} + j\frac{P_2 X - Q_2 R}{U_2}$$,其中输电线路电阻忽略不计,$R=0$,则

$$\dot{U}_1 = \dot{U}_2 + \frac{Q_2 X}{U_2} + j\frac{P_2 X}{U_2} \Rightarrow U_1(\cos\delta + j\sin\delta) = U_1 + \frac{Q_2 X}{U_2} + j\frac{P_2 X}{U_2}$$

则有功功率:$U_1 \sin\delta = \frac{P_2 X}{U_2} \Rightarrow P_2 = \frac{U_1 U_2}{X}\sin\delta$,相角差主要取决于有功功率。

同理,无功功率:$Q_2 = \frac{(U_1\cos\delta - U_2)U_2}{X} \approx \frac{(U_1 - U_2)U_2}{X} = \frac{\Delta U \cdot U_2}{X}$,电压降落主要取决于无功功率。

答案:C

41.解 电力线路电感计算公式:$L = (2\ln\frac{D_\mathrm{m}}{r} + \frac{\mu_r}{2}) \times 10^{-7}(\mathrm{H/m})$

此公式中参数均为线路自身的物理量,与电压无关。

线路感抗公式 $X_\mathrm{L} = \omega L = 2\pi f L$,可见该值仅与频率有关,与电压无关。

电力线路电容计算公式:$C = \dfrac{1}{1.8\ln(D_\mathrm{m}/r) \times 10^{10}}(\mathrm{F/m})$

同理,此公式中参数均为线路自身的物理量,与电压无关。

线路感抗公式 $X_\mathrm{C} = \dfrac{1}{\omega C} = \dfrac{1}{2\pi f C}$,可见该值仅与频率有关,与电压无关。

答案:D

42.解 电压偏移(电压偏差)是供配电系统在正常运行方式下,系统各点的实际电压 U 对系统标称电压 U_n 的偏差 ΔU,也可用相对于系统标称电压的百分数表示,即:$\Delta U = \dfrac{U - U_\mathrm{n}}{U_\mathrm{n}}$ 或 $\Delta U\% = \dfrac{U - U_\mathrm{n}}{U_\mathrm{n}} \times 100\%$

答案:D

43. 解 基本概念,在高压或超高压电力系统中,为了改善高电压作用下导线周围空气的游离程度,防止发生电晕,一般采用分裂导线;其次分裂导线由于每相导线等值半径的增大,使得每相电抗减小,一般比单根导线线路的电抗约减小20%以上,具体数值应视每相的分裂根数而定。

答案: A

44. 解 线路空载时,线路末端的功率为零,根据Ⅱ形输电线路等值电路,得到公式:

$$\dot{U}_1 = U_2 - \frac{BX}{2}U_2 + j\frac{BR}{2}U_2 \approx U_2 - \frac{BX}{2}U_2$$

在线路不太长的情况下,如在300km以内,Ⅱ型等值电路中的电纳 B 约为单位长度的电纳 b_1 与线路长度 L 的乘积,电抗 X 约为单位长度的电抗 x_1 与线路长度 L 的乘积,因此,线路末端空载电压的升高与线路长度的平方成正比。但线路更长时,一般需要应用线路方程式 $\dot{U}_1 = \dot{U}_2\cosh\gamma l$ 计算得出。

高压输电线路空载或轻载时,都会产生末端电压升高的现象,常用的措施是在线路末端加装并联电抗器,用它来吸收线路分布电容所产生的容性电流,避免线路末端电压超过允许值,导致设备绝缘损坏。

答案: C

45. 解 已知线路末端电压和末端功率时,线路的功率分布和功率损耗可以从末端开始,逐步向始端进行计算。

串联支路中的功率损耗:

$$\Delta S_z = \frac{P^2 + Q^2}{U_2^2}(R + jX) = \frac{4^2 + 3^2}{10.5^2}(2 + j4) = 0.4535 + j0.907$$

始端功率: $S_1 = S_2 + \Delta S_z = 4 - j3 + 0.4535 + j0.907 = 4.4535 - j2.093$

电压降的纵分量: $\Delta U_2 = \dfrac{P_2 R + Q_2 X}{U_2} = \dfrac{4 \times 2 - 3 \times 4}{10.5} = -0.381$

电压降的横分量: $\delta U_2 = \dfrac{P_2 X - Q_2 R}{U_2} = \dfrac{4 \times 4 + 3 \times 2}{10.5} = 2.1$

始端电压幅值: $U_1 = \sqrt{(U_2 + \Delta U_2)^2 + \delta U_2^2} = \sqrt{(10.5 - 0.381) + 2.1^2} = 10.33\text{kV}$

始端电压相位: $\theta = \arctan\left(\dfrac{\delta U_2}{U_2 + \Delta U_2}\right) = \arctan\left(\dfrac{2.1}{10.5 - 0.381}\right) = 11.724°$

始端电压: $\dot{U}_1 = 10.33\angle 11.724° \text{kV}$

答案: C

46.解 以提高变电所母线运行电压为目的时,补偿的最大容性无功量公式为:

$$Q_{cum} = \frac{U_m \cdot \Delta U_m}{X_1}$$

$$X_1 = \frac{U_m \cdot \Delta U_m}{Q_{cum}} = \frac{33.5 \times (37.5 - 33.5)}{10.583} = 12.662 \text{Mvar}$$

其中,线路输送无功功率 $Q_{cum} = \sqrt{S^2 - P^2} = \sqrt{(12 \div 0.75)^2 - 12^2} = 10.583 \text{kvar}$

电路的最大负荷电流:$I_{max} = \frac{S}{\sqrt{3} U_{min}} = \frac{12 \div 0.75}{\sqrt{3} \times 33.5} = 0.27575 \text{kA} = 275.75 \text{A}$

每台电容器的额定电流:$I_{CN} = \frac{Q_{CN}}{U_{CG}} = \frac{40}{0.66} = 60.61 \text{A}$

每台电容器的容抗:$X_{CN} = \frac{U_{CG}}{I_{CN}} = \frac{0.66 \times 10^3}{60.61} = 10.89 \Omega$

串联电容器组的串联个数:$m > \frac{I_{max}}{I_{NC}} = \frac{275.75}{60.61} = 4.55$,取 $m = 5$

每串中电容器的并联个数:$n > \frac{I_{max} X_C}{U_{CG}} = \frac{275.75 \times 12.662}{660} = 5.29$,取 $n = 6$

所需串联的电容补偿器个数:$N = 3mn = 3 \times 5 \times 6 = 90$ 个

所需串联补偿器的容量为:$Q_C = 3mnQ_{CN} = 3 \times 5 \times 6 \times 40 = 3600 \text{kVA} = 3.6 \text{MVA}$

答案:B

47.解 原理较复杂,此处略,可参考《注册电气工程师执业资格考试基础考试复习教程》相关内容。

答案:A

48.解 短路全电流峰值(冲击电流)出现在短路发生后的半个周期 0.01s 内瞬间,公式为:

$$i_p = K_p \sqrt{2} I_k''$$

短路全电流最大有效值 I_P 公式:

$$I_P = I_k'' \sqrt{1 + 2(K_p - 1)^2}$$

式中:K_p——短路电流峰值系数,$K_p = 1 + e^{-\frac{0.01}{T_f}}$;

T_f——短路电流直流分量衰减时间常数,s;当电网频率为 50Hz 时,$T_f = \frac{X_\Sigma}{314 R_\Sigma}$;

X_Σ——短路电路总电抗,Ω;

R_Σ——短路电路总电阻,Ω。

答案:A

49.解 输电线路各参数元件计算如下:

系统1电抗标幺值：$X_{*S1} = \dfrac{S_B}{S_{S1}} = \dfrac{100}{1000} = 0.1$

系统2电抗标幺值：$X_{*S2} = \dfrac{S_B}{S_{S2}} = \dfrac{100}{800} = 0.125$

变压器1、2电抗标幺值：$X_{*T1} = X_{*T2} = \dfrac{U_k\%}{100} \times \dfrac{S_B}{S_{rT}} = \dfrac{10.5}{100} \times \dfrac{100}{100} = 0.105$

短路点等效总电抗：$X_{*\Sigma} = (0.1 + 0.105)//(0.125 + 0.105 + 0.05) = 0.118$

短路电流有名值：

$$I_k = \dfrac{I_j}{X_{*\Sigma}} = \dfrac{100}{\sqrt{3} \times 115} \times \dfrac{1}{0.118} = 4.255\text{kA}$$

短路容量：

$$S_f = \sqrt{3} I_k U_B = \sqrt{3} \times 4.255 \times 115 = 847.5\text{MVA}$$

答案：D

50.**解**　正(负)序网络图如解图1所示。

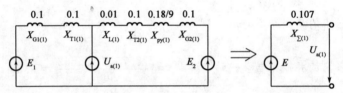

正序网络

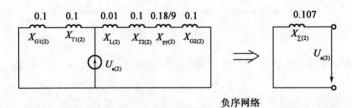

负序网络

题50解图1

则正、负序网络等值电抗：$X_{\Sigma(1)} = X_{\Sigma(2)} = (0.1 + 0.1)//(0.01 + 0.1 + 0.02 + 0.1) = 0.107$

零序电流两变压器之间流通，零序序网如解图2所示。

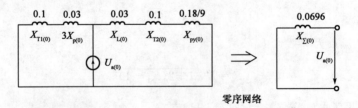

零序网络

题50解图2

则零序网络等值电抗：$X_{\Sigma(0)} = (0.1 + 0.03)//(0.03 + 0.1 + 0.02) = 0.0696$

短路电流标幺值：$\dot{I}_f = 3\dot{I}_{a1} = \dfrac{3E}{j(X_{\Sigma(1)} + X_{\Sigma(2)} + X_{\Sigma(0)})}$

$$= \dfrac{3 \times 1}{j(0.107 + 0.107 + 0.0696)} = -j10.56$$

注:与星形绕组中性点接地阻抗不同,三角形绕组内接阻抗实质上是表示二次侧(三角形)的漏抗参数,因此在正负零序中都要反映。在正负零序网络中,三角形绕组串联电抗用 1/9 倍表示(三角形绕组串联总阻抗,平均分配到三角形绕组中,乘以 1/3 倍;正负零序网络均为单相等值网络,因而三角形电路需转化为星形电路,再乘以 1/3)。零序电流仅在变压器三角形侧内形成环流,对外无零序电流。零序电流不包含发电机分量。

答案:A

51.解 《220kV～750kV 变电站设计技术规程》(DL/T 5218—2012)的相关规定如下:

第 5.1.6 条:220kV 变电站中的 220kV 配电装置,当在系统中居重要地位、出线回路数为 4 回及以上时,宜采用双母线接线;一般性质的 220kV 变电站的 220kV 配电装置,出线回路数在 4 回及以下时,可采用其他简单的主接线。

第 5.1.7 条:220kV 变电站中的 110kV、66kV 配电装置,当出线回路数在 6 回以下时,宜采用单母线或单母线分段接线,6 回及以上时,可采用双母线或双母线分段接线。35kV、10kV 配电装置宜采用单母线接线,并根据主变压器台数确定母线分段数量。

题中要求 110kV 母线不允许停电检修出线断路器,因此应加设一旁路母线。

注:设置旁路母线是为了保证采用单母线分段或双母线的配电装置,在进出线断路器检修时,不中断对用户的供电。

答案:C

52.解 《导体和电器选择设计技术规定》(DL/T 5222—2005)的相关规定如下:

第 9.2.3 条的条文说明:三相断路器在开断短路故障时,由于动作的不同期性,首相开断的断口触头间所承受的工频恢复电压将要增高,增高的数值用首相开断系数来表征。首相开断系数是指当三相系统两相短路时,在断路器安装处的完好相对另两相间的工频电压与短路去掉后在同一处获得的相对中性点电压之比。分析系统中经常发生的各种短路形式,第一开断相断口间的工频恢复电压,中性点不接地系统者多为 1.5 倍的相电压;中性点接地系统多为 1.3 倍相电压。

中性点直接接地系统的三相短路故障时,首开相 A 相弧熄时,工频恢复电压为 1.3 倍的电源相电压,紧接着 A 相过零的 C 相,然后是 B 相,第二开断相 C 相弧熄时,工频恢复电压为 1.25 倍的电源相电压,C 相电流分段后,此时电路中电流只剩下 B 相一相,在弧熄时,其工频恢复电压即为电源相电压。

注:中性点不直接接地系统的三相短路故障如解图所示。

设 A 相为首先开断相:电弧电流先过零,电弧先熄灭,即:

$$\dot{U}_{ab} = \dot{U}_{AO'} = \dot{U}_{AB} + 0.5\dot{U}_{BC} = 1.5\dot{U}_{AO}$$

在 A 相熄灭后,经过 5ms(90°),B、C 两相电流同时过零,电弧同时熄灭,此时电源的线电压加在两个串联的断口上,若认为两断口是均匀分布,则每一断口只承担一半电压,即:

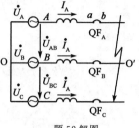

$$0.5U_{BC} = 0.866U_{BO}(U_{CO})$$

开断单相短路电流,当电流过零时,工频恢复电压的瞬时值为 $U_0 = U_m \sin\varphi$,通常短路时,φ 角度接近 90°,所以工频恢复电压约为电源电压的最大瞬时值 $U_0 = U_m$。

题 52 解图

本题属高电压技术断路器开断弧隙电压恢复过程内容。

答案:D

53.解 《导体和电器选择设计技术规定》(DL/T 5222—2005)的相关规定如下:

第 16.0.7 条:用于中性点直接接地系统的电压互感器,其剩余绕组额定电压应为 100V;用于中性点非直接接地系统的电压互感器,其剩余绕组额定电压应为 100/3V。

答案:B

54.解 电流互感器的误差有幅值误差和相角误差两种。由于二次绕组存在着阻抗、励磁阻抗和铁芯损耗,故随着电流及二次负载阻抗和功率因数的变化,会产生不同的误差。

(1)幅值误差,以百分比表示:

$$f\% = \frac{(Z_2 + Z_{2L})L_{av}}{222N_2^2\delta\mu}\sin(\psi + \alpha) \approx \frac{Z_{2L}L_{av}}{222N_2^2\delta\mu}\sin(\psi + \alpha)$$

忽略测量表计内阻时,幅值误差与二次负荷阻抗成正比。

(2)相角误差,以角度"分"来表示:

$$\delta = 3440 \times \frac{(Z_2 + Z_{2L})L_{av}}{222N_2^2\delta\mu}\sin(\psi + \alpha) \approx 3440 \times \frac{Z_{2L}L_{av}}{222N_2^2\delta\mu}\sin(\psi + \alpha)$$

忽略测量表计内阻 Z_2 时,相角误差与二次负荷阻抗 Z_{2L} 成正比。

答案:A

55.解 断路器触头一端并联电阻的等效电路如解图所示,其中 L、R 分别为设备的电感和电阻,C 为设备的对地电容,电源电压为 $e(t)$,为便于分析,认为在此过程中电源电压瞬时值的变化并不大,以一常数 E_0 来代表,为电流过零熄弧瞬间的电源电压瞬时值。

断路器 S_1 打开后间隙两端的电压恢复过程,实际上就是电源向电容 C 的充电过程,当开关 K 关闭后在间隙上的电压变化过程就是间隙两端的电压恢复工程。在 K 闭合瞬间,间隙上的电压为 $-U_x$,即熄弧电压值,取负号表明与电源电势相反,下面对弧隙电压恢复过程进行分析。

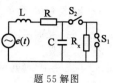

题 55 解图

$$\left.\begin{aligned}E_0 &= iR + L\frac{\mathrm{d}i}{\mathrm{d}t} + u_C \\ i &= i_C + i_r = C\frac{\mathrm{d}u_C}{\mathrm{d}t} + \frac{u_C}{R_x} \\ \frac{1}{C}\int i_C\mathrm{d}t &= i_r \cdot R_x\end{aligned}\right\} \frac{\mathrm{d}^2 u_C}{\mathrm{d}t^2} + \left(\frac{R}{L} + \frac{1}{R_x C}\right)\frac{\mathrm{d}u_C}{\mathrm{d}t} + \left(\frac{R}{LCR_x} + \frac{1}{LC}\right)u_C = \frac{E_0}{LC}$$

从特征方程可以解得:

当 $\left(\dfrac{R}{L} + \dfrac{1}{R_x C}\right)^2 > \left(\dfrac{R}{LCR_x} + \dfrac{1}{LC}\right)$ 时,特征方程为两实数根,非周期性过程;

当 $\left(\dfrac{R}{L} + \dfrac{1}{R_x C}\right)^2 = \left(\dfrac{R}{LCR_x} + \dfrac{1}{LC}\right)$ 时,特征方程为两实数重根,非周期性过程;

当 $\left(\dfrac{R}{L} + \dfrac{1}{R_x C}\right)^2 < \left(\dfrac{R}{LCR_x} + \dfrac{1}{LC}\right)$ 时,特征方程为两虚数根,周期性过程。

在考虑断路器触头之间并联电阻 R_x 时,可认为 R 为已知定值,且通常 $R \ll R_x$,则 $\left(\dfrac{R}{L} + \dfrac{1}{R_x C}\right)^2 = \left(\dfrac{R}{LCR_x} + \dfrac{1}{LC}\right)$ 可近似为 $\left(\dfrac{R}{2L} + \dfrac{1}{2R_x C}\right)^2 = \dfrac{1}{LC}$,满足该条件的并联电阻值为临界电阻 r_{lj},则有:

$$r_{lj} = \frac{1}{C\left(\dfrac{2}{\sqrt{LC}} - \dfrac{R}{L}\right)}(\Omega)\ , 当\ R\ 很小时,可近似为\ r_{lj} = \frac{1}{2}\sqrt{\frac{L}{C}}$$

显然,当 $R_{lj} \leqslant r_{lj}$ 时,电压恢复过程为非周期性的,而当 $R_{lj} > r_{lj}$ 时,就应为周期性的。

注:本题属高电压技术断路器开断弧隙电压恢复过程内容。

答案:C

56.**解** 超高压输电线路采用分裂导线主要有如下几个目的:

(1)提高线路的输电能力。

与单根导线相比,分裂导线的电感减小,电容增大,使其对工频交流电的波阻抗减小,提高线路的输电能力。一般情况下,输电能力在二分裂导线时可提高21%,三分裂导线时可提高33%。

(2)限制电晕的产生及其危害。

由于超高压输电线路周围会产生很强的电场,而架空导线的主要绝缘介质是空气,因此当导线表面的电场强度达到一定数值时,该处的空气可能被电离成导体而发生放电现象,称为电晕。电晕会消耗功率及电能,引起电晕损耗。当采用分裂导线时,每相导线等值半径的增大,可显著降低导体表面的场强,限制了电晕的产生。

(3)提高输电的经济效益。

由于分裂导线可允许在超高压输电线上采用更小截面的导线,所以采用分裂导线会降低输电成本,在许多实际案例的运行经济比较中,都证明了关于超高压远距离输电线路采用分裂导线更经济合理的结论。

(4)提高输电线路的可靠性。

超高压输电线路要求很高的可靠性,但其所经过地区的地表条件和气候往往很复杂,如果采用单根导线,若它某处存在缺陷,引起问题的概率很大,而采用多根导线在同一位置同时出现缺陷的概率很低,因此可以提高输电线路的可靠性和稳定性。

答案:D

57.**解** 在工频电压下,除了起始部分外,击穿电压和距离近似成直线关系,随着距离加大,平均击穿场强明显降低,棒—板间隙尤为突出,即所谓饱和现象;极不均匀电场长间隙的操作冲击击穿特性也具有"饱和"特性,其饱和程度与电极对称、操作冲击极性、波形形状等有关,随着极间距离的增大,间隙的"饱和"更加显著,这对发展特高压输电技术而言是不利的。

> 注:本题属高电压技术极不均匀电场间隙的击穿特性内容。

答案:C

58.**解** 冲击电晕是局部自持放电,它由一系列导电的流注构成,故在发生冲击电晕后,在导线周围沿导线径向形成导电性能较好的电晕套。电晕区内有大量的空间电荷,且具有径向电位梯度低、电导高的特点,相当于增大了导线的有效半径,从而增大了导线的对地电容。另一方面,虽然导线发生了冲击电晕,轴向电流仍全部集中在导线内,冲击电晕的存在并不增加沿导线轴向空间的导电性,不影响与空气中的那部分磁通相对应的导线电感,因此电晕的出线并不影响导线电感,但冲击电晕会对导线波过程产生如行波波速减小,行波陡度减小,幅值降低,导线波阻抗减小,耦合系数增大等影响。

答案:C

59.解 发电厂和变电所的接地装置一般要求敷设一个外缘闭合中间有若干均压导体的水平接地网,埋深约为 $0.6\sim0.8\text{m}$,有时加垂直接地极,接地网面积大体与发电厂和变电所的面积相当,对于防雷接地只需在避雷针、避雷线及避雷器的附近埋设一组垂直接地体,并将它们与水平接地网相连。这种接地网的总接地电阻估算公式为:

$$R=\frac{0.44\rho}{\sqrt{S}}+\frac{\rho}{L}\approx0.5\frac{\rho}{\sqrt{S}}$$

式中:L——接地体(包括水平与垂直)总长度,m;

$\quad\ S$——接地网的总面积,m^2;

$\quad\ \rho$——土壤电阻率。

显然,当接地网面积扩大至 $2S$ 时,工频接地电阻应降低至 $\dfrac{R}{\sqrt{2}}$。

答案:D

60.解 参见附录一"高频考点知识补充"的知识点3,显然,当雷电波击中波阻抗为 50Ω 的线路时,母线上会出现最大过电压,等效电路如解图所示,则:

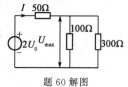

题60解图

$$U_{\max}=\frac{100//300}{50+100//300}\times2U_0=\frac{6}{5}U_0$$

答案:A

2013 年度全国勘察设计注册电气工程师（发输变电）执业资格考试试卷

执业资格考试试卷

基础考试
（下）

二〇一三年九月

应考人员注意事项

1. 本试卷科目代码为"2"，考生务必将此代码填涂在答题卡"科目代码"相应的栏目内，否则，无法评分。

2. 书写用笔：**黑色或蓝色钢笔、签字笔或圆珠笔**；
   填涂答题卡用笔：**黑色 2B 铅笔**。

3. 必须用书写用笔将工作单位、姓名、准考证号填写在答题卡和试卷相应的栏目内。

4. 本试卷由 60 题组成，每题 2 分，满分 120 分，本试卷全部为单项选择题，每小题的四个备选项中只有一个正确答案，错选、多选、不选均不得分。

5. 考生作答时，必须**按题号在答题卡上**将相应试题所选选项对应的**字母用 2B 铅笔涂黑**。

6. 在答题卡上书写与题意无关的语言，或在答题卡上作标记的，均按违纪试卷处理。

7. 考试结束时，由监考人员当面将试卷、答题卡一并收回。

8. 草稿纸由各地统一配发，考后收回。

单项选择题(共 60 题,每题 2 分。每题的备选项中只有一个最符合题意。)

1. 图示电路的输入电阻为:

   A. 1.5Ω

   B. 3Ω

   C. 9Ω

   D. 2Ω

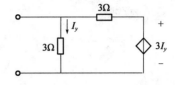

2. 图示电路的输入电阻为:

   A. 2.5Ω

   B. −5Ω

   C. 5Ω

   D. 25Ω

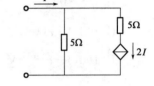

3. 图示电路中,$U=10$V,则 5V 电压源发出的功率为:

   A. 5W

   B. 10W

   C. −5W

   D. −10W

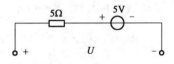

4. 有一个由 $R=1$kΩ,$L=2$H 和 $C=0.5\mu$F 三个元件相串联的电路,则该电路在动态过程中的振荡角频率为:

   A. $250\sqrt{5}$ rad/s

   B. 1000rad/s

   C. $500\sqrt{5}$ rad/s

   D. 750rad/s

5. 图中所示空心变压器 AB 间的输入阻抗为下列何值?

   A. $j3\Omega$

   B. $j1\Omega$

   C. $-j3\Omega$

   D. $j1.5\Omega$

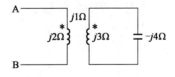

6. 图示电路中，$U=220\text{V}$，频率 $f=50\text{Hz}$，S 断开及闭合时电流 I 的有效值均为 0.5A，则电感 L 的感抗为：

A. 110Ω B. 55Ω

C. 220Ω D. 330Ω

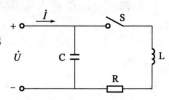

7. 图示电路中，$u_C(0_-)=0$，$t=0$ 时闭合开关 S，$u_C(t)$ 为：

A. $50(1+e^{-100t})\text{V}$

B. $100e^{-100t}\text{V}$

C. $100(1+e^{-100t})\text{V}$

D. $100(1-e^{-100t})\text{V}$

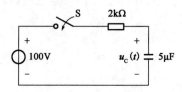

8. 图示电路中，$i_L(0_-)=0$，$t=0$ 时闭合开关 S 后，$i_L(t)$ 为：

A. $12.5(1+e^{-1000t})\text{A}$

B. $12.5(1-e^{-1000t})\text{A}$

C. $25(1+e^{-1000t})\text{A}$

D. $25(1-e^{-1000t})\text{A}$

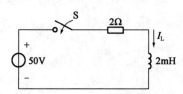

9. 图示电路中电压 u 含有基波和三次谐波，基波频率为 10^4rad/s，若要求 u_1 中不含基波分量，则电感 L 和电容 C 分别为：

A. $2\text{mH}，2\mu\text{F}$

B. $1\text{mH}，1.25\mu\text{F}$

C. $2\text{mH}，2.5\mu\text{F}$

D. $1\text{mH}，2.5\mu\text{F}$

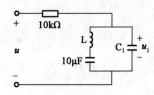

10. 图示对称三相电路中,线电压为 380V,线电流为 3A,若功率表读数为 684W,则功率因数应为:

A. 0.6

B. 0.8

C. 0.7

D. 0.9

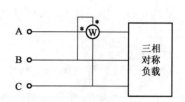

11. 列写结点电压方程时,图示部分电路中结点 B 的自导为:

A. 4S

B. 6S

C. 3S

D. 2S

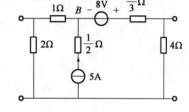

12. 图示电路中,电阻 R 应为:

A. 18Ω

B. 9Ω

C. 6Ω

D. 3Ω

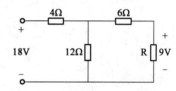

13. 已知正弦电流的初相角为 60°,在 $t=0$ 时刻的瞬时值为 8.66A,经过 $\frac{1}{300}$ s 后电流第一次下降为 0,则其频率应为:

A. 314Hz   B. 50Hz   C. 100Hz   D. 628Hz

14. 在一个由 R、L 和 C 三个元件相串联的电路中,若总电压 U、电容电压 U_C 及 RL 两端的电压 U_{RL} 均为 100V,且 $R=10\Omega$,则电流 I 为:

A. 10A   B. 5A   C. 8.66A   D. 5.77A

15. 一个半径为 0.5m 的导体球当作接地电极深埋于地下,土壤的电导率为 10^{-2} s/m,则此接地体的接地电阻应为:

A. 7.96Ω   B. 15.92Ω   C. 37.84Ω   D. 63.68Ω

16. 电阻为 300Ω 的信号源通过特性阻抗为 300Ω 的无损耗传输线向 75Ω 的电阻性
    负载供电,为达到匹配的目的,在传输线与负载间插入一段长度为四分之一波长
    的无损耗传输线,则该线的特性阻抗应为:

    A. 150Ω   B. 187.5Ω   C. 75Ω   D. 300Ω

17. 介质为空气的一平板电容器,板间距离为 d,与电压 U_0 连接时,两板间的相互作
    用力为 f,断开电源后,将距离压缩至 $d/2$,则两板间的相互作用力为:

    A. f B. $2f$ C. $4f$ D. $\sqrt{2}f$

18. 对于高压同轴电缆,为了在外导体尺寸固定不变(半径 b 为定值)和外加电压不变(U_0
    为定值)的情况下,使介质得到最充分利用,则内导体半径 a 的最佳尺寸应为外导体半
    径 b 的多少倍?

    A. $\dfrac{1}{\pi}$ B. $\dfrac{1}{3}$ C. $\dfrac{1}{2}$ D. $\dfrac{1}{e}$

19. 真空中有一均匀带电球表面,半径为 R,电荷总量为 q,则球心处的电场强度大小
    应为:

    A. $\dfrac{q}{4\pi\varepsilon R^2}$ B. $\dfrac{q}{4\pi\varepsilon R}$ C. $\dfrac{q^2}{4\pi\varepsilon R^2}$ D. 0

20. 一特性阻抗 $Z_C = 75\Omega$ 的无损耗传输线,其长度为八分之一波长,且终端短路。则
    该传输线的入端阻抗应为:

    A. $-j75\Omega$ B. $j75\Omega$ C. 75Ω D. -75Ω

21. 图示电路的电压增益表达式为:

    A. $-R_1/R_f$

    B. $R_1/(R_f+R_1)$

    C. $-R_f/R_1$

    D. $-(R_f+R_1)/R_1$

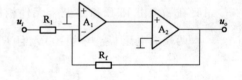

22. 欲在正弦波电压上叠加一个直流量,应选用的电路为:

    A. 反相比例运算电路   B. 同相比例运算电路

    C. 差分比例运算电路   D. 同相输入求和运算电路

23. 理想运放电路如图所示,若 $R_1=5\text{k}\Omega$, $R_2=20\text{k}\Omega$, $R_3=10\text{k}\Omega$, $R_4=50\text{k}\Omega$, $u_{i1}-u_{i2}$ $=0.2\text{V}$,则 u_0 为:

A. -4V

B. -5V

C. -8V

D. -10V

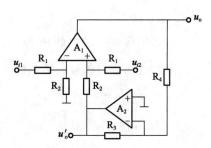

24. 放大电路如图 a)所示,晶体管的输出特性曲线以及放大电路的交、直流负载线如图 b)所示。设晶体管的 $\beta=50$, $U=0.7\text{V}$,放大电路的电压放大倍数 A_u 为:

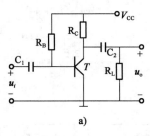

a)

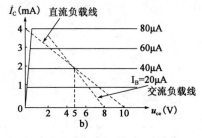

b)

A. -102.6 B. -88.2 C. -18.9 D. -53

25. 电路如图所示,已知 $R_1=R_2$, $R_3=R_4=R_5$,且运放的性能均理想, $A_u=\dot{U}_o/\dot{U}_i$ 的表达式为:

A. $-\dfrac{j\omega R_2 C}{1+j\omega R_2 C}$

B. $\dfrac{j\omega R_2 C}{1+j\omega R_2 C}$

C. $-\dfrac{j\omega R_3 C}{1+j\omega R_3 C}$

D. $\dfrac{j\omega R_3 C}{1+j\omega R_3 C}$

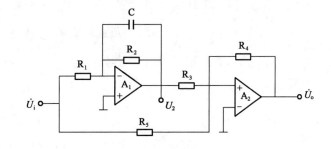

26. "或非"逻辑运算结果为"1"的条件为:

A. 该或项的变量全部为"0" B. 该或项的变量全部为"1"

C. 该或项的变量至少一个为"1" D. 该或项的变量至少一个为"0"

27. 逻辑函数: $L = A\overline{B}C + \overline{A}BC + ABC + AC(DEF + DEG)$, 最简化简结果为:

A. $AC + \overline{A}BC$ B. $AC + BC$

C. AB D. BC

28. 如果将一个最大幅值为 5.1V 的模拟信号转换为数字信号, 要求输入每变化 20mV, 输出信号的最低位(LSB)发生变化, 选用的 ADC 至少应为:

A. 6 位   B. 8 位

C. 10 位   D. 12 位

29. 由 555 定时器组成的脉冲发生电路如图所示, 电路的振荡频率为:

A. 200Hz

B. 400Hz

C. 1000Hz

D. 2000Hz

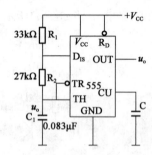

30. 图示电路中的频率为:

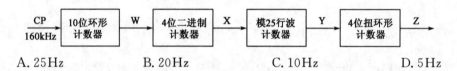

A. 25Hz   B. 20Hz   C. 10Hz   D. 5Hz

31. 一台 Y 接法三相四极绕线式感应电动机, $f_1 = 50$Hz, $P_N = 150$kW, $U_N = 380$V, 额定负载时测得 $P_{Cu2} = 2210$W, $P_\Omega + P_{ad} = 3640$W。已知电机参数 $R_1 = R'_2 = 0.012\Omega$, $X_{1\sigma} = X''_{2\sigma} = 0.06\Omega$, 当负载转矩不变, 电动机转子回路每相串入电阻 $R' = 0.1\Omega$(已归算到定子边), 此时转速为:

A. 1301r/min   B. 1350r/min

C. 1479r/min   D. 1500r/min

32. 一台三相六极感应电动机, 定子△连接, $U_N = 380$V, $f_1 = 50$Hz, $P_N = 7.5$kW, $n_N = 960$r/min, 额定负载时 $\cos\varphi_1 = 0.824$, 定子铜耗 474W, 铁耗 231W。机械损耗 45W, 附加损耗37.5W, 则额定负载时转子铜耗 P_{Cu2} 为:

A. 315.9W   B. 329.1W

C. 312.5W   D. 303.3W

33. 某线电压为 66kV 的三相电源,经 A、B 两台容量均为 7500kVA,△/Y 连接的三相变压器二次降压后供给一线电压为 400V 的负载,A 变压器的额定电压为 66/3.6kV,空载损耗为 10kW,额定短路损耗为 15.64kW;B 变压器的额定电压为 6300/400V,空载损耗为 12kW,额定短路损耗为 14.815kW。在额定电压条件下,两台变压器在总效率为最大时的负载系数 β_{tmax} 为:

    A. 0.8   B. 0.85   C. 0.9   D. 0.924

34. 某三相电力变压器带电阻电感性负载运行时,在负载电流相同的情况下,则:

    A. 副边电压变化率 ΔU 越大,效率越高

    B. 副边电压变化率 ΔU 越大,效率越低

    C. 副边电压变化率 ΔU 越小,效率越高

    D. 副边电压变化率 ΔU 越小,效率越低

35. 三相凸极同步发电机,$S_N = 1000kVA$,$U_N = 400V$,Y 接法,$X'_d = 1.075$,$X''_q = 0.65$,不计定子绕组电阻,接在大电网上运行,当其输出电枢电流为额定,输出功率为 500kW,功角 $\delta = 11.75°$,此时该发电机的空载电势标幺值 E_0^* 为:

    A. 0.5   B. 1.484   C. 1.842   D. 2

36. 同步发电机与大电网并联时,并联条件中除发电机电压小于电网电压 10% 外,其他条件均已满足,此时若合闸并联,发电机将:

    A. 产生很大电流,使发电机不能并网

    B. 产生不大的电流,此电流是电感输出电流

    C. 产生不大的电流,此电流是电容输出电流

    D. 产生不大的电流,此电流是纯功率输出电流

37. 一台并励直流电动机,$U_N = 220V$,$P_N = 15kW$,$\eta_N = 85.3\%$,电枢回路总电阻(包括电刷接触电阻)$R_a = 2.0\Omega$。现采用电枢回路串接电阻起动,限制起动电流为 $1.5I_N$(忽略励磁电流),所串电阻阻值为:

    A. 1.63Ω   B. 1.76Ω   C. 1.83Ω   D. 1.96Ω

38. 一台串励直流电动机,若把电刷顺旋转方向偏离磁场几何中性线一个不大角度,设电机的电枢电流保持不变,此时电动机的转速将:

    A. 降低   B. 保持不变   C. 升高   D. 反转

39. 电力系统接线如图所示,各级电网的额定电压示于图中,发电机 G,变压器 T_1、T_2、T_3、T_4 的额定电压分别为:

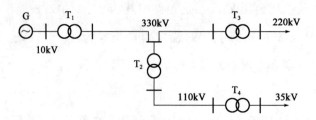

A. G:10.5kV,T_1:10.5/363kV,T_2:363/121kV,T_3:330/242kV,T_4:110/35kV

B. G:10kV,T_1:10/363kV,T_2:330/121kV,T_3:330/242kV,T_4:110/35kV

C. G:10.5kV,T_1:10.5/363kV,T_2:330/121kV,T_3:330/242kV,T_4:110/38.5kV

D. G:10kV,T_1:10.5/330kV,T_2:330/220kV,T_3:330/110kV,T_4:110/35kV

40. 三相输电线路的单位长度等值电抗参数计算公式为:

A. $x_0 = 0.1445 \ln \dfrac{D_{ep}}{r_{ep}} + \dfrac{\mu_r}{2}$

B. $x_0 = 1.445 \ln \dfrac{D_{ep}}{r_{ep}} + \dfrac{\mu_r}{2}$

C. $x_0 = 1.445 \lg \dfrac{D_{ep}}{r_{ep}} + \dfrac{\mu_r}{2}$

D. $x_0 = 0.1445 \lg \dfrac{D_{ep}}{r_{ep}} + \dfrac{\mu_r}{2}$

41. 长距离输电线路的稳态方程为:

A. $\dot{U}_1 = \dot{U}_2 \sinh\gamma l + Z_C \dot{I}_2 \cosh\gamma l$, $\dot{I}_1 = \dfrac{\dot{U}_2}{Z_C} \sinh\gamma l + \dot{I}_2 \cosh\gamma l$

B. $\dot{U}_1 = \dot{U}_2 \cosh\gamma l + Z_C \dot{I}_2 \sinh\gamma l$, $\dot{I}_1 = \dfrac{Z_C}{\dot{U}_2} \sinh\gamma l + \dot{I}_2 \cosh\gamma l$

C. $\dot{U}_1 = \dot{U}_2 \cosh\gamma l + Z_C \dot{I}_2 \sinh\gamma l$, $\dot{I}_1 = \dfrac{\dot{U}_2}{Z_C} \sinh\gamma l + \dot{I}_2 \cosh\gamma l$

D. $\dot{U}_1 = \dot{U}_2 \sinh\gamma l + Z_C \dot{I}_2 \cosh\gamma l$, $\dot{I}_1 = \dfrac{\dot{U}_2}{Z_C} \cosh\gamma l + \dot{I}_2 \sinh\gamma l$

42. 简单系统等值电路如图所示,若变压器空载,输电线路串联支路末端功率及串联支路功率损耗为:

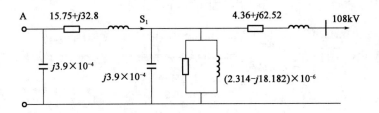

A. $\dot{S}_1 = 0.27 + j4.337\text{MVA}, \Delta\dot{S}_1 = (2.55 + j5.313) \times 10^{-2}\text{MVA}$

B. $\dot{S}_1 = 0.027 - j4.337\text{MVA}, \Delta\dot{S}_1 = (2.54 + j5.29) \times 10^{-2}\text{MVA}$

C. $\dot{S}_1 = 0.027 + j4.337\text{MVA}, \Delta\dot{S}_1 = (2.55 - j5.313) \times 10^{-2}\text{MVA}$

D. $\dot{S}_1 = 0.27 - j4.337\text{MVA}, \Delta\dot{S}_1 = (2.55 - j5.313) \times 10^{-2}\text{MVA}$

43. SF_6-31500/110$\pm2\times2.5\%$变压器当分接头位置在$+2.5\%$位置,分接头电压为:

    A. 112.75kV   B. 121kV

    C. 107.25kV   D. 110kV

44. 发电机以低于额定功率因数运行时:

    A. P_G 增大,Q_G 减小,S_N 不变

    B. P_G 增大,Q_G 减小,S_N 减小

    C. P_G 减小,Q_G 增大,S_N 不变

    D. P_G 减小,Q_G 增大,S_N 减小

45. 在下图系统中,已知 220kV 线路的参数为 $R = 31.5\Omega, X = 58.5\Omega, B/2 = 2.168 \times 10^{-4}\text{S}$,线路始端母线电压为 $223\angle0°\text{kV}$,线路末端电压为:

    A. $225.9\angle-0.4°\text{kV}$

    B. $235.1\angle-0.4°\text{kV}$

    C. $225.9\angle0.4°\text{kV}$

    D. $235.1\angle0.4°\text{kV}$

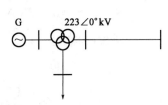

46. 如图所示输电系统,送端母线电压在最大、最小负荷时均保持115kV。系统元件参数均标在图中,当变压器低压母线要求逆调压时,变压器变比及应安装的静电电容器容量为:(忽略功率损耗及电压降横分量)

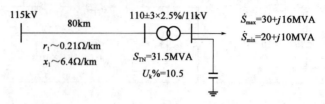

A. $k=11/115.5$, $Q_C=14.78$Mvar

B. $k=11/121$, $Q_C=24.67$Mvar

C. $k=10.5/110$, $Q_C=27.73$Mvar

D. $k=10/115.5$, $Q_C=31.56$Mvar

47. 在短路瞬间,发电机的空载电势将:

A. 反比于励磁电流而增大

B. 正比于阻尼绕组磁链不变

C. 正比于励磁电流而突变

D. 正比于励磁磁链不变

48. 系统和各元件的标幺值电抗如图所示,当 f 处发生不对称短路故障时,其零序等值电抗为:

A. $X_{\Sigma(0)}=X_{t(0)}+(X_{G(0)}+X_p)//(X_T+3X_{pt})$

B. $X_{\Sigma(0)}=X_{t(0)}+(X_{G(0)}+3X_p)//(X_T+X_{pt}/3)$

C. $X_{\Sigma(0)}=X_{t(0)}+(X_{G(0)}+X_p)//(X_T+X_{pt}/9)$

D. $X_{\Sigma(0)}=X_{t(0)}+(X_{G(0)}+3X_p)//(X_T+X_{pt}/9)$

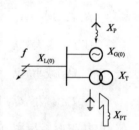

49. 系统接线如图所示,系统等值机参数不详。已知与系统相接变电站的断路器的开断容量是1000MVA,求 f 点发生三相短路后的短路点的冲击电流(kA)。(取 S_B =250MVA)

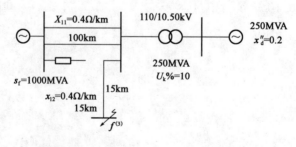

A. 7.25kA   B. 6.86kA   C. 9.71kA   D. 7.05kA

50.已知图示系统变压器发生 BC 两相短路时的短路电流为 $\dot{I}_f$,则三角形的三相线电流为:

A. $\dot{I}_a = -\dfrac{1}{\sqrt{3}}\dot{I}_f$, $\dot{I}_b = -\dfrac{1}{\sqrt{3}}\dot{I}_f$, $\dot{I}_c = \dfrac{2}{\sqrt{3}}\dot{I}_f$

B. $\dot{I}_a = \dfrac{1}{\sqrt{3}}\dot{I}_f$, $\dot{I}_b = -\dfrac{2}{\sqrt{3}}\dot{I}_f$, $\dot{I}_c = \dfrac{1}{\sqrt{3}}\dot{I}_f$

C. $\dot{I}_a = -\dfrac{2}{\sqrt{3}}\dot{I}_f$, $\dot{I}_b = \dfrac{1}{\sqrt{3}}\dot{I}_f$, $\dot{I}_c = \dfrac{1}{\sqrt{3}}\dot{I}_f$

D. $\dot{I}_a = \dfrac{1}{\sqrt{3}}\dot{I}_f$, $\dot{I}_b = \dfrac{1}{\sqrt{3}}\dot{I}_f$, $\dot{I}_c = \dfrac{2}{\sqrt{3}}\dot{I}_f$

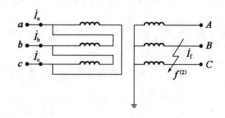

51.校验电气设备的热稳定和开断能力时,需要合理地确定短路计算时间,在校验电气设备开断能力时,以下短路计算时间正确的是:

A.继电保护主保护动作时间

B.继电保护后备保护动作时间

C.继电保护主保护动作时间＋断路器固有分闸时间

D.继电保护后备保护动作时间＋断路器固有分闸时间

52.当发电厂有两台变压器线路时,宜采用外桥形接线。外桥接线适用于以下哪种情况?

A.线路较长,变压器需要经常投切

B.线路较长,变压器不需要经常投切

C.线路较短,变压器需要经常投切

D.线路较短,变压器不需要经常投切

53.在导体和电气设备选择时,除了校验其热稳定性,还需要进行电动力稳定校验,以下关于三根导体短路时最大电动力的描述正确的是:

A.最大电动力出现在三相短路时中间相导体,其数值为:

$$F_{max} = 1.616 \times 10^{-7} \frac{L}{a} [i_{ab}^3]^2 (N)$$

B.最大电动力出现在两相短路时外边两相导体,其数值为:

$$F_{max} = 2 \times 10^{-7} \frac{L}{a} [i_{ab}^2]^2 (N)$$

C.最大电动力出现在三相短路时中间相导体,其数值为:

$$F_{max} = 1.73 \times 10^{-7} \frac{L}{a} [i_{ab}^3]^2 (N)$$

D.最大电动力出现在三相短路时外边两相导体,其数值为:

$$F_{max} = 2 \times 10^{-7} \frac{L}{a} [i_{ab}^3]^2 (N)$$

54.在进行电流互感器选择时,需考虑在满足准确级及额定容量要求下的二次导线的允许最小截面。用 L_i 表示二次导线的计算长度,用 L 表示测量仪器仪表到互感器的实际距离,当电流互感器采用不完全星形接线时,以下关系正确的是:

A. $L_i = L$ B. $L_i = \sqrt{3}L$

C. $L_i = 2L$ D. 两者之间无确定关系

55.以下关于断路器开断能力的描述正确的是:

A.断路器开断中性点直接接地系统单相短路电路时,其工频恢复电压近似地等于电源电压最大值的 0.866 倍

B.断路器开断中性点不直接接地系统单相短路电路时,其首先断开相工频恢复电压为相电压的 0.866 倍

C.断路器开断中性点直接接地系统三相短路电路时,其首先断开相起始工频恢复电压为相电压的 0.866 倍

D.断路器开断中性点不直接接地系统三相短路电路时,首先断开相电弧熄灭后,其余两相电弧同时熄灭,且其工频恢复电压为相电压的 0.866 倍

56. 提高具有强垂直分量极不均匀电场工频沿面闪络电压的方法为：

    A. 降低电极的电位、增大比电容、减小电极表面粗糙度

    B. 增大表面电阻率、增加绝缘厚度、减小比电容

    C. 降低介质介电常数、减小表面电阻率、减小比电容

    D. 降低电极的电位、增大绝缘厚度、增大介质介电常数

57. 在发电机母线上加装并联电容器的作用是：

    A. 降低电枢绕组匝间过电压   B. 改变电枢绕组波阻抗

    C. 改变励磁特性   D. 提高发电机输出容量

58. 测量冲击电流通常采用下列哪一种方法？

    A. 高阻串微安表   B. 分压器   C. 罗戈夫斯基线圈   D. 测量小球

59. 为什么对 GIS 进行冲击耐压试验时，GIS 尺寸不宜过大？

    A. GIS 尺寸大波阻抗大   B. 波动性更剧烈

    C. 需要施加的电源电压更高   D. 波的传播速度更慢

60. 如下直流电压合闸于末端开路的有限长线路，波在线路上传播时线路末端的电压波形为：

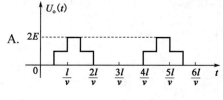

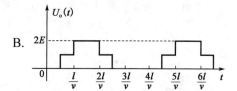

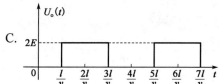

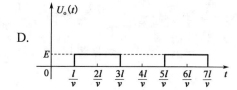

2013 年度全国勘察设计注册电气工程师(发输变电)执业资格考试 基础考试(下)试题解析及参考答案

1.**解**　分别求得入口电压与电流分别如下:

$$U_{ab}=3I_1;I=I_1-\frac{3I_1-U_{ab}}{3}=I_1-\frac{3I_1-3I_1}{3}=I_1$$

则输入电阻:$R_{in}=\dfrac{U_{ab}}{I}=\dfrac{3I_1}{I_1}=3\Omega$

答案:B

2.**解**　分别求得入口电压与电流分别如下:

$$U_{ab}=(I-2I)\times5=-5I\,\mathrm{V}$$

则输入电阻:$R_{in}=\dfrac{U_{ab}}{I}=-\dfrac{5I}{I}=-5\Omega$

答案:B

3.**解**　显然,电流方向与 5V 电压源的方向相反,则其发出的功率为负值,即:

$$P=UI=5\times\left(-\frac{10-5}{5}\right)=-5\mathrm{W}$$

答案:C

4.**解**　临界振荡条件为 $R=2\sqrt{\dfrac{L}{C}}$,计算可知:$R=1\mathrm{k}\Omega<2\sqrt{\dfrac{L}{C}}=2\mathrm{k}\Omega$

因此电路为欠阻尼振荡状态,其振荡角频率为

$$\omega=\sqrt{\frac{1}{LC}}=\sqrt{\frac{1}{2\times0.5\times10^{-6}}}=1000\mathrm{rad/s}$$

注:$R=2\sqrt{\dfrac{L}{C}}$ 的过渡过程为临界非振荡过程,这时的电阻为临界电阻,电阻小于此值时,为欠阻尼状态,振荡放电过程;大于此值时,为过阻尼状态,非振荡放电过程。

另,发生谐振时角频率和频率分别为:$\omega_0=\dfrac{1}{\sqrt{LC}}$,$f_0=\dfrac{1}{2\pi\sqrt{LC}}$,品质因数为:$Q=\dfrac{1}{R}\sqrt{\dfrac{L}{C}}$。

答案:B

5.**解** 参见附录一"高频考点知识补充"的知识点 1,去耦等效电路如解图 1 所示。

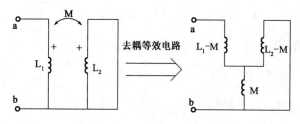

题 5 解图 1

将数据代入,如解图 2 所示。

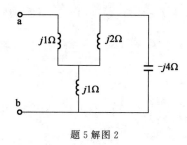

题 5 解图 2

则 $Z_{in}=j1+j[1//(2-4)]=j3\Omega$

注:附录一知识点 1 中所有去耦等效电路及其变换公式,必须牢记。

答案:A

6.**解** 由于 S 断开及闭合时总电流有效值均为 0.5A,根据电感与电容的电压电流相位关系,可绘制相量图,如解图所示。

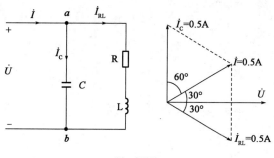

题 6 解图

显然,三个电流相量组成一个正三角形,电感回路有效值 $I_{RL}=0.5A$,则:

电感感抗:$X_L=Z\sin\varphi=\dfrac{U}{I_{RL}}\sin\varphi=\dfrac{220}{0.5}\times\sin30°=220\Omega$

注:电感元件上,两端电压相量超前于电流相量 90°;电容元件上,两端电压相量滞后于电流相量 90°。

答案:C

7. 解 电容为储能元件,其电压不能突变,则 $u_C(0_+)=u_C(0_-)=0V$;

电容对直流相当于断路,当 $t\to\infty$ 时,$u_C(\infty)=100V$

时间常数: $\tau=RC=2\times10^3\times5\times10^{-6}=0.01s=10ms$

代入一阶电路全响应方程 $f(t)=f(\infty)+[f(0_+)-f(\infty)]e^{-\frac{t}{\tau}}$,则:

$$u_C(t)=100+(0-100)e^{-100t}=100(1-e^{-100t})$$

答案:D

8. 解 电感为储能元件,其电流不能突变,则 $i_L(0_+)=i_L(0_-)=0A$

电感对直流相当于短路,当 $t\to\infty$ 时,$i_L(\infty)=50\div2=25A$

代入一阶电路全响应方程 $f(t)=f(\infty)+[f(0_+)-f(\infty)]e^{-\frac{t}{\tau}}$,则:

时间常数: $\tau=\dfrac{L}{R}=\dfrac{2\times10^{-3}}{2}=0.001s$

$$i_L(t)=25+(0-25)e^{-1000t}=25(1-e^{-1000t})$$

答案:D

9. 解 由题意 u_1 中不含基波分量,则要求另一支并联回路(电容电感串联)基频($\omega_1=10000$)时应发生串联谐振,相当于短路;而三次频率($\omega_3=30000$)时应发生并联谐振,相当于断路,则:

(1)基波分量时:

$$\omega L=\frac{1}{\omega C}\Rightarrow L=\frac{1}{\omega^2 C}=\frac{1}{10^{4\times2}\times10\times10^{-6}}=0.001H=1mH$$

(2)三次谐波分量时:

$$\frac{1}{\omega C_1}=\omega L-\frac{1}{\omega C}=3\times10^4\times1\times10^{-3}-\frac{1}{3\times10^4\times10\times10^{-6}}=26.67$$

$$\Rightarrow C_1=\frac{1}{3\times10^4\times26.67}=1.25\times10^{-6}F=1.25\mu F$$

答案:B

10. 解 功率表测量原理可参见附录一"高频考点知识补充"的知识点2,功率表的电流端接在 A 相,电压端接在 BC 相,且为线电压,则功率表读数为: $P=\dot{U}_{BC}\dot{I}_{AN}$

则在星形连接的三相电源或三相负载中,线电流和相电流为同一电流,线电压是相电压的 $\sqrt{3}$ 倍,且线电压超前于相应的相电压30°。

设 A 相电压相位为0°,功率因数角为 φ,则:

各相电压：$\dot{U}_{AN}=U_P\angle 0°,\dot{U}_{BN}=U_P\angle -120°,\dot{U}_{CN}=U_P\angle 120°$

各相电流：$\dot{I}_{AN}=I_P\angle -\varphi,\dot{I}_{BN}=I_P\angle -120°-\varphi,\dot{I}_{CN}=I_P\angle 120°-\varphi$

各线电压：$\dot{U}_{AB}=\sqrt{3}U_{AN}\cdot \angle 30°=\sqrt{3}U_P\angle 30°,\dot{U}_{BC}=\sqrt{3}U_{BN}\cdot \angle 30°=\sqrt{3}U_P\angle -90°,$

$\dot{U}_{CA}=\sqrt{3}U_{CN}\cdot \angle 30°=\sqrt{3}U_P\angle 150°$

其中 $U_P=220V$、$I_P=3A$ 分别为相电压与相电流有效值，则：

$\cos(\varphi+90°)=\sin\varphi=\dfrac{P}{U_{BC}I_{AN}}=\dfrac{684}{380\times 3}=0.6$，功率因数为 $\cos\varphi=0.8$

注：星形接线中各相、线的电压电流相位关系对于本题不是必须，但建议考生牢记。

答案：A

11.**解**　考查节点方程的自导定义，B 点自导为：$1+\dfrac{1}{\dfrac{1}{3}}=4S$

注：节点方程的有效自导指本节点与所有相邻节点支路中除电流支路电导的所有电导之和。有效互导指本节点与相邻节点之间的电导（电流源支路电导为 0）。

答案：A

12.**解**　根据电路中电流电压关系可得：

$\left(\dfrac{6\times\dfrac{9}{R}+9}{12}+\dfrac{9}{R}\right)\times 4=18-9-6\times\dfrac{9}{R}$，解方程可知：$R=18\Omega$

注：题目不难，但解方程时需仔细，避免计算错误。

答案：A

13.**解**　正弦电流表达式：$i=I_m\sin(\omega t+\varphi)$，其中 $\varphi=60°$

当 $t=0$ 时，$i=I_m\sin 60°=8.66$，解得：$I_m=\dfrac{8.66}{\sin 60°}=10A$

另，电路频率试求如下，供考生参考：

半个周期 180°，相角由 60° 第一次下降至 0 经过 $\dfrac{1}{300}$s，即 $i=I_m\sin(\omega t+60°)=0$

则 $\omega t=180°-60°=120°=\dfrac{2\pi}{3}$，由 $\omega=2\pi f$，则 $f=\dfrac{1}{2\pi}\times 300\times\dfrac{2\pi}{3}=100Hz$

注：隐含条件，相角由第一次下降至 0 时，$\omega t+\varphi=\pi$；相角由第二次下降至 0 时，$\omega t+\varphi=2\pi$，依此类推。

答案：C

14.解 根据题意，总电压 U、电感电压 U_C 以及 RL 两端电压 U_{RL} 均相等，且为 100V，再由于各电压相对于同一电流（RLC 串联电路电流相等，设 I 的相量为 0°）的相量关系，可绘制电压关系如解图所示。

线路电流 $I = \dfrac{U_R}{R} = \dfrac{100 \times \cos30°}{10} = 8.66\text{A}$

答案：C

题 14 解图

15.解 采用恒定电场的基本方程 $\oint_S J \cdot \mathrm{d}S = 0$，$J = \gamma E$，设

流出的电流为 I，由于导体球为整球体，则 $J = \dfrac{I}{4\pi r^2}$，$E = \dfrac{I}{4\pi \gamma r^2}$，则接地电阻为：

$$R_e = \frac{U}{I} = \int_{0.5}^{\infty} \frac{1}{4\pi \gamma r^2} \mathrm{d}r = \frac{1}{4\pi \gamma R_0} = \frac{1}{4\pi \times 10^{-2} \times 0.5} = 15.92\text{ V}$$

答案：B

16.解 串入 1/4 波长的无损耗传输线 L_2 后，从 L_2 起始看进去的输入阻抗 Z_{in} 为：

$$Z_{in} = Z_l \frac{Z_C + jZ_l \tan\left(\dfrac{2\pi}{\lambda} \cdot \dfrac{\lambda}{4}\right)}{jZ_C \tan\left(\dfrac{2\pi}{\lambda} \cdot \dfrac{\lambda}{4}\right) + Z_l} = \frac{Z_l^2}{Z_C} = \frac{Z_l^2}{300}，为达到匹配的目的，应 Z_{in} = 75\Omega，则：$$

$$Z_l = \sqrt{300 \times 75} = 150\Omega$$

注：长度为 1/4 波长的无损耗线，可以用来作为接在传输线和负载之间的匹配元件，它的作用如同一个阻抗变换器。终端接入的负载 Z_L 等于均匀传输线的特性阻抗 Z_C 时，称传输线工作在匹配状态。

答案：A

17.解 设电容器中介填充介质的介电常数为 ε，板面积为 S，则平板电容器电容为

$C = \dfrac{\varepsilon S}{d}$

静电场能量：$W_e = \dfrac{1}{2}CU_0^2 = \dfrac{\varepsilon S}{2d}U_0^2$

利用虚位移法计算电场力：$f = \left.\dfrac{\partial w_e}{\partial g}\right|_{\varphi = 常量} = -\dfrac{\varepsilon S}{2d^2}U_0^2$

当电容电压为 U_0，断开电源，则电容电荷总量恒定不变，利用公式

$$W_e = \frac{1}{2} \cdot \frac{Q^2}{C} = \frac{d}{2\varepsilon S}Q^2, f = -\frac{\partial w_e}{\partial g}\bigg|_{Q=\text{常量}} = -\frac{1}{2\varepsilon S}Q^2,\text{可知电场力大小不变。}$$

答案:A

18.**解** 设同轴电缆的内导体单位长度所带电荷为 τ,则电场强度 $E = \frac{\tau}{2\pi\varepsilon r}(a<r<b)$

同轴电缆电压为 U_0(内外导体电位差),则 $U_0 = \int_a^b \frac{\tau}{2\pi\varepsilon r}dr = \frac{\tau}{2\pi\varepsilon}\ln\frac{b}{a}$,解得:$\tau = $

$\frac{2\pi\varepsilon \cdot U_0}{\ln\frac{b}{a}}$,代入电场强度公式,得到电场强度:$E_{r=a} = \frac{\tau}{2\pi\varepsilon a} = \frac{U_0}{a \cdot (\ln b - \ln a)}(a<r<b)$,使介

质得到充分利用,由于电容器承受最大电压 U_0 一定,则当 $a(\ln b - \ln a)$ 取得极小值时,电场强度取得最大值。

根据题目已知条件及函数极值的求解方式,设 b 固定,对 a 求导可得:

$$f'(a) = \left(a\ln\frac{b}{a}\right)' = \ln\frac{b}{a} - 1$$

由导数几何意义,当 $f'(a) = 0$ 时,$E_{r=a}$ 取得极值,则:$\ln\frac{b}{a} - 1 = 0$,解得:$\frac{b}{a} = e$。

答案:D

19.**解** 基本概念,带电球体中心场强为 0,分析如下:

取中性点半径为 r 的小球,其场强为:$\oint\limits_S E dS = \frac{\rho\frac{4}{3}\pi r^3}{\varepsilon_0}$

则,解得 $E = \frac{\rho r}{3\varepsilon_0}$,当 $r \to 0$ 时的极限,即电场强度 $E = 0$

答案:D

20.**解** 当终端为开路状态时,$Z_{in} = jZ_C\tan\frac{2\pi}{\lambda}l$,$Z_C$ 为特性阻抗,则:

当 $l = \frac{1}{8}\lambda$,代入方程:$Z_{in} = jZ_C = j75\Omega$

注:无损耗的均匀传输线的输入阻抗,当终端为开路状态时,$Z_{in} = -jZ_C\cot\frac{2\pi}{\lambda}l$;当

终端为短路状态时,$Z_{in} = jZ_C\tan\frac{2\pi}{\lambda}l$。

答案:B

21.**解** 利用虚短、虚地概念,则:$u_{A1-} = u_{A1+} = 0V$,利用虚断概念,则:

$$\frac{u_o}{R_f} = -\frac{u_i}{R_1} \Rightarrow \frac{u_o}{u_i} = -\frac{R_f}{R_1}$$

答案:C

22.解 考查各运算电路的基本概念,比例放大电路简单介绍如下:

反相比例放大电路$\dfrac{u_o}{u_i}=-\dfrac{R_f}{R_1}$,输出电压与输入电压的相位相反;

同相比例放大电路$\dfrac{u_o}{u_i}=1+\dfrac{R_f}{R_1}$,输出电压与输入电压的相位相同;

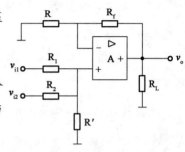

差分比例放大电路的输出电压相位取决于两个输入端的电压V_1和V_2的大小,若$V_1>V_2$,则输出的相位与V_1相同,反之,则相反。

同相输入求和运算电路如解图所示:

题22解图

$$V_+=\frac{(R_1/\!/R')v_{i1}}{R_1+(R_1/\!/R')}+\frac{(R_1/\!/R')v_{i2}}{R_2+(R_1/\!/R')}$$

$V_-=\dfrac{R}{R_f+R}v_o$;由于$v_+=v_-$,计算可得:

$$V_o=\frac{R_p}{R_n}\times R_f\times\left(\frac{v_{i1}}{R_1}+\frac{v_{i2}}{R_2}\right)$$

当$R_p=R_n$,$R_1=R_2=R_f$时,$v_o=v_{i1}+v_{i2}$,当两个输入端分别输入直流和正弦波信号时,则可完成叠加。

答案:D

23.解 利用虚短、虚地概念,$u_{A2-}=u_{A2+}=0V$,再利用虚断概念,则:$\dfrac{u_o}{u_o'}=-\dfrac{R_4}{R_3}$

利用虚短、断的概念,$u_{A1-}=u_{A1+}$ $\Rightarrow$ $\dfrac{R_2}{R_1+R_2}u_{i1}=\dfrac{R_2}{R_1+R_2}(u_{i2}-u_o')+u_o'$ $\Rightarrow$

$u_{i1}-u_{i2}=\dfrac{R_1}{R_2}u_o'$

将$\dfrac{u_o}{u_o'}=-\dfrac{R_4}{R_3}$ $\Rightarrow$ $u_o'=-\dfrac{R_3}{R_4}u_o$代入上式,得:

$u_{i1}-u_{i2}=-\dfrac{R_1}{R_2}\times\dfrac{R_3}{R_4}u_o$ $\Rightarrow$ $u_o=-\dfrac{R_2}{R_1}\times\dfrac{R_4}{R_3}(u_{i1}-u_{i2})=-\dfrac{20}{5}\times\dfrac{50}{10}\times0.2=-4V$

答案:A

24.解 由图可知,$V_{CC}=10V$,$I_{BQ}=40\mu A$,$I_{CQ}=\beta I_{BQ}=2mA$,$I_{EQ}=(1+\beta)I_{BQ}=2.04mA$,

$$U_{CEQ}=5V$$

$$R_B=\frac{V_{CC}-U_{BE}}{I_{BQ}}=\frac{10-0.7}{40}=232.5k\Omega$$

$$R_C=\frac{V_{CC}-U_{CEQ}}{I_{CQ}}=\frac{10-5}{2}=2.5k\Omega,R_L{}'=\frac{8-5}{I_{CQ}}=\frac{3}{2}=1.5k\Omega$$

$$r_{be}=200+(1+\beta)\frac{26}{I_E}=200+(1+50)\frac{26}{2.04}=850\Omega$$

电压放大倍数 $A_u=\dfrac{\dot{U}_o}{\dot{U}_i}=-\dfrac{\beta R_L{}'}{r_{be}}=-\dfrac{50\times1500}{850}=-88.2$

答案:B

25.**解** 利用虚短、虚地概念,$u_{A2-}=u_{A2+}=0V$,再利用虚断概念,则:

$$\frac{\dot{U}_o}{R_4}=-\left(\frac{\dot{U}_i}{R_5}+\frac{\dot{U}_{o1}}{R_3}\right)\ \Rightarrow\ \dot{U}_o=-(\dot{U}_i+\dot{U}_{o1})$$

利用虚短、虚地概念,$u_{A1-}=u_{A1+}=0V$,再利用虚断概念,则:

$$\frac{\dot{U}_{o1}}{R_2//\left(-j\frac{1}{\omega C}\right)}=-\frac{\dot{U}_i}{R_1}\ \Rightarrow\ \dot{U}_{o1}=-\frac{R_2//\left(-j\frac{1}{\omega C}\right)}{R_1}\dot{U}_i=-\frac{-jR_2}{(\omega CR_2-j)R_1}\dot{U}_i$$

$$=\frac{j}{\omega CR_2-j}\dot{U}_i=-\frac{1}{1+j\omega CR_2}\dot{U}_i$$

其中:$R_2//\left(-j\dfrac{1}{\omega C}\right)=\dfrac{R_2\cdot\left(-j\dfrac{1}{\omega C}\right)}{R_2-j\dfrac{1}{\omega C}}=\dfrac{-jR_2}{\omega CR_2-j}$

两式合并后,可得:

$$\frac{\dot{U}_o}{\dot{U}_i}=-\left(1-\frac{1}{1+j\omega CR_2}\right)=-\frac{j\omega CR_2}{1+j\omega CR_2}$$

答案:A

26.**解** 依题意列"或非"运算:$\overline{A+B}=\overline{A}\cdot\overline{B}=1$,显然,$A$、$B$ 两变量均为零时,此式成立。

> 注:狄·摩根定律:$\overline{A+B+C}=\overline{A}\cdot\overline{B}\cdot\overline{C}$ 和 $\overline{A\cdot B\cdot C}=\overline{A}+\overline{B}+\overline{C}$。

答案:A

27.**解** 利用逻辑代数基本定律和常用公式($A\overline{B}+AB=A,A+AB=A,A+\overline{A}B=A+B$),化简如下:

$$A\,\overline{B}C+\overline{A}BC+ABC+AC(DEF+DEG)=AC+\overline{A}BC+AC(DEF+DEG)=AC+\overline{A}BC$$
$$=C(A+\overline{A}B)=C(A+B)=AC+BC$$

> 注:逻辑代数基本定律的几个常用公式需牢记。

答案: B

28. 解 由 $\dfrac{5.1}{20\times10^{-3}}=255$,十进制转二进制,则 $(255)_{10}=(11111111)_2$

因此至少选用 ADC 至少为 8 位。

答案: B

29. 解 此为 555 定时器构成的多谐振荡器,输出端为一个周期性的方波,其频率为:

$$f=\frac{1.44}{(R_1+2R_2)C}=\frac{1.44}{(33+2\times27)\times10^3\times0.083\times10^{-6}}=199.8\text{Hz}$$

> 注:v_c 下降到 $\frac{1}{3}V_{CC}$ 时,触发器被置位,v_o 翻转为高电平,电容器 C 放电所需的时间
> 为:$t_{PL}=R_2Cln2\approx0.7R_2C$
>
> 当 C 放电结束时,V_{CC} 将通过 R_1、R_2 向电容器 C 充电,v_c 由 $\frac{1}{3}V_{CC}$ 上升至 $\frac{2}{3}V_{CC}$ 所需
> 的时间为:$t_{PH}=(R_1+R_2)Cln2\approx0.7(R_1+R_2)C$
>
> 当 v_c 上升到 $\frac{2}{3}V_{CC}$ 时,触发器又发生翻转,如此周而复始,在输出端得到的周期性方
> 波的频率为:$f=\dfrac{1}{t_{PL}+t_{PH}}=\dfrac{1}{(R_1+2R_2)Cln2}\approx\dfrac{1.44}{(R_1+2R_2)C}$

答案: A

30. 解 10 位环形计数器:每 10 个输入脉冲,循环移位 1 个输出脉冲,为 10 倍分频;

4 位二进制计数器:每 2^4 个输入脉冲,计数 1 个输出脉冲,为 16 倍分频;

模 25 行波计数器:每 25 个输入脉冲,计数 1 个输出脉冲,为 25 倍分频;

4 位扭环计数器:每 2×4 个输入脉冲,计数 1 个输出脉冲,为 8 倍分频。

则输出频率为 $f_o=\dfrac{160\times10^3}{10\times16\times25\times8}=5\text{Hz}$

> 注:n 位扭环形计数器有 $2n$ 个有效状态,有效状态利用率比环形计数器增加一倍。
> 如 3 位扭环形计数器的有效状态为:$000\rightarrow100\rightarrow110\rightarrow111\rightarrow011\rightarrow001\rightarrow000$;普通行波计
> 数器,每个输入脉冲均会影响所有的位,其波形类似流水运动,而模 25 行波计数器,为每
> 25 个脉冲,行波波形所有位翻转一次。

答案: D

31. 解 定子旋转磁动势的同步转速: $n_N = \dfrac{60f}{P} = \dfrac{60 \times 50}{2} = 1500\text{r/min}$

电磁功率: $P_M = P_2 + P_{Cu2} + P_\Omega + P_{ad} = 150 + 2.21 + 3.64 = 155.85\text{kW}$

额定转差率: $S_N = \dfrac{P_{Cu2}}{P_M} = \dfrac{2.21}{155.85} = 0.0142$

转子串入电阻 R' 后的转差率:

$$\dfrac{R_2 + R_S}{S} = \dfrac{R_2}{S_N} \Rightarrow S = \dfrac{R_2 + R_S}{R_2} S_N = \dfrac{0.012 + 0.1}{0.012} \times 0.0142 = 0.1325$$

转子串入电阻 R' 后的转速: $n = (1 - S)n_N = (1 - 0.1325) \times 1500 = 1301\text{r/min}$

注:转子串入电阻,若主电源不变,则转子电流不变,功率因数不变。

设原来转子电阻为 R_2,电流为 I_{2N},转差率为 S_N,则 $I_{2N} = \dfrac{E_2}{\sqrt{(R_2/S_N)^2 + X^2}}$

转子串入电阻 R_S 后,转差率变为 S,电流仍为 I_{2N},则 $I_{2N} = \dfrac{E_2}{\sqrt{[(R_2 + R_S)/S_N]^2 + X^2}}$

因此有 $\dfrac{R_2 + R_S}{S} = \dfrac{R_2}{S_N}$,可见转子串入电阻时,其转差率将相应变化。

答案: A

32. 解 由于定子旋转磁动势的同步转速应与额定转速相差不大,则: $n_1 = \dfrac{60f}{P} = $

$\dfrac{60 \times 50}{3} = 1000\text{r/min}$

额定转差率: $s_N = \dfrac{n_1 - n_N}{n_1} = \dfrac{1000 - 960}{1000} = 0.04$

总机械功率: $P_{Mec} = P_2 + P_\Omega + P_{ad} = 7.5 + 0.045 + 0.0375 = 7.5825\text{kW}$

电磁功率: $P_M = \dfrac{P_{Mec}}{1 - S} = \dfrac{7.5825}{1 - 0.04} = 7.898\text{kW}$

转子铜耗: $P_{Cu2} = SP_M = 0.04 \times 7.898 \times 1000 = 315.9\text{W}$

注:感应电动机的功率流程可参考下图,应牢记。

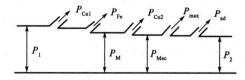

同时还应掌握电磁功率 P_M 与总机械功率 P_{Mec}、转子铜耗 P_{Cu2} 之间的关系,即 $P_{Mec}=P_M(1-S)$ 和 $P_{Cu2}=SP_M$。

其中,P_{Cu1} 为定子绕组铜耗;P_{Fe} 为定子绕组铁耗;P_{Cu2} 为定子绕组铜耗;$P_\Omega=P_{Mec}$ 为机械损耗;P_{ad} 为附加损耗。

答案:A

33. 解 变压器功率损失计算公式:$\Delta P=P_0+\beta^2 P_k$,当负载系数 β 达到某一数值时,损失率 $\Delta P\%=\dfrac{\Delta P}{P_1}$ 将出现最小值,将公式对 β 取一阶导数,并使之为零,即:

$$\frac{d(\Delta P\%)}{d\beta}=0 \quad \Rightarrow \quad P_0=\beta^2 P_k$$

因此变压器最小损失率(或变压器最大效率)的条件为 $\beta=\sqrt{\dfrac{P_0}{P_k}}$

A 变压器负荷率:$\beta_A=\sqrt{10\div15.64}=0.8$

B 变压器负荷率:$\beta_B=\sqrt{12\div14.815}=0.9$

总负载系数:$\beta=\dfrac{\beta_A S_A+\beta_B S_B}{S_A+S_B}=\dfrac{0.8+0.9}{2}=0.85$

答案:B

34. 解 电压调整率公式:$\Delta U\%=\beta\left(\dfrac{I_{1N}R_k\cos\varphi_2+I_{1N}X_k\sin\varphi_2}{U_{1N}}\right)\times100\%$,负载为电阻电感性,则 $\sin\varphi_2>0$;负载电流不变,则 $\beta=\dfrac{I_2}{I_{2N}}$ 和 $I_1=\dfrac{I_2}{k}$ 均不变,上式中仅短路损耗参数为变量,显然,短路损耗越低,电压调整率越低,变压器效率越高。

注:变压器效率公式:$\eta=\dfrac{P_2}{P_1}=\dfrac{\beta S_N\cos\varphi_2}{\beta S_N\cos\varphi_2+P_0+\beta^2 P_k}$

答案:C

35. 解 忽略电枢电阻 r_a 后,凸极发电机电动势平衡方程为:$\dot{E}_0=\dot{U}+j\dot{I}_d X_d+j\dot{I}_q X_q$

额定相电动势:$U_{N\varphi}=\dfrac{U_N}{\sqrt{3}}=\dfrac{400}{\sqrt{3}}=230.94V$

额定电流:$I_N=\dfrac{S_N}{\sqrt{3}U_N}=\dfrac{1000}{\sqrt{3}\times0.4}=1443.4A$

功率因数角:$\varphi_N=\arccos\dfrac{P_N}{S_N}=\arccos\dfrac{500}{1000}=60°$

内功率因数角：$\psi = \varphi + \delta = 60° + 11.75° = 71.75°$

设额定相电动势标幺值为 $U_{N*} = 1$，额定电流标幺值 $I_{N*} = 1$

直轴分量电流标幺值：$I_{d*} = I_{N*} \sin\psi_N = 1 \times \sin 71.75 = 0.9497$

交轴分量电流标幺值：$I_{q*} = I_{N*} \cos\psi_N = 1 \times \cos 71.75 = 0.3132$

以空载电动势 $\dot{E}_0$ 为参考相量，即 $\dot{E}_0 = E_0 \angle 0°$，则：

$$\dot{E}_0 = \dot{U}_{N\varphi} + j\dot{I}_d X_d + j\dot{I}_q X_q$$

$$= 1.0\angle{-11.75°} + j(0.9497\angle{-90°} \times 1.075 + 0.3132\angle 0° \times 0.65) = 2.0$$

答案：D

36.**解** 如果频率和波形都一致，但发电机与电网的电压存在偏差，则在发电机和电网间产生一个环流，即冲击电流 $\dot{I}_h$，即：

$$\dot{I}_h = \frac{\Delta U}{jX} = \frac{U_2 - U_1}{jX}，\text{其中} U_2 \text{为发电机电压}，U_1 \text{为电网电压}，X \text{是发电机电抗。}$$

由于发电机电压小于电网电压 10%，即 $U_2 = 0.9U_1$，则冲击电流：

$$\dot{I}_h = \frac{\Delta U}{jX} = \frac{0.9U_1 - U_1}{jX} = -\frac{0.1U_1}{jX} = j\frac{0.1U_1}{X}$$

可见，冲击电流滞后于电网电压 90°，为电感性电流。

> 注：同步发电机并联投入条件应牢记，五要素中相序不同，是绝不允许并联投入的。
>
> (1)发电机的电压和电网电压大小要相等。
>
> (2)发电机的频率和电网频率要相等。
>
> (3)发电机电压的相位和电网电压的相位要相同。
>
> (4)发电机的相序和电网的相序要一致。
>
> (5)发电机的电压波形和电网的电压波形要一致。

答案：C

37.**解** 输入功率：$P_1 = \dfrac{P_N}{\eta_N} = \dfrac{15}{0.853} = 17.585\text{kW}$

额定电流：$I_N = \dfrac{P_1}{U_N} = \dfrac{17.585 \times 10^3}{220} = 80\text{A}$

附加起动电阻：$R_S = \dfrac{U_N}{1.5I_N} - R_a = \dfrac{220}{1.5 \times 80} - 0.2 = 1.63\Omega$

注:除小容量的直流电动机,一般直流电动机是不允许直接接到额定电压的电源上起动的,由于在刚起动的一瞬间,$n=0$,反电动势 $E_a=0$,起动电流为 $I_S=\dfrac{U_N}{R_a}$,由于电枢电阻一般是很小的阻值,故起动电流很大,可达到 $10\sim20$ 倍的额定电流,这么大的起动电流将产生很大的电动力,损坏电机绕组,同时引起电机换向困难、增大线路压降等问题,因此必须采用一些适当的方法来起动直流电动机。

答案:A

38.解 改善换向的方法主要靠换向区磁场产生的旋转电动势 e_K,来抵消换向元件的电抗电动势 e_r,以使附加换向电流等于零,达到理想的直线换向,为此可采用装设换向极、移动电刷、电刷匹配的方法,其中有关移动电刷的方法简述如下:

移动电刷的目的是将电刷从几何中性线移开一适当角度,使换向区域也跟着从几何中线移开一适当角度,利用主极磁场来代替换向极产生的换向磁场。根据换向极的极性确定法可知,当电机作为发电机运行时,电刷应自几何中线顺着电枢旋转的方向移动一个适当角度,而当作为电动机运行时,则应逆着电机旋转方向起动一适当角度。此方法的缺点在于电刷移动后产生的直轴电枢去磁磁动势,使气隙磁场减弱,因而使发电机的外特性下降,端电压下降;使电动机的转速升高,机械特性上翘,造成运行不稳定。

本题中为一直流电动机,电刷顺旋转方向偏离磁场几何中性线一个不大角度,因此电动机转速应降低。

注:电动机电刷换向过程较为复杂,有关换向极的极性确定方法可参考相关教科书,此处不再赘述。

答案:A

39.解 发电机通常运行在比网络标称电压高5%的状态下,所以发电机额定电压规定比网络标称电压高5%;变压器一次绕组相当于用电设备,其额定电压等于网络的额定电压,当直接与发电机连接时,就等于发电机的额定电压;变压器二次绕组相当于供电设备,考虑到变压器内部的电压损耗,二次绕组额定电压一般比网络高5%,某些情况,当变压器短路电压大于或等于7%时,二次侧绕组额定电压比网络高10%,按此原则规定,则各变压器额定电压应为:G:10.5kV,T₁:10.5/363kV,T₂:330/121kV,T₃:330/242kV,T₄:110/38.5kV。

答案:C

40. 解　单回路单导线的单位长度等值电抗可采用下列两个公式计算,结果相同:

$$X_1 = 0.0029 f \lg \frac{D_{eq}}{r_{eq}} = 0.145 \lg \frac{D_{eq}}{r_{eq}}$$

式中:D_{eq}——相导线几何均距,$D_{eq} = \sqrt[3]{d_{ab} d_{ac} d_{bc}}$;

　　r_{eq}——导线有效半径(也称几何半径),它与导线的材料和结构尺寸有关,一般钢芯

　　　　铝绞线为 $10.84r$。

$$X_1 = 0.0001 \pi \mu f + 0.0029 f \lg \frac{D_{eq}}{r} = 0.0157\mu + 0.145 \lg \frac{D_{eq}}{r}$$

式中:D_{eq}——相导线几何均距,$D_{eq} = \sqrt[3]{d_{ab} d_{ac} d_{bc}}$;

　　r——导线半径;

　　μ——导体材料的相对磁导率。

由于导体不同其相对磁导率也不同,上式中未计算出与答案匹配的 $\frac{\mu_r}{2}$,但根据公式的

结构可知,选项 D 正确。

注:题目不严谨,未明确式中各字母的定义,也未明确是否为单回路单导线的单位长
度等值电抗,单回路相分裂导线的等值电抗公式与此不同。

答案:D

41. 解　基本公式,不再赘述。
答案:C

42. 解　等效电路如解图所示,各功率及电压标注图中:

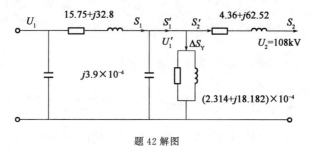

题 42 解图

变压器空载,则变压器串联支路功率:$S_2' = S_2 = 0$;变压器始端电压:$U_1' = U_2$

变压器并联支路的功率损耗:

$$\Delta S_Y = (G_T + jB_T)^* \cdot U_1'^2 = (G_T - jB_T) \cdot U_1'^2$$

$$= (2.314 + j18.182) \times 10^{-6} \times 108^2 = 0.027 + j0.212 \text{MVA}$$

$$S_1' = S_2' + \Delta S_Y = 0.027 + j0.212$$

输电线路串联支路的末端功率：

$$S_1 = S_1' - jB_L U_N^2 = 0.027 + j0.212 - j3.9 \times 10^{-4} \times 108^2 = 0.027 - j4.337 \text{MVA}$$

输电线路串联支路功率损耗：

$$\Delta S_L = \frac{P^2 + Q^2}{U_1'^2}(R + jX) = \frac{0.027^2 + 4.337^2}{108^2}(15.75 + j32.8) = 0.0254 + j0.0529 \text{MVA}$$

注：变压器的总无功功率损耗为并联支路损耗 ΔQ_Y 与串联支路损耗 ΔQ_Z 之和，变压器并联支路。根据公式可知串联支路消耗感性无功功率，而并联支路由于励磁感抗 B_T 为感性，其值为负，而 $-B_T$ 为正，说明也消耗无功功率，其对应励磁无功功率，消耗感性无功功率。

答案：B

43.解 分接头电压 $110 \times (1 + 2.5\%) = 112.75 \text{kV}$

答案：A

44.解 功率因数低于额定值时，发电机的有功功率将降低，由于功率因数越低，定子电流的无功分量越大，由于感性无功起去磁作用，所以减弱主磁通的作用越大，为了维持发电机端电压不变，会使转子电流超过额定值，相应的损耗增大，发电机的效率降低。因此，当发电机低于额定值运行时，有功功率（出力）降低，无功功率提高，但总的视在功率是降低的。

答案：D

45.解 线路空载时，线路末端的功率为零，根据 Ⅱ 形输电线路等值电路可知：

$$\dot{U}_1 = U_2 - \frac{BX}{2}U_2 + j\frac{BR}{2}U_2$$

由于线路电阻及电导均为 0，则高压线路的首末端电压公式：

$$U_1 = \left(1 - \frac{BX}{2} + j\frac{BR}{2}\right)U_2 = (1 - 2.168 \times 10^{-4} \times 58.5 + j2.168 \times 10^{-4} \times 31.5)U_2$$

$$= (0.98732 + j0.00683)U_2 = U_2 \cdot 0.9873\angle 0.4°$$

则：$U_2 = \dfrac{U_1}{0.9873\angle 0.4°} = \dfrac{223\angle 0°}{0.9873\angle 0.4°} = 225.86\angle -0.4° \text{kV}$

注：高压输电线路空载时，线路末端电压将高于始端电压，称为末端电压升高现象。

答案：A

46.解 线路与变压器的等值阻抗（有名值）Z 计算如下：

忽略变压器等值电阻,则:

$$X_{\text{T}}=\frac{U_{\text{k}}\%}{100} \cdot \frac{U_{\text{N}}^2}{S_{\text{TN}}}=\frac{10.5}{100} \times \frac{110^2}{31.5}=40.33\Omega$$

$$Z=R+jX=0.21 \times 80+j(0.4 \times 80+40.33)=16.8+j72.33$$

最大负荷和最小负荷时变压器的电压损耗:

$$\Delta U_{\text{Tmax}}=\frac{PR+QX}{U_{1\text{max}}}=\frac{30 \times 16.8+16 \times 72.33}{115}=14.446\text{kV}$$

$$\Delta U_{\text{Tmin}}=\frac{PR+QX}{U_{1\text{min}}}=\frac{20 \times 16.8+10 \times 72.33}{115}=9.211\text{kV}$$

在最大和最小负荷时,变压器低压侧的电压分别为 10.5kV 和 10kV,按最小负荷时没有补偿的情况确定变压器的分接头,则:

$$U_{\text{T}}=\frac{U_{1\text{min}}-\Delta U_{\text{Tmin}}}{U_{2\text{min}}}U_{2\text{N}}=\frac{115-9.211}{10} \times 11=116.37\text{kV}$$

选取变压器分接头为 $110+(1+2 \times 2.5\%)=115.5\text{kV}$

变比为:$K=\dfrac{115.5}{11}=10.5$

按照最大负荷计算容量补偿:

$$Q_{\text{C}}=\frac{U_{2\text{Cmax}}}{X}\left(U_{2\text{Cmax}}-\frac{U'_{2\text{Cmax}}}{K}\right)K^2$$

$$=\frac{10.5}{72.33} \times \left(10.5-\frac{115-14.446}{10.5}\right) \times 10.5^2=14.78\text{Mvar}$$

> 注:逆调压为最大负荷时,提高负荷侧电压,低压侧升高至 105% 的额定电压,为最小负荷时,降低或保持负荷侧电压,即低压侧保持额定电压;顺调压为最大负荷时,低压侧为 102.5% 的额定电压;为最小负荷时,低压侧为 107.5% 的额定电压。

答案:A

47.解 超导回路磁链守恒原理:在没有电阻的闭合回路中(又称为超导体闭合回路)原来所具有的磁链,将永远保持不变。

根据超导回路磁链守恒原理,定子各相绕组在短路前后要维持其在短路瞬间的磁链不变,由 $E_0=4.44fNK_{\text{N1}}\Phi_0$,因此空载电动势正比于励磁磁链保持不变。

> 注:在实际的短路绕组中,由于电阻的存在,磁链是变化的,并且由于电阻消耗能量,储藏的磁场能量将逐步衰减。

答案:D

48.解 变压器为 YN,d 接线方式变压器,其接线图和等值电路如解图 1 所示:

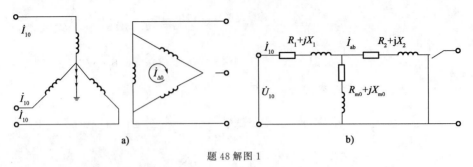

题 48 解图 1

在 YN 侧施加零序电压,则由于其中性点接地而流过零序电流,从而在 d 绕组中产生零序感应电势,它们的大小和相位都彼此相等,结果在 d 绕组中形成环流,使得每相绕组中的感应电势与该相绕组漏阻抗上的电压降相平衡,而在线电流中则不存在零序电流。对于这种接线方式的变压器在零序等值电路中相当于将 d 绕组通过漏阻抗短路,而其端点与外电路断开。

三相零序电流大小及相位相同,它们必须经过大地(或架空地线、电缆外皮等)才能构成通路,题干中发电机中性点接地、变压器星形侧中性点接地,因此均可流通零序电流。由于三角形绕组的零序电流大小和相位都彼此相等,在 d 绕组中形成环流,三角形内阻抗 X_{pT} 代入零序网络时,应为 $\dfrac{1}{3} \times \dfrac{X_{pT}}{3}$,则零序网络如图 2 所示。

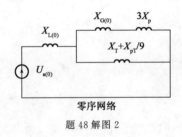

题 48 解图 2

零序等值电抗为:$X_{\Sigma(0)} = x_{l(0)} + (x_{G(0)} + 3x_p) // \left(x_T + \dfrac{1}{9}x_{pT}\right)$

注:与星形绕组中性点接地阻抗不同,三角形绕组内接阻抗实质上是表示二次侧(三角形)的漏抗参数,因此在正负零序中都要反映。在正负零序网络中,三角形绕组串联电抗用 1/9 倍表示(三角形绕组串联总阻抗,平均分配到三角形绕组中,乘以 1/3 倍;正负零序网络均为单相等值网络,因而三角形电路需转化为星形电路,再乘以 1/3)。零序电流仅在变压器三角形侧内形成环流,对外无零序电流。零序电流不包含发电机和 T_2 变压器分量。

答案:D

49. 解　输电线路各参数元件计算如下：

线路 1 电抗标幺值：$X_{*l1} = \dfrac{1}{2} \times xl \dfrac{S_B}{U_B^2} = \dfrac{1}{2} \times 0.4 \times 100 \times \dfrac{250}{115^2} = 0.378$

线路 2 电抗标幺值：$X_{*l2} = xl \dfrac{S_B}{U_B^2} = 0.4 \times 15 \times \dfrac{250}{115^2} = 0.113$

发电机电抗标幺值：$X_{*G} = X''_d \times \dfrac{S_B}{S_G} = 0.2 \times \dfrac{250}{250} = 0.2$

变压器电抗标幺值：$X_{*T} = \dfrac{U_k \%}{100} \times \dfrac{S_B}{S_{rT}} = \dfrac{10}{100} \times \dfrac{250}{250} = 0.1$

断路器额定切断容量为 f' 点的系统短路容量和发电厂短路容量两者之和，即两者的短路电流标幺值相加应等于 f' 点的短路电流标幺值（短路容量标幺值），则：

$\dfrac{1000}{250} = \dfrac{1}{X_{*f}} + \dfrac{1}{0.378 + 0.1 + 0.2}$，可计算出 $X_{*f} = 0.396$

等效电路如解图所示。

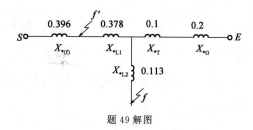

题 49 解图

$$X_{*\Sigma} = (0.396 + 0.378) /\!/ (0.1 + 0.2) + 0.113 = 0.329$$

短路电流有名值：$I_k = \dfrac{I_j}{X_{*\Sigma}} = \dfrac{250}{\sqrt{3} \times 115} \times \dfrac{1}{0.329} = 3.815\text{kA}$

冲击短路电流：$i_p = k_P \sqrt{2} I_k = 1.8 \times \sqrt{2} \times 3.815 = 9.711\text{kA}$

答案：C

50. 解　设 $\dot{I}_A$、$\dot{I}_B$、$\dot{I}_C$ 为星形侧各相电流，$\dot{I}_a$、$\dot{I}_b$、$\dot{I}_c$ 为三角形侧各相电流，如解图所示。

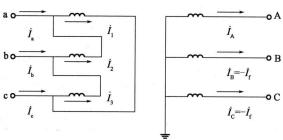

题 50 解图

由两相短路边界条件,可知:$\dot{I}_A=0,-\dot{I}_B=\dot{I}_C=\dot{I}_f$,则:

$$\dot{I}_a=\dot{I}_1-\dot{I}_2=\frac{\dot{I}_A-\dot{I}_B}{\sqrt{3}}=\frac{0+\dot{I}_f}{\sqrt{3}}=\frac{1}{\sqrt{3}}\dot{I}_f$$

$$\dot{I}_b=\dot{I}_2-\dot{I}_3=\frac{\dot{I}_B-\dot{I}_C}{\sqrt{3}}=\frac{-\dot{I}_f-\dot{I}_f}{\sqrt{3}}=-\frac{2}{\sqrt{3}}\dot{I}_f$$

$$\dot{I}_c=\dot{I}_3-\dot{I}_1=\frac{\dot{I}_C-\dot{I}_A}{\sqrt{3}}=\frac{\dot{I}_f-0}{\sqrt{3}}=\frac{1}{\sqrt{3}}\dot{I}_f$$

答案:B

51.解 《导体和电器选择设计技术规定》(DL/T 5222—2005)的相关规定如下:

第9.2.2条:在校核断路器断流能力时,宜取断路器实际开断时间(主保护动作时间与断路器分闸时间之和)的短路电流作为校验条件。

> 注:有关导体和电器热稳定校验的规定请参考如下:
>
> 《3~110kV高压配电装置设计规范》(GB 50060—2008)的相关规定如下:
>
> 第4.1.4条:验算导体短路电流热效应的计算时间,宜采用主保护动作时间加相应的断路器全分闸时间。当主保护有死区时,应采用对该死区起作用的后备保护动作时间,并应采用相应的短路电流值。
>
> 验算电器短路热效应的计算时间,宜采用后备保护动作时间加相应的断路器全分闸时间。

答案:C

52.解 内桥与外桥接线的特点分析如下:

	内 桥 接 线	外 桥 接 线
接线图		
优点	高压断路器数量少,占地少,四个回路只需三台断路器	高压断路器数量少,占地少,四个回路只需三台断路器

	内 桥 接 线	外 桥 接 线
缺点	a.变压器的切除和投入较复杂,需动作两台断路器,影响一回线路的暂时停运; b.桥连断路器检修时,两个回路需解列运行; c.线路断路器检修时,需较长时间中断线路的供电	a.线路的切除和投入较复杂,需动作两台断路器,并有一台变压器暂时停运; b.桥连断路器检修时,两个回路需解列运行; c.变压器侧断路器检修时,变压器需较长时期停运
适用范围	适用于较小容量的发电厂,对一、二级负荷供电,并且变压器不经常切换或线路较长、故障率较高的变电所	适用于较小容量的发电厂,对一、二级负荷供电,并且变压器的切换较频繁或线路较短、故障率较少的变电所。此外,线路有穿越功率时,也宜采用外桥接线

注:外桥与内桥接线的区别和特点需牢记,这是经常考查的知识点。

答案:C

53.解 三相短路时,短路电流通过在同一平面的三相导体是,中间相所处情况最为严重,其最大作用力为:

$$F_{k3}=0.173K_x(i_{p3})^2\frac{l}{D}(\text{N})$$

式中:i_{p3}——三相短路峰值电流(三相冲击电流);

l——平行导体的长度;

D——导体中心的距离;

K_x——矩形截面导体的形状系数,可根据与导体厚度 b、宽度 h 和中心距离 D 有关的关系式,由相关图表中查得。

注:两相短路时,导体间最大作用力为 $F_{k2}=0.2K_x(i_{p2})^2\frac{l}{D}(\text{N})$,其中 i_{p2} 为两相短路峰值电流(两相冲击电流),其他符号含义与上式相同。相关内容可参考《工业与民用配电设计手册》(第三版)P207~P208。

答案:C

54.解 对于测量表计,应按其准确等级校验电流互感器,电流互感器的二次负载为:

$$Z_2=K_{cj}Z_{cj}+K_{l}Z_{lx}+Z_c$$

式中:Z_{cj}——测量表计线圈的内阻;

Z_{lx}——连接导线的电阻;

Z_c——接触电阻;

K_{cj}、K_{l}——针对不同内阻的换算系数。

在不完全星形时连接线的阻抗换算系数 $K_{lx}=\sqrt{3}$,且线路阻抗与其长度成正比,则计算长度为:$L_{js}=\sqrt{3}L$

测量表计的阻抗换算系数和连接线的阻抗换算系数取值较为复杂,可参考下表:

接线方式	单相	三相星形	三相不完全星形	二相差接	三角形
K_{lx}	2	1	$\sqrt{3}$	$2\sqrt{3}$	3
K_{cj}	1	1	$\sqrt{3}$	$\sqrt{3}$	3

注:按照完全星形接线方式装设在每相中的继电器,能反应所有的短路类型;当中性线中接入继电器时,该继电器只反应接地短路。所以,三相星形接线适用于所有短路类型都要动作的保护装置。而在中性点非直接接地的电力系统中,由于允许短路时间的单相接地运行,并且在大多数情况下都装设有单相接地的信号装置,所以,在这种系统内保护装置广泛采用不完全星形接线方式来实现相间短路保护。

答案:B

55.解 《导体和电器选择设计技术规定》(DL/T 5222—2005)的相关规定如下:

第9.2.3条的条文说明:三相断路器在开断短路故障时,由于动作的不同期性,首相开断的断口触头间所承受的工频恢复电压将要增高,增高的数值用首相开断系数来表征。首相开断系数是指三相系统当两相短路时,在断路器安装处的完好相对另两相间的工频电压与短路去掉后在同一处获得的相对中性点电压之比。分析系统中经常发生的各种短路形式,第一开断相断口间的工频恢复电压,中性点不接地系统者多为 1.5 倍的相电压;中性点接地系统多为 1.3 倍相电压。

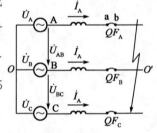

题 55 解图

中性点不直接接地系统的三相短路故障如解图所示。

设 A 相为首先开断相:电弧电流先过零,电弧先熄灭,即:

$$\dot{U}_{ab} = \dot{U}_{AO'} = \dot{U}_{AB} + 0.5\dot{U}_{BC} = 1.5\dot{U}_{AO}$$

在 A 相熄灭后,经过 5ms(90°),B、C 两相电流同时过零,电弧同时熄灭,此时电源的线电压加在两个串联的断口上,若认为两断口是均匀分布,则每一断口只承担一半电压,即:

$$0.5U_{BC} = 0.866U_{BO}(U_{CO})$$

注:中性点直接接地系统的三相短路故障时,首开相 A 相弧熄时,工频恢复电压为 1.3 倍的电源相电压,紧接着 A 相过零的 C 相,然后是 B 相,第二开断相 C 相弧熄时,工频恢复电压为 1.25 倍的电源相电压,C 相电流分段后,此时电路中电流只剩下 B 相一相,在弧熄时,其工频恢复电压即为电源相电压。开断单相短路电流,当电流过零时,工频恢复电压的瞬时值为 $U_0 = U_m \sin\varphi$,通常短路时,φ 角度接近 90°,所以工频恢复电压约为电源电压的最大瞬时值 $U_0 = U_m$。本题属高电压技术断路器开断弧隙电压恢复过程内容。

答案：D

56. 解　极不均匀电场具有强垂直分量时的沿面放电特征可以套管为例分析如下：

放电首先从法兰边缘电场较强处开始，在不太高的电压下，法兰边缘出线电晕放电形成的发光圈，见解图 a)；随着电压升高，电晕向前延伸，逐渐形成由许多平行火花细线组成的光带，见解图 b)，细线的光虽比电晕亮，但仍较弱，属于一种辉光放电现象；随后，放电细线的长度随电压成正比增加，当电压超过某临界值时，放电性质发生变化，个别细线开始迅速增长，转变为树枝状、紫色、明亮得多的火花，见解图 c)，这些火花会交替出现，在一处产生后紧贴介质表面向前发展，随即消失，然后再在新的位置产生，这种放电现象称为滑闪放电。法兰边缘若为圆弧状，一般将直接出现滑闪放电现象，辉光放电过程不明显。

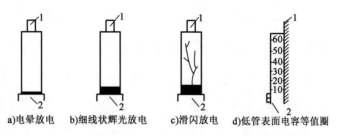

a)电晕放电　　b)细线状辉光放电　　c)滑闪放电　　d)低管表面电容等值圈

题 56 解图 1　沿套管表面放电的示意图

1-导杆；2-法兰

雷电冲击电压下，沿玻璃管表面的滑闪电压放电长度与电压的关系参见下图。由图可见随着电压增加，滑闪放电长度增大的速率越来越快，因此单靠加长沿面放电距离来提高闪络电压的效果较差，另外若玻璃管臂减薄，滑闪放电长度也有显著增加。滑闪放电条件是通道中带电粒子剧增，流过放电通道的电流，经过通道与另一电极间的电容构成通路，见解图 d)，因此通道中的电流(带电粒子的数目)，随通道与另一电极间的电容量和电压变化率的加大而增加，此电容量可用介质表面单位面积与另一电极间的电容数值两表

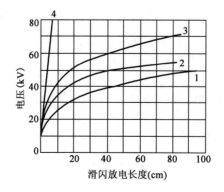

题 56 解图 2　雷电冲击电压下，沿玻璃管表面的滑闪放电长度与电压的关系

1-直径为 0.85/0.97cm；2-直径为 0.63/0.9cm；3-直径为 0.6/1.01cm；4-空气间隙击穿电压

征,称为比电容。根据上述分析,放电现象应和比电容及电压变化速率有关。由此可以理解,滑闪放电在增加绝缘(玻璃管壁)厚度、减小比电容,都可使的滑闪火花长度显著减小,达到提高沿面闪络电压的目的。

> 注:本题属高电压技术不均匀电场的放电过程内容。

答案:B

57.解 直配电机防雷保护包括电机主绝缘、匝间绝缘和中性点绝缘的保护。主要措施包括:

(1)在发电机出线母线处装设一组 FCD 型阀式避雷器,以限制入侵波幅值,取其 3kA 下的残压与电机的绝缘水平相配合。

(2)在发电机电压母线上装设电容器,以限制入侵波陡度和降低感应过电压。

限制入侵波陡度的主要目的是保护匝间绝缘和中性点绝缘,如解图 a)所示,若入侵波为幅值为 U_0 的直角波,则发电机母线上电压(电容 C 上的电压 U_c)可按图解图 b)的等值电路计算。计算结果表面,当每相电容为 $0.25 \sim 0.5 \mu F$ 时,能够满足波陡度 $\alpha < 2kV/\mu s$ 的要求,且同时也能满足限制感应过电压使之低于电机冲击耐压强度的要求。

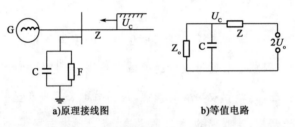

a)原理接线图　　b)等值电路

题 57 解图

(3)发电机中性点有引出线时,中性点加装避雷器保护,否则需加大母线并联电容,以降低入侵波陡度。

(4)采用进线段保护,限制流经阀式避雷器的雷电流,一般要求小于 3kA。电缆与管式避雷器配合是较为常用的进线保护方式。计算表明,当电缆长度为 100m,且电缆末端外皮接地引下线到接地网的距离为 12m、$R = 5\Omega$ 时,电缆段首端落雷且雷电流幅值为 50kA 时,流经每相避雷器的雷电流不会超过 3kA,即此保护接地的耐雷水平为 50kA。

> 注:本题属高电压技术旋转电机防雷保护内容,具体分流原理分析较为复杂,在此不再展开。

答案:A

58.解 冲击电流的测量包括峰值和波形的确定。按现行试验标准,对于认可的测量系统的要求是:测量峰值的扩展不确定度(覆盖率为95%)不大于3%,测量时间参数的扩展不确定度不大于10%,还应具有足够低的输出偏置值。常用的测量冲击电流的方法是应用由分流器和数字示波器所组成的测量系统,也常用罗戈夫斯基线圈(Rogowski Coil)作为转换装置。

罗戈夫斯基线圈利用被测电流的磁场在线圈内感应的电压来测量电流,实际上是一种电流互感器测量系统,其一次侧为单根载流导线,二次侧为罗戈夫斯基线圈。考虑到所测电流的等效频率很高,所以大多是采用空心的互感器,这样可以避免使用铁芯时所带来的损耗及非线性影响。

> 注:在冲击电流相当大时,如几百千安,相对于分流器测量,罗戈夫斯基线圈可避免被测电流在其内部产生的热效应和力效应,减少测量的偏差。属高电压试验技术冲击电流测量方式的内容。

答案:C

59. **解** GIS 的波阻抗一般为 $60\sim100\Omega$,约为架空线路波阻抗的 1/5。由于 GIS 尺寸较常规的变电站小得多,冲击电压行波在 GIS 中进行复杂的折射、反射和叠加所需时间非常短,在极端的时间内,GIS 各元件间的冲击电压几乎不发生变化。若 GIS 尺寸过大,其电压行波的复杂折射、反射和叠加时间较长,冲击耐压试验的电压峰值有可能被叠加降低,造成试验数据的偏差。

> 注:本题属高电压技术冲击耐压试验内容。

答案:B

60. **解** 参见附录一"高频考点知识补充"的知识点 3:

线路末端开路相当于 $Z_2=\infty$ 的情况,说明入射波 U_0 到达开路的末端后将发生全反射。全反射的结果是使线路末端电压上升到入射波电压的两倍。随着反射电压波的反行,导线上的电压降逐点上升至入射波的 2 倍,未到之处仍为 U_0;在电压发生全反射的同时,电流则发生了负的全反射,电流负反射的结果使线路末端的电流为零,而随着反射电流波的反行,导线上的电流将逐点下降为零。

> 注:本题属高电压技术之输电线路波过程的行波折、反射内容。

答案:C

2014 年度全国勘察设计注册电气工程师（发输变电）

执业资格考试试卷

基础考试
（下）

二〇一四年九月

应考人员注意事项

1. 本试卷科目代码为"2",考生务必将此代码填涂在答题卡"科目代码"相应的栏目内,否则,无法评分。

2. 书写用笔:**黑色或蓝色钢笔、签字笔或圆珠笔**；

   填涂答题卡用笔:**黑色 2B 铅笔**。

3. 必须用书写用笔将工作单位、姓名、准考证号填写在答题卡和试卷相应的栏目内。

4. 本试卷由 60 题组成,每题 2 分,满分 120 分,本试卷全部为单项选择题,每小题的四个备选项中只有一个正确答案,错选、多选、不选均不得分。

5. 考生作答时,必须**按题号在答题卡上**将相应试题所选选项对应的**字母用 2B 铅笔涂黑**。

6. 在答题卡上书写与题意无关的语言,或在答题卡上作标记的,均按违纪试卷处理。

7. 考试结束时,由监考人员当面将试卷、答题卡一并收回。

8. 草稿纸由各地统一配发,考后收回。

单项选择题(共 60 题,每题 2 分。每题的备选项中只有一个最符合题意。)

1. 一直流发电机端电压 $U_1 = 230$V,线路上的电流 $I = 50$A,输电线路每根导线的电阻 $R_0 = 0.0954\Omega$,则负载端电压 U_2 为:

    A. 225. 23V   B. 220. 46V

    C. 225V   D. 220V

2. 一含源一端口电阻网络,测得其短路电流为 2A。测得负载电阻 $R = 10\Omega$ 时,通过负载电阻 R 的电流为 1.5A,该含源一端口电阻网络的开路电压 U_{oc} 为:

    A. 50V   B. 60V   C. 70V   D. 80V

3. 已知通过线圈的电流 $i = 32\sin\left(314t + \dfrac{2}{3}\pi\right)$A,如果把参考方向选成相反的方向,则 i 的表达式为:

    A. $32\sin\left(314t - \dfrac{\pi}{3}\right)$A

    B. $32\sin\left(314t - \dfrac{2}{3}\pi\right)$A

    C. $32\sin\left(314t + \dfrac{2\pi}{3}\right)$A

    D. $32\sin(314t + \pi)$A

4. 已知通过线圈的电流 $i = 10\sqrt{2}\sin(314t)$A,线圈的电感 $L = 70$mH(电阻可以忽略不计)。设电流 i 和外施电压 u 的参考方向为关联方向,那么在 $t = \dfrac{T}{6}$ 时刻的外施电压 u 为:

    A. -310.8V   B. -155.4V

    C. 155. 1V   D. 310. 8V

5. 电阻为 4Ω 和电感为 25.5mH 的线圈接到频率为 50Hz、电压有效值为 115V 的正弦电源上,通过线圈的电流的有效值为:

    A. 12. 85A   B. 28. 75A

    C. 15. 85A   D. 30. 21A

6. 在 R、L、C 串联电路中,总电压 u 可能超前电流 i,也可能滞后电流 i 一个相位角 φ, u 超前 i 一个角 φ 的条件是:

A. $L>C$ B. $\omega^2 LC>1$

C. $\omega^2 LC<1$ D. $L<C$

7. 已知某感性负载接在 220V、50Hz 的正弦电压上,测得其有功功率和无功功率各为 7.5kW 和 5.5kVar,其功率因数为:

A. 0.686   B. 0.906

C. 0.706   D. 0.806

8. 某些应用场合中,常预使某一电流与某一电压的相位差为 90°。如图所示电路中, 如果 $Z_1=100+j500\Omega$,$Z_2=400+j1000\Omega$,当 R_1 取何值时,才可以使电流 $\dot{I}_2$ 与电 压 $\dot{U}$ 的相位相差 90°($\dot{I}_2$ 滞后于 $\dot{U}$)?

A. 460Ω

B. 920Ω

C. 520Ω

D. 260Ω

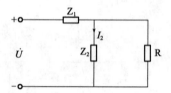

9. 某一供电线路的负载功率为 85kW,功率因数是 0.85($\varphi>0$),已知负载两端的电压 为 1000V,线路的电阻为 0.5Ω,感抗为 1.2Ω,则电源的端电压有效值为:

A. 1108V   B. 554V

C. 1000V   D. 130V

10. 图示并联谐振电路,已知 $R=10\Omega$,$C=10.5\mu F$,$L=40mH$,则其谐振频率 f_0 为:

A. 1522Hz

B. 761Hz

C. 121.1Hz

D. 242.3Hz

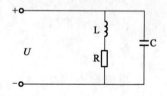

11. 通过测量流入有互感的两串联线圈的电流、功率和外施电压,能够确定两个线圈之间的互感,现在用 $U=220$V, $f=50$Hz 电源进行测量。当顺向串接时,测得 $I=2.5$A, $P=62.5$W;当反串接时,测得 $P=250$W,因此,两线圈的互感 M 为:

    A. 42.85mH   B. 45.29mH

    C. 88.21mH   D. 35.49mH

12. 一个三相变压器作三角形连接,空载时其每相的等值阻抗 $Z=j100\Omega$,其额定相电压为 380V,经过端线复阻抗 $Z_j=1+j_2$ 的三相输电线与电源连接。如要求变压器在空载时的端电压为额定值,此时电源的线电压应为:

    A. 421V   B. 404V   C. 398V   D. 390V

13. 已知某一端口网络的电压 $u=311\sin(314t)$V,若流入的电流为 $i=0.8\sin(314t-85°)+0.25\sin(942t-105°)$A。该网络吸收的平均功率为:

    A. 5.42W   B. 10.84W   C. 6.87W   D. 9.88W

14. 把 $R=20\Omega$、$C=400\mu$F 的串联电路接到 $u=220\sqrt{2}\sin(314t)$V 的正弦电压上,接通后电路中的电流 i 为:

    A. $10.22\sqrt{2}\sin(314t+21.7°)-5.35e^{-125t}$A

    B. $10.22\sqrt{2}\sin(314t-21.7°)-5.35e^{-125t}$A

    C. $10.22\sqrt{2}\sin(314t+21.7°)+5.35e^{-125t}$A

    D. $10.22\sqrt{2}\sin(314t-21.7°)+5.35e^{-125t}$A

15. 图示电路中,$R=2\Omega$, $L_1=L_2=0.1$mH, $C=100\mu$F,要使电路达到临界阻尼情况,则互感值 M 应为:

    A. 1mH

    B. 2mH

    C. 0mH

    D. 3mH

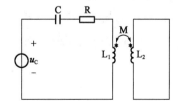

16. 一圆柱形电容器,外导体的内半径为 2cm,其间介质的击穿场强为 200kV/cm。若其内导体的半径可以自由选择,则电容器能承受的最大电压为:

A. 284kV

B. 159kV

C. 252kV

D. 147kV

17. 一根导体平行地放置于大地上方,其半径为 1.5mm,长度为 40m,轴心离地面 5m,该导体对地面的电容为:

A. 126.3pF

B. 98.5pF

C. 157.8pF

D. 252.6pF

18. 半球形电极位置靠近一直而深的陡壁,如图所示,$R=0.3m$,$h=10m$,土壤的电导率 $\gamma=10^{-2}s/m$。该半球形电极的接地电阻为:

A. 53.84Ω

B. 53.12Ω

C. 53.98Ω

D. 53.05Ω

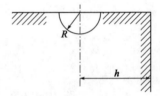

19. 特性阻抗 $Z_g=150Ω$ 的传输线通过长度为 $\lambda/4$,特性阻抗为 Z_l 的无损耗线接向 250Ω 的负载,当 Z_l 取何值时,可使负载和特性阻抗为 150Ω 的传输线相匹配?

A. 200Ω

B. 193.6Ω

C. 400Ω

D. 100Ω

20. 电路如图所示,电路的反馈类型为:

A. 电压串联负反馈

B. 电压并联负反馈

C. 电流串联负反馈

D. 电流并联负反馈

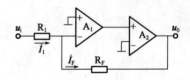

21. 电路如图所示,已知 $I_w=3mA$;U_i 足够大,C_3 是容量较大的电解电容,输出电压 U_o 为:

A. $-15V$

B. $-22.5V$

C. $-30V$

D. $-33.36V$

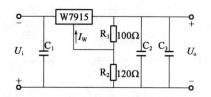

22. 电路如图所示,其中 A_1、A_2、A_3、A_4 均为理想运放,输出电压 u_0 与输入电压 u_{i1}、u_{i2} 的关系式为:

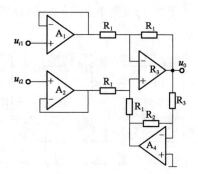

A. $u_0=\dfrac{R_3}{R_2+R_3}(u_{i2}-u_{i1})$ B. $u_0=\dfrac{R_2}{R_1+R_3}(u_{i2}-u_{i1})$

C. $u_0=\dfrac{R_1}{R_2+R_3}(u_{i2}+u_{i1})$ D. $u_0=\dfrac{R_1}{R_2+R_3}(u_{i2}-u_{i1})$

23. 电路如图所示,晶体管 T 的 $\beta=50$,$r_{bb'}=300\Omega$,$U_{BE}=0.7V$,结电容可以忽略,$R_S=0.5k\Omega$,$R_B=300k\Omega$,$R_C=4k\Omega$,$R_L=4k\Omega$,$C_1=C_2=10\mu F$,$V_{CC}=12V$,$C_L=1600pF$。放大电路的电压放大倍数 $A_u=u_0/u_i$ 为:

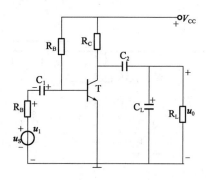

A. 67.1   B. 101   C. -67.1 D. -101

24. 题 23 图示电路的下限截止频率 f_L 和上限截止频率 f_H 分别为:

    A. 25Hz, 100kHz   B. 12.5Hz, 100kHz

    C. 12.5Hz, 49.8kHz   D. 50Hz, 100kHz

25. 二进制数 $(-1101)_2$ 的补码为:

    A. 11101   B. 01101   C. 00010   D. 10011

26. 函数 $Y = A(B+C) + CD$ 的反函数 $\bar{Y}$ 为:

    A. $\bar{A}\bar{C} + \bar{B}\bar{C} + \bar{A}\bar{D}$ B. $\bar{A}\bar{C} + \bar{B}\bar{C}$

    C. $\overline{AC} + \bar{B}\bar{C} + \bar{A}\bar{D}$ D. $\bar{A}\bar{C} + \bar{B}\bar{C} + \overline{AD}$

27. 图示电路中,当开关 A、B、C 均断开时,电路的逻辑功能为:

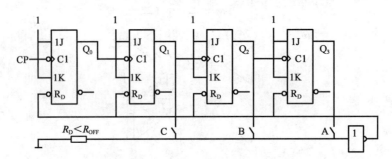

    A. 8 进制加法计数   B. 10 进制加法计数

    C. 16 进制加法计数   D. 10 进制减法计数

28. 题 27 图示电路中,当开关 A、B、C 分别闭合时,电路实现的逻辑功能分别为:

    A. 16、8、4 进制加法计数   B. 16、10、8 进制加法计数

    C. 10、8、4 进制加法计数   D. 8、4、2 进制加法计数

29. 图示电路中,计数器 74163 构成电路的逻辑功能为:

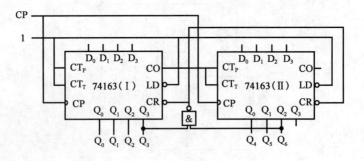

    A. 同步 84 进制加法计数   B. 同步 73 进制加法计数

    C. 同步 72 进制加法计数   D. 同步 32 进制加法计数

30. 一台他励直流电动机，$U_N=220V$，$I_N=100A$，$n_N=1150r/min$，电枢回路总电阻 $R_a=0.095\Omega$。若不计电枢反应的影响，忽略空载转矩，其运行时，从空载到额定负载的转速变化率 Δn 为：

A. 3.98% B. 4.17% C. 4.52% D. 5.1%

31. 一台三相绕线式感应电动机，如果定子绕组中通入频率为 f_1 的三相交流电，其旋转磁场相对定子以同步速 n_1 逆时针旋转，同时向转子绕组通入频率为 f_2、相序相反的三相交流电，其旋转磁场相对于转子以同步速 n_1 顺时针旋转。转子相对定子的转速和转向为：

A. n_1+n_2，逆时针 B. n_1+n_2，顺时针

C. n_1-n_2，逆时针 D. n_1-n_2，顺时针

32. 一台三相 6 极绕线转子感应电动机，额定转速 $n_N=980r/min$，当定子施加频率为 50Hz 的额定电压，转子绕组开路时，转子每相感应电势为 110V，已知转子堵转时的参数为 $R_2=0.1\Omega$，$X_{2\sigma}=0.5\Omega$，忽略定子漏阻抗的影响，该电机额定运行时转子的相电动势为：

A. 1.1V B. 2.2V C. 38.13V D. 110V

33. 一台汽轮发电机，$\cos\varphi=0.8$（滞后），$X_S^*=1.0$，$R_a\approx0$，并联运行于额定电压的无穷大电网上。不考虑磁路饱和的影响，当其额定运行时，保持励磁电流 I_{fN} 不变，将输出有功功率减半，此时 $\cos\varphi$ 变为：

A. 0.8 B. 0.6 C. 0.473 D. 0.223

34. 有两台隐极同步电机，气隙长度分别为 δ_1 和 δ_2，其他结构诸如绕组、磁路等都完全一样。已知 $\delta_1=2\delta_2$，现分别在两台电机上进行稳态短路试验，转速相同，忽略定子电阻，如果加同样大的励磁电流，哪一台的短路电流比较大？

A. 气隙大电机的短路电流大 B. 气隙不同无影响

C. 气隙大电机的短路电流小 D. 一样大

35. 两台变压器 A 和 B 并联运行,已知 $S_M=1200kVA$,$S_{NB}=1800kVA$,阻抗电压 $U_{kA}=6.5\%$,$U_{kB}=7.2\%$,且已知变压器 A 在额定电流下的铜耗和额定电压下的铁耗分别为 $P_{CuA}=1500W$ 和 $P_{FeA}=540W$,那么两台变压器并联运行,当变压器 A 运行在具有最大效率的情况下,两台变压器所能供给的总负载为:

A. 1695kVA   B. 2825kVA

C. 3000kVA   D. 3129kVA

36. 在电源电压不变的情况下,增加变压器副边绕组匝数,将副边归算到原边,则等效电路的励磁电抗 X_m 和励磁电阻 R_m 将:

A. 增大、减小   B. 减小、不变

C. 不变、不变   D. 不变、减小

37. 三台相同的单相变压器接成三相变压器组,$f=50Hz$,$k=2$,高压绕组接成星形,加上 380V 电压,3 次谐波磁通在高压绕组感应相电势为 50V,当低压绕组也接为星形,忽略 5 次以上谐波的影响,其相电压为:

A. 110V   B. 112.8V

C. 190.5V   D. 220V

38. 输电线路电气参数电阻和电导反映输电线路的物理现象分别为:

A. 电晕现象和热效应   B. 热效应和电场效应

C. 电场效应和磁场效应   D. 热效应和电晕现象

39. 某线路两端母线电压分别为 $\dot{U}_1=230.5\angle12.5°kV$ 和 $\dot{U}_2=220.9\angle10.0°kV$,线路的电压降落为:

A. 13.76kV   B. 11.6kV

C. 13.76∠56.96°kV   D. 11.6∠30.45°kV

40. 发电机与 10kV 母线相接,变压器一次侧接发电机,二次侧接 110kV 线路,发电机与变压器额定电压分别为:

A. 10.5kV,10/110kV   B. 10kV,10/121kV

C. 10.5kV,10.5/121kV   D. 10kV,10.5/110kV

41. 两台相同变压器其额定功率为 31.5MVA,在额定功率、额定电压下并联运行,每台变压器空载损耗 294kW,短路损耗 1005kW,两台变压器总有功损耗为:

   A. 1.299MW   B. 1.091MW

   C. 0.649MW   D. 2.157MW

42. 已知 500kV 线路的参数为 $r_1=0$, $x_1=0.28\Omega/\mathrm{km}$, $g_1=0$, $b_1=4\times10^{-6}\mathrm{S/km}$,线路末端电压为 575kV,当线路空载,线路长度为 400km 时,线路始端电压为:

   A. 550.22kV   B. 500.00kV

   C. 524.20kV   D. 525.12kV

43. 图示一环网,已知两台变压器归算到高压侧的电抗均为 12.1Ω,T-1 的实际变比 110/10.5kV,T-2 的实际变比 110/11kV,两条线路在本电压级下的电抗均为 5Ω。已知低压母线 B 电压为 10kV,不考虑功率损耗,流过变压器 T-1 和变压器 T-2 的功率分别为:

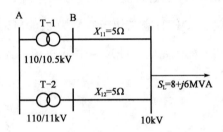

   A. $5+j3.45,3+j2.56$ B. $5+j2.56,3+j3.45$

   C. $4+j3.45,4+j2.56$ D. $4+j2.56,4+j3.45$

44. 某发电厂有一台升压变压器,电压为 $121\pm2\times2.5\%/10.5\mathrm{kV}$。变电站高压母线电压最大负荷时为 118kV,最小负荷时为 115kV,变压器最大负荷时电压损耗为 9kV,最小负荷时电压损耗为 6kV(由归算到高压阀参数算出),根据发电厂地区负荷的要求,发电厂母线逆调压且在最大、最小负荷时与发电机的额定电压有相同的电压偏移,变压器分接头电压为:

   A. 121kV   B. 121(1−2.5%)kV

   C. 121(1+2.5%)kV   D. 121(1+5%)kV

45.同步发电机突然发生三相短路后定子绕组中的电流分量有：

    A.基波周期交流、直流、倍频分量

    B.基波周期交流、直流分量

    C.基波周期交流、非周期分量

    D.非周期分量、倍频分量

46.一台有阻尼绕组同步发电机，已知发电机在额定电压下运行 $U_{GN}=1.0\angle 0°$，带负荷 $S=0.850+j0.425$，$R_a=0$，$X_d=1.2$，$X_q=0.8$，$X_d'=0.3$，$X_d''=0.15$，$X_q''=0.165$（参数为以发电机稳定容量为基准的标幺值）。E_q''、E_d'' 分别为：

    A.1.01，0.36

    B.1.01∠26.91°，0.36∠−63.09°

    C.1.121∠24.4°，0.539∠−65.6°

    D.1.121，0.539

47.某一简单系统如图所示，变电所高压母线接入系统，系统的等值电抗未知，已知接到母线的断路器 QF 的额定切断容量为 2500MVA，当变电所低压母线发生三相短路时，短路点的短路电流（kA）和冲击电流（kA）分别为：（取冲击系数为 1.8，$S_B=1000MVA$）

    A.31.154kA，12.24kA

    B.3.94kA，10.02kA

    C.12.239kA，31.15kA

    D.12.93kA，32.92kA

120MVA
110/38.5KV
$U_k\%=10.5$

48.某简单系统其短路点的等值正序电抗为 $X_{(1)}$，负序电抗为 $X_{(2)}$，零序电抗为 $X_{(0)}$，利用正序等效定则求发生单相接地短路故障处正序电流，在短路点加入的附加电抗为：

    A.$\Delta X=X_{(1)}+X_{(2)}$ B.$\Delta X=X_{(2)}+X_{(0)}$

    C.$\Delta X=X_{(1)}//X_{(0)}$ D.$\Delta X=X_{(2)}//X_{(0)}$

49. 系统如图所示,母线 B 发生两相接地短路时,短路点短路电流标幺值为(不计负荷影响):

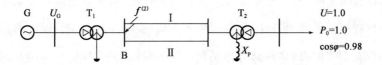

各元件标幺值参数:

G:$x_d' = 0.3, x_d = 1.0, x_2 = x_d', x_0 = 0.8$

T_1、T_2 相同:$x_{T(1)} = x_{T(2)} = x_{T(0)} = 0.1, x_p = 0.1/3, Y/\triangle-11$

Ⅰ、Ⅱ线路相同:每回 $x_{l(1)} = x_{l(2)} = 0.6, x_{l(0)} = 2x_{l(1)}$

A. 3.39   B. 2.93

C. 5.47   D. 6.72

50. 以下关于中性点经销弧线圈接地系统的描述,正确的是:

A. 无论采用欠补偿还是过补偿,原则上都不会发生谐振,但实际运行中消弧线圈多采用欠补偿方式,不允许采用过补偿方式

B. 实际电力系统中多采用过补偿为主的运行方式,只有某些特殊情况下,才允许短时间以欠补偿方式运行

C. 实际电力系统中多采用全补偿运行方式,只有某些特殊情况下,才允许短时间以过补偿或欠补偿方式运行

D. 过补偿、欠补偿及全补偿方式均无发生谐振的风险,能满足电力系统运行的需要,设计时根据实际情况选择适当的运行方式

51. 在分析汽轮发电机安全运行极限时,以下因素中不需要考虑的是:

A. 端部漏磁的发热

B. 发电机的额定容量

C. 原动机输出功率极限

D. 可能出现的最严重的故障位置及类型

52. 以下关于一台半断路器接线的描述中,正确的是:

    A. 任何情况下都必须采用交叉接线以提高运行的可靠性

    B. 当仅有两串时,同名回路宜分别接入同侧母线,且需装设隔离开关

    C. 当仅有两串时,同名回路宜分别接入不同侧的母线,且需装设隔离开关

    D. 当仅有两串时,同名回路宜分别接入同侧母线,且无须装设隔离开关

53. 以下关于电弧的产生与熄灭的描述中,正确的是:

    A. 电弧的形成主要是碰撞游离所致

    B. 维持电弧燃烧所需的游离过程是碰撞游离

    C. 空间电子主要是由碰撞游离产生的

    D. 电弧的熄灭过程中空间电子数目不会减少

54. 根据运行状态,电动机的自启动可以分为三类:

    A. 受控自启动,空载自启动,失压自启动

    B. 带负荷自启动,空载自启动,失压自启动

    C. 带负荷自启动,受控自启动,失压自启动

    D. 带负荷自启动,受控自启动,空载自启动

55. 无限长直角波作用于变压器绕组,绕组纵向初始电压分布与哪些因素有关:

    A. 变压器绕组结构、中性点接地方式、额定电压

    B. 电压持续时间、三相绕组接线方式、变压器绕组波阻抗

    C. 绕组中波的传接速度、额定电压

    D. 变压器绕组结构、匝间电容、对地电容

56. 高阻尼电容分压器中阻尼电阻的作用是:

    A. 减小支路电感   B. 改变高频分压特性

    C. 降低支路电压   D. 改变低频分压特性

57. 长空气间隙在操作冲击电压作用下的击穿具有何种特性?

    A. 击穿电压与操作冲击电压波尾有关

    B. 放电 $V\text{-}S$ 特性呈现 U 形曲线

    C. 击穿电压随间隙距离增大线性增加

    D. 击穿电压高于工频击穿电压

58. 在直配电机防雷保护中电机出线上敷设电缆段的主要作用是：

    A. 增大线路波阻抗   B. 减小线路电容

    C. 利用电缆的集肤效应分流   D. 减小电流反射

59. 一幅值为 U_0 的无限长直角电压波在 $t=0$ 时刻沿波阻抗为 Z_1 的架空输电线路侵入至 A 点并沿两节点线路传播，两节点距离为 S，波在架空输电线路中的传播速度为 v，在 $t=\infty$ 时 B 点的电压值为：

A. $U=\dfrac{2U_0 Z_1}{Z_1+Z_2}$

B. $U=\dfrac{2U_0}{Z_2+Z_3}$

C. $U=\dfrac{2U_0 Z_1}{Z_1+Z_2+Z_3}$

D. $U=\dfrac{2U_0 Z_3}{Z_1+Z_3}$

60. 如图变电站中采用避雷器保护变压器免遭过电压损坏，已知避雷器的 V-A 特性满足 $U_f=f(I)$，避雷器距变压器间的距离为 l，当 $-U(t)=at$ 斜角雷电波由避雷器侧沿波阻抗为 Z 的架空输电线路以波速 v 传入时，变压器 T 节点处的最大雷电过电压为：

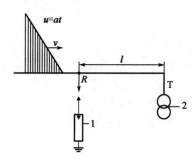

A. $\dfrac{2az}{v}$ B. $U_f+\dfrac{2al}{v}$

C. $2U_f-\dfrac{al}{v}$ D. $\dfrac{2U_f}{Z}$

2014 年度全国勘察设计注册电气工程师(发输变电)执业资格考试基础考试(下)试题解析及参考答案

1. **解**　直流线路压降仅与电阻有关,则:
$$U_2 = U_1 - R_0 I = 230 - 2 \times 0.0954 \times 50 = 220.46V$$

答案:B

2. **解**　设含源一端网络的开路电压为 U_{oc} 和内阻为 R_{in},则可列方程:
$$\begin{cases} U_{oc} = 2R_{in} \\ U_{oc} = 1.5(R_{in} + 10) \end{cases}$$

解得:$U_{OC} = 60V, R_{in} = 30\Omega$

答案:B

3. **解**　按参考方向,若选为相反方向,则电流表达式应为:
$$i' = -i = -32\sin\left(314t + \frac{2\pi}{3}\right) = -32\sin\left(314t + \pi - \frac{\pi}{3}\right) = 32\sin\left(314t + 2\pi - \frac{\pi}{3}\right)$$
$$= 32\sin\left(314t - \frac{\pi}{3}\right)$$

其中利用了两个三角函数公式:$-\sin\varphi = \sin(-\varphi)$ 和 $\sin\varphi = -\sin(\pi + \varphi)$

答案:A

4. **解**　电感元件两端电压相量超前于电流相量 $90°$,则 $u = U_0\sin(314t + 90°) = U_0\cos314t$

由 $\omega = 2\pi f = 314$,可知 $f = 50Hz$,则周期 $T = \frac{1}{f} = \frac{1}{50}s$

线圈感抗:$X_L = \omega L = 314 \times 70 \times 10^{-3} = 21.98\Omega$,则 $U_0 = 10\sqrt{2} \times 21.98 = 219.8\sqrt{2}V$

则,当 $t = \frac{T}{6}$ 时的外施电压为:
$$u = 219.8\sqrt{2}\cos\left(2\pi \times 50 \times \frac{1}{6} \times \frac{1}{50}\right) = 155.4V$$

答案:C

5. **解**　电路感抗为:$X_L = \omega L = 2\pi f L = 2\pi \times 50 \times 25.5 \times 10^{-3} = 8\Omega$

电路总阻抗为:$Z=\sqrt{R^2+X_L^2}=\sqrt{4^2+8^2}=8.94\Omega$

线圈电流为:$I=\dfrac{U}{Z}=\dfrac{115}{8.94}=12.85A$

答案:A

6.解 电感元件两端电压相量超前于电流相量90°,因此串联电路中电压超前电流的条件是为感性电路,即电路电抗应大于零,则:

$$\omega L-\dfrac{1}{\omega C}>0 \ \Rightarrow \ \omega^2 LC>1$$

注:电感与电容两端的电压电流相位关系必须牢记,即电感元件两端电压相量超前于电流相量90°,电容元件上两端电压相量滞后于电流相量90°。

答案:B

7.解 功率因数角为:$\varphi=\arctan\dfrac{Q}{P}=\arctan\dfrac{5.5}{7.5}=36.25°$,则:

功率因数为:$\cos36.25°=0.806$

答案:D

8.解 设总电流为I,电阻回路电流为I_R,则:

$$I_R=\dfrac{Z_2}{R}I_2\ ;\ I=I_2+I_R=\left(1+\dfrac{Z_2}{R}\right)I_2=\left(\dfrac{R+Z_2}{R}\right)I_2$$

$$U=Z_1 I+Z_2 I_2=(100+j500)\left[\dfrac{(R+400)+j1000}{R}\right]I_2+(400+j1000)I_2$$

整理得:$\dfrac{U}{I_2}=\dfrac{(500R-460000)+j(1500R+300000)}{R}$

由$\dot I_2$滞后于$\dot U$相位为90°,则上式中实部为零,虚部为正数,则:

实部:$500R-460000=0 \Rightarrow R=920\Omega$

虚部:$\dfrac{1500\times920+300000}{920}=1826\Omega$

答案:B

9.解 功率因数:$\cos\varphi=0.85 \Rightarrow \tan\varphi=0.62$

由$Q=P\tan\varphi=85\times0.62=52.7$kvar,则负载视在功率为:$\dot S=85+j52.7=100\angle31.79°$kVA

电路电流:$\dot I=\dfrac{\dot S}{\dot U}=\dfrac{100\times10^3}{1000}31.79°=100\angle31.79°$A

负载阻抗:$Z_L = \dfrac{85 \times 10^3}{100^2} + j\dfrac{52.7 \times 10^3}{100^2} = 8.5 + j5.27\,\Omega$

回路总阻抗:$Z = 8.5 + j5.27 + 0.5 + j1.2 = 9 + j6.47\,\Omega = 11.08\angle 35.7°$

电源端电压有效值:$U' = IZ = 100 \times 11.08 = 1108\,\text{V}$

注:根据题意可知电源端电压应大于负载电压 1000V,从答案选项可直接判断选项 A 为正确答案。

答案:A

10.解 根据题意可知并联电路等效阻抗:

$$Z = (R + X_L)\ //\ X_C = \frac{(R + j\omega L)\left(-j\dfrac{1}{\omega C}\right)}{R + j\left(\omega L - \dfrac{1}{\omega C}\right)} = \frac{\omega L - jR}{\omega CR + j(\omega^2 LC - 1)}$$

$$= \frac{(\omega^2 LCR - \omega^2 LCR + R) - j\omega(CR^2 + \omega^2 L^2 C - L)}{\omega^2 C^2 R^2 + (\omega^2 LC - 1)^2}$$

并联电路发生谐振,其虚部为零,则谐振角频率:

$$\omega^2 L^2 C = L - CR^2 \Rightarrow \omega = \sqrt{\frac{L - CR^2}{L^2 C}} = \sqrt{\frac{0.04 - 10.5 \times 10^{-6} \times 10^2}{0.04^2 \times 10.5 \times 10^{-6}}} = 1522.6\,\text{rad/s}$$

谐振频率:$f_0 = \dfrac{\omega}{2\pi} = \dfrac{1522.6}{2 \times 3.1416} = 242.3\,\text{Hz}$

答案:D

11.解 顺向串接时,分别求得线圈的总电阻与总电抗如下:

$$R = \frac{P}{I^2} = \frac{62.5}{2.5^2} = 10\,\Omega,\ X_S = \frac{\sqrt{S^2 - P^2}}{I^2} = \frac{\sqrt{(220 \times 2.5)^2 - 62.5^2}}{2.5^2} = 87.43\,\Omega$$

反向串接时,分别求得线圈的总电抗如下:

$$I' = \sqrt{\frac{P}{R}} = \sqrt{\frac{250}{10}} = 5A$$

$$X_N = \frac{\sqrt{S^2 - P^2}}{I'^2} = \frac{\sqrt{(220 \times 5)^2 - 250^2}}{5^2} = 42.85\,\Omega$$

参考附录一"高频考点知识补充"知识点 1 去耦等效电路中的附图 A-1 和附图 A-2:

$$2\pi f(4M) = X_S - X_N \Rightarrow M = \frac{X_S - X_N}{2\pi f \times 4} = \frac{87.43 - 42.85}{8 \times 3.14 \times 50} = 0.03549\text{H} = 35.49\text{mH}$$

注:附录一"高频考点知识补充"知识点 1 中的去耦等效电路应熟记于心。

答案:D

12.**解** 三角形接线时，额定相电压与线电压相等，三角形接线转换为星形接线，则每相等值阻抗为：

$$Z' = j\frac{100}{3}\Omega$$

相关接线如解图所示。

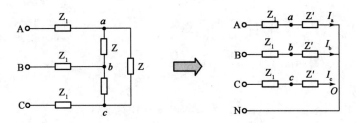

题12解图

相电流：$I_a = I_b = I_c = \dfrac{220}{j100/3} = -j6.6\mathrm{A}$

电源点相电压：$U_a = U_b = U_c = \left(1 + j2 + j\dfrac{100}{3}\right) \cdot (-j6.6) = -6.6j + 233.2\Omega$

$$= 233.3\angle -1.62°$$

电源点线电压：$U_{ab} = U_{bc} = U_{ca} = \sqrt{3} \times 233.3 = 404.1\mathrm{V}$

答案：B

13.**解** 网络吸收的平均功率为：

$$P = U_0 I_0 + U_1 I_1 \cos\varphi_1 + U_3 I_3 \cos\varphi_3 = 0 + \frac{311}{\sqrt{2}} \times \frac{0.8}{\sqrt{2}}\cos 85° + 0 \times \frac{0.25}{\sqrt{2}}\cos 105°$$

$$= 10.84\mathrm{W}$$

注：平均功率的定义为：直流分量的功率与各次谐波平均功率的代数和。

答案：B

14.**解** 根据 KVL 和 $i_C(t) = C\dfrac{du_C(t)}{dt}$ 可列出方程：$RC\dfrac{du_C(t)}{dt} + u_C = 220\sqrt{2}\sin\omega t = U\angle 0°$

线路容抗为：$X_C = \dfrac{1}{\omega C} = \dfrac{1}{314 \times 400 \times 10^{-6}} = 7.96\Omega$

线路阻抗为：$Z = 20 - j7.96\Omega = 21.5\angle -21.7° = Z\angle -\varphi°\Omega$

微分方程的解为：$u_C(t) = u_C'(t) + u_C''(t)$，其中 $u_C'(t)$ 为稳态解，$u_C''(t)$ 为暂态解，分别求解如下：

当 $t \rightarrow \infty$ 时, 交流稳态电流 : $\dot{I} = \dfrac{\dot{U}}{Z} = \dfrac{U}{Z} \angle 0 - (-\varphi)^\circ = \dfrac{U}{Z} \angle \varphi^\circ \mathrm{A}$

电容两端的稳态电压 : $\dot{U}_C = \dot{I} \cdot \left(-j \dfrac{1}{\omega C}\right) = \dfrac{U}{Z\omega C} \angle \varphi - 90^\circ$, 则 :

$$u_C{}'(t) = \dfrac{\sqrt{2}U}{Z\omega C} \sin(\omega t + \varphi - 90^\circ)$$

$u_C{}''(t) = Ae^{-\frac{t}{\tau}}$, 时间常数 : $\tau = RC = 20 \times 4 \times 10^{-4} = 0.008\mathrm{s}$, 可得到方程 :

$$u_C(t) = u_C{}'(t) + u_C{}''(t) = \dfrac{\sqrt{2}U}{Z\omega C} \sin(\omega t + \varphi - 90^\circ) + Ae^{-125t}$$

根据换路定则, 当 $t = 0$ 时, $u_C(0_+) = u_C(0_-) = 0$, 则求得 $A = -\dfrac{\sqrt{2}U}{Z\omega C} \sin(\varphi - 90^\circ)$

则 : $u_C(t) = u_C{}'(t) + u_C{}''(t) = \dfrac{\sqrt{2}U}{Z\omega C} \sin(\omega t + \varphi - 90^\circ) - \dfrac{\sqrt{2}U}{Z\omega C} \sin(\varphi - 90^\circ)e^{-125t}$

$$i_C(t) = C\dfrac{\mathrm{d}u_C(t)}{\mathrm{d}t} = \dfrac{\sqrt{2}U}{Z} \sin(\omega t + \varphi) - \dfrac{\sqrt{2}U}{Z\omega} \times (-125) \sin(\varphi - 90^\circ)e^{-125t}$$

将 $U = 220\mathrm{V}, Z = 21.5, \varphi = 21.7^\circ$ 代入上述方程, 可得 :

$$i_C(t) = 10.22\sqrt{2} \sin(314t + 21.7^\circ) - 5.35e^{-125t}$$

答案 : A

15. 解 参见附录一"高频考点知识补充"的知识点 1, 去耦等效电路如解图 1 所示。

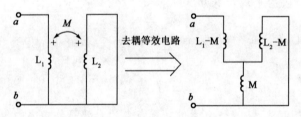

题 15 解图 1

将其代入电路, 如解图 2 所示。

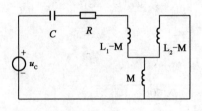

题 15 解图 2

二阶电路中, 当 $R = 2\sqrt{\dfrac{L}{C}}$ 的过渡过程为临界非振荡状态, 则等效总电感应为 :

$$\sum L = \frac{CR^2}{4} = \frac{100 \times 10^{-6} \times 2^2}{4} = 10^{-4} \text{H} = 0.1 \text{mH}$$

则 $\sum L = (L_1 - M) + (L_2 - M) /\!/ M = (0.1 - M) + (0.1 - M) /\!/ M = 0.1$

求解上式可得：$M = 0 \text{mH}$

注：$R = 2\sqrt{\dfrac{L}{C}}$ 的过渡过程为临界非振荡过程，这时的电阻为临界电阻，电阻小于此值时，为欠阻尼状态，振荡放电过程；大于此值时，为过阻尼状态，非振荡放电过程。

另，发生谐振时角频率和频率分别为：$\omega_0 = \dfrac{1}{\sqrt{LC}}$，$f_0 = \dfrac{1}{2\pi\sqrt{LC}}$，品质因数为：$Q = \dfrac{1}{R}\sqrt{\dfrac{L}{C}}$。

答案：C

16. 解 设圆柱形电容器的内导体单位长度所带电荷为 τ，则电场强度 $E = \dfrac{\tau}{2\pi\varepsilon r}(a < r < b)$；

设圆柱形电容器电压为 U_0（内外导体电位差），则 $U_0 = \displaystyle\int_a^b \frac{\tau}{2\pi\varepsilon r}\mathrm{d}r = \frac{\tau}{2\pi\varepsilon}\ln\frac{b}{a}$，解得：

$\tau = \dfrac{2\pi\varepsilon \cdot U_0}{\ln\dfrac{b}{a}}$，代入电场强度公式，得到电场强度：$E_{r=a} = \dfrac{\tau}{2\pi\varepsilon a} = \dfrac{U_0}{a \cdot (\ln b - \ln a)}(a < r < b)$，

若电场强度最大值为 $E_{r=a} = 200 \text{kV/cm}$，当 $a(\ln b - \ln a)$ 取得最大值时，电容器承受最大电压 U_0。

根据题目已知条件及函数极值的求解方式，设 b 固定，对 a 求导可得：

$$f'(a) = \left(a\ln\frac{b}{a}\right)' = \ln\frac{b}{a} - 1$$

由导数几何意义，当 $f'(a) = 0$ 时，$E_{r=a}$ 取得极值，则：$\ln\dfrac{b}{a} - 1 = 0$

解得：$a = \dfrac{b}{e} = \dfrac{2}{2.718} = 0.736 \text{cm}$，则电容承受的最大电压为：

$$U_{0 \cdot \max} = E_{r=a} \times a(\ln a - \ln b) = 200 \times 0.736 = 147.2 \text{kV}$$

注：建议记住最大电压的求解方法，推导过程供考生参考。

答案：D

17. 解 此为与地面平行的圆柱形导体与地面电容值的问题，可先求其单位长度的对地电容值。

由镜像法加电轴法得解图,若设地平面为电位参考点,则:

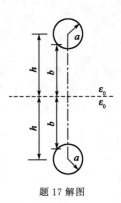

$\varphi = \dfrac{\tau}{2\pi\varepsilon_0}\ln\dfrac{b+h-a}{b-h+a}$,其中 $b=\sqrt{h^2-a^2}$,φ 为导体对大地电压;

单位长度电容:$C_0 = \dfrac{\tau}{\varphi} = \dfrac{2\pi\varepsilon_0}{\ln\dfrac{b+h-a}{b-h+a}}$

当 $h \gg a$ 时,可近似认为:$C_0 = \dfrac{2\pi\varepsilon_0}{\ln\dfrac{2h}{a}}$

题17解图

输电线路总电容:

$$C = 40C_0 = \dfrac{40\times2\times3.14\times8.85\times10^{-12}}{\ln(2\times5\times10^3 \div 1.5)} = 252.5\times10^{-12}F = 252.5pF$$

注:ε_0 为真空介电常数,其单位为法拉/米(F/m),其数值为:$\varepsilon_0 = \dfrac{1}{36\pi}\times10^{-9} = 8.85\times10^{-12}$(F/m)。

答案:D

18. **解**　考虑陡壁的影响,求接地电阻应按陡壁取镜像,如解图所示。

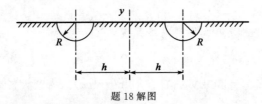

题18解图

将下半个空间视为导电媒质(土壤),设两电极之间的电压为 $2U$,电流为 $2I$。则在极间导电媒质中,由于一个"半球"电流的影响,有 $E = \dfrac{I}{2\pi\gamma R^2}$,代入第一个电极为 $U_1 = \dfrac{I}{2\pi\gamma R}$;考虑两一个电极的影响,则 $U_2 = \dfrac{I}{2\pi\gamma\cdot 2h}$,因此球对地的电压为:

$$U = U_1 + U_2 = \dfrac{I}{2\pi\gamma}\left(\dfrac{1}{a}+\dfrac{1}{2h}\right) = \dfrac{I}{2\pi\gamma}\cdot\dfrac{2h+R}{2hR}$$

接地电阻为:$R = \dfrac{U}{I} = \dfrac{2h+R}{4\pi\gamma hR} = \dfrac{2\times10+0.3}{4\times3.14\times10^{-2}\times10\times0.3} = 53.87\Omega$

答案:A

19. **解**　串入 1/4 波长的无损耗传输线 L_2 后,从 L_2 起始看进去的输入阻抗 Z_{in} 为:

$$Z_{in} = Z_l\dfrac{Z_C + jZ_l\tan\left(\dfrac{2\pi}{\lambda}\cdot\dfrac{\lambda}{4}\right)}{jZ_C\tan\left(\dfrac{2\pi}{\lambda}\cdot\dfrac{\lambda}{4}\right) + Z_l} = \dfrac{Z_l^2}{Z_C} = \dfrac{Z_l^2}{150}$$,为达到匹配的目的,因 $Z_{in} = 250\Omega$,则:

$$Z_l = \sqrt{150 \times 250} = 193.65\Omega$$

> 注：长度为 1/4 波长的无损耗线，可以用来作为接在传输线和负载之间的匹配元件，它的作用如同一个阻抗变换器。终端接入的负载 Z_l 等于均匀传输线的特性阻抗 Z_C 时，称传输线工作在匹配状态。

答案：B

20.**解** 输入信号 u_i 与反馈信号 u_f 在同一点，其 u_i 和 u_f 在输入回路中彼此并联，因此为并联反馈；采用输出端对地短路法，反馈信号将消失，因此为电压反馈。

综合分析，该电路为电压并联负反馈。

> 注：电压反馈和电流反馈判别方法：反馈信号与电压成比例的，称为电压反馈。反馈信号与电流成比例的，称为电流反馈。也可用输出电压短路法判别：假定将输出端对地短路，若反馈信号消失，则为电压反馈；若反馈信号依然存在，则为电流反馈；串联反馈和并联反馈的判别法：反馈信号与输入信号都加在同一个输入端上，即以电流形式叠加，为并联反馈，反馈信号与输入信号分别加在两个输入端上，即在输入回路以电压形式叠加，为串联反馈。

答案：B

21.**解** W7915 为三端集成稳压器，型号中后两个数字表示额定输出电压值，因此其输出电压为 $-15V$。

设通过电阻 R_1 的电流为 I_{R1}，通过电阻 R_2 的电流为 I_{R2}，由于电路图的输出电压 U_o 与输入电压 U_i 反向，则：

$$U_o = -[15 + (I_W + I_{R1})R_2] = -\left[15 + \left(0.003 + \frac{15}{100}\right) \times 120\right] = -33.36V$$

> 注：电路中接入电容 C_1、C_2 用来实现频率补偿，防止稳压器产生高频自激振荡和抑制电路引入的高频干扰；C_3 是电解电容，用来减小稳压电源输出端由输入电源引入的低频干扰。

答案：D

22.**解** 基本运算电路 A_1 与 A_2 为电压跟随器，即 $u_{o1} = u_{i1}$，$u_{o2} = u_{i2}$；A_3 为减法运算器，A_4 为反比例运算器，利用 A_4 虚地和虚断的概念，可知 $u_{o4} = -\dfrac{R_2}{R_3}u_o$。

利用 A_3 虚短与 A_4 虚地的概念，可列出方程：

$$\begin{cases} \dfrac{u_o - u_{A3-}}{R_1} = \dfrac{u_{A3-} - u_{o1}}{R_1} \\ \dfrac{u_{o2} - u_{A3+}}{R_1} = \dfrac{u_{A3+} - u_{o4}}{R_1} \end{cases} \Rightarrow \begin{cases} u_o - u_{A3-} = u_{A3-} - u_{o1} \\ u_{o2} - u_{A3+} = u_{A3+} - u_{o4} \end{cases}$$

上下两方程相减得：$u_o - u_{o2} = u_{o4} - u_{o1}$，再将 $u_{o1} = u_{i1}$，$u_{o2} = u_{i2}$，$u_{o4} = -\dfrac{R_2}{R_3}u_o$ 带入方程，整理可得：

$$u_o\left(1 + \frac{R_2}{R_3}\right) = u_{i2} - u_{i1} \Rightarrow u_o = \frac{R_3}{R_2 + R_3}(u_{i2} - u_{i1})$$

答案：A

23. **解**　利用微变等效电路分析，首先确定 r_{be}：

$$I_B = \frac{V_{CC} - U_{BE}}{R_B} = \frac{12 - 0.7}{300\text{k}\Omega} = 0.038\text{mA}$$

$$I_E = (1+\beta)I_B = (1+50) \times 0.038 = 1.938\text{mA}$$

$$r_{be} = r_{bb'} + (1+\beta)\frac{26(\text{mV})}{I_E(\text{mV})} = 300 + (1+50) \times \frac{26(\text{mV})}{1.938(\text{mA})} = 984.2\Omega$$

微变等效电路如解图所示。

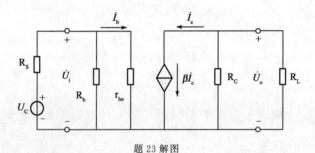

题 23 解图

由图可知，输出电压与输入电压反向，为：

$$A_u = -\frac{\dot{U}_o}{\dot{U}_i} = -\frac{-\beta(R_c /\!/ R_L)}{r_{be}} = -\frac{50 \times (4/\!/4) \times 1000}{984.2} = -101.6$$

答案：D

24. **解**　共射极电路的上限截止频率，应按 C_L 对频率特性的影响计算：

$$f_{H1} = \frac{1}{2\pi C_L(R_c /\!/ R_L)} = \frac{1}{2 \times 3.14 \times 1.6 \times 10^{-9} \times (4/\!/4) \times 10^3}$$

$$= 49.8 \times 10^3 = 49.8\text{kHz}$$

共射极电路的下限截止频率，应按 C_1 和 C_2 对频率特性的影响分别计算：

$$f_{L1} = \frac{1}{2\pi C_1(R_s + R_B /\!/ r_{be})} = \frac{1}{2 \times 3.14 \times 10^{-5} \times (0.5 + 300 /\!/ 0.984) \times 10^3} = 10.76\text{Hz}$$

$$f_{L2} = \frac{1}{2\pi C_2 (R_C + R_L)} = \frac{1}{2 \times 3.14 \times 10^{-5} \times (4+4) \times 10^3} = 2\text{Hz}$$

由于二者的比值在 4 倍以上,即 $f_{L1} > 4 f_{L2}$,取较大值作为放大电路的下限截止频率,为 10.76Hz。

答案:C

25.**解** 原码是指将最高位作为符号位(0 表示正,1 表示负),其他数字位代表数值本身的绝对值数字表示方式。反码表示规则为:如果是正数,则表示方法与原码一样;如果是负数,则保留符号位 1,然后将整个数字的原码按照每位取反。补码主要是为了解决负数的运算问题,负数的补码就是反码加 1。

则,$(-1101)_2$ 的补码为 $(10010+1)_2 = (10011)_2$。

答案:D

26.**解** 建议按卡诺图推导求解较为直观,Y 的原函数和反函数卡诺图如解图所示。

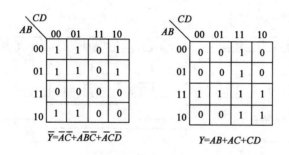

题 26 解图

由公式:$A + \overline{A}B = A + B$,可推导如下:

$$\overline{Y} = \overline{A}C + A\,\overline{B}C + \overline{A}\,\overline{D} = \overline{C}(\overline{A} + A\,\overline{B}) + \overline{A}C\,\overline{D} = \overline{C}(\overline{A} + \overline{B}) + \overline{A}C\,\overline{D} = \overline{A}\,\overline{C} + \overline{B}\,\overline{C} + \overline{A}C\,\overline{D}$$

$$= \overline{A}(\overline{C} + C\,\overline{D}) + \overline{B}\,\overline{C} = \overline{A}(\overline{C} + C\,\overline{D}) + \overline{B}\,\overline{C} = \overline{A}(\overline{C} + \overline{D}) + \overline{B}\,\overline{C} = \overline{A}\,\overline{C} + \overline{A}\,\overline{D} + \overline{B}\,\overline{C}$$

注:也可根据狄·摩根定律:$\overline{A+B+C} = \overline{A} \cdot \overline{B} \cdot \overline{C}$ 和 $\overline{A \cdot B \cdot C} = \overline{A} + \overline{B} + \overline{C}$,推导求得,但需对逻辑代数的基本定律及常用公式非常熟悉,考生可尝试推导计算。

答案:A

27.**解** JK 触发器的功能表(部分)如下:

CP	J	K	Q^n	Q^{n+1}	功能
↓	1	1	0	1	计数反转
↓	1	1	1	0	

波形图如解图所示。

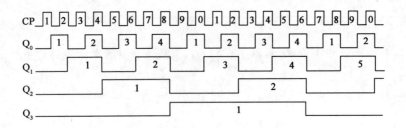

题 27 解图

由图可见,CP 每 16 个下降沿,对应 Q_3 一个下降沿,因此为 16 进制加法计数器。

答案:C

28.**解** JK 触发器的功能表(部分)如下:

CP	J	K	Q^n	Q^{n+1}	功能
1	1	1	0	1	计数反转
1	1	1	1	0	

波形图如解图所示。

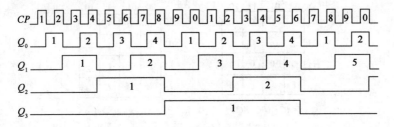

当开关 C 闭合时,Q_1 反转 CK 触发器即清零,由波形图可知,CP 每 2 个下降沿,Q_1 翻转 1 次,为 2 进制加法计数器;

当开关 B 闭合时,Q_2 反转 CK 触发器即清零,由波形图可知,CP 每 4 个下降沿,Q_2 翻转 1 次,为 4 进制加法计数器;

当开关 A 闭合时,Q_3 反转 CK 触发器即清零,由波形图可知,CP 每 8 个下降沿,Q_3 翻转 1 次,为 8 进制加法计数器。

答案:D

29.**解** 与计数器 74161 的异步清零功能不同,计数器 74163 是具有同步清零、可预置数的加法器。

74163 功能表

CP	$\overline{CR}$	$\overline{LD}$	ET	EP	功能
↑	0	×	×	×	同步清零
↑	1	0	×	×	同步置数

×	1	1	0	1	保持
×	1	1	1	0	保持,$CO=0$
	1	1	1	1	16 加法计数

题中采用两片 74163 并行级联的方式,其中左片为低位计数$(1000)_2$;右片为高位计数$(0100)_2$。转换为 16 进制,总计数为$(48)_{16}$。

16 进制转化为 10 进制:$(48)_{16}=(72)_{10}$

74163 是 4 位二进制同步加计数器,题中采用反馈清零法,即使计数器计数脉冲输入到第 72 个脉冲时产生整体置零信号,同时逻辑电路的级联方式采用的是低位片的进位信号(CO)作为高位片的使能信号,称为同步级联,因此本逻辑电路为同步 72 进制加法计数器。

> 注:两片计数器的连接方式分两种:
>
> 并行进位:低位片的进位信号(CO)作为高位片的使能信号,称为同步级联。
>
> 串行进位:低位片的进位信号(CO)作为高位片的时钟脉冲,称为异步级联。
>
> 计数器实现任意计数的方法主要有两种,一种为利用清除端 CR 的复位法,即反馈清零法,另一种为置入控制端 LD 的置数法,即同步预置法,两种方法的计数分析方法不同,为历年考查重点,考生均应掌握。

答案:C

30.**解** 由电枢电动势表达式:$E_a=C_e\phi n$,可求得:$C_e\phi=\dfrac{E_a}{n}=\dfrac{220-100\times0.095}{1150}=0.183$

空载时,电枢电流为零,$U=E_a$,则:$n_0=\dfrac{U_N}{C_e\phi}=\dfrac{220}{0.183}=1202\text{r/min}$

从空载到额定负载的转速变化率为:

$$\Delta n=\frac{n_0-n_N}{n_0}=\frac{1202-1150}{1150}=0.0452=4.52\%$$

> 注:他励方式:励磁绕组与电枢绕组之间没有连接关系,励磁电流由另外的直流电源供电。并励方式:励磁绕组与电枢绕组并联,励磁绕组两端的电压就是电枢电路两端的电压。此两种励磁方式,考查较多。

答案:C

31.**解** 基本概念,不再赘述。

答案:A

32.**解** 定子旋转磁动势的同步转速:$n_1=\dfrac{60f_1}{p}=\dfrac{60\times50}{6\div2}=1000\text{r/min}$

转差率:$s=\dfrac{n_1-n_N}{n_1}=\dfrac{1000-980}{1000}=0.02$

由转子电动势为 $E_2=\sqrt{2}\pi fN_1k_{\text{dp1}}\varPhi_\text{m}$,转子绕组开路时,转子静止,磁场交变频率 $f_2=f_1$,当转子旋转时,其 $f'_2=sf_1=sf_2$,因此其转子绕组电压为 $E'_2=sE_2$

额定运行时转子的相电动势:$E_{2s}=0.02\times110=2.2\text{V}$

> 注:转子旋转时,转子绕组感应电动势:$E_{2s}=4.44f_2N_2K_{N2}\varPhi_0=4.44(sf_1)N_2K_{N2}\varPhi_0=sE_2$,其中 E_2 为转子不转时的转子绕组每相电动势。

答案:B

33.**解** 设额定运行时电枢绕组端相电压标幺值为 $U=1\angle0°\text{V}$,功率因数角 $\varphi=\text{arc-}\cos0.8=36.87°$,则相电流为 $\dot{I}=1\angle-36.87°=(0.8-j0.6)$

由隐极同步发电机电动势平衡方程式:$\dot{E}_0=\dot{U}+j\dot{I}X_s$,则:

电枢电动势:$\dot{E}_0=1+j(0.8-j0.6)\times1=1.6+j0.8=1.79\angle26.565°$

同步发电机(隐极)功角特性表达式:$P_M=\dfrac{mUE_0}{X_c}\sin\theta$

发电机并联运行于额定电压的无穷大电网,则端电压 U 不变;保持励磁电流不变,则电枢电动势 E_0 不变,由于输出有功功率降低一半,则变化前后的功角存在如下关系:

$\dfrac{P_M}{P_M'}=\dfrac{\sin\theta}{\sin\theta'}\Rightarrow\sin\theta'=\dfrac{\sin26.565°}{2}=\dfrac{0.447}{2}=0.2235$

则 $\theta'=12.92°$,$\dot{E}'_0=1.79\angle12.92°\text{V}$

相电流:$\dot{I}'=-j\dfrac{\dot{E}'_0-\dot{U}}{X_s}=-j\dfrac{1.79\angle12.92°-1\angle0°}{1}=0.4-j0.745$

$\phantom{相电流:\dot{I}'}=0.8456\angle-61.768°$

功率因数:$\cos(-61.768°)=0.473$

答案:C

34.**解** 可对照凸极同步电动机中气隙不均匀情况分析,凸极同步电动机直轴气隙小,交轴气隙大,则其电枢反应电抗关系为 $X_{ad}>X_{aq}$。同理,两台除气隙长度不同的隐极同步发电机,由于 $\delta_1=2\delta_2$,则隐极同步电动机的电枢反应电抗关系为 $X_{a1}<X_{a2}$,由于漏电抗相同,则隐极同步电动机的同步电抗关系为 $X_{c1}<X_{c2}$,因此稳态短路试验中,气隙大的

电机其短路电流应较大。

> 注:隐极同步电机的同步电抗等于漏电抗和电枢反应电抗之和,即 $X_c=X_s+X_a$,且就数值而言,漏电抗一般都小于电枢反应电抗。

答案:A

35.**解** 变压器间负荷分配与其额定容量成正比,而与阻抗电压成反比。当变压器并列运行时,如果阻抗电压不同,其负荷并不按额定容量成比例分配,并列运行的变压器副边电流与阻抗电压成反比,负荷率也与阻抗电压成反比。

设 A 变压器的负荷率为 β_A,当铜耗与铁耗相等时,变压器具有最大的运行效率,则:

$$\beta_A^2 P_{Cu}=P_{Fe} \quad \Rightarrow \quad \beta_A=\sqrt{540\div1500}=0.6$$

B 变压器的负荷率为 $\beta_B=\dfrac{U_{kA}\%}{U_{kB}\%}\times\beta_A=\dfrac{6.5}{7.2}\times0.6=0.542$

两台变压器供给的总负荷:$S=\beta_A S_{NA}+\beta_B S_{NB}=0.6\times1200+0.542\times1800=1695.6\text{kVA}$

> 注:当两台阻抗电压不等的变压器并列运行时,阻抗电压大的分配负荷小,当这台变压器满负荷时,另一台阻抗电压小的变压器就会过负荷运行。变压器长期过负荷运行是不允许的,因此,为了避免因阻抗电压相差过大,使并列变压器负荷电流不平衡,降低变压器容量使用效率,一般阻抗电压相差应小于10%。

答案:A

36.**解** 变压器二次绕组匝数的变化对励磁阻抗无影响。下面分析若增加一次侧绕组匝数的情况,供考生参考。

根据 $U_1\approx E_1=4.44fN_1\varphi_m$ 可知,若保持电源电压不变,增加一次侧绕组匝数 N_1,主磁通 φ_m 将减少;磁感应强度 $B_m=\dfrac{\varphi_m}{S}$,因铁芯截面积 S 不变,磁感应强度 B_m 将随 φ_m 减少而减少;铁芯饱和程度降低,磁导率 μ 增大,由励磁电阻 $R_m=\dfrac{l}{\mu S}$,则励磁电阻将减小;励磁电抗 $X_m=\omega L=2\pi f\dfrac{N_1^2}{R_m}$,由于匝数增加和励磁电阻减小,励磁电抗将增加。

> 注:有关分析过程考生还需理解掌握,未来考题有可能出现类似题目。

答案:C

37.**解** 三相变压器组是由三台相同的单相变压器组成,即为三相组式变压器,其磁路分析如下：

低压侧基波相电压：$E_1 = \dfrac{U_P}{K} = \dfrac{380 \div \sqrt{3}}{2} = 110\text{V}$

低压侧 3 次谐波相电压：$E_3 = \dfrac{U_{p3}}{K} = \dfrac{50}{2} = 25\text{V}$

低压侧相电压有效值：$U_2 = \sqrt{E_1^2 + E_3^2} = \sqrt{110^2 + 25^2} = 112.8\text{V}$

答案：B

38.**解** 在架空线路传输电能时，将伴随着一系列的物理现象，主要表述如下：

电流通过导线时会因为电阻损耗而产生热量；当交流电流通过电力线路时，在三相导线内部和周围都要产生交变的磁场，而交变磁通匝链导线后，将在导线中产生感应电动势；当交流电压加在电力线路上时，在三相导线的周围会产生交变的电场，在其作用下，不同相的导线之间和导线与大地之间将产生位移电流，形成容性电流和容性功率；在高电压作用下，导线表面的电场强度过高时，将导致电晕或电流泄漏。

在电力系统分析中，采用一些电气参数来表征上述物理现象，以建立数学模型。其中用电阻 R 来反映电力线路的发热效应，用电抗 X 来反映线路的磁场效应，用电纳 B 来反映线路的电场效应，用电导 G 来反映线路的电晕和泄漏效应。

答案：D

39.**解** 电压降落为两端电压的向量差，即 $d\dot{U} = \dot{U}_1 - \dot{U}_2$，则：

$d\dot{U} = 230.5\angle 12.5° - 220.9\angle 10.0° = 225 + j49.9 - 217.5 - j38.4 = 13.73\angle 56.89°$

> 注：电压降落即两端电压的向量差，电压损耗为两端电压的幅值差，此概念应牢记。

答案：C

40.**解** 发电机通常运行在比网络标称电压高 5% 的状态下，所以发电机额定电压规定比网络标称电压高 5%；变压器一次绕组相当于用电设备，其额定电压等于网络的额定电压，当直接与发电机连接时，就等于发电机的额定电压；变压器二次绕组相当于供电设备，考虑到变压器内部的电压损耗，二次绕组额定电压一般比网络高 5%，某些情况，当变压器短路电压大于等于 7% 时，二次侧绕组额定电压比网络高 10%。

答案：C

41.**解** P_0 为空载损耗（铁耗），反映变压器励磁支路的损耗，此损耗仅与变压器材质与结构有关，当 2 台变压器并联时，励磁损耗也加倍；P_k 为变压器短路损耗（铜耗），反映变压器绕组的电阻损耗，当 2 台变压器并联时，相当于电阻并联，总电阻减半，短路损耗也

相应减半,则总有功功率损耗:

$$P=2P_0+\frac{1}{2}P_k=2\times294+\frac{1}{2}\times1005=1090.5\text{kW}\approx1.091\text{MW}$$

注:题干要求在额定功率、额定电压下并联运行,较为简单,若非额定功率下并联运行,总有功功率损失公式应为 $P=2P_0+\frac{\beta^2}{2}P_k$。

答案:B

42.解 线路空载时,线路末端的功率为零,根据 Ⅱ 形输电线路等值电路可知:

$$\dot U_1=U_2-\frac{BX}{2}U_2+j\frac{BR}{2}U_2$$

由于线路电阻及电导均为 0,则高压线路的首末端电压公式:

$$U_1=U_2-\frac{BX}{2}U_2=575-\frac{4\times10^{-6}\times0.28\times400^2}{2}\times575=523.48\text{kV}$$

注:高压输电线路空载时,线路末端电压将高于始端电压,称为末端电压升高现象。

答案:C

43.解 参见附录一"高频考点知识补充"的知识点 5,可知两台变压器的连接组标号相同,但变比不相等时,将一次侧各物理量折算至二次侧,并忽略励磁电流,得到并联运行时的简化等效电路,如解图所示。

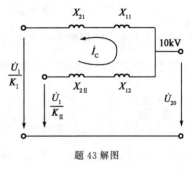

题 43 解图

空载时,两变压器绕组之间的环流为:

$$I_C=\frac{U_1/K_I-U_1/K_{II}}{X_{\Sigma I}+X_{\Sigma II}}$$

两变压器的直接变比:$K_I=110\div10.5=10.476,K_{II}=110\div11=10$

将变压器电抗归算到低压侧,则:$X_{2I}=\frac{X_{1I}}{K_I^2}=\frac{12.1}{10.476^2}=0.11,X_{2II}=\frac{X_{1II}}{K_I^2}=\frac{12.1}{10^2}=$

0.121

两变压器绕组之间的环流为:$I_C=\frac{110\div10-110\div10.476}{0.11+0.121+5+5}=0.048\text{kA}$

两变压器绕组之间的环流功率为:$Q_c=I_cU=0.048\times10=0.48\text{MVA}$

流过两变压器的功率分别为:

$$S_{T-1}=\frac{S_L}{2}+Q_c=\frac{8+j6}{2}+j0.48=4+j3.48\text{MVA}$$

$$S_{\text{T-2}} = \frac{S_{\text{L}}}{2} - Q_{\text{c}} = \frac{8+j6}{2} + j0.48 = 4 + j2.52 \text{MVA}$$

注:要达到理想的状态,并联运行的各变压器需满足下列条件:

(1)各变压器变比相等,即一、二次对应额定电压相等。

(2)连接组标号相同。

(3)短路阻抗、短路电阻、短路电抗的标幺值应分别相等。

答案:C

44.**解** 逆调压为在最大负荷时,提高低压侧电压,在最小负荷时,降低或保持低压侧电压,则:

$$U_{1T\max} = \frac{U_{1\max} + \Delta U_{T\max}}{U_{1\max}} U_{2N} = \frac{118+9}{10.5} \times 10.5 = 127 \text{kV}$$

$$U_{1T\min} = \frac{U_{1\min} + \Delta U_{T\min}}{U_{1\min}} U_{2N} = \frac{115+6}{10} \times 10.5 = 127.05 \text{kV}$$

$$U_{1T\cdot av} = \frac{U_{1T\max} + U_{1T\min}}{2} = \frac{127+127.05}{2} = 127.025 \text{kV},就近选取分接头 } 121(1+5\%) \text{kV}_{\circ}$$

注:逆调压为最大负荷时,提高负荷侧电压,低压侧升高至105%的额定电压;为最小负荷时,降低或保持负荷侧电压,即低压侧保持额定电压。顺调压为最大负荷时,低压侧为102.5%的额定电压;为最小负荷时,低压侧为107.5%的额定电压。

答案:D

45.**解** 突然短路与稳态对称短路不同,后者由于电枢反应磁动势的大小不变并随转子以同步速旋转,因而不再转子绕组中感应电流,但在突然短路中,定子电流的幅值是变化的,因而电枢反应磁通在变化,会使转子绕组感应电流,并且这个电流产生的磁动势反过来又影响定子的电流,如同变压器一二次侧相互作用一样。根据超导体磁链守恒原理,即在没有电阻的闭合回路中原来所具有的磁链,将永远保持不变,定子各相绕组在短路前后要维持其在短路瞬间的磁链不变,即在定子的三相绕组中,短路一开始,就会出现三种电流:一种是频率为 $f = \frac{\omega}{2\pi}$ 的基频交流电流,一种是不变的直流,还有一种是大小不恒定的直流电流。它们的作用如下:

(1)由定子三相对称短路电流产生旋转磁场 $\vec{F}_{a\sim}$,因而对各相绕组产生一个交变的磁链,去抵消转子磁场对定子绕组的交变磁链,其与 $\vec{F}_f$ 在 A 相绕组所产生的磁链正好是大小相等、方向相反。B 相和 C 相的情况,与 A 相类似。

（2）为了保持突然短路后各相绕组磁链的初始值不变,在三相中必须还要有直流,因此定子各相将产生直流电流,在定子空间建立一个恒定磁场 F_{az},以对各相绕组产生一个不变的磁链,来维持在短路瞬间磁链不变。

（3）三相直流可合成一个在空间静止的磁势,而在空间旋转的转子,由于其直轴与交轴的磁阻时不相同的,所以静止磁势所遇到的磁阻的周期变化的,其周期为 $180°$ 电角度,频率为两倍于基频,即直流电流的大小是不恒定的,而是按两倍基频波动,也可以理解为定子三相除了大小不变的直流分量外,还有一个倍频的交流电流。倍频交流电流的幅值取决于直轴和交轴磁阻之差,其值一般不大。

因此,定子各相电流由这三部分电流合成,分别为基波周期分量、直流分量和倍频分量。

答案：A

46.**解**　由于负荷功率为 $S=0.85+j0.425=0.95\angle 26.565°$,其中 $\varphi=\arccos\dfrac{0.425}{0.8}=26.565°$

额定电流标幺值：$I=\dfrac{S}{U_N}=\dfrac{0.95}{1.0}=0.95$,带有为感性负载,则：

$$\dot{I}_N=0.95\angle-26.565°$$

发电机空载电动势标幺值：

$$\dot{E}_0=\dot{U}+j\dot{I}X_q=1\angle 0°+0.95\angle-26.565°\times 0.8\angle 90°$$
$$=1.34+j0.68=1.503\angle 26.91°$$

则发电机功角 $\delta_0=26.91°$

q 轴次暂态电势：

$$E_q''=U\cos\delta_0+I\sin(\delta_0+\varphi)X_d''$$
$$=1\times\cos 26.91°+0.95\times\sin(26.91°+26.565°)\times 0.15=1.01$$

则：$E_q''=1.01\angle 26.91°$

d 轴次暂态电势：

$$E_d''=U\sin\delta_0-I\cos(\delta_0+\varphi)X_q''$$
$$=1\times\sin 26.91°-0.95\cos(26.91°+26.565°)\times 0.165=0.36$$

则：$E_d''=0.36\angle 26.91°-90°=0.36\angle-63.09°$

答案：B

47.解 设 QF 额定切断容量为系统最大短路容量,则:

系统电抗标幺值: $X_{*s} = \dfrac{S_B}{S_S} = \dfrac{1000}{2500} = 0.4$

变压器电抗标幺值: $X_{*T} = \dfrac{U_k\%}{100} \times \dfrac{S_B}{S_{rT}} = \dfrac{10.5}{100} \times \dfrac{1000}{120} = 0.875$

短路点短路电流: $I_k = \dfrac{I_j}{X_{*\Sigma}} = \dfrac{1000}{\sqrt{3} \times 37} \times \dfrac{1}{0.875 + 0.4} = 12.23\text{kA}$

冲击短路电流: $i_p = k_P \sqrt{2} I_k = 1.8 \times \sqrt{2} \times 12.23 = 31.13\text{kA}$

答案: C

48.解 将各序网络在故障端口连接起来所构成的网络成为复合序网,单相短路复合序网如解图所示。

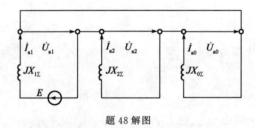

题 48 解图

正序短路电流: $\dot{I}_{a1} = \dfrac{E}{j(X_{1\Sigma} + X_{2\Sigma} + X_{0\Sigma})}$,显然,在短路点应加入的附加电阻为 $\Delta X = X_{2\Sigma} + X_{0\Sigma}$。

答案: B

49.解 b、c 两相接地短路,根据复合序网,正、负序网络如解图 1 所示:

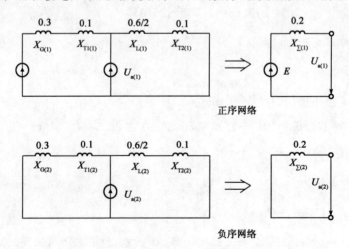

正序网络

负序网络

题 49 解图 1

正负、负序阻抗: $X_{\Sigma(1)} = X_{\Sigma(2)} = (0.3 + 0.1) /\!/ (0.6/2 + 0.1) = 0.2$

由于变压器三角形侧零序电流不能流通,因此零序序网络如解图2所示。

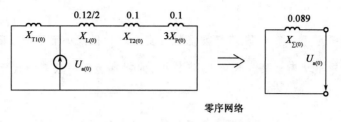

零序网络

题49解图2

零序阻抗 $X_{\Sigma(0)}=0.1//(0.12/2+0.1+0.1)=0.088889\approx0.09$

A 相正序电流:$\dot{I}_{a1}=\dfrac{E}{j(X_{\Sigma(1)}+X_{\Sigma(2)}//X_{\Sigma(0)})}=\dfrac{1}{j(0.2+0.2//0.09)}=-j3.816$

短路点电路电流标幺值:

$$I_f^{(1,1)}=\sqrt{3}\sqrt{1-\dfrac{X_{\Sigma(2)}X_{\Sigma(0)}}{(X_{\Sigma(2)}+X_{\Sigma(0)})^2}}I_{a1}=\sqrt{3}\times\sqrt{1-\dfrac{0.2\times0.09}{(0.2+0.09)^2}}\times3.816=5.86$$

注:b、c 相两相接地短路与 b、c 相两相短路应区分其复合序网及其计算公式。同步电抗 X_d 为发电机稳态运行时的电抗,由绕组的漏抗和电枢反应组成。一般用来计算系统潮流和静态稳定条件;暂态电抗 X_d' 是发电机对突然发生的短路电流所形成的电抗,因电枢中的磁通量不能突变,故由短路电流产生的电枢反应最初不存在,故 X_d' 小于 X_d,一般用来计算短路电流和暂态稳定。次暂态电抗 X_d'' 是对有阻尼绕组或有阻尼效应的发电机的暂态电抗,其值比 X_d' 更小,用途与暂态电抗 X_d' 相同。

答案:C

50.**解** 《导体和电器选择设计技术规定》(DL/T 5222—2005)的相关规定如下:

第18.1.6条:装在电网的变压器中性点的消弧线圈,以及具有直配线的发电机中性点的消弧线圈应采用过补偿方式。对于采用单元连接的发电机中性点的消弧线圈,为了限制电容耦合传递过电压以及频率变动等对发电机中性点位于电压的影响,宜采用欠补偿方式。

条文说明:装在电网的变压器中性点和有直配线的发电机中性点的消弧线圈采用过补偿方式,是考虑电网运行方式变化较大,如断路器分闸、线路故障、检修以及分区运行等,电网电容电流都可能减少。若采用欠补偿运行方式,电容值的改变有可能使消弧线圈处于谐振点运行,这是不允许的。

采用单元连接的发电机,其运行方式固定,装在此发电机中性点的消弧线圈可以用欠补偿,也可以用过补偿,但为了限制变压器高压侧单相接地时对低压侧产生的传递过电压引起发电机中性点位移电压升高,以采用欠补偿运行方式较为有利。

答案:B

51.解 在稳定运行条件下,汽轮发电机的安全运行极限决定于下列四个条件:

(1)原动机输出功率极限。原动机(汽轮机)的额定功率一般都稍大于或等于发电机的额定功率而选定。

(2)发电机的额定容量,即由定子绕组和铁芯发热决定的安全运行极限,在一定电压下,决定了定子电流的允许值。

(3)发电机的最大励磁电流,通常由转子的发热决定。

(4)进相运行的稳定度,当发电机功率因数小于零(电流超前电压)而转入进相运行时,$\dot{E}_q$ 和 $\dot{U}$ 之间的夹角增大,此时发电机的有功功率输出受到静稳定条件的限制。此外,对内冷发电机还可能受到端部发热的限制。

> 注:属于发电厂电气部分的发电机运行内容。

答案:D

52.解 一个半断路器接线是一种设有多回路集结点、一个回路由两台断路器供电的双重连接的多环形接线,为了提高一个半断路器接线的可靠性,防止同名回路同时停电的确定,一般按下述原则成串配置:

(1)同名回路应布置在不同串上,以免当一串的中间断路器(或一串中母线侧断路器检修)、同时串中另一侧回路故障时,该串中两个同名回路同时断开。

(2)如有一串配有两条线路时,应将电源线路和负荷线路配成一串。

(3)对待特别重要的同名回路,可考虑分别交替接入不同侧母线,即"交替布置"。这种布置可避免当一串中的中间断路器检修并发生同名回路串的母线侧断路器故障时,将配置在同侧母线的同名回路同时断开,在我国一般仅限于特别重要的同名回路,如发电厂初期仅两个串时,才采用这种"交替布置"。

> 注:隔离开关仅供检修时用,避免了将隔离开关作倒闸操作。

答案:C

53.解 电弧的产生和维持是触头间隙绝缘介质的中性质点(分子和原子)被游离的结果,游离是指中性质点转化为带电质点。电弧的形成过程就是气态介质或液态介质高温汽化后的气态介质向等离子体态的转化过程。因此,电弧是一种游离气体的放电现象。在触头刚分开的瞬间,间隙很小,间隙的电场强度很大,阴极表面的电子被电场力拉出而进入触头间隙成为自由电子。

电弧的产生是碰撞游离所致。阴极表面发射的电子和触头间隙原有的少数电子在强电场作用下,加速向阳极移动,并积累动能,当具有足够大动能的电子与介质的中性质点相碰撞时,产生正离子与新的自由电子,这种现象不断发生的结果,使触头间隙中的电子与正离子大量增加,它们定向移动形成电流,介质强度急剧下降,间隙被击穿,电流急剧增大,出现光效应和热效应而形成电弧。

热游离维持电弧的燃烧。电弧形成后,弧隙温度剧增,可达 6000～10000℃以上。在高温作用下,弧隙中性质点获得大量的动能,且热运动加剧,当其相互碰撞时,产生正离子与自由电子。这种由热运动而产生的游离叫热游离。一般气体游离温度为 9000～10000℃,因此热游离足以维持电弧的燃烧。

注:交流电弧电流每周期自然过零两次,在电流过零时,电弧暂时熄灭,因此熄灭交流电弧,就是让交流电弧过零后电弧不重燃。具体一点说,就是弧隙介质强度恢复速度应大于弧隙电压恢复速度。属于高电压技术有关气体放电基本物理过程的部分内容。

答案:A

54.**解** 此概念主要针对发电厂的厂用电动机,电动机失去电压后,不与电源断开,在很短时间内(0.5～1.5s),厂用电压恢复或通过自动切换装置将备用电源投入,此时电动机惰行未结束,又自动启动恢复到稳定状态运行,此过程称为电动机的自启动,其类型主要分如下三种:

(1)失压自启动:运行中突然出现事故,电压下降,当事故消除,电压恢复时形成的自启动。

(2)空载自启动:备用电源空载状态时,自动投入失去电源的工作段形成的自启动。

(3)带负荷自启动:备用电源已带一部分负荷,又自动投入失去电源的工作段所形成的自启动。

注:厂用工作电源一般仅考虑失压自启动,而厂用备用电源(启动电源)应考虑上述三种情况的自启动。属于发电厂厂用电接线设计中自启动内容。

答案:B

55.**解** 变压器绕组除了和送电线路一样具有分布的自电感和分布的对地电容外,还有各匝之间的分布电感和匝间电容,一般均采用 L-C-K 分布参数等值电路(此处省略),

但由于电感电流不能突变,当无限长直角波 U_0 作用于绕组的瞬间,电感可以认为开路,则绕组等值电路简化如解图所示。

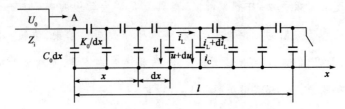

题 55 解图　直流电压开始作用的瞬间,绕组的等值电路

设绕组的长度为 l,取离首端为 x 的任一环节,写出匝间电容 $K_0/\mathrm{d}x$ 上的电压与流过电流的关系为:

$$i=-\frac{K_0}{\mathrm{d}x}\cdot\frac{\partial(\mathrm{d}u)}{\partial t}$$

对地电容 $C_0\mathrm{d}x$ 上的电压与流过电流的关系为:

$$\mathrm{d}i=-C_0\mathrm{d}x\cdot\frac{\partial u}{\partial t}$$

由此两式消 i,即可得到描述绕组上电压起始分布的一般方程为:

$$\frac{\mathrm{d}^2u}{\mathrm{d}x^2}=\frac{C_0}{K_0}u$$

解此二阶导数方程为:

$u=Ae^{\alpha x}+Be^{-\alpha x}$,其中 $\alpha=\sqrt{\dfrac{C_0}{K_0}}$,常数 A 和 B 则可由边界条件决定。

根据绕组末端(中性点)接地与不接地的边界条件,可相应求得变压器绕组上的电压起始分布:

当变压器绕组末端接地时:$u=U_0\dfrac{\mathrm{sh}\alpha(l-x)}{\mathrm{sh}\alpha l}$

当变压器绕组末端开路时:$u=U_0\dfrac{\mathrm{ch}\alpha(l-x)}{\mathrm{ch}\alpha l}$

其中 $\alpha l=l\sqrt{\dfrac{C_0}{K_0}}=\sqrt{\dfrac{C_0l}{K_0/l}}$

可见,绕组的起始电压分布取决于对地电容 C_0、匝间电容 K_0 以及绕组长度 l。

注:由函数特性可知,电压分布的不均匀程度将随 αl 的增大而增大,αl 越大,大部分压降在绕组首端附近,且绕组首端的电位梯度最大,在极端情况下,最大电位梯度可达正常运行时的数十倍,将严重威胁绕组首端的匝间绝缘,必须采取适当的保护措施。属于高电压技术中变压器绕组的波过程内容。

答案:D

56.**解** 阻容串联分压器的高压臂由电阻和电容元件串联构成,根据所加的阻尼电阻大小的不同,可把阻容串联分压器分为高阻尼电容分压器和低阻尼电容分压器两类。

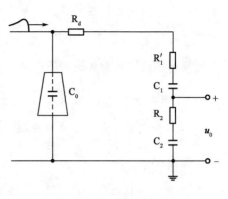

集中参数来表示的阻容串联分压器如解图所示,其中 R_1 和 C_1 组成高压臂,R_2 和 C_2 组成低压臂,高阻尼电容分压器在转换高频时利用电阻的转换特性,在转换低频时利用电容的转换特性,也即

题 56 解图

初始按电阻分压,最终按电容分压。为使两部分的分压比一致,要求两种转换特性互相同步,但高阻尼电容分压器也必须经高压引线接到试品。高压引线上串接的阻尼电阻 R_d 必须计算到电阻转换特性里,要求:

$$(R_1{'}+R_d)C_1=R_1C_1=R_2C_2$$

答案:B

57.**解** 操作冲击电压下极不均匀电场长间隙击穿呈 U 形曲线,棒—板间隙正极性 50%操作冲击击穿电压与波前时间的关系,如解图所示。

由图可见 50%操作冲击击穿电压具有极小值,对应于极小值的波前时间随间隙距离的加大而增加,对 7m 以下的间隙,波前时间大致在 $50\sim200\mu s$。这种"U 形曲线"现象被认为是由于放电时延和空间电荷形成迁移这两类不同因素造成的。

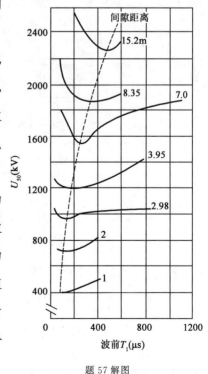

U 形曲线极小值左边的击穿电压随波前时间的减小而增大,主要是由于放电时间在起作用,随着波前时间的减小,放电时延也相应减小,必须有梗稻的电压才能击穿。U 形曲线极小值右边的击穿电压随波前时间的增大而增大,是因为电压作用时间增加后空间电荷迁移的范围扩大,改善了间隙中的电场分布,从而使击穿电压升高。

题 57 解图

操作冲击电压的变化速度和作用时间均介于工频交流电压和雷电冲击电压之间,但间隙的操作冲击击穿电压不仅远低于雷电冲击击穿电压,在某些波前时间内,甚至比工频击穿电压还要低,因此在确定电力设备的空气间隙时,必须全面考虑各种情况。具体各冲击击穿电压的实验曲线此处不在展开讨论。

注:标准波形下,雷电冲击 50% 击穿电压与间隙距离的关系,除了间隙距离很小时,基本呈线性关系变化。属高电压技术中不均匀电场间隙的击穿特性内容。

答案:B

58.解 直配电机防雷保护包括电机主绝缘、匝间绝缘和中性点绝缘的保护。主要措施包括:

(1)在发电机出线母线处装设一组 FCD 型阀式避雷器,以限制入侵波幅值,取其 3kA 下的残压与电机的绝缘水平相配合。

(2)在发电机电压母线上装设电容器,以限制入侵波陡度和降低感应过电压。

限制入侵波陡度的主要目的是保护匝间绝缘和中性点绝缘,如解图 a)所示,若入侵波为幅值为 U_o 的直角波,则发电机母线上电压(电容 C 上的电压 U_C)可按解图 b)的等值电路计算。计算结果表面,当每相电容为 $0.25\sim0.5\mu F$ 时,能够满足波陡度 $\alpha<2kV/\mu s$ 的要求,且同时也能满足限制感应过电压使之低于电机冲击耐压强度的要求。

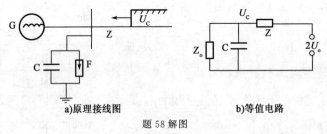

a)原理接线图 b)等值电路
题 58 解图

(3)发电机中性点有引出线时,中性点加装避雷器保护,否则需加大母线并联电容,以降低入侵波陡度。

(4)采用进线段保护,限制流经阀式避雷器的雷电流,一般要求小于 3kA。电缆与管式避雷器配合是较为常用的进线保护方式。计算表明,当电缆长度为 100m,且电缆末端外皮接地引下线到接地网的距离为 12m、$R=5\Omega$ 时,电缆段首端落雷且雷电流幅值为 50kA 时,流经每相避雷器的雷电流不会超过 3kA,即此保护接地的耐雷水平为 50kA。

注:本题属高电压技术旋转电机防雷保护内容,具体分流原理分析较为复杂,在此不再展开。

答案:C

59. 解 参见附录一"高频考点知识补充"的知识点 3 可知,前行波电压的最终值只由首端线路和末端线路的波阻抗决定,而与中间线路的波阻抗大小无关,当 $t=\infty$ 时 B 电压为:

$$u_B = \frac{2Z_3}{Z_1+Z_3}U_0$$

注:本题属高电压技术输电线路的波过程,行波的多次折、反射内容。

答案: D

60. 解 由附录一"高频考点知识补充"的知识点 4 可知,当避雷器与被保护设备之间有一定距离时,被保护设备无论处于避雷器的前端还是后端,其上电压最大值均比避雷器残压高,变压器 T 节点处的最大雷电过电压 U_S 为:

$$U_S = U_f + 2a\frac{l}{v}$$

注:本题属高电压技术变电所内避雷器的保护作用内容。

答案: B

2016 年度全国勘察设计注册电气工程师（发输变电）

执业资格考试试卷

基础考试
（下）

二〇一六年九月

应考人员注意事项

1. 本试卷科目代码为"2",考生务必将此代码填涂在答题卡"科目代码"相应的栏目内,否则,无法评分。

2. 书写用笔:**黑色或蓝色钢笔、签字笔或圆珠笔;**
   填涂答题卡用笔:**黑色 2B 铅笔。**

3. 必须用书写用笔将工作单位、姓名、准考证号填写在答题卡和试卷相应的栏目内。

4. 本试卷由 60 题组成,每题 2 分,满分 120 分,本试卷全部为单项选择题,每小题的四个备选项中只有一个正确答案,错选、多选、不选均不得分。

5. 考生作答时,必须**按题号在答题卡上**将相应试题所选选项对应的**字母用 2B 铅笔涂黑。**

6. 在答题卡上书写与题意无关的语言,或在答题卡上作标记的,均按违纪试卷处理。

7. 考试结束时,由监考人员当面将试卷、答题卡一并收回。

8. 草稿纸由各地统一配发,考后收回。

单项选择题(共 60 题,每题 2 分。每题的备选项中,只有一个最符合题意。)

1. 电阻 $R_1 = 10\Omega$ 和电阻 $R_2 = 5\Omega$ 相并联,已知流过这两个电阻的总电流 $I = 3A$,那么,流过电阻 R_1 的电流 I_1 为:

   A. 0.5A   B. 1A   C. 1.5A   D. 2A

2. 图示电路中,电流 I 为:

   A. 0.5A

   B. 1A

   C. 1.5A

   D. 2A

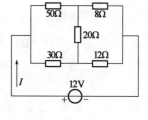

3. 图示电路中,电流 I 为:

   A. 2.25A

   B. 2A

   C. 1A

   D. 0.75A

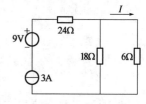

4. 已知某电源的开路电压为 220V,内阻为 50Ω,如果把一个负载电阻 R 接到此电源上,当 R 为下列何值时,负载获得最大功率?

   A. 25Ω B. 50Ω C. 100Ω D. 125Ω

5. 图示电路,当电流源 $I_{S1} = 5A$,电流源 $I_{S2} = 2A$ 时,电流 $I = 1.8A$;当电流源 $I_{S1} = 2A$,电流源 $I_{S2} = 8A$ 时,电流 $I = 0A$。那么,当电流源 $I_{S1} = 2A$,电流源 $I_{S1} = -2A$ 时,则电流 I 为:

   A. 0.5A

   B. 0.8A

   C. 0.9A

   D. 1.0A

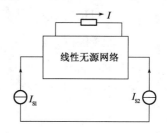

6.图示电路,含源二端口的入端电阻 R_{in} 为下列哪项数值?

A. 5Ω

B. 10Ω

C. 15Ω

D. 20Ω

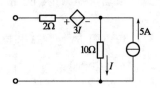

7.已知电流 $i_1(t)=15\sqrt{2}\sin(\omega t+45°)$A,电流 $i_2(t)=10\sqrt{2}\sin(\omega t-30°)$A,电流 $i_1(t)+i_2(t)$ 为下列哪项数值?

A. $20.07\sqrt{2}\sin(\omega t-16.23°)$A

B. $20.07\sqrt{2}\sin(\omega t+15°)$A

C. $20.07\sqrt{2}\sin(\omega t+16.23°)$A

D. $20.07\sqrt{2}\sin(\omega t+75°)$A

8.日光灯可以等效为一 RL 串联电路,将一日光灯接于 50Hz 的正弦交流电压源上,测得端电压为 220V,电流为 0.4A,有功功率为 40W,那么,该日光灯吸收的无功功率为:

A. 78.4kvar

B. 68.4kvar

C. 58.4kvar

D. 48.4kvar

9.图示正弦交流电路中,已知 $\dot{U}_s=100\angle0°$V, $R=10Ω$, $X_L=20Ω$, $X_C=30Ω$,当负载 Z_L 为下列哪项数值时,它能获得最大功率?

A. $(4+j13)Ω$

B. $(8+j26)Ω$

C. $(9+j5)Ω$

D. $(3+j10)Ω$

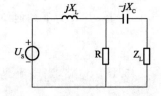

10.一电阻 $R=20Ω$,电感 $L=0.25$mH 和可变电容相串联,为了接收到某广播电台 560kHz 的信号,可变电容 C 应调至:

A. 153pF

B. 253pF

C. 323pF

D. 353pF

11. 在 RLC 串联电路中,已知 $R=10\Omega$,$L=0.05H$,$C=50\mu F$,电源电压为 $u(t)=$ $20+90\sin(\omega t)+30\sin(3\omega t+45°)V$,且电源电压角频率为 $\omega=314rad/s$,则电路中的电流 $i(t)$ 为:

    A. $1.3\sqrt{2}\sin(\omega t+78.2°)+0.77\sqrt{2}\sin(3\omega t-23.9°)A$

    B. $1.3\sqrt{2}\sin(\omega t-23.9°)+0.77\sqrt{2}\sin(3\omega t+78.2°)A$

    C. $1.3\sqrt{2}\sin(\omega t-78.2°)+0.77\sqrt{2}\sin(3\omega t+23.9°)A$

    D. $1.3\sqrt{2}\sin(\omega t+23.9°)+0.77\sqrt{2}\sin(3\omega t-78.2°)A$

12. 图示三相电路中,工频电源线电压为 380V,对称感性负载的有功功率 $P=15kW$,功率因数 $\cos\varphi=0.6$,为了将线路的功率提高到 $\cos\varphi=0.95$,每相应并联的电容器的电容量 C 为:

    A. $110.74\mu F$

    B. $700.68\mu F$

    C. $705.35\mu F$

    D. $710.28\mu F$

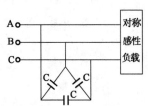

13. 图示电路,换路前已处于稳定状态,在 $t=0$ 时开关 K 打开,换路后的电流 $i(t)$ 为:

    A. $(3-e^{-0.05t})A$

    B. $(3+e^{-0.05t})A$

    C. $(3+e^{-20t})A$

    D. $(3-e^{-20t})A$

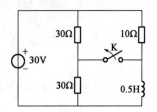

14. 一 RLC 串联电路中,$C=1\mu F$,$L=1H$,当 R 小于下列哪项数值时,放电过程是振荡性质的?

    A. 1000Ω B. 2000Ω C. 3000Ω D. 4000Ω

15. 在真空中,半径为 R 的均匀带电半球面,其面电荷密度为 σ,该半球面球心处的电场强度值为:

    A. 0   B. $\dfrac{\sigma}{4\varepsilon_0}$ C. $\dfrac{\sigma}{2\varepsilon_0}$ D. $\dfrac{\sigma}{2}$

16. 真空中两平行均匀带电平板相距为 d,面积为 S,且有 $d^2 \ll S$,带电量分别为 $+q$ 和 $-q$,则两极间的作用力大小为:

A. $\dfrac{q^2}{4\pi\varepsilon_0 d^2}$ B. $\dfrac{q^2}{\varepsilon_0 S}$ C. $\dfrac{2q^2}{\varepsilon_0 S}$ D. $\dfrac{q^2}{2\varepsilon_0 S}$

17. 在真空中,有两条长直导线各载有 5A 的电流,分别沿 x、y 轴正向流动,在(40,20,0)cm 处的磁感应强度 B 的大小为:

A. 2.56×10^{-6} T   B. 3.58×10^{-6} T

C. 4.54×10^{-6} T   D. 5.53×10^{-6} T

18. 一个由钢条组成的接地体系统,已知其接地电阻为 100Ω,土壤的电导率 $\gamma = 10^{-2}$ S/m,设有短路电流 500A 从钢条流入地中,有人正以 0.6m 的步距向此接地体系统前进,前足距钢条中心 2m,则跨步电压为下列哪项数值?(可将接地体系统用一等效的半球形接地器代替之)

A. 420.2V   B. 520.2V

C. 918.2V   D. 1020.2V

19. 特性阻抗 $Z_C = 100\Omega$,长度为 $\dfrac{\lambda}{8}$ 的无损耗线,输出端接有负载 $Z_L = (200 + j300)$ Ω,输入端接有内阻为 100Ω,电压为 $500\angle 0°$V 的电源,传输线输入端的电压为:

A. $372.68\angle -26.565°$V   B. $372.68\angle 26.565°$V

C. $-372.68\angle 26.565°$V   D. $-372.68\angle -26.565°$V

20. 晶体管的参数受温度影响较大,当温度升高时,晶体管的 β、I_{CBO} 和 U_{BE} 的变化情况分别为:

A. β 增加,I_{CBO} 和 U_{BE} 减小

B. β 和 I_{CBO} 增加,U_{BE} 减小

C. β 和 U_{BE} 减小,I_{CBO} 增加

D. βI_{CBO} 和 U_{BE} 都增加

21. 电路如图所示,若更换晶体管,使 β 由 50 变为 100,则电路的电压放大倍数约为:

A. 原来值的 $\dfrac{1}{2}$

B. 原来的值

C. 原来值的 2 倍

D. 原来值的 4 倍

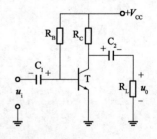

22. 电路如图所示,其中电位器 R_W 的作用为:

A. 提高 K_{CMR}

B. 调零

C. 提高 $|A_{ud}|$

D. 减小 $|A_{ud}|$

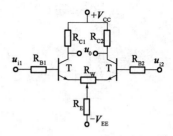

23. 若题 22 图所示电路的参数满足 $R_{C1}=R_{C2}=R_C$, $R_{B1}=R_{B2}=R_B$, $\beta_1=\beta_2=\beta$, $r_{be1}=r_{be2}=r_{be}$,电位器滑动端调在中点,则该电路的差模输入电阻 R_{id} 为:

A. $2(R_B+r_{be})$

B. $\frac{1}{2}\left[R_B+r_{be}+(1+\beta)\frac{R_W}{2}\right]$

C. $\frac{1}{2}\left[R_B+r_{be}+(1+\beta)\frac{R_W}{2}+2(1+\beta)R_E\right]$

D. $2(R_B+r_{be})+(1+\beta)R_W$

24. 电路如图所示,已知运放性能理想,其最大的输出电流为 15mA,最大的输出电压幅值为 15V,设晶体管 T_1 和 T_2 的性能完全相同,$\beta=60$, $|U_{BE}|=0.7V$, $R_L=10\Omega$,那么,电路的最大不失真输出功率为:

A. 4.19W

B. 11.25W

C. 16.2W

D. 22.5W

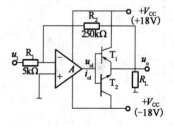

25. JK 触发器外部连接如图所示,则其输出可表达为:

A. $Q^{n+1}=J\,\overline{Q^n}$

B. $Q^{n+1}=J\oplus Q^n$

C. $Q^{n+1}=J+\overline{K}Q^n$

D. $Q^{n+1}=\overline{Q^n}$

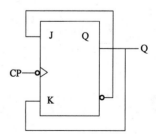

26.若 $A=B\oplus C$,则下列正确的式子为:

    A.$B=A\oplus C$ B.$B=\overline{A\oplus C}$

    C.$B=AC$ D.$B=A+C$

27.四位双向移位寄存器74194组成的电路如图所示,74194的功能表如表所示,该电路的状态转换图为:

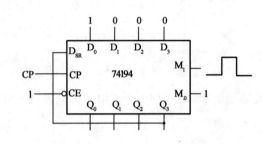

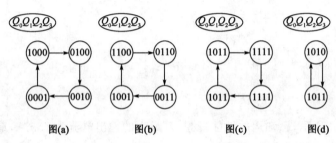

图(a)   图(b)   图(c)   图(d)

输　入									输　出				实现的操作
$\overline{CR}$	M_1	M_0	CP	D_{SL}	D_{SR}	D_0	D_1	D_2	D_3	Q_A	Q_B	Q_C	Q_D	
0	×	×	×	×	×	×	×	×	×	0	0	0	0	复位
1	0	0	×	×	×	×	×	×	×	Q_A^n	Q_B^n	Q_C^n	Q_D^n	保持
1	0	1	↑	×	1	×	×	×	×	1	Q_A^n	Q_B^n	Q_C^n	右移,D_{SR} 为串行输入,Q_D 为串行输出
1	0	1	↑	×	0	×	×	×	×	0	Q_A^n	Q_B^n	Q_C^n	
1	1	0	↑	1	×	×	×	×	×	Q_B^n	Q_C^n	Q_D^n	1	左移,D_{SL} 为串行输入,Q_A 为串行输出
1	1	0	↑	0	×	×	×	×	×	Q_B^n	Q_C^n	Q_D^n	0	
1	1	1	↑	×	×	D_0	D_1	D_2	D_3	D_0	D_1	D_2	D_3	置数,即并行输入

    A.图(a)   B.图(b)   C.图(c)   D.图(d)

28. 利用 CMOS 集成施密特触发器组成的多谐振荡器如图所示,设施密特触发器的

上、下限阈值电平分别为 $U_{T+}=\dfrac{2}{3}V_{DO}$,$U_{T-}=\dfrac{1}{3}V_{DO}$,则电路的振荡周期约为:

A. 0.7RC

B. 1.1RC

C. 1.4RC

D. 2.2RC

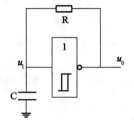

29. 图示电路的逻辑功能为:

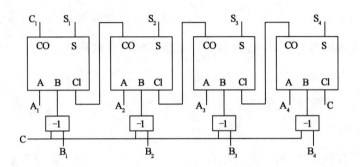

    A. 四位二进制加法器   B. 四位二进制减法器

    C. 四位二进制加/减法器   D. 四位二进制比较器

30. 一台并励直流电动机,额定电压为 110V,电枢回路电阻(含电刷接触电阻)为 0.

    045Ω,当电动机加上额定电压并带一定负载转矩 T_1 时,其转速为 1000r/min,电

    枢电流为 40A,现将负载转矩增大到原来的 4 倍(忽略电枢反应),稳定后电动机

    的转速为:

    A. 250r/min   B. 684r/min

    C. 950r/min   D. 1000r/min

31. 一台三相绕线式感应电机,额定电压 $U_N=380V$,当定子加额定电压、转子不转并

    开路时的集电环电压为 254V,定、转子绕组都为 Y 连接,已知定、转子一相的参

    数为 $R_1=0.044Ω$,$X_{1\sigma}=0.54Ω$,$R_2=0.027Ω$,$X_{2\sigma}=0.24Ω$,忽略励磁电流,当定

    子加额定电压、转子堵转时的转子相电流为:

    A. 304A   B. 203A

    C. 135.8A   D. 101.3A

32. 一台三相 4 极 Y 连接的绕线式感应电动机，$f_N = 50Hz$、$P_N = 150kW$、$U_N = 380V$，额定负载时测得其转子铜损耗 $P_{Cu2} = 2210W$，机械损耗 $P_\Phi = 2640W$、杂散损耗 $P_z = 1000W$，额定运行时的电磁转矩为：

A. 955Nm

B. 958Nm

C. 992Nm

D. 1000Nm

33. 一台汽轮发电机，额定功率 $P_N = 15MW$，额定电压 $U_N = 10.5kV$（Y 连接），额定功率因数 $\cos\varphi_N = 0.85$（滞后），当其在额定状态下运行时，输出的无功功率 Q 为：

A. 9296kvar

B. 11250kvar

C. 17647kvar

D. 18750kvar

34. 一台汽轮发电机，额定容量 $S_N = 31250kVA$，额定电压 $U_N = 10500V$（星形连接），额定功率因数 $\cos\varphi_N = 0.8$（滞后），定子每相同步电抗 $X_\sigma = 7\Omega$（不饱和值），此发电机并联于无限大电网运行，在额定运行状态下，将其励磁电流加大 10%，稳定后功角 δ 将变为：

A. 32.24°

B. 35.93°

C. 36.87°

D. 53.13°

35. 一台单相变压器，$S_N = 3kVA$，$U_{1N}/U_{2N} = 230/115V$，一次绕组漏阻抗 $Z_{1\sigma} = 0.2 + j0.6\Omega$，二次绕组漏阻抗 $Z_{2\sigma} = 0.05 + j0.14\Omega$，当变压器输出电流 $I_2 = 21A$，功率因数 $\cos\varphi_2 = 0.75$（滞后）负载时的二次电压为：

A. 108.04V

B. 109.4V

C. 110V

D. 115V

36. 一台三相双绕组变压器，额定容量 $S_N = 100kVA$，额定电压 $U_{1N}/U_{2N} = 3000/400V$，Yyn0 连接，现将其改为 3000/3400V 的升压自耦变压器，改接后其额定容量与电磁容量之比为：

A. 8.5

B. 7.5

C. 1.1333

D. 1

37. 有两台连接组相同，额定电压相同的变压器并联运行，其额定容量分别为 $S_{N1} = 3200kVA$，$S_{N2} = 5600kVA$，短路阻抗标幺值为 $Z_{k1}^* = 0.07$，$Z_{k2}^* = 0.075$，不计阻抗角的差别，当第一台满载，第二台所供负载为：

A. 3428.5kVA

B. 5226.67kVA

C. 5600.5V

D. 5625.5V

38. 输电线路单位长度阻抗 Z_l，导纳为 Y_l，长度为 l，传播系数为 γ，波阻抗 Z_C 为：

　　A. $Z_l \sinh\gamma l$　　　　　　　　　　　　B. $\sqrt{Z_l/Y_l}$

　　C. $\sqrt{Z_l Y_l}$　　　　　　　　　　　　　D. $Z_l \cosh\gamma l$

39. 已知变压器铭牌参数，确定变压器电抗 X_T 的计算公式：

　　A. $\dfrac{I_0\%S_{TN}}{100U_N^2}$　　　　　　　　　　B. $\dfrac{U_K\%U_N^2}{100S_{TN}}$

　　C. $\dfrac{U_K\%U_N}{100S_{TN}}$　　　　　　　　　　D. $\dfrac{I_0\%U_N^2}{100S_{TN}}$

40. 电力系统的一次调频为：

　　A. 调速器自动调整的有差调节

　　B. 调频器自动调整的有差调节

　　C. 调速器自动调整的无差调节

　　D. 调频器自动调整的无差调节

41. 在高压网中线路串联电容器的目的是：

　　A. 补偿系统容性无功调压

　　B. 补偿系统感性无功调压

　　C. 通过减少线路电抗调压

　　D. 透过减少线路电抗提高输送容量

42. 中性点不接地系统，单相故障时非故障相电压升高到原来对地电压的：

　　A. $1/\sqrt{3}$ 倍　　　　　　　　　　　　B. 1 倍

　　C. $\sqrt{2}$ 倍　　　　　　　　　　　　　D. $\sqrt{3}$ 倍

43. 有一台三绕组降压变压器额定电压为 525/230/66kV，变压器等值电路参数及功率标在图中（均为标幺值，S_B＝100MVA），低压侧空载，当 $\dot{U}_2=1.0\angle-9.53°$ 时，流入变压器高压侧功率 $\dot{S}_1$（MVA）及 $\dot{U}_1$ 的实际电压为下列哪项数值？

　　A. $(86+j51.6)$MVA，$527.6\angle8.89°$kV

　　B. $(86.7+j63.99)$MVA，$541.8\angle5.78°$kV

　　C. $(86+j51.6)$MVA，$527.6\angle-8.89°$kV

　　D. $(86.7+j63.99)$MVA，$541.8\angle-5.78°$kV

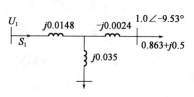

44. 简单电力系统接线如下图所示,变压器变比为 $110(1+2\times2.5\%)/11kV$,线路和变压器归算到高压侧的阻抗为 $27+j82.4\Omega$,母线 i 电压恒等于 116kV,变压器低压母线最大负荷为 $20+j14MVA$,最小负荷为 $10+j7MVA$,母线 j 常调压保持 10.5kV,满足以上要求时接在母线 j 上的电容器及变压器 T_j 的变比分别为下列哪组数值?(不考虑电压降横分量和功率损耗)

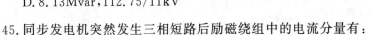

A. 9.76Mvar,115.5/11kV

B. 8.44Mvar,121/11kV

C. 9.76Mvar,121/10.5kV

D. 8.13Mvar,112.75/11kV

45. 同步发电机突然发生三相短路后励磁绕组中的电流分量有:

A. 直流分量,周期交流

B. 倍频分量、直流分量

C. 直流分量、基波交流分量

D. 周期分量、倍频分量

46. 一台额定功率为 200MW 的汽轮发电机,额定电压 10.5kV,$\cos\varphi_N=0.85$,其有关电抗标幺值为 $x_d=x_q=2.8$,$x'_d=x'_q=0.3$,$x''_d=x''_q=0.17$(参数为以发电机额定容量为基准的标幺值),发电机在额定电压下空载运行时端部突然三相短路,I''_k 为:

A. 107.6kA   B. 91.48kA

C. 76.1kA   D. 60.99kA

47. 下图中系统 S 参数不详,已知开关 B 的短路容量 2500MVA,发电厂 G 和变压器 T 额定容量均为 100MVA,$X''_d=0.195$,$X_{T*}=0.105$,三条线路单位长度电抗均为 $0.4\Omega/km$,线路长度均为 100km,若母线 A 处发生三相短路,短路点冲击电流和短路容量分别为下列哪组数值?($S_B=100MVA$)

A. 4.91kA,542.2MVA

B. 3.85kA,385.4MVA

C. 6.94kA,542.9MVA

D. 2.72kA,272.6MVA

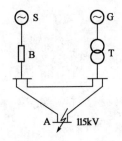

48. 已知图示系统变压器星形侧发生 BC 两相短路时的短路电流为 $\dot{I}_f$，则三角形侧的单相线电流为：

A. $I_a = -\dfrac{1}{\sqrt{3}}I_f,\ I_b = -\dfrac{1}{\sqrt{3}}I_f,\ I_c = \dfrac{2}{\sqrt{3}}I_f$

B. $I_a = \dfrac{1}{\sqrt{3}}I_f,\ I_b = -\dfrac{2}{\sqrt{3}}I_f,\ I_c = \dfrac{1}{\sqrt{3}}I_f$

C. $I_a = -\dfrac{2}{\sqrt{3}}I_f,\ I_b = -\dfrac{1}{\sqrt{3}}I_f,\ I_c = \dfrac{1}{\sqrt{3}}I_f$

D. $I_a = \dfrac{1}{\sqrt{3}}I_f,\ I_b = \dfrac{1}{\sqrt{3}}I_f,\ I_c = \dfrac{2}{\sqrt{3}}I_f$

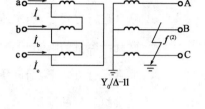

49. 发电机、变压器和负荷阻抗标幺值在图中（$S_B = 100\text{MVA}$），试计算图示网络中 f 点发生两相短路接地时，短路点 A 相电压和 B 相电流分别为：

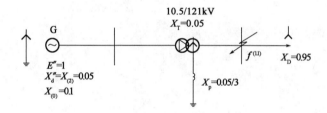

A. 107.64kV，4.94kA

B. 107.64kV，8.57kA

C. 62.15kV，8.57kA

D. 62.15kV，4.94kA

50. 关于桥形接线，以下说法正确的是：

A. 内桥接线一般适用于线路较长和变压器不需要经常切换的情况

B. 内桥接线一般适用于线路较短和变压器不需要经常切换的情况

C. 外桥接线一般适用于线路较短和变压器不需要经常切换的情况

D. 外桥接线一般适用于线路较长和变压器不需要经常切换的情况

51. 关于自耦变压器的运行方式,以下描述正确的是:

A. 联合运行方式下,当高压侧同时向中压侧和低压侧送电时,最大传输功率受公共绕组容量的限制

B. 联合运行方式下,当中压侧同时向高压侧和低压侧送电时,最大传输功率受串联绕组容量的限制

C. 联合运行方式下,当高压侧同时向中压侧和低压侧送电时,最大传输功率受第三绕组容量的限制

D. 联合运行方式下,当中压侧同时向高压侧和低压侧送电时,最大传输功率受公共绕组容量的限制

52. 当用于 35kV 及以下中性点不接地系统时,电压互感器剩余电压绕组的二次额定电压应选择为:

A. 100 V

B. 100/3 V

C. $100/\sqrt{3}$ V

D. $100/\sqrt{2}$ V

53. 关于交流电弧熄灭后的弧隙电压恢复过程,以下描述正确的是:

A. 当触头间并联电阻小于临界电阻时,电压恢复过程为周期性的

B. 当触头间并联电阻大于临界电阻时,电压恢复过程为非周期性的

C. 开断中性点不直接接地系统三相短路时,首先开断的工频恢复电压为相电压的1.5倍

D. 开断中性点不直接接地系统三相短路时,首选开断相熄弧之后,其余两相电弧同时熄灭,每一相工频恢复电压为相电压的 1.732 倍

54. 以下关于电流互感器的描述中,正确的是:

A. 电流互感器的误差仅与二次负荷有关系,与一次电流无关

B. 电流互感器的二次侧开路运行时,二次绕组将在磁通过零时感应产生很高的尖顶波电流,危及设备及人身安全

C. 某电流互感器的准确级和额定准确限制系数分别为 5P 和 40,则表示在电力系统一次电流为 40 倍额定电流时,其电流误差不超过 5%

D. 电流互感器的误差仅与一次电流有关,与二次负荷无关

55.影响气体中固体介质沿面闪络电压的主要因素是：

    A.介质表面平行电场分量

    B.介质厚度

    C.介质表面粗糙度

    D.介质表面垂直电场分量

56.气体中固体介质表面滑闪放电的特征是：

    A.碰撞电离

    B.热电离

    C.阴极发射电离

    D.电子崩电离

57.下列哪种方法会使电场分布更加劣化？

    A.采用多层介质并在电场强的区域采用介电常数较小的电介质

    B.补偿杂散电容

    C.增设中间电极

    D.增大电极曲率半径

58.提高不均匀电场中含杂质低品质绝缘油工频击穿电压的有效方法是：

    A.降低运行环境温度

    B.减小气体在油重的溶解量

    C.改善电场均匀程度

    D.油重设置固体绝缘屏障

59.电力系统中输电线路架空地线采用分段绝缘方式的目的是：

    A.减小零序阻抗

    B.提高输送容量

    C.增强诱雷效果

    D.降低线路损耗

60. 图示已知一幅值 ε＝1000kV 的直流电压源在 $t＝0$ 时刻合闸于波阻抗 $Z＝200\Omega$、300km 长的空载架空线路传播，传播速度为 300km/ms，下列哪项为线路中点的电压波形？

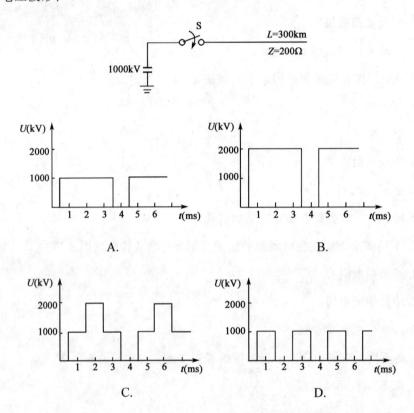

A.

B.

C.

D.

2016 年度全国勘察设计注册电气工程师(发输变电)执业资格考试

基础考试(下)试题解析及参考答案

1. **解**　电阻并联支路电流公式：

$$I_2 = \frac{R_2}{R_1 + R_2} I = \frac{5}{10 + 5} \times 3 = 1\text{A}$$

答案: B

2. **解**　第一个网孔进行 Δ-Y 变换，见解图。

$$R_1 = \frac{R_{12} R_{31}}{R_{12} + R_{23} + R_{31}} = \frac{50 \times 30}{50 + 30 + 20} = 15\Omega$$

$$R_2 = \frac{R_{12} R_{23}}{R_{12} + R_{23} + R_{31}} = \frac{50 \times 20}{50 + 30 + 20} = 10\Omega$$

$$R_3 = \frac{R_{31} R_{23}}{R_{12} + R_{23} + R_{31}} = \frac{30 \times 20}{50 + 30 + 20} = 6\Omega$$

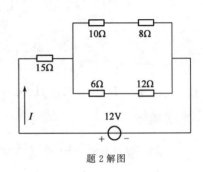

题 2 解图

$$R_\Sigma = [(10 + 8) // (6 + 12)] + 15 = 9 + 15 = 24\Omega$$

则：$I = \dfrac{U}{R_\Sigma} = \dfrac{12}{24} = 0.5\text{A}$

答案: A

3. **解**　电阻并联支路电流公式：

$$I = \frac{R_2}{R_1 + R_2} \times 3\text{A} = \frac{18}{18 + 6} \times 3 = 2.25\text{A}$$

> 注:电流源支路串联的电压源及电阻可忽略。

答案: A

4. **解**　基本概念,当负载电阻等于去掉负载电阻后的戴维南等效电路中的内阻时,负载中可获得最大功率。

答案: B

5. **解**　典型的黑箱电路问题,列方程：

$$\begin{cases} 5k_1 + 2k_2 = 1.8 \\ 2k_1 + 8k_2 = 0 \end{cases}$$

解得：$k_1 = 0.4, k_2 = -0.1$

$$I = 2k_1 - 2k_2 = 2 \times 0.4 - 2 \times (-0.1) = 1A$$

答案：D

6. 解　电路中电流源开路，电压源短路，受控电源不变，则：

$$R_{in} = \frac{U}{I} = \frac{2I + 3I + 10I}{I} = 15\Omega$$

答案：C

7. 解　简单的复数计算，则：

$$\dot{I}_1 = 15\angle 45° = 15\left(\frac{\sqrt{2}}{2} + j\frac{\sqrt{2}}{2}\right) = \frac{15}{\sqrt{2}} + j\frac{15}{\sqrt{2}} = 10.61 + j10.61$$

$$\dot{I}_2 = 10\angle -30° = 10\left(\frac{\sqrt{3}}{2} - j\frac{1}{2}\right) = 8.66 - j5$$

$$\dot{I}_1 + \dot{I}_2 = 10.61 + j10.61 + 8.66 - j5 = 19.27 + j5.61 = 20.07\angle 16.23°$$

答案：C

8. 解　$Q = \sqrt{S^2 - P^2} = \sqrt{(220 \times 0.4)^2 - 40^2} = 78.4\text{kvar}$

答案：A

9. 解　基本概念，当负载阻抗与去掉负载阻抗后的戴维南等效电路中的内阻抗为共轭关系时，负载中可获得最大功率，实际等同于求电路内阻抗。如解图所示。

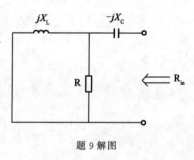

题9解图

$$R_{in} = (R // jX_L) - jX_C = (10 // j20) - j30$$

$$= \frac{j20 \times 10}{10 + j20} - j30 = \frac{j20}{1 + j2} - j30$$

$$= \frac{j20(1 - j2)}{(1 + j2)(1 - j2)} - j30 = \frac{j20 + 40}{1^2 - (j2)^2} - j30$$

$$= \frac{j20 + 40}{5} - j30 = 8 - j26$$

因此，负载阻抗取其共轭值：$Z_L = 8 + j26$

答案：B

10. 解　串联谐振时：

$$f = \frac{1}{2\pi\sqrt{LC}} \Rightarrow C = \left(\frac{1}{2\pi f}\right)^2 \cdot \frac{1}{L} = \left(\frac{1}{2\pi \times 560 \times 10^3}\right)^2 \times \frac{1}{0.25 \times 10^{-3}} = 323 \times 10^{-12}\text{pF}$$

答案：C

11. 解 直流分量:RCL 串联电路中,电容存在隔直作用,则直流分量为0。

(1)基频分量时:

$$X_{L1}=\omega L=314\times0.05=15.7\Omega,X_{C1}=\frac{1}{\omega C}=\frac{1}{314\times50\times10^{-6}}=63.69\Omega$$

$$Z_{\Sigma1}=R+j(X_{L1}-X_{C1})=10+j(15.7-63.69)=10-j47.99=49.02\angle-78.23°$$

$$I_1=\frac{U_1}{Z_{\Sigma1}}=\frac{90/\sqrt{2}}{49.02\angle-78.23°}=1.3\sqrt{2}\angle78.23°$$

(2)三次谐波分量时:

$$X_{L3}=3\omega L=3\times314\times0.05=47.1\Omega,X_{C3}=\frac{1}{3\omega C}=\frac{1}{3\times314\times50\times10^{-6}}=21.23\Omega$$

$$Z_{\Sigma3}=R+j(X_{L3}-X_{C3})=10+j(47.1-21.23)=10+j25.87=27.74\angle68.87°$$

$$I_3=\frac{U_3}{Z_{\Sigma3}}=\frac{30/\sqrt{2}\angle45°}{27.74\angle68.87°}=0.77\sqrt{2}\angle-23.87°$$

综合上述计算可知:

$$i(t)=1.3\sqrt{2}\sin(\omega t+78.23°)+0.77\sqrt{2}\sin(3\omega t-23.87°)$$

答案:A

12. 解 三角形接线时,额定相电压与线电压相等,三角形接线转换为星形接线,则每相等值电容为:

$$C'=3C$$

相关接线如解图所示。

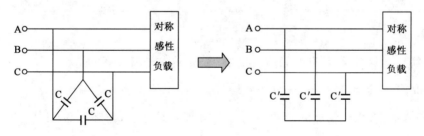

题 12 解图

计算因子:$\cos\varphi_1=0.6\Rightarrow\tan\varphi_1=1.333$;$\cos\varphi_2=0.95\Rightarrow\tan\varphi_2=0.329$

无功补偿容量:$Q=\omega C'U^2=\omega(3C)U^2=P(\tan\varphi_1-\tan\varphi_2)$

电容器的电容量:

$$C=\frac{P(\tan\varphi_1-\tan\varphi_2)}{3\omega U^2}=\frac{15\times10^3\times(1.333-0.329)}{3\times2\pi\times50\times380^2}=110.72\times10^{-6}\text{F}=110.72\mu\text{F}$$

答案:A

13.解 由于电感为储能元件,其电流不能突变,则:

$$i_L(0_+) = i_L(0_-) = \frac{30}{30 /\!/ 10} = \frac{30 \times (30+10)}{30 \times 10} = 4A$$

开关 K 打开,电路达到稳态时:

$$i_L(\infty) = \left[\frac{30}{(30+30) /\!/ 10} \right] \times \frac{30+30}{30+30+10} = 3.5 \times \frac{6}{7} = 3.0A$$

时间常数:$\tau = \dfrac{L}{R_{in}} = \dfrac{0.5}{10} = 0.05$

代入一阶电路全响应方程 $f(t) = f(\infty) + [f(0_+) - f(\infty)]e^{-\frac{t}{\tau}}$,则:

$$i_L(t) = 3 + [4-3]e^{-\frac{t}{0.05}} = 3 + e^{-20t}$$

答案:C

14.解 由临界振荡条件,则:

$$R < 2\sqrt{\frac{L}{C}} = 2 \times \sqrt{\frac{1}{10^{-6}}} = 2 \times 10^3 = 2k\Omega,\text{为振荡过程}。$$

注:$R = 2\sqrt{\dfrac{L}{C}}$ 的过渡过程为临界非振荡过程,这时的电阻为临界电阻,电阻小于此值时,为欠阻尼状态,振荡放电过程;大于此值时,为过阻尼状态,非振荡放电过程。

另,发生谐振时角频率和频率分别为:$\omega_0 = \dfrac{1}{\sqrt{LC}}$,$f_0 = \dfrac{1}{2\pi\sqrt{LC}}$,品质因数为:$Q = \dfrac{1}{R}\sqrt{\dfrac{L}{C}}$。

答案:B

15.解 如解图所示,取半径为 r,宽度为 dl 的细圆环带,面积为 $ds = 2\pi r dl$,带电量为 $dq = \sigma \cdot 2\pi r \cdot dl = \sigma \cdot 2\pi r \cdot R d\theta$,再利用均匀圆环轴线上场强公式,即半径为 r,带电量为 q 的细圆环轴线上,距环心 x 远处的电场强度为:

$$E_r = \frac{xq}{4\pi\varepsilon_0(r^2+x^2)^{\frac{3}{2}}}$$

题 15 解图

则细圆环带在球心 O 点的电场强度为:

$$dE_r = \frac{x \cdot dq}{4\pi\varepsilon_0(r^2+x^2)^{\frac{3}{2}}} = \frac{R\cos\theta \cdot \sigma 2\pi R^2 \sin\theta \cdot d\theta}{4\pi\varepsilon_0 R^3} = \frac{\sigma}{4\varepsilon_0} \cdot 2\cos\theta\sin\theta \cdot d\theta$$

方向沿对称轴向,半球面在球内 O 点的电场强度大小为:

$$E_r = \int dE = \frac{\sigma}{4\varepsilon_0} \int_0^{\frac{\pi}{2}} 2\cos\theta \cdot \sin\theta \cdot d\theta = \frac{\sigma}{4\varepsilon_0}$$

答案: B

16. 解　无限大面电荷分布在 $x=0$ 的平面上,如果面电荷密度 σ 为一常数,周围的介质为均匀介质,则由对称特点可知其场强为:

$$E = \frac{\sigma}{2\varepsilon}e_x (x>0), E = -\frac{\sigma}{2\varepsilon}e_x (x<0);$$

则,真空中两平行均匀带电平板之间的电场强度为:

$$E = \frac{\sigma}{\varepsilon_0}e_x = \frac{q}{\varepsilon_0 S}e_x \left(-\frac{d}{2} < x < \frac{d}{2}\right)$$

由库仑定律可知,两平行均匀带电平板之间的作用力为: $f = \frac{q^2}{\varepsilon_0 S}e_x = \left(-\frac{d}{2} < x < \frac{d}{2}\right)$

答案: B

17. 解　如解图 1 所示,无线长直导线对垂直距离为 r_0 的 P 点的磁感应强度为:

$$dB = \frac{\mu_0}{4\pi} \frac{I dz \sin\theta}{r^2}$$

$$B = \int dB = \frac{\mu_0}{4\pi} \int_{CD} \frac{I dz \sin\theta}{r^2}$$

$$z = -r_0 \cot\theta, r = \frac{r_0}{\sin\theta}$$

$$dz = \frac{r_0 d\theta}{\sin^2\theta}$$

$$B = \frac{\mu_0 I}{4\pi r_0} \int_{\theta_1}^{\theta_2} \sin\theta d\theta$$

则: $B = \frac{\mu_0 I}{4\pi r_0} \int_{\theta_1}^{\theta_2} \sin\theta d\theta = \frac{\mu_0 I}{4\pi r_0} \int_0^\pi \sin\theta d\theta = \frac{\mu_0 I}{2\pi r_0}(e_\varphi)$

题 17 解图 1

x 轴电流对应 P 点的磁感应强度为:(见解图 2)

$$\vec{B_x} = \frac{\mu_0 I}{2\pi r_0}e_z = \frac{4\pi \times 10^{-7} \times 5}{2\pi \times 0.2}e_z = 5.0 \times 10^{-6} \text{T}(e_z), \text{方向为 } z$$

轴正向;

y 轴电流对应 P 点的磁感应强度为:(见解图 2)

题 17 解图 2

$$\vec{B_y} = \frac{\mu_0 I}{2\pi r_0}e_{-z} = \frac{4\pi \times 10^{-7} \times 5}{2\pi \times 0.4}e_{-z} = 2.5 \times 10^{-6} \text{T}(e_{-z}), \text{方向为 } z \text{ 轴负向}.$$

则,总磁感应强度: $\vec{B} = \vec{B_x} + \vec{B_y} = (5.0 - 2.5) \times 10^{-6} = 2.5 \times 10^{-6} \text{T}(e_z), \text{方向为 } z$ 轴正向。

注:μ_0 为真空磁导率,其单位为 H/m(亨利/米),其数值为:$\mu_0=4\pi\times10^{-7}$(H/m)。

答案:A

18.解 采用恒定电场的基本方程$\oint_S J \cdot dS = 0$,$J=\gamma E$,

设流出的电流为I,如解图所示,则:

$$J=\frac{I}{2\pi r^2},E=\frac{I}{2\pi\gamma r^2}$$

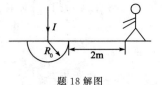

题18解图

则跨步电位差为:

$$U_l=\int_2^{2.6}\frac{I}{2\pi\gamma r^2}dr=\frac{500}{2\pi\times10^{-2}}\times\left(\frac{1}{2}-\frac{1}{2.6}\right)=918.2 \text{ V}$$

答案:C

19.解 先求出等效入端阻抗:

$$Z_{in}=Z_C\frac{Z_L+jZ_C\tan\beta l}{jZ_L\tan\beta l+Z_C}=Z_C\frac{Z_L+jZ_C\tan\left(\frac{2\pi}{\lambda}\cdot\frac{\lambda}{8}\right)}{jZ_L\tan\left(\frac{2\pi}{\lambda}\cdot\frac{\lambda}{8}\right)+Z_C}=100\times\frac{200+j300+j100}{100+j(200+j300)}$$

$$=100\times\frac{1+j2}{-1+j}=50(1-j3)$$

$$=50\sqrt{10}\angle-71.565°$$

等效电路如解图所示,由电源端求出输入端的

电压:

$$\dot{U}_{in}=\frac{Z_{in}}{Z_g+Z_{in}}\dot{U}_g=\frac{50\sqrt{10}\angle-71.565°}{100+50(1-j3)}\times500\angle0°$$

$$=\frac{\sqrt{10}\angle-71.565°}{3\sqrt{2}\angle-45°}\times500\angle0°=372.678\angle-26.565°$$

题19解图

答案:A

20.解 对于硅管而言,虽然三个参数均随温度而变化,但其中I_{CBO}的值很小,对工作点稳定性影响较小。硅管的V_{BE}的温度系数为-2.2mV/℃,在任意温度 T 时的V_{BE}为:

$$V_{BE}=V_{BE(T_0=25℃)}-(T-T_0)\times2.2\times10^{-3}\text{mV}$$

可见V_{BE}随温度升高而降低。

电流放大系数β会随温度的升高而增大,这是因为温度升高后,加快了基区注入载流子的扩散速度,根据实验结果,温度每升高一度,β要增加$0.5\%\sim1.0\%$左右。

I_{CBO}随温度升高而增加。

注:本题与 2009 年第 22 题相同。

答案:B

21.**解**　共射极基本放大电路 H 参数等效电路,如解图所示。

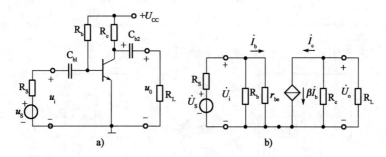

题 21 解图

电压放大倍数:$\dot{A}_u = \dfrac{\dot{U}_o}{\dot{U}_i} = -\dfrac{\beta \dot{I}_b R'_L}{\dot{I}_b r_{be}} = -\dfrac{\beta R'_L}{r_{be}}$

答案:C

22.**解**　基本概念。

所谓零点漂移(零漂),就是当放大电路的输入端短路时,输出端还有缓慢变化的电压产生,即输出电压偏离原来的起始点而上下漂动。在直接耦合多级放大电路中,当第一级放大电路的 Q 点由于某种原因(如温度变化)而稍有偏移时,第一级的输出电压将发生微小的变化,这种缓慢的微小变化就会逐级被放大,致使放大电路的输出端产生较大的漂移电压。当漂移电压的大小可以和有效信号电压相比时,就无法分辨是有效信号电压还是漂移电压。

调整 R_W 的触点位置,可抑制共模电压增益,以达到抑制零漂的作用。

答案:B

23.**解**　差模输入电阻:双端与单端差模输入电阻一样,为 $R_{id} \approx 2(R_B + r_{be})$。差模输出电阻:双端输出时,为 $R_{od} = 2R_c$;单端输出时,为 $R_{od} = R_c$。

答案:A

24.**解**　电路由一个比例放大电路和一个功率放大电路构成,最大不失真输出功率只与互补对称功率放大电路有关,与比例放大电路无关:

$$P_o = \frac{V_{CC}^2}{2R_L} = \frac{18^2}{2 \times 10} = 16.2\text{W}$$

注:当输入信号足够大时,输出最大功率 $P_o = \dfrac{V_{om}}{2R_L} \approx \dfrac{V_{cc}}{2R_L}$。

答案:C

25.**解** 正常情况下,JK触发器的状态方程为:$Q^{n+1}=J\overline{Q^n}+\overline{K}Q^n$

根据题意,JK触发器的外部连线,应有$J=\overline{Q^n}$、$K=Q^n$,代入上式中,则:

$$Q^{n+1}=\overline{Q^n}\cdot\overline{Q^n}+\overline{Q^n}\cdot Q^n=\overline{Q^n}$$

答案:D

26.**解** $A=B\oplus C=B\overline{C}+\overline{B}C$,真值表如下:

A	B	C
0	0	0
0	1	1
1	0	1
1	1	0

B	A	C
0	0	0
1	0	1
0	1	1
1	1	0

显然,$B=A\oplus C=A\overline{C}+\overline{A}C$

答案:A

27.**解** M_1和CP的第一个脉冲应为置数,从1000开始。不展开讨论。

答案:A

28.**解** 接通电源的瞬间,电容C上的电压为0V,输出$v_。$为高电平,$v_。$通过电阻对电容C充电,当v_1达到V_{T+}时,施密特触发器翻转,输出为低电平,此后电容C又开始放电,v_1下降,当v_1下降到V_{T-}时,电路又发生翻转,如此反复形成振荡,其输入、输出波形如解图所示。

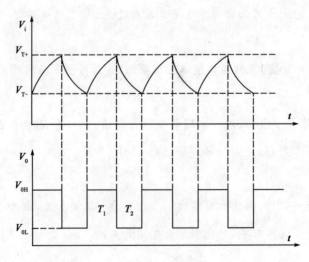

题28解图

振荡周期$T=T_1+T_2=RC\ln\left(\dfrac{V_{DD}-V_{T-}}{V_{DD}-V_{T+}}\cdot\dfrac{V_{T+}}{V_{T-}}\right)$,对于典型的参数值($V_{T-}=0.8V$,

$V_{T+}=1.6\text{V}$，输出电压摆幅 3V)，其输出振荡频率为 $f=\dfrac{0.7}{RC}$，则振荡周期为：

$$T=\frac{1}{f}=\frac{1}{0.7}RC=1.43RC$$

答案：C

29.解 图中由四个全加器串联电路组合的四位二级制减法器电路，将 C 置 1，相当于加数输入端增加了一个非门，可以验算如下：

设 $A=0101$，$B=0001$，按加法电路计算：

$0101(A)+1110(\bar{B})+1(C)=(1)0100$，进位信号取非，结果为 0100。

校验直接相减运算：$0101(A)-0001(B)=0100$。

答案：B

30.解 并励直流电动机接线图如解图所示。

电枢电动势：$E_a=U_N-I_aR_a=110-40\times0.045=108.2\text{V}$

由公式 $E_a=C_e\varphi n$，可得 $C_e\varphi=\dfrac{E_a}{n}=\dfrac{108.2}{1000}=0.1082$

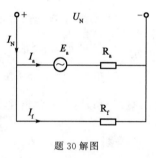

题 30 解图

由于负载转矩增大到原来 4 倍，则电枢电流亦需增大至原来 4 倍，由公式 $E_a=U_N-I_aR_a$，电枢电动势为：

$$E_a{}'=U_N-I_a{}'R_a{}'=110-4\times40\times0.045=102.8\text{V}$$

$$E_a{}'=C_e\varphi n \Rightarrow n'=\frac{E_a{}'}{C_e\varphi}=\frac{102.8}{0.1082}=950.09\text{r/min}$$

答案：C

31.解 转子开路时，异步电动机的电动势变比：

$$K_e=\frac{E_1}{E_2}=\frac{380}{254}=1.496$$

定子、转子均为 Y 连接，转子堵转时，转子侧的每相阻抗折算到定子侧：

$$R_2{}'=R_2K_e^2=0.027\times1.496^2=0.06\Omega$$

$$X_{2\sigma}{}'=X_{2\sigma}K_e^2=0.24\times1.496^2=0.537\Omega$$

定子加额定电压、转子堵转时的转子相电流：

$$I_2{}'=\frac{380\div\sqrt{3}}{\sqrt{(R_1+R'_2)^2+(X_{1\sigma}+X'_{2\sigma})^2}}=\frac{380\div\sqrt{3}}{\sqrt{(0.044+0.06)^2+(0.54+0.54)^2}}=202.8\text{A}$$

答案：B

32.解 定子旋转磁动势的同步转速应与额定转速相差不大，则：

$$n_1 = \frac{60f}{P} = \frac{60 \times 50}{2} = 1500\text{r/min}$$

电磁功率：$P_M = P_{Mec} + P_{Cu_2} = P_2 + P_\Phi + P_z + P_{Cu_2} = 150 + 2.64 + 1 + 2.21 = 155.85\text{kW}$

同步机械角速度：$\Omega_1 = \frac{2\pi n_1}{60} = \frac{2\pi \times 1500}{60} = 157\text{rad/s}$

电磁转矩：$T_M = \frac{P_M}{\Omega_1} = \frac{155.85 \times 10^3}{157} = 992.68\text{N} \cdot \text{M}$

注：感应电动机的功率流程可参考下图，应牢记。

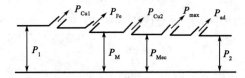

同时还应掌握电磁功率 P_M 与总机械功率 P_{Mec}、转子铜耗 P_{Cu2} 之间的关系，即 $P_{Mec} = P_M(1-S)$ 和 $P_{Cu2} = SP_M$。

其中：P_{Cu1} 为定子绕组铜耗；P_{Fe} 为定子绕组铁耗；P_{Cu2} 为定子绕组铜耗；$P_\Omega = P_{Mec}$ 为机械损耗；P_{ad} 为附加损耗。

答案：C

33. 解
$$\cos\varphi_N = 0.85 \Rightarrow \tan\varphi_N = 0.6197$$
$$Q_N = P_N \tan\varphi_N = 15 \times 10^3 \times 0.6197 = 9296.17\text{kvar}$$

答案：A

34. 解　$\cos\varphi_n = 0.80 \Rightarrow \varphi_n = 36.9°$，则：$\sin\varphi_n = 0.6$

额定相电流：$I_N = \frac{S_N}{\sqrt{3}U_N} = \frac{31250}{\sqrt{3} \times 10.5} = 1718.3\text{A}$，设 $\dot{I}_N = 1.72\angle 0°\text{kA}$，则：

额定相电压：$\dot{U}_P = \frac{10500}{\sqrt{3}} = 6062.2 = 6.06\angle 36.9°\text{kV}$

电动势平衡方程式：$\dot{E}_0 = \dot{U} + j\dot{I}X_c$

空载相电动势：$E_0 = 6.06\angle 36.9° + j(1.72\angle 0°) \times 7$
$$= 4.864 + j15.676 = 16.41\angle 72.76°\text{kV}$$

由功角特性表达式：$P_M = \frac{mUE_0}{X_\sigma}\sin\theta$，则：
$$31.25 \times 0.8 = \frac{3 \times 6.06 \times 16.41 \times 1.1}{7}\sin\theta$$

解得 $\sin\theta=0.533$，则 $\theta=32.23°$

答案：A

35.**解**　变压器简化等效电路如解图所示，其中变压器变比：$k=\dfrac{230}{115}=2$，功率因数

$\cos\varphi_2=0.75$，则 $\sin\varphi_2=0.66$

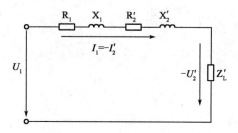

题 35 解图

归算到一次侧的二次侧漏阻抗：$Z'_{2\sigma}=k^2\cdot Z_{2\sigma}=2^2\times(0.05+j0.14)=0.2+j0.56\Omega$

二次侧负载阻抗：$R_2=\dfrac{P_2}{I_2^2}=\dfrac{3000\times0.75}{21^2}=5.1$，$X_2=\dfrac{Q_2}{I_2^2}=\dfrac{3000\times0.66}{21^2}=4.49$

归算到一次侧的二次侧负载阻抗：

$$Z'_L=k^2\cdot Z_L=2^2\times(5.1+j4.49)=20.40+j17.96\Omega=27.18\angle41.36°$$

一次侧的总漏阻抗：$Z'_{\Sigma\sigma}=0.2+j0.6+0.2+j0.56=0.4+j1.16$

归算到一次侧的二次侧电流：$I'_2=\dfrac{I_2}{k}=21\div2=10.5\text{A}$

归算到一次侧的二次侧电压：

$$\dot{U}'_2=\dot{U}_1\dfrac{Z'_L}{Z_{\Sigma\sigma}+Z'_L}=230\times\dfrac{27.18\angle41.36°}{0.4+j1.16+20.40+j17.96}=230\times\dfrac{27.18\angle41.36°}{28.25\angle42.59°}$$

$$=221.3\angle-1.23°$$

则二次侧电压为：$U_2=\dfrac{U'_2}{k}=\dfrac{221.3}{2}=110.65\text{V}$

答案：C

36.**解**　自耦变压器简化等效电路如解图所示（图为降压变压器），自耦变压器的容量是指它输入或输出的容量。额定运行时的容量用 S_{aN} 表示，有：

$$S_{aN}=U_{1aN}I_{1aN}=U_{2aN}I_{2aN}$$

电磁耦合容量是指一次侧通过电磁感应传递给二

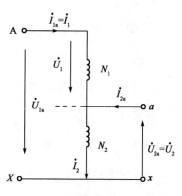

题 36 解图

次侧负载的容量,用 S' 表示,有:

$$S' = S_N = U_{1N}I_{1N} = U_{2N}I_{2N} = \left(1 - \frac{1}{K_A}\right)S_{aN}$$

额定容量与电磁容量之比:

$$\frac{S_{aN}}{S'} = \frac{1}{1 - \frac{1}{K_A}} = \frac{K_A}{K_A - 1} = \frac{1.1333}{1.1333 - 1} = 8.5$$

其中 $K_A = \frac{N_1 + N_2}{N_2} = \frac{3400}{3000} = 1.1333$

> 注:电磁耦合容量决定了变压器的主要尺寸、材料消耗,是变压器设计的依据,亦称为计算容量。

答案:A

37. 解 参考附录一"高频知识考点补充"的知识点5,变压器间负荷分配与其额定容量成正比,而与阻抗电压成反比。当变压器并列运行时,如果阻抗电压不同,其负荷并不按额定容量成比例分配,并列运行的变压器副边电流与阻抗电压成反比,负荷率也与阻抗电压成反比。

N_2 变压器的负荷率:$\beta_2 = \frac{Z_{k1}^*}{Z_{k2}^*} \times \beta_1 = \frac{0.07}{0.075} \times 100\% = 93.3\%$

N_2 变压器所供负载:$S_2 = \beta_2 S_{N2} = 5600 \times 93.3\% = 5226.7\text{kVA}$

> 注:当两台阻抗电压不等的变压器并列运行时,阻抗电压大的分配负荷小,当这台变压器满负荷时,另一台阻抗电压小的变压器就会过负荷运行。变压器长期过负荷运行是不允许的,因此,为了避免因阻抗电压相差过大,使并列变压器负荷电流不平衡,降低变压器容量使用效率,一般阻抗电压相差应小于10%。

答案:B

38. 解 基本概念,不再赘述。

答案:B

39. 解 基本概念,不再赘述。

答案:B

40. 解 在电力系统中,基本上所有发电机组都具有自动调速系统,它们共同承担频率的一次调整(一次调频)任务,其主要目标是针对全系统有功负荷的随机变化,当然,对于负荷的缓慢变化也起作用。

起初由于发电机组的惯性,它们的转速不能突然变化,这时系统的频率和机组发出的有功功率暂时保持不变,这样便使机组的出力小于负荷的功率,从而造成能量的缺额,而这一缺额只能靠机组将所储存的动能部分释放,以保证全系统的能量守恒。于是,所有发电机组都开始减速,接着,由于发电机组转速的降低,在调速系统的作用下,进气阀和进水阀的开度将增大,从而增加原动机的机械功率并同时增加发电机发出的有功功率。这个暂态过程将继续进行,直至达到一个新的稳态平衡点为止。显然,由于在调速系统作用下要使机组出力增加转速必须降低,因此,在负荷增加的情况下,新稳态平衡点的频率必然低于原稳态平衡点。即所谓有差调节。

注:负荷是随时间不断变化的,其中包括变化幅度较小、变化周期较短的随机分量,以及变化幅度较大、变化周期较长的脉动分量和连续变化部分,要调整发电机的有功出力使之随时与负荷相适应。对于随机变化分量,由于它的数量较小而变化较快,对于这一分量,可以通过原动机调速器的作用来完成发电机组出力和频率的调整,并习惯上称之为频率的一次调整。而针对负荷连续和较大的变化而对发电机出力和频率的调整,则称为频率的二次和三次调整。

答案:A

41. **解** 在长距离输电时电感远大于电阻,而在输电线路中串联电容可以有效抵消线路电感,相对于缩短了线路长度,对补偿无功功率,减少电压降,提高系统稳定性都有作用。

注:由于低压系统中电流较大,串联电容器很少使用。

答案:D

42. **解** 非故障相电压,可以近似分析如下,其中正负序阻抗相等,即 $X_{\Sigma 1}=X_{\Sigma 2}$。

$$\dot{U}_{\mathrm{fb}}=a^2\dot{U}_{\mathrm{f1}}+a\dot{U}_{\mathrm{f2}}+\dot{U}_{\mathrm{f0}}=\frac{\sqrt{3}}{2}[(2X_{\Sigma 1}+X_{0\Sigma})-j\sqrt{3}X_{0\Sigma}]\times\frac{1}{j(2X_{\Sigma 1}+X_{0\Sigma})}$$

$$=-\frac{\sqrt{3}X_{0\Sigma}}{(2X_{\Sigma 1}+X_{0\Sigma})}\cdot\frac{\sqrt{3}}{2}-j\frac{\sqrt{3}}{2}=-\frac{3}{2}\cdot\frac{\dfrac{X_{0\Sigma}}{X_{\Sigma 1}}}{2+\dfrac{X_{0\Sigma}}{X_{\Sigma 1}}}-j\frac{\sqrt{3}}{2}=-\frac{3}{2}\cdot\frac{2K}{2+K}-j\frac{\sqrt{3}}{2}$$

其中 $K=\dfrac{X_{\Sigma 0}}{X_{\Sigma 1}}$,中性点不接地电力系统,最严重情况 $X_{\Sigma 0}=\infty$,则:

$$\dot{U}_{\mathrm{fb}}=-\frac{3}{2}\cdot\frac{2K}{2+K}-j\frac{\sqrt{3}}{2}=-\frac{3}{2}-j\frac{\sqrt{3}}{2}=\sqrt{3}\left(-\frac{\sqrt{3}}{2}-j\frac{1}{2}\right)=\sqrt{3}\angle 30°$$

$$\dot{U}_{fc} = -\frac{3}{2} \cdot \frac{2K}{2+K} + j\frac{\sqrt{3}}{2} = -\frac{3}{2} + j\frac{\sqrt{3}}{2} = \sqrt{3}\left(-\frac{\sqrt{3}}{2} + j\frac{1}{2}\right) = \sqrt{3}\angle -30°$$

由此可见,中性点不接地电力系统中发生单相接地短路时,非故障相电压升高到线电压,而中性点电压升高到相电压

注:基本概念,应牢记。以上推导过程供考生参考,不必深究。

答案:D

43. 解 设基准容量 $S_B = 100MVA, U_B = 525kV$,则 $I_B = 0.11kV$

从末端向首端计算功率损耗及功率分布,线路首端电压为:

$$U_1 = \sqrt{(U_2 + \Delta U)^2 + \delta U^2}$$

$$= \sqrt{\left(1 + \frac{0.863 \times 0 + 0.5 \times 0.0124}{1}\right)^2 + \left(\frac{0.863 \times 0.0124 - 0.5 \times 0}{1}\right)^2}$$

$$= \sqrt{(1 + 0.0062)^2 + 0.0107^2} = 1.006257$$

$$\delta = \text{acrtan}\frac{\delta U}{U_2 + \Delta U} = \arctan\frac{0.0107}{1.0062} = 0.61°$$

其中,$X_{1-2} = j(0.0148 - 0.0024) = j0.0124\Omega$

首端电压标幺值:$\dot{U}_{1*} = 1.006257\angle(-9.53 + 0.61)° = 1.006257\angle -8.92°$

$$\Delta S_L = (0.863^2 + 0.5^2)(0 + j0.0124) = j0.0123$$

首端功率标幺值:$S_{1*} = S_{2*} + \Delta S_{L*} = 0.863 + j0.5 + j0.0124 = 0.863 + j0.5124$

首端电压有名值:$\dot{U}_1 = 1.006257 \times 525\angle -8.92° = 528.28\angle -8.92°kV$

首端功率有名值:$S_1 = (0.863 + j0.5124) \times 100 = 86.3 + j51.24MVA$

答案:C

44. 解 最大负荷和最小负荷时变压器的电压损耗:

$$\Delta U_{Tmax} = \frac{PR + QX}{U_{1max}} = \frac{20 \times 27 + 14 \times 82.4}{116} = 14.6kV$$

$$\Delta U_{Tmin} = \frac{PR + QX}{U_{1min}} = \frac{10 \times 27 + 7 \times 82.4}{116} = 7.3kV$$

在最大和最小负荷时,变压器低压侧的电压均为 10.5kV,按最小负荷时没有补偿的情况确定变压器的分接头,则:

$$U_T = \frac{U_{1min} - \Delta U_{Tmin}}{U_{2min}}U_{2N} = \frac{116 - 7.3}{10.5} \times 11 = 113.88kV$$

选取变压器分接头为:$110 \times (1 + 1 \times 2.5\%) = 112.75kV$

变比为：$K = \dfrac{112.75}{11} = 10.25$

按照最大负荷计算容量补偿：

$$Q_C = \dfrac{U_{2Cmax}}{X}\left(U_{2Cmax} - \dfrac{U'_{2Cmax}}{K}\right)K^2 = \dfrac{10.5}{82.4} \times \left(10.5 - \dfrac{116 - 14.6}{10.25}\right) \times 10.25^2 = 8.13\text{Mvar}$$

答案：D

45.**解** 励磁绕组电流包含三个分量：外电源供给的恒定电流 I_{f0}，瞬变电流的直流分量 i_{fz} 和交流分量 i_{fj}，考虑到衰减的情况和励磁绕组电流波形如解图所示。其中恒定电流 I_{f0}（曲线 1）不会衰减；直流分量 i_{fz} 以时间常数 T'_d 衰减；而交流分量 i_{fj} 以时间常数 T'_a 衰减。图中，i_{fz} 是以曲线 1 作为零值线来画的（曲线 2）；i_{fj} 是以曲线 2 作为零值线来画的（曲线 3），且要先以曲线 2 作为中心线画出器衰

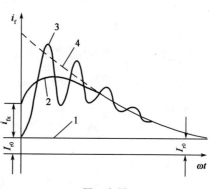

题 45 解图

减的包络线（曲线 4）来。因此，最后总的励磁电流 i_f，即为以横坐标为零值线所表示的曲线 3 所示。

答案：C

46.**解** 求次暂态短路电流交流分量初始值 I''_k。

电流基准值为发电机额定电流：$I_B = \dfrac{200}{\sqrt{3} \times 10.5 \times 0.85} = 12.94\text{kA}$

次暂态短路电流交流分量初始值：$I''_k = \sqrt{2} I_B \cdot \dfrac{1}{x''_d} = \sqrt{2} \times 12.94 \times \dfrac{1}{0.17} = 107.6\text{kA}$

答案：A

47.**解** 输电线路各参数元件计算如下：

线路电抗标幺值：$X_{*l} = xl\dfrac{S_B}{U_B^2} = 0.4 \times 100 \times \dfrac{100}{115^2} = 0.3$

发电机电抗标幺值：$X_{*G} = X''_d \times \dfrac{S_B}{S_G} = 0.195 \times \dfrac{100}{100} = 0.195$

变压器电抗标幺值：$X_{*T} = 0.105$

线路进行星—三角变换：$X'_{*l} = \dfrac{1}{3} \times X_{*l} = \dfrac{1}{3} \times 0.3 = 0.1$

等效电路如解图所示。

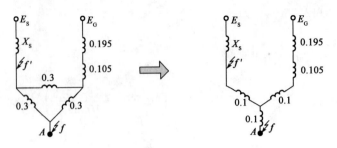

题 47 解图

断路器 B 的切断点为 f' 点,其开关短路容量为系统短路容量和发电厂短路容量两者之和,即两者的短路电流标幺值相加应等于 f' 点的短路电流标幺值(短路容量标幺值),则:

$$\frac{2500}{100}=\frac{1}{X_\mathrm{s}}+\frac{1}{0.195+0105+0.1+0.1},可计算出\ X_\mathrm{s}=0.0435$$

$$X_{*\Sigma}=(0.0435+0.1)/\!/(0.195+0.105+0.1)+0.1=0.2056$$

短路电流有名值:$I_\mathrm{k}=\dfrac{I_\mathrm{j}}{X_{*\Sigma}}=\dfrac{100}{\sqrt{3}\times115}\times\dfrac{1}{0.2056}=2.44\mathrm{kA}$

冲击短路电流:$i_\mathrm{p}=k_\mathrm{P}\sqrt{2}\,I_\mathrm{k}=1.8\times\sqrt{2}\times2.44=6.22\mathrm{kA}$

短路容量:$S_\mathrm{K}=\sqrt{3}\,U_\mathrm{j}I_\mathrm{k}=\sqrt{3}\times115\times2.44=486\mathrm{MVA}$

答案:C

48.**解**　设 $\dot{I}_\mathrm{A}$、$\dot{I}_\mathrm{B}$、$\dot{I}_\mathrm{C}$ 为星形侧各相电流,$\dot{I}_\mathrm{a}$、$\dot{I}_\mathrm{b}$、$\dot{I}_\mathrm{c}$ 为三角形侧各相电流,如解图所示。

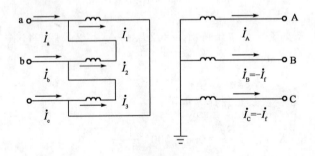

题 48 解图

由两相短路边界条件,可知:$\dot{I}_\mathrm{A}=0$,$\dot{I}_\mathrm{B}=-\dot{I}_\mathrm{C}=\dot{I}_\mathrm{f}$,则:

$$\dot{I}_\mathrm{a}=\dot{I}_1-\dot{I}_2=\frac{\dot{I}_\mathrm{A}-\dot{I}_\mathrm{B}}{\sqrt{3}}=\frac{0-\dot{I}_\mathrm{f}}{\sqrt{3}}=-\frac{1}{\sqrt{3}}\dot{I}_\mathrm{f}$$

$$\dot{I}_\mathrm{b}=\dot{I}_2-\dot{I}_3=\frac{\dot{I}_\mathrm{B}-\dot{I}_\mathrm{C}}{\sqrt{3}}=\frac{\dot{I}_\mathrm{f}-(-\dot{I}_\mathrm{f})}{\sqrt{3}}=\frac{2}{\sqrt{3}}\dot{I}_\mathrm{f}$$

$$\dot{I}_c = \dot{I}_3 - \dot{I}_1 = \frac{\dot{I}_C - \dot{I}_A}{\sqrt{3}} = \frac{-\dot{I}_f - 0}{\sqrt{3}} = -\frac{1}{\sqrt{3}}\dot{I}_f$$

各相电流相量同时旋转 $180°$，式子依然成立。因此选项 B 正确。

答案：B

49.解 b、c 两相接地短路，根据复合序网，正、负序网络如解图 1 所示。

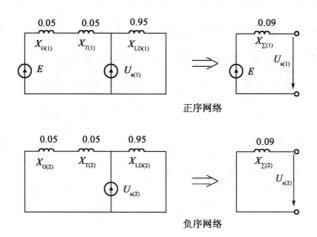

正序网络

负序网络

题 49 解图 1

正负、负序阻抗：$X_{\Sigma(1)} = X_{\Sigma(2)} = (0.05+0.05) /\!/ (0.95) = 0.09$

由于变压器三角形侧零序电流不能流通，因此零序序网络如解图 2 所示。

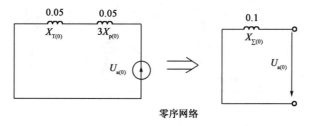

零序网络

题 49 解图 2

零序阻抗 $X_{\Sigma(0)} = 0.05 + 0.05 = 0.1$

A 相正序电流：$\dot{I}_{*a1} = \dfrac{E}{j(X_{\Sigma(1)} + X_{\Sigma(2)} /\!/ X_{\Sigma(0)})} = \dfrac{1}{j(0.09 + 0.09 /\!/ 0.1)} = -j7.28$

A 相电压：$\dot{U}_{*a} = 3\dot{U}_{*a1} = j3(X_{\Sigma(2)} /\!/ X_{\Sigma(0)})\dot{I}_{*a1} = j3 \times \dfrac{0.09 \times 0.1}{0.09 + 0.1} \times (-j7.28) =$

1.0345

有效值：$U_a = U_{*a} \cdot U_{B \cdot ph} = 1.0345 \times \dfrac{115}{\sqrt{3}} = 68.68kV$

B 相电流，即为短路点电流（标幺值）：

$$I_{*b}=I_f^{(1,1)}=\sqrt{3}\ \sqrt{1-\frac{X_{\Sigma(2)}X_{\Sigma(0)}}{(X_{\Sigma(2)}+X_{\Sigma(0)})^2}}\ I_{a1}=\sqrt{3}\times\sqrt{1-\frac{0.09\times0.1}{(0.09+0.1)^2}}\times7.28=10.925$$

有效值：$I_b=\dfrac{I_j}{X_{*\Sigma}}=\dfrac{100}{\sqrt{3}\times115}\times10.925=5.48\text{kA}$

注：b、c 两相接地短路与 b、c 相两相短路应区分其复合序网及其计算公式。同步电抗 X_d 为发电机稳态运行时的电抗，由绕组的漏抗和电枢反应组成。一般用来计算系统潮流和静态稳定条件；暂态电抗 X_d' 是发电机对突然发生的短路电流所形成的电抗，因电枢中的磁通量不能突变，故由短路电流产生的电枢反应最初不存在，故 X_d' 小于 X_d，一般用来计算短路电流和暂态稳定。次暂态电抗 X_d'' 是对有阻尼绕组或有阻尼效应的发电机的暂态电抗，其值比 X_d' 更小，用途与暂态电抗 X_d' 相同。

答案：D

50.**解** 内桥与外桥接线的特点分析如下：

	内 桥 接 线	外 桥 接 线
接线图		
优点	高压断路器数量少，占地少，四个回路只需三台断路器	高压断路器数量少，占地少，四个回路只需三台断路器
缺点	a. 变压器的切除和投入较复杂，需动作两台短路器，影响一回线路的暂时停运； b. 桥连断路器检修时，两个回路需解列运行； c. 线路断路器检修时，需较长时间中断线路的供电	a. 线路的切除和投入较复杂，需动作两台断路器，并有一台变压器暂时停运； b. 桥连断路器检修时，两个回路需解列运行； c. 变压器侧断路器检修时，变压器需较长时期停运
适用范围	适用于较小容量的发电厂，对一、二级负荷供电，并且变压器不经常切换或线路较长、故障率较高的变电所	适用于较小容量的发电厂，对一、二级负荷供电，并且变压器的切换较频繁或线路较短、故障率较少的变电所。此外，线路有穿越功率时，也宜采用外桥接线

答案: A

51. **解** 如图所示按单相图进行分析,图中有功功率和无功功率均为三相的值,U 为相电压,各侧功率参考方向已标注图中,即高压侧和低压侧是输入端,中压侧时输出端。不计变压器的有功和无功损耗,及电压损失。则公共绕组额定容量:

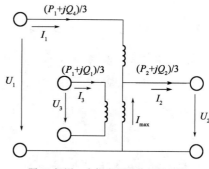

题51解图 自耦变压器单相原理图

$$\widetilde{S}_{com \cdot N} = \dot{U}_{2N} \dot{I}_{com} = \dot{U}_{2N}(\dot{I}_{2N} - \dot{I}_{1N})$$

$$\dot{U}_{2N}\left(\dot{I}_{2N} - \frac{\dot{I}_{2N}}{k_{12}}\right) = k_b \dot{U}_{2N} \dot{I}_{2N} = K_b \widetilde{S}_N$$

式中:k_{12}——高中压绕组变比;

K_b——效益系数 $K_b = 1 - \dfrac{1}{k_{12}}$。

高压侧视在功率:$\widetilde{S}_1 = 3\dot{U}_1 \dot{I}_1 = 3k_{12} \dot{U}_2 \dot{I}_1 = P_1 + jQ_1$,可得 $3\dot{U}_2 \dot{I}_1 = \dfrac{P_1 + jQ_1}{k_{12}}$

中压侧视在功率:$\widetilde{S}_2 = 3\dot{U}_2 \dot{I}_1 = P_2 + jQ_2 = P_1 + P_3 + j(Q_1 + Q_3)$

公共绕组视在功率:$\widetilde{S}_{com} = 3\dot{U}_2 \dot{I}_{com} = 3\dot{U}_2(\dot{I}_2 - \dot{I}_1) = 3\dot{U}_2 \dot{I}_2 - 3\dot{U}_2 \dot{I}_1$

代入高压侧与中压侧的视在功率,等式为:

$$\widetilde{S}_{com} = [P_1 + P_3 + j(Q_1 + Q_3)] - \frac{P_1 + jQ_1}{k_{12}}$$

$$= \left[P_1\left(1 - \frac{1}{k_{12}}\right) + P_3\right] + j\left\{\left[Q_1\left(1 - \frac{1}{k_{12}}\right) + Q_3\right]\right\}$$

代入效益系数 $K_b = 1 - \dfrac{1}{k_{12}}$,则公共绕组视在功率:$\widetilde{S}_{com} = (K_b P_1 + P_3) + j(K_b Q_1 + Q_3)$

由此可知,公共绕组的视在功率:$S_{com} = \sqrt{(K_b P_1 + P_3)^2 + (K_b Q_1 + Q_3)^2}$

用中压侧的功率来表示,则为:$S_{com} = \sqrt{[K_b P_2 + (1 - K_b)P_3]^2 + [K_b Q_2 + Q_3(1 - K_b)P]^2}$

公共绕组额定视在功率:

$$S_{com \cdot N} = K_b S_N = \sqrt{(K_b P_{1N})^2 + (K_b Q_{1N})^2} = \sqrt{(K_b P_{2N})^2 + (K_b Q_{2N})^2}$$

运行时,应满足公共绕组不过载的条件,即:$S_{com} \leqslant S_{com \cdot N}$

通过以上分析,可得到如下结论:

(1)高压侧和低压侧同时向中压侧输送有功功率和无功功率(滞后)或中压侧向高压

侧和低压侧输送有功功率和无功功率(滞后)时：

根据图中的参考方向,这类运行方式 P_1 和 P_3(或 Q_1 和 Q_3)同为正值或为负值,当高压侧达到额定功率时,公共绕组将过负荷运行,同理,当中压侧达到额定功率时,公共绕组也将过负荷运行,因此公共绕组到达额定功率时,高压侧和中压侧必定不能达到额定功率。

(2)高压侧同时向中压侧和低压侧输送有功功率和无功功率(滞后)或中压侧和低压侧向高压侧输送有功功率和无功功率(滞后)时：

根据图中的参考方向,这类运行方式 P_1 和 P_3(或 Q_1 和 Q_3)总是一正一负,显然公共绕组不会过载。

答案: D

52.**解** 电压互感器的额定电压选择见下表：

形式	一次电压(V)		二次电压(V)	第三绕组电压(V)	
单相	接于一次线电压上	U	100	—	
	接于一次相电压上	$U/\sqrt{3}$	$100/\sqrt{3}$	中性点非直接接地系统	$100/3$
				中性点直接接地系统	100
三相		U	100	$100/3$	

另《导体和电器选择设计技术规定》(DL/T 5222—2005)的相关规定如下：

第 16.0.7 条:用于中性点直接接地系统的电压互感器,其剩余绕组额定电压应为 100V;用于中性点非直接接地系统的电压互感器,其剩余绕组额定电压应为 100/3V。

答案: B

53.**解** 中性点不直接接地系统的三相短路故障如解图所示。

设 A 相为首先开断相:电弧电流先过零,电弧先熄灭,即：

$$\dot{U}_{ab}=\dot{U}_{AO'}=\dot{U}_{AB}+0.5\dot{U}_{BC}=1.5\dot{U}_{AO}$$

在 A 相熄灭后,经过 5ms(90°),B、C 两相电流同时过零,电弧同时熄灭,此时电源的线电压加在两个串联的断口上,若认为两断口是均匀分布,则每一断口只承担一半电压,即：

$$0.5U_{BC}=0.866U_{BO}(U_{CO})$$

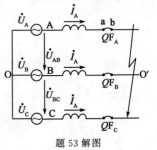

题 53 解图

注:中性点直接接地系统的三相短路故障时,首开相 A 相弧熄时,工频恢复电压为 1.3 倍的电源相电压,紧接着 A 相过零的 C 相,然后是 B 相,第二开断相 C 相弧熄时,工频恢复电压为 1.25 倍的电源相电压,C 相电流分段后,此时电路中电流只剩下 B 相一相,在弧熄时,其工频恢复电压即为电源相电压。

开断单相短路电流,当电流过零时,工频恢复电压的瞬时值为 $U_0 = U_m \sin\varphi$,通常短路时,φ 角度接近 90°,所以工频恢复电压约为电源电压的最大瞬时值 $U_0 = U_m$。

答案:C

54.**解** 电流互感器的测量误差主要是由励磁电流及一、二次绕组漏磁阻抗和仪表阻抗等引起的。为了减少误差,提供测量准确度,电流互感器铁芯也要求选用高质量的硅钢片,尽量减小铁芯磁路的空气间隙,降低铁芯磁密,绕制绕组时尽量设法减少漏磁。

电流互感器在使用时,二次侧不准开路,由于二次侧开路时,一次侧电流将全部产生励磁磁动势,造成铁芯中磁密和铁损激增,导致铁芯过热。另外二次绕组两端也将产生很高的电压,损坏绕组绝缘性能,危及人身、设备安全。

国际电工委员会(IEC)规定继电保护用电流互感器的准确级为 5P 和 10P,其中 P 表示保护(PROTECT),其误差限值如下表所示:

准 确 级 次	额定一次电流下的比值误差	额定一次电流下的相角误差		额定准确限值的一次电流下负荷误差(%)
		角度(′)	弧度(rad)	
5P10	±1	±60	$\pm 1.8 \times 10^{-2}$	5
10P10	±3	—	—	10

电流互感器的保护准确级一般表示为 5P20、5P40 或 10P20、10P40。在误差限制 5P 与 10P 后的 20 和 40,表示电流互感器一次短路电流为额定电流的倍数值。

答案:C

55.**解** 闪放电现象在交流和冲击电压下表现得很明显。如图所示,在雷电冲击电压下,沿玻璃管表面的滑闪放电长度与电压的关系。随着电压增加,滑闪放电长度增大的速率越来越快,因此单靠加长沿面放电距离来提高闪络电压的效果较差;玻璃管壁减薄,滑闪放电长度也有显著增加。

答案:B

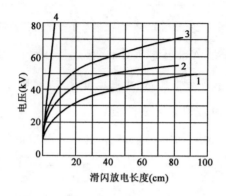

题 55 解图　沿玻璃管表面的滑闪放电长度与电压的关系

1-直径为 0.85/0.97cm;2-直径为 0.63/0.9cm;3-直径为 0.6/1.01cm;4-空气间隙击穿电压

56. 解　滑闪放电的形成机理与电弧形成机理相同。放电起始阶段,细线通道内因碰撞电离存在大量带电粒子,在较大电场的垂直分量作用下,带电粒子不断撞击介质表面,使局部温度升高,随着电压升高,局部温度升高到足以引起气体热电离的临界点时,通道中带电粒子剧增、电阻剧降,通道头部场强也剧增,导致通道迅速增长,进入滑闪放电阶段。所以,滑闪放电是以介质表面放电通道中发生了热电离作为特征的。

答案:B

57. 解　基本概念,简单解释如下:

介电常数是表征电介质极化的强弱的物理量,其与电介质分子的极性强弱有关,还受到温度、外加电场频率等因素的影响。显然,介电常数越小,则该介质分子的极性越弱,电场分布更加均匀。

杂散电容是表征电极因表面粗糙等不定因素而形成的,杂散电容的存在,会造成电极周边的电荷分布不均匀,更容易发生放电或击穿。显然,补偿杂散电容可以改善电场分布。

此外,很明显,曲率半径越小,即电极越尖,则电场越不均匀,越易发生放电现象。对比棒—棒电极、板—板电极的放电过程即可知晓。因此增加曲率半径,实际会改善电场均匀程度。

答案:C

58. 解　提高液体电介质击穿电压的方法,主要有如下几种:

(1)提高液体品质

采用过滤等手段消除液体中的杂质,并且防止液体因与空气接触而从空气中吸收水分,该方法能够消除杂质"小桥"的成因,从而提高击穿电压,特别对均匀电场和持续时间较长的电压作用时间有效。

（2）覆盖层

在金属电极表面紧贴一层固体绝缘薄层，它实质上并不会改变液体中的电场分布，而是使"小桥"不能直接接触电极，从而很大程度上减小了泄漏电流，阻断了"小桥"热击穿过程的发展。

（3）绝缘层

紧贴在金属电极上的较厚的固体绝缘层，但其作用远离与覆盖不同。它通常只用在不均电场中，被覆在曲率半径较小的电极上，因该固体介质的介电常数大于液体介质，而减小了电极附近的电场强度，防止了电极附近局部放电的发生；固体绝缘层的厚度应做到使其外缘出的曲率半径足够大，致使此处液体中的场强减小到不会发生电晕或局部放电的程度。在变压器中常在高压引线和屏蔽包裹较厚的绝缘层，充油套管的导电杆上也包有这样的绝缘层。

（4）屏障

屏障指放置在电极间液体间隙中的固体绝缘板。极间障作用：一是它能机械地阻隔杂质小桥的形成；二是在不均匀电场中曲率半径小的电极附近，在电场很强而先发生游离时聚集空间电荷，使屏障另一侧液体间隙中的电场变得比较均匀，起到改善电场分布的作用。因此在极不均匀电场中，屏障的效果最显著。在变压器中常利用绝缘板做成圆筒、圆环等形状，放置在铁芯与绕组、低压绕组与高压绕组之间，并且常放置多个，将间隙分成多层小间隙，可充分提高击穿电压。

答案：C

59. **解**　避雷线是高压和超高压输电线路最基本的防雷措施，其主要的目的是对导线其屏蔽作用，防止雷直击导线。此外，避雷线对雷电流还有分流作用和耦合作用，以减少流入杆塔的雷电流，使塔顶电位下降，以及降低导线上的感应过电压。

通常，避雷线应在每基杆塔处接地。但在超高压线路上，为了降低正常工作时因避雷线中感应电流引起的附加损耗，以及避雷线兼作通信用，可将避雷线分段经小间隙对地绝缘起来。当线路正常运行时，避雷线对地绝缘；而雷击时小间隙瞬间击穿，避雷线接地。

注：本题属高电压技术输电线路的防雷保护内容。据测量，110kV 架空输电线路和普通地线环流约为 3～20A，220kA 架空输电线路和普通地线环流可达 40A，500kV 线路因传输功率较大，其地线环流可大 60～100A，可见因导线与地线之间的电磁感应和静电感应，产生的环流电能损失是很严重的。

答案:D

60.**解** 参见附录一"高频知识考点补充"的知识点 3 可知,线路末端开路时,由于电压正波的全反射,在反射波所到之处,导线上的电压比电压入射波提高 1 倍。线路的磁场能量全部转化为电场能量。

入射行波到达线路中点的时间:$t_1 = \dfrac{300 \div 2}{300} = 0.5\text{ms}$

入射电压波电压幅值:$\varepsilon_1 = 1000\text{kV}$

反射行波到达线路中点的时间:$t_2 = \dfrac{300 \div 2 + 300}{300} = 1.5\text{ms}$

入射波与反射波叠加,电压幅值:$\varepsilon_2 = 1000 + 1000 = 2000\text{kV}$

依此类推,可见选项 C 正确。

注:本题属高电压技术输电线路的波过程,行波的折、反射内容。

答案:C

2017 年度全国勘察设计注册电气工程师（发输变电）

执业资格考试试卷

基础考试
（下）

二〇一七年九月

应考人员注意事项

1. 本试卷科目代码为"2",考生务必将此代码填涂在答题卡"科目代码"相应的栏目内,否则,无法评分。

2. 书写用笔:**黑色或蓝色钢笔、签字笔或圆珠笔**;

   填涂答题卡用笔:**黑色 2B 铅笔**。

3. 必须用书写用笔将工作单位、姓名、准考证号填写在答题卡和试卷相应的栏目内。

4. 本试卷由 60 题组成,每题 2 分,满分 120 分,本试卷全部为单项选择题,每小题的四个备选项中只有一个正确答案,错选、多选、不选均不得分。

5. 考生作答时,必须**按题号在答题卡上**将相应试题所选选项对应的**字母用 2B 铅笔涂黑**。

6. 在答题卡上书写与题意无关的语言,或在答题卡上作标记的,均按违纪试卷处理。

7. 考试结束时,由监考人员当面将试卷、答题卡一并收回。

8. 草稿纸由各地统一配发,考后收回。

单项选择题(共 60 题,每题 2 分。每题的备选项中只有一个最符合题意。)

1.如下电路中,$t<2s$,电流为 2A,方向由 a 流向 b;$t>2s$,电流 3A 方向由 b 流向 a,参

考方向如图所示,则 $I(t)$ 为:

    A.$I(t)=2A,t<2s;I(t)=3A,t>2s$

    B.$I(t)=2A,t<2s;I(t)=-3A,t>2s$

    C.$I(t)=-2A,t<3s;I(t)=3A,t>2s$

    D.$I(t)=-2A,t<2s;I(t)=-3A,t>2s$

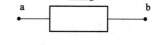

2.图示电路中,电流 i_1 为:

    A.$-1A$

    B.$2A$

    C.$4A$

    D.$5A$

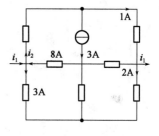

3.图示电路的最简等效电路为:

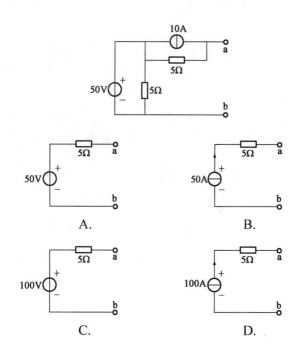

4. 图示一端口电路的等效电阻是:

A. $\frac{2}{3}\Omega$ B. $\frac{21}{13}\Omega$

C. $\frac{18}{11}\Omega$ D. $\frac{45}{28}\Omega$

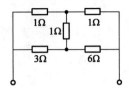

5. 用回路电流法求解图示电路的电流 I,最少需要列几个 KVL 方程:

A. 1 个

B. 2 个

C. 3 个

D. 4 个

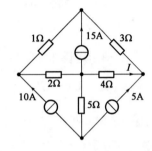

6. 图示电路中 N 为纯电阻网络,已知当 U_s 为 5V 时,U 为 2V,则 U_s 为 7.5V 时,

U 为:

A. 2V

B. 3V

C. 4V

D. 5V

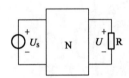

7. 正弦电压 $u=100\cos(\omega t+30°)$ V 对应的有效值为:

A. 100V   B. $100/\sqrt{2}$ V

C. $100\sqrt{2}$ V   D. 50V

8. 图示正弦电流电路已标明理想交流电压表的读数(对应电压的有效值),则电容电

压的有效值为:

A. 10V

B. 30V

C. 40V

D. 90V

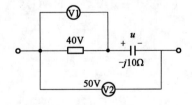

9. 图示一端口电路的等效电感为：

A. $L_1 - \dfrac{M^2}{L_2}$

B. $L_2 - \dfrac{M^2}{L_1}$

C. $L_1 + \dfrac{M^2}{L_2}$

D. $L_2 + \dfrac{M^2}{L_1}$

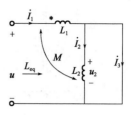

10. 图示正弦交流电路中，若各电流有效值均相等，即 $I = I_1 = I_2$，且电路吸收的有功功率 $P = 866\text{W}$，则电路吸收的无功功率 Q 等于：

A. 500var

B. -500var

C. 707var

D. -707var

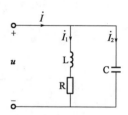

11. 图示对称三相电路中已知电源线电压为 380V，线阻抗 $Z_L = j2\,\Omega$，负载 $Z_\triangle = (24 + j12)\Omega$，则负载的相电流有效值为：

A. 22A

B. 38A

C. 38/3A

D. $22\sqrt{3}$ A

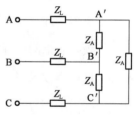

12. 图示电路中，N 为无源网络，$u = 50\cos(t - 45°) + 50\cos 2t + 20\cos(3t + 45°)\,\text{V}$，$i = 80\cos(t + 15°) + 20\cos(3t - 15)\,\text{A}$，网络 N 消耗的平均功率为：

A. 1100W

B. 2200W

C. 3300W

D. 4400W

13. 含有两个线性二端动态元件的电路:

    A. 一定是二阶电路

    B. 有可能是一阶电路

    C. 一定是一阶电路

    D. 有可能是三阶电路

14. 图示动态电路,$t<0$ 时电路已经处于稳态,当 $t=0$ 时开关 S 闭合,则当电路再次达到稳态时,其中电流值与换路前的稳态值相比较,下列描述正确的是:

    A. i_L 减小为零,i 变为 $\dfrac{U_s}{R_1+R_2}$

    B. i_L 减小为 $\dfrac{U_s}{R_1+R_2}$

    C. i_L 不变,i 亦不变

    D. i_L 不变,i 变为 $\dfrac{U_s}{R_1+R_2}$

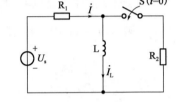

15. 无损均匀线的特性阻抗 Z_c 随频率的增加而:

    A. 增加   B. 减少

    C. 不变   D. 增减均有可能

16. 已知三芯对称的屏蔽电缆,如图所示,若将电缆中三个导体中的 1、2 号导体相连,测得另外一导体与外壳间的等效电容为 $36\mu F$;若将电缆中三个导体相连,测得导体与外壳间的等效电容为 $54\mu F$,则导体 3 与外壳间的部分电容 C_{30} 及导体 2、3 之间的部分电容 C_{23} 为:

    A. $C_{30}=18\mu F, C_{23}=18\mu F$

    B. $C_{30}=18\mu F, C_{23}=12\mu F$

    C. $C_{30}=9\mu F, C_{23}=12\mu F$

    D. $C_{30}=9\mu F, C_{23}=18\mu F$

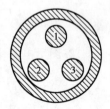

17. 一同轴电缆长 $L=2m$,其内导体半径 $R_1=1cm$,外导体内半径为 $R_2=6cm$,导体间绝缘材料的电阻率 $\rho=1\times10^9\Omega\cdot m$,当内外导体间电压为 500V 时,绝缘层中漏电流为:

    A. $3.51\mu A$ B. $7.02\mu F$

    C. $1.76mA$ D. $8.86mA$

18. 真空中半径为 a 的金属球,其电容为:

A. $4\pi\varepsilon_0 a^2$

B. $\dfrac{4\pi\varepsilon_0}{\ln a}$

C. $\dfrac{1}{4\pi\varepsilon_0 a^2}$

D. $4\pi\varepsilon_0 a$

19. 电路如图所示,设硅稳压管 VD_{Z1} 和 VD_{Z2} 的稳压值分别为 5V 和 8V,正向导通压降均为 0.7V,输出电压 U_o 为:

A. 0.7V

B. 8.0V

C. 5.0V

D. 7.3V

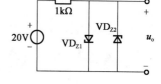

20. 如图所示电路出现故障,测得直流电位 $U_E=0$,$U_C=V_{CC}$,故障的原因可能是:

A. R_C 开路

B. R_C 短路

C. R_{B1} 开路

D. R_{B2} 开路

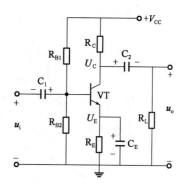

21. 由理想运放构成的电路如图所示,该电路的电压放大倍数、输入电阻、输出电阻及该电路的作用为:

A. ∞ : ∞ : 0;阻抗变换或缓冲

B. 1 : ∞ : 0;阻抗变换或缓冲

C. 1 : ∞ : ∞;放大作用

D. 1 : ∞ : 0;放大作用

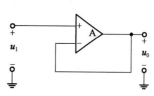

22. 乙类双电源互补对称功率放大电路如图所示,当输入 u_i 为正弦波时,理想情况下的最大输出功率约为:

A. $\dfrac{V_{CC}^2}{2R_L}$

B. $\dfrac{V_{CC}^2}{4R_L}$

C. $\dfrac{V_{CC}^2}{R_L}$

D. $\dfrac{V_{CC}^2}{8R_L}$

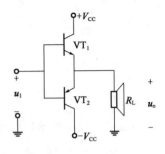

23. 正弦波振荡电路如图所示,R_1 和 R_f 取值合适,$R=100\text{k}\Omega$,$C=0.01\mu\text{F}$,运放的最大输出电压为 $\pm10\text{V}$,当 R_f 开路时,其输出电压波形为:

A. 幅值为 10V 的正弦波

B. 幅值为 20V 的正弦波

C. 幅值为 0(停振)

D. 近似为方波,其峰峰值为 20V

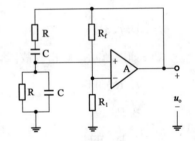

24. 如图所示电路中,变压器副边电压有效值 $U_2=10\text{V}$,若电容 C 脱焊,则整流桥输出电压平均值 $U_{1(AV)}$ 为:

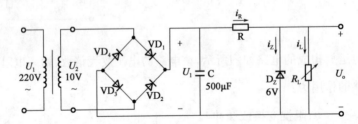

A. 9V

B. 4.5V

C. 4V

D. 2V

25. 如图所示为双 4 选 1 数据选择器构成的组合逻辑电路,输入变量为 A、B、C,输出 $F_1(A、B、C)$,$F_2(A、B、C)$ 的逻辑函数分别为:

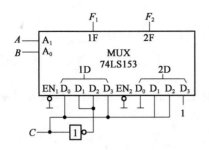

数据选择器74LS153功能表

EN_1	A_1	A_0	$1F$	EN_2	A_1	A_0	$1F$
1	×	×	0	1	×	×	0
0	0	0	$1D_0$	0	0	0	$2D_0$
0	0	1	$1D_1$	0	0	1	$2D_1$
0	1	0	$1D_2$	0	1	0	$2D_2$
0	1	1	$1D_3$	0	1	1	$2D_3$

A. $\sum m(1,2,4,7)$,$\sum m(3,5,6,7)$

B. $\sum m(1,2,4,7)$,$\sum m(1,3,6,7)$

C. $\sum m(1,2,4,7)$,$\sum m(4,5,6,7)$

D. $\sum m(1,2,3,7)$,$\sum m(3,5,6,7)$

26. JK 触发器构成的电路如图所示,该电路能实现的功能是:

A. RS 触发器

B. D 触发器

C. T 触发器

D. T′触发器

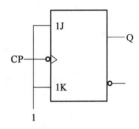

27. 已知某三输入的门电路,输入信号 A、B、C 和输出信号 Y 的波形如图所示,该门电路执行的逻辑操作是:

A. 与

B. 与非

C. 或

D. 或非

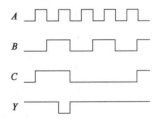

28. 以下电路中,可以实现"线与"功能的是:

A. TTL 与非门

B. 三态输出门

C. OC 门

D. 传输门

29. 以下各电路中,可以用于定时的为:

    A. D 触发器

    B. 单稳态触发器

    C. 施密特触发器

    D. DK 触发器

30. 采用中规模加法计数器 74LS161 构成的电路如图所示,该电路构成几进制加法计数器:

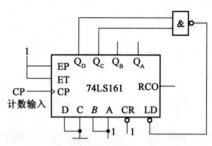

74LS161功能表

CP	$\overline{CR}$	$\overline{LD}$	EP	ET	D	C	B	A	工作状态
×	0	×	×	×	×	×	×	×	置零
↑	1	0	×	×	D	C	B	A	预置数
×	1	1	0	1	×	×	×	×	保持
×	1	1	×	0	×	×	×	×	保持(但c=0)
↑	1	1	1	1	×	×	×	×	计数

    A. 九进制   B. 十进制

    C. 十二进制   D. 十三进制

31. 可再生能源发电不包括:

    A. 水电   B. 核电

    C. 生物质发电   D. 地热发电

32. 架空输电线路进行导线换位的目的是:

    A. 减小电晕损耗

    B. 减少三相参数不平衡

    C. 减小线路电抗

    D. 减小泄露电流

33. 电力系统中最主要的谐波污染源是:

    A. 变压器   B. 电动机

    C. 电力电子装置   D. 同步发电机

34. 电力系统中有功功率不足时,会造成:

    A. 频率上升

    B. 电压下降

    C. 频率下降

    D. 电压上升

35. 用户侧可采取如下措施调整电压:

    A. 串联电容器

    B. 改变有功功率

    C. 发电机调压

    D. 加装 SVG

36. 线路末端的电压降落是指:

    A. 线路始末两端电压相量差

    B. 线路始末两端电压数值差

    C. 线路末端电压与额定电压之差

    D. 线路末端空载时与负载时电压之差

37. 图示电网为均一网络,线路单位长度参数 $0.1+j0.4\Omega/km$,图中电源 a 点电压 $36.7kV$,b、c 节点的负荷为 $10+j7MVA$ 和 $8+j6MVA$,网络潮流分布的有功分点,无功分点为:

    A. 节点 c 为有功和无功功率分点

    B. 节点 b 为有功和无功功率分点

    C. 节点 c 为有功功率分点,节点 b 为无功功率分点

    D. 节点 c 为无功功率分点,节点 b 为有功功率分点

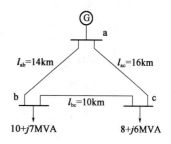

38. 短路电流最大可能的瞬时值称为:

    A. 短路冲击电流

    B. 暂态电流

    C. 稳态电流

    D. 最大有效值电流

39. 与无架空地线的单回输电线路相比,架设平行双回路和架空地线后,其等值的每回输电线路零序阻抗 $X_{(0)}$ 的变化是:

    A. 双回架设使 $X_{(0)}$ 升高,架空地线使 $X_{(0)}$ 降低

    B. 双回架设使 $X_{(0)}$ 降低,架空地线使 $X_{(0)}$ 升高

    C. 双回架设使 $X_{(0)}$ 升高,架空地线不影响 $X_{(0)}$

    D. 双回架设不影响 $X_{(0)}$,架空地线使 $X_{(0)}$ 降低

40. 图中的参数为基值 $S_B = 100\text{MVA}$, $V_B = V_{av}$ 的标幺值,当线路中点发生 BC 两相接地短路时,短路点的正序电流 $I_{(1)}$ 标幺值和 A 相电压的有效值为:

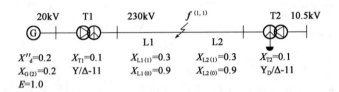

    A. 1.0256, 265.4kV

    B. 1.0256, 153.2kV

    C. 1.1458, 241.5kV

    D. 1.1458, 89.95kV

41. 一台变比 $k = 10$ 的单相变压器,在低压侧进行空载试验,已知二次侧的励磁阻抗为 16Ω,那么归算到一次侧的励磁阻抗值是:

    A. 16Ω

    B. 0.16Ω

    C. 160Ω

    D. 1600Ω

42. 变压器短路试验通常在高压侧进行,其原因是:

    A. 高压侧电压较大而电流较小,便于测量

    B. 低压侧电流太大,变压器易于损坏

    C. 可以使低压侧电流小一些

    D. 变压器发热可以小一些

43. 一台单相变压器额定容量 $S_N = 1000kVA$,额定电压 $U_{1N}/U_{2N} = 60/6.3kV$,额定频率 $f_N = 50Hz$,一次绕组漏阻抗 $Z_{1\sigma} = (30.5 + j102.5)\Omega$,二次绕组漏阻抗 $Z_{2\sigma} = (0.336 + j1.13)\Omega$,绕组电阻无需温度换算,该变压器满载且功率因数 $\cos\varphi_2 = 0.8$ (滞后)时,电压调整率为:

A. 5.77% 　　　　　　　　　　　　B. 4.77%

C. 3.77% 　　　　　　　　　　　　D. 2.77%

44. 有一台两极绕线式转子感应电动机,可将其转速调高 1 倍的方法是:

A. 变极调速

B. 转子中串入电阻调速

C. 提高电源电压调速

D. 变频调速

45. 一台三相四极感应电动机接于工频电网运行,若电磁转矩为 80Nm,转子上产生的铜耗为 502W,此时电磁功率和转速是:

A. 12.0kW,1440r/min 　　　　　　B. 12.0kW,1500r/min

C. 12.566kW,1440r/min 　　　　　D. 12.566kW,1500r/min

46. 一台三角形联接的三相感应电动机,额定功率 $P_N = 7.5kW$,额定电压 $U_N = 380kV$,电源频率 $f = 50Hz$,该电动机额定负载运行时,定子铜耗 $P_{Cu1} = 474kW$,铁耗 $P_{fe} = 231kW$,机械损耗 $P_\Omega = 45W$,附加损耗 $P_d = 37.5W$,转速 $n = 960r/min$,功率因数 $\cos\varphi_N = 0.824$,则转子铜耗和定子线电流为:

A. 474kW,16.5A 　　　　　　　　B. 474W,15.86A

C. 315.9kW,16.5A 　　　　　　　D. 315.9W,15.86A

47. 一台凸极同步发电机直轴电流 $I_d = 6A$、交轴电流 $I_q = 8A$,此时电枢电流为:

A. 10A 　　　　　　　　　　　　B. 14A

C. 8A 　　　　　　　　　　　　D. 6A

48. 一台星形联接的三相隐极同步发电机额定容量 $S_N = 1000kVA$,额定电压 $U_N = 6.6kV$,同步电抗 $X_S = 20\Omega$,不计电枢电阻和磁饱和,该发电机额定运行且功率因数 $\cos\varphi = 1$ 时,励磁电动势为:

A. 4271V 　　　　　　　　　　　B. 4193V

C. 4400V 　　　　　　　　　　　D. 6600V

49. 一台他励直流电动机拖动恒转矩负载,当电枢电压降低时,电枢电流和转速的变化规律为:

    A. 电枢电流减小、转速减小   B. 电枢电流减小、转速不变

    C. 电枢电流不变、转速减小   D. 电枢电流不变、转速不变

50. 一台并励直流电动机额定功率 $P_N = 17\text{kW}$,额定电压 $U_N = 220\text{V}$,额定电流 $I_N = 88.9\text{V}$,额定转速 $n_N = 3000\text{r/min}$,电枢回路电阻 $R_a = 0.085\Omega$,励磁回路电阻 $R_f = 125\Omega$。若忽略电枢反应影响,该电动机电枢回路串入电阻 $R = 0.15\Omega$ 且仍输出额定转矩,稳定后转速为:

    A. 3100r/min   B. 3000r/min

    C. 2815.6r/min   D. 2706.4r/min

51. 变压器中性点经小电阻接地有助于:

    A. 电气制动   B. 降低接地故障电流

    C. 调整电压   D. 调控潮流

52. 下面说法正确的是:

    A. 220kV 系统相间运行最高电压为 252kV

    B. 220kV 系统相对地电压为 220kV

    C. 220kV 系统相间最高运行电压为 230kV

    D. 220kV 系统相对地最高运行电压为 133kV

53. 雷击杆塔顶部引起的感应雷击过电压是:

    A. 有无避雷线变化不大

    B. 对 35kV 线路绝缘的危害大于对 110kV 线路绝缘的危害

    C. 不会在三相同时出现

    D. 与杆塔接地电阻大小无关

54. 下列说法不正确的是:

    A. 110kV 及以上系统的屋外配电装置,一般将避雷针装在构架上

    B. 110kV 及以上系统的屋外配电装置,土壤电阻率大于 1000Ω·m,宜装设独立避雷针

    C. 35kV 及以下系统的屋外配电装置,一般将避雷针装在构架上

    D. 35kV 及以下系统的屋外配电装置,一般设独立避雷针

55. 600MW 发电机的电气出线形式一般是：

    A. 与变压器构成单元接线,采用封闭母线

    B. 机端采用有汇流母线接线,采用封闭导体

    C. 与变压器构成单元接线,采用裸导体

    D. 与变压器构成单元接线,采用电缆线

56. 下面说法正确的是：

    A. 少油断路器可靠性高,不需要经常检修

    B. SF_6 断路器可靠性高,不需要经常检修

    C. GIS 设备占地小,可靠性高,易于检修

    D. SF_6 断路器可靠性高,工作时噪声大

57. 下面说法不正确的是：

    A. 断路器具有灭弧能力

    B. 电弧是由于触头间的中性介质被游离产生的

    C. 断路器可以切断短路电流

    D. 隔离开关可以进行正常工作电路的开断操作

58. 下列说法不正确的是：

    A. 导体的载流量与导体的材料有关

    B. 导体的载流量与导体的截面积有关

    C. 导体的载流量与导体的形状无关

    D. 导体的载流量与导体的布置方式有关

59. 电压互感器配置原则不正确的是：

    A. 配置在主母线上   B. 配置在发电机端

    C. 配置在旁路母线上   D. 配置在出线上

60. 下列说法正确的是：

    A. 所有的出线要加电抗器限制短路电流

    B. 短路电流大,只要选重型断路器能切断电流即可

    C. 分裂电抗器和普通电抗器性能完全一样

    D. 改变运行方式和加电抗器都可以起到限制短路电流的作用

2017 年度全国勘察设计注册电气工程师(发输变电)执业资格考试基础考试(下)试题解析及参考答案

1.**解** 按图示电流方向由 a→b 为正。

答案:B

2.**解** 各支路电流如图:

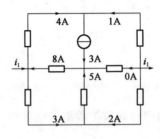

题 2 解图

则:$i_1 + 8 = 3 + (1+3) \Rightarrow i_1 = -1A$

答案:A

3.**解** 电路变换如下:

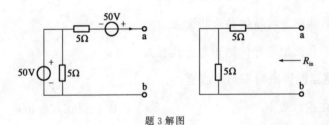

题 3 解图

可见,戴维南等效电路中的电压源 $U_s = 50 + 50 = 100V$,等效内阻 $R_{in} = 5\Omega$。

答案:C

4.**解** Y 接和 △ 接电阻间的等效变换,在对称情况下 $R_\triangle = 3R_Y$

则端口等效电阻:$R = 3 // [(3//3) + (3//6)] = \dfrac{21}{13}\Omega$。

答案:B

5.**解** 如解图所示,分别设置回路参考电流为 $I_1 \sim I_4$,根据基尔霍夫电流定律(KCL)

可得:

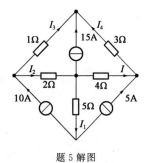

題 5 解图

$$\begin{cases} I_1 = 10 + 5 = 15A \\ I_2 = 15 + I_1 + I = 30 + I \\ I_3 = 10 - I_2 = -20 - I \\ I_4 = -I_3 - 15 = 20 + I - 15 = 5 + I \end{cases}$$

根据基尔霍夫电压定律(KVL)可得:

$$2I_2 + 4I + 3I_4 - 1I_3 = 0$$

将以上 $I_1 \sim I_4$ 所得数值带入,可得 $I = -9.5A$,因此至少需要列 1 个 KVL 方程。

答案:A

6.解 用线性关系求解黑箱电路

当 $U_S = 5V$ 时,$5K_1 = 2 \to K_1 = \dfrac{2}{5}$

当 $U_S = 7.5V$ 时,$U = 7.5K_1 = 7.5 \times \dfrac{2}{5} = 3V$

答案:B

7.解 基本概念,有效值:$U = \dfrac{U_m}{\sqrt{2}} = \dfrac{100}{\sqrt{2}}$。

答案:B

8.解 设电阻两端为 ab 点,其间电流为 $\dot{I}_{ab} \angle 0°$,根据电阻元件两端电压与电流同相位,电容元件两端电压相量滞后电流相量 $90°$,绘出相量图如解图所示。

则:$U_C = \sqrt{U_2^2 - U_1^2} = \sqrt{50^2 - 40^2} = 30V$

题 8 解图

答案:B

9.解 参见附录一的知识点1,去耦等效电路如解图所示。

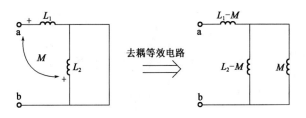

题 9 解图

因此,等效电感为:$L_{eq} = (L_1 - M) + (L_2 - M) // M = (L_1 - M) + \dfrac{(L_2 - M)M}{L_2} =$

$$L_1 - \frac{M^2}{L_2}。$$

答案：A

10.解　由电感与电容的电压电流相位关系,绘出相量图如解图所示。

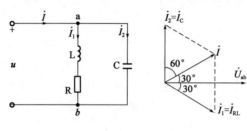

题10解图

显然,三个电流相量组成一个正三角形。

有功功率为：$P = U_{ab} \cdot I\cos30° = 866W \Rightarrow U_{ab} \cdot I = 866/\cos30°$

则：无功功率：$Q = U_{ab} \cdot I\sin30° = 866 \times \tan30° = 500\text{kVar}$

由图可知,总电压滞后于总电流,该电路吸收的为容性无功功率,即 $Q' = -500\text{kVar}$

> 注：电感元件上,两端电压相量超期于电流相量90°；电容元件上,两端电压相量滞后于电流相量90°。

答案：B

11.解　设相电压 $\dot{U}_{AN} = 220\angle0°$,先进星形-三角转换,则 $Z_\Delta' = \frac{Z_\Delta}{3} = \frac{24+j12}{3} = (8+j4)\Omega$

总等效阻抗：$Z_{eq} = Z_\Delta' + Z_L = 8+j4+j2 = 8+j6 = 10\angle36.87°$

相电流：$I_{AN} = \frac{U_{AN}}{Z_{eq}} = \frac{220\angle0°}{10\angle36.87°} = 22\angle-36.87°\text{A}$

答案：A

12.解　根据平均功率的公式：

$$P = P_1 + P_2 + P_3 = U_0 I_0\cos\varphi_1 + U_2 I_2\cos\varphi_2 + U_3 I_3\cos\varphi_3$$

$$= \frac{50}{\sqrt{2}} \times \frac{80}{\sqrt{2}} \times \cos(-60°) + \frac{50}{\sqrt{2}} \times 0 + \frac{20}{\sqrt{2}} \times \frac{20}{\sqrt{2}}\cos60°$$

$$= 1000 + 0 + 100 = 1100\text{W}$$

> 注：区分平均值和有效值的计算方式。

答案：A

13. 解 基本概念。

答案:B

14. 解 由于电感为储能元件,其电流不能突变,环路前,由于电路中的电压和电流已恒定,即电感电压为零,电感相当于短路,当换路时,R_2 两端电压亦为零,R_2 无电流通过。

若利用一阶动态全响应公式,$f(t)=f(\infty)+[f(0_+)-f(\infty)]e^{-\frac{t}{\tau}}$,有 $i_L(0_+)=i_L(0_-)=\dfrac{U_s}{R_1}$,$i_L(\infty)=\dfrac{U_s}{R_1}$

时间常数:$\tau=\dfrac{L}{R_{in}}=\dfrac{L}{R_1//R_2}$

则:$i_L(t)=i_L(\infty)+[i_L(0_+)-i_L(\infty)]e^{-\frac{t}{\tau}}=\dfrac{U_s}{R_1}+\left(\dfrac{U_s}{R_1}-\dfrac{U_s}{R_1}\right)e^{-\frac{t}{\tau}}=\dfrac{U_s}{R_1}$

答案:C

15. 解 无损耗传输线,其电阻 $R_0=0$,导纳 $G_0=0$,则波阻抗 $Z_C=\sqrt{\dfrac{R_0+j\omega L_0}{G_0+j\omega C_0}}=\sqrt{\dfrac{j\omega L_0}{j\omega C_0}}=\sqrt{\dfrac{L_0}{C_0}}$,可见与频率无关。

答案:C

16. 解 由对称关系,可设 $C_{10}=C_{20}=C_{30}=C_0$,$C_{12}=C_{23}=C_{13}=C_1$,则等效电路如解图所示。

将电缆中三个导体相连,$C_1=0$,故等效电容为三个电容并联,即 $3C_0=54\mu F\Rightarrow C_0=18\mu F$;

将电缆1、2导体相连,由串并联关系可知:

$C_0+(C_1+C_1)//(C_0+C_0)=18+2C_1//(18+18)=36\mu F$,解得:$C_1=18\mu F$

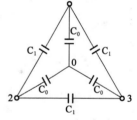

题16解图

答案:A

17. 解 如解图所示,设从单位长度内导体单位流出的漏电流为 I,则

$J=\dfrac{I}{2\pi r}\vec{e}_r$,介质中场强 $E=\dfrac{I}{2\pi\gamma r}\vec{e}_r$

则导体之间的电压 $U=\displaystyle\int_{R_1}^{R_2}\dfrac{I}{2\pi\gamma r}dr=\dfrac{I}{2\pi\gamma}\ln\dfrac{R_2}{R_1}$

由电导率 $\gamma=\dfrac{1}{\rho}$,漏电流

$I=L\cdot\dfrac{2\pi U}{\ln(R_2/R_1)}=2\times\dfrac{2\pi\times500}{10^9\times\ln(6/1)}=3.5\times10^{-6}A=3.5\mu A$

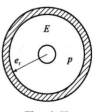

题17解图

答案:A

18. 解 设球形电容器带电荷为 τ，球内场强 $E = \dfrac{\tau}{4\pi\varepsilon_0 r^2}\vec{e}_r$

则 $U = \displaystyle\int_a^\infty \dfrac{\tau}{4\pi\varepsilon_0 r^2}\mathrm{d}r = \dfrac{\tau}{4\pi a\varepsilon_0} \Rightarrow C = \dfrac{\tau}{U} = 4\pi a\varepsilon_0$

答案：D

19. 解 稳压管 VD_{Z1} 的导通电压小于稳压管 VD_{Z2} 的稳压值，因此稳压管 VD_{Z1} 优先导通，导通后 $U_{AB} = 0.7V$，则稳压管 VD_{Z2} 截止。

答案：A

20. 解 如解图所示，逐一分析：

R_C 开路：$I_C = 0$，$U_C \approx U_B = \dfrac{R_{B2}}{R_{B1}+R_{B2}}V_{CC} \neq 0 \Rightarrow I_B \neq 0 \Rightarrow$ $U_E \neq 0$

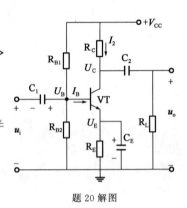

题 20 解图

R_C 短路：$U_C = V_{CC}$，$U_C \approx U_B = \dfrac{R_{B2}}{R_{B1}+R_{B2}}V_{CC} \neq 0 \Rightarrow I_B \neq 0 \Rightarrow U_E \neq 0$

R_{B1} 开路：$U_B = 0 \Rightarrow I_B = 0 \Rightarrow U_E = 0$，$U_C = V_{CC}$

R_{B2} 开路：$U_B = V_{CC} \Rightarrow I_B \neq 0 \Rightarrow U_E \neq 0$，$U_C = V_{CC}$

答案：C

21. 解 利用虚短概念可知，$u_o = u_i$，则电压增益为 $A = \dfrac{u_o}{u_i} = 1$，为一电压跟随器；利用虚断概念，输入电阻近似无穷大。可见，电路无实质放大功能，显然具有缓冲或阻抗变换的作用。

答案：B

22. 解 输出功率用输出电压有效值 V_o 和输出电流有效值 I_o 的乘积来表示。设输出电压的幅值为 V_{om}，则：

输出功率：$P_o = V_o I_o = \dfrac{V_{om}}{\sqrt{2}} \cdot \dfrac{V_{om}}{\sqrt{2}R_L} = \dfrac{V_{om}^2}{2R_L}$

当输入信号足够大时，输出电压幅值 $V_{om} = V_{cc}$，则 $P_{max} = \dfrac{V_{cc}^2}{2R_L}$

答案：A

23. 解 文式桥振荡电路也称 RC 桥式振荡电路，如解图所示。

虚线框所表示的 RC 串并联选频网络具有选频作用，它的频率响应是不均匀的。图中阻抗为：

$$Z_1 = R + \dfrac{1}{j\omega C} = \dfrac{1 + j\omega CR}{j\omega C}$$

$$Z_1 = \frac{R \cdot \frac{1}{j\omega C}}{R + \frac{1}{j\omega C}} = \frac{R}{1 + j\omega CR}$$

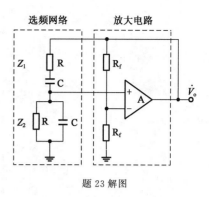

选频网络　　放大电路

题23解图

则反馈网络的反馈系数为：

$$\dot{F}_V(s) = \frac{V_f(s)}{V_o(s)} = \frac{Z_2}{Z_1 + Z_2} = \frac{j\omega RC}{(1 - \omega^2 R^2 C^2) + j3\omega RC},$$

若 $\omega_0 = \dfrac{1}{RC}$，则上式变为：

$$\dot{F}_V = \frac{1}{3 + j\left(\dfrac{\omega}{\omega_0} - \dfrac{\omega_0}{\omega}\right)}，$$ 由此可得 RC 串并联选频网络的幅频响应和相频响应，即：

$$F_V = \frac{1}{\sqrt{3^2 + \left(\dfrac{\omega}{\omega_0} - \dfrac{\omega_0}{\omega}\right)^2}}，\quad \varphi = -\mathrm{arctan}\,\frac{\left(\dfrac{\omega}{\omega_0} - \dfrac{\omega_0}{\omega}\right)}{3}，$$ 由公式可知，

当 $\omega = \omega_0 = \dfrac{1}{RC}$ 或 $f = f_0 = \dfrac{1}{2\pi RC}$ 时，幅频响应幅值最大，相频响应的相位角为零。

若需建立振荡，就需使得电路自激，从而产生持续的振荡，由直流电变为交流电。由于电路中存在噪声，它的频谱很广，其中也包括有 $\omega = \omega_0 = \dfrac{1}{RC}$ 这样一个频率成分。这种微弱的信号，经过放大，通过正反馈的选频网络，使输出幅度愈来愈大，最后受电路中非线性元件的限制，使振荡幅度自动稳定下来。开始时 $\dot{A}_V = 1 + \dfrac{R_f}{R_1}$ 略大于3，达到稳定平衡状态时，$\dot{A}_V = 3$，$\dot{F}_V = \dfrac{1}{3 + j\left(\dfrac{\omega}{\omega_0} - \dfrac{\omega_0}{\omega}\right)} = \dfrac{1}{3}\left(\omega = \omega_0 = \dfrac{1}{RC}\right)$。如 $\dot{A}_V \gg 3$，则振幅的增长，致使放大器件工作到非线性区域，波形将产生严重的非线性失真。当 R_f 断路时，$R_f \to \infty$，理想状态下，V_o 为方波。但由于实际运放的转换速率、开环增益等因素的限制，输出电压只是近似为方波。

注：当 R_f 短路时，$R_f \to 0$，理想状态下电路停振，V_o 为一条与时间轴重合的直线。

答案： D

24. 解 滤波电路用于滤去整流输出电压中的纹波，电容滤波电路特点如下：

(1)二极管的导电角 $\theta < \pi$，流过二极管的瞬时电流很大，如解图所示。电流的有效值和平均值的关系与波形有关，在平均值相同的情况下，波形越尖，有效值越大。在纯电阻负载时，变压器副边电流的有效值 $I_2 = 1.11 I_L$，而有电容滤波时 $I_2 = (1.5 \sim 2) I_L$。

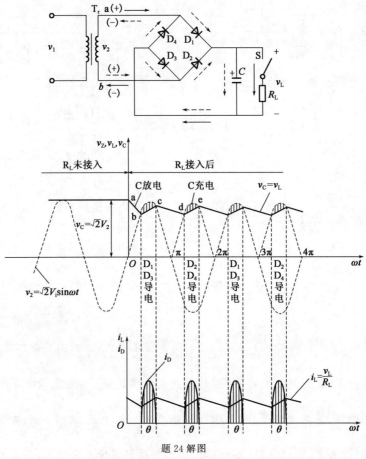

题 24 解图

(2)负载平均电压 V_L 升高,纹波(交流成分)减少,且 $R_L C$ 越大,电容放电速率越慢,则负载电压中的纹波成分越小,负载平均电压越高。为了得到平滑的负载电压,一般取 $\tau_d = R_L C \geqslant (3 \sim 5) \dfrac{T}{2}$,式中 T 为电流交流电压的周期。

(3)负载直流电压随负载电流增加而减小。V_L 随 I_L 的变化关系称为输出特性:

C 值一定,当 $R_L \to \infty$,即空载时,$V_{L0} = \sqrt{2} V_2 = 1.4 V_2$;

$C = 0$,即无电容时,$V_{L0} = 0.9 V_2$

若内阻不太大(几欧)和放电时间常数满足 $\tau_d = R_L C \geqslant (3 \sim 5) \dfrac{T}{2}$ 时,则一般有如下关系式:$V_L = (1.1 \sim 1.2) V_2$。

> 注:电容滤波电路简单,负载直流电压 V_L 较高,纹波也较小,它的缺点是输出特性较差,故适用于负载电压较高,负载变动不大的场合。

答案:A

25.**解** 所谓双 4 选 1 数据选择器就是在一块芯片上有两个 4 选 1 数据选择器,根据

功能表列 $F1$ 和 $F2$ 的真值表如下：

A	B	C	符号	$F1$	A	B	C	符号	$F1$
0	0	0	m_0	0	0	0	1	m_1	1
0	1	0	m_2	1	0	1	1	m_3	0
1	0	0	m_4	1	1	0	1	m_5	0
1	1	0	m_6	0	1	1	1	m_7	1

$\Longrightarrow \sum m(1,2,4,7)$

A	B	C	符号	$F2$	A	B	C	符号	$F2$
0	0	0	m_0	0	0	0	1	m_1	0
0	1	0	m_2	0	0	1	1	m_3	1
1	0	0	m_4	0	1	0	1	m_5	1
1	1	0	m_6	1	1	1	1	m_7	1

$\Longrightarrow \sum m(3,5,6,7)$

答案：A

26.解 正常情况下，JK 触发器的状态方程为：$Q^{n+1}=J\,\overline{Q^n}+\overline{K}Q^n$

当 $J=K=1$ 时，则 $Q^{n+1}=\overline{Q^n}$，为 T 触发器。

注：事实上，只要将 JK 触发器的 J、K 端连接在一起作为 T 端，就构成了 T 触发器，因此不必专门设计定型的 T 触发器产品。

答案：C

27.解 根据题意波形，列真值表如下：

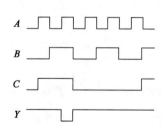

A	B	C	符号	Y	A	B	C	符号	Y
0	0	0	m_0	1	1	0	0	m_4	1
1	0	1	m_5	1	0	1	0	m_2	1
0	1	1	m_3	1	1	1	0	m_6	1
1	1	1	m_7	0					

利用卡诺图化简(无关项取 1)如下：

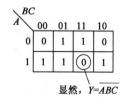

显然，$Y=\overline{ABC}$

答案：B

28.解 基本概念。具有多发射极的 3 输入端 TTL 与非门电路如解图 1 所示。

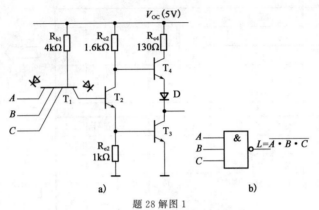

题 28 解图 1

假如将两只 TTL 与非电路 G_1 和 G_2 的输出端联接在一起,并设 G_1 的输出处于高电平,而另一个门 G_2 的输出为低电平。这样,从 G_1 的 T_4 到 G_2 的 T_3 将形成一阻通路,从而产生很大的电流,有可能导致器件损毁,无法形成有效的线与逻辑。此问题可采用集电极开路的 OC(Open Collector)门

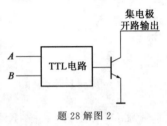

题 28 解图 2

解决,即指 TTL 与非门电路的推拉式输出级中,删去电压跟随器。为了实现线与的逻辑功能,可将多个门电路输出管 T_3 的集电极至电源 V_{CC} 之间,加一个公共上拉电阻 R_P。

注:线与逻辑,即指两个及以上各输出端直接连接就可以实现"与"的逻辑功能。

答案:C

29.解 基本概念。

单稳态触发器能产生一定宽度 t_W 的矩形输出脉冲,如利用这个矩形脉冲作为定时信号去控制某电路,可使其在 t_W 时间内动作(或不动作)。

答案:B

30.解 加法计数器 74LS161 预置数为 $(0011)_2$,当 $Q_D=1$,$Q_C=1$ 首次出现时,即输出为 $(1100)_2$ 重新进行预置数。

从 $(0011)_2$ 到 $(1100)_2$ 需计数 9 次,因此为九进制计数器。

答案:A

31.解 基本概念。

答案:B

32.解 线路换位的作用是为了减少电力系统正常运行时不平衡电流和不平衡电压,并限制送电线路对通信线路的影响。不换位线路的每相阻抗和导纳是不相等的,这引起

了负序和零序电流。过大的负序电流将会引起系统内电机的过热,而零序电流超过一定数值时,在中性点不接地系统中,有可能引起灵敏度较高的接地继电器的误动作。

> 注:可参考《110kV～750kV架空输电线路设计规范》(GB 50545—2010)第8.0.4条及条文说明。

答案:B

33.**解** 基本概念。常见的谐波源主要包括换流设备(电力电子装置)、电弧炉、铁芯设备、照明及调光设备、变频装置等。

答案:C

34.**解** 基本概念。

答案:C

35.**解** SVG为静止无功发生器或静止无功补偿器。指由自换相的电力半导体桥式变流器来进行动态无功补偿的装置。对比传统的调相机、电容电抗器、晶闸管控制电抗器等传统补偿方式,SVG有着更为优异的性能。

> 注:发电机调压不属于用户侧调压措施。

答案:D

36.**解** 电压降落是指在串联电路中,阻抗元件两端电压相量的几何差;电压损失是指串联电路中阻抗元件两端电压的代数差;电压偏差是在正常运行方式下,系统各点的实际电压 U 对系统标称电压 U_n 的偏差,常用相对于系统标称电压的百分数表述。

答案:A

37.**解** 将环形网络从 a 处断开,并将其拉直,如解图所示,其中 S_{ab} 的潮流近似公式如下:

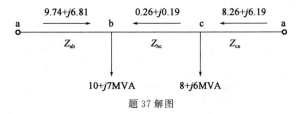

题37解图

$$S_{ab} = \frac{S_b(Z_{bc} + Z_{ca}) + S_c Z_{ca}}{Z_\Sigma} = \frac{(10 + j7)(2.6 + j10.4) + (8 + j6)(1.6 + j6.4)}{4 + j16}$$

$$= (9.74 + j6.81)\text{MVA}$$

$$S_{bc} = S_b - S_{ab} = (10 + j7) - (9.74 + j6.81) = (0.26 + j0.19)\text{MVA}$$

$$S_{ca}=S_{bc}+S_c=(0.26+j0.19)+(8+j6)=(8.26+j6.19)\text{MVA}$$

注:环网潮流计算考察较少,计算量大,不建议深究。以上公式的推导过程此处略之。

答案:B

38.**解**　基本概念。

答案:A

39.**解**　输电线路是静止元件,其正、负序阻抗及等值电路完全相同。输电线的零序电抗与平行线的回路数、有无架空地线及地线的导电性能等因素有关,由于零序电流在三相线路中同方向,互感很大,而双回路间较单回路间的零序互感进一步增大。架设地线后,由于地线的耦合作用将使得架空输电导线的零序阻抗有所降低。

各类输电线路的正负序、零序单位长度电抗值可参考解表。

题 39 解表

线 路 种 类	电抗值(Ω/km)	
	$x_1=x_2$	x_0
单回架空线路(无地线)	0.4	$3.5x_1$
单回架空线路(有钢质架空地线)	0.4	$3.0x_1$
单回架空线路(有导电良好的架空地线)	0.4	$2.0x_1$
双回架空线路(无地线)	0.4(每一回)	$5.5x_1$
双回架空线路(有钢质架空地线)	0.4(每一回)	$4.7x_1$
双回架空线路(有导电良好的架空地线)	0.4(每一回)	$3.0x_1$
6~10kV 电缆线路	0.08	$4.6x_1$
35kV 电缆线路	0.12	$4.6x_1$

答案:A

40.**解**　b、c 两相接地短路,由于 10.5kV 侧无负荷,侧根据复合序网,正、负序网络如解图1所示。

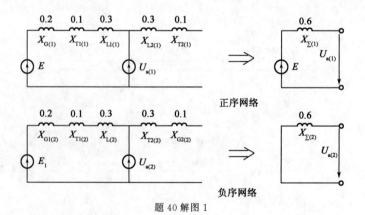

题 40 解图1

正负、零序阻抗:$X_{\Sigma(1)}=X_{\Sigma(2)}=(0.2+0.1+0.3)=0.6$

由于变压器三角形侧零序电流不能流通,因此零序网络如解图2所示。

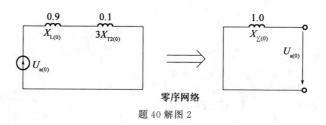

零序网络

题 40 解图 2

零序阻抗 $X_{\Sigma(0)} = 0.1 + 0.9 = 1.0$

A 相正序电流：$\dot{I}_{a1} = \dfrac{E}{j(X_{\Sigma(1)} + X_{\Sigma(2)} /\!/ X_{\Sigma(0)})} = \dfrac{1}{j(0.6 + 0.6 /\!/ 1.0)} = -j1.0256$

由于三相正序分量大小相等，彼此相位互差 120°，正序分量的相序与正常对称运行下的相序相同。短路点的正序电流 $\dot{I}_{(1)}$ 应为 $\dot{I}_{b1}$ 和 $\dot{I}_{c1}$ 的相量和，显然，$\dot{I}_{(1)}$ 与 $\dot{I}_{a1}$ 实为方向相反，长度相同，即其标幺值应为 $I_{(1)} = j1.0256$

短路点 A 相电压标幺值为：

$$\dot{U}_a = j\frac{3X_{2\Sigma}X_{0\Sigma}}{X_{2\Sigma} + X_{0\Sigma}}\dot{I}_a = j\frac{3 \times 0.6 \times 1}{0.6 + 1.0} \times (-j1.0256) = 1.1538$$

短路点 A 相电压有效值为：

$$U_a = \frac{U_B}{\sqrt{3}} \times \dot{U}_a = \frac{230}{\sqrt{3}} \times 1.1538 = 153.214\text{kV}$$

注：b、c 相两相接地短路与 b、c 相两相短路应区分其复合序网及其计算公式。同步电抗 X_d 为发电机稳态运行时的电抗，由绕组的漏抗和电枢反应组成。一般用来计算系统潮流和静态稳定条件；暂态电抗 X'_d 是发电机对突然发生的短路电流所形成的电抗，因电枢中的磁通量不能突变，故由短路电流产生的电枢反应最初不存在，故 X'_d 小于 X_d，一般用来计算短路电流和暂态稳定。次暂态电抗 X''_d 是对有阻尼绕组或有阻尼效应的发电机的暂态电抗，其值比 X'_d 更小，用途与暂态电抗 X'_d 相同。

答案：B

41. 解　空载时，由于变压器励磁功率为一定值，即 $P_m = \dfrac{U_1^2}{R_{m1}} = \dfrac{U_2^2}{R_{m2}}$，则：

$$\frac{R_{m1}}{R_{m2}} = \frac{U_1^2}{U_2^2} = k^2 \Rightarrow R_{m1} = R_{m2} \cdot k^2 = 16 \times 100 = 1600\Omega。$$

答案：D

42. 解　一般电力变压器的短路阻抗很小，进行短路试验时应在降低电压下进行，以免电流过大损伤变压器。为了便于测量，短路试验通常将高压绕组接电源，低压绕组接电路。

答案: A

43. 解 利用电压调整率公式,代入计算:

$$\Delta U\% = \beta\left(\frac{I_{1N}R_k\cos\varphi_2 + I_{1N}X_k\sin\varphi_2}{U_{1N}}\right)\times 100\%$$

$$= \frac{16.67\times 61\times 0.8 + 16.67\times 205\times 0.6}{60\times 1000}\times 100\% = 4.77\%$$

其中,$I_{1N} = \dfrac{S_N}{U_{1N}} = \dfrac{1000}{60} = 16.67\text{A}$,忽略励磁阻抗,归算到高压侧,则:

$$R_k = R_1 + R_2 k^2 = 30.5 + 0.336\times 9.5238^2 = 60.98\ \Omega$$

$$X_k = X_1 + X_2 k^2 = 102.5 + 1.13\times 9.5238^2 = 205\ \Omega$$

答案: B

44. 解 绕线式电动机转速为 $n = n_0(1-s) = \dfrac{60f_1}{p}(1-s)$

由于两极绕线式电动机的极对数 $P=1$,公式简化为 $n = 60f_1(1-s)$

通过减小转差率 s,转速可提高,但显然无法提高一倍,因此仅能通过变频调速实现。

答案: D

45. 解 由电磁转矩公式 $T = \dfrac{P_m}{\Omega_1}$,则电磁功率为:

$$P_m = T \cdot \Omega_1 = \frac{2\pi f}{P}T = \frac{2\pi\times 50\times 80}{2} = 125660\text{W} = 12.566\text{kW}$$

其中四极感应电动机的极对数 $P=2$。

转差率:$s = \dfrac{P_{Cu2}}{P_M} = \dfrac{502\times 10^{-3}}{12.566} = 0.04$,则转速为 $n = \dfrac{60f_1}{p}(1-s) = \dfrac{60\times 50}{2}(1-0.04) =$

1440r/min

答案: C

46. 解 由于同步转速与转速相近,可知 $n_0 = \dfrac{60f_1}{P} = \dfrac{60\times 50}{3} = 1000\text{r/min}$,极对数

$P=3$

转差率:$s = \dfrac{n_0 - n}{n} = \dfrac{1000-960}{1000} = 0.04$

电磁功率:$P_{Mec} = (1-s)P_M \Rightarrow P_M = \dfrac{P_2 + P_{mec} + P_{ad}}{1-s} = \dfrac{7.5 + 0.045 + 0.0375}{1-0.04} =$

7.898kW

转速铜耗：$P_{Cu2} = sP_M = 0.04 \times 7.898 \times 10^3 = 315.9W$

定子侧输入功率：$P_1 = 7.5 + (37.5 + 45 + 314.7 + 231 + 474) \times 10^{-3} = 8.6022kW$

定子相电流：$P_1 = 3U_{1N}I_{1N}\cos\varphi_{1N} \Rightarrow I_{1N} = \dfrac{8.6022 \times 1000}{3 \times 380 \times 0.824} = 9.158A$

定子线电流：$I_1 = \sqrt{3}I_{1N} = \sqrt{3} \times 9.158 = 15.86A$

注：感应电动机的功率流程可参考下图，应牢记。

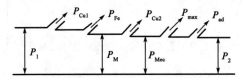

同时还应掌握电磁功率 P_M 与总机械功率 P_{Mec}、转子铜耗 P_{Cu2} 之间的关系，即 $P_{Mec} = P_M(1-S)$ 和 $P_{Cu2} = SP_M$。

其中，P_{Cu1} 为定子绕组铜耗；P_{Fe} 为定子绕组铁耗；P_{Cu2} 为定子绕组铜耗；$P_\Omega = P_{mec}$ 为机械损耗；P_{ad} 为附加损耗。

答案：D

47. **解** 基本概念。

答案：A

48. **解** 隐极同步发电机电动势平衡方程式：$\dot{E}_0 = \dot{U} + j\dot{I}X_c$，由于 $\cos\varphi = 1$ 可知 U、I 同相位，相量图如解图所示。

额定相电压：$U_p = \dfrac{6.6}{\sqrt{3}} = 3.81kV$

额定相电流（与线电流相同）：$I_p = \dfrac{S_N}{\sqrt{3}U_N} = \dfrac{1000}{\sqrt{3} \times 6.6} = 87.48A$

题48解图

励磁电动势：$E_0 = \sqrt{U_p^2 + (I_pX_s)^2} = \sqrt{(3.81 \times 10^3)^2 + (87.48 \times 20)^2} = 4192.5V$

答案：B

49. **解** 对于他励直流电动机，改变端电压 U 时不影响励磁磁通，励磁电流亦不受影响，即 $I_f = I_{fN} =$ 常数，而改变端电压 U 来获得不同的人为机械特性。由式 $n = \dfrac{U}{C_e\Phi} -$

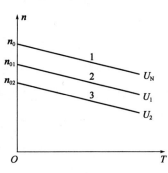

$\dfrac{R_a}{C_eC_T\Phi^2}T$ 可知，电枢电压降低时，对于恒转矩负载，转速

题49解图

将对应降低。又因 $\dfrac{R_{a}}{C_{e}C_{T}\varPhi^{2}}$ 中 $R_{a}\ll C_{e}C_{T}\varPhi^{2}$，因此当电动机负载增加时转速下降很少，机械特性较硬，因此当电枢电压降低时，人为机械特性是与固有特性相平行的直线，如解图所示。

答案：C

50.**解**　并励直流电动机接线图如解图所示。

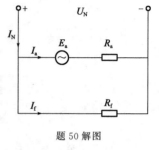

题 50 解图

励磁回路电流：$I_{f}=\dfrac{U_{N}}{R_{f}}=\dfrac{220}{125}=1.76\text{A}$

电枢电动势：

$E_{a}=U_{N}-I_{a}R_{a}=220-(88.9-1.76)\times0.085=212.59\text{V}$

由公式 $E_{a}=C_{e}\varphi n$，可得 $C_{e}\varphi=\dfrac{E_{a}}{n}=\dfrac{212.59}{3000}=0.07086$

由于串入电阻后负载转矩不变，则电枢电流不变，则：

$E_{a}=U_{N}-I_{a}R_{a}=220-(88.9-1.76)\times(0.085+0.15)=199.52\text{V}$

电动机转速：$n=\dfrac{E_{a}}{C_{e}\varphi}=\dfrac{199.52}{0.07086}=2815.7\text{r/min}$

答案：C

51.**解**　根据不对称短路的分析原理，由于零序电流需通过变压器中性点，而接地短路故障中零序电流较为显著，因此，中性点接地电阻可有效限制接地短路时的零序电流幅值，即有效限制接地短路电流值。

答案：B

52.**解**　相间最高运行电压为绝缘配合的要求，需根据相间最高运行电压确定电气设备的绝缘水平，即为设备最高电压值，可参考《标准电压》(GB/T 156—2007)相关内容。

> 注：设备最高电压就是该设备可以应用的"系统最高电压"的最大值。设备最高电压仅指高于 1000V 的系统标称电压，但对某些系统标称电压，不能保证那些对电压具有敏感特征(如电容器的损耗、变压器励磁电流等)的设备在最高电压下正常运行。属高电压之绝缘配合内容。

答案：A

53.**解**　雷击线路杆塔时，由于雷电通道所产生的电磁场迅速变化，将在导线上感应出与雷电流极性相反的过电压，有关规程建议，对于一般高度(约 40m 以下)无避雷线的线路，此感应雷过电压最大值计算公式为：$U_{g\cdot d}=\alpha h_{d}$

式中，α 为感应过电压系数(kV/m)，其数值等于以 kA/μs 计的雷电流平均陡度，即 $\alpha=\dfrac{I_{L}}{2.6}$；

有避雷线时，考虑其屏蔽效应，导线上的感应雷过电压同样可以写为：$U'_{g\cdot d}=\alpha h_{d}(1-k)$

由于杆塔接地电阻一般较小,雷击杆塔顶时雷电流幅值 I_L 较大,一般易对 35kV 及以下水泥杆线路引起一定的闪络事故,但对 110kV 及以上的线路,由于绝缘水平较高,一般不会引起闪络事故。

通过以上分析,可知道感应雷过电压具有如下几个特点:

(1)感应雷过电压的极性与雷电流极性相反,通常为正极性。

(2)感应雷过电压同时存在于三相导线,相间几乎不存在电位差,故只能引起对地闪络,如果二相或三相同时对地闪络也可形成相间闪络事故。

(3)感应雷过电压波形较为平坦,波前由几微秒至几十微秒,波长可达数百微秒。

答案:B

54.**解** 为了防止发电厂、变电所的电气设备及构筑物遭受直接雷击,需要装设避雷针或避雷线,使所有被保护物体都处于避雷针或避雷线的保护范围之内;同时还应采取措施,防止雷击避雷针时对被保护物体的反击。

避雷针的装设可分为独立避雷针和装设在配电装置构架上的避雷针(简称构件避雷针),一般要求:

(1)35kV 及以下的配电装置应采用独立避雷针来保护。

(2)60kV 的配电装置,在土壤电阻率 $\rho > 500\Omega \cdot m$ 的地区宜采用独立避雷针,在 $\rho < 500\Omega \cdot m$ 的地区容许采用架构避雷针。

(3)110kV 及以上的配电装置,一般允许将避雷针装设在架构上,但在土壤电阻率 $\rho > 1000\Omega \cdot m$ 的地区,仍宜采用独立避雷针,以免发生反击。

> 注:可参考《交流电气装置的过电压保护和绝缘配合设计规范》(GB/T 50064—2014)中相关条文,其中 35kV 与 66kV 的要求已基本一致。

答案:C

55.**解** 与容量 600MW 级及以下机组单元连接的主变压器,若不受运输条件限制,宜采用三相变压器;与容量为 1000MW 级机组单元连接的主变压器应综合运输和制造条件,可采用单相或三相变压器。容量 125MW 级及以上的发电机与主变压器为单元连接时,主变压器的容量宜按发电机的最大连续容量扣除不能被高压厂用启动/备用变压器替代的高压厂用工作变压器计算负荷后进行选择。200MW 级及以上发电机的引出线及其分支线应采用全连式分相封闭母线。

> 注:可参考《大中型火力发电厂设计规范》(GB 50660—2011)相关内容。

答案:A

56.**解** 高压断路器的主要分类和特点见下表:

类 型	结 构 特 点	技 术 特 点	运行维护特点
多油断路器	以油作为灭弧介质和绝缘介质,结构简单,制造方便;体积大,用油多	额定电流较小;开断速度较慢;开断小电流时间长;油多,易发生火灾	运行维护简单,运行可靠
少油断路器	油仅作为灭弧介质,油量少;结构简单,制造方便;积木式结构,可用于各电压等级	开断电流大,全开断时间短,可开断空载长线	运行经验丰富,易于维护,油易劣化
SF6断路器	以SF6作为灭弧介质;体积小,重量轻;工艺要求严格;断口开距小	额定电流和开断电流可以做得很大;开断性能优异,适用于各种工况	运行稳定、可靠性高;维护工作量小
真空断路器	以真空作为绝缘及灭弧介质;体积小,重量轻;灭弧室工艺要求高	可连续多次操作,开断性能好;动作时间短	运行维护简单,可靠性高
空气断路器	以压缩空气作为灭弧介质及操作动力;结构复杂,工艺要求高	开断性能好,动作时间短;额定电源和开断电流可以做得很大	维护工作量小,需要压缩空气设备,噪声大
CIS	将除变压器以外的一次设备统一封装,以SF6作为灭弧介质;工艺要求严格	开断性能优异	占地小,可靠性高,检修周期长

答案:B

57.**解**　隔离开关仅具有切合电感、电容小电流的能力,应使电压互感器、避雷器、空载母线、励磁电流不超过2A的空载变压器及电容电流不超过5A的空载线路等,隔离开关没有规定承受持续过电流的能力,当回路中有可能出现经常性断续过电流的情况时,或技术上不能满足上述要求时,应与制造部门提出,否则不得进行相应的操作。

答案:D

58.**解**　基本概念,简单解释如下:

20kV及以下回路的正常工作电流在4000A及以下时,宜选用矩形导体;在4000~8000A时,宜选用槽型导体;在8000A以上时,宜选用圆管形导体。由此可见,导体载流量与导体的形状亦有关。

答案:C

59.**解**　为了保证采用单母线或双母线的配电装置,在进出线断路器检修时(包括其保护装置的检修和调试),不中断对用户的供电,可增设旁路母线或旁路隔离开关。可见,旁路为临时设施,使用率较低,因此不需安装电流互感器。

答案:C

60.**解**　发电厂和变电所中可采取的限流措施如下:

(1)发电厂中,在发电机电压母线分段回路中安装电抗器;

(2)变压器分列运行;

(3)变电所中,在变压器回路中装设电抗器;

(4)采用低压侧为分裂绕组的变压器;

(5)出线上装设电抗器。

答案:D

2018 年度全国勘察设计注册电气工程师（发输变电）

执业资格考试试卷

基础考试
（下）

二〇一八年十月

应考人员注意事项

1. 本试卷科目代码为"2"，考生务必将此代码填涂在答题卡"科目代码"相应的栏目内，否则，无法评分。

2. 书写用笔：**黑色或蓝色钢笔、签字笔或圆珠笔**；

   填涂答题卡用笔：**黑色 2B 铅笔**。

3. 必须用书写用笔将工作单位、姓名、准考证号填写在答题卡和试卷相应的栏目内。

4. 本试卷由 60 题组成，每题 2 分，满分 120 分，本试卷全部为单项选择题，每小题的四个备选项中只有一个正确答案，错选、多选、不选均不得分。

5. 考生作答时，必须**按题号在答题卡上**将相应试题所选选项对应的**字母用 2B 铅笔涂黑**。

6. 在答题卡上书写与题意无关的语言，或在答题卡上作标记的，均按违纪试卷处理。

7. 考试结束时，由监考人员当面将试卷、答题卡一并收回。

8. 草稿纸由各地统一配发，考后收回。

单项选择题(共 60 题,每题 2 分。每题的备选项中只有一个最符合题意。)

1. 图示电路中, $I_1 = 10\text{A}, I_2 = 4\text{A}, R_1 = R_2 = 2\Omega, R_3 = 1\Omega$,电流源 I_2 的电压是:

 A. 8V

 B. 12V

 C. 16V

 D. 20V

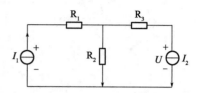

2. 图示电路,试用结点电压法求解电路,2Ω 电阻上的电压 U_K 等于:

 A. 4V

 B. $-152/7$V

 C. $152/7$V

 D. -4V

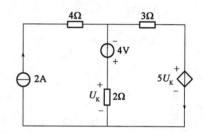

3. 图示电路,用叠加定理求出的电压 U 等于:

 A. -18V

 B. -6V

 C. 18V

 D. 6V

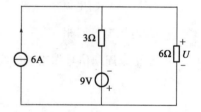

4. 单相交流电路的有功功率是:

 A. $3UI\sin\varphi$ B. $UI\sin\varphi$

 C. $UI\cos\varphi$ D. UI

5. 若某电路元件的电压、电流分别为 $u = 15\cos(314t - 30°)\text{V}$、$i = 3\cos(314t + 30°)\text{A}$,则相应的阻抗是:

 A. $5\angle-30°\Omega$ B. $5\angle60°\Omega$

 C. $5\angle-60°\Omega$ D. $5\angle30°\Omega$

6. 电路相量模型如图所示,已知电流相量 $\dot{I}_c = 3\angle0°\mathrm{A}$,则电压源相量 $\dot{U}_s$ 等于:

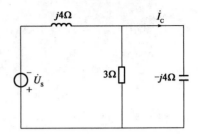

    A. $16\angle30°\mathrm{V}$

    B. $16\angle0°\mathrm{V}$

    C. $28.84\angle56.3°\mathrm{V}$

    D. $28.84\angle-56.3°\mathrm{V}$

7. 图示电路中,已知 $\dot{I}_s = 2\angle0°\mathrm{A}$,则负载 Z_L 能够获得的最大功率是:

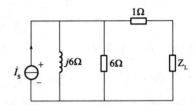

    A. 9W

    B. 6W

    C. 3W

    D. 4.5W

8. 已知 RLC 串联电路,$R = 15\Omega, L = 12\mathrm{mH}, C = 5\mu\mathrm{F}, \omega = 5000\mathrm{rad/s}$,则其端口的电压与电流的相位关系是:

    A. 电压超前电流   B. 电流超前电压

    C. 电压电流同相   D. 电压超前电流 $90°$

9. 非正弦周期信号作用下的线性电路,电路响应等于它的各次谐波单独作用时产生响应的:

    A. 有效值的叠加   B. 瞬时值的叠加

    C. 相量的叠加   D. 最大值的叠加

10. 图示电路中,电容有初始储能,若在 $t=0$ 时将 a、b 两端短路,则在 $t \geq 0$ 时电容电压的响应形式为:

    A. 非振荡放电过程

    B. 临界过程

    C. 零状态响应过程

    D. 衰减振荡过程

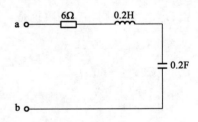

11. 图示电路中,开关 S 闭合前电路已经处于稳态,当 $t=0$ 时,S 闭合,S 闭合后的 $u_C(t)$ 是:

A. $u_C(t) = (6 + 24e^{-1000t})\text{V}$
B. $u_C(t) = (6 + 24e^{-500t})\text{V}$

C. $u_C(t) = (30 - 24e^{-1000t})\text{V}$
D. $u_C(t) = (30 - 24e^{-500t})\text{V}$

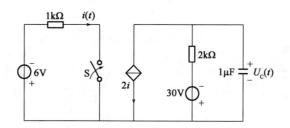

12. 平行平板电极间充满了介电常数为 ε 的电介质,平行平板面积为 S,平板间距为 d,两平板电极间电位差为 V,则平行平板电极上的电荷量为:

A. $\dfrac{\varepsilon S}{d}V$
B. $\dfrac{\varepsilon S}{dV}$

C. $\dfrac{\varepsilon S}{d}$
D. $\dfrac{d}{\varepsilon S}V$

13. 平行电容器两极板间距离为 d,极板面积为 S,中间填充介质的介电常数为 ε,若在两极板间施加电压 U_0,则极板上的受力为:

A. $\dfrac{\varepsilon S}{2d^2}U_0^2$
B. $\dfrac{\varepsilon}{2d^2}U_0^2$

C. $\dfrac{\varepsilon S}{2d^2}U_0$
D. $\dfrac{SU_0^2}{2\varepsilon d^2}$

14. 电位函数 $\varphi = [2(x^2 + y^2) + 4(x + y) + 10]\text{V}$,则场点 $A(1,1)$ 处的场强 $\vec{E}$ 为:

A. 10V/m
B. $(6\vec{e}_x + 6\vec{e}_y)\text{V/m}$

C. $(-8\vec{e}_x - 8\vec{e}_y)\text{V/m}$
D. $(-12\vec{e}_x - 10)\text{V/m}$

15. 恒定电流通过媒质界面,媒质的参数分别为 ε_1、ε_2、γ_1 和 γ_2,当分界面无自由电荷时(即 $\sigma = 0$),这些参数应该满足的条件为:

A. $\dfrac{\varepsilon_2}{\varepsilon_1} = \dfrac{\gamma_1}{\gamma_2}$
B. $\dfrac{\varepsilon_1}{\varepsilon_2} = \dfrac{\gamma_1}{\gamma_2}$

C. $\varepsilon_1 + \varepsilon_2 = \gamma_1 + \gamma_2$
D. $\varepsilon_1\gamma_1 + \gamma_2\varepsilon_2 = 0$

16. 内半径为 a,外半径为 b 的导电管,中间填充空气,流过直流电流 I,在 $\rho > a$ 的区域中,磁场强度 H 为:

A. $\dfrac{I}{2\pi\rho}\mathrm{A/m}$

B. $\dfrac{\mu_0 I}{2\pi\rho}\mathrm{A/m}$

C. $0\mathrm{A/m}$

D. $\dfrac{I(\rho^2 - a^2)}{2\pi(b^2 - a^2)\rho}\mathrm{A/m}$

17. 无限大真空中,过 $x = -1$ 点并垂直于 x 轴的平面上有一面电流 $6\vec{e_z}$;过 $x = 1$ 点并垂直于 x 轴的平面上有一面电流 $-2\vec{e_z}$,则在 $x > 1$ 的空间中磁感应强度为:

A. $4\mu_0\vec{e_y}$

B. $2\mu_0\vec{e_y}$

C. $-4\mu_0\vec{e_y}$

D. $-2\mu_0\vec{e_y}$

18. 某高压输电线的波阻抗 $Z_c = 380\angle -60°\Omega$,在终端匹配时始端电压为 $U_1 = 147\mathrm{kV}$,终端电压为 $U_2 = 127\mathrm{kV}$,则传输线的传输效率为:

A. 64.4%

B. 74.6%

C. 83.7%

D. 90.2%

19. 在图示电路 $V_{CC} = 12\mathrm{V}$,已知晶体管的 $\beta = 80$,$r_{be} = 1\mathrm{k\Omega}$,电压放大倍数 A_u 是:

A. $A_u = -\dfrac{4}{20 \times 10^{-3}} = -200$

B. $A_u = -\dfrac{4}{0.7} = -5.71$

C. $A_u = -\dfrac{80 \times 5}{1} = -400$

D. $A_u = -\dfrac{80 \times 2.5}{1} = -200$

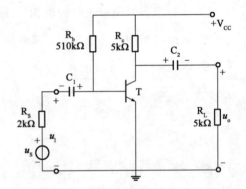

20. 差分放大电路的共模抑制比 K_{CMR} 越大,表明电路:

A. 放大倍数越稳定

B. 交流放大倍数越大

C. 直流放大倍数越大

D. 抑制零漂的能力越强

21. 用一个截止频率为 ω_1 的低通滤波器和一个截止频率为 ω_2 的高通滤波器,构成一个带通滤波器,应当是:

A. 二者串联,并且 $\omega_1 < \omega_2$　　　　　B. 二者并联,并且 $\omega_1 > \omega_2$

C. 二者并联,并且 $\omega_2 > \omega_1$　　　　　D. 二者串联,并且 $\omega_1 < \omega_2$

22. 在负反馈放大电路中,当要求放大电路的输出阻抗小,输入阻抗大时,应选择的反馈电路是:

A. 串联电流负反馈　　　　　　　　　　B. 串联电压负反馈

C. 并联电流负反馈　　　　　　　　　　D. 并联电压负反馈

23. LM1877N-9 为 2 通道低频功率放大电路,单电源供电,最大不失真输出电压的峰值 $U_{CPP} = U_{CC} = -6V$,开环电压增益为 70dB。如图所示为 LM1877N-9 中一个通道组成的实用电路,电源电压为 24V,$C_1 \sim C_3$ 对交流信号可视为短路,R_3 和 C_4 起相位补偿作用,可以认为负数为 8Ω。设输入电压足够大,电路的最大输出功率 P_{om} 和效率 η 分别是:

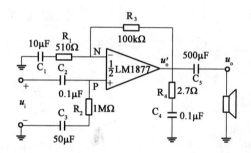

A. $P_{om} \approx 56W, \eta = 89\%$　　　　　　B. $P_{om} \approx 56W, \eta = 58.9\%$

C. $P_{om} \approx 5.06W, \eta = 8.9\%$　　　　　D. $P_{om} \approx 5.06W, \eta = 58.9\%$

24. 函数 $Y = \overline{A}B + AC$,欲使 $Y = 1$,则 A、B、C 的取值组合是:

A. 000　　　　　　　　　　　　　　　　B. 010

C. 100　　　　　　　　　　　　　　　　D. 001

25. 测得某逻辑门输入 A、B 和输出 F 的波形如图所示,则 F(A,B) 的表达式为:

A. $F = AB$

B. $F = A + B$

C. $F = A \oplus B$

D. $F = \overline{AB}$

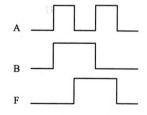

26. 能实现分时传送数据逻辑功能的是：

    A. TTL 与非门   B. 三态逻辑门

    C. 集电极开路门   D. CMOS 逻辑门

27. 下列数中最大数是：

    A. $(101101)_B$ B. $(42)_D$

    C. $(2F)_H$ D. $(51)_O$

28. 图示逻辑电路,输入为 X、Y,同它的功能相同的是：

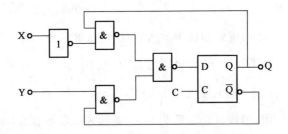

    A. 可控 RS 触发器   B. JK 触发器

    C. 基本 RS 触发器   D. T 触发器

29. 图示是一个集成 74LS161 集成计数器电路图,则该电路实现的逻辑功能是：

    A. 十进制加计数器

    B. 四进制加计数器

    C. 八进制加计数器

    D. 十六进制加计数器

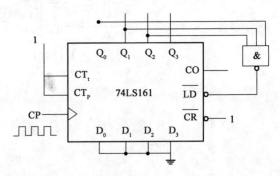

30. 由 555 定时器构成的单稳态触发器,其输出脉冲宽度取决于：

    A. 电源电压   B. 触发信号幅度

    C. 触发信号宽度   D. 外接 RC 的数值

31. 构成电力系统的四个最基本的要素是：

    A. 发电厂、输电网、供电公司、用户

    B. 发电公司、输电网、供电公司、负荷

    C. 发电厂、输电网、供电网、用户

    D. 电力公司、电网、配电所、用户

32. 额定电压 35kV 的变压器二次绕组电压为：

    A. 35kV   B. 33.5kV

    C. 38.5kV   D. 40kV

33. 在我国的大容量系统中，处于规范允许的偏差范围的频率是：

    A. 60.1   B. 50.3

    C. 49.9   D. 59.9

34. 电压基准值为 10kV，发电机端电压标幺值为 1.05，发电机端电压为：

    A. 11kV   B. 10.5kV

    C. 9.5kV   D. 11.5kV

35. 有一台 SFL1-20000/110 型变压器向 35kV 网络供电，铭牌参数为：负载损耗 $\Delta P_s = 135kW$，短路电压百分比 $U_k\% = 10.5$，空载损耗 $\Delta P_0 = 22kW$，空载电流百分数 $I_k\% = 0.8$，$S_N = 20000kVA$，归算到高压侧的变压器参数为：

    A. $4.08\Omega,63.53\Omega$ B. $12.58\Omega,26.78\Omega$

    C. $4.08\Omega,12.58\Omega$ D. $12.58\Omega,63.53\Omega$

36. 高压电网中，影响电压降落纵分量的是：

    A. 电压   B. 电流

    C. 有功功率   D. 无功功率

37. 额定电压 110kV 的辐射型电网各段阻抗及负荷如图所示，已知电源 A 的电压为 121kV，若不计电压降落的横分量 δU，则 B 点电压是：

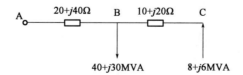

    A. 105.507kV   B. 107.363kV

    C. 110.452kV   D. 103.401kV

38. 图示各支路参数为标幺值,则节点导纳 Y_{11}、Y_{22}、Y_{33}、Y_{44} 分别是:

A. $-j4.4, -j4.9, -j14, -j10$

B. $-j2.5, -j2.0, -j14.45, -j10$

C. $j2.5, j2, j14.45, j10$

D. $j4.4, j4.9, -j14, -j10$

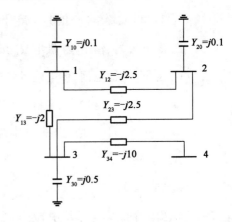

39. 系统负荷为 4000MW,正常运行时 $f=50\text{Hz}$,若系统发电出力减少 200MW,系统频率运行在 48Hz,则系统负荷的频率调节效应系数为:

A. 2   B. 1000

C. 100   D. 0.04

40. 在额定电压附近,三相异步电动机无功功率与电压的关系是:

A. 与电压升降方向一致   B. 与电压升降方向相反

C. 电压变化时无功功率不变   D. 与电压无关

41. 下列关于氧化锌避雷器的说法错误的是:

A. 可做无间隙避雷器   B. 通流容量大

C. 不可用于直流避雷器   D. 适用于多种特殊需要

42. 一 35kV 的线路阻抗为 $(10+j10)\Omega$,输送功率为 $(7+j6)\text{MVA}$,线路始端电压 38kV,要求线路末端电压不低于 36kV,其补偿容抗为:

A. 10.08Ω B. 10Ω

C. 9Ω D. 9.5Ω

43. 在短路电流计算中,为简化分析通常会做假定,下列不符合假定的是:

A. 不考虑磁路饱和,认为短路回路各元件的电抗为常数

B. 不考虑发电机间的摇摆现象,认为所有发电机电势的相位都相同

C. 不考虑发电机转子的对称性

D. 不考虑线路对地电容、变压器的励磁支路和高压电网中的电阻,认为等值电路中只有各元件的电抗

44. 远端短路时,变压器 35/10.5(6.3)kV,容量 1000kVA,阻抗电压 6.5%,高压侧短路容量为 30MVA,其低压侧三相短路容量是:

A. 30MVA   B. 1000kVA

C. 20.5MVA   D. 10.17MVA

45. TN 接地系统低压网络的相线零序阻抗为 10Ω,保护线 PE 的零序阻抗为 5Ω,TN 接地系统低压网络的零序阻抗为:

A. 15Ω B. 5Ω

C. 20Ω D. 25Ω

46. 变压器在做短路试验时,一般试验方法是:

A. 低压侧接入电源,高压侧开路

B. 低压侧接入电源,高压侧短路

C. 低压侧开路,高压侧接入电源

D. 低压侧短路,高压侧接入电源

47. 变压器冷却方式代号 ONAF,具体冷却方式为:

A. 油浸自冷   B. 油浸风冷

C. 油浸水冷   D. 符号标志错误

48. 一台 50Hz 的感应电动机,其额定转速 $n＝730\text{r/min}$,该电动机的额定转差率为:

A. 0.0375   B. 0.0267

C. 0.375   D. 0.267

49. 关于感应电动机的星形和三角形启动方式,下列说法正确的是:

    A. 适用于所有类型的异步电机

    B. 正常工作下连接方式是三角形

    C. 可带重载启动

    D. 正常工作接线方式为星形

50. 交流异步电机转子串联电阻调速时,以下说法错误的是:

    A. 只适用于绕线式电动机

    B. 适当调整电阻后可调速超过额定转速

    C. 串电阻转速降低后,机械特性变软

    D. 在调速过程中要消耗一定的能量

51. 同步发电机静态稳定,处于最稳定状态的功角为:

    A. 90°   B. 45°

    C. 0°   D. 无法计算

52. 发电机过励时,发电机向电网输送的无功功率是:

    A. 不输送无功   B. 输送容性无功

    C. 输送感性无功   D. 无法判断

53. 同步发电机不对称运行时,在气隙中不产生磁场的是:

    A. 正序电流   B. 负序电流

    C. 零序电流   D. 以上都不是

54. 110kV 系统的工频过电压一般不超过标幺值的:

    A. 1.3   B. 3

    C. $\sqrt{3}$ D. $1/\sqrt{3}$

55. 以下 4 种型号的高压断路器中,额定电压为 10kV 的高压断路器是:

    A. SN10-10I   B. SN10-1I

    C. ZW10-1I   D. ZW10-100I

56.电流互感器的二次侧额定电流为 5A,二次侧阻抗为 2.4Ω,其额定容量为:

    A. 12VA   B. 24VA

    C. 25VA   D. 60VA

57.以下关于互感器的正确说法是:

    A. 电流互感器其接线端子没有极性

    B. 电流互感器二次侧可以开路

    C. 电压互感器二次侧可以短路

    D. 电压电流互感器二次侧有一端必须接地

58.改变直流发电机端电压极性,可以通过:

    A. 改变磁通方向,同时改变转向

    B. 电枢电阻上串接电阻

    C. 改变转向,保持磁通方向不变

    D. 无法改变直流发电机端电压

59.如图所示单母线接线,L1 线送电的操作顺序为:

    A. 合 QS11、QS12,合 QF1

    B. 合 QS11、QF1,合 QS12

    C. 合 QF1、QS12,合 QS11

    D. 合 QF1、QS11,合 QS12

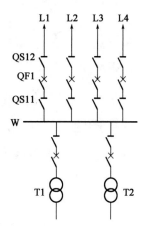

60.高压电器在运行中或操作时产生的噪声,在距电器 2m 处的连续性噪声水平不应

大于:

    A. 60dB   B. 75dB

    C. 85dB   D. 95dB

2018 年度全国勘察设计注册电气工程师(发输变电)执业资格考试基础考试(下)试题解析及参考答案

1. 解 设流过电阻 R_2 上的电流为 I_3，由 KCL 可知：$I_3 = I_1 - I_2 = 10 - 4 = 6A$；

由 KVL 得到：$I_2 R_3 + U = I_3 R_2 \Rightarrow 4 \times 1 + U = 6 \times 2 \Rightarrow U = 8V$

答案:A

2. 解 列节点电压方程：$\left(\dfrac{1}{2} + \dfrac{1}{3} \right) U_1 = 2 - \dfrac{4}{2} + \dfrac{5U_k}{3}$

由 KVL 可知，$U_k - 4 = U_1$，故 $U_1 = -8V$，$U_k = -4V$。

答案:D

3. 解 利用叠加定理，先将电流源开路，得到 $U_1 = -\dfrac{6}{3+6} \times 9 = -6V$

再将电压源短路，得到 $U_2 = \dfrac{3 \times 6}{3+6} \times 6 = 12V$

$$U = U_1 + U_2 = -6 + 12 = 6V$$

答案:D

4. 解 基本概念。

答案:C

5. 解 由阻抗的定义可知：

$$Z = \frac{\dot{U}}{\dot{I}} = \frac{15 \angle -30°}{3 \angle 30°} = 5 \angle -60°$$

答案:C

6. 解 由并联电路各支路的电流公式：

$$\dot{I}_c = \frac{3}{3-j4} \dot{I} \Rightarrow \dot{I} = \frac{3-j4}{3} \dot{I}_c = \frac{3-j4}{3} \times 3 \angle 0° = 3 - j4$$

故 $\dot{U}_s = \dot{I} \times \{ j4 + [3 // (-j4)] \} = (3-j4) \times \left(j4 + \dfrac{-j12}{3-j4} \right) = 16 \angle 0°$

答案:B

7. 解 将负载 Z_L 支路开路，先求其开路电压 U_{oc}，再将电流源置零，求电路等效阻抗分别为：

$$U_{oc} = \dot{I}_s \times (6//j6) = 2 \times \frac{6 \times j6}{6 + j6} = 6 + j6 = 6\sqrt{2}\angle 45°$$

$$Z_{eq} = 1 + (6//j6) = 4 + j3\Omega$$

当 $Z_L = Z_{eq}^* = R_{eq}^* + jX_{eq}^* = 4 - j3$ 时,有最大功率 $P_{max} = \frac{U_{oc}^2}{4R_L} = \frac{(6\sqrt{2})^2}{4 \times 4} = 4.5W$

答案:D

8.解 RCL 串联电路总复阻抗为:

$$Z = R + j\left(\omega L - \frac{1}{\omega C}\right) = 15 + j\left(5000 \times 12 \times 10^{-3} - \frac{1}{5000 \times 5 \times 10^{-6}}\right) = 25\angle 53.1°$$

当 $\omega L > \frac{1}{\omega C}$ 时,阻抗 Z 呈感性,阻抗角为正,电压超前电流。

答案:A

9.解 基本概念。

答案:B

10.解 该二阶电路中,$6 = R > 2\sqrt{\frac{L}{C}} = 2 \times \sqrt{\frac{0.2}{0.2}} = 2$,故属于非振荡放电过程。

答案:A

11.解 由于电容为储能元件,其电压不能突变,则:

初始值:$u_c(0_+) = u_c(0_-) = 30V$

稳态值:$u_c(\infty) = 30 - 2000 \times 2 \times \frac{6}{1000} = 6V$

时间常数:$\tau = R_{in}C = 2000 \times 1 \times 10^{-6} = 0.002s$

依据一阶动态全响应公式:$f(t) = f(\infty) + [f(0_+) - f(\infty)]e^{-\frac{t}{\tau}}$,则:

$$u_C(t) = u_C(\infty) + [u_C(0_+) - u_C(\infty)]e^{-\frac{t}{\tau}} = 6 + (30-6)e^{-\frac{1}{0.002}t} = (6 + 24e^{-500t})V$$

注:由于受控电流源与所求电容电路无关,可视为普通电流源置零(开路)处理。

答案:B

12.解 $C = \frac{\varepsilon S}{d} = \frac{Q}{V} \Rightarrow Q = \frac{\varepsilon S}{d}V$

答案:A

13.解 平板电容器电容 $C = \frac{\varepsilon S}{d}$,$W_e = \frac{1}{2}CU^2 = \frac{1}{2}\frac{\varepsilon S}{d}U^2$

虚位移时,假定各带电体的电位维持不变,即所有导体都与外电源连接。静电力与功

的关系为 $f = -\dfrac{\partial W_{e}}{\partial g}\bigg|_{\varphi_{k}=\text{常量}}$ ，故

$$f = \frac{\partial W_{e}}{\partial d} = \frac{1}{2}\frac{\varepsilon S U_{0}^{2}}{d^{2}} = \frac{\varepsilon S U_{0}^{2}}{2d^{2}}$$

答案：A

14. **解** 在 A 点坐标 $(1,1)$ 处，求电位 x 与 y 方向的偏导数为：

$$\frac{\partial \varphi}{\partial x} = 4x + 4 = 8, \frac{\partial \varphi}{\partial y} = 4y + 4 = 8$$

$$\vec{E} = -\nabla \varphi = -\frac{\partial \varphi}{\partial x}\vec{e}_{x} - \frac{\partial \varphi}{\partial y}\vec{e}_{y} = -8\vec{e}_{x} - 8\vec{e}_{y}$$

答案：C

15. **解** 在两种介质的分界面处 $\sigma = 0$ ，故有 $\begin{cases} E_{1t} = E_{2t} \\ D_{2n} = D_{1n} \end{cases}$

则由 $D_{2n} = D_{1n} \Rightarrow \varepsilon_{1}E_{1} = \varepsilon_{2}E_{2} \Rightarrow \dfrac{\varepsilon_{1}}{\varepsilon_{2}} = \dfrac{E_{1}}{E_{2}}$

同时对于恒定电流有：

$$J_{2n} = J_{1n} \Rightarrow \gamma_{1}E_{1} = \gamma_{2}E_{2} \Rightarrow \frac{\gamma_{1}}{\gamma_{2}} = \frac{E_{1}}{E_{2}}, \text{故} \frac{\varepsilon_{1}}{\varepsilon_{2}} = \frac{\gamma_{1}}{\gamma_{2}}。$$

答案：B

16. **解** 由安培环路定律 $\oint_{l} H \cdot dl = I$ 可知：

$$\oint Hdl = H \cdot 2\pi\rho = \frac{\rho^{2} - a^{2}}{b^{2} - a^{2}}I \Rightarrow H = \frac{I(\rho^{2} - a^{2})}{2\pi\rho(b^{2} - a^{2})}$$

答案：D

17. **解** 由安培环路定律 $\oint_{l} H \cdot dl = I$ 分析，可考虑两个平面上的电流分别单独作用再叠加。

$$\vec{B}_{1} = \frac{\mu_{0}J_{1}}{2}\vec{e}_{y} = \frac{\mu_{0} \times 6}{2}\vec{e}_{y} = 3\mu_{0}\vec{e}_{y}, \vec{B}_{2} = \frac{\mu_{0}J_{2}}{2}\vec{e}_{y} = \frac{\mu_{0} \times (-2)}{2}\vec{e}_{y} = -\mu_{0}\vec{e}_{y}$$

故 $\vec{B} = \vec{B}_{1} + \vec{B}_{2} = 3\mu_{0}\vec{e}_{y} - \mu_{0}\vec{e}_{y} = 2\mu_{0}\vec{e}_{y}$

答案：B

18. **解** 当传输线终端的负载为特性阻抗时，该线传输的功率称为自然功率。

在始端从电源吸收的功率为：

$$P_{1} = U_{1}I_{1}\cos\varphi = \frac{147^{2}}{380} \times \cos 60° = 28.43\text{kW}$$

而在终端,负载获得的功率为:

$$P_2 = U_2 I_2 \cos\varphi = \frac{127^2}{380} \times \cos 60° = 21.22\text{kW}$$

传输效率 $\eta = \frac{P_2}{P_1} = e^{-2\alpha l}$,即 $\eta = \frac{P_2}{P_1} = \frac{21.22}{28.43} \times 100\% = 74.6\%$

答案:B

19.解 依据共射极放大电路的等效电路可知,电压放大倍数为:

$$A_u = -\frac{\beta(R_c//R_L)}{r_{be}} = -\frac{80 \times (5//5)}{1} = -200$$

答案:D

20.解 基本概念。

答案:D

21.解 滤波器是一种选频电路,其功能是使有用频率的信号通过,而将其余频率的信号加以抑制或大为衰减。按信号通过的频率分为低通滤波器、高通滤波器、带通滤波器,如解图所示。显然根据题意 $\omega_1 > \omega_2$。

a)低通滤波器　　b)高通滤波器　　c)带通滤波器

题 21 解图

答案:A

22.解 基本概念。电压负反馈的重要特点是输出阻抗小,电路的输出电压 u_o 趋于恒定,因为反馈的结果牵制了 u_o 的下降或上升,从而使 u_o 基本维持恒定,同时输入阻抗小,信号源内阻 R_s 越小,反馈效果越好。

答案:B

23.解 开环电压增益为 70dB,则电压放大倍数是 $20\lg A_u = 70 \Rightarrow A_u \approx 3$,故输出最大不失真电压为 $3 \times 6 = 18\text{V}$,输出功率 $P_{om} = \frac{U_o^2}{8R_L} = \frac{18^2}{8 \times 8} = 5.06\text{W}$,而输入功率为 $P_i = \frac{U_i^2}{8R_L} = \frac{24^2}{8 \times 8} = 9\text{W}$,故电路效率为 $\eta = \frac{5.06}{9} \times 100\% = 58.9\%$。

答案:D

24.解 基本概念,采用代入法计算。

答案:B

25.**解** 由波形图可列真值表如下:

A	B	F
0	0	0
1	1	0
0	1	1
1	0	1

故逻辑表达式为 $F=A \oplus B$。

答案:C

26.**解** 基本概念。三态逻辑门的输出除了具有一般与非门的两种状态,即输出电阻较小的高、低电平状态外,还具有高输出电阻的第三状态,称为高阻态,又称为禁止态。三态逻辑门(三态与非门)的最重要的用途就是可向一条导线上轮流传送几组不同的数据和控制信号,也称为总线传输。

答案:B

27.**解** 根据题意,把四个选项数字全部化成十进制,即:

$$(101101)_B = (45)_{10}, (42)_D = (42)_{10}, (2F)_D = (47)_{10}, (51)_O = (41)_{10}$$

答案:C

28.**解** 根据逻辑电路可知,列出真值表:

X	Y	Q^n	Q^{n+1}
0	0	0	0
0	0	1	1
0	1	0	0
0	1	1	0
1	0	0	1
1	0	1	1
1	1	0	1
1	1	1	0

可得该电路实现的逻辑功能是 $Q^{n+1}=X \overline{Q^n}+\overline{Y}Q^n$,故它的功能是实现 JK 触发器。

答案:B

29.**解** 加法计数器 74LS161 预置数端接地,无预置数。根据输出端逻辑关系,即当 $Q_3 Q_2 Q_1 Q_0 = (0111)_2$ 时,下个 CP 脉冲,电路重新置零。从 $(0000)_2$ 到 $(0111)_2$ 需计数 8 次,因此为八进制计数器。

答案:C

30.**解** 如果忽略饱和压降,电容电压 u_C 从零电平上升到 $\frac{2}{3}U_{CC}$ 的时间,即为输出电压 u_o 的脉宽 t_W, $t_W = RC\ln3 \approx 1.1RC$。

答案:D

31.**解** 基本概念。

答案:C

32.**解** 基本概念。变压器的额定电压需根据一次侧和二次侧情况分别确定。变压器的一次绕组相当于用电设备,故其额定电压等于系统额定电压,但当其直接与发电机连接时(升压变压器),就等于发电机的额定电压;变压器二次绕组相当于用电设备,考虑到变压器内部的电压损失,故当变压器的短路电压小于7%或直接与用户相连时,二次绕组额定电压比系统高5%,当变压器的短路电压 ≥7% 时,则二次绕组额定电压比系统高10%。若为有载或无载调压变压器,额定电压按实际分接头抽头的位置确定。

答案:C

33.**解** 基本概念。根据《电能质量 电力系统频率偏差》(GB/T 15945—2008)的规定,供电频率偏差允许值为±0.2Hz。

> 注:当系统容量较小时(一般≤3000MW),偏差限值可放宽至±0.5Hz。

答案:C

34.**解** 基本概念。由于交流发电机端额定电压在比系统额定电压高5%的状态下运行,因此交流发电机的额定电压规定比系统额定电压高5%。

答案:B

35.**解** 正(负)序网络图如解图所示。

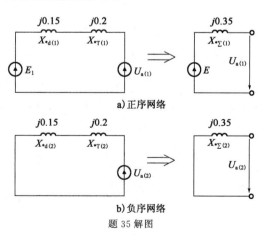

题 35 解图

则: $X_{*\Sigma(1)} = X_{*\Sigma(2)} = X''_{*d} + X_{*T} = 0.15 + 0.2 = 0.35$

短路正序电流标幺值：$I_{*a1} = \dfrac{E_\Sigma}{X_{1\Sigma} + X_{2\Sigma}} = \dfrac{1}{0.35 + 0.35} = 1.43$

短路电流标幺值：$I_{*f}^{(2)} = \sqrt{3}\,I_{a1} = \sqrt{3} \times 1.43 = 2.48$

短路电流有名值：$I'' = I_{*f}^{(2)} \cdot I_j = 2.48 \times \dfrac{100}{\sqrt{3} \times 115} = 1.245\text{kA}$

注：计算短路电流时，基准电压应取各级的平均额定电压，即 $U_j = 1.05U_n$，U_n 为各级标称电压。

答案：A

36. 解 由电压降落纵分量计算公式 $\Delta U = \dfrac{PR + QX}{U}$ 可知，由于在高压输电线路参数中，电压基本恒定，电抗要比电阻大得多，若忽略线路电阻，上式变为 $\Delta U = \dfrac{QX}{U}$，显然影响电压降落纵分量的主要因素是无功功率 Q。

答案：D

37. 解 已知不同点电压和功率求潮流分布。先假设全网电压为额定电压，即 110kV，由末端往首端推功率，求出 S_A。

$$S_C = -(8 + j6)$$

$$S_B = S_C + \Delta S_{BC} + S'_B = -(8 + j6) + \dfrac{8^2 + 6^2}{110^2} \times (10 + j20) + (40 + j30) = (32.08 + j24.17)\text{MVA}$$

$$S_A = S_B + \Delta S_{AB} = 32.08 + j24.17 + \dfrac{32.08^2 + 24.17^2}{110^2} \times (20 + j40) = (34.75 + j29.5)\text{MVA}$$

$$U_B = U_A - \Delta U_{AB} = 121 - \dfrac{34.75 \times 20 + 29.5 \times 40}{121} = 105.5\text{kV}$$

答案：A

38. 解 参考节点电压法，计算节点导纳为：

$$Y_{11} = Y_{10} + Y_{12} + Y_{13} = j0.1 - j2.5 - j2 = -j4.4$$

$$Y_{22} = Y_{20} + Y_{12} + Y_{23} = j0.1 - j2.5 - j2.5 = -j4.9$$

$$Y_{33} = Y_{13} + Y_{30} + Y_{23} + Y_{34} = -j2 + j0.5 - j2.5 - j10 = -j14$$

$$Y_{44} = Y_{34} = -j10$$

答案：A

39. 解 系统负荷的频率调节效应系数 $K = \dfrac{\Delta P}{\Delta f} = \dfrac{200}{50 - 48} = 100$。

答案：A

40. 解 线路 Ⅱ 型等值电路中的电阻等于零，且不计两端的并联导纳，在此情况下，输电线路的等值电路便变成一个简单的串联电抗 X，于是有：

$$U_1 = U_2 + \frac{Q_2 X}{U_2} + j \frac{P_2 X}{U_2}$$

另线路始端电压为 $\dot{U}_1 = U_1 \angle \theta = U_1(\cos\theta + j\sin\theta)$，则：

$$U_1(\cos\theta + j\sin\theta) = U_1 + \frac{Q_2 X}{U_2} + j \frac{P_2 X}{U_2}$$

忽略虚部，则：

$$U_1\cos\theta = U_2 + \frac{Q_2 X}{U_2}$$

分析可解得：

$$Q_2 = \frac{(U_1\cos\theta - U_2)U_2}{X} \approx \frac{(U_1 - U_2)U_2}{X} = \frac{\Delta U \cdot U_2}{X}$$

由此可见，电路传输的无功功率与两端电压幅值差近似成正比，而且无功功率一般是由电压高的一端向电压低的一端流动。输电线路这种无功功率与电压幅值差之间的密切关系在变压器、线路中，乃至整个系统中都存在。它是高压输电系统中非常重要的特性。

答案：A

41.**解** 金属氧化物避雷器的阀片是以氧化锌(ZnO)为主要材料，并以少量其他稀有金属氧化物作添加剂，经过加工后，在 1000℃ 以上的高温中烧结而成。

ZnO 阀片具有很理想的非线性伏安特性，相对于传统的 SiC 阀片，在额定电压下，ZnO 阀片流过的电流可小于 10^{-5}A，可近似认为其续流为零。因此氧化锌避雷器可以不用串联火花间隙，成为无间隙、无续流的避雷器。其主要优点包括：

(1)结构简单，并具有优异的保护特性。

(2)耐反复过电压能力强。

(3)通流容量大。

(4)性价比较高。

答案：C

42.**解** 由电压降落公式 $\Delta U = \frac{PR + QX}{U}$ 可知：

$$38 - 36 = \frac{7 \times 10 + 6 \times (10 - X_c)}{38} \Rightarrow X_c = 9\Omega$$

答案：C

43.**解** 根据《导体和电器选择设计技术规定》(DL/T 5222—2005) 附录 F 第 F.1 条

短路电流计算条件,短路电流实用计算中,采用以下假设条件和原则:

(1)正常工作时三相系统对称运行。

(2)所有电源的电动势相位角相同。

(3)系统中的同步和异步电动车均为理想电动机,不考虑电机磁饱和、磁滞、涡流及导体集肤效应等影响;转子结构完全对称;定子三相绕组结构完全相同,空间位置相差120°电气角度。

(4)电气系统中各元件的磁路不饱和,即带铁心的电气设备电抗值不随电流大小发生变化。

(5)电力系统中所有电源都在额定负荷下运行,其中50%负荷接在高压电线上。

(6)同步电机都具有自动调整励磁装置(包括强行励磁)。

(7)短路发生在短路电流最大值的瞬间。

(8)不考虑短路点的电弧阻抗和变压器的励磁电流。

(9)除计算短路电流的衰减时间常数和低压网络的短路电流外,元件的电阻都略去不计。

(10)元件的计算参数均取其额定值,不考虑参数的误差和调整范围。

(11)输电线路的电容略去不计。

(12)用概率统计法制定短路电流运算曲线。

答案:C

44.**解** 基准容量 $S_j = 100\text{MVA}$,系统电抗标幺值为 $X_{*s} = \dfrac{S_j}{S_s} = \dfrac{100}{30} = 3.33$

变压器电抗标幺值:$X_{*T} = \dfrac{u_k}{100} \cdot \dfrac{S_j}{S_N} = \dfrac{6.5}{100} \times \dfrac{100}{1} = 6.5$

变压器低压侧三相短路时总电抗标幺值:$X_{*\Sigma} = X_{*s} + X_{*T} = 3.33 + 6.5 = 9.83$

三相短路容量:$S'' = \dfrac{1}{X_{*\Sigma}} S_j = \dfrac{100}{9.83} = 10.17\text{MVA}$

答案:D

45.**解** TN系统中零序阻抗为相线零序阻抗与3倍的PE线的零序阻抗之和,即 $X_0 = 10 + 3 \times 5 = 25\Omega$。

答案:D

46.**解** 理论上短路试验可以在任一侧做,为了方便和安全,一般短路试验常在高压侧进行。所求得的 Z_k 是折算到高压侧的值,如解图所示为一台单相变压器的短路试验接线图,将二次绕组短路,一次绕组通过调压器接到电源上,调整一次电压 U_k,记录短路电流 I_k、短路输入功率 P_k。

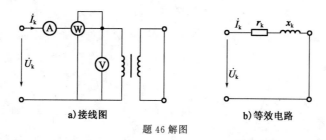

a)接线图　　　　　　　b)等效电路

题46解图

答案:D

47.**解**　基本概念。变压器常用的冷却方式有以下几种:油浸自冷(ONAN)、油浸风冷(ONAF)、强迫油循环风冷(OFAF),其中 ONAF 表示油浸风冷。

答案:B

48.**解**　同步转速 n_1 与额定转速 n 相近,故可知同步转速 $n_1 = \dfrac{60f}{P} = \dfrac{60 \times 50}{4} = 750\text{r/min}$。

$$s = \frac{n_1 - n}{n_1} = \frac{750 - 730}{750} = 0.0267$$

答案:B

49.**解**　Y-△起动适用于额定运行时定子绕组为△连接的电动机。

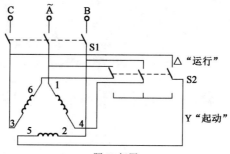

题49解图

起动时,定子绕组采用星形接法,起动后换成△接,其接线图如解图所示。采用这种起动方法起动时,可使每相定子绕组所承受的电压降低到电源电压的 $\dfrac{1}{\sqrt{3}}$,起动的线电流为直接起动时的 $\dfrac{1}{3}$,但起动转矩也减少到直接起动时的 $\dfrac{1}{3}$,所以这种起动方法只能用在空载或轻载起动的场合。

答案:B

50.**解**　此方法只适用于绕线转子异步电动机。

当转子回路串入的电阻值增加时,由于机械惯性作用,电动机转速不能突变,则转子绕组电流随电阻增大而减小,电磁功率和电磁转矩也相应减小。由于负载制动力矩不变,轴上转矩平衡关系受到破坏,因而电动机转子减速,转差增加,这时转子绕组电动势和电流将随转差增加而成正比增加,直至转矩重新平衡。

如解图所示,当转子回路中加入调速电阻时,电动机的 T_{em}-s 曲线将从曲线 1 变成曲线 2,若负载转矩(T_2+T_0)不变,转子的转差率将从 s_1 增大到 s_2,即转速下降。

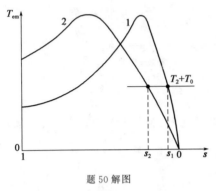

题 50 解图

这种方法的优点是灵活方便、调速范围广,缺点是调速电阻中要消耗一定的能量,由于转子回路的铜耗 $P_{Cu2}=sP_{em}$,故转速调得越低,转差率越大,铜损耗就越多,效率就越低。这种调速主要适用于中、小容量的异步电动机。

答案:B

51. **解** 功角 θ 有着双重的物理意义:它既是时间相位角,也是空间相位角。时间相位上,它表示电压相量 $\dot{U}$ 与励磁电动势 $\dot{E}_0$ 之间的夹角;空间相位上,它表示定子等效磁极轴线与转子磁极轴线之间的夹角。

当功角 θ 为正值时,电磁功率也为正值,表示电机处于发电机运行状态;当功角 θ 为负值时,电磁功率也为负值,表示电机发出负的有功,或者说吸收正的有功,为电动机状态;当功角 θ 为零时,表示电机有功空载,也就是调相运行。因此,功率角实际决定了同步电机的运行状态。

答案:C

52. **解** 当发电机的端电压不变时,调节励磁电流,不仅能改变无功功率的大小,而且能改变无功功率的性质。当过励磁时,电枢电流是滞后电流,发电机输出感性无功功率,当欠励磁时,发电机输出容性无功功率。因此,调节同步发电机的励磁电流,只改变无功功率,对有功功率无影响。

答案:C

53. **解** 基本概念。

答案:C

54. **解** 《交流电气装置的过电压保护和绝缘配合设计规范》(GB/T 50064—2014)规定,工频过电压幅值应符合下列要求:

(1)范围Ⅰ中的不接地系统工频过电压不应大于 $1.1\sqrt{3}$ p.u.。

(2)中性点谐振接地、低电阻接地和高电阻接地系统工频过电压不应大于$\sqrt{3}$p.u.。

(3)110kV和220kV系统，工频过电压不应大于1.3p.u.。

(4)变电站内中性点不接地的35kV和66kV并联电容补偿装置系统工频过电压不应超过$\sqrt{3}$p.u.。

答案:D

55. 答案:A

56. 解 电流互感器的额定容量S_{N2}为电流互感器在额定二次电流I_{N2}和额定二次阻抗Z_{N2}下运行时,二次绕组输出的容量,即$S_{N2}=I_N^2 Z_{N2}=5^2\times 2.4=60$VA。

答案:D

57. 解 电流互感器在使用时,二次绕组严禁开路。由于电流互感器正常运行时接近短路状态,二次绕组一旦开路,将产生很高的电压,损坏绕组绝缘性能,甚至危及人身安全。为了保证安全,电流互感器的二次绕组需要可靠接地。

> 注:《电力装置电测量仪表装置设计规范》(GB/T 50063—2017)第8.1.4条规定,测量用电流互感器的二次回路应有且只能有一个接地点,用于测量的二次绕组应在配电装置处经端子排接地。由几组电流互感器二次绕组组合且有电路直接联系的回路,电流互感器二次回路应在和电流处一点接地。

答案:D

58. 解 基本概念。

答案:C

59. 解 基本概念。接通的操作要遵守隔离开关和断路器的操作原则,由于隔离开关无灭弧功能,故应先闭合隔离开关,再闭合断路器,或先断开断路器,再断开隔离开关。

答案:A

60. 解 超纲内容,参考了解即可。对500kV电气设备,距外壳2m处的噪声水平要求不超过下列数值:

$$断路器\begin{cases}连续性噪声水平 & 85dB(A)\\ 非连续噪声水平\begin{cases}屋外\begin{cases}空气断路器 & 110dB(A)\\ SF_6断路器 & 85dB(A)\end{cases}\\ 屋内 & 90dB(A)\end{cases}\end{cases}$$

电抗器　　　　　　　　　　　　　　　80dB(A)

变压器等其他设备　　　　　　　　　 85dB(A)

答案:C

2019 年度全国勘察设计注册电气工程师（发输变电）执业资格考试试卷

基础考试
（下）

二〇一九年十月

应考人员注意事项

1. 本试卷科目代码为"2",考生务必将此代码填涂在答题卡"科目代码"相应的栏目内,否则,无法评分。

2. 书写用笔:**黑色或蓝色钢笔、签字笔或圆珠笔**;
   填涂答题卡用笔:**黑色 2B 铅笔**。

3. 必须用书写用笔将工作单位、姓名、准考证号填写在答题卡和试卷相应的栏目内。

4. 本试卷由 60 题组成,每题 2 分,满分 120 分,本试卷全部为单项选择题,每小题的四个备选项中只有一个正确答案,错选、多选、不选均不得分。

5. 考生作答时,必须**按题号在答题卡**上将相应试题所选选项对应的**字母用 2B 铅笔涂黑**。

6. 在答题卡上书写与题意无关的语言,或在答题卡上作标记的,均按违纪试卷处理。

7. 考试结束时,由监考人员当面将试卷、答题卡一并收回。

8. 草稿纸由各地统一配发,考后收回。

单项选择题(共 60 题,每题 2 分。每题的备选项中只有一个最符合题意。)

1. 图示电路中,受控源吸收的功率为:

   A. $-8W$

   B. $8W$

   C. $16W$

   D. $-16W$

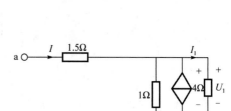

2. 电路如图所示,端口 ab 输入电阻是:

   A. 2Ω

   B. 4Ω

   C. 6Ω

   D. 8Ω

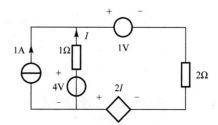

3. 电路如图所示,电路中电流 I 等于:

   A. $-1A$

   B. $1A$

   C. $4A$

   D. $-4A$

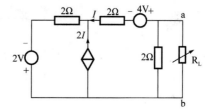

4. 如图所示,若改变 R_L 可使其获得最大功率,则 R_L 获得的最大功率是:

   A. $0.05W$

   B. $0.1W$

   C. $0.5W$

   D. $0.025W$

5. 对含有受控源的支路进行电源等效变换时,应注意不要消去:

   A. 电压源

   B. 控制量

   C. 电流源

   D. 电阻

6.电路如图所示,支路电流 $\dot I$ 和 $\dot I_2$ 分别为:

A. $\begin{cases} \dot I = 1 + j5 \\ \dot I_2 = 1 + j \end{cases}$

B. $\begin{cases} \dot I = 1 - j5 \\ \dot I_2 = 1 - j \end{cases}$

C. $\begin{cases} \dot I = 1 - j5 \\ \dot I_2 = 1 + j \end{cases}$

D. $\begin{cases} \dot I = 1 + j5 \\ \dot I_2 = 1 - j \end{cases}$

7.三相负载做星形连接,接入对称的三相电源,负载线电压与相电压关系满足 $U_L = \sqrt{3} U_P$ 成立的条件是三相负载:

A. 对称　　　　　　　　　　　　B. 都是电阻

C. 都是电感　　　　　　　　　　D. 都是电容

8.已知对称三相负载如图所示,对称线电压380V,则负载相电流:

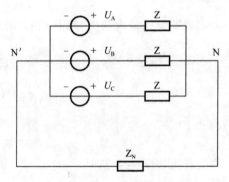

A. $\dot I_A = \dfrac{220\angle 0°}{Z}, \dot I_B = \dfrac{220\angle -120°}{Z}, \dot I_C = \dfrac{220\angle 120°}{Z}$

B. $\dot I_A = \dfrac{380\angle 30°}{Z}, \dot I_B = \dfrac{380\angle -90°}{Z}, \dot I_C = \dfrac{380\angle 150°}{Z}$

C. $\dot I_A = \dfrac{220\angle 0°}{Z+Z_N}, \dot I_B = \dfrac{220\angle -120°}{Z+Z_N}, \dot I_C = \dfrac{220\angle 120°}{Z+Z_N}$

D. $\dot I_A = \dfrac{380\angle 30°}{Z+Z_N}, \dot I_B = \dfrac{380\angle -90°}{Z+Z_N}, \dot I_C = \dfrac{380\angle 150°}{Z+Z_N}$

9. 电路如图所示,$U=10+20\cos\omega t$,已知 $R_L=\omega L=5\Omega$,则电路的功率是:

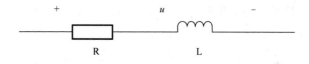

    A. 20W   B. 40W

    C. 80W   D. 10W

10. 某一电路发生突变,如开关突然通断,参数的突然变化以及其突发意外事故或干扰统称为:

    A. 短路   B. 断路

    C. 换路   D. 通路

11. 对于二阶电路,用来求解动态输出响应的方法是:

    A. 三要素法   B. 相量法

    C. 相量图法   D. 微积分法

12. 图示电路中,开关 S 在 $t=0$ 时打开,在 $t\geqslant0_+$ 后电容电压 $U_C(t)$ 为:

    A. $10e^{-1000t}$

    B. $10(1+e^{-1000t})$

    C. $10(1-e^{-1000t})$

    D. $10(1-e^{-100t})$

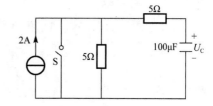

13. 一般用来描述电磁辐射的参数是:

    A. 幅值   B. 频率

    C. 功率   D. 能量

14. 静电荷是指:

    A. 相对静止量值恒定的电荷

    B. 绝对静止量值随时间变化的电荷

    C. 绝对静止量值恒定的电荷

    D. 相对静止量值随时间变化的电荷

15. 图示是一个简单的电磁铁,能使磁场变得更强的方式是:

   A. 将导线在钉子上绕更多圈

   B. 用一个更小的电源

   C. 将电源正负极反接

   D. 将钉子移除

16. 在静电场中,场强小的地方,其电位通常:

   A. 更高   B. 更低

   C. 接近于 0   D. 高低不定

17. 在方向朝西的磁场中有一条电流方向朝北的带电导线,导线的受力为:

   A. 向下的力   B. 向上的力

   C. 向西的力   D. 不受力

18. 在时变电磁场中,场量和场源除了是时间的函数,还是:

   A. 角坐标   B. 空间坐标

   C. 极坐标   D. 正交坐标

19. 如图所示电路,设 D_1 为硅管,D_2 为锗管,则 AB 两端之间的电压 U_{AB} 为:

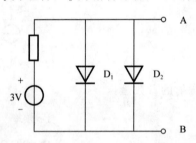

   A. 0.7V   B. 3.0V

   C. 0.3V   D. 3.3V

20. 如图所示,已知 $\beta=100$, $r_{be}=1k\Omega$,计算放大电路电压放大倍数 A_u、输入电阻 r_i 和输出电阻 r_o 分别是:

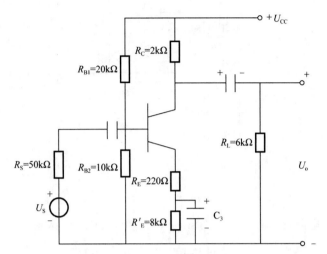

A. $A_u=-6.5$, $r_i=5.2\Omega$, $r_o=2k\Omega$ B. $A_u=6.5$, $r_i=5.2\Omega$, $r_o=20k\Omega$

C. $A_u=-65$, $r_i=1k\Omega$, $r_o=6k\Omega$ D. $A_u=65$, $r_i=200\Omega$, $r_o=2k\Omega$

21. 电路如图所示,当 $U_i=0.6V$ 时,输出电压 U_o 等于:

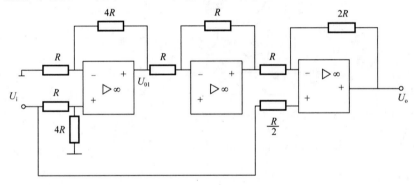

A. 16.6V   B. 6.6V

C. 10V   D. 6.0V

22. 电路如图所示,输入电压 $U_i=10\sin(\omega t)mV$,则输出电压 U_o 为:

A. 方波

B. 正弦波

C. 三角波

D. 锯齿波

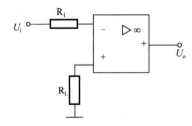

23. 图示 RC 振荡电路,若减小振荡频率,应该:

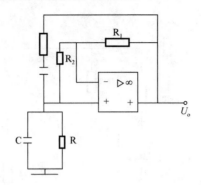

A. 减小 C B. 增大 R

C. 增大 R_1 D. 减小 R_2

24. 如图所示电路,已知 $u_2 = 25\sqrt{2}\sin\omega t \mathrm{V}$,$R_L = 200\Omega$。计算输出电压的平均值 U_0、流过负载的平均电流 I_0、流过整流二极管的平均电流 I_D、整流二极管承受的最高反向电压 U_{DRM} 分别是:

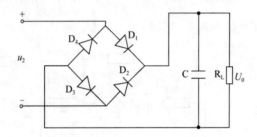

A. $U_0 = 25\mathrm{V}$,$I_0 = 150\mathrm{mA}$,$I_D = 100\mathrm{mA}$,$U_{DRM} = 35\mathrm{V}$

B. $U_0 = 30\mathrm{V}$,$I_0 = 75\mathrm{mA}$,$I_D = 50\mathrm{mA}$,$U_{DRM} = 70\mathrm{V}$

C. $U_0 = 30\mathrm{V}$,$I_0 = 150\mathrm{mA}$,$I_D = 75\mathrm{mA}$,$U_{DRM} = 35\mathrm{V}$

D. $U_0 = 25\mathrm{V}$,$I_0 = 75\mathrm{mA}$,$I_D = 150\mathrm{mA}$,$U_{DRM} = 50\mathrm{V}$

25. 逻辑函数 $Y = AB + \overline{A}C + \overline{B}C$ 的最简与或表达式是:

A. $Y = AB + C$ B. $Y = \overline{A}B + C$

C. $Y = A\overline{B} + C$ D. $Y = \overline{A}\,\overline{B} + C$

26. 图示电路为 TTL 门电路,输出状态为:

A. 低电平

B. 高电平

C. 高阻态

D. 截止状态

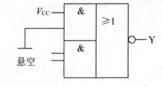

27. 逻辑电路如图所示,该电路实现的逻辑功能是:

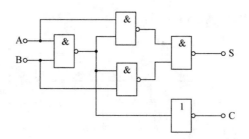

A. 编码器
B. 译码器

C. 计数器
D. 半加器

28. 图示逻辑电路,当 A=0,B=1 时,CP 脉冲到来后 D 触发器:

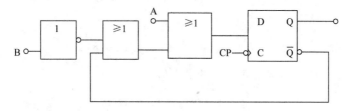

A. 保持原状态
B. 置 0

C. 置 1
D. 具有计数功能

29. 图示逻辑电路,设触发器的初始状态均为 0,当 $\overline{R}_D=1$ 时,该电路实现的逻辑功能是:

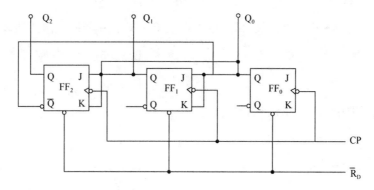

A. 同步十进制加法计数器
B. 同步八进制加法计数器

C. 同步六进制加法计数器
D. 同步三进制加法计数器

30. 如图所示电路中,权电阻网络 D/A 转换器中,若取 $V_{REF}=5V$,则当输入数字量为 $d_3 d_2 d_1 d_0 = 1101$ 时,输出电压为:

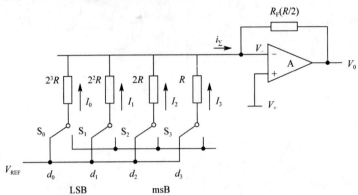

    A. $-4.0625V$ B. $-0.8125V$

    C. $4.0625V$ D. $0.8125V$

31. 风电机组能够获得风能理论上的最大值为:

    A. 33% B. 40%

    C. 100% D. 59.6%

32. 接入 10kV 线路的发电机,其额定电压为:

    A. $10kV$ B. $11kV$

    C. $10.5kV$ D. $9.5kV$

33. 发电机与 10kV 线路连接,以发电机端电压为基准值,则线路电压标幺值为:

    A. 1 B. 1.05

    C. 0.905 D. 0.952

34. 高电压网中,有功功率的方向是:

    A. 电压高端向低端流动   B. 电压高端向低端流动

    C. 电压超前向电压滞后流动   D. 电压滞后向电压超前流动

35. 如图所示,220kV 线路中的 A、B 开关都断开时,A、B 两端端口电压分别为 240kV 和 220kV。当开关 A 合上,开关 B 断口处的电压差为:

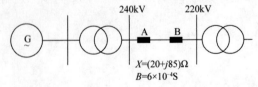

    A. $20kV$ B. $16.54kV$

    C. $26.26kV$ D. $8.74kV$

36. 线路上装设并联电抗器的作用是:

    A. 电压电流测量　　　　　　　　　　B. 降低线路末端过电压

    C. 提高线路末端低电压　　　　　　　D. 线路滤波

37. 无限大功率电源供电系统如图所示,已知电力系统出口断路器的断流容量为 600MVA,架空线路 $x=0.38\Omega/km$,用户配电所 10kV 母线上 k-1 点短路的三相短路电流周期分量有效值和短路容量分别为:

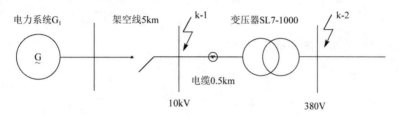

    A. 7.29kA,52.01MVA　　　　　　　　B. 4.32kA,52.01MVA

    C. 2.91kA,52.90MVA　　　　　　　　D. 2.86kA,15.50MVA

38. 高压系统短路电流计算时,短路电路中,电阻 R 计入有效电阻的条件是:

    A. 始终计入　　　　　　　　　　　　B. 总电阻小于总电抗

    C. 总电阻大于总电抗的 1/3　　　　　D. 总电阻大于总电抗 1/2

39. 额定电压 110kV 的辐射型电网各段阻抗及负荷如图所示,已知电源 A 的电压为 121kV,则 C 点电压为(可以不计电压降落的横分量 δu):

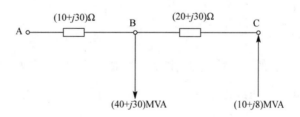

    A. 105.507kV　　　　　　　　　　　　B. 107.363kV

    C. 110.452kV　　　　　　　　　　　　D. 115.759kV

40. 某单相变压器的额定电压为 10kV/230kV,接在 10kV 的交流电源上,向一电感性负载供电,电压调整率为 0.03,变压器满载时的二次电压为:

    A. 230V　　　　　　　　　　　　　　B. 220V

    C. 223V　　　　　　　　　　　　　　D. 233V

41. 一变压器容量为 10kVA,铁耗为 300W,满载时铜耗为 400W。变压器在满载时,向功率因数为 0.8 的负载供电时的效率为:

A. 0.8   B. 0.97

C. 0.95   D. 0.92

42. 变压器冷却方式代号 ONAN,其具体冷却方式为:

A. 油浸自冷   B. 油浸风冷

C. 油浸水冷   D. 符号标志错误

43. 图示三种绕组接法分别是:

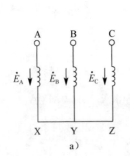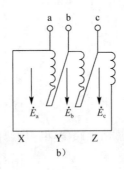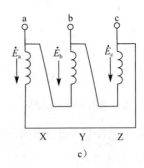

a)   b)   c)

A. y 型,d 型顺接,d 型逆接   B. Y 型,D 型顺接,D 型逆接

C. Y 型,d 型顺接,d 型逆接   D. y 型,D 型顺接,d 型逆接

44. 三相交流同步发电机极对数 3,在我国其额定转速为:

A. 3000r/min   B. 2000r/min

C. 1500r/min   D. 1000r/min

45. 关于感应电动机的电磁转矩与电机输入端的电压之间的关系,以下说法正确的是:

A. 电磁转矩与电压成正比   B. 电磁转矩与电压成反比

C. 没有关系   D. 电磁转矩与电压的平方成反比

46. 交流三相异步电动机中的转差率大于 1 的条件是:

A. 任何情况下都没有可能   B. 变压调速时

C. 变频调速时   D. 反接制动时

47. 交流异步电机调速范围最广的是：

    A. 调压   B. 变频

    C. 变转差率   D. 变极对数

48. 一台汽轮发电机极数为 2，$P_N=300MW$，$U_N=18kV$，功率因数为 0.85，额定频率为 50Hz，发电机的额定电流和额定无功功率分别是：

    A. 11.32kA，186kvar   B. 11.32kA，186Mvar

    C. 14.36kA，352.94Mvar   D. 14.36kA，186Mvar

49. 三相同步发电机，星形连接，$U_N=11kV$，$I_N=460A$，$X_d=16\Omega$，$X_q=8\Omega$，r_a 忽略不计，功率因数为 0.8(感性)，其空载电势为：

    A. 11.5kV   B. 11kV

    C. 12.10kV   D. 10.9kV

50. 发电机并列运行过程中，当发电机电压与系统电压相位不一致时，将产生冲击电流，冲击电流最大值发生在两个电压相位差为：

    A. 0°   B. 90°

    C. 180°   D. 270°

51. 110kV 系统悬垂绝缘子串的绝缘子个数为：

    A. 2   B. 3

    C. 5   D. 7

52. 电气装置的外露可导电部分接至电气上与低压系统接地点无关的接地装置，是以下哪种系统：

    A. TT   B. TN-C

    C. TN-S   D. TN-C-S

53. 电气设备发生接地故障时,接地电流流过接地装置时,大地表面形成分布点位,以下说法正确的是:

A. 沿设备垂直距离为 1.8m 的电位差为跨步电势

B. 在接地电流扩散区域内,地面上水平距离为 1m 的两点间的电位差为跨步电压

C. 在接地电流扩散区域内,地面上水平距离为 0.8m 的两点间的电位差为跨步电压

D. 在接地电流扩散区域内,地面上水平距离为 0.8m 的两点间的电位差为接触电势

54. 以下动作时间属于中速动作的断路器是:

A. 2s   B. 0.3s

C. 0.1s   D. 0.05s

55. 一类防雷建筑物的滚球半径为 30m,单根避雷针高度 25m,地面上的保护半径为:

A. 30.5m   B. 25.8m

C. 28.5m   D. 29.6m

56. 以下关于互感器的正确说法是:

A. 电流互感器其接线端子没有极性

B. 电流互感器二次侧可以开路

C. 电压互感器二次侧可以短路

D. 电压电流互感器二次侧有一端必须接地

57. 他励直流电动机的电枢串电阻调速,下列哪种说法是错误的:

A. 只能在额定转速的基础上向下调速

B. 调速效率太小

C. 轻载时调速范围小

D. 机械特性不随外串阻值的增加发生变化

58. 如图所示单母线接线，L_1 线断电的操作顺序为：

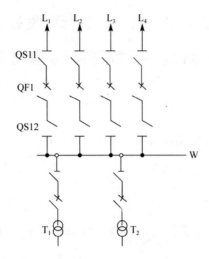

A. 先断开 QS11，再断开 QS12，最后断开 QF1

B. 先断开 QS11，再断开 QF1，最后断开 QS12

C. 先断开 QF1，再断开 QS11，最后断开 QS12

D. 先断开 QS12，再断开 QF1，最后断开 QS11

59. 保护 PE 线与相线材质相同，当线芯截面面积为 50mm² 时，PE 线的最小截面面积为：

A. 50mm²   B. 16mm²

C. 20mm²   D. 25mm²

60. 中性点不接地系统中，正常运行时，三相对地电容电流均为 15A，当 A 相发生接地故障，A 相故障接地点电流属性为：

A. 感性   B. 容性

C. 阻性   D. 无法判断

2019年度全国勘察设计注册电气工程师(发输变电)执业资格考试
基础考试(下)试题解析及参考答案

1.解 $U_1 = 4 \times 1 = 4V$，受控源电压：$2U_1 = 2 \times 4 = 8V$，受控源电压和电流关联方向相反，即该元件吸收功率 $P = 1 \times 8 = 8W$。

答案：B

2.解 由 4Ω 电阻回路可知，$\dfrac{U_1}{I_1} = 4\Omega$，则受控源等效电阻：$R_{ctl} = \dfrac{U_1}{3I_1} = \dfrac{4}{3}\Omega$，故端口 ab

输入电阻为：$R_{ab} = 1.5 + 1//4//\dfrac{4}{3} = 1.5 + 0.5 = 2\Omega$。

答案：A

3.解 由 KVL 可知，$I \times 1 + (I+1) \times 2 = 4 + 2I - 1$，解得，$I = 1A$。

答案：B

4.解 最大功率传输条件为：当负载电阻等于去掉负载后的戴维南等效电路的内阻时，在负载中可获得最大功率，故先求取戴维南等效电路内阻。

(1)将题图中独立电源置零(电流源开路,电压源短路)，设端口电流为 I_{in}，方向为流入端口，利用 KVL 和 KCL 有：

$$\begin{cases} I_{in} = I + \dfrac{u_{oc}}{2} \\ u_{oc} - 2I - 2 \times 3I = 0 \end{cases} \Rightarrow R_{in} = \dfrac{u_{oc}}{I_{in}} = \dfrac{8}{5}\Omega$$

(2)利用 KVL，求端口开路电压：$-4 - 2I - 2(I + 2I) + 2 - 2I = 0 \Rightarrow I = -0.2A$

$u_{oc} = -2I = -2 \times (-0.2) = 0.4V$

(3)最大功率：$P_{max} = \dfrac{U_{oc}^2}{4R_{eq}} = \dfrac{0.4^2}{4 \times 1.6} = 0.025W$

答案：D

5.解 基本概念。对含有受控源的支路进行电源等效变换时，可将受控源当独立源处理，但是不能把受控源的控制量消除掉。

答案：B

6.解 由并联电路各支路的电流公式可得：

$$I_2 = \frac{120\angle 0°}{60+j60} = \frac{120\angle 0°}{60\sqrt{2}\angle 45°} = \sqrt{2}\angle -45° = (1-j)\text{A}$$

$$I_1 = \frac{120\angle 0°}{-j20} = \frac{120\angle 0°}{20\angle -90°} = 6\angle 90° = j6\text{A}$$

$$I = I_1 + I_2 = (1-j) + j6 = (1+j5)\text{A}$$

答案:D

7.解 三相正弦电路分析的基本概念。

答案:A

8.解 由于负载是三相对称负载,$\dot{U}_A + \dot{U}_B + \dot{U}_C = 0$,即 $\dot{U}_{NN'} = 0$,中性线电阻相当于被短路,故相电流仅与本相阻抗有关,即 $\dot{I}_A = \frac{220\angle 0°}{Z}$,$\dot{I}_B = \frac{220\angle -120°}{Z}$,$\dot{I}_C = \frac{220\angle 120°}{Z}$。

答案:A

9.解 电压 $U = 10 + 20\cos\omega t$,下面分直流与交流进行计算。

直流分量(电感相当于短路):$P_0 = \frac{U^2}{R} = \frac{10^2}{5} = 20\text{W}$

交流分量:$\dot{I}_1 = \frac{\dot{U}_1}{Z} = \frac{\left(\frac{20}{\sqrt{2}}\right)\angle 0°}{5+j5}\text{A} = 2\angle -45°\text{A}$

$$P_1 = U_1 I_1 \cos\varphi = \frac{20}{\sqrt{2}} \times 2 \times \cos 45° = 20\text{W}$$

电路总功率:$P = P_0 + P_1 = 20 + 20 = 40\text{W}$

答案:B

10.解 基本概念。含有动态元件的电路的一个特征是当电路的结构或元件的参数发生变化时,可能使电路改变原来的工作状态,转变到另一个工作状态,这种转变往往需要经历一个过程,此种电路结构或参数变化引起的电路变化统称为"换路"。

答案:C

11.解 基本概念。用二阶微分方程描述的动态电路为二阶电路。在二阶电路中,给定的初始条件应有两个,它们由储能元件的初始值决定。

答案:D

12.解 换路前,电流源被短路,电容两端无电压,由换路定则可得,当 $t = 0$ 时,$u_C(0_-) = u_C(0_+) = 0$;当 $t \to \infty$ 时,电容相当于断路,故 $u_C(\infty) = 2 \times 5 = 10\text{V}$。

当 $t \to \infty$ 时,将图中电流源断路,$R_{eq} = 10\Omega$,故时间常数:$\tau = R_{eq}C = 10 \times 10^{-4} = 10^{-3}\text{s}$

代入一阶电路全响应方程 $f(t) = f(\infty) + [f(0_+) - f(\infty)]e^{-\frac{t}{\tau}}$，则

$$u_C(t) = 10 + (0-10)e^{-\frac{t}{10^{-3}}} = 10(1 - e^{-1000t})$$

答案：C

13. 解 电场和磁场的交互变化产生的电磁波，电磁波向空中发射或泄露的现象，叫电磁辐射。电磁辐射有一个电场和磁场分量的振荡，分别在两个相互垂直的方向传播能量。电磁辐射所衍生的能量取决于频率的高低，频率愈高，能量愈大。电磁辐射波根据频率（或波长）不同可分为不同类型，这些类型包括无线电波、微波、太赫兹辐射、红外辐射、可见光、紫外线、X 射线和伽玛射线。

答案：B

14. 解 相对于观察者为静止的且其电荷量不随时间变化的电荷所引起的电场，即为静电场。显然，静电荷是相对静止、量值恒定的电荷。

答案：A

15. 解 通电线圈磁场的强度与线圈有无铁心、线圈的匝数、电流的大小等有关，通电线圈有铁心比无铁心产生的磁感应强度大，且与线圈的匝数、电流成正比。

答案：A

16. 解 由电场强度和电势的两个公式：$\vec{E} = \dfrac{\tau}{4\pi\varepsilon_0 r^2}\vec{e_r}$ 和 $\varphi = \displaystyle\int_r^\infty \dfrac{\tau}{4\pi\varepsilon r^2}\mathrm{d}r = \dfrac{\tau}{4\pi\varepsilon r}$ 可知，其值大小与电荷正负（大小）和距离均有关，且场强为矢量，受到方向影响，故无法简单与电势进行比较。可以简单举例，如在两个正点电荷的中点，电场强度为零，而电势可以不为零。

答案：D

17. 解 载流导体在磁场中所受的力称为安培力，安培力的方向采用左手定则判定。伸开左手，使拇指跟其余四指垂直，并且都跟手掌在同一个平面内，让磁感线穿入手心，并使四指指向电流的方向，大拇指所指的方向就是通电导线所受安培力的方向。

答案：B

18. 解 基本概念。在时变电磁场中，电场和磁场都是时间和空间的函数。

答案：B

19. 解 根据半导体自身特性，硅管 D_1 的导通管压降 $0.7V$ 和锗管 D_2 的导通管压降 $0.3V$，故锗管 D_2 先导通，$U_{AB} = 0.3V$，硅管两端的电压被钳制在 $0.3V$，硅管截止。

> 注：硅管的门坎电压 $U_{th} \approx 0.5V$，正向压降 $U_D \approx 0.7V$；锗管的门坎电压 $U_{th} \approx 0.1V$，正向压降 $U_D \approx 0.3V$。

答案:C

20.**解** 微变等效电路如解图所示。

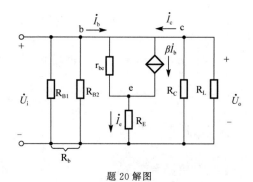

题20解图

放大倍数:$A_u = \dfrac{u_o}{u_i} = \dfrac{-\beta(R_c /\!/ R_L)}{r_{be}+(1+\beta)R_E} = \dfrac{-100 \times (2 /\!/ 6)}{1+(100+1) \times 0.22} = -6.5$

输入电阻:$R_i = R_{B1} /\!/ R_{B2} /\!/ [r_{be}+(1+\beta)R_E] = 10 /\!/ 20 /\!/ 23.22 = 5.2 k\Omega$

输出电阻:$R_o \approx R_c = 2 k\Omega$

答案:A

21.**解** 根据理想放大器的"虚短、虚断"概念,由左向右,分别计算各理想放大器的输入、输出电压。

(1)理想放大器 A_1:

虚短:$U_{A1+} = U_{A1-} = \dfrac{4R}{R+4R} U_i = \dfrac{4}{5} U_i$

虚断:$\dfrac{U_{A1-}-0}{R} = \dfrac{U_{o1}-U_{A1-}}{4R} \Rightarrow U_{o1} = 5U_{A1-} = 4U_i$

(2)理想放大器 A_2:

虚断:$\dfrac{U_{o1}}{R} = -\dfrac{U_{o2}}{R} \Rightarrow U_{o2} = -U_{o1} = -4U_i$

(3)理想放大器 A_3:

虚短:$U_{A3+} = U_{A3-} = U_i$

虚断:$\dfrac{U_{o2}-U_i}{R} = -\dfrac{U_o-U_i}{2R} \Rightarrow U_o = 11U_i = -11 \times 0.6 = 6.6V$

答案:B

22.**解** 基本概念。忽略放大电路的饱和特性,该电路为无反馈的简单放大电路,无其他波形发生。

答案:B

23. 解 RC 桥式振荡电路的振荡频率: $f = f_0 = \dfrac{1}{2\pi RC}$, 显然若需减小振荡频率,可增大电阻 R 或电容 C。

答案: B

24. 解 单相桥式电容滤波电路(U_2 为有效值),根据其特性可知,输出电压平均值:

$U_o = (1.1 \sim 1.2)U_2 = (1.1 \sim 1.2) \times 25 = (27.5 \sim 30) \mathrm{V}$(无电容 $C = 0$ 时, $U_o = 0.9U_2$)

输出电流平均值: $I_o = \dfrac{U_o}{R} = \dfrac{30}{200} = 150 \mathrm{mA}$

每个桥臂一周期通过电流: $I_D = \dfrac{I_o}{2} = 75 \mathrm{mA}$

最高反向电压: $U_{\max} = U_{DRM} = 1.4 \times 25 = 35 \mathrm{V}$

答案: C

25. 解 根据狄·摩根定律($\overline{A \cdot B \cdot C} = \overline{A} + \overline{B} + \overline{C}$)和吸收律进行化简。

$Y = AB + \overline{A}C + \overline{B}C = AB + (\overline{A} + \overline{B})C = AB + \overline{AB}C = AB + C$

答案: A

26. 解 A = 1, B = 0, 当输入端悬空, TTL 电路视输入为"1", C = D = 1

$Y = \overline{AB + CD} = \overline{0 \times 1 + 1 \times 1} = 0$

> 注:三态逻辑门的输出除了具有一般与非门的两种状态,即输出电阻较小的高、低电平状态外,还具有高输出电阻的第三状态,称为高阻态,又称为禁止态。

答案: A

27. 解 根据逻辑电缆,得到逻辑表达式: $S = \overline{AB}(A + B)$, $C = AB$。

题 27 解表

A	B	S	C
0	0	0	0
0	1	1	0
1	0	1	0
1	1	0	1

显然, S 为和, C 为高位进位,即为半加器。

> 注:半加器是实现两个一位二进制相加的运算电路,与全加器不同的是,其未考虑低位进位运算。

答案: D

28. 解 D 触发器的特征方程为 $Q^{n+1}=D$,根据逻辑电路可列出逻辑表达式

$$Q^{n+1}=D=\overline{\overline{(\overline{B}+\overline{Q^n})}+A}=(\overline{B}+\overline{Q^n})\cdot\overline{A}$$

当 $\begin{cases}Q^n=D=0\\\overline{Q^n}=\overline{D}=1\end{cases}$ 时,$Q^{n+1}=(\overline{B}+\overline{Q^n})\cdot\overline{A}=(0+1)\cdot 1=1$

当 $\begin{cases}Q^n=D=1\\\overline{Q^n}=\overline{D}=0\end{cases}$ 时,$Q^{n+1}=(\overline{B}+\overline{Q^n})\cdot\overline{A}=(0+0)\cdot 1=0$

显然,CP 脉冲到来后 D 触发器输出电平翻转,具有计数功能。

答案:D

29. 解 JK 触发器的特征方程为:$Q^{n+1}=J\overline{Q^n}+\overline{K}Q^n$,可知:

$J_0=K_0=1,Q_0^{n+1}=J_0\overline{Q_0^n}+\overline{K_0}Q_0^n=\overline{Q_0^n}$

$J_1=K_1=Q_0^n,Q_1^{n+1}=J_1\overline{Q_1^n}+\overline{K_1}Q_1^n=\overline{Q_2^n}Q_0^n\,\overline{Q_1^n}+\overline{Q_0^n}Q_1^n$

$J_2=K_2=Q_0^n,Q_2^{n+1}=J_2\overline{Q_2^n}+\overline{K_2}Q_2^n=Q_0^nQ_1^n\overline{Q_2^n}+\overline{Q_0^n}Q_2^n$,故列真值表如下:

题 29 解表

Q_2^n	Q_1^n	Q_0^n	Q_2^{n+1}	Q_1^{n+1}	Q_0^{n+1}
0	0	0	0	0	1
0	0	1	0	1	0
0	1	0	0	1	1
0	1	1	1	0	0
1	0	0	1	0	1
1	0	1	0	0	0

由真值表可知,此电路完成了 6 种状态的循环转换,为 6 进制加法计数器。

答案:C

30. 解 输入数字量 $d_3d_2d_1d_0=1101$,开关 d_3、d_2、d_0 闭合,d_1 断开,则有

$$-\frac{U_o}{R_F}=-\frac{U_o}{R/2}=\frac{5d_0}{2^3R}+\frac{5d_1}{2^2R}+\frac{5d_2}{2^1R}+\frac{5d_3}{2^0R}\Rightarrow U_o=-\frac{5}{2}\left(\frac{1}{2^3}+\frac{1}{2^1}+\frac{1}{2^0}\right)=-4.0625V$$

答案:A

31. 解 如果风中全部的能量,在通过叶轮的时候被 100% 转化为机械能,那么风就会停下,通过叶片的空气风速降为 0,这就意味着空气会在叶片后面阻滞聚集,也就没有后续流动的空气来推动叶片产生能量了。所以,实际中风具有的能量不可能完全被风力机吸收,根据贝兹定律(或贝茨极限),从风能中转化得到的能量,最多不超过 59.3%。

注:超纲题目,贝茨极限的证明较为复杂,此处略之。

答案:D

32.解 基本概念。由于交流发电机端额定电压在比系统标称电压高5%的状态下运行,因此,交流发电机的额定电压规定比系统额定电压高5%,故发电机的额定电压为10.5kV。

答案:C

33.解 发电机的额定电压比系统标称电压高5%,故发电机机端电压标幺值为1.05kV,线路的电压标幺值为1,若以发电机机端电压为基准值,则线路电压的标幺值为:$U_{l*}=\dfrac{1}{1.05}=0.952$。

答案:D

34.解 由于高压输电线路的电阻远小于电抗,因而使得高压输电线路中有功功率的流向主要由两端节点电压的相位决定,有功功率是从电压相位超前的一端流向滞后的一端,输电线路中无功功率的流向主要由两端节点电压的幅值决定,由幅值高的一端流向低的一端。公式分析如下:

$\dot{U}_1=\dot{U}_2+\dfrac{P_2R+Q_2X}{U_2}+j\dfrac{P_2X-Q_2R}{U_2}$,其中输电线路电阻忽略不计,$R=0$,则

$\dot{U}_1=\dot{U}_2+\dfrac{Q_2X}{U_2}+j\dfrac{P_2X}{U_2}\Rightarrow U_1(\cos\delta+j\sin\delta)=U_1+\dfrac{Q_2X}{U_2}+j\dfrac{P_2X}{U_2}$

则有功功率:$U_1\sin\delta=\dfrac{P_2X}{U_2}\Rightarrow P_2=\dfrac{U_1U_2}{X}\sin\delta$,故相角差主要取决于有功功率。

注:无功功率 $Q_2=\dfrac{(U_1\cos\delta-U_2)U_2}{X}\approx\dfrac{(U_1-U_2)U_2}{X}=\dfrac{\Delta U\cdot U_2}{X}$,电压降落主要取决于无功功率。

答案:C

35.解 显然,线路空载,末端电压升高,采用 Ⅱ 形等值电路计算如下:

$U_1=U_2+\Delta U_2+\delta U_2=U_2-\dfrac{BX}{2}U_2+j\dfrac{BR}{2}U_2\Rightarrow U_2=\dfrac{U_1}{1-\dfrac{BX}{2}+j\dfrac{BR}{2}}$

$-\dfrac{BX}{2}=-\dfrac{6\times10^{-4}\times85}{2}=-0.0255$

$\dfrac{BR}{2}=\dfrac{6\times10^{-4}\times20}{2}=0.006$

线路末端电压为:$U_2=\dfrac{240\angle0°}{1-0.0255+j0.006}=\dfrac{240\angle0°}{0.9745\angle0.353°}=246.28\angle-0.353°$

断口 B 两端的电压差为: $\Delta U' = 246.28 - 220 = 26.28 \text{kV}$

答案: C

36. 解 在 330kV 及以上超高压配电装置的线路侧, 装设同一电压等级的并联电抗器, 其作用如下:

(1) 线路并联电抗器可以补偿线路的容性无功功率, 改善线路无功平衡。

(2) 削弱空载或轻载线路中的电容效应, 抑制其末端电压升高, 降低工频暂态过电压, 限制操作过电压的幅值。

(3) 改善沿线电压分布, 提供负载线路中的母线电压, 增加了系统稳定性及送电能力。

(4) 有利于消除同步电机带空载长线时可能出现的自励磁谐振现象。

(5) 采用电抗器中性点经小电抗接地的办法, 可补偿线路相间及相对地电容, 加速潜供电弧自灭, 有利于单相快速重合闸的实现。

答案: B

37. 解 基准容量 $S_j = 600 \text{MVA}$, 基准电压为 $U_j = 1.05 \times 10 = 10.5 \text{kV}$, 各元件电抗标幺值计算如下。

系统电抗: $X_{*S} = \dfrac{S_j}{S_k} = \dfrac{600}{600} = 1$

线路 L: $X_{*L3} = X_{L3} \dfrac{S_j}{U_j^2} = 0.38 \times 0.5 \times \dfrac{600}{10.5^2} = 10.34$

则当 k-1 点发生三相短路时, 至短路点的总等效电抗标幺值为: $X_{*\Sigma} = 1 + 10.34 = 11.34$

短路电流有名值: $I_k = \dfrac{I_j}{X_{*\Sigma}} = \dfrac{600}{\sqrt{3} \times 10.5} \times \dfrac{1}{11.34} = 2.91 \text{kA}$

短路容量: $S_k = \sqrt{3} U_j I_k = \sqrt{3} \times 10.5 \times 2.91 = 52.92 \text{kA}$

答案: C

38. 解 此为高压短路电流计算条件之一: 设定短路回路各元件的磁路系统为不饱和状态, 即认为各元件的感抗为一常数。若电网电压在 6kV 以上时, 除电缆线路应考虑电阻外, 网络阻抗一般可视为纯电抗(略去电阻); 若短路电路中总电阻 R_Σ 大于总电抗 X_Σ 的 1/3, 则应计入其有效电阻。

答案: C

39. 解 已知不同点电压和功率求潮流分布。先假设全网电压为额定电压, 即 110kV, 由末端向首端进行潮流计算。

$S_C = -(10 + j8)$

$$S_B = S_C + \Delta S_{BC} + S'_B = -(10+j8) + \frac{10^2+8^2}{110^2} \times (20+j30) + (40+j30)$$

$$= (30.27+j22.41)\text{MVA}$$

$$S_A = S_B + \Delta S_{AB} = 32.27 + j24.41 + \frac{30.27^2+24.41^2}{110^2} \times (10+j30) = (31.44+j25.93)\text{MVA}$$

由首端向末端进行电压降落计算：

$$\Delta U_{AB} = \frac{31.44 \times 10 + 25.93 \times 30}{121} = 9.026\text{kV}$$

$$\Delta U_{BC} = \frac{-9.729 \times 20 - 7.4795 \times 30}{121 - 9.026} = -3.742\text{kV}$$

$$U_B = U_A - \Delta U_{AB} - \Delta U_{BC} = 121 - 9.026 - (-3.742) = 115.716\text{kV}$$

答案：D

40. 解 电压调整率定义为：一次侧加额定电压，负载功率因数一定，二次侧空载电压与负载时电压之差 $(U_{20}-U_2)$ 用二次侧额定电压 U_{2N} 的百分数来表示，即

$$\Delta U\% = \frac{U_{20}-U_2}{U_{2N}} \times 100\% \Rightarrow U_2 = U_{20} - \Delta U\% U_{2N} = 230 - (1-0.03) \times 230 = 223.1\text{kV}$$

注：由于负载为感性负载，故满载时二次侧电压应低于一次侧电压。

答案：C

41. 解 $\eta = \frac{P_2}{P_2+P_0+P_k} = \frac{S\cos\varphi}{S\cos\varphi+P_0+P_k} = \frac{10 \times 10^3 \times 0.8}{10 \times 10^3 \times 0.8 + 300 + 400} = 0.92$。

答案：D

42. 解 变压器常用的冷却方式见解表。

题 42 解表

变压器冷却方式	代号
油浸自冷	ONAN
油浸风冷	ONAF
强迫导向油循环风冷	ODAF
强迫油循环风冷	OFAF
强迫油循环水冷	OFWF
强迫导向油循环水冷	ODWF

变压器冷却方式代号中，第一个字母表示与绕组接触的内部冷却介质，O表示矿物油或燃点不大于300℃的合成绝缘液体，K表示燃点大于300℃的合成绝缘液体，1表示燃点不可测出的绝缘液体。第二个字母表示内部冷却介质的循环方式，N表示流经冷却设备和绕组内部的油流是自然的热对流循环；F表示冷却设备中的油流是强迫循环，流经绕

组内部的油流是热对流循环;D 表示冷却设备中的油流是强迫循环,至少在主要绕组内的油流是强迫导向循环。第三个字母表示外部冷却介质,A 表示空气,W 表示水。第四个字母表示外部冷却介质的循环方式,N 表示自然对流,F 表示强迫循环(风扇、泵等)。

答案:A

43.**解** 星形连接,就是把三相绕组的三个首端 A、B、C(或 a、b、c)向外引出,将末端 X、Y、Z(或 x、y、z)连接在一起成为中性点,用符号 Y(或 y)表示。三角形连接,就是把一相绕组的末端和另一相容阻的首端连接起来,顺序形成了一个闭合电路,而把其首端向外引出,用符号 D(或 d)表示,三角形连接有正向和逆向两种连接顺序。图 a)表示变压器的高压侧,采用星形连接;图 b)表示变压器低压测,采用三角形连接,根据其绕组电压方向判断为顺连;图 c)表示变压器低压侧,采用三角形连接,同理判断绕组为逆连。

答案:C

44.**解** 转速与极对数的公式为:$n=\dfrac{60f}{P}$,则 $n=\dfrac{60f}{P}=\dfrac{60\times50}{3}=1000\text{r/min}$。

注:极数与极对数不能混淆。

答案:D

45.**解** 根据异步电动机的 T 形等效电路得到电磁转矩公式:

$$T_{em}=\dfrac{3pU_1^2\dfrac{r_2'}{s}}{2\pi f_1\left[\left(r_1+\dfrac{r_2'}{s}\right)^2+(x_1+x_2')^2\right]}$$

显然,电磁转矩与电源电压的平方成正比,近似地与电源频率的平方成反比,因此电源参数的变化对异步电动机的运行性能有很大的影响。

答案:D

46.**解** 同步转速 n_1 与转子转速 n 之差 (n_1-n) 与同步转速 n_1 的比值称为转差率 s,即 $s=\dfrac{n_1-n}{n_1}$。

感应电动机的三种运行状态是电动机运行状态、发电机运行状态和电磁制动运行状态,如解图所示。

答案:D

47.**解** 变频调速的特点是恒转矩,无极调速,效率高,系统较复杂,价格较高,转速变化率小,调速范围广,可达到 10:1 或更大。

答案:B

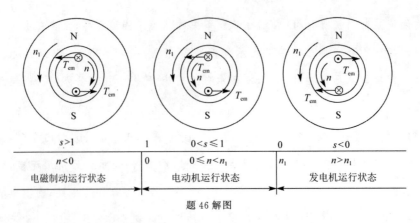

$s>1$	1	$0<s\leqslant1$	0	$s<0$
$n<0$	0	$0\leqslant n<n_1$	n_1	$n>n_1$
电磁制动运行状态		电动机运行状态		发电机运行状态

题 46 解图

48.解 额定电流:$I_N=\dfrac{P_N}{\sqrt{3}U_N\cos\varphi}=\dfrac{300}{\sqrt{3}\times18\times0.85}=11.32\text{kA}$

额定功率:$Q_N=P\tan[\cos^{-1}(0.85)]=300\times0.62=186\text{MVA}$

答案:B

49.解 同步发电机 Y 连接,则相电压为 $U_{N\varphi}=\dfrac{U_N}{\sqrt{3}}=\dfrac{11}{\sqrt{3}}=6.35\text{kV}$

由解图可知,$\dot{I}$ 与 $\dot{U}$ 之间的相位差 φ 是功率因数角,$\dot{I}$ 与 $\dot{E}_0$ 之间的相位差 ψ 是内功率因数角,而 $\dot{U}$ 与 $\dot{E}_0$ 之间的相位差 θ 为功率角,简称功角,三者之间的关系为 $\psi=\varphi+\theta$。

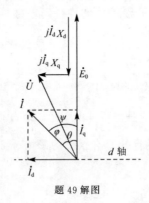

题 49 解图

内功率因数角:$\psi=\arctan\dfrac{U_{N\varphi}\sin\varphi+IX_q}{U_{N\varphi}\cos\varphi}=\arctan\dfrac{6.35\times0.6+0.46\times8}{6.35\times0.8}=55.85°$

功角:$\theta=\psi-\varphi=55.85°-\arccos(0.8)=55.85°-36.87°=18.98°$

直轴电流:$I_d=I_N\sin\psi=460\times\sin55.85°=380.7\text{A}$

空载电势:$E_0=U_{N\varphi}\cos\theta+I_dX_d=6.35\times\cos18.98°+380.7\times10^{-3}\times16=12.10\text{kV}$

答案:C

50.解 发电机电压与系统电压相位不一致时,在发电机和电网间会产生一个冲击环流 $\dot{I}_h$,$\dot{I}_h=\dfrac{\Delta\dot{U}}{jX}=\dfrac{\dot{U}_2-\dot{U}_1}{jX}$,其中 $\dot{U}_2$ 是发电机电压,$\dot{U}_1$ 是电网电压,x 是发电机电抗,显然

当两个电压向量的相位差等于180°时,上式中 ΔU 幅值最大,故所产生的冲击电流也最大。

答案:C

51.解 根据《110～750kV 架空输电线路设计规范》(GB 50545—2010)第7.0.2条,在海拔高度 1000m 以下地区,操作过电压及雷电过电压要求的悬垂绝缘子串的绝缘子最少片数,应符合解表的规定。耐张绝缘子串的绝缘子片数应在解表的基础上增加,对 110～330kV 输电线路应增加 1 片,对 500kV 输电线路应增加 2 片,对 750kV 输电线路不需增加片数。

操作过电压及雷电过电压要求悬垂绝缘子串的最少绝缘子片数　　　题 51 解表

标称电压(kV)	110	220	330	500	750
单片绝缘子的高度(mm)	146	146	146	155	170
绝缘子片数(片)	7	13	17	25	32

答案:D

52.解 低压交流电力系统的接地方式有以下三种:

(1)TN 系统:指电力系统一点直接接地,电气设备的外露部分可导电部分保护线与该点相连。按照 N 线和 PE 线的组合情况,分为以下三种:

①TN-S 系统:整个系统的 N 线与 PE 线是分开的。

②TN-C 系统:整个系统的 N 线与 PE 线合并成 PEN 线。

③TN-C-S 系统:系统近电源端的 N 线与 PE 线合并成 PEN 线,然后 N 线和 PE 线分开,分开后再也不能合并。

(2)TT 系统:指电力系统有一个直接接地点,电气设备的外露可导电部分接至电气上与电力系统的接地点无关的接地体。

(3)IT 系统:指电力系统的带电部分与大地绝缘,或其中一点(通常为中性点)经阻抗与大地相连,电气设备的外露可导电部分是接地的。

答案:A

53.解 根据《交流电气装置的接地设计规范》(GB 50065—2011)第2.0.16条和第2.0.18条,接触电位差为接地故障(短路)电流流过接地装置时,大地表面形成分布电位在地面上到设备水平距离为 1.0m 处与设备外壳、架构或墙壁离地面的垂直距离 2.0m 处两点间的电位差;跨步电位差为接地故障(短路)电流流过接地装置时,地面上水平距离为 1.0m 的两点间电位差。

答案:B

54.解 高压断路器分闸速度的快慢,通常由开断时间来衡量,它包括断路器固有动作时间和燃弧时间两部分。当开断时间大于0.12s,称为低速断路器;当开断时间小于0.08s为高速断路器;当开断时间在0.08~0.12s之间称为中速断路器。

答案:C

55.解 根据《建筑物防雷设计规范》(GB 50057—2010)附录D,$r_0 = \sqrt{h(2h_r - h)} = \sqrt{25 \times (2 \times 30 - 25)} = 29.6\text{m}$。式中,$h_r$为滚球半径,$h$为接闪器高度,$r_0$为接闪器在地面上的保护半径。

答案:D

56.解 根据《电力装置的电测量仪表装置设计规范》(GB/T 50063—2017)第8.1.2条,电流互感器二次回路不宜切换,当需要时应采取防止开路的措施。

电流互感器将一次线圈的大电流降低N倍成为二次侧较小易测量的电流,由于$U_1 I_1 = U_2 I_2$,显然二次侧的电压将升高N倍,因此若二次侧断路,则开口电压将非常高,易对人身造成伤害,非常危险。

答案:A

57.解 当电枢绕组回路中串入不同的外接电阻R_D后,其电枢回路总电阻为$R_a + R_p$,便得到一组机械特性,随着R_p的增大,直线下倾的斜率将增大,即机械特性变软。因此,在负载转矩恒定时,即T_L为常数时,增大电阻R_p可以降低电动机的转速。

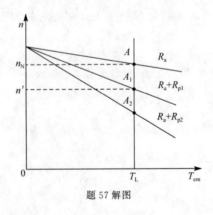

题57解图

答案:D

58.解 隔离开关没有灭弧装置,而断路器有灭弧装置,故断路器可以分合负荷电流和短路电流,而隔离开关则不能。L_1断电的操作顺序为:先断开断路器QF1,再断开负荷侧隔离开关QS11,最后断开母线侧隔离开关QS12。

答案:C

59. **解** 根据《低压配电设计规范》(GB 50054—2011)第3.2.14条,保护导体的最小截面面积应符合解表的规定。

保护导体的最小截面面积(单位:mm²)

题59解表

相导体截面面积	保护导体的最小截面面积	
	保护导体与相导体使用相同材料	保护导体与相导体使用不同材料
≤16	S	$\dfrac{Sk_1}{k_2}$
>16,且≤35	16	$\dfrac{16k_1}{k_2}$
>35	$\dfrac{S}{2}$	$\dfrac{Sk_1}{2k_2}$

注:S为相导体截面面积;k_1、k_2分别为相导体和保护导体的系数。

答案:D

60. **解** 中性点不接地系统,由于中性点与大地之间存在分布电容,交流电通过电容也可以形成回路,所以流过故障点的电流为容性电流。当发生单相接地故障时,其他两相的对地容性电流将流过接地相。

答案:B

2020 年度全国勘察设计注册电气工程师（发输变电）

执业资格考试试卷

基础考试
（下）

二〇二〇年十月

应考人员注意事项

1. 本试卷科目代码为"2",考生务必将此代码填涂在答题卡"科目代码"相应的栏目内,否则,无法评分。

2. 书写用笔:**黑色或蓝色钢笔、签字笔或圆珠笔**; 填涂答题卡用笔:**黑色 2B 铅笔**。

3. 必须用书写用笔将工作单位、姓名、准考证号填写在答题卡和试卷相应的栏目内。

4. 本试卷由 60 题组成,每题 2 分,满分 120 分,本试卷全部为单项选择题,每小题的四个备选项中只有一个正确答案,错选、多选、不选均不得分。

5. 考生作答时,必须**按题号在答题卡上**将相应试题所选选项对应的**字母用 2B 铅笔涂黑**。

6. 在答题卡上书写与题意无关的语言,或在答题卡上作标记的,均按违纪试卷处理。

7. 考试结束时,由监考人员当面将试卷、答题卡一并收回。

8. 草稿纸由各地统一配发,考后收回。

单项选择题(共 60 题,每题 2 分。每题的备选项中只有一个最符合题意。)

1.基尔霍夫电流定律适用于:

    A. 节点   B. 支路

    C. 网孔   D. 回路

2.电路如图所示,受控电流源吸收的功率为:

    A. -72W

    B. 72W

    C. 36W

    D. -36W

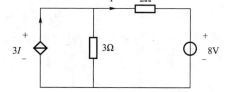

3.如图所示电路 ab 端的开路电压为:

    A. 4V

    B. 5V

    C. 6V

    D. 7V

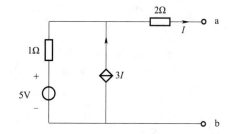

4.电路如图所示,电路电流 I 为:

    A. 1A

    B. 5A

    C. -5A

    D. -1A

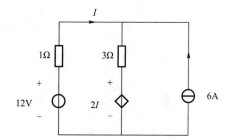

5.正弦稳态电路如图所示,若 $u_s = 10\cos 20t\,(\text{V})$, $R = 20\Omega$, $L = 1\text{H}$,则电流 i 与 u_s 的

    相位关系为:

    A. i 滞后 $u_s 90°$

    B. 电流 i 超前 $u_s 90°$

    C. i 滞后 $u_s 45°$

    D. i 超前 $u_s 45°$

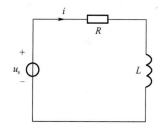

6. 电路如图所示，$i_s = \sqrt{2} \times 10\cos 10^5 t(\text{A})$，$R = 8\Omega$，$C = 0.65\mu\text{F}$，$L = 80\mu\text{H}$，则电阻消耗功率为：

A. 200W

B. 800W

C. 1600W

D. 2400W

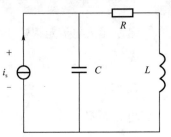

7. 电路如图所示，Y-Y 对称三相电路中原先电流表指示 1A(有效值)，后出现故障 A 相断开(即 S 打开)，此时电流表的读数为：

A. 1A

B. $\sqrt{\dfrac{3}{4}}$ A

C. $\sqrt{\dfrac{3}{2}}$ A

D. 0.5A

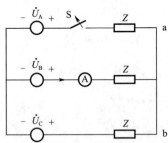

8. 如图所示 RLC 串联电路，U_s 保持不变的串联谐振条件为：

A. $\omega L = \dfrac{1}{\omega C}$

B. $\omega L = \dfrac{1}{j\omega C}$

C. $L = \dfrac{1}{C}$

D. $R + j\omega L = \dfrac{1}{j\omega C}$

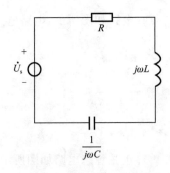

9. 电路如图所示，$L = 1\text{H}$，$R = 1\Omega$，$u_s = \left(\dfrac{1}{\sqrt{2}} + \sqrt{2}\cos t\right)\text{V}$，则 i 的有效值为：

A. $\dfrac{1}{\sqrt{2}}$A

B. $\sqrt{\dfrac{3}{2}}$ A

C. $\sqrt{2}$ A

D. 1A

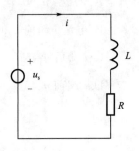

10. 一阶电路的时间常数只与电路元件有关的是：

    A. 电阻和动态元件   B. 电阻和电容

    C. 电阻和电感   D. 电感和电容

11. 电路如图所示，开关 S 闭合前电路处于稳态，$t=0$ 时开关闭合，则当 $t \geqslant 0$ 时的电感电流为：

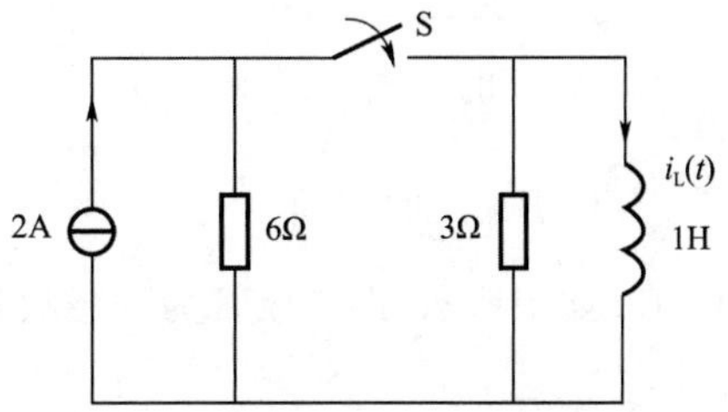

    A. $2(1-e^{-3t})$ A

    B. $2e^{-3t}$ A

    C. $2e^{-2t}$ A

    D. $2(1-e^{-2t})$ A

12. 有一圆形气球，电荷均匀分布在其表面，在此气球被缓缓吹大的过程中，始终处于球外两点，则其电场强度将：

    A. 变大   B. 变小

    C. 不变   D. 无法判断

13. 静电场为：

    A. 无旋场   B. 散场

    C. 有旋场   D. 以上都不是

14. 磁路中的磁动势对应电路中的电动势，则对应电路电流的是磁路的：

    A. 磁通   B. 磁场

    C. 磁势   D. 磁流

15. 以下定律中，能反映恒定电场中电流连续性的是：

    A. 欧姆定律   B. 电荷守恒定律

    C. 基尔霍夫电压定律   D. 焦耳定律

16. 可传播电磁波的介质为：

    A. 空气   B. 水

    C. 真空   D. 以上均可

17.恒定磁场的散度等于：

    A.磁荷密度   B.矢量磁位

    C.零   D.磁荷密度与磁导率之比

18.如果 $\vec{E}$ 和 $\vec{B}$ 分别表示电磁波中的电场向量和磁场向量,则电磁波的传播方向为：

    A. $\vec{E}$ 的方向   B. $\vec{B}$ 的方向

    C. $\vec{B} \times \vec{E}$ 的方向   D. $\vec{E} \times \vec{B}$ 的方向

19.如图所示,设二极管为理想状态,u_o 的值为：

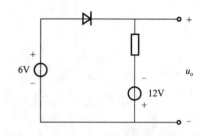

    A. $-6V$

    B. $-12V$

    C. $6V$

    D. $12V$

20.基本电压放大电路,已知 $U_{BE} = 0.7, \beta = 50, r_{be} = 588\Omega$,输入电阻 $R_B = 75k\Omega$,则电压放大倍数 A_u 和输入电阻 r_i 分别为：

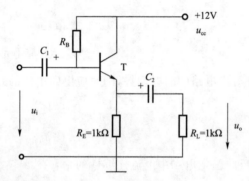

    A. $A_u = 0.98, r_i = 19.3k\Omega$ B. $A_u = -0.98, r_i = 0.9k\Omega$

    C. $A_u = 98, r_i = 19.3k\Omega$ D. $A_u = 0.098, r_i = 200\Omega$

21.图示电路中,输出电压 u_o 为：

    A. u_i

    B. $-2u_i$

    C. $-u_i$

    D. $2u_i$

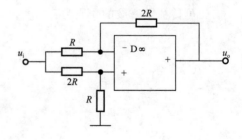

22. 在两级放大电路中,反馈电阻 R_F 引入的反馈类型为:

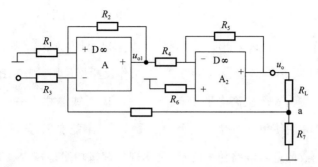

    A. 电压串联负反馈   B. 电压并联负反馈

    C. 电流串联负反馈   D. 电流并联负反馈

23. 由理想运算放大器组成的电路如图所示,则 u_{o1}、u_{o2}、u_o 的运算关系式分别为:

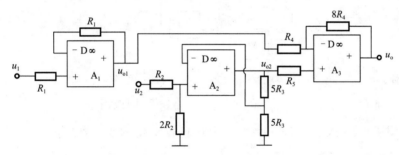

    A. $u_{o1} = u_1, u_{o2} = 2u_2, u_o = 18u_2 - 8u_1$

    B. $u_{o1} = -u_1, u_{o2} = 4u_2, u_o = 18u_2 - 8u_1$

    C. $u_{o1} = u_1, u_{o2} = 2u_2, u_o = -18u_2 - 8u_1$

    D. $u_{o1} = u_1, u_{o2} = -2u_2, u_o = 18u_2 + 8u_1$

24. 单相桥式整流电路如图所示,测得 $u_o = 9V$,说明电路:

    A. 电路正常输出

    B. 电路中负载开路

    C. 电路中滤波电容开路

    D. 电路中二极管短路

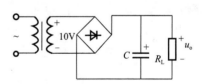

25. 下列等式不成立的是：

A. $A+\overline{A}B=A+B$ B. $(A+B)(A+C)=A+BC$

C. $AB+\overline{A}C+BC=AB+BC$ D. $AB+\overline{A}\,\overline{B}+AB+\overline{AB}=1$

26. 将一个 TTL 异或门(设输入端为 A,B)当作反相器使用,则 A,B 端连接：

A. A 或 B 中有一个接高电平 1   B. A 或 B 中有一个接低电平 0

C. A 和 B 并联使用   D. 不能实现

27. TTL 门构成的逻辑电路如图所示,其实现的逻辑功能是：

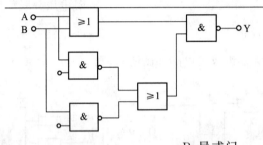

A. 或非门   B. 异或门

C. 与非门   D. 同或门

28. 如图所示,输入 J=1,设初始状态为 0,则输出 Q 的波形为：

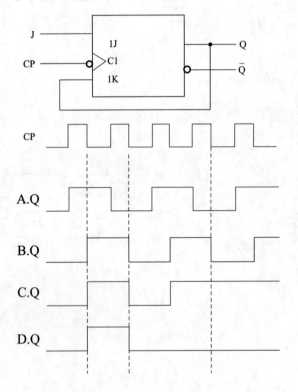

29.如图所示,74LS161 同步进制计数器为:

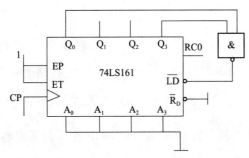

  A.16 进制加法计数   B.12 进制加法计数

  C.10 进制加法计数   D.9 进制加法计数

30.为了将正弦信号转换成与之频率相同的脉冲信号,可采用:

  A.多谐振荡器   B.施密特触发器

  C.移位寄存器   D.顺序脉冲发电器

31.目前我国电能的主要输送方式为:

  A.直流   B.单相交流

  C.多相交流   D.三相交流

32.下列哪个电网电压系统中点不接地:

  A.35kV   B.220kV

  C.110kV   D.500kV

33.如图所示,函数 Y 的表达式为:

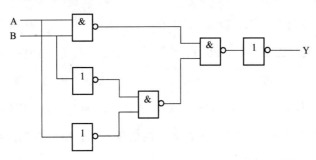

  A. $Y = A + B + \overline{AB}$ B. $Y = AB + \overline{A}\,\overline{B}$

  C. $Y = (\overline{A} + B)(A + \overline{B})$ D. $Y = \overline{A}B + A\overline{B}$

34. 同步发电机稳态运行时,若所带负载为感性,$\cos\varphi = 0.8$,则其电枢反应的性质为:

   A. 交轴电枢反应

   B. 直轴去磁电枢反应

   C. 直轴去磁与交轴电枢反应

   D. 直轴增磁与交轴电枢反应

35. 有一台 $P_N = 72500$kW,$U_N = 10.5$kV、Y形连接、$\cos\varphi = 0.8$(滞后)的水轮发电机 VA,$R_a^* \approx 0$,$X_d^* = 1$,$X_q^* = 0.554$,则额定负载下发电机励磁电动势 $\dot{E}_0$ 及 $\dot{E}_0$ 与 $\dot{U}_0$ 的夹角 θ 分别为:

   A. 10.31kV,26.4°

   B. 10.31kV,28.4°

   C. 10.42kV,28.4°

   D. 10.42kV,26.4°

36. 并励电动机的 $P_N = 96$kW,$U_N = 440$V,$I_N = 255$A,$n_N = 500$r/min,$I_{fN} = 5$A。已知电枢回路总电阻为 0.078Ω,则额定电流下的电磁转矩为:

   A. 2007.7N·m

   B. 2020.7N·m

   C. 2018.3N·m

   D. 1995.4N·m

37. 一台变压器,额定功率为 50Hz,如果将其接到 60Hz 的电源上,电压的为原额定电压的 6/5 倍,则空载电流及漏电抗与原来相比:

   A. 空载电流不变,漏电抗减小 1.2 倍

   B. 空载电流不变,漏电抗增大 1.2 倍

   C. 空载电流增大,漏电抗减小 1.2 倍

   D. 空载电流增大,漏电抗增大 1.2 倍

38. 两台同参数的变压器并联运行,其变压器额定参数为:变比 110kV/10kV,容量 100MVA。实验数据为:短路损耗 $\Delta P_k = 228$kW,短路电压百分比 $U_k(\%) = 10.5$,空载损耗 $\Delta P_0 = 178$kW,空载电流 $I_0(\%) = 0.8$。变压器工作在额定电压下,流过的总功率为 $(80 + j40)$MVA,则变压器的总功率损耗为:

   A. $(0.445 + j5.80)$MVA

   B. $(0.3 + j6.85)$MVA

   C. $(0.15 + j1.85)$MVA

   D. $(0.15 + j13.7)$MVA

39. 额定电压110kV的辐射型电网各段阻抗及负荷如图所示。已知 B 点功率及电压，则 A 点的电压及始端功率分别为：

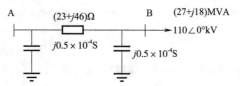

  A. $110\angle-1.312°kV,(28.9+j20.7)MVA$

  B. $125.2\angle1.312°kV,(28.9+j20.7)MVA$

  C. $121\angle-1.312°kV,(20.6+j10.7)MVA$

  D. $125\angle-1.312°kV,(20.6+j10.7)MVA$

40. 降压变压器 $110\pm2\times2.5\%/6.3kV$，容量为 31.5MVA，折算到高压侧的阻抗为 $(2.95+j48.8)\Omega$。最大负荷和最小负荷时流过变压器的功率分别为 $(24+j18)$ MVA 和 $(12+j9)$MVA，最大负荷和最小负荷时高压侧电压分别为 110kV 和 113kV，低压母线维持额定电压不变，则满足该调压要求的变压器分接头电压为：

  A.110kV   B.104.5kV

  C.115kV   D.121kV

41. 在大负荷时升高电压，小负荷时降低电压的调压方式称为：

  A. 逆调压   B. 顺调压

  C. 常调压   D. 不确定

42. 对于供电距离较近、负荷变动不大的变电所常用：

  A. 逆调压   B. 顺调压

  C. 常调压   D. 不确定

43. 下列短路类型中属于对称短路的是：

  A. 单相短路   B. 两相短路

  C. 三相短路   D. 以上都不是

44. 单相短路电流 $i=30A$，则其正序分量的大小为：

  A. 30A   B. 15A

  C. 0A   D. 10A

45. 设电动机转子自电阻为 R_2，额定转差率为 S。若电动机转子绕组接入电阻 $2R_2$，则其转差率变为：

    A. S B. $2S$

    C. $3S$ D. $4S$

46. 变压器电压变比 35kV/10.5kV，满载时二次电压为 10.1kV，则其电压调整率为：

    A. 0.15   B. 0.015

    C. 0.38   D. 0.038

47. 当变压器的其他条件不变时，电源频率增大 10%，则励磁电抗会（假设此路不饱和）：

    A. 增大 10%   B. 不变

    C. 减小 10%   D. 减小 20%

48. 某变压器的额定电压为 35kV/6.3kV，接在 34.5kV 的交流电源上，则变压器二次实际电压为：

    A. 6.3kV

    B. 6.21kV

    C. 6kV

    D. 6.6kV

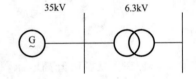

49. 某水轮发电机的转速为 200r/min，已知电网频率 $f=50\text{Hz}$，则其主磁极数应为：

    A. 10   B. 20

    C. 30   D. 40

50. 一台并联于无穷大电网的同步发电机，在 $\cos\varphi = 1$ 的情况下运行，此时，若保持励磁电流不变，减小输出的有功功率，将引起：

    A. 功角减小，功率因数减小   B. 功角增大，功率因数减小

    C. 功角减小，功率因数增大   D. 功角增大，功率因数增大

51. 中性点不接地系统中,三相电压互感器作绝缘监视用的附加二次绕组的额定电压应该选择为:

  A. $\dfrac{100}{\sqrt{3}}$V   B. 100V

  C. $\dfrac{100}{3}$V   D. $100\sqrt{3}$ V

52. 在 3~20kV 电网中,为了测量相对地电压通常采用:

  A. 三相五柱式电压互感器

  B. 三相三柱式电压互感器

  C. 两台单相电压互感器接成不完全星形连接

  D. 三台单相电压互感器接成 YY 连接

53. 110kV 系统悬垂绝缘子串的绝缘子个数为:

  A. 2   B. 3

  C. 5   D. 7

54. 频率的二次调整是由:

  A. 发电机的调速器完成   B. 负荷的频率特性完成

  C. 发电机的调频器完成   D. 功率确定

55. 一台三相 4 极异步电动机 $P_N = 28$kW,$U_N = 380$V,$\eta_N = 90\%$,$\cos\varphi_N = 0.88$,定子为三角形连接,在额定电压下直接启动时,启动电流为额定电流的 6 倍,则当 Y-△ 启动时,启动电流为:

  A. 100A   B. 35.6A

  C. 96.78A   D. 107A

56. 在变电站设计中,校验电器的热稳定一般宜采用:

  A. 主保护动作时间

  B. 主保护动作时间加相应断路器的开断时间

  C. 后备保护动作时间

  D. 后备保护动作时间加相应断路器的开断时间

57. 下列选项中属于内部过电压的是：

    A. 反击雷过电压   B. 感应雷过电压

    C. 谐振过电压   D. 大气过电压

58. 较小容量变电所的电气主接线若采用内桥接线,下列不符合要求的条件为：

    A. 主变不经常切换   B. 供电线路较长

    C. 线路有穿越功率   D. 线路故障率高

59. 主接线中旁路母线的作用为：

    A. 做备用母线

    B. 不停电检修出线断路器

    C. 不停电检修母线隔离开关

    D. 母线或母线隔离开关故障时,可减少停电范围

60. 高压电器在运行中或操作时会产生噪声,距电器 2m 外的屋外非连续性噪声水平不应大于：

    A. 60dB   B. 85dB

    C. 100dB   D. 110dB

2020年度全国勘察设计注册电气工程师(发输变电)执业资格考试基础考试(下)试题解析及参考答案

1.答案:A

2.解 设定3Ω电阻的电流为I_1(方向由上到下,见解图),根据KCL及KVL定律可知:$I_1 = 3I - I = 2I$,$2I + 8 - 3I_1 = 0$,解得:$I = 2A$,$I_1 = 4A$,故受控源吸收的功率为:$P = -3I \times 3I_1 = -3 \times 2 \times 3 \times 4 = -72W$。

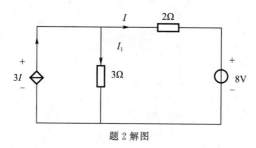

题2解图

答案:A

3.解 根据开路电压定义,$U_{oc}|_{I=0} = 5V$。

答案:B

4.解 根据KVL定律可知:$(6+I) \times 3 + 2I - 12 + I = 0$,解得:$I = -1A$。

答案:D

5.解 $i = \dfrac{u_s}{Z} = \dfrac{10\angle 0°}{20 + j20} = \dfrac{0.5}{\sqrt{2}} \angle -45°$。

答案:C

6.解 已知$i_s = 10\angle 0°$,$X_C = \dfrac{1}{\omega C} = \dfrac{1}{10^5 \times 0.65 \times 10^{-6}} = 15.38$,$X_L = \omega L = 10^5 \times 80 \times 10^{-6} = 8$,根据并联分流公式可知,电阻回路电流为:

$$i = \dfrac{-jX_C}{-jX_C + R + jX_L}i_s = \dfrac{-j15.38}{-j15.38 + 8 + j8} \times 10\angle 0° = \dfrac{153.8\angle -90°}{10.88\angle -42.69°} = 14.14\angle -47.31°$$

故电阻消耗的功率$P = I^2R = 14.14^2 \times 8 = 1600W$。

答案:C

7.解 开关断开前,$I = \dfrac{U_B}{Z}$;开关断开后,BC两相形成回路,$I' = \dfrac{U_{BC}}{2Z} = \dfrac{\sqrt{3}U_B}{2Z} = $

$$\frac{\sqrt{3}}{2}I \text{。}$$

答案:B

8.答案:A

9.解 本题考查利用非正弦周期电压求平均功率,已知电压 $u_s = \left(\frac{1}{\sqrt{2}} + \sqrt{2}\cos t\right) =$

$u_0 + u_1$,计算得电流 $i = \frac{u_0}{R} + \frac{u_1}{R + j\omega L} = \frac{1}{\sqrt{2}} + \cos(t - 45°)$,故有效值 $I = \sqrt{\left(\frac{1}{\sqrt{2}}\right)^2 + 1} =$

$\sqrt{\frac{3}{2}}$ A。

答案:B

10.答案:A

11.解 (1)初始值:开关闭合后,根据换路定则可知,$i_L(0_+) = i_L(0_-) = 0$A ;

(2)时间常数:$\tau = \frac{L}{R} = \frac{1}{6//3} = 0.5$;

(3)稳态值:$i_L(\infty) = 2$A,则 $i_L(t) = i_L(\infty) + [i_L(0_+) - i_L(\infty)]\mathrm{e}^{\frac{-t}{\tau}} = 2(1 - \mathrm{e}^{-2t})$V。

答案:D

12.解 球外任意一点的电场强度为 $E = \frac{q}{4\pi\varepsilon_0 r^2}$,球外两点与圆心距离不变,故电场

强度不变。

答案:C

13.解 静电场为无旋度源场,即无源场,因而空间任一点的电位或任意两点间的电

压的计算与路径无关。

答案:A

14.解 根据磁路安培定律,$F = \Phi R$,其中,R 为磁阻,相当于电路中的电阻;Φ 为磁

通,相当于电路中的电流。

答案:A

15.解 根据电荷守恒定律(电流连续性方程),恒定电流密度在任一闭合面上的积分

恒为零,即流入某闭合曲面电流必定等于流出该闭合曲面电流,由此可反映电流具有连

续性。

答案:B

16.解 电磁波的传播不需要介质,在各种介质中均可传播。同频率的电磁波,在真

空中的传播速度最快,在不同介质中的速度不同。

答案:D

17. **解** 根据恒定磁场的磁通连续性定理 $\oint_S B \mathrm{d}S = 0$,磁场线(又称磁感应线)必定是

无头无尾的闭合曲线,恒定磁场是一个无散场,故散度为零。

答案:C

18. **解** 如解图所示,根据波印廷矢量的定义 $\vec{S} = \vec{E} \times \vec{H}$,电场、

磁场以及电磁波的传播方向应遵循右手螺旋定则,所以电磁波的传

播方向与电场和磁场垂直,沿 X 轴正向传播。

答案:D

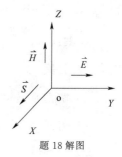

题18解图

19. **解** 二极管阳极电位高于阴极电位,二极管导通,故 $u_\mathrm{o} = 6\mathrm{V}$。

答案:C

20. **解** 根据题中共集电极放大电路,画出微变等效电路图如解图所示。

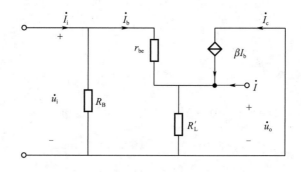

题20解图

根据解图可知,输入阻抗 $r_\mathrm{i} = R_\mathrm{B} // [r_\mathrm{be} + (1+\beta)R_\mathrm{L}']$,其中,$R_\mathrm{L}' = R_\mathrm{E} // R_\mathrm{L}$。

对于输出阻抗采用外加电源法,求等效的输出阻抗(内部独立源置0)。

$$r_\mathrm{o} = \left. \frac{\dot{U}}{\dot{I}} \right|_{\substack{u_\mathrm{i}=0 \\ R_\mathrm{L}=\infty}} , 则\ \dot{I} = -\dot{I}_\mathrm{b} - \beta \dot{I}_\mathrm{b} + \dot{I}_\mathrm{e} = \frac{\dot{U}}{r_\mathrm{be}} + \beta \frac{\dot{U}}{r_\mathrm{be}} + \frac{\dot{U}}{R_\mathrm{E}},$$

$$即\ r_\mathrm{o} = \frac{\dot{U}}{\dot{I}} = R_\mathrm{E} // \frac{r_\mathrm{be}}{1+\beta} \approx \frac{r_\mathrm{be}}{1+\beta} = 0.011\mathrm{k\Omega}$$

输入电压 $\dot{U}_\mathrm{i} = r_\mathrm{be}\dot{I}_\mathrm{b} + (1+\beta)R_\mathrm{L}'\dot{I}_\mathrm{b}$,输出电压 $\dot{U}_\mathrm{o} = (1+\beta)R_\mathrm{L}'\dot{I}_\mathrm{b}$。

$$\dot{A}_\mathrm{u} = \frac{\dot{U}_\mathrm{o}}{\dot{U}_\mathrm{i}} = \frac{(1+\beta)R_\mathrm{L}'\dot{I}_\mathrm{b}}{r_\mathrm{be}\dot{I}_\mathrm{b} + (1+\beta)R_\mathrm{L}'\dot{I}_\mathrm{b}} = \frac{(1+\beta)R_\mathrm{L}'}{r_\mathrm{be} + (1+\beta)R_\mathrm{L}'}$$

代入数值得:$\dot{A}_u = 0.98, r_i = 19.3\text{k}\Omega, r_o \approx 11\Omega$。

答案:A

21.**解** 根据运算放大器的虚断和虚短特性可知,$u_- = u_+ = \dfrac{R}{R+2R} \times u_i = \dfrac{1}{3}u_i$,

$\dfrac{u_i - u_-}{R} = \dfrac{u_- - u_0}{2R} \Rightarrow u_0 = -u_i$。

答案:C

22.**答案:**D

23.**解** 根据运算放大器的虚断和虚短特性可知:

(1)对于 A_1:$u_{o1} = u_1$;

(2)对于 A_2:$u_{o2} = 2u_2$;

(3)对于 A_3:$u_- = u_+ = u_{o2}$,$\dfrac{u_{o1} - u_-}{R_4} = \dfrac{u_- - u_o}{8R_4} \Rightarrow u_o = 18u_2 - 8u_1$。

答案:A

24.**答案:**C

25.**答案:**C

26.**答案:**A

27.**解** $Y = \overline{(A+B) \cdot (\overline{A} + \overline{B})} = AB + \overline{A}\,\overline{B}$。

答案:D

28.**解** $Q^{n+1} = J\overline{Q^n} + \overline{K}Q^n = \overline{Q^n}(J = 1, K = Q^n)$。

答案:B

29.**解** 74LS161 为十六进制加法计数器,从图中 161 的接线可以看出,计数方式为反馈置数法(同步置数)。74LS161 计数有 0000～1001 共 10 个状态,最后一个状态为有效状态,故为十进制计数器。

答案:C

30.**解** 施密特触发器的基本应用之一就是波形变换,将变化缓慢的波形变换成矩形波(如将三角波或正弦波变换成同周期的矩形波)。解图 a)为反相施密特触发器,解图 b)为输入和输出波形,解图 c)为转换特性曲线。

如解图 a)所示,运算放大器的输出电压在正、负饱和之间转换,$v_o = \pm V_{sat}$。输出电压经由 R_1、R_2 分压后反馈到非反相输入端,$v_+ = \beta v_o$,其中反馈因数 $\beta = \dfrac{R_1}{R_1 + R_2}$。

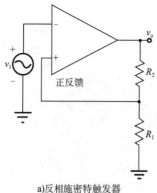

a)反相施密特触发器

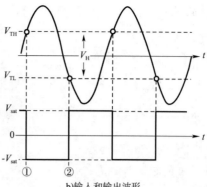

b)输入和输出波形

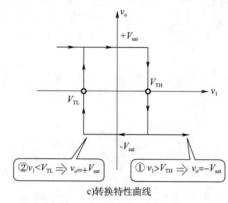

c)转换特性曲线

题 30 解图

当 v_o 为正饱和状态 V_{sat} 时,由正反馈得上临界电压

$$V_{TH} = \beta v_o = \frac{R_1}{R_1 + R_2} \times (+V_{sat}) = \frac{R_1}{R_1 + R_2} V_{sat} \text{。}$$

当 v_o 为负饱和状态 $-V_{sat}$ 时,由正反馈得下临界电压

$$V_{TL} = \beta v_o = \frac{R_1}{R_1 + R_2} \times (-V_{sat}) = -\frac{R_1}{R_1 + R_2} V_{sat} \text{。}$$

V_{TH} 与 V_{TL} 的电压差为滞后电压 $V_H = V_{TH} - V_{TL} = 2\beta V_{sat} = \frac{2R_1}{R_1 + R_2} V_{sat} \text{。}$

答案:B

31.**答案:**D

32.**答案:**A

33.**解** $Y = \overline{\overline{A}B} \cdot \overline{A\overline{B}} = (A + \overline{B}) \cdot (\overline{A} + B) = \overline{A}\overline{B} + AB \text{。}$

答案:D

34.**答案:**C

35.**解** 由 $\cos\varphi = 0.8$(滞后)可得:$\varphi = 36.87°$,$\sin\varphi = 0.6$,故内功率因数角 ψ 为:

$$\tan\psi = \frac{I^* X_q^* + U^* \sin\varphi}{U^* \cos\varphi + I^* R_a^*} \Rightarrow \psi = \arctan \frac{I^* X_q^* + U^* \sin\varphi}{U^* \cos\varphi + I^* R_a^*} = \arctan \frac{1 \times 0.554 + 1 \times 0.6}{1 \times 0.8} = 55.27°$$

因此功角 $\theta = \psi - \varphi = 55.27° - 36.87° = 28.4°$

励磁电动势为：

$$E_0^* = U^* \cos\theta + I_d^* X_d^* = U^* \cos(\psi - \varphi) + I^* \sin\psi X_d^* = 1 \times \cos 28.4° + 1 \times 1$$

$$\times \sin 55.27° = 1.701 \quad E_0 = E_0^* \times \frac{U_N}{\sqrt{3}} = 1.701 \times \frac{10.5}{\sqrt{3}} = 10.31\text{kV}$$

答案： B

36. **解** 额定电枢电流 $I_{aN} = I_N - I_{fN} = (255 - 5)\text{A} = 250\text{A}$

额定电枢电动势 $E_N = U_N - I_{aN} R_a = (440 - 250 \times 0.078)\text{V} = 420.5\text{V}$

$$C_E \Phi = \frac{E_N}{n_N} = \frac{420.5}{500} \text{V} \cdot \text{min/r} = 0.841\text{V} \cdot \text{min/r}$$

额定电磁转矩 $T_{emN} = \frac{30}{\pi} C_E \Phi I_{aN} = \frac{30}{\pi} \times 0.841 \times 250\text{N} \cdot \text{m} = 2007.7\text{N} \cdot \text{m}$

答案： A

37. **解** 根据 $U_1 \approx E_1 = 4.44 N_1 f \Phi_m$，频率 f 由 50Hz 变为 60Hz，电压 U_1 变为原来的 $6/5$，主磁通 Φ_m 不变，因此磁动势 $N_1 I_0$ 不变，故空载电流不变。

由于主磁通 Φ_m 不变，故铁芯饱和程度不变，主磁路磁导 Λ_m 不变，励磁电抗 $X_m = 2\pi f N_1^2 \Lambda_m \propto f N_1^2 \Lambda_m$，故励磁电抗 X_m 增大为原来的 1.2 倍。

漏电抗 $X_{1\sigma} = 2\pi f N_1^2 \Lambda_{1\sigma}$，$X_{2\sigma} = 2\pi f N_2^2 \Lambda_{2\sigma}$，$\Lambda_{1\sigma}$、$\Lambda_{2\sigma}$ 与饱和程度无关，为常数，故漏电抗增大为原来的 1.2 倍。

答案： B

38. **解** 总负荷功率 $S_2 = \sqrt{80^2 + 40^2} = 89.44\text{MVA}$，代入 n 台变压器并联运行总功率损耗公式：$\Delta S = \Delta P + \Delta Q = n\frac{P_k}{1000} \times \frac{S_2^2}{(nS_N)^2} + n\frac{P_0}{1000} + j\left[n\frac{U_k\%S_N}{100} \times \frac{S_2^2}{(nS_N)^2} + n\frac{I_0\%S_N}{1000}\right]$

代入题干数据得：

$$\Delta P = n\frac{P_k}{1000} \times \frac{S_2^2}{(nS_N)^2} + n\frac{P_0}{1000} = 2 \times \frac{228}{1000} \times \frac{89.44^2}{(2 \times 100)^2} + 2 \times \frac{178}{1000} = 0.447\text{MW}$$

$$\Delta Q = j\left(n\frac{U_k\%S_N}{100} \times \frac{S_2^2}{(nS_N)^2} + n\frac{I_0\%S_N}{100}\right) = j\left[2 \times \frac{10.5 \times 100}{100} \times \frac{89.44^2}{(2 \times 100)^2} + 2 \times \frac{0.8 \times 100}{100}\right]$$

$$= 5.80\text{Mvar}$$

答案： A

39. **解** (1)设末端电压为额定电压 $U_N = 110\text{kV}$，则线路末端导纳支路的无功损耗为：

$$\Delta \tilde{S}_{Y2} = -j\frac{B}{2}U_N^2 = -j0.5 \times 10^{-4} \times 110^2 = -j0.605\text{Mvar}$$

(2)线路阻抗支路末端的功率为：

$$\widetilde{S}'_2 = \widetilde{S}_2 + \Delta \widetilde{S}_{Y2} = P'_2 + jQ'_2 = 27 + j18 - j0.605 = (27 + j17.395)\text{MVA}$$

(3)线路阻抗支路的功率损耗为：

$$\Delta \widetilde{S}_z = \frac{P'^2_2 + Q'^2_2}{U^2_2}(R + jX) = \frac{27^2 + 17.395^2}{110^2} \times (23 + j46) = (1.96 + j3.92)\text{MVA}$$

(4)线路阻抗支路首端的功率为：

$$\widetilde{S}'_1 = \widetilde{S}'_2 + \Delta \widetilde{S}_z = 27 + j17.395 + 1.96 + j3.92 = (28.96 + j21.32)\text{MVA}$$

(5)电压降落的纵分量和横分量分别为：

$$\Delta U_2 = \frac{P'_2 R + Q'_2 X}{U_2} = \frac{27 \times 23 + 17.395 \times 46}{110} = 12.92\text{kV}$$

$$\delta U_2 = \frac{P'_2 X - Q'_2 R}{U_2} = \frac{27 \times 46 - 17.395 \times 23}{110} = 7.65\text{kV}$$

(6)首端电压为：

$$\dot{U}_1 = \dot{U}_2 + \Delta U_2 + j\delta U_2 = 110 + 12.92 + j7.65 = 123.2\angle 3.56°$$

(7)始端功率为：

$$\widetilde{S}'_1 = \widetilde{S}'_1 + \Delta \widetilde{S}_{Y1} = \widetilde{S}'_1 - j\frac{B}{2}U^2_1 = 28.96 + j21.32 - j0.5 \times 10^{-4} \times 123^2$$

$$= (28.96 + j20.56)\text{MVA}$$

答案：B

40. 解 低压母线电压维持在额定电压不变,最大、最小负荷时低压侧电压均为6.3kV,即 $U_{2\text{max}} = U_{2\text{min}} = 6.3\text{kV}$,则有：

$$\frac{U_{1t\text{max}}}{U_{2N}} = \frac{U_{1\text{max}} - \Delta U}{U_{2\text{max}}} \Rightarrow U_{1t\text{max}} = U_{2N} \times \frac{U_{1\text{max}} - \Delta U}{U_{2\text{max}}} = 6.3 \times \frac{110 - \frac{24 \times 2.95 + 18 \times 48.8}{110}}{6.3} = 101.37\text{kV}$$

$$\frac{U_{1t\text{min}}}{U_{2N}} = \frac{U_{1\text{min}} - \Delta U}{U_{2\text{min}}} \Rightarrow U_{1t\text{min}} = U_{2N} \times \frac{U_{1\text{min}} - \Delta U}{U_{2\text{min}}} = 6.3 \times \frac{113 - \frac{12 \times 2.95 + 9 \times 48.8}{113}}{6.3} = 108.8\text{kV}$$

因此, $U_{1t} = \frac{U_{1t\text{max}} + U_{1t\text{min}}}{2} = 105.1\text{kV}$,选择最接近该值的分接头为 -5%,对应电压为 104.5kV。

答案：B

41. 解 电力系统中负荷点数目众多而分散,不可能也没有必要对每个负荷点电压进行监视调整,系统中常选择一些有代表性的电厂和变电站母线作为电压监视点,称为电压中枢点。中枢点的调压方式包括逆调压、顺调压和常(恒)调压三类。

(1)逆调压:在大负荷时升高电压,小负荷时降低电压的调压方式。一般采用逆调压方式,在最大负荷时可保持中枢点电压比线路额定电压高5%,在最小负荷时保持为线路额定电压。供电线路较长、负荷变动较大的中枢点往往要求采用这种调压方式。

(2)顺调压:大负荷时允许中枢点电压低一些,但不低于线路额定电压的102.5%,小负荷时允许其电压高一些,但不超过线路额定电压的107.5%的调压模式。对于某些供电距离较近,或者符合变动不大的变电所,可以采用这种调压方式。

(3)常(恒)调压:介于前面两种调压方式之间的调压方式是恒调压,即在任何负荷下,中枢点电压保持为恒定的数值,一般比线路额定电压高2%~5%。

答案:A

42.**答案:**B

43.**答案:**C

44.**解** 本题考查正序等效定则。

答案:D

45.**解** 对于异步电动机来讲,在负载转矩不变的情况下,通过调节转子电路中的电阻进行调速,外接转子电阻越大,转子转差率就越大,转速越低。设转子自电阻为 R_2,串入电阻为 R_s,额定转差率为 S,串入电阻后转差率变为 S',则有如下关系式:$\dfrac{R_2+R_s}{S'}=\dfrac{R_2}{S}$,故当 $R_s=2R_2$ 时,$S'=3S$。

答案:D

46.**解** $\Delta U\% = \dfrac{U_{2N}-U_2}{U_{2N}} \times 100\% = \dfrac{10.5-10.1}{10.5} \times 100\% = 3.8\%$。

答案:D

47.**解** 根据励磁电抗公式 $X_m=2\pi f N_1^2 \Lambda_m$,磁路不饱和,励磁电抗与频率成正比。

答案:A

48.**解** 根据变压器变压原理,$\dfrac{U_{1N}}{U_{2N}}=\dfrac{U_1}{U_2}$。

答案:B

49.**解** 根据公式 $n=\dfrac{60f}{P}$,代入数据得,磁极对数 $P=15$,则主磁极数 $2P=30$。

答案:C

50.解 由同步发电机的有功功率和无功功率调节方式可知，

励磁电流不变，即空载电势 E_0 不变。当有功功率减小时，电磁功

率 $P_M = \dfrac{mE_0 U}{x_s}\sin\delta = 3UI\cos\varphi$ 也将减小，功角 δ 减小。根据隐极

同步发电机的电动势平衡方程 $\dot{E}_0 = \dot{U} + jIX_s$ 相量图可得，只有 φ

增大，才能保证 E_0、U 不变，则功率因数减小。

题 50 解图

答案：A

51.解 中性点不接地系统中，三相电压互感器作绝缘监视用

的附加二次绕组的额定电压选择为 $\dfrac{100}{3}$ V，中性点直接接地系统中，三相电压互感器附加

二次绕组的额定电压选择为 100V。

答案：C

52.答案：A

53.解 根据《110kV～750kV 架空输电线路设计规范》(GB 50545—2010)第 7.0.2

条规定，在海拔高度 1000m 以下地区，操作过电压及雷电过电压要求的悬垂绝缘子串的

绝缘子最少片数应符合解表规定。耐张绝缘子串的绝缘子片数应在表的基础上增加，对

110kV～330kV 输电线路应增加 1 片，对 500kV 输电线路应增加 2 片，对 750kV 输电线

路不需增加片数。

题 53 解表

标称电压(kV)	110	220	330	500	750
单片绝缘子的高度(mm)	146	146	146	155	170
绝缘子片数(片)	7	13	17	25	32

答案：D

54.解 一次调频是有差调频，由发电机的调速器完成。二次调频可做到无差调频，

是由发电机的调频器完成。

答案：C

55.解 额定电流 $I_N = \dfrac{P_N}{\sqrt{3}U_N\cos\varphi_N\eta_N} = \dfrac{28000}{\sqrt{3}\times 380\times 0.9\times 0.88} = 53.71\text{A}$

Y-△ 启动时，启动电流 $I_{stY} = \dfrac{1}{3}I_{st\triangle} = \dfrac{1}{3}\times 6I_N = \dfrac{1}{3}\times 6\times 53.71 = 107.42\text{A}$。

答案：D

56.解 根据《导体和电器选择设计技术规定》(DL/T 5222—2005)第 5.0.13 条规定：

(1)对导体(不包括电缆)宜采用主保护动作时间加相应断路器开断时间。主保护有死区时,可采用能对该死区起作用的后备保护动作时间,并采用相应处的短路电流值。

(2)对电器宜采用后备保护动作时间加相应断路器的开断时间。

答案: D

57.解 电力系统过电压包括内部过电压和外部过电压,其中内部过电压分类如下:

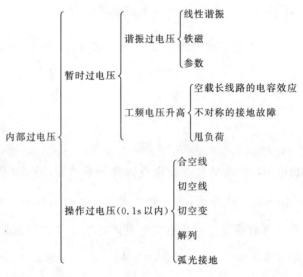

题 57 解图

答案: C

58.解 内桥接线适用于主变不经常切换、供电线路长(线路故障率高)的系统,而外桥接线适用于主变经常切换、供电线路短及线路有穿越功率的场合。

答案: C

59.答案: C

60.解 以《声环境质量标准》(GB 3096—2008)提出的二类昼间标准为例,即每天 6:00～22:00 期间不得超过 60dB。电力工程设计中也提出,在距离电器 2m 处不应大于下列水平:①连续性噪声水平:85dB;②非连续性噪声水平:屋内 90dB,屋外 110dB。

答案: D

附录一

高频考点知识补充

知识点1：去耦等效电路

一对具有磁耦合关系电感的整体称为耦合电感。互感电压方向的判断方法采用同名端一致原则。所谓同名端一致原则是，一个线圈上的互感电压的方向与在另一个线圈中产生此互感电压的电流保持同名端一致。即若产生互感电压的电流由标记端流向非标记端，则在另一个线圈中产生的互感电压也必然由标记端指向非标记端。

不同电路的耦合电感关系也不同，当电路存在电感耦合时，电路分析可采用等效的去耦等效电路进行分析，以下列举常见的8种去耦等效电路，如附图1-1～附图1-8所示。

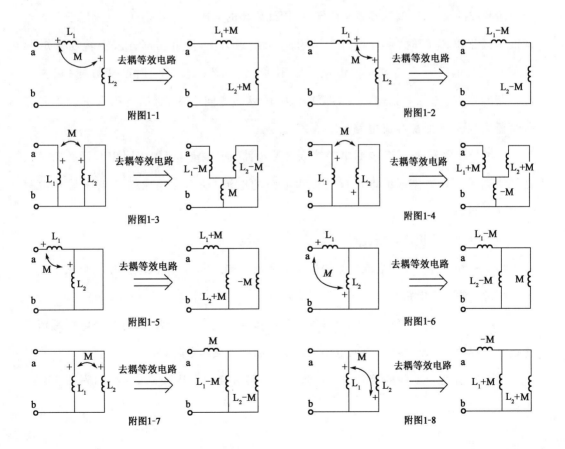

线性耦合电感电路的分析,必须考虑耦合电感元件中互感的作用,因此分析此类电路的方法也因对互感作用的不同处理而不同。若耦合电感不连接,即两互感支路无连接点(空心变压器),由于此类耦合电感元件不能用一个电感 L 或一个 T 形等效网络等效替换,因此去耦等效电路的方式不适用于空心变压器的电路分析。

知识点 2:功率表原理及测量方法

1.功率表原理

功率表一般都属于电动系仪表,这种仪表有两个线圈:固定线圈(定圈)和可动线圈(动圈)。定圈分为两部分平行排列,这使得定圈两部分之间的磁场比较均匀;动圈与轴连接,一起放置在定圈的两部分之间。

仪表工作时,定圈和动圈中都必须通以电流。假设定圈中通过电流为 I_1,动圈中通过的电流为 I_2。I_1 的作用是在定圈中建立磁场,磁场的方向由右手螺旋定则确定。对于一个已制成的仪表,定圈的参数是固定的,因此磁场的强弱只与 I_1 有关,且正比于 I_1。当动圈中通以电流 I_2 时,磁场将对 I_2 产生一个电磁力 F,使可动部分获得转动力矩 M 而偏转。其电磁力 F 的方向可由左手定则确定。如果 I_1、I_2 同时改变方向,用左手定则判断可知,电磁力方向不变,即转动力矩 M 的方向不变,所以电动系仪表既能测量直流电路又可测量交流电路。

当用于功率测量时,其定圈串联接入被测电路,而动圈与附加电阻串联后并联接入被测电路。则通过定圈的电流就是被测电路的电流,动圈支路两端的电压就是被测电路两端的电压。

功率表的正确接法必须遵守"发电机端"的接线规则,即:

①功率表标有"＊"的电流端必须接至电源的一端,而另一电流端则接至负载端。电流线圈是串联接入电路的。

②功率表标有"＊"的电压端钮可以接至电流端钮的任意一端,而另一个电压端钮则跨接至负载的另一端。功率表的电压支路是并联接入被测电路的。

功率表有两种不同的接线方式,即电压线圈前接和电压线圈后接,如附图 1-9 和附图 1-10 所示。

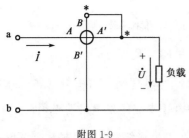

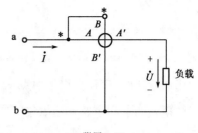

附图 1-9   附图 1-10

电压线圈前接法适用于负载电阻远比电流线圈电阻大得多的情况,因为此时电流线圈中的电流虽然等于负载电流,但电压支路两端的电压包含负载电压和电流线圈两端的电压,即功率表的读数中多出了电流线圈的功率消耗。如果负载电阻远比电流线圈中的电阻大,则该功率消耗所引起的误差就较小。

电压线圈后接法适用于负载电阻远比电压支路电阻小得多的情况。此时,虽然电压支路两端的电压与负载电压 U 相等,但电流线圈中的电流却包括负载电流和电压支路电流 I_2,即读数中多出了电压支路的功率消耗。如果电压支路总电阻远比负载电阻大,则电压支路的功率消耗对读数所引起的误差就比较小。

2. 三相功率的测量方法

三相交流电路按其电源和负载的连接方式不同,有三相三线制和三相四线制两种,根据三相电路的特点,有如下几种测量方法。

(1)一表法

利用单相功率表直接测量三相四线制完全对称的电路中任意一相功率,然后乘以 3,便可得出三相所消耗的功率,接线如附图 1-11 所示。

对于三相三线完全对称电路来说,若被测电路的中点不便于接线,或负载不能断开时,可按如附图 1-12 接线线路进行测量。图中电压支路的非发电机端所接的是人工中点,即由两个电压支路阻抗值相同的阻抗接成星形,作为人工中点。

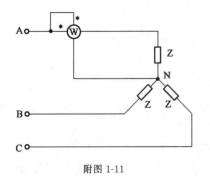

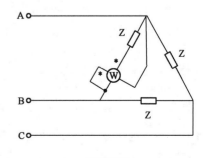

附图 1-11   附图 1-12

（2）二表法

在三相三线制电路中,不论电路是否对称,都可以用两表法来测量它的功率。三相总功率 P 为两个功率表读数 P_1 和 P_2 的代数和,即 $P = P_1 + P_2$。

应用两表法时,应注意以下两点,一是接线时应使两只功率表的电流线圈所在线,使其通过的电流为三相电路的线电流。两只功率表的电压支路的发电机端必须接至电流线圈所在线,而另一端则必须同时接至没有接电流线圈的第三线;二是读数时应考虑符号,当负载的功率因数大于 0.5 时,两功率表读数相加即是三相总功率;当负载的功率因数小于 0.5 时,将有一只功率表的指针反转,此时应将该表电流线圈的两个端钮反接,使指针正向偏转,该表的读数为负,三相总功率就是两表读数之差。接线图如附图 1-13 所示,则

第一套元件所测得功率为:$P_1 = U_{AB} I_A \cos(30° + \Phi_A)$

第二套元件所测得功率为:$P_2 = U_{CB} I_C \cos(30° - \Phi_C)$

(φ_A,φ_C 是 A 相与 C 相相电压超前相电流的相位角)

两套元件所测的总功率为:$P = P_1 + P_2 = \sqrt{3} UI \cos\Phi$

（3）三表法

在三相四线制电路中,无论其对称与否,都可以利用三只功率表测量出每一相的功率,然后三个读数相加即为三相总功率,接线图如附图 1-14 所示。

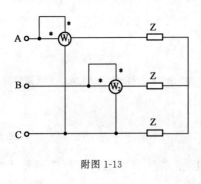

附图 1-13

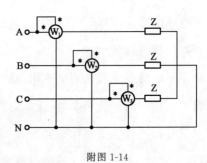

附图 1-14

知识点 3：彼得逊法则

1. 输电线路的波过程

在附图 1-15 中,设有幅值为 U_0 的电压波沿导线 1 入射,在其未到达节点 A 时,导线 1 上将只有前行电压波 $u_{q1} = U_0$ 及相应的前行电流波 i_{q1},这些前行波到达 A 点后将折射为沿导线 2 前行的电压波 u_{q2} 和电流波 i_{q2},称为折射波,同时出现沿导线 1 反行的电压波

u_{fl} 和电流波 i_{fl}，称为反射波。为了便于分析，通常考虑第二条线路中的不存在反行波或反行波尚未到达节点 A 的情况。由于在节点 A 处只能有一个电压值和电流值，即 A 点左侧及右侧的电压和电流在 A 点必须相等，分析可知反射波与折射波有如下关系：

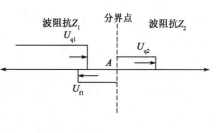

附图 1-15

（1）反射系数与折射系数

折射系数 $\alpha_u: u_{q2} = \dfrac{2Z_2}{Z_1 + Z_2} u_{q1} = \alpha_u u_{q1}$

反射系数 $\beta_u: u_{fl} = \dfrac{Z_2 - Z_1}{Z_1 + Z_2} u_{q1} = \beta_u u_{q1}$

需要注意的是，以上为电压反射与折射系数，而电流折射系数等于电压折射系数，电流反射系数与电压发射系数符号相反，数值相等。

（2）特殊情况下的波过程

线路末端开路：由于电压正波的全反射，在反射波所到之处，导线上的电压比电压入射波提高 1 倍。线路的磁场能量全部转化为电场能量。

线路末端接地：导线上的电流比电流入射波提高 1 倍。线路的电场全部转化为磁场能量。

2. 集中参数等值电路—彼得逊法则

重要公式：$2u_{q1} = u_A(t) + Z_1 i_A(t)$

①把入射电压波 $2u_{q1}$ 的 2 倍作为等值电压源。

②入射波在 A 点前所经过的波阻抗 Z_1 作为等值集中参数电路的内阻。

③入射波在 A 点后将进入的波阻抗 $Z_2 \sim Z_n$ 作为等值集中参数电路的负载电阻。$Z_2 \sim Z_n$ 为与 A 节点连接且并联的输电线路，电压和电流行波可自由进入。

3. 集中参数等值电路

若一个节点接有多条分布参数输电线和若干集中元件，则电压和电流等值电路如附图 1-16 和附图 1-17 所示。（设节点有三回馈出线路）

利用彼得逊法则的条件：入射波沿分布参数的线路进入，线路 Z_2 上没有反行波或 Z_2 的反行波尚未到达节点。

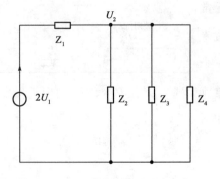

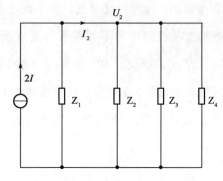

附图 1-16　电压等值电路(戴维南电路)　　　　附图 1-17　电流等值电路(诺顿电路)

4. 行波在电容和电感上的特性

①电压波穿过电感和电容时,折射波波头陡度都降低,但由它们各自产生的电压反射波却完全相反。

②电压波穿过电感初瞬,在电感前发生电压正的全反射,使电感前电压提高 1 倍。

③电压波穿过电容初瞬,在电容前发生电压负的全反射,电容前电压下降为 0。

④由于反射波会使电感前电压提高,可能危及绝缘,所以常用并联电容降低波陡度。

5. 波的多次折、反射

有一幅值为 U_0 的直角波自波阻抗为 Z_1 的线路向长度为 l 波阻抗为 Z_0 的线路行进,然后再向波阻抗为 Z_2 的线路传播。假设两侧的线路均为无限长,即不考虑从线路 1 的始端和线路 2 的末端反射回来的行波。由于线路各段波阻抗不同,波将在节点 A 和 B 上发生多次折、反射。设波由线路 1 向中间线路传播时的折射系数为 α_1,波由中间线路向线路 1 传播时的反射系数 β_1,以及波由中间线路向线路 2 传播时的折、反射系数 α_2 和 β_2,分别为:

$$\begin{cases} \alpha_1 = \dfrac{2Z_0}{Z_1 + Z_0}, \beta_1 = \dfrac{Z_1 - Z_0}{Z_1 + Z_0} \\[3mm] \alpha_2 = \dfrac{2Z_2}{Z_0 + Z_2}, \beta_2 = \dfrac{Z_2 - Z_0}{Z_2 + Z_0} \end{cases}$$

(附 1-1)

如附图 1-18 所示的行波折、反射的网格图,可分析行波在 A、B 点发生折射和反射的具体情况如下。

则,经过第 n 次折射后,节点 B 上的电压为:

$$u_B = \alpha_1 \alpha_2 U_0 [1 + \beta_1 \beta_2 + (\beta_1 \beta_2)^2 + \cdots + (\beta_1 \beta_2)^{n-1}] = \alpha_1 \alpha_2 U_0 \frac{1 - (\beta_1 \beta_2)^n}{1 - \beta_1 \beta_2}$$

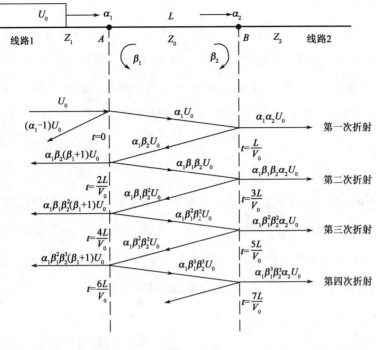

附图 1-18

当 $t \to \infty$ 时，即 $n \to \infty$ 时，则 $(\beta_1\beta_1)^n \to 0$，节点 B 上的电压为 $u_B = \alpha_1\alpha_2 U_0 \dfrac{1}{1-\beta_1\beta_2}$

若将 α_1、α_2、β_1、β_2 的数值代入上式，得 $u_B = \dfrac{2Z_2}{Z_1+Z_2}U_0 = \alpha U_0$，由此可见，式中 α 也就是波从线路 1 直接向线路传播时的折射系数。它说明前行波电压的最终值只由线路 1 和线路 2 的波阻抗决定，而与中间线路的波阻抗大小无关。但中间线路的存在及其波阻抗的大小决定着 u_B 的波形，各种不同参数下波形参见附图 1-19。

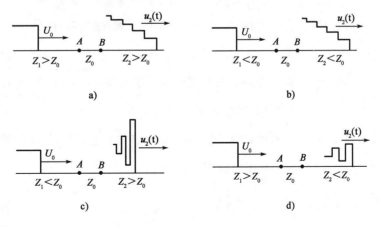

附图 1-19

下面分析集中典型的参数配合的情况：

(1)$Z_1 > Z_0$、$Z_2 > Z_0$

根据式(附 1-1),$\alpha_1 < 1$、$\alpha_2 > 1$、$\beta_1 > 0$、$\beta_2 > 0$,线路 2 上的电压波波形应是逐渐增加的,如附图 1-19a)所示。在这种情况下,由线路 1 传来的电压前行波将在 A 点发生负发射,限制了由 A 点进入中间线路的电压波,使由 B 点传出的前行波电压降低,从而前行电压波的平均陡度也减小,若忽略中间线路的电感,相当于连接了一个电容,降低了行波的陡度。

(2)$Z_1 < Z_0$、$Z_2 < Z_0$

根据式(A-1),$\alpha_1 > 1$、$\alpha_2 < 1$、$\beta_1 < 0$、$\beta_2 < 0$,线路 2 上的电压波波形如附图 1-19b)所示,也是逐渐增加的。在这种情况下,Z_0 较大,进入中间线路的前行电压波将增大,但这一前行电压波到达 B 点时将发生负反射,所以 B 点向前的折射波电压也降低。若略去中间线路的对地电容,相当于串入一个电感,也降低了行波的陡度。

(3)$Z_1 < Z_0 < Z_2$

根据式(A-1),$\alpha_1 > 1$、$\alpha_2 > 1$、$\beta_1 < 0$、$\beta_2 > 0$,这种情况下,是振荡波形,电压波波形如附图1-19c)所示,波的幅值越高,中间线路的存在将使前行波发生振荡,产生过电压。

(4)$Z_1 > Z_0 > Z_2$

根据式(A-1),$\alpha_1 < 1$、$\alpha_2 < 1$、$\beta_1 > 0$、$\beta_2 < 0$,这种情况下,是振荡波形,电压波波形如附图1-19d)所示,波的幅值较低。

知识点 4:避雷器对设备的保护作用

电气设备分散布置在变电所内,要求一组避雷器能够保护多种设备,则避雷器与保护设备间都有一定距离。当雷电波入侵且避雷器动作后,在避雷器与被保护设备之间线路上有波的多次折、反射,被保护设备上的电压将不等于避雷器上的电压,两者差值与那些因素有关,设备与避雷器的有效保护距离等。

典型接线图如附图 1-20 所示,忽略变压器入口电容的影响,设入侵波为斜角波 $u(t) = at$,避雷器与隔离开关、变压器的距离分别为 L_1、L_2。

附图 1-20

根据计算波的多次折、反射的网格法，以各点开始出现电压的时刻为时间零点，得到隔离开关处 L、避雷器处 B、变压器处 T 的电压 $u_L(t)$、$u_B(t)$、$u_T(t)$。

根据入侵波折、反射的网格图（略）分析可知，隔离开关上的电压 $u_L(t)$ 和变压器上的电压 $u_T(t)$ 两设备的电压波形出现振荡，在避雷器动作后可能出现的最大电压 U_T、U_L 分别为：

$$U_T = U_{b\cdot5} + 2\alpha \frac{L_2}{v} ; U_L = U_{b\cdot5} + 2\alpha \frac{L_1}{v} \tag{附 1-2}$$

式中：$U_{b\cdot5}$——避雷电冲击残压。

显然，当避雷器与被保护设备之间有一定距离时，被保护设备无论处于避雷器的前端还是后端，其上电压最大值均比避雷器残压高，根据上述分析，可总结出设备上所受冲击电压的最大值 U_s 为：

$$U_S = U_{b\cdot5} + 2\alpha \frac{L}{v} \tag{附 1-3}$$

式中：L——设备与避雷器间的距离(m)；

$U_{b\cdot5}$——避雷器的雷电冲击残压(kV)；

α——进波波前陡度(kV/μs)；

v——进波波速 300m/μs，即光速。

综上所述，变压器等被保护设备上的过电压，与避雷器的保护特性（放电电压、残压）、入侵波的陡度、离避雷器的距离等因素有关。

以上分析忽略了各设备的对地电容，如变压器入口电容，若计及其影响，设备上所受冲击电压的最大值 U_s' 为：

$$U_S' = U_{b\cdot5} + 2\alpha \frac{L}{v} K \tag{附 1-4}$$

式中：K——考虑设备入口电容而引入的系数。

知识点 5：变压器并联条件的讨论

变压器并联运行的理想条件是：空载时并联的各变压器一次侧无环流，负载时各变压器所负担的负载电流按容量成比例分配，各变压器的电流相位相同。

要达到上述理想条件，并联运行的各变压器需满足下列条件：

①各变压器变比相等，即一、二次对应额定电压相等。

②连接组标号相同。

③短路阻抗、短路电阻、短路电抗的标幺值应分别相等。

上述三个条件中,条件②必须严格满足,条件①、③允许有一定误差,下面分别讨论。

1. 变比不等的变压器并联运行

设两台变压器的连接组标号相同,但变比不相等,将一次侧各物理量折算到二次侧,并忽略励磁电流,可得到并联运行时简化等效电路,如附图 1-21 所示。

在空载时,两变压器绕组之间的环流为:

$$\dot{I}_\text{C}=\frac{\dot{U}_1/K_\text{I}-\dot{U}_1/K_\text{II}}{Z_\text{KI}+Z_\text{KII}}$$

式中:Z_KI、Z_KII——变压器 I、II 折算到二次侧的短路阻抗实际值。

由于变压器短路阻抗很小,所以,即使变比差很小,也能产生很大的环流。电力变压器变比误差一般都控制在 0.5% 以内,故环流可以不超过额定电流的 5%。

2. 连接组标号不同的变压器并联运行

连接组标号不同的变压器,虽然一、二次额定电压相同,但二次电压相量的相位至少相差 30°,如附图 1-22 所示。例如连接组标号分别为 Yy0 与 Yd11 的两台变压器,一次侧都接入电网,二次电压相量的相位角差 30°,相量差:

$$\Delta U_{20}=2\sin\frac{30°}{2}=0.52$$

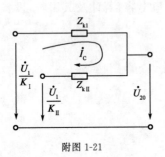

附图 1-21

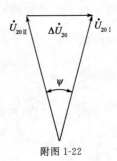

附图 1-22

由于短路阻抗很小,将在两变压器绕组产生很大的空载环流,其值可达额定电流的 5.2 倍,这是绝对不允许的。因此,连接组标号不同的变压器绝对不能并联运行。

3. 短路阻抗不等时变压器的并联运行

设两台变压器一、二次额定电压对应相等,连接组标号相同。满足了上面两个条件,可以把变压器并联在一起,忽略励磁电流,可得到如附图 1-23 所示的等效电路。从图中

可以看出 Z_{kI} 是变压器 I 的短路阻抗,其上流过变压器 I 的相

电流 $\dot{I}_1$;Z_{kII} 是变压器 II 的短路阻抗,其上流过变压器 II 的相

电流 $\dot{I}_2$,由图可得到:

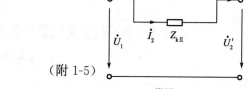

附图 1-23

$$\dot{I}_I Z_{kI} = \dot{I}_{II} Z_{kII} \Rightarrow \frac{\dot{I}_I}{\dot{I}_{II}} = \frac{Z_{kII}}{Z_{kI}} \qquad \text{(附 1-5)}$$

由于并联的变压器容量不等,故负载电流的分配是否合理不能直接从实际值判断,应从标幺值(负载系数)来判断。由于:

$$\frac{\dot{I}_I / I_{IN}}{\dot{I}_{II} / I_{IIN}} = \frac{Z_{kII} I_{IIN} / U_{IN}}{Z_{kI} I_{IN} / U_{IIN}}$$

故有 $\dfrac{\dot{I}_{*I}}{\dot{I}_{*II}} = \dfrac{Z_{*kII}}{Z_{*kI}} = \dfrac{\left| Z_{*kII} \right|}{\left| Z_{*kI} \right|} \angle \varphi_{II} - \varphi_I$ (附 1-6)

对于容量相差不大的两台变压器,其阻抗角差异不大,因此可近似认为并联运行时负载系数之比等于短路阻抗(短路电压)模值标幺值的反比:

$$\frac{\beta_I}{\beta_{II}} = \frac{\left| Z_{*kII} \right|}{\left| Z_{*kI} \right|} = \frac{u_{kII}}{u_{kI}} \qquad \text{(附 1-7)}$$

可见,各变压器分担的负载多少,与各自短路阻抗的标幺值成反比。短路阻抗标幺值小的变压器先达到满载,而短路阻抗标幺值大的还未到满载,造成并联运行的变压器的额定容量不能有效地发挥。

并联运行时为了不浪费设备容量,要求任意两台变压器之比小于 3,短路阻抗标幺值之差小于 10%。

注册电气工程师（发输变电）执业资格考试
基础考试大纲

一、高等数学

1.1 空间解析几何

向量代数 直线 平面 柱面 旋转曲面 二次曲面 空间曲线

1.2 微分学

极限 连续 导数 微分 偏导数 全微分 导数与微分的应用

1.3 积分学

不定积分 定积分 广义积分 二重积分 三重积分 平面曲线积分积分应用

1.4 无穷级数

数项级数 幂级数 泰勒级数 傅里叶级数

1.5 常微分方程

可分离变量方程 一阶线性方程 可降阶方程 常系数线性方程

1.6 概率与数理统计

随机事件与概率 古典概型 一维随机变量的分布和数字特征 数理统计的基本
概念 参数估计 假设检验 方差分析 一元回归分析

1.7 向量分析

1.8 线性代数

行列式 矩阵 n 维向量 线性方程组 矩阵的特征值与特征向量 二次型

二、普通物理

2.1 热学

气体状态参量 平衡态 理想气体状态方程 理想气体的压力和温度的统计解释
能量按自由度均分原理 理想气体内能 平均碰撞次数和平均自由程 麦克斯韦
速率分布律 功 热量 内能 热力学第一定律及其对理想气体等值过程和绝热过
程的应用 气体的摩尔热容 循环过程 热机效率 热力学第二定律及其统计意义

可逆过程和不可逆过程 熵

2.2 波动学

机械波的产生和传播 简谐波表达式 波的能量 驻波 声速
超声波 次声波 多普勒效应

2.3 光学

相干光的获得 杨氏双缝干涉 光程 薄膜干涉 迈克尔干涉仪 惠更斯－菲涅耳原
理 单缝衍射 光学仪器分辨本领 x射线衍射 自然光和偏振光 布儒斯特定律 马
吕斯定律 双折射现象 偏振光的干涉 人工双折射及应用

三、普通化学

3.1 物质结构与物质状态

原子核外电子分布 原子、离子的电子结构式 原子轨道和电子云概念 离子键特
征共价键特征及类型 分子结构式 杂化轨道及分子空间构型 极性分子与非极
性分子 分子间力与氢键 分压定律及计算 液体蒸气压 沸点 汽化热 晶体类型
与物质性质的关系

3.2 溶液

溶液的浓度及计算 非电解质稀溶液通性及计算 渗透压概念电解质溶液的电
离平衡 电离常数及计算 同离子效应和缓冲溶液 水的离子积及 PH 值 盐类水
解平衡及溶液的酸碱性 多相离子平衡 溶度积常数 溶解度概念及计算

3.3 周期表

周期表结构 周期 族 原子结构与周期表关系 元素性质 氧化物及其水化物的酸
碱性递变规律

3.4 化学反应方程式 化学反应速率与化学平衡

化学反应方程式写法及计算 反应热概念 热化学反应方程式写法，化学反应速
率表示方法 浓度、温度对反应速率的影响 速率常数与反应级数 活化能及催化
剂概念

化学平衡特征及平衡常数表达式 化学平衡移动原理及计算 压力熵与化学反
应方向判断

3.5 氧化还原与电化学

氧化剂与还原剂 氧化还原反应方程式写法及配平 原电池组成及符号 电极反

应与电池反应 标准电极电势 能斯特方程及电极电势的应用 电解与金属腐蚀

3.6 有机化学

有机物特点、分类及命名 官能团及分子结构式

有机物的重要化学反应：加成 取代 消去 氧化 加聚与缩聚

典型有机物的分子式、性质及用途：甲烷 乙炔 苯 甲苯 乙醇 酚 乙醛 乙酸 乙酯 乙胺 苯胺 聚氯乙烯 聚乙烯 聚丙烯酸酯类 工程塑料（ABS）橡胶 尼龙

四、理论力学

4.1 静力学

平衡 刚体 力 约束 静力学公理 受力分析 力对点之矩 力对轴之矩 力偶理论 力系的简化 主矢 主矩 力系的平衡 物体系统（含平面静定桁架）的平衡 滑动摩擦 摩擦角 自锁 考虑滑动摩擦时物体系统的平衡 重心

4.2 运动学

点的运动方程 轨迹 速度和加速度 刚体的平动 刚体的定轴转动 转动方程 角速度和角加速度 刚体内任一点的速度和加速度

4.3 动力学

动力学基本定律 质点运动微分方程 动量 冲量 动量定理

动量守恒的条件 质心 质心运动定理 质心运动守恒的条件

动量矩 动量矩定理 动量矩守恒的条件 刚体的定轴转动微分方程 转动惯量 回转半径 转动惯量的平行轴定理 功 动能 势能 动能定理 机械能守恒 惯性力 刚体惯性力系的简化 达朗伯原理 单自由度系统线性振动的微分方程 振动周期 频率和振幅 约束 自由度 广义坐标 虚位移 理想约束 虚位移原理

五、材料力学

5.1 轴力和轴力图

拉、压杆横截面和斜截面上的应力 强度条件 虎克定律和位移计算 应变能计算

5.2 剪切和挤压的实用计算

剪切虎克定律 切（剪）应力互等定理

5.3 外力偶矩的计算

扭矩和扭矩图 圆轴扭转切（剪）应力及强度条件 扭转角计算及刚度条件 扭转应变能计算

5.4 静矩和形心

惯性矩和惯性积 平行移轴公式 形心主惯性矩

5.5 梁的内力方程

切(剪)力图和弯矩图 分布载荷、剪力、弯矩之间的微分关系 正应力强度条件
切(剪)应力强度条件 梁的合理截面 弯曲中心概念 求梁变形的积分法 叠加法
和卡氏第二定理

5.6 平面应力状态分析的数值解法和图解法

一点应力状态的主应力和最大切(剪)应力 广义虎克定律 四个常用的强度
理论

5.7 斜弯曲

偏心压缩(或拉伸) 拉—弯或压—弯组合 扭—弯组合

5.8 细长压杆的临界力公式

欧拉公式的适用范围 临界应力总图和经验公式 压杆的稳定校核

六、流体力学

6.1 流体的主要物理性质

6.2 流体静力学

流体静压强的概念

重力作用下静水压强的分布规律 总压力的计算

6.3 流体动力学基础

以流场为对象描述流动的概念

流体运动的总流分析 恒定总流连续性方程、能量方程和动量方程

6.4 流动阻力和水头损失

实际流体的两种流态—层流和紊流

圆管中层流运动、紊流运动的特征

沿程水头损失和局部水头损失

边界层附面层基本概念和绕流阻力

6.5 孔口、管嘴出流 有压管道恒定流

6.6 明渠恒定均匀流

6.7 渗流定律 井和集水廊道

6.8 相似原理和量纲分析

6.9 流体运动参数(流速、流量、压强)的测量

七、计算机应用基础

7.1 计算机基础知识

　　硬件的组成及功能 软件的组成及功能 数制转换

7.2 Windows 操作系统

　　基本知识、系统启动 有关目录、文件、磁盘及其他操作 网络功能

注:以 Windows98 为基础

八、电工电子技术

8.1 电场与磁场

　　库仑定律 高斯定理 环路定律 电磁感应定律

8.2 直流电路

　　电路基本元件 欧姆定律 基尔霍夫定律 叠加原理 戴维南定理

8.3 正弦交流电路

　　正弦量三要素 有效值 复阻抗 单相和三相电路计算 功率及功率因数 串联与并

联谐振 安全用电常识

8.4 RC 和 RL 电路暂态过程

　　三要素分析法

8.5 变压器与电动机

　　变压器的电压、电流和阻抗变换 三相异步电动机的使用

　　常用继电—接触器控制电路

8.6 二极管及整流、滤波、稳压电路

8.7 三极管及单管放大电路

8.8 运算放大器

　　理想运放组成的比例 加、减和积分运算电路

8.9 门电路和触发器

　　基本门电路 RS、D、JK 触发器

九、工程经济

9.1 现金流量构成与资金等值计算

现金流量 投资 资产 固定资产折旧 成本 经营成本 销售收入 利润 工程项目投资涉及的主要税种 资金等值计算的常用公式及应用 复利系数表的用法

9.2 投资经济效果评价方法和参数

净现值 内部收益率 净年值 费用现值 费用年值 差额内部收益率 投资回收期 基准折现率 备选方案的类型 寿命相等方案与寿命不等方案的比选

9.3 不确定性分析

盈亏平衡分析 盈亏平衡点 固定成本 变动成本 单因素敏感性分析 敏感因素

9.4 投资项目的财务评价

工业投资项目可行性研究的基本内容

投资项目财务评价的目标与工作内容 赢利能力分析 资金筹措的主要方式 资金成本 债务偿还的主要方式 基础财务报表 全投资经济效果与自有资金经济效果 全投资现金流量表与自有资金现金流量表 财务效果计算 偿债能力分析 改扩建和技术改造投资项目财务评价的特点(相对新建项目)

9.5 价值工程

价值工程的概念、内容与实施步骤 功能分析

十、电路与电磁场

1.电路的基本概念和基本定律

1.1 掌握电阻、独立电压源、独立电流源、受控电压源、受控电流源、电容、电感、耦合电感、理想变压器诸元件的定义、性质

1.2 掌握电流、电压参考方向的概念

1.3 熟练掌握基尔霍夫定律

2.电路的分析方法

2.1 掌握常用的电路等效变换方法

2.2 熟练掌握节点电压方程的列写方法,并会求解电路方程

2.3 了解回路电流方程的列写方法

2.4 熟练掌握叠加定理、戴维南定理和诺顿定理

3.正弦电流电路

3.1 掌握正弦量的三要素和有效值

3.2 掌握电感、电容元件电流电压关系的相量形式及基尔霍夫定律的相量形式

3.3 掌握阻抗、导纳、有功功率、无功功率、视在功率和功率因数的概念

3.4 熟练掌握正弦电流电路分析的相量方法

3.5 了解频率特性的概念

3.6 熟练掌握三相电路中电源和负载的连接方式及相电压、相电流、线电压、线电流、三相功率的概念和关系

3.7 熟练掌握对称三相电路分析的相量方法

3.8 掌握不对称三相电路的概念

4. 非正弦周期电流电路

4.1 了解非正弦周期量的傅立叶级数分解方法

4.2 掌握非正弦周期量的有效值、平均值和平均功率的定义和计算方法

4.3 掌握非正弦周期电路的分析方法

5. 简单动态电路的时域分析

5.1 掌握换路定则并能确定电压、电流的初始值

5.2 熟练掌握一阶电路分析的基本方法

5.3 了解二阶电路分析的基本方法

6. 静电场

6.1 掌握电场强度、电位的概念

6.2 了解应用高斯定律计算具有对称性分布的静电场问题

6.3 了解静电场边值问题的镜像法和电轴法,并能掌握几种典型情形的电场计算

6.4 了解电场力及其计算

6.5 掌握电容和部分电容的概念,了解简单形状电极结构电容的计算

7. 恒定电场

7.1 掌握恒定电流、恒定电场、电流密度的概念

7.2 掌握微分形式的欧姆定律、焦耳定律、恒定电场的基本方程和分界面上的衔接条件,能正确地分析和计算恒定电场问题

7.3 掌握电导和接地电阻的概念,并能计算几种典型接地电极系统的接地电阻

8. 恒定磁场

8.1 掌握磁感应强度、磁场强度及磁化强度的概念

8.2 了解恒定磁场的基本方程和分界面上的衔接条件,并能应用安培环路定律正确分析和求解具有对称性分布的恒定磁场问题

8.3 了解自感、互感的概念，了解几种简单结构的自感和互感的计算

8.4 了解磁场能量和磁场力的计算方法

9. 均匀传输线

9.1 了解均匀传输线的基本方程和正弦稳态分析方法

9.2 了解均匀传输线特性阻抗和阻抗匹配的概念

十一、模拟电子技术

1. 半导体及二极管

1.1 掌握二极管和稳压管特性、参数

1.2 了解载流子，扩散，漂移；PN 结的形成及单向导电性

2. 放大电路基础

2.1 掌握基本放大电路、静态工作点、直流负载和交流负载线

2.2 掌握放大电路的基本的分析方法

2.3 了解放大电路的频率特性和主要性能指标

2.4 了解反馈的概念、类型及极性；电压串联型负反馈的分析计算

2.5 了解正负反馈的特点；其他反馈类型的电路分析；不同反馈类型对性能的影响；
自激的原因及条件

2.6 了解消除自激的方法，去耦电路

3. 线性集成运算放大器和运算电路

3.1 掌握放大电路的计算；了解典型差动放大电路的工作原理；差模、共模、零漂的
概念，静态及动态的分析计算，输入输出相位关系；集成组件参数的含义

3.2 掌握集成运放的特点及组成；了解多级放大电路的耦合方式；零漂抑制原
理；了解复合管的正确接法及等效参数的计算；恒流源作有源负载和偏置
电路

3.3 了解多级放大电路的频响

3.4 掌握理想运放的虚短、虚地、虚断概念及其分析方法；反相、同相、差动输入比例
器及电压跟随器的工作原理，传输特性；积分微分电路的工作原理

3.5 掌握实际运放电路的分析；了解对数和指数运算电路工作原理，输入输出关系；
乘法器的应用(平方、均方根、除法)

3.6 了解模拟乘法器的工作原理

4.信号处理电路

4.1 了解滤波器的概念、种类及幅频特性；比较器的工作原理，传输特性和阀值，输入、输出波形关系

4.2 了解一阶和二阶低通滤波器电路的分析；主要性能，传递函数，带通截止频率，电压比较器的分析法；检波器、采样保持电路的工作原理

4.3 了解高通、低通、带通电路与低通电路的对偶关系、特性

5.信号发生电路

5.1 掌握产生自激振荡的条件，RC型文氏电桥式振荡器的起振条件，频率的计算；LC型振荡器的工作原理、相位关系；了解矩形、三角波、锯齿波发生电路的工作原理，振荡周期计算

5.2 了解文氏电桥式振荡器的稳幅措施；石英晶体振荡器的工作原理；各种振荡器的适用场合；压控振荡器的电路组成，工作原理，振荡频率估算，输入、输出关系

6.功率放大电路

6.1 掌握功率放大电路的特点；了解互补推挽功率放大电路的工作原理，输出功率和转换功率的计算

6.2 掌握集成功率放大电路的内部组成；了解功率管的选择、晶体管的几种工作状态

6.3 了解自举电路；功放管的发热

7.直流稳压电源

7.1 掌握桥式整流及滤波电路的工作原理、电路计算；串联型稳压电路工作原理，参数选择，电压调节范围，三端稳压块的应用

7.2 了解滤波电路的外特性；硅稳压管稳压电路中限流电阻的选择

7.3 了解倍压整流电路的原理；集成稳压电路工作原理及提高输出电压和扩流电路的工作原理

十二、数字电子技术

1.数字电路基础知识

1.1 掌握数字电路的基本概念

1.2 掌握数制和码制

1.3 掌握半导体器件的开关特性

1.4 掌握三种基本逻辑关系及其表达方式

2.集成逻辑门电路

2.1 掌握 TTL 集成逻辑门电路的组成和特性

2.2 掌握 MOS 集成门电路的组成和特性

3.数字基础及逻辑函数化简

3.1 掌握逻辑代数基本运算关系

3.2 了解逻辑代数的基本公式和原理

3.3 了解逻辑函数的建立和四种表达方法及其相互转换

3.4 了解逻辑函数的最小项和最大项及标准与或式

3.5 了解逻辑函数的代数化简方法

3.6 了解逻辑函数的卡诺图画法、填写及化简方法

4.集成组合逻辑电路

4.1 掌握组合逻辑电路输入输出的特点

4.2 了解组合逻辑电路的分析、设计方法及步骤

4.3 掌握编码器、译码器、显示器、多路选择器及多路分配器的原理和应用

4.4 掌握加法器、数码比较器、存储器、可编程逻辑阵列的原理和应用

5.触发器

5.1 了解 RS、D、JK、T 触发器的逻辑功能、电路结构及工作原理

5.2 了解 RS、D、JK、T 触发器的触发方式、状态转换图(时序图)

5.3 了解各种触发器逻辑功能的转换

5.4 了解 CMOS 触发器结构和工作原理

6.时序逻辑电路

6.1 掌握时序逻辑电路的特点及组成

6.2 了解时序逻辑电路的分析步骤和方法,计数器的状态转换表、状态转换图和时
序图的画法;触发器触发方式不同时对不同功能计数器的应用连接

6.3 掌握计数器的基本概念、功能及分类

6.4 了解二进制计数器(同步和异步)逻辑电路的分析

6.5 了解寄存器和移位寄存器的结构、功能和简单应用

6.6 了解计数型和移位寄存器型顺序脉冲发生器的结构、功能和分析应用

7.脉冲波形的产生

了解 TTL 与非门多谐振荡器、单稳态触发器、施密特触发器的结构、工作原理、参
数计算和应用

8. 数模和模数转换

8.1 了解逐次逼近和双积分模数转换工作原理;R−2R网络数模转换工作原理;模数和数模转换器的应用场合

8.2 掌握典型集成数模和模数转换器的结构

8.3 了解采样保持器的工作原理

十三、电气工程基础

1. 电力系统基本知识

1.1 了解电力系统运行特点和基本要求

1.2 掌握电能质量的各项指标

1.3 了解电力系统中各种结线方式及特点

1.4 掌握我国规定的网络额定电压与发电机、变压器等元件的额定电压

1.5 了解电力网络中性点运行方式及对应的电压等级

2. 电力线路、变压器的参数与等值电路

2.1 了解输电线路四个参数所表征的物理意义及输电线路的等值电路

2.2 了解应用普通双绕组、三绕组变压器空载与短路试验数据计算变压器参数及制定其等值电路

2.3 了解电网等值电路中有名值和标幺值参数的简单计算

3. 简单电网的潮流计算

3.1 了解电压降落、电压损耗、功率损耗的定义

3.2 了解已知不同点的电压和功率情况下的潮流简单计算方法

3.3 了解输电线路中有功功率、无功功率的流向与功角、电压幅值的关系

3.4 了解输电线路的空载与负载运行特性

4. 无功功率平衡和电压调整

4.1 了解无功功率平衡概念及无功功率平衡的基本要求

4.2 了解系统中各无功电源的调节特性

4.3 了解利用电容器进行补偿调压的原理与方法

4.4 了解变压器分接头进行调压时,分接头的选择计算

5. 短路电流计算

5.1 了解实用短路电流计算的近似条件

5.2 了解简单系统三相短路电流的实用计算方法

5.3 了解短路容量的概念

5.4 了解冲击电流、最大有效值电流的定义和关系

5.5 了解同步发电机、变压器、单回、双回输电线路的正、负、零序等值电路

5.6 掌握简单电网的正、负、零序序网的制定方法

5.7 了解不对称短路的故障边界条件和相应的复合序网

5.8 了解不对称短路的电流、电压计算

5.9 了解正、负、零序电流、电压经过 Y/△-11 变压器后的相位变化

6. 变压器

6.1 了解三相组式变压器及三相芯式变压器结构特点

6.2 掌握变压器额定值的含义及作用

6.3 了解变压器变比和参数的测定方法

6.4 掌握变压器工作原理

6.5 了解变压器电势平衡方程式及各量含义

6.6 掌握变压器电压调整率的定义

6.7 了解变压器在空载合闸时产生很大冲击电流的原因

6.8 了解变压器的效率计算及变压器具有最高效率的条件

6.9 了解三相变压器连接组和铁芯结构对谐波电流、谐波磁通的影响

6.10 了解用变压器组接线方式及极性端判断三相变压器连接组别的方法

6.11 了解变压器的绝缘系统及冷却方式、允许温升

7. 感应电动机

7.1 了解感应电动机的种类及主要结构

7.2 掌握感应电动机转矩、额定功率、转差率的概念及其等值电路

7.3 了解感应电动机三种运行状态的判断方法

7.4 掌握感应电动机的工作特性

7.5 掌握感应电动机的启动特性

7.6 了解感应电动机常用的启动方法

7.7 了解感应电动机常用的调速方法

7.8 了解转子电阻对感应电动机转动性能的影响

7.9 了解电机的发热过程、绝缘系统、允许温升及其确定、冷却方式

7.10 了解感应电动机拖动的形式及各自的特点

7.11 了解感应电动机运行及维护工作要点

8. 同步电机

8.1 了解同步电机额定值的含义

8.2 了解同步电机电枢反应的基本概念

8.3 了解电枢反应电抗及同步电抗的含义

8.4 了解同步发电机并入电网的条件及方法

8.5 了解同步发电机有功功率及无功功率的调节方法

8.6 了解同步电动机的运行特性

8.7 了解同步发电机的绝缘系统、温升要求、冷却方式

8.8 了解同步发电机的励磁系统

8.9 了解同步发电机的运行和维护工作要点

9. 过电压及绝缘配合

9.1 了解电力系统过电压的种类

9.2 了解雷电过电压特性

9.3 了解接地和接地电阻、接触电压和跨步电压的基本概念

9.4 了解氧化锌避雷器的基本特性

9.5 了解避雷针、避雷线保护范围的确定

10. 断路器

10.1 掌握断路器的作用、功能、分类

10.2 了解断路器的主要性能与参数的含义

10.3 了解断路器常用的熄弧方法

10.4 了解断路器的运行和维护工作要点

11. 互感器

11.1 掌握电流、电压互感器的工作原理、接线形式及负载要求

11.2 了解电流、电压互感器在电网中的配置原则及接线形式

11.3 了解各种形式互感器的构造及性能特点

12. 直流电机基本要求

12.1 了解直流电机的分类

12.2 了解直流电机的励磁方式

12.3　掌握直流电动机及直流发电机的工作原理

12.4　了解并励直流发电机建立稳定电压的条件

12.5　了解直流电动机的机械特性（他励、并励、串励）

12.6　了解直流电动机稳定运行条件

12.7　掌握直流电动机的起动、调速及制动方法

13.电气主接线

13.1　掌握电气主接线的主要形式及对电气主接线的基本要求

13.2　了解各种主接线中主要电气设备的作用和配置原则

13.3　了解各种电压等级电气主接线限制短路电流的方法

14.电气设备选择

14.1　掌握电器设备选择和校验的基本原则和方法

14.2　了解硬母线的选择和校验的原则和方法

注册电气工程师新旧专业名称对照表

专业划分	新专业名称	旧专业名称
本专业	电气工程及其自动化	电力系统及其自动化 高电压与绝缘技术 电气技术(部分) 电机电器及其控制 电气工程及其自动化
相近专业	自动化 电子信息工程 通信工程 计算机科学与技术	工业自动化 自动化 自动控制 液体传动及控制(部分) 飞行器制导与控制(部分) 电子工程 信息工程 应用电子技术 电磁场与微波技术 广播电视工程 无线电技术与信息系统 电子与信息技术 通信工程 计算机通信 计算机及应用
其他工科专业	除本专业和相近专业外的工科专业	

注：表中"新专业名称"指中华人民共和国教育部高等教育司 1998 年颁布的《普通高等学校本科专业目录和专业介绍》中规定的专业名称；"旧专业名称"指 1998 年《普通高等学校本科专业目录和专业介绍》颁布前各院校所采用的专业名称。

注册电气工程师考试报名条件

考试分为基础考试和专业考试。参加基础考试合格并按规定完成职业实践年限者，方能报名参加专业考试。

凡中华人民共和国公民，遵守国家法律、法规，恪守职业道德，并具备相应专业教育和职业实践条件者，只要符合下列条件，均可报考注册土木工程师（水利水电工程）、注册公用设备工程师、注册电气工程师、注册化工工程师或注册环保工程师考试：

1.具备以下条件之一者，可申请参加基础考试：

（1）取得本专业或相近专业大学本科及以上学历或学位。

（2）取得本专业或相近专业大学专科学历，累计从事相应专业设计工作满1年。

（3）取得其他工科专业大学本科及以上学历或学位，累计从事相应专业设计工作满1年。

2.基础考试合格，并具备以下条件之一者，可申请参加专业考试：

（1）取得本专业博士学位后，累计从事相应专业设计工作满2年；或取得相近专业博士学位后，累计从事相应专业设计工作满3年。

（2）取得本专业硕士学位后，累计从事相应专业设计工作满3年；或取得相近专业硕士学位后，累计从事相应专业设计工作满4年。

（3）取得含本专业在内的双学士学位或本专业研究生班毕业后，累计从事相应专业设计工作满4年；或取得含相近专业在内双学士学位或研究生班毕业后，累计从事相应专业设计工作满5年。

（4）取得通过本专业教育评估的大学本科学历或学位后，累计从事相应专业设计工作满4年；或取得未通过本专业教育评估的大学本科学历或学位后，累计从事相应专业设计工作满5年；或取得相近专业大学本科学历或学位后，累计从事相应专业设计工作满6年。

（5）取得本专业大学专科学历后，累计从事相应专业设计工作满6年；或取得相近专业大学专科学历后，累计从事相应专业设计工作满7年。

（6）取得其他工科专业大学本科及以上学历或学位后，累计从事相应专业设计工作满

8年。

3.截止到 2002 年 12 月 31 日前,符合以下条件之一者,可免基础考试,只需参加专业考试:

(1)取得本专业博士学位后,累计从事相应专业设计工作满 5 年;或取得相近专业博士学位后,累计从事相应专业设计工作满 6 年。

(2)取得本专业硕士学位后,累计从事相应专业设计工作满 6 年;或取得相近专业硕士学位后,累计从事相应专业设计工作满 7 年。

(3)取得含本专业在内的双学士学位或本专业研究生班毕业后,累计从事相应专业设计工作满 7 年;或取得含相近专业在内双学士学位或研究生班毕业后,累计从事相应专业设计工作满 8 年。

(4)取得本专业大学本科学历或学位后,累计从事相应专业设计工作满 8 年;或取得相近专业大学本科学历或学位后,累计从事相应专业设计工作满 9 年。

(5)取得本专业大学专科学历后,累计从事相应专业设计工作满 9 年;或取得相近专业大学专科学历后,累计从事相应专业设计工作满 10 年。

(6)取得其他工科专业大学本科及以上学历或学位后,累计从事相应专业设计工作满 12 年。

(7)取得其他工科专业大学专科学历后,累计从事相应专业设计工作满 15 年。

(8)取得本专业中专学历后,累计从事相应专业设计工作满 25 年;或取得相近专业中专学历后,累计从事相应专业设计工作满 30 年。